엔지니어와 프로그래머를 위한

임베디드 시스템 아키텍처

테미 노가드 지음 / 임희연 옮김

Embedded Systems Architecture
A Comprehensive Guide for Engineers and Programmers
by Tammy Noergaard

Copyright © 2005 by ELSEVIER Inc.
Translation Copyright © 2007 by Elsevier Korea LLC
All Rights Reserved.

No part of this publication may be reproduced or transmitted in any form or by any means, electronic or mechanical, including photocopying, recording, or any information storage and retrieval system, without permission in writing from the publisher.
Translated by ITC Co.
Printed in Korea.

이 책의 한국어판 저작권은 Elsevier 코리아를 통한 저작권자와의 독점 계약으로 도서출판 ITC에 있습니다.
저작권법에 의해 한국 내에서 보호를 받는 저작물이므로 무단전재와 복제를 금합니다.

IT 대한민국은 ITC(Info Tech Corea)가 함께 하겠습니다.
www.itcpub.co.kr

차 례
{ C O N T E N T S }

SECTION I 임베디드 시스템 소개

| chapter 01 | 임베디드 시스템 디자인에 대한 시스템 공학적 접근 ... 3

- 1.1 임베디드 시스템이란 무엇인가? ... 3
- 1.2 임베디드 시스템 디자인 ... 5
- 1.3 임베디드 시스템 아키텍처 소개 ... 7
- 1.4 임베디드 시스템의 아키텍처는 왜 중요한가? ... 10
- 1.5 임베디드 시스템 모델 ... 12
- 1.6 요약 정리 ... 14
- 1장 연습문제 ... 15

| chapter 02 | 표준에 대해 알아보자 ... 17

- 2.1 프로그래밍 언어의 개요와 표준의 예 ... 31
- 2.2 표준과 네트워킹 ... 48
- 2.3 다중 표준 기반의 기기 예 : 디지털 TV(DTV) ... 67
- 2.4 요약 정리 ... 70
- 2장 연습문제 ... 71

SECTION II 임베디드 하드웨어

| chapter 03 | 임베디드 하드웨어 빌딩 블록과 임베디드 보드 ... 75

- 3.1 하드웨어 제 1강 : 회로도 읽기 ... 75
- 3.2 임베디드 보드와 폰노이만 모델 ... 80
- 3.3 하드웨어에 전원 인가하기 ... 84
- 3.4 기본적인 하드웨어 물질 : 도체, 절연체, 반도체 ... 87

{CONTENTS}

    3.5 보드와 칩 안의 공통 능동 소자 – 저항, 커패시터, 인덕터   91

    3.6 반도체 및 프로세서와 메모리의 능동 빌딩 블록   98

    3.7 집적회로   113

    3.8 요약 정리   117

    3장 연습문제   118

| chapter 04 | 임베디드 프로세서   125

    4.1 ISA 아키텍처 모델   128

    4.2 내부 프로세서 디자인   142

    4.3 프로세서 성능   203

    4.4 프로세서 데이터 시트 읽기   206

    4.5 요약 정리   218

    4장 연습문제   219

| chapter 05 | 보드 메모리   223

    5.1 ROM   227

    5.2 RAM   232

    5.3 보조 메모리   243

    5.4 외부 메모리에 대한 메모리 관리   248

    5.5 보드 메모리와 성능   250

    5.6 요약 정리   252

    5장 연습문제   253

| chapter 06 | 입출력(I/O) 장치   255

    6.1 데이터 처리 : 직렬 I/O와 병렬 I/O   259

    6.2 I/O 컴포넌트들을 인터페이스하기   281

    6.3 I/O 성능   284

    6.4 요약 정리   286

    6장 연습문제   287

| chapter 07 | 버 스   291

    7.1 버스 중계기와 타이밍   293

7.2	버스와 다른 보드 컴포넌트들을 집적하기	304
7.3	버스의 성능	305
7.4	요약 정리	307
7장 연습문제		308

SECTION III 임베디드 소프트웨어 소개

chapter 08 | 디바이스 드라이버 — 313

8.1	예1 : 인터럽트 처리를 위한 디바이스 드라이버	318
8.2	예2 : 메모리 디바이스 드라이버	337
8.3	예3 : 온-보드 버스 디바이스 드라이버	359
8.4	보드 I/O 드라이버 예	367
8.5	요약 정리	391
8장 연습문제		392

chapter 09 | 임베디드 운영체제 — 395

9.1	프로세스란 무엇인가?	401
9.2	멀티태스킹과 프로세스 관리	404
9.3	메모리 관리	439
9.4	I/O와 파일 시스템 관리	456
9.5	OS 표준 예 : POSIX	458
9.6	OS 성능 가이드라인	461
9.7	OS와 BSP	462
9.8	요약 정리	463
9장 연습문제		464

chapter 10 | 미들웨어와 어플리케이션 소프트웨어 — 467

10.1	미들웨어란 무엇인가?	467
10.2	어플리케이션이란 무엇인가?	469

10.3 미들웨어의 예	470
10.4 어플리케이션 계층 소프트웨어 예	513
10.5 요약 정리	529
10장 연습문제	530

SECTION IV 통합하기: 디자인 및 개발

chapter 11 | 시스템 정의하기 – 아키텍처 생성 및 디자인 문서화 — 535

11.1 임베디드 시스템 아키텍처 생성하기	537
11.2 요약 정리	567
11장 연습문제	568

chapter 12 | 임베디드 디자인의 마지막 단계 : 구현과 테스트 — 571

12.1 디자인 구현	571
12.2 품질 보장 및 디자인 테스트	596
12.3 결론 : 임베디드 시스템 유지 보수와 그 외 알아두어야 할 점	599
12장 연습문제	601

APPENDIX 부록

appendix A	프로젝트와 연습문제	605
appendix B	회로 심벌	631
appendix C	두문자어 및 약어 정리	639
appendix D	용어 정리	651

옮긴이의 글
{PREFACE OF TRANSLATOR}

역자가 임베디드 시스템 개발을 시작한 지 어느덧 7년에 접어들었다. 7년이라는 시간이 결코 짧은 것만은 아닐 텐데, 돌이켜 보면 그 시간이 그리 길지만은 않은 듯도 하다. 그러하듯, 역자는 이제야 비로소 "아, 시스템이라는 것이 이런 것이구나" 하고 어렴풋이나마 알게 된 것 같다. 베테랑 개발자들이 들으면, 이제 막 걸음마를 뗀 것이라고 할지도 모르겠다.

그 동안의 경험에 비추어 볼 때, 임베디드 분야에서 하드웨어와 소프트웨어 작업을 완벽하게 분리하기란 매우 어려운 일인 듯하다. 역자의 경우, 누군가가 "당신의 전공이 무엇입니까?"라고 물었을 때, 처음에는 "하드웨어 엔지니어입니다."라고 당당하게 대답했었는데, 실무 경험이 쌓이면 쌓일수록 점점 답변하기가 난감해지게 되었다. 하드웨어 업무 외에 소프트웨어 업무가 점점 늘어가고 있는 이유도 있겠지만, 하드웨어가 정상적인지를 검증하기 위해서는 소프트웨어 개발이 필수적이기 때문이다.

이 책은 한 마디로 '시스템 소프트웨어 엔지니어들'을 위한 책이다. 이 책에서는 하드웨어 개발을 위해 반드시 알아두어야 하는 하드웨어 관련 필수 지식들뿐 아니라, 어플리케이션 소프트웨어의 기반이 되는 운영체제와 디바이스 드라이버에 대해서도 상세하게 설명하고 있다. 따라서 이제 막 하드웨어 부분에 입문한 개발자들뿐 아니라 소프트웨어 배경지식으로 무장하고 있는 임베디드 개발자들은 이 책을 반드시 읽어볼 것을 권장한다. 이 책은 이론에 치우친 전자공학 또는 컴퓨터 구조와 같은 서적과는 달리, 실무 개발자의 관점에서 필요로 하는 하드웨어 기반 지식들을 설명하고 있기 때문에, 임베디드 개발자들에게는 사막의 오아시스 같은 역할을 해줄 것이다.

책을 마무리하면서, 도움을 주신 많은 분들께 감사의 인사를 전하고 싶다. 특히 이 책이 나올 때까지 정말 참을성 있게 지켜봐 주신 ITC 출판사의 장성두 팀장님과 보다 나은 책이 될 수 있도록 너무나 꼼꼼히 교정을 봐주신 홍희정 씨, 그리고 보다 나은 책이 되기 위해 출간 전 베타 테스트를 해주신 분들에게도 감사드린다. 또한 바쁜 일정 중에 정시 퇴근을 감행해도 너그럽게 눈감아 주신 우리 윤경한 이사님과 초벌 번역을 검토해 주신 이종수 박사님께도 감사드린다.

역자 임희연

옮긴이에 대하여
{ABOUT OF TRANSLATOR}

임희연 _ kelly.lim@clabsys.com

대학원 인턴 시절 ARM을 처음 접하고 그 매력에 빠져서, 현재까지도 ARM 기반의 임베디드 시스템 개발을 전문으로 하는 전자공학도로 일하고 있다. 대학원 졸업 후, 삼성전자에서 시스템 소프트웨어 엔지니어로 일하다가, 현재에는 ARM 대리점이자 공인교육기관인 ㈜씨랩시스에서 삼성 ARM 기반의 범용 하드웨어 플랫폼 개발을 전담하고 있다. 또한 ARM 본사로부터 ARM 공인 강사 자격을 취득하여, 현재 국내 유수의 기업체들과 대학교에서 ARM 기반의 임베디드 시스템 개발 교육도 활발히 진행하고 있다. 역서로는 『ARM System Developer's Guide 한국어판』(사이텍미디어, 2005)이 있다.

추천의 글
{ CONTENTS }

처음 Tammy Noergaard가 임베디드 시스템 디자인에 관한 기본서를 만들고 싶다고 말했을 때, 나는 그녀를 단념시키고자 하였다. 이 분야는 너무 방대하여, 전자공학, 논리회로, 컴퓨터 디자인, 소프트웨어 공학, C, 어셈블리 등에 대한 통찰을 요구하기 때문이다. 하지만 그녀는 우리가 말했던 것처럼, 그러한 주제에 대해 자세히 알려주는 책들이 얼마나 부족한지를 설명해 주었다. 나는 그 프로젝트의 방대함에 대해 그녀에게 경고하였다.

일 년 동안 많은 토론을 거친 후, 나는 Fedex를 통해 이 책에 대한 복사본을 전달받았다. 그것은 그 주제에 대한 다른 책들에 비해 거의 두 배 정도로 700 페이지가 넘었다. 여러분이 현재 보고 있는 이 책은 진정한 '엔지니어와 프로그래머를 위한 기본서'이다. PIC의 타이머를 프로그래밍하는 것에 대한 상세한 설명들이 빠져 있지만, 책의 내용은 훨씬 방대하고 중요한 것들을 짚어내고 있었다.

Tammy는 전자공학의 원리에 대해 설명하는 것으로 시작하여, 유지 보수라는 마지막 단계에 대한 설명으로 마무리한다. 그녀는 하드웨어와 소프트웨어를 통합된 것으로 여기는데, 그것들 중 일부는 임베디드 시스템의 본질에 대해 정의한다. 하지만, 아이러니컬하게도 개발자들은 점점 특화되어 가고 있다. 많은 소프트웨어들은 트랜지스터에 대한 정보를 가지고 있지 않으며, 많은 EE들도 미들웨어에 대해 정확하게 정의하지 못하고 있다. 나는 독자들이 프로젝트와 직접적인 관계가 없는 장들을 읽지 않고 건너 뛸까봐 걱정스럽다.

그러한 유혹을 물리칠 수 있는 현명한 독자가 되도록 하자. 이 환상적인 분야의 모든 면을 다룰 수 있도록 여러분의 시야를 넓혀 임베디드에 박식한 진정한 마스터가 되도록 하자. 우리 엔지니어들은 전문가들이다. 여러분과 나는 진심으로 이것을 알고 있다. 하지만 진정한 전문가란 새로운 것들을 배우는 사람이며, 문제를 해결하기 위해 새로운 관련 기술들을 적용하는 사람을 말한다. 의사에 대해 생각해 보자. 1940년대 페니실린의 발견과 생산은 의학의 전문성을 영원히 바꾸어 놓았다. 새로운 기술을 무시하고, 대학에서 배운 기술들만을 사용하여 시술하던 의사들은 별안간 살인자가 되어버렸다. 소프트웨어와 하드웨어 개발자들은 이와 동일한 상황에 직면하고 있다. 내가 학교에 다닐 때에는 C를 배우지 않았었다. FPGA도 개발되지 않았다. GOTO가 여전히 훌륭했었다. 우리는 원시적인 툴체인을 사용하여 기계어 코드로 마이크로 프로세서들을 프로그래밍하도록 배웠다. 오늘날, 물론 얼마나 많이 변화했는지를 안다.

{ FOREWORD }

이 책의 어떤 부분은 독자들을 놀라게 할 수도 있다. 데이터 시트를 읽는 것에 대해 10 페이지를 다루다니? 사실 데이터 시트는 계약상 보장된 것을 적어 놓은 난해하고 형식적인 편집물이다. 벤더는 우리가 데이터 시트에서 설명하고 있는 방식대로 사용한다면, 그 부분이 xxx 하게 동작할 거라고 약속한다. 하지만 수천의 규정들 중 어떤 부분은 동작하지 않을 수도 있고 신뢰성이 떨어질 수도 있다. 어떤 부분이 100와트 또는 그 이상을 방사하고 있다면, 온도 특성과 같은 그런 것조차도 그 기기의 명령어 세트만큼 중요하다.

Tammy 의 놀라운 예제 선정은 모호한 점들을 명료하게 만들어 주었다. 공학 – 하드웨어이든 소프트웨어이든 – 이란 어떤 것을 만들고 문제점들을 해결하는 분야이다. 이 학문은 건조한 이론을 가지고 작업을 할 수 있다. 연구하는 우리 개발자들은 어떤 것이 어떻게 동작하는지를 살펴봄으로써 가장 좋은 것을 배운다. 그러므로 디바이스 드라이버에 관한 장은 이러한 복잡한 코드 비트들을 만드는 복잡함에 대해 많은 실제 예제들과 함께 설명하고 있다.

마지막으로, 임베디드 시스템의 아키텍처 비즈니스 사이클에 대한 Tammy 의 말에 나는 전적으로 동감한다. 우리는 단지 좋은 시간을 갖기 위해서가 아니라(비록 그러한 시간을 갖기를 바라는 하지만) 중요한 비즈니스 문제를 해결하기 위해 이것을 다루었다. 너무 적은 재능과 개발비용을 사용하여 프로젝트가 현실 불가능하도록 만들지 말아라. 플래시의 초과라는 문제에 대해 대충 분석하면 상상하기 어려운 높은 비용을 야기할 수도 있다. 쇠약해진 회사에서 컴포넌트(하드웨어 또는 소프트웨어)를 선택하면 여러분의 회사는 그 벤더의 권리 양도를 받을 수도 있다.

이 책을 즐기고, 동시에 독자 여러분의 미래의 경쟁력을 갖추어라.

_ **Jack Ganssle**

감사의 글
{ACKNOWLEDGMENTS}

이 책을 만드는 데 가장 큰 공은 감수자들에게 있다. 그들이 제안한 의견들 중 많은 부분이 이 책에 반영되어 있다는 것을 알았을 때 그들이 매우 놀라고 기뻐했으면 좋겠다. 감수자들 중에는 Al M.Zied 박사, 나의 두 형제(특히 처음 나에게 이 책에 대해 쓰라고 권유한 남동생), Jack Ganssle, Volker Enders 박사, Stefan Frank 박사, Karl Mathia 박사, Steve Bailey 가 포함되어 있다.

출판사 Elsevier 에도 감사한다. 특히 이 책이 출판될 수 있도록 열심히 일하고 헌신한 편집자 Carol Lewis 씨와 팀원들에게 감사한다.

그리고 내가 소니 전자에 있을 때, 나의 지도 선배였던 Kazuhisa Maruoka 에 대해서도 말하고 싶다. 그는 나에게 텔레비전을 디자인하는 것에 대해 가르쳐 주었으며, 추후 성장할 수 있는 강력한 기반을 만들어 주었다. 나에게 기회를 주고 채용해 주신 소니 전자의 팀장인 Satoshi Ishiguro 씨에게도 감사한다. 임베디드 시스템 분야에서의 나의 여행은 일본과 산디에고에 있는 소니에서 같이 일한 훌륭한 사람들과 함께 시작되었으며, 이 경험을 토대로 이 책을 쓸 수 있게 되었다.

이 책을 쓸 수 있도록 허락하고 아낌없는 지원을 해준 나의 가족들에게도 매우 감사한다. 그들의 지원과 격려가 없었다면 나는 결코 이 책을 완성하지 못했을 것이다. 내 인생의 가장 행복한 나날들을 제공해 주고 이 책을 쓸 수 있는 기회와 격려를 준 나의 남편 Christian 에게도 감사한다. 이 책을 쓰는 동안 엄마를 잘 참아준 나의 아기 Mia 에게도 감사한다. 그들은 내가 필요로 할 때 항상 끝없는 미소와 포옹 키스를 선물로 주었다. 벨기에에서 매번 와주신 어머니에게도 감사하며, 동부 캘리포니아에서 비행기를 타고 날라와 내가 이 책을 끝낼 수 있도록 집안일을 도우면서, 매순간 나에게 격려를 아끼지 않았던 여동생 Mandy 에게도 감사한다. 마지막으로, 내가 이 책을 쓸 시간과 집중을 할 수 있도록 우리 Mia 를 잘 돌보아 주신 Verónica Cervantes Gaona 씨에게 특히 감사한다. 우리 아이를 너무 잘 돌보아 주어서 정말 고마웠다.

_ **Tammy Noergaard**

지은이에 대하여
{ABOUT THE AUTHOR}

Tammy Noergaard는 임베디드 시스템 아키텍처의 모든 면에 대해 집필할 수 있는 특출한 재능이 있다. 1995년 임베디드 시스템 경력을 시작으로 하여, 그녀는 제품 개발, 시스템 디자인 및 집적, 운용, 판매, 마케팅 및 교육에 폭넓은 경험을 가지고 있다. 그녀는 수많은 하드웨어 플랫폼, 운영체제, 언어를 사용해 본 디자인 경험을 가지고 있다. Noergaard는 소니에서 아날로그 TV용 임베디드 소프트웨어를 개발하고 테스트하는 수석 소프트웨어 엔지니어로서 일했으며, 신규 임베디드 엔지니어와 프로그래머들을 관리하고 지도하였다. 그녀가 개발하였던 텔레비전들은 『소비자 리포트(Consumer Reports)』라는 잡지에서 1위를 차지하며 갈채를 받기도 하였다. Wind River에서 그녀는 Wind River 임베디드 소프트웨어(OS, 자바, 디바이스 드라이버 등)와 소비자 전자시장에서 다양한 임베디드 시스템을 위한 모든 관련 하드웨어를 위한 디자인 전문 기술, 시스템 설정, 시스템 통합, 교육을 제공하는 역할을 하면서, 개발 엔지니어와 고객들을 연결시켜 주는 핵심 엔지니어로 일했다. 가장 최근에는 에스머텍(Esmertec) 북아메리카의 필드 엔지니어링 스페셜리스트 및 컨설턴트로서 일하고 있다. 그녀는 의료기기에 대한 제어 시스템에서부터 디지털 TV에 이르기까지, Jbed를 사용한 다양한 임베디드 자바 시스템을 위한 프로젝트 관리, 시스템 디자인, 시스템 집적, 시스템 설정, 지원 및 전문 기술을 제공한다. Noergaard는 버클리와 스탠포드의 캘리포니아 대학과 산 호세의 임베디드 인터넷 컨퍼런스와 자바 사용자 그룹에서 공학과정을 맡아 강의도 하고 있다.

SECTION I
임베디드 시스템 소개

임베디드 시스템 영역은 넓고 다양해서, 정확한 정의 또는 설명으로 규정하기는 어렵다. 하지만, 1장에서는 어떠한 임베디드 시스템에도 적용할 수 있는 유용한 모델을 소개한다. 이 모델은 그것들의 복잡함이나 차이점에 상관 없이, 서로 다른 종류의 전자 소자들을 구성하는 주요한 컴포넌트들을 이해하는 수단으로 사용하고 있다. 2장에서는 임베디드 시스템을 만들 때 채택하는 보편적인 표준에 대해 소개하고 정의한다. 이 책은 임베디드 시스템 아키텍처의 개론서이기 때문에, 구현될 수 있는 모든 가능한 표준 기반의 컴포넌트들을 다루는 것은 영역 밖의 일이다. 따라서 임베디드 시스템 안에 있는 주요한 컴포넌트들을 표준이 어떻게 정의하고 있는가를 설명하기 위해, 현재의 표준 기반 컴포넌트들 중에서 네트워킹과 자바와 같은 중요한 예제들을 선택하였다. 이것은 독자들이 임베디드 시스템을 이해하기 위해 그 모델 이면에 있는 방법론, 표준들, 그리고 실제 예제들을 사용할 수 있도록 하고, 다른 어떤 표준을 임베디드 시스템 디자인에 적용할 수 있도록 함을 그 목적으로 한다.

IT 대한민국은 ITC(Info Tech Corea)가 함께 하겠습니다.
www.itcpub.co.kr

chapter 01 임베디드 시스템 디자인에 대한 시스템 공학적 접근

이 장에서는

▶ 임베디드 시스템을 정의한다.
▶ 디자인 프로세스를 소개한다.
▶ 임베디드 시스템 아키텍처를 정의한다.
▶ 아키텍처의 영향력에 대해 논의한다.
▶ 다음 절에 대해 요약 정리한다.

1.1 | 임베디드 시스템이란 무엇인가?

임베디드 시스템은 개인용 컴퓨터(PC)나 슈퍼 컴퓨터와 같은 컴퓨터 시스템과는 구별되는 응용 컴퓨터 시스템이다. 하지만, '임베디드 시스템'의 정의는 자꾸 바뀌고 있으며, 그것을 규정하기는 어렵다. 왜냐하면, 그것은 기술적으로 끊임없이 진보하고 있으며, 다양한 하드웨어와 소프트웨어 컴포넌트들을 구현하는 비용이 놀라울 정도로 감소하고 있기 때문이다. 최근 몇 년 동안, 이 분야는 그 전통적인 설명에 대해 이미 많은 부분을 벗어났다. 독자 또한 이러한 설명과 정의에 대한 일부 내용이 부적절하다고 느꼈을 것이다. 따라서 그 이면의 이론과 그것들이 오늘날 정확할 수도 있고 아닐 수도 있다는 점에 대해 이해하고, 그것들에 대해 제대로 논의할 수 있어야 한다는 점은 매우 중요하다. 다음은 임베디드 시스템에 대한 보다 보편적인 설명 몇 가지를 소개하고 있다.

- **임베디드 시스템은 하드웨어와 소프트웨어 기능에 있어 PC보다 더 제한적이다.** 이것은 컴퓨터 시스템 중 임베디드 시스템 그룹의 중요한 특징이다. 하드웨어의 제한이라는 용어는 성능, 전력 소모, 메모리, 하드웨어 기능 등에 대한 제한을 의미한다. 소프트웨어에서 이것은 보통 PC와 관련된 제한을 의미한다. 즉, 어플리케이션의 수와 규모가 적고, 운영체제(OS)가 없거나 OS에 제한이 있으며, 더 적은 가상 계층 코드를 갖는다는 점 등을 들 수 있다. 하지만 과거 그리고 현재의 PC에서 전형적으로 찾아볼 수 있는 소프

트웨어 및 보드들이 보다 복잡한 임베디드 시스템 디자인에 다시 적용되고 있기 때문에, 오늘날 이러한 정의는 부분적으로만 사실이라 할 수 있다.

- **임베디드 시스템은 전용 기능을 수행하기 위해 디자인되어 있다.** 대부분의 임베디드 기기들은 기본적으로 하나의 특정 기능을 수행하도록 디자인된다. 하지만 지금은 개인 휴대형 정보 단말기(PDA)/셀룰러 폰처럼 다양한 기능들을 수행할 수 있도록 디자인되어 있는 임베디드 시스템들을 찾아볼 수 있다. 또한 최근의 디지털 TV들은 이메일, 웹 검색, 게임과 같이, 'TV' 기능과는 관련이 없지만 매우 중요한, 다양한 범용 기능들을 수행하는 쌍방향 어플리케이션을 포함하고 있다.

- **임베디드 시스템은 다른 유형의 컴퓨터 시스템보다 더 높은 품질과 신뢰성을 요구하는 컴퓨터 시스템이다.** 임베디드 기기 중 일부 제품들은 품질과 신뢰도 요구사항에 있어서 매우 높은 기대치를 갖는다. 예를 들어, 혼잡한 고속도로에서 운전을 하는 동안 자동차 엔진 컨트롤러가 고장나거나, 수술 도중 의료기기의 기능이 고장난다면, 매우 심각한 결과를 초래할 수 있다. 하지만 TV, 게임, 셀룰러 폰과 같이 고장이 불편함을 초래하기는 하지만, 삶에는 위협을 주지 않는 임베디드 기기들도 있다.

- **PDA 또는 웹 패드처럼 임베디드 시스템이라고 불리는 일부 기기들은 실제로는 임베디드 시스템이 아니다.** 일부 조건만을 충족시키고, 전통적인 임베디드 시스템 정의 모두를 만족시키지는 못하는 컴퓨터 시스템이, 실제로 임베디드 시스템인가 아닌가에 대한 몇 가지 논쟁이 있다. 임베디드 시스템은 엔지니어보다는 기술적인 면을 요하지 않는 마케팅이나 영업팀 사람들에 의해 사용되기 때문에, 어떤 사람들은 PDA와 같은 복잡한 시스템도 임베디드 시스템이라 여긴다. 실제로, 임베디드 엔지니어들은 이러한 디자인들이 임베디드 시스템인지 아닌지에 대해 의견이 나누어져 있으며, 디자이너들조차도 그것에 대해 의견이 분분하다. 전통적인 임베디드 정의가 계속 진화할지 아니면 이러한 복잡한 시스템들을 포함하는 새로운 컴퓨터 시스템 분야가 생길지는 해당 산업 분야에 있는 다른 사람들에 의해 결국에는 결론이 나게 될 것이다. 하지만 지금까지는 전통적인 임베디드 시스템과 범용 PC 시스템 사이에 속해 있는 제품들을 가리킬 만한 새로운 컴퓨터 시스템 분야가 없기 때문에, 이 책에서는 이러한 유형의 컴퓨터 시스템 제품들을 포함할 만한 새로운 관점의 임베디드 시스템을 정의하겠다.

모든 엔지니어링 시장 영역에 속해 있는 전자기기들은 임베디드 시스템으로 분류된다(표 1-1 참고). 간단히 말해서 '컴퓨터 시스템의 유형'으로 분류할 수 있는 것 외에 임베디드 시스템 기기의 폭넓은 분야를 만족시킬 만한 유일한 특징은 **그것을 표현할 만한 하나의 정의가 없다**는 점이다.

>> 표 1-1 임베디드 시스템과 그 시장의 예[1-1]

시 장	임베디드 기기
자동차	점화 시스템 엔진 제어 브레이크 시스템(예를 들어, ABS 장치)
소비자 전자제품 (consumer electronics)	디지털/아날로그 텔레비전 셋톱 박스(DVD, VCR, 케이블 박스 등) 개인 휴대형 정보 단말기(PDA) 가전제품(냉장고, 토스터, 전자레인지) 자동차 장난감/게임 전화기/셀룰러 폰/무선호출기 카메라 위성항법장치(GPS)
산업 제어	로봇/제어 시스템(제조기기)
의료기기	주입 펌프 투석 기계 의족 장치 심장 모니터 기기
네트워킹	라우터 허브 게이트웨이
사무 자동화	팩시밀리 복사기 프린터 모니터 스캐너

1.2 | 임베디드 시스템 디자인

시스템 공학적 관점에서 임베디드 시스템 아키텍처 디자인에 대해 접근할 때, 임베디드 시스템 디자인의 사이클을 설명하기 위해서 몇 가지 모델을 적용할 수 있다.

이 모델들의 대부분은 다음의 개발 모델 중 하나 또는 몇 가지의 조합을 기반으로 한다.[1-5]

- **빅뱅**(big-bang) **모델** 시스템을 개발하기 전이나 개발하는 동안 수행할 계획 또는 프로세스가 본질적으로 없다.

- **코드 앤 픽스(code-and-fix) 모델** 제품 요구사항들은 정의되어 있지만, 개발을 시작하기 전에 수행할 체계적인 프로세스는 없다.

- **폭포수(waterfall) 모델** 시스템을 개발하기 위한 프로세스가 단계적으로 정의되어 있으며, 한 단계에서의 결과가 다음 단계로 전달된다.

- **나선(spiral) 모델** 시스템을 개발하기 위한 프로세스가 단계적으로 정의되어 있으며, 다양한 단계를 진행하면서 피드백을 얻고, 그것을 다시 그 프로세스에 적용시킨다.

이 책에서는 그림 1-1 에서 설명하고 있는 모델을 사용하는데, 이것을 임베디드 시스템 디자인 및 개발 라이프 사이클 모델이라고 부르겠다. 이 모델은 유명한 폭포수 모델과 나선 모델의 조합을 기반으로 한다.[1-2] 그 동안 참여했었거나 보다 상세한 지식을 습득하였었던 많은 성공적인 임베디드 프로젝트를 조사하고 분석해 보았을 때, 그리고 기술적이면서 비즈니스적인 요구사항들을 충족시키는 데 있어 많은 어려움을 겪었던 것들과 실패했었던 프로젝트들을 분석해 보았을 때, 성공적인 프로젝트는 실패한 프로젝트에 비해 최소한 하나의 공통적인 요인을 포함하고 있다는 결론에 이르게 되었다. 그 요인은 그림 1-1 에서 보인 프로세스이며, 이것은 임베디드 시스템의 디자인 프로세스를 이해하기 위한 중요한 툴로서 이 모델을 소개하고 있는 이유이다.

그림 1-1 에 나타나 있는 것처럼, 임베디드 시스템 디자인 및 개발 프로세스는 아키텍처 생성, 아키텍처 구현, 시스템 테스트, 시스템 유지 보수의 네 그룹으로 나누어진다. 이 책의 대부분은 주로 첫 번째 그룹에 대해 설명하고 있으며, 그 밖의 부분에서는 왜 이 책이 임베디드 시스템 아키텍처를 생성하는 것에 대해 중점적으로 설명하고 있는지 그 이유에 대해 설명하고 있다.

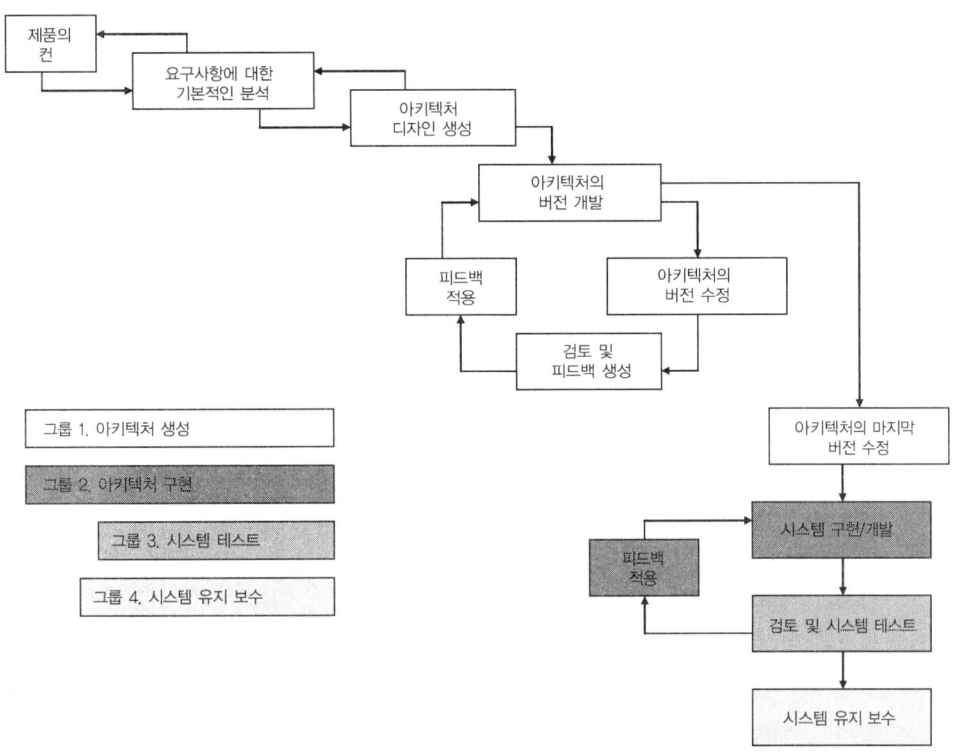

>> 그림 1-1 임베디드 시스템 디자인 및 개발 라이프 사이클 모델[1-2]

이 책에서는 첫 번째 그룹이 6개의 단계로 구성되어 있다고 정의하고 있다; 1단계-확고한 기술적인 기초 다지기, 2단계-아키텍처 비즈니스 사이클 이해하기, 3단계-아키텍처 패턴과 모델 정의하기, 4단계-아키텍처 구조 생성하기, 5단계-아키텍처 문서화하기, 6단계-아키텍처 분석하고 검토하기.[1-3] 2장에서 10장까지는 임베디드 시스템 디자인의 주요 컴포넌트들을 이해하기 위한 확고한 기술적인 기초를 제공하는 것을 중점으로 하고 있다. 11장은 첫 번째 그룹의 남은 단계들에 대해 설명하며, 12장은 마지막 세 가지의 그룹들을 소개한다.

1.3 | 임베디드 시스템 아키텍처 소개

임베디드 시스템의 **아키텍처**(architecture)란 임베디드 기기의 추상적 개념으로, 소프트웨어 소스 코드나 하드웨어 회로 디자인 같은 상세한 구현 정보를 보여주지 못하는 시스템의 일반화를 의미한다. 아키텍처 측면에서 임베디드 시스템의 하드웨어 및 소프트웨어 컴포넌트들은 상호작용을 하는 요소들의 몇 가지 조합으로 표현된다. 그 요소들은 세부 구현사항들이 이끌어 낼 수 있는 하드웨어와 소프트웨어의 표현방법이다. 아키텍처 요소들은 내부적으로 임베디드 기기 안에 집적되거나 임베디드 시스템 외부에 존재하여 내부적인 요소들과 상호작용을 한다. 간단히 말해서, 임베디드 아키텍처는 임베디드 시스템의 요소들, 임베디드 시스템과 상호작용을 하는 요소들, 각 요소들의 특징들과 그 요소들 사이의 상호관계들을 포함하고 있다.

아키텍처 수준의 정보는 물리적으로 구조(structure)의 형태라고 표현된다. 구조란 표현된 요소, 특징, 내부 관련 정보를 포함한 아키텍처의 가능한 표현방법이다. 즉, 구조란 특정한 환경과 요소들이 주어졌을 때 디자인 시점 또는 동작 시점에서 시스템 하드웨어와 소프트웨어의 '한 모양(snapshot)'이다. 이것이 시스템의 모든 복잡한 모양을 캡처하기란 매우 어려운 일이기 때문에 아키텍처는 보통 한 구조 이상으로 구성되어 있다. 아키텍처의 모든 구조들은 본래 서로 관련되어 있으며, 이것은 한 기기의 임베디드 아키텍처인 모든 구조들의 조합이다. 표 1-2는 임베디드 아키텍처를 구성할 수 있는 가장 일반적인 구조들의 일부를 요약하고 있다. 이것은 특정한 구조의 어떤 요소들이 표현되며, 이 요소들이 어떻게 상호관계가 있는지를 보여주고 있다. 표 1-2는 나중에 정의하고 논의할 개념들을 소개하고 있으며, 임베디드 시스템을 표현할 수 있는 다양한 아키텍처 구조를 나타내고 있다. 아키텍처와 그 구조—그것들이 어떻게 상호관계를 가지고 있으며 아키텍처를 어떻게 생성하는지 등—는 11장에서 보다 상세히 설명할 것이다.

>> 표 1-2 아키텍처 구조의 예[1-4]

구조 형태			정의
모듈			모듈이라고 언급하는 요소들은 임베디드 기기 안의 서로 다른 기능적인 컴포넌트들(시스템이 정확하게 동작하기 위해 필요한 본래의 하드웨어와 소프트웨어)로 정의된다. 소프트웨어 또는 하드웨어는 판매를 위해 보통 모듈로 포장되기 때문에, 마케팅 및 영업 아키텍처 다이어그램은 일반적으로 모듈화된 구조로 표현된다(예를 들어, 운영체제, 프로세서, JVM 등).
	사용(서브시스템과 컴포넌트로 불림)		동작시 시스템을 표현하는 일종의 모듈화된 구조로, 그 안에서의 모듈들은 상호 연관되어 사용된다(예를 들어, 모듈화된 것은 다른 모듈들을 사용한다).
		계층	일종의 사용구조로, 그 안에서의 모듈들은 계층들로 구조화되어 있다(예를 들어, 계층구조). 더 높은 계층의 모듈들은 더 낮은 계층의 모듈들을 사용한다(요구한다).
		커널	구조체란 운영체제 커널 안의 또는 커널에 의해 조작되는 모듈(서비스)을 사용하는 모듈을 말한다.

>> 표 1-2 계속

구조 형태			정 의
		채널 아키텍처	구조체는 그 사용을 통해 모듈 전송을 표시하면서 순차적으로 모듈들을 표현한다.
		가상 기기	구조체란 가상 기기의 모듈들을 사용하는 모듈들을 나타낸다.
	분해		어떤 모듈들이 실제로 다른 모듈들의 하위 구조이거나 내부 관계가 그와 같은 모듈화된 구조의 일종이다. 일반적으로 리소스 할당, 프로젝트 관리(계획), 데이터 관리(캡슐화, 상호관계 등)를 결정하기 위해 사용된다.
	클래스(일반화라고 불림)		이것은 소프트웨어를 표현하는 일종의 모듈화된 구조이며, 그 모듈들을 가리켜 클래스라 부른다. 상호관계는 클래스가 다른 클래스로부터 생성되거나 부모의 클래스의 실제 인스턴스인 오브젝트 기반의 접근에 따라 정의된다. 유사한 기초를 가진 시스템을 디자인하는 데 유용하다.
컴포넌트와 커넥터			이 구조체는 컴포넌트(프로세서, JVM 등과 같은 주요 HW/SW 처리장치) 또는 커넥터(hw 버스 또는 sw OS 메시지 등과 컴포넌트들을 연결해 주는 통신방법)들의 요소로 구성된다.
	클라이언트/서버 (분배라고도 불림)		실행시 컴포넌트들이 클라이언트이거나 서버(오브젝트)이고 커넥터들이 클라이언트와 서버 사이에 상호 통신을 위해 사용되는 방식(프로토콜, 메시지, 패킷 등)인 시스템의 구조이다.
	프로세스 (통신 프로세스라고도 불림)		이 구조는 운영체제를 포함하는 시스템의 소프트웨어 구조이다. 컴포넌트들은 프로세서 또는 쓰레드(9장의 OS 참고)이고 그들의 커넥터들은 내부 프로세서 통신방식(공유 데이터, 파이프 등)이다. 스케줄링과 성능을 분석하는 데 유용하다.
	병렬 처리와 리소스		이 구조는 OS를 포함하고 있는 시스템의 실행시 모습이다. 이 구조 안에서 컴포넌트들은 병렬로 실행되는 쓰레드를 통해 연결되어 있다(9장의 OS 참고). 원래 이 구조는 리소스 관리를 할 때, 그리고 공유 자원을 가지고 있을 시 어떤 문제가 있는지를 결정할 때, 그리고 소프트웨어가 병렬로 실행될 수 있는 것을 결정할 때 사용된다.
		인터럽트	이 구조체는 시스템 안에서의 인터럽트 처리방법을 나타낸다.
		스케줄링 (EDF, 우선순위, 라운드로빈)	이 구조체는 OS 스케줄러의 공정성을 보여주는 쓰레드의 태스크 스케줄링 방법을 나타낸다.
	메모리		이 런타임 표현은 메모리와 메모리 할당/해제 방법-특히 시스템의 메모리 관리-을 다루는 데이터 컴포넌트들로 구성되어 있다.
		가비지 컬렉션	이 구조체는 가비지 할당방법을 나타낸다(2장에서 부가 설명하겠다).
		할당	이 구조체는 시스템의 메모리 할당방법을 나타낸다(정적 또는 동적, 크기 등).

>> 표 1-2 계속

구조 형태		정의
	안전성과 신뢰성	이 구조체는 실행시 시스템의 일부이다. 그 내부의 컴포넌트(hw 요소와 sw 요소)와 그것들의 상호 통신방법은 문제가 발생하는 곳에서 시스템의 신뢰성과 안전성을 나타내 준다(다양한 문제점들로부터 회복되는 능력).
할당		소프트웨어 요소와 하드웨어 요소 그리고 다양한 환경 내의 외부적인 요소 사이의 관계를 나타내는 구조체이다.
	작업 할당	이 구조체는 다양한 개발 및 디자인 팀에 역할을 분담시켜 준다. 일반적으로 팀 관리에 사용된다.
	구현	이것은 개발 시스템의 파일 시스템상에서 소프트웨어가 위치한 곳을 가리키는 소프트웨어 구조체이다.
	적용	이 구조는 런타임시의 시스템을 의미하며, 이 구조에서의 요소들이 하드웨어인지 소프트웨어인지, 그리고 시스템 요소들 간의 관계는 소프트웨어가 하드웨어상의 어디에 매핑되어 있는가를 나타낸다.

참고 많은 경우 '아키텍처'와 '구조'라는 용어들은 때때로 혼용해서 사용된다는 것을 알아두자. 이 책에서 역시 이 용어들을 그렇게 사용하고 있다.

1.4 | 임베디드 시스템의 아키텍처는 왜 중요한가?

이 책은 임베디드 시스템에 대해 아키텍처 시스템 공학 접근방식을 사용하고 있다. 그 방법은 임베디드 시스템 디자인을 이해하고, 새로운 시스템을 디자인할 때 직면할 수 있는 문제들을 해결하기 위해 사용될 수 있는 가장 막강한 툴 중 하나이기 때문이다. 이러한 문제들 중 가장 보편적인 것으로는 다음과 같은 것들이 있다.

- 시스템의 디자인을 정의하고 캡처하는 것
- 비용 제한
- 신뢰성과 안전성처럼, 시스템의 무결성을 결정하는 것
- 가능한 요소들의 기능 제한 안에서 작업하는 것(예를 들어, 처리 전력, 메모리, 배터리 수명 등)

- 시장 가능성과 판매 가능성
- 결정적인 요구사항

간단히 말해서, 임베디드 시스템 아키텍처는 프로젝트의 초기 단계에서 이러한 문제들을 해결하기 위해 사용될 수 있다. 내부 구현에 대한 세부사항들을 정의하지 못하거나 알지 못하더라도, 임베디드 기기의 아키텍처는 디자인, 가능한 디자인 옵션, 디자인 제한사항의 인프라스트럭처를 정의하는 높은 수준의 청사진으로 검토되고 사용되는 첫 번째 툴이 될 수 있다. 구조적인 접근을 보다 강력하게 만들어 주는 것은 기술적인 배경이 있든 없든 다양한 사람들과 어떤 디자인에 대해 비공식적이고 빠르게 의사 소통을 할 수 있는 능력이다. 심지어는 그 프로젝트를 계획하거나 실제 기기를 디자인할 때 기초 단계로 활용할 수도 있다. 그것은 시스템의 요구사항에 대해 분명하게 윤곽을 그려주기 때문에, 아키텍처는 어떤 기기의 품질과 다양한 환경하에서 그 성능을 분석하고 테스트하기 위한 기초로 동작할 수 있다. 뿐만 아니라 그것을 정확하게 이해하고 생성하여 이용한다면, 아키텍처는 다양한 요소들을 구현하는 것과 관련한 위험에 대해 보여주고, 이러한 위험을 완화시켜 주기 때문에 정확하게 예산을 산출해 내어 비용을 줄이는 데 사용될 수도 있다. 마지막으로, 다양한 구조의 아키텍처는 유사한 특징을 가진 미래의 제품들을 디자인하기 위해 사용될 수도 있어서, 디자인물을 재사용할 수 있게 해주고 미래의 디자인과 개발비용을 감소시켜 준다.

이 책에서 아키텍처적인 접근방법을 사용함으로써 필자는 독자들에게 **임베디드 시스템 아키텍처를 정의하고 이해하는 것이 훌륭한 시스템 디자인의 핵심**이라는 점을 전달하고 싶었다. 이것은 위에 설명한 것 외에 다음과 같은 추가 이유가 있다.

1. 모든 임베디드 시스템은 그것이 문서화되었든 아니든 간에 아키텍처를 가지고 있다. 왜냐하면 모든 임베디드 시스템은 상호작용을 하는 요소들(하드웨어이든 소프트웨어이든)로 구성되어 있기 때문이다. 정의에 의한 아키텍처는 이러한 요소들과 그 관계들을 표현한 세트이다.

2. 임베디드 아키텍처는 다양한 면들을 보여주고 있기 때문에, 주요한 요소들, 각 컴포넌트들이 왜 존재하는가, 그리고 그 요소들이 왜 그러한 방식으로 동작하는가를 이해하는 유용한 툴이다. 임베디드 시스템 내의 요소들 중 어떤 것도 공짜로 동작하지는 않는다. 한 기기 내의 모든 요소들은 어떤 방식으로든 다른 요소들과 상호 연관되어 있다. 게다가 그 요소들의 외부로 보이는 특징들은 함께 동작하는 다른 요소와는 다를 수 있다. 어떤 요소의 주어진 기능, 성능 등등에 대한 이유를 이해하지 못한다면, 실제 다양한 환경하에서 시스템이 어떻게 동작하는지 결정하기란 어려운 일일 것이다.

아키텍처 구조가 개괄적이고 비공식적이라 하더라도 그것이 없는 것보다는 낫다. 아키텍처가 어떤 방법으로든 디자인의 크리티컬한 컴포넌트들과 그 관계들을 전달하는 한, 그것은 프로젝트 구성원들에게 어떤 기기가 그 요구사항을 충족시킬 수 있는지, 그리고 그러한 시스템이 어떻게 성공적으로 구축될 수 있는지에 대한 핵심 정보를 제공한다.

1.5 | 임베디드 시스템 모델

이 책 범주에서는, 임베디드 시스템의 기술적인 개념과 기초를 소개하기 위해 다양한 아키텍처 구조들이 사용된다. 또한 이러한 아키텍처 구조를 위한 기초로 사용되는 현존하는 아키텍처 툴(예를 들어, 레퍼런스 모델)들을 소개하고 있다. 최상위 계층에서, 임베디드 시스템 디자인 내에 속해 있는 주요 요소들을 소개하기 위해 사용되는 기본적인 아키텍처 툴을 가리켜 임베디드 시스템 모델이라고 한다(그림 1-2 참고).

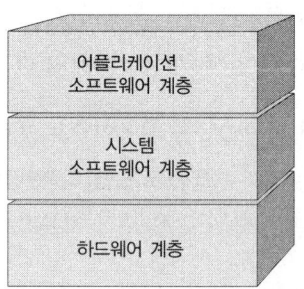

>> 그림 1-2 임베디드 시스템 모델

임베디드 시스템 모델은 모든 임베디드 시스템이 최상위 계층에서는 하나의 유사성을 공유하고 있다는 것을 가리킨다. 즉, 그것들은 모두 최소한 한 계층(하드웨어) 또는 모든 컴포넌트들이 속해 있는 모든 계층들(하드웨어, 시스템 소프트웨어, 어플리케이션 소프트웨어)을 가지고 있다. 하드웨어 계층은 임베디드 보드에 있는 모든 주요한 물리적인 컴포넌트들을 포함하고 있다. 반면에, 시스템 소프트웨어와 어플리케이션 소프트웨어 계층은 임베디드 시스템상에 속해 있는 모든 소프트웨어를 포함하거나, 임베디드 시스템에 의해 처리되는 모든 소프트웨어를 포함한다.

이러한 레퍼런스 모델은 근본적으로 모듈화된 아키텍처 구조가 이끌어 낼 수 있는 임베디드 시스템 아키텍처의 계층적(모듈화된) 표현법이다. 표 1-1 에 나타난 기기들 사이의 차이점들과는 상관 없이, 이 기기들 내의 컴포넌트들을 계층으로 시각화하고 그룹화함으로써 이러한 모든 시스템들의 아키텍처를 이해하는 것이 가능하다. 계층이라는 개념은 임베디드 시스템 디자인에서는 특별한 것이 아니다(아키텍처들은 모든 컴퓨터 시스템과 관련이 있으며, 임베디드 시스템은 일종의 컴퓨터 시스템이다). 하지만 임베디드 시스템을 디자인할 때 사용될 수 있는 수천 또는 수백 가지의 가능한 하드웨어와 소프트웨어 컴포넌트들의 조합을 시각화하는 것은 매우 유용하다. 따라서 다음의 두 가지 이유로, 필자는 이 책의 기본 구조로 임베디드 시스템 아키텍처의 모듈화된 표현법을 선택하였다.

1. 주요한 요소들의 시각적인 표현법과 그 연상된 기능들에 있어서, 이 계층화된 접근은 독자들이 임베디드 시스템과 내부 관련성 있는 다양한 컴포넌트들을 시각화할 수 있게 해준다.

2. 모듈화된 아키텍처 표현법은 전체적인 임베디드 프로젝트를 구조화하기 위해 사용할 수 있는 아키텍처들이다. 이것은 이러한 유형의 아키텍처 내에서 다양한 모듈들(요소들)이 보통의 기능에 있어서 독립적이다. 이러한 요소들은 또한 훨씬 더 높은 정도의 상호관계를 가지며, 이러한 유형의 요소들을 계층으로 분리하는 것은 복잡한 상호관계를 무리하게 단순화하거나 요구되는 기능들을 무리하게 깊게 보는 위험 없이 시스템을 구조적으로 조직화할 수 있게 한다.

이 책의 Section II와 III은 임베디드 시스템 모델의 계층에 속하는 주요한 모듈들을 정의한다. 특히 대부분의 임베디드 시스템에서 발견될 수 있는 주요한 컴포넌트들에 대해 간략하게 살펴본다. 그런 다음 Section IV에서는 이 장에서 소개한 아키텍처 프로세스에 따라 이전의 장에서 설명하였던 기술적인 개념들을 어떻게 적용시키는지를 설명하기 위해 디자인과 개발의 관점에서 이러한 계층들을 모아놓았다. 이 책 전반에 걸쳐, 기술적인 이론들의 실용적인 측면을 보이기 위해, 그리고 임베디드 개념을 가리키기 위한 주요 툴로서 실생활에서의 제안들과 예제들을 제공하였다. 이 책으로부터 최대 이익을 얻을 수 있도록 하기 위해, 그리고 미래의 임베디드 프로젝트에 제공되는 정보들을 적용할 수 있도록 하기 위해 독자들은 다양한 예들을 살펴보면서 다음의 사항들을 기억해 주기 바란다.

- **모든 다양한 예제들이 따르는 패턴** 이 항목은 이 절에서 소개하는 기술적인 개념뿐만 아니라 그보다 더 높은 수준의 아키텍처 표현법에 매핑될 수 있다. 이러한 패턴은 임베디드 디자인이 분석될 수 있는지에 상관 없이, 임베디드 시스템을 이해하거나 디자인하기 위해 보통 적용될 수 있는 것이다.

- **이 정보가 어디에서 왔는가** 이 항목은 인터넷이나 임베디드 잡지의 기사, 임베디드 시스템 전시회, 데이터 시트, 사용자 매뉴얼, 프로그래밍 매뉴얼, 회로도 등의 다양한 소스로부터 임베디드 시스템 디자인에서의 가치 있는 정보가 수집될 수 있기 때문이다.

1.6 | 요약 정리

이 장에서는 시장에서의 보다 복잡하고도 최신의 정의를 포함하여 임베디드 시스템이 무엇인지 정의를 내리는 것으로부터 시작하였다. 그런 다음 시스템의 다양한 표현들을 통칭하여 용어에 있어서의 임베디드 시스템 아키텍처란 무엇인지 정의를 하였다. 이 장은 또한 이 책에서 임베디드 개념을 소개하기 위한 접근방법으로 아키텍처적인 접근방법을 소개하였다. 그것은 시스템이란 무엇이며 어떤 것으로 구성되어 있는지, 이 구성요소들이 어떻게 동작하는지에 대한 분명한 모습을 보여주기 때문이다. 추가로, 이러한 접근은 시스템에서 동작하거나 동작하지 않은 것에 대한 초기 지표를 제공하고, 시스템의 무결성을 향상시키며, 재사용에 의한 비용 절감을 야기한다.

다음 장에서는 산업 표준이 임베디드 디자인에 어떠한 역할을 하는지에 대해 알아볼 수 있도록 실제 예를 제공한다. 이것은 특정 기기와 관련된 표준에 대해 알고 이해하는 것과 아키텍처를 생성하고 이해하기 위해 이러한 표준을 이용하는 것이 얼마나 중요한지를 알려주는 것을 목적으로 한다.

exercise

1. 임베디드 시스템의 3가지 정의의 이름을 적어라.

2. 전통적인 가정법은 더 최신의 복잡한 임베디드 디자인에 어떤 방법으로 적용되는가? 예를 들어 설명하라.

3. [T/F] 임베디드 시스템은 아래의 예에 모두 해당된다.
    A. 의료기기
    B. 컴퓨터 시스템
    C. 매우 신뢰도가 높음
    D. A, B, C 모두에 해당됨
    E. 위의 어떤 것에도 해당되지 않음

4. ⓐ 임베디드 시스템이 일반적으로 속해 있는 5가지 시장의 이름을 적고 이에 대해 설명하라.
   ⓑ 각 시장에 속하는 기기 5가지를 예로 들어라.

5. 대부분의 임베디드 프로젝트가 기반으로 하고 있는 4가지 개발 모델의 이름을 적고 이에 대해 설명하라.

6. ⓐ 임베디드 시스템 디자인 및 개발 라이프 사이클 모델은 무엇인가?
   ⓑ 이 모델이 근간으로 하는 개발 모델은 무엇인가?
   ⓒ 이 모델에는 얼마나 많은 단계들이 존재하는가?
   ⓓ 각 단계의 이름을 적고 이에 대해 설명하라.

7. 아래의 각 단계 중 아키텍처의 생성이라는, 임베디드 시스템 디자인 및 개발 라이프 사이클 모델의 그룹 1에 속해 있지 않은 단계는 무엇인가?
    A. 아키텍처 비즈니스 사이클 이해
    B. 아키텍처 문서화
    C. 임베디드 시스템 유지 보수
    D. 확고한 기술적인 기초 다지기
    E. 정답 없음

8. 임베디드 시스템을 디자인할 때, 일반적으로 직면하게 되는 5가지 도전의 이름을 적어라.

9. 임베디드 시스템 아키텍처란 무엇인가?

10. [T/F] 모든 임베디드 시스템은 아키텍처를 가지고 있다.

11. ⓐ 임베디드 시스템 아키텍처의 요소는 무엇인가?
ⓑ 아키텍처적인 요소들의 4가지 예를 적어라.

12. 아키텍처적인 구조는 무엇인가?

13. 5가지 유형의 구조 이름을 적고 이를 정의하라.

14. ⓐ 임베디드 시스템을 디자인할 때 겪게 되는 최소한 3가지 도전의 이름을 적어라.
ⓑ 아키텍처는 이러한 도전들을 어떻게 해결하는가?

15. ⓐ 임베디드 시스템 모델은 무엇인가?
ⓑ 임베디드 시스템 모델은 어떠한 구조적인 접근을 취하는가?
ⓒ 이 모델의 계층들을 정의하고 그려라.
ⓓ 이 모델은 왜 소개되었는가?

16. 모듈화된 아키텍처 표현은 왜 유용한가?

17. 임베디드 시스템 내의 주요한 모든 요소들은 다음 중 어디에 속해 있는가?
A. 하드웨어 계층
B. 시스템 소프트웨어 계층
C. 어플리케이션 소프트웨어 계층
D. 하드웨어, 시스템 소프트웨어, 그리고 어플리케이션 소프트웨어 계층
E. 기기에 따라 A 또는 D

18. 임베디드 시스템 디자인 정보를 모으기 위해 사용될 수 있는 6가지 소스의 이름을 적어라.

chapter 02 표준에 대해 알아보자

이 장에서는

▶ 표준의 의미를 정의한다.
▶ 여러 종류의 표준들에 대한 예들을 정리해 본다.
▶ 아키텍처에 따른 프로그래밍 언어 표준의 영향력에 대해 알아본다.
▶ OSI 모델과 네트워킹 프로토콜의 예에 대해 알아본다.
▶ 많은 표준들을 가지고 구현한 예로 디지털 TV를 사용하여 논의한다.

임베디드 시스템에서 가장 중요한 컴포넌트들 가운데 몇 가지는 특정한 방법론에서 비롯되는데, 이를 가리켜 보통 **표준**(standard)이라고 부른다. 표준은 이 컴포넌트들이 어떻게 디자인되었는지를 가리키며, 성공적인 집적과 기능들을 위해서 임베디드 시스템에 요구되는 추가 컴포넌트들에는 어떤 것이 있는지를 알려준다. 그림 2-1에서 볼 수 있는 것처럼, 표준은 임베디드 시스템 모델의 각 계층에 특화된 기능들을 정의할 수 있으며, 이것은 시장에 특화된 표준과 범용 표준, 그리고 두 범주에 모두 적용될 수 있는 표준으로 분류할 수 있다.

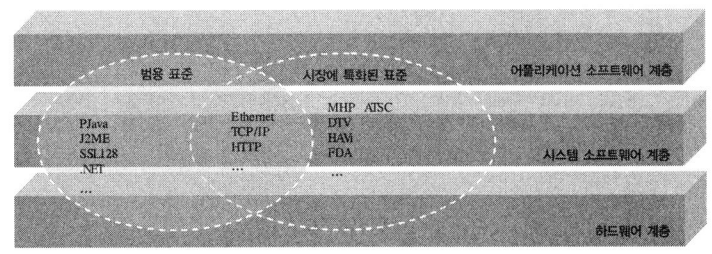

>> 그림 2-1 표준 다이어그램

시장에 매우 특화된 표준들은 유사한 기술적 특징 또는 최종 사용자의 특성들을 공유하는 관련 임베디드 시스템들의 특정 그룹과 연관된 기능들을 정의하며, 그 예로 다음과 같은 것들이 있다.

- **소비자 전자제품**   PDA(개인 휴대형 정보 단말기), TV(아날로그와 디지털), 게임, 장난감, 가전제품(예를 들어, 전자레인지, 식기세척기, 세탁기), 그리고 인터넷 보조기기와 같은 개인의 삶에서 소비자들에 의해 사용되는 기기들을 포함한다.[2-1]

- **의료기기**   "인간에게 사용되기 위해 제조사가 의도한 적절한 기능을 하는 소프트웨어를 포함하면서 단독 또는 조합의 형태로 만들어진 기기, 기구, 보조기, 재료, 또는 그 외의 물건들로 정의된다. 그 목적은 다음과 같다.

  - 질병의 진단, 방지, 모니터링, 치료 또는 완화
  - 상해 또는 장애를 위한 보정 또는 진단, 모니터링, 치료, 완화
  - 생리적 과정 또는 해부학적 조직의 검사, 교체, 수정
  - 임신 제어

  약학의, 면역학의 또는 물질대사의 방식에 의해 인간의 몸에 그 본래 의도대로의 동작을 수행하지는 못하지만, 그러한 방식으로 그 기관에 도움을 줄 수 있는…"
  – 유럽 의료기기 지침[MDD(Medical Device Directive)](93/42/EEC)[2-14]

  이것은 투석기, 주입 펌프, 심장 모니터, 의약 운송, 보철술 등을 포함하고 있다.[2-1]

- **산업 자동화와 제어**   순환식 자동화 과정을 실행하기 위해 제조산업에서 주로 사용되는 '컴퓨터식' 로봇기기(컴퓨터식 센서, 모션 제어기, 인간/기계 인터페이스 기기, 산업 스위치 등)가 포함된다.[2-1]

- **네트워킹과 통신**   허브, 게이트웨이, 라우터, 스위치와 같이 네트워크와 연결된 중간 기기로서, 이 시장은 셀룰러 폰(셀룰러 폰/PDA 혼합 기기 포함), 호출기, 비디오폰, 그리고 ATM 기기와 같은 오디오/비디오 통신을 위해 사용되는 기기들을 포함하고 있다.[2-1]

- **자동차**   오락 센터, 엔진 제어, 보안, ALB 브레이크 제어 시스템과 같은 자동차 내에 설치된 서브시스템이 포함된다.[2-1]

- **우주과학과 방어기술**   비행 관리, '컴퓨터식' 무기, 제트 엔진 제어와 같은 우주선 내에 설치된 또는 군대에서 사용되는 시스템들이 포함된다.[2-1]

- **사무/가정 자동화**   프린터, 스캐너, 모니터, 팩스, 포토복사기, 바코드 리더기, 라이터기와 같은 사무실에서 사용되는 기기들을 포함하고 있다.[2-1]

> **실생활 조언**
> 임베디드 시스템 시장 영역과 관련 제품들은 새로운 제품들이 출현하고 다른 제품들이 사라지기 때문에 항상 변화한다. 시장의 정의는 또한 회사에 따라, 그리고 제품들이 시장영역으로 구분되어지는 방법에 따라 다양해질 수 있다. 임베디드 시장을 설명하기 위해 사용되는 현재의 용어들에 대한 개요와 그 기기들을 어떻게 그룹화하는지에 대해 빨리 개요를 잡고 싶어서, 필자는 주요한 임베디드 시스템 소프트웨어 벤더의 웹사이트를 서너 군데 돌아다녔다. (연구작업 동안 필자는 정보를 검증하기 위해 셋 또는 그 이상의 독립적인 소스들을 가지고 확인해 보는 신문 잡지 같은 방법을 채택하였다) 또한 '임베디드 시장 영역' 이라는 키워드를 가지고 검색 엔진을 사용하였고, 제품군에서 최근에 개발된 것들을 조사하였다.

네트워킹과 일부 TV 표준 외에 대부분의 시장에 특화된 표준은 임베디드 시스템으로만 구현된다. 정의와 같이, 그것들은 임베디드 기기의 특정 그룹을 위해 의도되어 있기 때문이다. 한편, 범용 표준들은 보통 임베디드 기기의 한 특정 시장을 위해 의도된 것은 아니다. 일부는 임베디드가 아닌 기기들에서 채택되어 있다. 프로그래밍 언어 기반의 표준은 다양한 임베디드 시스템이든 임베디드가 아닌 시스템이든 간에 구현될 수 있는 범용 표준들의 예이다. 범용뿐 아니라 시장 특화를 모두 고려하고 있는 표준들은 네트워킹 표준과 일부 TV 표준을 포함하고 있다. 네트워킹 기능은 허브와 라우터 같은 네트워킹 시장에 속해 있는 기기와 네트워킹 기기, 소비자 전자제품 등에서의 무선 통신 같은 다양한 기기에 속해 있는 기기, 그리고 임베디드가 아닌 기기에서 구현될 수 있다. TV 표준은 전통적인 TV와 셋톱 박스에서뿐 아니라 PC에서 구현되어 왔다.

표 2-1 은 현재의 실생활 표준과 그 구현 목적에 관한 것들에 대해 설명하고 있다.

>> 표 2-1 임베디드 시스템에서 구현된 표준 예

표준 유형		표 준	목 적
시장에 특화된 표준	소비자 전자제품	자바 TV	자바 TV API(어플리케이션 프로그램 인터페이스)는 MHP(멀티미디어 홈 플랫폼) 오디오 비디오 스트리밍, 조건적 접근, 대역 내(in-band) 데이터 채널 및 대역 외(out-of-band) 데이터 채널 접근, 서비스 정보 데이터 접근, 패널 변경을 위한 튜너 제어, 화면 그래픽 제어, 미디어 동기화(쌍방향 TV 콘텐츠가 TV 프로그램의 기본이 되는 비디오 및 배경 오디오와 동기화될 수 있게 한다), 어플리케이션 라이프 사이클 제어(콘텐츠들이 광고와 같은 TV 프로그래밍 콘텐츠와 적절하게 공존할 수 있게 한다)와 같이, 디지털 TV 수신기에 특화된 기능으로의 접근을 제공하는 확장 형식의 자바 플랫폼이다.[2-3] (java.sun.com 참고)

>> 표 2-1 계속

표준 유형		표준	목 적
시장에 특화된 표준	소비자 전자제품	DVB (Digital Video Broadcasting, 디지털 비디오 방송) -MHP(Multimedia Home Platform, 멀티미디어 홈 플랫폼)	디지털 TV 디자인에 사용되는 자바 기반의 표준이다. 시스템 소프트웨어 계층 안에 있는 컴포넌트들을 소개하고, MHP와 호환되는 하드웨어 권장안과 어플리케이션의 유형을 제공한다. 기본적으로, 쌍방향 디지털 어플리케이션과 로우엔드에서 하이엔드에 이르기까지의 다양한 셋톱 박스, 집적된 디지털 TV 세트, 그 어플리케이션이 실행되는 멀티미디어 PC와 같은 다양한 제품들 간의 기본 인터페이스를 정의한다. 이 인터페이스는 여러 MHP 터미널 제품들의 특정 하드웨어 및 소프트웨어 상세 사항들로부터 만들어진 서로 다른 공급자들의 어플리케이션을 통합해 주어서 디지털 콘텐츠 공급자들이 모든 종류의 터미널들을 지원할 수 있게 해준다. MHP는 위성파, 케이블, 지상파, 초고주파를 포함한 모든 전송 네트워크에서의 방송 및 쌍방향 서비스를 위해 기존의 DVB 개방형 표준을 확장한 형태이다.[2-2] (www.mhp.org 참고)
		ISO/IEC 16500 DAVIC(Digital Audio Visual Council, 디지털 시청각 협의회)	DAVIC는 방송 및 쌍방향 디지털 오디오 비주얼 정보의 단자 간 상호 운용성과 멀티미디어 커뮤니케이션의 단자 간 상호 운용성을 위한 산업 표준이다.[2-4] (www.davic.org 또는 www.iso.ch 참고)
		ATSC(Advanced Television Standards Committee, 차세대 TV 표준 위원회) - DASE(Digital TV Applications Software Environment, 디지털 TV 어플리케이션 소프트웨어 환경)	DASE 표준은 프로그래밍 콘텐츠와 어플리케이션이 '공통 수신기'에서 동작할 수 있도록 해주는 시스템 소프트웨어 계층을 정의한다. 양방향의 진보된 어플리케이션들은 플랫폼에 독립적인 방식으로 공통의 수신기에 접근할 수 있어야 한다. 이 환경은 그 어플리케이션들과 데이터가 모든 브랜드 및 모델의 수신기에서 일관되게 동작할 수 있도록 하기 위해 필요한 규정들을 포함하고 있는 개선된 양방향 콘텐츠 생성기(creator)를 제공한다. 따라서 제조사들은 수신기를 위한 하드웨어 플랫폼과 운영체제를 선택할 수 있을 것이다. 하지만, 많은 콘텐츠 생성기에 의해 만들어진 다양한 어플리케이션들을 지원하기 위해 필요한 공통성을 제공할 것이다.[2-5] (www.atsc.org 참고)

>> 표 2-1 계속

표준 유형		표 준	목 적
시장에 특화된 표준	소비자 전자제품	ATVEF(Advanced Television Enhancement Forum, 차세대 TV 향상 포럼) - SMPTE(Society of Motion Picture and Television Engineers, 영화 및 TV 엔지니어 협회) DDE-1	ATVEF Enhanced Content 규정은 어떤 호환되는 수신기로의 연결에 있어 신뢰성 있는 방송이 될 수 있는 HTML 기능이 추가된 TV 콘텐츠의 생성을 가능하게 하는 데 필요한 기초를 정의한다. ATVEF는 진보된, 양방향 TV 콘텐츠를 생성하고, 그 콘텐츠를 다양한 TV, 셋톱 박스, PC 기반의 수신기로 전달하기 위한 표준이다. ATVEF[SMPTE DDE-1]은 아날로그(NTSC)와 디지털(ATSC) TV 방송을 포함하는 다양한 매체와, 지상파 방송, 케이블, 위성을 포함한 다양한 네트워크를 통해 전달될 수 있는 진보된 콘텐츠를 생성하기 위해 사용되는 표준을 정의한다.[2-6] (www.smpte.org/ 또는 www.atvef.com 참고)
		DTVIA(Digital Television Industrial Alliance of China, 중국 디지털 TV 산업 연맹)	DTVIA는 선도하는 TV 제조사, 연구기관 및 방송학원으로 구성된 기관으로, 아날로그에서 디지털로 전환하기 위해 중국 TV 산업을 위한 핵심 기술 및 규정을 담당하고 있다. DTVIA와 Sun은 Sun의 자바 TV API 규정을 도입하는 차세대 쌍방향 디지털 TV를 위한 표준을 규정하기 위해 함께 작업을 하고 있다.[2-7] [http://java.sun.com/pr/2000/05/pr000508-02.html과 http://netvision.qianlong.com/8737/2003-6-4/39@878954.html을 참고하거나, Guo Ke 디지털 TV 산업 연맹(DTVIA), +86-10-64383425, guo-ke@btamail.net.cn으로 연락을 해보아라]
		ARIB-BML (Association of Radio Industries and Business of Japan, 일본 라디오 산업 및 비즈니스 연합)	ARIB는 1999년, "디지털 방송을 위한 데이터 코딩 및 전송 규정"이라는 제목의 표준, XML 기반의 표준을 제정하였다. ARIB B24 규정은 XHTML 1.0 Strict 문서 유형의 초기 작업본으로부터 그것을 확장하고 변경한, BML(broadcast markup language, 방송 마크업 언어)에서 유래하였다. (www.arib.or.jp 참고)
		OCAP(OpenCable Application Platform, 개방형 케이블 어플리케이션 플랫폼)	OCAP(OpenCable Application Platform, 개방형 케이블 어플리케이션 플랫폼)은 어플리케이션 이식성(OpenCable을 위해 작성된 어플리케이션들은 변경 없이도 어떤 네트워크상에서 또는 어떤 하드웨어 플랫폼에서도 동작할 수 있어야 한다)을 가능하게 하는 인터페이스를 제공하는 시스

>> 표 2-1 계속

표준 유형		표준	목 적
시장에 특화된 표준	소비자 전자제품	OCAP	템 소프트웨어 계층이다. OCAP 규정은 DVB MHP 규정을 바탕으로, 전 시간 재방송(리턴) 채널을 포함하고 있는 북아메리카 케이블 환경을 위해 수정을 하여 제정되었다. MHP에 대한 주요한 수정사항으로는 HTML, XML, ECMAScript를 지원하는 PE(Presentation Engine, 프리젠테이션 엔진)의 추가가 있다. PE와 자바 EE (Execution Engine, 실행 엔진) 사이의 브리지는 PE 어플리케이션이 특권을 얻어서 특권이 있는 연산을 바로 조작할 수 있게 해준다.[2-8] (www.opencable.com 참고)
		OSGi(Open Services Gateway Initiative, 개방형 서비스 게이트웨이 협회)	OSGi 규정은 블루투스, CAL, CEBus, Convergence, emNET, HAVi™, HomePNA™, HomePlug™, HomeRF™, Jini™ technology, LonWorks, UPnP, 802.11B, VESA 등과 같은 모든 주거용 네트워킹 표준들을 개선하기 위해 디자인되었다. OSGi 프레임워크와 규정들은 단일 개방형 서비스 게이트웨이(셋톱 박스, 케이블 또는 DSL 모뎀, PC, 웹 폰, 자동차, 멀티미디어 게이트웨이, 전용 주거 게이트웨이)상에서 다중 서비스들의 초기화 및 연산을 돕는다.[2-9] (www.osgi.org 참고)
		OpenTV	OpenTV는 양방향 TV 디지털 셋톱 박스를 위한, EN2라고 불리는 DVB-호환 시스템 소프트웨어 특허를 갖는다. 그것은 MHP 기능을 보완하고, HTML 렌더링 및 웹 브라우저와 같은 현재 MHP 규정의 범주 이상의 기능들을 제공한다.[2-10] (www.opentv.com 참고)
		MicrosoftTV	MicrosoftTV는 아날로그 및 디지털 TV 기술을 인터넷 기능과 합친 양방향 TV 시스템 소프트웨어 특허이다. MicrosoftTV 기술은 HTML, XML 등과 같은 인터넷 표준과 NTSC, PAL, SECAM, ATSC, OpenCable, DVB, SMPTE 363M (ATVEF 규정)을 포함한 현재의 방송 형식과 표준들을 지원한다.[2-11] (www.microsoft.com 참고)

>> 표 2-1 계속

표준 유형	표준		목적
시장에 특화된 표준	소비자 전자제품	HAVi(Home Audio Video Initiative, 홈 오디오 비디오 협회)	HAVi 는 디지털 오디오와 비디오 소비자 기기 간에 문제 없이 상호 운용이 가능하게 하는 홈 네트워킹 표준을 제공한다. 이것은 네트워킹 내의 모든 오디오 및 비디오 가전제품들이 서로서로 상호작용을 할 수 있으며, 네트워크 설정 및 가전제품 제조사에 상관 없이 하나 또는 그 이상의 가전제품들상의 기능들이 또 다른 가전제품에 의해 제어될 수 있게 해준다.[2-12] (www.havi.org 참고)
		CEA(Consumer Electronics Association, 소비자 전자제품협회)	새로운 제품들이 시장에 진입하고, 기존의 제품들과 공동 이용이 가능하게 하는 산업 표준과 기술 규격들을 개발함으로써 소비자 전자제품 산업 성장을 촉진하고자 노력한다. 표준들은 ANSI-EIA-639 캠코더 및 비디오 카메라 저조도 성능, VCR 규정을 위한 CEA-CEB4 권장안 등을 포함하고 있다.[2-17] (www.ce.org 참고)
시장에 특화된 표준	의료기기	FDA(USA)	기기의 안전과 효과 측면에 대한 의료기기를 위한 US 정부 표준이다. 클래스 I 기기는 생명과는 관련이 없는 기기로 정의된다. 이 제품들은 그다지 복잡하지 않으며, 실패시 위험성도 적다. 클래스 II 기기들은 클래스 I보다는 더 복잡하며 더 많은 위험성을 가지고 있다. 하지만 이 클래스 역시 생명과는 관련이 없다. 그것들은 어떤 특정한 성능 표준에 영향을 받는다. 클래스 III 기기는 생명을 유지하거나 보조하는 역할을 하기 때문에, 그 실패는 생명에 매우 위협적이다. 표준들로는 마취(예를 들어, 인간에게 사용하기 위한 인공호흡기를 위한 최소한의 성능 및 안전 요구사항을 위한 표준 규격, 크리티컬한 주의를 가지고 사용되어야 하는 호흡기를 위한 표준 규격 등), 심장 혈관/신경학[예를 들어, 두개(頭蓋) 압력 모니터링 기기 등], 치과/ENT(예를 들어, 의료 전기 장비 - 2부 : 내시경 장비의 안전을 위한 특별한 요구사항 등), 성형외과(예를 들어, 냉동 의료 장비를 위한 표준 성능 및 안전 규격 등), ObGyn/위장병학(의료 전기 장비 - 2부 : 혈액 투석, 혈액 여과, 혈액 여과기기의 안전성을 위한 특별한 요구사항 등) 등의 영역이 포함된다.[2-13] (http://www.fda.gov/ 참고)

>> 표 2-1 계속

표준 유형	표준		목적
시장에 특화된 표준	의료기기	MDD(의료기기 지침, Medical Devices Directive) (EU)	유럽 의료기기 지침은 의료기기의 안전과 효과 측면에 대한 EU 구성원 국가들을 위한 의료기기를 위한 표준이다. 가장 낮은 위험을 가지고 있는 기기들은 클래스 I(기술적 파일 규격과 제조에 대한 내부 제어)에 속하며, 치료방법으로 환자와 에너지를 교환하거나, 의료 상태를 진단하고 모니터링하기 위해 사용되는 기기는 클래스 IIa(예를 들어, ISO 9002+EN 46002 규격)에 속한다. 만약 이것이 환자에게 위험한 방식으로 수행된다면, 그 기기는 클래스 IIb(예를 들어, ISO 9001 + EN 46001)에 속하게 된다. 중앙 순환계 또는 중앙 신경계에 직접 연결되어 있거나 약물제품을 포함하고 있는 기기는 클래스 III(예를 들어, ISO 9001+EN 46001 규격 및 디자인 관련 규격)에 속한다.[2-14] (europa.eu.int 참고)
		IEEE 1073 의료기기 통신	의료기기 통신을 위한 IEEE 1073 표준은 급성환자 치료환경을 위해 최적화되어 있으며, 치료 관점에서 플러그앤플레이 상호 운용성을 제공한다. IEEE 1073 일반 위원회는 의학 및 생물학 기구 안에 있는 IEEE 공학 산하에 속해 있으며, HL7, NCCLS, ISO TC215, CEN TC251, ANSI HISB를 포함한 다른 국가기관 및 국제기관과 긴밀하게 일하고 있다.[2-15] (http://www.ieee1073.org/ 참고)
시장에 특화된 표준	산업 자동화와 제어	DIOCOM(Digital Imaging and Communication in Medicine, 의학 분야에서의 디지털 이미지화 및 통신)	미국방사선의학회(ACR)와 자동차 및 설비 제조업 협회(MEMA)가 다양한 벤더에 의해 제조되는 기기들 사이의 관련 정보와 이미지를 전송하기 위해, 1983년 조인트 위원회를 결성하였다. 특히 다음과 같은 사항들을 정의한다. ■ 기기 제조사에 상관 없이 디지털 이미지 정보의 통신 활성화 ■ 병원 정보의 다른 시스템들과 연계할 수 있는 화면 획득 및 통신 시스템(PACS)의 개발 및 확장 촉진 ■ 지리학적으로 분포된 매우 다양한 기기들에 의해 보내어질 수 있는 진단 정보 데이터 베이스의 생성을 가능하게 한다.[2-16] (http://medical.nema.org/ 참고)

>> 표 2-1 계속

표준 유형		표준	목 적
시장에 특화된 표준	산업 자동화와 제어	미국 상무성(USA) – 마이크로 전자, 의료 기기 및 장비 기관	국가를 기초로, 각 세계 의료기기 규정 요구사항을 포함하는 웹사이트를 관리한다. (www.ita.doc.gov/td/mdequip/regulations.html 참고)
		(EU) 기계장치 지침 (The Machinery Directive) 98/37/EC	이동기기, 기기 설치, 사람을 이동시키는 기기와 같은 모든 기기들과 안전 컴포넌트들을 위한 EU 기구이다. 일반적으로 EU 안에서 팔리거나 사용되는 기기들은 그 기구에서 제시한 긴 목록 중 EHSR(기본 건강과 안전 요구사항)에 적합하도록 되어야 하며, 정확한 확인 승인 과정을 가질 의무가 있다. 덜 위험하다고 여겨지는 대부분의 기기들은 공급자에 의해 자체 검사를 실시하고 기술 파일을 모아두면 된다. 98/37/EC는 몇 가지 기기들이 조합하여 동작할 때 최소한 하나의 움직일 수 있는 부분이 있는 컴포넌트들 또는 서로 연결된 부품 – 액츄에이터, 제어, 전원회로, 재료의 처리, 이동, 포장 – 에 적용된다.[2-18] (www.europa.eu.int 참고)
		IEC(International Electrotechnical Commission 60204-1, 국제전기 기술위원회)	산업기기의 전기 및 전자 장비에 적용된다. 전기와 관련된 위험(전기 쇼크 및 화재와 같은)뿐 아니라, 전기 장비 그 자체의 오동작의 결과를 야기하는 것으로부터 산업기기를 가지고 작업을 하는 사람들의 안전을 촉진한다. IEC 60204-1의 2차 버전과 IEC 60550 및 ISO 4336의 일부분을 변경하였다.[2-19] (www.iec.ch 참고)
		ISO(International Standards Organization, 국제표준기구) 표준	ISO/TR 10450 – 산업 자동화 시스템 및 집적 – 단일 부품 제조를 위한 운영 상태 ; ISO/TR 13283 산업 자동화, 산업환경에서의 장비 ; 시간에 크리티컬한 통신 아키텍처 ; 시간에 크리티컬한 통신 시스템을 위한 사용자 요구사항 및 네트워크 관리 등과 같은 엔지니어링 분야를 제조하는 데 있어서의 많은 표준들[2-20] (www.iso.ch 참고)
시장에 특화된 표준	네트워킹과 통신	TCP(Transmission Control Protocol, 전송 제어 프로토콜)/ IP(Internet Protocol, 인터넷 프로토콜)	시스템 소프트웨어 컴포넌트들을 정의하는 RFC(Request for Comments) 791(IP)&793(TCP) 기반의 프로토콜 스택이다(보다 상세한 정보를 위해서는 10장을 참고하라). (http://www.faqs.org/rfcs/ 참고)

>> 표 2-1 계속

표준 유형		표준	목적
시장에 특화된 표준	네트워킹과 통신	PPP(Point-to-Point Protocol)	RFC 1661, 1332, 1334 기반의 시스템 소프트웨어 컴포넌트이다(보다 상세한 정보를 위해서는 10장을 참고하라). (http://www.faqs.org/rfcs/ 참고)
		IEEE(Institute of Electronics and Electrical Engineers, 전자 전기 엔지니어 기구) 802.3 이더넷	LAN을 위한 하드웨어와 시스템 소프트웨어 컴포넌트들을 정의하는 네트워킹 프로토콜이다(보다 자세한 정보를 위해서는 6장과 8장을 참고하라). (www.ieee.org 참고)
		Cellular(셀룰러)	미국에서 보통 사용되는 CDMA(코드 분할 다중 접속)와 TDMA(시분할 다중 접속)과 같은 셀룰러 폰 내에서 구현된 네트워킹 프로토콜이다. TDMA는 GSM 유럽 국제 표준인 UMTS 광대역 디지털 표준(3세대)의 기초를 이룬다. (CDMA 개발을 위해서는 http://www.cdg.org/를, TDMA와 GSM을 위해서는 http://www.tiaonline.org/를 참고하라)
시장에 특화된 표준	자동차	GM 글로벌	GM 표준은 GM사와 관련된 자동차 컴포넌트와 재료들의 디자인, 제조, 품질 제어, 조립에 사용된다. 특히, 접착제, 전기, 연료와 윤활제, 범용, 페인트, 플라스틱, 프로시주어, 텍스타일, 금속, 미터법, 디자인이 있다.[2-27] 이 표준은 IHS 글로벌(http://www.ihs.com/standards/index.html)에서 구입할 수 있다.
		Ford 표준	Ford 표준은 엔지니어링 재료 규격 및 실험실 테스트 방법, 승인원 목록 모음, 글로벌 제조 표준, 비생산성 물질 규격, 엔지니어링 재료 스펙&실험실 테스트 방법 핸드북으로 구성된다.[2-27] 이 표준은 IHS 글로벌(http://www.ihs.com/standards/index.html)에서 구입할 수 있다.
		FMVSS(Federal Motor Vehicle Safety Standards, 연방 자동차 안전 기준)	연방 규정 규약(CFR : Code of Federal Regulations)은 미국 연방 정부의 기관들에 의해 제기된 공동 규정의 원문을 포함한다. CFR은 연방 규정에 속하는 영역을 표현하는 몇 가지 주제로 나누어진다.[2-27] (http://www.nhtsa.dot.gov/cars/rules/standards/safstan2.htm USA 국가 고속도로 교통안전기관 참고)

>> 표 2-1 계속

표준 유형		표준	목적
시장에 특화된 표준	자동차	OPEL 공학물질 규정	OPEL 표준은 금속, 불순물, 플라스틱 및 엘라스토머, 본체 설비 물질, 시스템 및 컴포넌트 테스트 규정, 테스트 방법, 실험실 테스트 과정(GME/GMI), 본체 및 전기, 감독기관, 기차, 길 테스트 과정(GME/GMI), 본체 및 전기, 감독기관, 기차, 프로세스, 페인트&환경공학 물질 등과 같은 부분에서 사용할 수 있다.[2-27] 이 표준은 IHS 글로벌(http://www.ihs.com/standards/index.html)에서 구입할 수 있다.
		Jaguar 프로시주어 및 표준 모음	Jaguar 표준은 Jaguar-테스트 프로시주어 모음, Jaguar-엔진&자물쇠 표준 모음, Jaguar-비금속/금속 물질 표준 모음, Jaguar-실험실 테스트 표준 모음 등의 완전한 모음이나 각 표준 모음으로 사용될 수 있다.[2-27] 이 표준은 IHS 글로벌(http://www.ihs.com/standards/index.html)에서 구입할 수 있다.
		ISO/TS 16949 - 자동차 공급 체인을 위한 조정 표준	IAFT(국제자동차작업기구) 구성원들에 의해 함께 개발되었으며, 자동차 생산 및 관련 서비스 일부 조직들을 위한 요구사항들을 정의해 놓았다. ISO 9001:2000, AVSQ(이태리), EAQF(프랑스), QS-9000(U.S.), VDA6.0(독일) 자동차 카테고리를 기반으로 하고 있다.[2-30] (http://www.iaob.org/ 참고)
시장에 특화된 표준	우주과학과 방어기술	SAE(Society of Automotive Engineers, 미국 자동 추진 공학회) - 지상, 해양, 대기, 우주에서의 차세대 이동성을 연구하는 공학회	SAE 항공우주 물질 규격, SAE 항공우주 표준[AS(항공우주 표준, Aerospace Standard) 포함], 항공우주 정보 보고(AIR), 항공우주 권장 규격(ARP)[2-27] (www.sae.org 참고)
		AIA/NAS-America 사의 우주 산업 협회	이 표준 서비스는 국가 항공우주 표준(NAS) 및 미터 표준(NA 시리즈)을 포함한다. 이것은 항공기, 우주선, 주요 무기 시스템, 모든 종류의 육군 및 공군 전자 시스템을 위한 컴포넌트, 디자인, 프로세스 규격에 대한 표준을 제공하는 대규모 모음이다. 이것은 또한 금속구, 고압 호스, 부속품, 고밀집 전기 커넥터, 베어링 등을 포함한 고급 기술 시스템의 부품과 컴포넌트들에 대한 조달문서도 포함한다.[2-27] (http://www.aia-aerospace.org/ 참고)

>> 표 2-1 계속

표준 유형		표준	목 적
시장에 특화된 표준	우주과학과 방어기술	DoD(Department of Defense, 국방부)-JTA(Joint Technical Architecture, 조인트 기술 아키텍처)	JTA와 같은 DoD 선창자들은 상호 운용성을 얻기 위해 필요한 정보의 부드러운 흐름을 인정하여 그 결과 선택 가능한 준비를 한다. JTA는 미국 국방부에 의해 설립되었으며, 군의 상호 운용성을 얻기 위해 웹 표준을 포함한 최소한의 정보기술 표준을 규정하였다.[2-27] (http://www.disa.mil/main/jta.html 참고)
시장에 특화된 표준	사무/가정 자동화	TIP/SI(Information Technology Transport Independent Printer/System Interface, 프린터/시스템에 독립적인 정보기술 전송)를 한 IEEE Std 1284.1-1997 IEEE 표준	프린터와 호스트 컴퓨터 사이의 정보를 순서대로 변경하기 쉽게 하기 위해서, 소프트웨어 개발자, 컴퓨터 벤더, 프린터 제조사를 위한 프로토콜 및 방법론이 이 문서에 정의되어 있다. 의미 있는 데이터 변경을 허용하는 최소한의 함수들이 제공된다. 결과적으로 디자인 혁명을 위해 각 기관의 바람을 타협하지 않고도, 호환 가능한 어플리케이션, 컴퓨터, 프린터를 개발할 수 있는 기초를 확립하였다.[2-28] (www.ieee.org 참고)
		Postscript (포스트스크립트)	프린팅 및 이미징을 위한 산업 표준으로, 프린트된 페이지의 모습을 규정하는 어도비사의 프로그래밍 언어이다. 모든 주요한 프린터 제조사들은 포스트스크립트 소프트웨어(.ps 파일 확장자)를 포함하거나 로드할 수 있는 프린터를 만들고 있다.
		ANSI/AIM BC2-1995, Uniform Symbology Specification for Bar Codes(바코드를 위한 식별기호 규정)	범용의 모든 숫자 데이터 인코딩에 대한, UCC/EAN 운송 컨테이너 심벌을 위한 레퍼런스 기호를 말한다. 문자 인코딩에 대한 레퍼런스 디코드 알고리즘 및 선택적 체크 문자 계산도 이 문서에 포함되어 있다. 이 규정은 CEN(Commission for European Normalization, 유럽 표준 위원회)과 상당히 유사하게 만들어졌다.[2-29] (http://www.aimglobal.org/standards/aimpubs.htm 참고)
범용 표준	네트워킹	HTTP(Hypertext Transfer Protocol, 하이퍼텍스트 전송 프로토콜)	RFC 2616, 2016, 2069, 2109 등과 같은 다양한 RFC에 의해 정의된 WWW(World Wide Web, 월드 와이드 웹) 프로토콜이다. 예를 들면 어떤 기기상에서의 브라우저 안에 구현된 어플리케이션 계층 네트워크 프로토콜이다. (http://www.w3c.org/Protocols/Specs.html 참고)

>> 표 2-1 계속

표준 유형		표준	목적
범용 표준	네트워킹	TCP(Transmission Control Protocol, 전송 제어 프로토콜)/IP(Internet Protocol, 인터넷 프로토콜)	시스템 소프트웨어 컴포넌트들을 정의하는 RFC(Request for Comments) 791(IP)&793(TCP) 기반의 프로토콜 스택이다(보다 상세한 정보를 위해서는 10장을 참고하라). (http://www.faqs.org/rfcs/ 참고)
		IEEE(Institute of Electronics and Electrical Engineer, 전기 전자 기술자 협회) 802.3 이더넷	LAN(Local Area Network, 구내 정보 통신망)을 위한 하드웨어와 시스템 소프트웨어 컴포넌트를 정의하는 네트워킹 프로토콜이다(보다 상세한 정보를 위해서는 6장과 8장을 참고하라). (www.ieee.org 참고)
		Bluetooth(블루투스)	블루투스 규정은 블루투스 SIG(Special Internet Group)에 의해 개발된 것으로, 상호 운용 라디오 모듈과 데이터 통신 프로토콜에 대한 양방향 서비스 및 어플리케이션을 개발할 수 있도록 해준다(블루투스에 대한 보다 상세한 정보는 10장을 참고하라). (www.bluetooth.org 참고)
범용 표준	프로그래밍 언어	pJava(Personal Java, 개인용 자바)	썬 마이크로시스템즈사에서 규정한 임베디드 자바 표준으로, 보다 큰 규모의 임베디드 시스템을 타깃으로 하고 있다(2.1절에서 보다 자세히 설명하였다). (java.sun.com 참고)
		J2ME(Java 2 Micro Edition, 자바 2 마이크로 에디션)	썬 마이크로시스템즈사에서 규정한 임베디드 표준 세트로, 크기 및 수직 시장 모두를 포함한 전체 범위의 임베디드 시스템을 타깃으로 하고 있다(2.1절에서 보다 자세히 설명하였다). (java.sun.com 참고)
		.NET Compact Framework(콤팩트 프레임워크)	임베디드 시스템이 몇 가지 서로 다른 언어(C#과 비주얼 베이직을 포함)로 작성된 어플리케이션을 지원할 수 있도록 해주는 마이크로소프트 기반의 시스템이다(2.1절에서 보다 자세히 설명하였다). (www.microsoft.com 참고)
		HTML(HyperText Markup Language, 하이퍼텍스트 마크업 언어)	인터프리터가 주로 브라우저, WWW 프로토콜에서 구현되는 스크립트 언어이다(2.1절에서 보다 자세히 설명하였다). (www.w3c.org 참고)

>> 표 2-1 계속

표준 유형		표준	목적
범용 표준	보안	Netscape IETF(Internet Engineering Task Force, 인터넷 공학 조사 위원회) SSL(Secure Socket Layer, 보안 소켓 계층) 128비트 암호화	SSL은 데이터 암호화, 서버 인증, 메시지 무결성, TCP/IP 연결을 위한 추가의 클라이언트 인증을 제공하는 보안 프로토콜로, 보통 브라우저 및 웹 서버에 집적된다. 암호화된 모든 교섭에 의해 생성되는 '세션 키'의 길이에 적용된 '128비트'를 포함하여, SSL에는 여러 가지 버전(40비트, 128비트 등)이 있다(키가 길면 길수록, 암호화 코드를 깨는 것은 더 어려워진다). SSL은 세션 키와 인증 알고리즘을 위한 디지털 공인인증서(디지털 감식 카드)에 따라 다르다. [Netscape의 SSL 규정의 버전 3(이 글을 쓸 당시 가장 최신 버전이다)을 살펴보려면, http://wp.netscape.com/eng/ssl3/를 참고하라]
		IEEE 802.10 SILS(Standards for Interoperable LAN/MAN Security, 공유 LAN/MAN 보안을 위한 표준)	네트워크 안에서 보안을 구현하기 위해 하드웨어와 시스템 소프트웨어 계층에서의 규정들 그룹을 제공한다. (http://standards.ieee.org/getieee802/index.html 참고)
범용 표준	품질 보장	ISO 9000 표준	제품(제품 표준이 아닌)을 개발할 때 또는 서비스를 제공할 때의 품질 관리 프로세스 표준. 여기에는 ISO 9000:2000, ISO 9001:2000, ISO 9004:2000 등이 포함된다. ISO 9001:2000은 요구사항을 나타내며, ISO 9000:2000과 ISO 9004:2000은 가이드라인을 나타낸다. (www.iso.ch 참고)

> **주의** 표 2-1은 하나의 시장이라는 관점에서 시장에 특화된 표준들을 나열하고 있는 반면, 이 표에 정리되어 있는 몇 가지 시장에 특화된 표준들은 다른 제품시장 영역에서도 채택되어 구현되고 있다. 이 표는 단순히 '몇 가지' 실제 예를 보여주는 것이다. 또한 다른 나라에서는, 심지어 한 나라의 다른 지역에서는 특정 제품군들(예를 들어, DTV 또는 셀룰러 폰 표준, 표 2-1 참고)을 위한 독특한 표준들을 가지고 있을 수 있다. 또한 대부분의 나라에서, 동일한 제품기기에 대해 경합할 만한 특징들을 지원하며, 맞서고 있는 표준들이 있을 수도 있다. 누가 어떤 표준을 채택하고 있는지, 이렇게 맞서고 있는 표준들이 어떻게 다른지 특정 제품에 대한 데이터 시트들 또는 매뉴얼들, 그 제품 내에 집적되어 있는 컴포넌트들의 벤더들이 제공하고 있는 문서들을 조사해 보거나, 임베디드 시스템 컨퍼런스(ESC), 자바 원, 실시간 임베디드와 컴퓨팅 컨퍼런스, 임베디드 프로세서 포럼 등과 같은 특정 산업 또는 해당 벤더와 연관된 다양한 트레이드쇼, 세미나, 회의에도 참석하기 위해 인터넷을 사용하여 조사해 보도록 하자.

> 이것은 특히 하드웨어 엔지니어들에게 중요하다. 하드웨어 엔지니어들은 IEEE와 같은 어떤 표준 기구가 채택된 것에 강하게 영향을 줄 수 있는 환경의 출신일 수 있다. 임베디드 소프트웨어 영역에서는, 현재 IEEE가 하드웨어 영역에서 미치고 있는 영향력 수준에 버금가는 표준 기구들이 존재하지 않는다.

이 장의 남은 3개의 절은 특정 표준이 임베디드 시스템의 가장 크리티컬한 컴포넌트 몇 가지를 어떻게 정의하는지 보여주기 위한 실제 예를 포함하고 있다. 2.1절은 임베디드 시스템의 아키텍처에 영향을 줄 수 있는 범용 프로그래밍 언어 표준을 제시하고 있다. 2.2절은 시장에서의 특정 제품군들 또는 단일 어플리케이션들에서 구현될 수 있는 네트워크 프로토콜을 설명하고 있다. 마지막으로, 2.3절에서는 많은 다른 표준들로부터 특정 기능을 구현한 소비자 전자제품의 예를 제시하고 있다. 이 예제들은 임베디드 시스템 디자인의 신비성을 제거하는 좋은 시작점이 산업 표준으로부터 시스템의 구체적인 요구사항을 단순히 끌어내고, 이렇게 끌어낸 컴포넌트들이 전체 시스템의 어디에 있는지를 결정하는 것이라는 점을 보여준다.

2.1 | 프로그래밍 언어의 개요와 표준의 예

> **프로그래밍 언어를 표준 예로 사용한 이유는 무엇인가?**
>
> 임베디드 시스템에서는 모든 시스템에 완전한 솔루션이 될 수 있는 언어는 없다. 프로그래밍 언어는 임베디드 아키텍처에 추가 컴포넌트들을 제시할 수 있기 때문에, 이 절에서는 프로그래밍 언어 표준들과 그것들이 임베디드 아키텍처에 제시하고 있는 것을 한 예로서만 사용하겠다. 또한 임베디드 시스템 소프트웨어는 본래 다양한 언어들의 하나 또는 몇 가지 조합을 기반으로 하고 있다. 자바와 .NET 프레임워크처럼, 이 절에서 깊이 있게 논의하고 있는 예제들은 임베디드 시스템 아키텍처에 추가 요소들을 추가하는 규정들을 기반으로 한다. ANSI C 대 Kernighan과 Ritchie C와 같은 다양한 표준들을 기반으로 할 수 있는 다른 언어들은 깊이 있게 다루지는 않겠다. 왜냐하면 임베디드 시스템에서 이 언어들을 사용하는 것은 보통 아키텍처에 컴포넌트들을 추가할 필요가 없기 때문이다.
>
> 📖 어떤 프로그래밍 언어를 사용할지 그리고 그러한 사용의 전후에 대한 상세한 사항들은 11장에서 다루겠다. 디자인과 개발시 어떤 컴포넌트들을 사용하는 것이 합리적일지를 이해하려고 하기 전에 독자들은 우선 임베디드 시스템의 다양한 컴포넌트들을 이해하는 것이 중요하다. 언어 선택의 결정은 언어의 특징만을 기반으로 하지 않고 종종 시스템 내의 다른 컴포넌트들로부터 영향을 받는다.

임베디드 시스템 내의 하드웨어 컴포넌트들은 1과 0으로 구성된 기본적인 언어인 **기계어 코드**(machine code)를 직접 전송하고 저장하며 실행할 수 있다. 기계어 코드는 이전에 컴퓨터 시스템을 프로그래밍하기 위해 사용되었으며, 어떤 복잡한 어플리케이션을 만드는 것은 길고 지루한 작업이 되었다. 프로그래밍을 더 효율적으로 만들기 위해서, 기계어 코드는 각 명령어가 하나 또는 그 이상의 기계어 코드 동작에 상응하는 하드웨어에 특화된 명령어 세트를 생성함으로써 프로그래머들에게 보여지도록 해주었다. 명령어들의 하드웨어에 특화된 명령어 세트를 **어셈블리어**(assembly language)라고 말한다. 시간이 흐름에 따라, C, C++, java 등과 같은 다른 프로그래밍 언어들은 더 하드웨어에 독립적인 명령어 세트로 진화되었다. 그것들은 의미적으로 볼 때 기계어와는 훨씬 다르고, 인간의 언어와 더욱 유사하며, 보통 하드웨어에 독립적이기 때문에 **고급 언어**(high-level language)라 말한다.

이것은 기계어에 보다 유사한 어셈블리어와 같은 **저급 언어**(low-level language)와는 현저하게 다르다. 고급 언어와는 다르게, 저급 언어는 하드웨어에 의존적이다. 이것은 다른 아키텍처를 가진 프로세서에 대해 독특한 명령어 세트가 있다는 것을 의미한다. 표 2-2는 프로그래밍 언어의 발전단계의 아웃라인을 보여주고 있다.

>> 표 2-2 프로그래밍 언어의 발전단계[2-22]

	언어	상세 설명
1세대	기계어 코드	이진(0, 1)이며 하드웨어 의존적
2세대	어셈블리어	하드웨어에 의존적인 표현에 상응하는 이진 기계어 코드
3세대	HOL(high-order language)/절차 언어	한층 강화된 영어식 표현을 가진 고급 언어 및 C와 파스칼 등과 같은 이동식 언어
4세대	VHLL(very high-level language/비절차 언어	'상당한' 고급 언어 : 객체 중심 언어(C++, Java, …), 데이터베이스 쿼리 언어(SQL) 등
5세대	자연 언어	대화식 언어와 유사한 프로그래밍은 보통 인공지능(AI)에서 사용된다. 대부분의 경우 주요한 임베디드 시스템에 아직 적용되지 않은 연구와 개발단계에 있다.

주 몇 가지 고급 언어로 구현된 시스템에서조차도, 임베디드 시스템 소프트웨어의 일부는 아키텍처에 특화된 코드 또는 최적화된 성능의 코드를 위해 어셈블리어로 구현된다.

기계어 코드는 하드웨어가 직접 실행할 수 있는 유일한 언어이기 때문에 다른 모든 언어들은 그에 상응하는 기계어 코드를 생성하기 위한 일종의 메커니즘을 필요로 한다. 이 메커니즘은 보통 프리프로세싱, 번역, 인터프리터의 하나 또는 몇 가지 조합을 포함하고 있다.

언어에 따라, 이 메커니즘들은 프로그래머의 **호스트 시스템**(host system, PC 또는 Sparc station과 같은 임베디드가 아닌 개발 시스템) 또는 **타깃 시스템**(target system, 개발될 임베디드 시스템)상에 존재한다. 그림 2-2를 살펴보도록 하자.

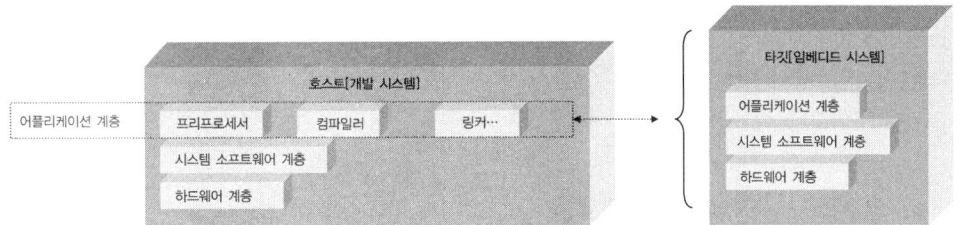

>> 그림 2-2 호스트와 타깃 시스템 다이어그램

프리프로세싱은 소스 코드를 변환 또는 인터프리팅을 하기 전에 할 수 있는 선택 가능한 단계이며, 그 기능은 주로 **프리프로세서**(preprocessor)에 의해 구현된다. 프리프로세서의 역할은 코드의 번역 또는 인터프리팅을 더 쉽게 하기 위해 소스 코드를 조직화하고 재구조화하는 것이다. 한 예로서, C와 C++과 같은 언어에서 매크로와 같은 특정 이름의 코드 분할의 사용을 가능하게 하는 프리프로세서의 경우, 코드 안에 매크로 이름의 사용이 코드 분할을 교체할 수 있도록 함으로써 코드 개발을 단순하게 만들어 준다. 그러면, 프리프로세서는 프리프로세싱을 하는 동안 매크로 이름을 매크로의 내용과 바꾸어 준다. 프리프로세서는 분리된 매체로 존재할 수도 있고, 번역과 인터프리팅 장치 내에 집적될 수도 있다.

많은 언어들은 소스 코드로부터 기계어 코드 또는 자바 바이트 코드와 같은 특정 타깃 언어를 생성하는 프로그램인 **컴파일러**(compiler)를 사용하여, 소스 코드를 바로 변환하거나 선처리 과정을 거친 후에 소스 코드를 변환한다(그림 2-3 참고).

>> 그림 2-3 컴파일 다이어그램

컴파일러는 일반적으로 한 번에 모든 소스 코드를 어떤 타깃 코드로 변환한다. 임베디드 시스템에서는 이러한 경우가 일반적이기 때문에, 컴파일러는 프로그램의 호스트 기기상에 위치하며, 컴파일러가 실제로 동작하는 플랫폼과는 다른 하드웨어 플랫폼에 대한 타깃 코드를 생성한다. 이러한 컴파일러를 일컬어 보통 **교차 컴파일러**(cross-compilers)라고 부른다.

어셈블리어의 경우에, 이 컴파일러는 **어셈블러**(assembler)라고 불리는 특정 교차 컴파일러가 항상 기계어 코드를 생성한다. 다른 고급 언어 컴파일러들은 자바 컴파일러 또는 C 컴파일러와 같은 컴파일러의 용어에 언어의 이름을 붙여 말한다. 고급 언어 컴파일러들은 무엇을 생성하는가에 따라 매우 다양하다. 어떤 것은 기계어 코드를 생성하며, 어떤 것들은 최소한 하나 이상의 컴파일러 또는 인터프리터를 통해 실행이 가능하도록 만들어져야 하는 다른 고급 코드를 생성한다. 이것들에 대해서는 이 장의 뒷부분에서 설명하겠다. 또 어떤 컴파일러들은 어셈블리 코드를 생성하는데, 이것은 어셈블러를 거쳐야만 한다.

프로그래머의 호스트 기기상에서 모든 컴파일 과정이 완료된 후 생성된 타깃 코드 파일을 가리켜 보통 **오브젝트 파일**(object file)이라고 부른다. 이 파일은 사용된 프로그래밍 언어에 따라 기계어 코드에서 자바 바이트 코드까지를 포함할 수 있다(이 절의 뒷부분 참고). 그림 2-4에서처럼, 이 오브젝트 파일에 필요한 어떤 시스템 라이브러리 파일들을 링크하면, 오브젝트 파일은 실행 가능한(executable) 상태가 되며, 타깃 임베디드 시스템의 메모리로 전송될 준비가 된다.

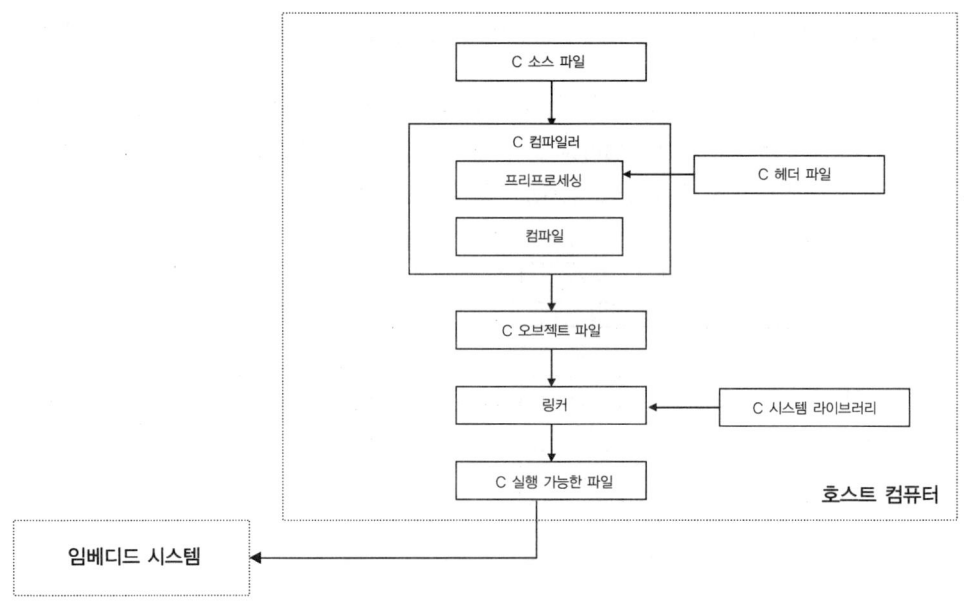

>> 그림 2-4 C 예제 컴파일/링크 과정 및 오브젝트 파일 결과

실행 가능한 코드를 호스트로부터 타깃으로 어떻게 전송할 수 있는가?

이것을 하기 위해서는 다양한 방법들의 조합이 이용된다. 메모리에 대한 상세한 내용들과 파일들이 그것으로부터 어떻게 실행되는지는 Section II에서 보다 자세하게 논의될 것이다. 호스트 시스템에서 임베디드 시스템으로 실행 파일을 전송하기 위해 가능한 다양한 전송매체에 대해서는 이 장의 마지막 절에서 보다 상세하게 설명하겠다(2.2절). 마지막으로, 사용되는 일반적인 개발 툴에 대해서는 12장에서 설명하겠다.

임베디드 아키텍처에 영향을 주는 프로그래밍 언어의 예 : 스크립트 언어, 자바, .NET

컴파일러(compiler)는 보통 한 번에 주어진 모든 소스 코드들을 변환하는 반면, **인터프리터**(interpreter)는 한 번에 하나의 소스 코드 라인에 대한 기계어 코드를 생성한다(인터프리팅한다) (그림 2-5 참고).

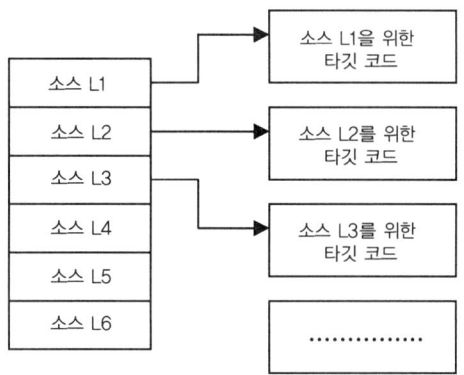

>> 그림 2-5 인터프리트 다이어그램

인터프리팅된 프로그래밍 언어 가운데 가장 일반적인 하위 범주로는 **스크립트 언어**(scripting language)가 있다. 여기에는 PERL, JavaScript, HTML이 포함된다. 스크립트 언어는 다음과 같은 진보된 특징을 가지고 있는 고급 프로그래밍 언어이다.

- 컴파일된 고급 언어보다 더 독립적인 플랫폼[2-23]

- 동적 바인딩(late binding), 이것은 그 값의 결정에 더 큰 유연성을 제공하기 위해 데이터형을(컴파일 시간에서보다는) 동작중에 할당하는 것을 말한다.[2-23]

- 실행시의 소스 코드의 가치와 종류, 즉시 실행된다.[2-23]

- 효율적인 프로그래밍의 최적화와 인터넷 및 그래픽 사용자 인터페이스(GUI)와 같은 어플리케이션의 신속한 프로토타입화[2-23]

스크립트 언어로 쓰여진 프로그램들을 지원하는 임베디드 플랫폼에서는, 코드를 '동작중에' 처리할 수 있도록 하기 위해 인터프리터라는 추가 컴포넌트가 임베디드 시스템 아키텍처 안에 포함되어 있어야 한다. 그것은 그림 2-6에서와 같은 임베디드 시스템 아키텍처 소프트웨어 스택을 가지고 있는 경우이다. 그림 2-6에서 인터넷 브라우저는 다운로드된 웹 페이지를 처리하기 위해 HTML과 자바스크립트 인터프리터를 모두 포함할 수 있다.

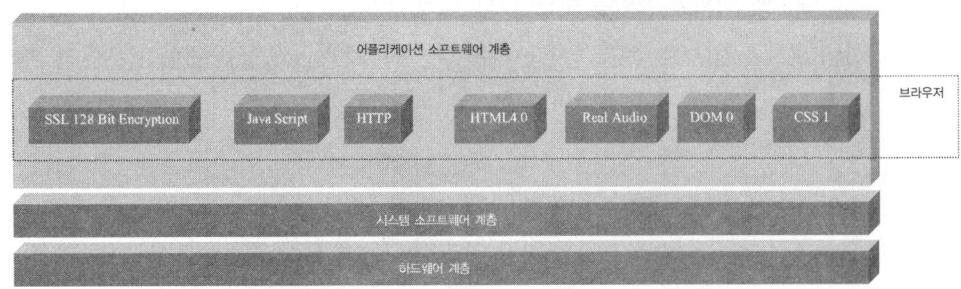

>> 그림 2-6   어플리케이션 계층의 HTML과 자바스크립트

모든 스크립트 언어들은 해석될 수 있는 반면, 해석된 언어들이 모두 스크립트 언어는 아니다. 예를 들어, 기계어 코드를 컴파일하고 인터프리팅하는 방법을 모두 통합하고 있는 인기 있는 임베디드 프로그래밍 언어 중 하나로 **자바**(Java)를 들 수 있다. 프로그래머의 호스트 기기상에서, 자바는 자바 소스 코드로부터 자바 바이트 코드를 생성하는 컴파일 과정을 수행해야 한다(그림 2-7 참고).

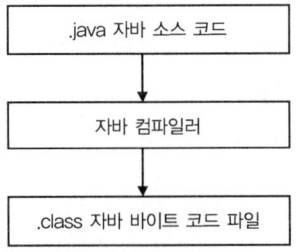

>> 그림 2-7   임베디드 자바 컴파일 및 링크 다이어그램

자바 바이트 코드는 플랫폼에 독립적인 타깃 코드이다. 자바 바이트 코드가 임베디드 시스템에서 실행될 수 있도록 하기 위해서는, **자바 가상 기계**(Java virtual machine : JVM)가 그 시스템에 존재해야만 한다. 실제 JVM은 임베디드 시스템의 하드웨어, 시스템 소프트웨어 계층, 또는 어플리케이션 소프트웨어 계층 안에 구현된다(그림 2-8 참고).

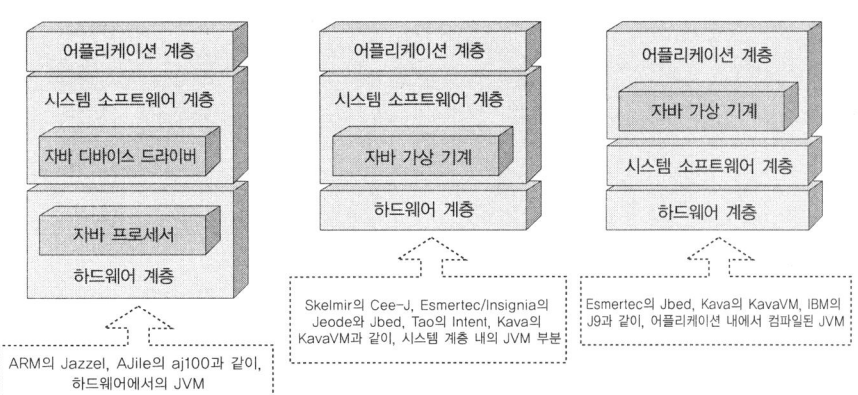

>> 그림 2-8 JVM과 임베디드 시스템 모델

크기, 속도, 기능은 임베디드 시스템 디자인에 영향을 끼치는 JVM의 기술적인 특징이며, JVM 내에 포함되어 있는 JVM 클래스와 자바 코드를 성공적으로 처리하는 데 필요한 컴포넌트들을 포함한 실행 엔진, 이 두 가지 JVM 컴포넌트들은 임베디드 JVM들을 구분짓는 기본 컴포넌트들이다.

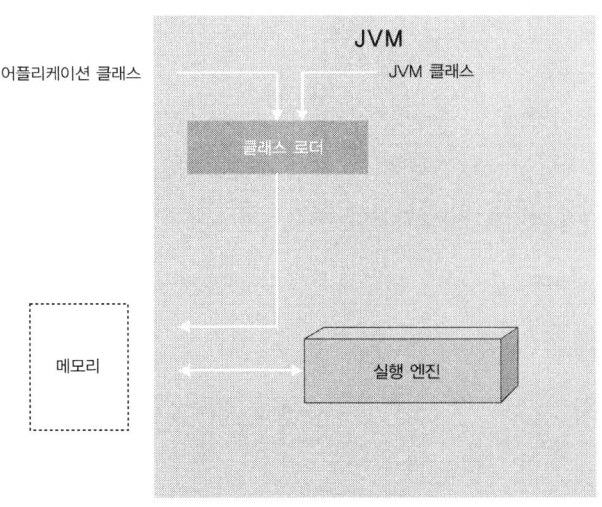

>> 그림 2-9 내부 JVM 컴포넌트들

그림 2-9에서와 같은 JVM 군은 보통 **자바 API**(어플리케이션 프로그램 인터페이스)라고 불리는 자바 바이트 코드의 컴파일된 라이브러리들이다. 자바 API들은 다른 기기들 사이에서 프로그래머들이 시스템 기능들을 실행하고, 코드를 재사용할 수 있도록 해주기 위해서 JVM에 의해 제공되는 어플리케이션에 독립적인 라이브러리들이다. 자바 어플리케이션들

은 성공적인 실행을 위해 그 자신의 코드 외에 자바 API 클래스를 필요로 한다. API에 의해 제공되는 크기, 기능, 그리고 제약사항들은 그것들이 따르고 있는 자바 규정에 따라 다르다. 자바 규정은 메모리 관리, 그래픽 지원, 네트워킹 지원 등을 포함할 수도 있다. 그에 대응하는 API를 가지고 있는 다른 표준들은 임베디드 기기의 다른 제품군으로 취급된다(그림 2-10 참고).

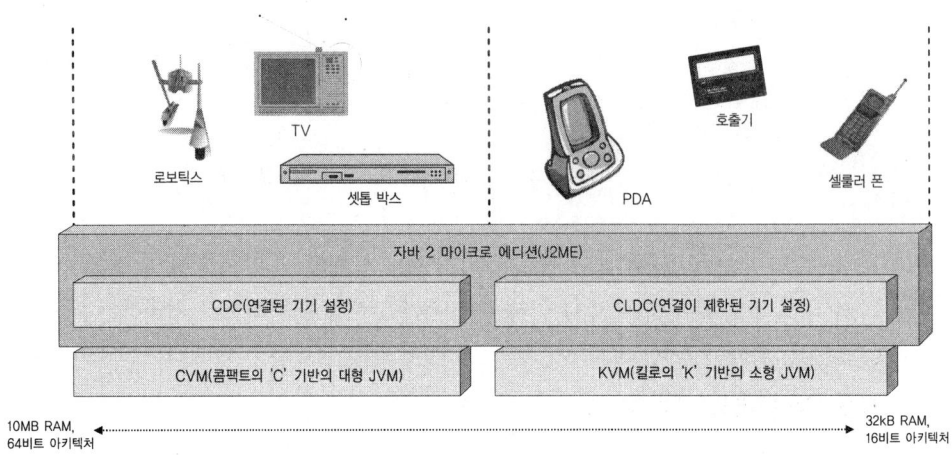

>> 그림 2-10 기기들의 J2ME 제품군

임베디드 시장에서, 잘 알려진 임베디드 자바 표준으로는 J 컨소시엄의 실시간 코어 규정과 개인용 자바(pJava), 임베디드 자바, 자바 2 마이크로 에디션(J2ME), 그리고 썬 마이크로시스템즈의 자바를 위한 실시간 표준 등이 있다.

그림 2-11a와 2-11b는 두 가지의 서로 다른 임베디드 자바 표준 사이의 차이점들을 보여주고 있다.

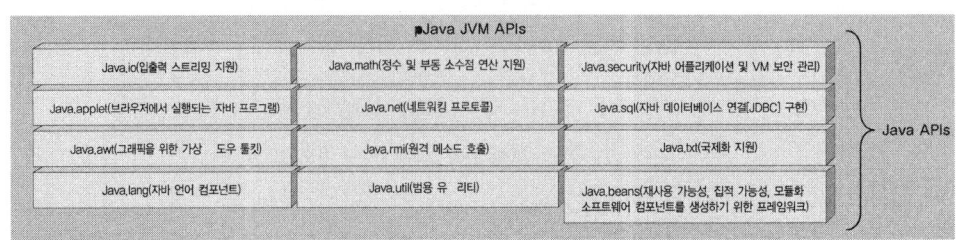

>> 그림 2-11a pJava 1.2 API 컴포넌트 다이어그램

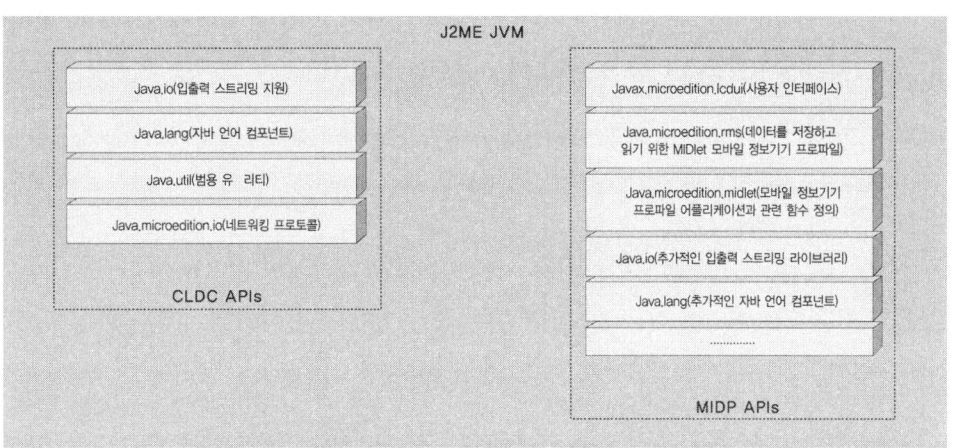

>> 그림 2-11b J2ME CLDC 1.1/MIDP 2.0 API 컴포넌트 다이어그램

표 2-3은 실제 JVM과 그것들이 사용한 표준들 몇 가지를 보여주고 있다.

>> 표 2-3 임베디드 자바 표준들을 기반으로 하는 실제 JVM 예

임베디드 자바 표준	자바 가상 기계
개인용 자바(pJava)	Tao Group's Intent (www.tao-group.com) Insignia's pJava Jeode (www.insignia.com) NSICom CrE-ME (www.nsicom.com) Skelmir's pJava Cee-J (www.skelmir.com)
임베디드 자바	Esmertec Embedded Java Jeode (www.esmertec.com)
J2ME	Esmertec's Jbed for CLDC/MIDP and Insignia's CDC Jeode (www.esmertec.com and www.insignia.com) Skelmir's Cee-J CLDC/MIDP and CDC (www.skelmir.com) Tao Group's Intent (www.tao-group.com) CLDC&MIDP

주 표에서의 정보는 이 책이 쓰여질 당시에 수집되었으며, 변경될 수 있다. 최신 정보를 위해서는 특정 업체에 문의해 보라.

실행 엔진(그림 2-12 참고)에서 동일한 어플리케이션을 지원하는 JVM의 디자인과 성능에 영향을 끼치는 주요 구분자로는 다음과 같은 것들이 있다.

- **가비지 컬렉터**(garbage collector : GC)는 자바 어플리케이션이 더 이상 필요로 하지 않는 어떤 메모리 영역의 할당을 해제하는 역할을 한다.

- **바이트 코드들을 처리하는 장치**는 인터프리팅, 컴파일(일반적으로 WAT라고 부른다), 또는 인터프리팅과 컴파일을 모두 포함하는 알고리즘인 JIT를 사용하여 자바 바이트 코드

를 기계어 코드로 변환하는 역할을 한다. JVM은 실행 엔진 안에서 이러한 바이트 코드 처리 알고리즘을 하나 또는 그 이상 구현할 수 있다.

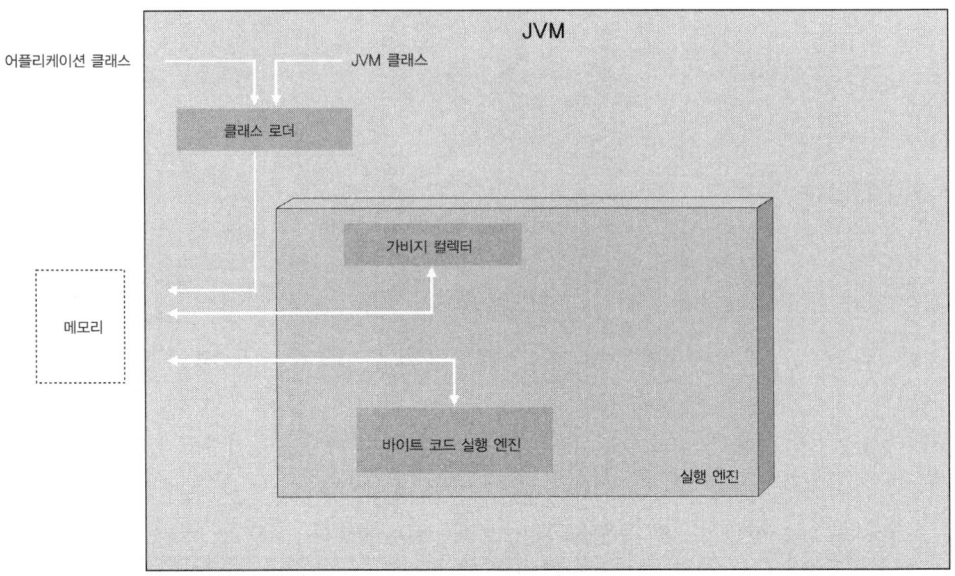

>> 그림 2-12 내부 실행 엔진 컴포넌트

가비지 컬렉션

> **가비지 컬렉션에 대해 설명하는 이유**
>
> 이 절에서는 자바 환경 내의 가비지 컬렉션에 대해 논의하면서, 그것을 별도의 예제로 사용하고 있다. 왜냐하면 가비지 컬렉션은 자바 언어와 독립적이지 않기 때문이다. 가비지 컬렉터는 시스템에 추가 컴포넌트를 추가하지 않는 C와 C++과 같은 다른 언어들의 지지하에서 구현될 수 있다. 특정 언어를 지원하기 위해 가비지 컬렉터를 만들어 내면, 그것은 임베디드 시스템의 아키텍처의 일부가 된다.

자바와 같은 언어로 만들어진 어플리케이션은 이전의 사용을 위해 할당한 메모리를 (위에서 언급한 것처럼, 가비지 컬렉터는 특정 언어를 지원하도록 구현될 수 있음에도 불구하고, 본래의 C 언어에서 'free'를 사용하여 수행된 것처럼) 해제할 수 없다. 자바에서는 GC(가비지 컬렉터)만이 자바 어플리케이션에서 더 이상 사용되지 않는 메모리의 할당을 해제할 수 있다. GC는 자바 프로그래머들이 여전히 사용되는 오브젝트들을 실수로 메모리 해제하지 않도록 하기 위한 안전한 방식으로 제공된다. 몇 가지 가비지 컬렉션 방식이 있지만, 가장 일반적으로 사용되는 방법은 복사, 마크&교체, 제너레이션 GC 알고리즘을 기반으로 한다.

복사 가비지 컬렉션 알고리즘(그림 2-13 참고)은 참조된 오브젝트를 다른 메모리 영역에 복사하여 참조되지 않는 오브젝트들의 본래 메모리 공간을 해제하는 것이다. 이 알고리즘을 실행하기 위해 더 큰 메모리 영역을 사용하며, 복사하는 동안에는 보통 인터럽트가 발생할 수 없다(시스템 인터럽트 방지). 하지만, 새로운 메모리 공간에 오브젝트들을 압축시켜 놓음으로써 메모리가 효율적으로 사용됨을 보장한다.

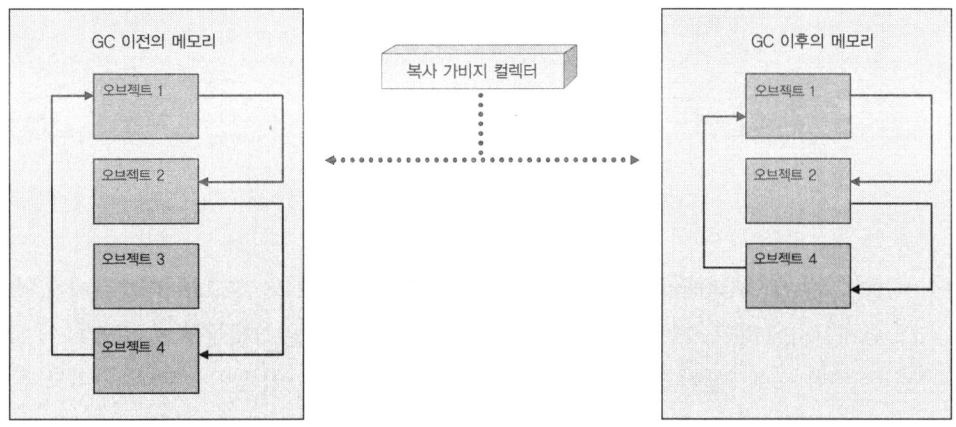

>> 그림 2-13 복사 가비지 컬렉터 다이어그램

마크& 교체 가비지 컬렉션 알고리즘(그림 2-14 참고)은 사용되는 모든 오브젝트들을 '마크' 해 둔 다음 마킹되지 않은 오브젝트들을 교체하는 방식이다. 이 알고리즘은 보통 시스템의 인터럽트를 막아두지 않는다. 즉, 필요하다면 시스템이 다른 기능들을 수행하기 위해 가비지 컬렉터에 인터럽트를 걸 수 있다. 하지만, 복사 가비지 컬렉터가 수행하는 방법처럼 메모리를 압축하지 않는다. 할당 해제된 오브젝트가 존재하기 위해 사용하는 작고 불필요한 공간이 존재하여 메모리 단락을 야기한다. 마크& 교체 가비지 컬렉터에서는 추가 메모리 압축 알고리즘이 수행될 수 있는데, 그것을 가리켜 마크& 압축 알고리즘이라 부른다.

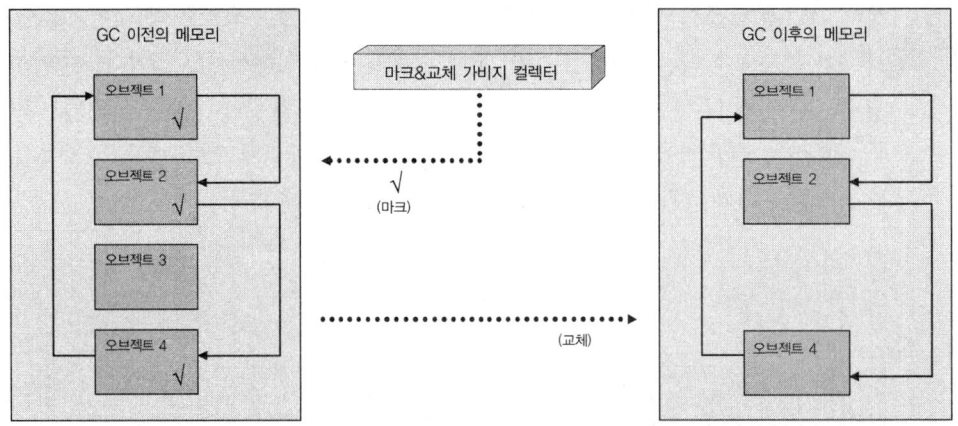

>> 그림 2-14 마크&교체(미압축) 가비지 컬렉터 다이어그램

마지막으로, 제너레이션 가비지 컬렉션 알고리즘(그림 2-15 참고)은 메모리에 할당될 때가 언제인지에 따라 오브젝트들을 제너레이션이라고 불리는 그룹들로 분리한다. 이 알고리즘은 자바 프로그램에 의해 할당되는 대부분의 오브젝트들이 짧은 수명을 가지고 있다고 가정하고 있기 때문에, 그보다 더 오랜 수명을 가지고 있는 남은 오브젝트들을 복사하고 압축하는 것은 시간 낭비이다. 그러므로 더 최근에 생성된 제너레이션 그룹에 있는 오브젝트들이 그보다 더 오래 전에 생성된 제너레이션 그룹에 있는 오브젝트들보다 더 자주 삭제된다. 또한 오브젝트들은 더 최근에 생성된 그룹에서 더 오래 전에 생성된 그룹으로 이동될 수도 있다. 다른 제너레이션 가비지 컬렉터들은 이전에 설명한 복사 알고리즘이나 마크&교체 알고리즘과 같은 각 제너레이션 그룹 안에 있는 오브젝트들을 할당 해제하기 위한 다른 알고리즘을 채택할 수도 있다.

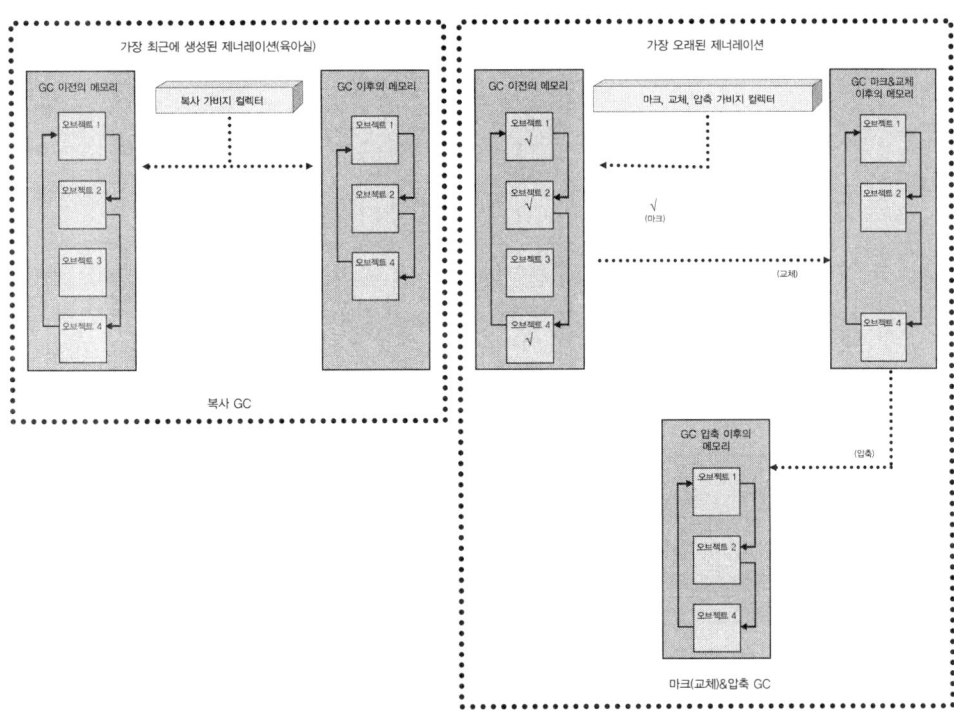

>> 그림 2-15 제너레이션 가비지 컬렉터 다이어그램

이 책의 시작에서 언급했던 것처럼, 대부분의 실제 임베디드 JVM은 몇 가지 형태의 복사, 마크&교체, 제너레이션 알고리즘(표 2-4) 중 하나를 구현하고 있다.

>> 표 2-4 가비지 컬렉션 알고리즘을 기반으로 하는 JVM의 실제 예시

가비지 컬렉션	자바 가상 기계
복사	NewMonics' Perc (www.newmonics.com)
마크&교체	Skelmir's Cee-J (www.skelmir.com) Esmertec's Jbed (www.esmertec.com) NewMonics' Perc (www.newmonics.com) Tao Group's Intent (www.tao-group.com)
제너레이션	Skelmir's Cee-J (www.skelmir.com)

🈷 표에서의 정보는 이 책이 쓰여질 당시에 수집되었으며, 변경될 수 있다. 최신 정보를 위해서는 특정 업체에 문의해 보라.

자바 바이트 코드 처리하기

> **자바가 바이트 코드를 어떻게 처리하는지에 대해 설명하는 이유**
>
> 이 절은 다양한 언어들로 이루어진 소스 코드를 기계어 코드로 변환하기 위해 사용되는 많은 다른 실제 기술들의 예시로 자바를 포함하고 있다. 예를 들어, 어셈블리, C 그리고 C++에서, 컴파일 방법들은 호스트 기기에서 이루어지는 반면, HTML 스크립트 언어 소스는 (컴파일 필요 없이) 타깃에서 직접 인터프리팅된다. 자바의 경우, 자바 소스 코드는 호스트에서 자바 바이트 코드로 컴파일되는데, JVM의 내부 디자인에 따라 기계어 코드로 인터프리팅되고 컴파일된다. 자바 바이트 코드를 기계어 코드로 변환하는 타깃상의 방법은 임베디드 시스템 아키텍처의 일부이다. 간단히 말해서, 자바의 변환방식은 호스트와 타깃에 모두 존재하여 다양한 실제 기술들의 예로 동작한다. 이것은 일반적으로 프로그래밍 언어가 임베디드 디자인에 어떻게 영향을 미칠 수 있는지 이해하기 위해 사용될 수 있다.

임베디드 시스템에서 JVM의 기본 목적은 플랫폼에 독립적인 자바 바이트 코드를 플랫폼에 의존적인 코드로 처리하는 것이다. 이러한 과정은 JVM의 실행 엔진에서 처리된다. 실행 엔진 안에 구현되는 세 가지의 가장 일반적인 바이트 코드 처리 알고리즘으로는 인터프리팅, JIT(just-in-time) 컴파일, WAT/AOT(way-ahead-of-time/ahead-of-time) 컴파일이 있다.

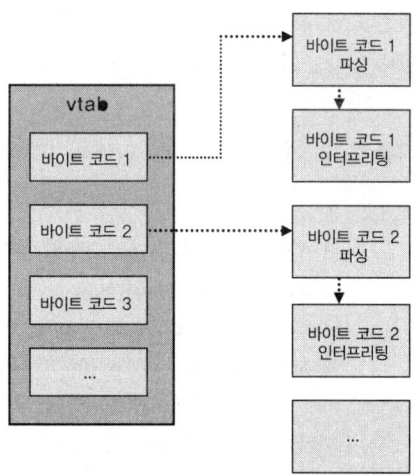

>> 그림 2-16 인터프리터 다이어그램

인터프리팅에서는 자바 프로그램이 실행을 위해 로드될 때마다 모든 바이트 코드 명령어가 JVM 인터프리터에 의해 한 번에 한 바이트씩 파싱되어 원래 코드로 변환된다. 그뿐 아니라 코드의 중복된 부분들이 실행될 때마다 다시 인터프리팅된다. 인터프리팅은 세 알고리즘 중 가장 성능이 낮지만 구현 후 다양한 하드웨어에 포팅할 수 있는 가장 간단한 알고리즘이다.

한편 JIT 컴파일러는 프로그램을 한 번에 인터프리팅한 다음, 실행시 바이트 코드의 본래 형식을 컴파일하여 저장한다. 그러므로 중복된 코드가 다시 인터프리팅할 필요 없이 실행될 수 있도록 해준다. JIT 알고리즘은 중복된 코드에 대해 더 잘 수행되지만, 바이트 코드를 원래 코드로 변환하는 데 추가의 실행 오버헤드를 가질 수 있다. 또한 추가 메모리는 자바 바이트 코드와 원래 컴파일된 코드를 둘 다 저장하기 위해 사용된다. 실제 JVM에서 JIT 알고리즘상 변수는 동적 적용 변환(dynamic adaptive compilation : DAC) 또는 번역기(translator)라고 불리기도 한다.

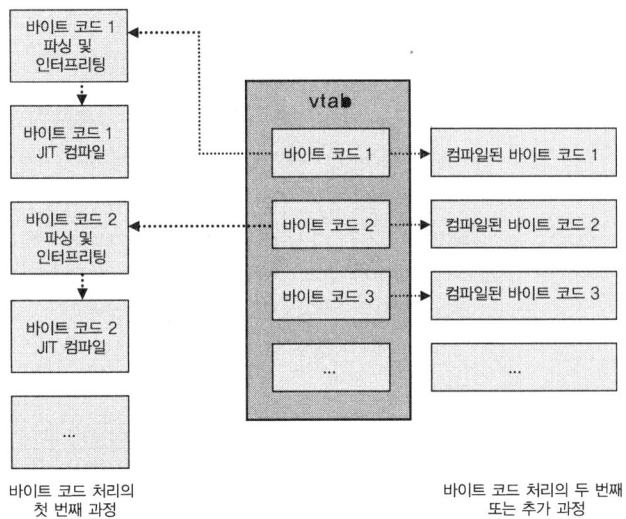

>> 그림 2-17 JIT 다이어그램

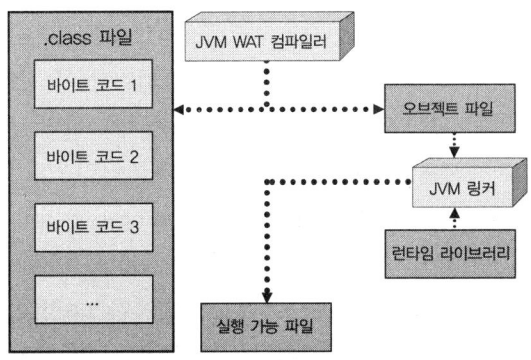

>> 그림 2-18 WAT/AOT 다이어그램

마지막으로, WAT/AOT 컴파일에서 모든 자바 바이트 코드는 컴파일시 원래 언어를 가지고 있는 것처럼 원래 코드로 컴파일되며, 인터프리팅은 행해지지 않는다. 이 알고리즘은 중복된 코드에 대해서는 최소한 JIT만큼은 잘 수행되며, 중복되지 않은 코드에 대해서는 JIT보다 더 잘 수행된다. 하지만, 실행시 동적으로 다운로드된 추가의 자바 클래스가 컴파일되어 시스템에 추가될 때에는 JIT를 가진 것처럼, 추가의 오버헤드 시간이 발생한다. WAT/AOT 또한 구현하기에 더 복잡한 알고리즘이 될 수도 있다.

표 2-5에서 볼 수 있는 것처럼, 이 알고리즘들의 일부 또는 전부를 구현하는 실행 엔진 하이브리드뿐 아니라 이 알고리즘들의 각각을 구현하는 실제 JVM 실행 엔진도 있다.

>> 표 2-5 다양한 바이트 코드 처리 알고리즘을 기반으로 하는 JVM의 실제 예

바이트 코드 처리	자바 가상 기계
인터프리팅	Skelmir's Cee-J (JITS의 일종) (www.skelmir.com) NewMonics' Perc (www.newmonics.com) Insignia's Jeode (www.insignia.com)
JIT	Skelmir's Cee-J (JITS의 두 형태) (www.skelmir.com) Tao Group's Intent (www.tao-group.com) – 번역 NewMonics' Perc (www.newmonics.com) Insignia's Jeode DAC (www.insignia.com)
WAT/AOT	NewMonics' Perc (www.newmonics.com) Esmertec's Jbed (www.esmertec.com)

주 표에서의 정보는 이 책이 쓰여질 당시에 수집되었으며, 변경될 수 있다. 최신 정보를 위해서는 특정 업체에 문의해 보라.

스크립트 언어와 자바가 임베디드 시스템 안에 추가 컴포넌트를 자동으로 삽입할 수 있는 유일한 고급 언어는 아니다. 마이크로소프트사의 **.NET 콤팩트 프레임워크**(.NET Compact Framework)는 대부분의 고급 언어(C#, 비주얼 베이직, 자바스크립트와 같은)로 쓰여진 어플리케이션들이 하드웨어 또는 시스템 소프트웨어 디자인에 상관 없이 어떠한 임베디드 기기에서도 실행 가능하게 해준다. .NET 콤팩트 프레임워크에 속하는 어플리케이션들은 본래의 소스 파일로부터 CPU에 독립적인 MSIL(Microsoft Intermediate Language, 마이크로소프트 중간 언어)이라 불리는 중간 언어 파일을 생성해 주는 컴파일 및 링크 과정을 거쳐야만 한다(그림 2-19 참고). .NET 콤팩트 프레임워크와 호환되는 고급 언어를 위해서는 .NET과 호환되는 컴파일러를 생성하기 위해 공통적으로 사용 가능한 표준인 마이크로소프트의 **공통 언어 규정**을 따라야만 한다.

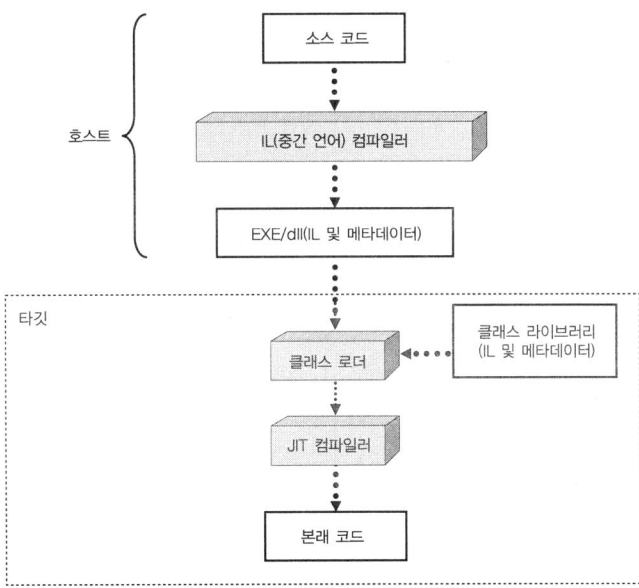

>> 그림 2-19 .NET 콤팩트 프레임워크 실행 모델

.NET 콤팩트 프레임워크는 **CLR**(common language runtime)과 클래스 로더, 플랫폼 확장 라이브러리로 구성된다. CLR은 중간 생성물인 MSIL 코드를 기계어로 바꾸는 실행 엔진과 가비지 컬렉터로 구성된다. 플랫폼 확장 라이브러리들은 기본 클래스 라이브러리 (base class library : BCL) 안에 있는데, 이것은 어플리케이션에 (그래픽, 네트워킹, 진단 기능과 같은) 추가 기능을 제공한다. 그림 2-20에서 볼 수 있는 것처럼, 임베디드 시스템상에서 중간 생성물인 MSIL 파일을 실행시키기 위해 .NET 콤팩트 프레임워크는 임베디드 시스템상에 존재해야만 한다. 현재 .NET 콤팩트 프레임워크는 시스템 소프트웨어 계층 안에 존재한다.

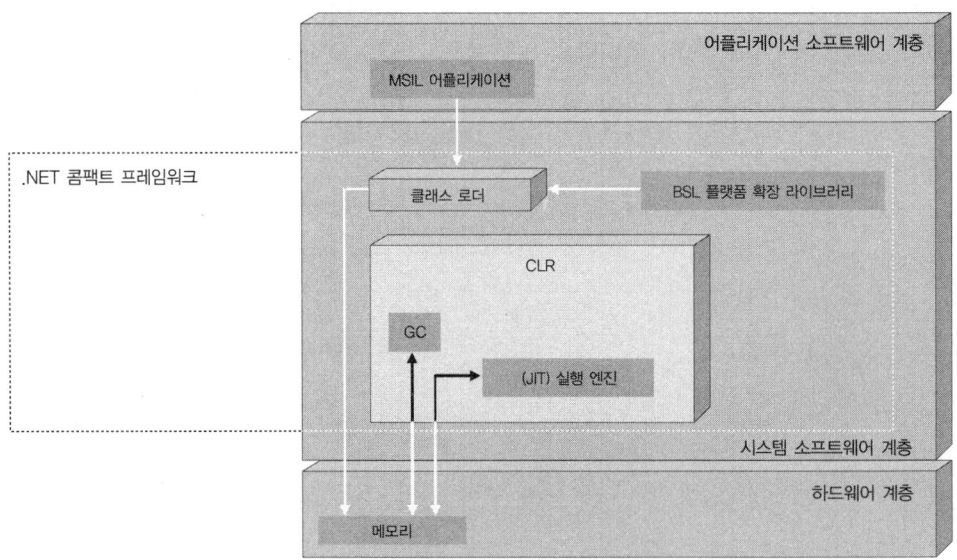

>> 그림 2-20 .NET 콤팩트 프레임워크와 임베디드 시스템 모델

2.2 | 표준과 네트워킹

표준 예로 네트워킹을 사용한 이유는 무엇인가?

정의와 같이 네트워크란 데이터를 송신하거나 수신할 수 있는 둘 또는 그 이상 연결된 기기들을 말한다. 만약 임베디드 시스템이 다른 어떤 시스템, 즉 개발 호스트 장치, 서버, 또는 다른 임베디드 기기와 통신해야 한다면, 그것은 몇 가지 유형의 연결(네트워킹)방식을 구현하고 있어야 한다. 성공적인 통신을 위해서는 상호 연결되어 있는 시스템들이 동의하고 있는 동일한 방법이 있어야 하며, 그러한 네트워킹 프로토콜(표준)은 운용이 허가된 곳에 놓여 있어야 한다. 표 2-1에 나타나 있는 것처럼, 네트워킹 표준은 네트워킹 연결을 요구하는 다른 시장에서의 기기에서, 그리고 심지어는 프로젝트의 개발단계 동안 시스템을 디버깅하기 위해서, 그리고 네트워킹 시장의 임베디드 기기에서 구현된다.

임베디드 기기를 위해 네트워킹 컴포넌트가 요구하고 있는 것이 무엇인지 이해하려면 다음의 두 가지 단계가 선행되어야 한다.

- 전체 네트워크에 어떤 기기가 연결될 것인지 이해

- 기기의 네트워킹 컴포넌트들을 결정하기 위해 이 절의 뒷부분에서 설명할 OSI(open systems interconnection, 개방형 시스템 간 상호 접속) 모델과 같은 네트워킹 모델 이해

네트워크의 주요한 특징들은 임베디드 시스템 안에서 구현되는 표준들을 가리키기 때문에, 전체 네트워크를 이해하는 것은 중요하다. 처음에 임베디드 엔지니어는 기기가 연결될 전체 네트워크에 대해 최소한 다음의 세 가지 특징을 이해해야 한다. 즉, 연결된 기기 사이의 거리, 임베디드 기기가 네트워크의 나머지에 연결될 수 있도록 해주는 물리적 매체, 그리고 네트워크의 전반적인 구조(그림 2-21 참고)가 그것이다.

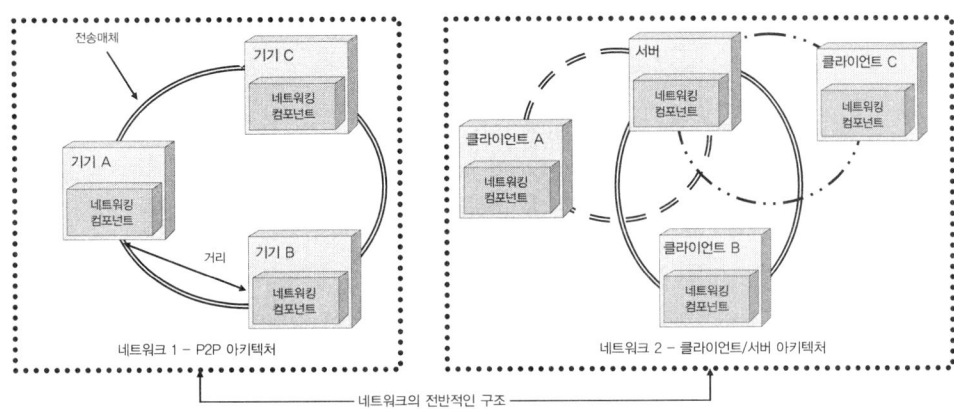

>> 그림 2-21 네트워크 블록 다이어그램

연결된 기기 사이의 거리

네트워크는 대략 근거리 통신망(local area network : LAN) 또는 원거리 통신망(wide area network : WAN) 중 하나로 정의될 수 있다. LAN은 모든 기기들이 동일한 빌딩 또는 방처럼 서로서로 매우 근접하게 위치해 있는 네트워크를 말한다. WAN은 여러 개의 빌딩 또는 지구처럼 지리학적으로 더 넓게 분포되어 있는 기기 또는 LAN을 연결하는 네트워크를 말한다. 도시 간 네트워크를 위한 MAN, 학교 기반의 네트워크를 위한 CAN 등과 같은 다양한 종류들의 WAN과 LAN(예를 들어, 근거리 무선 PAN)도 있지만, 모든 네트워크는 기본적으로 WAN 또는 LAN 중 하나이다.

 약어들에 유의하라. 많은 것들이 유사해 보이지만, 실제로는 매우 다른 것들을 의미할 수 있다. 예를 들어 WAN(원거리 통신망)을 WLAN(무선 LAN)과 혼동해서는 안 된다.

물리적 매체

한 네트워크 안에서 기기들은 제한이 있는 전송매체 또는 제한이 없는 전송매체에 연결된다. 제한이 있는 전송매체들은 케이블 또는 전선을 말하며, 전자기파가 물리적 경로(전선)를 따라 유도되기 때문에 '유도' 매체라고도 불린다. 제한이 없는 전송매체란 무선 연결을 말하며, 이것들은 전송되는 전자기파가 물리적 경로를 통해 유도되지 않고 진공, 공기 또는 물을 통해 전송되기 때문에 비유도 매체로 여겨진다.

일반적으로, 유선이든 무선이든 모든 전송매체를 구별하는 주요 특징으로는 다음과 같은 것들이 있다.

- 매체가 운반하는 데이터의 유형(예를 들어, 아날로그 또는 디지털)

- 매체가 얼마나 많은 데이터를 운반하는가?(용량)

- 매체가 소스에서 목적지까지 데이터를 얼마나 빠르게 운반하는가?(속도)

- 매체가 데이터를 얼마나 멀리까지 운반할 수 있는가?(거리) 예를 들어, 어떤 매체는 무손실(lossless) 매체로, 전송거리당 에너지 손실이 없다. 반면 어떤 매체는 전송거리당 상당량의 에너지를 손실하는 손실(lossy) 매체이다. 또 다른 예로 무선 네트워크의 경우를 들 수 있다. 이것은 전파의 법칙을 따르는데, 여기서 전파의 법칙이란 전력값이 상수일 때 신호의 강도는 소스로부터 주어진 거리의 제곱 배만큼 감소한다는 것을 의미한다 (예를 들어, 거리가 2피트이면 신호는 4배 더 약해지며, 거리가 10피트이면 신호는 100배 약해진다).

- 매체가 외부의 힘[전자기 간섭(EMI), 라디오 주파수 간섭(RFI), 날씨 등등]에 얼마나 영향을 받는가?

> **주** 전송매체가 데이터를 전송할 수 있는 방향(즉, 단방향 전송이 가능한 데이터 대 양방향 전송)은 기기 내에 구현되는 하드웨어 및 소프트웨어 컴포넌트에 따라 다르며, 일반적으로 전송매체에만 의존적인 것은 아니다. 이것은 이 장의 뒷부분에서 다룰 것이다.

전송매체의 특징은 네트워크의 대역폭(초당 비트 데이터의 비율)과 지연(데이터가 주어진 두 접점을 이동하는 데 걸리는 시간) 같은 변수에 영향을 주면서, 전반적인 네트워크의 성능에 영향을 주기 때문에 이것을 이해하는 것은 매우 중요하다. 표 2-6a 와 2-6b 는 유/무선 전송매체의 몇 가지 예와 그 특징들을 요약 정리하였다.

>> 표 2-6a 유선 전송매체[2-25]

매 체	특 징
비차폐 연선(UTP)	동선을 쌍으로 꼬아서 만든 선으로, 아날로그 또는 디지털 신호를 전송하기 위해 사용된다. 원하는 대역폭에 따라 길이(거리)가 제한된다. UTP는 전화/가입전신 네트워크에서 사용되며, 아날로그와 디지털을 모두 지원할 수 있다. 서로 다른 범주의 케이블(3, 4, 5)들이 있는데, CAT3는 16 Mbps까지의 데이터 전송률을 지원하며, CAT4는 20 Mbps까지, CAT5는 100 Mbps까지 지원한다. 아날로그 신호를 위해 5~6 km마다 증폭을 해주어야 하며, 디지털 신호를 위해서는(긴 거리에 대해 신호가 강도와 시기를 놓치지 않도록) 2~3 km마다 리피터를 거쳐야 한다.
	설치하기에 상대적으로 쉽고 가격이 저렴하지만, 보안의 위험이 있다. 외부 전자기 간섭에 영향을 받는다. 전자 모니터, 고압 전송선, 자동차 엔진, 라디오 또는 TV 방송 장비와 같은 자원으로부터 EMI/RFI를 받는 안테나처럼 동작할 수 있다. 데이터 열을 추가할 때 이 신호들은 수신기들이 유효한 데이터와 EMI/RFI에 의한 잡음(특히 여러 벤더로부터의 컴포넌트들을 합쳐 놓은 긴 거리에 대해서 사실이다)을 구분하기 어렵게 한다. 원치 않는 신호들이 '송신'과 '수신' 동선 사이에 합쳐져 있을 때 혼선이 발생한다. 이것은 데이터가 깨지게 하고, 수신기가 보통 신호와 혼선된 신호를 구분하기 어렵게 만든다. 보호되지 않은 동선 케이블과 연결된 장비에 부딪혔을 때 생기는 빛은 문제를 야기할 수 있다(에너지가 도체에 섞일 수도 있으며, 두 방향으로 전파될 수도 있다).
동축 케이블	기저대역(베이스밴드) 동축 케이블과 광대역(브로드밴드) 동축 케이블은 특징에 있어 서로 다르다. 일반적으로 동축 케이블들은 아날로그와 디지털 신호를 모두 전송하기 위해 사용될 수 있도록 동선과 알루미늄선이 연결되어 있는 형태로 구성된다. 기저대역 동축 케이블은 보통 디지털-케이블TV/케이블 모뎀을 위해 사용되며, 광대역 동축 케이블은 아날로그(전화) 통신을 위해 사용된다.
	동축 케이블은 리피터나 부스터에 의해 증폭이 되지 않으면, 수천 피트 이상으로 신호를 운반할 수 없다. 연선 케이블보다 더 높은 데이터 전송률을 갖는다(수백 Mbps에서 수 km까지). 동축 케이블은 안전하지는 않지만, 간섭을 줄이기 위해 감싸여 있어서 더 높은 아날로그 전송이 가능하다.
광섬유	레이저 빔이 디지털 전송을 위한 케이블을 따라 전송될 수 있게 하는 깨끗하고 유연한 튜브이다.
	광섬유 매체는 100 km까지의 GHz(대역폭) 전송능력을 가지고 있다.
	그 유전적 성질 때문에, 광섬유는 EMI와 RFI 모두에 영향을 받지 않으며, 혼선도 거의 발생하지 않는다. 광섬유 케이블은 전송을 위해 금속 도체를 사용하지 않고, 모두 유전체를 사용한다. 광섬유 통신은 빛에 의해 직접 충격을 받을 때조차 전기적인 요인에 영향을 받지 않는다.
	뿐만 아니라 보안성도 강하다. 하지만 보통 다른 지상파 솔루션에 비해 비용이 매우 많이 소요된다.

>> 표 2-6b 무선 전송매체[2-26]

매 체	특 징
지상파	SHF(초고주파)로 분류된다. 전송신호는 눈에 보이는 선이어야 한다. 이것은 고주파 라디오(아날로그 또는 디지털) 신호가 많은 기지국을 통해 전송되며, 기지국들 간의 전송은 방해를 받지 않는 직선이어야 한다는 것을 의미한다. 종종 위성 전송과 섞여서 사용되기도 한다. 기지국 간의 거리는 보통 25~30마일이며, 높은 빌딩의 꼭대기에 또는 언덕 꼭대기와 같은 높은 지점에 전송 안테나가 있다. 낮은 GHz 주파수 영역 2~40 GHz의 사용은 더 낮은 주파수의 라디오 파형을 사용할 때보다 더 높은 대역폭(예를 들어, 2 GHz 대역은 거의 7 MHz의 대역폭을 가지며, 18 GHz 대역은 거의 220 MHz의 대역폭을 갖는다)을 제공한다.
위성파	위성은 지구 위에서 공전을 하면서, 다른 기지국들 사이에서 기지국처럼 동작하며, 그 위성의 직선 내에 있는 임베디드 기기(그 안테나)와 지역을 다룬다. 여기서 지구 표면 상의 크기와 모양은 위성의 디자인에 따라 다르다. 기지국은 어떤 소스(인터넷 서비스 제공자, 방송국 등)로부터 아날로그 또는 디지털 데이터를 수신하여, 그것을 위성으로 전송할 라디오 신호로 모듈화한다. 그리고 그 위치를 제어하고 위성의 동작을 모니터링한다. 위성에서 레이더는 라디오 신호를 받아서 그것을 증폭한 다음, 그 영역 내의 기기 안테나로 그것을 전달한다. 영역이 다양해지는 것은 전송속도를 바꾸는데, 여기서 더 작은 영역에 있는 신호에 집중을 하면 전송속도를 증가시킬 수 있다. 한 신호에 의해 처리되는 더 큰 거리는 수 초의 전파 지연의 결과를 야기할 수 있다. 전형적인 GEO(위성궤도) 위성(적도 위 약 36,000 km에서 공전하는 위성으로, 위성의 속도는 적도에서 지구의 자전과 같다)은 20~80개 사이의 레이더를 포함하고 있는데, 각 레이더는 약 30~40 Mbps까지의 디지털 정보를 전송할 수 있다.
방송 라디오	신호의 전송을 위해 특정 주파수에 맞추어진 (임베디드 기기의) 송신기와 수신기를 사용한다. 방송 통신은 로컬 지역에서 발생할 수 있는데, 여기서 여러 개의 소스들은 하나의 전송만을 수신한다. 동일한 주파수로 두 개의 전송이 가능하지 못하도록 하기 위해 (로컬 통신회사와 정부에 의해 관리되는) 주파수 제한에 영향을 받는다. 송신기는 큰 안테나를 필요로 하며, 10 kHz~1 GHz의 주파수 범위는 LF(저주파), MF(중파), HF(단파), UHF(극초단파), VHF(초단파) 대역으로 나누어진다. 높은 주파수의 라디오 파형은 전송을 위해 더 큰 대역폭(Mbps 단위의)을 제공한다. 하지만, 그것들은 (kbps와 같이 낮은 대역폭을 갖는) 낮은 주파수 라디오 파형보다는 전파력이 더 적다.
IR(적외선)	두 IR 레이저의 P2P 연결이 가능하다. 레이저 빔의 깜빡거림은 비트 표현을 반영한다. THz(1,000 GHz-2×10^{11} Hz-2×10^{14} Hz)의 주파수 범위와 20 Mbps까지의 대역폭을 갖는다. 방해물이 있어서는 안 되며, 비용이 많이 들고, 흐린 날씨(구름 낀 날씨, 비 오는 날씨)에 민감하며 햇빛에 의해 감도가 낮아지며, 보안에 좋다. 보통 전송거리가 200 m까지이므로, 작고 개방된 공간에서 사용된다.
이동통신파	UHF 대역폭에서 동작한다. 방해물이 있어도 가능은 하나 영향을 받는다. 신호는 빌딩/방해물을 관통할 수 있지만, 신호의 감쇄가 일어나서 신호를 전달할 수 있는 거리가 줄어든다.

네트워크 아키텍처

네트워크에 연결된 기기들 사이의 관계는 네트워크의 전체 아키텍처를 결정한다. 네트워크에 대한 가장 일반적인 아키텍처 유형은 **P2P**(peer-to-peer) 아키텍처와, **클라이언트/서버**(client/server) 아키텍처, 그리고 **하이브리드**(hybrid) 아키텍처가 있다.

P2P 아키텍처는 제어의 중심 영역이 없는 네트워크 구현방식을 말한다. 네트워크상의 각 기기는 자신의 리소스와 요구사항만을 처리해야 한다. 모든 기기들은 동등하게 통신하며, 서로서로의 리소스를 이용할 수 있다. P2P 네트워크는 보통 LAN으로 구현된다. 왜냐하면 이 아키텍처는 구현하기 쉬운 반면, 네트워크의 나머지 영역에 대해 각 기기 리소스들의 가시성 및 접속성과 관련된 성능 및 보안 이슈가 있기 때문이다.

클라이언트/서버 아키텍처는 네트워크의 조건과 리소스들의 대부분을 관리하는 **서버**라고 불리는 중심 기기가 있는 네트워크 구현방식을 말한다. **클라이언트**라 불리는 네트워크상의 다른 기기들은 더 적은 리소스들을 포함하며, 서버의 리소스들을 이용해야 한다. 클라이언트/서버 아키텍처는 P2P 아키텍처보다 더 복잡하며, 서버로의 접속 실패라는 한 가지 크리티컬한 점을 갖는다. 하지만 서버만이 다른 기기들에게 가시화될 수 있기 때문에 P2P 방식에 비해 보안성이 더 강하다. 또한 서버만이 접속 실패의 경우 네트워크 리소스에 대한 여분을 제공할 수 있기 때문에, 클라이언트/서버 아키텍처는 더 높은 신뢰성을 갖는다. 또한 이러한 유형의 네트워크에서 서버 기기는 네트워크의 리소스를 제공하기 위해 더 막강해질 필요가 있기 때문에, 클라이언트/서버 아키텍처는 훨씬 더 좋은 성능을 갖는다. 이 아키텍처는 LAN 또는 WAN에서 구현된다.

하이브리드 아키텍처는 P2P 아키텍처 모델과 클라이언트/서버 아키텍처의 조합이다. 이 아키텍처는 LAN과 WAN에서 모두 구현된다.

> 네트워크 아키텍처는 토폴로지와는 다르다. 네트워크 토폴로지란 연결된 기기의 물리적인 정렬을 말하는데, 이것은 아키텍처, 전송매체(무선 또는 유선), 그리고 연결된 기기 사이의 거리에 의해 주로 결정된다.

개방형 시스템 간 상호 접속 모델

임베디드 시스템과 네트워크 아키텍처의 내부 네트워킹 컴포넌트들 사이에 의존성, 연결된 기기 간의 거리, 그리고 기기들을 연결하는 전송매체를 나타내기 위해서, 이 절은 네트워킹 컴포넌트들을 보편적인 네트워킹 모델, 즉 개방형 시스템 간 상호 접속(open systems interconnection : OSI) 레퍼런스 모델과 연관지어 설명하고 있다. 한 기기에서 요구되는 모든 네트워킹 컴포넌트들은 OSI 모델로 그룹화될 수 있는데, 이것은 1980년 초 국제표준기구(ISO)에서 만들어졌다. 그림 2-22에 나타나 있는 것처럼, OSI 모델은 네트워크 기기에서 요구되는 하드웨어 및 소프트웨어 컴포넌트들을 물리 계층, 데이터-링크 계층, 네트워크 계층, 전송 계층, 세션 계층, 프리젠테이션 계층, 어플리케이션 계층의 7개 계층 형태로 표현한다. 임베디드 시스템 모델(그림 1-1)의 하드웨어 계층과 관련지으면, OSI 모델의 물리 계층은 임베디드 시스템 모델의 하드웨어 계층에 매핑되며, OSI 모델의 어플리케이션, 프리젠테이션, 세션 계층은 임베디드 시스템 모델의 어플리케이션 소프트웨어 계층에 매핑된다. 그리고 OSI 모델의 남은 계층(전송, 네트워크, 데이터-링크)들은 임베디드 시스템 모델의 시스템 소프트웨어 계층으로 매핑된다.

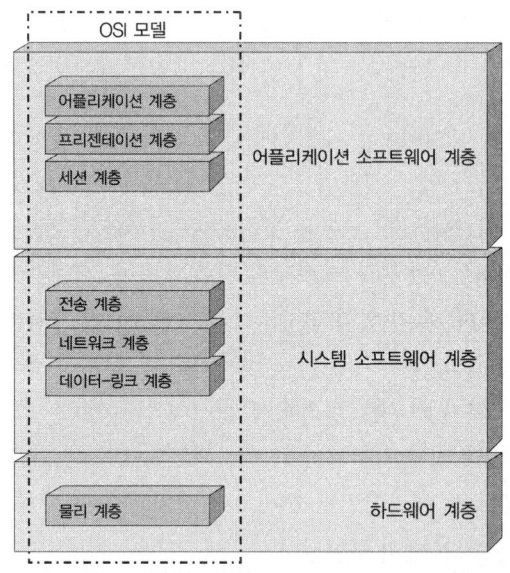

>> 그림 2-22 OSI와 임베디드 시스템 모델 블록 다이어그램

OSI 모델에서 각 계층의 목적을 이해하기 위한 주요 포인트는 네트워킹이 단순히 한 기기를 다른 기기에 연결하는 것이 아니라는 점을 이해하는 것이다. 네트워킹은 본래 기기들 사이에서 또는 그림 2-23에 나타난 것과 같은 각 기기의 서로 다른 계층 사이에서 전송되는 데이터를 의미한다.

간단히 말해서, 네트워킹 연결은 한 기기의 어플리케이션 계층에서 시작하여 7개의 각 계층을 통해 아래로 이동하는 데이터를 가지고 시작한다. 각 계층에서는 네트워크를 통해 보내어질 데이터에 새로운 정보가 추가된다. 즉, 모든 계층(물리 계층과 어플리케이션 계층 제외)에서 연결된 기기 안의 각 계층에 대한 **헤더**(header, 그림 2-24 참고)라 불리는 정보가 데이터에 추가된다. 다시 말해서 데이터는 다른 기기가 해석하여 처리할 수 있는 정보들로 포장된다.

그런 다음 데이터는 전송매체를 통해 연결된 기기의 물리 계층으로 보내어져서 연결된 기기의 계층을 통해 위로 전송된다. 이 계층들은 데이터가 위로 전송될 때마다 데이터를 처리한다(즉, 헤더 제거, 재구성 등). OSI 모델을 기반으로 하여 각 계층에서 구현된 특징과 방법론을 일컬어 보통 **네트워킹 프로토콜**(networking protocols)이라고 한다.

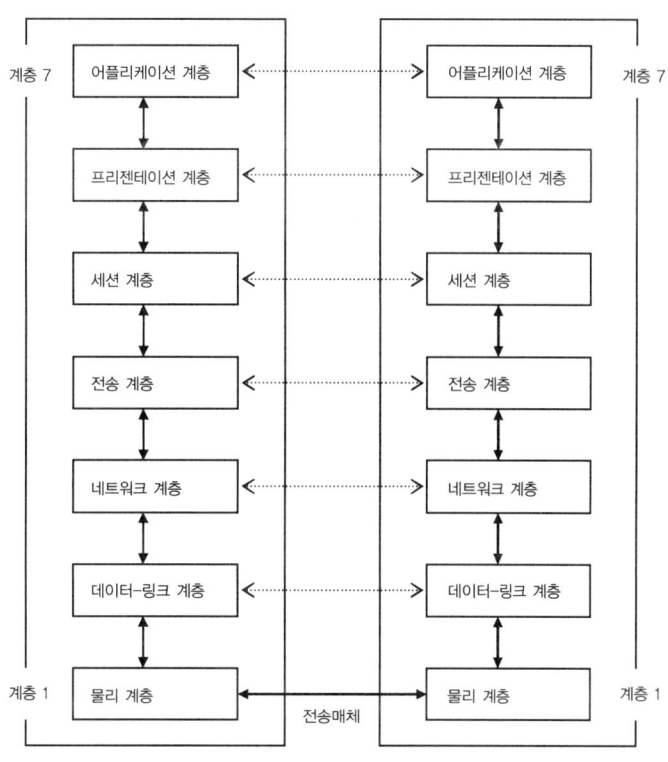

>> 그림 2-23 OSI 모델 데이터 흐름 다이어그램

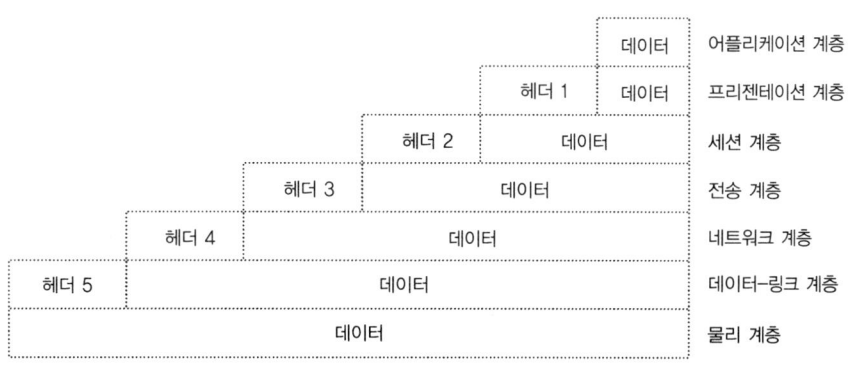

>> 그림 2-24 헤더 다이어그램

OSI 모델과 실제 프로토콜 스택

OSI 모델은 임베디드 기기에 구현되어 있는 실제 네트워킹 프로토콜을 이해하는 데 사용하기 위한 레퍼런스 툴일 뿐이라는 것을 알아두자. 즉, 항상 7개의 계층이 있고 각 계층당 하나의 프로토콜만 있는 것은 아니다. 실제로 OSI 모델 한 계층의 기능이 하나의 프로토콜 안에서 구현될 수 있고, 여러 개의 프로토콜과 계층들 사이에서 구현될 수도 있다. 또한 프로토콜이 다중 OSI 계층들의 기능들을 구현할 수도 있다. OSI 모델은 네트워킹을 이해하는 데 사용될 수 있는 매우 막강한 툴이며, 어떤 경우에는 특정 프로토콜 그룹이 별도의 이름을 가지고 특정 계층으로 그룹화되기도 한다. 예를 들어, 그림 2-25는 네트워크 액세스 계층, 인터넷 계층, 전송 계층, 어플리케이션 계층의 4개의 계층으로 구성되는 TCP/IP 프로토콜 스택이다. TCP/IP 모델의 어플리케이션 계층은 OSI 모델의 상위 세 계층들(어플리케이션 계층, 프리젠테이션 계층, 세션 계층)의 기능을 통합하고 있다. 그리고, TCP/IP 모델의 네트워크 액세스 계층은 OSI 모델의 두 계층(물리 계층과 데이터-링크 계층)을 통합하고 있다. TCP/IP 모델의 인터넷 계층은 OSI 모델에서의 네트워크 계층에 대응되며, 두 모델에서의 전송 계층은 동일하다.

또 다른 예로, 무선 어플리케이션 프로토콜(wireless application protocol : WAP) 스택(그림 2-26 참고)은 상위 계층 프로토콜의 5개의 계층을 제공한다. WAP 모델의 어플리케이션 계층은 OSI 모델의 어플리케이션 계층으로 매핑되며, 전송 계층 역시 전송 계층으로 매핑된다. WAP 모델의 세션 계층과 트랜잭션 계층은 OSI 모델의 세션 계층에 매핑되며, WAP 모델의 보안 계층은 OSI 모델의 프리젠테이션 계층에 매핑된다.

이 절의 마지막 예는 블루투스 프로토콜 스택인데(그림 2-27 참고), WAP와 TCP/IP처럼 블루투스(Bluetooth)에 특화되어 있으며, 특정한 네트워킹 스택이 적용된 프로토콜들로 구성되어 있다. OSI 모델의 물리 계층과 하위 데이터-링크 계층은 블루투스 모델의 전송 계층에 매핑된다. OSI 모델의 상위 데이터-링크 계층, 네트워크 계층, 그리고 전송 계층은 블루투스 모델의 미들웨어 계층에 매핑되며, OSI 모델의 남은 계층들(세션, 프리젠테이션, 어플리케이션)은 블루투스 모델의 어플리케이션 계층에 매핑된다

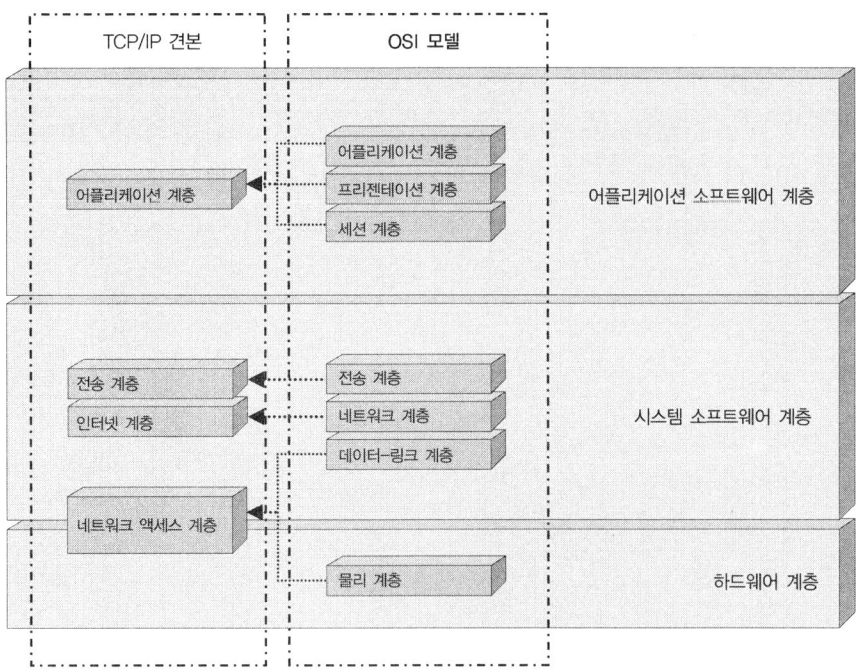

>> 그림 2-25 TCP/IP 모델, OSI 모델, 임베디드 시스템 모델 블록 다이어그램

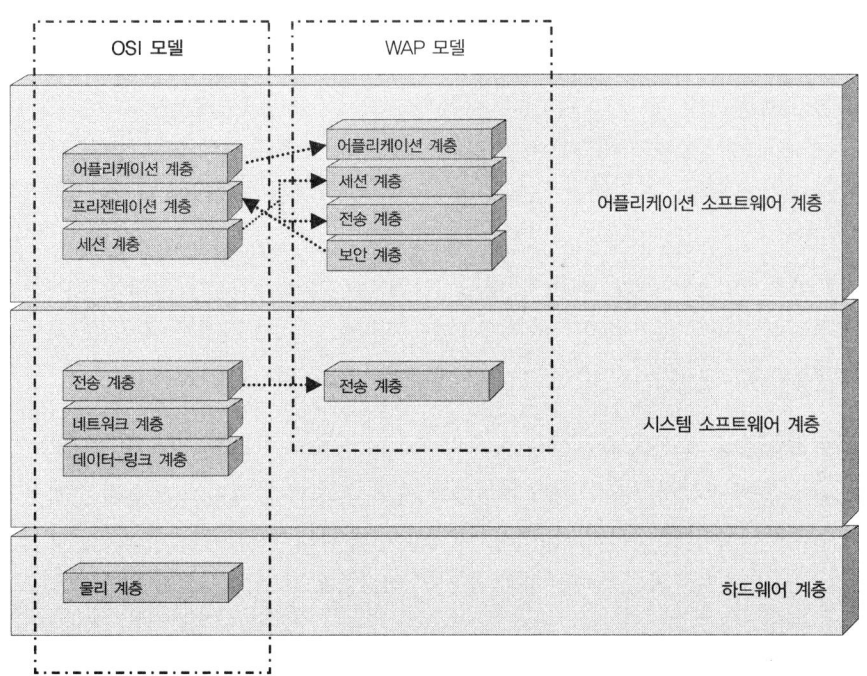

>> 그림 2-26 WAP 모델, OSI 모델, 임베디드 시스템 모델 블록 다이어그램

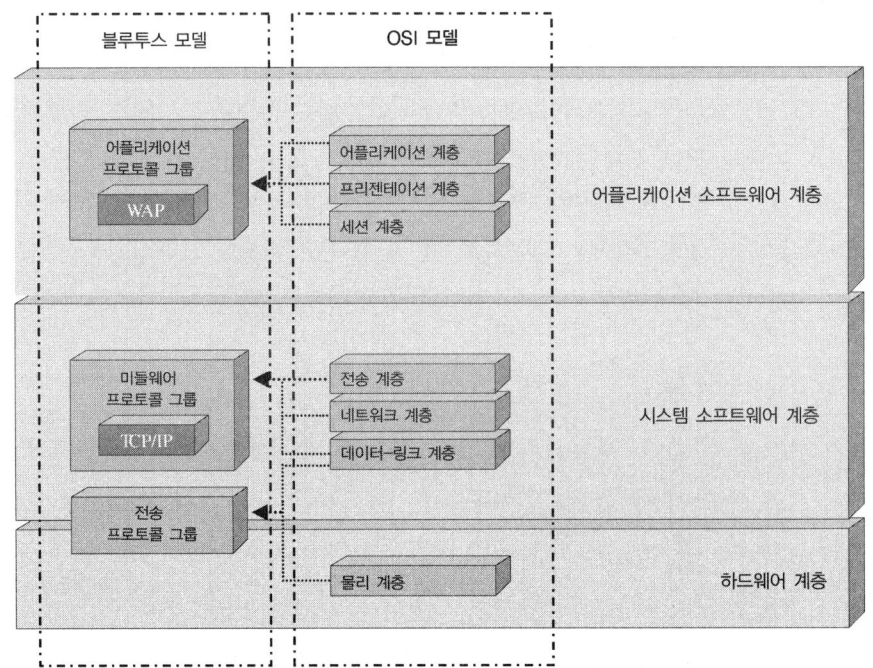

>> 그림 2-27 블루투스 모델, OSI 모델, 임베디드 시스템 모델 블록 다이어그램

OSI 모델 1번째 계층 : 물리 계층

물리 계층은 임베디드 기기에 물리적으로 존재하는 모든 네트워킹 하드웨어를 나타낸다. 그 기기의 네트워킹 하드웨어를 정의하는 물리 계층 프로토콜은 임베디드 시스템 모델의 하드웨어 계층에 위치한다(그림 2-28 참고). 물리 계층 하드웨어 컴포넌트들은 임베디드 시스템을 어떤 전송매체에 연결한다. 물리 계층 프로토콜은 LAN 프로토콜 또는 WAN 프로토콜로 분리될 수 있기 때문에, 네트워크의 아키텍처와 연결된 기기들 사이의 거리가 이 계층에서는 매우 중요하다. LAN과 WAN 프로토콜은 그 기기가 네트워크로 연결되어 있는 전송매체(무선 또는 유선)에 따라 더 세부적으로 나누어진다.

물리 계층은 통신매체를 통해 들어온 데이터 신호—1 또는 0의 실제 전압값—를 하드웨어를 통해 정의하고 관리하며 처리한다. 물리 계층은 임베디드 시스템 내에서 더 높은 계층들로부터 수신된 데이터 비트들을 매체를 통해 물리적으로 전송하고, 임베디드 시스템에서 더 상위 계층을 위해 매체를 통해 수신된 비트들을 모으는 역할을 한다(그림 2-29 참고).

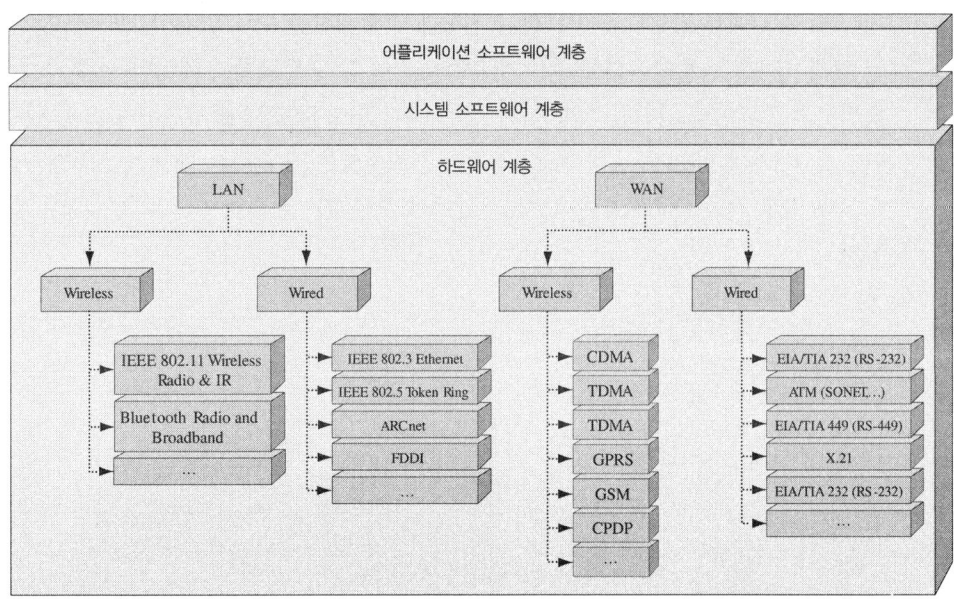

>> 그림 2-28 임베디드 시스템 모델의 물리 계층 프로토콜

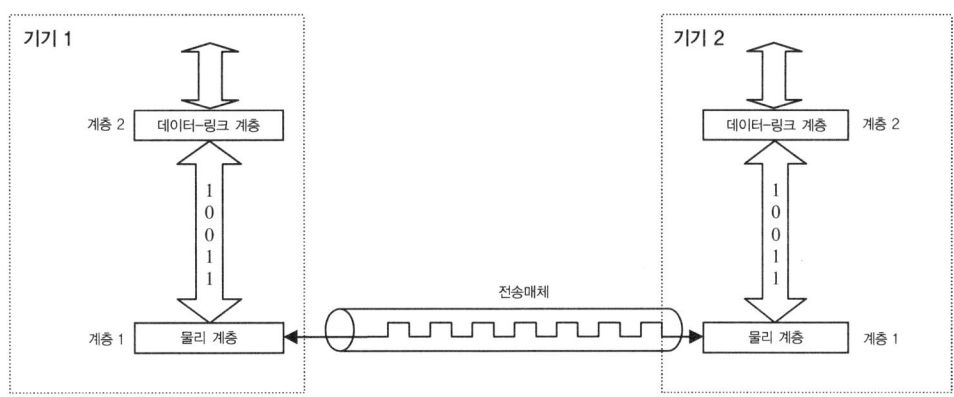

>> 그림 2-29 물리 계층 데이터 흐름 블록 다이어그램

OSI 모델 2번째 계층 : 데이터-링크 계층

데이터-링크 계층은 하드웨어(물리 계층)에 가장 가까이 있는 소프트웨어이다. 따라서 그것은 다른 기능들 외에 하드웨어를 제어하는 데 필요한 어떤 소프트웨어를 포함하고 있다. 이 계층에서는 다른 물리 계층 프로토콜에 상호 연결되어 있는 네트워크—예를 들어, 이더넷 LAN과 802.11 LAN—가 서로 연결될 수 있도록 다리의 역할을 제공한다.

물리 계층 프로토콜처럼, 데이터-링크 계층 프로토콜은 LAN 프로토콜, WAN 프로토콜 또는 LAN과 WAN에 모두 사용될 수 있는 프로토콜로 분리된다. 특정 물리 계층에 의존하는 데이터-링크 계층 프로토콜은 포함된 전송매체에 제한될 수도 있지만, 프로토콜이 기대하는 원래 매체를 시뮬레이션해 주는 계층이 있거나 그 프로토콜이 데이터-링크 기능 위의 독립적인 하드웨어를 지원한다면, 어떤 경우(예를 들어, RS-232를 통한 PPP 또는 블루투스의 RF-COMM을 통한 PPP) 데이터-링크 계층 프로토콜은 매우 다른 매체에 연결될 수도 있다. 데이터-링크 계층 프로토콜은 그림 2-30에서 나타내는 시스템 소프트웨어 계층에서 구현된다.

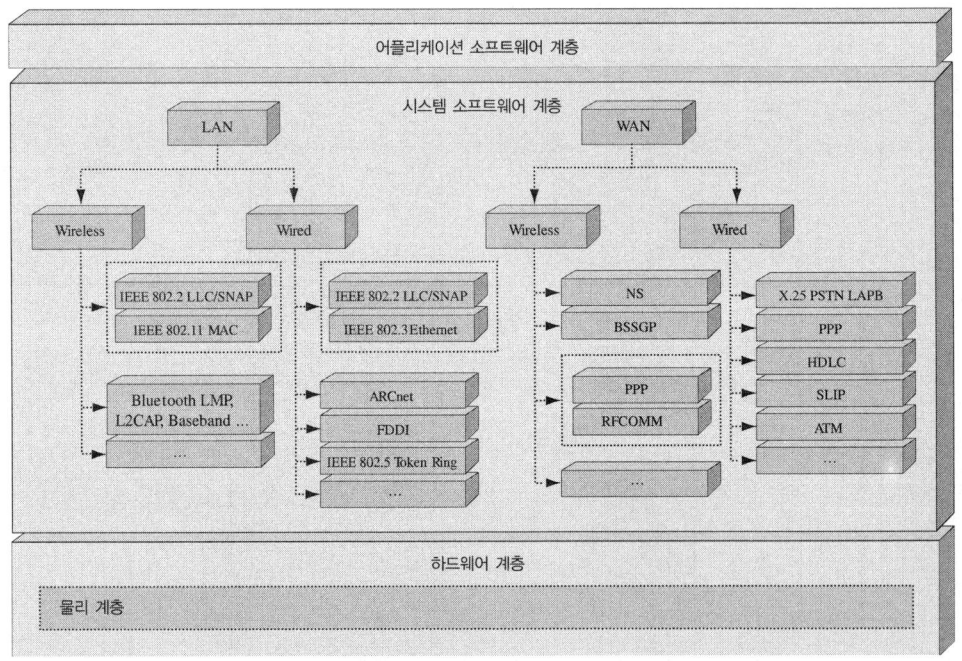

>> 그림 2-30 임베디드 시스템 모델의 데이터-링크 계층 프로토콜

데이터-링크 계층은 물리 계층으로부터 데이터 비트들을 전송받고 이 비트들을 데이터-링크 프레임이라고 부르는 그룹으로 만드는 역할을 한다. 데이터-링크 표준마다 다양한 데이터-링크 프레임 형식과 정의들을 가지고 있지만, 일반적으로 이 계층은 전체 프레임이 수신되었으며 이 프레임들에 오류가 없는지를 확인하며, 기기상의 네트워킹 하드웨어로부터 검색한 물리 어드레스를 사용하여 프레임이 이 기기에 속해 있는지 그리고 이 프레임이 어디에서 왔는지를 확인하기 위해 이 프레임들의 비트 영역을 읽는다. 만약 데이터가 그 기기에 속해 있다면, 모든 데이터-링크 계층의 헤더가 프레임으로부터 분리되고, **데이터그램**(datagram)이라고 불리는 남은 데이터 영역이 네트워킹 계층으로 전송된다. 데이터-링크 계층에 의해 상위 계층으로부터 전송된 데이터에는 동일한 헤더 영역이 추가되며, 완전한 데이터-링크 프레임은 전송을 위해 물리 계층으로 전송된다(그림 2-31 참고).

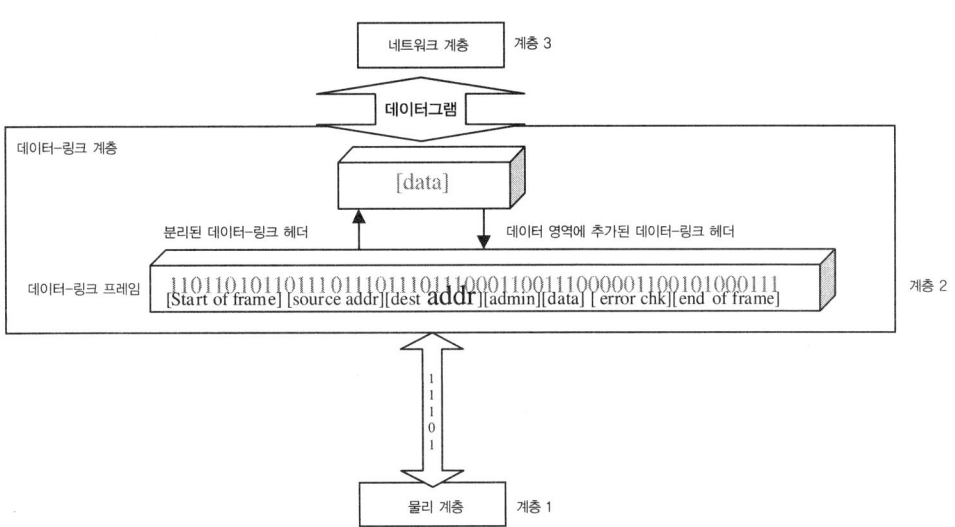

>> 그림 2-31 데이터-링크 계층 데이터 흐름 블록 다이어그램

OSI 모델 3번째 계층 : 네트워크 계층

데이터-링크 계층 프로토콜처럼, 네트워크 계층 프로토콜은 시스템 소프트웨어 계층에서 구현된다. 하지만 하위의 데이터-링크 계층 프로토콜과는 달리, 네트워크 계층은 일반적으로 하드웨어에 독립적이며 데이터-링크 계층에만 의존적이다(그림 2-32 참고).

OSI 네트워크 계층에서, 네트워크는 **세그먼트**(segment)라고 불리는 더 작은 서브네트워크들로 나누어질 수 있다. 한 세그먼트 내에서 기기들은 **네트워크 어드레스**(network address)라고 불리는 그들의 물리 어드레스를 통해 통신을 할 수 있다. 물리 어드레스와 네트워크 어드레스 사이의 변환은 그 기기(예를 들어, ARP, RARP 등)에 구현되어 있는 데이터-링크 계층 프로토콜에서 이루어지는 반면, 네트워크 계층 프로토콜은 물리 어드레스를 네트워킹 어드레스로 변환하며 네트워킹 어드레스를 할당한다. 네트워크 어드레스 방식을 통해, 네트워크 계층은 현재 기기에서 다른 기기로의 데이터 전송량과 데이터그램의 변환을 처리한다.

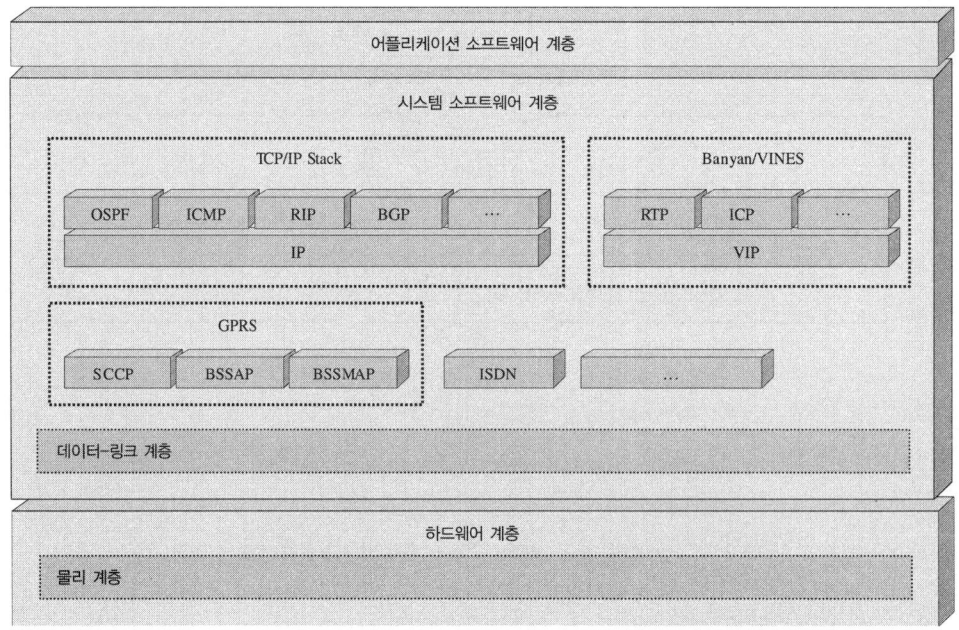

>> 그림 2-32 임베디드 시스템 모델의 네트워크 계층 프로토콜

데이터-링크 계층처럼, 만약 그 기기에 데이터가 속해 있다면, 모든 네트워크 계층 헤더는 그 데이터그램으로부터 분리되며, **패킷**(packet)이라고 불리는 남은 데이터 영역은 전송 계층으로 전송된다. 이 동일한 헤더 영역은 네트워크 계층에 의해 상위 계층에서 전송된 데이터에 추가된다. 그 완전한 네트워크 계층 데이터그램은 더 많은 처리를 위해 데이터-링크 계층으로 전송된다(그림 2-33 참고). 때때로 패킷이라는 용어는 전송 계층에서 처리되는 데이터와 함께 네트워크로 전송된 데이터에 대해 논의할 때 사용된다.

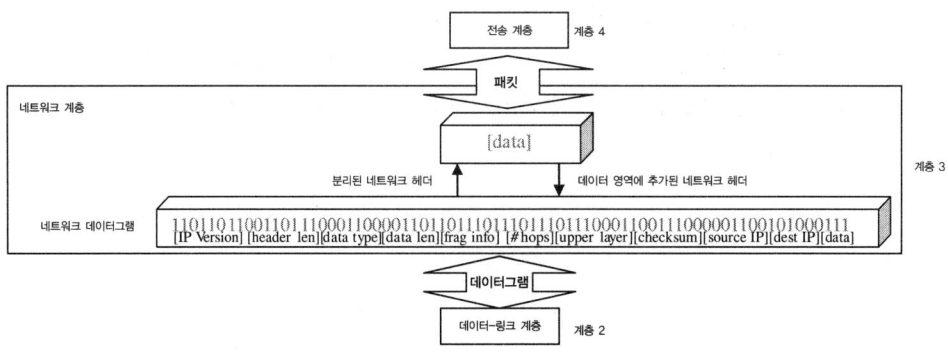

>> 그림 2-33 네트워크 계층 데이터 흐름 블록 다이어그램

OSI 모델 4번째 계층 : 전송 계층

전송 계층 프로토콜은 그림 2-34에서 볼 수 있는 것처럼, 네트워크 계층 프로토콜 위에 놓이며 네트워크 계층 프로토콜에 속한다. 그것들은 전형적으로 2개의 특정 기기 사이에 통신을 연결하고 해제하는 역할을 한다. 이러한 유형의 통신은 **P2P**(point-to-point) 통신이라고 부른다. 이 계층에서의 프로토콜은 여러 개의 상위 계층 어플리케이션이 다른 기기에 P2P로 연결된 기기에서 동작할 수 있게 한다. 몇몇 전송 계층 프로토콜은 패킷들이 정확한 순서로 송수신되고, 합리적인 비율(흐름 제어)로 전송되며, 패킷 안의 데이터가 손상되지 않았는지를 확인함으로써 P2P 데이터 전송의 신뢰성을 보장할 수 있다. 전송 계층 프로토콜은 패킷을 받을 때 다른 기기로 응답신호를 보낼 수 있고, 오류가 검출된다면 패킷 재전송을 요구할 수 있다.

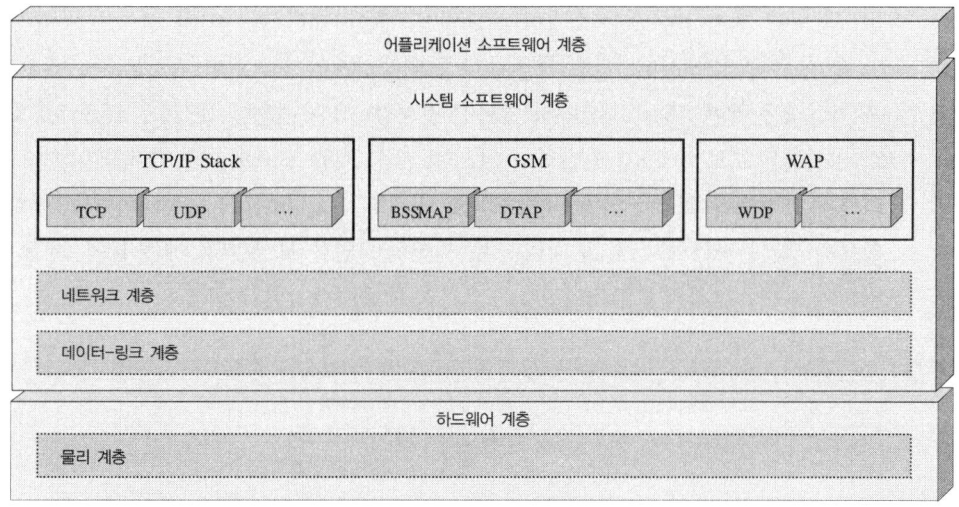

>> 그림 2-34 임베디드 시스템 모델의 전송 계층 프로토콜

일반적으로 전송 계층이 하위 계층에서 받은 패킷을 처리할 때 모든 전송 계층 헤더는 패킷으로부터 분리되며, 하나 또는 여러 개의 패킷에서 남은 데이터 영역은 **메시지**(message)라 불리는 다른 패킷으로 변경되어 상위 계층으로 전송된다. 메시지/패킷들은 전송을 위해 상위 계층에서 수신되어 너무 길다면 분리된 패킷으로 나누어진다. 그런 다음 전송 계층 헤더 영역이 헤더에 추가되어, 더 많은 처리를 위해 하위 계층으로 전송된다(그림 2-35 참고).

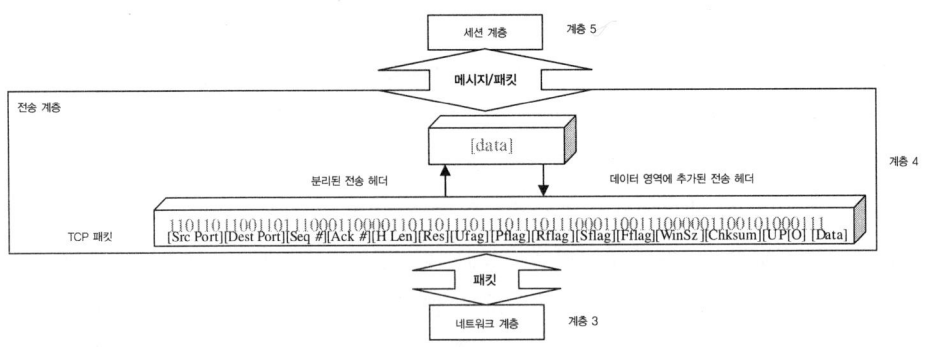

>> 그림 2-35 전송 계층 데이터 흐름 블록 다이어그램

OSI 모델 5번째 계층 : 세션 계층

2개의 다른 기기상에 있는 2개의 네트워킹 어플리케이션 사이의 연결을 가리켜서 **세션**(session)이라고 부른다. 전송 계층이 다중 어플리케이션을 위한 기기들 사이에 P2P 연결을 처리하는 반면, 그림 2-36에서 보여진 것처럼, 세션 계층은 세션을 처리한다. 일반적으로 세션들은 포트(번호)가 할당되어 있으며, 세션 계층 프로토콜은 각 세션의 데이터를 분리하고 처리하며 각 세션의 데이터 흐름을 통제하고, 그 세션에 포함되어 있는 어플리케이션에서 생기는 어떤 오류들을 처리하며, 세션의 보안을 보장한다. 예를 들어, 세션 안에 포함되어 있는 2개의 어플리케이션들은 오른쪽 어플리케이션들이다.

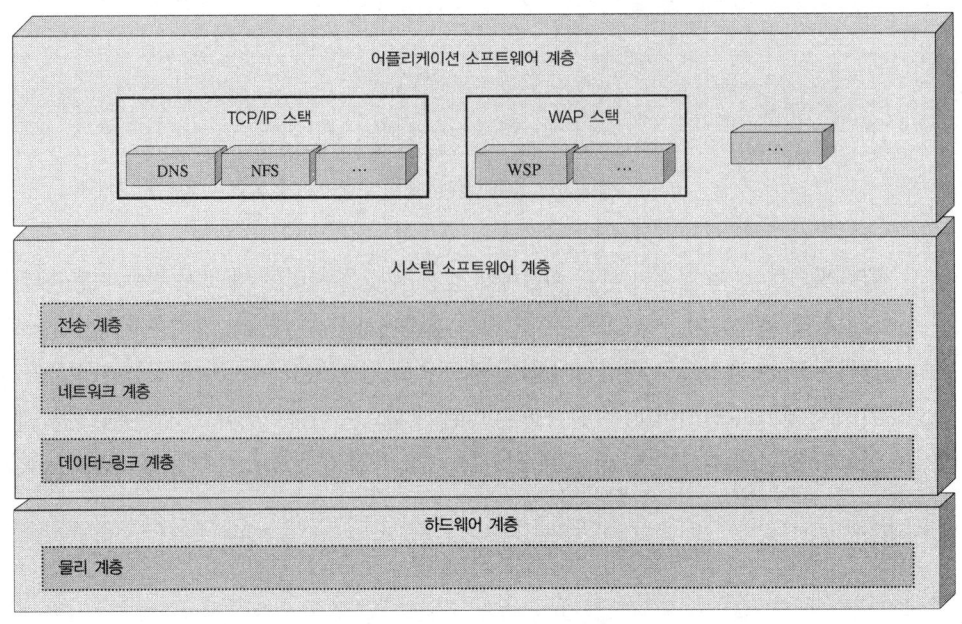

>> 그림 2-36 임베디드 시스템 모델의 세션 계층 프로토콜

세션 계층이 하위 계층에서 받은 메시지/패킷을 처리할 때, 모든 세션 계층 헤더는 메시지/패킷으로부터 분리되며, 남은 데이터 영역은 상위 계층으로 전송된다. 상위 계층에서 수신된 메시지는 세션 계층 헤더 영역이 추가되며, 더 많은 처리를 위해 하위 계층으로 전송된다(그림 2-37 참고).

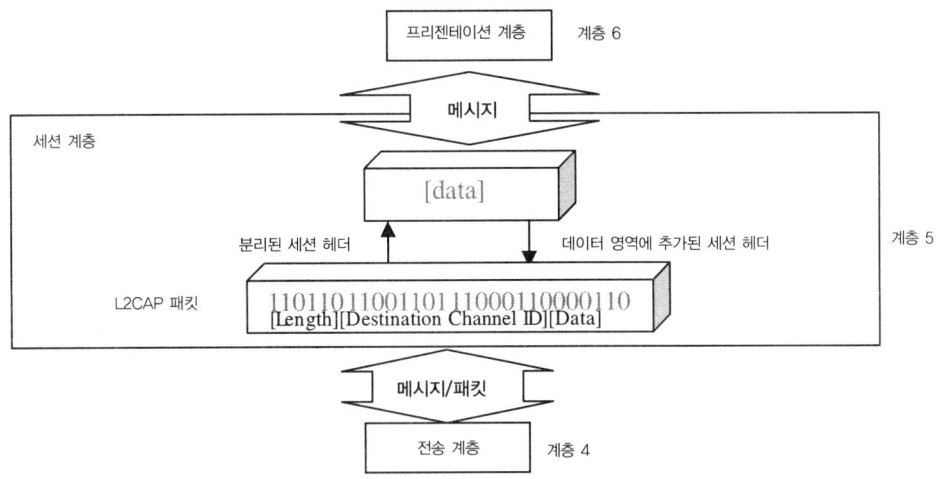

>> 그림 2-37 세션 계층 데이터 흐름 블록 다이어그램

OSI 모델 6번째 계층 : 프리젠테이션 계층

프리젠테이션 계층에서 프로토콜들은 더 상위의 어플리케이션들이 처리할 수 있는 형식으로 데이터를 변환하는 역할을 하거나 다른 기기로 보내어질 데이터를 전송을 위한 기본적인 형식으로 변환하는 역할을 한다. 일반적으로 데이터를 압축하고 압축을 푸는 것, 데이터를 암호화하고 암호화한 것을 해석하는 것, 데이터 프로토콜/문자 변환은 프리젠테이션 계층 프로토콜에서 구현된다. 임베디드 시스템 모델과 관련하여 프리젠테이션 계층 프로토콜들은 그림 2-38 에 나타나 있는 어플리케이션 계층에서의 네트워킹 어플리케이션에서 구현된다.

기본적으로 프리젠테이션 계층은 하위 계층에서 받은 메시지를 처리한다. 그런 다음 모든 프리젠테이션 계층 헤더는 메시지에서 분리되며, 남은 데이터 영역은 상위 계층으로 이동된다. 전송을 위해 상위 계층에서 수신된 메시지에는 프리젠테이션 계층 헤더가 추가되어 다음 처리를 위해 하위 계층으로 이동된다(그림 2-39 참고).

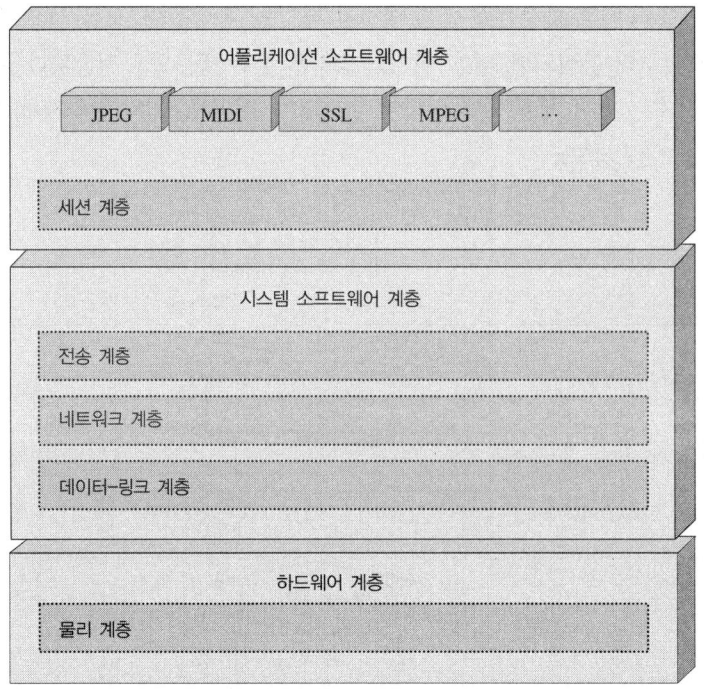

>> 그림 2-38 임베디드 시스템 모델의 프리젠테이션 계층 프로토콜

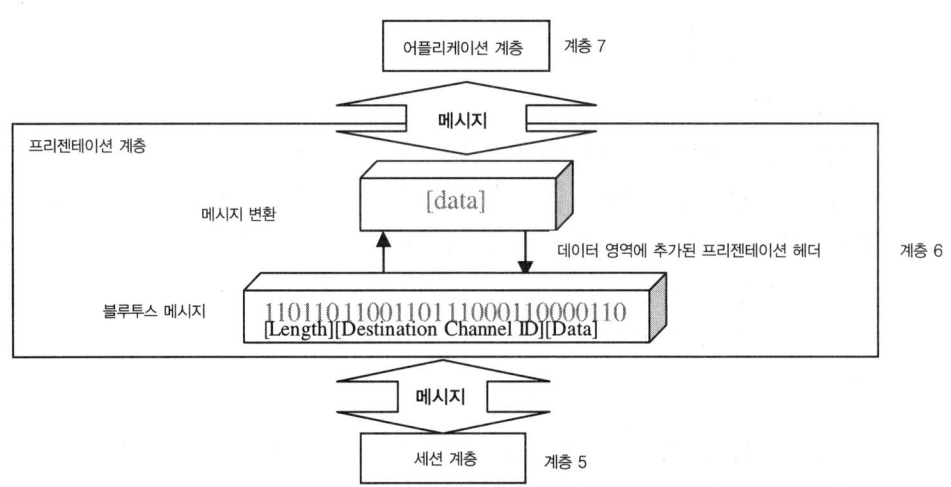

>> 그림 2-39 프리젠테이션 계층 데이터 흐름 블록 다이어그램

OSI 모델 7번째 계층 : 어플리케이션 계층

어플리케이션 계층에서는 다른 기기로의 네트워크 연결을 초기화한다(그림 2-40 참고). 즉, 어플리케이션 계층 프로토콜은 엔드 유저에 의해 직접 네트워크 어플리케이션으로 사용되

거나 엔드 유저 네트워크 어플리케이션으로 구현된다(10장 참고). 이 어플리케이션들은 다른 기기들상의 어플리케이션에 '가상으로' 연결된다.

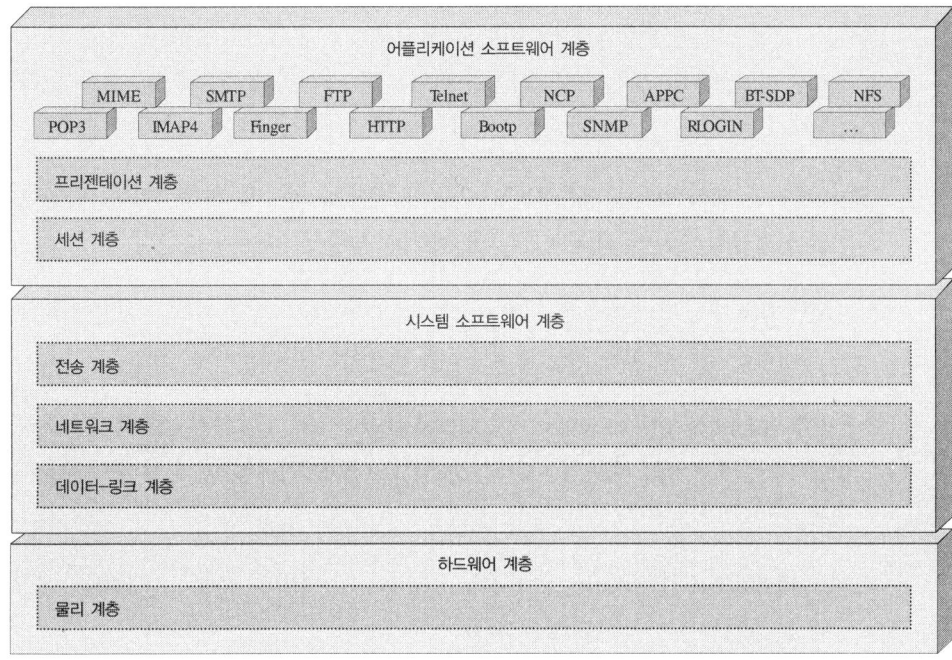

>> 그림 2-40 임베디드 시스템 모델의 어플리케이션 계층 프로토콜

2.3 | 다중 표준 기반의 기기 예 : 디지털 TV(DTV)

> **표준 예로 디지털 TV를 사용한 이유는 무엇인가?**
>
> "인터넷의 포털 사이트에 열광적인 사람들도 있지만, 보통 사람들은 온라인에서 적은 시간(약 한 시간 정도)을 소비한다. 평균 소비자들은 하루에 7시간을 TV를 보는 데 소비하며, 미국 가정의 99%가 TV를 소유하고 있다."
>
> — 포레스터 리서치

아날로그 TV는 전통적인 TV 비디오와 오디오 콘텐츠의 아날로그 신호를 받아서 처리하는 반면, 디지털 TV(DTV)는 TV 비디오와 오디오 콘텐츠의 아날로그 및 디지털 신호들을 모두 받아서 처리한다. 또한 데이터 방송 또는 데이터 캐스팅이라 불리는 전체 디지털 데이터 스트림 안에 집적되어 있는 어플리케이션 데이터 콘텐츠도 처리한다. 이 어플리케이션 데이터는 비디오/오디오 TV 콘텐츠와 관련이 없을 수도 있고(noncoupled), 동기화되지는 않지만, 콘텐츠의 관점에서 보면 비디오/오디오 TV 콘텐츠와 관련이 있을 수도 있으며(loosely coupled), 또는 TV 오디오/비디오와 완전하게 동기화될 수도 있다(tightly coupled).

어플리케이션 데이터의 유형은 DTV 수신기 자체의 성능에 의존적이다. 다양한 종류의 DTV 수신기들이 있지만, 대부분은 다음 세 가지 범주 중 하나에 속한다.

- **향상된 방송 수신기**(enhanced broadcast receiver) 방송 프로그래밍에 의해 제어되는 그래픽을 가진 진보된 전통 방송 TV를 제공하는 제품

- **양방향 방송 수신기**(interactive broadcast receiver) '향상된' 방송의 상단 응답 채널을 통해 전자상거래, 주문형 비디오 시스템(VOD), 이메일 등의 서비스 제공이 가능한 제품

- **멀티-네트워크 수신기**(multi-network receiver) 양방향 방송 기능의 상단에 인터넷과 시내 전화 기능을 포함하고 있는 제품

수신기의 종류에 따라, DTV는 범용 표준, 시장에 특화된 표준, 어플리케이션에 특화된 표준들이 적용된 DTV/셋톱 박스(STB) 시스템 아키텍처 디자인을 구현할 수 있다(표 2-7 참고).

>> 표 2-7 DTV 표준의 예

표준 유형	표준
시장에 특화된 표준	디지털 비디오 방송(DVB) – 멀티미디어 홈 플랫폼(MHP) 자바 TV 홈 오디오 비디오 협회(HAVi) 디지털 시청각 협의회(DAVIC) 차세대 TV 표준 위원회(ATSC) / 디지털 TV 어플리케이션 소프트웨어 환경(DASE) 차세대 TV 향상 포럼(ATVEF) 중국 디지털 TV 산업 연맹(DTVIA) 일본 라디오 산업 및 비즈니스 연합(ARIB-BML) 개방형 케이블 어플리케이션 플랫폼(OCAP) 개방형 서비스 게이트웨이 협회(OSGi) Open TV Microsoft TV

>> 표 2-7 계속

표준 유형	표준
범용 표준	HTTP(하이퍼텍스트 전송 프로토콜) - 브라우저 어플리케이션에 적용 POP3(포스트 오피스 프로토콜) - 이메일 어플리케이션에 적용 IMAP4(인터넷 메시지 액세스 프로토콜) - 이메일 어플리케이션에 적용 SMTP(단순 메일 전송 프로토콜) - 이메일 어플리케이션에 적용 자바 네트워킹(지상파, 케이블, 위성) POSIX

이 표준들은 DTV 임베디드 시스템 모델의 각 계층 안에 구현되어 있는 몇 가지 주요 컴포넌트들을 정의할 수 있다(그림 2-41 참고).

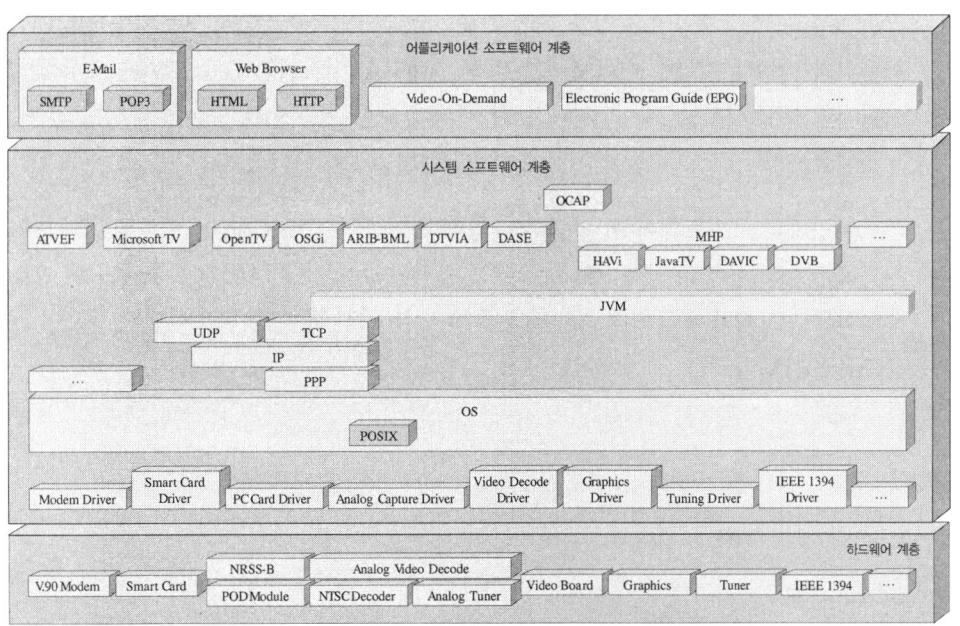

>> 그림 2-41 임베디드 시스템 모델의 DTV 표준

2.4 | 요약 정리

이 장의 목적은 임베디드 시스템 디자인과 개념들을 이해하고 구현하고자 할 때 산업 표준의 중요성을 보여주는 것이다. 이 장에서 제공된 프로그래밍 언어, 네트워킹, DTV 예들은 표준이 임베디드 아키텍처 안의 주요 요소들을 어떻게 정의할 수 있는지를 나타내 주고 있다. 프로그래밍 언어 예는 다양한 임베디드 기기에서 구현될 수 있는 범용 표준의 예시를 제공하고 있다. 이 예들은 특히 JVM이 어플리케이션, 시스템, 또는 하드웨어 계층에서 어떻게 요구되는지를 설명하기 위해 자바를 포함하고 있으며, 시스템 소프트웨어 계층에 집적되어야 하는 프로그래밍 언어 요소를 설명하기 위해 C#과 비주얼 베이직과 같은 .NET 콤팩트 프레임워크를 포함하고 있다. 네트워킹은 범용이거나 동일한 제품군에 특화(시장을 이끄는)되어 있거나 어플리케이션(예를 들어, 브라우저에 적용된 http 기술)에 특화되어 있는 표준의 예를 제공하고 있다. 네트워킹의 경우, 어떤 네트워킹 프로토콜이 임베디드 아키텍처의 어디에 적합한지를 보이기 위해 임베디드 시스템과 OSI 모델을 모두 참고하였다. 마지막으로, 디지털 TV STB 예는 한 기기가 모든 계층 안에 있는 임베디드 컴포넌트들을 정의하는 몇 가지 표준들을 어떻게 구현했는가를 보여주고 있다.

3장 임베디드 하드웨어 빌딩 블록과 임베디드 보드는 Section II 임베디드 하드웨어의 첫 번째 장이다. 3장은 임베디드 보드에서 발견할 수 있는 기본적인 요소들과 이 요소들을 구성하고 보드상에서 독립적으로 발견될 수 있는 가장 일반적인 기본 전자 컴포넌트들 몇 가지를 소개한다.

exercise

1. 임베디드 시스템 표준은 어떻게 분류할 수 있는가?

2. ⓐ 4가지 그룹의 시장에 특화된 표준의 이름을 적고 이를 설명하라.
   ⓑ 4가지 시장에 특화된 표준 그룹에 속해 있는 3가지의 표준 예를 적어라.

3. ⓐ 범용 표준의 4가지 분류의 이름을 적고 이를 설명하라.
   ⓑ 4가지 범용 표준 그룹의 각각에 속하는 3가지의 표준 예를 적어라.

4. 시장에 특화된 표준도 아니고 범용 표준도 아닌 임베디드 시스템 표준은 다음 중 어떤 것인가?
   A. HTTP – 하이퍼텍스트 전송 프로토콜
   B. MHP – 멀티미디어 홈 플랫폼
   C. J2EE – 자바 2 기업 버전
   D. A, B, C 모두 정답
   E. 정답 없음

5. ⓐ 고급 언어와 저급 언어 사이의 차이점은 무엇인가?
   ⓑ 각각의 예를 적어라.

6. [택일] 컴파일러는 다음 중 어디에 위치하는가?
   A. 타깃
   B. 호스트
   C. 타깃 또는 호스트
   D. 정답 없음

7. ⓐ 교차 컴파일러와 일반 컴파일러의 차이점은 무엇인가?
   ⓑ 컴파일러와 어셈블러의 차이점은 무엇인가?

8. ⓐ 인터프리터란 무엇인가?
   ⓑ 인터프리팅 언어의 예를 2가지 적어라.

9. [T/F] 모든 인터프리팅 언어들은 스크립트 언어이지만, 모든 스크립트 언어가 다 인터프리팅되는 것은 아니다.

10. ⓐ 자바를 실행하기 위해서는 타깃에 어떤 것이 필요한가?
    ⓑ JVM은 임베디드 시스템에서 어떻게 구현될 수 있는가?

11. 임베디드 자바 표준은 다음 중 어떤 것인가?
   A. pJava – 개인용 자바
   B. RTSC – 실시간 코어 규정
   C. HTML – 하이퍼텍스트 마크업 언어
   D. A와 B
   E. A와 C

12. 모든 임베디드 JVM 들의 주요한 2 가지 차이는 무엇인가?

13. 가장 일반적인 바이트 처리방법 3 가지의 이름을 적고 그것을 설명하라.

14. ⓐ GC 의 목적은 무엇인가?
   ⓑ 2 가지의 일반적인 GC 방법의 이름을 적고 그것을 설명하라.

15. ⓐ 자바와 스크립트 언어가 공통적으로 가지고 있는 3 가지 특징을 적어라.
   ⓑ 그것들이 다른 2 가지 이유를 적어라.

16. ⓐ .NET 콤팩트 프레임워크는 무엇인가?
   ⓑ 그것이 자바와 유사한 점은 무엇인가?
   ⓒ 그것은 어떻게 다른가?

17. LAN 과 WAN 사이의 차이점은 무엇인가?

18. 기기에 연결될 수 있는 2 가지 종류의 전송방법은 무엇인가?

19. ⓐ OSI 모델은 무엇인가?
   ⓑ OSI 모델의 계층들은 어떤 것들이 있는가?
   ⓒ 각 계층에 속해 있는 2 가지 프로토콜의 예를 적어라.
   ⓓ OSI 모델의 각 계층은 임베디드 시스템 모델의 어디에 속해 있는가? 그것을 그려 보아라.

20. ⓐ OSI 모델은 TCP/IP 모델과 어떻게 비교되는가?
   ⓑ OSI 모델은 블루투스와 어떻게 비교되는가?

SECTION II
임베디드 하드웨어

Section II는 5개의 장으로 구성되어 있는데, 여기서는 임베디드 보드의 기본적인 하드웨어 컴포넌트들을 소개하고, 이 컴포넌트들이 어떻게 동작하는지를 설명하고 있다. 이 장에 나타나 있는 정보들을 가지고 세부 보드 디자인을 할 수는 없다. 하지만, 임베디드 보드의 가장 중요한 요소들 중 몇 가지에 대한 아키텍처적인 개요와 이 컴포넌트들의 기능에 대한 정보는 제공해 줄 것이다. 3장은 폰노이만 모델과 임베디드 시스템 모델, 그리고 실제 보드들을 사용하여 임베디드 보드의 주요한 하드웨어 컴포넌트들을 소개한다. 4장에서 7장까지는 임베디드 보드의 주요한 하드웨어 컴포넌트들을 상세하게 설명한다.

이 책의 여기저기에 소개된 이론적인 정보들은 실제 임베디드 하드웨어와 직접적으로 관련이 있다. 그것은 보드 디자인에 직접적으로 영향을 주는 임베디드 하드웨어의 근간이 되는 물리학이기 때문이다. 임베디드 보드의 주요한 하드웨어 요소들을 이해하는 것은 전체 시스템의 아키텍처를 이해하는 데 중요한 역할을 한다. 그 하드웨어가 어떤 기능을 하는가에 따라 임베디드 기기의 기능들이 제한을 받거나 향상될 수 있기 때문이다.

IT 대한민국은 ITC(Info Tech Corea)가 함께 하겠습니다.
www.itcpub.co.kr

chapter 03 임베디드 하드웨어 빌딩 블록과 임베디드 보드

이 장에서는

▶ 회로도를 읽는 능력의 중요성에 대해 소개한다.
▶ 임베디드 보드의 주요 컴포넌트들에 대해 알아본다.
▶ 임베디드 기기가 동작할 수 있도록 해주는 요소들에 대해 소개한다.
▶ 전자 컴포넌트들의 기본 요소에 대해 알아본다.

3.1 | 하드웨어 제1강 : 회로도 읽기

이 절은 임베디드 소프트웨어 엔지니어들과 프로그래머들에게 특히 중요하다. 자세하게 살펴보기 전에 하드웨어 엔지니어가 하드웨어 디자인을 세상 밖으로 드러내기 위해 사용한 다이어그램과 심벌들을 이해할 수 있어야 한다는 것은 모든 임베디드 디자이너들에게 매우 중요한 일이라는 것을 기억해 두자. 실제 하드웨어를 디자인하는 데 있어서, 실무 경험이 얼마나 많고 적으냐에 상관 없이, 이 다이어그램들과 심벌들은 매우 복잡한 하드웨어 디자인을 빠르고 효율적으로 이해할 수 있도록 해주는 열쇠이다. 그것들은 임베디드 프로그래머가 하드웨어에 호환되는 소프트웨어 작업을 하는 데 필요한 정보들을 포함하고 있다. 그것들은 또한 소프트웨어의 하드웨어 요구사항들에 대해 하드웨어 엔지니어들과 성공적으로 의사 소통을 할 수 있는 방법을 프로그래머들에게 제시해 준다.

전자 분야에서 사용하는 하드웨어 그림으로는 다음과 같은 몇 가지 종류가 있다.

- **블록 다이어그램**(block diagrams, 블록도) 시스템 아키텍처 또는 그 상위 레벨에서 보드의 주요 컴포넌트들(프로세서, 버스, I/O, 메모리) 또는 하나의 컴포넌트(예를 들어, 프로세서)를 묘사한다. 간단히 말해, 블록 다이어그램은 구현에 관한 상세한 사항들을 끄집어 낼 수 있는 하드웨어의 기본적인 개요이다. 블록 다이어그램은 이러한 주요 컴포넌트들을 포함하고 있는 보드의 실제 물리적인 레이아웃을 표현할 수 있으며, 컴포넌트 내에 있는 다른 컴포넌트들이나 장치들이 시스템 아키텍처적인 측면에서 어떻게 동작하는지

를 설명한다. 블록 다이어그램들은 한 시스템 안에 있는 컴포넌트들을 설명하고 묘사할 수 있는 가장 단순한 방법이기 때문에, 이 책 전반에 걸쳐 사용하고 있다(사실, 이 장의 그림 3-5a 에서 3-5e 까지가 바로 블록 다이어그램의 예이다). 블록 다이어그램 안에서 사용된 심벌들은 매우 단순하다. 즉, 칩을 사각형 또는 직사각형으로, 버스를 직선으로 표현하고 있다. 일반적으로 소프트웨어 디자이너들이 하드웨어를 제어하기 위한 하위 레벨 소프트웨어 전부를 정확하게 작성할 수 있을 정도로 블록 다이어그램들이 자세하지는 않다 (그래서 일부 소프트웨어 엔지니어들은 심한 두통에 시달리기도 하고, 시도와 오류를 반복하거나 심지어는 화가 나서 하드웨어를 부숴 버리기까지 한다). 하지만, 그것들은 하드웨어의 기본적인 개요를 이해하는 데에 매우 유용하며, 좀더 상세한 하드웨어 다이어그램을 제작하기 위한 기초를 제공한다.

- **회로도(schematics)** 회로도는 한 회로 또는 한 컴포넌트—프로세서에서 레지스터에 이르기까지의 모든 것—내에 있는 모든 소자들의 보다 상세한 면들을 제공하는 전자회로 다이어그램이다. 회로 다이어그램은 보드 또는 컴포넌트의 물리적인 레이아웃을 묘사함을 의미하는 것이 아니라 시스템에서의 데이터 흐름, 즉 어떤 신호들이 어디에 할당되어 있는가에 대한 정보를 제공한다. 그러한 신호들은 다양한 버스 라인들을 이동하며, 프로세서의 핀 위에 나타난다. 회로 다이어그램에서 **회로 심벌들**(schematic symbols)은 시스템 내의 모든 컴포넌트들을 설명하기 위해 사용된다. 회로 심벌들은 그것들이 표현하는 물리적인 컴포넌트들과 같은 것들이 아니라 회로 심벌 표준을 기반으로 한 일종의 '약기(shorthand)' 표현이다. 회로 다이어그램은 하드웨어 디자이너와 소프트웨어 디자이너 모두에게 가장 유용한 다이어그램으로, 시스템이 실제 어떻게 동작하는지 결정할 때 또는 하드웨어를 디버깅할 때 또는 하드웨어를 제어하는 소프트웨어를 작성하고 디버깅하기를 할 때 사용될 수 있다. 가장 일반적으로 사용되는 회로 심벌 목록에 대해서는 부록 B를 참고하라.

- **선 다이어그램**(wiring diagrams, 배선도) 이 다이어그램은 보드 또는 칩 안에 있는 주요한 컴포넌트들 사이의 버스 연결을 표현한다. 다이어그램들을 그릴 때 버스의 라인들을 표현하기 위해 수직선과 수평선이 사용되며, 회로 심벌 또는 (보드 위의 다른 컴포넌트들 또는 한 컴포넌트 안에 있는 요소들을 물리적으로 닮은) 보다 간단한 심벌들이 사용된다. 이 다이어그램들은 컴포넌트 또는 보드의 물리적인 레이아웃을 대략적으로 설명해 줄 수 있다.

- **논리 다이어그램/프린트**(logic diagrams/prints, 논리도) 논리 다이어그램/프린트는 논리 심벌들(AND, OR, NOT, XOR 등)과 논리 입출력(1 과 0)을 사용하여 다양한 회로 정보를 보여주기 위해 사용된다. 이 다이어그램들은 회로도를 대신할 수는 없지만, 그것들

이 어떻게 동작하는지를 이해하기 위해 회로를 단순화하는 데 유용하다.

- **타이밍 다이어그램**(timing diagrams)   타이밍 다이어그램은 회로의 다양한 입출력 신호들의 타이밍 그래프와 그 다양한 신호들 사이의 관계를 표시한다. 그것들은 하드웨어 사용자 매뉴얼과 데이터 시트에서 (블록 다이어그램 다음으로) 가장 보편적인 다이어그램이다.

이 다이어그램들을 읽고 해석하는 방법을 이해하기 위해서는 그 종류에 상관 없이, 먼저 사용된 표준 **심벌**(symbol)과 **규정**(convention), **규칙**(rule)들을 배우는 것이 중요하다. 타이밍 다이어그램에서 사용된 심벌들의 예를 표 3-1 에 나타내었다. 표에는 각 심벌들과 관련된 입력 및 출력 신호에 대한 규정들이 설명되어 있다.

>> 표 3-1 타이밍 다이어그램의 심벌 테이블[3-9]

심 벌	입력신호	출력신호
	입력신호가 유효해야 한다.	출력신호는 유효할 것이다.
	입력신호는 시스템에 영향을 끼치지 않으며 그에 상관 없이 동작할 것이다.	출력신호를 예측할 수 없다.
	가비지 신호(의미 없는)	출력신호는 플로팅(floating), 3상태(tristate), HiZ, 높은 임피던스 상태를 야기하지 않는다.
	입력신호가 상승할 경우	출력신호도 상승할 것이다.
	입력신호가 하강할 경우	출력신호도 하강할 것이다.

타이밍 다이어그램의 예를 그림 3-1 에 나타내고 있다. 이 그림에서 각 행은 다른 신호들을 표현하고 있다. 다이어그램 내에 신호의 상승 및 하강 심벌의 경우, 상승시간 또는 하강시간은 신호가 LOW 에서 HIGH 로 또는 그 반대의 경우로 이동할 때 걸리는 시간(그 심벌의 대각선의 전체 길이)을 가리킨다. 두 신호를 비교할 때, 비교된 각 신호의 상승 또는 하강 심벌의 중간에서 지연이 측정된다. 그림 3-1 에서 보면, 처음 하강 심벌에서 신호 B 와 신호 C 사이에서 그리고 신호 A 와 신호 C 사이에서 하강시간 지연이 있다. 그림에서 신호 A 와 신호 B 의 첫 번째 하강 심벌을 비교해 보면, 타이밍 다이어그램에서 어떠한 지연도 발견할 수 없다.

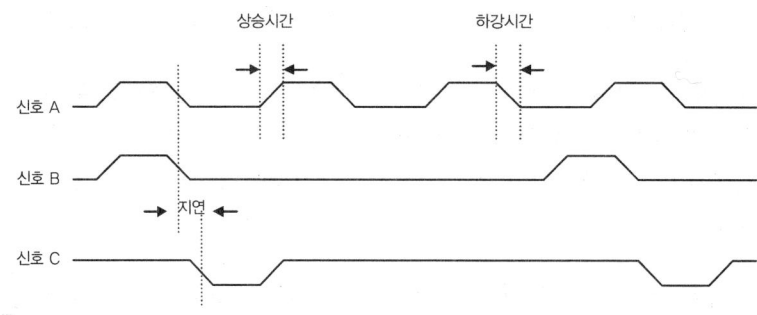

>> 그림 3-1 타이밍 다이어그램의 예

회로 다이어그램은 타이밍 다이어그램보다 훨씬 더 복잡하다. 이 장의 앞에서 소개한 것과 같이 회로도는 한 회로 또는 한 컴포넌트 안에 있는 모든 소자들에 대해 보다 상세하게 보여주고 있다. 그림 3-2는 회로 다이어그램에 대한 예를 보여주고 있다.

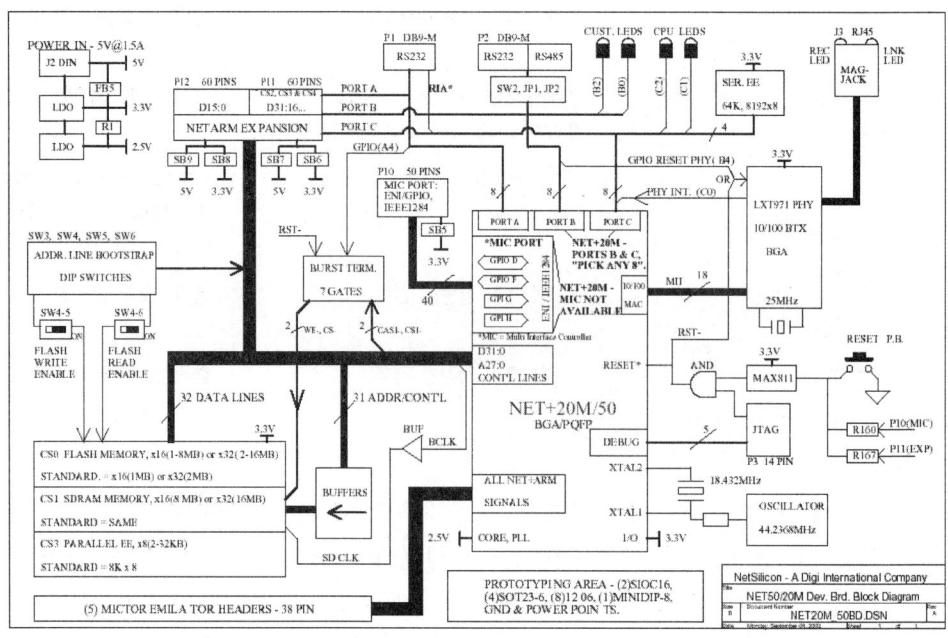

>> 그림 3-2 회로 다이어그램의 예[3-7]

회로 다이어그램의 경우, 다음과 같은 몇 가지 규정(convention)과 규칙(rule)을 포함하고 있다.

- **타이틀** 부분은 각 회로도 페이지의 하단에 위치하여, 정해져 있지는 않지만 보통 회로의 이름, 디자인을 책임지고 있는 하드웨어 엔지니어의 이름, 날짜, 그리고 구상 후 디자인된 교정번호를 포함한 정보들이 기록되어 있다.

- 회로의 다양한 컴포넌트들을 가리키는 **회로 심벌**을 사용한다(부록 B 참고).

- 규정된 심벌들과 함께 그 컴포넌트(예를 들어, 크기, 종류, 전력 비율 등)에 대해 설명하는 **라벨**이 온다. IC의 핀 번호, 전선에 할당된 신호 이름 등과 같은 한 심벌의 컴포넌트에 대한 라벨은 보통 회로 심벌의 밖에 위치한다.

- 측정 단위를 위해 **약어**(abbreviation)와 **접두사**(prefix)가 사용되며(예를 들어, 킬로 또는 10^3 대신 K를, 메가 또는 10^6 대신 M을 사용), 더 큰 숫자들과 단위를 모두 쓰는 것 대신 이러한 접두사들을 사용한다.

- 컴포넌트들의 **기능적인 그룹** 및 서브그룹들은 보통 다른 페이지로 분리된다.

- **I/O**와 **전압원/그라운드 단자**에 대해 살펴보면, 일반적으로 양의 전압원은 페이지의 상단에 위치하며, 음의 전압원/그라운드는 페이지의 하단에 위치한다. 입력 컴포넌트들은 보통 왼쪽에, 출력 컴포넌트들은 보통 오른쪽에 위치한다.

마지막으로 이 책은 다양한 다이어그램들을 이해하고, 그것들이 표현하고 있는 회로 심벌들과 소자들을 인식하기 위한 소개서일 뿐이다. 이것은 소프트웨어를 구입하여 추가로 읽어보거나 다이어그램을 그린 하드웨어 엔지니어에게 어떤 규칙 및 규정들이 적용되었는지 물어보는 것과 같은 방법을 통해, 해당 조직에서 사용되고 있는 특별한 다이어그램에 대한 규정들을 더 많이 조사하는 것을 대신해 주지는 않는다(예를 들어, 회로상에 전압원과 그라운드 단자를 가리키는 것이 불필요할 수도 있으며, 그것이 회로를 디자인한 사람에게는 규정방식의 일부가 아닐 수도 있다. 하지만 전압원과 그라운드는 회로가 동작하기에 꼭 필요한 것이므로 질문하는 것을 두려워해서는 안 된다). 최소한 블록 다이어그램과 회로 다이어그램은 임베디드 소프트웨어 코딩을 하는 사람이든, 하드웨어 프로토타입을 만드는 사람이든, 프로젝트에서 일하고 있는 사람들에게 익숙하지 않은 것들을 포함하고 있어서는 안 된다. 이것은 다이어그램의 이름이 어디에 위치해 있어야 하는가에서부터 다이어그램상에 있는 컴포넌트들의 상태가 어떻게 표현되는가에 이르기까지 모든 것에 익숙해져야 한다는 것을 의미한다.

하드웨어 다이어그램을 어떻게 만들고, 어떻게 읽는지를 배울 수 있는 가장 효율적인 방법 중 하나는 Traister and Lisk 방식[3-10]을 이용한 것으로, 이것은 다음과 같은 단계들을 포함하고 있다.

1단계 타이밍 심벌 또는 회로 심벌과 같은 다이어그램의 유형을 구성할 수 있는 기본적인 심벌들을 배운다. 이 심벌들을 배우는 것을 돕기 위해 1단계와 2/3단계를 바꾸어 보아라.

2단계 그것들이 익숙해지고(이 경우, 2단계와 1/3단계를 반복한다) 편안해질 때까지(그래서 읽는 동안 다른 어떤 심벌들도 조사해 볼 필요가 없어질 때까지) 가능하면 많은 다이어그램들을 읽어보아라.

3단계 그것이 익숙해지거나(1/2단계로 되돌아간다는 것을 의미한다) 편안해질 때까지 반복해서, 읽은 것을 시뮬레이션하는 다이어그램을 그려보아라.

3.2 | 임베디드 보드와 폰노이만 모델

임베디드 기기에서, 모든 전자 하드웨어는 PW(인쇄전선기판, printed wiring board) 또는 PCB(인쇄회로기판, printed circuit board)라고 불리는 보드 위에 위치한다. PCB는 보통 얇은 섬유 유리로 구성된다. 회로의 전기적인 경로는 구리로 그려져 있는데, 이것은 회로에 연결된 다양한 컴포넌트들 사이로 전자신호들을 운반한다. 회로를 구성하는 모든 전자 컴포넌트들은 납땜의 형태나 소켓의 형태 또는 다른 연결방법에 의해 이 보드에 연결된다. 임베디드 보드상의 모든 하드웨어는 임베디드 시스템 모델(그림 3-3 참고)의 하드웨어 계층 내에 위치한다.

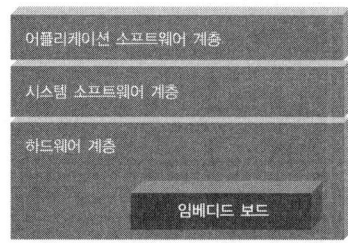

>> 그림 3-3 임베디드 보드와 임베디드 시스템 모델

최상위 레벨에서, 대부분의 보드의 주요한 하드웨어 컴포넌트들은 다음의 5가지 주요 범주로 분류된다.

- 중앙처리장치(CPU) – 주 프로세서

- 메모리 – 시스템의 소프트웨어가 저장되는 곳

- 입력장치 – 입력 보조 프로세서들 및 그와 관련된 전자 컴포넌트들

- 출력장치– 출력 보조 프로세서들 및 그와 관련된 전자 컴포넌트들

- 데이터경로/버스 – 데이터가 한 컴포넌트에서 다른 컴포넌트로 이동할 수 있는 '빠른 경로'를 제공하며, 다른 컴포넌트들을 상호 연결시켜 준다. 선(wire), 버스 브리지, 버스 컨트롤러

이 5가지의 범주는 폰노이만 모델에 의해 정의된 주요한 요소들을 기반으로 하고 있다. 여기서 폰노이만 모델이란 전자 소자의 하드웨어 아키텍처를 이해하기 위해 사용될 수 있는 툴을 말한다. 이것은 1945년 존 폰노이만(John von Neumann)에 의해 발표된 논문의 결과물로, 범용 전자 컴퓨터의 요구사항들을 정의하고 있다. 임베디드 시스템들은 일종의 컴퓨터 시스템이기 때문에, 이 모델은 임베디드 시스템 하드웨어를 이해하기 위한 수단으로 적용될 수도 있다.

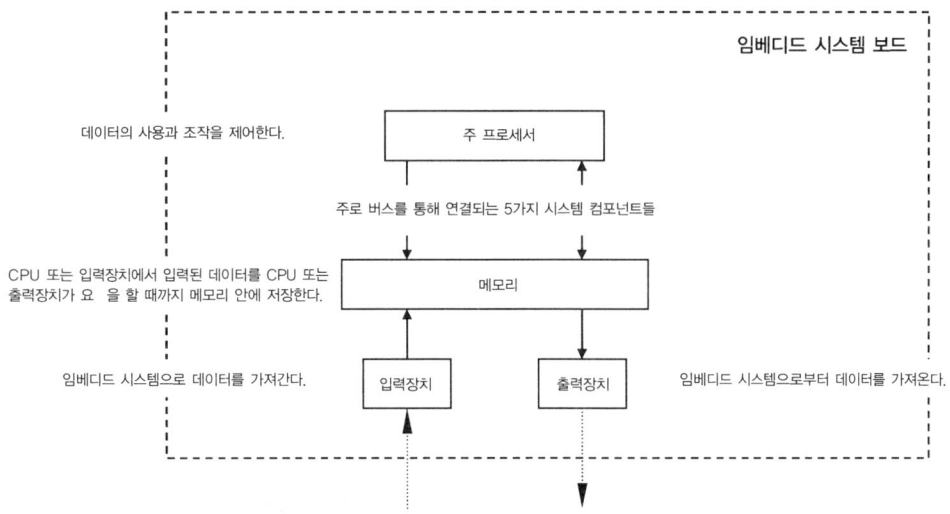

>> 그림 3-4 임베디드 시스템 보드 구조[3-11]
폰노이만 아키텍처 모델(프린스턴 아키텍처라고 부르기도 한다) 기반

보드 디자인은 그림 3-5a 에서 3-5d 의 예에서 보여주고 있는 것처럼 매우 다양하지만, 이러한 임베디드 보드상의—그리고 특정 임베디드 보드상의—모든 주요한 요소들은 주 CPU, 메모리, 입출력, 버스 컴포넌트들 중 하나로 분류될 수 있다.

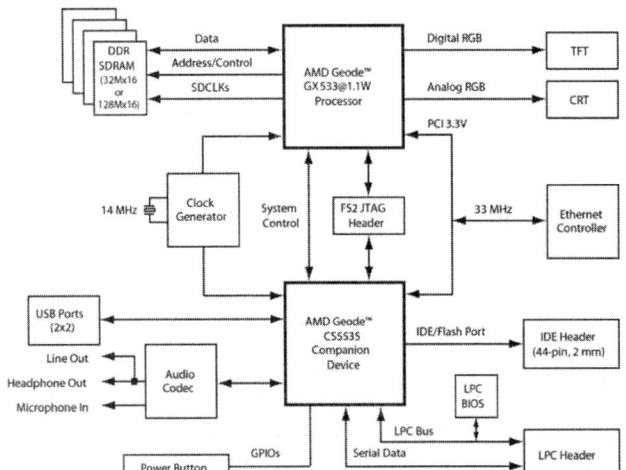

>> 그림 3-5a AMD/National Semiconductor x86 레퍼런스 보드[3-1]
저작권자 Advanced Micro Devices, Inc.의 허가하에 발췌

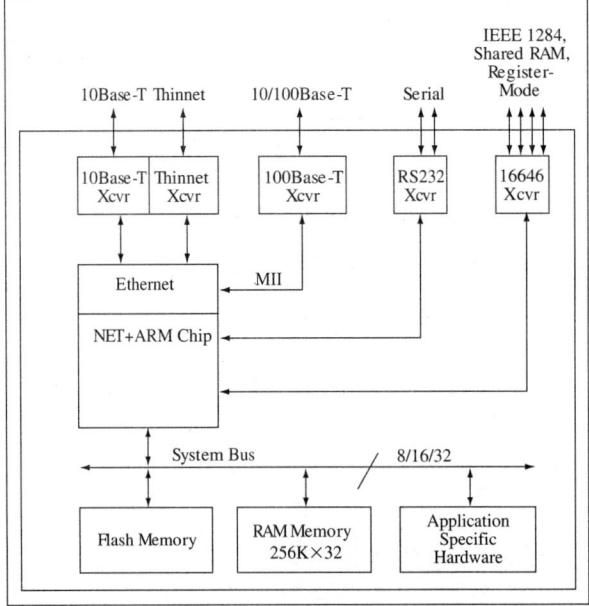

>> 그림 3-5b 넷실리콘 ARM7 레퍼런스 보드[3-2]

CHAPTER 03

임베디드 하드웨어 빌딩 블록과 임베디드 보드

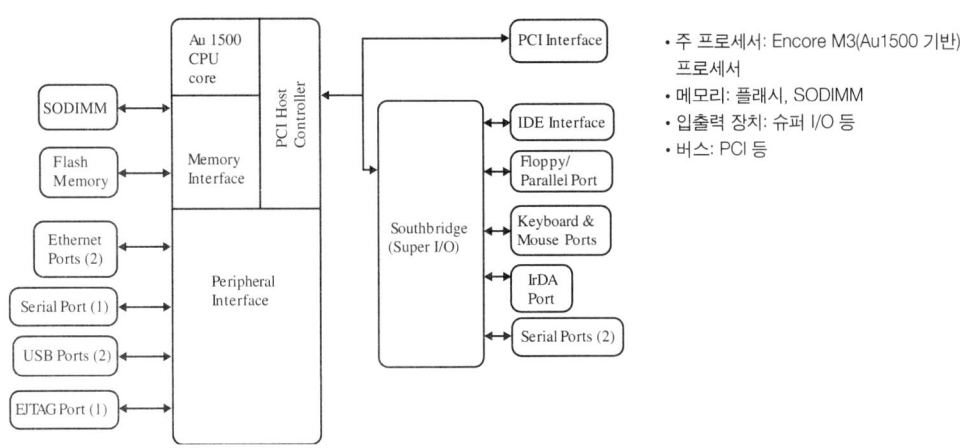

- 주 프로세서: Encore M3(Au1500 기반) 프로세서
- 메모리: 플래시, SODIMM
- 입출력 장치: 슈퍼 I/O 등
- 버스: PCI 등

>> 그림 3-5c Ampro MIPS 레퍼런스 보드[3-3]

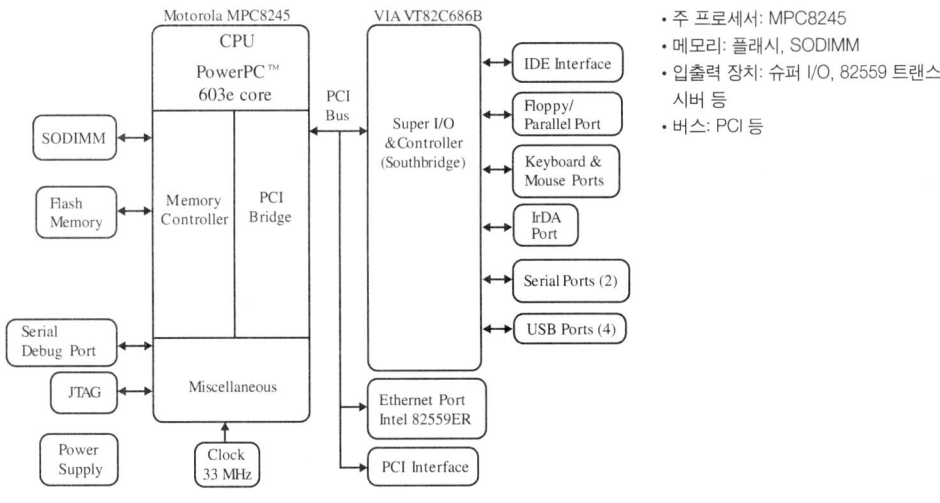

- 주 프로세서: MPC8245
- 메모리: 플래시, SODIMM
- 입출력 장치: 슈퍼 I/O, 82559 트랜시버 등
- 버스: PCI 등

>> 그림 3-5d Ampro PowerPC 레퍼런스 보드[3-4]
저작권자 Freescale Semiconductor, Inc.의 허가하에 발췌

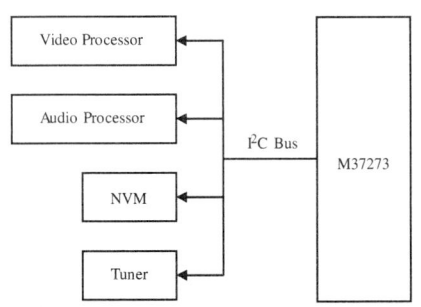

- 주 프로세서: M37273(8비트) TV 마이크로 컨트롤러
- 메모리: NVM
- 입출력 장치: 비디오 프로세서, 오디오 프로세서, 튜너 등
- 버스: I²C 등

>> 그림 3-5e 미쯔비시 아날로그 TV 레퍼런스 보드

임베디드상의 주요 컴포넌트들이 어떻게 동작하는지를 이해하기 위해서는 이 컴포넌트들이 무엇으로 구성되어 있는지, 그리고 그 이유가 무엇인지에 대해 먼저 이해하는 것이 필요하다. 폰노이만 모델에서 소개하였던 주요 컴포넌트들을 포함하여, 임베디드 보드상의 모든 컴포넌트들은 전선, 저항, 커패시터, 인덕터, 다이오드 등과 같이 서로 연결되어 있는 **기본적인 전자 소자**들의 하나 또는 몇 가지 조합으로 구성된다. 이 소자들은 또한 한 보드의 주요 컴포넌트들과 함께 연결되어 동작할 수 있다. 최상위 레벨에서 이 소자들은 전형적으로 **능동**(active) 컴포넌트 또는 **수동**(passive) 컴포넌트들로 분류된다. 간단히 말해서, 수동 소자들은 전력을 받아서 저장만 할 수 있는 전선, 저항, 커패시터, 인덕터와 같은 소자들을 포함한다. 한편 능동 소자들은 전력을 받아서 저장할 뿐 아니라 운반할 수 있는 능력이 있는 트랜지스터, 다이오드, IC와 같은 소자들을 포함하고 있다. 어떤 경우에 능동 소자들은 수동 소자들로 구성될 수도 있다. 컴포넌트들의 능동 및 수동 소자들 중에서, 이 회로 소자들은 기본적으로 전압과 전류에 어떻게 반응하는지에 따라 다르다.

3.3 | 하드웨어에 전원 인가하기

전력이란 에너지가 소모되고 동작이 수행되는 비율을 말한다. 이것은 교류(AC)와 직류(DC) 회로에서, 보드상의 각 요소와 관련된 전력은 그 요소를 통해 흐르는 전류와 그 요소 간의 전압의 곱과 같다(P=VI)는 것을 의미한다. 특정 보드의 전력 소모 요구사항을 결정하기 위해 정확한 전력과 에너지를 계산하는 것은 임베디드 보드상의 모든 요소에서 적용되어야 한다. 각 요소들은 특정 유형의 전력만을 다룰 수 있기 때문에, AC-DC 컨버터, DC-AC 컨버터, 다이렉트 AC-AC 컨버터 등이 요구될 수도 있다. 또한 각 요소들은 동작하기 위해 필요한 전력량, 그것이 다룰 수 있는 전력량, 그것이 방출할 수 있는 전력량이 제한되어 있다. 이 계산은 보드상에 어떤 유형의 전압원이 사용될 수 있는지와 전압원이 얼마나 파워풀한지를 결정해 준다.

각 전류 생성기술은 찬반 양론을 가지고 있기 때문에 임베디드 시스템에서는 AC와 DC 전압원이 모두 사용된다. AC는 바람에서 물에 이르기까지 모든 것에 의해 움직일 수 있는 터빈으로 동작하는 생성기를 사용하여 대량으로 만들어 내기 쉽다. 전기화학 셀(배터리)로부터 대량의 DC를 만들어 내는 것은 현실적이지 못하다. 또한 긴 전송 라인을 통해 전류를 전송하는 것은 전선의 저항으로 인해 상당한 양의 에너지 손실을 야기하기 때문에, 대부분의 현대 전기회사 기관은 AC 전류로 전기를 전송한다. AC는 DC보다 훨씬 쉽게 높고 낮은 전압을 변환할 수 있다. AC에서는 서비스 제공소에 위치한 트랜스포머라 불리는 기기가 낮은 손실로 장거리 전류 전송을 효율적으로 할 수 있다. 트랜스포머는 한 회로에서 다른 회로로 전기 에너지를 전송하는 기기이며, 전송하는 동안 전류와 전압을 변경할 수 있다. 서비스 제공소는 전력공장으로부터 높은 전압률로 낮은 수준의 전류를 전송한다. 그런 다음 고객의 위치에서는 전압을 필요한 양으로 줄인다. 매우 높은 전압의 플립 측면에서 전선은 AC보다 DC가 더 적은 저항체를 제공한다. 그러므로 매우 긴 거리에서는 AC보다 DC가 더 효율적이다.

어떤 임베디드 보드는 **전력원**(power supply)을 집적하거나 전력원에 플러그를 입력한다. 전력원이란 AC 또는 DC 중 하나이다. DC만 사용하는 컴포넌트에 전력을 공급하기 위해 AC 전력원을 사용하려면, AC를 임베디드 보드상의 다양한 컴포넌트에서 필요로 하는 더 낮은 DC 전압으로 바꾸어 주기 위해 AC-DC 컨버터를 사용할 수 있다. 보통 이 전압은 3.3V, 5V, 또는 12V이다.

> DC-DC, DC-AC, AC-AC와 같은 서로 다른 유형의 컨버터는 다른 요구사항을 갖는 기기들이 필요로 하는 전력 변환을 하기 위해 사용될 수 있다.

다른 임베디드 보드들 또는 보드상의 컴포넌트들(5장에서 상세히 다룰 비휘발성 메모리와 같은)은 전압원으로 **배터리**(battery)에 의존한다. 이것은 크기 때문에 전력을 제공하기에 더 효율적일 수 있다. 배터리 전력의 보드는 에너지를 위해 전력공장에 의존하지 않기 때문에 소켓에 플러그를 꽂지 않아도 되는 임베디드 기기의 휴대성을 가능하게 해준다. 또한 배터리는 DC 전류를 공급하기 때문에, AC를 공급하는 전력원과 소켓에 의존하는 보드에서처럼, DC를 요구하는 컴포넌트들을 위해 AC를 DC로 변환해 줄 필요가 없다. 하지만 배터리는 수명이 짧고, 충전이나 교체를 해야 한다.

아날로그 신호와 디지털 신호

디지털 시스템은 0과 1로 표현되는 데이터인 디지털 데이터만을 처리한다. 모든 데이터는 0과 1의 조합으로 표현되기 때문에, 대부분의 보드에서 두 전압은 0과 1을 나타낸다. 0V 전압은 그라운드(ground), VSS, LOW라고 부르며, 3V, 5V, 12V는 보통 VCC, VDD, HIGH라고 부른다. 시스템 내의 모든 신호들은 두 전압 중 하나이며 두 전압 중 한 가지로 전환된다. 예를 들어, 시스템들은 '0'을 LOW로, '1'을 HIGH로 정의하거나 0~1V 사이의 전압을 LOW로, 4~5V 사이의 전압을 HIGH로 표현한다. 어떤 신호들은 에지(LOW에서 HIGH 또는 HIGH에서 LOW)에서의 '1' 또는 '0'의 정의를 기초로 할 수 있다.

프로세서와 같은 임베디드 보드상의 대부분의 주요 컴포넌트들은 디지털 신호의 1과 0을 처리하기 때문에, 많은 임베디드 하드웨어는 본래 디지털이라 할 수 있다. 하지만 임베디드 시스템은 여전히 연속적인 아날로그 신호— 즉, 0과 1뿐 아니라 그 사이의 모든 값들—도 처리할 수 있다. 분명히 보드상에는 아날로그 신호를 디지털 신호로 바꾸어 주기 위한 방법이 필요하다. 아날로그 신호는 샘플링 과정을 거쳐 디지털로 변환되며, 그 결과로 나온 디지털 데이터는 본래의 아날로그 파형과 비슷한 전압 '파형'으로 역변환될 수 있다.

 부정확한 신호 : 아날로그와 디지털 신호 안의 잡음과 관련된 문제

아날로그와 디지털 신호 분야에서 가장 심각한 문제 중 하나는 입력신호를 왜곡하는 잡음이 있어서, 데이터의 정확성을 손상시키고 악영향을 미친다는 것이다. 잡음이란 일반적으로 원래 소스에서의 원치 않는 신호 변질 또는 센서와는 다른 어떤 것으로부터 생성된 입력신호의 일부 또는 센서로부터 생성된 잡음 그 자체를 의미한다. 잡음은 아날로그 신호에서 공통으로 나타나는 문제이다. 한편 디지털 신호에서는 신호가 임베디드 프로세서에 부분적으로 생성된 것이 아니라면 더 큰 위험에 처할 수 있기 때문에, 더 긴 전송매체를 가로질러 온 어떤 디지털 신호들은 잡음문제에 매우 민감하다.

아날로그 잡음은 다양한 원인 – 라디오 신호, 빛, 전력 라인, 마이크로 프로세서, 아날로그 감지 전자 소자 그 자체 등 – 으로부터 발생할 수 있다. 디지털 잡음과 동일하나, 그것은 컴퓨터 입력, 전력/데이터를 전송하는 먼지 슬립 링, 입력 소스의 정확성/의존 가능성에서 오는 제한 등과 같이 사용된 기계적 접촉에서 온다.

아날로그 또는 디지털 잡음을 줄이기 위한 핵심 방안은 다음과 같다.

1) 잡음과 관련된 문제를 피하기 위해 기본적 디자인 가이드를 따를 것. 이것은 아날로그 잡음의 경우, 아날로그와 디지털 그라운드를 섞어서는 안 되며, 보드상의 민감한 전자 소자들과 전류를 스위칭하는 소자와의 충분한 거리를 유지해야 하며, 낮은 신호 레벨/높은 임피던스를 가진 전선의 길이를 제한해야 한다는 것을 의미한다. 또한 디지털의 경우는, 신호전선을 잡음을 야기하는 높은 전류의 케이블에서 멀게 라우팅을 해야 하며, 전선을 그라운드로 감싸야 하며, 정확한 기술을 사용하여 신호를 전송해야 하는 것을 의미한다.

2) 문제의 근본 원인을 밝혀낼 것. 즉, 잡음을 야기하는 원인이 무엇인지 찾아내야 한다. 2)번의 경우, 일단 잡음의 근본 원인을 찾아내기만 하면, 하드웨어 및 소프트웨어적 수정이 가능할 수도 있기 때문이다. 아날로그 잡음을 줄이기 위한 기술로는 필요 없는 주파수를 필터링하고, 신호 입력을 평균화하는 것을 포함하고 있다. 반면에, 디지털 잡음은 일반적으로 보정 코드/패리티 비트들을 전송하는 것 그리고 받은 데이터와 관련된 어떤 문제를 보정하기 위해 보드상에 추가의 하드웨어를 추가하는 것 등이 있을 수 있다.

– Jack Ganssle의 기고문 "아날로그 잡음의 최소화"(1997년 5월), "아날로그 잡음 제어"(1992년 11월), "디지털 입력신호 다루기"(1992년 10월)를 기반으로 작성

3.4 | 기본적인 하드웨어 물질 : 도체, 절연체, 반도체

보드상에서 사용되는 모든 전자 소자들 또는 (네트워킹 전송매체와 같이) 임베디드 보드와 연결되어 있는 모든 전자 소자들은 일반적으로 도체, 절연체, 또는 반도체로 분류되는 물질들로 구성되어 있다. 이 범주는 전류를 운반할 수 있는 물질의 능력에 따라 분류된다. 도체, 절연체, 그리고 반도체가 모두 주어진 적절한 환경을 운반하는 역할을 하지만, **도체**(conductor)는 전류에 비해 더 적은 임피던스를 가진 물질이며(원자가전자들을 더 쉽게 잃거나 얻을 수 있다는 것을 의미), 동시에 셋 또는 그 이하의 원자가전자를 갖는다(그림 3-6 참고).

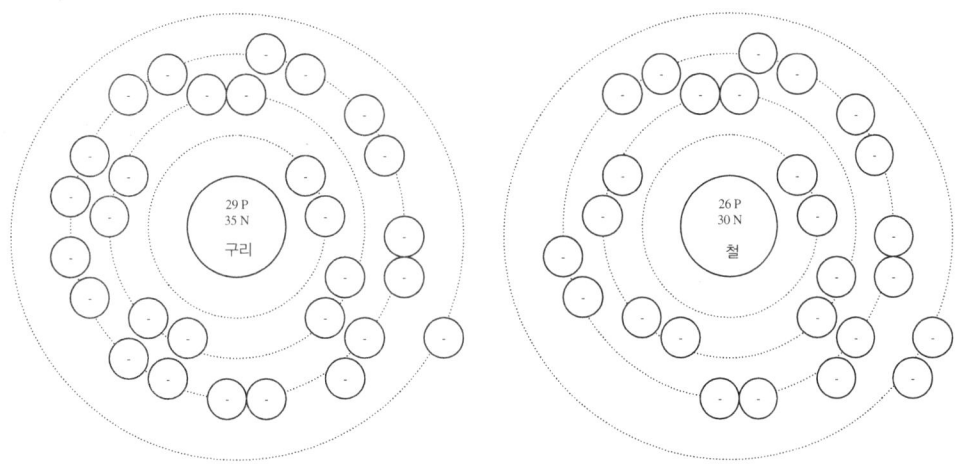

>> 그림 3-6 도체

대부분의 금속은 도체이다. 왜냐하면, 대부분의 금속 요소들은 그 원자의 원자가전자들을 이리저리 움직이게 하는데 그다지 많은 에너지를 필요로 하지 않는 결정체 구성을 가지고 있기 때문이다. 이러한 금속의 원자 격자(구조)는 서로서로 매우 단단하게 결합되어 있는 원자들로 구성되어 있어서, 원자가전자들이 각 원자와 긴밀한 관계를 갖지 못한다. 이것은 원자가전자들이 원자들 주변을 둘러싸고 있으며, 각 핵에 그것들을 묶는 힘은 실제로 0이라는 것을 의미한다. 그러므로 실온에서 이 전자들을 이리저리 움직이게 하는 에너지의 양은 상대적으로 적다. 버스와 전선 전송매체는 도체 성격을 띄는 금속물질로 구성된 하나 또는 그 이상의 전선들의 예이다. 회로 다이어그램에서 **전선**(wire)은 보통 직선 '─'(부록 B 참고)으로 표기된다. 어떤 전자 다이어그램(예를 들어, 블록 다이어그램)에서는 화살표 '↔'로 표시될 수도 있다.

절연체(insulator)는 보통 5개 또는 그 이상의 원자가전자를 가지고 있어서(그림 3-7 참고) 전자의 흐름을 방해한다. 이것은 그 물질에 매우 큰 에너지가 인가되지 않는다면, 그것들은 원자가전자를 잃거나 얻으려고 하지 않는다는 것을 의미한다. 이런 이유 때문에 절연체는 버스에서 주 물질로 사용되지 않는 것이다. 도체의 금속처럼, 가장 좋은 절연체는 결정 격자로 매우 규칙적이며, 그 원자는 매우 단단하게 결합되어 있다. 도체와 절연체 간의 주요 차이는 원자가전자의 에너지가 원자 사이의 경계를 극복할 만큼 충분한지 아닌지에 달려있다. 만약 충분한 에너지가 있다면 이 전자들은 격자 사이를 자유롭게 이동할 수 있을 것이다. 예를 들어, NACL과 같은 절연체에서 원자가전자는 거대한 전자망을 극복해야만 할 것이다. 간단히 말해서 절연체는 도체와 비교해 볼 때 실온에서 원자가전자를 이리저리 이동시키기 위해서는 훨씬 더 큰 에너지를 필요로 한다. 공기, 기름, 플라스틱, 유리, 고무와 같은 금속이 아닌 물질은 보통 절연체로 여겨진다.

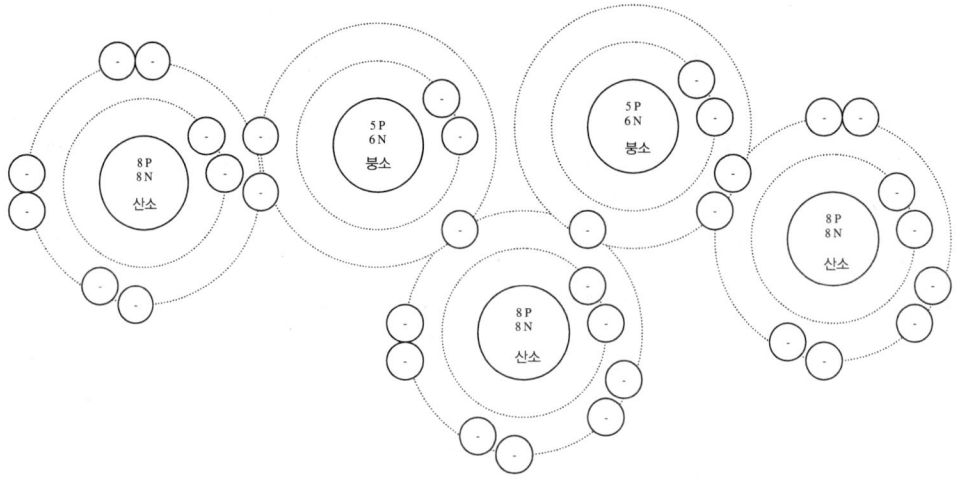

>> 그림 3-7 절연체

전자기파를 통한 공기 전송

데이터를 전송할 수 있는 절연체인 공기의 능력은 무선 통신의 기초가 된다. 데이터는 수신 안테나 안에 전류를 야기하는 능력을 가진 전자기파를 통해 전송된다. 안테나는 기본적으로 그 주변으로 전자기파를 방출하는 진동 전류를 포함하는 도체 전선이다. 간단히 말해서 전자기파는 안테나에서처럼, 전자의 충전이 빛의 속도로 진동할 때 만들어진다. 전자적 충전의 진동은 여러 요인들 – 열, AC 전류 등 – 에 의해 야기될 수 있다. 하지만 근본적으로 절대 0 의 온도 이상의 모든 요소들은 약간의 전자기 선을 방출한다. 예를 들어, 열은 온도가 높으면 높을수록 시간당 전자의 진동이 더 빨라져 더 많은 전자기 에너지를 방출하기 때문에, 전자기 선을 생성할 수 있다.

전자기 선이 방출되면, 그것은 원자 사이(공기 또는 물질들 사이)를 빈 공간을 통해 움직이게 된다. 전자기 선은 원자에 의해 흡수되어 그 전자를 진동하게 만들고, 그 후 그것이 흡수한 파형과 동일한 주파수로 새로운 전자기파를 방출한다. 물론 어떤 점에서는 일부 수신기가 이러한 파형 중 하나를 차단하기도 한다. 하지만 남은 전자기파는 계속해서 빛의 속도로 움직이게 될 것이다(비록 그 힘이 약해서 원래의 위치에서 더 멀리 떨어진 지점까지 이동할 수 없게 된다 할지라도). 이런 이유 때문에 다른 유형의 무선 매체들(예를 들어, 2장에서 설명한 인공위성 대 블루투스)은 그것들이 사용하고 있는 기기 및 네트워크의 종류에 따라 그리고 그것들의 수신기가 어디에 위치해 있는가에 따라 제한을 받게 된다.

반도체(semiconductor)는 보통 4 개의 원자가전자를 가지며, 기본 요소들이 다른 요인들에 의해 그 구조가 변경될 수 있는 도체의 특성을 가지는 물질로 분류된다. 이것은 반도체 물질이 도체와 절연체의 역할을 모두 할 수 있다는 것을 의미한다. 실리콘과 게르마늄 같은 요소들은 그러한 방법으로 조정될 수 있어서 절연체와 도체의 절반 정도의 저항값을 갖는다. 이 기본 요소들을 반도체로 바꾸는 과정은 이 요소들을 정화하는 것에서부터 출발한다. 정화 후에 이 요소들은 결정구조를 갖는데, 여기서 원자들은 전자들이 움직일 수 없도록 격자구조로 단단하게 묶이게 되어 강한 절연체의 성격을 지니게 된다. 그런 다음 이 물질들은 전자를 움직이게 할 수 있는 능력을 향상시키기 위해 불순물을 첨가한다. 불순물은 비정화를 야기하는 과정인데, 이로써 실리콘 또는 게르마늄 절연체 구조는 불순물의 도체적 특징과 잘 섞이게 된다. 도너(donor)라 불리는 어떤 비정제(비소, 인, 안티몬 등)는 전자를 많이 만들어 내어 N 형 반도체 물질을 생성하며, 억셉터(acceptor)라 불리는 붕소와 같은 다른 비정제는 전자를 부족하게 만들어서 P 형 반도체 물질을 생성해 낸다(그림 3-8a와 3-8b 참고).

반도체는 보통 4 개의 원자가전자를 가진다는 사실을 기억해 두자(예를 들어, 실리콘과 게르마늄 모두 4 개의 원자가전자를 가진다). 반도체는 격자 원자 사이의 경계와 관련된 원자가전자의 에너지에 의해 정의된다.

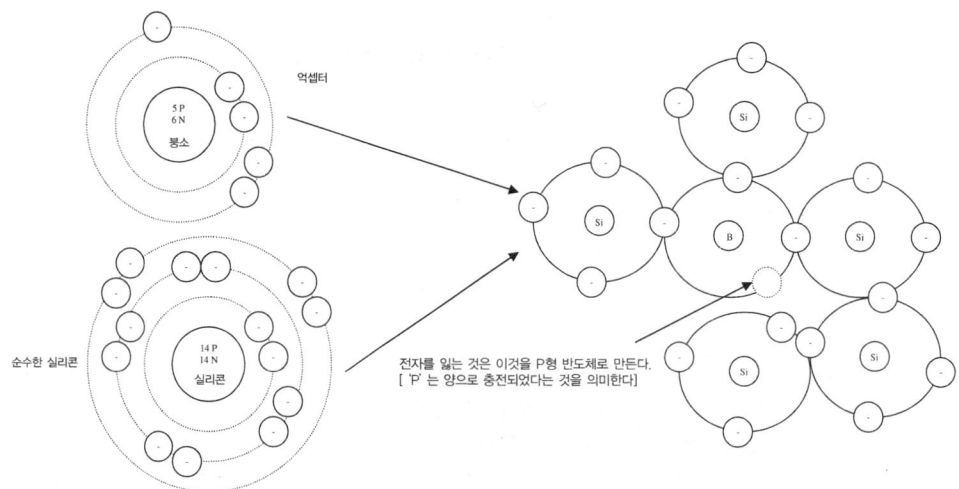

>> 그림 3-8a P형 반도체

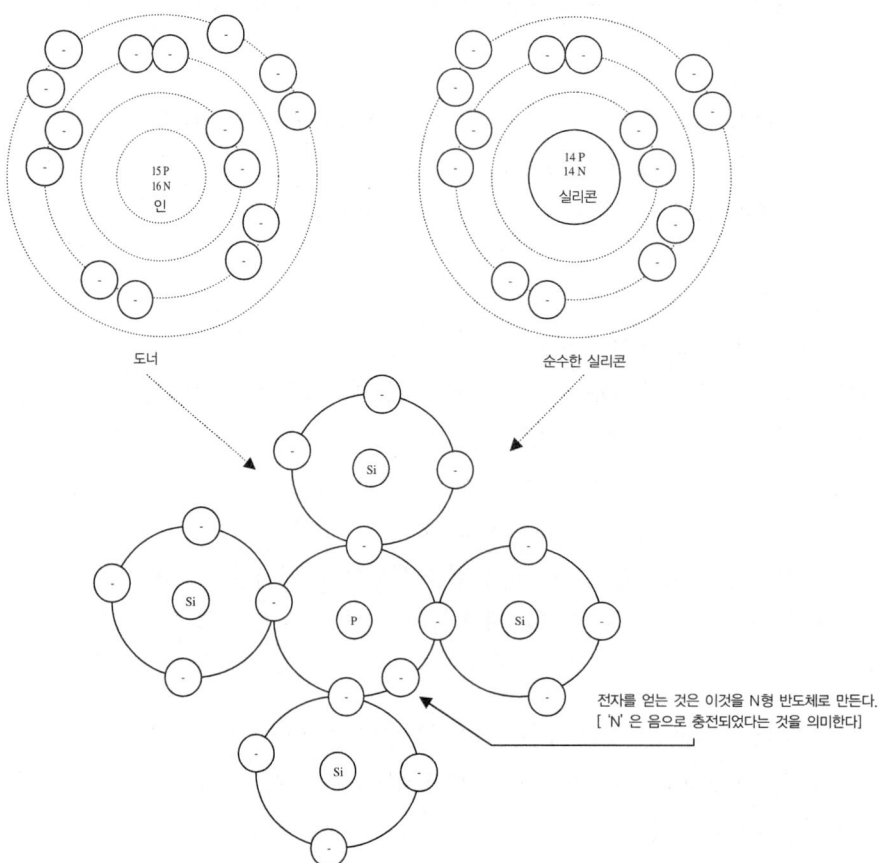

>> 그림 3-8b N형 반도체

3.5 | 보드와 칩 안의 공통 능동 소자 - 저항, 커패시터, 인덕터

전선들을 포함하여 능동 전자 소자들은 프로세서와 메모리 칩을 형성하기 위해(이 장의 뒷부분에서 논의할 반도체 소자들과 함께) 집적된다. 이 컴포넌트들은 또한 보드에서 살펴볼 수 있는 회로(입력회로, 출력회로 등)의 일부가 될 수도 있다. 다음의 하위 절에서는 임베디드 보드에서 공통적으로 발견되는 능동 소자들, 주로 저항, 커패시터, 인덕터 등에 대해 소개한다.

저항

아무리 좋은 도체라 할지라도 전류 흐름을 방해하는 저항값을 가지고 있다. 저항(resistor)이란 저항값이 증가될 수 있도록 그 전도성이 비뀔 수 있는 도체 물질들로 구성된 소자이다. 예를 들어, 탄소 화합물 저항은 탄소(도체)와 절연물질(불순물)을 섞어서 만든 것이다. 저항을 만들어 내기 위해 사용되는 또 다른 기술로는 그 저항값을 바꾸기 위해 그 물질의 물리적 모양을 변경하는 것이다. 예를 들어, 전선을 코일의 형태로 감으면 전선 주변에 저항값이 생긴다. 전선을 감거나 탄소 화합물을 만드는 것 외에 전류 제한, 탄소 필름, 감은 필라멘트 선, 퓨즈, 그리고 금속 필름과 같은 다양한 종류의 저항들이 있다. 그 종류에 상관없이 모든 저항들은 회로에 전류가 흐르지 못하게 하는 본래의 기능을 제공한다. 저항은 그 사이를 흐르는 전류 또는 전압의 저항값을 제공하여 AC와 DC 회로 안에서의 전류와 전압을 제어하는 방법으로 사용된다.

옴의 법칙($V=IR$)으로 저항들은 전류와 전압을 제어하는 데 사용될 수 있기 때문에, 그것들은 보통 저항이 연결되어 있는 회로에 특정 바이어스값(전압 또는 전류 레벨)이 필요한 경우, 보드상의 다양한 회로와 프로세서나 메모리 칩에 집적된 다양한 회로에서 사용된다. 이것은 어떤 기능을 수행하도록 적절히 분산되어 있는 저항들이 추가 회로—예를 들어 감쇠기, 전압 분배기, 퓨즈, 히터 등—에서 요구되는 특정 전압 또는 전류값을 조절할 수 있게 해준다.

동일한 저항값을 갖는 2개의 저항이 주어졌을 경우, 이 두 가지 중 어떤 것을 선택하여 특정 회로에 적용할지 고민하게 된다. 그 저항이 어떻게 만들어졌는지에 따라, 다음과 같은 특성들이 달라지기 때문이다.

- **허용오차(%)** 이것은 저항의 저항값이 얼마나 정확한지, 어떤 주어진 시간에 주어진 저항값을 가지고 측정한 값을 표현한 것이다. 저항값의 실제값은 표시된 오차의 + 또는 −를 초과하지 않는다. 보통 특정 회로가 오차에 민감하면 할수록 사용되는 오차가 더 적어야 한다.

- **전력 비율** 전류가 저항을 만날 때, 빛과 같은 다른 형태의 에너지와 함께 열이 생성된다. 전력 비율은 저항이 안전하게 방출할 수 있는 전력량을 가리킨다. 낮은 전력의 저항을 그보다 높은 전력의 회로에 사용하면 저항이 끊어지는 결과가 야기될 수 있다. 왜냐하면 그것이 운반할 수 있는 전류로부터 발생된 열을 더 높은 전력의 저항이 할 수 있는 것만큼 효율적으로 발산할 수 없기 때문이다.

- **신뢰율(%)** 저항이 1000시간 동안 사용될 때 그 저항의 저항값에 얼마나 많은 변화가 있는가를 의미한다.

- **저항값의 온도계수 또는 TCR** 저항을 구성하는 물질들의 저항값은 온도에 따라서 다양하게 변화할 수 있다. 온도의 변화에 대하여 저항값의 변화를 나타내는 값을 **온도계수**(temperature coefficient)라고 부른다. 만약 저항의 저항값이 온도 변화에 대해 바뀌지 않는다면 그것은 0의 온도계수를 갖는 것이다. 만약 저항의 저항값이 온도가 올라갈 때 증가하고 온도가 내려갈 때 감소한다면, 그 저항은 '양의' 온도계수를 갖는 것이다. 그리고 만약 저항의 저항값이 온도가 올라갈 때 감소하고 온도가 내려갈 때 증가한다면, 그 저항은 '음의' 온도계수를 갖는 것이다. 예를 들어, 도체는 일반적으로 '양의' 온도계수를 갖고, 대부분 실온에서 거의 도체이다(최소한의 저항값을 갖는다). 반면에, 절연체는 실온에서 매우 적은 자유 원자가전자를 갖는다. 그러므로 저항들은 '실온'에서의 어떤 특성을 나타내는 특수한 물질과 더 따뜻하거나 더 차가운 온도에서 다른 측정값을 갖는 물질들로 구성된다. 또한 그것들이 사용될 수 있는 시스템 환경의 종류에 영향을 받을 수 있다(예를 들어, 휴대형 임베디드 기기 대 실내 임베디드 기기).

각각의 고유한 특징을 갖는 저항들을 만드는 방법에는 여러 가지가 있지만, 최상위 레벨에서는 보통 고정 저항과 가변 저항 두 종류의 저항만이 존재한다. **고정 저항**(fixed resistor)은 오직 하나의 저항값만을 갖도록 제조된 저항을 말한다. 고정 저항은 그것들이 만들어진 방법에 따라 많은 종류와 크기가 있을 수 있다(그림 3-9a 참고). 비록 그 물리적인 모습에는 많은 차이가 있더라도, 고정 저항을 표기하는 회로 심벌은 지원하는 회로 표준에 대해 동일하다(그림 3-9b 참고).

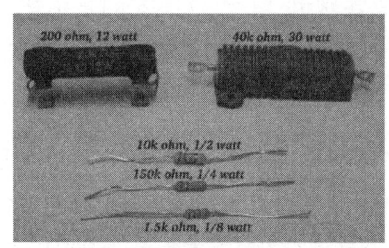

>> 그림 3-9a 고정 저항

>> 그림 3-9b 고정 저항의 회로 심벌

고정 저항들은 그 특성을 표기하기에는 너무 작은 몸체를 가지고 있기 때문에, 보통 저항의 몸체에 물리적으로 위치한 색 코드 띠를 가지고 그 값을 계산한다. 이 색 코드 띠는 그림 3-10a 에서 볼 수 있는 것처럼 동축 납을 가진 고정 저항에서는 수직 줄무늬로 표현이 사용되며, 그림 3-10b 에서 볼 수 있는 것처럼 방사형 납을 가진 고정 저항에서는 몸체의 다양한 위치에 나타난다.

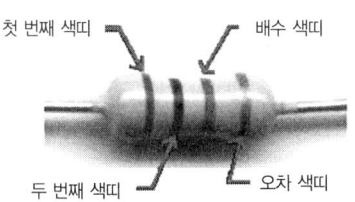
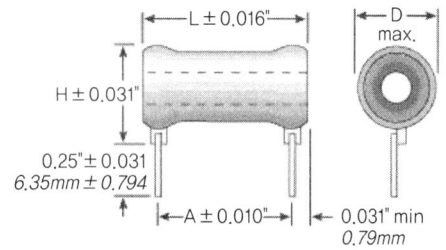

>> 그림 3-10a 동축 납 형태의 고정 저항   >> 그림 3-10b 방사형 납 형태의 고정 저항

저항은 또한 신뢰도 비율, 온도계수, 오차 범위 등의 다양한 특성을 표현하기 위해 추가의 색 코드 띠를 포함할 수도 있다. 고정 저항의 종류에 따라 띠의 종류와 수는 다르지만, 색 정의는 보통 동일하다. 표 3-2a 에서 3-2d 는 고정 저항의 몸체에서 볼 수 있는 다양한 종류의 띠를 그 의미와 함께 나타내고 있다.

>> 표 3-2a 저항색 코드값과 배수 표[3-6]

띠의 색	값	배 수
검정색	0	X1
갈색	1	X10
빨간색	2	X100
주황색	3	X1K
노란색	4	X10K
초록색	5	X100K
파란색	6	X1M
보라색	7	X10M
회색	8	X100M
흰색	9	X1000M
은색	–	X0.01
금색	–	X0.1

>> 표 3-2b 온도계수[3-6]

띠의 색	온도계수
갈색	100 ppm
빨간색	50 ppm
주황색	15 ppm
노란색	25 ppm

>> 표 3-2c 신뢰 수준(%1000 HR)[3-6]

띠의 색	신뢰 수준(%)
갈색	1%
빨간색	0.1%
주황색	0.01%
노란색	0.001%

>> 표 3-2d 허용오차[3-6]

띠의 색	허용오차
은색	±10%
금색	±5%
갈색	±1%
빨간색	±2%
초록색	±0.5%
파란색	±0.25%
보라색	±0.1%

그 색 띠가 어떻게 동작하는지를 이해하기 위해서는 5개의 띠를 가진 동축 납 형태의 탄소 화합 저항을 예로 들어보자. 그 띠는 저항의 몸체에 수직 줄무늬로 정렬되어 있으며, 그 색 띠는 그림 3-11에서 보여지는 것과 같은 모양이다. 띠 1과 2는 숫자를 의미하며 띠 3은 배수를 의미한다. 띠 4는 오차율을 말하며, 띠 5는 신뢰도를 나타낸다. 저항들은 띠의 수와 의미가 매우 다양할 수 있으며, 이것은 저항값과 다른 특성을 결정하기 위해 표를 어떻게 사용하는지 말해 주기 위한 한 예제일 뿐임을 기억해 두자. 저항의 처음 3개의 띠는 빨간색 =2, 초록색=5, 그리고 갈색= ×10 이다. 그러므로, 이 저항은 250Ω의 저항값을 갖는다 (빨간색과 초록색의 2와 5는 값의 첫 번째와 두 번째 숫자를 의미하며, 세 번째 갈색 띠의 '×10'은 25에 10을 곱하기 위해 사용하는 값을 의미하기 때문에 그 결과가 250이 나온 것이다). 빨간색 띠가 반영하는 저항의 오차율 ±2%를 말하기 때문에, 이 저항은 250Ω±2% 의 저항값을 갖는다. 이 예제의 5번째 띠는 노란색으로 0.001%의 신뢰도를 갖는다는 것을 의미한다. 이것은 이 저항의 저항값이 1000시간 동안 사용시 원래 표기된 값(이 경우 250Ω±2%)에서 0.001% 정도 변한다는 것을 의미한다. 저항에 의해 제공되는 저항값은 옴(Ω)으로 측정된다.

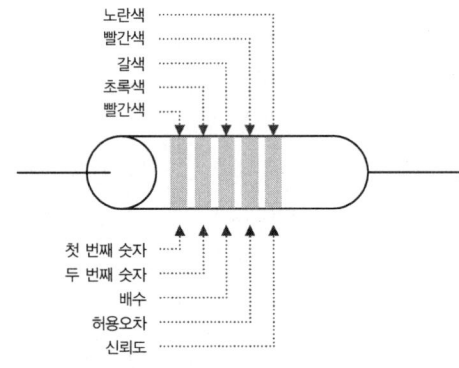

>> 그림 3-11 동축 납에 5개의 띠를 가진 고정 저항 예

가변 저항(variable resistor)은 고정 저항 제조와는 반대로 그 저항값이 동작중에 바뀔 수 있다. 저항값은 수동 조정(분압기), 빛의 변화(빛에 민감한/포토레지스터), 온도의 변화(온도에 민감한/써미스터) 등에 따라 바뀔 수 있다. 그림 3-12a 와 3-12b 는 몇 가지 가변 저항의 모습과 그것들이 회로상에서 어떤 심벌로 사용되는지를 보여주고 있다.

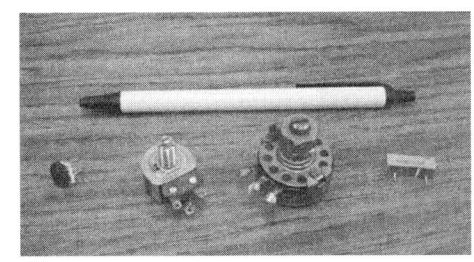

>> 그림 3-12a 가변 저항의 모습

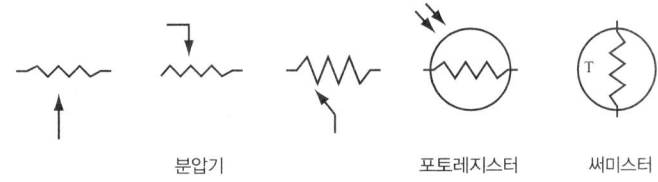

분압기　　　　　　포토레지스터　　써미스터

>> 그림 3-12b 가변 저항의 회로 심벌

커패시터

커패시터는 공기, 세라믹, 폴리에스테르, 운모 등과 같은 유전체인 절연체에 의해 분리된 2개의 병렬 금속판 형태의 도체들로 구성되어 있다(그림 3-13a 참고).

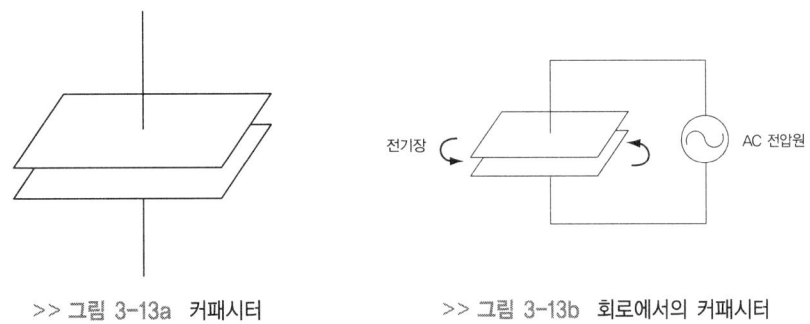

>> 그림 3-13a 커패시터　　　　　>> 그림 3-13b 회로에서의 커패시터

그 판의 각각에 AC 전압원이 연결되면(그림 3-13b 참고), 그 판 각각에는 반대의 전하, 즉 한쪽 판에는 양의 전하가 다른 한쪽 판에는 음의 전하가 충전된다. 전자들은 그 전하들에

의해 생성된 전기장으로 둘러싸이게 된다. 전기장은 소스로부터 그 전기장의 힘을 감소시킬 수 있는 방향인 충전된 판 쪽으로, 즉 소스의 아래쪽과 바깥쪽으로 방사된다. 두 판에 의해 생성된 전기장은 임시로 에너지를 저장하여 그 판이 방전되지 못하게 한다. 만약 전선이 두 판에 연결된다면, 두 판들이 더 이상 충전되지 않을 때까지 또는 AC 전압원의 경우에서처럼, 극성이 바뀌어 판이 방전하게 될 때까지 전류가 흐르게 될 것이다.

간단히 말해서 커패시터는 전기장 안에 에너지를 저장한다. 저항처럼 그것들은 에너지의 흐름을 방해하지만, 의도적으로 이러한 에너지를 방출하고, 일반적으로 AC와 DC 회로에서 모두 사용되는 저항과는 달리, 커패시터는 AC 회로에서 더 많이 사용되며, 그 판이 방전을 할 때 전자적으로 본래의 형태로 그 회로에 동일한 에너지를 돌려준다. 커패시터가 어떻게 만들어졌는가에 따라, 제조상의 단점은 완전하게 동작하지 못하는 결과를 야기할 수도 있으며, 열의 형태로 의도하지 않은 에너지 손실을 야기할 수도 있다.

> 매우 근접하게 위치해 있는 2개의 커패시터는 공기를 유도체로 하여 커패시터처럼 동작할 수 있다. 이러한 현상을 가리켜 내부 전극 커패시터라고 부른다. 이런 이유 때문에 (라디오 주파수를 포함한) 어떤 기기에서는 이러한 현상을 최소화하기 위해서 어떤 전기적인 컴포넌트들을 차폐시킨다.

특정 회로에서 사용할 커패시터를 선택할 때 다음과 같은 특성들을 고려해야 한다.

- **커패시터값의 온도계수** 이것은 TCR(저항값의 온도계수)과 의미가 유사하다. 만약 커패시터의 전도성이 온도의 변화에 대해 변화하지 않는다면 그것은 '0'의 온도계수를 갖는 것이다. 만약 커패시터의 전도성이 온도가 올라갈 때 증가하고 온도가 내려갈 때 감소한다면, 그 커패시터는 '양의' 온도계수를 갖는 것이다. 그리고 만약 커패시터의 전도성이 온도가 올라갈 때 감소하고 온도가 내려갈 때 증가한다면, 그 커패시터는 '음의' 온도계수를 갖는 것이다.

- **허용오차(%)** 이것은 커패시터의 전도성이 얼마나 정확한지, 어떤 주어진 시간에 주어진 커패시터값을 가지고 측정한 값을 표현한 것이다(커패시터의 실제값은 표시된 오차의 + 또는 -를 초과해서는 안 된다).

저항처럼 커패시터는 한 칩에 집적될 수 있으며, 커패시터에 따라 DC 전압원에서부터 전자파 송수신에 이르기까지 모든 곳에서 사용된다. 그림 3-14a와 3-14b에서 볼 수 있듯이, 판과 유도체 물질에 따라 그리고 저항처럼 동작중에 조정될 수 있는지 없는지에 따라 많은 다양한 종류의 커패시터(가변, 세라믹, 전해질, 수지 등)들이 존재한다.

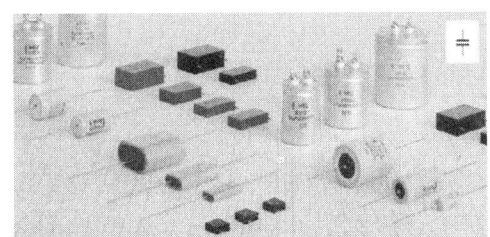
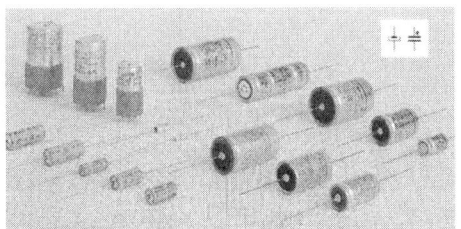

>> 그림 3-14a 커패시터

무극/양극 고정 커패시터   고정된 극성 커패시터   가변 커패시터

>> 그림 3-14b 커패시터의 회로 심벌

인덕터

커패시터처럼 인덕터는 AC 회로 안에 전기 에너지를 저장한다. 하지만 커패시터에서는 전기장에 에너지를 임시로 저장하는 반면, 인덕터에서는 자기장에 에너지를 임시로 저장한다. 이 자기장은 전자의 움직임에 의해 생성되며, 전류를 둘러싼 고리처럼 가시화될 수 있다(그림 3-15a 참고). 전자 흐름의 방향은 자기장의 방향을 결정한다(그림 3-15b 참고).

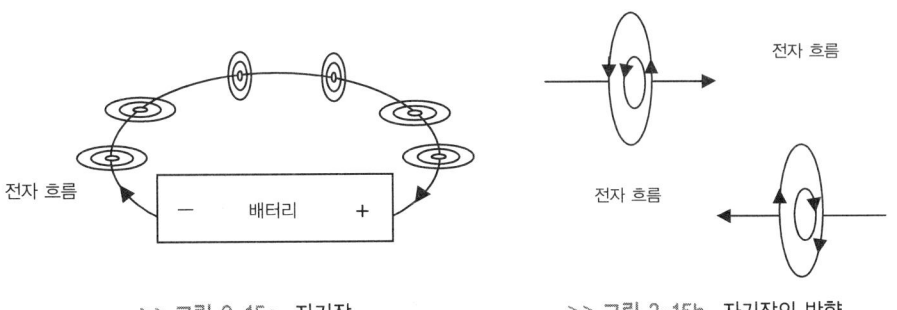

>> 그림 3-15a 자기장   >> 그림 3-15b 자기장의 방향

모든 물질들은 심지어 도체까지도 약간의 저항 성분을 가지며 어떤 에너지를 방출한다. 이 에너지의 일부는 그 전선 주변의 자기장에 저장된다. 유도계수는 그것을 통해 흐르는 전류가 있는 전선 주변의 자기장 안에 에너지를 저장한다(그리고 커패시터처럼 우연히 생성될 수 있다). AC 회로에서 발생하는 것처럼 전류 흐름에서 변화가 생기면, 자기장이 변해서 '충전된 물질에 가하는 힘이 줄어든다'(유도에 대한 패러데이 법칙). 전류 증가로 인한 확장은 인덕터에 저장되는 에너지를 증가시키며, 전류 부족으로 인해 자기장이 붕괴되면 그 에너

지는 원래의 회로로 방출된다. 전류 안에 있는 전하들은 유도계수가 얼마나 되는지 측정하는 기준이 된다. 유도계수는 헨리(H)의 단위로 측정되며, 전류의 변화율과 인덕터에 가해진 전압의 비율로 정의된다.

앞서 말한 것처럼, 약간의 전류를 가진 모든 전선은 아무리 적다고 할지라도 일종의 유도계수를 가지고 있다. 자기의 유속이 곧은 선에 비해 감긴 선에서 더 높기 때문에, 대부분의 일반적인 인덕터들은 하나 또는 여러 개의 전선이 감긴 채로 구성된다. 감긴 전선 내에 아철산염이나 가루 철 물질과 같은 공기 이외의 물질을 추가하면, 자기장 유속 밀도를 증가시킬 수 있다. 다음의 그림 3-16a 와 3-16b 는 몇 가지 일반적인 인덕터와 그 회로 심벌을 보여주고 있다.

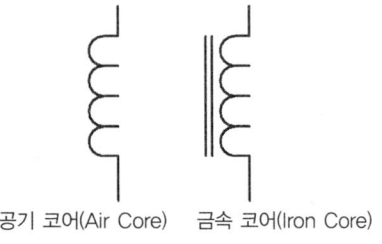

>> 그림 3-16a 인덕터의 모습　　　　　　>> 그림 3-16b 인덕터의 회로 심벌

유도계수를 정의하는 특징은 각 코일의 수(코일이 많이 감겨 있을수록 유도계수가 더 크다), 코일의 지름(유도계수에 비례한다), 코일의 전체 모양(실린더형/솔레노이드형, 도넛형 등), 감긴 선의 전체 길이(길이가 길수록 유도계수는 더 작아진다)가 있다.

3.6 | 반도체 및 프로세서와 메모리의 능동 빌딩 블록

3.4 절에서 설명한 것처럼, P 형과 N 형 반도체들은 반도체의 기본적인 유형이기는 하지만, 그것들은 보통 그 자신에게는 그다지 유용하지는 않다. 이 두 가지 유형은 실용적인 어떤 것을 할 수 있기 위해서는 조합을 이루어야만 한다. P 형과 N 형 반도체가 조합을 이룰 때, **P-N 접합**(P-N junction)이라고 부르는 접합면은 전자가 물질의 극성에 의존적인 방향으로 소자 내에서 움직일 수 있도록 해주는 하나의 문처럼 동작한다. P 형과 N 형 반도체 물질은 프로세서와 메모리 칩 안에서 주요한 빌딩 블록으로 동작하는 가장 일반적인 기본 전자 소자의 일부—다이오드와 트랜지스터—를 형성한다.

다이오드

다이오드는 두 가지 물질, P 형과 N 형을 합쳐서 구성한 반도체 소자이다. 끝은 그림 3-17b 에서의 회로 심벌 안에 'A' 라 표기되어 있는 **애노드**(anode)라 불리는 물질과 그림 3-17b 의 회로에서 'C' 라 표기되어 있는 **캐소드**(cathode)라 불리는 물질로 연결되어 있다.

>> 그림 3-17a 다이오드와 발광 다이오드

>> 그림 3-17b 다이오드 회로 심벌

이 물질들은 한 방향으로만 전류가 흐르도록 하기 위해 함께 동작한다. 전류는 애노드가 더 높은 (양의) 전압을 가지고 있는 동안 애노드로부터 캐소드까지 다이오드를 통해 흐른다. 이 현상을 가리켜 순방향 바이어싱이라고 부른다. 전압원으로부터 흐르는 전자는 N 형 물질을 통해 다이오드의 P 형 물질로 끌어당겨지기 때문에, 이 상태에서 전류가 흐른다(그림 3-18a 참고).

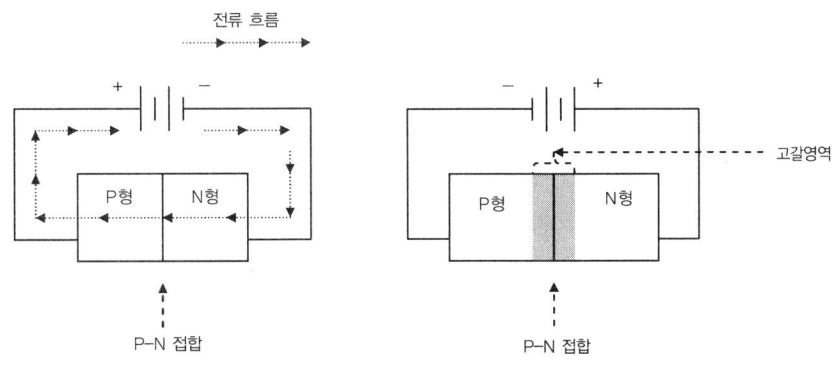

>> 그림 3-18a 순방향 바이어스에서의 다이오드   >> 그림 3-18b 역방향 바이어스에서의 다이오드

캐소드가 애노드보다 더 높은 양의 전압을 가지고 있기 때문에 전류가 다이오드를 통해 흐르지 않으려고 할 때에 다이오드는 그 용량이 역전압의 양에 따라 변하는 가변 커패시터처럼 동작한다. 이 현상을 가리켜 역방향 바이어싱이라고 부른다. 이 경우(그림 3-18b에서 볼 수 있는 것처럼) 전자는 다이오드 내에서의 P형 물질로부터 밀리게 되어, 어떤 충전도 하지 못하는 P-N 접합 주변의 영역인 **고갈 영역**(depletion region)을 만들어 내고 전류의 흐름을 방해한다.

다이오드에는 극성을 상수로 유지하며 AC를 DC로 바꾸어 주는 정류 다이오드, 스위치와 같은 PIN 다이오드, 전압을 제한해 주는 제너 다이오드 등과 같이 평범하게 사용되는 몇 가지 다른 유형들이 있다. 보드에서 가장 찾아보기 쉬운 다이오드로는 그림 3-19에서 볼 수 있는 **발광 다이오드**(light emitting diode : LED)가 있다. LED는 그것이 어떻게 디자인되었는지에 따라, 전원이 켜져 있을 때, 시스템에 문제가 있을 때, 원격 제어신호를 나타내기 위해 빛을 깜박이거나 불을 켠 채로 유지한다. LED는 회로에 순방향으로 연결되어 있을 때 눈에 보이는 빛 또는 적외선(IR)을 방출하도록 디자인된다.

마지막으로, 반도체 논리의 고급 형태는 다이오드 고갈효과를 기초로 하고 있다는 것을 기억해 두자. 이 효과는 양성자가 평균 전자 에너지보다 더 큰 영역을 만들어 내며, 양성자는 전압에 의해 영향을 받을 수 있다.

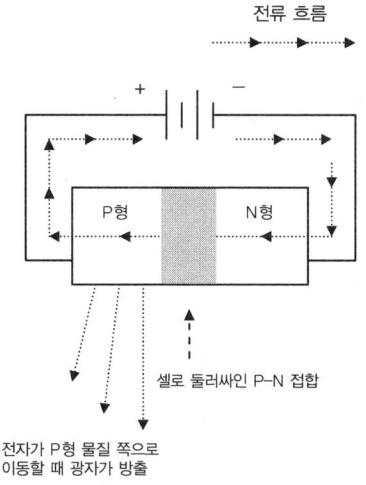

>> 그림 3-19 순방향에서의 LED

트랜지스터

'트랜지스터(transistor)'는 전류 전송 저항체(current-**tran**sferring-re**sistor**)의 약자이다.[3-5]

트랜지스터는 세 물질의 각각에 연결되어 있는 3개의 접합면을 가진 P형과 N형 반도체 물질의 몇 가지 조합으로 구성된다(그림 3-20a 참고). 이러한 물질들의 조합과 다용도성은 트랜지스터의 종류에 따라 전류 정류기(증폭기), 오실레이터(진동), 고속 집적회로(IC, 이 장의 뒷부분에서 설명), 그리고 스위칭 회로(예를 들어, 케이스가 없는 레퍼런스 보드에서 쉽게 발견할 수 있는 DIP 스위치, 푸시 버튼 등)와 같은 다양한 목적을 위해 사용될 수 있게 한다. 트랜지스터에는 몇 가지 다른 종류가 있는데, 두 가지의 주요한 것으로는 **BJT**(bipolar junction transistor)와 **FET**(field effect transistor)를 들 수 있다.

바이폴라 트랜지스터라고 부르는 BJT는 P형과 N형 물질의 세 가지 유형으로 구성되는데, 이 물질들의 조합에 따라 세부 분류를 한다. BJT의 세부 분류로는 PNP와 NPN이 있다. 그 이름에서 알 수 있듯이 PNP BJT는 N형 물질의 얇은 영역으로 분리되어 있는 P형 물질의 두 영역으로 구성된다. 반면에, NPN BJT는 P형 물질의 얇은 영역으로 분리되어 있는 N형 물질의 두 영역으로 구성된다. 그림 3-20a와 3-20b에서 볼 수 있는 것처럼, 이 영역의 각각은 관련 접촉면(전극)—에미터, 베이스, 컬렉터—을 갖는다.

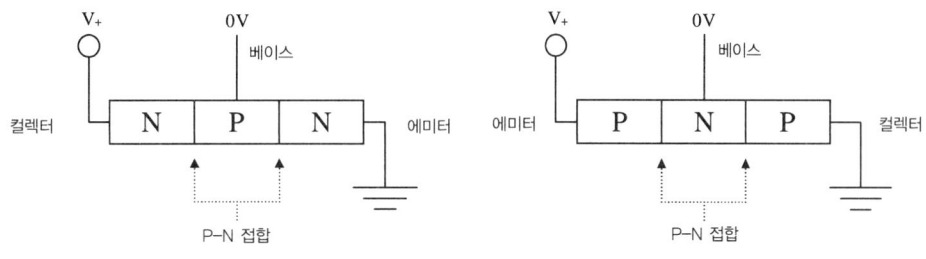

>> 그림 3-20a NPN BJT 'OFF'   >> 그림 3-20b PNP BJT 'OFF'

그림 3-20a에서 볼 수 있는 것처럼 NPN BJT가 OFF일 때 에미터 안에 있는 전자는 컬렉터로 흐르기 위해 P-N 접합을 통과할 수 없다. 왜냐하면 접합 너머의 전자에 압력을 가하기 위한 베이스에서의 바이어스 전압(0V)이 없기 때문이다.

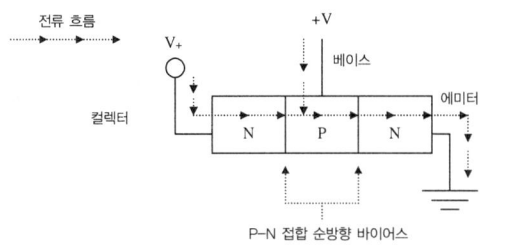   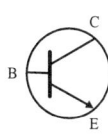

>> 그림 3-21a NPN BJT 'ON'   >> 그림 3-21b NPN BJT 회로 심벌

NPN BJT를 'ON'으로 만들기 위해서는, 에미터로부터의 탈출 전자들이 P형 베이스로 끌려올 수 있도록 양의 전압과 입력전류가 베이스에 인가되어야 한다. P형 물질이 얇기 때문에 이 전자들은 컬렉터 쪽으로 흐른다. 이 전류 흐름은 베이스 전류와 컬렉터 전류의 조합이며, 베이스 전압이 크면 클수록 에미터 전류 흐름이 더 커진다. 그림 3-21b는 NPN BJT 회로 심벌을 보여주고 있다. 여기에는 트랜지스터가 ON 일 때, 에미터로부터 흐르는 출력 전류의 방향을 가리키는 화살표가 포함되어 있다.

그림 3-20b에서 볼 수 있는 것처럼 PNP BJT가 OFF 일 때, 컬렉터에서의 전자는 에미터로 흐르기 위해 P-N 접합을 가로지를 수 없다. 왜냐하면, 베이스에서의 0V는 전자가 흐르지 못할 정도의 충분한 압력을 가지고 있기 때문이다. 그림 3-22a에서 볼 수 있는 것처럼 PNP BJT를 ON으로 만들기 위해서, 압력을 줄이고 베이스로부터 작은 출력전류가 흐르고, 컬렉터로부터의 양의 전류가 흐를 수 있도록 하기 위해 음의 베이스 전압이 사용된다. 그림 3-22b는 PNP BJT 회로 심벌을 보여주고 있는데, 트랜지스터가 ON 일 때 에미터 쪽으로 그리고 컬렉터 단자 밖으로 전류가 흐르는 방향을 가리키는 화살표를 포함하고 있다.

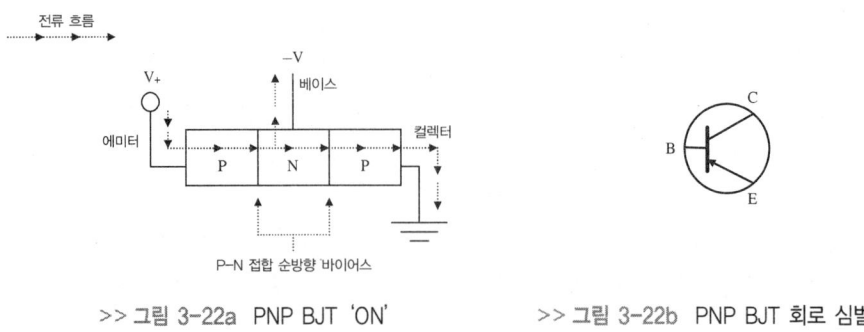

>> 그림 3-22a PNP BJT 'ON'   >> 그림 3-22b PNP BJT 회로 심벌

간단히 말해서, PNP와 NPN BJT는 전류 흐름과 P형과 N형 물질 구성, 베이스에 인가된 전압의 극성이 반대 방향으로 제공된다면 같은 방식으로 동작한다.

BJT 처럼, FET는 P형과 N형의 반도체 물질의 조합으로 구성되어 있다. BJT 처럼, FET는 3개의 단자를 가지고 있지만, FET에서 이 단자들은 소스, 드레인/싱크, 게이트라고 불린다(그림 3-22 참고). 동작을 위해 FET는 바이어싱 전류를 필요로 하지 않고 전압에 의해서만 제어된다. FET 중에는 다르게 동작하도록 디자인된 몇 가지 종류가 있다. 가장 일반적인 분류는 **MOSFET**(metal-oxide-semiconductor field-effect transistor)와 **JFET** (junction field-effect transistor)이다.

MOSFET 역시 몇 가지 종류로 분리되는데, 주요한 두 가지는 **Enhancement MOSFET**와 **Depletion MOSFET**이다. BJT 처럼, Enhancement 형 MOSFET는 전압이 게이트에 인

가될 때 전류의 흐름을 방해하는 저항값이 더 작아진다. Depletion 형 MOSFET는 전압이 게이트에 인가될 때 반대의 반응을 한다. 즉, 그것들은 전류 흐름을 더 방해한다. 이 MOSFET의 하위 분류는 그것들이 P 채널 트랜지스터인지 N 채널 트랜지스터인지에 따라 더 상세하게 분류될 수 있다(그림 3-23a, 3-23b, 3-23c, 3-23d 참고).

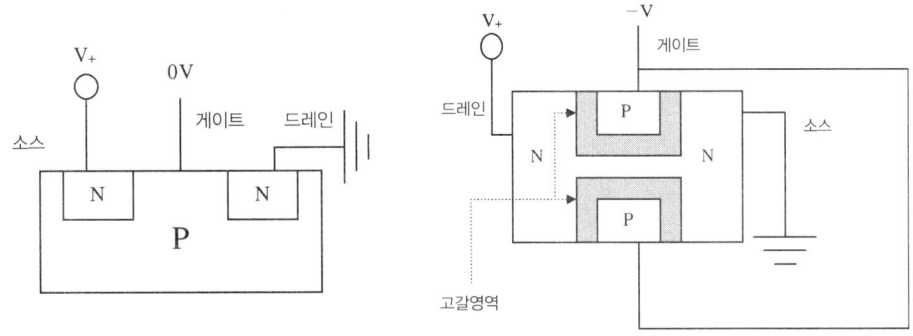

>> 그림 3-23a N채널 Enhancement MOSFET 'OFF'   >> 그림 3-23b N채널 Depletion MOSFET 'OFF'

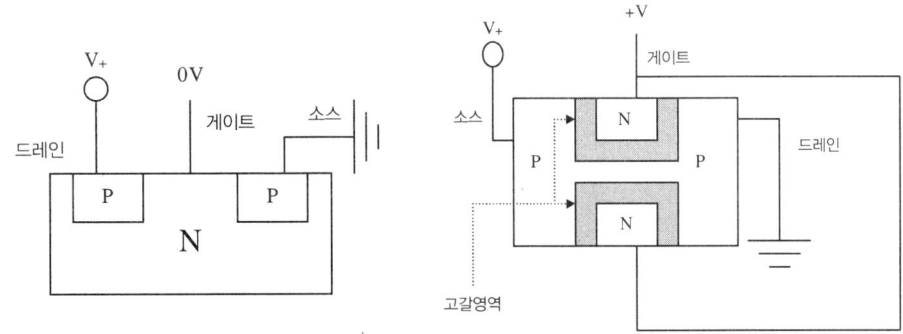

>> 그림 3-23c P채널 Enhancement MOSFET 'OFF'   >> 그림 3-23d P채널 Depletion MOSFET 'OFF'

N 채널 Enhancement MOSFET에서 소스와 드레인은 N 형(- 충전) 반도체 물질이며, P 형 물질(+ 충전)의 위에 놓인다. P 채널 Enhancement MOSFET에서 소스와 드레인은 P 형 반도체 물질이며 N 형 물질의 위에 놓인다. 게이트에 어떤 전압도 인가되지 않을 경우, 이 트랜지스터는 OFF 상태이다(그림 3-23a, 3-23c 참고). 왜냐하면, 소스에서 드레인으로 (N 채널 Enhancement MOSFET의 경우) 또는 드레인에서 소스로(P 채널 Enhancement MOSFET의 경우) 전류가 흐를 수 있는 방법이 없기 때문이다.

N 채널 Depletion MOSFET는 전류가 흐를 수 없는 고갈 영역을 생성하기 위해 게이트에 음의 전압이 인가될 경우 'OFF' 상태이다(그림 3-23b 참고). 고갈 영역은 전류가 관통하여 흐를 수 있는 가능한 채널이 더 작아지게 하여 트랜지스터를 통해 전자가 움직이기 더

어렵게 한다. 게이트에 음의 전압이 더 많이 인가되면 될수록 고갈 영역은 더 커지고 전자가 흐를 수 있는 가능한 채널도 더 작아진다. 그림 3-23d에서 볼 수 있는 것처럼, 동일한 동작이 P 채널 Depletion MOSFET에서도 가능하다. 단, 인가되는 물질의 종류(극성) 때문에, 트랜지스터를 OFF로 만들기 위해 게이트에 인가될 전압은 음의 전압 대신 양의 전압이어야 한다.

N 채널 Enhancement MOSFET는 트랜지스터의 게이트에 양의 전압이 인가될 때 ON 상태가 된다. 이것은 P형 물질에 있는 전자들이 전압이 인가될 때 게이트 아래의 영역으로 끌려오게 되어 드레인과 소스 사이에 더 큰 전자 채널을 형성하기 때문이다. 그러므로 드레인의 다른 쪽에 양의 전압을 인가하면, 전류는 이 전자 채널을 통해 드레인(그리고 게이트)에서 소스로 흐른다. 한편 P 채널 Enhancement MOSFET는 트랜지스터의 게이트에 음의 전압이 인가될 때 ON 상태가 된다. 이것은 음의 전압원에서의 전자들이 전압이 인가될 때 게이트 아래의 영역으로 끌려오게 되어 드레인과 소스 사이에 더 큰 전자 채널을 형성하기 때문이다. 그러므로 소스의 다른 쪽에 양의 전압을 인가하면, 전류는 이 전자 채널을 통해 소스에서 드레인(그리고 게이트)으로 흐른다(그림 3-24a, 3-24c 참고).

Depletion MOSFET는 본래 도체이기 때문에, N 채널 또는 P 채널 Depletion MOSFET의 게이트에 전압이 인가되지 않는다면, 전자가 트랜지스터를 통해 소스에서 드레인으로(N 채널 Depletion MOSFET의 경우) 또는 드레인에서 소스로(P 채널 Depletion MOSFET의 경우) 흐를 수 있을 만큼 넓은 채널이 존재한다. 이 경우, MOSFET Depletion 트랜지스터는 'ON' 상태이다(그림 3-24b, 3-24d 참고).

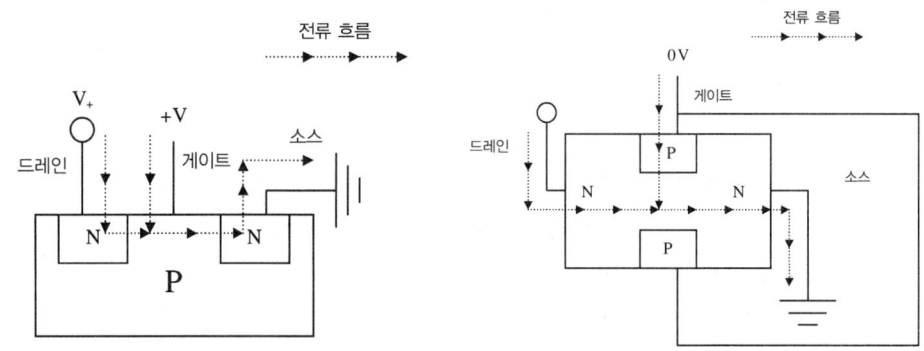

>> 그림 3-24a N 채널 Enhancement MOSFET 'ON' >> 그림 3-24b N 채널 Depletion MOSFET 'ON'

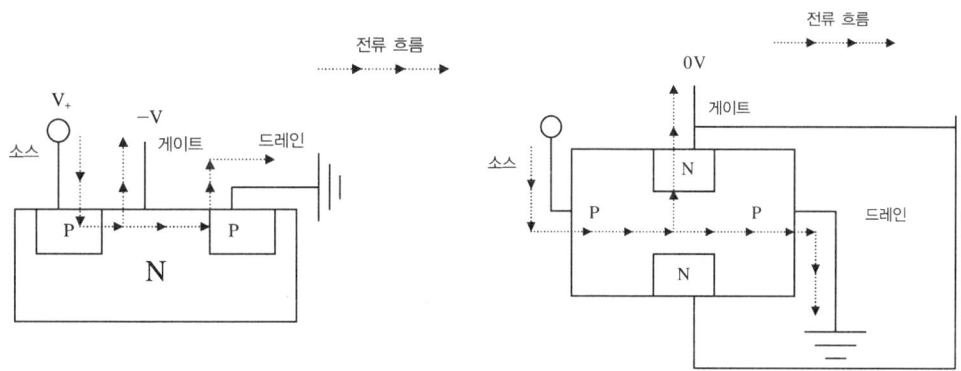

>> 그림 3-24c P채널 Enhancement MOSFET 'ON'   >> 그림 3-24d P채널 Depletion MOSFET 'ON'

그림 3-25에서 볼 수 있는 것처럼, MOSFET Enhancement와 Depletion N채널과 P채 널 트랜지스터에 대한 회로 심벌들은 N채널 MOSFET Depletion과 Enhancement 트랜 지스터(게이트 쪽에서 그리고 드레인 쪽에서 온 것은 소스 쪽으로 나간다)와 P채널 Depletion 과 Enhancement 트랜지스터(소스 쪽에서 게이트와 드레인 밖으로 나간다)를 위한 전류 흐 름의 방향을 나타내기 위해 화살표를 포함하고 있다.

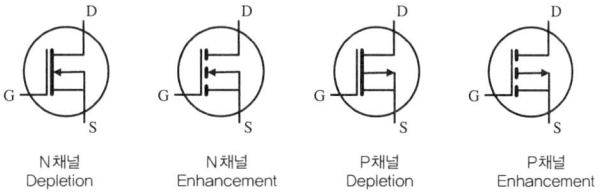

>> 그림 3-25 MOSFET 회로 심벌

JFET 트랜지스터는 N채널 JFET 또는 P채널 JFET 중 하나로 분류되며, Depletion MOSFET처럼 전압이 그 게이트에 인가될 때 전류의 흐름을 더욱 방해한다. 그림 3-26a에 서 볼 수 있는 것처럼, N채널 JFET는 N형 물질에 연결되어 있는 드레인과 소스로 구성되 어 있다. 또한 N형 물질의 다른 쪽 면에는 2개의 P형 영역에 연결되어 있는 게이트가 있 다. P채널 JFET는 정반대의 구성을 가지고 있다. 즉, 드레인과 소스는 P형 물질에 연결되 어 있고 P형 물질의 다른 쪽 면 위의 2개의 N형 영역에는 게이트가 연결되어 있다(그림 3-26b 참고).

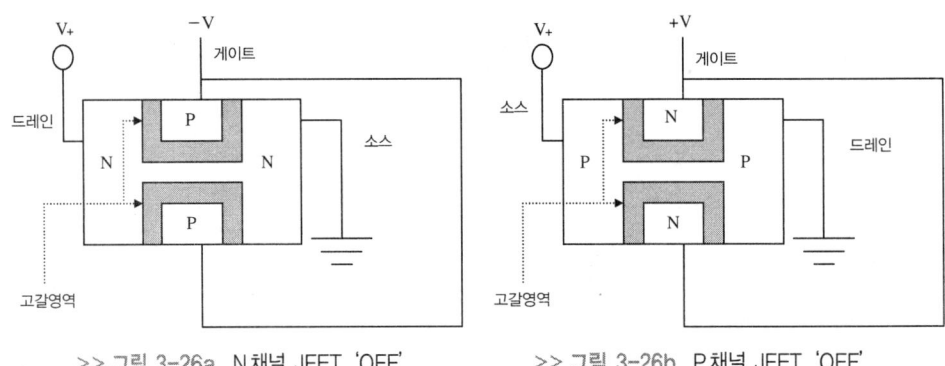

>> 그림 3-26a N채널 JFET 'OFF'   >> 그림 3-26b P채널 JFET 'OFF'

N 채널 JFET 트랜지스터를 'OFF'로 만들려면, 전류가 흐를 수 없는 영역인 고갈 영역을 생성하기 위해 (그림 3-26a 에서 볼 수 있는 것처럼) 음의 전압을 게이트에 인가해야 한다. 고갈 영역은 전류가 흐를 수 있는 가능한 채널을 더 작게 만들기 때문에 전자가 트랜지스터를 통해 흐르는 것을 더욱 어렵게 만든다. 그림 3-26b 에서 볼 수 있는 것처럼, P 채널 JFET 에서도 동일한 상황이 발생할 수 있다. 단, 물질의 유형이 정반대이기 때문에, 트랜지스터를 OFF 로 만들기 위해 음의 전압 대신 양의 전압이 게이트에 인가된다.

N 채널 또는 P 채널 JFET 의 게이트에 인가된 전압이 없을 때에는, 전자가 트랜지스터를 통해 자유롭게 흐를 수 있는 더 넓은 채널이 형성된다. N 채널 JFET 의 경우에는 소스에서 드레인으로, P 채널 JFET 의 경우에는 드레인에서 소스로 전류가 흐른다. 이 경우, JFET 트랜지스터는 'ON' 상태이다(그림 3-27a, 3-27b 참고).

그림 3-28 에서 볼 수 있는 것처럼, JFET N 채널과 P 채널 트랜지스터에 대한 회로 심벌은 이 트랜지스터들이 ON 일 때, N 채널(게이트 쪽에서 그리고 드레인 쪽에서 온 것은 소스 쪽으로 나간다)과 P 채널(소스 쪽에서 게이트와 드레인 밖으로 나간다)을 위한 전류의 흐름 방향을 가리키는 화살표가 포함되어 있다.

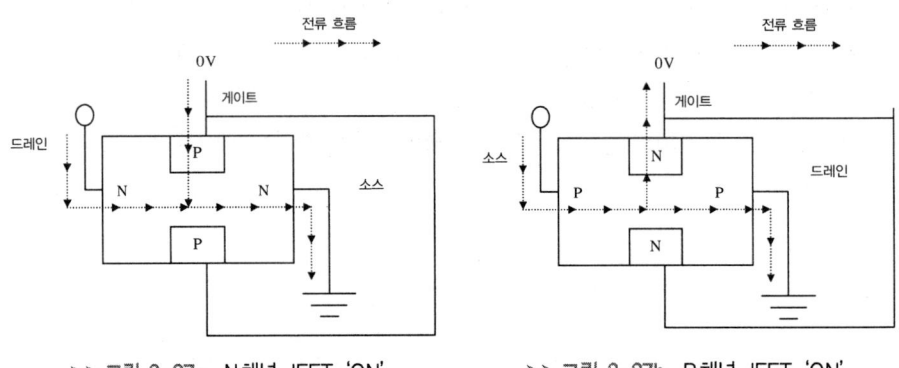

>> 그림 3-27a N채널 JFET 'ON'   >> 그림 3-27b P채널 JFET 'ON'

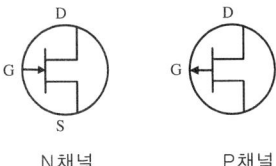

>> 그림 3-28   JFET N채널과 P채널 회로 심벌

(단일 접합과 같은) 다른 종류의 트랜지스터들이 있지만, 근본적으로 모든 트랜지스터 사이에서의 주요 차이점은 크기(FET가 보통 BJT보다 더 적은 공간을 차지하도록 디자인될 수 있다), 가격(FET는 BJT보다 제조하기에 더 저렴하고 간단하다. 왜냐하면 그것들은 전압에 의해서만 제어되기 때문이다), 유용성(FET와 단일 접합은 보통 증폭회로에서 스위치, BJT처럼 사용된다) 등을 포함하고 있다. 간단히 말해서 트랜지스터는 임베디드 보드 위에 있는 보다 복잡한 회로를 디자인하는 데 있어서 가장 크리티컬한 요소 중 하나이다. 다음 페이지에서 그것들이 어떻게 사용되는지에 대해 설명하겠다.

기본보다 더 복잡한 회로 만들기 : 게이트

MOSFET처럼, 스위치처럼 동작할 수 있는 트랜지스터는 어떤 한 순간에 2개의 위치 중 하나—ON(1) 또는 OFF(0)—로 동작한다. MOSFET는 스위치(트랜지스터)가 ON(회로경로 완성) 또는 OFF(회로경로 차단)를 함으로써 전선을 가로질러 움직이는 전자의 흐름을 제어하는 스위치 전자회로에서 구현된다. MOSFET와 같은 트랜지스터가 비트들을 저장하고 제어하는 회로에서 사용되는 것은 트랜지스터의 유형이 '0' 또는 '1'의 값 중 하나인 스위치와 같은 기능을 할 수 있기 때문에 임베디드 하드웨어가 다양한 비트(0 또는 1) 조합을 통해 통신하기 때문이다. 사실, 트랜지스터들은 다이오드와 레지스터와 같은 다른 전자 소자들과 함께 논리회로 또는 **게이트**(gate)라고 불리는 보다 복잡한 유형의 전자 스위칭 회로의 주요 빌딩 블록이다. 게이트들은 AND, OR, NOT, NAND, XOR 등과 같은 논리 이진 연산을 수행하기 위해 디자인된다. 논리회로를 형성하는 것은 중요한 일이다. 왜냐하면 이 연산들은 프로그래머에 의해 사용되고, 하드웨어에 의해 처리되는 모든 산술, 논리기능의 기초이기 때문이다. 논리연산들을 표현하는 데 있어 게이트는 하나 또는 그 이상의 입력과 하나의 출력을 갖도록 디자인된다. 그리고, 논리 이진 연산을 수행하기 위한 요구사항들도 지원한다. 그림 3-29a와 3-29b는 몇 가지 논리 이진 연산들의 진리표와 트랜지스터(MOSFET는 여기서 한 예로 다시 사용된다)들이 그러한 게이트를 만들어 낼 수 있는 가능한 방법들 중 한 가지 예를 보여주고 있다.

AND			OR			NOT		NAND			NOR			XOR		
I1	I2	O	I1	I2	O	I1	O	I1	I2	O	I1	I2	O	I1	I2	O
0	0	0	0	0	0	0	1	0	0	1	0	0	1	0	0	0
0	1	0	0	1	1	1	0	0	1	1	0	1	0	0	1	1
1	0	0	1	0	1			1	0	1	1	0	0	1	0	1
1	1	1	1	1	1			1	1	0	1	1	0	1	1	0

>> 그림 3-29a 논리 이진 연산의 진리표

게이트를 구현하는 정적 CMOS 논리방식에서는 디자인에 nMOS와 pMOS 게이트 모두가 사용된다. (단순함과 전기적인 이유 때문에, 동일한 극성의 트랜지스터를 섞어 사용하지는 않고, 분리하여 그룹화한다. 여기서 한 극성의 트랜지스터는 어떤 입력값을 가지고 출력값을 이끌어 내며, 어떤 것은 동일한 입력이 주어졌을 때 다른 방식으로 출력값을 이끌어 낸다) CMOS 방식은 순차회로 방식을 기반으로 하고 있는데, 이것은 회로 안에 어떠한 클럭도 없으며, 출력이 과거의 입력과 현재의 입력 모두를 기반으로 한다는 것을 의미한다(이와는 반대로 조합회로 방식에서 출력은 어떤 순간의 입력만을 기반으로 한다). 순차 게이트 대 조합 게이트는 이 절의 뒷부분에서 보다 자세히 설명하겠다. NOT 게이트는 이해하기 가장 쉽기 때문에 이 예를 가지고 먼저 설명하겠다.

주) 입력(I1과 I2)은 모두 트랜지스터 게이트의 입력이다. P채널(pMOS) Enhancement 트랜지스터에 대해, 게이트가 OFF일 때 트랜지스터는 ON이다. 반면에, N채널(nMOS) Enhancement 트랜지스터에서는 게이트가 ON일 때 트랜지스터가 ON이다.

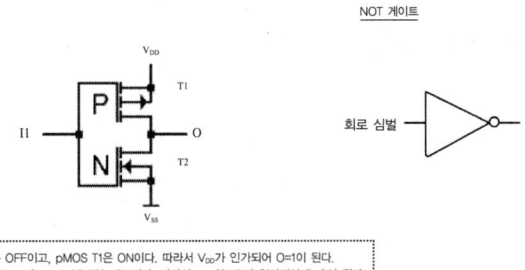

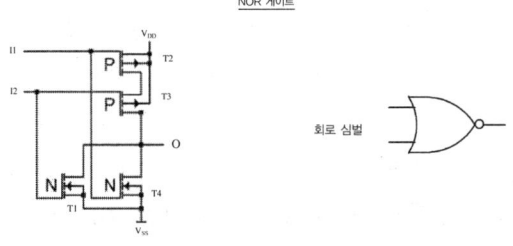

>> 그림 3-29b CMOS(MOSFET) 게이트 트랜지스터 디자인 예[3-12]

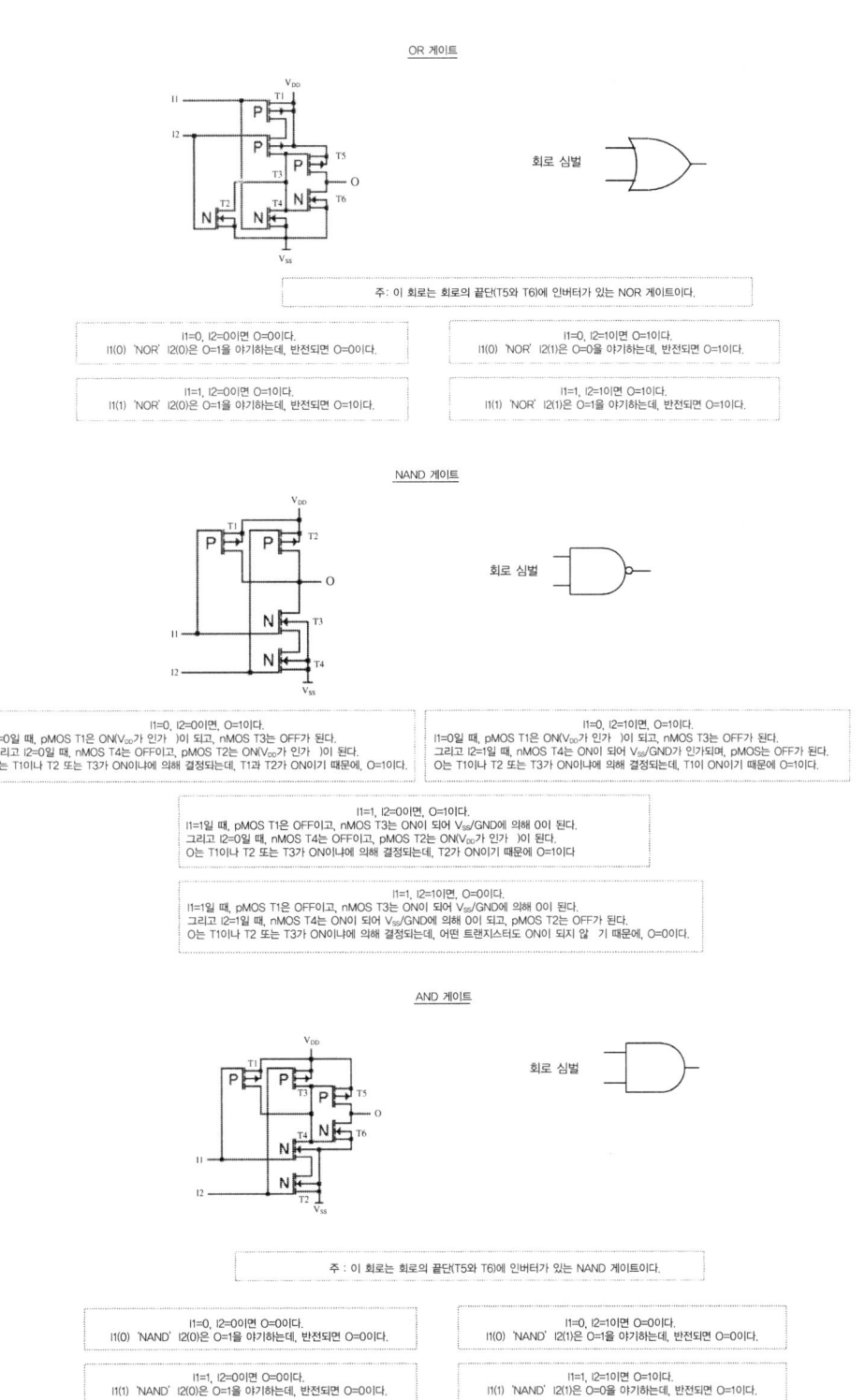

>> 그림 3-29b 계속

순차적 논리와 클럭

논리 게이트들은 일종의 메모리를 갖는 회로와 같은 유용하고 복잡한 [**순차적 논리**(sequential logic)라고 불리는 논리회로들을 형성하기 위해 많은 다양한 방법으로 조합을 이룰 수 있다. 이것을 완성하기 위해서는, 적절한 순간에 데이터를 저장하고 빼낼 수 있는 순차적인 일련의 과정들이 있어야만 한다. 순차적 논리는 전형적으로 **순차회로**(sequential circuit) 디자인 또는 **조합회로**(combinational circuit) 디자인의 두 모델 중 하나를 기초로 한다. 이 모델들은 그 게이트들이 어떤 트리거에서 상태를 변경하는지에 따라 그리고 그 결과들이 변경된 상태(결과) 중 어떤 것인지에 따라 다르다. 모든 게이트들은 어떤 정의된 '상태'로 존재하는데, 그것은 게이트와 관련된 현재의 값과 그 값이 변할 때 게이트와 관련된 어떤 행동으로 정의된다.

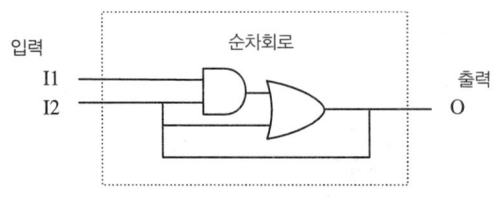

>> 그림 3-30 순차회로 다이어그램

그림 3-30에서 보여지는 것처럼, 순차회로란 현재의 입력값뿐 아니라 피드백된 이전의 입력값과 출력값을 기초로 하여 출력을 만들어 내는 회로를 말한다. 순차회로는 회로에 따라 동기적 또는 비동기적으로 상태들을 바꿀 수 있다. 비동기 순차회로는 입력이 바뀔 때에만 상태를 바꿀 수 있다. 동기 순차회로는 회로에 연결된 **클럭 발생기**(clock generator)에 의해 생성되는 클럭 신호를 기초로 상태를 바꾼다.

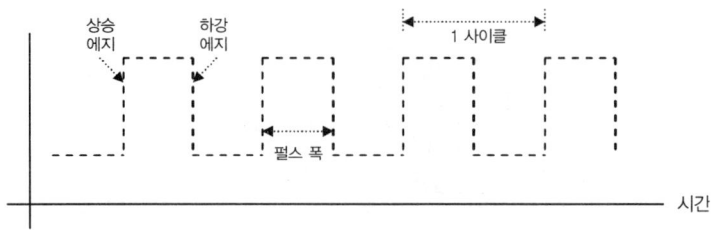

>> 그림 3-31 동기 순차회로의 클럭 신호

거의 모든 임베디드 보드는 오실레이터를 가지고 있다. 오실레이터라는 회로의 유일한 목적은 어떤 유형의 반복적인 신호를 생성해 내는 것이다. 디지털 클럭 발생기 또는 단순한 클럭은 사각파형을 가진 신호를 생성해 내는 오실레이터이다(그림 3-31 참고). 다른 컴포넌트들은 정현파, 펄스파, 톱니파 등의 다양한 파형의 신호를 생성하는 오실레이터를 필요로 할 수도 있다. 디지털 클럭에 의해 동작하는 컴포넌트들의 경우, 그것은 사각파이다. 그 파형은 클럭 신호가 0에서 1로 또는 1에서 0으로 연속적으로 변하는 논리 신호기기 때문에 사각형을 형성한다. 동기 순차회로의 출력은 그 클럭으로 동기화된다.

일반적으로 사용되는 순차회로들(동기와 비동기)은 그 출력의 하나 또는 그 이상이 입력 쪽으로 피드백되도록 디자인된 회로인 멀티바이브레이터이다. 멀티바이브레이터의 아류형—비안정, 단안정, 쌍안정—들은 그것들이 안정적인 상태를 기초로 한다. 단안정 멀티바이브레이터는 오직 하나의 안정 상태만을 갖고 어떤 입력에 대해 하나의 출력만을 생성하는 회로를 말한다. 쌍안정 멀티바이브레이터는 2개의 안정 상태(0 또는 1)를 가지며, 영구적으로 어떤 상태로 남을 수 있다. 반면에 비안정 멀티바이브레이터는 안정적일 수 있는 어떤 상태도 갖지 않는다. **래치**(latch)는 출력으로부터 나온 신호들이 입력으로 피드백되기 때문에 멀티바이브레이터이며, 안정적인 상태를 유지할 수 있는 두 가지의 가능한 출력 상태 중 하나만—0 또는 1—을 가지기 때문에 쌍안정이라고 할 수 있다. 래치는 몇 가지 다른 아류들(S-R, 게이트 S-R, D 래치 등)에서 발견할 수 있다. 그림 3-32는 기본적인 논리 게이트들이 서로 다른 유형의 래치를 만들기 위해 어떻게 조합될 수 있는지를 보여주고 있다.

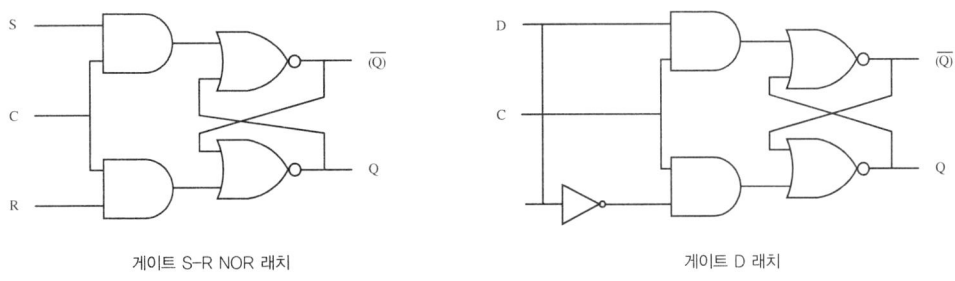

게이트 S-R NOR 래치   게이트 D 래치

>> 그림 3-32 래치[3-8]

프로세서와 메모리 회로에서 가장 보편적으로 사용되는 래치의 종류 중 하나는 플립-플롭이다. **플립-플롭**(flip-flop)은 두 상태(0과 1)의 사이를 오락가락하면서(플립-플롭하도록) 동작하며 그 결과 또한 (예를 들어, 0에서 1로 또는 1에서 0으로) 스위칭하기 때문에 그 이름에서 비롯된 순차회로이다. 몇 가지 유형의 플립-플롭이 있지만, 모두 근본적으로는 동기 또는 비동기 범주에 속한다. 플립-플롭과 대부분의 순차적 논리회로들은 서로 다른 다양한 게이트의 조합으로부터 만들어질 수 있으며 모두 동일한 결과를 생성한다. 그림 3-33은 동기 플립-플롭의 한 예로, 특히 에지에서 트리거되는 D 플립-플롭이다. 이런 유형의 플립-플롭은 사각파 신호의 상승 또는 하강 에지에서 상태를 바꾼다. 즉, 그것은 상태만을 바꾸며, 클럭으로부터 트리거를 받을 때 그 결과를 변경한다.

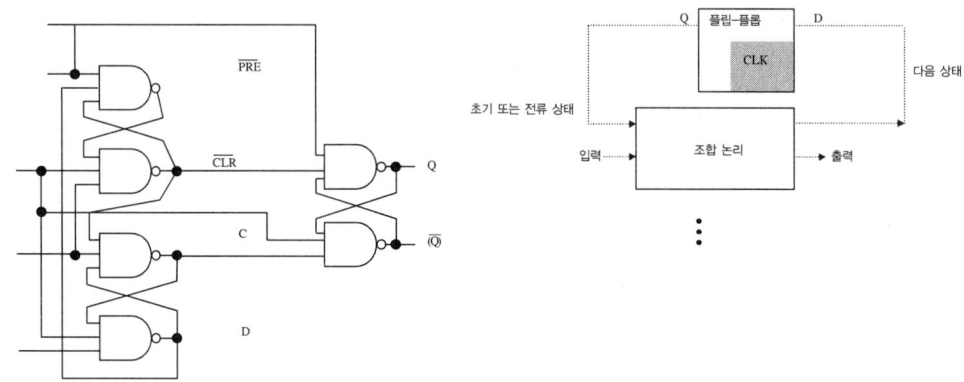

>> 그림 3-33 D 플립-플롭 다이어그램[3-8]

순차회로처럼, 조합회로는 하나 또는 그 이상의 입력과 단 하나의 출력을 가질 수 있다. 하지만 두 모델들은 조합회로의 출력이 한 시점에서 적용된 입력과 과거의 상태에만 의존적이라는 점에서 근본적으로 다르다. 예를 들어, 순차회로의 출력은 입력에 피드백이 걸린 이전 출력을 기반으로 하고 있다. 그림 3-34는 조합회로의 예를 보여주고 있다. 이것은 본래 피드백 루프가 없는 회로이다.

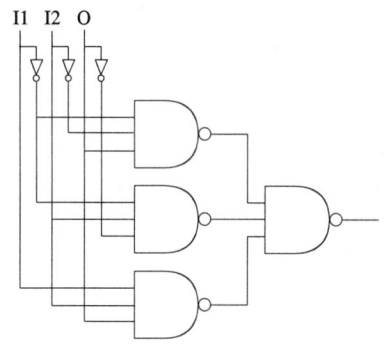

>> 그림 3-34 조합회로(피드백 루프 없음)[3-9]

지금까지 지난 절에서 소개하였던 모든 다양한 논리 게이트들은 메모리 안에 데이터를 저장하는 것에서부터 프로세서에서 데이터를 가지고 수행하는 수학적인 계산에 이르기까지의 모든 것들을 구현하는 복잡한 회로들의 빌딩 블록이다. 메모리와 프로세서들은 모두 본래 복잡한 회로, 즉 **집적회로**(integrated circuit : IC)이다.

3.7 집적회로

게이트들은 회로상에 놓일 수 있는 다른 전자 소자들과 함께 **집적회로**(IC)라 불리는 하나의 소자 형태로 표현될 수 있다. IC는 칩이라고 불리기도 하는데, 그것이 포함하고 있는 트랜지스터와 다른 전자 컴포넌트들의 수에 따라 보통 다음과 같은 그룹으로 분리된다.

- **SSI**(small scale integration) 칩당 100개까지의 전자 컴포넌트들을 포함하고 있다.
- **MSI**(medium scale integration) 칩당 100~3,000개의 전자 컴포넌트들을 포함하고 있다.
- **LSI**(large scale integration) 칩당 3,000~100,000개의 전자 컴포넌트들을 포함하고 있다.
- **VLSI**(very large scale integration) 칩당 100,000~1,000,000개의 전자 컴포넌트들을 포함하고 있다.
- **ULSI**(ultra large scale integration) 칩당 1,000,000개 이상의 전자 컴포넌트들을 포함하고 있다.

IC들은 물리적으로 SIP, DIP, flat pack 등을 포함한 다양한 패키지로 구성될 수 있다(그림 3-35 참고). 그것들은 기본적으로 박스의 몸체에서 돌출된 핀들을 가진 박스처럼 생겼으며, 이 핀들은 IC를 다른 보드에 연결한다.

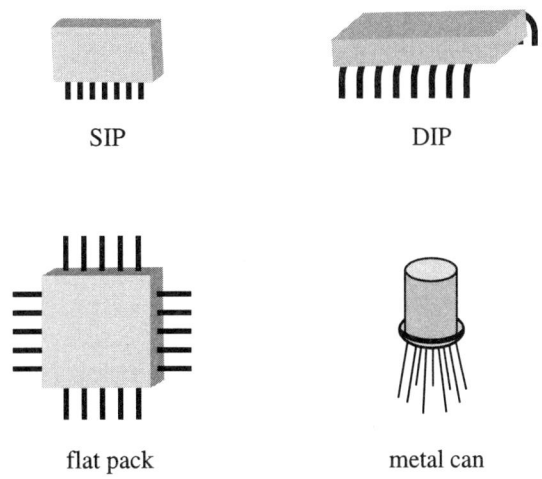

>> 그림 3-35 IC 패키지

물리적으로 한 IC 안에 많은 전자 컴포넌트들을 패키징하는 것은 단점뿐 아니라 장점을 갖는다. 이것들은 다음과 같은 것들을 포함한다.

- **크기** IC는 각 컴포넌트들을 따로 합쳐 놓은 것보다 훨씬 더 콤팩트하여 더 작고 더 진보된 디자인을 가능하게 한다.

- **속도** 다양한 컴포넌트들에 연결되어 있는 버스들은 동일한 부품으로 회로를 구성한 것보다 더 많고, 훨씬 작고, 훨씬 빠르다.

- **전력** IC는 각각을 따로 합쳐 놓은 것보다 훨씬 더 적은 전력을 소모한다.

- **신뢰도** 일반적으로 패키징을 하면, 각 컴포넌트들을 보드에 분리하여 실장하는 것보다 간섭(먼지, 열, 부식 등)으로부터 훨씬 더 잘 IC 컴포넌트들을 보호한다.

- **디버깅** 문제가 발생하였을 때, 예를 들어 100,000 개의 컴포넌트들 중 잘못된 하나를 찾아내는 것보다 IC 하나를 교체하는 것이 보통 훨씬 더 간단하다.

- **유용성** 모든 컴포넌트들이 IC 안에 놓일 수 있는 것은 아니다.

간단히 말해서, IC는 임베디드 보드상에 위치해 있는 주 프로세서, 보조 프로세서, 그리고 메모리 칩을 말한다(그림 3-36a 부터 3-36e 참고).

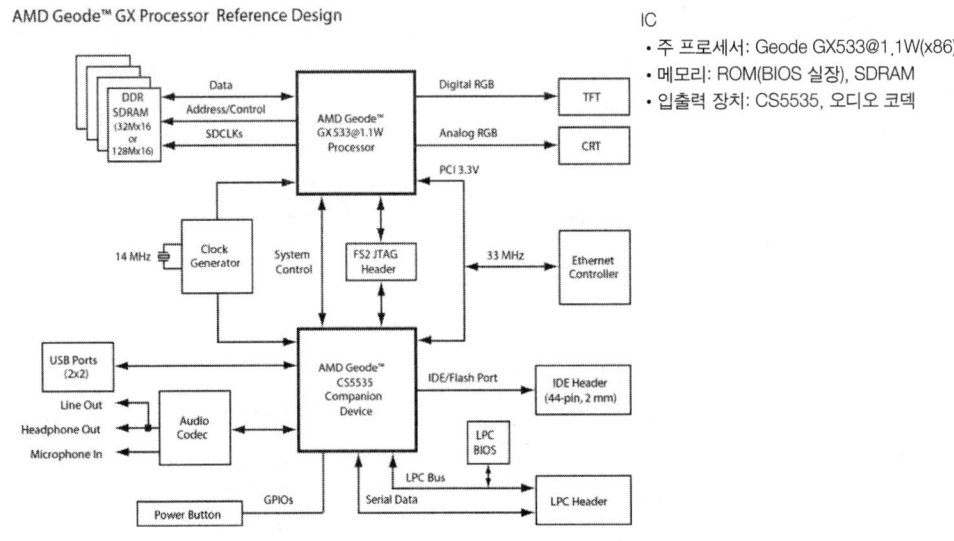

>> 그림 3-36a AMD/National Semiconductor x86 레퍼런스 보드[3-1]
저작권자 Advanced Micro Devices, Inc.의 허가하에 발췌

CHAPTER 03

임베디드 하드웨어 빌딩 블록과 임베디드 보드

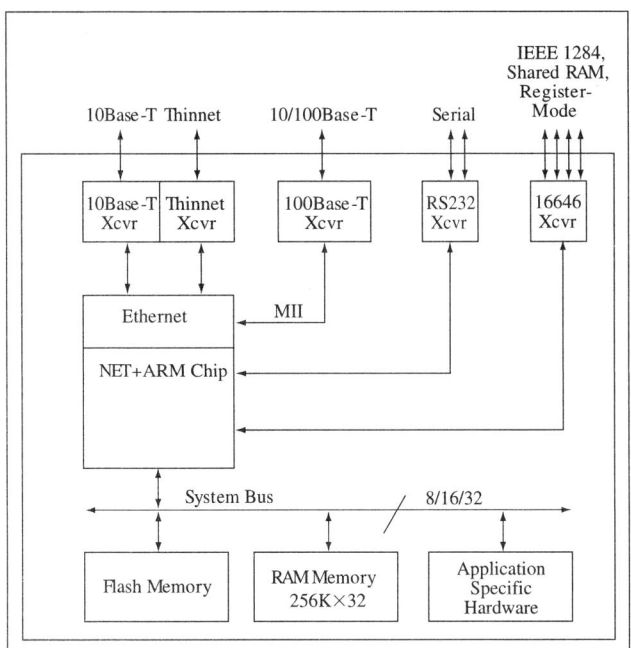

IC
- 주 프로세서: Net+ARM ARM7
- 메모리: 플래시, RAM
- 입출력 장치: 10Base-T 트랜스시버, 동축 케이블 트랜스시버, 100Base-T 트랜스시버, RS232 트랜스시버, 16646 트랜스시버 등

>> 그림 3-36b 넷실리콘 ARM7 레퍼런스 보드[3-2]

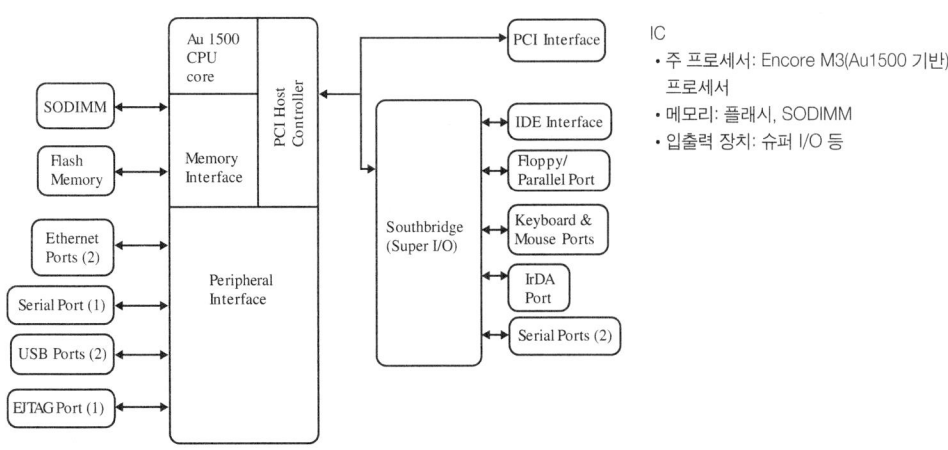

IC
- 주 프로세서: Encore M3(Au1500 기반) 프로세서
- 메모리: 플래시, SODIMM
- 입출력 장치: 슈퍼 I/O 등

>> 그림 3-36c Ampro MIPS 레퍼런스 보드[3-3]

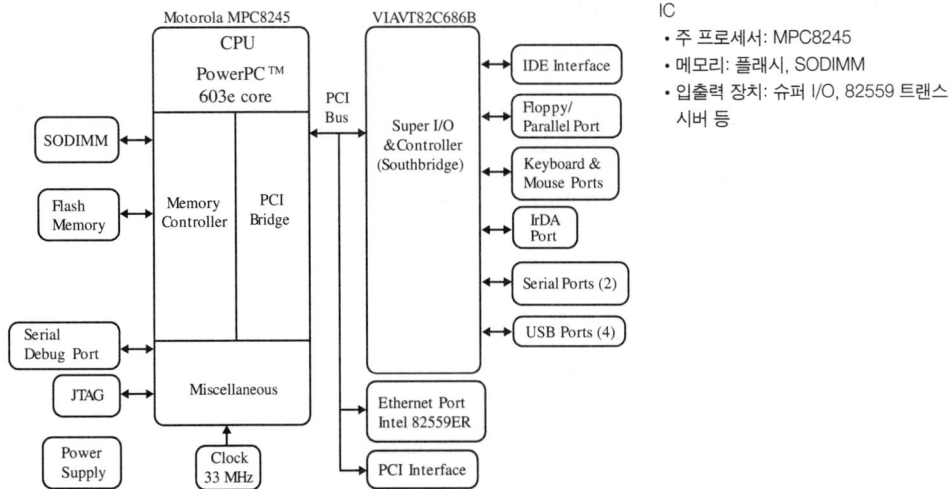

>> 그림 3-36d Ampro PowerPC 레퍼런스 보드[3-4]
저작권자 Freescale Semiconductor, Inc.의 허가하에 발췌

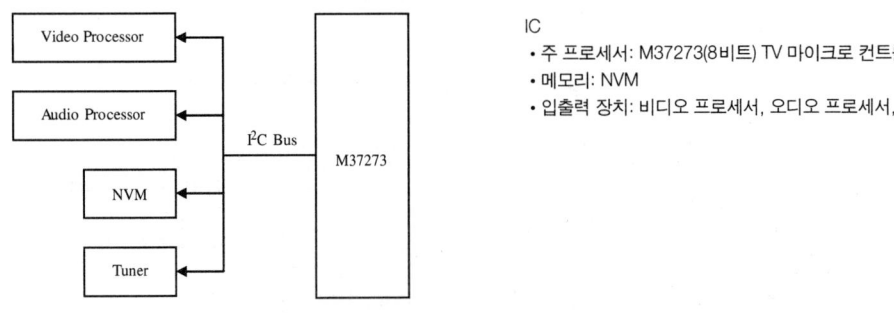

IC
- 주 프로세서: M37273(8비트) TV 마이크로 컨트롤러
- 메모리: NVM
- 입출력 장치: 비디오 프로세서, 오디오 프로세서, 튜너 등

>> 그림 3-36e 미쯔비시 아날로그 TV 레퍼런스 보드

3.8 | 요약 정리

이 장의 목적은 임베디드 보드의 주요한 기능을 하는 하드웨어 컴포넌트들에 대해 논의하는 것이다. 이 컴포넌트들은 주 프로세서, 메모리, I/O, 그리고 버스—폰노이만 모델을 구성하는 기본 컴포넌트—로 정의되었다. 또한 이 장에서는 저항, 커패시터, 다이오드, 트랜지스터와 같은 폰노이만 컴포넌트들을 구성하는 수동 전자 소자와 능동 전자 소자들에 대해서도 다루고 있다. 임베디드 보드에 집적될 수 있는 게이트, 플립-플롭, IC와 같은 보다 복잡한 회로를 형성하기 위해 이 기본적인 컴포넌트들이 어떻게 사용될 수 있는지에 대해서도 설명하였다. 마지막으로, 타이밍 다이어그램과 회로도와 같은 하드웨어 기술문서를 읽는 방법과 그것의 중요성에 대해서도 소개하고 설명하였다.

다음 장인 4장 임베디드 프로세서에서는 서로 다른 ISA 모델들에 대해 소개함으로써 임베디드 프로세서의 디자인에 대해 상세히 설명하고, 프로세서의 내부를 디자인할 때 폰노이만 모델이 ISA를 구현하기 위해 어떻게 응용될 수 있는지에 대해서도 다루겠다.

1. ⓐ 폰노이만 모델은 무엇인가?
   ⓑ 폰노이만 모델에 의해 정의된 주요한 요소들은 무엇인가?
   ⓒ 그림 3-37a와 3-37b에서의 블록 다이어그램과 3장에서 포함된 CD의 데이터 시트 정보인 'ePMC-PPC'와 'sbcARM7' 파일이 주어졌을 때, 이 다이어그램의 주요한 요소들이 폰노이만 모델과 어떤 부분이 연관되어 있는지 식별하라.

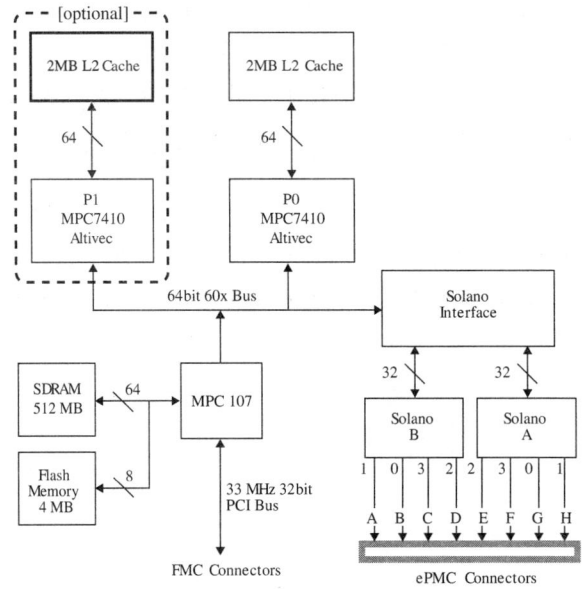

>> 그림 3-37a PowerPC 보드 블록 다이어그램[3-13]
저작권자 Freescale Semiconductor, Inc.의 허가하에 발췌

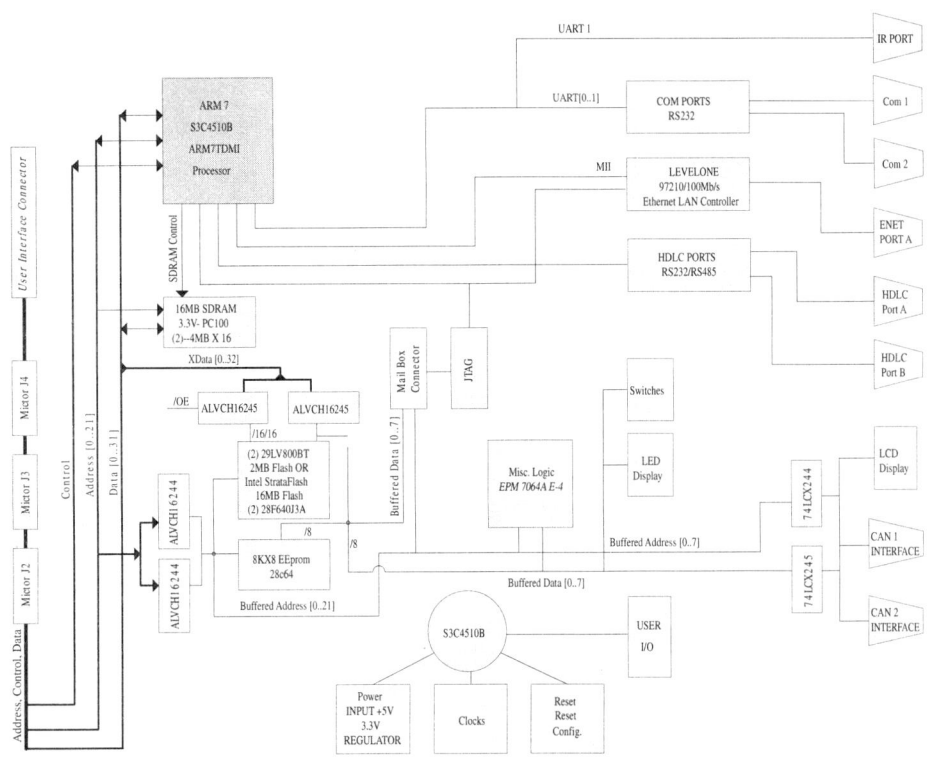

>> 그림 3-37b ARM 보드 블록 다이어그램[3-14]

2. ⓐ 그림 3-38에서처럼 간단한 손전등이 주어졌다고 했을 때, 그에 상응하는 회로 다이어그램을 그려라.

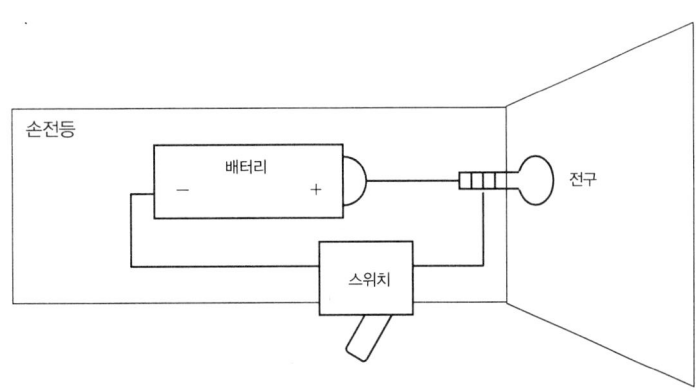

>> 그림 3-38 간단한 손전등[3-15]

119

ⓑ 그림 3-39에서 회로 다이어그램을 읽고, 그 다이어그램 안의 심벌들을 식별하라.

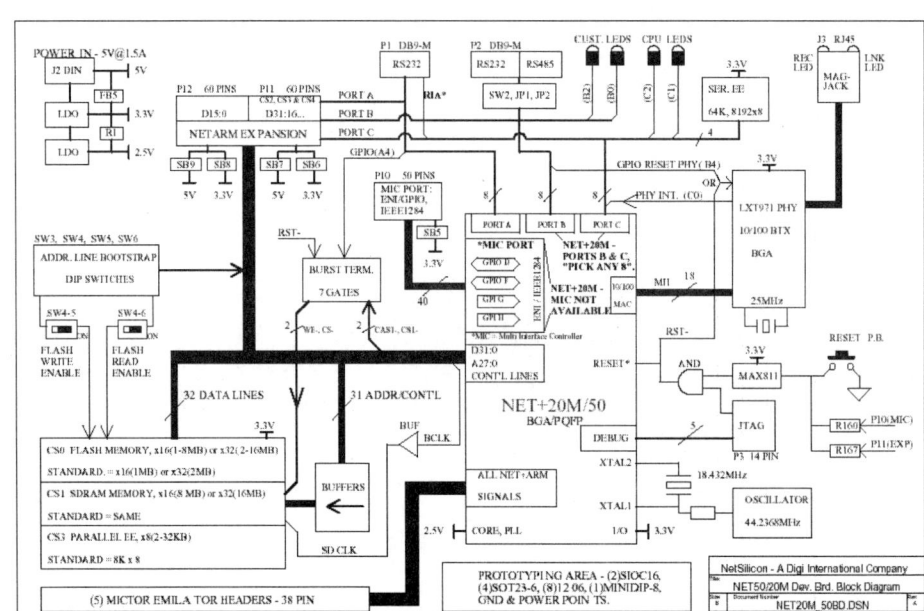

>> 그림 3-39 회로 다이어그램 예[3-7]

3. ⓐ 임베디드 보드상의 모든 컴포넌트들은 어떠한 기본적인 물질들로 구성되어 있는가?
   ⓑ 이 물질들 사이의 주요한 차이점은 무엇인가?
   ⓒ 각 유형의 물질들의 예를 2가지씩 들어라.

4. 다음 문장을 완성시켜라 : 전선이란
   A. 절연체가 아니다.
   B. 도체이다.
   C. 반도체이다.
   D. A와 B 모두에 해당된다.
   E. 정답 없음

5. [T/F] P형 반도체에는 과잉 전자들이 존재한다.

6. ⓐ 수동 회로 소자와 능동 회로 소자 사이의 차이점은 무엇인가?
   ⓑ 각각에 대해 예를 3가지씩 들어라.

7. ⓐ 표 3-3a 부터 3-3d를 참고하여 그 띠의 색을 읽어서 그림 3-40의 고정 저항의 다양한 값들을 정의하고 설명하라.

ⓑ 그 저항값을 계산하라.

>> 표 3-3a 저항색 코드값과 배수 표[3-6]

띠의 색	값	배 수
검정색	0	X1
갈색	1	X10
빨간색	2	X100
주황색	3	X1K
노란색	4	X10K
초록색	5	X100K
파란색	6	X1M
보라색	7	X10M
회색	8	X100M
흰색	9	X1000M
은색	–	X0.01
금색	–	X0.1

>> 표 3-3b 온도계수[3-6]

띠의 색	온도계수
갈색	100 ppm
빨간색	50 ppm
주황색	15 ppm
노란색	25 ppm

>> 표 3-3c 신뢰 수준(%1000 HR)[3-6]

띠의 색	신뢰 수준(%)
갈색	1%
빨간색	0.1%
주황색	0.01%
노란색	0.001%

>> 표 3-3d 허용오차[3-6]

띠의 색	허용오차
은색	±10%
금색	±5%
갈색	±1%
빨간색	±2%
초록색	±0.5%
파란색	±0.25%
보라색	±0.1%

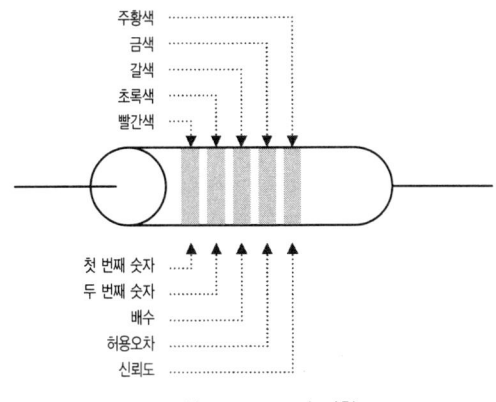

>> 그림 3-40 고정 저항

8. 커패시터는 에너지를 어디에 저장하는가?
    A. 자기장
    B. 전기장
    C. 정답 없음
    D. A, B 모두 정답

9. ⓐ 인덕터는 에너지를 어디에 저장하는가?
   ⓑ 전류가 바뀔 때 인덕터에 무슨 일이 발생하는가?

10. 전선의 인덕터값에 영향을 끼치지 않는 특징은 무엇인가?
    A. 전선의 반지름
    B. 코일의 반지름
    C. 각 코일의 수
    D. 전선을 구성하는 물질의 종류
    E. 감긴 전선의 전체 길이
    F. 정답 없음

11. P-N 접합이란 무엇인가?

12. ⓐ LED는 무엇인가?
    ⓑ LED는 어떻게 동작하는가?

13. ⓐ 트랜지스터는 무엇인가?
    ⓑ 트랜지스터는 무엇으로 구성되어 있는가?

14. [T/F] 그림 3-41에서의 NPN-BJT 트랜지스터는 OFF 상태이다.

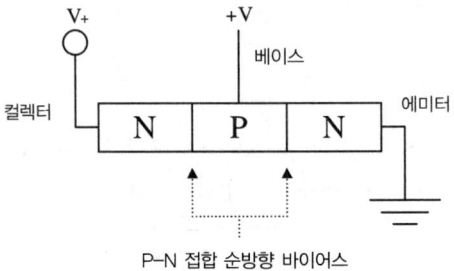

>> 그림 3-41 NPN-BJT 트랜지스터

15. 그림 3-42a 에서 3-42d 까지의 그림에서 P 채널 Depletion MOSFET 가 ON 상태인 것은 무엇인가?

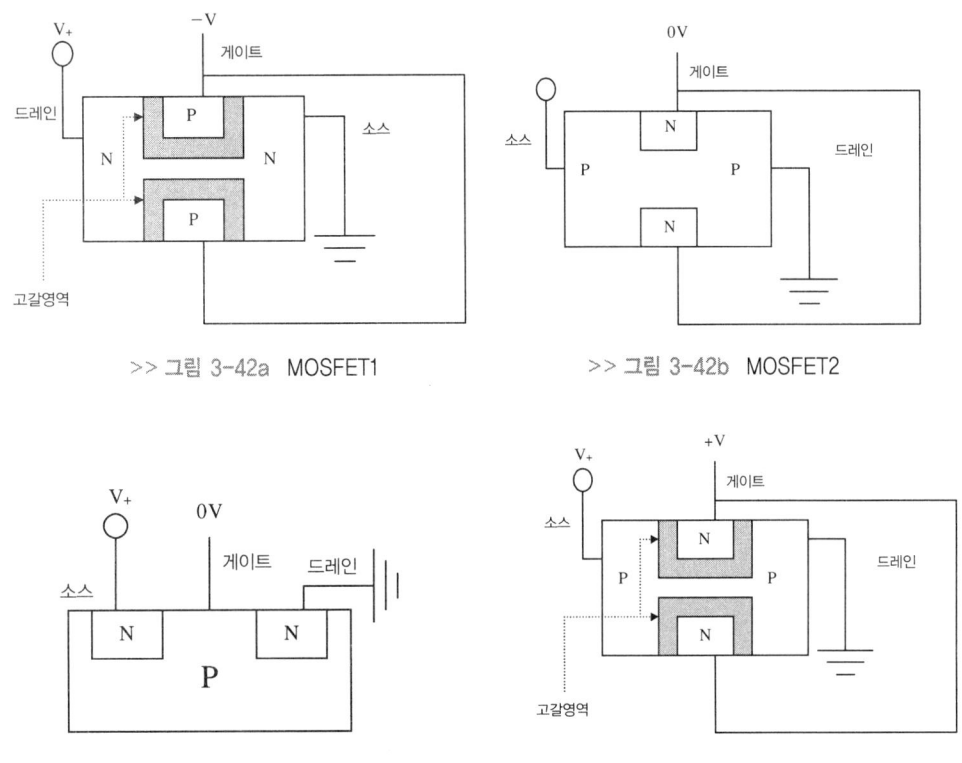

>> 그림 3-42a MOSFET1

>> 그림 3-42b MOSFET2

>> 그림 3-42c MOSFET3

>> 그림 3-42d MOSFET4

16. ⓐ 게이트란 무엇인가?
ⓑ 게이트들은 일반적으로 무엇을 실행하기 위해 디자인되었는가?
ⓒ 논리 이진 연산 NOT, NAND, AND 에 대한 진리표를 그려라.

17. ⓐ CMOS(MOSFET) 트랜지스터로 구성한 NOT 게이트를 그리고 이를 설명하라.
ⓑ CMOS(MOSFET) 트랜지스터로 구성한 NAND 게이트를 그리고 이를 설명하라.
ⓒ CMOS(MOSFET) 트랜지스터로 구성한 AND 게이트를 그리고 이를 설명하라.
[힌트] 이 회로는 NAND 게이트 끝단에 인버터를 단 것이다.

18. 플립-플롭이란 무엇인가?

19. ⓐ IC 란 무엇인가?

ⓑ 그것들이 포함하고 있는 전자 소자의 수에 따라 I 를 분류한 것의 이름을 적고 그것을 설명하라.

20. 문제 1 번의 그림 3-37a 와 3-37b 에서 최소한 5 개의 IC 를 식별하라.

chapter 04

임베디드 프로세서

이 장에서는

▶ ISA란 무엇이고 그것이 정의하는 것이 무엇인지 알아본다.
▶ 폰노이만 모델과 관련된 내부 프로세서 디자인에 대해 알아본다.
▶ 프로세서 성능에 대해 소개한다.

프로세서란 임베디드 보드의 주요 기능장치로서, 기본적으로 명령어와 데이터를 처리하는 기능을 맡는다. 전자기기들은 중앙제어장치로 동작하는 최소한 하나의 '주(마스터, master) 프로세서'를 포함하고 있다. 또한 주 프로세서와 함께 작동하며, 주 프로세서에 의해 제어되는 추가의 보조(슬레이브, slave) 프로세서도 가질 수 있다. 이 보조 프로세서들은 주 프로세서의 명령어 세트를 확장하거나 버스와 I/O(입출력) 장치들을 관리하는 역할을 한다. 그림 4-1의 x86 레퍼런스 보드의 블록 다이어그램에서, Atlas STPC는 주 프로세서이며, 슈퍼 I/O와 이더넷 컨트롤러는 보조 프로세서이다.

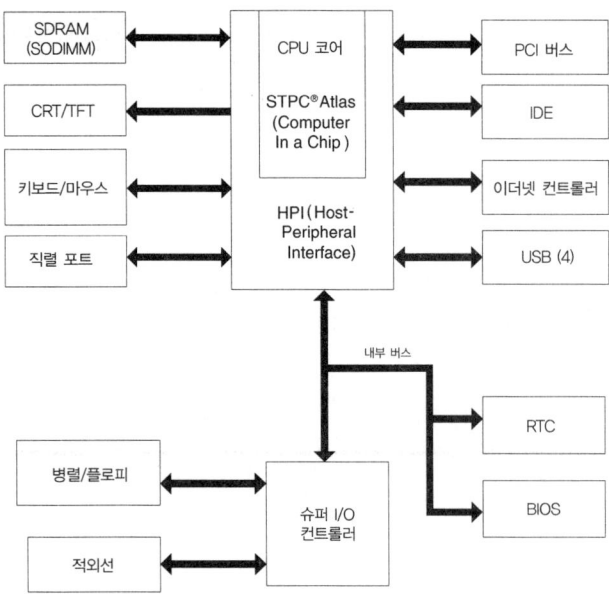

>> 그림 4-1 앰프로(Ampro)사의 Encore 400 보드[4-1]

그림 4-1에서처럼, 임베디드 보드는 주 프로세서 주변에 디자인되어 있다. 주 프로세서의 복잡도는 보통 그것이 **마이크로 프로세서**(microprocessor)인지 **마이크로 컨트롤러**(micro-controller)인지로 분류하는 기준이 된다. 전통적으로 마이크로 프로세서는 집적된 메모리와 I/O 컴포넌트들을 최소한으로 포함하고 있는 반면, 마이크로 컨트롤러는 칩에 집적되어 있는 시스템 메모리와 I/O 컴포넌트들을 최대한으로 가지고 있다. 하지만, 이 전통적인 정의를 최근의 프로세서 디자인에 적용시키기에는 무리일 수도 있다는 점을 기억하라. 예를 들어, 마이크로 프로세서는 점점 더 집적화되고 있다.

왜 집적된 프로세서를 사용하는가?

I/O와 같은 몇몇 컴포넌트들은 주 프로세서에 집적되는 것이 전용 보조 칩으로 남아 있는 것보다는 성능면에서 안 좋아질 수도 있다. 하지만, 많은 다른 I/O 장치들은 프로세서 사이에서 버스를 통해 데이터를 전송할 때 생기는 지연을 처리할 필요가 없어졌기 때문에, 보다 좋은 성능을 보여주고 있다. 집적된 프로세서는 또한 더 적은 보드 컴포넌트들을 필요로 하기 때문에, 전체 보드 디자인을 단순화시켜 주었고, 결과적으로 보드 디버깅이 더 단순해질 수 있게 되었다. 이는 보드 레벨에서 실패할 확률이 적어짐을 의미한다. 칩에 집적된 컴포넌트들의 전력 요구사항은 보드 레벨에서 구현한 동일한 컴포넌트에 비해 훨씬 적다. 더 적은 컴포넌트와 더 적은 전력 소모로 인해 집적된 프로세서는 더 작고 저렴한 보드를 만들 수 있게 한다. 하지만 프로세서에 집적되어 있는 컴포넌트들은 보드 레벨에서 구현되어 있는 것만큼 쉽게 변경할 수 없기 때문에 그 기능을 추가, 변경, 제거하는 데 있어서는 덜 유연하다.

시중에는 수백 개의 임베디드 프로세서가 있지만, 그것들 중 어떤 것들은 현재 임베디드 시스템 디자인시 사용되지 않는 것들도 있다. 많은 디자인 방식이 있는데도 불구하고, 임베디드 프로세서는 **아키텍처**(architecture)라고 불리는 다양한 그룹들로 분리된다. 한 프로세서 그룹의 아키텍처를 다른 것들과 구별하는 것은 아키텍처 그룹 내에서 프로세서가 실행할 수 있는 기계어 코드 명령어 세트이다. 그것들이 동일한 기계어 코드 명령어 세트를 실행할 수 있을 때, 프로세서들은 동일한 아키텍처로 여겨진다. 표 4-1은 실생활 프로세서와 그것들이 속해 있는 아키텍처 그룹의 몇 가지 예를 나열하고 있다.

>> 표 4-1 실생활 아키텍처와 프로세서

아키텍처	프로세서	제조사
AMD	Au1xxx	Advanced Micro Devices, …
ARM	ARM7, ARM9, …	ARM, …
C16X	C167CS, C165H, C164CI, …	Infineon, …
ColdFire	5282, 5272, 5307, 5407, …	Motorola/Freescale, …
I960	I960	Vmetro, …
M32/R	32170, 32180, 32182, 32192, …	Renesas/Mitsubishi, …
M Core	MMC2113, MMC2114, …	Motorola/Freescale, …
MIPS32	R3K, R4K, 5K, 16, …	MTI4kx, IDT, MIPS Technologies, …
NEC	Vr55xx, Vr54xx, Vr41xx	NEC Corporation, …
PowerPC	82xx, 74xx, 8xx, 7xx, 6xx, 5xx, 4xx	IBM, Motorola/Freescale, …
68k	680x0(68K, 68030, 68040, 68060, …), 683xx	Motorola/Freescale, …
SuperH(SH)	SH3(7702, 7707, 7708, 7709), SH4(7750)	Hitachi, …
SHARC	SHARC	Analog Devices, Transtech DSP, Radstone, …
strongARM	strongARM	Intel, …
SPARC	UltraSPARC II	Sun Microsystems, …
TMS320C6xxx	TMS320C6xxx	Texas Instruments, …
x86	X86[386, 486, Pentium (II, III, IV), …]	Intel, Transmeta, National Semiconductor, Atlas, …
TriCore	TriCore1, TriCore2, …	Infineon, …

4.1 | ISA 아키텍처 모델

한 아키텍처의 명령어 세트에 담겨 있는 특징들을 가리켜 보통 **명령어 세트 아키텍처**(instruction set architecture) 또는 ISA라고 부른다. ISA는 그 아키텍처에 맞는 프로그램들을 생성해 내기 위해 프로그래머들에 의해 사용될 수 있는 연산들, 아키텍처에 의해 채택되고 처리되는 오퍼랜드들(데이터), 저장장치들, 오퍼랜드들에 접근하여 처리하기 위해 사용되는 어드레싱 모드, 그리고 인터럽트와 익셉션 처리와 같은 특징들을 정의한다. 이러한 특징들에 대해서 하나씩 보다 자세하게 설명하겠다. ISA를 구현하는 것은 성능, 디자인 시간, 가능한 기능, 그리고 비용과 같은 임베디드 디자인의 중요한 특징들을 정의하는 데 있어 결정적인 요소이기 때문이다.

연산

연산(operation)은 어떤 명령을 실행하는 하나 또는 그 이상의 명령어로 구성되어 있다(그러한 연산들을 가리켜 단순히 명령어라고 하기도 한다). 프로세서가 다르더라도 다른 수의 그리고 다른 종류의 명령어들을 사용하여 완전히 동일한 동작을 수행할 수 있다. ISA는 일반적으로 연산의 종류와 형식을 정의한다.

연산의 종류

연산이란 데이터를 가지고 수행할 수 있는 기능을 의미한다. 그 기능들에는 보통 계산(산술연산), 이동(한 메모리 영역/레지스터에서 다른 곳으로 데이터 이동), 분기(처리할 코드의 또 다른 영역으로 조건적/무조건적 이동), 입출력 동작(I/O 컴포넌트들과 주 프로세서 사이에서 데이터 전송), 문맥 전환동작(실행할 어떤 루틴으로 전환할 때 위치 레지스터 정보가 임시로 저장되며, 실행 후 임시로 저장된 정보를 복원함으로써 원래 명령어열을 실행)이 포함된다.

인기를 누리고 있는 저급 프로세서인 8051에서의 명령어 세트는 산술연산, 데이터 전송, 비트 가변 조작, 논리연산, 분기 흐름 제어 등을 위해 100개 정도의 명령어들을 포함하고 있다. 이에 비해 보다 고성능 프로세서인 MPC823(모토롤라/프리스케일 PowerPC)은 8051보다는 좀더 많은 명령어들을 가지고 있는데, 8051 세트에 포함된 것과 동일한 종류의 연산뿐만 아니라, 추가로 정수 연산/부동 소수점 연산, 로드/스토어 연산, 분기 흐름 제어 연산, 프로세서 제어 연산, 메모리 동기 연산, PowerPC VEA 연산 등을 포함하고 있다. 그림 4-2a는 ISA에 저장된 일반적인 연산들의 예를 보여주고 있다.

```
┌─────────────────┐  ┌─────────────────────┐  ┌─────────────────┐  ┌─────────────────┐
│  산술/논리 명령어  │  │  시프트/로테이트 명령어 │  │  로드/스토어 명령어 │  │   비교 명령어    │
│                 │  │                     │  │                 │  │   이동 명령어    │
│      Add        │  │  Logical Shift Right│  │   Stack PUSH    │  │   보기 명령어    │
│    Subtract     │  │  Logical Shift Left │  │   Stack POP     │  │      ...        │
│    Multiply     │  │   Rotate Right      │  │     Load        │  │                 │
│     Divide      │  │   Rotate Left       │  │     Store       │  │                 │
│      AND        │  │       ...           │  │      ...        │  │                 │
│      OR         │  │                     │  │                 │  │                 │
│      XOR        │  │                     │  │                 │  │                 │
│      ...        │  │                     │  │                 │  │                 │
└─────────────────┘  └─────────────────────┘  └─────────────────┘  └─────────────────┘
```

>> 그림 4-2a   ISA 연산의 예

간단히 말해서 프로세서마다 유사한 종류의 연산들을 가질 수도 있지만, 보통 전반적으로 다른 명령어 세트를 갖는다. 위에서 설명한 것처럼, 기억해 두어야 할 중요한 점은 서로 다른 아키텍처들이 동일한 목적을 수행하는 연산들을 가질 수도 있지만, 그 연산들은 서로 다른 이름을 갖거나 내부적으로 훨씬 다르게 동작할 수도 있다는 것이다. 그림 4-2b와 4-2c를 살펴보자.

CMPcrfD, L,rA,rB ...

```
a ← EXTS(rA)
b ← EXTS(rB)
if a<b then c ← 0b100
else if a>b then c ← 0b010
else c ← 0b001
CR[4*crfD−4*crfD+3] ← c ∥ XER[SO]
```

>> 그림 4-2b   MPC823 비교연산[4-2]
저작권자 Freescale Semiconductor, Inc.의 허가하에 발췌

C.cond.S fs, ft
C.cond.D fs, ft ...

```
if SNaN(ValueFPR(fs, fmt)) or SNaN(ValueFPR(ft, fmt)) or
   QNaN(ValueFPR(fs, fmt)) or QNaN(ValueFPR(ft, fmt)) then
   less ← false
   equal ← false
   unordered ← true
   if (SNaN(ValueFPR(fs,fmt)) or SNaN(ValueFPR(ft,fmt))) or
   (cond3 and (QNaN(ValueFPR(fs,fmt)) or QNaN(ValueFPR(ft,fmt)))) then
   SignalException(InvalidOperation)
   endif
else
   less ← ValueFPR(fs, fmt) <fmt ValueFPR(ft, fmt)
   equal ← ValueFPR(fs, fmt) =fmt ValueFPR(ft, fmt)
   unordered ← false
endif
condition ← (cond2 and less) or (cond1 and equal)
or (cond0 and unordered)
SetFPConditionCode(cc, condition)
```

MIPS32/MIPS I 비교연산은 부동 소수점 연산이다. 부동 소수점 레지스터 fs 안에 있는 값은 부동 소수점 레지스터 ft 안에 있는 값과 비교된다. MIPS I 아키텍처는 하나의 부동 소수점 조건 코드를 정의하고 있으며, 코프로세서 1 조건신호(Cp1Cond)와 FP 제어/상태 레지스터 안에 있는 C 비트로 구현된다.

>> 그림 4-2c   MIPS32/MIPS I 비교연산[4-3]

연산의 형식

연산의 형식은 실제 수와 연산을 표현하는 비트들(1과 0)의 조합으로 구성되며, 이를 연산 코드 또는 **오피코드**(opcode)라 부른다. 예를 들어, MPC823 오피코드들은 동일한 구조로 되어 있으며, 모두 6비트의 길이이다(그림 4-3a 참고). MIPS32/MIPS I 오피코드 또한 6비트의 길이이다. 하지만, 이 오피코드는 그림 4-3b와 같이 그것이 어디에 위치해 있는가에 따라 달라질 수 있다. ARMv4 명령어 세트를 기반으로 하는 SA-1100과 같은 아키텍처는 수행되는 동작의 종류에 따른 몇 가지 명령어 세트 형식을 가질 수 있다(그림 4-3c 참고).

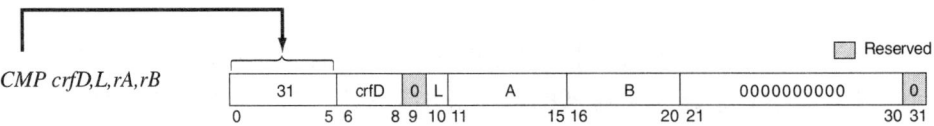

>> 그림 4-3a MPC823 'CMP' 연산의 길이[4-2]
저작권자 Freescale Semiconductor, Inc.의 허가하에 발췌

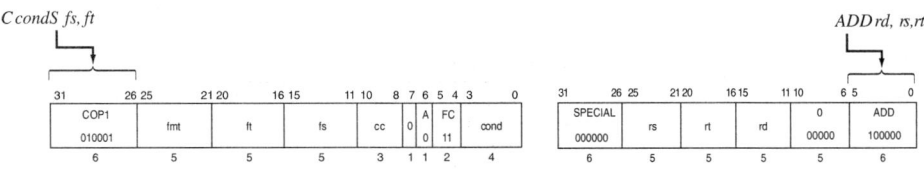

>> 그림 4-3b MIPS32/MIPS I 'CMP'와 'ADD' 연산의 길이와 위치[4-4]

명령어 종류	31				2827				1615		87			0
Data Processing1/PSR Transfer	Cond	0 0	I	Opcode	S	Rn	Rd	Operand2						
Multiply	Cond	0 0 0 0 0 0	A	S	Rd	Rn	Rs	1 0 0 1	Rm					
Long Multiply	Cond	0 0 0 0 1	U	A	S	RdHi	RdLo	Rs	1 0 0 1	Rm				
Swap	Cond	0 0 0 1 0	B	0 0	Rn	Rd	0 0 0 0	1 0 0 1	Rm					
Load & Store Byte/Word	Cond	0 1	I	P	U	B	W	L	Rn	Rd	Offset			
Halfword Transfer : Immediate Offset	Cond	1 0 0	P	U	S	W	L	Rn	Register List					
Halfword Transfer : Register Offset	Cond	0 0 0	P	U	1	W	L	Rn	Rd	Offset 1	1	S H	1	Offset2
Branch	Cond	0 0 0	P	U	0	W	L	Rn	Rd	0 0 0 0	1	S H	1	Rm
Branch Exchange	Cond	1 0 1	L	Offset										
Coprocessor Data Transfer	Cond	0 0 0 1	0 0 1 0	1 1 1 1	1 1 1 1	1 1 1 1	0 0 0 1	Rn						
Coprocessor Data Operation	Cond	1 1 0	P	U	N	W	L	Rn	CRd	CPNum	Offset			
Coprocessor Register Transfer	Cond	1 1 1 0	Op1	CRn	CRd	CPNum	Op2	0	CRm					
Software Interrupt	Cond	1 1 1 0	Op1	L	CRn	Rd	CPNum	Op2	1	CRm				
…	Cond	1 1 1 1	SWI Number											

>> 그림 4-3c SA-1100 명령어[4-5]

1-데이터 처리 오피코드

```
0000 = AND – Rd: = Op1 AND Op2
0001 = EOR – Rd: = Op1 EOR Op2
0010 = SUR – Rd: = Op1 – Op2
0011 = RSB – Rd: = Op2 – Op1
0100 = ADD – Rd: = Op1 + Op2
0101 = ADC – Rd: = Op1 + Op2 + C
0110 = SEC – Rd: = Op2 – Op1 + C – 1
0111 = RSC – Rd: = Op2 – Op1 + C – 1
1000 = TST – set condition codes on Op1 AND Op2
1001 = TEQ – set condition codes on Op1 EOR Op2
1010 = CMP – set condition codes on Op1 – Op2
1011 = CMN – set condition codes on Op1 + Op2
1100 = ORR – Rd: = Op1 OR Op2
1101 = MOV – Rd: = Op2
1110 = BIC – Rd: = Op1 AND NOT Op2
1111 = MVN – Rd: = NOT Op2
```

>> 그림 4-3c 계속

오퍼랜드

오퍼랜드(operands)는 연산들이 조작하는 데이터를 말한다. ISA는 특정 아키텍처에 대한 오퍼랜드들의 형식과 종류를 정의한다. 예를 들어, MPC823(모토롤라/프리스케일 PowerPC), SA-1110(인텔 StrongARM), 그리고 많은 다른 아키텍처의 경우, ISA는 바이트(8비트), 하프 워드(16비트), 그리고 워드(32비트)의 간단한 오퍼랜드 종류들을 정의한다. 정수, 문자, 또는 부동 소수점과 같은 복잡한 데이터 종류들은 그림 4-4에서와 같은 간단한 유형을 기반으로 한다.

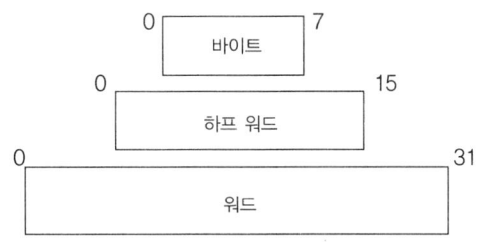

>> 그림 4-4 간단한 오퍼랜드 종류

ISA는 또한 이진, 8진, 16진수처럼 특정 아키텍처가 지원할 수 있는 오퍼랜드의 형식들(데이터가 보는 방법)도 정의한다. 아키텍처가 다양한 오퍼랜드 형식을 지원할 수 있는 방법을 보여주는 예로, 그림 4-5를 참고하라.

```
MOV        registerX, 10d           ; 십진수 값 10을 레지스터 X에 저장
MOV        registerX, $0Ah          ; 16진수 값 A(십진수 10)를 레지스터 X에 저장
MOV        registerX, 00001010b     ; 이진수 00001010(십진수 10)을 레지스터 X에 저장
.....
```

>> 그림 4-5 오퍼랜드 형식 의사 코드 예

저장장치

ISA는 기본적으로 동작되는 데이터를 저장하기 위해 사용되는 프로그램 가능한 저장장치의 특징을 규정한다.

A. 오퍼랜드를 저장하기 위해 사용되는 메모리의 구조 그림 4-6과 같이 **메모리**(memory)는 단순히 연산과 오퍼랜드, 데이터 등을 저장하는 프로그램 가능한 저장장치의 배열이다. 이 배열의 인덱스는 메모리의 어드레스라 불리는 위치를 말한다. 여기서 각 위치는 각각 어드레싱될 수 있는 하나의 메모리이다. 실제 프로세서에 가능한 물리적 또는 가상의 범위의 어드레스들을 어드레스 공간이라 한다.

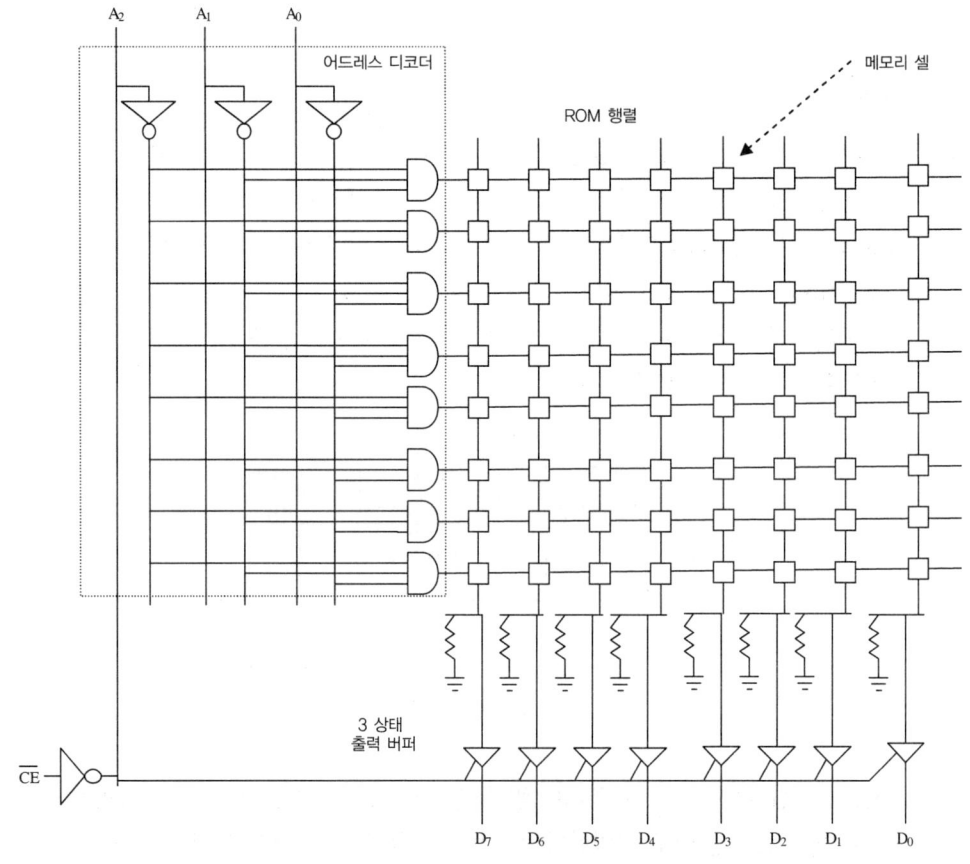

>> 그림 4-6 메모리 배열의 블록 다이어그램[4-6]

ISA는 다음과 같은 어드레스 공간의 특정한 특성을 정의한다.

- **선형**(linear) 선형 어드레스 공간은 특정 메모리 위치가 보통 '0'에서 시작해서 2^{N-1}까지 점차 증가하는 상태를 나타낸다. 여기서 N은 비트 단위의 어드레스 폭이다.

- **분할됨**(segmented) 분할된 어드레스 공간이란 세그먼트라 불리는 섹션들로 나누어진 메모리의 일부이다. 특정 메모리 위치는 세그먼트 구분자인 세그먼트 번호를 규정하고, 분할된 어드레스 영역 내 특정 세그먼트 안의 오프셋을 규정함으로써만 접근될 수 있다. 세그먼트 번호는 명백하게 정의될 수도 있고, 어떤 레지스터 안에서 잠재적으로 얻을 수도 있다.

세그먼트 안에 있는 오프셋은 베이스 어드레스와 제한값을 포함하는데, 이것은 선형 어드레스 공간으로 설정된 메모리의 또 다른 위치에 매핑된다. 만약 오프셋이 제한값보다 작거나 동일하다면, 오프셋은 선형 어드레스 공간 안에 분할되지 않은 어드레스를 제공하면서 베이스 어드레스에 더해진다.

- 특정 어드레스 영역을 포함

- 어떤 방식으로든 제한적임

ISA와 메모리에 대해 알아두어야 하는 중요한 점으로, ISA마다 메모리 안의 데이터 저장위치와 저장방법을 다르게 정의하고 있다는 것이다. 특히 저장된 데이터를 구성하는 비트(또는 바이트)의 순서인, **바이트 정렬**(byte ordering)에 대해 다르게 정의하고 있다. 바이트 정렬방식은 보통 빅 엔디안과 리틀 엔디안의 두 가지 접근방식이 있다. 빅 엔디안 방식은 최상위 바이트 또는 비트를 먼저 저장하는 방식이고, 리틀 엔디안 방식은 최하위 비트 또는 바이트를 먼저 저장하는 방식이다.

- 68000과 SPARC는 빅 엔디안

- x86은 리틀 엔디안

- ARM, MIPS, PowerPC는 기계 상태 레지스터 안에 있는 비트를 사용하여 빅 엔디안 또는 리틀 엔디안으로 규정될 수 있다.

B. 레지스터 세트

레지스터는 즉시 또는 자주 사용되는 오퍼랜드들을 저장하기 위해 사용되도록 프로그램될 수 있는 빠른 메모리이다. 프로세서의 레지스터 세트를 가리켜 보통 **레지스터 세트**(register set) 또는 **레지스터 파일**(register file)이라고 부른다. 프로세서마다 다른 레지스터 세트를 가지고 있으며, 그 세트의 레지스터 수는 몇 개에서 수백 개(또는 수천 개)까지 다양하다. 예를 들어, SA-1110 레지스터 세트는 37개의 32비트 레지스터들을 가지고 있으며, MPC823은 약 수백 개의 레지스터들을 가지고 있다(범용 레지스터, 특수 목적 레지스터, 부동 소수점 레지스터 등).

C. 레지스터들이 사용되는 방법

ISA는 특별한 용도, 부동 소수점과 같은 동작을 하기 위해 어떤 레지스터들이 사용될 수 있는지, 그리고 어떤 것이 일반적인 방법(범용 레지스터)으로 프로그래머들에 의해 사용될 수 있는지를 정의한다.

레지스터에 대해 마지막으로 말하고자 하는 것은, 프로세서들이 참조될 수 있는 많은 방법들 중 하나가 처리될 수 있는 **데이터**(data)의 크기와 그 프로세서에 의해 하나의 명령어 안에서 어드레싱될 수 있는 **메모리 공간**(memory space)의 크기에 따라 달라진다는 점이다. 이것은 특히 레지스터의 기본 빌딩 블록인 플립-플롭과 관련되어 있지만, 이것에 대해서는 4.2절에서 보다 자세히 다루도록 하겠다.

가장 보편적으로 사용되는 임베디드 프로세서들은 표 4-2에서 볼 수 있는 것처럼, 4비트, 8비트, 16비트, 32비트, 64비트를 지원한다. 어떤 프로세서들은 128비트 아키텍처와 같이 더 큰 양의 데이터를 처리할 수 있으며, 한 명령어 안에서 더 큰 메모리 공간에 접근할 수 있다. 하지만, 그것들은 보통 임베디드 디자인에서는 사용되지 않는다.

>> 표 4-2 'x 비트' 아키텍처 예

'x' 비트	아키텍처
4	인텔 4004, ⋯
8	미쯔비시 M37273, 8051, 68HC08, 인텔 8008/8080/8086, ⋯
16	ST ST10, TI MSP430, 인텔 8086/286, ⋯
32	68K, PowerPC, ARM, x86(386+), MIPS32, ⋯

어드레싱 모드

어드레싱 모드는 프로세서가 오퍼랜드 저장장치에 어떻게 접근하는지를 정의한다. 실제로, 레지스터의 사용은 부분적으로 ISA의 **메모리 어드레싱 모드**(memory addressing mode)에 의해 결정된다. 어드레싱 모드의 가장 보편적인 두 가지 유형은 다음과 같다.

- **로드-스토어 아키텍처**(load-store architecture) 이것은 메모리 안의 다른 어떤 곳에서가 아니라 레지스터 안에 있는 데이터를 처리하는 동작만 가능하게 한다. 예를 들어, PowerPC 아키텍처는 로드-스토어 명령어를 위한 어드레싱 모드—레지스터 플러스 치환—하나만을 가지고 있다(이 방식은 상수 인덱스를 가진 레지스터 간접 접근방법과 인덱스를 가진 레지스터 간접 접근방법 등을 지원한다).

- **레지스터-메모리 아키텍처**(register-memory architecture) 이것은 레지스터와 다른 종류의 메모리 안에서 모두 처리될 수 있는 동작을 가능하게 한다. 인텍의 i960 Jx 프로세서는 레지스터-메모리 모델을 기반으로 하는 어드레싱 모드 아키텍처의 한 예이다(이것은 절대 접근방법과 레지스터 간접 접근방법 등을 지원한다).

인터럽트와 익셉션 처리

인터럽트(종류에 따라 익셉션 또는 트랩이라고도 불린다)는 하드웨어와 관련된 문제, 리셋 등과 같이 어떤 이벤트에 반응하여 또 다른 코드를 실행하기 위해 프로그램의 원래 흐름을 멈추는 메커니즘을 말한다. ISA는 프로세서가 인터럽트를 위해 어떤 종류의 하드웨어를 가지고 있는지를 정의한다(그 복잡성 때문에, 인터럽트들은 이 장의 뒷부분인 4.2 절에서 보다 자세히 설명하겠다).

이제 아키텍처가 기초로 하는 몇 가지 다른 ISA 모델에 대해 알아보겠다. 이것은 다양한 특징들을 위한 그 자신만의 정의를 가지고 있다. 가장 보편적으로 구현되는 ISA 모델은 어플리케이션에 특화된 ISA, 범용 ISA, 명령어-레벨 병렬 ISA, 또는 이 3 가지 ISA의 일부 조합이 있다.

어플리케이션에 특화된 ISA 모델

어플리케이션에 특화된 ISA 모델은 TV만을 위해 만들어진 프로세서와 같이 특정 임베디드 어플리케이션을 위해 의도된 프로세서들을 정의한다. 임베디드 프로세서 안에서 구현된 어플리케이션에 특화된 ISA 모델로는 몇 가지 종류가 있는데, 가장 일반적인 모델로는 다음과 같은 것들이 있다.

컨트롤러 모델

컨트롤러 ISA는 복잡한 데이터 조작을 필요로 하지 않는 프로세서에서 구현된다. 예를 들어, TV 보드에서 보조 프로세서로 사용되는 비디오 및 오디오 프로세서와 같은 프로세서에서 구현된다(그림 4-7 참고).

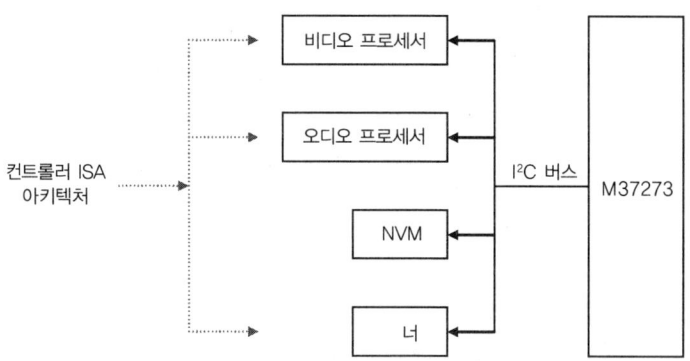

>> 그림 4-7 컨트롤러 ISA를 구현한 아날로그 TV 보드 예

데이터경로 모델

데이터경로(datapath) ISA는 다른 세트의 데이터상에서 고정된 계산을 반복적으로 수행하는 것을 목적으로 하는 프로세서에서 구현된다. 일반적인 예로는 그림 4-8에서 볼 수 있는 것과 같은 디지털 신호 처리(digital signal processor : DSP)를 들 수 있다.

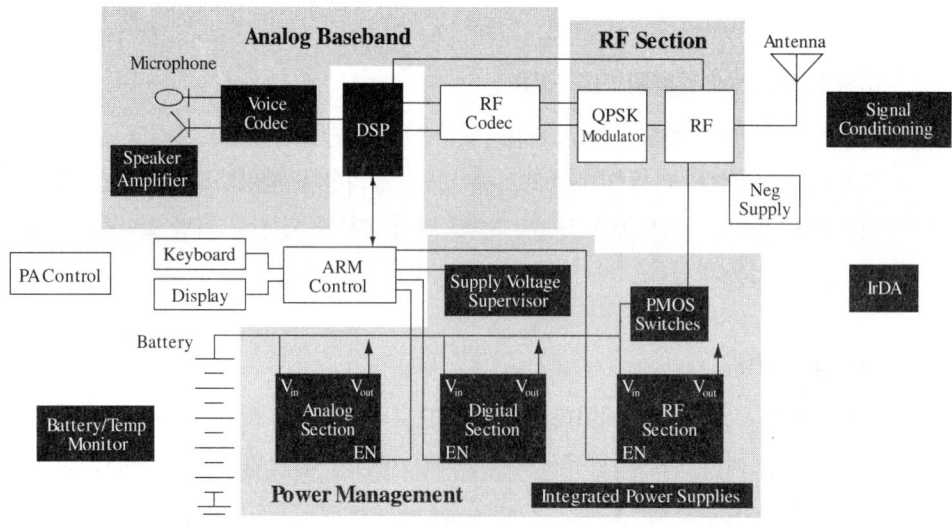

>> 그림 4-8 데이터경로 ISA를 구현한 보드 예 – 디지털 셀룰러 폰[4-7]

FSMD 모델

FSMD ISA는 복잡한 데이터 조작을 수행할 필요가 없고 다른 세트의 데이터상에서 고정된 계산을 반복적으로 수행해야 하는 프로세서를 위해 데이터경로 ISA와 컨트롤러 ISA의 조합을 기초로 구현된다. FSMD(finite state machine with datapath, 데이터경로를 가진

제한된 상태의 기기) 구현의 일반적인 예는 그림 4-9에서 볼 수 있는 어플리케이션에 특화된 집적회로(ASIC), 프로그램 가능한 논리장치(PLD), 그리고 FPGA(field-programmable gate-array, 보통 PLD보다 더 복잡하다)를 들 수 있다.

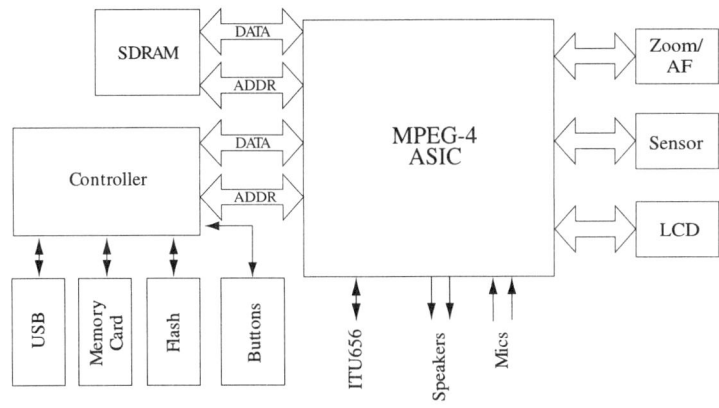

>> 그림 4-9 FSMD ISA가 구현된 보드 예 - solid-state 디지털 캠코더[4-8]

자바 가상 기계 모델

JVM ISA는 2장의 썬 마이크로시스템즈의 자바 언어에서 설명하였던 자바 가상 기계(java virtual machine : JVM) 표준 중 하나를 기반으로 한다. 2장에서 설명한 것처럼 실제 JVM은 예를 들어 aJile의 aj-80과 aj-100 프로세서와 같은 하드웨어를 통해 임베디드 시스템에서 구현될 수 있다(그림 4-10 참고).

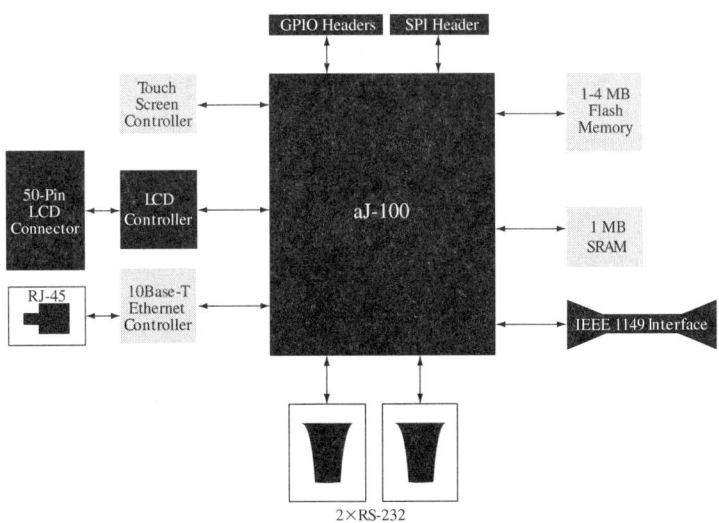

>> 그림 4-10 JVM ISA 구현 예[4-9]

범용 ISA 모델

범용 ISA 모델은 보통 특정한 종류의 임베디드 시스템에서보다는 다양한 시스템에서 사용될 수 있는 프로세서에서 구현된다. 임베디드 프로세서에서 구현되는 가장 일반적인 범용 ISA 아키텍처에는 다음과 같은 것들이 있다.

CISC 모델

CISC(complex instruction set computing) ISA는 그 이름이 의미하는 것처럼, 몇 가지의 명령어들로 구성된 복잡한 연산을 정의하고 있다. CISC ISA를 구현하는 아키텍처의 일반적인 예로는 인텔의 x86과 모토롤라/프리스케일의 68000 프로세서군을 들 수 있다.

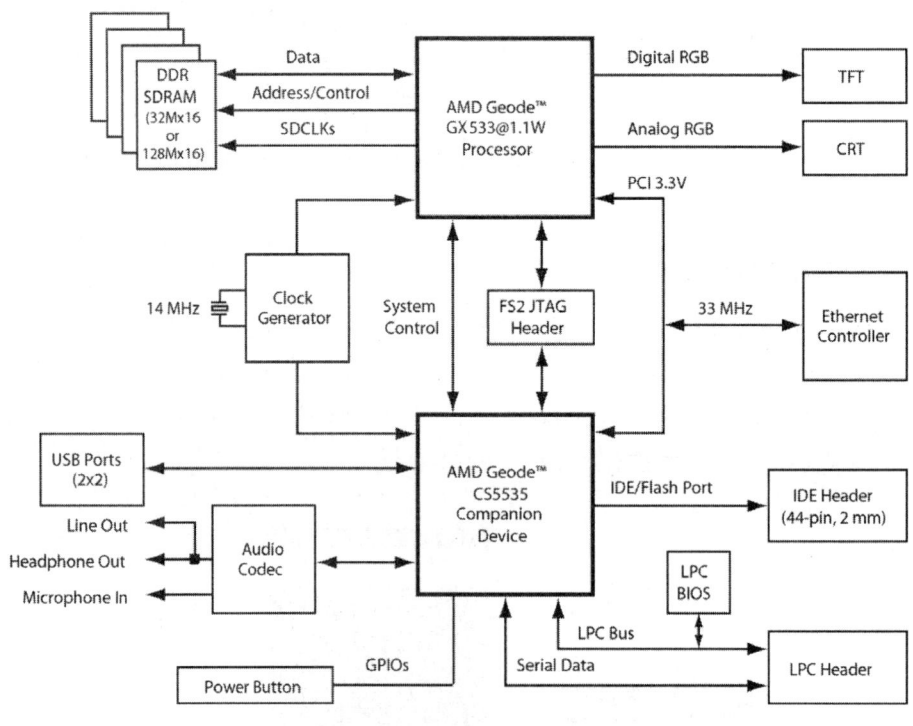

>> 그림 4-11 CISC ISA 구현 예[4-10]
저작권자 Advanced Micro Devices, Inc.의 허가하에 발췌

RISC 모델

CISC와는 반대로 RISC(reduced instruction set computing) ISA는 보통 다음과 같이 정의한다.

- 더 적은 명령어로 구성된 간단하고 적은 동작을 가지고 있는 아키텍처

■ 가능한 동작당 적은 수의 사이클을 가진 아키텍처

많은 RISC 프로세서는 오직 한 사이클의 동작을 가지고 있다. 반면 CISC는 여러 사이클의 동작을 갖는다. ARM, PowerPC, SPARC, MIPS가 RISC 기반의 아키텍처의 예이다.

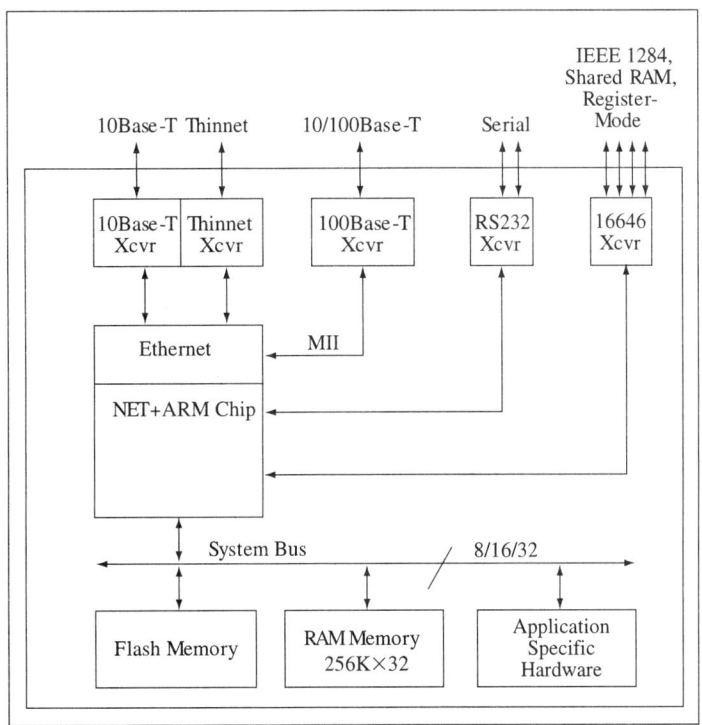

>> 그림 4-12 RISC ISA 구현 예[4-11]

CISC 대 RISC

범용 컴퓨팅 영역에서, 많은 현재의 프로세서 디자인은 그 속성 때문에 기본적으로 CISC 또는 RISC 범주에 속해 있다는 것을 기억해 두자. RISC 프로세서는 더 복잡한 반면, CISC 프로세서는 RISC에 비해 더 효율적이다. 하지만, RISC 아키텍처 대 CISC 아키텍처의 정의 사이에 선이 점점 불분명해지고 있다. 기술적으로 이 프로세서들은 그 정의에 상관 없이 RISC와 CISC의 속성을 모두 가지고 있다.

명령어-레벨 병렬 ISA 모델

명령어-레벨 병렬 ISA 아키텍처는 그 이름이 의미하는 것처럼, 그것들이 병렬로 여러 개의 명령어들을 실행할 수 있다는 것을 제외하면, 범용 ISA와 유사하다. 사실, 명령어-레벨 병렬 ISA는 RISC ISA의 더 진화된 버전으로 여겨진다. RISC ISA는 보통 한 사이클의 연산을 가지고 있는데, 이것은 RISC가 병렬 처리의 기초가 된 주요한 이유 중 하나이다. 명령어-레벨 병렬 ISA의 예는 다음과 같은 것들을 포함하고 있다.

SIMD 모델

SIMD 기계 ISA는 그것들상에서 수행되는 동작을 필요로 하는 여러 데이터 컴포넌트들에 대해 동시에 한 명령어를 처리하기 위해 디자인되어 있다.

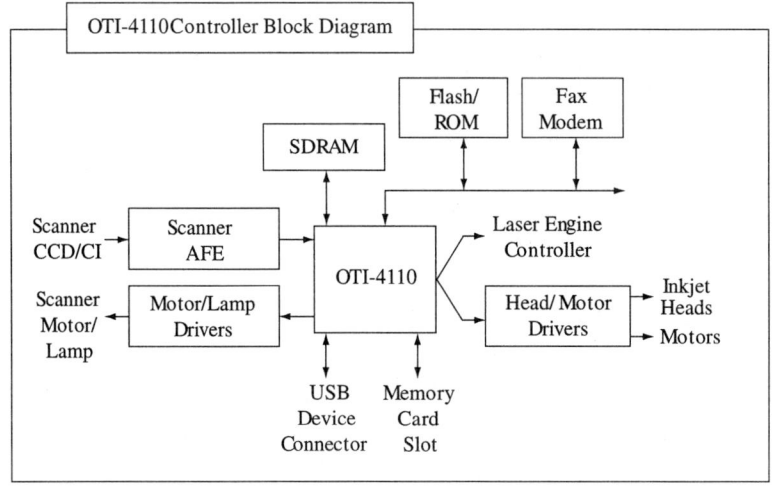

>> 그림 4-13 SIMD ISA 구현 예[4-12]

슈퍼스케일러 기계 모델

슈퍼스케일러 ISA는 프로세서 안에서 다중 기능을 하는 컴포넌트들의 구현을 통해 한 사이클로 동시에 여러 개의 명령어를 처리할 수 있다.

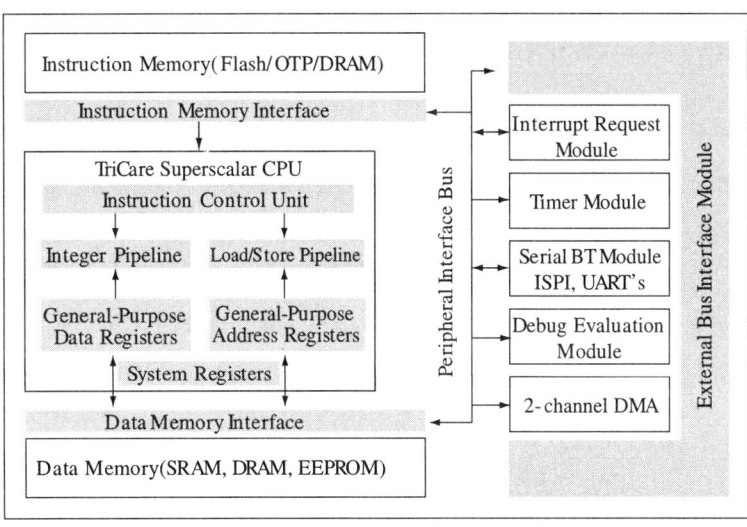

>> 그림 4-14 슈퍼스케일러 ISA 구현 예[4-13]

VLIW 모델

VLIW(very long instruction word computing) ISA는 매우 긴 명령어 워드가 여러 연산을 구성하는 아키텍처를 정의한다. 그러면 이 연산들은 여러 개로 쪼개어져서 프로세서 안에 있는 여러 개의 실행장치에 의해 병렬로 처리된다.

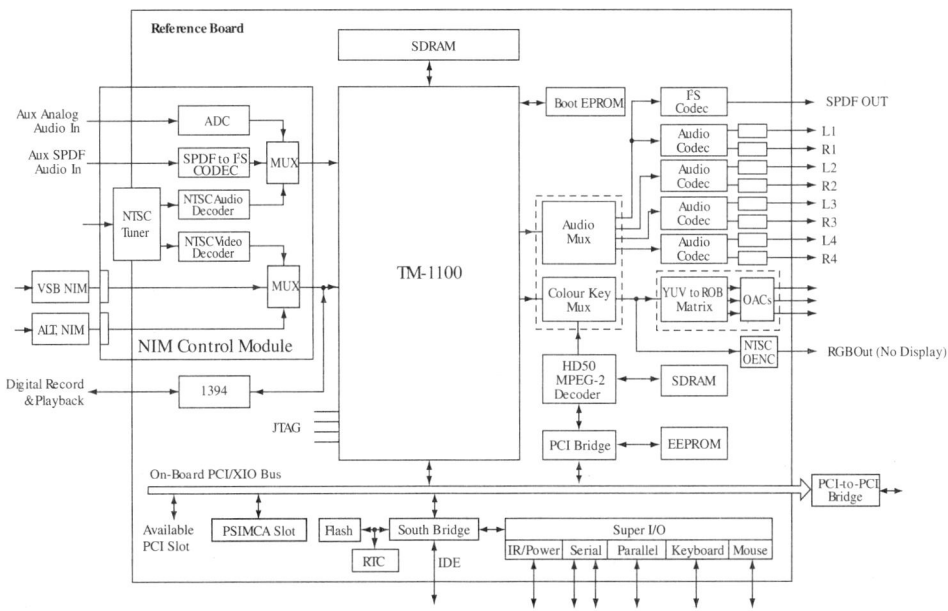

>> 그림 4-15 VLIW ISA 구현 예 – (VLIW) 삼중 미디어 기반의 DTV 보드[4-14]

4.2 | 내부 프로세서 디자인

ISA는 프로세서가 무엇을 할 수 있는지를 정의하며, 물리적으로 ISA의 특징을 구현하는 프로세서 내부에 연결된 하드웨어 컴포넌트들을 말한다. 흥미롭게도 임베디드 보드를 구성하는 기본적인 컴포넌트들은 프로세서 안에서 ISA의 특징을 구현하는 것들과 동일하다. CPU, 메모리, 입력 컴포넌트, 출력 컴포넌트, 그리고 버스들이 그것이다. 그림 4-16에서 설명하고 있는 것처럼, 이 컴포넌트들은 폰노이만 모델의 기본이 된다.

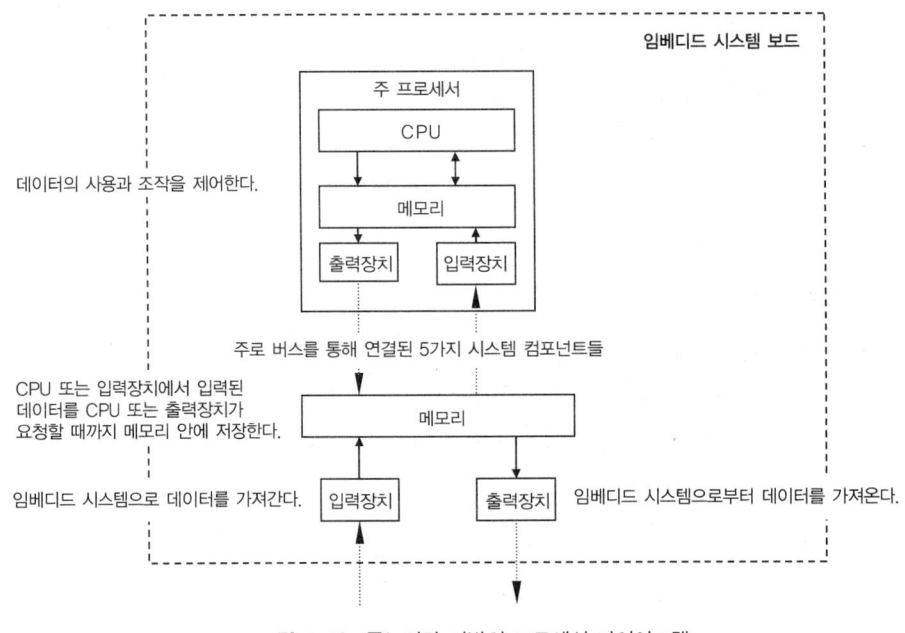

>> 그림 4-16 폰노이만 기반의 프로세서 다이어그램

물론, 많은 현재의 상용 프로세서들은 폰노이만 모델이 정의하는 것보다 훨씬 더 복잡하다. 하지만, 프로세서의 하드웨어 디자인의 대부분은 여전히 폰노이만 컴포넌트 또는 하버드 아키텍처 모델이라고 불리는 폰노이만 모델의 한 버전을 기초로 하고 있다. 이 두 모델은 기본적으로 한 부분이 다른데, 이것이 바로 메모리이다. 폰노이만 아키텍처는 명령어와 데이터를 저장하기 위해 하나의 메모리 공간만을 정의한다. 하버드 아키텍처는 명령어와 데이터를 위해 각각 분리된 메모리 공간을 정의한다. 분리된 데이터와 명령어 버스는 동시에 페치와 전송을 가능하게 한다. 아키텍처 디자인을 위해 폰노이만 모델과 하버드 기반의 모델을 사용하는 주요한 이유는 성능 때문이다. DSP에서의 데이터경로 모델 ISA와 같은 어떤 종류의 ISA와 다른 세트의 데이터를 가지고 고정된 계산을 연속적으로 수행하는 것과 같은 기능이 주어졌을 때, 데이터 및 명령어 메모리가 분리되어 있으며 시간당 처리될 수

있는 데이터의 양이 증가할 수 있다. 왜냐하면, 명령어와 데이터를 전송하기 위한 공간 및 버스 접근에 대한 경쟁관계를 줄여주기 때문이다.

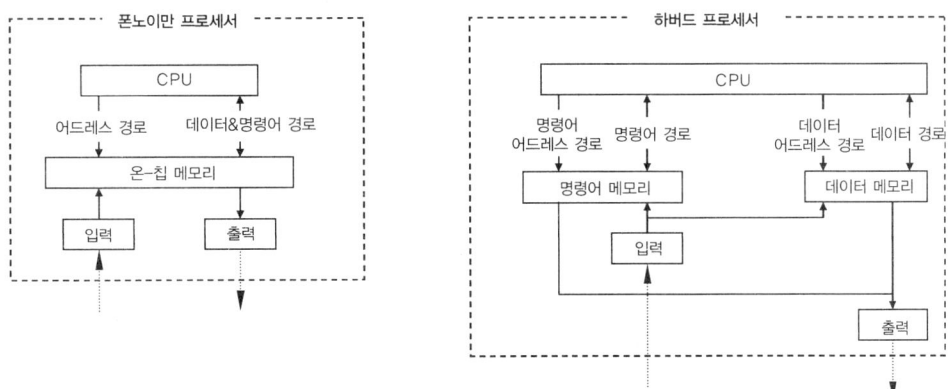

>> 그림 4-17 폰노이만 아키텍처 대 하버드 아키텍처

앞에서 설명한 것처럼, 대부분의 프로세서는 폰노이만 모델의 아류들을 기반으로 하고 있다(사실, 하버드 모델 그 자체도 폰노이만 모델의 한 아류이다). 하버드 기반의 프로세서의 실제 예는 ARM의 ARM9/ARM10, MPC860, 8031, DSP(그림 4-18a 참고)를 들 수 있으며, ARM의 ARM7과 x86은 폰노이만 기반의 디자인이다(그림 4-18b 참고).

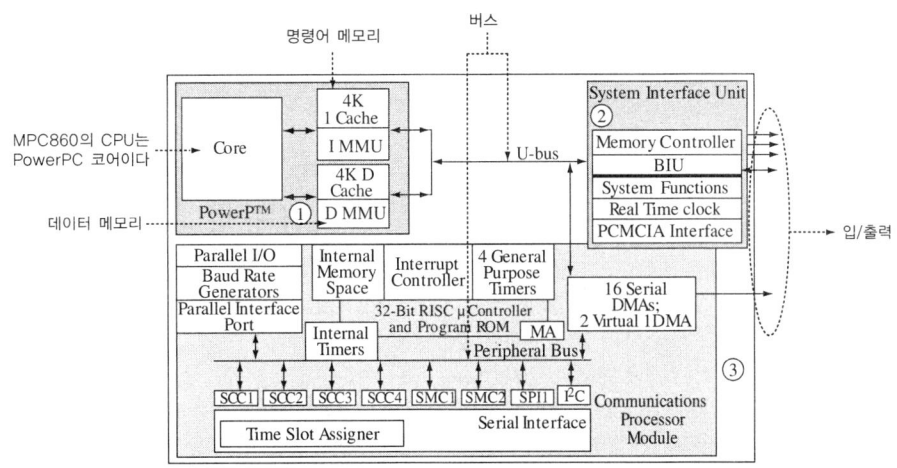

>> 그림 4-18a 하버드 아키텍처 예 - MPC860[4-15]
저작권자 Freescale Semiconductor, Inc.의 허가하에 발췌

MPC860은 복잡한 프로세서이지만, 하버드 모델의 기본적인 컴포넌트들인 CPU, 명령어 메모리, 데이터 메모리, I/O, 버스를 기반으로 하고 있다.

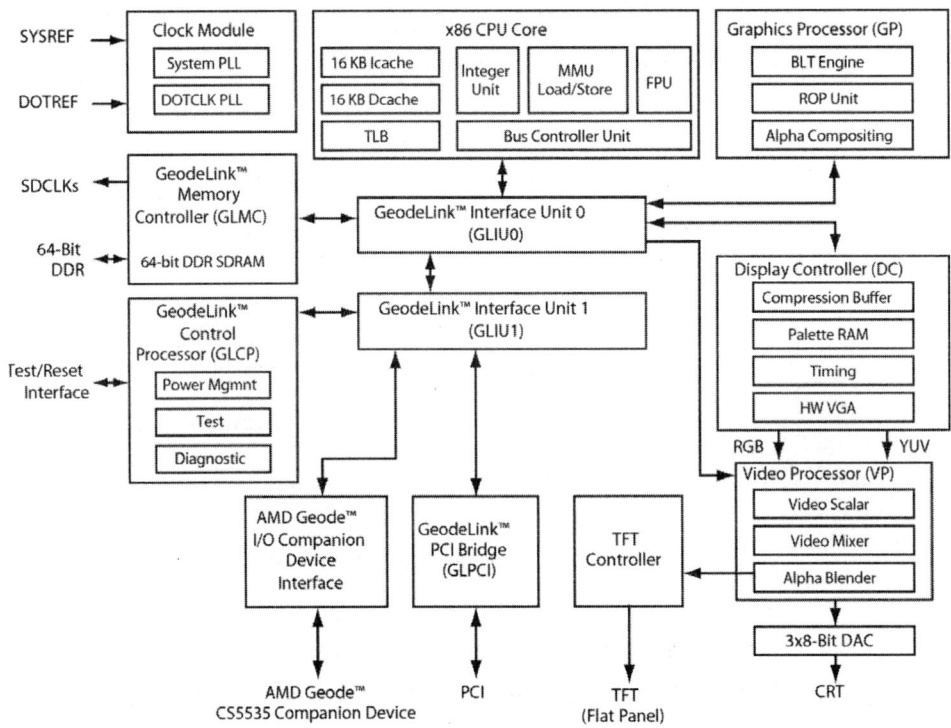

>> 그림 4-18b 폰노이만 아키텍처 예 - x86[4-16]

x86은 폰노이만 모델을 기반으로 하는 복잡한 프로세서이다. 여기서 MPC860 프로세서와는 달리 명령어와 데이터가 동일한 메모리 공간을 공유하고 있다.

폰노이만 아키텍처에 대해 설명한 이유

폰노이만 모델은 프로세서의 내부에 영향을 줄 뿐 아니라 프로세서 안에서 볼 수 있고 접근할 수 있는 것을 형성한다. 3장에서 설명한 것처럼, IC―프로세서는 IC이다―는 보드에 연결되는 돌출된 핀들을 가지고 있다. 프로세서들마다 핀의 수와 그 관련 신호들에 있어 매우 다르지만, 보드에서 그리고 내부 프로세서 레벨에서 폰노이만 모델의 컴포넌트들은 모든 프로세서들이 가지고 있는 신호들을 정의한다. 그림 4-19에서 볼 수 있는 것처럼, 보드 메모리를 집적하기 위해서 프로세서는 보통 메모리에서 데이터를 읽고 쓰기 위한 어드레스 신호와 데이터 신호를 갖는다. 메모리 또는 I/O와 통신하기 위해서 프로세서는 보통 그것이 데이터를 전송하고자 하는지 받고자 하는지를 가리키기 위한 READ 핀과 WRITE 핀을 갖는다.

물론 프로세서를 동작시키기 위한 클럭 신호 및 프로세서의 파워와 그라운드의 어떤 방법과 같은 동기화 메커니즘 등의 실제 목적을 위해 필요한 폰노이만에 의해 정의되지 않은 다른 핀들도 있다. 하지만 프로세서 간의 차이와 관계 없이 폰노이만 모델은 보통 모든 프로세서가 가지고 있는 외부의 핀이 무엇인지를 설명한다.

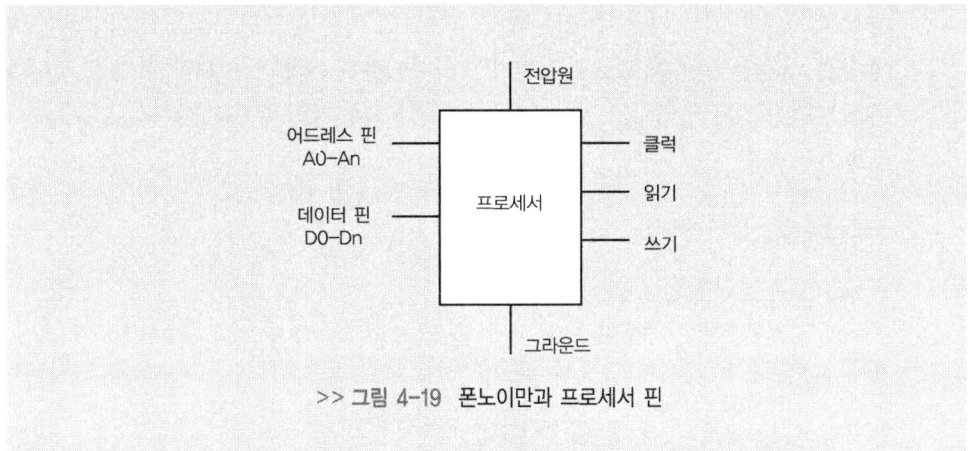

>> 그림 4-19 폰노이만과 프로세서 핀

중앙처리장치

프로세서 그 자체가 보통 CPU(central processing unit, 중앙처리장치)로 언급되기 때문에, 이 절의 용어는 다소 혼란스러울 수도 있다. 하지만, 프로세서 내의 처리장치가 바로 CPU이다. CPU는 명령어를 페치하고 디코딩하고 실행하는 사이클을 실행하는 역할을 한다(그림 4-20 참고). 이 세 단계의 처리는 보통 3단 파이프라인이라고 불리며, 대부분의 현재 CPU는 파이프라인 디자인을 가지고 있다.

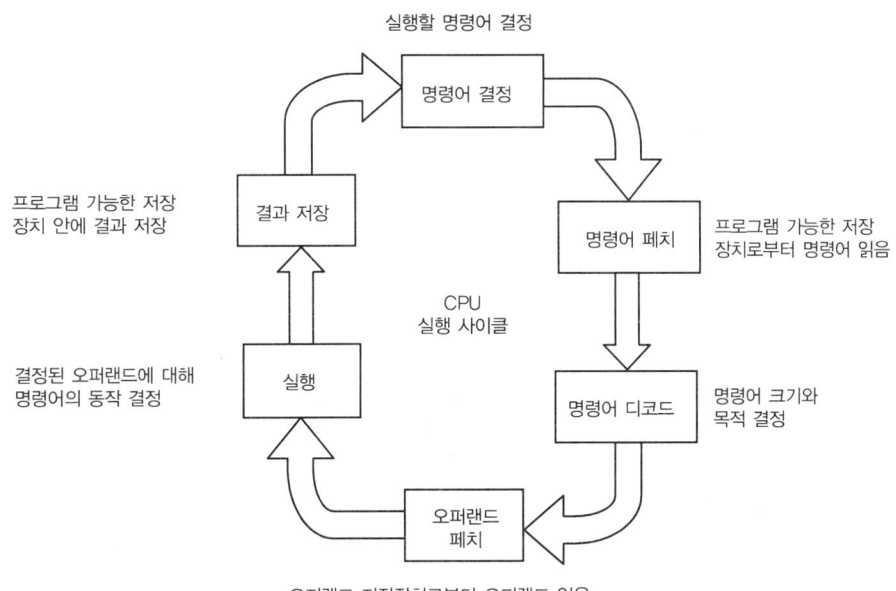

>> 그림 4-20 CPU의 페치, 디코드, 실행 사이클

CPU 디자인은 매우 다를 수 있는 반면, CPU의 기본 컴포넌트들을 이해하면, 그림 4-20에서 볼 수 있는 것처럼 프로세서 디자인과 사이클을 더 쉽게 이해할 수 있을 것이다. 폰노이만 모델에 의해 정의되어 있듯이, 이 사이클은 4가지의 주요 CPU 컴포넌트들의 조합을 통해 구현된다.

- ALU(산술 논리 장치) – ISA의 연산 구현

- 레지스터 – 일종의 빠른 메모리

- CU(제어장치) – 전체 페치 및 실행 사이클 관리

- 내부 CPU 버스 – ALU, 레지스터, CU를 상호 연결

실제 프로세서를 살펴보면, 폰노이만 모델에 의해 정의된 이 4가지의 기본 요소들을 MPC860의 CPU 내에서 볼 수 있다(그림 4-21 참고).

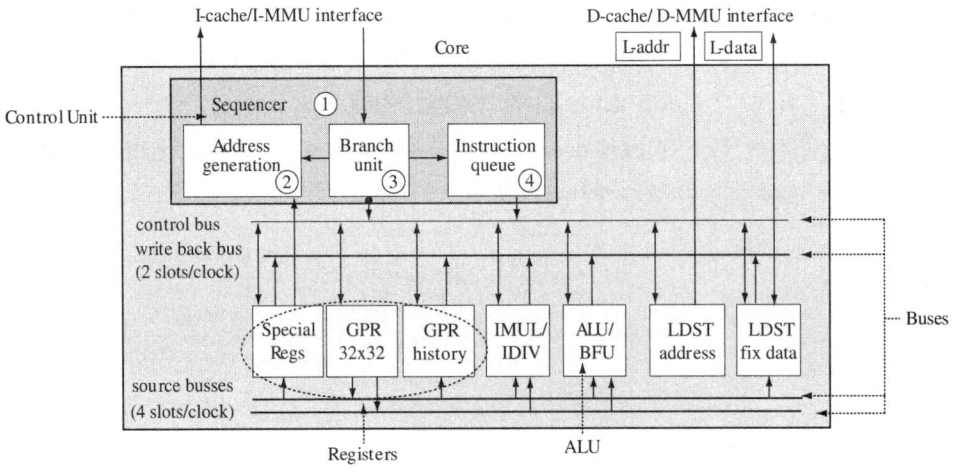

>> 그림 4-21 MPC860 CPU-PowerPC 코어[4-15]
저작권자 Freescale Semiconductor, Inc.의 허가하에 발췌

암기 : 폰노이만 모델에 의해 정의된 것처럼, 모든 프로세서들이 이 컴포넌트들을 가지고 있는 것은 아니다. 하지만 프로세서상의 어딘가에서 다양한 모습으로 이 컴포넌트들의 일부 조합을 가지고 있을 것이다. 이 모델이 CPU 디자인의 주요한 컴포넌트들을 이해하기 위해 사용할 수 있는 레퍼런스 툴이라는 것을 기억해 두자.

내부 CPU 버스

CPU 버스는 CPU의 다른 컴포넌트들—ALU, CU, 레지스터들—을 상호 연결시켜 주는 메커니즘이다(그림 4-22 참고). 버스는 CPU 안에서 다양한 다른 컴포넌트들을 상호 연결시켜 주는 단순한 선일 뿐이다. 각 버스의 선은 보통 데이터(레지스터와 ALU 사이에서 양방향으로 데이터를 운반한다), 어드레스(전송될 데이터를 포함하고 있는 레지스터의 위치를 운반한다), 제어(레지스터, ALU, CU 사이에서 타이밍과 제어신호와 같은 제어신호 정보들을 운반한다) 등과 같은 논리함수들로 나누어진다.

> 중복을 피하기 위해 버스는 7장에서 보다 상세하게 다루겠다.

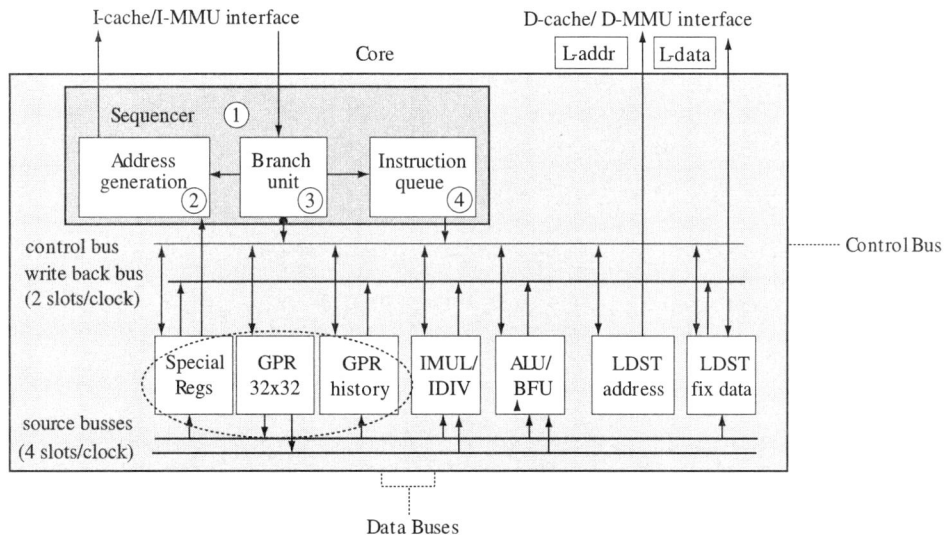

>> 그림 4-22 PowerPC 코어와 버스[4-15]

PowerPC 코어에서는 ALU, CU, 레지스터 사이에서 제어신호들을 운반하는 제어 버스가 있다. PowerPC가 '소스 버스'라고 부르는 것은 레지스터와 ALU 사이에서 데이터를 운반하는 데이터 버스이다. 소스 버스에서 가져온 데이터를 로드/스토어 장치에서 고정 소수점 또는 부동 소수점 레지스터로 직접 쓰는 역할을 하는 라이트 백(write-back)이라고 불리는 추가 버스도 있다.

산술 논리 장치

산술 논리 장치(arithmetic logic unit : ALU)는 ISA에 의해 정의된 비교연산, 산술연산, 논리연산을 구현한다. CPU의 ALU 안에서 구현된 연산의 형식과 종류는 ISA에 따라 다양할 수 있다. 어떤 프로세서의 코어에 대해, ALU는 여러 개의 n비트 이진 오퍼랜드를 받아서 그 오퍼랜드들에 대해 어떤 논리(AND, OR, NOT 등), 산술(+, −, * 등), 비교(=, <, > 등) 연산을 수행하는 역할을 한다.

ALU는 하나 또는 그 이상의 입력값과 오직 하나의 출력을 가질 수 있는 조합 논리회로이다. ALU의 출력값은 그 순간에 적용된 입력값들에 의해서만 영향을 받으며, 과거의 상태에 대해서는 영향을 받지 않는다(3장의 게이트 참고). 대부분의 ALU의 기본적인 빌딩 블록은 입력값으로 3개의 1비트 수를 받아서 2개의 1비트 수를 만들어 내는 논리회로인 **전가산기**(full adder)이다. 이것이 실제로 동작하는 방법은 이 절의 뒷부분에서 좀더 상세하게 살펴보겠다.

전가산기가 동작하는 방법을 이해하기 위해서 이진수(0 및 1)를 함께 더하는 역학에 대해 먼저 살펴보자.

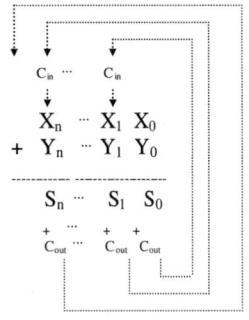

2개의 1비트 수를 가지고 시작할 때, 그것들을 더하는 것은 적어도 2비트값을 만들어 낼 것이다.

X_0	Y_0	S_0	C_{out}
0	0	0	0
0	1	1	0
1	0	1	0
1	1	0	1

⇒ 0b + 0b = 0b
⇒ 0b + 1b = 0b
⇒ 1b + 0b = 1b
⇒ 1b + 1b = 10b(또는 2d) 2개의 1비트 수의 이진 덧셈에서, 값이 10(십진수 2의 이진값)을 초과하면, 1(C_{out})이 운반되어 그 수의 다음 행과 더해지고, 그 결과가 2비트값이 된다.

2개의 1비트 수를 더하는 이 간단한 덧셈은 2개의 1비트 수를 입력값으로 받아서 2비트 출력값을 만들어 내는 논리회로인 반가산기 회로(half-adder circuit)를 통해 실행될 수 있다. 모든 논리회로와 같이 반가산기 회로는 그림 4-23a에서의 가능한 조합과 같은 몇 가지 가능한 게이트들의 조합을 사용하여 디자인할 수 있다.

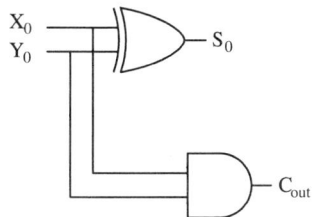
XOR과 AND 게이트를 사용한 반가산기

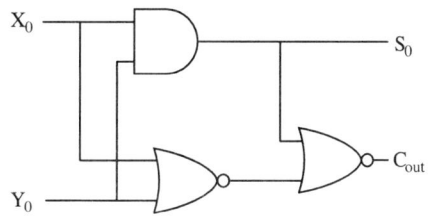
NOR과 AND 게이트를 사용한 반가산기

>> 그림 4-23a 반가산기 논리회로[4-21]

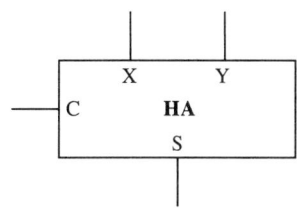

>> 그림 4-23b 반가산기 논리 심벌[4-21]

더 큰 수를 더하기 위해서 가산기 회로는 복잡성을 높여야 한다. 이것은 전가산기가 동작할 수 있는 곳이다. 예를 들어 두 자리 수를 더하려고 시도할 때, 전가산기는 반가산기를 연결하여 사용되어야 한다. 반가산기는 더해질 두 수의 첫 번째 자릿수를 더하는 역할을 한다 (예를 들어, x_0, y_0 등). 전가산기의 3개의 1비트 입력값은 더해질 두 수의 두 번째 자릿수 (예를 들어, x_1, y_1 등)와 첫 번째 자릿수의 반가산기의 덧셈으로부터 나온 캐리값(C_{in})이다. 반가산기의 출력은 첫 번째 자릿수의 덧셈 연산의 캐리 출력(C_{out})과 그 합(S_0)이다. 그림 4-24a는 논리 방정식과 진리표를 보여주고 있으며, 그림 4-24b는 논리 심벌을, 그림 4-24c는 게이트 레벨에서의 전가산기 예, 이 경우에는 XOR과 NAND 게이트의 조합을 보여주고 있다.

X	Y	C_{in}	S	C_{out}
0	0	0	0	0
0	0	1	1	0
0	1	0	1	0
0	1	1	0	1
1	0	0	1	0
1	0	1	0	1
1	1	0	0	1
1	1	1	1	1

합(S) = $XYC_{in} + XY'C_{in}' + X'YC_{in}' + X'Y'C_{in}'$
캐리 출력(C_{out}) = $XY + X C_{in} = Y C_{in}$

>> 그림 4-24a 전가산기 진리표와 논리 방정식[4-20]

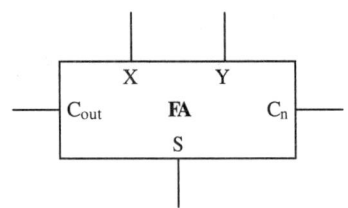

>> 그림 4-24b 전가산기 논리 심벌[4-20]

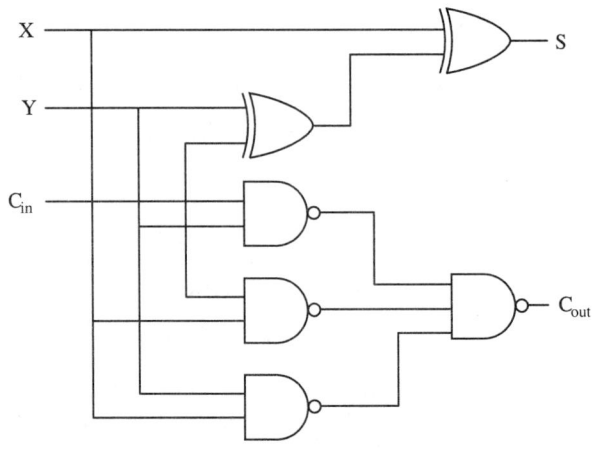

>> 그림 4-24c 전가산기 게이트 레벨 회로[4-20]

더 큰 수를 더하기 위해서는 반가산기/전가산기 조합회로(그림 4-25 참고)에 추가의 전가산기가 집적될 수 있다. 이 그림에서 보이고 있는 예는 리플-캐리 가산기(많은 종류의 가산기 중 하나)의 기본으로, 여기서 'n'개의 전가산기들은 덧셈 연산을 성공적으로 완성하기 위해 더 낮은 단계에서 생성된 캐리가 더 높은 단계를 통해 전달되도록(리플되도록) 연결되어 있다.

덧셈 연산과 다른 산술 및 논리 연산을 수행하는 다기능 ALU는 가산기 회로 주변에 뺄셈, 논리 AND, 논리 OR 등을 수행하기 위해 추가의 회로가 집적되도록 디자인되어 있다 (그림 4-26a 참고). 그림 4-26b에서 보여지는 논리 다이어그램은 n 비트 다기능 ALU의 두 단계의 예이다. 그림 4-26의 회로는 방금 설명한 리플-캐리 가산기(ripple-carry adder)를 기초로 하고 있다. 그림 4-26b의 논리회로에서 제어 입력 k_0, k_1, k_2, 그리고 c_{in}은 오퍼랜드에서 수행되는 기능 또는 오퍼랜드를 결정한다. 오퍼랜드 입력은 $X = x_{n-1}\cdots x_1 x_0$와 $Y = y_{n-1}\cdots y_1 y_0$이며, 출력은 합 (S) $= s_{n-1}\cdots s_1 s_0$이다.

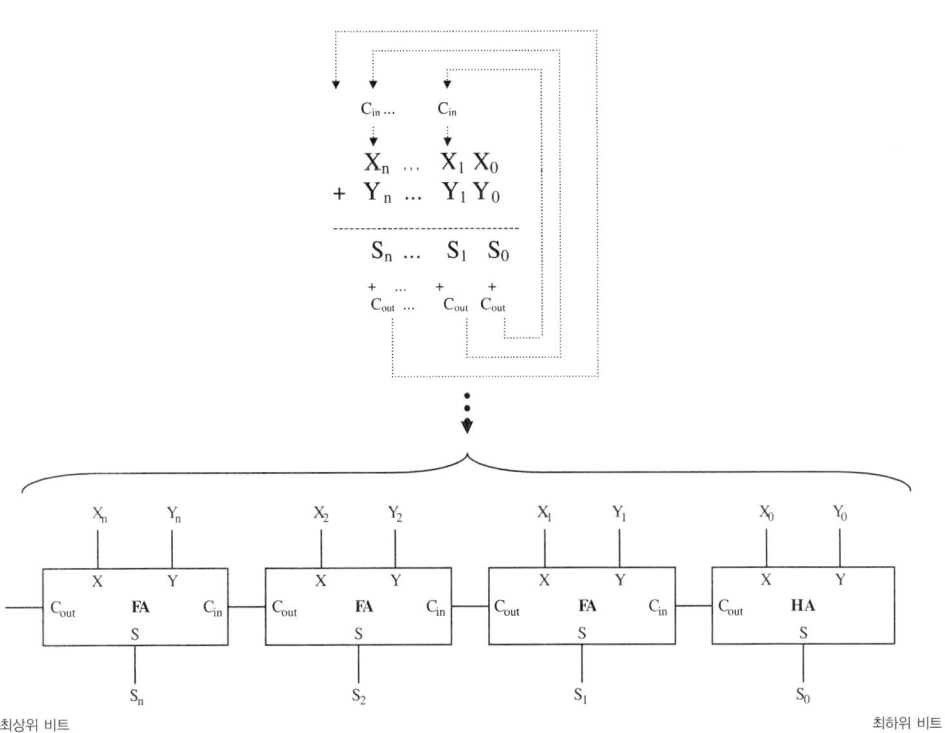

>> 그림 4-25 연결된 가산기

제어 입력				결 과	기 능
k_2	k_1	k_0	c_{in}		
0	0	0	0	S = X	X 전달
0	0	0	1	S = X + 1	X 증가
0	0	1	0	S = X + Y	덧셈
0	0	1	1	S = X + Y + 1	캐리 입력을 고려한 덧셈
0	1	0	0	S = X − Y − 1	빌림을 고려한 뺄셈
0	1	0	1	S = X − Y	뺄셈
0	1	1	0	S = X − 1	X 감소
0	1	1	1	S = X	X 전달
1	0	0	…	S = X OR Y	논리 OR
1	0	1	…	S = X XOR Y	논리 XOR
1	1	0	…	S = X AND Y	논리 AND
1	1	1	…	S = NOT X	비트 반전

>> 그림 4-26a 다기능 ALU 진리표와 논리 방정식[4-20]

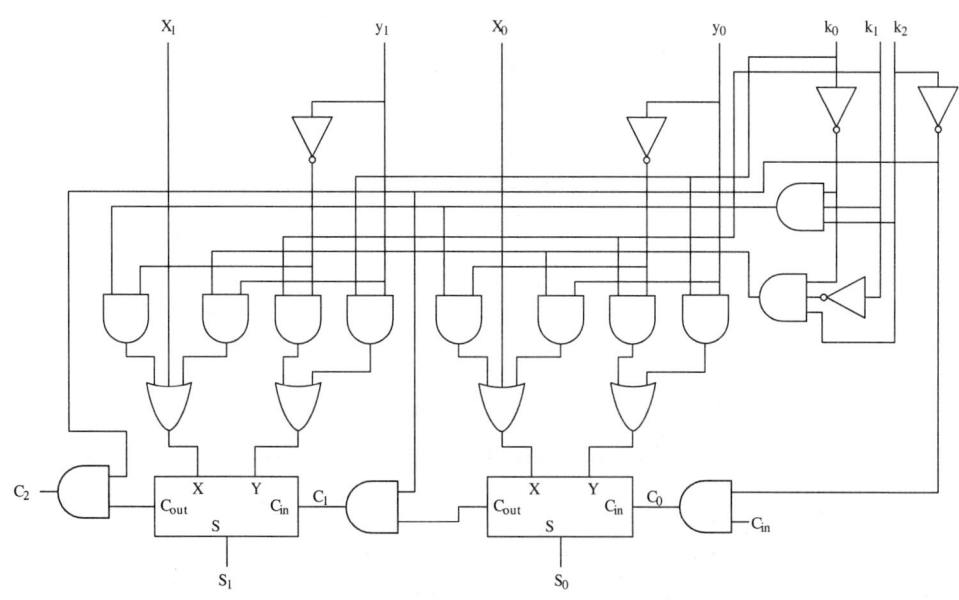

>> 그림 4-26b 다기능 ALU 게이트 레벨 회로[4-20]

ALU가 생성된 결과를 저장하는 곳은 아키텍처에 따라서 다르다. 그림 4-25에서의 PowerPC에서 그 결과들은 누산기(accumulator)라 불리는 레지스터 안에 저장된다. 결과들은 또한 메모리 안에 (스택 또는 그 외의 다른 곳) 저장되거나 이 위치의 일부 조합 안에 저장될 수 있다.

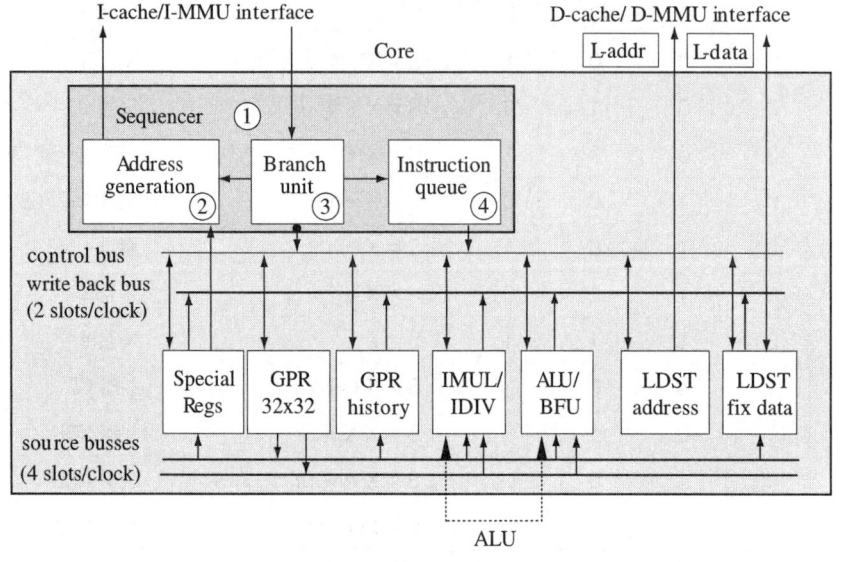

>> 그림 4-27 PowerPC 코어와 ALU[4-16]

PowerPC 코어에서 ALU는 로드/스토어 명령어와는 다른 모든 고정 소수점 명령어를 구현하는 '고정 소수점 장치'의 일부이다. ALU는 고정 소수점 논리 명령어, 덧셈 명령어, 뺄셈 명령어를 구현하는 역할을 한다. PowerPC의 경우, ALU의 생성된 결과들은 누산기 안에 저장된다. 또한 PowerPC는 곱셈과 나눗셈 연산을 수행하는 IMUL/IDIV 장치도 갖는다는 것을 기억해 두자.

레지스터

레지스터들은 데이터를 임시로 저장하고 신호를 지연시키기 위해 사용될 수 있는 간단한 다양한 플립-플롭들의 조합이다. **저장 레지스터**(storage register)는 일종의 빠른 프로그램 가능한 내부 프로세서 메모리로, 보통 시스템에 의해 즉시 또는 자주 사용되는 오퍼랜드들을 임시로 저장하고 복사하고 수정하기 위해 사용된다. **시프트 레지스터**(shift register)는 매 클럭 펄스를 가진 다양한 내부의 플립-플롭들 사이에서 신호를 전달할 때 신호를 지연시킨다.

레지스터들은 각각 또는 한 세트로 동작할 수 있는 한 세트의 플립-플롭으로 구성되어 있다. 실제로, 각 레지스터 안에 있는 플립-플롭의 수는 프로세서를 설명하기 위해 실제로 사용된다(예를 들어, 32비트 프로세서는 32개의 플립-플롭을 포함하고 있는 32비트 폭의 동작 레지스터를 가지며, 12비트 프로세서는 16개의 플립-플롭을 포함하고 있는 16비트 폭의 동작 레지스터들을 갖는다). 이 레지스터들 내에 있는 플립-플롭의 수는 또한 시스템 안에서 사용되는 데이터 버스의 폭을 결정한다. 그림 4-28은 8개의 플립-플롭이 8비트 레지스터를 어떻게 구성하여 데이터 버스의 크기에 어떻게 영향을 미치고 있는지에 대한 예를 보여준다. 간단히 말해서 레지스터들은 모든 비트들이 레지스터에 의해 조작되거나 저장되는 하나의 플립-플롭으로 구성된다.

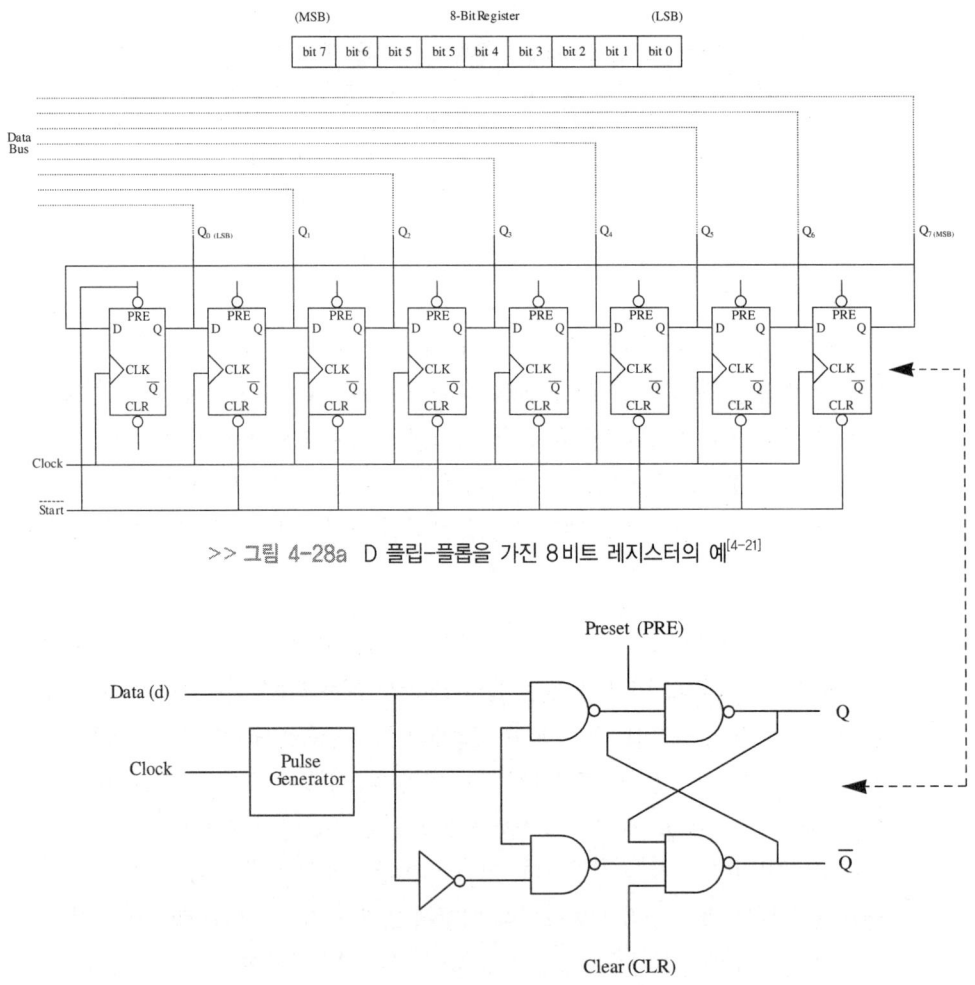

>> 그림 4-28a D 플립-플롭을 가진 8비트 레지스터의 예[4-21]

>> 그림 4-28b 플립-플롭의 게이트 레벨 회로의 예[4-21]

ISA 디자인이 데이터를 처리하는 것과 동일한 방식으로 레지스터를 사용하지는 않지만, 저장은 보통 **범용** 또는 **특수 목적**의 두 가지 범주 중 하나에 속한다(그림 4-29 참고). 범용 레지스터들은 프로그래머에 의해 결정된 어떤 종류의 데이터를 저장하고 조작하기 위해 사용될 수 있다. 반면에 특수 목적 레지스터들은 ISA에 의해 규정된 방식으로만 사용될 수 있다. 이것은 특별한 종류의 계산을 위한 결과 저장하기, **플래그**(flag)를 미리 결정하기(레지스터 안에 있는 하나의 비트들은 의존적으로 동작하거나 제어될 수 있다), **카운터**(counter)처럼 동작하기(특정 시간 간격 후 비동기적 또는 동기적으로 상태를 변경하기 위해—즉, 증가—프로그램될 수 있는 레지스터), **I/O 포트**(I/O port) 제어하기(프로세서의 몸체와 보드 I/O에 연결되는 외부 I/O 핀을 관리하는 레지스터) 등이 포함된다. 시프트 레지스터들은 그 제한된 기능 때문에 원래 특수 목적에 속한다.

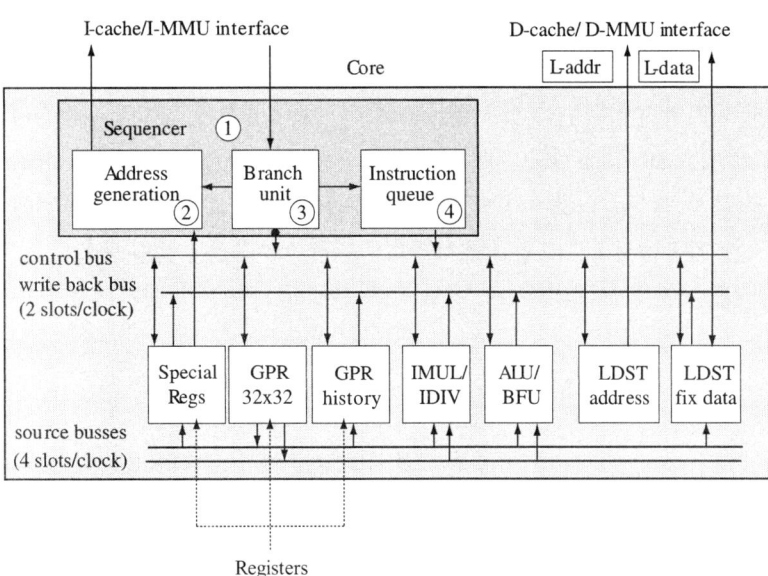

>> 그림 4-29 PowerPC 코어 및 레지스터 사용[4-15]

PowerPC 코어는 '레지스터 장치'를 갖는데, 이것은 사용자에게 보여지는 모든 레지스터들을 포함하고 있다. PowerPC 프로세서들은 일반적으로 두 가지 종류의 레지스터들을 갖는다 : 범용 레지스터와 특수 목적 (제어) 레지스터.

레지스터의 수, 레지스터의 종류, 이 레지스터들이 저장할 수 있는 데이터의 크기(8비트, 16비트, 32비트 등)는 CPU 상의 ISA 정의에 따라 다르다. 명령어를 페치하고 실행하는 사이클 안에서, 예를 들어, CPU로 데이터를 빨리 가져가고 CPU 내부 데이터 버스로부터 데이터를 받기 위해서 레지스터들은 빨라야 한다. 또한 이 CPU 컴포넌트들로 데이터를 받고 전송할 수 있도록 하기 위해 레지스터들은 여러 개가 연결되어 있다. 이 절의 다음 몇 페이지에서는 아키텍처 안에 있는 몇 가지 일반적인 레지스터들이 어떻게 디자인되는지, 특히 플래그와 카운터에 대한 실제 예를 제공할 것이다.

예제 1 플래그

플래그는 보통 이벤트 또는 상태 변경이 발생하는 다른 회로를 가리키기 위해 사용된다. 어떤 아키텍처에서 플래그들은 특정 플래그 레지스터들로 함께 그룹화되어 있으며, 어떤 아키텍처에서 플래그들은 몇 가지 다른 종류 레지스터들의 일부를 구성하고 있다.

플래그가 어떻게 동작하는지를 이해하기 위해서 플래그를 디자인하는 데에 사용될 수 있는 논리회로를 살펴보자. 예를 들어 레지스터가 주어졌을 경우, 비트 0이 플래그이고(그림 4-30a 와 4-30b 참고) 이 플래그 비트와 관련된 플립-플롭이 가장 간단한 데이터 저장 비동기 순차 디지털 논리회로인 셋-리셋(set-reset : SR) 플립-플롭이라고 가정하도록 하자. (크로스 NAND) SR 플립-플롭은 이 예제에서 플립-플롭의 셋(S) 입력신호 또는 리셋(R) 입력신호를 통해 연결된 회로에서 발생한 이벤트를 비동기적으로 감지하기 위해 사용된다. 셋/리셋 신호가 0에서 1로 또는 1에서 0으로 바뀔 때, 그것은 플립-플롭의 상태를 즉시 바꾸어 주는데, 이것은 입력값에 따라 플립-플롭 안에서 셋 또는 리셋되는 결과를 야기한다.

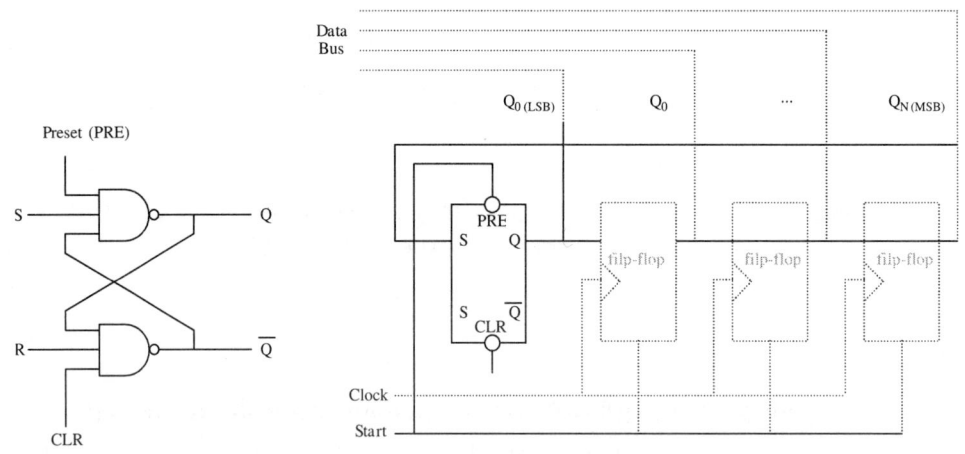

>> 그림 4-30a 플래그를 가진 N비트 레지스터와 SR 플립-플롭 예[4-21]

>> 그림 4-30b SR 플립-플롭 게이트 레벨 회로 예[4-21]

예제 2 카운터

이 절의 시작 부분에서 말한 것처럼, 레지스터들은 카운터가 되도록 디자인될 수도 있다. 즉, 프로세서의 프로그램 카운터(program counter : PC) 또는 타이머와 같이 동기적 또는 비동기적으로 증가 또는 감소하도록 프로그램될 수 있는데, 이것은 본래 클럭 사이클을 세는 카운터인 것이다. 비동기 카운터는 그 플립-플롭이 같은 중앙 클럭 신호에 의해 제어되지 않는 레지스터를 말한다. 그림 4-31a는 JK 플립-플롭[이것은 128개의 이진 상태를 가지며, 0에서 255(128*2=256) 사이에서 카운팅할 수 있다]을 사용한 8비트 MOD-256(나머지-256) 비동기 카운터의 예를 보여주고 있다. 이것은 00000000에서 11111111 사이를 카운팅하다가 11111111에 이르렀을 때 다시 00000000으로 되돌아가서 카운팅을 시작할 준비를 한다. 카운터의 크기를 증가시키는 것—카운터가 셀 수 있는 최대 자릿수—은 추가 자릿수를 위해 단지 플립-플롭을 추가하는 문제일 뿐이다.

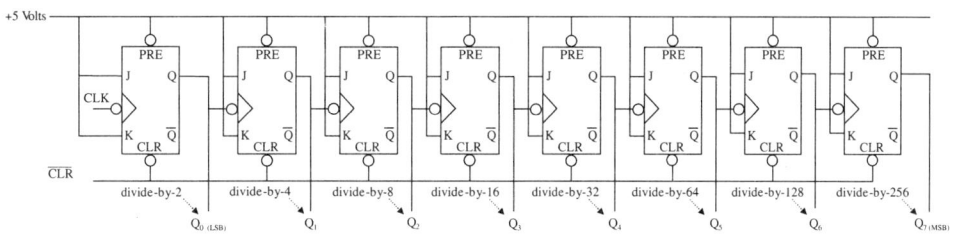

>> 그림 4-31a 8비트 MOD-256 비동기 카운터 예[4-21]

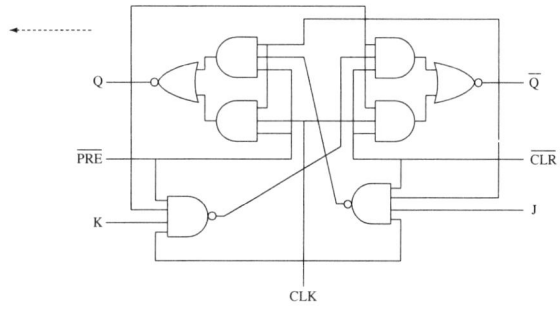

>> 그림 4-31b JK 플립-플롭 진리표[4-21]   >> 그림 4-31c JK 플립-플롭 게이트 레벨 다이어그램[4-21]

카운터의 모든 플립-플롭은 토글 모드에서 고정된다. 토글 모드하에서 그림 4-31b 의 카운터의 진리표를 보면, 플립-플롭의 입력(J 와 K)은 모두 1(HIGH)이다. 토글 모드에서 첫 번째 플립-플롭의 출력(Q_0)은 각 활성 클럭 HIGH-to-LOW(하강) 에지에서 현재 상태의 반대로 전환된다.

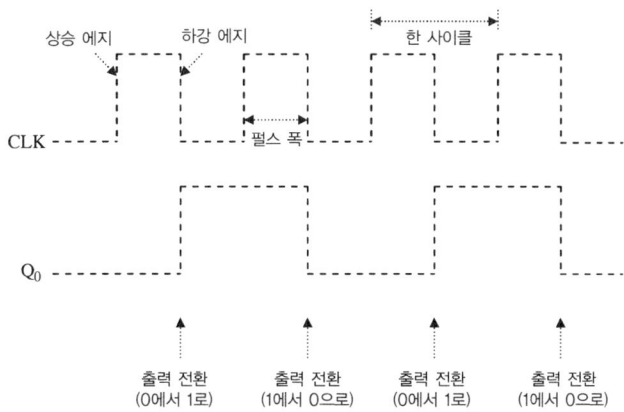

>> 그림 4-32 MOD-256 카운터를 위한 첫 번째 플립-플롭 CLK 타이밍 파형

그림 4-32에서 볼 수 있는 것처럼, 토글 모드의 결과는 첫 번째 플립-플롭의 출력값인 Q_0가 플립-플롭의 입력이 되는 CLK 신호의 주파수의 절반을 갖는다는 것이다. Q_0는 카운터 안의 다음 플립-플롭을 위한 CLK 신호가 된다. 그림 4-33의 타이밍 다이어그램에서 볼 수 있듯이 두 번째 플립-플롭 신호의 출력은 그곳에 입력값이 되는 CLK 신호의 주파수의 절반값을 갖는다(원래 CLK 신호의 1/4).

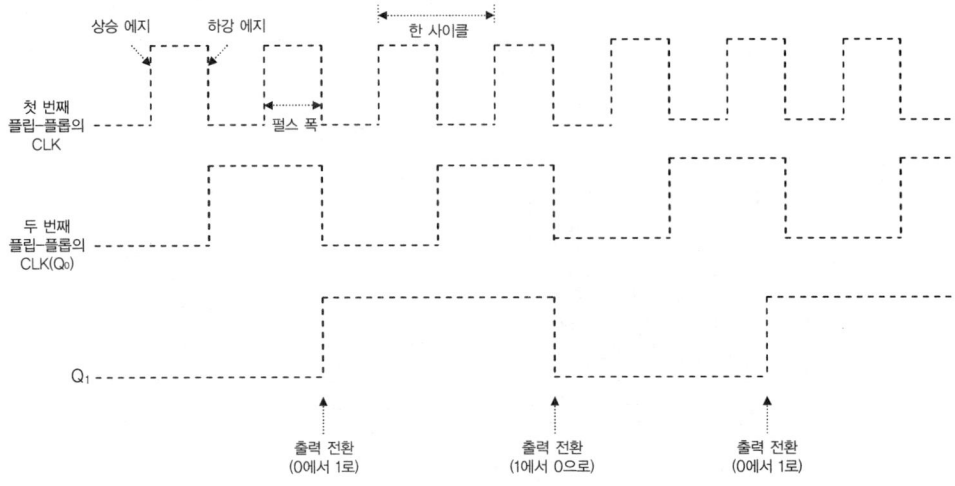

>> 그림 4-33 MOD-256 카운터의 두 번째 플립-플롭의 CLK 타이밍 파형

이전의 플립-플롭을 위한 출력신호가 다음 플립-플롭을 위한 CLK 신호가 되는 이 사이클은 마지막 플립-플롭이 완료될 때까지 계속된다. 처음에 첫 번째 플립-플롭으로 입력된 CLK 신호를 나눈 값은 그림 4-31a에서 볼 수 있다. 이전 플립-플롭의 출력값의 하강 에지에 있는 모든 플립-플롭의 출력 전환의 조합은 CLK 신호처럼 동작하면서, 카운터가 00000000에서 11111111로 카운팅할 수 있는 방법이다(그림 4-34 참고).

준비를 한다. 카운터의 크기를 증가시키는 것—카운터가 셀 수 있는 최대 자릿수—은 추가 자릿수를 위해 단지 플립-플롭을 추가하는 문제일 뿐이다.

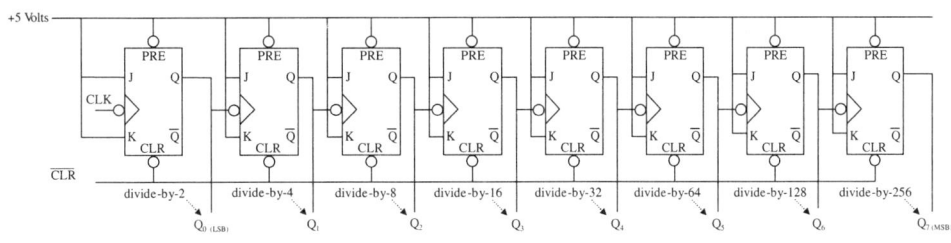

>> 그림 4-31a 8비트 MOD-256 비동기 카운터 예[4-21]

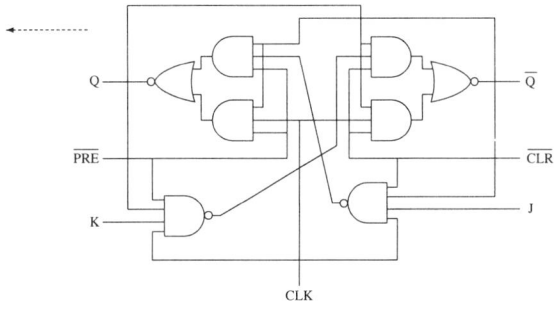

>> 그림 4-31b JK 플립-플롭 진리표[4-21]   >> 그림 4-31c JK 플립-플롭 게이트 레벨 다이어그램[4-21]

카운터의 모든 플립-플롭은 토글 모드에서 고정된다. 토글 모드하에서 그림 4-31b 의 카운터의 진리표를 보면, 플립-플롭의 입력(J와 K)은 모두 1(HIGH)이다. 토글 모드에서 첫 번째 플립-플롭의 출력(Q_0)은 각 활성 클럭 HIGH-to-LOW(하강) 에지에서 현재 상태의 반대로 전환된다.

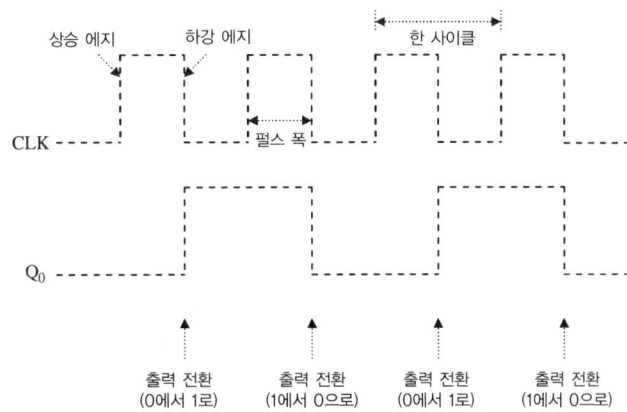

>> 그림 4-32 MOD-256 카운터를 위한 첫 번째 플립-플롭 CLK 타이밍 파형

그림 4-32에서 볼 수 있는 것처럼, 토글 모드의 결과는 첫 번째 플립-플롭의 출력값인 Q_0가 플립-플롭의 입력이 되는 CLK 신호의 주파수의 절반을 갖는다는 것이다. Q_0는 카운터 안의 다음 플립-플롭을 위한 CLK 신호가 된다. 그림 4-33의 타이밍 다이어그램에서 볼 수 있듯이 두 번째 플립-플롭 신호의 출력은 그곳에 입력값이 되는 CLK 신호의 주파수의 절반값을 갖는다(원래 CLK 신호의 1/4).

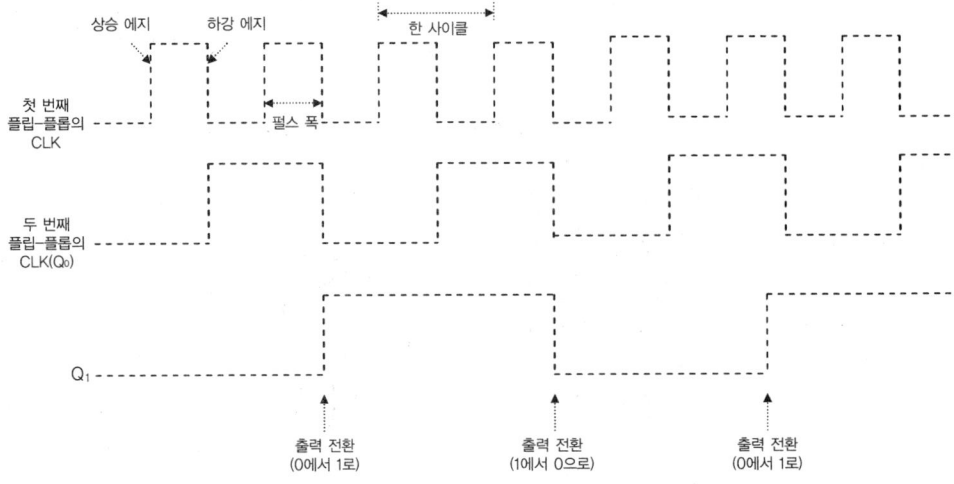

>> 그림 4-33 MOD-256 카운터의 두 번째 플립-플롭의 CLK 타이밍 파형

이전의 플립-플롭을 위한 출력신호가 다음 플립-플롭을 위한 CLK 신호가 되는 이 사이클은 마지막 플립-플롭이 완료될 때까지 계속된다. 처음에 첫 번째 플립-플롭으로 입력된 CLK 신호를 나눈 값은 그림 4-31a에서 볼 수 있다. 이전 플립-플롭의 출력값의 하강 에지에 있는 모든 플립-플롭의 출력 전환의 조합은 CLK 신호처럼 동작하면서, 카운터가 00000000에서 11111111로 카운팅할 수 있는 방법이다(그림 4-34 참고).

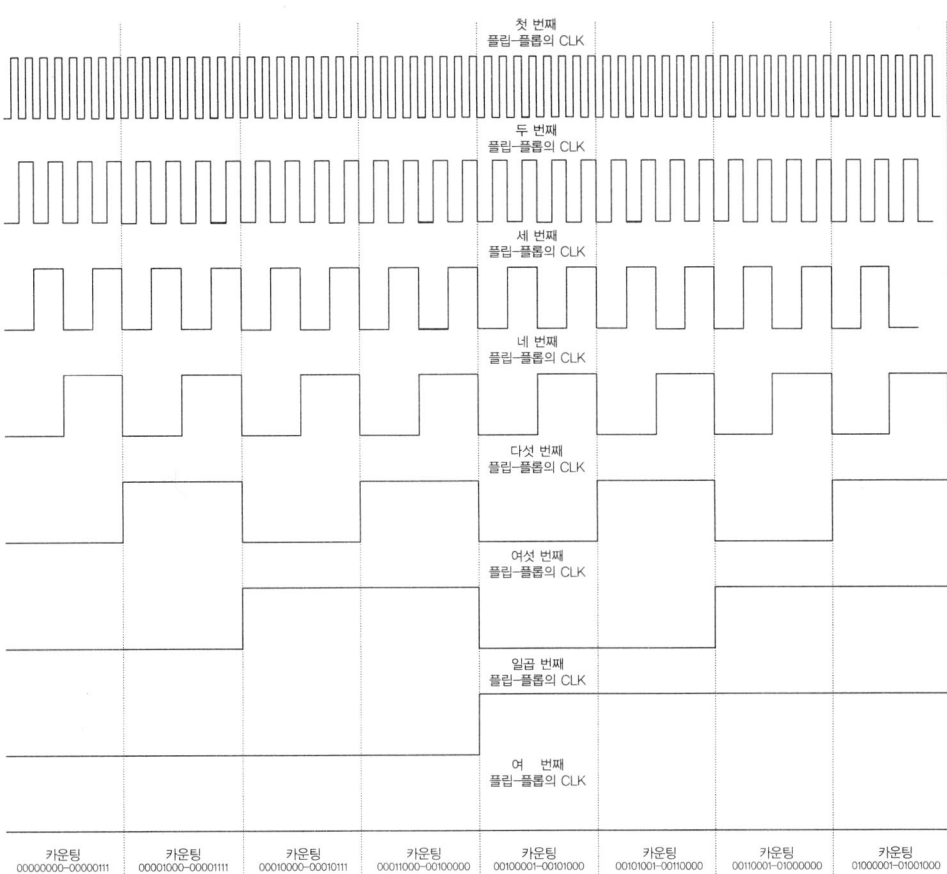

>> 그림 4-34 MOD-256 카운터를 위한 모든 플립-플롭 CLK 타이밍 파형

동기 카운터에서 카운터 내의 모든 플립-플롭은 공통의 클럭 입력신호에 의해 나누어진다. JK 플립-플롭을 다시 사용할 때, 그림 4-35는 MOD-256 동기 카운터 회로가 MOD-256 비동기 카운터(이전 예)와 어떻게 다른지를 보여준다.

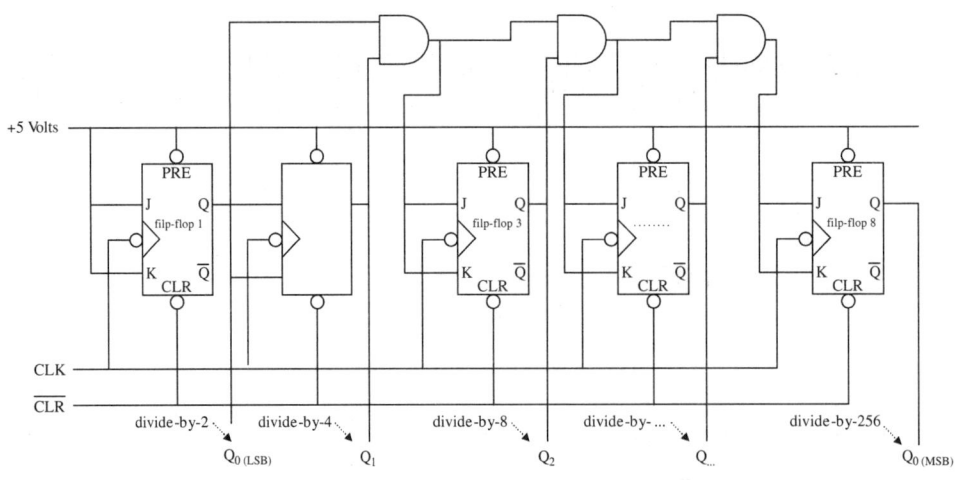

>> 그림 4-35 8비트 MOD-256 동기 카운터 예[4-21]

그림 4-35에서의 동기 카운터 예에서는 5개의 추가 AND 게이트가 플립-플롭에 놓이게 된다. 이것은 입력 J와 K가 모두 0(LOW)이라면 HOLD 모드에, J와 K가 모두 1(HIGH) 이라면 TOGGLE 모드에 놓인다. 그림 4-30b에 있는 JK 플립-플롭 진리표를 참고하라. 이 예제에서의 동기 카운터는 첫 번째 플립-플롭이 00000000의 시작에서 항상 TOGGLE 모드에 있기 때문에 동작한다. 반면 나머지는 HOLD 모드에 있게 된다. (첫 번째 플립-플롭을 위해 0에서 1로) 카운팅할 때, 나머지 플립-플롭이 HOLD 상태에 있도록 다음 플립-플롭이 토글된다. 이 사이클은 모든 카운팅이 11111111(256)으로 완료될 때까지 계속된다. (두 번째 플립-플롭을 위해서 2~4, 세 번째 플립-플롭을 위해서 4~8, 네 번째 플립-플롭을 위해서 8~15, 다섯 번째 플립-플롭을 위해서 15~31 등) 이 시점에서 모든 플립-플롭은 그에 따라 토글되고 정지된다.

제어장치

제어장치(control unit : CU)는 기본적으로 CPU 안에서 타이밍 신호를 만들어 내고 명령어의 페치, 디코딩, 실행을 제어하고 관리하는 역할을 한다. 명령어가 메모리에서 페치되고 디코딩되면, 제어장치는 ALU에 의해 어떤 연산이 수행될 것인지를 결정하고, CPU의 안 또는 밖에 있는 각각 기능을 하는 장치에 적절한 신호를 선택하여 쓴다(예를 들어, 메모리, 레지스터, ALU 등). 프로세서의 제어장치가 어떻게 동작하는지를 더 잘 이해하기 위해서 PowerPC 프로세서의 제어장치에 대해 좀더 자세하게 조사해 보도록 하자.

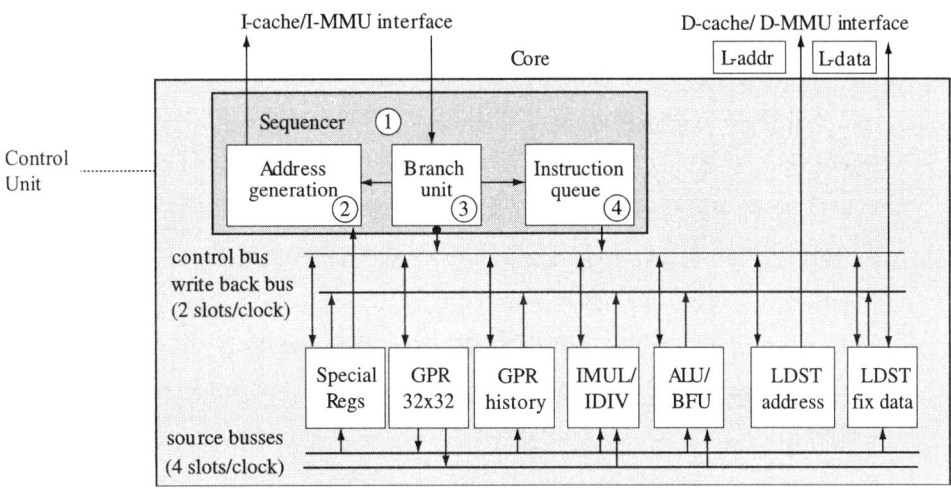

>> 그림 4-36 PowerPC 코어 및 CU[4-15]

그림 4-36에서 볼 수 있듯이, PowerPC 코어의 CU는 '순서 결정 장치'라고 불리며, PowerPC 코어의 심장부이다. 순서 결정 장치는 PowerPC에 전원이 인가되어 있는 동안 명령어들을 페치하고 디코딩하고 실행하는 연속적인 사이클을 관리하는 역할을 한다. 각 태스크는 다음과 같은 것들을 포함하고 있다.

- PowerPC 코어 안에 있는 레지스터, ALU, 버스와 같은 다른 주요한 장치들 사이에서 데이터 및 명령어의 흐름을 주로 제어한다.

- 기본적인 명령어 파이프라인을 구현한다.

- 이 명령어들을 가능한 실행장치에 연결하기 위해 메모리에서 명령어를 페치해 온다.

- 익셉션을 다루기 위한 상태 히스토리를 유지한다.

많은 CU와 같이, PowerPC의 순서 결정 장치는 하나의 물리적으로 분리되어 정의된 장치가 아니다. 그것은 CPU 안에서 관리능력을 제공하기 위해 함께 동작하는 몇 가지 회로들로 구성되어 있다. 순서 결정 장치 안에서 이 컴포넌트들은 주로 어드레스 발생기 장치(처리될 다음 명령어의 어드레스를 제공), 분기 예측 장치(분기 명령어의 처리), 순서 결정 장치(다른 제어 서브 장치로 명령어 흐름의 제어를 하고 정보를 제공), 명령어 큐(처리될 다음 명령어를 저장하고, 큐 안에 있는 다음 명령어들을 적절한 실행장치로 배정)가 있다.

CPU와 시스템 (주) 클럭

프로세서의 실행은 보드에 위치하는 외부 시스템 또는 주 클럭에 의해 동기화된다. 주 클럭은 크리스탈과 같은 몇 가지 다른 컴포넌트들과 오실레이터가 될 수 있다. 그것은 그림 4-37에서 볼 수 있는 것처럼, 규칙적인 ON/OFF 펄스 신호(사각파)의 고정된 주파수열을 만들어 낸다. 임베디드 보드상의 다른 몇몇 컴포넌트들과 CU는 이 주 클럭이 동작하는 것에 따라 달라진다. 컴포넌트들은 신호의 실제 레벨(0 또는 1), 신호의 상승 에지(0에서 1로 전환), 그리고 신호의 하강 에지(1에서 0으로 전환)에 의해 제어된다. 회로에 따라 다른 주 클럭들은 다양한 주파수에서 동작할 수 있지만, 전형적으로 보드상의 가장 느린 컴포넌트가 그 타이밍 요구사항을 충족할 수 있도록 실행되어야 한다. 어떤 경우 주 클럭 신호는 그 자신의 사용을 위해 다른 클럭 신호를 만들어 내는 보드상에 있는 컴포넌트에 의해 나누어진다.

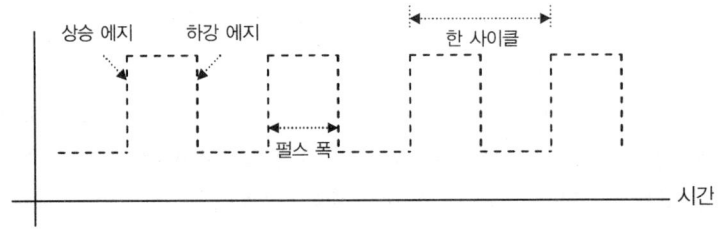

>> 그림 4-37 클럭 신호

예를 들어 CU의 경우, 주 클럭에 의해 만들어지는 신호는 보통 최소한 하나의 내부 클럭 신호를 생성하기 위해 CPU의 CU 안에서 나누어지거나 곱해진다. 그러면 CU는 명령어의 페치, 디코딩, 실행을 제어하고 관리하기 위해 내부 클럭 신호를 사용한다.

온-칩 메모리

> **저자 주** : 이 절에서 다루고 있는 내용은 5장, 보드 메모리에서의 그것과 매우 유사하다. 메모리의 종류와 메모리 관리 컴포넌트를 제외한다면, IC 안에 집적된 메모리는 보드에 분리되어 위치한 메모리와 유사하기 때문이다.

CPU는 그것이 처리하기 위해 필요한 것을 얻기 위해 메모리로 간다. 시스템에 의해 실행되는 모든 데이터와 명령어들은 메모리에 저장되어 있기 때문이다. 임베디드 플랫폼들은 각각 저마다의 속도, 크기, 용도를 갖는 서로 다른 종류의 메모리의 조합인 메모리 계층구조를 가지고 있다(그림 4-38 참고). 이 메모리의 일부는 레지스터, ROM, 일종의 RAM, 레벨 1 캐시와 같이 물리적으로 프로세서에 집적되어 있을 수 있다.

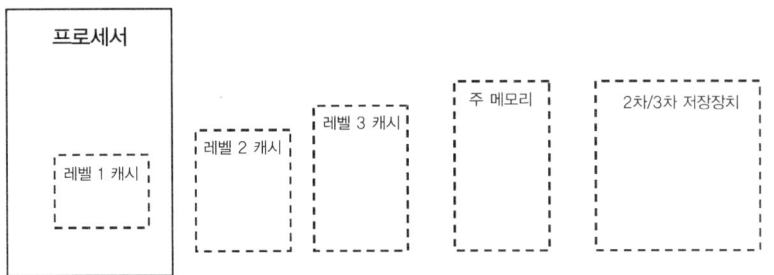

>> 그림 4-38 메모리 계층구조

ROM

온-칩 ROM은 시스템에 전원 공급이 제거되었을 때조차 보존해야 할 데이터 또는 명령어를 포함하는 프로세서에 집적된 메모리를 말한다. 이것은 작고 배터리로 오랜 기간 동작할 수 있기 때문에 비휘발성 메모리(nonvolatile memory : NVM)라고 불린다. 온-칩 ROM의 내용은 보통 그것이 사용되는 시스템에 의해서만 읽힐 수 있다.

ROM(read-only memory)이 어떻게 동작하는지를 더 분명하게 이해하기 위해서, 그림 4-39에서 볼 수 있는 것과 같은 8×8 ROM의 샘플 논리회로를 살펴보자. 이 ROM은 모든 8개 워드에 대해 3개의 어드레스 라인($\log_2 8$)을 포함하고 있는데, 이것은 000에서 111까지의 범위인 3비트 어드레스가 8 바이트 중 하나를 각각 표현한다는 것을 의미한다(다른 ROM 디자인은 완전히 동일한 배열 크기에 대해 매우 다양한 어드레스 구조를 포함하고 있으며, 이 어드레싱 방식은 그러한 방법 중 단지 한 가지 예에 불과하다). D_0에서 D_7은 데이터가 읽히게 될 출력 라인이며, 각 비트에 대해 하나의 출력 라인을 갖는다. ROM 행렬에 행을 추가하면, 어드레스 공간의 수에 의해 크기가 증가한다. 반면 추가 열을 부가하는 것은 그것이 저장할 수 있는 ROM의 데이터 크기(어드레스당 비트 수)를 증가시킨다. ROM 크기 규정은 이 예제에서 사용된 것과 동일하게 실생활에서도 표현된다. 여기서 행렬 참조(8×8, 16K×32 등)는 실제 ROM의 크기를 반영하는데, '×' 앞에 나온 처음 숫자는 어드레스의 수를 의미하며, '×' 뒤에 나온 두 번째 숫자는 각 어드레스 위치에 있는 데이터의 크기(비트 수)를 나타낸다 : 8 = 바이트, 16 = 하프 워드, 32 = 워드 등. 또한 어떤 디자인 문서에서는 ROM 행렬 크기가 요약 정리되어 있을 수 있다는 점을 알아두자. 예를 들어, ROM의 16kB(kByte)는 16K×8 ROM을, ROM의 32MB는 32M×8 ROM 등을 의미한다.

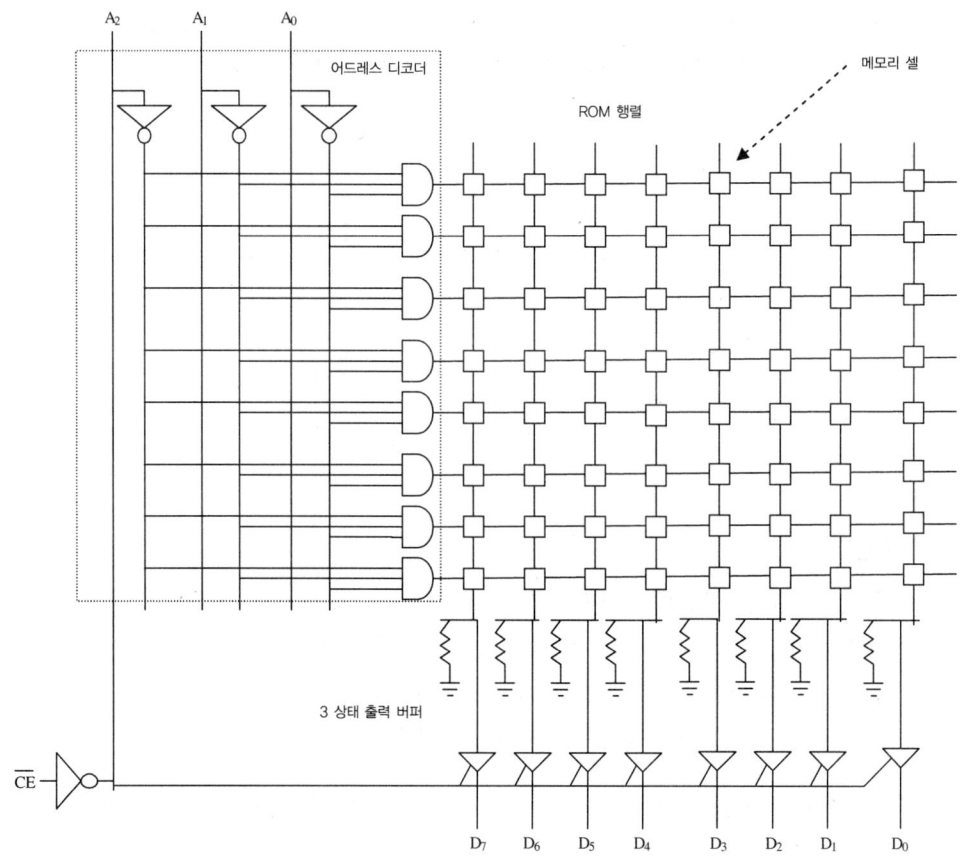

>> 그림 4-39 8×8 ROM 논리회로[4-6]

이 예제에서, 8×8 ROM은 8×8 행렬을 말하는데, 이것은 8개의 서로 다른 8비트 바이트 또는 64비트의 정보를 저장할 수 있다는 것을 의미한다. 이 행렬의 모든 행과 열의 교차점은 **메모리 셀**(memory cell)이라고 부르는 메모리 위치를 나타낸다. 각 메모리 셀은 바이폴라 또는 MOSFET 트랜지스터(ROM의 종류에 따라)와 가용성 링크를 포함할 수 있다(그림 4-40 참고).

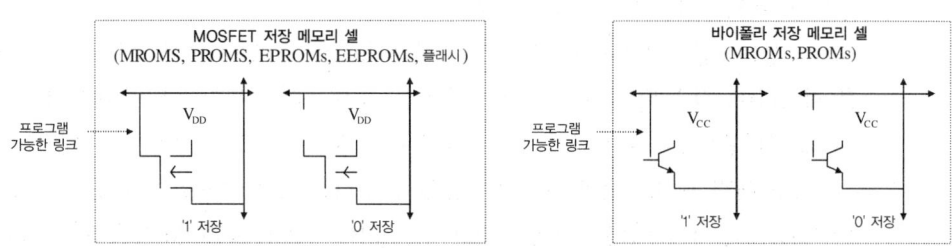

>> 그림 4-40 8×8 MOSFET와 바이폴라 메모리 셀[4-21]

프로그램 가능한 링크가 적소에 있을 때, 트랜지스터는 ON 으로 바이어스되어 1 이 저장되는 결과를 야기한다. 모든 ROM 메모리 셀은 보통 이러한 구조로 제조된다. ROM 에 쓸 때, 프로그램된 링크를 깸으로써 '0' 이 저장된다. 링크가 어떻게 깨지는가는 ROM 의 종류에 따라 달라진다. ROM 에서 데이터를 읽는 방법은 ROM 에 따라 달라지지만, 이 예제에서는 데이터 비트의 행을 요구하는 3 비트 어드레스를 받은 후, 데이터가 D_0 에서 D_7 을 통해 출력값으로 저장될 수 있도록 칩 활성화(CE) 라인이 (HIGH 에서 LOW 로) 토글된다(그림 4-41 참고).

마지막으로, 가장 일반적인 종류의 온-칩 ROM 에는 다음과 같은 것들이 있다.

- **MROM**(마스크 ROM)   이것은 프로세서의 제조중에 마이크로 칩 안에 영구적으로 프로그램되어 나중에 수정할 수 없는 ROM(데이터 내용을 가진)을 말한다.

- **PROM**(프로그램 가능한 ROM) 또는 OTP(한 번만 프로그램 가능)   이것은 칩상에 집적될 수 있는 일종의 ROM 으로, PROM 프로그래머에 의해 한 번만 프로그램 가능하다(즉, 제조공장 외부에서 프로그램될 수 있다).

- **EPROM**(지우고 프로그램 가능한 ROM)   이것은 프로세서 안에 집적될 수 있는 ROM 으로, 그 내용은 한 번 이상 지웠다 다시 쓸 수 있다(지웠다 다시 사용할 수 있는 수는 프로세서에 따라 달라진다). EPROM 의 내용은 특별히 분리된 소자를 사용하여 그 소자에 쓰여질 수 있으며, 프로세서에 실장된 창에 강력한 자외선을 노출시킬 수 있는 다른 소자를 사용하여 부분적으로 또는 전체적으로 지울 수 있다.

- **EEPROM**(전자적으로 지우고 프로그램 가능한 ROM)   EPROM 과 같이 그것은 한 번 이상 지웠다가 다시 프로그램할 수 있다. 지우고 다시 사용할 수 있는 수는 프로세서에 따라 달라진다. EPROM 과는 달리 EEPROM 의 내용은 어떤 특별한 소자를 사용하지 않고도 임베디드 시스템이 동작하는 동안에 썼다가 지울 수 있다. EEPROM 에서는 선택적으로 지울 수 있는 EPROM 과 달리 지우는 것이 전체적으로 이루어져야 한다.

EEPROM 의 저렴하고 빠른 버전으로 플래시 메모리가 있다. EEPROM 이 바이트 단위로 쓰고 지울 수 있는 반면, 플래시는 블록 또는 섹터(바이트 그룹) 단위로 쓰고 지울 수 있다. EEPROM 과 같이 플래시는 임베디드 기기 안에서 동작하는 동안 지워질 수 있다.

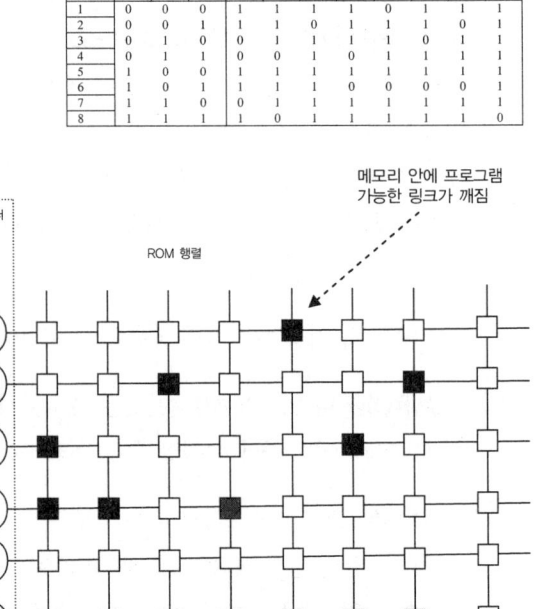

>> 그림 4-41 8×8 ROM 회로 읽기[4-21]

RAM

보통 주 메모리라고 불리는 RAM(random-access memory)은 그 내부의 어떤 위치도 바로 접근할 수 있으며(어떤 시작점으로부터 순차적으로가 아니라 랜덤하게), 그 내용 또한 한 번 이상(하드웨어에 따라 그 수는 달라진다) 변경될 수 있는 메모리이다. ROM과는 달리, RAM의 내용은 RAM에 전원 공급이 끊기면 지워진다. 이것은 RAM이 휘발성이라는 것을 의미한다. RAM의 주요한 2가지 종류로는 **SRAM**(static RAM, 정적 RAM)과 **DRAM**(dynamic RAM, 동적 RAM)이 있다.

그림 4-42a에서 볼 수 있듯이 SRAM 메모리 셀은 트랜지스터 기반의 플립-플롭 회로로 구성되어 있는데, 이것은 보통 전원이 끊기거나 데이터가 다시 쓰여질 때까지 회로 안에 있는 한 쌍의 게이트상에서 전류를 양방향으로 전환하면서, 그 데이터를 보존한다.

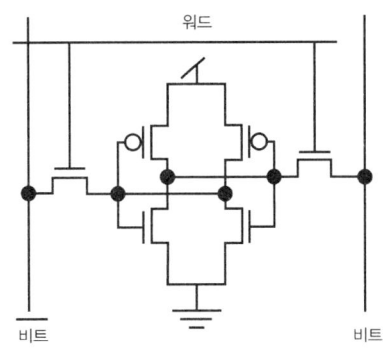

>> 그림 4-42a 6 트랜지스터 SRAM 셀[4-26]

SRAM이 어떻게 동작하는지를 더 분명하게 이해하기 위해서, 그림 4-42b와 같은 4K×8 SRAM의 샘플 논리회로를 살펴보자.

이 예제에서, 4K×8 SRAM은 4K×8 행렬인데, 이것은 4096(4×1024)개의 서로 다른 8비트 바이트 또는 32768비트의 정보를 저장할 수 있다는 것을 의미한다. 아래의 다이어그램에서 볼 수 있듯이, 12개의 어드레스 라인(A_0-A_{11})은 모든 4096(000000000000b-111111111111b)개의 가능한 어드레스를 어드레싱할 수 있어야 하며, 그 어드레스의 모든 어드레스 자릿수에 대해 하나의 어드레스 라인이 할당되어야 한다. 이 예제에서 4K×8 SRAM은 64×64의 행렬로 구성되는데, 여기서 어드레스 A_0-A_5는 행을 나타내며, A_6-A_{11}은 열을 나타낸다. ROM에서처럼, SRAM 행렬 안에 있는 행과 열의 모든 교차점은 메모리 셀이며, SRAM 메모리 셀의 경우, 그것들은 주로 폴리실리콘 로드 레지스터, 바이폴라 트랜지스터, CMOS 트랜지스터와 같은 반도체 소자를 기초로 한 플립-플롭 회로를 포함할 수 있다. 한 어드레스에 저장되는 모든 바이트에 대해 한 바이트씩 8개의 출력 라인(D_0-D_7)이 있다.

이 SRAM 예제에서, 칩 셀렉트(CS)가 HIGH이면, 메모리는 대기 모드(읽기 또는 쓰기가 발생하지 않는 상태)에 있게 된다. CS가 LOW로 토글되고, 쓰기 활성 입력(WE)이 LOW가 되면, 한 바이트의 데이터는 그 어드레스 라인이 가리키는 어드레스에 데이터 입력 라인(D_0-D_7)을 통해 쓰여진다. 동일한 CS 값(LOW)과 WE에 HIGH가 주어질 경우, 어드레스 라인(A_0-A_7)이 가리키는 어드레스에 있는 데이터 출력 라인(D_0-D_7)으로부터 한 바이트의 데이터가 읽혀진다.

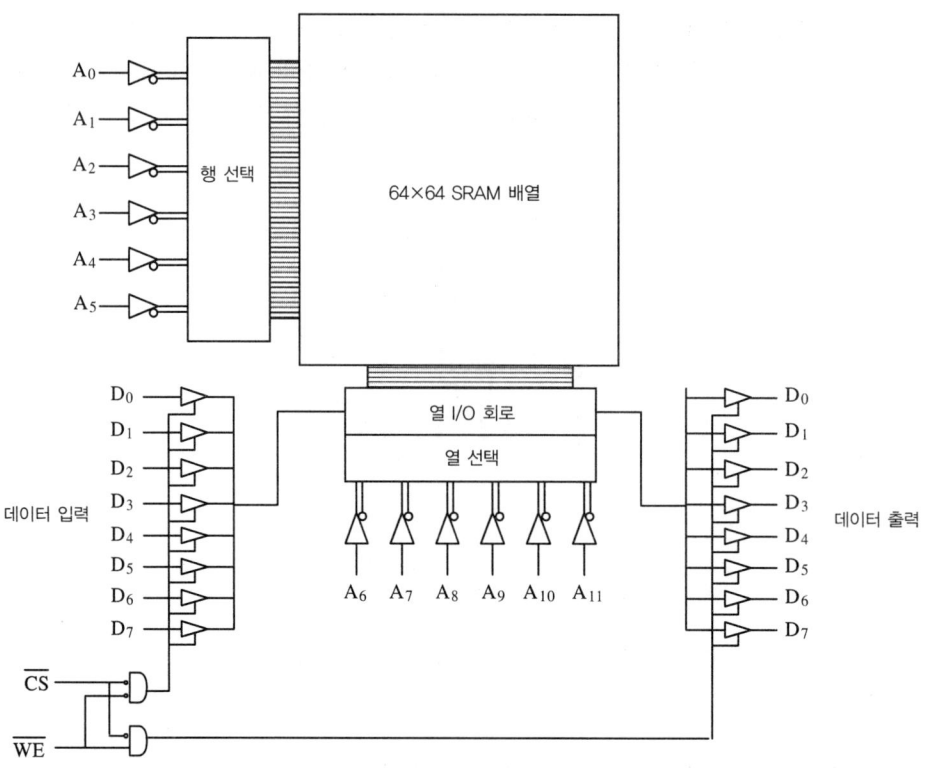

>> 그림 4-42b 4K×8 SRAM 논리회로[4-21]

그림 4-43에서 볼 수 있듯이, DRAM 메모리 셀은 그 위치에 전하를 포함하고 있는 커패시터들을 가진 회로이다. (데이터를 반영하기 위해 충전 또는 방전) DRAM 커패시터들은 DRAM이 읽혀진 후, 상대적인 전하량을 유지하고 커패시터를 재충전하기 위해 전원으로 주기적으로 리프레시를 해주어야 한다(DRAM을 읽는 것은 커패시터를 방전시킨다). 메모리 셀의 방전 및 재충전하는 사이클은 이런 종류의 RAM을 동적이라고 부르는 이유이다.

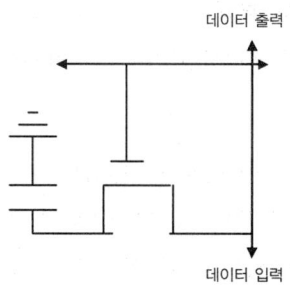

>> 그림 4-43 DRAM(커패시터 기반의) 메모리 셀[4-21]

16K×8의 간단한 DRAM 회로를 살펴보자. 이 RAM 설정은 128개의 행과 128개의 열로 구성된 이차원 배열이다. 이는 그 설정이 16384(16×1024)개의 다른 8비트 바이트 또는 131072비트의 정보를 저장할 수 있다는 것을 의미한다. 이러한 어드레스 설정 때문에, 더 큰 DRAM은 16384개(0000000000000b – 1111111111111b)의 가능한 어드레스에 접근하기 위해 14개의 어드레스 라인(A_0–A_{13})을 가지고 디자인되거나—그 어드레스의 모든 어드레스 자리를 위해 한 어드레스 라인씩 할당—이 어드레스 라인들이 공유 라인들을 관리하기 위한 일종의 데이터 선택회로를 갖도록 멀티플렉싱되어 있어야 한다. 그림 4-44는 이 예에서 어드레스 라인들이 어떻게 멀티플렉싱되어야 하는지를 보여주고 있다.

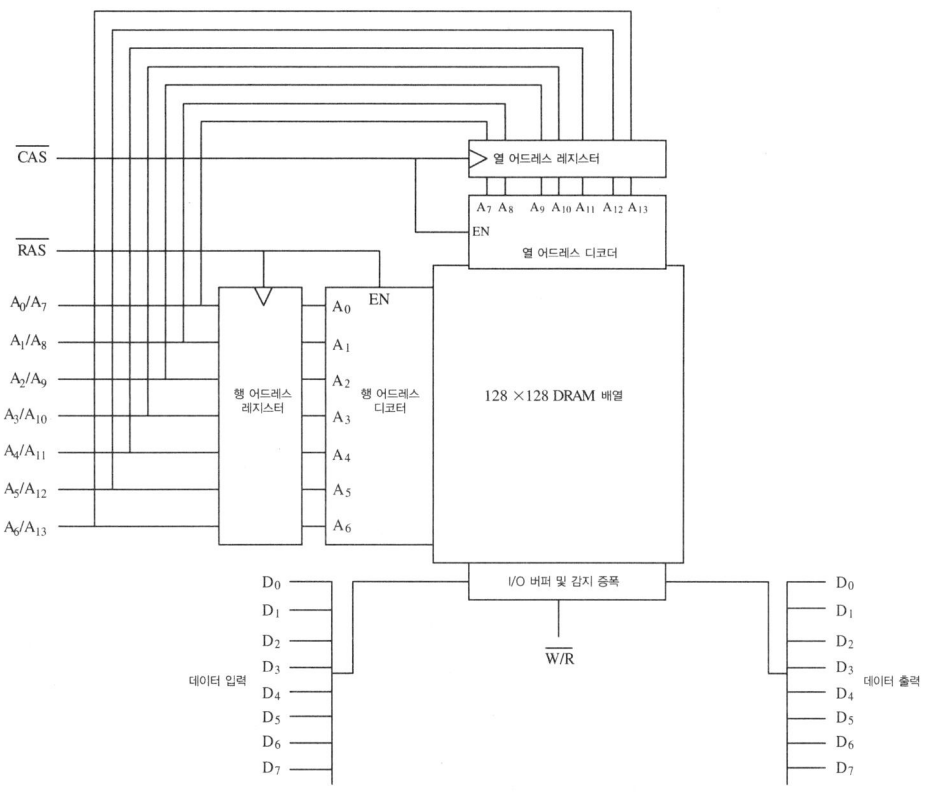

>> 그림 4-44 16K×8 SRAM 논리회로[4-21]

16K×8 DRAM은 행을 의미하는 어드레스 A_0–A_6와 열을 의미하는 A_7–A_{13}을 갖도록 설정되어 있다. 이 예에서 RAS(row address strobe) 라인은 전송될 A_0–A_6를 위해 (HIGH에서 LOW로) 토글되고, 그런 다음 CAS(column address strobe) 라인이 전송될 A_7–A_{13}을 위해 (HIGH에서 LOW로) 토글된다. 이 시점 이후에 메모리 셀은 래치되어 데이터를 읽거나 쓸 준비를 한다.

한 어드레스에 저장될 수 있는 모든 바이트에 대해 8개의 출력 라인(D_0-D_7)이 있다. WE 입력 라인이 HIGH 이면, 데이터는 출력 라인 D_0-D_7으로부터 읽혀진다. WE(write enable)가 LOW 이면, 데이터는 입력 라인 D_0-D_7으로 쓰여질 수 있다.

SRAM 과 DRAM 사이의 주요한 차이점 중 하나는 DRAM 메모리열의 구성에 있다. DRAM 의 메모리열에 있는 커패시터는 전하(데이터)를 저장할 수 없다. 전하는 시간이 흐름에 따라 점차적으로 방출되기 때문에, 그 데이터의 무결성을 유지하기 위해서는 DRAM 을 리프레시하기 위한 추가의 메커니즘이 필요하다. 이 메커니즘은 메모리 셀 안에 저장된 전하를 보존하는 민감한 증폭회로를 사용하여 그것이 데이터를 읽어버리기 전에 DRAM 안에서 데이터를 읽고 그것을 DRAM 회로에 다시 써넣는다. 이 셀을 읽는 과정 또한 커패시터를 방전시킨다(셀을 읽는 것은 커패시터가 점점 방전하는 문제를 보정하기 위한 일련의 과정이다). 임베디드 시스템에서의 **메모리 컨트롤러**(memory controller, 더 자세히 알아보기 위해서는 5.4 절의 메모리 관리를 살펴보라)는 리프레시를 초기화하고 이벤트들의 리프레시 시퀀스의 트랙을 유지함으로써 DRAM 의 재충전 및 방전 사이클을 관리한다. 이렇게 메모리 셀의 방전과 재충전을 반복하는 리프레시 순환 메커니즘 때문에 이러한 유형의 RAM 에게 그러한 이름— '동적' RAM(DRAM)—이 생겨난 것이다. SRAM 에는 전하가 유지된다는 사실 때문에 그 이름이 '정적' RAM(SRAM)이 된 것이다. 이 추가 재충전 회로는 DRMA 이 SRAM 에 비해 더 느리게 만든다. SRAM 이 레지스터(4장에서 설명한 일종의 집적 메모리)보다 느린 이유 중 하나는 SRAM 플립-플롭 내에 트랜지스터들이 더 작을 때, 그것들은 레지스터에서 사용되는 것만큼 많은 전류를 운반할 수 없기 때문이다.

SRAM 은 또한 DRAM 보다 더 적은 전력을 소모한다. 왜냐하면, 리프레시를 위해 필요한 추가의 에너지가 필요 없기 때문이다. 플립의 면에서 볼 때, DRAM 은 커패시터 기반으로 디자인되어 있기 때문에 보통 SRAM 보다 더 저렴하다. DRAM 은 또한 SRAM 보다 더 많은 데이터를 저장할 수 있다. 왜냐하면, DRAM 회로는 SRAM 회로보다 훨씬 더 작으므로, 동일한 IC 안에 더 많은 DRAM 회로를 집적할 수 있기 때문이다.

DRAM 은 보통 비디오 RAM 과 캐시보다 더 큰 양이기 때문에 '주' 메모리로 사용된다. 디스플레이 메모리로 사용되는 DRAM 은 보통 프레임 버퍼라고 부른다. SRAM 은 훨씬 더 비용이 많이 들기 때문에 보통 작은 양으로만 사용되며, 가장 빠른 종류의 RAM 이기 때문에 외부 캐시(5.2 절 참고)와 비디오 메모리(일종의 그래픽들을 처리하는 메모리, 더 많은 예산이 주어진다면, 시스템은 더 좋은 성능의 RAM 으로 구현할 수 있다)로 사용된다.

표 4-3은 임베디드 보드에서 다양한 목적을 위해 사용되는 RAM 과 ROM 의 서로 다른 종류의 예를 요약 정리하고 있다.

>> 표 4-3 온-칩 메모리[4-27]

	주 메모리	비디오 메모리	캐시
SRAM	NA	RAMDAC 프로세서는 트루 컬러를 가지지 않는 디스플레이 시스템을 위한 비디오 카드에서 CRT와 같은 아날로그 디스플레이를 위해, 디지털 이미지 데이터를 아날로그 디스플레이 데이터로 바꾸기 위해 사용된다. 내장된 SRAM은 DAC에 의해 사용되는 버전값에 대해 RGB를 제공하는 컬러 팔레트 테이블을 포함한다. 또한 디스플레이 장치 목적으로 디지털 이미지 데이터를 아날로그 신호로 변경하기 위해 RAMDAC에 집적되어 있다.	SRAM은 레벨 1 캐시와 레벨 2 캐시 모두를 위해 사용된다. BSRAM이라고 불리는 일종의 SRAM은 시스템 클럭 또는 캐시 버스 클럭과 동기화되며, 레벨 2 캐시 메모리를 위해 보통 사용된다.
DRAM	SDRAM은 마이크로 프로세서의 클럭 속도(MHz 단위)와 동기화된 DRAM을 말한다. JDEC SDRAM, PC100 SDRAM, DDR SDRAM과 같은 몇몇 SDRAM은 다양한 시스템에서 사용된다. ESDRAM은 SDRAM 내에 SRAM을 집적하고 있는 SDRAM을 말한다. 이것은 더 빠른 SDRAM을 가능하게 한다. (기본적으로 ESDRAM의 더 빠른 SRAM 부분은 데이터를 위해 처음 확인되며, 데이터가 없으며, 남은 SDRAM 부분이 검색된다).	RDRAM과 MDRAM은 보통 비트값의 배열(디스플레이상의 이미지의 화소들)을 저장하는 디스플레이 메모리로 사용되는 DRAM이다. 이미지의 해상도는 각 픽셀당 정의되어 있는 비트 수에 의해 결정된다.	EDRAM은 DRAM 안에 SRAM을 집적하고 있으며, 보통 레벨 2 캐시로 사용된다(4.2절 참고). EDRAM의 빠른 SRAM 부분은 데이터를 위해 먼저 검색되며, 이 부분에 데이터가 없을 경우, EDRAM의 DRAM 부분이 검색된다.
	DRDRAM과 SLDRAM은 버스 신호가 집적되어 있어 한 라인에 접근 가능하기 때문에, 접근 시간이 줄어든 DRAM을 말한다(여러 라인을 동기화하는 동작이 불필요하기 때문).	FPM DRAM, EDORAM/EDO DRAM, BEDO DRAM, ⋯	

>> 표 4-3 계속

	주 메모리	비디오 메모리	캐시
DRAM	FRAM은 비휘발성 DRAM을 말한다. 이것은 전원이 끊긴 후에도 DRAM으로부터 데이터를 잃어버리지 않는다는 것을 의미한다. FRAM은 SRAM, DRAM, ROM(플래시)의 다른 종류들보다 더 적은 전력 요구사항을 갖는다. 이것은 더 작은 휴대형 기기(PDA, 폰 등)를 타깃으로 한다.		
	FPM DRAM, EDORAM/EDO DRAM, BEDO DRAM, …		

캐시(레벨 1 캐시)

캐시는 메모리 계층구조 안에서 CPU와 주 메모리 사이에 있는 메모리 계층이다(그림 4-45 참고). 캐시는 프로세서 안에 집적될 수도 있으며, 칩 외부에 존재할 수도 있다. 칩상에 존재하는 캐시를 가리켜 보통 레벨 1 캐시라고 부르며, SRAM 메모리가 보통 레벨 1 캐시로 사용된다. (SRAM) 캐시 메모리는 보통 속도로 인해 더 고가이므로, 프로세서는 보통 칩 내부든 외부든 상관 없이 작은 양의 캐시를 가진다.

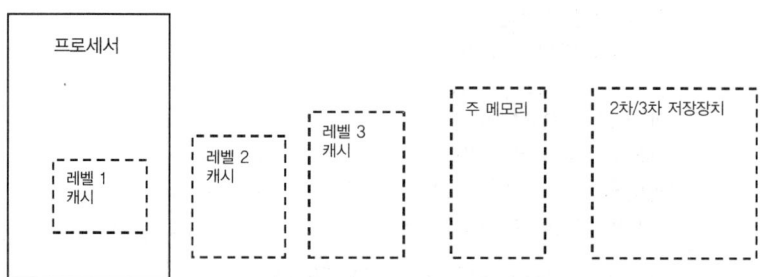

>> 그림 4-45 메모리 계층구조 안의 레벨 1 캐시

캐시를 사용하는 것은 참조의 충분한 국부성을 나타내는 시스템에 대해 응답할 때 인기가 많다. 여기서 참조의 국부성은 주어진 시간 주기 안에서 시스템이 제한된 메모리 영역에서 데이터의 대부분을 접근한다는 것을 의미한다. 캐시는 자주 사용되거나 접근되는 주 메모

리의 서브세트를 저장하기 위해 사용된다. 어떤 프로세서들은 명령어와 데이터를 위해 하나의 캐시를 가지며, 어떤 프로세서들은 각각에 대해 분리된 온-칩 캐시를 갖는다.

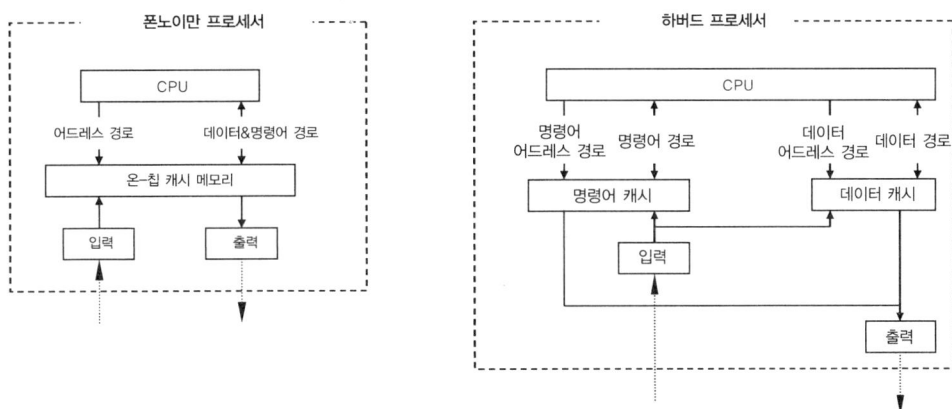

>> 그림 4-46 폰노이만 모델과 하버드 모델에서의 레벨 1 캐시

레벨 1 캐시와 주 메모리로부터 데이터를 읽고 쓸 때 사용되는 여러 방법들이 있다. 이 방법들은 메모리와 캐시 사이에서 데이터를 한 워드 또는 여러 워드의 **블록**(block)으로 전송하는 것을 포함한다. 이 블록들은 주 메모리로부터의 데이터와 (**태그**라 불리는) 주 메모리 안에 있는 그 데이터의 위치로 구성된다.

메모리에 쓸 때, CPU로부터의 어떤 메모리 어드레스가 주어진다면, 이 어드레스는 레벨 1 캐시 안에 있는 동일한 위치를 결정하기 위해 변환된다. 왜냐하면, 캐시는 메모리의 서브세트의 일부이기 때문이다. 캐시와 주 메모리의 **일치**(동일한 값을 가지고 있다)를 보장하기 위해, 데이터를 쓸 때에는 캐시와 주 메모리에 둘 다 쓰여진다. 이것을 보장하기 위한 가장 일반적인 2가지 쓰기 방식으로는 매번 데이터를 캐시와 주 메모리에 모두 쓰는 선기입 방식(write-through)과 처음에는 캐시에만 쓰고 캐시 교체가 발생될 경우에만 주 메모리에 쓰는 라이트 백(write-back)이 있다.

CPU가 메모리로부터 데이터를 읽고자 할 때, 레벨 1 캐시가 먼저 체크된다. 데이터가 캐시 안에 있을 경우[**캐시 적중**(cache hit)이라고 한다] 그 데이터는 CPU로 보내지며, 메모리 액세스가 완성된다. 만약 그 데이터가 레벨 1 캐시 안에 없다면, 이것을 가리켜 **캐시 미스**(cache miss)라고 한다. 그러면 외부의 캐시가 체크되고 그 역시 캐시 미스라면, 주 메모리에서 데이터를 읽어와서 CPU에 전달한다.

데이터는 보통 세 가지 방식 중 하나로 캐시 안에 저장된다.

- **직접 매핑 방식** 여기서 캐시 안에 있는 데이터는 메모리 안의 관련된 블록 어드레스에 의해 위치가 지정된다(블록의 '태그' 위치를 사용하여).

- **세트 연상 방식** 여기서 캐시는 여러 개의 블록들이 위치하는 세트라는 것으로 나뉜다. 블록들은 캐시의 특정 세트로 매핑되는 인덱스 영역에 따라 위치가 지정된다.

- **완전 연상 방식** 여기서 블록들은 캐시 안의 어디든 위치할 수 있으며, 매번 전체 캐시를 검색함으로써 그 위치가 지정된다.

어드레스의 변환을 수행하는 메모리 관리장치(memory management unit : MMU)를 가지고 있는 시스템에서(4.2절 참고), 캐시는 CPU와 MMU 또는 MMU와 주 메모리 사이에 집적될 수 있다. 캐시를 MMU에 집적하는 이 두 방법에는 장단점이 있다. 그 주변에서는 데이터가 주 프로세서를 통하지 않고 보드상의 보조 프로세서에 의해 외부의 주 메모리를 액세스할 수 있게 하는 DMA 장치가 있다. 캐시가 주 프로세서와 MMU 사이에 집적되어 있다면, 메모리에 접근하는 주 프로세서는 캐시에 영향을 미친다. 그러므로 DMA 데이터가 전송되거나 캐시가 주 프로세서 외에 시스템 내 다른 장치에 의해 업데이트되는 동안 주 프로세서가 메모리를 액세스하지 못하도록 제한하지 않는다면, 메모리에 DMA가 쓸 때 주 메모리와의 캐시 불일치를 야기할 수 있다. MMU와 주 메모리 사이에 캐시가 집적되어 있는 경우에는 캐시가 주 프로세서와 DMA 장치에 의해 모두 영향을 받기 때문에 더 많은 어드레스 변환이 발생된다.

온-칩 메모리 관리

한 시스템 안에 집적시킬 수 있는 메모리 종류로는 몇 가지가 있으며, CPU에서 동작할 수 있는 소프트웨어가 **논리/가상 메모리 어드레스**(logic/virtual memory address)와 **실제 물리 메모리 어드레스**(actual physical memory address)—이차원 배열 또는 행렬—를 어떻게 바라보는가에 따라 차이점도 있다. **메모리 관리자**(memory manager)는 이러한 이슈를 관리하기 위해 디자인된 IC이다. 어떤 경우, 그것들은 주 프로세서 안에 집적되어 있다.

주 프로세서에 집적되는 가장 일반적인 두 가지의 메모리 관리자는 메모리 컨트롤러(MEMC)와 메모리 관리장치(MMU)이다. 메모리 컨트롤러는 캐시, SRAM과 DRAM처럼 서로 다른 종류의 메모리들을 시스템에 인터페이스하고, 메모리로의 접근을 동기화하며, 전송된 데이터의 무결성을 보장하는 데 사용된다. 메모리 컨트롤러는 메모리 자신의 물리적인 이차원 어드레스에 직접 접근한다. 그 컨트롤러는 주 프로세서로부터의 요청을 관리하며, 적절한 뱅크를 액세스하여, 피드백을 기다렸다가 주 프로세서에 피드백을 준다. 어떤 경우, 메모리 컨트롤러는 한 종류의 메모리만을 주로 관리하기 때문에 DRAM 컨트롤러, 캐시 컨트롤러 등등과 같은 메모리 이름으로 언급되기도 한다.

메모리 관리장치(MMU)는 논리(가상) 어드레스를 물리 어드레스로 변환하고(메모리 매핑), 메모리 보안(메모리 보호), 캐시 제어, CPU와 메모리 사이의 중계 처리, 적절한 익셉션 생성을 위해 사용된다. 그림 4-47은 MPC860을 보여주고 있는데, 이것은 집적된 MMU(코어 안에 있는)와 집적된 메모리 컨트롤러(시스템 인터페이스 장치 안에 있는)를 모두 가지고 있다.

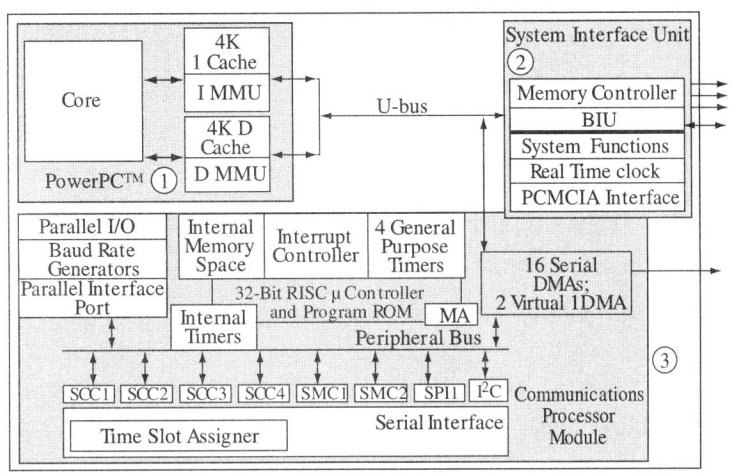

>> 그림 4-47 메모리 관리와 MPC860[4-15]
저작권자 Freescale Semiconductor, Inc.의 허가하에 발췌

변환된 어드레스의 경우, MMU는 논리 어드레스를 물리 어드레스로 매핑한 값들을 프로세서상에 저장하기 위한 변환 참조 버퍼, 즉 TLB라고 불리는 어드레스 변환값을 캐싱하기 위한 버퍼를 할당하기 위해 프로세서상에 있는 레벨 1 캐시 또는 캐시의 일부를 사용할 수 있다. MMU는 또한 어드레스를 변환하기 위한 다양한 방법들, 주로 **세그먼테이션**(segmentation), **페이징**(paging), 또는 그 두 방식의 조합을 지원해야 한다. 일반적으로 세그먼테이션은 논리 어드레스를 그보다 더 큰 가변 섹션으로 나누는 것을 의미하며, 페이징이란 논리 메모리를 그보다 더 작은 고정 단위로 나누는 것을 의미한다.

메모리 보호방식은 다양한 페이지 또는 세그먼트로의 공유, 읽기/쓰기, 또는 읽기 전용 접근방법을 제공한다. 만약 메모리 액세스가 정의되지 않았거나 허락되지 않은 경우 인터럽트가 발생된다. 인터럽트는 또한 페이지 또는 세그먼트가 어드레스 변환을 하는 동안 액세스되지 않는 경우에도 발생할 수 있다(예를 들어 페이징 방식의 경우, 페이지 결함 등이 발생한다). 그 시점에서 인터럽트는 처리되어야 한다. 예를 들어, 페이지 또는 세그먼트는 보조 메모리로부터 가져오게 될 것이다.

MMU의 세그먼테이션 또는 페이징을 지원하는 방식은 소프트웨어(운영체제)에 따라 다르다. 가상 메모리에 대해서 그리고 MMU가 가상 메모리를 관리하기 위해 시스템 소프트웨어를 어떻게 사용하는지에 대해서 더 자세히 알고 싶다면, 9장 운영체제를 참고하라.

메모리 구조

메모리 구조는 특정 플랫폼의 메모리 계층구조의 구성뿐 아니라, 메모리의 내부 구조, 특히 메모리의 어떤 부분이 사용될지 아니면 사용되지 않을지, 그리고 시스템의 나머지에 의해 모든 종류의 메모리가 어떻게 구성되고 접근되는지를 포함한다. 예를 들어, 어떤 아키텍처의 경우 한 부분은 명령어를 저장하고 다른 부분은 데이터만을 저장하도록 메모리를 나눌 수도 있다. SHARC DSP는 데이터와 프로그램(명령어)을 위해 각각 분리된 메모리 공간(메모리의 일부)으로 나뉜 통합된 메모리를 포함한다. ARM 아키텍처의 경우, 어떤 ARM 아키텍처는 명령어와 데이터를 위해 하나의 메모리 공간을 갖는 폰노이만 모델(예를 들어, ARM7)을 기반으로 하며, 어떤 ARM 아키텍처(ARM9)는 데이터를 위한 영역과 명령어를 위한 분리된 영역으로 메모리가 나뉜 하버드 모델을 기반으로 한다.

소프트웨어와 함께 주 프로세서는 메모리를 **메모리 맵**(memory map)이라고 불리는 하나의 커다란 일차원 배열로 여긴다(그림 4-48 참고). 이 맵은 어드레스 또는 어드레스 세트가 어떤 컴포넌트들에 의해 채워져 있는지를 명확하게 정의하는 역할을 한다.

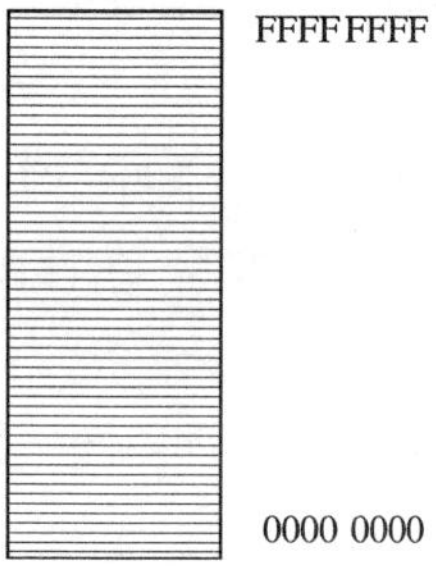

>> 그림 4-48a 메모리 맵

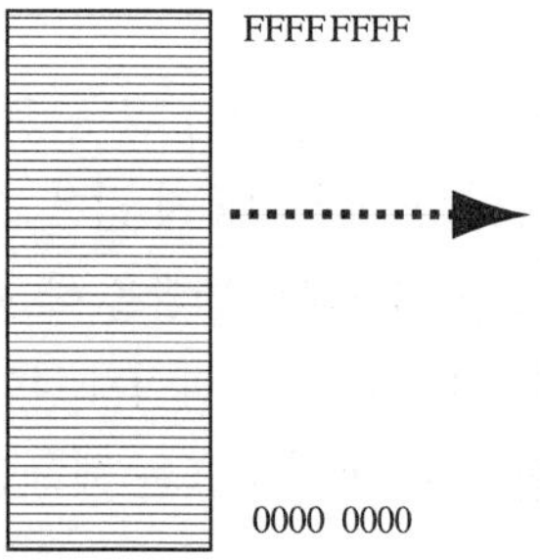

Address Offset	Register	Size
000	SIU module configuration register (SIUMCR)	32 bits
004	System Protection Control Register (SYPCR)	32 bits
008-00D	Reserved	6 bytes
00E	Software Service Register (SWSR)	16 bits
010	SIU Interrupt Pending Register (SIPEND)	32 bits
014	SIU Interrupt Mask Register (SIMASK)	32 bits
018	SIU Interrupt Edge/Level Register (SIEL)	32 bits
01C	SIU Interrupt Vector Register (SIVEC)	32 bits
020	Transfer Error Status Register (TESR)	32 bits
...	...	...

>> 그림 4-48b 메모리 맵 안의 MPC860 레지스터[4-15]
저작권자 Freescale Semiconductor, Inc.의 허가하에 발췌

CHAPTER 04
임베디드 프로세서

이 메모리 맵 안에서 아키텍처는 일종의 정보에만 접근할 수 있는 여러 개의 어드레스 공간을 정의할 수 있다. 예를 들어, 어떤 프로세서들은 특정 위치에서—또는 랜덤한 위치가 주어졌을 경우—그 자신의 내부 레지스터들을 위한 공간을 할당하기 위한 오프셋 세트를 필요로 할 수도 있다(그림 4-48b 참고). 프로세서는 또한 내부 I/O 기능, 명령어(프로그램), 또는 데이터에만 접근 가능한 특정 메모리 공간을 허락할 수도 있다.

프로세서 입출력

> 저자 주 : 이 절의 내용은 6장 입출력(I/O) 장치의 내용과 유사하다. 하나는 어떤 종류의 I/O 또는 I/O 서브시스템의 컴포넌트들이 IC상에 집적되어 있고, 다른 하나는 보드상에 별도로 위치해 있다는 것만 다를 뿐 그 기본은 근본적으로 같다.

프로세서의 입출력(I/O) 컴포넌트들은 프로세서의 다른 컴포넌트들로부터 보드상에 있는 메모리 및 프로세서 외부의 I/O로 정도를 가져오는 역할을 한다(그림 4-49 참고). 프로세서 I/O는 또한 주 프로세서로 정보를 가져오기만 하는 입력 컴포넌트, 주 프로세서로부터 정보를 가져가는 출력 컴포넌트, 또는 두 기능을 모두 담당하는 컴포넌트로 구성될 수 있다(그림 4-48 참고).

임베디드이든 임베디드가 아니든, 전통적인 것(키보드, 마우스 등)이든 최신의 것(전력공장, 인조 팔다리 등)이든 모든 전자기계식 시스템은 임베디드 보드에 연결될 수 있으며, I/O 장치처럼 동작할 수 있다. I/O란 상위 그룹에 속하며, 출력장치, 입력장치, 그리고 입출력 장치를 모두 가진 장치의 세부 항목으로 분류될 수 있다. 출력장치들은 보드 I/O 컴포넌트로부터 데이터를 받아 그것을 종이에 출력하거나, 디스크에 저장하거나 사람이 볼 수 있도록 LED를 깜박이는 것과 같은 방식으로 데이터를 디스플레이한다. 마우스, 키보드, 또는 원거리 제어와 같은 입력장치는 데이터를 보드 I/O 컴포넌트로 보낸다. 어떤 I/O 장치들은 이 2가지 기능을 모두 할 수 있다. 예를 들어, 네트워킹 장치는 데이터를 인터넷에서 받아오거나 인터넷으로 보낼 수 있다. I/O 장치는 키보드나 원거리 제어와 같이 유무선 데이터 전송매체를 통해 임베디드 보드에 연결될 수 있다. 또한 LED처럼 그 자체로 임베디드 보드상에 존재할 수도 있다.

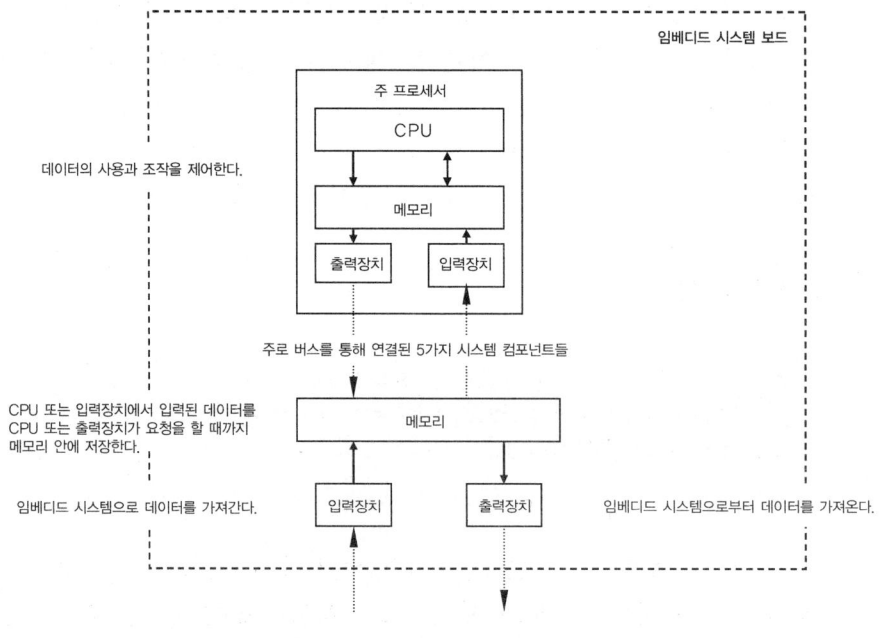

>> 그림 4-49 프로세서 I/O 다이어그램

간단한 회로에서 다른 완전한 임베디드 시스템에 이르기까지 I/O 장치들이 너무 다양하기 때문에, 보드 I/O 컴포넌트들은 하나 또는 그 이상의 몇 가지 다른 범주에 속할 수 있다. 가장 일반적인 범주는 다음과 같다.

- 네트워킹 및 통신 I/O(OSI 모델의 물리 계층, 2장 참고)

- 입력장치(키보드, 마우스, 원거리 제어, 음성 등)

- 그래픽과 출력 I/O(터치 스크린, CRT, 프린터, LED 등)

- 저장 I/O(광디스크 컨트롤러, 자기 디스크 컨트롤러, 자기 테이프 컨트롤러 등)

- 디버깅 I/O(BDM, JTAG, 직렬 포트, 병렬 포트 등)

- 실시간 I/O 와 그 외의 I/O(타이머/카운터, ADC 와 DAC, 키 스위치 등)

간단히 말해서, 보드 I/O 는 주 프로세서를 I/O 장치에 직접 연결하는 기본 전자회로만큼 간단할 수 있다. 즉, 주 프로세서의 I/O 포트를 보드상에 위치한 클럭 또는 LED 에 연결할 수도 있고, 그림 4-50에서 볼 수 있는 것처럼, 몇 가지 장치를 포함하고 있는 더 복잡한 I/O 서브시스템 회로를 구현할 수도 있다. I/O 하드웨어는 전형적으로 6가지의 주 논리장치의 몇 가지 조합으로 구성된다.

- **전송매체** 데이터 통신과 교체를 위해 임베디드 보드에 I/O 장치를 연결하기 위한 무선 또는 유선 매체

- **통신 포트** 전송매체가 보드상에 연결되는 것 또는 무선 시스템이라면 무선신호를 받는 것

- **통신 인터페이스** 주 CPU와 I/O 장치 또는 I/O 컨트롤러 사이에서 데이터 통신을 관리하고, 데이터를 IC 또는 I/O 포트의 논리 수준으로 인코딩 또는 디코딩하는 역할을 하는 것으로서, 이 인터페이스는 주 프로세서에 집적되거나 분리된 IC 형태로 존재할 수도 있다.

- **I/O 컨트롤러** I/O 장치를 관리하는 보조 프로세서

- **I/O 버스** 보드 I/O와 주 프로세서 사이에 연결

- **주 프로세서 집적 I/O**

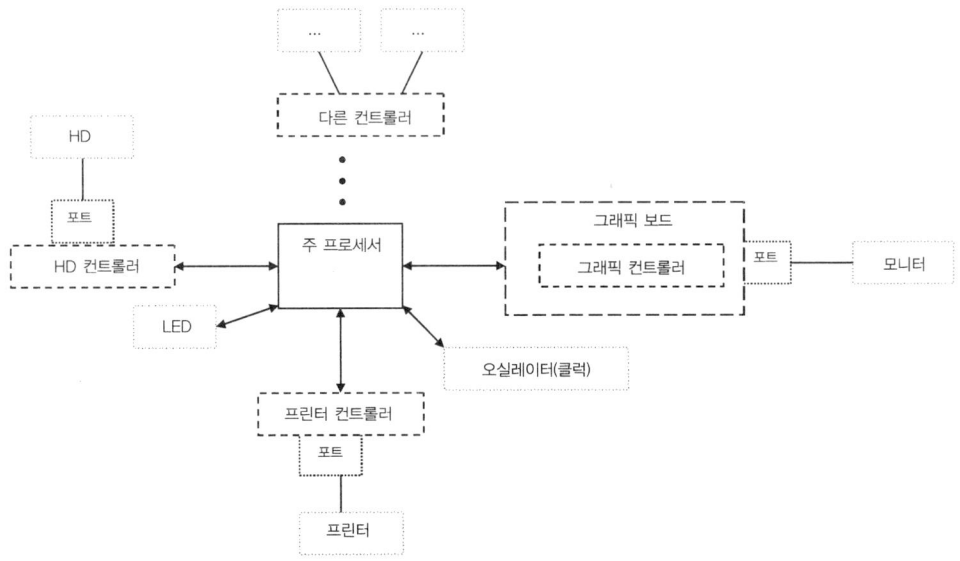

>> 그림 4-50 임베디드 보드상의 포트와 장치 컨트롤러

보드상의 I/O는 그림 4-51a에서의 복잡한 컴포넌트들의 조합에서 그림 4-51b에서의 간단한 집적된 I/O 보드 컴포넌트에 이르기까지 다양하다.

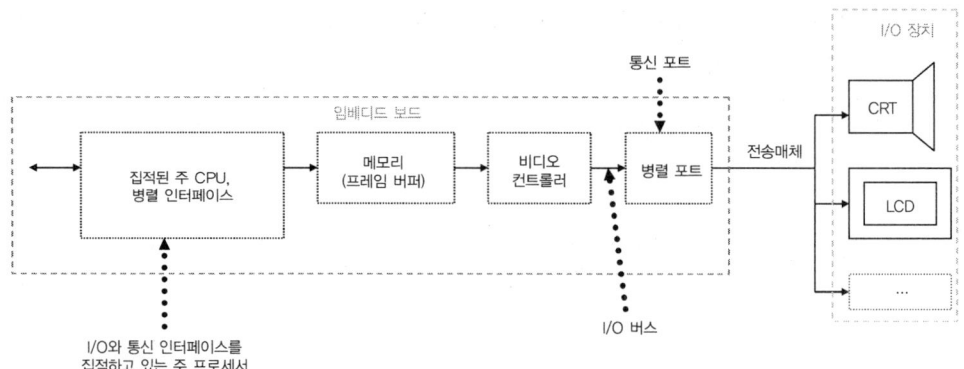

>> 그림 4-51a 복잡한 I/O 서브시스템

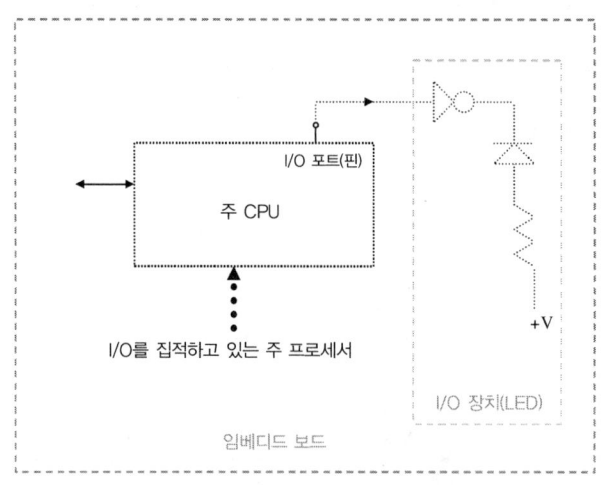

>> 그림 4-51b 간단한 I/O 서브시스템[4-30]

전송매체, 버스, 보드 I/O는 이 절의 범주를 벗어나는 것이며, 이것에 대해서는 2장(전송매체), 7장(보드 버스), 6장(입출력(I/O) 장치)에서 각각 다루어진다. I/O 컨트롤러는 본래 일종의 프로세서이다(4.1절 ISA 아키텍처 모델). I/O 장치는 만약 I/O 장치가 보드상에 위치해 있다면, **I/O 포트**(I/O port)를 통해 주 프로세서에 직접 연결되거나, 주 프로세서에 집적된 통신 인터페이스 또는 보드상의 별도의 IC를 통해 간접적으로 연결될 수 있다.

그림 4-52에서의 샘플 회로에서 볼 수 있듯이 I/O 핀은 보통 일종의 전류원과 스위칭 소자에 연결된다. 이 예제에서 그것은 MOSFET 트랜지스터이다. 이 샘플 회로는 그 핀이 입력과 출력으로 모두 사용될 수 있게 해준다. 트랜지스터가 OFF가 되면(오픈 스위치) 그 핀은 입력 핀으로 동작하며, 스위치가 ON이 되면 그 핀은 출력 포트로 동작한다.

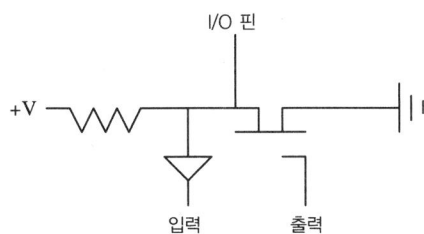

>> 그림 4-52 I/O 포트 샘플 회로[4-24]

프로세서상에 있는 핀 또는 핀 세트는 주 프로세서의 제어 레지스터를 통해 특정 I/O 기능(예를 들어, 이더넷 포트 수신기, 직렬 포트 송신기, 버스 신호 등)을 지원하기 위해 프로그램될 수 있다(그림 4-53 참고).

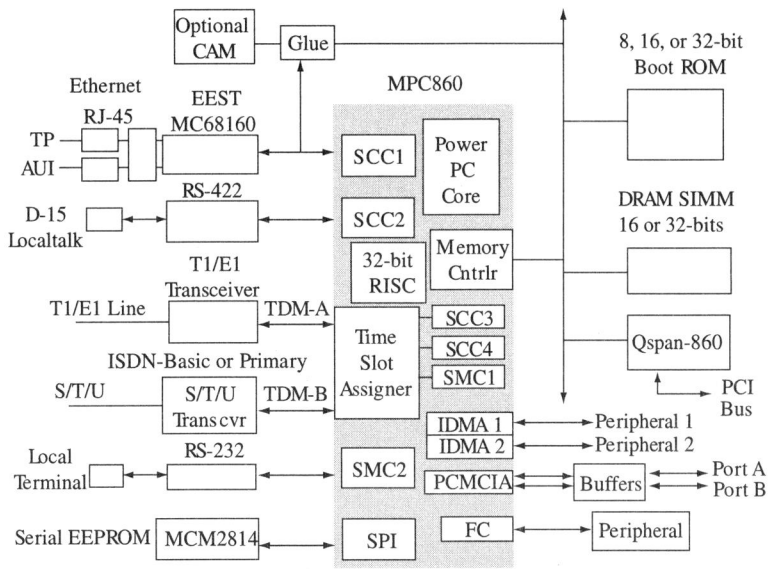

>> 그림 4-53 MPC860 레퍼런스 플랫폼과 I/O[4-25]
저작권자 Freescale Semiconductor, Inc.의 허가하에 발췌

> MPC860의 경우, 이더넷과 RS-232와 같은 I/O는 SCC 레지스터에 의해, RS-232는 SMC2에 의해 구현된다. 핀의 설정은 소프트웨어적으로 가능하며, 이것에 대해서는 8장에서 설명하겠다.

다양한 I/O 범주(네트워킹, 디버깅, 저장장치 등) 내에서 프로세서 I/O는 데이터가 처리되는 방법에 따라 보통 하위 분류된다. 실제 하위 그룹은 임베디드 시스템 모델과 관련된 아키텍처 관점에 따라 완전히 다를 수도 있다는 것을 기억해 두자. '관점'이란, 하드웨어와 소프트웨어가 바라볼 때 보드 I/O를 다르게 그룹화할 수 있다는 것을 의미한다. 소프트웨어에서 하위 그룹은 소프트웨어 계층(예를 들어, 시스템 소프트웨어 대 어플리케이션 소프트웨어, 운영체제 대 디바이스 드라이버 등)에 따라 다를 수 있다. 예를 들어, 대부분의 운영체제에서 보드 I/O는 블록 또는 문자 I/O로 여겨진다. 간단히 말해서, 블록 I/O는 고정된 블록 크기로 관리를 하며, 블록 단위로만 어드레싱을 한다. 한편 문자 I/O는 문자열, 아키텍처에 따른 문자의 크기(예를 들어, 한 바이트처럼)로 데이터를 관리한다.

하드웨어 관점에서 I/O는 직렬방식, 병렬방식, 또는 그 두 방식 모두로 데이터를 관리(전송 또는 저장)한다.

I/O 데이터 관리 : 직렬 I/O 대 병렬 I/O

직렬(serial)로 데이터를 주고 받을 수 있는 프로세서 I/O는 한 번에 한 비트씩 데이터를 저장하고 주고 받는 컴포넌트들로 구성되어 있다. 직렬 I/O 하드웨어는 전형적으로 6개의 주 논리장치들의 몇 가지 조합으로 구성되어 있다. 직렬 통신은 I/O 서브시스템 내에 직렬 포트와 직렬 인터페이스를 포함하고 있다.

직렬 인터페이스(serial interface)는 주 CPU와 I/O 장치 또는 그 컨트롤러 사이에 직렬 데이터 송신과 수신을 담당하고 있다. 그것들은 주 CPU 또는 I/O 장치로 전송해야 하는 데이터를 저장하고 인코딩 또는 디코딩하기 위해 송신 및 수신 버퍼를 포함하고 있다. 직렬 데이터 전송 및 수신 방식은 일반적으로 데이터 전송 및 수신될 수 있는 방향에 따라 그리고 실제 송신/수신 과정—즉, 데이터 비트가 데이터 스트림 안에서 송신되고 수신되는 방법에 따라 다르다.

데이터는 다음의 세 방향 중 하나로 두 장치 사이에 송신될 수 있다. 단방향 통신, 동일한 전송 라인을 공유하고 있어서 발생하는 다른 시간에의 양방향 통신, 동시에 양방향 통신이 바로 그것이다. **단방향**(simplex) 방식을 사용하는 직렬 I/O 데이터 통신은 데이터 스트림이 한 방향으로만 전송—또는 수신—될 수 있는 방법을 말한다(그림 4-54a 참고). **반이중**(half duplex) 방식은 데이터 스트림이 한 번에 한쪽 방향으로만 송신 및 수신할 수 있는 방법을 말한다(그림 4-54b 참고). **전이중**(full duplex) 방식은 동시에 양방향으로 송신 및 수신할 수 있는 방법을 말한다(그림 4-54c 참고).

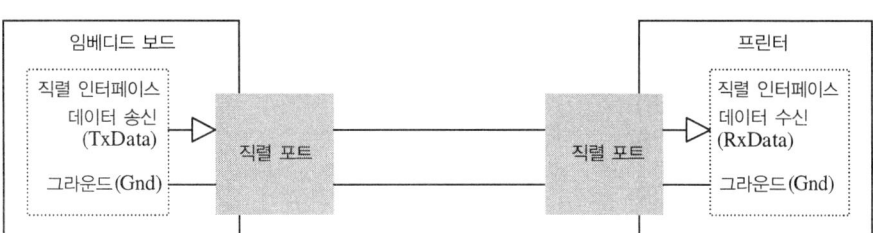

>> 그림 4-54a 단방향 방식 통신 예[4-18]

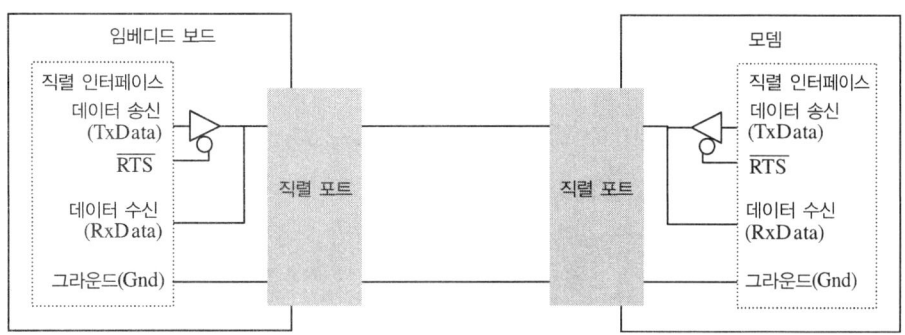

>> 그림 4-54b 반이중 방식 통신 예[4-18]

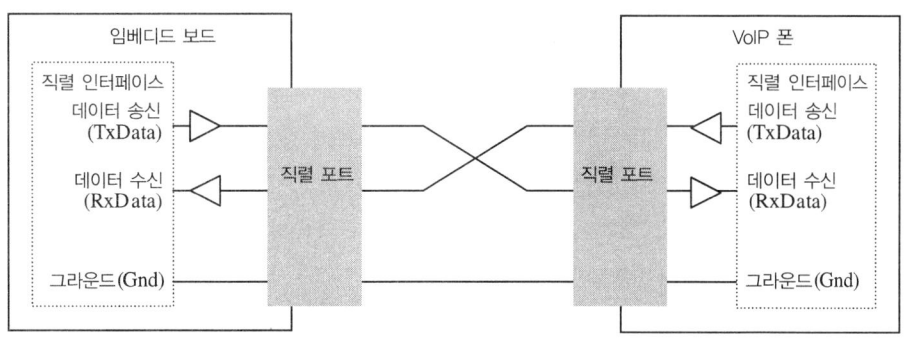

>> 그림 4-54c 전이중 방식 통신 예[4-18]

실제 데이터 스트림 내에서, 직렬 I/O 전송은 CPU 클럭에 의한 규칙적인 주기로 연속적으로 데이트를 받는 **동기**(synchronous) 전송 또는 비규칙적인 주기로 간헐적으로 발생하는 **비동기**(asynchronous) 전송으로 동작한다.

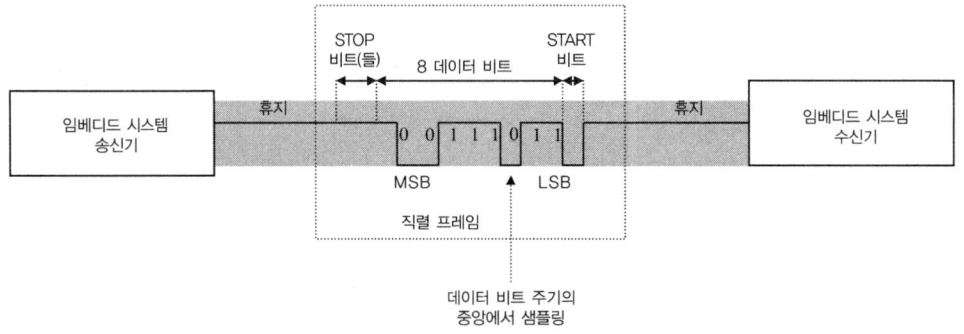

>> 그림 4-55 비동기 전송 샘플 다이어그램

그림 4-55에서와 같은 비동기 전송에서, 전송되는 데이터는 보통 직렬 인터페이스의 송신 버퍼 안에 저장되어 수정된다. 송신기에서의 직렬 인터페이스는 데이터 스트림을 패킷이라고 부르는 그룹으로 나누는데, 이것은 보통 문자당 4~8비트 또는 문자당 5~9비트로 구성된다. 이 패킷들 각각은 프레임으로 포장되어 각각 전송된다. 프레임은 전송될 데이터 스트림의 시작에 START 비트를, 그리고 전송될 데이터 스트림의 끝에 STOP 비트 또는 비트들(이것은 다음 프레임의 START 비트를 위해 '1'에서 '0'으로 전환을 보장하는 1, 1.5, 2비트를 말한다)을 포함하기 위해 직렬 인터페이스에 의해 수정되는 패킷을 말한다. 프레임 안에서, 데이터 비트 다음에 그리고 STOP 비트 다음에 패리티 비트가 추가될 수 있다. START 비트는 프레임의 시작을 알려주고, STOP 비트는 프레임의 끝을 알려주며, 패리티 비트는 아주 기본적인 오류 검출을 위해 사용되는 옵션 비트이다. 즉, START와 STOP 비트를 제외하고 전송되는 스트림 안에 '1'로 설정된 비트들의 전체 수가 짝수이면 성공적인 전송을 위해서는 그 결과도 짝수이어야 하며, START와 STOP 비트를 제외하고 전송되는 스트림 안에 '1'로 설정된 비트들의 전체 수가 홀수이면 성공적인 전송을 위해서는 그 결과도 홀수이어야 한다. 프레임들의 전송 사이에서, 통신 채널은 논리값 '1' 또는 NRZ(non-return to zero) 상태가 유지되고 있다는 것을 의미하는 휴지 상태를 유지한다.

수신기의 직렬 전송은 한 프레임의 짧은 주기의 지연을 의미하는 START 비트에 동기화함으로써 프레임들을 받고, STOP 비트가 나올 때까지 한 번에 한 비트씩 시프트하여 수신 버퍼에 저장한다. 비동기 전송이 가능하기 위해서 비트율(대역폭)은 통신과 관련된 모든 직렬 인터페이스에 동기화되어야 한다. **비트율**(bit rate)이란 다음과 같이 정의된다.

(프레임당 실제 데이터 비트들의 수/프레임당 전체 비트 수)* 보레이트

보레이트(baud rate)란 전송될 수 있는 시간당 전체 비트 수(Kbits/sec, Mbits/sec 등)를 말한다. 송신기의 직렬 인터페이스와 수신기의 직렬 인터페이스는 적절한 데이터 비트를

샘플링하기 위해 분리된 비트율 클럭을 가지고 동기화된다. 송신기에서는 새로운 프레임이 전송되기 시작할 때, 클럭이 시작되어 프레임의 끝에 이를 때까지 계속된다. 따라서 데이터 스트림은 수신기가 처리할 수 있는 주기로 보내어지게 되는 것이다. 수신 끝단에서는 적절한 지연을 가지고(비트율에 맞게) 새로운 프레임을 받기 시작할 때 클럭이 시작되고, 각 데이터 비트 주기의 가운데에서 샘플링을 하며, 프레임의 STOP 비트를 받을 때 끝난다.

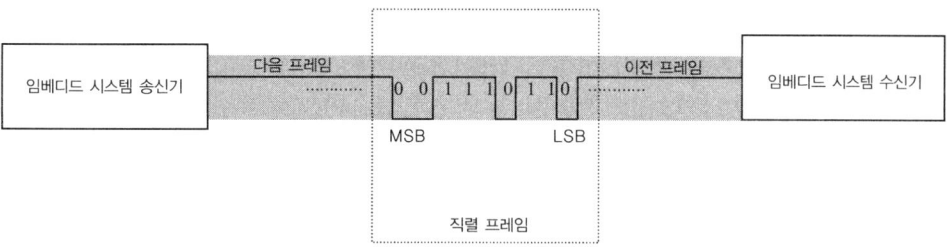

>> 그림 4-56 동기 전송 샘플 다이어그램

그림 4-56에서와 같은 동기 전송에서는, 데이터 스트림에 START 또는 STOP 비트가 추가되어 있지 않으며, 어떠한 지연구간도 없다. 비동기 전송에서는 송신되고 수신되기 위해 데이터 전송률이 동기가 맞아야만 하기 때문이다. 하지만 비동기 전송에서 사용되는 분리된 클럭과는 달리, 동기 전송을 하는 장치들은 하나의 공통된 클럭을 가지고 동기화하기 때문에, 새로운 프레임을 위해 START와 STOP이 필요 없다. 어떤 보드에서는 비트들의 전송을 조정하기 위해 직렬 인터페이스를 위한 완전히 분리된 클럭 라인이 있을 수도 있다. 어떤 동기 직렬 인터페이스에서 만약 분리된 클럭 라인이 없다면, 클럭 신호는 데이터 비트들과 함께 전송된다. UART(universal asynchronous receiver-transmitter, 범용 비동기 송수신 장치)는 비동기 직렬 전송을 하는 직렬 인터페이스의 예이다. 반면 SPI(serial peripheral interface, 직렬 주변장치 인터페이스)는 동기 직렬 전송 인터페이스의 예이다.

> UART 또는 다른 종류의 직렬 인터페이스를 집적하고 있는 아키텍처에 따라 동일한 종류의 인터페이스라 하더라도 다른 이름 및 종류를 가질 수 있다. 예를 들어, MPC860은 SMC(serial management controller, 직렬 관리 컨트롤러) UART를 갖는다. 그 규정을 알고 싶다면, 관련 문서를 참고하라.

직렬 인터페이스는 보드에서 분리된 보조 IC일 수도 있고, 주 프로세서 안에 집적되어 있을 수 있다. 직렬 인터페이스는 **직렬 포트**(serial port)를 통해 I/O 장치를 데이터를 송수신한다(6장 참고). 직렬장치는 직렬 통신(COM) 인터페이스인데, 이것은 보통 보드 밖의 I/O 장치와 보드상의 직렬 보드 I/O를 연결하기 위해 사용된다. 직렬 인터페이스는 직렬 포트에서 직렬 포트의 논리값으로 들어온 데이터를 주 CPU의 논리회로가 처리할 수 있는 데이터로 바꾸어 주는 역할을 한다.

프로세서 직렬 I/O 예 1 : 집적된 UART

UART는 주 프로세서에 집적되어 비동기 직렬 전송을 하는 전이중 직렬 인터페이스의 한 예이다. 앞서 설명한 것처럼, UART는 많은 버전으로 다양한 이름하에서 존재할 수 있다. 하지만, 그것들은 모두 동일한 디자인을 기초로 한다. 본래 8251 UART 컨트롤러는 이전의 PC에서 구현되었다. 이 통신방식이 동작하도록 하기 위해서 UART(또는 그와 같은 어떤 것)는 I/O 장치 및 임베디드 보드상의 양쪽 통신 채널 모두에 존재해야 한다.

이 예에서 MPC860은 UART를 구현하기 위한 한 가지 이상의 방법을 가지고 있기 때문에 MPC860의 내부 UART 방식을 살펴보겠다. MPC860은 UART를 설정하기 위해서, SCC(직렬 통신 컨트롤러) 또는 SMC(직렬 관리 컨트롤러)를 사용한 두 가지 방식을 허락하고 있다. 이 컨트롤러들은 모두 PowerPC의 통신 프로세서 모듈(그림 4-57 참고) 안에 위치해 있으며, SCC에 대해 이더넷, HDLC 등을, SMC에 대해 transparent, GCI 등과 같은 다양한 통신방식을 지원하도록 설정할 수 있다. 하지만, 이 예에서는 UART로 설정하여 UART로 동작하도록 하는 것에서만 살펴보겠다.

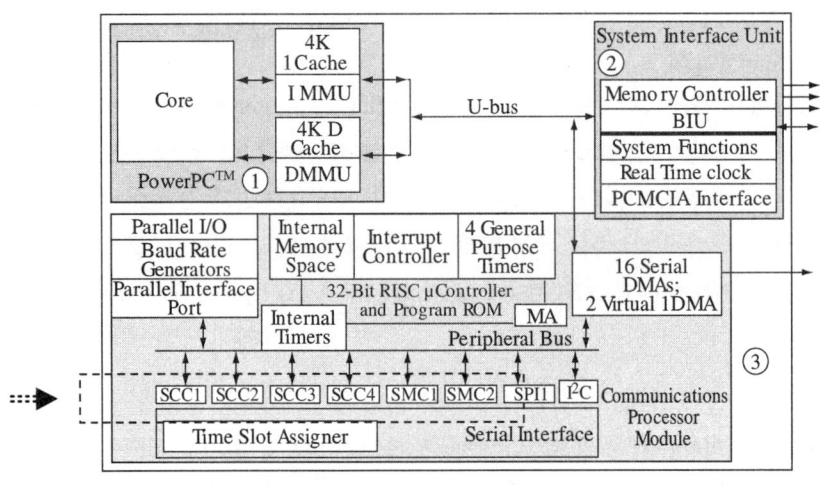

>> 그림 4-57 MPC860 UART[4-25]
저작권자 Freescale Semiconductor, Inc.의 허가하에 발췌

UART 모드에서의 MPC860 SCC

이 절의 시작 부분에서 소개한 것처럼, 비동기 전송에 있어 전송되는 데이터는 직렬 인터페이스 송신 버퍼 안에 저장되어 수정될 수 있다. MPC860의 SCC에서는 2개의 UART FIFO 버퍼가 있는데, 하나는 프로세서로부터 데이터를 받기 위한 것이고, 다른 하나는 외부 I/O로 데이터를 전송하기 위한 것이다(그림 4-58a와 4-58b). 이 두 버퍼는 보통 주 메모리 안의 공간을 할당받는다.

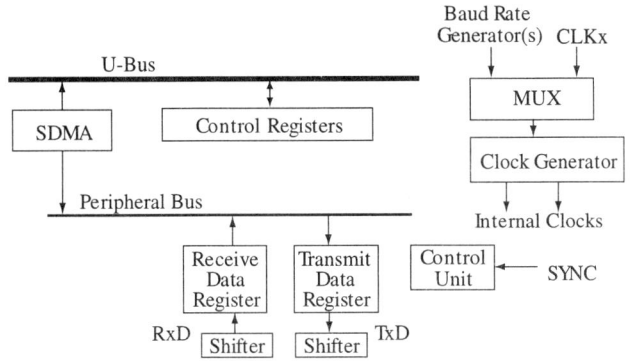

>> 그림 4-58a 수신 모드에서의 SCC[4-25]

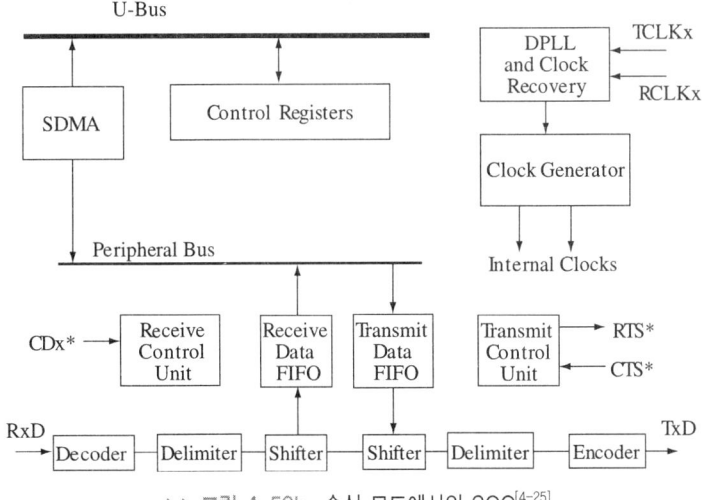

>> 그림 4-58b 송신 모드에서의 SCC[4-25]

그림 4-58a와 4-58b에서 볼 수 있듯이, 수신 및 송신 버퍼 외에, 다른 것들 사이에서 보레이트, 문자당 비트 수, 패리티, 정지 비트의 길이를 정의하기 위한 제어 레지스터들이 있다. 그림 4-58a와 4-58b, 그리고 4-59에서 볼 수 있듯이 데이터 송신 및 수신을 위해 SCC에 연결된 PowerPC 칩에서 나온 5개의 핀이 있는데, 송신(TxD), 수신(RxD), 캐리어 감지(CDx), 송신시 충돌(CTSx), 전송 요청(RTS)이 바로 그것이다. 이 핀들이 어떻게 동작하는지에 대해서는 다음 몇 가지 단락에서 설명하겠다.

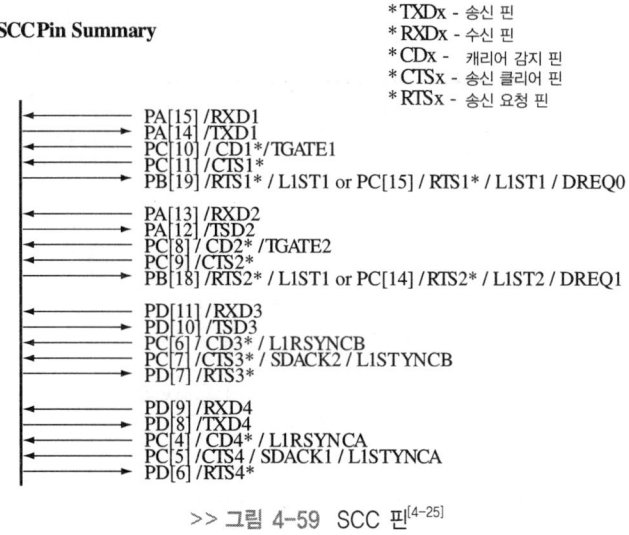

>> 그림 4-59 SCC 핀[4-25]

수신 모드 또는 송신 모드에서, 내부의 SCC 클럭이 활성화된다. 비록 외부 I/O 핀의 UART에서 클럭을 가지고 동기화되지 않음에도 불구하고 비동기 전송에서 모든 UART는 통신하고 있는 UART의 보레이트와 동일한 보레이트로 설정된 그 자신만의 내부 클럭을 가지고 있다. 그리고 SCC가 데이터를 받을 수 있도록 하기 위해 캐리어 감지(CDx)신호가 인가되거나, SCC가 데이터를 전송할 수 있도록 하기 위해 전송상의 충돌(CTSx)신호가 인가된다.

이미 말한 것처럼, 비동기 직렬 전송에서 데이터는 프레임으로 캡슐화된다. 데이터를 전송할 때 SDMA는 송신 FIFO로 데이터를 보내고 전송 요청 핀이 인가된다(그것은 전송 제어 핀으로, 데이터가 송신 FIFO에 로드되었을 때 인가되기 때문이다). 그런 다음 데이터는 시프터로 (병렬로) 전송된다. 시프터는 데이터를 차례로 구분 문자로 이동시키는데, 이것은 프레임 비트(예를 들어, 시작 비트, 정지 비트 등)를 추가한다. 프레임은 전송되기 전에 인코딩되기 위해 인코더로 보내어진다. 데이터를 수신하는 SCC의 경우, 프레임된 데이터는 디코더에 의해 디코딩되고, 수신된 프레임에서 시작 비트, 정지 비트 등의 데이터가 아닌 비트들을 제거하기 위해 구분 문자로 보내어진다. 그런 다음 데이터는 시프터로 차례로 보내어지는데, 이것은 받은 데이터를 수신 데이터 FIFO로 (병렬로) 전송한다. 마지막으로 SDMA는 프로세서에 의해 계속 처리되게 하기 위해 받은 데이터를 또 다른 버퍼로 전송한다.

UART 모드에서의 MPC860 SMC

그림 4-60a에서 볼 수 있듯이 SMC의 내부 디자인은 SCC의 내부 디자인과 매우 다르다 (그림 5-58a와 5-58b 참고). 실제로, 이것은 SCC보다 더 적은 기능을 가지고 있다. SMC는

인코더, 디코더, 구분 문자, 송수신 FIFO 버퍼를 가지고 있지 않다. 대신 그것은 레지스터들을 사용한다. 그림 4-60b 에서 볼 수 있듯이 SMC 가 연결된 핀은 겨우 3 개이다. 송신 핀(SMTXDx), 수신 핀(SMRXDx), 그리고 동기 신호 핀(SMSYN)이 바로 그것이다. 동기 핀은 송신 및 수신 오퍼랜드들을 제어하기 위한 무결한 전송에서 사용된다.

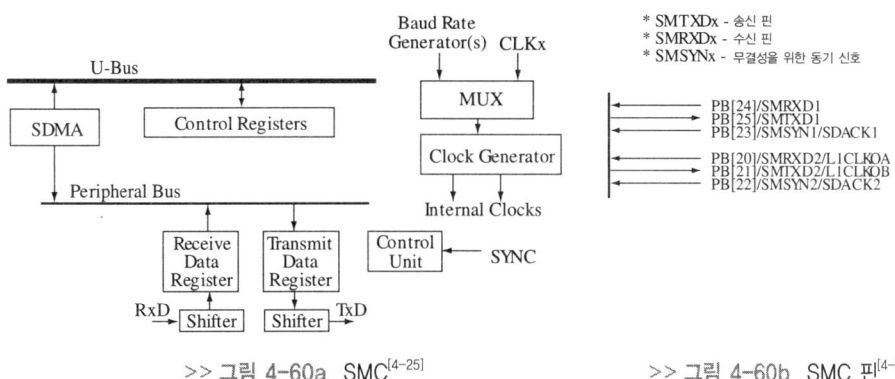

>> 그림 4-60a SMC[4-25]   >> 그림 4-60b SMC 핀[4-25]

데이터는 수신 핀을 통해 수신 시프터로 수신되며, SDMA 는 수신 레지스터로부터 수신된 데이터를 전송한다. 송신될 데이터는 송신 레지스터 안에 저장되며, 송신 핀을 통해 송신을 위해 시프터로 이동된다. SMC 는 SCC 가 제공하는 제어 비트들(예를 들어, 시작 비트, 정지 비트 등)을 프레임화하거나 제거하지 않는다는 것을 기억해 두자.

프로세서 직렬 I/O 예 : SPI

SPI 는 주 프로세서에 집적되어 동기 직렬 전송을 지원하는 전이중 방식의 직렬 인터페이스이다. UART 와 같이 SPI 는 이 통신방식이 원활하게 동작하게 하기 위해서 (I/O 장치 안에 있거나 임베디드 보드상에 있는) 통신 채널의 양쪽 끝단에 존재해야 한다. 이 예에서는 PowerPC 통신 프로세서 모듈 안에 있는 MPC860 내부 SPI 에 대해 살펴보겠다(그림 4-61 참고).

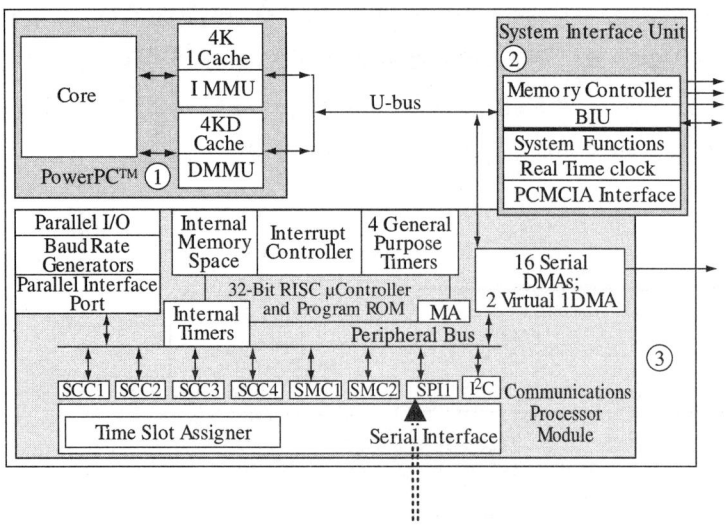

>> 그림 4-61 MPC860 SPI[4-15]
저작권자 Freescale Semiconductor, Inc.의 허가하에 발췌

동기 직렬 통신 방식에서, 두 기기는 통신하는 기기 중 하나에 의해 생성된 동일한 클럭 신호에 의해 동기화된다. 이러한 경우에, 마스터-슬레이브 관계가 형성된다. 여기서 마스터는 그것과 슬레이브 기기에게 클럭 신호를 만들어 주는 것을 말한다. MPC860 SPI가 연결되어 있는 4 핀들의 기초가 바로 이러한 관계이다(그림 4-62b 참고) : 마스터 출력/슬레이브 입력 또는 송신(SPIMOSI), 마스터 입력/슬레이브 출력 또는 수신(SPIMISO), 클럭(SPICLK), 슬레이브 선택(SPISEL).

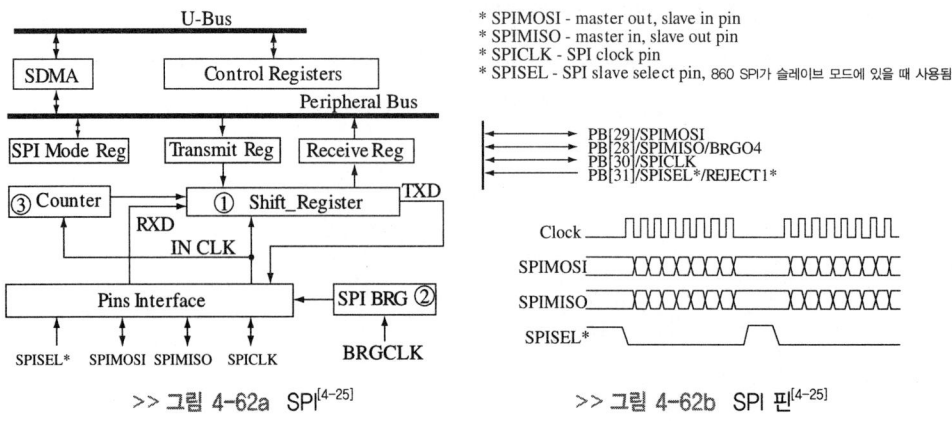

>> 그림 4-62a SPI[4-25]   >> 그림 4-62b SPI 핀[4-25]

SPI가 마스터 모드에서 동작할 때, 그것은 클럭 신호를 만들어 내며, 슬레이브 모드에서 그것은 입력으로 클럭 신호를 받는다. 마스터 모드에서의 SPIMOSI는 출력 핀이며,

SPIMISO는 입력 핀이다. SPICLK는 마스터 모드에서 출력 클럭 신호를 공급하는데, 이것은 SPIMISO 핀을 통해 수신된 데이터를 전송하는 것을 동기화하거나 SPIMOSI를 통해 송신될 데이터를 전송하기 위해 동기화된다. 슬레이브 모드에서, SPIMOSI는 입력 핀이며, SPIMISO는 출력 핀이다. SPICLK는 송신 및 수신 핀을 통해 데이터를 동기화하고 전송하는 마스터로부터 클럭 신호를 받는다. SPISEL은 슬레이브로 입력을 활성화하기 때문에 슬레이브 모드에서 의미가 있다.

SPI의 내부 컴포넌트들과 이 핀들이 어떻게 동작하는가 하는 것은 그림 4-62a에서 보이고 있다. 근본적으로 데이터는 시프트 레지스터를 통해 송신되거나 수신된다. 데이터가 수신된다면, 그것은 수신 레지스터로 전달된다. 그런 다음 SDMA는 주 메모리에 위치해 있는 수신 버퍼로 데이터를 전송한다. 데이터 송신의 경우, SDMA는 주 메모리 안에 있는 송신 버퍼에서 송신 레지스터로 전송될 데이터를 이동시킨다. SPI 송신 및 수신은 동시에 발생한다. 데이터가 시프트 레지스터에 있을 때 그것은 송신되어야 하는 데이터를 전송한다.

병렬 I/O

병렬로 데이터를 전송하는 I/O 컴포넌트란 데이터들을 동시에 여러 비트 전송할 수 있는 장치를 말한다. 직렬 I/O 처럼, 병렬 I/O 하드웨어 또한 6개의 주 논리장치의 몇 가지 조합으로 구성된다. 단, 포트가 병렬 포트이며, 통신 인터페이스가 병렬 인터페이스라는 것만 다르다.

병렬 인터페이스(parallel interface)는 주 CPU와 I/O 장치 또는 컨트롤러 사이에 병렬 데이터 송수신을 처리한다. 그것들은 병렬 포트의 핀을 통해 수신된 데이터 비트들은 디코딩하고, 주 CPU로부터 송신된 데이터를 수신하고 이 데이터 비트들을 병렬 포트 핀으로 인코딩하는 역할을 한다.

그것들은 전송할 데이터를 저장하고 조작하기 위한 수신 및 송신 버퍼들을 포함하고 있다. 직렬 I/O 송신처럼, 병렬 데이터 송수신 방법에 대해 살펴보면, 그것들은 데이터가 송수신되는 방향에 따라 그리고 데이터 스트림 안에 데이터 비트들을 송수신하는 실제 과정에 따라 달라진다. 송신방향의 경우, 직렬 I/O 처럼 병렬 I/O는 단방향 전송, 반이중 방식, 전이중 방식 모드를 사용한다. 또한 직렬 I/O 처럼 병렬 I/O 장치는 데이터를 동기 방식 또는 비동기 방식으로 전송할 수 있다. 하지만 병렬 I/O는 직렬 I/O보다 더 많은 양의 데이터 전송이 가능하다. 왜냐하면 여러 데이터들을 동시에 송수신할 수 있기 때문이다. 데이터를 병렬로 송수신하는 보드 I/O의 예로는 IEEE 1284 컨트롤러(프린터/디스플레이 I/O 장치), CRT 포트, 그리고 SCSI(저장 I/O 장치)를 들 수 있다..

I/O 컨트롤러와 주 CPU 인터페이스하기

통신 인터페이스가 주 프로세서에 집적되어 있을 때, MPC860의 경우, 그것은 주 프로세서에서 I/O 컨트롤러로 데이터를 보내고 받기 위해서는 동일한 핀에 연결하면 된다. 그리고 남은 제어 핀들은 그 기능에 따라 연결한다. 예를 들어, 그림 4-63a 에서 PowerPC 상의 RTS(전송 요청)는 이더넷 컨트롤러의 송신 활성화(TENA)에 연결된다. 왜냐하면 데이터가 송신 FIFO 에 로드되었을 때, 데이터가 있다는 것을 컨트롤러에게 알려주기 위해 RTS 가 자동으로 인가되기 때문이다. PowerPC 상의 CTS(전송중 충돌)는 이더넷 컨트롤러상의 CLSN(송신 제거)에 연결되고, CD(캐리어 감지)는 RENA(수신 활성화) 핀에 연결된다. 왜냐하면 CD 또는 CTS 가 인가될 때, 전송 또는 데이터 수신이 발생할 수 있기 때문이다. 만약 컨트롤러가 데이터가 PowerPC 에 들어왔다는 것을 알려주기 위해 송신 활성화 또는 수신 활성화를 클리어하지 않는다면, 어떤 송신 또는 수신이 발생할 수 없다. 그림 4-63b 는 RS-232 IC 에 연결된 MPC860 SMC 를 보여주고 있다. 이 예제에서 그것은 SMC 신호들 [송신 핀(SMTXDx)과 수신 핀(SMRXDx)]을 가져와서 그것들은 RS-232 핀에 매핑한다.

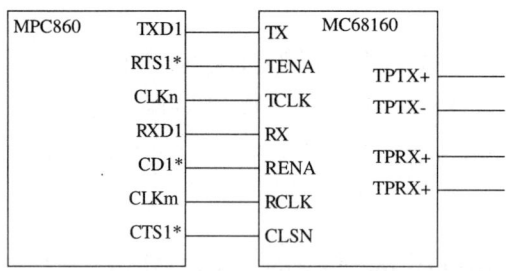

>> 그림 4-63a 이더넷 컨트롤러에 연결된 MPC860 SCC UART[4-25]
저작권자 Freescale Semiconductor, Inc.의 허가하에 발췌

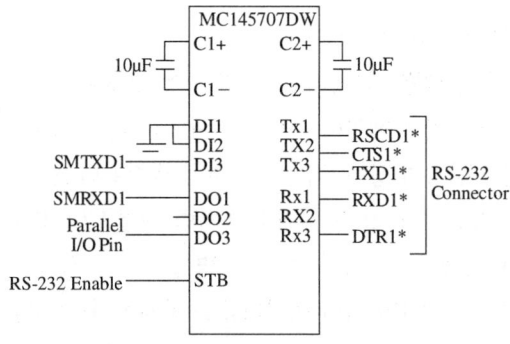

>> 그림 4-63b RS-232에 연결된 MPC860 SMC[4-25]
저작권자 Freescale Semiconductor, Inc.의 허가하에 발췌

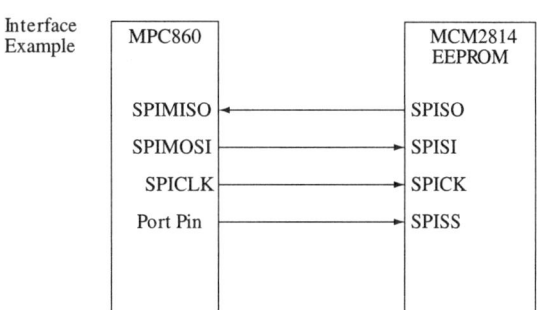

>> 그림 4-63c ROM에 연결된 MPC860 SPI[4-25]
저작권자 Freescale Semiconductor, Inc.의 허가하에 발췌

마지막으로, 그림 4-63c는 어떤 보조 IC에 연결된 마스터 모드에 있는 PowerPC SPI의 예를 보여주고 있다. 여기서 SPIMISO(master in/slave out)는 SPISO(SPI slave out)에 매핑되어 있다. 마스터 모드에서 SPIMISO는 입력 포트이기 때문에, SPIMOSI(master out/slave in)는 SPISI(slave in)에 매핑된다. 마스터 모드에서 SPIMOSI는 출력 포트이기 때문에, SPICLK는 SPICK(clock)에 매핑된다. 두 IC는 동일한 클럭에 따라 동기화되고, PowerPC가 슬레이브 모드에 있을 때에만 의미가 있는 SPISEL은 SPISS에 매핑되기 때문이다. 만약 그 외 다른 방법이 있었다면(즉, PowerPC가 슬레이브 모드에 있고, 보조 IC가 마스터 모드에 있는 경우), 그 인터페이스는 완전히 동일하게 매핑되었을 것이다.

마지막으로, I/O 장치를 관리하기 위한 I/O 컨트롤러를 포함하고 있는 서브시스템에서, I/O 컨트롤러와 주 CPU 사이의 인터페이스는 다음의 4가지 요구사항을 기반으로 하고 있다.

- **I/O 컨트롤러를 초기화하고 모니터링할 수 있는 주 CPU의 능력** I/O 컨트롤러는 전형적으로 **제어 레지스터**(control register)를 통해 설정을 할 수 있고 **상태 레지스터**(status register)를 통해 모니터링할 수 있다. 이 레지스터들은 I/O 컨트롤러상에 모두 위치한다. 제어 레지스터는 주 프로세서가 I/O 컨트롤러를 설정하기 위해 수정할 수 있는 데이터 레지스터를 말한다. 상태 레지스터란 주 프로세서가 현재 I/O 컨트롤러의 상태에 대한 정보를 얻기 위해 사용하는 읽기 전용 레지스터이다. 주 CPU는 I/O 컨트롤러를 통해 추가된 I/O 장치와 통신하고 제어하기 위해 이러한 상태 레지스터와 제어 레지스터를 사용한다.

- **주 프로세서가 I/O를 요청하는 방법** 주 프로세서가 I/O 컨트롤러를 통해 I/O를 요청하기 위해 사용하는 가장 일반적인 방법은 ISA 내의 특별한 I/O 명령어(I/O 매핑된) 방식과 I/O 컨트롤러 레지스터들이 주 메모리 안에 할당된 공간을 갖는 메모리 맵 I/O 방식이다.

- **I/O 장치가 주 프로세서에 접속하는 방법** 인터럽트를 통해 주 프로세서에 접속하는 기능이 있는 I/O 컨트롤러를 인터럽트 기반의 I/O 라고 부른다. 일반적으로 I/O 장치는 제어 및 상태 레지스터가 읽거나 쓰여졌다는 것을 가리키는 비동기 인터럽트 요청신호를 초기화한다. 그러면, 주 프로세서는 인터럽트가 언제 발견되었는지를 결정하기 위해 자체 인터럽트 감별방법을 이용한다.

- **데이터를 교환하기 위한 방법** 이것은 I/O 컨트롤러와 주 프로세서 사이에서 실제로 데이터가 어떻게 교환되는지를 의미한다. 프로그램 전송방식에서, 주 프로세서는 I/O 컨트롤러에서 그 레지스터로 데이터를 받고, 그런 다음 이 데이터를 메모리로 보낸다. 메모리 매핑된 I/O 방식에서는 DMA(direct memory access, 직접 메모리 액세스) 회로가 주 CPU를 완전히 건너뛰기 위해 사용된다. DMA는 주 메모리와 I/O 장치에서 데이터를 송신 및 수신하는 것을 직접 관리하는 능력을 가지고 있다. 어떤 시스템에서는 DMA가 주 프로세서에 집적되어 있고, 어떤 프로세서에서는 분리된 DMA 컨트롤러를 갖게 된다.

> 컴포넌트들의 예를 가지고 I/O에 대해 보다 자세히 설명하는 것은 6장 입출력(I/O) 장치에서 다룰 것이다. 어떤 (집적되지 않은) 프로세서들은 보드 I/O와 연결되어 동작하는 I/O 컴포넌트들을 가지고 있기 때문에 상당한 양의 정보가 중복될 것이다.

인터럽트

인터럽트(interrupt)는 주 프로세서에 의한 명령어열의 실행 동안 어떤 이벤트에 의해 발생된 신호를 말한다. 이는 그것들이 외부 하드웨어 장치, 리셋, 전원 단절에 대해 비동기적으로, 그리고 시스템 호출, 잘못된 명령어와 같은 명령어와 관련된 동작에 대해 동기적으로 초기화될 수 있다는 것을 의미한다. 이 신호들은 주 프로세서가 현재 명령어열을 실행하는 것을 중단하고 인터럽트를 처리하기 위한 과정을 시작하도록 만든다.

3가지 종류의 주요한 인터럽트는 소프트웨어, 내부 하드웨어, 외부 하드웨어이다. 소프트웨어 인터럽트는 주 프로세서에 의해 실행되고 있는 현재 명령어열 안에 있는 어떤 명령어에 의해 내부적으로 발생한다. 한편 내부 하드웨어 인터럽트는 주 프로세서에 의해 실행되는 현재 명령어열과 관련된 문제 때문에 발생한 이벤트에 의해 초기화된다. 이것은 오버플로우 또는 0으로의 나눗셈과 같은 잘못된 산술연산, 디버깅(싱글 스텝, 브레이크 포인트), 유효하지 않은 명령어(오피코드) 등과 같은 하드웨어의 특징(제한) 때문에 발생한다. 주 프로세서의 어떤 내부 이벤트에 의해 발생한 인터럽트들(보통 소프트웨어 및 내부 하드웨어 인터럽트)은 (인터럽트의 종류에 따라) 보통 익셉션 또는 트랩이라고도 불린다. 마지막으로 외부 하드웨어 인터럽트는 주 CPU가 아닌 하드웨어(예를 들어, 보드 버스, I/O 등)에 의해 초기화된 인터럽트를 말한다. 인터럽트를 실제로 발생시키는 것은 초기 디바이스 드라이버 코드 안에 잠재적인 인터럽트 소스를 활성화시키거나 비활성화시키는 레지스터 비트를 통해 소프트웨어로 결정된다.

외부 이벤트에 의해 발생된 인터럽트에서 주 프로세서는 **IRQ**(interrupt request level, 인터럽트 요청 레벨) 핀 또는 포트라고 불리는 입력 핀을 통해 외부 중재 하드웨어(예를 들어, 인터럽트 컨트롤러)에 연결되어 있거나 인터럽트를 발생시키고자 할 때 주 프로세서에게 신호를 보내는 전용 인터럽트 포트를 가진 보드상의 다른 컴포넌트에 직접 연결된다. 이런 종류의 인터럽트들은 **레벨 트리거**(level-triggered) 또는 **에지 트리거**(edge-triggered) 중 하나의 방법으로 발생한다. 레벨 트리거 인터럽트는 IRQ 신호가 어떤 레벨에 있을 때(예를 들어, HIGH 또는 LOW, 그림 4-64a 참고) 초기화된다. 이 인터럽트들은 각 명령어를 처리하는 끝단에서처럼 IRQ 라인을 샘플링할 때, CPU가 레벨 트리거 인터럽트를 위한 요청을 발견했을 때 처리된다.

에지 트리거 인터럽트는 IRQ 라인상 변화(LOW에서 HIGH로/상승 에지에서 또는 HIGH에서 LOW로/하강 에지에서, 그림 4-64b 참고)가 발생할 때 발생한다. 일단 트리거가 되면, 이 인터럽트들은 처리가 될 때까지 CPU로 래치된다.

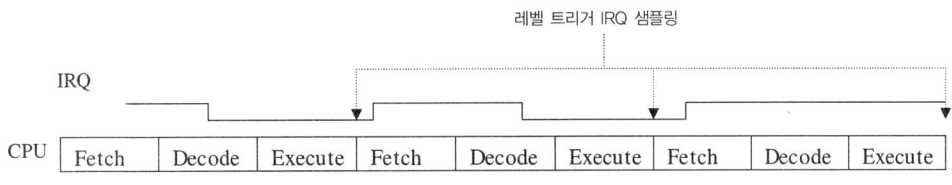

>> 그림 4-64a 레벨 트리거 인터럽트[4-24]

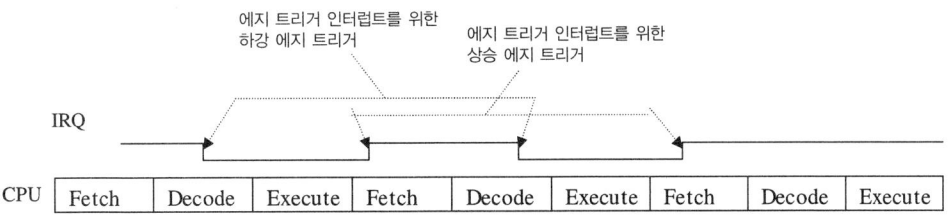

>> 그림 4-64b 에지 트리거 인터럽트[4-24]

이 2가지 종류의 인터럽트들은 장점과 단점을 가지고 있다. 그림 4-65a에서 볼 수 있는 것처럼, 레벨 트리거 인터럽트에서는 요청이 처리되고 다음 샘플링 주기 전에 비활성화되지 않는다면, CPU는 동일한 인터럽트를 다시 처리하려고 할 것이다. 플립적인 측면에서, 레벨 트리거 인터럽트가 트리거되고 CPU 샘플링 주기 전에 비활성화된다면, CPU는 결코 그 존재를 알지 못하고 그것을 처리하지 않을 것이다. 에지 레벨 인터럽트는 그것들이 동일한 IRQ를 공유하고 있거나, 거의 동일한 시점(CPU가 첫 번째 인터럽트를 처리하기 전)에서 동일한 방법으로 트리거되어 CPU가 인터럽트들 중 하나만을 감지하는 결과를 야기한다면 (그림 4-65b 참고), 문제를 야기할 수 있다.

이러한 단점들 때문에, 레벨 트리거 인터럽트는 IRQ 라인을 공유하는 인터럽트에서는 권장되지 않는다. 반면에 에지 트리거 인터럽트가 매우 짧거나 매우 긴 인터럽트 신호를 위해 권장된다.

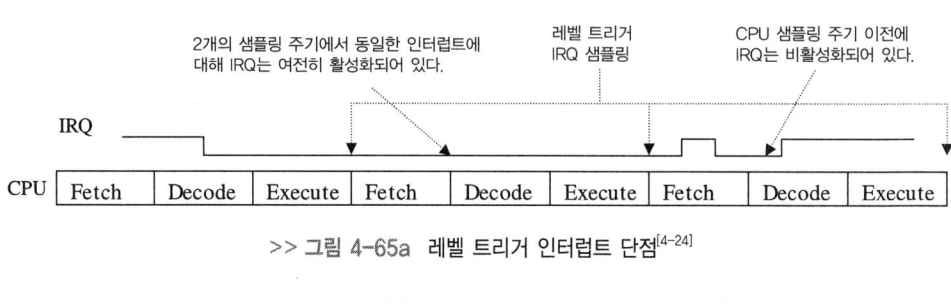

>> 그림 4-65a 레벨 트리거 인터럽트 단점[4-24]

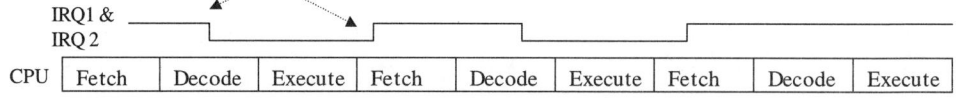

>> 그림 4-65b 에지 트리거 인터럽트 단점[4-24]

주 프로세서의 IRQ가 인터럽트가 발생했다는 신호를 받는다는 점에서, 인터럽트는 시스템 내에 있는 인터럽트 처리 메커니즘에 의해 처리된다. 이 메커니즘은 하드웨어 컴포넌트와 소프트웨어 컴포넌트의 조합으로 구성된다. 하드웨어적인 면에서 보면, 소프트웨어와 관련된 인터럽트 교섭을 중재하기 위해 **인터럽트 컨트롤러**(interrupt controller)가 보드 또는 프로세서 안에 집적될 수 있다. 인터럽트 처리 메커니즘 내에 인터럽트 컨트롤러를 포함하고 있는 아키텍처로는 2개의 PIC(인텔의 프로그램 가능한 인터럽트 컨트롤러)를 사용하는 268/386(x86) 아키텍처, 외부의 인터럽트 컨트롤러에 의존하는 MIPS32, 2개의 인터럽트 컨트롤러, CPM에 하나, SIU에 하나를 집적하고 있는 MPC860(그림 4-66a 참고)이 있다. 인터럽트 컨트롤러가 없는(그림 4-66b에서의 미쯔비시 M37267M8 TV 컨트롤러 같은) 시스템에서, 인터럽트 요청 라인은 주 프로세서에 직접 연결되어 있고, 인터럽트 교섭은 소프트웨어와 어떤 내부 회로(레지스터, 카운터 등)를 통해 제어된다.

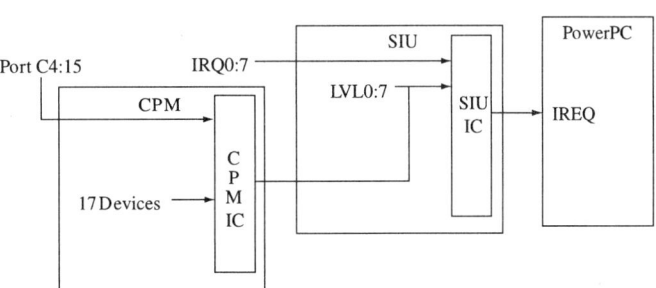

>> 그림 4-66a 모토롤라/프리스케일 MPC860 인터럽트 컨트롤러[4-25]
저작권자 Freescale Semiconductor, Inc.의 허가하에 발췌

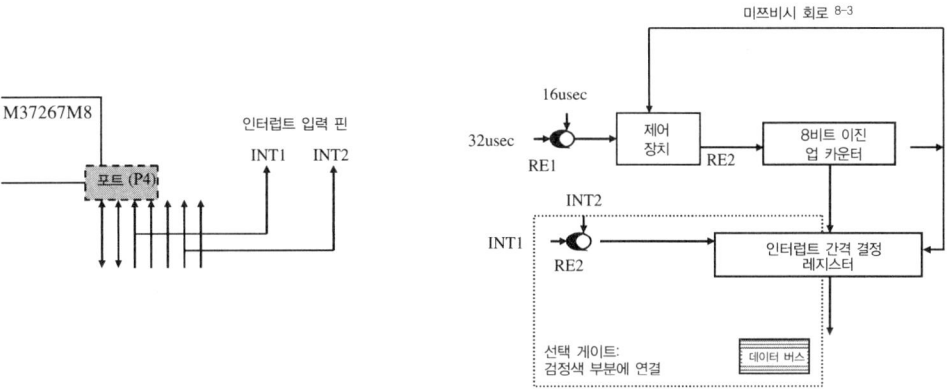

>> 그림 4-66b 미쯔비시 M37267M8 회로[4-22]

인터럽트 응답 **IACK**(interrupt acknowledgment)는 보통 외부 장치가 인터럽트를 발생시킬 때 주 프로세서에 의해 처리된다. IACK 사이클은 지역 버스의 기능이기 때문에, 주 CPU의 IACK 함수는 시스템 버스의 인터럽트 정책과 인터럽트를 발생시킨 시스템 안에 있는 컴포넌트들의 인터럽트 정책에 따라 달라진다. 인터럽트를 발생시키는 외부 장치에 대해, 인터럽트 방식은 그 장치가 **인터럽트 벡터**(interrupt vector, 인터럽트의 ISR의 어드레스를 저장하는 메모리 위치)를 제공할 수 있는지 없는지에 따라 달라진다. 인터럽트 벡터를 제공할 수 없는 장치에 대해 주 프로세서는 **자동 벡터**(auto-vectored) 인터럽트 방식을 구현하고 있으며, 그 응답은 소프트웨어적으로 처리된다. 인터럽트 벡터 방식은 버스를 통해 인터럽트 벡터를 제공할 수 있는 주변장치를 지원하기 위해 구현되며, 그 응답은 자동이다. 주 CPU 상의 어떤 IACK 레지스터는 그 장치에게, 인터럽트 서비스를 요청하는 것을 멈추는 인터럽트를 요청하라고 알려주고, 주 프로세서에게 정확한 인터럽트를 처리하기 위해 필요로 하는 것(인터럽트 번호, 벡터 번호 등과 같은)을 제공해 준다. 외부 인터럽트 핀, 인터럽트 컨트롤러의 인터럽트 선택 레지스터, 장치의 인터럽트 선택 레지스터, 그리고 이것들의 일

부 조합을 활성화하는 것을 기초로, 주 프로세서는 실행할 ISR이 어떤 것인지를 결정할 수 있다. ISR이 완료되면, 주 프로세서는 프로세서의 상태 레지스터 안에 있는 비트들 또는 외부 인터럽트 컨트롤러 안에 있는 인터럽트 마스크를 조정함으로써 인터럽트 상태를 리셋한다. 인터럽트 요청 및 응답 메커니즘은 인터럽트를 요청하는 장치(그것은 어떤 인터럽트 서비스를 요청하는지를 결정하기 때문), 주 프로세서, 시스템 버스 프로토콜에 의해 결정된다.

이것은 다양한 방식에서 발견되는 핵심적인 특징들을 다루면서 인터럽트 처리에 대한 일반적인 소개를 하고 있다는 것을 기억해 두자. 전반적인 인터럽트 처리방식은 아키텍처에 따라 매우 다양할 수 있다. 예를 들어, PowerPC 아키텍처는 인터럽트 벡터 베이스 레지스터가 없는 자동 벡터 방식을 구현하고 있다. 68000 아키텍처는 자동 벡터 및 인터럽트 벡터 방식을 모두 지원하며, MIPS32 아키텍처는 IACK 사이클이 없기 때문에 인터럽트 핸들러가 발생된 인터럽트를 처리한다.

프로세서 내에서 가능한 모든 인터럽트들은 적절한 인터럽트 레벨을 가지고 있는데, 이것은 시스템 안에서의 인터럽트 우선순위를 말한다. 보통 레벨 '1'에서 시작하는 인터럽트는 시스템 안에서 가장 우선순위가 높으며, 관련 인터럽트의 우선순위가 점차 증가함에 따라 (2, 3, 4, …) 그 우선순위는 감소한다. 더 높은 레벨(우선순위)을 가진 인터럽트는 주 프로세서에 의해 실행되는 어떤 명령어열보다 우선적으로 실행된다. 이것은 인터럽트가 주 프로그램에 대해 우선권이 있을 뿐 아니라, 그보다 우선순위가 더 낮은 인터럽트들에 대해서도 우선권이 있음을 의미한다.

주 프로세서의 내부 디자인은 사용 가능한 인터럽트의 수와 종류 그리고 임베디드 시스템 안에서 지원하는 인터럽트 레벨(우선순위)을 결정한다. 그림 4-67a에서 MPC860 CPM, SIU, 그리고 PowerPC는 모두 MPC823 프로세서에서의 인터럽트를 구현하기 위해 함께 동작한다. CPM은 내부 인터럽트(2개의 SCC, 2개의 SMC, SPI, I2C, PIP, 범용 타이머, 2개의 IDMA, 하나의 SDMA, 하나의 RISC 타이머)와 포트 C의 12개의 외부 핀에 대해 SIU로의 인터럽트 레벨을 지원할 수 있도록 해준다. SIU는 8개의 외부 핀(IRQ0-7)과 8개의 내부 소스, 총 16개의 인터럽트 소스로부터 인터럽트를 받아서, 코어로 IREQ 입력을 제공한다. IREQ 핀이 인가될 때, 외부 인터럽트 처리가 시작된다. 그림 4-67b에서는 우선순위 레벨을 보여주고 있다.

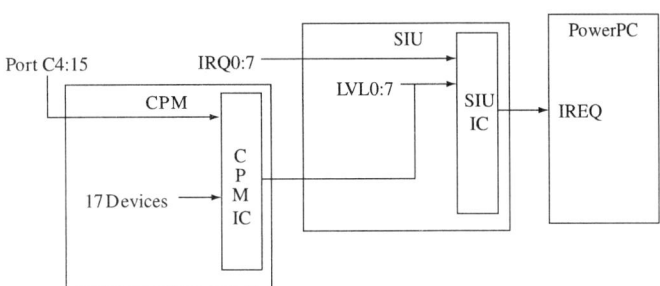

>> 그림 4-67a 모토롤라/프리스케일 MPC860 인터럽트 핀[4-25]
저작권자 Freescale Semiconductor, Inc.의 허가하에 발췌

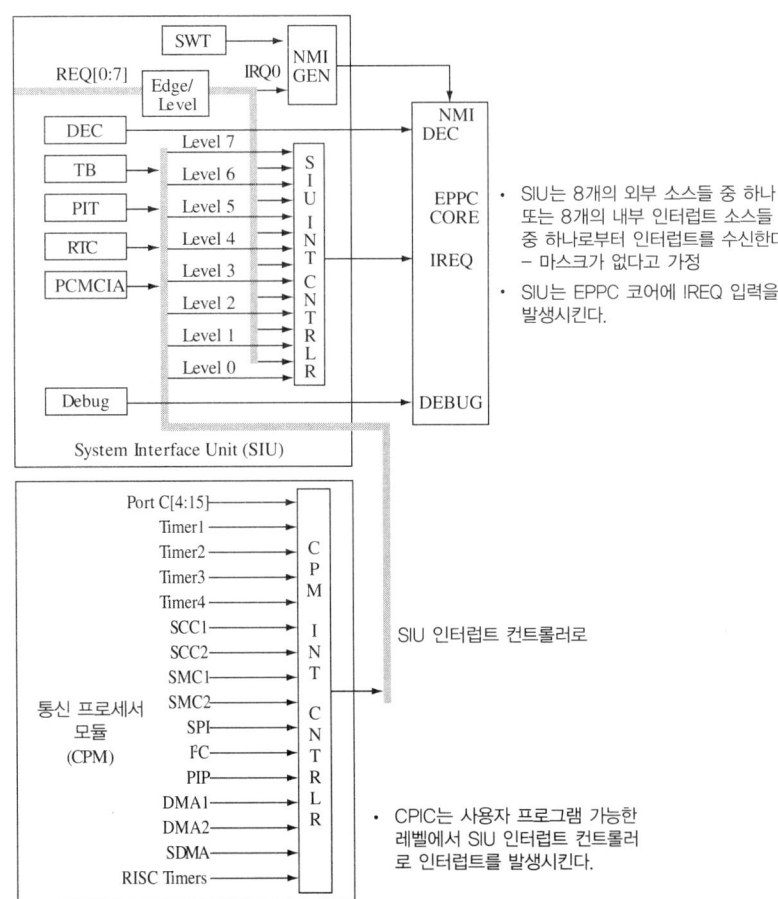

>> 그림 4-67b 모토롤라/프리스케일 MPC860 인터럽트 레벨[4-25]
저작권자 Freescale Semiconductor, Inc.의 허가하에 발췌

68000(그림 4-68a 와 4-68b 참고)과 같은 다른 아키텍처에서는, 8 개의 인터럽트 레벨이 있으며, 레벨 7 의 인터럽트가 가장 높은 우선순위이다. 68000 인터럽트 테이블(그림 4-68b)은 256 개의 32 비트 벡터를 포함하고 있다.

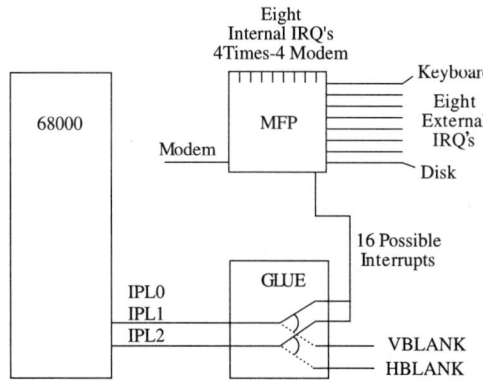

>> 그림 4-68a 모토롤라/프리스케일 68K IRQ[4-23]

Vector Number[s]	Vector Offset (Hex)	Assignment
0	000	Reset Initial Interrupt Stack Pointer
1	004	Reset initial Program Counter
2	008	Access Fault
3	00C	Address Error
4	010	Illegal Instruction
5	014	Integer Divide by Zero
6	018	CHK, CHK2 instruction
7	01C	FTRAPcc, TRAPcc, TRAPV instructions
8	020	Privilege Violation
9	024	Trace
10	028	Line 1010 Emulator (Unimplemented A-Line Opcode)
11	02C	Line 1111 Emulator (Unimplemented F-line Opcode)
12	030	(Unassigned, Reserved)
13	034	Coprocessor Protocol Violation
14	038	Format Error
15	03C	Uninitialized Interrupt
16–23	040–050	(Unassigned, Reserved)
24	060	Spurious Interrupt
25	064	Level 1 Interrupt Autovector
26	068	Level 2 Interrupt Autovector
27	06C	Level 3 Interrupt Autovector
28	070	Level 4 Interrupt Autovector
29	074	Level 5 Interrupt Autovector
30	078	Level 6 Interrupt Autovector
31	07C	Level 7 Interrupt Autovector
32–47	080–08C	TRAP #0 D 15 Instructor Vectors
48	0C0	FP Branch or Set on Unordered Condition
49	0C4	FP Inexact Result
50	0C8	FP Divide by Zero
51	0CC	FP Underflow
52	0D0	FP Operand Error
53	0D4	FP Overflow
54	0D8	FP Signaling NAN
55	0DC	FP Unimplemented Data Type (Defined for MC68040)
56	0E0	MMU Configuration Error
57	0E4	MMU Illegal Operation Error
58	0E8	MMU Access Level Violation Error
59–63	0ECD0FC	(Unassigned, Reserved)
64–255	100D3FC	User Defined Vectors (192)

>> 그림 4-68b 모토롤라/프리스케일 68K IRQ 테이블[4-23]

M37267M8 아키텍처(그림 4-69a 참고)는 16 개의 이벤트에 의해 야기되는 인터럽트들을 보여주고 있으며, 그 우선순위와 사용법은 그림 4-69b 에 요약 정리하였다.

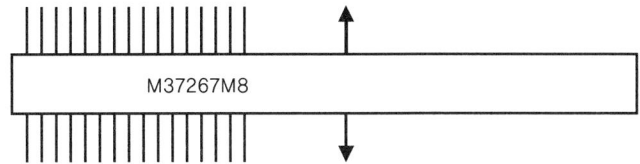

>> 그림 4-69a 미쯔비시 M37267M8 8비트 TV 마이크로 컨트롤러 인터럽트[4-22]

인터럽트 소스	우선순위	인터럽트 원인
RESET	1	(마스크 불가)
CRT	2	CRT로 문자 블록 디스플레이가 완료된 후 발생
INT1	3	외부 인터럽트 ** 프로세서가 핀의 레벨이 0(LOW)에서 1(HIGH)로 또는 1(HIGH)에서 0(LOW)으로 변하는 것을 감지하면 인터럽트 요청 발생
데이터 슬라이서	4	캡션 위치 레지스터 내에 규정된 라인의 끝에서 인터럽트 발생
직렬 I/O	5	동기 직렬 I/O 함수로부터 인터럽트 요청
Timer 4	6	타이머 4의 오버플로우에 의해 인터럽트 발생
Xin & 4096	7	F(Xin)/4096 주기로 인터럽트가 규칙적으로 발생
Vsync	8	수직 동기 신호와 동기화되어 인터럽트 요청
Timer 3	9	타이머 3의 오버플로우에 의해 인터럽트 발생
Timer 2	10	타이머 2의 오버플로우에 의해 인터럽트 발생
Timer 1	11	타이머 1의 오버플로우에 의해 인터럽트 발생
INT2	12	외부 인터럽트 ** 프로세서가 핀의 레벨이 0(LOW)에서 1(HIGH)로 또는 1(HIGH)에서 0(LOW)으로 변하는 것을 감지하면 인터럽트 요청 발생
멀티마스터 I^2C 버스 인터페이스	13	I^2C 버스 인터페이스와 관련됨
Timer 5&6	14	타이머 5 또는 6의 오버플로우에 의해 인터럽트 발생
BRK 명령어	15	(마스크 불가한 소프트웨어)

>> 그림 4-69b 미쯔비시 M37267M8 8비트 TV 마이크로 컨트롤러 인터럽트 테이블[4-22]

몇 가지 다른 우선순위 방식이 다양한 아키텍처에서 구현된다. 이 방식들은 보통 다음의 3가지 모델 중 하나에 속한다 : 동등한 싱글 레벨(여기서는 가장 마지막으로 발생한 인터럽트가 CPU를 얻는다), 정적 멀티레벨(여기서는 우선순위 인코더에 의해 우선순위가 할당되고, 가장 높은 우선순위를 가진 인터럽트가 CPU를 얻는다), 동적 멀티레벨(여기서는 우선순위 인코더가 우선순위를 할당하며, 새로운 인터럽트가 발생하며 우선순위가 재할당된다).

인터럽트 응답 후, 위에서 설명한 것과 같은 남은 인터럽트 처리과정은 소프트웨어를 통해 보통 처리되며, 인터럽트에 대해 보다 자세한 부분에 대해서는 8장 디바이스 드라이버에서 계속 하겠다.

프로세서 버스

CPU 버스와 같이 프로세서의 버스는 프로세서의 주요한 내부 컴포넌트들을 함께 연결시켜서 다른 컴포넌트들 사이에서 신호들을 운반한다(이 경우, 그림 4-70에서 보여지는 CPU, 메모리 I/O 참고).

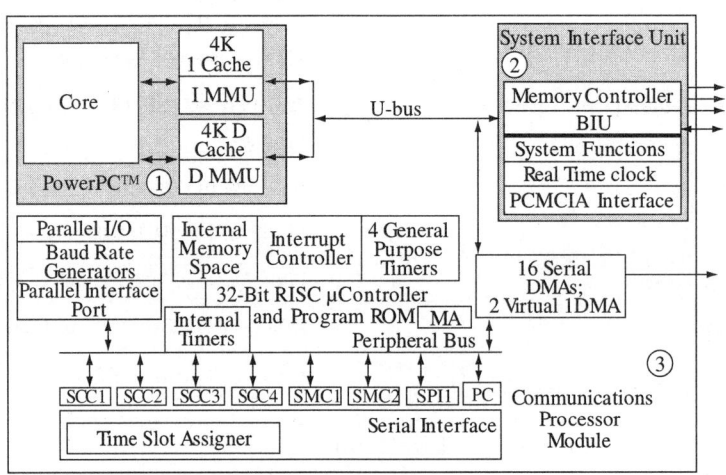

>> 그림 4-70 MPC860 프로세서 버스[4-15]
저작권자 Freescale Semiconductor, Inc.의 허가하에 발췌

MPC860의 경우, 프로세서 버스는 시스템 인터페이스 장치(SIU), 통신 프로세서 모듈(CPM), 그리고 PowerPC 코어를 연결하는 U 버스가 포함된다. CPM 안에는 주변장치 버스도 있다. 물론 이것은 CPU 안에 있는 버스들을 포함한다.

프로세서 버스들의 핵심적인 특징은 그 폭인데, 이것은 어떤 한 순간에 전송될 수 있는 비트 수를 말한다. 이것은 프로세서 내에서 구현되어 있는 버스—예를 들어, x86은 16/32/64의 버스 폭을 포함하고 있으며, 68K는 8/16/32/64 비트 버스를 가지고 있으며, MIPS32는 32 비트 버스를 가지고 있는 등—와 ISA 레지스터 크기의 정의에 따라 달라질 수 있다. 각 버스는 또한 프로세서의 성능에 영향을 주는 버스 속도(MHz 단위)를 갖는다. 실제 프로세서에서 구현되는 버스로는 MPC8xx 프로세서군에서의 U, 주변장치 CPM 버스를, 그리고 x86 Geode에서의 C와 X 버스를 포함하고 있다.

> 중복을 피하기 위해, 버스에 대해서는 7장 보드 버스에서 보다 자세히 다루고 그 장에서 더 많은 예를 설명하겠다.

4.3 | 프로세서 성능

프로세서의 성능을 측정하기 위한 몇 가지 방법이 있지만, 모두 주어진 시간에 대해 프로세서의 동작을 기반으로 한다. 프로세서의 성능에 대한 가장 일반적인 정의 중 하나는 프로세서의 **쓰루풋**(throughput)인데, 이것은 CPU가 주어진 시간에서 완성할 수 있는 일의 양을 의미한다.

2.1 절에서 설명한 것처럼, 프로세서의 실행은 보드상에 위치한 외부 시스템 또는 주 클럭에 의해 동기화된다. 주 클럭은 단순히 주기적으로 고정된 주파수 신호를 생성하는 오실레이터를 말한다. 이것은 보통 명령어의 페치, 디코딩, 실행을 제어하고 관리하기 위해 초당 클럭 사이클의 수, **클럭 비율**(clock rate)로 동작하는 최소한 하나의 내부 클럭 신호를 생성하기 위해 CPU의 CU(제어장치) 안에서 나누어지거나 곱해진다. CPU의 클럭 비율을 MHz(메가헤르츠)로 표현된다.

클럭 비율을 사용하면, 프로세서가 어떤 프로그램을 처리하는 데 걸리는 프로그램당 초 단위의 전체 시간을 의미하는 CPU의 실행시간을 계산할 수 있다. 클럭 비율에서, CPU가 클럭 사이클을 완성하는 데 걸리는 시간의 길이는 클럭 비율을 역수로, **클럭 주기**(clock period) 또는 **사이클 시간**(cycle time)이라고 불리며, 사이클당 시간으로 표현된다. 프로세서의 클럭 비율 또는 클럭 주기는 보통 프로세서의 규격 문서 안에 나타나 있다.

명령어 세트를 살펴보면, **CPI**(명령어당 클럭 사이클의 평균 수)는 몇 가지 방식으로 결정될 수 있다. 한 가지 방법은 (프로세서의 명령어 세트 매뉴얼로부터) 각 명령어에 대해 CPI를 얻어서, 그 명령어의 주기를 곱하여 전체 CPI를 위한 수를 더하는 것이다.

$$CPI = \Sigma(명령어당\ CPI * 명령어\ 주기)$$

여기시, 전체 CPU의 실행시간은 다음에 의해 결정될 수 있다.

프로그램당 초 단위의 CPU 실행시간 = (프로그램당 명령어의 전체 수 또는 명령어 수)*(사이클/명령어의 수 단위의 CPI)*(사이클당 초 단위의 클럭 주기) = (명령어 수)*(사이클의 수 단위의 CPI)/(MHz 단위의 클럭 비율)

쓰루풋(throughput) 또는 **대역폭**(bandwidth)이라고도 불리는 프로세서의 평균 실행비율은 주어진 시간 주기 안에서 CPU가 할 수 있는 일의 양을 반영하며, CPU의 실행시간의 역수이다.

$$CPU\ 쓰루풋\ (바이트/초\ 또는\ MB/초\ 단위) = 1/CPU\ 실행시간 = CPU\ 성능$$

두 아키텍처(예를 들어, Geode와 SA-1100)의 성능을 알기 위해서, 다른 것에 대한 한 아키텍처의 **속도 차이**(speedup)는 다음과 같이 계산될 수 있다.

성능(Geode)/성능(SA-1100) = 실행시간(SA-1100)/실행시간(Geode) = 'X' 그러므로, Geode는 SA-1100보다 X배 빠르다.

쓰루풋 외에 성능에 대한 다른 정의로는 다음과 같은 것들이 있다.

- 프로세서의 응답성, 또는 **지연**(latency)은 프로세서가 어떤 이벤트에 대해 반응하는 데 걸리는 경과시간을 나타낸다.

- 프로세서의 **이용 가능성**(availability)은 프로세서가 보통 실패 없이 실행하는 시간의 양을 나타낸다. **신뢰성**(reliability)은 실패 사이의 평균 시간, 또는 MTBF(실패 사이의 시간을 의미)를, **회복 가능성**(recoverability)은 CPU가 실패로부터 회복되는 데 걸리는 시간 또는 MTTR(회복시간을 의미)을 나타낸다.

마지막으로 알아둘 점은 프로세서의 내부 디자인은 프로세서의 클럭 비율과 CPI를 결정한다는 것이다. 그래서 프로세서의 성능은 어떤 ISA가 구현되었는지, ISA가 어떻게 구현되었는지에 따라 다르다. 예를 들어, 명령어-레벨 병렬 ISA 모델을 구현하는 아키텍처는 어플리케이션에 특화된 프로세서와 범용 프로세서보다 더 좋은 성능을 가지고 있다. 왜냐하면, 이 아키텍처에서는 병렬 처리가 가능하기 때문이다. 성능은 ALU 안에서의 파이프 구현과 같은 프로세서 내에서의 ISA의 실제 물리적 구현 때문에 향상될 수 있다. 추가적인 성능 향상을 제공하는 전가산기 아류도 있다. 예를 들어, 캐리 예측 가산기(CLA), 캐리 완성 가산기, 조건적 덧셈 가산기, 캐리 선택 가산기 등이 있다. 사실, 프로세서의 성능을 향상시킬 수 있는 어떤 알고리즘은 더 높은 쓰루풋—파이프라인(pipeline)이라고 불리는 기술—에서 논리 및 산술 명령어를 처리할 수 있도록 ALU를 디자인함으로써 그렇게 할 수 있다. 프로세서의 성능과 메모리 사이의 차이 증가는 명령어와(특히 정지시간을 줄이기 위한 분기 예측을 사용한 알고리즘) 데이터 프리페치 알고리즘을 구현하는 캐시 알고리즘과 룩업-프리 캐시에 의해 향상될 수 있다. 기본적으로 클럭 비율을 증가시키거나 CPI를 감소시킬 수 있는 어떤 디자인의 특징은 프로세서의 전반적인 성능을 향상시켜 줄 것이다.

벤치마크

임베디드 시장에서 프로세서를 위하여 사용되는 가장 일반적인 성능 측정방법 중 하나는 **MIPS**(millions of instructions per seconds), 즉 **초당 명령어 수**이다.

> MIPS = 명령어 수/(CPU 실행시간*10^6) = 클럭 비율/(CPI*10^6)

MIPS 성능 측정은 더 빠른 프로세서가 더 큰 MIPS 값을 갖는다는 인상을 준다. 왜냐하면, MIPS 공식의 일부가 CPU의 실행시간에 대해 역비례하기 때문이다. 하지만 MIPS는 다음과 같은 여러 이유들로 인하여 이러한 가정을 할 때 오해를 하게 만든다.

- 명령어의 복잡도와 기능은 MIPS 공식에서 고려되지 않는다. 그래서 MIPS는 프로세서의 기능을 다른 ISA와 비교할 수 없다.

- MIPS는 동일한 프로세서에 대해 다른 프로그램이 실행될 때 달라질 수 있다(명령어 수와 명령어의 다른 종류에 따라 달라지기 때문이다).

벤치마크(benchmark)라 불리는 소프트웨어 프로그램은 그 성능을 측정하기 위해 프로세서 상에서 실행될 수 있다. 성능에 대한 논의는 Section IV 통합하기에서 계속해서 다루겠다.

4.4 | 프로세서 데이터 시트 읽기

프로세서의 데이터 시트는 유용한 프로세서 정보의 핵심적인 부분들을 제공한다.

> 저자 주 : 나는 그 프로세서가 동작하는 것을 보고 그 특징들을 확인하기 전까지는 업체로부터 얻은 정보들이 100% 정확하다고는 믿지 않는다.

데이터 시트는 하드웨어이든 소프트웨어이든 거의 모든 컴포넌트들에 대해 존재하며 그것들이 포함하고 있는 정보는 업체마다 다르다. 어떤 데이터 시트는 2 페이지로 구성되어 시스템의 주요한 특징들만을 설명해 놓은 반면, 어떤 데이터 시트는 100 페이지 이상의 기술 정보들을 포함한다.

이 절에서는 프로세서의 데이터 시트에서 유용한 정보의 핵심적인 부분 몇 가지를 요약 정리하기 위해 80 페이지로 구성된 MPC860EC rev.6.3 을 사용할 것이다. 프로세서의 데이터 시트들은 일반적으로 유사한 개요와 기술 정보들을 가지고 있기 때문에, 이것은 독자들이 다른 프로세서 데이터 시트들을 읽기 위한 예로 사용할 수 있을 것이다.

MPC860 데이터 시트 예의 2절 : 프로세서의 특징에 대한 개요

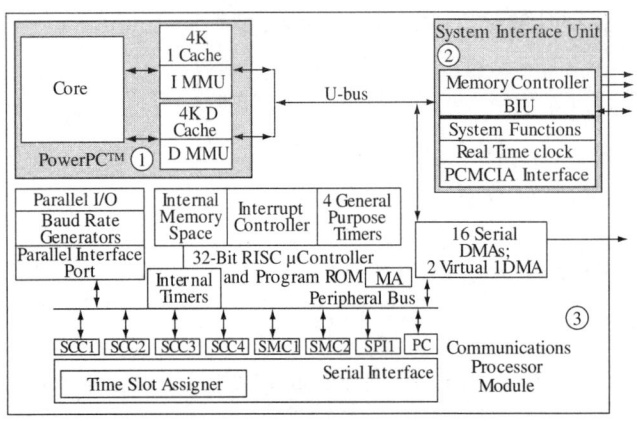

>> 그림 4-71a MPC860 프로세서 블록 다이어그램[4-15]
저작권자 Freescale Semiconductor, Inc.의 허가하에 발췌

그림 4-71a 는 MPC860 의 블록 다이어그램을 보여주며, 그림 4-71b 에는 그 데이터 시트의 특징 목록에 대해 설명되어 있다. 그 개요의 회색 영역과 흰색 영역에서 볼 수 있는 것처럼, 물리적 IC 패키지에서부터 프로세서의 내부 메모리 방식의 주요 특징에 이르기까지 모든 것이 요약 정리되어 있다. 데이터 시트의 남은 절에서는 MPC860 이 PCB 에 어떻게 집적되어야 하는지에 관한 권장사항 : VDD 핀은 보드 전원에 낮은 임피던스 경로를 가지고 제공되어야 한다 ; GND 핀은 그라운드에 낮은 임피던스 경로를 가지고 제공되어야 한다; IEEE 1149.1 JTAG 타이밍을

위한 전기적인 규정을 제공하기 위해 리셋시 입력 상태인 모든 사용되지 않는 입력/신호들은 풀업되어야 한다; CPM에 대한 AC와 DC 전기 규정, UTOPIA 인터페이스에 대한 AC 전기 규정, 고속 이더넷 컨트롤러(FEC)를 위한 AC 전기 규정 등을 포함한 다양한 정보들을 제공한다.

Datasheet Overview

- Embedded single-issue, 32-bit PowerPC core (implementing the PowerPC architecture) with thirty-two 32-bit general-purpose registers (GPRs)
  ○ The core performs branch prediction with conditional prefetch without conditional execution.

On-chip Memory
- 4- or 8-Kbyte data cache and 4- or 16-Kbyte instruction cache
- 16-Kbyte instruction caches are four-way, set-associative with 256 sets; 4-Kbyte instruction caches are two-way, set-associative with 128 sets.
- 8-Kbyte data caches are two-way, set-associative with 256 sets; 4-Kbyte data caches are two-way, set-associative with 128 sets.
- Cache coherency for both instruction and data caches is maintained on 128-bit (4-word) cache blocks.
- Caches are physically addressed, implement a least recently used (LRU) replacement algorithm, and are lockable on a cache block basis.

Memory Management
- MMUs with 32-entry TLB, fully-associative instruction, and data TLBs
- MMUs support multiple page sizes of 4-, 16-, and 512-Kbytes, and 8-Mbytes; 16 virtual address spaces and 16 protection groups
- Advanced on-chip-emulation debug mode

External Data Bus Width and Support
- Up to 32-bit data bus (dynamic bus sizing for 8, 16, and 32 bits)
- 32 address lines
- Operates at up to 80 MHz

Memory Management
- Memory controller (eight banks)
  - Contains complete dynamic RAM (DRAM) controller
  - Each bank can be a chip select or RAS to support a DRAM bank.
  - Up to 15 wait states programmable per memory bank
  - Glueless interface to DRAM, SIMMS, SRAM, EPROM, Flash EPROM, and other memory devices
  - DRAM controller programmable to support most size and speed memory interfaces
  - Four CAS lines, four WE lines, and one OE line
  - Boot chip-select available at reset (options for 8-, 16-, or 32-bit memory)
  - Variable block sizes (32 Kbyte to 256 Mbyte)
  - Selectable write protection
  - On-chip bus arbitration logic

SIU features (timers, ports, etc.)
- General-purpose timers
  - Four 16-bit timers or two 32-bit timers
  - Gate mode can enable/disable counting
  - Interrupt can be masked on reference match and event capture.

- System integration unit (SIU)
  - Bus monitor
  - Software watchdog
  - Periodic interrupt timer (PIT)
  - Low-power stop mode
  - Clock synthesizer
  - Decrementer, time base, and real-time clock (RTC) from the PowerPC architecture
  - Reset controller
  - IEEE 1149.1 test access port (JTAG)

>> 그림 4-71b 데이터 시트에서의 MPC860 개요[4-17]
저작권자 Freescale Semiconductor, Inc.의 허가하에 발췌

Datasheet Overview

Interrupt Scheme

· Interrupts
- Seven external interrupt request (IRQ) lines
- 12 port pins with interrupt capability
- 23 internal interrupt sources
- Programmable priority between SCCs
- Programmable highest priority request

I/O Networking Features

· 10/100 Mbps Ethernet support, fully compliant with the IEEE 802.3u Standard (not available when using ATM over UTOPIA interface)

· ATM support compliant with ATM forum UNI 4.0 specification
- Cell processing up to 50–70 Mbps at 50-MHz system clock
- Cell multiplexing/demultiplexing
- Support of AAL5 and AAL0 protocols on a per-VC basis. AAL0 support enables OAM and software implementation of other protocols.
- ATM pace control (APC) scheduler, providing direct support for constant bit rate (CBR) and unspecified bit rate (UBR) and providing control mechanisms enabling software support of available bit rate (ABR)
- Physical interface support for UTOPIA (10/100-Mbps is not supported with this interface) and byte-aligned serial (for example, T1/E1/ADSL)
- UTOPIA-mode ATM supports level-1 master with cell-level handshake, multi-PHY (up to four physical layer devices), connection to 25-, 51-, or 155-Mbps framers, and UTOPIA/system clock ratios of 1/2 or 1/3.
- Serial-mode ATM connection supports transmission convergence (TC) function for T1/E1/ADSL lines, cell delineation, cell payload scrambling/descrambling, automatic idle/unassigned cell insertion/stripping, header error control (HEC) generation, checking, and statistics.

CPM Features

· Communications processor module (CPM)
- RISC communications processor (CP)
- Communication-specific commands (for example, GRACEFUL –STOP-TRANSMIT, ENTER-HUNT-MODE, and RESTART-TRANSMIT)
- Supports continuous mode transmission and reception on all serial channels

CPM Internal Memory and Memory Management

- Up to 8 Kbytes of dual-port RAM
- 16 serial DMA (SDMA) channels

CPM I/O

- Three parallel I/O registers with open-drain capability

· Four baud-rate generators (BRGs)
- Independent (can be tied to any SCC or SMC)
- Allows changes during operation
- Autobaud support option

CPM I/O

· Four serial communications controllers (SCCs)
- Ethernet/IEEE 802.3 optional on SCC1-4, supporting full 10-Mbps operation (available only on specially programmed devices)
- HDLC/SDLC (all channels supported at 2 Mbps)
- HDLC bus (implements an HDLC-based local area network (LAN))
- Asynchronous HDLC to support point-to-point protocol (PPP)
- AppleTalk
- Universal asynchronous receiver transmitter (UART)
- Synchronous UART
- Serial infrared (IrDA)
- Binary synchronous communication (BISYNC)
- Totally transparent (bit streams)
- Totally transparent (frame-based with optional cyclic redundancy check (CRC))

>> 그림 4-71b 데이터 시트에서의 MPC860 개요[4-17] (계속)
저작권자 Freescale Semiconductor, Inc.의 허가하에 발췌

Datasheet Overview

CPM Features

CPM I/O

- Two SMCs (serial management channels)
  – UART
  – Transparent
  – General circuit interface (GCI) controller
  – Can be connected to the time-division multiplexed (TDM) channels
- One SPI (serial peripheral interface)
  – Supports master and slave modes
  – Supports multimaster operation on the same bus

External Bus Support

- One I2C (inter-integrated circuit) port
  – Supports master and slave modes
  – Multiple-master environment support

CPM I/O

- Time-slot assigner (TSA)
  – Allows SCCs and SMCs to run in multiplexed and/or non-multiplexed operation
  – Supports T1, CEPT, PCM highway, ISDN basic rate, ISDN primary rate, user defined
  – 1- or 8-bit resolution
  – Allows independent transmit and receive routing, frame synchronization, and clocking
  – Allows dynamic changes
  – Can be internally connected to six serial channels (four SCCs and two SMCs)
- Parallel interface port (PIP)
  – Centronics interface support
  – Supports fast connection between compatible ports on the MPC860 or the MC68360
- PCMCIA interface
  – Master (socket) interface, release 2.1 compliant
  – Supports two independent PCMCIA sockets
  – Supports eight memory or I/O windows

- Low power support
  – Full on– all units fully powered
  – Doze–core functional units disabled except time base decrementer, PLL, memory controller, RTC, and CPM in low-power standby
  – Sleep– all units disabled except RTC and PIT, PLL active for fast wake up
  – Deep sleep– ll units disabled including PLL except RTC and PIT
  – Power down mode– all units powered down except PLL, RTC, PIT, time base, and decrementer

Debugging Support

- Debug interface
  – Eight comparators: four operate on instruction address, two operate on data address, and two operate on data
  – Supports conditions: =,<,>
  – Each watchpoint can generate a break-point internally

Voltage Source/Power Information

- 3.3-V operation with 5-V TTL compatibility except EXTAL and EXTCLK

IC Packaging

- 357-pin ball grid array (BGA) package

>> 그림 4-71b 데이터 시트에서의 MPC860 개요[4-17] (계속)
저작권자 Freescale Semiconductor, Inc.의 허가하에 발췌

MPC860 데이터 시트 예의 3절 : 최대 내성 범위

MPC860 데이터 시트의 3절은 프로세서가 노출될 수 있는 최대 전압과 온도 범위에 대한 정보를 제공한다(표 4-4a 참고). 프로세서에 대한 최대 내성 온도란 프로세서가 손상 없이 견딜 수 있는 최대 온도를 의미하며, 최대 내성 전압이란 프로세서가 손상 없이 견딜 수 있는 최대 전압을 의미한다.

다른 프로세서들은 그 자신만의 최대 내성 전압과 전력 범위를 갖는다. 표 4-4b는 NET+ARM 프로세서의 최대 온도와 전압에 대한 표이다.

>> 표 4-4a MPC860 프로세서 최대 내성 전압과 온도 범위[4-17]

저작권자 Freescale Semiconductor, Inc.의 허가하에 발췌

(GND = 0V)

범위	심벌	값	단위
공급전압[1]	V_{DDH}	-0.3 ~ 4.0	V
	V_{DDL}	-0.3 ~ 4.0	V
	KAPWR	-0.3 ~ 4.0	V
	VDDSYN	-0.3 ~ 4.0	V
입력전압[2]	V_{in}	GND - 0.3 ~ VDDH	V
온도[3] (표준)	$T_{A(min)}$	0	°C
	$T_{j(max)}$	95	°C
온도[3] (확장)	$T_{A(min)}$	-40	°C
	$T_{j(max)}$	95	°C
저장온도 범위	T_{sig}	-55 ~ 150	°C

1. 소자의 전원 공급은 0.0V에서 시작해야 한다.
2. 기능 동작 조건은 표 4-4b에서의 DC 전기 규정에 따라 제공된다. 절대적인 최대 범위는 스트레스 범위일 뿐이며, 최대에서의 기능적인 동작은 보장되지 않는다. 명시된 값 이상의 스트레스는 소자의 신뢰도에 영향을 주거나 영구적인 손상을 야기시킬 수도 있다.

   주의 : 5V의 내성을 갖는 모든 입력값은 공급전압보다 2.5V 이상 큰 값일 수 없다. 이 제한은 전원 공급과 일반적인 동작에 적용된다(즉, MPC860에 전원이 인가되지 않는다면, 2.5V 이상의 전압이 입력으로 적용될 필요가 없다).
3. 최소 온도는 대기온도인 T_A를, 최대 온도는 접합온도인 T_j를 보장해야 한다.

>> 표 4-4b NET+ARM 프로세서 최대 내성 전압과 온도 범위[4-17]

특 징	심 벌	최 소	최 대	단 위
온도 저항 – 접합 대 대기	Θ_{JA}		31	°C/W
동작 접합 온도	T_J	−40	100	°C
동작 대기 온도	T_A	−40	85	°C
저장온도	T_{SIG}	−60	150	°C
내부 코어 전력 @ 3.3V – 캐시 활성화	P_{INT}		15	mW/MHz
내부 코어 전력 @ 3.3V – 캐시 비활성화	P_{INT}		9	mW/MHz

심 벌	파라미터	조 건	최 소	최 대	단 위
V_{DD3}	DC 공급전압	코어 및 표준 I/O	−0.3	4.6	V
V_I	DC 입력전압, 3.3V I/O		−0.3	V_{DD3} + 0.3, 4.6 max	V
V_O	DC 출력전압, 3.3V I/O		−0.3	V_{DD3} + 0.3, 4.6 max	V
TEMP	동작이 원활한 대기온도 범위	산업용	−40	+85	°C
T_{SIG}	저장온도		−60	+150	°C

MPC860 데이터 시트 예의 4절 : 온도 특성

프로세서의 온도 특성은 특정 보드상에 있는 프로세서를 사용하기 위해서 어떤 종류의 온도 디자인 요구사항을 채택해야 하는지를 알려준다. 표 4-5는 MPC860의 온도 특성을 보여주고 있다. 온도 관리에 관한 보다 자세한 정보는 5절과 7절에 나타나 있다. 절대 온도와 동작온도 제한의 범위를 초과하는 프로세서는 논리적 오류, 성능 저하, 온도 특성 변경, 심지어는 프로세서의 영구적인 물리적 손상을 야기시킬 수 있는 위험이 있다.

프로세서의 온도는 그것이 위치해 있는 임베디드 보드 및 그 온도 특성의 결과이다. 프로세서의 온도 특성은 IC의 패키지에서 사용된 크기 및 물질, 임베디드 보드에 연결된 종류, 프로세서의 온도를 식히기 위해 사용된 메커니즘의 부재 및 종류(히트 싱크, 히트 파이프, 열전자 쿨링, 액체 쿨링 등), 임베디드 보드에 의해 프로세서에 가해지는 열적 제한(전원 밀집, 온도 전도력/공기 흐름, 대기온도, 히트 싱크 크기 등)에 따라 다르다.

>> 표 4-5 MPC860 프로세서 온도 특성[4-17]
저작권자 Freescale Semiconductor, Inc.의 허가하에 발췌

비율	환경		심벌	Rev A B, C, D	Rev	단위
접합 대 대기[1]	자연 순환	단층 보드(1s)	$R_{\Theta JA}$[2]	31	40	°C/W
		4층 보드(2s2p)	$R_{\Theta JMA}$[3]	20	25	
	기류 (200 ft/min)	단층 보드(1s)	$R_{\Theta JMA}$[3]	26	32	
		4층 보드(2s2p)	$R_{\Theta JMA}$[3]	16	21	
접합 대 보드[4]			$R_{\Theta JB}$	8	15	
접합 대 케이스[5]			$R_{\Theta JC}$	5	7	
접합 대 패키지[6]	자연 순환		Ψ_{JT}	1	2	
	기류 (200 ft/min)			2	3	

1. 접합온도는 온-칩 전력 방출, 패키지 온도 저항, 실장 보드 온도, 대기온도, 기류, 보드상의 다른 컴포넌트들의 전력 방출, 보드 온도 저항과 비슷하다.
2. SEMI G38-87 과 JEDEC JESD51-2 마다 단층 보드에 수평으로
3. JEDEC KESD51-6 마다 보드에 수평으로
4. JEDEC JESD51-8 마다 다이와 PCB 사이의 온도 저항. 보드 온도는 패키지 근처의 보드 위 표면에서 측정된다.
5. 케이스 온도를 위해 사용되는 콜드 평판 온도를 가지고 (MIL SPEC-883 방식 1012.1) 콜드 평판 온도에 의해 측정된 다이와 케이스 상위 표면 사이의 평균 온도 저항을 가리킨다. 패드가 납땜되기 위해 노출된 패드 패키지에 대해, 접합 대 케이스 저항값은 접촉된 저항값 없이, 접합에서부터 노출된 패드에까지의 시뮬레이션된 값을 의미한다.
6. JEDEC JESD51-2 마다 패키지 상단과 접합온도 사이의 온도 차이를 가리키는 온도 특성 변수

MPC860 데이터 시트 예의 5절 : 전력 방출

임베디드 보드의 열 관리는 임베디드 보드상의 각 컴포넌트로부터 프로세서 같은 보드 컴포넌트의 열 방출을 야기하는 열을 제거하기 위해 구현해야 하는 기술, 프로세스, 표준을 포함한다. 열은 보드의 쿨링 메커니즘으로 제어된 방식에 의해 전송되어야 한다. 쿨링 메커니즘이란 보드 컴포넌트들이 과열되지 않도록 하는 장치로, 보드 컴포넌트들의 열이 동작온도 제한 내로 유지되도록 보장해 준다.

프로세서의 전력 방출은 프로세서 패키지 안에 있는 접합 다이와 참조점 사이에서 온도 저항에 따른 증가와 함께 참조점의 온도와 관련된 온도의 증가를 야기한다. 사실, 프로세서가 얼마나 많은 전력을 다룰 수 있는지 결정하는 가장 중요한 요소 중 하나는 온도 저항이다 (이에 대해서는 7 절에서 더 상세하게 다루었다).

표 4-6은 다양한 주파수에 따른, 그리고 CPU와 버스 속도가 동일하거나(1:1) CPU 주파수가 버스 속도의 두 배(2:1)인 모드에서 MPC860의 전력 방출 정도를 나타내고 있다.

>> 표 4-6 MPC860 프로세서 전력 방출[4-17]

저작권자 Freescale Semiconductor, Inc.의 허가하에 발췌

다이 버전	주파수(MHz)	표 준[1]	최 대[2]	단 위
A.3와 그 이전 버전	25	450	550	mW
	40	700	850	mW
	50	870	1050	mW
B.1과 C.1	33	375	TBD	mW
	50	575	TBD	mW
	66	750	TBD	mW
D.3와 D.4(1:1 모드)	50	656	735	mW
	66	TBD	TBD	mW
D.3와 D.4(2:1 모드)	66	722	762	mW
	80	851	909	mW

1. 전형적인(표준) 전력 방출은 3.3V에서 측정되었다.
2. 최대 전력 방출은 3.5V에서 측정되었다.

표 4-5와 같이 이 프로세서가 유지해야 하는 최대 접합온도가 얼마인지를 알려주는 MPC860에 대한 온도 특성들, 그리고 표 4-6과 같이 프로세서에 대한 전력 방출 정도는 PowerPC의 접합온도가 받아들일 수 있는 제한 이내로 유지하기 위해 보드상에서 얼마나 신뢰성 있는 온도 메커니즘이 필요한지를 결정해 줄 것이다.

> 전체 보드를 위한 신뢰성 있는 온도 솔루션을 개발하는 것은 프로세서의 온도 요구사항이 아니라, 모든 보드 컴포넌트들을 위한 온도 요구사항을 고려해야 한다는 것을 의미한다.

MPC860 데이터 시트 예의 6절 : DC 특성

표 4-7은 MPC860의 전기적 DC 특성에 대해 간단히 설명하고 있는데, 이것은 프로세서를 위한 특정 동작전압 범위를 말한다. 이 표에서 이 특징들을 살펴보면 보통 다음과 같은 것들이 있다.

- 프로세서의 **동작전압**(표 4-7에서의 처음 두 값)은 프로세서상의 전원 핀(예를 들어, V_{dd}, V_{cc} 등)으로의 전원 공급으로부터 인가된 전압을 말한다.

- **입력 HIGH 전압**(표 4-7에서의 3번째 값)은 EXTAL과 EXTLCK를 제외한 모든 입력 핀들을 위한 논리 레벨 HIGH에서의 전압 범위를 말한다. 여기서 최대값을 초과하는 전압은 프로세서에 손상을 미치며, 최소값 이하의 전압은 논리 레벨 LOW 또는 정의되지 않은 값으로 해석된다.

- **입력 LOW 전압**(표 4-7에서의 4번째 값)은 논리 레벨 LOW에서의 모든 입력 핀을 위한 전압 범위를 말한다. 여기서 최소 상태값 이하의 전압은 프로세서에게 손상을 입히거나 프로세서가 신뢰성 없는 동작을 하도록 만들며, 최대값 이상의 전압은 논리 레벨 HIGH 또는 정의되지 않은 값으로 해석된다.

- **EXTAL과 EXTLCK 입력 HIGH 전압**(표 4-7에서의 5번째 값)은 이 두 핀을 위한 최대 및 최소 전압을 말한다. 전압값은 프로세서의 손상을 피하기 위해 이 범주 이내의 값을 유지해야 한다.

- 다른 V_{in}을 위한 **다양한 입력 누설 전류**(표 4-7에서의 6~8번째 값)는 입력전압이 요구된 범주 안에 있을 때 누설전류가 TMS, TRST, DSCK, DSDI를 제외한 다양한 포트로 흐른다는 것을 의미한다.

- 최소 HIGH 출력전압을 말하는 **출력 HIGH 전압**(표 4-7에서의 9번째 값)은 프로세서가 2.0mA의 전류를 입력받을 때, XTAL, XFC, 오픈 드레인 핀을 제외하고 2.4V 보다 더 작아서는 안 된다.

- 최대 LOW 출력전압을 말하는 **출력 LOW 전압**(표 4-7에서의 마지막 값)은 프로세서가 다양한 포트상에 다양한 전류를 입력받을 때, .5V 보다 더 커서는 안 된다.

>> 표 4-7 MPC860 프로세서 DC 특성[4-17]
저작권자 Freescale Semiconductor, Inc.의 허가하에 발췌

특성	심벌	최소	최대	단위
40MHz 또는 그 이하에서의 동작전압	V_{DDH}, V_{DDL}, VDDSYN	3.0	3.6	V
	KAPWR(파워-다운 모드)	2.0	3.6	V
	KAPWR(모든 다른 동작 모드)	V_{DDH} − 0.4	V_{DDH}	V
40MHz 이상에서의 동작전압	V_{DDH}, V_{DDL}, KAPWR, VDDSYN	3.135	3.465	V
	KAPWR(파워-다운 모드)	2.0	3.6	V
	KAPWR(모든 다른 동작 모드)	V_{DDH} − 0.4	V_{DDH}	V
입력 HIGH 전압(EXTAL과 EXTCLK 이외의 모든 입력)	V_{IH}	2.0	5.5	V

>> 표 4-7 MPC860 프로세서 DC 특성[4-17](계속)

저작권자 Freescale Semiconductor, Inc.의 허가하에 발췌

특 성	심 벌	최 소	최 대	단 위
입력 LOW 전압	V_{IL}	GND	0.8	V
EXTAL, EXTCLK 입력 HIGH 전압	V_{IHC}	$0.7 \times V_{DDH}$	$V_{DDH} + 0.3$	V
입력 누설 전류, $V_{in} = 5.5V$ (TMS, $\overline{TRST}$, DSCK, DSDI 핀 제외)	I_{in}	–	100	µA
입력 누설 전류, $V_{in} = 3.6V$ (TMS, $\overline{TRST}$, DSCK, DSDI 핀 제외)	I_{in}	–	10	µA
입력 누설 전류, $V_{in} = 0V$ (TMS, $\overline{TRST}$, DSCK, DSDI 핀 제외)	I_{in}	–	10	µA
입력 전기 용량[1]	C_{in}	–	20	pF
출력 HIGH 전압, $I_{OH} = -2.0mA$, $V_{DDH} = 3.0V$(XTAL, XFC, 오픈 드레인 핀 제외)	V_{OH}	2.4	–	V
출력 LOW 전압 $I_{OL} = 2.0mA$, CLKOUT $I_{OL} = 3.2mA^2$ $I_{OL} = 5.3mA^3$ $I_{OL} = 7.0mA$, TXD1/PA14, TXD2/PA12 $I_{OL} = 8.9mA$, $\overline{TS}$, $\overline{TA}$, $\overline{TEA}$, $\overline{BI}$, $\overline{BB}$, $\overline{FIRESET}$, $\overline{SRESET}$	V_{OL}	–	0.5	V

1. 입력 전기 용량은 주기적으로 샘플링된다.
2. A(0:31), TSIZ0/$\overline{REG}$, TSIZ1, D(0:31), DP(0:3)/$\overline{IRQ}$(3:6), RD/$\overline{WR}$, $\overline{BURST}$, $\overline{RSV}$/$\overline{IRQ2}$, IP_B(0:1)/IWP(0:1)/VFLS(0:1), IP_B2/IOIS16_B/AT2, IP_B3/IWP2/VF2, IP_B4/LWP0/VF0, IP_B5/LWP1/VF1, IP_B6/DSDI/AT0, IP_B7/PTR/AT3, RXD1/PA15, RXD2/PA13, L1TXDB/PA11, L1RXDB/PA10, L1TXDA/PA9, L1RXDA/PA8, TIN1/L1RCLKA/BRGO1/CLK1/PA7, BRGCLK1/$\overline{TOUT1}$/CLK2/PA6, TIN2/L1TCLKA/BRGO2/CLK3/PA5, $\overline{TOUT2}$/CLK4/PA4, TIN3/BRGO3/CLK5/PA3, BRGCLK2/L1RCLKB/$\overline{TOUT3}$/CLK6/PA2, TIN4/BRGO4/CLK7/ PA1, L1TCLKB/$\overline{TOUT4}$/CLK8/PA0, $\overline{REJCT1}$/$\overline{SPISEL}$/PB31, SPICLK/PB30, SPIMOSI/PB29, BRGO4/SPIMISO/PB28, BRGO1/I2CSDA/PB27, BRGO2/I2CSCL/PB26, SMTXD1/PB25, SMRXD1/PB24, $\overline{SMSYN1}$/$\overline{SDACK1}$/PB23, $\overline{SMSYN2}$/$\overline{SDACK2}$/PB22, SMTXD2/L1CLKOB/PB21, SMRXD2/L1CLKOA/PB20, L1ST1/$\overline{RTS1}$/PB19, L1ST2/$\overline{RTS2}$/PB18, L1ST3/$\overline{L1RQB}$/PB17, L1ST4/$\overline{L1RQA}$/PB16, BRGO3/PB15, $\overline{RSTRT1}$/PB14, L1ST1/$\overline{RTS1}$/$\overline{DREQ0}$/PC15, L1ST2/$\overline{RTS2}$/$\overline{DREQ1}$/PC14, L1ST3/$\overline{L1RQB}$/PC13, L1ST4/$\overline{L1RQA}$/PC12, $\overline{CTS1}$/PC11, $\overline{TGATE1}$/$\overline{CD1}$/PC10, $\overline{CTS2}$/PC9, $\overline{TGATE2}$/$\overline{CD2}$/PC8, $\overline{SDACK2}$/L1TSYNCB/PC7, L1RSYNCB/PC6, $\overline{SDACK1}$/L1TSYNCA/PC5, L1RSYNCA/PC4, PD15, PD14, PD13, PD12, PD11, PD10, PD9, PD8, PD5, PD6, PD7, PD4, PD3, MII_MDC, MII_TX_ER, MII_EN, MII_MDIO, MII_TXD[0:3]
3. $\overline{BDIP}$/$\overline{GPL\_B(5)}$, $\overline{BR}$, $\overline{BG}$, FRZ/$\overline{IRQ6}$, $\overline{CS}$(0:5), $\overline{CS}$(6)/$\overline{CE(1)\_B}$, $\overline{CS}$(7)/$\overline{CE(2)\_B}$, $\overline{WE0}$/$\overline{BS\_B0}$/$\overline{IORD}$, $\overline{WE1}$/$\overline{BS\_B1}$/$\overline{IOWR}$, $\overline{WE2}$/$\overline{BS\_B2}$/$\overline{PCOE}$, $\overline{WE3}$/$\overline{BS\_B3}$/$\overline{PCWE}$, $\overline{BS\_A}$(0:3), GPL_A0/GPL_B0, OE/GPL_A1/GPL_B1, GPL_A(2:3)/$\overline{GPL\_B(2:3)}$/$\overline{CS(2:3)}$, UPWAITA/$\overline{GPL\_A4}$, UPWAITB/$\overline{GPL\_B4}$, GPL_A5, ALE_A, $\overline{CE1\_A}$, $\overline{CE2\_A}$, ALE_B/DSCK/AT1, OP(0:1), OP2/MODCK1/$\overline{STS}$, OP3/MODCK2/DSDO, BADDR(28:30)

MPC860 데이터 시트 예의 7절 : 온도 계산과 측정

5절에서 말한 것처럼, 온도 저항은 프로세서가 얼마나 많은 전력을 처리할 수 있는가를 결정하는 가장 중요한 요소 중 하나이다. 이 데이터 시트에서, MPC860(그림 4-72 참고)을 위해 규정된 온도 변수는 접합 대 대기($R_{\Theta JA}$), 접합 대 케이스($R_{\Theta JC}$), 접합 대 보드($R_{\Theta JB}$)로부터 측정된 온도 저항값이다.

이 방정식에서 $P_D = (V_{DD} * I_{DD}) + P_{I/O}$ 라고 가정한다.

여기서 P_D = 패키지 안에서의 전력 방출
        $P_{I/O}$ = I/O 드라이버의 전력 방출
        V_{DD} = 공급전압
        I_{DD} = 공급전류

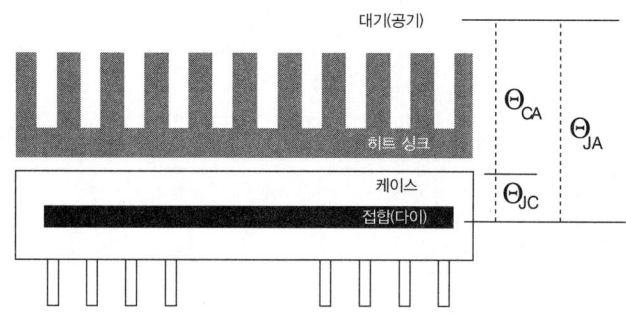

>> 그림 4-72 MPC860 프로세서 온도 변수[4-17]
저작권자 Freescale Semiconductor, Inc.의 허가하에 발췌

접합 대 대기 온도 저항

이것은 온도 성능의 측정치를 제공하는 산업 표준값이다. 프로세서의 접합온도, T_J(패키지 안의 다이의 평균 섭씨 온도)는 다음의 방정식에서 얻을 수 있다.

$T_J = T_A + (R_{\Theta JA} * P_D)$,

여기서 T_A = 대기온도(°C)는 패키지를 둘러싸고 있는 방사된 대기의 온도를 말한다. 이것은 보통 프로세서 패키지로부터 어떤 고정된 거리에서 측정된다.
        $R_{\Theta JA}$ = 패키지의 접합 대 대기 온도 저항값(°C/W)
        P_D = 패키지 안에서의 전력 방출

접합 대 케이스 온도 저항

접합 대 케이스 온도 저항값은 히트 싱크가 사용되거나 열의 상당량이 프로세서 패키지의 상단에서 방사될 때 열의 성능을 측정한다. 보통 이 시나리오에서 열 저항은 다음과 같이 표현된다.

$R_{\Theta JA} = R_{\Theta JC} + R_{\Theta CA}$ (접합 대 케이스 온도 저항과 케이스 대 대기 온도 저항의 합)

여기서 $R_{\Theta JA}$ = 접합 대 대기 온도 저항값(°C/W)

$R_{\Theta JC}$ = 접합 대 케이스 온도 저항값(°C/W)

> 주 $R_{\Theta JC}$는 기기와 관련되며, 사용자에 의해 영향을 받지 않는다.

$R_{\Theta CA}$ = 케이스 대 대기 온도 저항값(°C/W)

> 주 사용자는 케이스 대 대기 온도 저항인 $R_{\Theta CA}$에 영향을 주는 온도 환경을 조정한다.

접합 대 보드 온도 저항값

접합 대 보드 온도 저항값은 대부분의 열이 임베디드 보드로 전달될 때 온도 성능을 측정한다. 보드 온도를 알고 있고 대기로 잃어버린 온도가 없다고 가정할 때, 접합온도 측정은 다음의 방정식을 사용하여 구할 수 있다.

$T_J = T_B + (R_{\Theta JB} * P_D)$

여기서 T_B = 보드 온도(°C)

$R_{\Theta JB}$ = 접합 대 보드 온도 저항값(°C/W)

P_D = 패키지 안에서의 전력 방출

보드 온도를 알지 못할 때, 열 시뮬레이션을 권장한다. 실제 프로토타입이 가능하다면, 접합온도는 다음을 통해 계산될 수 있다.

$T_J = T_T + (\Psi_{JT} * P_D)$

여기서 Ψ_{JT} = 프로세서 패키징 케이스의 상위 중앙으로부터 온도를 측정함으로써 얻은 온도 특성 변수

4.5 | 요약 정리

이 장에서는 임베디드 프로세서란 무엇이며, 무엇으로 구성되었는지에 대해 설명하고 있다. 처음에는 프로세서 간의 주요 구분 문자로서 명령어 세트 아키텍처(ISA)의 개념에 대해 소개하는 것으로 시작한다. 그런 다음 ISA 가 무엇을 정의하고 있는지와 어떤 종류의 프로세서가 어떤 종류의 ISA 모델(어플리케이션 특화된 모델, 범용 모델, 또는 명령어-레벨 병렬 모델)에 속해 있는지에 대해 설명한다. ISA 에 대해 논의한 후에, 이 절의 두 번째 절에서는 ISA 의 특징이 프로세서 안에서 물리적으로 어떻게 구현되는지에 대해 설명한다.

임베디드 보드상에서 발견될 수 있는 주요 컴포넌트들이 IC(프로세서) 수준에서도 동일하게 발견될 수 있기 때문에, 폰노이만 모델은 IC 에도 적용된다. 마지막으로 이 장은 프로세서의 성능이 어떻게 측정되는지와 프로세서의 데이터 시트를 어떻게 읽는지에 대해 간단히 살펴보았다.

다음 5 장에서는 보드 메모리에 대한 하드웨어 기초 요소에 대해 소개하고, 임베디드 시스템의 성능에 대한 보드 메모리의 영향에 대해서도 논의할 것이다.

1. ⓐ ISA란 무엇인가?
   ⓑ ISA는 어떤 특징을 가지고 있는가?

2. ⓐ 아키텍처들이 기반으로 하고 있는 3가지의 가장 일반적인 ISA 모델의 이름은 무엇인지 그 이름을 적고 이를 설명하라.
   ⓑ 3개의 ISA 모델 각각에 속해 있는 두 종류의 ISA의 이름을 적고 이를 설명하라.
   ⓒ ⓑ에 나열된 ISA의 종류에 속해 있는 실생활 프로세서의 4가지 예를 들어라.

3. 보드의 주요 컴포넌트들과 프로세서의 내부 디자인은 일반적으로 폰노이만과 어떤 관련이 있는가?

4. [T/F] 하버드 아키텍처 모델은 폰노이만 아키텍처로부터 만들어졌다.

5. 그림 4-73a와 4-73b는 폰노이만 기반의 프로세서인지 하버드 기반의 프로세서인지를 선택하고, 그렇게 선택한 이유를 설명하라.

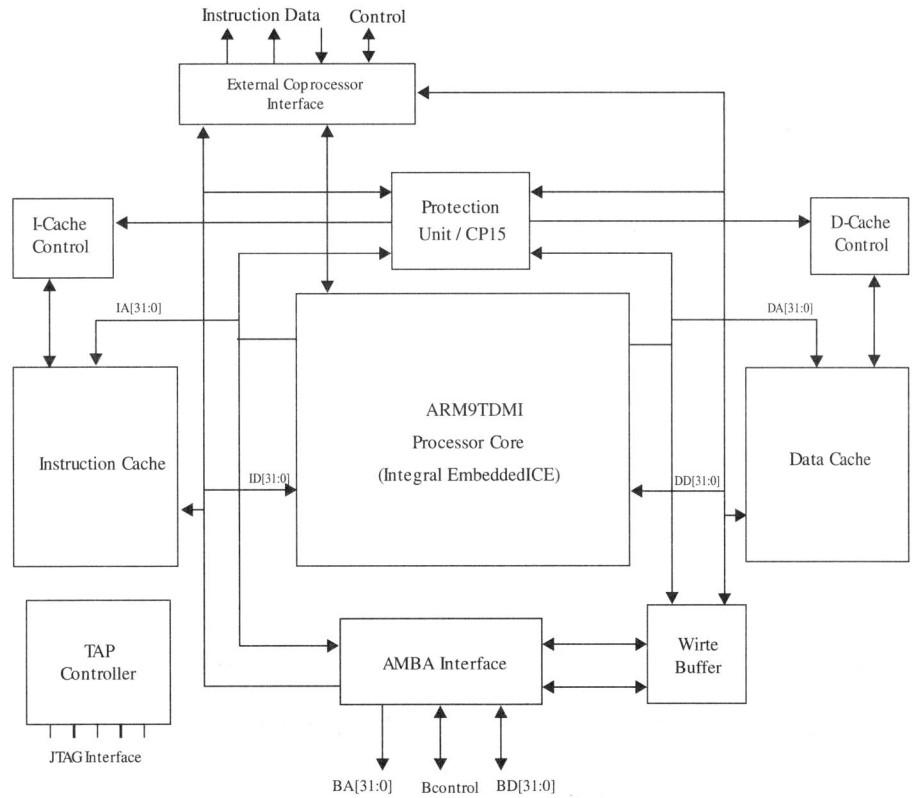

>> 그림 4-73a ARM9 프로세서[4-28]

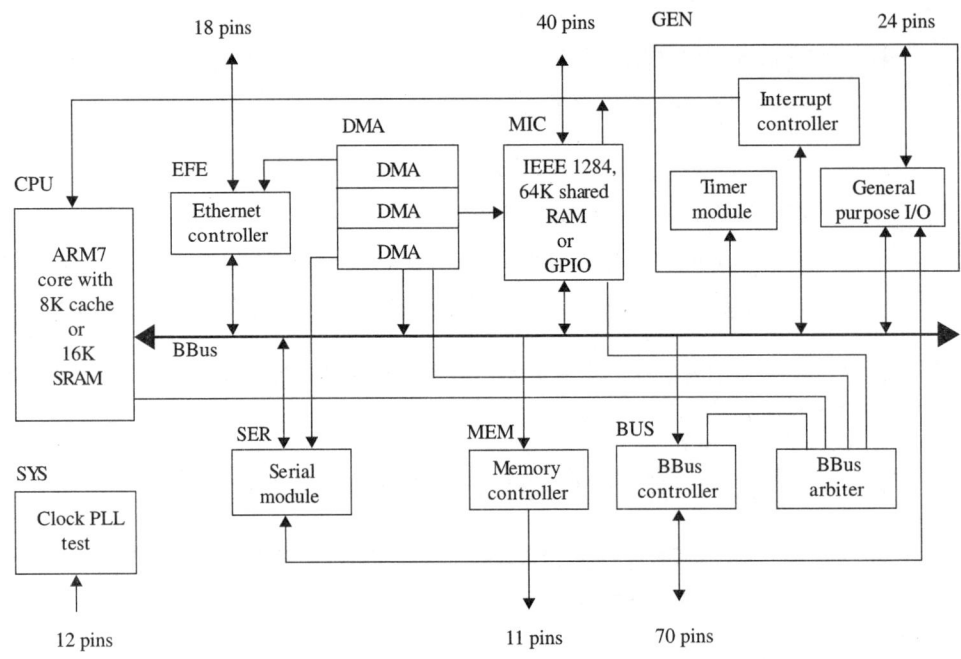

>> 그림 4-73b   ARM7 프로세서[4-29]

6. 폰노이만 모델에 따라, CPU의 주요한 컴포넌트들을 정의하고 나열하라.

7. ⓐ 레지스터란 무엇인가?
   ⓑ 2가지의 가장 일반적인 레지스터들의 이름을 적고 설명하라.

8. 레지스터들이 구성하고 있는 능동 전자 소자는 무엇인가?

9. 프로세서의 실행은 어떤 보드 메커니즘에 의해 동기화되는가?
   A. 시스템 클럭
   B. 메모리
   C. I/O 버스
   D. 네트워크 보조 컨트롤러
   E. 정답 없음

10. 임베디드 시스템의 메모리 계층에 대해 설명하고 이를 그려라.

11. 프로세서에 집적될 수 있는 메모리의 종류는 무엇인가?

12. ⓐ ROM과 RAM의 차이점은 무엇인가?
    ⓑ 각각에 대한 2가지 예를 들어라.

13. ⓐ 캐시에 데이터를 저장하고 읽기 위한 가장 일반적인 3가지 방법은 무엇인가?
　　ⓑ 캐시 적중과 캐시 미스 사이의 차이점은 무엇인가?

14. 메모리를 관리하기 위한 가장 일반적인 2가지 장치의 이름을 적고 이를 설명하라.

15. 물리 메모리와 논리 메모리 사이의 차이점은 무엇인가?

16. ⓐ 메모리 맵이란 무엇인가?
　　ⓑ 그림 4-74에서의 메모리 맵을 가진 시스템의 메모리 구성은 무엇인가?
　　ⓒ 그림 4-74의 메모리 맵에서 주 프로세서에 집적되어 있는 메모리 컴포넌트는 어떤 것인가?

어드레스 범위	접근 가능한 장치	포트 폭
0x00000000 ~ 0x003FFFFF	플래시 PROM 뱅크 1	32
0x00400000 ~ 0x007FFFFF	플래시 PROM 뱅크 2	32
0x04000000 ~ 0x043FFFFF	DRAM 4 Mbyte (1 Meg × 32 bit)	32
0x09000000 ~ 0x09003FFF	MPC 내부 메모리 맵	32
0x09100000 ~ 0x09100003	BCSR - 보드 제어&상태 레지스터	32
0x10000000 ~ 0x17FFFFFF	PCMCIA 채널	16

>> 그림 4-74 메모리 맵[4-25]

17. I/O 하드웨어를 분리하기 위해 사용되는 6가지 논리장치의 이름을 적고 이를 설명하라.

18. ⓐ 직렬 I/O와 병렬 I/O 사이의 차이점은 무엇인가?
　　ⓑ 각각에 대한 실제 예를 제시하라.

19. I/O 장치를 관리하기 위해 I/O 컨트롤러를 포함하고 있는 시스템에서, 주 프로세서와 I/O 컨트롤러 사이에 인터페이스가 전형적으로 기초로 하는 최소한의 2가지 요구사항의 이름을 적어라.

20. 프로세서의 실행시간과 쓰루풋 사이의 차이는 무엇인가?

IT 대한민국은 ITC(Info Tech Corea)가 함께 하겠습니다.
www.itcpub.co.kr

chapter 05

보드 메모리

이 장에서는

▶ 다양한 종류의 보드 메모리를 정의한다.
▶ 보드상에 부착되어 있는 메모리를 관리하는 방법에 대해 알아본다.
▶ 메모리 성능에 대해 알아본다.

4장에서 소개한 것처럼, 임베디드 플랫폼은 메모리 계층(memory hierarchy)을 갖는다. 메모리 계층이란 속도, 크기, 그리고 사용방법이 서로 다른 종류의 메모리들의 집합을 말한다(그림 5-1 참고). 어떤 메모리는 레지스터나 일종의 **기본 메모리**(primary memory)처럼 물리적으로 프로세서에 집적되어 있을 수 있다. 기본 메모리란 ROM, RAM, 그리고 레벨 1 캐시처럼 프로세서에 집적되어 있거나 프로세서에 직접 연결되어 있는 메모리를 말한다. 프로세서에 집적될 수 있는 메모리에 대해서는 4장에서 소개하였다. 이 장에서는 프로세서 외부에 위치하거나 프로세서에 집적되기도 하고 프로세서 외부에 위치할 수도 있는 메모리에 대해 논의할 것이다. 이것은 ROM, 레벨 2+ 캐시, 그리고 주 메모리와 같은 다른 기본 메모리와 CD-ROM, 플로피 드라이브, 하드 드라이브, 테이프처럼 주 프로세서뿐 아니라 보드에 직접 연결되는 메모리인 **이차 메모리**(secondary memory)를 포함한다.

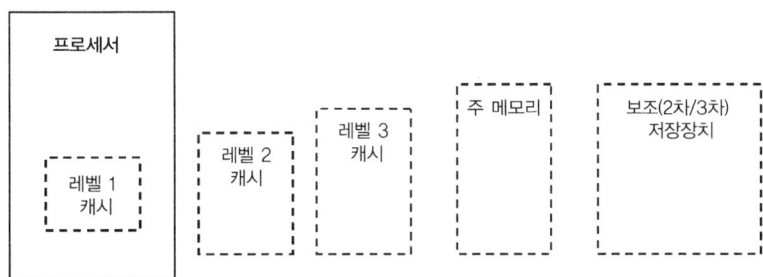

>> 그림 5-1 메모리 계층구조

주 이 절에서의 내용들은 온-칩 메모리에 대해 다루고 있는 4장의 내용과 유사하다. 메모리가 IC에 집적되어 있든 보드상에 직접 위치해 있든 상관 없이 메모리 동작의 기본은 본질적으로 같기 때문이다.

기본 메모리는 일반적으로 다음의 세 컴포넌트들로 구성된 메모리 서브시스템(그림 5-2 참고)의 일부이다.

- 메모리 IC
- 어드레스 버스
- 데이터 버스

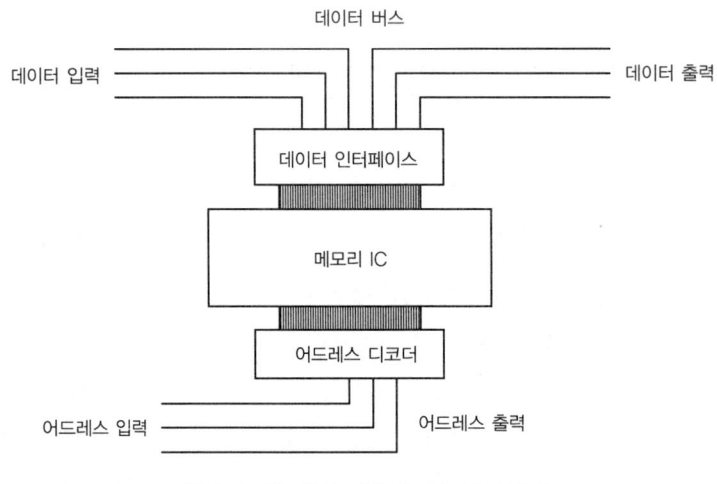

>> 그림 5-2 하드웨어 기본 메모리 서브시스템

일반적으로 메모리 IC는 메모리 배열, 어드레스 디코더, 데이터 인터페이스의 세 부분으로 구성된다. 메모리 배열은 실제 데이터 비트를 저장하는 물리적인 메모리이다. 주 프로세서와 프로그래머들은 메모리를 일차원 배열로 생각하는데, 여기서 배열의 각 셀은 한 행의 바이트들이며, 행당 비트 수는 다양할 수 있다. 하지만, 실제 물리적인 메모리는 고유한 행과 열로 어드레싱된 메모리 셀들로 구성된 이차원 배열이며, 여기서 각 셀은 1 비트씩 저장할 수 있다(그림 5-3 참고).

이차원 메모리 배열 내의 각 셀들의 위치는 주로 행과 열 파라미터로 구성된 **물리 메모리 어드레스**(physical memory address)라 불린다. 메모리 셀의 주요한 기본 하드웨어 빌딩 블록은 이 장의 다음에서 설명할 메모리의 종류에 따라 다르다.

메모리 IC의 남은 주요 컴포넌트인 어드레스 디코더는 어드레스 버스를 통해 받은 정보를 기초로 메모리 배열 안에 데이터의 어드레스를 위치시키며, 데이터 인터페이스는 전송을 위해 데이터 버스에 데이터를 제공한다. 어드레스 버스와 데이터 버스는 메모리 IC의 메모리 어드레스 디코더 및 데이터 인터페이스로 어드레스와 데이터를 가져간다(버스는 7장 보드 버스에서 보다 자세히 설명하겠다).

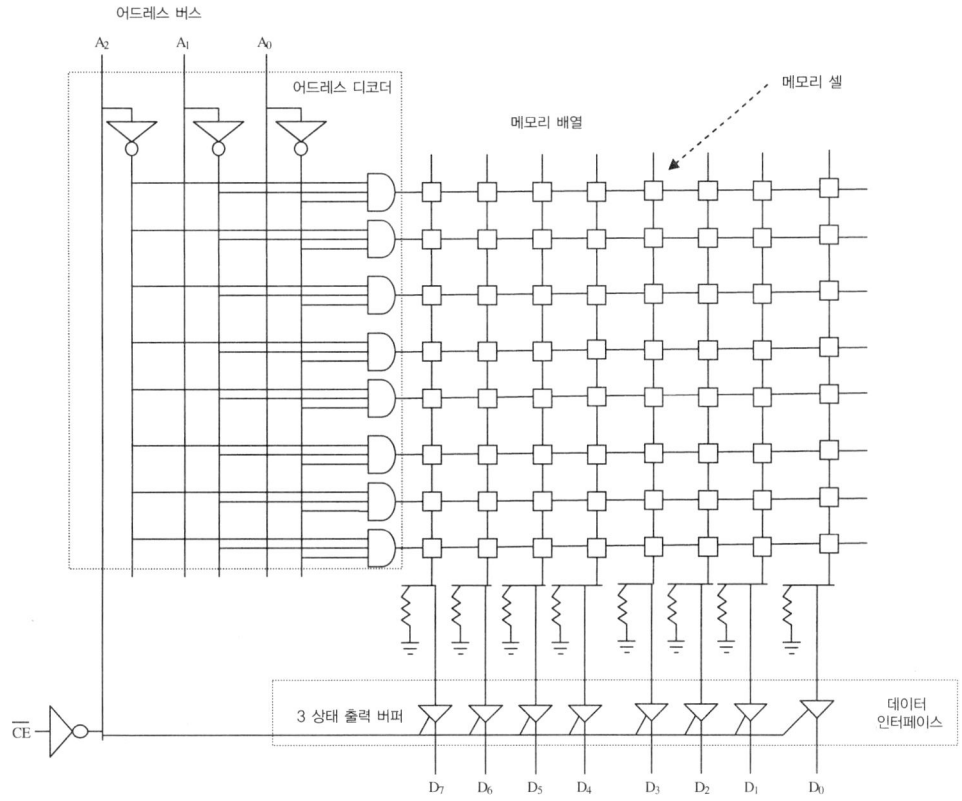

>> 그림 5-3 ROM 메모리 배열[5-1]

보드에 연결되는 메모리 IC는 메모리의 종류에 따라 다양한 패키지로 구성된다. 패키지의 종류로는 DIP(dual in-line package), SIMM(single in-line memory module), DIMM(dual in-line memory module)을 들 수 있다. 그림 5-4a에서처럼, DIP는 패키지의 양쪽 반대편에 돌출되어 있는 핀들과 세라믹 또는 플라스틱 물질로 구성되어 IC를 둘러싸고 있는 패키지를 말한다. 핀들의 수는 메모리 IC에 따라 다양하지만, 다양한 메모리 IC의 실제 핀들은 외부 메모리 IC와 프로세서 사이에 인터페이스 과정을 단순화하기 위해 JEDEC 표준에 의해 표준화되어 있다.

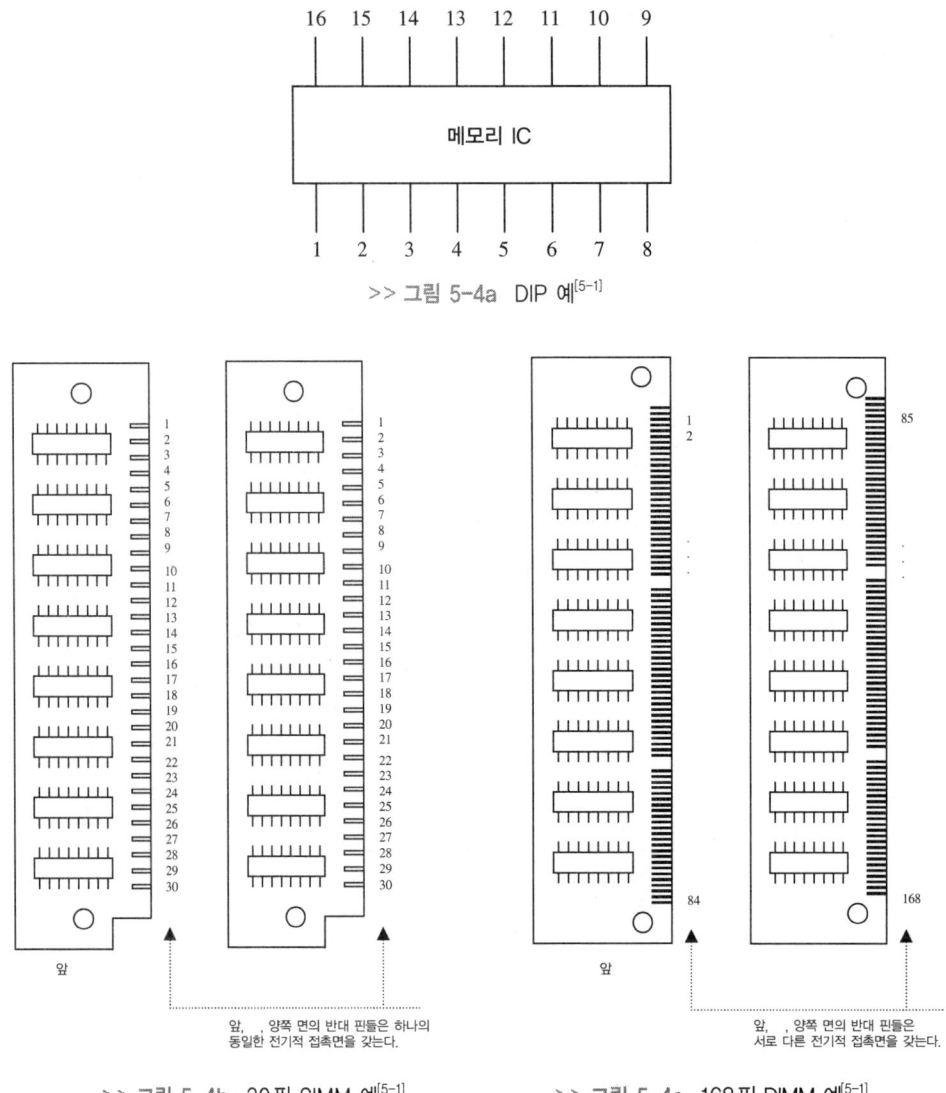

>> 그림 5-4a DIP 예[5-1]

>> 그림 5-4b 30핀 SIMM 예[5-1]

>> 그림 5-4c 168핀 DIMM 예[5-1]

SIMM과 DIMM(그림 5-4b와 5-4c 참고)은 여러 메모리 IC를 포함하고 있는 작은 모듈(PCB)이다. SIMM과 DIMM에는 모듈의 한쪽 면(앞, 뒷면 모두)에 핀들이 돌출되어 주요 임베디드 마더보드에 연결된다. SIMM과 DIMM의 설정은 모듈상의 메모리 IC의 크기에 따라 다양하다(256KB, 1MB 등). 예를 들어, 256K×8 SIMM은 한 바이트 각각에 256K(256*1024)의 어드레스를 제공하는 모듈이다. 예를 들어, 16비트 주 프로세서를 지원하기 위해서는 이 SIMM이 2개 필요하다. 만약 32비트 아키텍처를 지원한다고 하면 이러한 설정을 가진 4개의 SIMM이 필요하다.

SIMM과 DIMM으로부터 돌출된 핀들의 수 또한 다양하다(30핀, 72핀, 168핀 등). 더 많은 핀들을 가진 SIMM 또는 DIMM의 장점은 더 큰 아키텍처를 지원하기 위해 필요한 모듈이 상대적으로 적다는 것이다. 예를 들어, 32비트 아키텍처를 위해서 하나의 72핀 SIMM(256K×32)은 4개의 30핀 SIMM(256K×8)을 대체할 수 있다. 마지막으로 SIMM과 DIMM 사이의 주요한 차이점은 그 핀들이 모듈에서 어떻게 동작하는가이다. SIMM에서 보드의 한쪽 면에 있는 두 핀들이 서로 연결되어 있어 동일한 접촉면을 갖는다. 반면 DIMM에서 반대 핀들은 독립적인 접촉면이다(그림 5-4b와 5-4c 참고).

최상위 레벨에서 볼 때, 기본 메모리와 보조 메모리는 모두 **비휘발성**(non-volatile) 또는 **휘발성**(volatile)의 두 그룹으로 나누어질 수 있다. 비휘발성 메모리는 보드에 주 전원의 공급이 끊긴 후에도 (보통 보드상에 작고 긴 주기의 배터리 전원 때문에) 데이터를 저장할 수 있는 메모리를 말한다. 휘발성 메모리는 보드에 주 전원의 공급이 차단되면 모든 비트들을 잃는다. 임베디드 보드에서는 비휘발성 메모리로 **ROM**(read only memory)과 **보조 메모리**(auxiliary memory)의 두 가지 제품군이 있으며, 휘발성 메모리로는 **RAM**(random access memory)이라는 한 가지 제품군이 있다. 다음 절에서 설명할 서로 다른 유형의 메모리들 각각은 시스템 안에서 고유한 목적을 제공한다.

5.1 | ROM

ROM(read only memory)은 보드의 주 전원과는 분리된 작은 온-보드 배터리 원을 통해 임베디드 시스템에 영구적으로 데이터를 저장하기 위해 사용될 수 있는 일종의 비휘발성 메모리이다. 임베디드 시스템 안에 있는 ROM에 저장되는 데이터는 공장에서 출하된 후 그 기기가 필드에서 어떤 동작을 수행할 수 있도록 해주는 소프트웨어이다. ROM의 내용은 일반적으로 주 프로세서에 의해 읽혀지기만 한다. 하지만, ROM의 종류에 따라 주 프로세서는 ROM 안에 저장된 데이터를 지우거나 수정할 수도 있다.

기본적으로 ROM 회로는 그림 5-5에서 볼 수 있는 것처럼 행렬의 어드레스 입력값을 받아서 동작한다. 각 셀(행렬의 조합에 의해 어드레싱된)은 어떤 전압값이냐에 따라 1 또는 0을 저장한다. 사실, 모든 ROM 셀은 인가된 전압원에 따라 영구적으로 1 또는 0만을 저장할 수 있도록 디자인되어 있다. 실제 저장 및 선택 방식은 ROM을 구성하는 사용된 컴포넌트들의 종류에 따라 다른 반면, 모든 종류의 ROM은 주 CPU의 외부 칩으로 존재할 수 있다.

그림 5-5 회로는 8개의 워드를 위해 3개의 어드레스 라인($\log_2 8$)을 포함하고 있다. 이것은 000에서 111까지의 3비트 어드레스 각각이 8바이트 중 하나를 표현한다는 것을 의미한다. ROM 디자인이 다르면, 동일한 행렬 크기에 대해서 다양한 어드레스 설정방식을 포함할 수 있으며, 이러한 어드레스 방식은 각 방식의 한 예에 지나지 않는다. D_0에서 D_7은 데이터를 읽을 수 있는 출력 라인이며 각 비트에 대해 하나의 출력 라인을 갖는다. ROM 행렬에 행을 추가하면 어드레스 공간의 수에 의해 크기가 증가하며, 열을 추가하면 ROM의 데이터 크기 또는 그것이 저장할 수 있는 어드레스당 비트 수가 증가한다. 행렬 참조(예를 들어, 8×8, 16K×32, …)에 의하면, ROM 크기는 실생활에서도 동일하며, ROM의 실제 크기를 반영한다. 첫 번째 수는 어드레스의 수이며, 두 번째 수('×' 다음에 오는 수)는 각 어드레스 공간에서의 데이터의 크기 또는 비트 수를 반영한다(즉, 8= 한 바이트, 16= 하프 워드, 32= 워드 등). 또한 어떤 디자인 문서에서는 ROM 행렬 크기가 요약 정리되어 있을 수 있다는 것도 기억해 두자. 예를 들어, ROM의 16KB는 16K×8 ROM이고, ROM의 32MB는 32M×8 ROM 등을 들 수 있다.

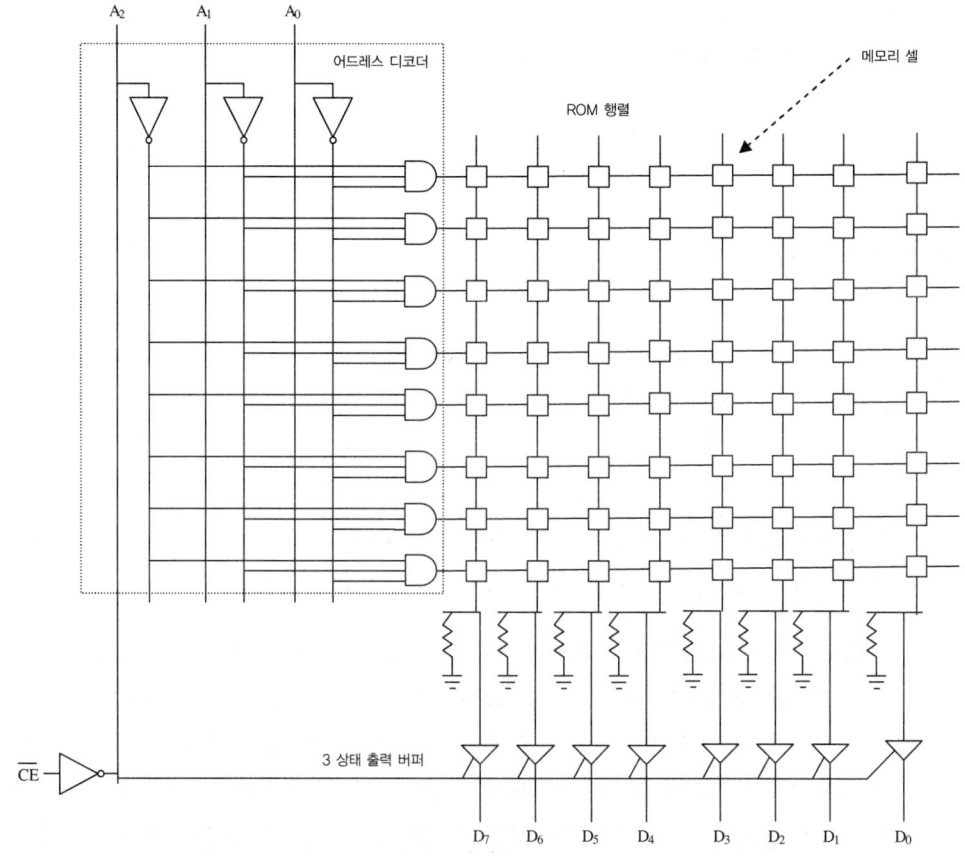

>> 그림 5-5 8×8 ROM 논리회로

이 예에서 8×8 ROM은 8×8 행렬인데, 이것은 8개의 서로 다른 8비트 워드 또는 64비트의 정보를 저장할 수 있음을 의미한다. 이 행렬의 행과 열의 교차점이 바로 **메모리 셀**(memory cell)이라고 불리는 메모리 위치이다. 각 메모리 셀은 (ROM의 유형에 따라) 바이폴라 트랜지스터 또는 MOSFET 트랜지스터를 포함할 수 있으며, 가용 링크를 포함할 수 있다(그림 5-6 참고).

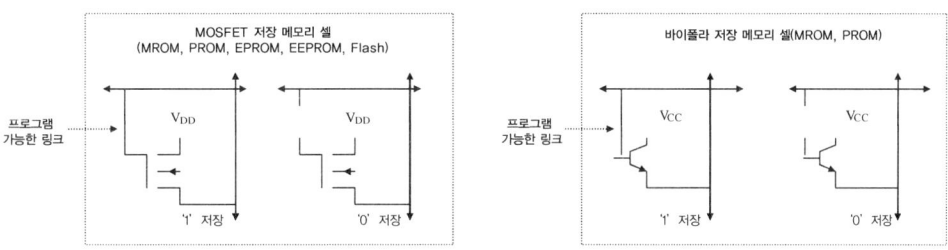

>> 그림 5-6 8×8 MOSFET와 바이폴라 메모리 셀[5-1]

프로그램 가능한 링크가 적소에 있을 때, 트랜지스터는 ON으로 바이어스되어 결과적으로 '1'이 저장된다. 모든 ROM 메모리 셀은 이러한 방식으로 제조된다. ROM에 쓸 때에는 프로그램된 링크를 깨뜨려서 '0'을 저장한다. 링크가 깨지는 방법은 ROM의 종류에 따라 다르다. 이것에 대해서는 다른 종류의 ROM에 대해 요약 정리를 하며 이 절의 끝에서 설명하겠다. ROM에서 값을 읽는 방법은 ROM에 따라 다르다. 하지만 이 예에서 예를 들어 CE가 (예를 들어, HIGH에서 LOW로) 토글되면, 데이터 비트의 열을 요청하는 3비트의 어드레스를 받은 다음 D_0에서 D_7을 통해 출력되는 데이터를 저장한다(그림 5-7 참고).

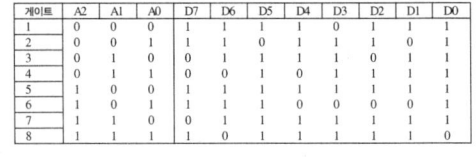

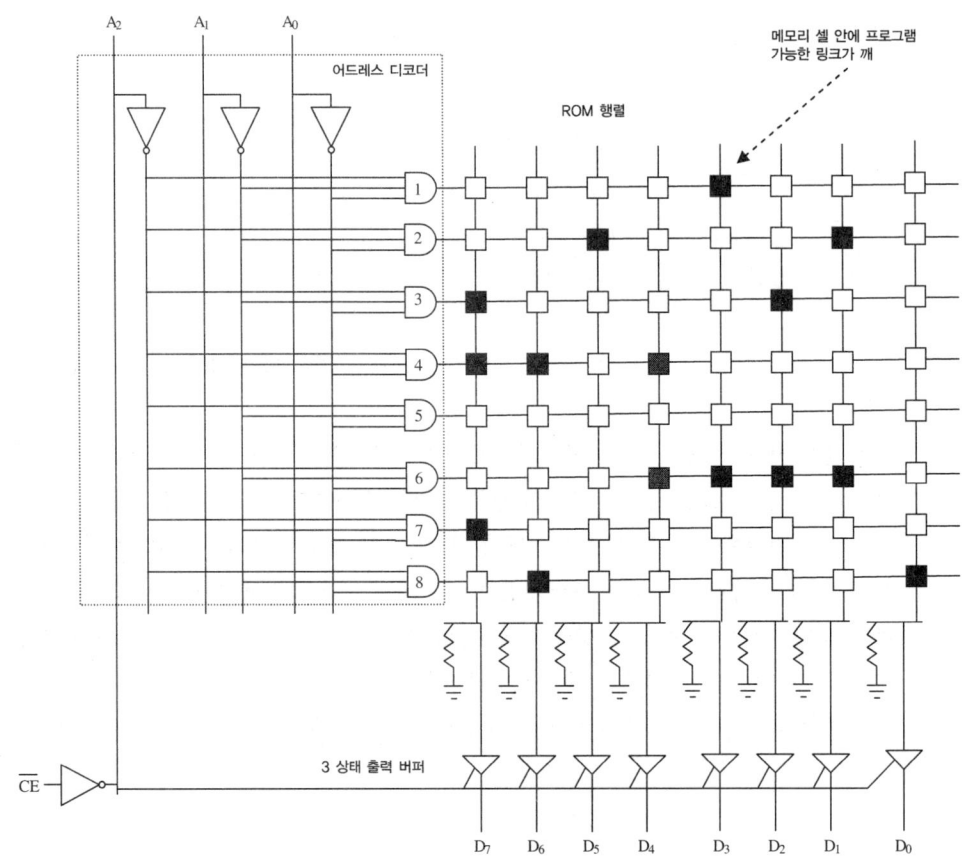

>> 그림 5-7 8×8 읽기 ROM 회로[5-1]

임베디드 보드에서 사용되는 ROM의 가장 일반적인 유형은 다음과 같다.

- **MROM**(mask ROM) 외부 MROM 칩 제조사에 의해 마이크로 칩 안에, 데이터 비트들이 영구적으로 프로그램된다. MROM 디자인은 보통 MOS(NMOS, CMOS) 또는 바이폴라 트랜지스터 기반의 회로를 기초로 한다. 이것은 원래의 ROM 디자인이다. MROM을 제조하기 위해서는 고가의 설치비용이 들기 때문에 이것은 보통 대량 생산 제품에만 적용되며, 수 주에서 수 개월 동안을 기다려야 한다. 하지만 제품을 디자인할 때 MROM을 사용하는 것은 저가의 솔루션이다.

- **OTPROM**(one-time programmable) 이런 종류의 ROM은 그 이름이 의미하는 것처럼 한 번만 영구적으로 프로그램될 수 있다. 하지만 그것은 제조공장 외부에서 **ROM 버너**(ROM burner)를 사용하여 프로그램할 수 있다. OTP는 바이폴라 트랜지스터를 기반으로 하는데, 그것에 '1'을 프로그램하기 위해서는 높은 전압/전류 펄스를 사용하여 셀의 퓨즈를 태워야 한다.

- **EPROM**(erasable programmable ROM) EPROM은 EPROM 패키지에 내장된 투명한 창 쪽으로 강렬한 짧은 파형인 자외선을 출력하는 장치를 사용하여 한 번 이상 지울 수 있다. OTP란 지우기를 위한 창이 없는 한 번만 쓰기 가능한 EPROM이다. OTP에 사용되는 창이 없는 패키지는 가격이 더 저렴하다.

  EPROM은 MOS(예를 들어, CMOS, NMOS) 트랜지스터로 구성되어 있는데, 이 트랜지스터의 추가 '부동 게이트'는 전자적으로 충전되며, '0'을 저장하기 위해서는 높은 전압을 부동 게이트에 노출하는 방법인 'AIM'을 통해 Romizer에 의해 전자가 잡힌다. 부동 게이트는 절연체 내를 흘러 전자들이 게이트 내에 잡혀 있을 수 있도록 할 수 있을 만큼 충분한 전류를 공급해 주는 도체와 전자의 누설을 방지하는 게이트의 절연체로 구성된다.

  부동 게이트는 예를 들어 '1'을 저장하기 위해 UV 선을 통해 방전된다. UV 선에서 방출되는 높은 에너지 광자는 전자가 부동 게이트의 절연 부분을 탈출할 수 있을 만큼의 충분한 에너지를 제공하기 때문이다(3장을 기억하라. 주어진 환경에서 가장 좋은 절연체는 도체가 될 수도 있다). 지우고 쓸 수 있는 전체 수는 EPROM에 따라 제한된다.

- **EEPROM**(electrically erasable programmable ROM) EPROM처럼 EEPROM은 한 번 이상 지웠다가 다시 프로그래밍할 수 있다. 지웠다가 다시 사용할 수 있는 반복 횟수는 EEPROM에 따라 다르다. EPROM과는 달리 EEPROM의 내용은 어떤 특별한 장치 없이도 바이트 단위로 썼다가 지울 수 있다. 한편 EEPROM은 보드상에 존재할 수도 있으며, 사용자는 EEPROM을 액세스하고 수정하기 위해 보드 인터페이스에 연결할 수 있다. EEPROM은 EEPROM 내 부동 게이트의 절연물질이 EPROM보다 더 얇으며, 부동 게이트를 충전하기 위해 사용되는 방법이 Fowler-Nordheim 터널링 방식(여기서는 전자가 절연물질 중 가장 얇은 영역을 통해 통과하여 잡힌다)이라고 불린다는 것만 다를 뿐, NMOS 트랜지스터 회로를 기초로 하고 있다. 전자적으로 프로그램된 EEPROM을 지우기 위해서는 부동 게이트 내에 붙잡힌 전자를 놓아주기 위해 높은 역방향의 전압을 사용하면 된다. EEPROM을 전자적으로 방전하는 것은 매우 예민한 문제이다. 왜냐하면, 트랜지스터 게이트에 물리적인 결함이 있다면, 새롭게 재프로그래밍하기 전에 완전히 방전되지 못하는 결과를 야기하기 때문이다. EEPROM은 보통 EPROM보다 더 많

이 지우고 쓸 수 있다. 하지만 일반적으로 더 고가이다.

EEPROM 가운데 더 저렴하고 빠른 버전을 **플래시 메모리**(flash memory)라고 부른다. EEPROM은 바이트 단위로 썼다가 지울 수 있는 반면, 플래시는 블록 또는 섹터(바이트 그룹) 단위로 쓰고 지울 수 있다. EEPROM처럼, 플래시는 임베디드 기기상에 존재하며, 전자적으로 지워질 수 있다. EEPROM이 NMOS 기반인 것과는 달리, 플래시는 보통 CMOS 기반이다.

다른 ROM의 사용

임베디드 보드는 생산 시스템에서뿐 아니라 개발 프로세스 전반에 걸쳐 그것들이 사용하는 보드 ROM의 종류에 있어서 매우 다양하다. 예를 들어, 개발의 시작에서는 소프트웨어와 하드웨어를 테스트하기 위해서 고가의 EPROM이 사용될 수도 있다. 하지만, 개발단계의 끝에서는 특정 플랫폼을 위해 다른 버전의 코드를 다양한 다른 그룹(예를 들어 테스트/QA, 하드웨어, MROM 제조사 등)에 제공하기 위해서 OPT가 사용될 수 있다. 임베디드 시스템 내에서 대량 생산시에 실제 사용되고 적용되는 ROM은 MROM이다(위의 ROM IC 중에서 가장 저렴한 솔루션). 더 복잡하고 고가의 플랫폼에서는 플래시 메모리가 전체 제품 개발 및 적용 프로세스 전반에 걸쳐 사용되거나 부트 MROM과 같은 다른 종류의 ROM과의 조합으로 사용된다.

5.2 | RAM

일반적으로 주 메모리라고 일컬어지는 RAM(random access memory)이 있으면, 어떤 시작점에서 순차적으로보다는 그 내부의 어떤 영역을 직접 그리고 랜덤으로 접근할 수 있다. 그 내용은 또한 한 번 이상─하드웨어에 따라 반복되는 수가 달라진다─변경될 수도 있다. ROM과는 달리, RAM의 내용은 보드에 전원 공급이 사라지면 모두 지워진다. 즉, RAM은 휘발성이다. RAM의 주요한 두 가지 종류를 살펴보면 **SRAM**(static RAM)과 **DRAM**(dynamic RAM)이 있다.

그림 5-8a에서 볼 수 있는 것처럼, SRAM 메모리 셀은 트랜지스터 기반의 플립-플롭 회로로 구성되어 있다. 그 회로 안의 한 쌍의 역방향 게이트들은 전원이 끊기거나 데이터가 중복되어 쓰여질 때까지 이동전류를 양방향으로 전환하면서 데이터를 저장한다. SRAM이 어떻게 동작하는지를 더 명확하게 이해하기 위해서 그림 5-8b에서와 같은 4K×8 SRAM의 논리회로 예를 살펴보도록 하자.

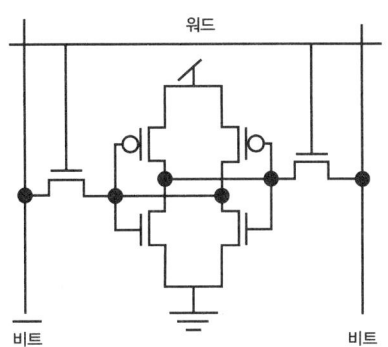

>> 그림 5-8a 6 트랜지스터 SRAM 셀[5-2]

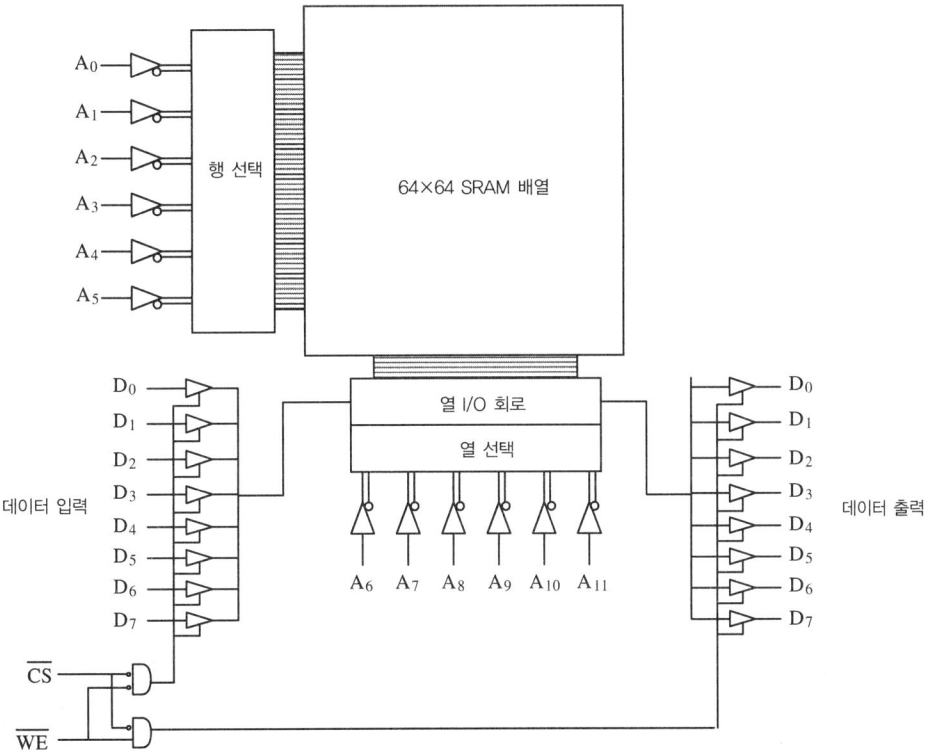

>> 그림 5-8b 4K×8 SRAM 논리회로[5-1]

이 예에서, 4K×8 SRAM은 4K×8 배열이다. 이것은 4096(4×1024)개의 서로 다른 8 비트의 바이트 또는 32768 비트의 정보를 저장할 수 있음을 의미한다. 그림 5-8b에서 볼 수 있는 것처럼, 12개의 어드레스 라인($A_0 - A_{11}$)은 모든 4096(000000000000b − 111111111111b)개의 가능한 어드레스—그 어드레스의 모든 어드레스 단위를 위해 하나의 어드레스 라인을 사용한다—에 접근해야 한다. 한 어드레스에 저장되는 모든 바이트에 대해 8개의 입력 라인과 출력 라인(D_0-D_7)이 있다. 또한 데이터 핀이 활성화되었는지 (CS)를 가리키기 위한 CS(칩 셀렉트)와 현재 동작이 READ 동작인지 WRITE 동작인지를 가리키기 위해 WE(쓰기 활성화)도 있어야 한다.

이 예에서, 4K×8 SRAM은 행을 가리키기 위한 어드레스 A_0-A_5와 열을 가리키기 위한 A_6-A_{11}을 가진 행렬의 64×64 배열로 설정되어 있다. ROM과 함께, SRAM 배열에서의 행렬의 모든 상호 연결은 메모리 셀―이 경우에는 SRAM 메모리 셀―을 의미하기 때문에 그것들은 폴리실리콘 로드 레지스터 및 NMOS 트랜지스터, 바이폴라 트랜지스터 CMOS (NMOS&PMOS) 트랜지스터와 같은 반도체 소자들을 기반으로 하는 플립-플롭 회로를 포함할 수 있다(예를 들어, 그림 5-9 회로 참고). 데이터는 플립-플롭 내에 2개의 반전 게이트들에 양방향으로 연속적인 전류 변환을 하여 이 셀 내에 저장된다.

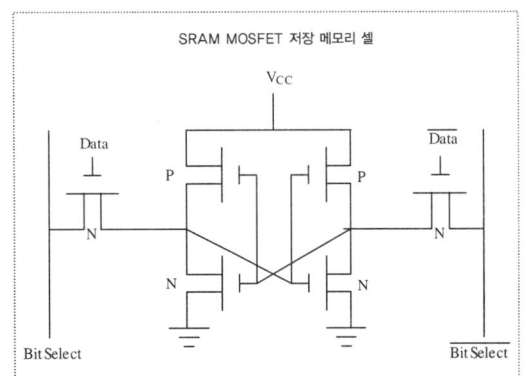 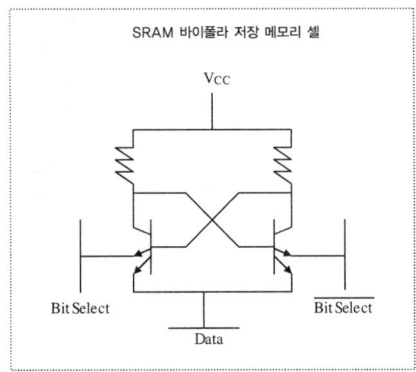

>> 그림 5-9 플립-플롭 SRAM 메모리 셀 논리회로 예[5-2]

그림 5-8에서의 CS(chip select, 칩 셀렉트)가 HIGH 이면, 메모리는 준비 모드(읽기 또는 쓰기 동작이 발생하지 않은 상태)에 있게 된다. CS 가 LOW 로 (예를 들어, HIGH 에서 LOW 로) 바뀌고, WE(write enable, 쓰기 활성화) 입력이 LOW 이면, 한 바이트의 데이터가 어드레스 라인이 가리키는 어드레스에 이 데이터 입력 라인(D_0-D_7)을 통해 쓰여진다. CS 가 LOW 이고 WE 가 HIGH 이면, 어드레스 라인(A_0-A_7)이 가리키는 어드레스의 데이터 출력 라인(D_0-D_7)으로부터 한 바이트의 데이터가 읽힌다. 그림 5-10에서의 타이밍 다이어그램은 SRAM에 메모리 읽기와 메모리 쓰기를 위해 다른 신호들이 어떻게 동작하는지를 보여주고 있다.

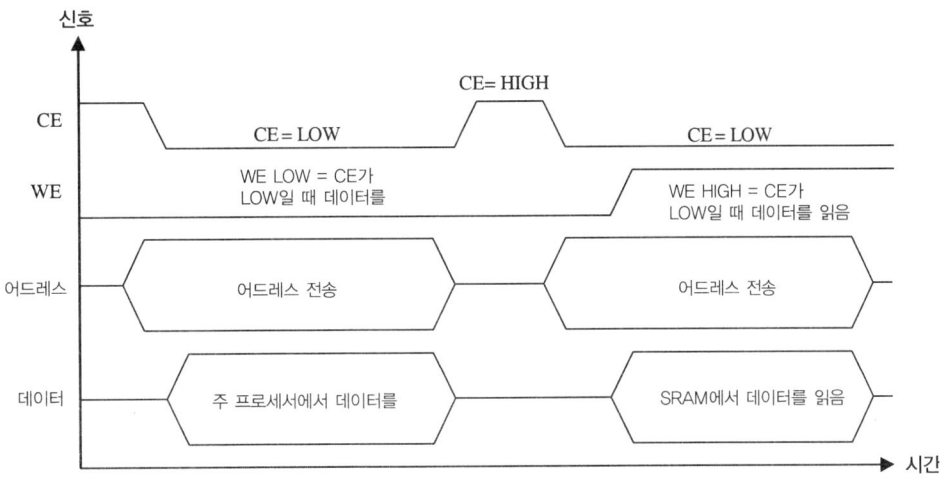

>> 그림 5-10 SRAM 타이밍 다이어그램[5-1]

그림 5-11a에서 볼 수 있는 것처럼, DRAM 메모리 셀은 한 장소에 전하를 저장할 수 있는 커패시터들이 있는—데이터를 반영하기 위해 충전 또는 방전되는—회로이다. DRAM 커패시터들은 그것들의 상대적인 전하량을 유지하고, DRAM이 읽혀진 후 커패시터를 다시 충전하기 위해 주기적으로 리프레시해 주어야 한다. 왜냐하면, DRAM을 읽으면 커패시터가 방전되기 때문이다. 메모리 셀을 방전하고 재충전하는 사이클이 이런 종류의 RAM을 동적이라고 부르는 이유이다.

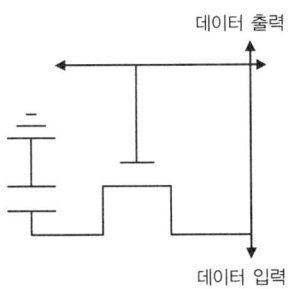

>> 그림 5-11a DRAM(커패시터 기반의) 메모리 셀[5-1]

16K×8의 간단한 DRAM 회로를 살펴보자. 이 RAM 설정은 128개의 행과 128개의 열로 구성된 이차원 배열이다. 이것은 그것이 16384(16×1024)개의 다른 8비트 바이트 또는 131072비트의 정보를 저장할 수 있음을 의미한다. 이러한 어드레스 설정 때문에, 더 큰 DRAM은 16384개의 가능한 어드레스에 접근하기 위해 14개의 어드레스 라인(A_0-A_{13})을 가지고 디자인되거나—그 어드레스의 모든 어드레스 자리를 위해 한 어드레스 라인씩

할당―이 어드레스 라인들이 공유 라인들을 관리하기 위한 일종의 데이터 선택회로를 갖도록 멀티플렉싱되어 있어야 한다. 그림 5-11b는 이 예에서 어드레스 라인들이 어떻게 멀티플렉싱되어야 하는지를 보여주고 있다.

16K×8 DRAM은 행을 의미하는 어드레스 A_0-A_6와 열을 의미하는 A_7-A_{13}을 갖도록 설정되어 있다. 그림 5-12a에서 볼 수 있는 것처럼 RAS(row address strobe) 라인은 전송을 위해 A_0-A_6가 (HIGH에서 LOW로) 토글되고, 그런 다음 CAS(column address strobe) 라인이 전송을 위해 A_7-A_{13}이 (HIGH에서 LOW로) 토글된다. 이 시점에서 메모리 셀은 래치되어 데이터를 읽거나 쓸 준비를 한다. 한 어드레스에 저장될 수 있는 모든 바이트에 대해 8개의 출력 라인(D_0-D_7)이 있다. WE 입력 라인이 HIGH이면, 데이터는 출력 라인 D_0-D_7으로부터 읽혀진다. WE가 LOW이면, 데이터는 입력 라인 D_0-D_7으로 쓰여질 수 있다. 그림 5-12의 타이밍 다이어그램은 DRAM에서 메모리 읽고 쓰기 동작을 위해 다른 신호들이 어떻게 동작하는지를 보여주고 있다.

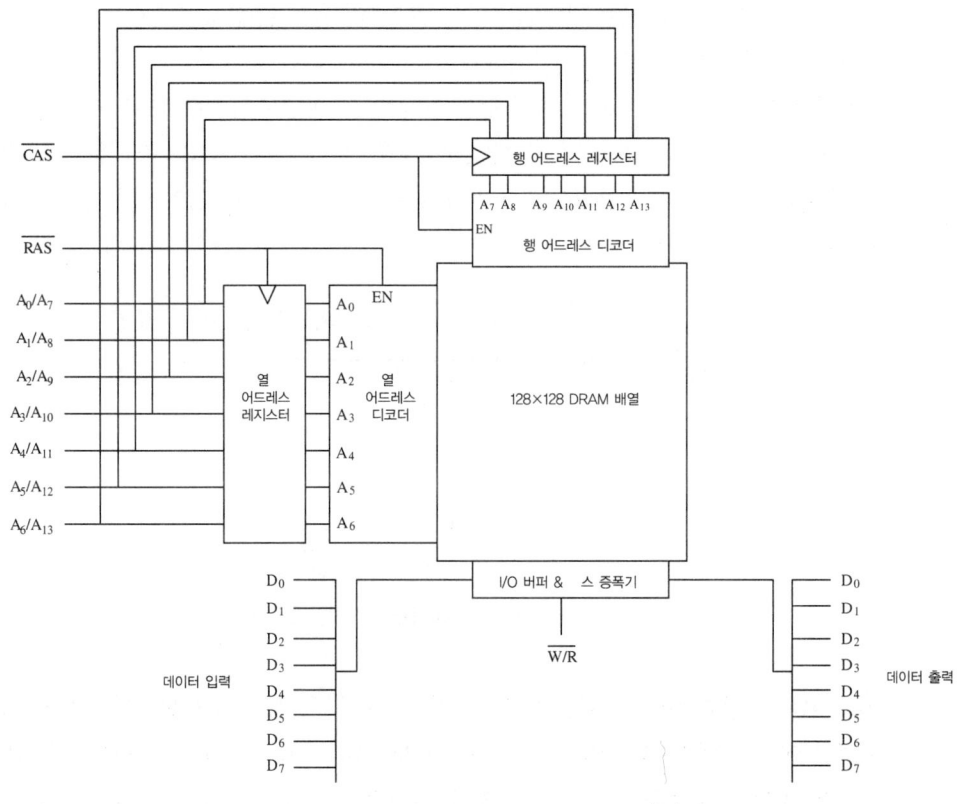

>> 그림 5-11b 16K×8 DRAM 논리회로[5-1]

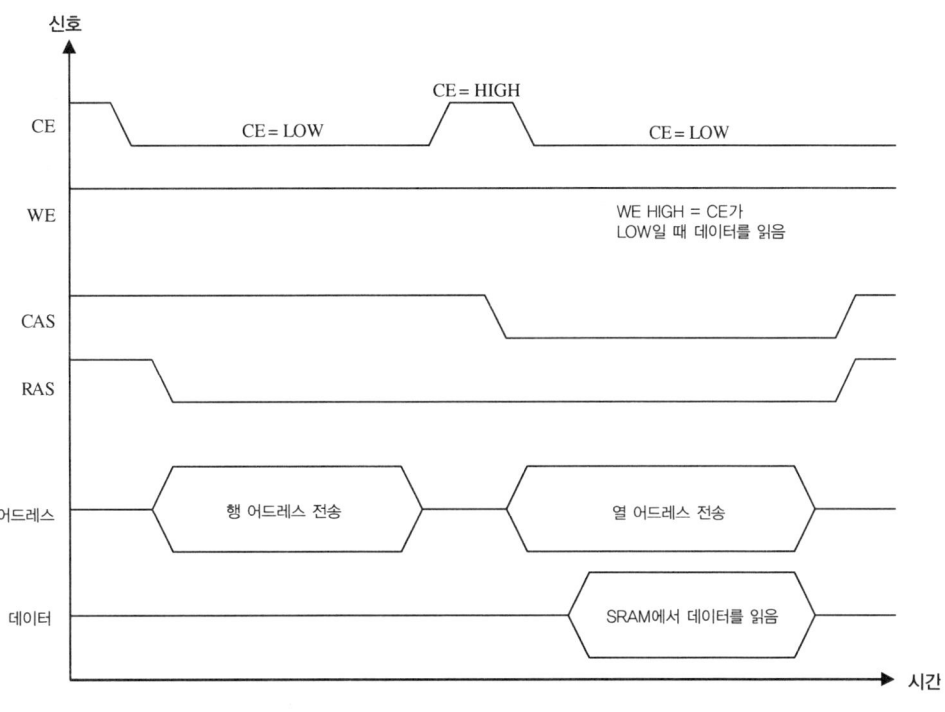

>> 그림 5-12a DRAM 읽기 타이밍 다이어그램[5-1]

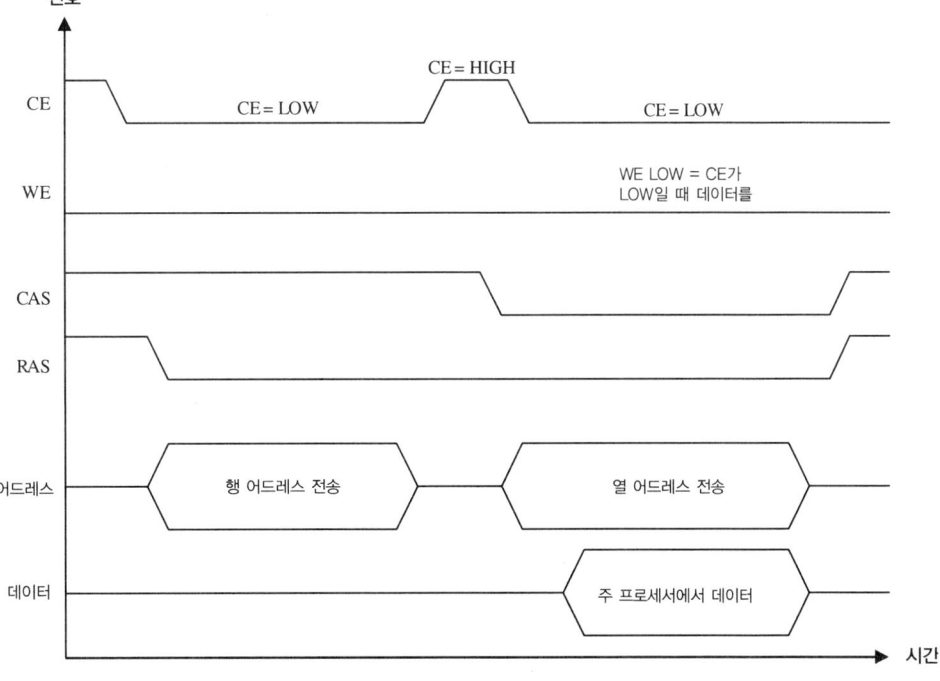

>> 그림 5-12b DRAM 쓰기 타이밍 다이어그램[5-1]

SRAM과 DRAM 사이의 주요한 차이점 가운데 하나는 DRAM 메모리열의 구성에 있다. DRAM의 메모리열에 있는 커패시터는 전하(데이터)를 저장할 수 없다. 전하는 시간의 흐름에 따라 점차적으로 방출되기 때문에, 그 데이터의 무결성을 유지하기 위해서는 DRAM을 리프레시하기 위한 추가의 메커니즘이 필요하다. 이 메커니즘은 메모리 셀 안에 저장된 전하를 보존하는 민감한 증폭회로를 사용하여 그것이 데이터를 읽어버리기 전에 DRAM 안에서 데이터를 읽고 그것을 DRAM 회로에 다시 써넣는다. 이 셀을 읽는 과정 또한 커패시터를 방전시킨다(셀을 읽는 것은 커패시터가 점점 방전하는 문제를 보정하기 위한 일련의 과정이다). 임베디드 시스템에서의 **메모리 컨트롤러**(memory controller, 더 자세히 알아보기 위해서는 5.4절의 메모리 관리를 살펴보아라)는 리프레시를 초기화하고 이벤트들의 리프레시 시퀀스의 트랙을 유지함으로써 DRAM의 재충전 및 방전 사이클을 관리한다. 이렇게 메모리 셀의 방전과 재충전을 반복하는 리프레시 순환 메커니즘 때문에 이러한 유형의 RAM에게 그러한 이름—'동적' RAM(DRAM)—이 생겨난 것이다. SRAM에는 전하가 유지된다는 사실 때문에 그 이름이 '정적' RAM(SRAM)이 된 것이다. 이 추가 재충전 회로는 DRMA이 SRAM에 비해 더 느리게 만든다. SRAM이 레지스터(4장에서 설명한 일종의 집적 메모리)보다 느린 이유 중 하나는 SRAM 플립-플롭 내에 트랜지스터들이 더 작을 때, 그것들은 레지스터에서 사용되는 것만큼 많은 전류를 운반할 수 없기 때문이다.

SRAM은 또한 DRAM보다 더 적은 전력을 소모한다. 왜냐하면, 리프레시를 위해 필요한 추가의 에너지가 필요 없기 때문이다. 플립적인 면에서 볼 때, DRAM은 커패시터 기반으로 디자인되어 있기 때문에 보통 SRAM보다 더 저렴하다. DRAM은 또한 SRAM보다 더 많은 데이터를 저장할 수 있다. 왜냐하면 DRAM 회로는 SRAM 회로보다 훨씬 더 작기 때문에, 동일한 IC 안에 더 많은 DRAM 회로를 집적할 수 있기 때문이다.

DRAM은 보통 비디오 RAM과 캐시보다 더 큰 양이기 때문에 '주' 메모리로 사용된다. 디스플레이 메모리로 사용되는 DRAM은 보통 프레임 버퍼라고 부른다. SRAM은 훨씬 더 고가이기 때문에 보통 작은 양으로만 사용되며, 가장 빠른 종류의 RAM이기 때문에 외부 캐시(5.2절 참고)와 비디오 메모리(일종의 그래픽들을 처리하는 메모리로서, 더 많은 예산이 주어진다면, 시스템은 더 좋은 성능의 RAM으로 구현할 수 있다)로 사용된다.

표 5-1은 임베디드 보드에서 다양한 목적을 위해 사용되는 RAM과 ROM의 서로 다른 종류의 예를 요약 정리하고 있다.

>> 표 5-1 보드 메모리[5-4]

	주 메모리	비디오 메모리	캐 시
SRAM	...	...	BSRAM이라고 불리는 일종의 SRAM은 시스템 클럭 또는 캐시 버스 클럭과 동기화된다.
DRAM	SDRAM은 마이크로 프로세서의 클럭 속도(MHz 단위)와 동기화된 DRAM을 말한다. JDEC SDRAM, PC100 SDRAM, DDR SDRAM과 같은 몇몇 SDRAM은 다양한 시스템에서 사용된다. ESDRAM은 SDRAM 내에 SRAM을 집적하고 있는 SDRAM을 말한다. 이것은 더 빠른 SDRAM을 가능하게 한다. (기본적으로 ESDRAM의 더 빠른 SRAM 부분은 데이터를 위해 처음 확인되며, 데이터가 없으며, 남은 SDRAM 부분이 검색된다)	RDRAM과 MDRAM은 보통 비트값의 배열(디스플레이상의 이미지의 화소들)을 저장하는 디스플레이 메모리로 사용되는 DRAM이다. 이미지의 해상도는 각 픽셀당 정의되어 있는 비트 수에 의해 결정된다.	EDRAM은 DRAM 안에 SRAM을 집적하고 있으며, 보통 레벨 2 캐시로 사용된다(4.2절 참고). EDRAM의 빠른 SRAM 부분은 데이터를 위하여 먼저 검색되며, 그 부분에 데이터가 없을 경우에는 EDRAM의 DRAM 부분이 검색된다.
	DRDRAM과 SLDRAM은 버스 신호가 집적되어 있어 한 라인에 접근 가능하기 때문에, 접근 시간이 줄어든 DRAM을 말한다 (여러 라인을 동기화하는 동작이 불필요하기 때문).	비디오 RAM(VRAM)은 리프레시 버퍼가 두 개가 있고, 두 번째 직렬 I/O 포트로 외부와 연결되어 있는 DRAM이다. 한 라인의 데이터는 리프레시가 한 번 수행될 때 병렬로 메모리에서 페치되며, 그런 다음 직렬로 읽혀진다. RAM은 픽셀값을 포함하는데, 이 열은 모니터상의 한 스캔 라인에 대응되고, 디스플레이 생성을 한다. 보통 주 프로세서는 거의 간섭 없이 동시에 RAM에 접근할 수 있다.	...
	FRAM은 비휘발성 DRAM을 말한다. 이것은 전원이 끊긴 후에도 DRAM으로부터 데이터를 잃어버리지 않는다는 것을 의미한다. FRAM은 SRAM, DRAM, ROM(플래시)의 다른 종류들보다 더 적은 전력 요구사항을 갖는다. 이것은 더 작은 휴대형 기기 (PDA, 폰 등)를 타깃으로 한다.	FPM DRAM, EDORAM/EDO DRAM, BEDO DRAM, ...	...

>> 표 5-1 계속

	주 메모리	비디오 메모리	캐 시
	FPM DRAM, EDORAM/EDO DRAM, BEDO DRAM, …		

레벨 2+ 캐시

레벨 2+(레벨 2와 그 이상) 캐시는 메모리 계층구조에서 CPU와 주 메모리 사이에 있는 메모리들을 말한다.

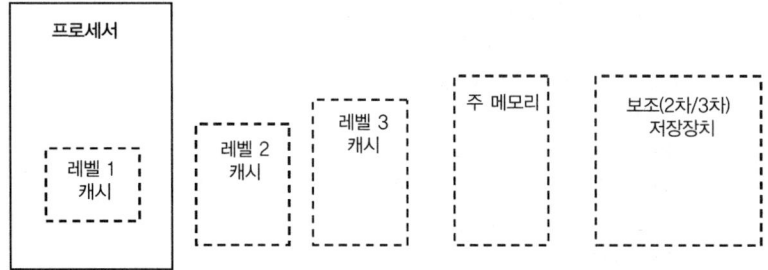

>> 그림 5-13 메모리 계층구조에서 레벨 2+ 캐시

이 절에서는 프로세서 외부에 있는 캐시를 소개할 것이다. 이것은 레벨 1 캐시보다 더 상위의 캐시이다. 표 5-1에서 볼 수 있는 것처럼, SRAM 메모리는 보통 (레벨 1 캐시와 같은) 외부 캐시로 사용된다. 왜냐하면 캐시의 목적은 메모리 시스템의 성능을 향상시키기 위한 것이며, SRAM이 DRAM보다 훨씬 더 빠르기 때문이다. (SRAM) 캐시 메모리는 그 속도로 인해 일반적으로 훨씬 더 고가이기 때문에, 프로세서는 보통 적은 양의 캐시(온-칩, 오프-칩, 또는 둘 다)를 가지려고 할 것이다.

캐시를 사용하는 것은 참조의 충분한 지역성을 나타내는 시스템에 있어 매우 인기가 있다. 참조의 지역성이란 어떤 주어진 기간 동안 이 시스템이 제한된 메모리 영역에서 데이터의 대부분을 액세스한다는 것을 의미한다. 기본적으로 캐시는 자주 액세스되고 사용되는 주 메모리의 서브세트를 저장하기 위해 사용되며, 참조의 지역성을 이용하여 주 메모리가 더 빠르게 실행되는 것처럼 보이게 한다. 캐시는 주 메모리 안에 있는 것들의 복사본을 저장하고 있기 때문에, 주 프로세서는 실제로 캐시에서 동작한다고 하더라도 주 메모리에서 동작하고 있는 것과 같은 착각을 느끼게 한다.

캐시의 **작업 세트**(working set)라고 불리는 메모리의 어드레스 세트로부터 데이터를 읽고 쓸 때 가능한 여러 방법들이 있다. 한 워드 또는 여러 워드 블록들이 메모리와 캐시 사이에서 데이터를 전송하기 위해 사용된다. 이 블록들은 주 메모리에 있는 데이터의 위치[태그(tag)라고 한다]뿐 아니라 주 메모리로부터의 데이터로 구성되어 있다.

메모리에 쓸 때 CPU 로부터의 메모리 어드레스는 그 캐시가 메모리의 서브세트의 일부인 경우, 레벨 1 캐시에 동일한 위치를 결정하기 위해 변환된다. 캐시와 주 메모리의 일치(동일한 값을 가지고 있다)를 보장하기 위해, 데이터를 쓸 때에는 캐시와 주 메모리에 둘 다 쓰여진다. 이것을 보장하기 위한 가장 일반적인 2개의 쓰기 방식으로는 매번 데이터를 캐시와 주 메모리에 모두 쓰는 선기입 방식(write-through)과, 처음에는 캐시에만 쓰고 캐시 교체가 발생될 경우에만 주 메모리에 쓰는 라이트 백(write-back)이 있다.

CPU 가 메모리로부터 데이터를 읽고자 할 때, 레벨 1 캐시가 먼저 체크된다. 만약 그 데이터가 캐시 안에 있다면[캐시 **적중**(cache hit)이라고 한다], 그 데이터는 CPU 로 보내어지며, 메모리 액세스가 완성된다. 만약 그 데이터가 레벨 1 캐시 안에 없다면[캐시 **미스**(cache miss)라고 한다], 외부의 캐시가 체크되고 그 역시 캐시 미스라면, 주 메모리에서 데이터를 읽어와서 CPU 에 전달한다.

데이터는 보통 세 가지 기법 중 하나로 캐시 안에 저장된다. 즉, 직접 매핑 기법, 세트 연상 기법, 또는 완전 연상 기법 세 가지이다. 직접 매핑 캐시 기법에서는 캐시 안의 어드레스가 블록이라고 부르는 영역으로 나누어진다. 모든 블록들은 데이터와 유효 태그(블록이 유효한지를 가리키는 플래그), 그리고 블록에 의해 표현되는 메모리 어드레스를 가리키는 태그로 구성된다. 이 방식에서는 그 블록의 태그 위치를 사용하여, 메모리 안에 관련 블록 어드레스에 의한 위치에 데이터가 저장된다. 태그는 실제 메모리 어드레스로부터 생성되며, 태그, 인덱스, 오프셋의 세 부분으로 구성된다. 인덱스값은 블록을 가리키며, 오프셋값은 블록 안에서 원하는 어드레스의 오프셋을 의미한다. 또한 태그는 정확한 어드레스를 확인하기 위해 실제 어드레스 태그와 비교하는 데에 사용된다.

세트 연상 기법은 캐시를 세트라고 불리는 영역으로 나누어 그 세트 안에 여러 개의 블록들을 세트 레벨로 위치시키는 것을 말한다. 세트 연상 기법은 세트 레벨로 구현된다. 블록 레벨에서는 직접 매핑 기법이 사용된다. 근본적으로 모든 세트는 전체적인 브로드캐스트 요청을 통해 원하는 어드레스를 확인한다. 그런 다음 원하는 블록을 한 캐시의 특정 세트에 매핑되는 태그에 따라 위치시킨다. 세트 연상 캐시 기법과 같이 완전 연상 캐시 기법 또한 블록들로 구성된다. 하지만 완전 연상 기법에서 블록들은 캐시 안의 어디든 위치할 수 있기 때문에 매번 모든 캐시를 찾음으로써 위치를 결정해야 한다.

어떤 기법이든, 각 캐시 기법은 장점과 단점을 가지고 있다. 세트 연상 기법과 완전 연상 기법은 직접 매핑 기법보다 더 느린 반면, 직접 매핑 캐시 기법은 블록 크기가 너무 큰 경우 성능문제가 발생한다. 플립적인 면에서 볼 때, 캐시와 완전 연상 기법은 그 알고리즘이 더 복잡하므로 직접 매핑 캐시 기법보다 예측성이 떨어진다.

마지막으로, 실제 캐시 교체방법은 아키텍처에 의해 결정된다. 가장 일반적인 캐시 선택 및 교체 방법은 다음과 같은 것들이 포함된다.

- **Optimal** 가까운 미래의 참조시간을 사용하여, 가까운 미래에 사용되지 않을 페이지들을 교체하는 최적의 방법

- **LRU**(least recently used) 최근에 가장 적게 사용된 페이지들을 교체하는 방법

- **FIFO**(first in, first out) 그 이름이 의미하듯이 시스템에서 그것들이 얼마나 자주 참조되었는가에 상관 없이 가장 오래된 페이지들을 교체하는 방법

- **NRU**(not recently used) 어떤 시간 주기 동안에 사용되지 않는 페이지들을 교체하는 방법

- **Second Chance** 참조 비트를 가진 FIFO 방법, '0'으로 체크된 것이 교체되는 방법(액세스가 발생하면 참조 비트는 '1'로 설정되고, 체크된 후 '0'으로 리셋한다)

- **Clock Paging** (그것들이 메모리에서 얼마나 오랫동안 있었는지) 카운팅하여 페이지를 교체하는 방법. 만약 그것들이 액세스되지 않았다면, 클럭 순서에 따라 교체한다(액세스가 발생하면 참조 비트는 '1'로 설정되고, 체크된 후 '0'으로 리셋한다).

마지막으로 알아둘 점은, 이러한 선택 및 교체 알고리즘이 캐시 안에 그리고 캐시로부터 데이터를 교체하기도 하지만, 소프트웨어를 통해 다른 종류의 메모리 간에 교체를 구현하기도 한다는 것이다(예를 들어, 9장에서 다루게 될 OS 메모리 관리를 참고하라).

캐시 관리

어드레스의 변환을 수행하기 위해(5.4절 참고) 메모리 관리장치(memory management unit : MMU)를 가진 시스템에서, 캐시는 주 프로세서와 MMU 또는 MMU와 주 메모리 사이에 집적될 수 있다. 캐시를 MMU에 집적하는 이 두 방법에는 장단점이 있다. 그 주변에서는 데이터가 주 프로세서를 통하지 않고 외부의 주 메모리를 액세스할 수 있도록 하는 DMA 장치가 있다(DMA에 대해서는 6장의 입출력(I/O) 장치에서 설명할 것이다). 캐시가 주 프로세서와 MMU 사이에 집적되어 있다면, 메모리에 접근하는 주 프로세서는 캐시에 영향을 미친다. 그러므로 DMA 데이터가 전송되거나 캐시가 주 프로세서 이외의 시

스템 내 다른 장치에 의해 업데이트되는 동안 주 프로세서가 메모리를 액세스하지 못하도록 제한하지 않는다면, DMA가 메모리에 쓸 때 주 메모리와의 캐시 불일치를 야기할 수 있다. MMU와 주 메모리 사이에 캐시가 집적되어 있는 경우에는 캐시가 주 프로세서와 DMA 장치에 의해 모두 영향을 받기 때문에 더 많은 어드레스 변환이 발생된다.

어떤 시스템에서 메모리 컨트롤러는 외부 캐시를 가진 시스템을 관리하기 위해 사용되기도 한다(예를 들어, 데이터 요청 및 쓰기). 메모리 컨트롤러에 관한 더 상세한 사항에 대해서는 5.4절에서 다루겠다.

5.3 | 보조 메모리

이 장의 시작 부분에서 언급했듯이, 어떤 종류의 메모리는 RAM, ROM, 캐시와 같이 주 프로세서에 바로 연결될 수 있지만, 보조 메모리라고 불리는 종류의 메모리는 다른 장치를 통해 간접적으로 주 프로세서에 연결될 수도 있다. 그림 5-14에서 볼 수 있는 것처럼, 이런 종류의 메모리는 외부의 보조 메모리이며, 일반적으로 **보조 메모리**(auxiliary memory) 또는 **저장 메모리**(storage memory)라고 불린다. 보조 메모리는 전형적으로 오랜 기간 동안 대량을 순차화, 기록, 데이터 백업하기 위해 사용되는 비휘발성 메모리이다.

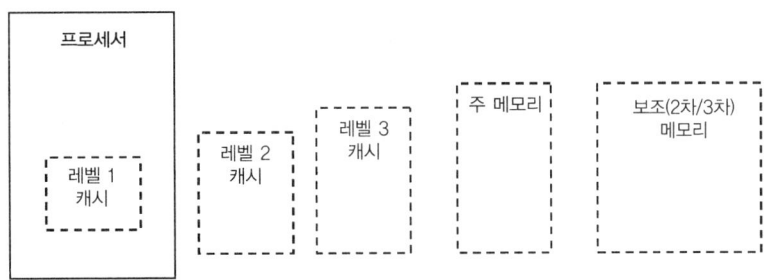

>> 그림 5-14 메모리 계층구조의 보조 메모리

보조 메모리는 하드 드라이브에서의 디스크, CD-ROM을 통한 CD, 플로피 드라이브를 통한 플로피 디스크, 마그네틱 테이프 드라이브를 통한 마그네틱 테이프 등과 같이 임베디드 보드에 연결된 장치에 의해서만 접근 가능하다. 보조 메모리에 접근하기 위해 사용되는 보조 장치는 보통 I/O 장치로 분류되는데, 이것에 관한 보다 상세한 사항은 6장에서 설명하겠다. 이 장에서는 주 CPU가 액세스할 수 있는 보조 메모리에 대해 다루겠다. 이것은 이러한 I/O 장치에 연결되거나 삽입된다. 보조 메모리는 일반적으로 그 관련 보조 장치에 데이터가 어떻게 액세스되는지에 따라 분류된다. 즉, 데이터가 순차적인 순서로만 액세스될 수 있는 순차 접근방식, 어떤 데이터든 직접 액세스될 수 있는 랜덤 접근방식, 그리고 순차 접근방식과 랜덤 접근방식을 조합한 직접 접근방식이 바로 그것이다.

마그네틱 테이프는 순차 접근방식의 한 종류인데, 이는 데이터가 순차적인 순서로만 접근될 수 있으며, 정보들은 테이프상에 블록을 형성하는 순차열 세트로 저장된다는 것을 의미한다. 어떤 순간에 액세스할 수 있는 데이터는 테이프 드라이브의 읽기/쓰기/지우기 헤드가 가리키는 데이터뿐이다. 읽기/쓰기/지우기 헤드가 테이프의 시작에 위치하고 있을 때, 데이터를 가져올 수 있는 접근시간은 테이프상의 그 데이터의 위치에 따라 다르다. 그림 5-15a 와 5-15b 는 마그네틱 테이프가 어떻게 동작하는지 그 예를 보여주고 있다. 왜냐하면, 원하는 데이터를 가져오기 위해서는 요청된 데이터 앞에 모든 데이터들을 액세스해야 하기 때문이다. 테이프상의 표시는 테이프의 시작과 끝을 가리킨다. 테이프 내의 표시는 또한 파일의 시작과 끝도 가리킨다. 각 파일의 데이터는 하드웨어가 필요할 때 가속되거나 감속될—예를 들어, 동작의 시작에서—수 있도록 하기 위해 (데이터가 없는) 공간으로 분리된 블록으로 나누어진다. 각 블록 내에서 데이터는 행으로 나누어지는데, 여기서 각 행은 전체 데이터 폭의 비트(예를 들어, 바이트 크기의 데이터 9 비트 + 패리티 비트 1)이며, 각 행의 비트들을 가리켜 트랙이라고 부른다. 각 트랙은 그 자신의 읽기/쓰기/지우기 헤드를 가지고 있다. 이는 9개의 트랙에 대해 9개의 쓰기 헤드, 9개의 읽기 헤드, 9개의 지우기 헤드를 가지고 있다는 것을 의미한다. 그림 5-15a 를 참고하라.

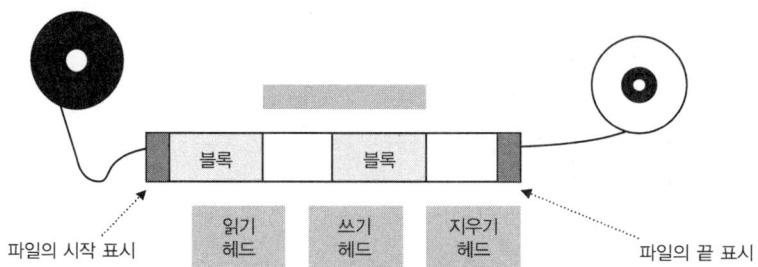

>> 그림 5-15a 순차 접근 테이프 드라이브[5-3]

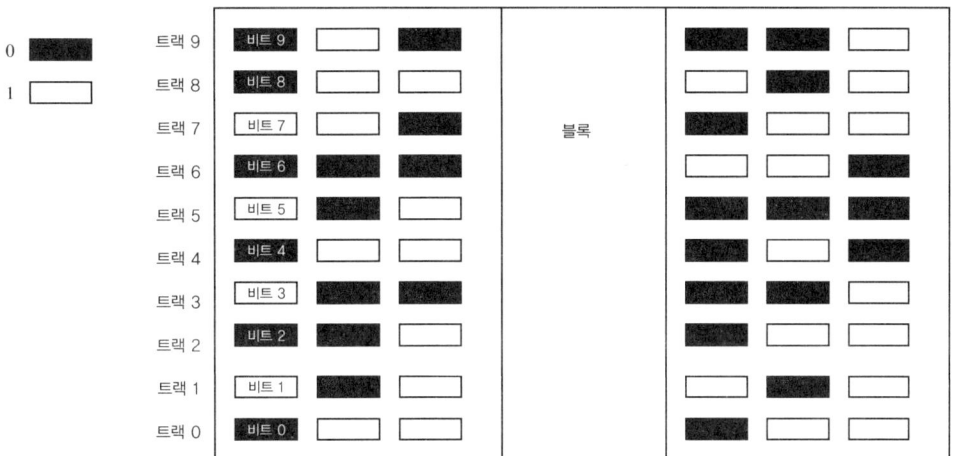

>> 그림 5-15b 테이프 드라이브 블록[5-3]

이 저장매체에서 테이프는 강자성(높은 자성) 분말-산 계층으로 덮여 있는 폴리에스테르 전송 계층으로 구성되어 있다(그림 5-16 참고). 읽기/쓰기/지우기 헤드는 또한 높은 자성 물질(철, 코발트 등과 같은)로 구성되어 있다. 데이터를 테이프에 쓰기 위해서는 쓰기 헤드의 자기 코일을 통해 전류를 흘려서 헤드의 공기 공간 내에 누설 자기장을 형성한다. 이 자기장은 테이프를 자기화하는 것이고, 쓰기 헤드의 공기 공간을 통해 전류 흐름을 반대로 하면, 테이프상에 자기장의 극성이 바뀐다. 데이터는 테이프가 헤드를 통과할 때 행의 자기 섬에 쓰여진다. 여기서 '0'은 테이프의 산화 계층의 자기 극성에 전자가 없다는 것을 의미하며, '1'은 그 계층에 양의 전하가 있다는 것을 의미한다. 마그네틱 테이프로부터 데이터를 읽기 위해서는 읽기 헤드의 자기 코일에 전압을 유도해 주면 되는데, 그것은 테이프상의 자기장의 극성에 따라 0 또는 1로 변환된다. 예를 들어, 지우기 헤드는 테이프를 역자기화하면 된다.

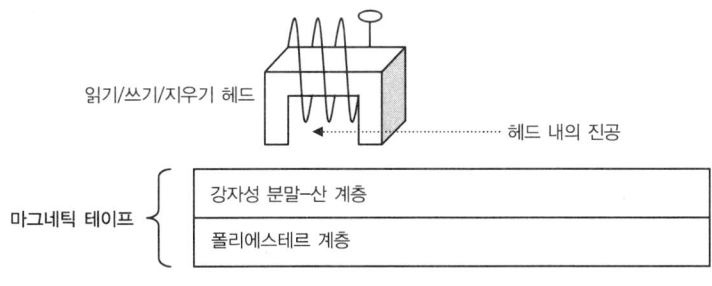

>> 그림 5-16 마그네틱 테이프[5-3]

그림 5-17a 에서 볼 수 있는 것처럼, 하드 드라이브는 여러 개의 판(플래터)을 가지고 있는데, 이것은 데이터를 기록하기 위한 자기 물질로 덮여 있는 금속판을 말한다. 모든 플래터

는 그림 5-17b와 같이 여러 개의 트랙을 포함하고 있다. 이것들은 데이터를 기록하기 위한 분리된 영역을 나타내는 중앙의 분리된 고리이다. 모든 트랙은 동시에 읽고 쓸 수 있는 기본 영역인 섹터로 나누어진다.

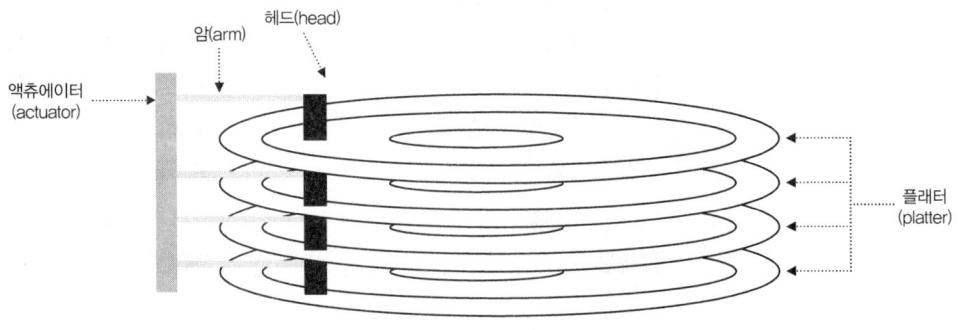

>> 그림 5-17a 하드 드라이브의 내부[5-3]

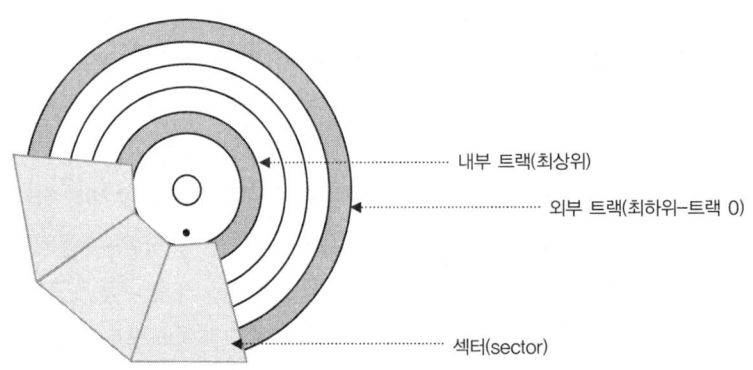

>> 그림 5-17b 하드 드라이브 플래터[5-3]

하드 드라이브의 크기에 따라 그것은 여러 개의 헤드를 가질 수 있다. **헤드**(head)는 자기장을 바꾸어서 플래터(platter)에 데이터를 기록하거나 데이터를 읽는 데 사용되는 전자석이다. 이 헤드는 액츄에이터(actuator)에 의해서 이리저리 움직이는 디스크 암(arm)에 의해 지원된다. 액츄에이터는 데이터를 저장하고 읽고 지울 적절한 위치에 헤드를 위치시키는 역할을 한다.

하드 디스크는 직접 접근 메모리 방식을 사용하는 메모리의 예이다. 직접 접근 메모리 방식이란 데이터를 읽고 저장하기 위해 랜덤 접근방식과 순차 접근방식의 조합이 사용되는 방식을 말한다. 각 트랙에서 데이터는 순차적으로 저장된다. 읽기/쓰기 헤드는 적절한 트랙에 접근하기 위해 랜덤으로 움직이고, 그러면 각 트랙의 섹터가 적절한 데이터를 가리키기 위해 순차적으로 액세스된다.

하드 드라이브 내 디스크처럼, 콤팩트 디스크는 트랙과 섹터로 나누어진다(그림 5-18 참고).

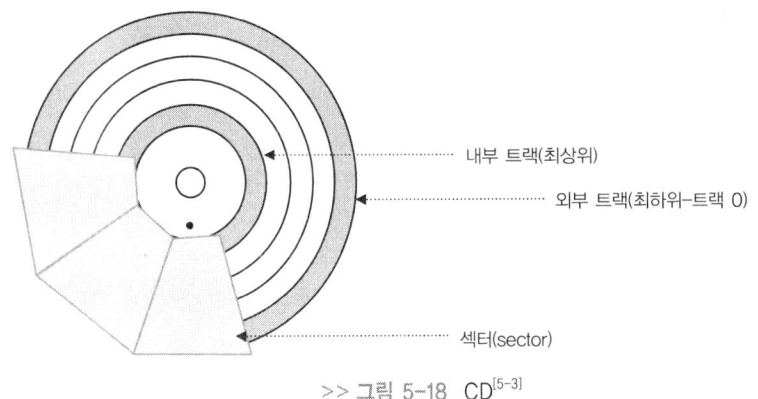

내부 트랙(최상위)
외부 트랙(최하위-트랙 0)
섹터(sector)

>> 그림 5-18 CD[5-3]

하드 드라이브 내 플래터와 CD 사이의 주요 차이점은 순수한 광CD의 필름은 자기가 아니라 매우 얇은 광금속 물질이라는 것이다. 또한 하드 드라이브에서 플래터에 데이터를 읽고 쓰기 위해 전자기석이 사용되는 반면, CD에서는 데이터를 읽고 쓰기 위해 레이저가 사용된다. 하드 디스크 드라이브와 CD 사이의 또 다른 주요 차이점은 디스크의 플래터에는 데이터가 여러 번 읽고 쓰여질 수 있지만, CD에서는 (고정밀 레이저를 통해) 한 번만 쓰여질 수 있고 (저정밀 레이저를 통해) 여러 번 읽을 수 있다는 것이다. 필름은 마그네틱과 광금속 물질로 구성되어 있어 지워질 수도 있는 광디스크도 있다. 이 디스크는 레이저 조작과 자기장의 조합을 통해 읽고, 쓰고, 지울 수 있다.

기본 메모리와 보조 메모리 사이의 주요한 차이점은 그것들이 주 프로세서와 서로 어떻게 영향을 끼치는가 하는 데 있다. 주 프로세서는 기본 메모리에 직접 연결되어 기본 메모리 안에 있는 데이터에 직접 접근할 수 있다. 주 프로세서가 접근하고자 하는 다른 어떤 데이터(예를 들어, 보조 메모리 안에 있는 데이터)들은 주 프로세서가 접근하기 전에 먼저 기본 메모리로 전송되어야 한다. 보조 메모리는 보통 어떤 중개기기에 의해 제어되며, 주 프로세서가 직접적으로 접근할 수 없다.

랜덤 접근, 순차 접근, 직접 접근 등과 같은 다양한 접근방식은 기본 또는 보조 메모리 디자인시 사용될 수 있다. 하지만, 기본 메모리는 전형적으로 매우 **빨라야** 하기 때문에 보통 랜덤 접근방식을 채택하고 있다. 이 방식은 보통 접근방식들 중 가장 **빠르다**. 하지만, 이러한 유형의 접근방식을 위해 필요한 회로는 기본 메모리가 보조 메모리보다 더 크고, 고가이며, 더 큰 전력 소모를 야기하게 한다.

5.4 | 외부 메모리에 대한 메모리 관리

한 시스템 안에 집적시킬 수 있는 메모리 종류로는 몇 가지가 있으며, CPU에서 동작할 수 있는 소프트웨어가 논리/가상 메모리 어드레스와 실제 **물리 메모리**(physical memory) 어드레스—이차원 배열 또는 행렬—를 어떻게 바라보는가에 따라 차이점도 있다. **메모리 관리자**(memory manager)는 이러한 이슈를 관리하기 위해 디자인된 IC이다. 어떤 경우, 그것들은 주 프로세서 안에 집적되어 있다.

임베디드 보드에서 발견될 수 있는 가장 일반적인 두 가지의 메모리 관리자는 메모리 컨트롤러(MEMC)와 메모리 관리장치(MMU)이다. 그림 5-19에서 볼 수 있는 것처럼, 메모리 컨트롤러는 SRAM과 DRAM처럼 서로 다른 종류의 메모리들을 시스템에 인터페이스하고, 메모리로의 접근을 동기화하며, 전송된 데이터의 무결성을 보장하는 데 사용된다. 메모리 컨트롤러는 메모리 자신의 물리적인 이차원 어드레스에 직접 접근한다. 그 컨트롤러는 주 프로세서로부터의 요청을 관리하며, 적절한 뱅크를 액세스하여, 피드백을 기다렸다가 주 프로세서에 피드백을 준다. 어떤 경우, 메모리 컨트롤러는 한 종류의 메모리만을 주로 관리하기 때문에 DRAM 컨트롤러, 캐시 컨트롤러 등등과 같은 메모리 이름으로 언급되기도 한다.

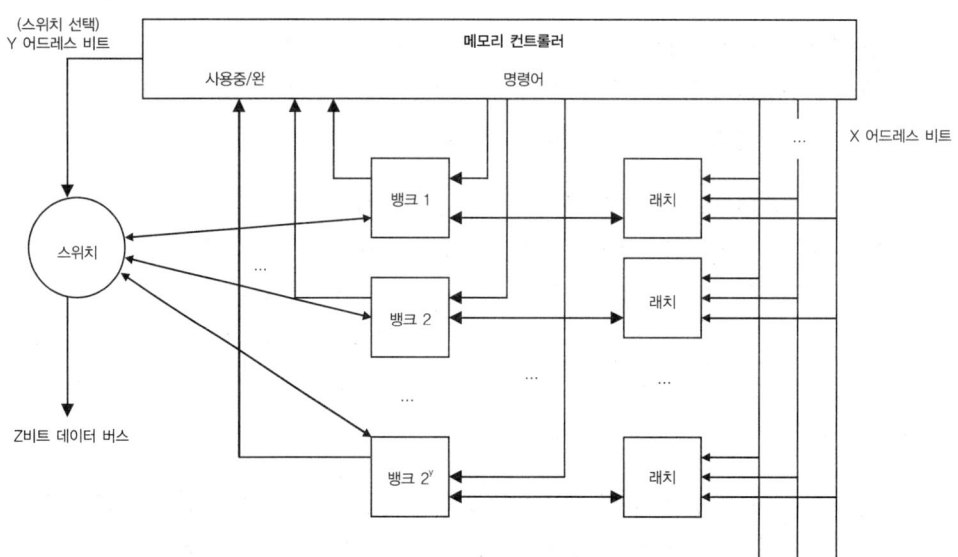

>> 그림 5-19 메모리 컨트롤러 샘플 회로[5-3]

메모리 관리장치(MMU)는 실제 더 작은 물리 메모리 안에 더 큰 가상 메모리 공간을 가진 시스템에서 유연성을 허락한다. 그림 5-20에서 볼 수 있는 것처럼, MMU는 주 프로세서 외부에 존재할 수 있으며, 논리(가상) 어드레스를 물리 어드레스로 변환하고(**메모리 매핑**, memory mapping), 메모리 보안(메모리 보호), 캐시 제어, CPU와 메모리 사이의 중계 처리, 적절한 익셉션 생성을 위해 사용된다.

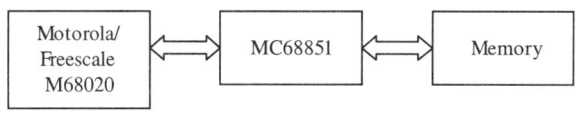

>> 그림 5-20 모토롤라/프리스케일 MPC68020 외부 메모리 관리

변환된 어드레스의 경우, MMU는 논리 어드레스를 물리 어드레스로 매핑한 값들을 프로세서상에 저장하기 위한 변환 참조 버퍼, 즉 TLB라고 불리는 어드레스 변환값을 캐싱하기 위한 버퍼를 할당하기 위해 레벨 1 캐시 또는 캐시의 일부를 사용할 수 있다. MMU는 또한 어드레스를 변환하기 위한 다양한 방법들, 주로 세그먼테이션, 페이징, 또는 그 두 방식의 조합을 지원해야 한다. 일반적으로 **세그먼테이션**(segmentation)은 논리 어드레스를 그보다 더 큰 가변 섹션으로 나누는 것을 의미하며, **페이징**(paging)이란 논리 메모리를 그보다 더 작은 고정 단위로 나누는 것을 의미한다(페이징과 세그먼테이션에 대해서는 9장에서 보다 자세히 설명하겠다). 두 방법이 구현될 때, 논리 메모리는 먼저 세그먼트로 나누어지고 그런 다음 세그먼테이션은 여러 개의 페이지들로 나누어진다. 그런 다음 메모리 보호방식으로 다양한 페이지 또는 세그먼트에 접근하는 방법이 제공된다. 즉, 공유 접근, 읽기/쓰기 접근, 읽기 전용 접근방식이 그것이다. 메모리 액세스가 정의되지 않았거나 허락되지 않은 경우 인터럽트가 발생된다. 인터럽트는 또한 페이지 또는 세그먼트가 어드레스 변환을 하는 동안 액세스되지 않는 경우에도 발생할 수 있다. 예를 들어, 페이징 방식의 경우 페이지 결함 등이 발생한다. 그 시점에서 인터럽트는 처리되어야 한다(페이지 또는 세그먼트는 보조 메모리로부터 가져오게 될 것이다).

MMU의 세그먼테이션 또는 페이징을 지원하는 방식은 소프트웨어(운영체제)에 따라 다르다. 가상 메모리에 대해서 그리고 MMU가 가상 메모리를 관리하기 위해 시스템 소프트웨어를 어떻게 사용하는지에 대해서 더 자세히 알고 싶다면, 9장 운영체제를 참고하라.

5.5 | 보드 메모리와 성능

4장에서 설명했듯이, 가장 일반적인 프로세서의 성능 측정방법은 CPU의 평균 실행 비율인 **쓰루풋**(throughput)/**대역폭**(bandwidth)이다. 성능 쓰루풋은 특히 주 메모리에 의해 부정적인 영향을 받을 수 있다. 왜냐하면, 주 메모리로 사용되는 DRAM은 프로세서의 대역폭보다 훨씬 더 적은 대역폭을 갖기 때문이다. 메모리와 관련된 타이밍 파라미터(메모리 액세스 수, DRAM을 위한 리프레시 사이클 수 등)들은 메모리 성능을 가리키는 지시자로서 동작한다.

주 메모리의 대역폭을 향상시킬 수 있는 해결책으로는 다음과 같은 것들이 있다.

- 메모리 액세스의 빈도가 많고, 많은 양의 데이터를 계산하는 시스템에서는 명령어 메모리 버퍼와 데이터 메모리 버퍼, 포트를 분리한 하버드 기반의 아키텍처를 채택한다.
- 메모리를 액세스하기 위해 메모리 버스를 중계하는 데 걸리는 시간을 줄이려면, 버스 신호들을 한 라인으로 통합한 DRDRAM, SLDRAM과 같은 DRAM을 사용하는 것이 좋다.
- 전송 대역폭을 증가시키기 위해 더 많은 메모리 인터페이스 연결(핀)을 사용한다.
- 메모리 액세스 시간을 더 빠르게 하기 위해 여러 개의 캐시 계층을 가진 메모리 계층구조를 구현하는 것이 좋다.

메모리 계층구조(그림 5-1 참고)는 성능을 향상시키기 위해 분리구조로 디자인한다. 이것은 프로그램이 실행되는 동안 메모리 액세스가 랜덤으로 일어나는 것이 아니라 충분한 참조영역을 보여주기 때문이다. 이것은 주어진 기간 안에 시스템이 제한된 메모리 영역 안에서 데이터의 대부분을 액세스하거나(공간의 국부성), 주어진 시간 안에 동일한 데이터를 다시 액세스한다(시간의 국부성)는 것을 의미한다. 캐시라고 부르는 더 빠른 메모리는(보통 SRAM) 이런 종류의 데이터를 CPU가 저장하고 액세스할 수 있도록 메모리 시스템 안에 집적되어 있다. 다른 종류의 메모리를 집적하는 것을 **메모리 계층구조**(memory hierarchy)라고 부른다. 주 프로세서는 적절한 데이터를 처리하기 위해 메모리를 액세스하면서 그 시간의 대부분을 보내기 때문에, 메모리 계층구조가 효율적인지 하는 문제는 매우 중요하다. 메모리 계층구조는 메모리 지연 또는 쓰루풋 문제 때문에 얼마나 많은 시간이 낭비되는지를 다음과 같이 계산함으로써 평가할 수 있다.

메모리 정지 사이클 = 명령어 수*메모리 참조/명령어*캐시 미스 비율*캐시 미스에 의한 불이익 간단히 말해서 메모리 성능은 다음과 같은 방법에 의해 개선될 수 있다.

- 캐시 도입, 이것은 평균 주 메모리 액세스 시간을 줄여서 DRAM 액세스를 더 적게 한다는 것을 의미한다. 특히 논블로킹 캐시는 캐시 미스 패널티를 줄여줄 것이다.

> 캐시를 소개하면서 말한 것처럼, 다음을 기억해 두자.
>
> 전체 메모리 액세스 시간의 평균 = [캐시 적중시간 + (캐시 미스 비율 * 캐시 미스 패널티)] +
> (% 캐시 미스 * 평균 주 메모리 액세스 시간)
>
> 여기서, [캐시 적중시간 + (캐시 미스 비율 * 캐시 미스 패널티)] = 평균 캐시 액세스 시간이다.

- 캐시 블록 크기를 증가시키거나 순리적으로 볼 때 미래에 필요로 하게 될 데이터와 명령어를 주 메모리에서 가져와 캐시에 저장하는 기술인 프리패치(하드웨어 또는 소프트웨어)를 구현함으로써 캐시 미스 비율을 줄이는 것이다.

- 파이프라인 구현, 이것은 메모리를 액세스하는 것과 관련된 다양한 함수들을 여러 단계로 나누고, 이 단계들의 일부를 중첩시키는 과정이다. 파이프라인은 지연(한 명령어를 실행하는 데 걸리는 시간)에 도움을 주지 않는 반면, 캐시에 쓰는 시간을 줄여주고, 그래서 캐시를 쓰는 '적중' 시간을 줄여줌으로써 대역폭을 증가시키는 데에는 도움을 줄 수 있다. 파이프라인 비율은 가장 느린 파이프라인 단계에 의해서만 제한을 받는다.

- 하나의 큰 캐시보다는 그보다 작은 다중 계층 캐시의 수를 증가시킨다. 더 큰 캐시는 구현된 파이프라인 안에서 파이프 단계들에 대해 더 긴 주기시간을 가지는 반면, 더 작은 캐시들은 캐시 미스 패널티와 평균 액세스 시간(적중시간)을 줄일 수 있기 때문이다.

- 주 메모리를 주 프로세서 안에 집적시킨다. 온-칩 대역폭은 일반적으로 핀 대역폭보다 더 저렴하기 때문에 비용이 더 적게 든다.

5.6 | 요약 정리

이 장에서는 임베디드 보드에서 자주 발견되는 메모리와 관련된 기본적인 하드웨어 개념과 다양한 종류의 보드 메모리, 그리고 그것들을 구성하기 위해 사용되는 기본적인 전자 요소들을 소개하였다. 보드상에 존재하는 메모리와 프로세서 안에 집적된 메모리 사이에는 몇 가지 기본적인 차이점이 있으며, 임베디드 보드상에서 주 프로세서 외부에만 위치할 수 있다 —보조 메모리 및 일부 ROM과 RAM(표 5-1에 요약). 이 장의 끝에서는 보드 메모리와 관련된 주요한 성능 이슈 몇 가지를 소개하였다.

다음 6장 입출력(I/O) 장치에서는 임베디드 보드에서 발견할 수 있는 다양한 하드웨어 I/O에 대해 설명할 것이다.

5장 연습문제

1. 임베디드 보드의 메모리 계층구조를 그리고 이를 설명하라.

2. 보드상의 주 프로세서 외부에 위치해 있는 메모리 계층구조의 메모리 컴포넌트는 어떤 것인가?
   A. 레벨 2 캐시
   B. 주 메모리
   C. 보조 메모리
   D. A, B, C 모두 정답
   E. 정답 없음

3. ⓐ ROM 이란 무엇인가?
   ⓑ ROM 의 3 가지 종류의 이름을 적고 이를 설명하라.

4. ⓐ RAM 이란 무엇인가?
   ⓑ RAM 의 3 가지 종류의 이름을 적고 이를 설명하라.

5. ⓐ ROM, SRAM, DRAM 메모리 셀의 예를 그려라.
   ⓑ 이 메모리 셀 사이의 주요한 차이점을 설명하라.

6. [T/F] SRAM 이 DRAM 보다 더 느리기 때문에 SRAM 은 보통 외부 캐시로 사용된다.

7. 어떤 종류의 메모리가 주로 주 메모리로 사용되는가?

8. ⓐ 레벨 1, 레벨 2, 레벨 3 캐시 사이의 차이점은 무엇인가?
   ⓑ 그것들은 한 시스템 안에서 어떻게 동작하는가?

9. ⓐ 캐시 안에 데이터를 저장하고 빼내오는 데 사용되는 가장 일반적인 3 가지 방법은 무엇인가?
   ⓑ 캐시 적중과 캐시 미스 사이의 차이점은 무엇인가?

10. 최소한 4 가지의 캐시 스와핑 방법의 이름을 적고 이를 설명하라.

11. ⓐ 보조 메모리란 무엇인가?
    ⓑ 보조 메모리의 4 가지 예를 나열하라.

12. [T/F] 보조 메모리는 일반적으로 데이터가 어떻게 액세스되는가에 따라 분류된다.

13. ⓐ 보조 메모리에서 일반적으로 구현되는 3가지 데이터 접근방식의 이름을 적고 이를 정의하라.

ⓑ 각 방법에 속하는 실제 예를 제공하라.

14. 다음 문장을 완성하라 : 주 프로세서에 집적되어 있지 않은 MMU와 메모리 컨트롤러는 보통 ( )에 구현된다.

A. 분리된 보조 IC

B. 소프트웨어

C. 버스

D. A, B, C 정답

E. 정답 없음

15. ⓐ MMU와 메모리 컨트롤러의 차이점은 무엇인가?

ⓑ 한 임베디드 시스템이 둘 다 통합할 수 있는가? 있다면 그 이유는 무엇인가?

16. 물리 메모리와 논리 메모리 사이의 차이점은 무엇인가?

17. ⓐ 메모리 맵은 무엇인가?

ⓑ 그림 5-21에서의 메모리 맵을 가진 시스템의 메모리 구성은 어떠한가?

ⓒ 그림 5-21의 메모리 맵에서 어떤 메모리 컴포넌트가 주 프로세서 외부의 보드상에 위치하는가?

어드레스 범위	접근 가능한 장치	포트 폭
0x00000000 ~ 0x003FFFFF	플래시 PROM 뱅크 1	32
0x00400000 ~ 0x007FFFFF	플래시 PROM 뱅크 2	32
0x04000000 ~ 0x043FFFFF	DRAM 4Mbyte (1Meg×32bit)	32
0x09000000 ~ 0x09003FFF	MPC 내부 메모리 맵	32
0x09100000 ~ 0x09100003	BCSR - 보드 제어&상태 레지스터	32
0x10000000 ~ 0x17FFFFFF	PCMCIA 채널	16

>> 그림 5-21 메모리 맵[5-5]

18. 메모리는 한 시스템의 성능에 어떤 영향을 끼칠 수 있는가?

19. 주 메모리의 대역폭과 메모리 서브시스템의 전체 성능이 개선될 수 있는 5가지 방법을 정의하라.

chapter 06 입출력(I/O) 장치

이 장에서는

▶ 입출력(I/O) 장치에 대해 소개한다.
▶ 직렬 I/O와 병렬 I/O의 차이점에 대해 알아본다.
▶ I/O 인터페이스 방법에 대해 소개한다.
▶ I/O 성능에 대해 알아본다.

보드상에서 입출력(I/O) 컴포넌트들은 임베디드 시스템에 연결되어 있는 I/O 장치들로부터 정보를 가져오거나 I/O 장치 쪽으로 정보를 보내는 역할을 담당한다. 보드 I/O는 입력장치로부터 주 프로세서로 정보를 가져오기만 하는 입력 컴포넌트, 주 프로세서로부터 출력장치로 정보를 가져가는 출력 컴포넌트, 또는 두 기능을 모두 담당하는 컴포넌트로 구성될 수 있다(그림 6-1 참고).

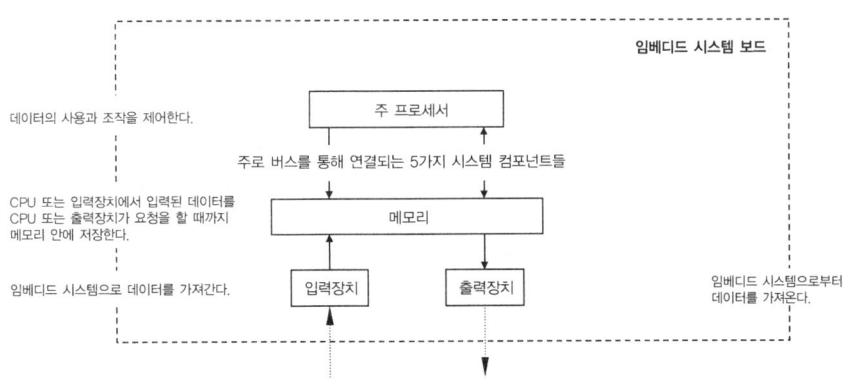

>> 그림 6-1 폰노이만 방식의 I/O 블록 다이어그램[6-1]

임베디드이든 임베디드가 아니든, 전통적인 것이든 최신의 것이든 모든 전자기계식 시스템은 임베디드 보드에 연결될 수 있으며, I/O 장치처럼 동작할 수 있다. I/O란 상위 그룹에 속하며, 출력장치, 입력장치, 그리고 입출력 장치를 모두 가진 장치의 세부 항목으로 분류될 수 있다. 출력장치들은 보드 I/O 컴포넌트로부터 데이터를 받아 그것을 종이에 출력하거나, 디스크에 저장하거나 사람이 볼 수 있도록 LED를 깜박이는 것과 같은 방식으로 데이터를 디스플레이한다. 마우스, 키보드, 또는 원거리 제어와 같은 입력장치는 데이터를 보드 I/O 컴포넌트로 보낸다. 어떤 I/O 장치들은 이 두 가지 기능을 모두 할 수 있다. 예를 들어, 네트워킹 장치는 데이터를 인터넷에서 받아오거나 인터넷으로 보낼 수 있다. I/O 장치는 키보드나 원거리 제어와 같이 유무선 데이터 전송매체를 통해 임베디드 보드에 연결될 수 있다. 또한 LED처럼 그 자체로 임베디드 보드상에 존재할 수도 있다.

> 이 절에서의 소재는 4장의 프로세서 입출력(I/O) 절에서의 소재와 유사하다. IC에 집적되어 있거나 보드상에 바로 위치해 있는 I/O 서브시스템의 컴포넌트 또는 일종의 I/O라는 것 외에, 그 기본은 근본적으로 같기 때문이다.

간단한 회로에서 다른 완전한 임베디드 시스템에 이르기까지 I/O 장치들이 너무 다양하기 때문에, 보드 I/O 컴포넌트들은 하나 또는 그 이상의 몇 가지 다른 범주에 속할 수 있다. 가장 일반적인 범주는 다음과 같다.

- 네트워킹 및 통신 I/O(OSI 모델의 물리 계층, 2장 참고)
- 입력장치(키보드, 마우스, 원거리 제어, 음성 등)
- 그래픽과 출력 I/O(터치 스크린, CRT, 프린터, LED 등)
- 저장 I/O(광디스크 컨트롤러, 자기 디스크 컨트롤러, 자기 테이프 컨트롤러 등)
- 디버깅 I/O(BDM, JTAG, 직렬 포트, 병렬 포트 등)
- 실시간 I/O 와 그 외의 I/O(타이머/카운터, ADC와 DAC, 키 스위치 등)

간단히 말해서, 보드 I/O는 주 프로세서를 I/O 장치에 직접 연결하는 기본 전자회로만큼 간단할 수 있다. 즉, 주 프로세서의 I/O 포트를 보드상에 위치한 클럭 또는 LED에 연결할 수도 있고, 그림 6-2에서 볼 수 있는 것처럼, 몇 가지 장치를 포함하고 있는 더 복잡한 I/O 서브시스템 회로를 구현할 수도 있다. I/O 하드웨어는 전형적으로 6가지의 주 논리장치의 몇 가지 조합으로 구성된다.

- **전송매체** 데이터 통신과 교체를 위해 임베디드 보드에 I/O 장치를 연결하기 위한 무선 또는 유선 매체
- **통신 포트** 전송매체가 보드상에 연결되는 것 또는 무선 시스템이라면 무선신호를 받는 것

- **통신 인터페이스** 주 CPU와 I/O 장치 또는 I/O 컨트롤러 사이에서 데이터 통신을 관리하고, 데이터를 IC 또는 I/O 포트의 논리 수준으로 인코딩 또는 디코딩하는 역할을 하는 것으로서, 이 인터페이스는 주 프로세서에 집적되거나 분리된 IC 형태로 존재할 수도 있다.

- **I/O 컨트롤러** I/O 장치를 관리하는 보조 프로세서

- **I/O 버스** 보드 I/O와 주 프로세서 사이에 연결

- **주 프로세서 집적 I/O**

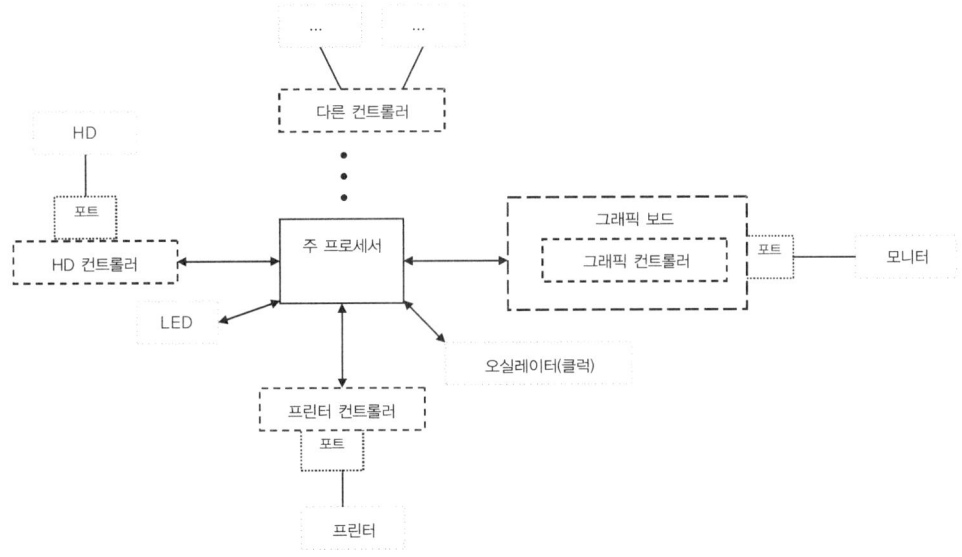

>> 그림 6-2 임베디드 보드상의 포트와 장치 컨트롤러

보드상의 I/O는 그림 6-3a에서의 복잡한 컴포넌트들의 조합에서 그림 6-3b에서의 간단한 집적된 I/O 보드 컴포넌트에 이르기까지 다양하다.

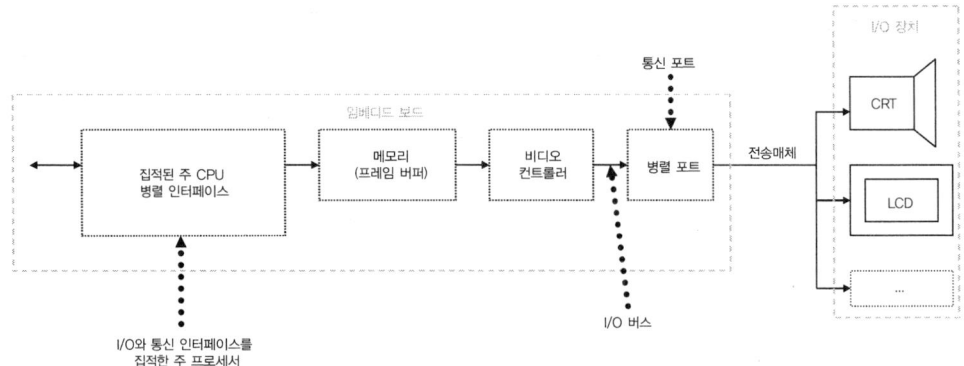

>> 그림 6-3a 복잡한 I/O 서브시스템

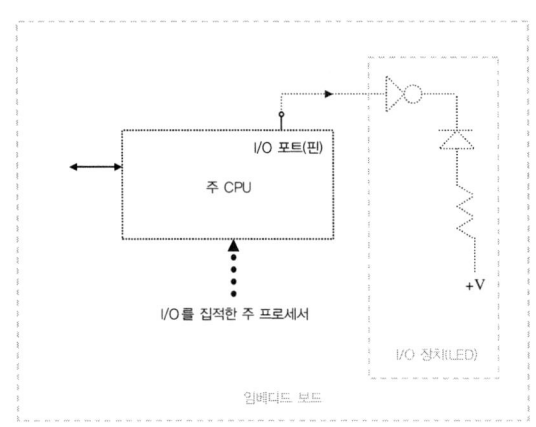

>> 그림 6-3b 간단한 I/O 서브시스템[6-2]

커넥터와 포트를 사용하거나, I/O 장치 컨트롤러를 사용하여 임베디드 보드상에 구현된 I/O 시스템의 실제 구성은 임베디드 보드에 연결된 I/O 장치의 종류 또는 임베디드 보드 상에 위치한 I/O 장치의 종류에 따라 다르다. 신뢰성과 확장성과 같은 다른 요인들이 I/O 서브시스템을 디자인하는 데 중요하다면, I/O 디자인 이면에서 주로 지적하는 세부 사항들로는 6.3절에서 논의할 I/O 장치의 특징―시스템 내의 그 목적―과 I/O 서브시스템의 성능이 있다. 전송매체, 버스, 그리고 주 프로세서 I/O는 이 절의 범주를 벗어나는 것이며, 이것에 대해서는 2장(전송매체), 7장(보드 버스), 4장(임베디드 프로세서)에서 다루고 있다. I/O 컨트롤러는 본래 일종의 프로세서이다. 이것에 대해 보다 상세히 알고 싶다면, 4장을 다시 살펴보도록 하자.

다양한 I/O 범주―네트워킹, 디버깅, 저장장치 등―내에서 보드 I/O는 데이터가 처리되는(전송되는) 방법에 따라 보통 하위 분류된다. 실제 하위 그룹이 임베디드 시스템 모델과 관련된 아키텍처 관점에 따라 완전히 다를 수도 있다는 것을 기억해 두자. '관점'이란, 하드웨어와 소프트웨어가 바라볼 때 보드 I/O를 다르게 그룹화할 수 있다는 것을 의미한다. 소프트웨어에서 하위 그룹은 소프트웨어 계층—시스템 소프트웨어 대 어플리케이션 소프트웨어, 운영체제 대 디바이스 드라이버 등—에 따라 다를 수 있다. 예를 들어, 대부분의 운영체제에서 보드 I/O는 블록 또는 문자 I/O로 여겨진다. 간단히 말해서, 블록 I/O는 고정된 블록 크기로 관리를 하며, 블록 단위로만 어드레싱을 한다. 한편 문자 I/O는 문자열, 아키텍처에 따른 문자의 크기—예를 들어, 한 바이트처럼—로 데이터를 관리한다.

하드웨어 관점에서 I/O는 직렬방식, 병렬방식, 또는 그 두 방식 모두로 데이터를 관리(전송 또는 저장)한다.

6.1 | 데이터 처리 : 직렬 I/O와 병렬 I/O

직렬(serial)로 데이터를 주고 받을 수 있는 보드 I/O는 한 번에 한 비트씩 데이터를 저장하고 주고 받는 컴포넌트들로 구성되어 있다. 직렬 I/O 하드웨어는 전형적으로 6개의 주 논리장치들의 몇 가지 조합으로 구성되어 있다. 직렬 통신은 I/O 서브시스템 내에 직렬 포트와 직렬 인터페이스를 포함하고 있다.

직렬 인터페이스(serial interface)는 주 CPU와 I/O 장치 또는 그 컨트롤러 사이에 직렬 데이터 송신과 수신을 담당하고 있다. 그것들은 주 CPU 또는 I/O 장치로 전송해야 하는 데이터를 저장하고 인코딩 또는 디코딩하기 위해 송신 및 수신 버퍼를 포함하고 있다. 직렬 데이터 전송 및 수신 방식은 일반적으로 데이터 전송 및 수신될 수 있는 방향에 따라 그리고 실제 송신/수신 과정— 즉, 데이터 비트가 데이터 스트림 안에서 송신되고 수신되는 방법에 따라 다르다.

데이터는 다음의 세 방향 중 하나로 두 장치 사이에 송신될 수 있다. 단방향 통신, 동일한 전송 라인을 공유하고 있어서 발생하는 다른 시간에의 양방향 통신, 동시에 양방향 통신이 바로 그것이다. **단방향**(simplex) 방식을 사용하는 직렬 I/O 데이터 통신은 데이터 스트림이 한 방향으로만 전송—또는 수신—될 수 있는 방법을 말한다(그림 6-4a 참고). **반이중**(half duplex) 방식은 데이터 스트림이 한 번에 한쪽 방향으로만 송신 및 수신할 수 있는 방법을 말한다(그림 6-4b 참고). **전이중**(full duplex) 방식은 동시에 양방향으로 송신 및 수신할 수 있는 방법을 말한다(그림 6-4c 참고).

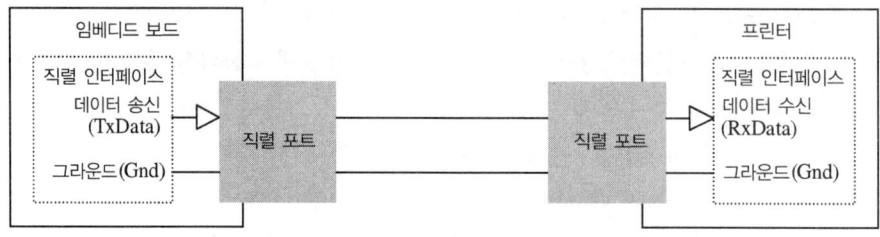

>> 그림 6-4a 단방향 방식 통신 예[6-3]

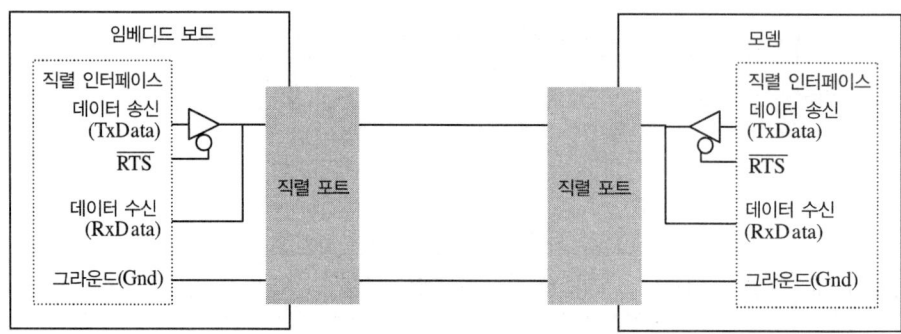

>> 그림 6-4b 반이중 방식 통신 예[6-3]

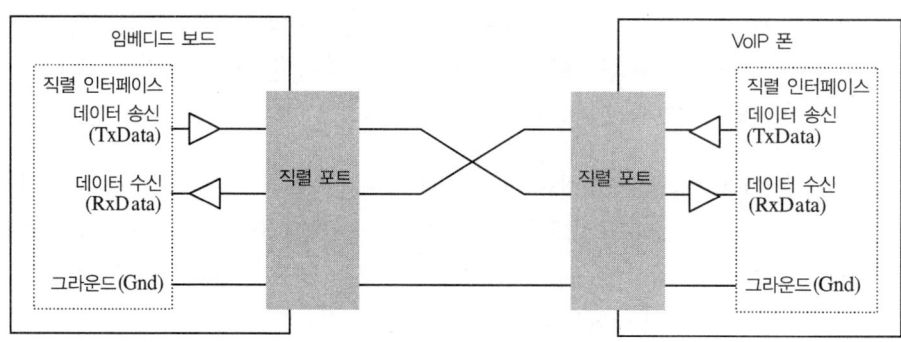

>> 그림 6-4c 전이중 방식 통신 예[6-3]

실제 데이터 스트림 내에서, 직렬 I/O 전송은 CPU 클럭에 의한 규칙적인 주기로 연속적으로 데이터를 받는 **동기**(synchronous) 전송 또는 비규칙적인 주기로 간헐적으로 발생하는 **비동기**(asynchronous) 전송으로 동작한다.

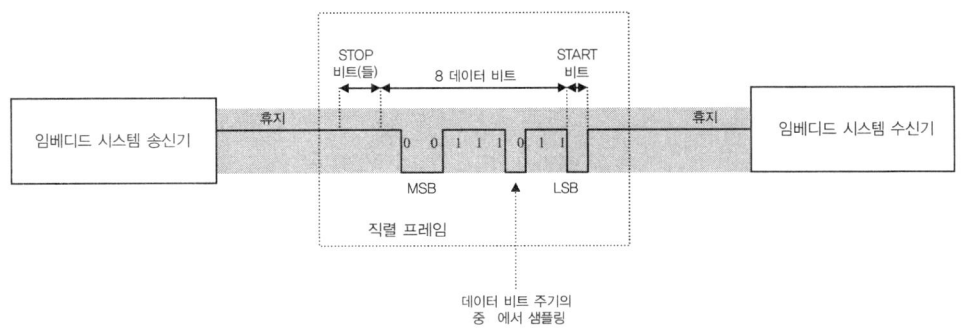

>> 그림 6-5 비동기 전송 샘플 다이어그램

그림 6-5에서와 같은 비동기 전송에서, 전송되는 데이터는 보통 직렬 인터페이스의 송신 버퍼 안에 저장되어 수정된다. 송신기에서의 직렬 인터페이스는 데이터 스트림을 패킷이라고 부르는 그룹으로 나누는데, 이것은 보통 문자당 4~8비트 또는 문자당 5~9비트로 구성된다. 이 패킷들 각각은 프레임으로 포장되어 각각 전송된다. 프레임은 전송될 데이터 스트림의 시작에 START 비트를, 그리고 전송될 데이터 스트림의 끝에 STOP 비트 또는 비트들(이것은 다음 프레임의 START 비트를 위해 '1'에서 '0'으로 전환을 보장하는 1, 1.5, 2비트를 말한다)을 포함하기 위해 직렬 인터페이스에 의해 수정되는 패킷을 말한다. 프레임 안에서, 데이터 비트 다음에 그리고 STOP 비트 다음에 패리티 비트가 추가될 수 있다. START 비트는 프레임의 시작을 알려주고, STOP 비트는 프레임의 끝을 알려주며, 패리티 비트는 아주 기본적인 오류 검출을 위해 사용되는 옵션 비트이다. 즉, START와 STOP 비트를 제외하고 전송되는 스트림 안에 '1'로 설정된 비트들의 전체 수가 짝수이면 성공적인 전송을 위해서는 그 결과도 짝수이어야 하며, START와 STOP 비트를 제외하고 전송되는 스트림 안에 '1'로 설정된 비트들의 전체 수가 홀수이면 성공적인 전송을 위해서는 그 결과도 홀수이어야 한다. 프레임들의 전송 사이에서 통신 채널은 논리값 '1' 또는 NRZ(non-return to zero) 상태가 유지되고 있다는 것을 의미하는 휴지 상태를 유지한다.

수신기의 직렬 전송은 한 프레임의 짧은 주기의 지연을 의미하는 START 비트에 동기화함으로써 프레임들을 받고, STOP 비트가 나올 때까지 한 번에 한 비트씩 시프트하여 수신 버퍼에 저장한다. 비동기 전송이 가능하기 위해서 **비트율**(bit rate, 대역폭)은 통신과 관련된 모든 직렬 인터페이스에 동기화되어야 한다. **비트율이란 (프레임당 실제 데이터 비트들의 수/프레임당 전체 비트 수)*보레이트로 정의된다.** 보레이트(baud rate)란 전송될 수 있는 시간당 전체 비트 수(Kbits/sec, Mbits/sec 등)를 말한다.

송신기의 직렬 인터페이스와 수신기의 직렬 인터페이스는 적절한 데이터 비트를 샘플링하기 위해 분리된 비트율 클럭을 가지고 동기화된다. 송신기에서는 새로운 프레임이 전송되기 시작할 때, 클럭이 시작되어 프레임의 끝에 이를 때까지 계속된다. 따라서 데이터 스트림은 수신기가 처리할 수 있는 주기로 보내어지게 되는 것이다. 수신 끝단에서는 적절한 지연을 가지고(비트율에 맞게) 새로운 프레임을 받기 시작할 때 클럭이 시작되고, 각 데이터비트 주기의 가운데에서 샘플링을 하며, 프레임의 STOP 비트를 받을 때 끝난다.

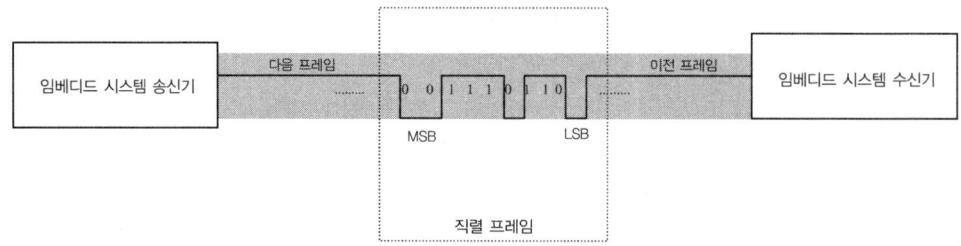

>> 그림 6-6 동기 전송 샘플 다이어그램

그림 6-6에서와 같은 동기 전송에서는, 데이터 스트림에 START 또는 STOP 비트가 추가되어 있지 않으며, 어떠한 지연구간도 없다. 비동기 전송에서는 송신되고 수신되기 위해 데이터 전송률이 동기가 맞아야만 하기 때문이다. 하지만 비동기 전송에서 사용되는 분리된 클럭과는 달리, 동기 전송을 하는 장치들은 하나의 공통된 클럭을 가지고 동기화하기 때문에, 새로운 프레임을 위해 START와 STOP 비트가 필요 없다. 어떤 보드에서는 비트들의 전송을 조정하기 위해 직렬 인터페이스를 위한 완전히 분리된 클럭 라인이 있을 수도 있다. 어떤 동기 직렬 인터페이스에서 만약 분리된 클럭 라인이 없다면, 클럭 신호는 데이터 비트들과 함께 전송된다. UART(universal asynchronous receiver-transmitter, 범용 비동기 송수신 장치)는 비동기 직렬 전송을 하는 직렬 인터페이스의 예이다. 반면에, SPI(serial peripheral interface, 직렬 주변장치 인터페이스)는 동기 직렬 전송 인터페이스의 예이다.

> UART 또는 다른 종류의 직렬 인터페이스를 집적하고 있는 아키텍처에 따라 동일한 종류의 인터페이스라 하더라도 다른 이름 및 종류를 가질 수 있다. 예를 들어, MPC860은 SMC(serial management controller, 직렬 관리 컨트롤러) UART를 갖는다. 그 규정을 알고 싶다면, 관련 문서를 참고하라.

직렬 인터페이스는 보드에서 분리된 보조 IC일 수도 있고, 주 프로세서 안에 집적되어 있을 수 있다. 직렬 인터페이스는 **직렬 포트**(serial port)를 통해 I/O 장치를 데이터를 송수신한다(그림 6-4a부터 6-4c 참고). 직렬장치는 직렬 통신(COM) 인터페이스인데, 이것은 보통 보드 밖의 I/O 장치와 보드상의 직렬 보드 I/O를 연결하기 위해 사용된다. 직렬 인터페이스는 직렬 포트에서 직렬 포트의 논리값으로 들어온 데이터를 주 CPU의 논리회로가 처리할 수 있는 데이터로 바꾸어 주는 역할을 한다.

직렬 포트가 어떻게 정의되어 있고, 어떤 라인들이 다른 버스 라인과 관련되어 있는지를 정의하는 가장 일반적인 직렬 통신 프로토콜 중 하나는 **RS-232**이다.

직렬 I/O의 예 1 : 네트워킹과 통신 : RS-232

동기 전송 또는 비동기 전송을 위해 가장 폭넓게 구현된 직렬 I/O 프로토콜 중 하나는 **RS-232** 또는 EIA-232(전자산업협회-232)로, 기본적으로 전자산업협회의 표준을 기반으로 한다. 이 표준은 RS-232 기반의 시스템의 주요 컴포넌트들을 정의하는데 이것은 대부분 하드웨어로 구현된다.

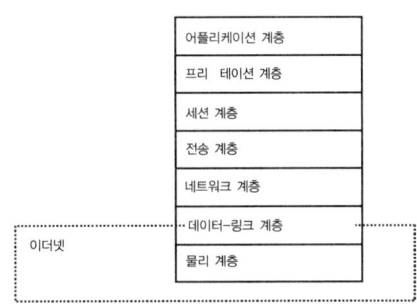

>> 그림 6-7 OSI 모델

하드웨어 컴포넌트들은 모두 OSI 모델의 물리 계층에 매핑된다(그림 6-7 참고). RS-232 기능을 활성화하기 위해 요구되는 펌웨어(소프트웨어)는 데이터-링크의 하위 부분에 매핑되는데, 이것에 대해서는 이 절에서 다루지 않을 것이다(8장 참고).

EIA-232 표준에 따르면, RS-232 호환장치(그림 6-8 참고)는 DTE 또는 DCE라고 불린다. DTE(data terminal equipment) 장치는 PC 또는 임베디드 보드와 같은 직렬 통신의 시작자이다. DCE(data circuit-terminating equipment)는 임베디드 보드에 연결된 I/O 장치처럼, DTE가 통신하고자 하는 장치이다.

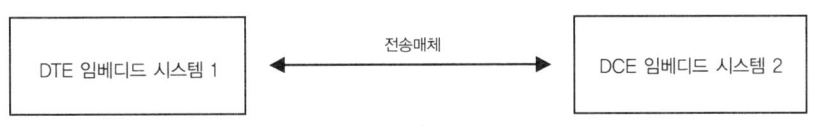

>> 그림 6-8 직렬 네트워크 다이어그램

RS-232 표준의 핵심을 가리켜 **RS-232 인터페이스**(RS-232 interface)라고 부른다(그림 6-9 참고). RS-232 인터페이스는 동기 직렬 인터페이스(SPI처럼) 또는 비동기 직렬 인터페이스(UART처럼)로부터 신호들을 직렬 포트에 매핑하는 추가 회로뿐만 아니라 직렬 포트, 신호, I/O 장치의 확장 그 자체에 대해 상세히 정의하고 있다. 직렬 포트의 상세 항목을 정의하는 것 외에 RS-232는 직렬 케이블인 전송매체도 정의한다. 동일한 RS-232 인터페이스는 동작할 수 있도록 RS-232 직렬 케이블에 연결되어 직렬 통신 전송의 양쪽 단자(DTE와 DCE 또는 임베디드 보드와 I/O)에 존재해야 한다.

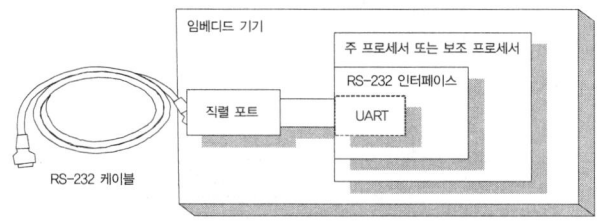

>> 그림 6-9 직렬 컴포넌트 블록 다이어그램

직렬 포트 이면의 실제 물리적 부분(신호의 수와 그 정의들)은 EIA-232 표준에 따라 다르다. 본래의 RS-232 표준은 그림 6-10a에서처럼 유선 전송매체의 한쪽 끝단에 DB25 커넥터라 불리는 커넥터와 전체 25개의 신호들을 정의하고 있다. EIA RS-232 표준 EIA-574는 DB9 커넥터와 호환되는 오직 9개의 신호(본래의 RS-232 25개의 신호 중 일부)만을 정의한다(그림 6-10b 참고). 한편, EIA-561 표준은 RJ-45 커넥터와 호환되는 8개의 신호(본래의 RS-232 25개의 신호 중 일부)를 정의한다(그림 6-10c 참고).

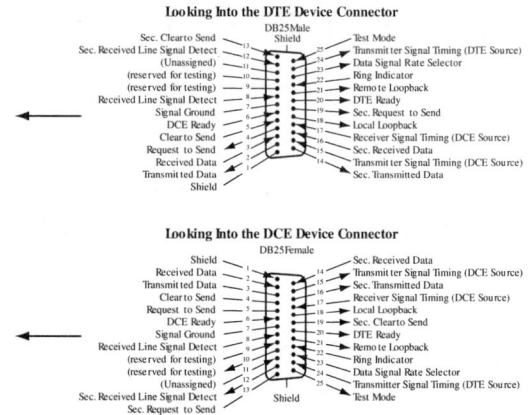

>> 그림 6-10a RS-232 신호와 DB25 커넥터[6-4]

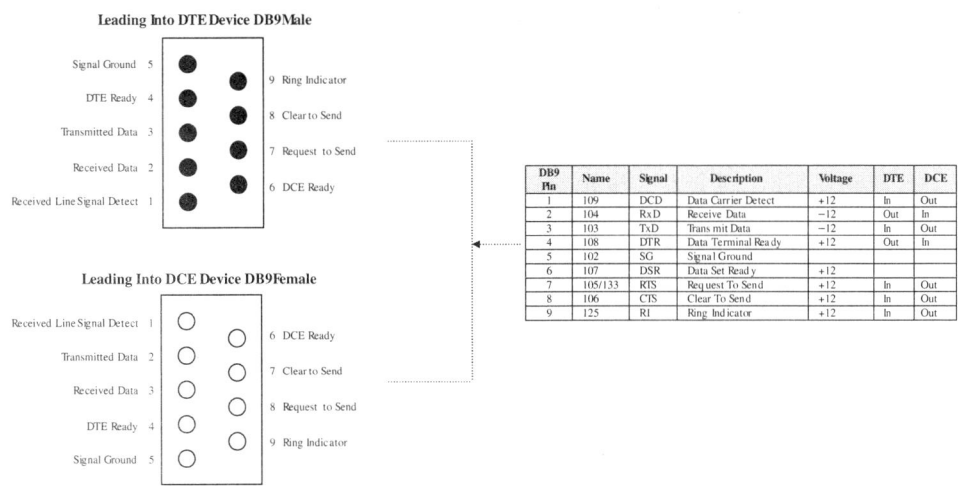

>> 그림 6-10b RS-232 신호와 DB9 커넥터[6-4]

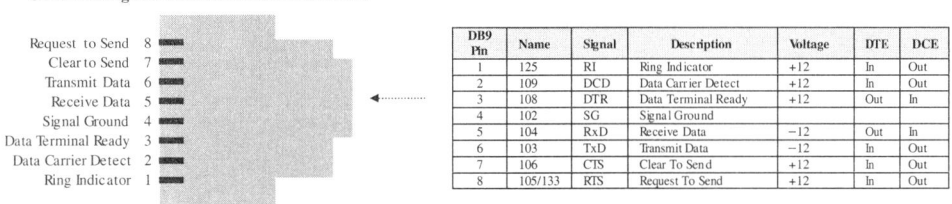

>> 그림 6-10c RS-232 신호와 RJ-45 커넥터[6-4]

2개의 DTE 장치는 널 모뎀(null modem) 직렬 케이블이라 불리는 직렬 케이블상에 내부 전선을 사용하여 상호 연결될 수 있다. DTE 장치가 동일한 핀으로 데이터를 송수신하기 때문에, 각 DTE 장치의 송수신 연결을 조정하기 위해 이 널 모뎀 핀들을 바꾼다.

예 : 모토롤라/프리스케일 MPC823 FADS 보드 RS-232 시스템 모델

모토롤라/프리스케일 FADS 보드의 직렬 인터페이스는 MPC823의 경우 주 프로세서 안에 집적되어 있다. 이 보드에 위치한 다른 주요 직렬 컴포넌트인 직렬 포트를 이해하기 위해 보드의 하드웨어 매뉴얼을 읽어보아야만 한다.

"모토롤라/프리스케일 8xxFADS 사용자 매뉴얼(Rev 1)"의 4.9.3절은 모토롤라/프리스케일 FADS 보드의 RS-232 시스템에 대해 자세히 설명하고 있다.

4.9.3 RS-232 포트

사용자의 어플리케이션을 지원하기 위해 그리고 터미널 및 호스트 컴퓨터에 편리한 통신 채널을 제공하기 위해, 2개의 동일한 RS-232 포트가 FADS에 제공되어 있다.

9핀, D형의 스택 커넥터 암놈을 가지고 사용하여, 표준 IBM-PC 기반의 RS-232 커넥터에 (플랫 케이블을 통해) 직접 연결하도록 설정되어 있다.

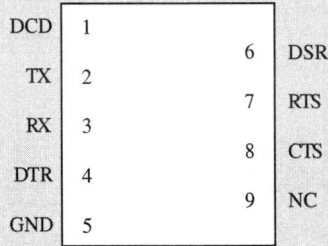

>> 그림 6-11 RS-232 직렬 포트 커넥터

4.9.3.1 RS-232 신호 설명

다음 목록에는

- DCD(O) – 데이터 캐리어 검출
- TX(O) – 전송 데이터
- …

이 매뉴얼에서는 FADS RS-232 포트 정의는 EIA-574 DB9 DCE 암놈 커넥터 정의를 기반으로 하고 있다.

주 FADS 보드는 MPC8xx 프로세서군에 대한 하드웨어 및 소프트웨어 개발 플랫폼이다

직렬 I/O의 예 2 : 네트워킹과 통신 : IEEE802.11 무선 LAN

네트워킹 표준인 IEEE 802.11은 직렬 무선 LAN 표준이며, 아래의 표 6-1에 요약 정리되어 있다. 이 표준들은 무선 LAN 시스템의 주요 컴포넌트들에 대해 정의하고 있다.

>> 표 6-1 802.11 표준

IEEE 802.11 표준	설 명
802.11-1999 : 정보 기술을 위한 기본 표준 - 전자통신과 시스템 간 정보 교환 - 지역 간 네트워크와 도시 간 네트워크 - 특정 요구사항 - 11장 : 무선 LAN 매체 접근 제어 (MAC)와 물리 계층(PHY) 규정	802.11 표준은 네트워크로부터 무선 데이터가 어떻게 전송되어야 하는가를 정의하는 첫 번째 시도였다. 이 표준은 TCP/IP 네트워크 안에서 MAC(매체 접근 제어)와 PHY(물리 인터페이스) 레벨에서의 동작과 인터페이스를 정의한다. 정의된 PHY 계층 인터페이스로는 3가지가 있다. [1 IR과 2 라디오 : 주파수 도약 확산 스펙트럼(FHSS) 및 직접 시퀀스 확산 스펙트럼(DSSS)], 3가지는 상호 운용되지 않는다. 링크 공유를 위한 기본 매체 접근방식으로는 CSMA/CA(간섭을 피할 수 있는 캐리어 감지 다중 접근)를 사용하며, 모듈화를 위해서는 위상 시프트 키(PSK)를 사용한다.
802.11a-1999 : "WiFi5" 개정안 1 : 5GHz 대역에서의 고속 물리 계층 (PHY)	많은 소비자 기기와의 간섭을 피하기 위해 5GHz와 6GHz 사이의 라디오 주파수에서 동작한다. 링크 공유를 위한 기본 매체 접근방식으로는 CSMA/CA(간섭을 피할 수 있는 캐리어 감지 다중 접근)를 사용한다. PSK와는 반대로, 최대 54Mbps만큼의 높은 데이터율을 제공하는 직교 주파수 분할 다중(OFDM)으로 알려진 모듈화 방식을 사용한다.
802.11b-1999 : 802.11-1999에 대한 "WiFi" 추가안, 무선 LAN MAC과 PHY 규정 : 2.4GHz 대역에서의 고속 물리 계층(PHY) 확장안	802.11과 하위 호환된다. 11Mbps 속도, 단일 PHY 계층(DSSS), 링크 공유를 위한 기본 매체 접근방식으로는 CSMA/CA(간섭을 피할 수 있는 캐리어 감지 다중 접근)를 사용하며, 높은 데이터율과 다중 경로 전파 간섭에 덜 민감한 보수 코드 키(CCK)를 사용한다.
802.11b-1999/Cor1-2001 : 개정안 2 : 2.4GHz 대역 내에서의 고속 물리 계층(PHY) 확장안 - 정정안 1	802.11b에서의 MIB 정의의 결함을 수정하기 위한 정정안이다.
802.11c : 정보 기술을 위한 표준 - 전자통신과 시스템 간 정보 교환 - 지역 간 네트워크 - 매체 접근 제어 (MAC) 브리지 - IEEE 802.11에 의한 지원을 위한 추가안	IEEE 802.11 MAC과 브리지 동작을 다루기 위한 특정 MAC 절차에 의한 내부 하위 계층 서비스의 2.5 지원하에 하위 클래스를 추가하기 위해 1998년도에 발표되었다. 상대적으로 짧은 거리 내에서의 네트워크를 연결해 주는 802.11 액세스 포인트의 사용을 가능하게 한다(예를 들어, 유선 네트워크를 분할하는 딱딱한 벽이 있는 곳).
802.11d-2001 : IEEE 802.11-1999(ISO/IEC 8802-11)의 개정안, 추가적인 규제 도메인에서의 동작을 위한 규정	국제화 - 802.11 WLAN의 동작을 새로운 규제 도메인(나라)으로 확장하기 위한 물리 계층 요구사항(채널화, 도약 패턴, 현재의 MIB 속성을 위한 새로운 값, 다른 요구사항)을 정의한다.
802.11e : 정보 기술을 위한 표준 - 전자통신과 시스템 간 정보 교환 - 지역 간 네트워크와 도시 간 네트워크 - 특정 요구사항 - 11장 : 무선 LAN 매체 접근 제어(MAC)와 물리 계층(PHY) 규정 : 서비스 향상을 위한 매체 접근 제어(MAC) 품질	서비스의 품질을 향상시키고 관리하기 위해 802.11 물리 접근 제어(MAC)를 개선하고 서비스의 클래스를 제공하며, 분산 조정 기능(DCF) 및 포인트 조정 기능(PCF)의 영역에서의 효율성을 개선한다. 또한 QoS 동작이 가능하게 하기 위해(예를 들어, 사전 할당에 의존적인 대역폭을 통해 오디오 또는 비디오를 스트리밍할 수 있도록 하기 위해) 802.11 네트워킹 확장안을 정의한다.

>> 표 6-1 계속

IEEE 802.11 표준	설 명
802.11f-2003 : IEEE 802.11 동작을 지원하는 배포 시스템의 상호 액세스 포인트 프로토콜을 통해 다중 벤더의 액세스 포인트 상호 운용을 위한 IEEE 권장안	데이터 전달이 다양한 벤더의 액세스 포인트를 가로지르며 동작할 수 있도록 하기 위한 표준이다. 이것은 IEEE 802.11 무선 LAN 링크를 지원하는 분산 시스템들을 가로질러, 다중 벤더 액세스 포인트 상호 운용을 가능하게 하는 데 필요한 기능을 제공하는 상호 액세스 포인트 프로토콜(IAPP)을 위한 권장안을 포함하고 있다. 이 IAPP는 다음의 환경을 위해 개발되었다 : (1) IETF IP 환경을 지원하는 IEEE 802 LAN 컴포넌트로 구성된 분산 시스템, (2) 적절한 다른 시스템들.
802.11g-2003 개정안 4 : 2.4GHz 대역에서의 보다 빠른 속도의 물리 계층에 대한 확장안	802.11b에 대한 고속 PHY 확장 - 802.11b 표준에서 최대 11Mbps와 비교해 볼 때, 상대적으로 짧은 거리에서 54Mbps까지의 속도로 무선 전송을 제공한다. 2.4GHz 범위에서 동작하며, 링크 공유를 위한 기본 매체 접근방식으로 CSMA/CA(간섭을 피할 수 있는 캐리어 다중 접근)를 사용한다.
802.11h-2001 : 5GHz 대역에서 스펙트럼 및 전송 전력 관리에 대한 유럽 확장안	802.11 매체 접근 제어(MAC) 표준과 5GHz 대역에 대한 802.11a 고속 물리 계층(PHY)을 개선한다. 유럽에서의 라이센스 프리 영역인 5GHz 대역에서 실내외 채널 선택을 추가하였으며, 채널 에너지 측정을 개선하고, 스펙트럼 및 전송 전력 관리(CEPT당 전송 전력, CEPT와 EU 위원회 또는 CEPT 권고 ERC 99/23을 통합하고 있는 기구)를 개선하기 위한 방법을 기록하고 있다. 5GHz 공간에서의 네트워킹을 위해 절감된 전력 전송 모드를 생성하는 것과 관련된 트레이드 오프를 조사한다. 특히 802.11a가 제한된 배터리 전원을 가지고 있는 휴대형 컴퓨터 및 다른 기기들에서 사용될 수 있게 한다. 또한 전력을 줄이기 위해 액세스 포인트가 기하학적 모습의 무선 네트워크를 형성하여 이상적인 영역 밖의 간섭을 줄일 수 있는 가능성에 대해 연구한다.
802.11i : 정보 기술을 위한 표준 - 전자통신과 시스템 간 정보 교환 - 지역 간 네트워크와 도시 간 네트워크 - 특정 요구사항 - 11장 : 무선 LAN 매체 접근 제어(MAC)와 물리 계층(PHY) 규정 : 매체 접근 제어(MAC)에서의 보안 개선	보안과 승인 방식을 향상시키기 위해 802.11 매체 접근 제어(MAC)를 개선하여, 이 네트워크상에서 사용되는 PHY 레벨의 보안을 개선한다.
802.11j : 정보 기술을 위한 표준 - 전자통신과 시스템 간 정보 교환 - 지역 간 네트워크와 도시 간 네트워크 - 특정 요구사항 - 11장 : 무선 LAN 매체 접근 제어(MAC)와 물리 계층(PHY) 규정 : 일본에서의 4.9~5GHz 운영	이 프로젝트의 영역은 일본에서 4.9GHz 와 5GHz를 위한 채널 선택을 추가하기 위해 802.11 표준과 개정안을 개선하고, 추가로 라디오 동작을 위한 일본의 규정을 확인하며, 또한 현재의 802.11 MAC와 802.11a PHY를 개선함으로써 일본의 규제 정책 승인을 얻어서 새로 사용 가능한 일본의 4.9GHz와 5GHz 대역에서 동작하게 하는 것이다.

>> 표 6-1 계속

IEEE 802.11 표준	설 명
802.11k : 정보 기술을 위한 표준 – 전자통신과 시스템 간 정보 교환 – 지역 간 네트워크와 도시 간 네트워크 – 특정 요구사항 – 11장 : 무선 LAN 매체 접근 제어(MAC)와 물리 계층(PHY) 규정 : 무선 LAN의 라디오 자원 측정	이 프로젝트는 라디오 및 네트워크 측정을 위한 상위 계층에 대한 인터페이스를 제공하기 위해 라디오 자원 측정 개선안을 정의한다.
802.11ma : 정보 기술을 위한 표준 – 전자통신과 시스템 간 정보 교환 –지역 간 네트워크와 도시 간 네트워크 – 특정 요구사항 – 11장 : 무선 LAN 매체 접근 제어(MAC)와 물리 계층(PHY) 규정 – 개정안 x : 기술적 보완 및 정리	축적된 유지 보수 변경안(편집 보완 및 기술적 보완)을 802.11-1999, 2003 판(802.11a-1999, 802.11b-1999, 802.11b-1999 정정사항 1-2001, 802.11d-2001 통합한 버전)에 통합
802.11n : 정보 기술 표준을 위한 개정안 – 전자통신과 시스템 간 정보 교환 – 지역 간 네트워크(LAN)와 도시 간 네트워크(MAN) – 특정 요구사항 – 11장 : 무선 LAN 매체 접근 제어(MAC)와 물리 계층(PHY) 규정 : 고속 쓰루풋을 위한 개선사항	이 프로젝트의 영역은 훨씬 더 높은 쓰루풋을 가능하게 하는 동작 모드들을 활성화하기 위해 802.11 물리 계층(PHY)과 802.11 매체 접근 제어 계층(MAC) 둘 다에 대한 표준 수정사항을 정의할 수 있는 개정안을 정의하는 데 있다. 이것은 MAC 데이터 서비스 액세스 포인트(SAP)에서 측정하였을 때 최소 100Mbps의 최대 쓰루풋을 갖는다.

첫 번째 단계는 컴포넌트들이 하드웨어로 구현되었는지 소프트웨어로 구현되었는지에 상관 없이 802.11 시스템의 주요 컴포넌트들을 이해하는 것이다. 임베디드 아키텍처와 보드가 다르면, 802.11 컴포넌트들도 다르게 구현되기 때문에 이것은 매우 중요하다. 오늘날 대부분의 플랫폼에서, 802.11 표준은 거의 대부분 하드웨어로 구현되는 핵심 컴포넌트들로 구성되어 있다. 하드웨어 컴포넌트들은 그림 6-12처럼, 모두 OSI 모델의 물리 계층에 매핑된다. 802.11 기능을 활성화하는 데 필요한 소프트웨어는 OSI 데이터-링크 계층의 하위 영역에 매핑되나, 이것에 대해서는 이 절에서 설명하지 않을 것이다.

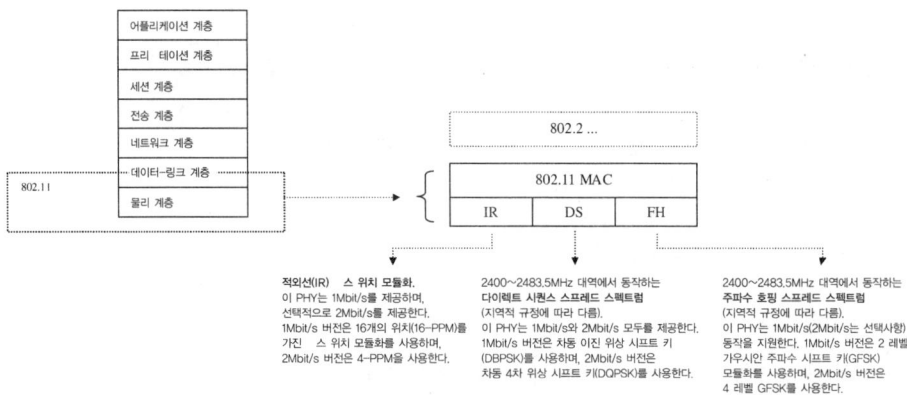

>> 그림 6-12 OSI 모델

802.11 표준(예를 들어, 802.11a, 802.11b, 802.11g 등)의 하나 또는 여러 조합들을 지원하는 기성품 하드웨어 모듈은 다양한 방법으로 하나의 무선 LAN 표준을 충족시키기 위해 노력해 왔다. 이 모듈들은 또한 임베디드 프로세서 세트, PCMCIA, compact flash, PCI 형식을 포함한 다양한 형태를 갖는다. 그림 6-13a와 6-13b에서 볼 수 있는 것처럼, 일반적으로 임베디드 보드는 보조 컨트롤러 또는 주 칩에 802.11 기능을 집적하거나 다른 형태 (PCI, PCMCIA, compact flash 등)를 지원하기 위한 표준 커넥터 중 하나를 지원한다. 이 것은 802.11 칩셋 벤더가 802.11 임베디드 솔루션을 위한 PC 카드 펌웨어를 만들어 주거나 포팅해 주어서, 수량이 적고 고가인 제품들에 또는 개발시에 사용될 수 있도록 해주어야 한다는 것을 의미한다. 또한 임베디드 보드에 표준 PC 카드와 동일한 벤더의 칩셋을 사용하여, 대량으로 제조되는 장치들을 위해 사용될 수 있다는 것을 의미한다.

802.11 칩셋의 상위에 임베디드 보드 디자인은 무선 LAN 안테나 위치와 신호 전송 요구사항을 고려해야 한다. 디자이너는 데이터를 전송하고 수신하는 데 방해를 주는 방해물들이 없도록 해야 한다. 또한 802.11이 그림 6-13b에서와 같이 SoC(System-on-Chip) 같은 주 프로세서 안에 집적할 수 없을 경우, 주 CPU와 802.11 보드 하드웨어 사이의 인터페이스를 디자인해야 한다.

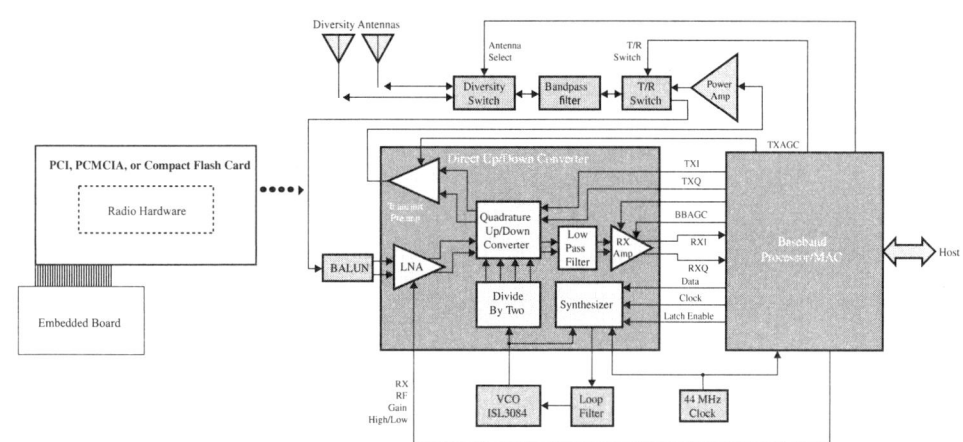

>> 그림 6-13a   PCI 기반의 간단한 802.11 하드웨어 구조[6-6]

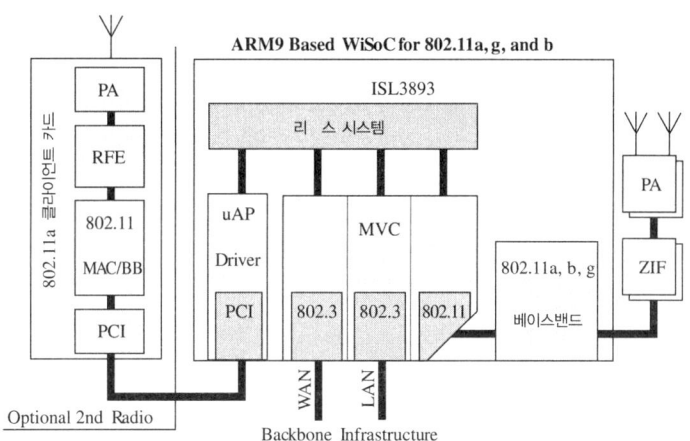

>> 그림 6-13b   SoC 기반의 간단한 802.11 하드웨어 구조[6-7]

병렬 I/O

병렬로 데이터를 전송하는 컴포넌트란 데이터들을 동시에 여러 비트 전송할 수 있는 장치를 말한다. 직렬 I/O 처럼, 병렬 I/O 하드웨어 또한 이 장의 시작에서 소개하였던 6개의 주 논리장치의 몇 가지 조합으로 구성된다. 단, 포트가 병렬 포트이며, 통신 인터페이스가 병렬 인터페이스라는 것만 다르다.

병렬 인터페이스(parallel interface)는 주 CPU와 I/O 장치 또는 컨트롤러 사이에 병렬 데이터 송수신을 처리한다. 그것들은 병렬 포트의 핀을 통해 수신된 데이터 비트들을 디코딩하고, 주 CPU로부터 송신된 데이터를 수신하고 이 데이터 비트들을 병렬 포트 핀으로 인코딩하는 역할을 한다.

그것들은 전송할 데이터를 저장하고 조작하기 위한 수신 및 송신 버퍼들을 포함하고 있다. 직렬 I/O 송신처럼 병렬 데이터 송수신 방법에 대해 살펴보면, 그것들은 데이터가 송수신 되는 방향에 따라 그리고 데이터 스트림 안에 데이터 비트들을 송수신하는 실제 과정에 따라 달라진다. 송신방향의 경우, 직렬 I/O 처럼 병렬 I/O는 단방향 전송, 반이중 방식, 전이중 방식 모드를 사용한다. 또한 직렬 I/O 처럼 병렬 I/O 장치는 데이터를 동기 방식 또는 비동기 방식으로 전송할 수 있다. 하지만 병렬 I/O는 직렬 I/O보다 더 많은 양의 데이터 전송이 가능하다. 왜냐하면 여러 데이터들을 동시에 송수신할 수 있기 때문이다. 데이터를 병렬로 송수신하는 보드 I/O의 예로는 IEEE 1284 컨트롤러(프린터/디스플레이 I/O 장치 —예 3 참고), CRT 포트, 그리고 SCSI(저장 I/O 장치)를 들 수 있다. 병렬 또는 직렬 I/O를 둘 다 지원할 수 있는 프로토콜로는 예 4에서 설명하고 있는 이더넷을 들 수 있다.

병렬 I/O의 예 3 : '병렬' 출력과 그래픽 I/O

기술적으로 임베디드 시스템에서 생성되고 저장되고 조작되는 모델과 이미지들은 그래픽이다. 임베디드 보드상의 I/O 그래픽에는 그림 6-14와 같이 전형적으로 3가지의 논리 컴포넌트(엔진)들이 있다.

- **기하학 엔진**(geometric engine)   오브젝트가 무엇인지 정의하는 것으로, 이것은 컬러 모델, 오브젝트의 물리적인 기하학, 재료, 빛의 속성 등과 같은 것을 구현한다.

- **렌더링 엔진**(rendering engine)   오브젝트의 모양을 캡처하는 것으로, 이것은 기학학 변형, 투영, 그림, 매핑, 그림자, 채도 등을 지원하는 기능을 제공한다.

- **레스터 및 디스플레이 엔진**(raster and display engine)   오브젝트를 물리적으로 디스플레이하는 것으로, 이것은 출력 I/O 하드웨어가 작동하는 엔진 안에 있다.

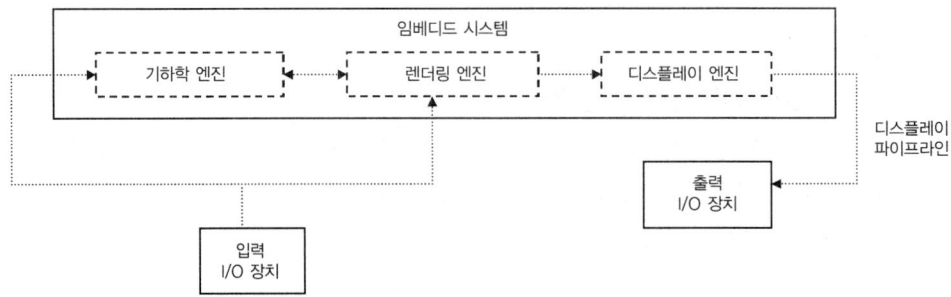

>> 그림 6-14 그래픽 디자인 엔진

임베디드 시스템은 소프트카피(비디오) 또는 하드카피(종이 위에 출력) 방법을 통해 그래픽을 출력한다. 디스플레이 파이프라인의 내용은 출력 I/O 장치가 하드 그래픽을 출력하는지, 아니면 소프트 그래픽을 출력하는지에 따라 다르다. 즉, 디스플레이 엔진은 그림 6-15a와 6-15b 에서 보여지는 것처럼 각각 다르다.

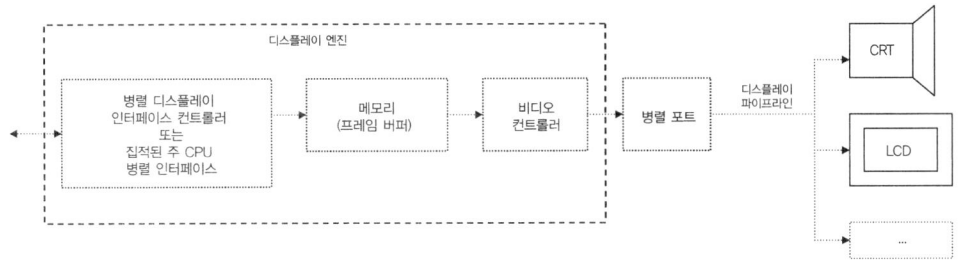

>> 그림 6-15a 소프트카피(비디오) 그래픽의 디스플레이 엔진 예

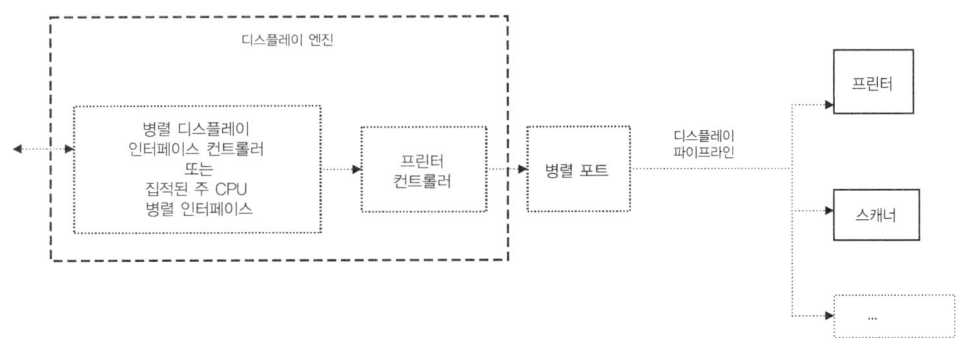

>> 그림 6-15b 하드카피 그래픽의 디스플레이 엔진 예

실제 병렬 포트 설정은 신호의 수와 요구되는 케이블에 따라 표준마다 다르다. 예를 들어, 넷실리콘의 넷플러스 ARM50 임베디드 보드(그림 6-16 참고)에서, 주 프로세서(ARM7 기반의 아키텍처)는 4개의 온-보드 병렬 포트를 통해 병렬 I/O를 전송하기 위해 IEEE 1284 인터페이스를 집적하고 있으며, 주 프로세서에 집적된 설정 가능한 MIC 컨트롤러를 가지고 있다.

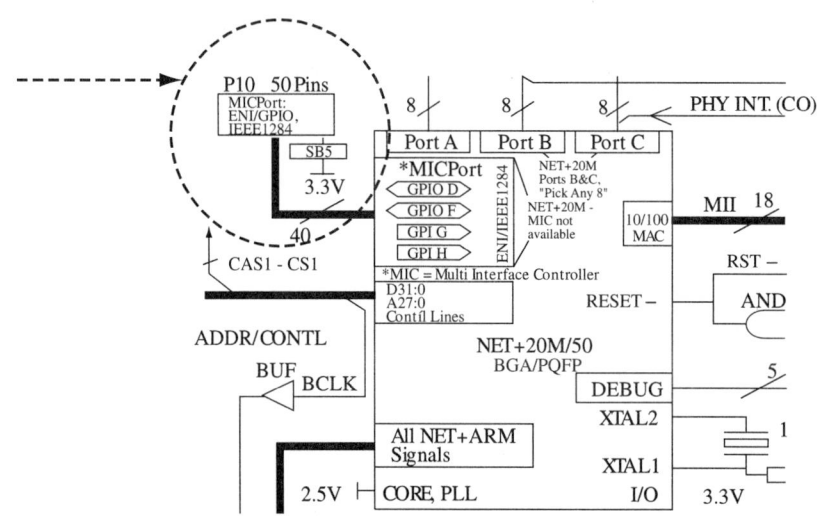

>> 그림 6-16 넷플러스 ARM50 임베디드 보드 병렬 I/O[6-8]

IEEE 1284 표준안은 40개의 신호 포트에 대해 정의하고 있지만, 넷플러스 ARM50 보드에서는 주 프로세서의 핀 수를 줄이기 위해 데이터와 제어신호들을 멀티플렉싱하였다. 8개의 데이터 신호 DATA[8:1](D_0-D_7) 외에 IEEE 1284 제어신호는 다음과 같은 것을 포함하고 있다.

- **PDIR** 양방향 모드를 위해 사용되며, 외부 데이터 트랜스시버의 방향을 정의한다. 그 상태는 IEEE 1284 제어 레지스터의 BIDIR 비트에 의해서 직접 제어된다(0 상태에서 데이터는 외부 트랜스시버로부터 1285 케이블 방향으로 이동하며, 1 상태에서는 그 케이블로부터 데이터를 받는다).[6-2]

- **PIO** 펌웨어에 의해 제어된다. 그 상태는 IEEE 1284 제어 레지스터의 PIO 핀에 의해 직접 제어된다.[6-2]

- **LOOPBACK** 외부 루프백 모드에서 포트를 설정하며, 외부 FCT646 장치의 먹스 라인(mux line)을 제어하기 위해 사용될 수 있다(1로 설정하면, FCT646 트랜스시버는 실시간 케이블 인터페이스가 아니라 입력 래치로부터 내부 데이터를 가져온다). 그 상태는 IEEE 1284 제어 레지스터의 LOOP 비트에 의해 직접 제어된다. LOOP 스트로브 신호는 래치로 데이터를 쓰는 역할을 한다(루프백 경로를 완성하며). LOOP 스트로브 신호는 STROBE* 신호의 복사본의 반대값이다.[6-2]

- **STROBE*(nSTROBE), AUTOFD*(nAUTOFEED), INIT *(nINIT), HSELECT*(nSELECTIN), *ACK(nACK), BUSY, PE, PSELECT(SELECT), *FAULT(nERROR), ...**[6-2]

병렬 I/O와 직렬 I/O의 예 4 : 네트워킹과 통신–이더넷

가장 폭넓게 구현된 LAN 프로토콜 중 하나는 이더넷인데, 이것은 IEEE 802.3 표준군을 기반으로 하고 있다. 이 표준은 이더넷 시스템의 주요 컴포넌트들을 정의한다. 그러므로, 이더넷 시스템 디자인을 완전히 이해하기 위해서는 우선 IEEE 표준안을 이해해야 한다 (IEEE 표준안은 이더넷에 대한 책이 아니라 여기서 설명하는 것보다는 더 많은 어떤 것들을 포함하고 있다는 것을 기억해 두자. 이 예는 네트워킹 프로토콜을 이해하는 것에 대한 내용이며, 이더넷과 같은 네트워킹 프로토콜을 기반으로 하는 시스템 디자인을 이해하는 것에 대한 내용이다).

첫 번째 단계는 컴포넌트들이 하드웨어로 구현되었는지 소프트웨어로 구현되었는지에 상관 없이 이더넷 시스템의 주요 컴포넌트들을 이해하는 것이다. 임베디드 아키텍처와 보드가 다르면 이더넷 컴포넌트들로 다르게 구현되기 때문에 이것은 매우 중요하다. 하지만 대부분의 시스템에서 이더넷은 거의 대부분 하드웨어로 구현된다.

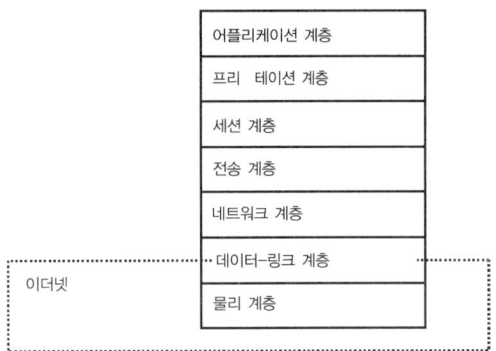

>> 그림 6-17 OSI 모델

하드웨어 컴포넌트들은 OSI 모델의 물리 계층에 모두 매핑된다. 이더넷 기능을 활성화하기 위해 요구되는 펌웨어는 OSI 데이터-링크 계층의 하위 부분에 매핑된다. 이것은 이 절에서는 논의하지 않을 것이다(8장 참고).

IEEE 802.3 표준안에는 몇 가지 이더넷 시스템 모델에 대해 설명되어 있다. 대부분의 이더넷 하드웨어 컴포넌트들이 무엇인지 분명히 이해하기 위해서는 다음의 몇 가지를 살펴보자.

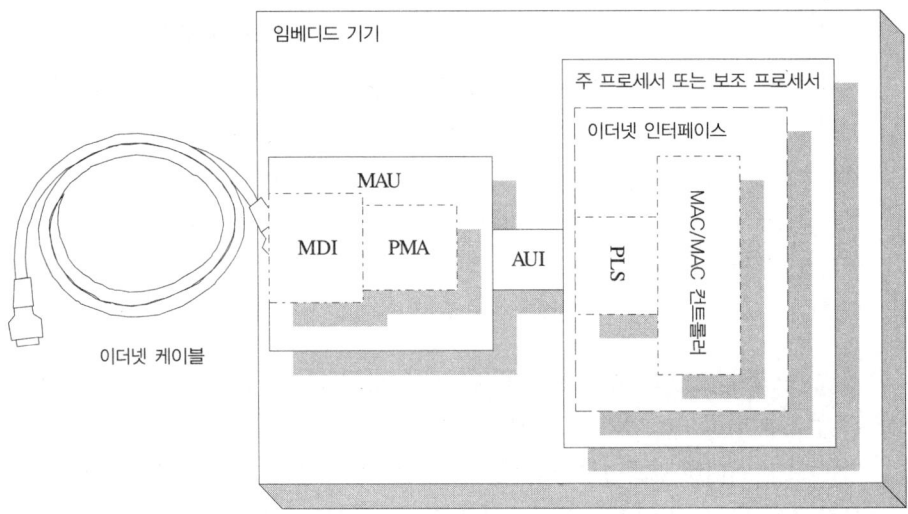

>> 그림 6-18 이더넷 컴포넌트 다이어그램

이더넷 장치는 **이더넷 케이블**(Ethernet cable, 두꺼운 광동축, 얇은 광동축, 연선, 광섬유 케이블)을 통해 네트워크에 연결된다. 이 케이블들은 일반적으로 IEEE 이름으로 불린다. 이 이름들은 세 가지 컴포넌트들—데이터 전송률, 사용되는 신호 종류, 케이블 종류, 또는 케이블 길이—로 구성되어 있다.

예를 들어, 10Base-T 케이블은 10Mbps(초당 백만 비트)의 데이터 전송률을 처리하는 이더넷 케이블이며, 이더넷 신호(베이스밴드 신호)만을 운반하며, 연선 케이블이다. 100Base-F 케이블은 100Mbps 데이터 전송률을 처리하는 이더넷 케이블이며, 베이스밴드 신호를 지원하고, 광섬유 케이블이다. 두꺼운 또는 얇은 광동축 케이블은 10Mbps의 속도로 전송을 하며, 베이스밴드 신호를 지원한다. 하지만, 이 케이블의 최대 전송길이는 다르다(두꺼운 동축인 경우 500 미터, 얇은 동축인 경우 200 미터). 그러므로 두꺼운 동축 케이블은 10Base-5(500을 줄여)라고 불리며, 얇은 동축 케이블은 10Base-2(200을 줄여)라고 불린다.

이더넷 케이블은 임베디드 기기에 연결되어야 한다. 보드 I/O(통신 인터페이스, 통신 포트 등)와 함께 케이블의 종류는 이더넷 I/O 전송이 직렬인지 병렬인지를 결정한다. **MDI**(medium dependent interface)는 이더넷 케이블이 꽂히게 되는 보드 위의 네트워크 포트를 말한다. 이더넷 케이블의 종류에 따라 MDI의 종류도 다르다. 예를 들어, 10Base-T는 MDI로서 RJ-45 잭을 사용한다. 그림 6-18을 위한 시스템 모델에서 MDI는 트랜스시버를 집적하고 있다.

트랜스시버는 데이터 비트를 송수신하는 물리장치이다. 이 경우, 그것은 MAU 이다. **MAU**(medium attachment unit)는 MDI 뿐 아니라 PMA 컴포넌트를 포함하고 있다. PMA 는 송신, 수신, 그리고 '트랜스시버에 따라' 오류 검출, 클럭 복원, 불균형 정렬의 기능을 포함한다(IEEE 802.3 스펙 p.25). 기본적으로 PMA 는 전송매체를 통한 송신을 위해 수신한 코드 그룹을 (비트 스트림으로 쪼개어) 직렬화하거나 전송매체로부터 받은 비트들을 역직렬화하여 이 비트들을 코드 그룹으로 바꾼다.

그런 다음 트랜스시버는 AUI 에 연결되는데, 이것은 MAU 와 프로세서 안의 이더넷 인터페이스 사이에서 인코딩된 신호들을 운반한다. 특히 **AUI**(attachment unit interface)는 10 Mbps 이더넷 장치를 위해 정의되며, MAU 와 **PLS**(physical layer signaling) 서브 계층(신호 특성, 커넥터, 케이블 길이 등) 사이의 연결을 규정한다.

이더넷 인터페이스(Ethernet interface)는 주 프로세서 또는 보조 프로세서상에 존재할 수 있으며, 남은 이더넷 하드웨어 및 소프트웨어 컴포넌트들을 포함한다. **PLS** 컴포넌트는 전송매체를 모니터링하며, MAC 컴포넌트로 캐리어 신호를 제공한다. **MAC**(media access control)는 데이터의 전송을 초기화하고, 전송매체를 통해 다른 데이터와의 경쟁을 피하기 위해 전송을 초기화하기 전에 캐리어 신호를 확인한다.

그럼, 이러한 유형의 이더넷 시스템의 예제를 위해 임베디드 보드를 살펴보자.

예1 : 모토롤라/프리스케일 MPC823 FADS 보드 이더넷 시스템 모델

"모토롤라/프리스케일 8xxFADS 사용자 매뉴얼(Rev 1)"의 4.9.1 절을 보면, 모토롤라/프리스케일 FADS 보드에 관한 이더넷 시스템에 대해 상세하게 설명되어 있다.

4.9.1 이더넷 포트

MPC8xxFADS는 10Base-T 인터페이스를 가진 이더넷 포트를 가지고 있다. 이것이 존재하는 통신 포트는 쪽보드상에서 라우팅하는 MPC8xx의 종류에 따라 결정된다. 이더넷 포트는 MC68160 EEST 10Base-T 트랜스시버를 사용한다.

사용자는 이더넷 SCC 핀을 사용할 수도 있는데, 이것은 쪽보드의 확장 커넥터와 마더보드의 통신 포트 확장 커넥터(P8)에 위치한다. 이더넷 트랜스시버는 BCSR1의 EthEn 비트에 1 또는 0을 씀으로써 활성화 또는 비활성화할 수 있다.

위의 문구를 살펴보면, 이 보드는 MDI 로 RJ-45 를 가지고 있으며, MC68160 EEST (enhanced Ethernet serial transceiver)가 MAU 라는 것을 알 수 있다. "PowerPC

MPC823 사용자 매뉴얼"의 28장과 위의 두 번째 문단에서는 AUI와 MPC823 프로세서상의 이더넷 인터페이스에 대해 더 많은 것을 말해 주고 있다.

MPC823에서 7개의 선 인터페이스는 AUI처럼 동작한다. SCC2는 이더넷 인터페이스이며, "IEEE 802.3/Ethernet CSMA/CD 미디어 접근 제어 및 채널 인터페이스 기능을 모두 수행한다"("MPC823 PowerPC 사용자 매뉴얼", p.16-312).

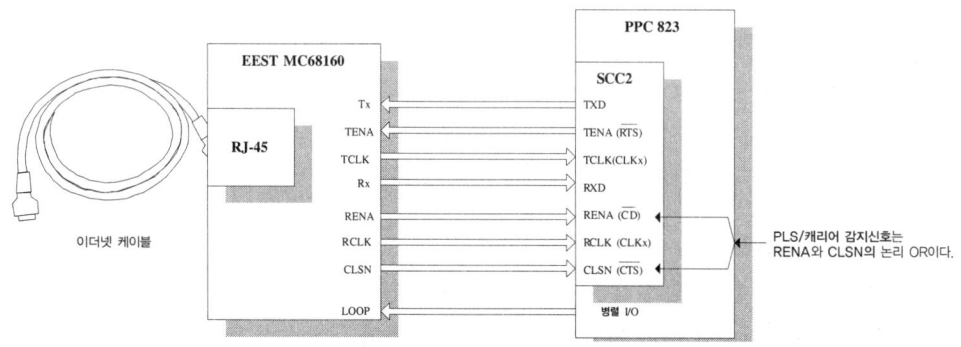

>> 그림 6-19 MPC823 이더넷 다이어그램
저작권자 Freescale Semiconductor, Inc.의 허가하에 발췌

10Mbps보다 훨씬 더 높은 비율로 데이터를 송수신할 수 있는 LAN 장치는 다른 조합의 이더넷 컴포넌트들을 구현한다. IEEE 802.3u 고속 이더넷(100Mbps 데이터 전송률) 시스템과 IEEE 802.3z 기가비트 이더넷(1000Mbps 데이터 전송률) 시스템은 본래의 이더넷 시스템 모델로부터 진화하였으며, 그림 6-20에 있는 시스템 모델을 기반으로 하고 있다.

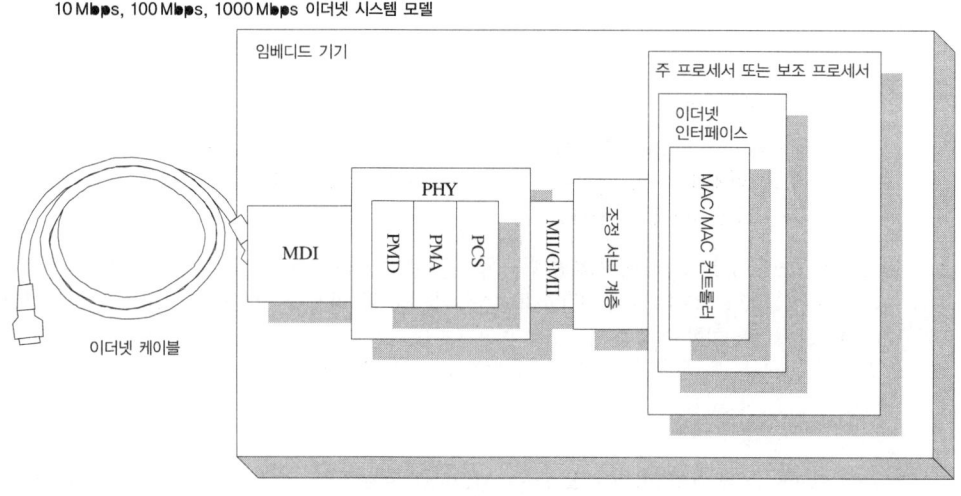

>> 그림 6-20 이더넷 다이어그램

시스템에서의 MDI는 (이전 시스템 모델에서와 같이) 트랜스시버의 일부가 아니라 그 트랜스시버에 연결되어 있다. 이 시스템에서 **PHY**(physical layer device, 물리계층 소자) 트랜스시버는 PMA(1/10Mbps 시스템 모델에서의 MAU 트랜스시버에서와 동일하다), **PSC**(physical coding sub layer, 물리 코딩 서브 계층), 그리고 **PMD**(physical medium dependent, 물리 매체 의존)의 세 가지 컴포넌트들을 포함한다.

PMD는 PMA와 (MDI를 통한) 전송매체 사이의 인터페이스를 말한다. PMD는 PMD로부터 직렬로 들어오는 데이터를 받아서 그것을 전송매체(광섬유를 위한 광신호 등)에 적합한 신호로 변환하는 역할을 한다. PMA로 전송할 때 PCS는 전송된 데이터를 적절한 코드 그룹으로 인코딩하는 역할을 한다. PMA로부터 코드 그룹을 수신하면, PCS는 그 코드 그룹을 상위 이더넷 계층이 이해하고 처리할 수 있는 데이터 형식으로 디코딩한다.

MII(media independent interface, 미디어 독립 인터페이스)와 **GMII**(gigabit media independent interface, 기가비트 미디어 독립 인터페이스)는 트랜스시버와 **RS**(reconciliation sub layer, 조정 서브 계층) 사이의 신호들을 투명하게 이동시킨다는 것을 제외하면, AUI의 원칙과 유사하다. 또한 GMII(MII의 확장)가 1000Mbps까지의 데이터 전송률을 지원하는 반면, MII는 100Mbps의 LAN 데이터 전송률을 지원한다. 마지막으로, RS는 PLS 전송 미디어 신호를 2개의 상태신호(캐리어 존재 및 오류 검출)에 매핑하고, 그것들은 이더넷 인터페이스에 제공된다.

예 2 : 넷실리콘 ARM7(6127001) 개발 보드 이더넷 시스템 모델

넷실리콘사의 "넷플러스웍스 6127001 개발 보드 점퍼 및 컴포넌트 가이드"는 ARM 기반의 레퍼런스 보드에 대한 이더넷 인터페이스 절을 다루고 있으며, 이것으로부터 이 플랫폼 위에 있는 이더넷 시스템을 이해하기 시작할 수 있다.

이더넷 인터페이스

3V 넷플러스웍스 하드웨어 개발 보드의 10/100 버전은 인에이블 3V PHY 칩을 사용하여 양방향 통신 10/100Mbit 이더넷 인터페이스를 제공한다. 인에이블 3V PHY는 표준 MII 인터페이스를 사용하여 넷플러스 ARM 칩에 연결된다.

인에이블 3V PHY LEDL(링크 표시기) 신호는 넷플러스 ARM PORTC6 GPIO 신호에 연결된다. PORT6 입력은 현재 이더넷 링크 상태(MII 인터페이스 또한 현재 이더넷 링크 상태를 결정하기 위해 사용될 수도 있다)를 결정하기 위해 사용될 수 있다…"

위의 문구를 살펴보면, 이 보드가 MDI로 RJ-45 잭을 가지고 있으며, 인에이블 3V PHY가 MAU라는 것을 알 수 있다. "넷플러스 ARM 하드웨어 레퍼런스 가이드, 5절 이더넷 컨트롤러 인터페이스를 위한 넷플러스웍스"는 ARM7 기반의 ASIC가 이더넷 컨트롤러를 내장하고 있으며, 그 이더넷 인터페이스가 실제 두 부분, EFE(이더넷 프런트 엔드)와 MAC(미디어 접근 제어) 모듈로 구성되어 있다는 것을 말해 주고 있다. 마지막으로, 이 매뉴얼의 1.3절은 RS가 MII 쪽으로 집적되어 있다는 것을 알려준다.

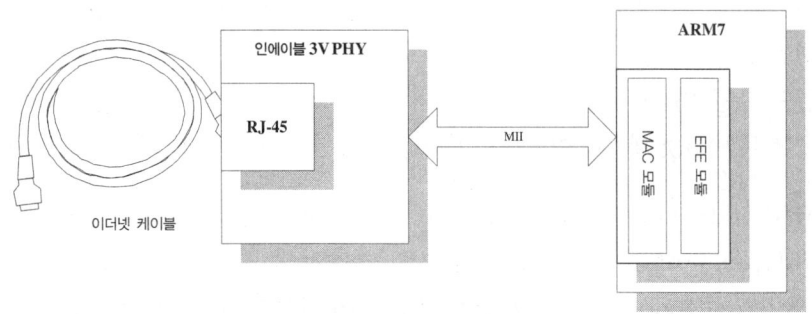

>> 그림 6-21 넷플러스 ARM 이더넷 블록 다이어그램

예 3 : 아다스트라 넵튠 x86 보드 이더넷 시스템 모델

ARM과 PowerPC 플랫폼이 모두 주요 프로세서 안에 이더넷 인터페이스를 집적하고 있는 반면, 이 x86 플랫폼은 이 기능을 위해 분리된 보조 프로세서를 가지고 있다. "넵튠 사용자 매뉴얼 버전 A.2"에 따르면, 이더넷 컨트롤러('MAC Am79C791 10/100 컨트롤러')는 2개의 다른 트랜스시버에 연결되어 있는데, 다양한 전송 미디어를 지원하기 위해 각각 AUI 또는 MII에 연결된다.

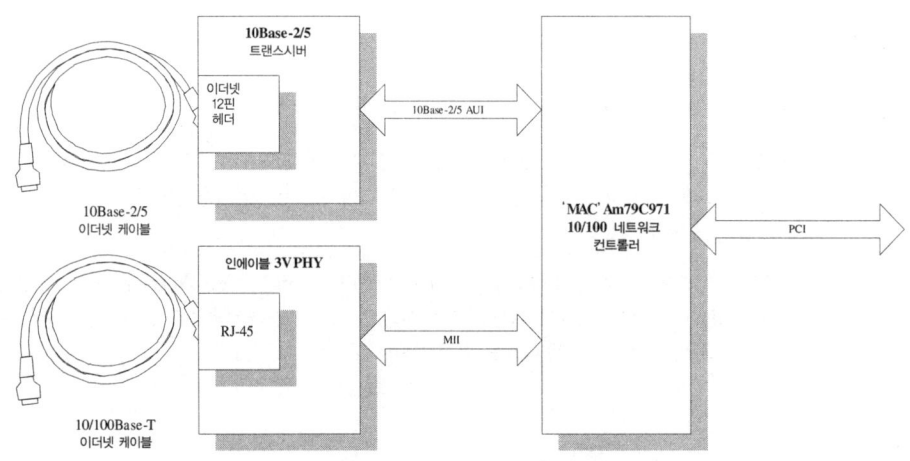

>> 그림 6-22 x86 이더넷 다이어그램

6.2 | I/O 컴포넌트들을 인터페이스하기

이 장의 앞부분에서 논의한 것처럼, I/O 하드웨어는 집적된 주 프로세서 I/O, I/O 컨트롤러, 통신 인터페이스, 통신 포트, I/O 버스, 그리고 전송매체의 조합으로 구성된다(그림 6-23 참고).

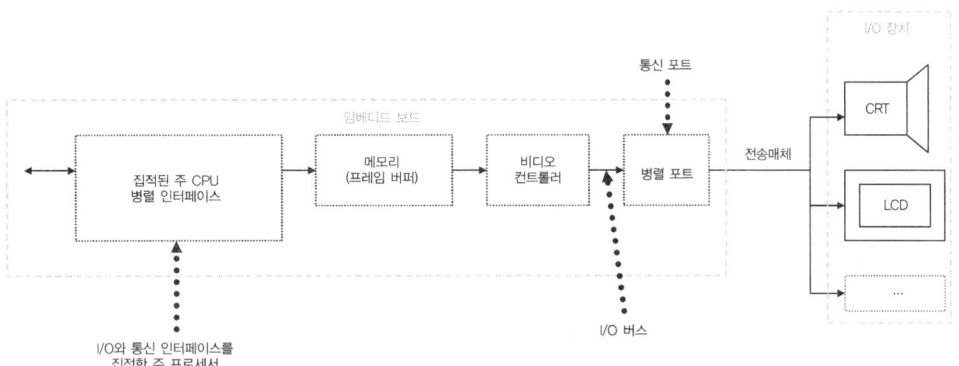

>> 그림 6-23   I/O 서브시스템의 예

이 모든 컴포넌트들은 성공적인 집적과 기능을 가능하게 하기 위해 하드웨어, 소프트웨어, 그리고 이 두 가지 모두를 통해 구현된 통신방법과 인터페이스(연결)되어 있다.

I/O 장치와 임베디드 보드 인터페이스하기

키보드, 마우스, LCD, 프린터 등과 같이, 보드 외부에 구성되어 있는 I/O 장치를 위해서는 전송매체를 사용하여 통신 포트로 I/O 장치와 임베디드 보드를 연결한다. 보드상에 구현되어 있는 I/O 방식(직렬 대 병렬) 외에, 그 매체가 무선인지(그림 6-24b) 유선인지(그림 6-24a)에 따라 I/O 장치를 임베디드 보드에 인터페이스하는 데 사용되는 전반적인 방법이 달라진다.

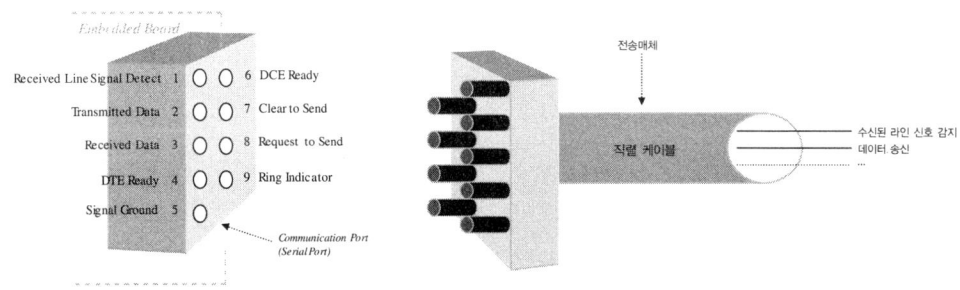

>> 그림 6-24a   유선 전송매체

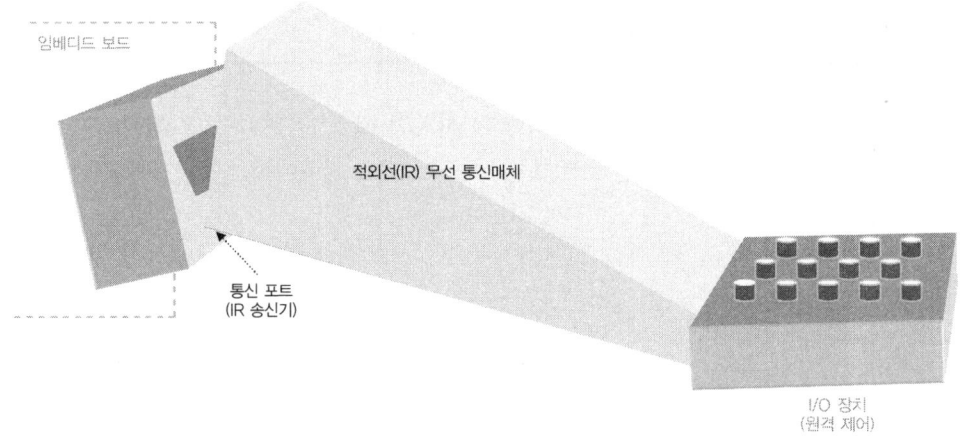

>> 그림 6-24b 무선 전송매체

그림 6-24a에서 볼 수 있는 것처럼, I/O 장치와 임베디드 보드 사이의 유선 전송매체는 적절한 커넥터 헤더를 가지고 케이블로 임베디드 보드에 연결하는 일에 불과하다. 그러면 이 케이블은 내부 선을 통해 데이터를 전송한다. 그림 6-24b에서와 같이 무선 전송매체를 통해 데이터 전송하기의 원격 제어와 같은 I/O 장치가 주어진다면, 임베디드 보드에 인터페이스하는 방법을 이해하는 것은 적외선 무선 통신의 특성을 이해해야 하는 것을 의미한다. 이는 데이터를 전송하기 위한 포트와 제어신호를 분리할 수 없기 때문이다(2장 참고). 근본적으로 원격 제어는 전자기 파형을 방출하는 것을 말한다. 이 파형은 임베디드 보드 위에 있는 적외선 수신기에 의해 수신된다.

그런 다음, 통신 포트는 임베디드 보드상의 I/O 버스를 통해 I/O 컨트롤러, 통신 인터페이스 컨트롤러, 또는 주 프로세서(집적된 통신 인터페이스를 가진)에 연결된다(그림 6-25 참고). I/O 버스는 근본적으로 데이터를 전송하는 전선의 모임을 말한다.

간단히 말해서, 만약 I/O 장치가 보드에 위치해 있을 경우, I/O 장치는 **I/O 포트**(프로세서 핀)를 통해 주 프로세서에 직접 연결될 수 있다. 만약 I/O 장치는 보드 위의 별도 IC 또는 주 프로세서에 집적되어 있는 통신 인터페이스와 통신 포트를 통해 간접적으로 연결될 수도 있다. 통신 인터페이스 그 자체는 I/O 장치 또는 장치의 I/O 컨트롤러에 직접 연결되어 있는 것을 말한다. 보드와 분리되어 있는 I/O 장치에서는 관련된 보드 I/O 컴포넌트들이 I/O 버스를 통해 상호 연결된다.

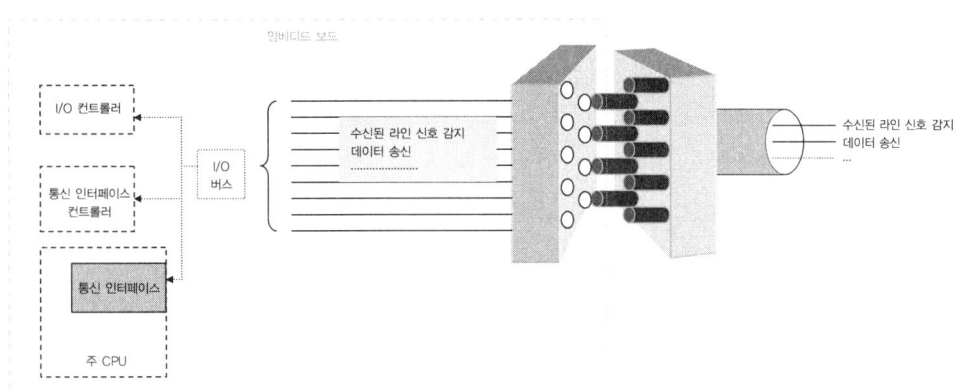

>> 그림 6-25 다른 보드 I/O에 통신 포트 인터페이스하기

I/O 컨트롤러와 주 CPU 인터페이스하기

I/O 장치를 관리하기 위한 I/O 컨트롤러를 포함하고 있는 서브시스템에서, I/O 컨트롤러와 주 CPU 사이의—통신 인터페이스를 통한—인터페이스 디자인은 다음의 4가지 요구사항을 기반으로 하고 있다.

- **I/O 컨트롤러를 초기화하고 모니터링할 수 있는 주 CPU의 능력** I/O 컨트롤러는 전형적으로 제어 레지스터(control register)를 통해 설정을 할 수 있고 상태 레지스터(status register)를 통해 모니터링할 수 있다. 이 레지스터들은 I/O 컨트롤러상에 모두 위치한다. 제어 레지스터는 주 프로세서가 I/O 컨트롤러를 설정하기 위해 수정할 수 있는 데이터 레지스터를 말한다. 상태 레지스터란 주 프로세서가 현재 I/O 컨트롤러의 상태에 대한 정보를 얻기 위해 사용하는 읽기 전용 레지스터이다. 주 CPU는 I/O 컨트롤러를 통해 추가된 I/O 장치와 통신하고 제어하기 위해 이러한 상태 레지스터와 제어 레지스터를 사용한다.

- **주 프로세서가 I/O를 요청하는 방법** 주 프로세서가 I/O 컨트롤러를 통해 I/O를 요청하기 위해 사용하는 가장 일반적인 방법은 ISA 내의 특별한 I/O 명령어(I/O 매핑된) 방식과 I/O 컨트롤러 레지스터들이 주 메모리 안에 할당된 공간을 갖는 메모리 맵 I/O 방식이다.

- **I/O 장치가 주 프로세서에 접속하는 방법** 인터럽트를 통해 주 프로세서에 접속하는 기능이 있는 I/O 컨트롤러를 인터럽트 기반의 I/O라고 부른다. 일반적으로 I/O 장치는 제어 및 상태 레지스터가 읽거나 쓰여졌다는 것을 가리키는 비동기 인터럽트 요청신호를 초기화한다. 그러면, 주 프로세서는 인터럽트가 언제 발견되었는지를 결정하기 위해 자체 인터럽트 감별방법을 이용한다.

- **데이터를 교환하기 위한 방법** 이것은 I/O 컨트롤러와 주 프로세서 사이에서 실제로 데이터가 어떻게 교환되는지를 의미한다. 프로그램 전송방식에서, 주 프로세서는 I/O 컨트롤러에서 그 레지스터로 데이터를 받고, 그런 다음 이 데이터를 메모리로 보낸다. 메모리 매핑된 I/O 방식에서는 DMA(direct memory access, 직접 메모리 액세스) 회로가 주 CPU를 완전히 건너뛰기 위해 사용된다. DMA는 주 메모리와 I/O 장치에서 데이터를 송신 및 수신하는 것을 직접 관리하는 능력을 가지고 있다. 어떤 시스템에서는 DMA가 주 프로세서에 집적되어 있고, 어떤 프로세서에서는 분리된 DMA 컨트롤러를 갖는다. 근본적으로 DMA는 주 프로세서로부터 버스의 제어권을 요청한다.

6.3 | I/O 성능

I/O 성능은 임베디드 디자인시 가장 중요한 이슈 가운데 하나이다. I/O는 전체 시스템에 병목현상을 야기해서 성능에 부정적인 영향을 준다. I/O가 극복해야 하는 성능 장애의 종류를 이해하기 위해서는, 폭넓은 I/O 장치에서 각기 저마다의 독특한 특징을 가지고 있음을 이해하는 것이 중요하다. 그러므로 적절한 디자인시 엔지니어는 이러한 독특한 특징을 개별적으로 고려대상으로 삼아야 한다. 보드 성능에 부정적으로 영향을 줄 수 있는 가장 중요한 I/O의 공통적 특징으로는 다음과 같은 것들이 있다.

- **I/O 장치의 데이터 전송률** 보드상의 I/O 장치들은 키보드나 마우스처럼 초당 손으로 처리 가능한 문자열에서부터 초당 메가 바이트 단위로 전송할 수 있는 장치에 이르기까지 다양하다.

- **주 프로세서의 속도** 주 프로세서는 수천 MHz에서부터 수백 MHz까지의 클럭 전송률을 가질 수 있다. 매우 느린 데이터 전송률을 갖는 I/O 장치가 주어진다면, I/O가 소수의 데이터를 처리하는 데 걸리는 시간과 동일한 시간 내에 주 프로세서는 수천 배 이상의 데이터를 실행할 수 있다. 매우 빠른 데이터 전송률을 갖는 I/O에서는 I/O 장치가 전송할 준비를 하고 있을 때까지도 주 프로세서가 어떤 것을 처리하지 못할 수도 있다.

- **주 프로세서의 속도와 I/O의 속도를 동기화할 수 있는 방법** 다양한 범위의 성능이 주어졌을 경우, 그 속도가 얼마나 다른가에 상관 없이 I/O 또는 주 프로세서는 데이터를 성공적으로 처리할 수 있도록 해주는 실현 가능한 방법이 구현되어야 한다. 한편 주 프로세서가 전송하는 것보다 훨씬 더 느리게 데이터를 처리하는 I/O 장치를 가졌을 경우,

I/O 장치에 의해 데이터를 잃어버리는 경우가 있을 수 있다. 이러한 상황을 처리할 수 있는 방법이 없다면, 그 장치가 준비되어 있지 않을 경우 그것은 전체 시스템을 잡고 있을 수 있다.

- **I/O와 주 프로세서가 통신하는 방법** 이것은 주 CPU와 I/O 장치 사이에 주 프로세서를 위해 I/O를 관리해 주어, CPU가 더 효율적으로 데이터를 처리할 수 있도록 해주는 중재 전용 I/O 컨트롤러가 있는지 없는지를 의미한다. I/O 컨트롤러와 관련짓는다면, 그것은 통신방식이 인터럽트 기반인지, 폴링 방식인지, 메모리 매핑 방식(주 CPU의 기능 향상을 위해 전용 DMA를 가지고 있다)인지에 대한 문제가 된다. 예를 들어 인터럽트 기반의 방식에서, I/O 장치들은 다른 I/O 장치에 인터럽트를 걸 수 있으며, 큐(queue) 상에 있는 장치들은 이전 장치들이 아무리 느리다고 할지라도 그 차례가 끝날 때까지 기다려야 한다.

I/O 성능을 향상시키고 병목현상을 방지하기 위해서, 보드 디자이너들은 다양한 I/O와 주 프로세서 통신방식을 조사해 볼 필요가 있다. 이것은 가능한 방법들 중 하나를 사용하여 모든 장치가 성공적으로 관리될 수 있도록 해준다. 예를 들어, 더 느린 I/O 장치와 주 CPU를 동기화하기 위해서는, 모든 IC에 대해 상태 플래그 또는 인터럽트가 사용될 수 있다. 이를 이용하면, 데이터를 처리할 때 서로서로에게 그 상태를 알려줄 수 있기 때문이다. 또 다른 예로는 I/O 장치들이 주 CPU보다 빠를 경우를 들 수 있다. 이 경우에는, 이러한 장치들이 주 프로세서를 거치지 않는 별도의 인터페이스(예를 들어 DMA)가 대안이 될 수 있다.

I/O와 관련된 성능을 측정하는 가장 일반적인 장치는 다음과 같은 것들이 있다.

- **다양한 I/O 컴포넌트들의 쓰루풋**(throughput) 처리될 수 있는 단위 시간당 최대 데이터 양, 단위는 초당 바이트 수이다. 이 값은 여러 가지 컴포넌트들마다 달라질 수 있다. 가장 낮은 쓰루풋을 가지고 있는 컴포넌트들은 전체 시스템의 성능에 영향을 미친다.

- **I/O 컴포넌트의 실행시간**(execution time) 전체 데이터를 처리하는 데 걸리는 시간

- **I/O 컴포넌트의 응답시간**(response time) **또는 지연시간**(delay time) 데이터 처리를 요청한 시간과 실제 컴포넌트가 처리를 시작한 시간과의 차이

측정할 성능의 유형을 정확하게 결정하기 위해서, 벤치마크는 I/O가 시스템 내에서 어떻게 동작하는지를 매치해야 한다. 만약 보드가 몇몇 더 많이 저장된 데이터 파일들을 액세스하여 처리해야 한다면, 벤치마크는 메모리와 2차/3차 저장매체 사이의 쓰루풋을 측정해야 한다. 매우 작은 파일에 접근해야 하는 경우에는, 반응시간이 크리티컬한 성능 측정 요소가 될 것이다. 왜냐하면, 실행시간은 작은 파일에 대해 매우 빠르며, I/O 비율은 지연시간을

포함하여 초당 저장하기 위한 액세스의 수에 의존적이기 때문이다. 결론을 말하자면, 유용한 벤치마킹을 위해서는 시스템이 실제로 어떻게 사용되는지를 반영하여 성능을 측정해야 한다.

6.4 | 요약 정리

이 장에서는 I/O 서브시스템을 전송매체, 통신 포트, 통신 인터페이스, I/O 컨트롤러, I/O 버스, 그리고 주 프로세서에 집적된 I/O 의 조합으로 소개하였다. 이 서브시스템 가운데, 통신 포트, 주 프로세서에 집적되어 있지 않은 통신 인터페이스, I/O 컨트롤러, 그리고 I/O 버스는 시스템의 보드 I/O 이다. 이 장은 또한 서브시스템 내에 서로서로 다양한 I/O 컴포넌트들을 집적하는 것에 대해서도 다루고 있다. 네트워킹 방식(RS-232, 이더넷, IEEE 802.11)은 직렬 또는 병렬 전송 I/O 예와 병렬 전송을 위한 그래픽 예로서 소개되었다. 마지막으로, 임베디드 시스템의 성능에 대한 보드 I/O 의 영향에 대해 논의하였다.

다음 7 장에서는 보드 버스가 임베디드 보드에서 발견될 수 있는 버스의 유형에 대해 논의하며, 보드 버스 하드웨어 구현의 실제 예를 제공한다.

1. ⓐ 보드에서 I/O 의 목적은 무엇인가?

   ⓑ 보드 I/O 의 5 가지 범주를 나열하고 각 범주에 속하는 실제 예를 2 가지씩 들어라.

2. I/O 하드웨어가 분류될 수 있는 6 가지 논리장치의 이름을 적고 이를 설명하라.

3. 그림 6-26a 와 6-26b 에서 I/O 논리장치에 속하는 I/O 컴포넌트들이 무엇인지 가리켜라.

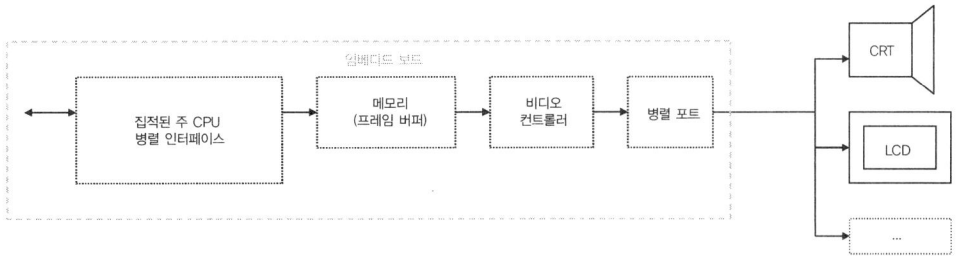

>> 그림 6-26a 복잡한 I/O 서브시스템

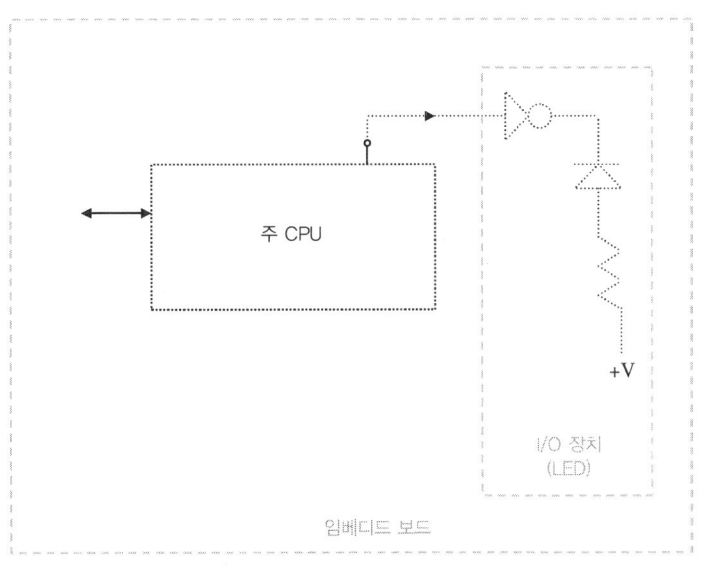

>> 그림 6-26b 간단한 I/O 서브시스템[6-9]

4. ⓐ 직렬 I/O와 병렬 I/O 사이의 차이점은 무엇인가?

   ⓑ 각각에 대한 실제 I/O 예를 들어라.

5. ⓐ 단방향(simplex) 방식, 반이중(half duplex) 방식, 전이중(full duplex) 방식 전송 사이의 차이점은 무엇인가?

   ⓑ 그림 6-27a, 6-27b, 6-27c 는 어떤 전송방식인지 가리켜라.

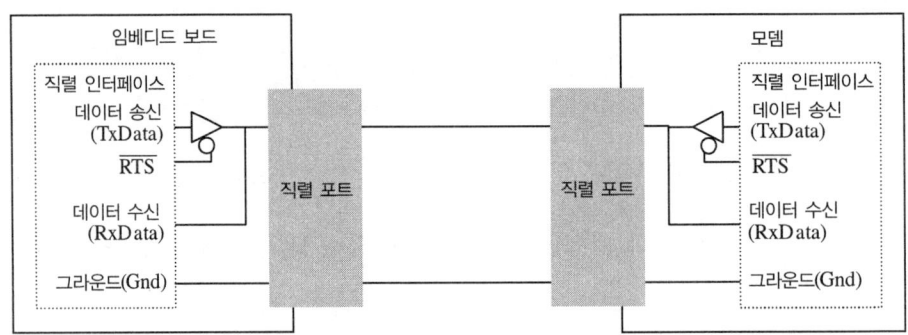

>> 그림 6-27a 전송방식 예[6-3]

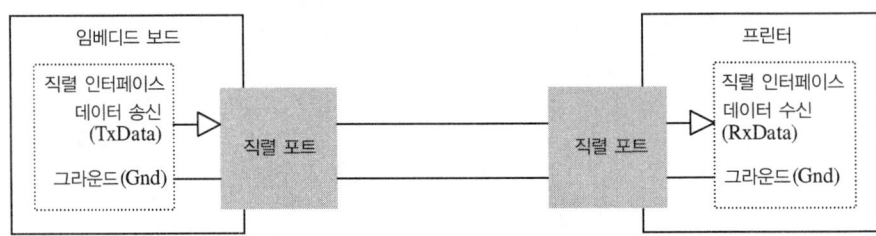

>> 그림 6-27b 전송방식 예[6-3]

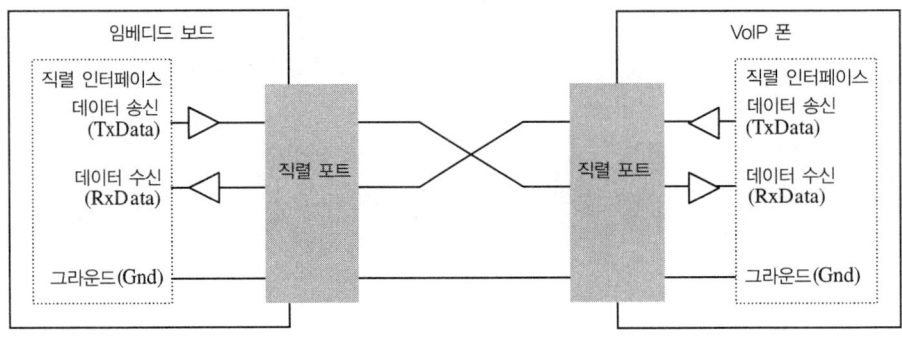

>> 그림 6-27c 전송방식 예[6-3]

6. ⓐ 직렬 데이터의 비동기 전송은 무엇인가?

　ⓑ 직렬 데이터의 비동기 전송이 동작하는 방법에 대해 설명하는 다이어그램을 그려라.

7. 보레이트란?

　A. 직렬 인터페이스의 대역폭

　B. 전송될 수 있는 전체 비트 수

　C. 전송될 수 있는 단위 시간당 전체 비트 수

　D. 정답 없음

8. ⓐ 직렬 인터페이스의 비트율은 무엇인가?
   ⓑ 그 방정식을 써라.

9. ⓐ 직렬 데이터의 동기 전송이란 무엇인가?
   ⓑ 직렬 데이터의 동기 전송이 동작하는 방법에 대해 설명하고 그 다이어그램을 그려라.

10. [T/F] UART 란 동기 직렬 인터페이스의 예이다.

11. UART와 SPI 사이의 차이점은 무엇인가?

12. ⓐ 직렬 포트란 무엇인가?
    ⓑ 직렬 I/O 프로토콜의 실제 예를 들어라.
    ⓒ 이 프로토콜에 의해 정의된 주요 컴포넌트들의 블록 다이어그램을 그리고 그 컴포넌트들을 정의하라.

13. I/O 인터페이스 맵의 하드웨어 컴포넌트들은 OSI 모델의 어디에 존재하는가?

14. ⓐ 데이터를 병렬로 송수신할 수 있는 보드 I/O 의 예를 들어라.
    ⓑ 데이터를 직렬 또는 병렬로 송수신할 수 있는 I/O 프로토콜의 예를 들어라.

15. ⓐ 그림 6-28에서와 같이 임베디드 시스템 내의 I/O 서브시스템은 무엇인가?
    ⓑ 각 엔진을 정의하고 설명하라.

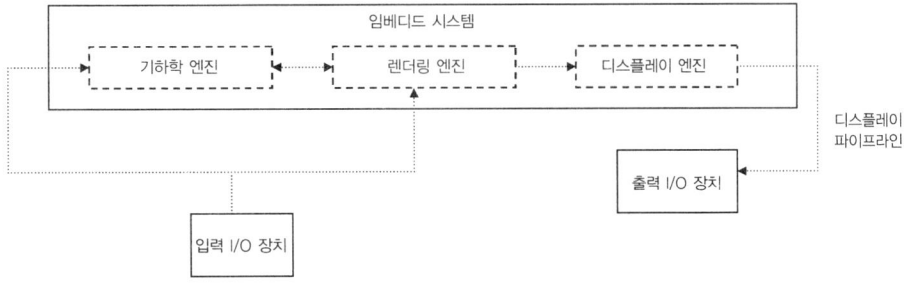

>> 그림 6-28   그래픽 디자인 엔진

16. 소프트카피 그래픽을 만들어 내는 디스플레이 엔진의 예와 하드카피 그래픽을 만들어 내는 디스플레이 엔진의 예를 그려라.

17. [T/F] IEEE 802.3 표준군은 LAN 프로토콜이다.

18. ⓐ 이더넷 프로토콜 맵은 OSI 모델의 어떤 계층에 매핑되는가?
    ⓑ 10Mbps 이더넷 서브시스템의 주요 컴포넌트들을 정의하고 그려라.

19. I/O 장치를 관리하고 있는 I/O 컨트롤러를 포함하는 시스템에서, 주 프로세서와 I/O 컨트롤러 사이의 인터페이스가 전형적으로 기초로 하고 있는 최소한 2가지 요구사항의 이름을 적어라.

20. 보드 I/O는 시스템의 성능에 어떻게 부정적인 영향을 줄 수 있는가?

21. I/O 장치와 주 CPU 사이의 속도 차이를 맞출 수 있는 방법이 없다면,
    A. 데이터를 잃어버릴 수 있다.
    B. 어떤 문제도 발생하지 않는다.
    C. 전체 시스템이 망가질 수 있다.
    D. A와 C만 정답
    E. 정답 없음

chapter 07 버스

이 장에서는

▶ 서로 다른 종류의 버스들을 정의한다.
▶ 버스 중계기와 양방향 통신(핸드쉐이킹)방식에 대해 알아본다.
▶ I²C와 PCI 버스의 예를 소개한다.

임베디드 보드를 구성하는 모든 주요한 컴포넌트—주 프로세서, I/O 장치들, 메모리들—는 임베디드 보드상에서 **버스**(bus)로 상호 연결되어 있다. 앞서 정의한 것처럼, 버스는 임베디드 보드상에 있는 모든 주요한 컴포넌트들 사이에서, 다양한 데이터 신호들과 어드레스 신호, 그리고 제어신호들(클럭 신호, 요청신호, 응답신호, 데이터 유형 등)을 운반해 주는 선들의 모임이라 할 수 있다. 여기서 주요 컴포넌트들이란 I/O 서브시스템들과 메모리 서브시스템, 그리고 주 프로세서를 들 수 있다. 임베디드 보드상에서 시스템 내에 있는 다른 주요 컴포넌트들은 최소한 하나의 버스로 상호 연결되어 있어야 한다(그림 7-1 참고).

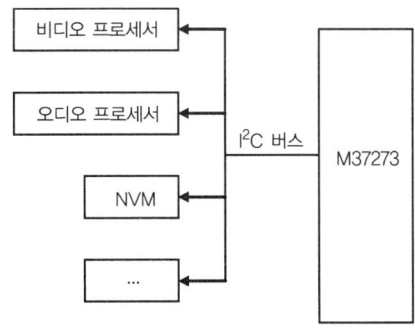

>> 그림 7-1 일반적인 버스 구조

좀더 복잡한 보드에서는 여러 개의 버스들이 보드상에 집적되어 있다(그림 7-2 참고). 상호 통신을 필요로 하는 컴포넌트들을 연결해 주는 여러 개의 버스를 가지고 있는 임베디드 보드에서는 보드상의 **브리지**(bridges)가 다양한 버스들을 연결하고 한 버스에서 다른 버스로 정보를 운반한다. 그림 7-2에서 PowerMANNA PCI 브리지는 그러한 예 중 하나이다. 브리지는 데이터가 한 버스에서 다른 버스로 전송될 때 어드레스 정보를 자동으로 매핑하고, 다양한 버스에 대한 서로 다른 제어신호 요구—예를 들어, 응답신호—를 구현한다. 뿐만 아니라, 만약 전송 프로토콜이 버스마다 다르다면 전송될 데이터를 수정한다. 예를 들어, 만약 바이트 순서가 다르다면, 브리지는 바이트 스와핑을 처리할 수 있다.

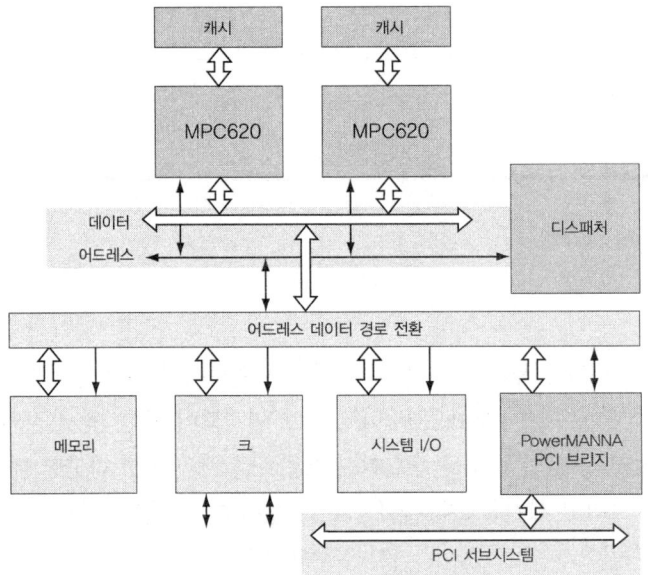

>> 그림 7-2 브리지를 가진 MPC620 보드[7-1]
저작권자 Freescale Semiconductor, Inc.의 허가하에 발췌

버스는 전형적으로 세 가지의 주요 범주인, 시스템 버스, 백플레인 버스, I/O 버스 중 한 가지에 속한다. **시스템 버스**(system bus, 메인 버스, 로컬 버스, 또는 프로세서 메모리 버스라고도 한다)는 외부 주 메모리와 캐시를 주 CPU에 연결하고, 브리지들을 다른 버스에 연결하는 것을 말한다. 시스템 버스는 일반적으로 매우 짧고, 고속이며, 관례적인 버스이다. **백플레인 버스**(backplane bus)는 또한 한 버스에 메모리, 주 프로세서, 그리고 I/O를 상호 연결하고 있는 버스를 말한다. **I/O 버스**(I/O bus)는 확장 버스, 외부 버스, 호스트 버스라고 불리며, 남아 있는 컴포넌트들을 주 CPU에 연결하거나, 컴포넌트들끼리 연결하거나, 브리지를 통해 시스템 버스에 연결하거나, I/O 통신 포트를 통해 임베디드 시스템 그 자체에 연결하는 등 시스템 버스의 확장 형태처럼 동작한다. I/O 버스는 일반적으로 PCI와 USB와 같이 짧고 고속이거나, SCSI와 같이 길고 저속인 표준 버스이다.

시스템 버스와 I/O 버스 사이의 주요한 차이점은 I/O 버스상에 IRQ(interrupt request, 인터럽트 요청) 제어신호의 존재 가능성에 있다. I/O와 주 프로세서가 통신할 수 있는 방법으로는 다양한 것들이 있는데, 인터럽트는 가장 일반적인 방법 중 하나이다. IRQ 라인은 버스상의 I/O 장치가 이벤트를 발생시킨 주 프로세서를 가리킬 수 있도록 해주거나 IRQ 버스 라인상의 신호에 의해 어떤 동작이 완성되었음을 가리킬 수 있도록 해준다. 다른 I/O 버스들은 인터럽트 방식에 다른 영향을 줄 수 있다. 예를 들어, ISA 버스는 인터럽트를 발생시키는 각 카드가 그 자신만의 특정한 IRQ 값(카드상의 스위치 또는 점퍼 설정)에 할당되어 있을 것을 요구한다. 한편, PCI 버스는 둘 또는 그 이상의 I/O 카드가 동일한 IRQ 값을 공유할 수 있도록 허락한다.

각 버스 범주 내에서, 버스들은 그 버스가 확장 가능한지 아니면 확장 불가능한지에 따라 더 세밀하게 분리될 수 있다. **확장 가능한 버스**(PCMCIA, PCI, IDE, SCSI, USB 등등)는 추가 컴포넌트들이 보드에 추가될 수 있는 반면에, **확장 불가능한 버스**(DIB, VME, I^2C가 그 예이다)는 추가 컴포넌트들이 간단히 보드에 추가될 수 없고 그 버스를 거쳐 다른 컴포넌트와 통신할 수 없다.

확장 가능한 버스들을 구현할 수 있는 시스템은 컴포넌트들이 버스에 쉽게 추가되어 동작할 수 있기 때문에 유연성은 크지만, 구현하기에는 비용이 더 많이 든다. 만약 보드에 나중에 추가될지도 모르는 모든 가능한 유형의 컴포넌트들을 초기에 디자인해 두지 않을 것이라면, 많은 장치들을 추가함으로써 성능이 안 좋아질 수도 있기 때문에, 이런 경우에는 확장 가능한 버스들로 컴포넌트들을 디자인해 두어야 한다.

7.1 | 버스 중계기와 타이밍

장치들이 버스에 어떻게 접근하는지(중계), 그 장치에 해당되는 규칙들이 버스에서의 통신을 어떻게 따라야만 하는지(핸드쉐이킹), 그리고 다양한 버스 라인과 관련된 신호를 정의하는 프로토콜은 모든 버스들과 관련되어 있다.

보드 장치는 버스 중계방식을 사용하여 버스에 접근한다. **버스 중계기**(bus arbitration)는 **마스터 장치**(master device, 버스 교섭을 초기화할 수 있는 장치) 또는 **슬레이브 장치**(slave device, 마스터 장치의 요청에 대한 응답으로만 버스에 접근할 수 있는 장치) 중 하나로 분류된 장치를 기반으로 하고 있다. 가장 간단한 중계방식은 보드 위의 한 장치만 마스터가 되게 하고 다른 모든 컴포넌트들은 슬레이브 장치로 하는 것이다. 이 경우에는 마스터가 하나만 있을 수 있기 때문에 어떠한 중계도 필요하지 않다.

다중 마스터를 허락하는 버스의 경우, 어떤 것들은 한 마스터가 어떤 환경하에서 버스를 제어할 수 있는지를 결정하는 중계기(분리된 하드웨어 환경)를 갖는다. 임베디드 버스를 위해 사용되는 몇 가지 버스 중계방식이 있다. 가장 일반적인 것으로는 동적 중앙병렬방식(dynamic central parallel), 중앙직렬방식[centralized serial(데이지-체인)], 그리고 분산 자기선택방식(distributed self-selection)이 있다.

동적 중앙병렬방식은(그림 7-3a 참고) 중계기가 중심에 위치해 있는 방식이다. 모든 버스 마스터들은 중심의 중계기에 연결되어 있다. 이 방식에서 마스터는 **FIFO**(first In first out, 그림 7-3b 참고) 또는 **우선순위 기반의 시스템**(priority-based system, 그림 7-3c 참고)을 통해 버스에 접근한다. FIFO 알고리즘은 버스를 사용할 준비가 되어 있는 마스터 버스 목록을 버스 요청의 순서로 저장하는 일종의 FIFO 큐를 구현한다. 마스터 장치들은 버스의 끝에 추가되며, 큐의 시작에서 버스에 접근할 수 있게 된다. 이 방식의 주요 단점으로는 큐의 맨 앞에 있는 하나의 마스터가 버스를 제어하고 있을 때 그 중계기를 방해하지 않고 끝내지도 못하며, 다른 버스들의 버스 접근을 허락하지 않는다는 점을 들 수 있다.

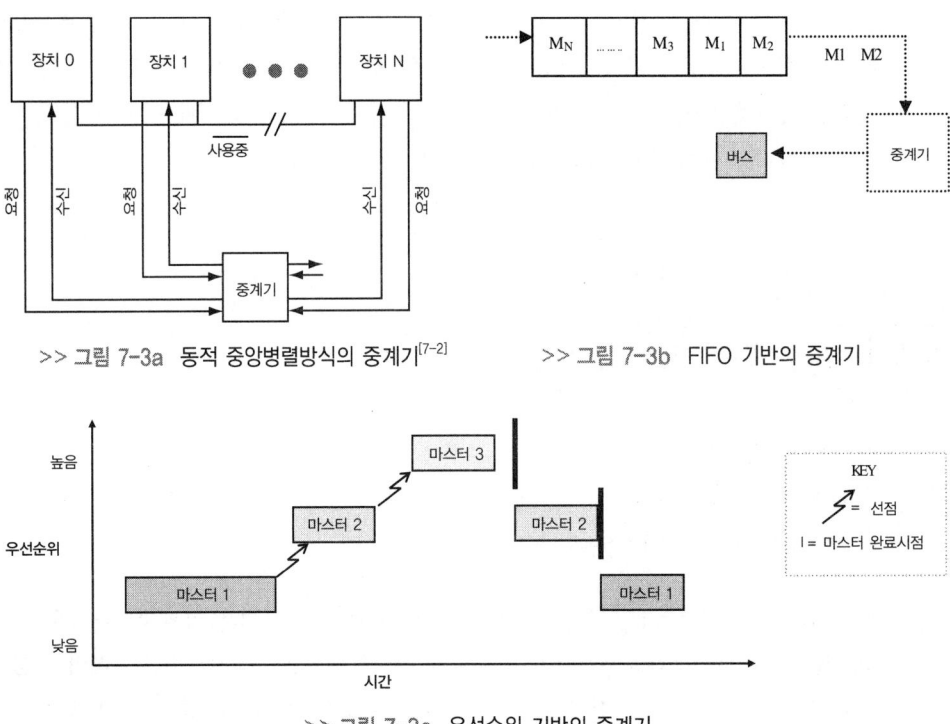

>> 그림 7-3a 동적 중앙병렬방식의 중계기[7-2]   >> 그림 7-3b FIFO 기반의 중계기

>> 그림 7-3c 우선순위 기반의 중계기

우선순위 중계방식은 서로서로에 대한 그리고 시스템에 대한 상대적 중요도를 기반으로 마스터들을 구분한다. 기본적으로 모든 마스터 장치는 우선순위가 지정되는데, 그것은 시스템

내에 과정의 순서를 가리키는 지표처럼 동작한다. 만약 중계기가 선점 우선순위 기반의 방식을 구현하고 있다면, 가장 높은 우선순위를 가진 마스터는 버스에 접근하고자 할 때, 항상 그보다 더 낮은 우선순위의 마스터 장치를 선점할 수 있게 된다. 이것은 더 높은 우선순위의 마스터가 버스를 원할 때 중계기는 현재 버스에 접근하고 있는 마스터가 그 권한을 양보하도록 강요할 수 있다는 것을 의미한다. 그림 7-3c는 3개의 마스터 장치(1, 2, 3 여기서 마스터 1은 가장 낮은 우선순위를 갖고, 마스터 3은 가장 높은 우선순위를 갖는다)를 보여주고 있다. 버스에 대해 마스터 3은 마스터 2를 선점하고, 마스터 2는 마스터 1을 선점한다.

데이지-체인 중계방식이라 불리는 중앙직렬 중계방식은 중계기가 모든 마스터에 연결되어 있으며, 마스터들이 직렬로 연결되어 있는 방식을 말한다. 어떤 마스터가 버스를 요청하는지에 상관 없이, 체인의 처음 마스터가 버스 접근권한을 가지며, 버스가 필요 없을 경우 체인의 다음 마스터로 '버스 인계'를 한다(그림 7-4 참고).

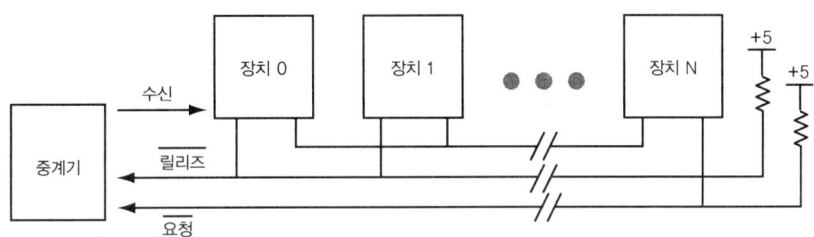

>> 그림 7-4 중앙직렬/데이지-체인 중계방식[7-2]

그림 7-5에서 볼 수 있는 것처럼, 중심이 되는 중계기와 추가 회로가 없다는 것을 의미하는 분산중계방식도 있다. 이 방식에서 마스터는 더 높은 우선순위 마스터가 버스를 요청하고 있는지를 알아보기 위해 우선순위 정보를 알려주거나, 모든 중계 라인을 제거하고 버스상에 충돌이 있는지, 즉 버스를 사용하고자 하는 마스터가 하나 이상이 있는지를 알아보고자 기다림으로써 스스로 중계를 한다.

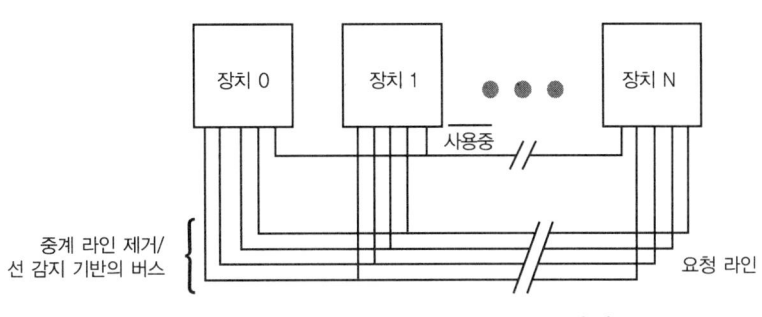

>> 그림 7-5 자기 선택을 통한 분산중계방식[7-2]

버스에 따라 버스 중계기들은 버스를 마스터에 (그 마스터가 전송을 끝마칠 때까지) 자동으로 전달하거나 분리 전송을 가능하게 할 수 있다. 여기서 중계기는 교섭 중반에 다른 마스터들이 버스 접근을 가능하게 하기 위해 마스터들 사이를 바꾸어 가며 장치들을 선점할 수 있다.

일단 마스터 장치가 버스를 선점하면, 두 장치—마스터 하나와 슬레이브 모드에 있는 또 다른 장치—만이 주어진 시간 내에 버스에서 통신을 할 수 있다. 버스 장치가 할 수 있는 교섭 방식은 READ(수신)와 WRITE(송신) 두 가지 유형이 있다. 이 교섭은 두 프로세서 사이(예를 들어, 마스터와 I/O 컨트롤러)에 또는 프로세서와 메모리 사이(예를 들어, 마스터와 메모리)에 이루어질 수 있다. READ 또는 WRITE에서, 각 장치들이 한 교섭을 완성하기 위해 따라야 하는 몇 가지 특별한 규칙이 있을 수 있다. 이 규칙들은 버스 사이에서뿐만 아니라 통신하고 있는 장치들의 종류에 따라 매우 다양하다. 일반적으로 버스 핸드쉐이킹이라 부르는 이러한 규칙들은 버스 프로토콜의 기초를 형성한다.

버스 핸드쉐이킹의 기초는 버스의 타이밍 방식에 의해 결정된다. 버스는 **동기**(synchronous) 또는 **비동기**(asynchronous) 버스 타이밍 방식의 하나 또는 일부의 조합을 기반으로 한다. 동기 또는 비동기 버스 타이밍 방식은 버스에 연결되어 있는 컴포넌트들이 그들의 전송을 동기화할 수 있게 해준다. 그림 7-6에서 볼 수 있는 것처럼 동기 버스는 데이터, 어드레스, 그리고 다른 제어정보와 같은 그것이 전송하고 있는 다른 신호들 사이에 **클럭 신호**(clock signal)를 포함한다. 동기 버스를 사용하는 컴포넌트들은 모두 버스와 (버스에 의존적인) 데이터가 한 클럭 사이클의 상승 에지 또는 하강 에지에서 전송되는 것과 동일한 클럭으로 동작한다. 버스와 데이터는 한 클럭 사이클의 상승 에지 또는 하강 에지에서 전송된다. 이 방식이 동작하기 위해서는 컴포넌트들은 더 빠른 클럭에 거의 근접한 비율로 있어야만 하며 클럭 비율은 더 긴 버스를 위해 느리게 설정되어 있어야 한다. 너무 빠른 클럭 비율에 비해 버스가 너무 길다면 (또는 버스에 너무 많은 컴포넌트들이 연결되어 있다면) 전송 동기에 있어 멈춤 현상이 야기된다. 왜냐하면 그러한 시스템에서의 전송은 클럭으로 동기화될 수 없기 때문이다. 간단히 말해 이것은 빠른 버스가 동기 버스 타이밍 방식을 사용한다는 것을 의미한다.

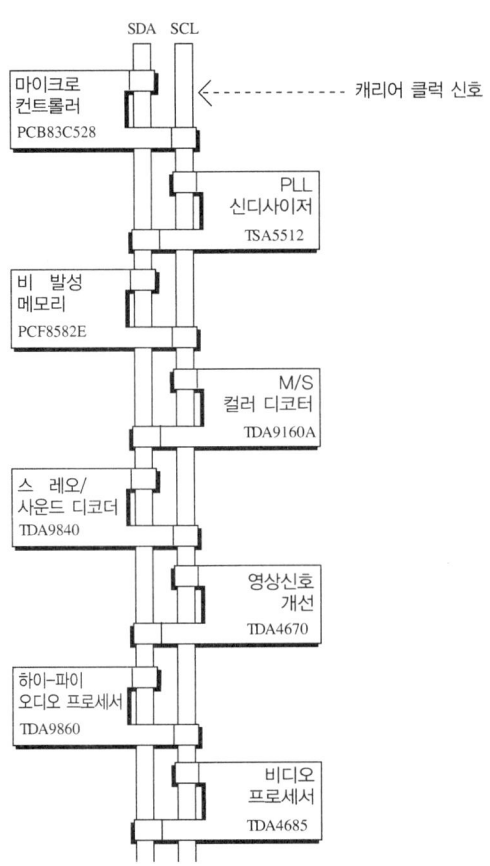

>> 그림 7-6 SCL 클럭을 가진 I²C 버스[7-3]

그림 7-7 에서 볼 수 있는 것처럼 비동기 버스는 클럭 신호를 전송하지 않고, 대신 요청신호와 응답신호 같은 다른 (클럭 기반이 아닌) '핸드쉐이킹' 신호를 전송한다. 비동기 방식은 요청명령, 응답명령 등을 관리해야 하기 때문에 장치들에게는 더 복잡하지만, 버스의 길이 또는 버스에서 통신하는 컴포넌트들의 수와 관련된 어떠한 문제도 갖지 않는다. 왜냐하면 클럭은 통신을 동기화하기 위한 기초가 되지 않기 때문이다. 하지만, 비동기 버스는 정보의 교환을 관리하고, 그 통신을 진행하기 위한 '동기장치'를 필요로 한다.

어떤 버스 핸드쉐이킹을 시작하는 데 가장 기본이 되는 두 가지 프로토콜은 교섭(READ 또는 WRITE)을 요청하고 가리키는 마스터와 그 교섭 지시 또는 요청(예를 들어, 응답신호/ACK 또는 검색신호/ENQ)에 응답하는 슬레이브이다. 이 두 프로토콜의 기초는 전용 제어 버스 라인 또는 데이터 라인을 통해 전송되는 제어신호들에게 있다. 메모리 위치에 있는 데이터 또는 I/O 컨트롤러의 제어 레지스터 및 상태 레지스터의 값을 요청한 경우, 슬레이브가 마스터 장치의 교섭 요구에 대해 긍정적으로 응답한다면, 그 교섭과 관련된 데이터의 어드레스는 전용 어드레스 버스 라인 또는 데이터 라인을 통해 교환되거나, 이 어드레스가 초기 교섭 요청과 동일한 전송 일부로 전송된다. 그 어드레스가 유효하다면 데이터 라인을 통해 데이터 교환이 이루어진다. 다른 라인을 통해 다양한 응답이 추가 또는 감쇄되거나 동일한 스트림 쪽으로 교차된다. 핸드쉐이킹 프로토콜은 버스마다 다르다는 것을 알아두어야 한다. 예를 들어 어떤 버스는 모든 전송에 대해 검색 또는 응답의 전송을 요구하기도 하며, 어떤 버스들은 단순히 모든 버스 (슬레이브) 장치로 마스터 전송을 브로드캐스트하고, 그 교섭과 관련된 슬레이브 장치만 송신자에게 데이터를 보내기도 한다. 핸드쉐이킹 프로토콜 간 차이점의 또 다른 예로 요구된 제어신호 정보의 복잡한 교환 대신 클럭이 모든 핸드쉐이킹의 기초가 되는 경우를 들 수 있다.

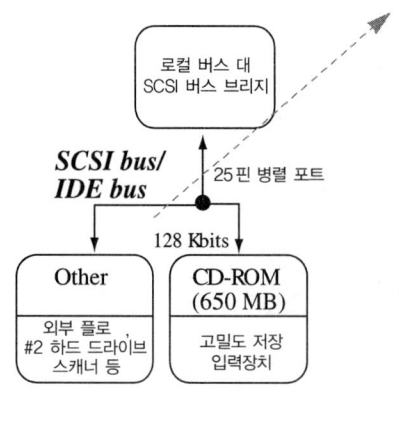

>> 그림 7-7 SCSI 버스[7-4]

버스는 또한 다양한 전송 모드 방식을 가질 수 있는데, 전송 모드 방식(transferring mode scheme)이란 버스가 데이터를 어떻게 전송하는가를 가리키는 것이다. 가장 일반적인 방식으로는 어드레스 전송이 데이터의 모든 워드 전송보다 앞서는 단일 전송방식(single transmission scheme)과 다중 워드의 데이터를 위해서만 어드레스가 전송되는 차단 전송방식이 있다. 차단 전송방식(blocked transferring scheme)은 (동일한 어드레스를 재전송하기 위해 공간과 시간을 추가할 필요 없이) 버스의 대역폭을 증가시킬 수 있으며, 때때로 버스트 전송방식(burst transferring scheme)이라 불린다. 이것은 일반적으로 캐시 교섭과 같은 일종의 메모리 교섭에서 사용된다. 하지만 차단 전송방식은 버스 성능에 부정적인 영향을 끼칠 수 있어 다른 장치들이 버스에 접근하기 위해 더 오래 기다려야 할 수도 있다. 단일 전송방식의 장점으로는 슬레이브 장치가 어드레스와 그 어드레스와 연관된 다중 데이터를 저장하기 위한 버퍼를 가질 필요가 없다는 점과 부적절하게 도착하였거나 어드레스와 직접적으로 관련이 없는 다중 워드의 데이터에서 발생할 수 있는 어떤 문제를 처리할 필요가 없다는 점을 들 수 있다.

확장 불가능한 버스 : I²C 버스 예

I²C(Inter IC) 버스는 I²C 온-칩 인터페이스를 내장하고 있는 프로세서들을 상호 연결하여 이 프로세서들이 그 버스를 통해 직접 통신할 수 있도록 해준다. 이 프로세서들 사이의 마스터/슬레이브 관계는 마스터가 마스터 전송자 또는 마스터 수신자로 동작하게 하면서 항상 존재한다. 그림 7-8에서 볼 수 있는 것처럼, I²C 버스는 두 라인의 버스로 직렬 데이터 라인(serial data line : SDA) 하나와 직렬 클럭 라인(serial clock line : SCL) 하나를 갖는다. I²C를 통해 연결되어 있는 프로세서들은 장치들 간에 전송되는 데이터 스트림의 일부인 특정한 어드레스에 의해 각각 어드레싱된다.

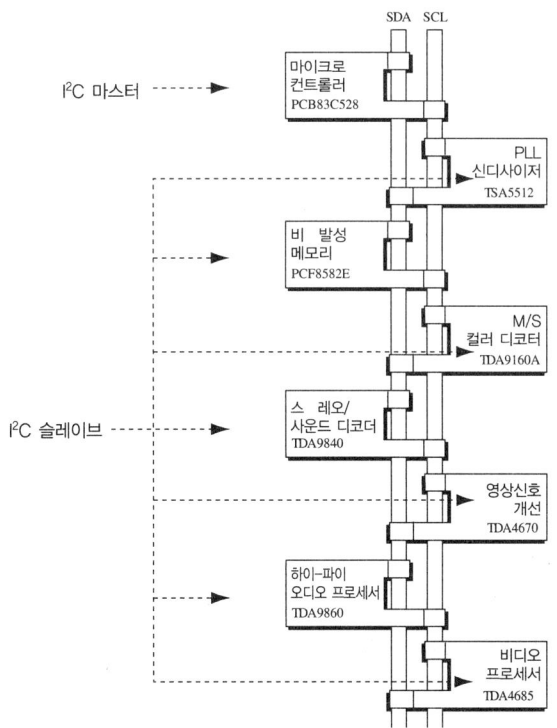

>> 그림 7-8 아날로그 TV 보드 예[7-3]

I²C 마스터는 데이터 전송을 초기화하며, 전송을 가능하게 하는 클럭 신호를 생성한다. 기본적으로 SCL은 HIGH와 LOW 사이를 움직이기만 한다(그림 7-9 참고).

>> 그림 7-9 SCL 사이클[7-3]

그러면 마스터는 (SCL이 움직일 때) 슬레이브로 데이터를 전송하기 위해 SDA 라인을 사용한다. 그림 7-10에서 볼 수 있는 것처럼, 마스터는 SCL 신호가 HIGH인 동안 SDA 포트(핀)를 LOW로 떨어뜨려 'START' 상태를 초기화하고, SCL 신호가 HIGH인 동안 SDA 포트를 HIGH로 만들어 주어 'STOP' 상태를 초기화하면서, 한 세션을 시작하고 종료한다.

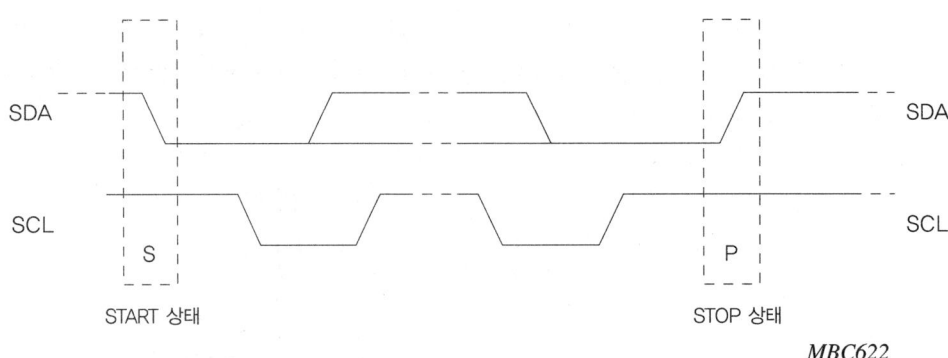

>> 그림 7-10 I²C START와 STOP 상태[7-3]

데이터의 전송 측면에서, I²C 버스는 8비트 직렬 버스이다. 이것은 한 세션에서 전송될 수 있는 바이트의 수에 제한이 없으며 한 번에 한 비트씩 오직 한 바이트의 데이터만 전송할 수 있다는 것을 의미한다.

하지만 이것은 SDA를 사용하는 것으로 바꿀 수 있으며, SCL 신호는 SCL 신호가 HIGH에서 LOW로, 에지에서 에지로 움직일 때마다 하나의 데이터 비트가 '읽힌다'는 것을 의미한다. 만약 SDA 신호가 한 에지에서 HIGH라면, 그 데이터 비트는 '1'로 읽힌다. 그리고 만약 SDA 신호가 한 에지에서 LOW라면, 그 데이터 비트는 '0'으로 읽힌다. 바이트 '00000001' 전송의 예를 그림 7-11a에 나타내었다. 한편 그림 7-11b는 완전한 전송 세션의 예를 보여준다.

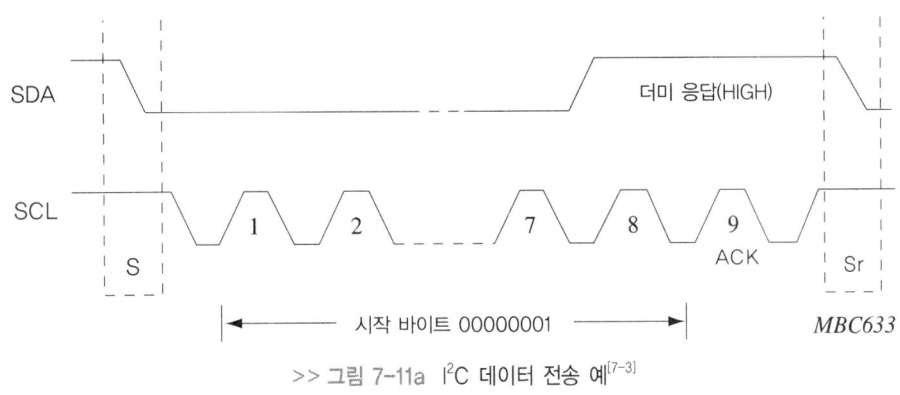

>> 그림 7-11a I²C 데이터 전송 예[7-3]

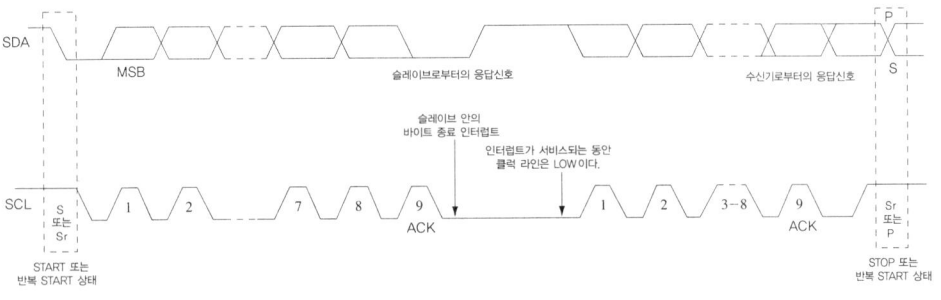

>> 그림 7-11b I²C 완전한 전송 다이어그램

확장 가능한 버스 : PCI 버스 예

이 글을 쓰고 있는 현재 시점에서의 가장 최근 PCI(peripheral component interconnect) 규정인 PCI Local Bus Specification Revision 2.1은 PCI 버스 규정의 요구사항(기계적, 전자적, 타이밍, 프로토콜 등)을 정의한다. PCI 버스는 동기 버스인데, 이것은 클럭을 사용하여 통신을 동기화한다는 것을 의미한다. 최신 표준은 최소한 33MHz 클럭(66MHz)과 최소 32비트(64비트까지)의 버스 대역폭을 갖는 PCI 버스 디자인에 대해 정의하고 있다. 이것은 최소 약 133Mbyte/sec[(33MHz * 32bit)/8]의, 그리고 66MHz 클럭이 주어질 경우 64비트 전송시 최대 528Mbyte/sec 의 처리량을 가능하게 해준다. PCI 버스는 그것에 연결되어 있는 컴포넌트들이 어떤 클럭 속도에서 동작하는지에 상관 없이 이러한 클럭 속도 중 하나로 동작한다.

그림 7-12에서 볼 수 있는 것처럼, PCI 버스는 두 가지의 연결 인터페이스를 갖는다. 하나는 EIDE 채널을 통해 그것을 메인 보드로(브리지, 프로세서 등으로) 연결하는 내부 PCI 인터페이스이며, 다른 하나는 슬롯으로 구성되어 어떤 PCI 어댑터 카드(오디오, 비디오 등)

플러그에 연결되는 확장 PCI 인터페이스이다. 확장 인터페이스는 PCI를 확장 가능한 버스로 만들어 주는 것이다. 그것은 하드웨어가 버스에 연결되고, 모든 시스템에 대해 자동으로 조정되고 정확하게 동작하는 것을 가능하게 해준다.

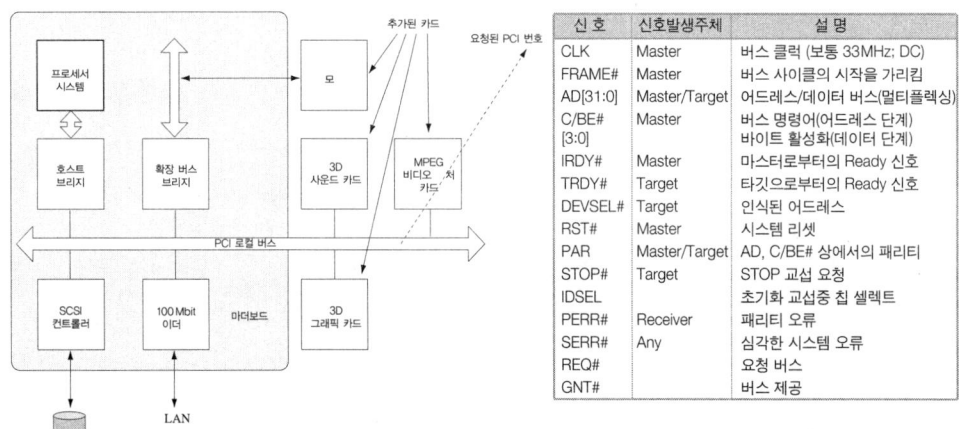

>> 그림 7-12 PCI 버스[7-5]

32비트 구현에 있어, PCI 버스는 다중 데이터와 어드레스 신호를 운반하는 49개의 라인들과 남은 17개의 핀을 통해 구현되는 다른 제어신호들로 구성되어 있다(그림 7-12 표 참고).

PCI 버스는 다중 버스 마스터(버스 교섭의 시작자)를 가능하게 하기 때문에, 그것은 **동적 중앙병렬** 교섭방식을 구현한다(그림 7-13 참고). PCI의 교섭방식은 기본적으로 시작자와 버스 중계기 간에 통신을 용이하게 하기 위해 REQ#과 GNT# 신호를 사용한다. 모든 마스터는 그 자신의 REQ#과 GNT# 핀을 갖는데, 이것은 중계기가 공평한 중계방식을 구현하고, 현재의 시작자가 데이터를 전송하는 동안 버스를 사용할 다음 타깃을 결정할 수 있게 해준다.

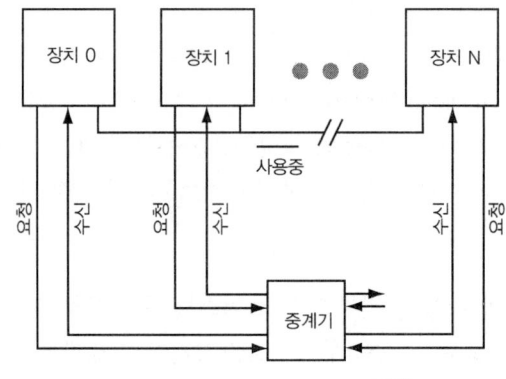

>> 그림 7-13 PCI 중계방식[7-2]

일반적으로 PCI 교섭은 다음의 5가지 단계로 구성된다.

1. 시작자는 중앙 중계기에 REQ# 신호를 보내서 버스 요청을 한다.

2. 중앙 중계기는 GNT# 신호를 보내서 시작자에게 버스를 제공한다.

3. 시작자가 FRAME# 신호를 활성화한 다음, 데이터 전송 유형(메모리 또는 I/O 읽기 또는 쓰기)을 결정하기 위해 C/BE[3:0]# 신호를 설정할 때 시작하는 어드레스 단계이다. 그런 다음 시작자는 다음 클럭 에지에서 AD[31:0] 신호를 통해 어드레스를 전송한다.

4. 어드레스 전송 후, 다음 클럭 에지는 하나 또는 그 이상의 데이터 단계(데이터 전송)를 시작한다. 데이터 또한 AD[31:0] 신호를 통해 전송된다. C/BE[3:0]는 IRDY# 과 TRDY# 신호와 함께 전송되는 데이터가 유효한지를 가리킨다.

5. 시작자 또는 타깃 중 하나는 마지막 데이터 단계 전송에서 FRAME# 신호를 전송하여 버스 전송을 종료한다. STOP# 신호 역시 모든 버스 교섭을 종료하기 위해 사용될 수 있다.

그림 7-14a 와 7-14b 는 정보 전송을 위해 PCI 신호가 어떻게 사용되는지를 보여주고 있다.

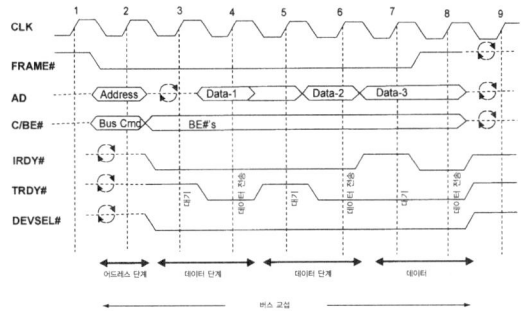

CLK 사이클 1 - 버스가 정지(idle) 상태에 있다.
CLK 사이클 2 - 시작자가 유효한 어드레스를 인가하고, C/BE# 신호상에 Read 명령어가 놓인다.
*** 어드레스 단계의 시작 **
CLK 사이클 3 - 시작자는 타깃이 Read 데이터를 인가할 것을 대비하여 어드레스를 3상태로 만든다. 그리고 시작자는 C/BE# 신호상에 유효한 바이트 활성화 정보를 인가한다. 시작자는 Read 데이터를 가져올 준비가 되었다는 것을 알리기 위해 IRDY#에 Low를 인가한다. 타깃은 그것이 어드레스를 적절하게 디코드하였다는 응답으로 (이 사이클 또는 다음 사이클에서) DEVSEL#에 Low를 인가한다. 타깃은 유효한 Read 데이터를 아직 제공하고 있지 않다는 것을 가리키기 위해 TRDY#에 High를 인가한다.
CLK 사이클 4 - 타깃은 유효한 데이터를 제공하고, 시작자에게 데이터가 유효하다는 것을 가리키기 위해 TRDY#에 Low를 인가한다. IRDY# 과 TRDY#은 이 사이클 동안 모두 Low이며, 데이터 전송이 일어나게 한다.
*** 첫 번째 데이터 단계가 시작되면 시작자는 데이터를 가져온다.
CLK 사이클 5 - 타깃은 다음 데이터가 전송을 위해 더 많은 시간이 필요하다는 것을 알리기 위해 TRDY#에 High를 인가 해제한다.
CLK 사이클 6 - IRDY#과 TRDY#이 모두 Low이다.
*** 다음 데이터 단계가 시작되면, 시작자는 타깃에 의해 제공된 데이터를 가져온다.
CLK 사이클 7 - 타깃은 세 번째 데이터 단계를 위해 유효한 데이터를 제공하지만, 시작자는 IRDY#에 High를 인가 해제하여 그것이 아직 준비가 되지 않았다는 것을 가리킨다.
CLK 사이클 8 - 시작자는 세 번째 데이터 단계를 완성하기 위해 IRDY#에 Low를 다시 인가한다. 시작자는 이것이 마지막 데이터 단계(마스터 종료)라는 것을 가리키기 위해 FRAME#에 High를 인가한다.
***마지막 데이터 단계가 발생하면, 시작자는 타깃에 의해 제공되는 데이터를 가져오고 종료한다.
CLK 사이클 9 - IRDY#, TRDY#, DEVSEL#은 3상태보다 한 사이클 앞서 비활성 HIGH를 이끌어 내기 때문에, FRAME#, AD, C/BE#은 3상태이다.

>> 그림 7-14a PCI 읽기 예[7-5]

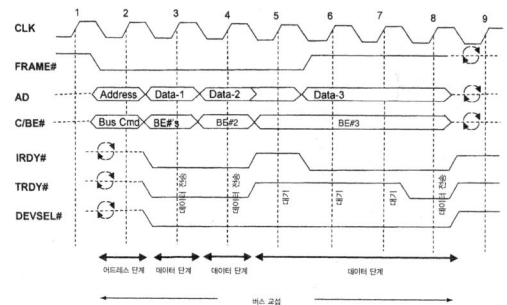

CLK 사이클 1 - 버스가 정지(idle) 상태에 있다.
CLK 사이클 2 - 시작자가 유효한 어드레스를 인가하고, C/BE# 신호상에 Write 명령어가 놓인다.
*** 어드레스 단계의 시작 **
CLK 사이클 3 - 시작자는 유효한 Write 데이터와 바이트 활성화 신호를 인가한다. 시작자는 유효한 Write 데이터가 사용 가능하다는 것을 가리키기 위해 IRDY#에 Low를 인가한다. 타깃은 그것이 어드레스를 적절하게 디코드하였다는 응답으로 DEVSEL#에 Low를 인가한다. (타깃은 DEVSEL# 앞에 TRDY#을 인가하지 않을 수도 있다) 타깃은 그것이 데이터를 가져올 준비가 되었다는 것을 가리키기 위해 TRDY#에 Low를 인가한다. IRDY#과 TRDY#은 모두 Low이다.
*** 첫 번째 데이터 단계는 타깃이 Write 데이터를 가져오는 것으로 시작한다.
CLK 사이클 4 - 시작자는 새로운 데이터와 바이트 활성화 신호를 제공한다. IRDY#과 TRDY#은 모두 Low이다.
*** 다음 데이터 단계는 타깃이 Write 데이터를 가져오면서 시작된다.
CLK 사이클 5 - 타깃은 그것에 다음 데이터를 제공할 준비가 되지 않았다는 것을 가리키기 위해 IRDY#을 인가 해제한다. 타깃은 다음 데이터를 가져올 준비가 되지 않았다는 것을 가리키기 위해 TRDY#을 인가 해제한다.
CLK 사이클 6 - 시작자는 다음의 유효한 데이터를 제공하고 IRDY#에 Low를 인가한다. 시작자는 이것이 마지막 데이터 단계(마스터 종료)라는 것을 가리키기 위해 FRAME#에 High를 인가한다. 타깃은 여전히 준비가 되어 있지 않고, TRDY#은 High를 유지한다.
CLK 사이클 7 - 타깃은 여전히 준비가 되어 있지 않고, TRDY#은 High를 유지한다.
CLK 사이클 8 - 타깃이 준비가 되면 TRDY#에 Low가 인가된다. IRDY#과 TRDY#은 모두 Low이다.
*** 마지막 데이터 단계는 타깃이 Write 데이터를 가져오면서 시작된다.
CLK 사이클 9 - IRDY#, TRDY#, DEVSEL#은 3상태보다 한 사이클 앞서 비활성 HIGH를 이끌어 내기 때문에, FRAME#, AD, C/BE#은 3 상태이다.

>> 그림 7-14b PCI 쓰기 예[7-5]

7.2 | 버스와 다른 보드 컴포넌트들을 집적하기

버스들은 그 물리적인 특성을 다양화하고, 이 특성들은 그 버스가 연결되어 있는 컴포넌트, 즉 버스가 전송할 수 있는 신호들을 나타내는 프로세서와 메모리 칩의 핀 아웃에 영향을 준다(그림 7-15 참고).

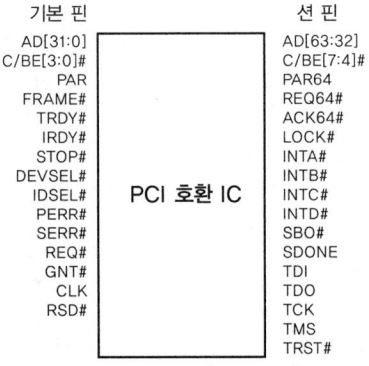

>> 그림 7-15 PCI 호환 IC[7-5]

아키텍처 내에서는 버스 프로토콜 기능을 지원하는 논리 소자가 있을 수도 있다. 예를 들어, 그림 7-16a에서 나타내고 있는 MPC860은 집적된 I^2C 버스 컨트롤러를 포함하고 있다.

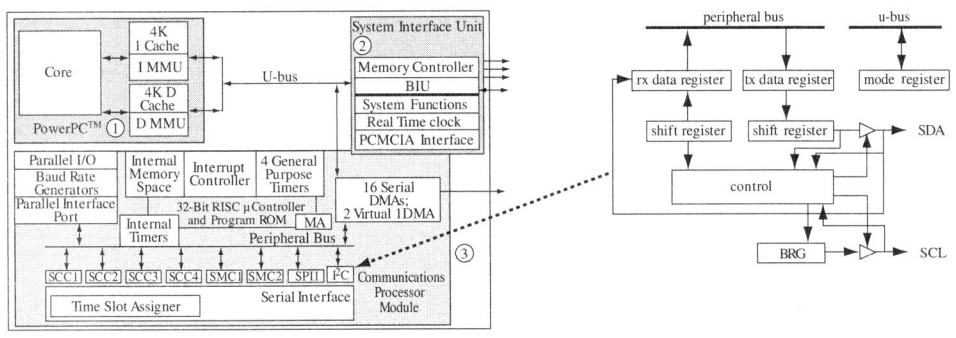

>> 그림 7-16a MPC860의 I^2C[7-6]   >> 그림 7-16b MPC860의 I^2C[7-6]
저작권자 Freescale Semiconductor, Inc.의 허가하에 발췌

이전 절에서 논의하였던 것처럼, I^2C 버스는 2개의 신호를 가진 버스이다. SDA(데이터 신호)와 SCL(직렬 클럭), 이 2개의 신호는 그림 7-16b에서처럼 PowerPC I^2C 컨트롤러의 내부 블록 다이어그램에 나타나 있다. I^2C는 동기 버스이기 때문에 만약 PowerPC가 버스 전송의 처리와 관리를 담당하는 2개의 장치(송신기와 수신기)를 가진 마스터로 동작한다면, 컨트롤러 안의 보레이트(baud rate) 발생기가 클럭 신호를 공급한다.

I^2C 집적 컨트롤러에서는 어드레스 정보와 데이터 정보가 송신 데이터 레지스터를 통해 버스로 전달된다. MPC860이 데이터를 받을 때, 데이터는 시프트 레지스터(shift register)를 통해 수신 데이터 레지스터(receive data register) 쪽으로 전송된다.

7.3 | 버스의 성능

버스의 성능은 일반적으로 주어진 시간 안에 버스가 전송할 수 있는 데이터의 양인 대역폭에 의해 측정된다. 버스의 디자인—물리적인 디자인—과 관련 프로토콜은 성능에 영향을 끼칠 수 있다. 예를 들어, 프로토콜 방식에서 핸드쉐이킹 방식이 간단하면 간단할수록 대역폭이 더 커진다. 즉, '전달 요청', '응답 대기' 등등과 같은 단계가 더 줄어든다. 버스의 실제 물리적인 디자인(버스 길이, 라인의 수, 지원되는 장치의 수 등등)은 그 성능에 제한을 주거나 성능을 개선시켜 준다. 버스의 길이가 짧으면 짧을수록, 연결된 장치들이 적으면 적을수록, 그리고 데이터 라인이 많으면 많을수록, 일반적으로 버스가 더 빠르고 그 대역폭은 더 커진다.

버스 라인의 수와 버스 라인이 어떻게 사용되는지—예를 들어, 각 신호에 대해 분리된 버스가 있거나 여러 개의 신호들이 더 적은 수의 공유 라인을 가지는가—는 버스의 대역폭에 영향을 끼치는 추가적인 요인이다. 버스 라인(선)이 많으면 많을수록 한 번에 동시에 물리적으로 전송될 수 있는 데이터들이 많아진다. 더 적은 라인이란 전송시 이 라인을 공유하여 접속해야만 하는 데이터들이 많아져서 결국 한 번에 전송할 수 있는 데이터들이 더 적어짐을 의미한다. 비용적인 측면에서 살펴보면, 보드상의 도체 물질, 즉 버스 라인의 증가는 보드의 비용을 증가시킨다는 것을 기억해야 한다. 하지만, 라인을 멀티플렉싱하는 것은 전송 한쪽 끝단에서 지연을 야기할 것이라는 점도 알아두어야 한다. 왜냐하면, 다른 종류의 정보들을 구성하는 신호들을 멀티플렉싱 또는 디멀티플렉싱하기 위해서는 버스의 한쪽 끝단에 논리 소자가 요구되기 때문이다.

버스의 대역폭에 영향을 끼치는 또 다른 요소는 버스가 주어진 버스 사이클로 전송할 수 있는 데이터 비트 수이다. 이것을 **버스 폭**(bus width)이라고 한다. 버스는 전형적으로 2의 이진 승수의 대역폭을 갖는다. 즉, 직렬 버스에 대한 $1(2^0)$, $8(2^3)$, $16(2^4)$, $32(2^5)$ 비트 등등이 사용된다. 한 예로 만약 특정 버스가 8비트의 폭을 갖는다면, 전송되어야 할 데이터가 32비트로 주어졌을 때, 그 데이터는 4개로 분리되어 전송된다. 만약 버스 폭이 16비트라면 그것은 2개의 패킷으로 분리되어 전송될 것이며, 32비트 데이터 버스는 한 패킷으로 전송될 것이다. 그리고, 직렬 통신은 한 번에 1비트씩만 전송할 수 있다. 버스 폭은 한 번에 전송될 수 있는 데이터의 비트 수를 제한하기 때문에 버스의 대역폭을 제한한다. 핸드쉐이킹(응답 시퀀스), 버스 트래픽, 통신 컴포넌트의 다른 클럭 주파수 때문에 각 전송 세션에서는 지연이 발생할 수 있다. 따라서 시스템에는 대기 상태(wait state)와 같은 지연 상황에 대한 컴포넌트를 만들어 둔다. 전송될 필요가 있는 데이터 패킷의 수가 증가하기 때문에 이러한 지연도 증가한다. 그러므로 버스 폭이 크면 클수록 더 적은 지연이 발생하며 대역폭은 점점 더 커지게 된다.

더 복잡한 핸드쉐이킹 프로토콜을 가진 버스를 위해서는, 구현된 전송방식이 성능에 훨씬 큰 영향을 미칠 수 있다. 블록으로 전송을 하면, 데이터 한 워드 또는 바이트에 비해 더 적은 핸드쉐이킹 교환을 더 적게 할 수 있으므로, 블록 전송방식은 단일 전송방식보다 더 큰 대역폭을 허락한다. 플립적인 측면에서 볼 때 블록 전송은 기기가 버스 액세스를 위해 오래 기다려야 하기 때문에 지연을 더 증가시킬 수 있다. 왜냐하면 블록 전송 기반의 동작은 단일 전송 기반의 전송보다 더 오래 지속되기 때문이다. 이러한 유형의 지연에 대한 일반적인 해결책으로는 버스가 응답에 대한 대답을 기다리는 동안과 같은 핸드쉐이킹 동안에 버스가 릴리즈되는 곳에서 분할 전송(split transaction)을 가능하게 하는 버스이다. 이것은 다른 전송이 발생할 수 있도록 해주며, 기기들이 한 전송을 기다리는 동안 대기 상태로 남아 있을 필요가 없게 해준다. 하지만 그것은 단일 전송방식에 비해서 보다 원래 전송에 대한 지연을 추가하게 된다.

7.4 | 요약 정리

이 장에서는 버스가 어떻게 동작하는지에 대한 몇 가지 기본적인 개념들, 특히 다른 종류의 버스들과 버스를 통해 전송되는 것과 관련한 프로토콜들에 대해 소개하였다. 버스 핸드쉐이킹, 버스 중계기, 버스 타이밍과 같은 버스의 기본 사항에 대한 몇 가지를 보여주기 위해서 I^2C 버스(확장 불가능한 버스)와 PCI 버스(확장 가능한 버스)라는 실제 예를 들어 설명하였다. 이 장의 마지막에서는 임베디드 시스템의 성능에 있어 버스의 영향력에 대해 논의하였다.

다음 8장의 디바이스 드라이버에서는 임베디드 보드의 최하위 소프트웨어에 대해 소개하고 있는데, 8장은 Section III 의 첫 번째 장으로 임베디드 디자인의 주요 소프트웨어 컴포넌트들에 대해 논의한다.

1. ⓐ 버스란 무엇인가?
   ⓑ 버스의 목적은 무엇인가?

2. 한 버스에서 다른 버스로 정보를 운반하면서, 서로 다른 버스에 상호 연결되어 있는 보드상의 컴포넌트는 무엇인가?
   A. CDROM 드라이브
   B. MMU
   C. 브리지(bridge)
   D. A, B, C 모두 정답
   E. 정답 없음

3. ⓐ 보드의 버스가 속해 있는 3가지 범주를 정의하고 간단히 설명하라.
   ⓑ 각 유형의 버스의 실제 예를 들어라.

4. ⓐ 확장 가능한 버스와 확장 불가능한 버스 사이의 차이점은 무엇인가?
   ⓑ 각각의 장점과 단점은 무엇인가?
   ⓒ 확장 가능한 버스와 확장 불가능한 버스의 실제 예를 들어라.

5. 버스 프로토콜이란?
   A. 버스 중계방식
   B. 버스 핸드쉐이킹 방식
   C. 버스 라인과 관련된 신호들
   D. A와 B
   E. A, B, C 모두 정답

6. 버스 마스터와 버스 슬레이브 사이의 차이점은 무엇인가?

7. ⓐ 3가지의 일반적인 버스 중계방식의 이름을 적고 설명하라.
   ⓑ 버스 중계기란 무엇인가?

8. FIFO 기반의 버스 전달방식과 우선순위 기반의 버스 전달방식의 차이점은 무엇인가?

9. ⓐ 버스 핸드쉐이킹이란 무엇인가?
   ⓑ 버스 핸드쉐이킹의 기본은 무엇인가?

10. [택일] 버스는 다음 중 어떤 타이밍 방식을 기반으로 하고 있는가?
    A. 동기식(synchronous)
    B. 비동기식(asynchronous)
    C. 동기식과 비동기식
    D. A, B, C 모두 정답

11. [T/F] 비동기식 버스는 전송될 신호와는 다른 종류의 신호들을 가지고 클럭 신호를 전송한다.

12. ⓐ 전송 모드 방식은 무엇인가?
    ⓑ 가장 일반적인 전송방식 2가지의 이름을 쓰고 간단히 설명하라.

13. I²C 버스란 무엇인가?

14. I²C 버스의 START와 STOP 상태에 대한 타이밍 다이어그램을 그려라.

15. 그림 7-17과 같은 타이밍 다이어그램이 주어졌을 때, SDA와 SCL 신호와 관련하여 시작 바이트 '00000001'이 어떻게 전송되는지 설명하라.

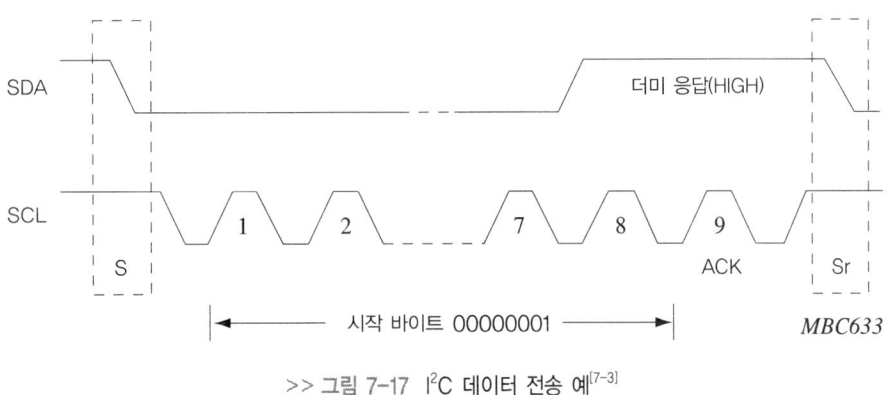

>> 그림 7-17 I²C 데이터 전송 예[7-3]

16. PCI 버스 교섭의 5가지 일반적인 단계는 무엇인가?

17. ⓐ 버스 대역폭과 버스 폭의 차이는 무엇인가?
    ⓑ 버스 대역폭은 무엇의 측정값인가?

18. 버스의 성능에 영향을 끼칠 수 있는 버스의 3가지 물리적/연상적인 프로토콜 방식의 이름을 적어라.

IT 대한민국은 ITC(Info Tech Corea)가 함께 하겠습니다.
www.itcpub.co.kr

SECTION Ⅲ
임베디드 소프트웨어 소개

Section Ⅲ에서는 레퍼런스로 임베디드 시스템 모델을 사용하여 임베디드 소프트웨어에 대해 살펴본다. 그리고, 임베디드 시스템 안에 존재할 수 있는 소프트웨어 하위 계층의 가능한 변화에 대해 논의한다. 기본적으로 임베디드 소프트웨어는 2개의 일반적인 범주인 시스템 소프트웨어와 어플리케이션 소프트웨어로 나누어질 수 있다. 시스템 소프트웨어는 디바이스 드라이버, 운영체제, 미들웨어와 같은 어플리케이션을 지원하는 소프트웨어이다. 어플리케이션 소프트웨어는 임베디드 기기의 기능과 목적을 정의하고, 사용자와 관리자 간의 대부분의 상호작용을 관리하는 상위 계층 소프트웨어다. 다음의 3개 장에서는 아키텍처 레벨에서 의사 코드 레벨까지 시스템 서브 계층 내의 컴포넌트들의 실제 예들을 보여줄 것이다. 비록 이 책이 프로그래밍 책은 아니지만, 아키텍처적인 논의와 함께 의사 코드를 포함하고 있다는 것은 매우 중요하다. 왜냐하면, 그것은 요구사항들과 표준들이 이론에서 소프트웨어 흐름으로 어떻게 진화하는지를 독자들이 이해할 수 있도록 해주기 때문이다. 이러한 의사 코드들은 다른 소프트웨어 계층 요소 이면에 있는 소프트웨어를 이해하는 데 시각적인 도움을 주기 위해 제공된다.

이 Section의 구조는 임베디드 시스템 안에 구현될 수 있는 소프트웨어 하위 계층을 기반으로 하고 있다. 8장에서는 디바이스 드라이버에 대해, 9장에서는 운영체제와 BSP에 대해, 10장에서는 미들웨어 및 어플리케이션 소프트웨어에 대해 소개한다.

IT 대한민국은 ITC(Info Tech Corea)가 함께 하겠습니다.
www.itcpub.co.kr

chapter 08
디바이스 드라이버

이 장에서는
▶ 디바이스 드라이버에 대해 정의한다.
▶ 아키텍처에 특화된 드라이버와 보드에 특화된 드라이버 사이의 차이점에 대해 논의한다.
▶ 다양한 종류의 디바이스 드라이버의 예를 몇 가지 제공한다.

대부분의 임베디드 하드웨어는 일종의 소프트웨어 초기화와 관리를 필요로 한다. 이 하드웨어를 제어하고 직접 인터페이스하는 소프트웨어를 **디바이스 드라이버**(device driver)라고 부른다. 소프트웨어를 필요로 하는 모든 임베디드 시스템들을 살펴보면, 그 시스템 소프트웨어 계층 안에 적어도 디바이스 드라이버 소프트웨어는 가지고 있다. 디바이스 드라이버는 하드웨어를 초기화하고 소프트웨어의 상위 계층이 하드웨어에 접근하는 것을 관리해 주는 소프트웨어 라이브러리이다.

디바이스 드라이버는 하드웨어와 운영체제, 미들웨어, 그리고 어플리케이션 계층을 연결시켜 주는 고리의 역할을 한다.

 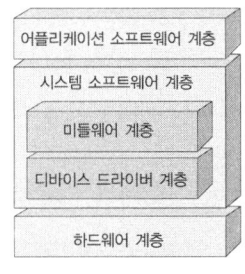 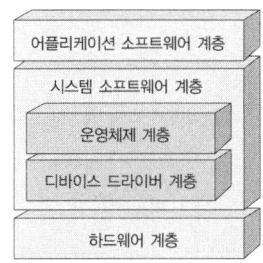

>> 그림 8-1 임베디드 시스템 모델과 디바이스 드라이버

디바이스 드라이버의 지원을 필요로 하는 하드웨어 컴포넌트의 종류는 보드에 따라 다양하지만, 그것들은 3장에서 소개하였던 폰노이만 모델 접근에 따라 분류될 수 있다(그림 8-2 참고). 폰노이만 모델은 특정 플랫폼 내에서 어떤 디바이스 드라이버가 요구되는지 결정하는 하드웨어 모델과 소프트웨어 모델로 사용될 수 있다. 특히, 이것은 보드 및 주 CPU 레벨에서 주 프로세서 아키텍처 전용 드라이버들과 메모리 및 메모리 관리 드라이버, 버스 초기화 및 교섭 드라이버, I/O 초기화 및 제어 드라이버(네트워킹, 그래픽, 입력장치, 저장장치, 디버깅 I/O 등과 같은)들을 포함할 수 있다.

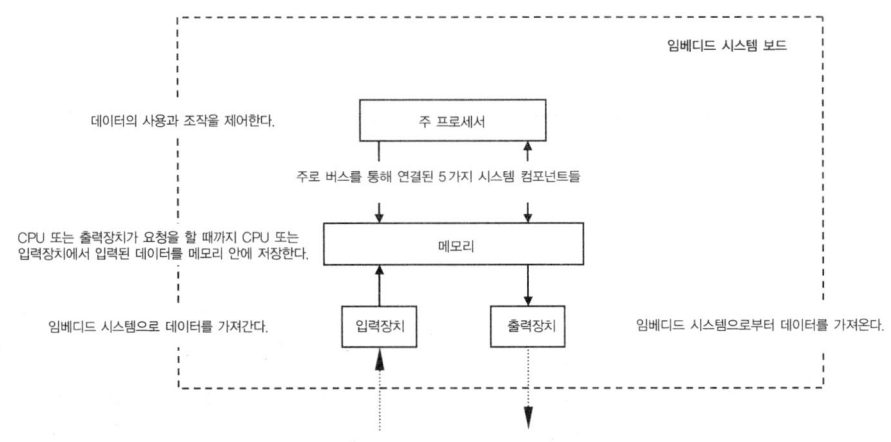

>> 그림 8-2 임베디드 시스템 보드 구조[8-1]
폰노이만 아키텍처 모델(프린스턴 아키텍처라고 부르기도 한다) 기반

디바이스 드라이버는 보통 **아키텍처에 특화**(architecture-specific)되어 있거나 **범용**(generic)으로 구분된다. 아키텍처에 특화된 디바이스 드라이버는 주 프로세서(아키텍처)에 집적되어 있는 하드웨어를 관리한다. 주 프로세서 안에 컴포넌트들을 초기화하고 활성화하는 아키텍처에 특화된 드라이버의 예는 온-칩 메모리, 집적된 메모리 관리장치(MMU), 그리고 부동 소수점 하드웨어를 포함하고 있다. 범용 디바이스 드라이버는 주 프로세서에 집적된 하드웨어가 아니라 보드상에 위치한 하드웨어를 관리한다. 범용 드라이버에서는 보통 소스 코드의 일부가 하드웨어에 특화되어 있다. 이것은 주 프로세서가 중앙제어장치이고, 보드상에 위치한 장치에 접근한다는 것은 주 프로세서를 통해서 이루어진다는 것을 의미하기 때문이다. 하지만 범용 드라이버는 특정 프로세서에 특화되어 있지 않은 보드 하드웨어도 관리할 수 있다. 이것은 범용 드라이버가 드라이버와 관련된 보드 하드웨어를 포함하고 있는 다양한 아키텍처상에서 동작하도록 설정될 수 있다는 것을 의미한다. 범용 드라이버는 보드 버스(I^2C, PCI, PCMCIA 등), 칩 외부의 메모리(컨트롤러, 레벨 2 캐시, 플래시 등), 칩 외부의 I/O 장치(이더넷, RS-232, 디스플레이, 마우스 등)들을 포함하여 보드의 남은

주요 컴포넌트들을 초기화하고 접근할 수 있는 코드를 포함하고 있다.

그림 8-3a 는 MPC860 기반의 보드의 하드웨어 블록 다이어그램을 보여주고 있으며, 그림 8-3b 는 MPC860 프로세서에 특화된 디바이스 드라이버와 범용 디바이스 드라이버의 예를 포함한 소프트웨어 블록 다이어그램을 보여주고 있다.

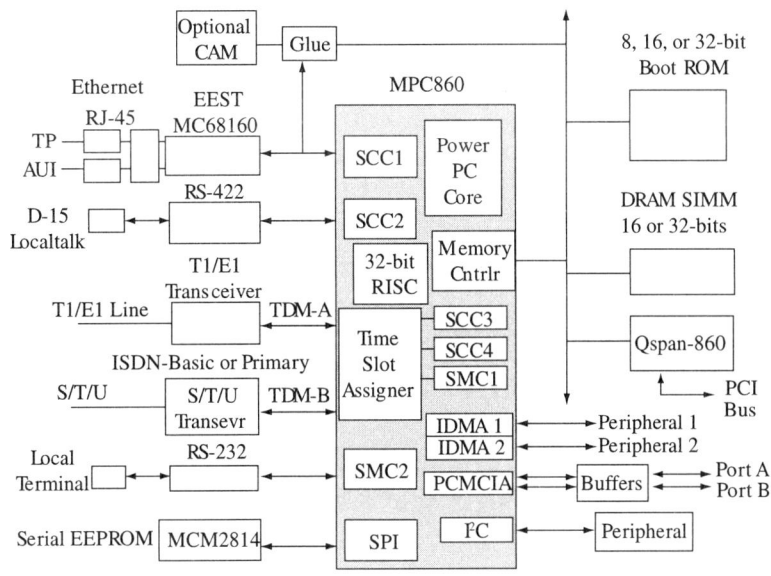

>> 그림 8-3a MPC860 하드웨어 블록 다이어그램[8-2]
저작권자 Freescale Semiconductor, Inc.의 허가하에 발췌

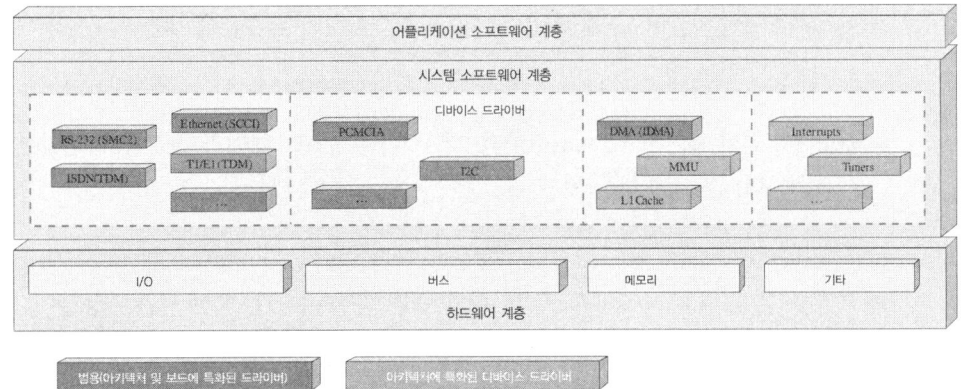

>> 그림 8-3b MPC860 아키텍처에 특화된 디바이스 드라이버 시스템 스택
저작권자 Freescale Semiconductor, Inc.의 허가하에 발췌

디바이스 드라이버 또는 그것이 관리하는 하드웨어의 종류에 상관 없이 모든 디바이스 드라이버는 일반적으로 다음과 같은 기능의 일부 또는 모든 조합으로 구성되어 있다.

- 하드웨어 스타트업(hardware startup) 전원 인가 또는 리셋시 하드웨어 초기화

- 하드웨어 셧다운(hardware shutdown) 하드웨어를 전원이 꺼진 상태로 설정하는 것

- 하드웨어 비활성화(hardware disable) 다른 소프트웨어가 동작중에 하드웨어를 비활성화시키는 것

- 하드웨어 활성화(hardware enable) 다른 소프트웨어가 동작중에 하드웨어를 활성화시키는 것

- 하드웨어 획득(hardware acquire) 다른 소프트웨어가 하드웨어에 단독 액세스를 가능하게 하는 것

- 하드웨어 릴리즈(hardware release) 다른 소프트웨어가 하드웨어를 자유롭게 놓아주는 것

- 하드웨어 읽기(hardware read) 다른 소프트웨어가 하드웨어로부터 데이터를 읽어올 수 있게 하는 것

- 하드웨어 쓰기(hardware write) 다른 소프트웨어가 하드웨어에 데이터를 쓸 수 있게 하는 것

- 하드웨어 설치(hardware install) 다른 소프트웨어가 동작중에 새로운 하드웨어를 설치할 수 있게 하는 것

- 하드웨어 설치 제거(hardware uninstall) 다른 소프트웨어가 동작중에 설치된 하드웨어를 제거할 수 있게 하는 것

물론, 디바이스 드라이버는 추가의 기능들을 가질 수도 있다. 하지만 위에서 보여준 기능들의 일부 또는 모두는 디바이스 드라이버가 원래 가질 수 있는 일반적인 기능들이다. 이 기능들은 하드웨어에 대한 소프트웨어의 함축적인 의미를 기반으로 하고 있다. 이것은 하드웨어가 주어진 시간에 세 상태 중 하나—휴면 상태(inactive), 동작 상태(busy), 종료 상태(finished)—에 속해 있다는 것을 의미한다. 휴면 상태에 있는 하드웨어는 전원 없이(그러므로 초기화 루틴이 필요) 연결되지 않은 상태(설치기능 필요) 또는 비활성화 상태(활성화 루틴 필요)로 해석된다. 동작 상태와 종료 상태는 동작중인 하드웨어 상태이며, 휴면 상태의 반대이다. 그러므로 설치 제거(uninstall), 셧다운(shutdown), 비활성화(disable) 기

능들을 필요로 한다. 동작 상태에 있는 하드웨어는 실제로 일종의 데이터를 처리하고 있으며 휴면 상태가 아니다. 따라서 일종의 릴리즈 메커니즘을 요구할 수도 있다. 종료 상태에 있는 하드웨어는 휴면중이어서 획득, 읽기, 또는 쓰기 요청 등을 허락한다.

디바이스 드라이버는 이러한 기능들의 일부 또는 전부를 가질 수 있으며, 이러한 기능의 일부를 하나의 더 큰 기능에 통합할 수 있다. 이 드라이버 기능의 각각은 보통 하드웨어에 직접 인터페이스하는 코드와 소프트웨어의 상위 계층에 직접 인터페이스하는 코드를 갖는다. 어떤 경우 이 계층들 사이의 구별은 명확하기도 하지만, 다른 드라이버에서 이 코드는 완전히 통합되어 있을 수 있다(그림 8-4 참고).

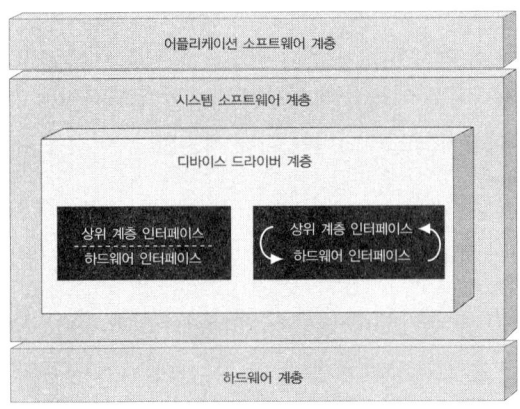

>> 그림 8-4 드라이버 코드 계층

마지막으로, 주 프로세서에 따라 다른 종류의 소프트웨어는 다른 모드, 대부분 경우는 **특권**(supervisor) 모드와 **사용자**(user) 모드에서 실행될 수 있다. 이러한 모드들은 특히 소프트웨어가 접근을 허락하는 시스템 컴포넌트들이 무엇인지에 따라 다르다. 사용자 모드에서 실행되는 소프트웨어보다는 특권 모드에서 실행되는 소프트웨어가 더 많은 접근권한을 갖는다. 디바이스 드라이버 코드는 보통 특권 모드에서 실행된다.

다음 절에서는 디바이스 드라이버 기능들이 어떻게 작성될 수 있으며, 그것들이 어떻게 동작될 수 있는지를 보여주기 위해 실제 디바이스 드라이버의 예를 제공할 것이다. 이 예제들에 대해 연구를 함으로써 독자들은 어떤 보드를 살펴보아야 하는지, 그리고 그 시스템 안에 포함되어야 하는 디바이스 드라이버에는 어떤 것이 있는지 재빨리 알아차릴 수 있게 될 것이다. 디바이스 드라이버를 필요로 할지도 모르는 하드웨어의 종류들을 살펴보는 툴로 폰 노이만 모델을 사용하여 하드웨어를 조사하고 확인 목록을 살펴보겠다. 다음 장에서는 이 장에서 다루지 않았던, 디바이스 드라이버를 훨씬 더 복잡한 소프트웨어 시스템에 어떻게 통합시키는가에 대해 설명할 것이다.

8.1 | 예1 : 인터럽트 처리를 위한 디바이스 드라이버

이전 장에서 설명한 것처럼, 주 프로세서에 의해 명령어열이 실행되는 동안 어떤 이벤트에 의해 발생된 신호를 가리켜 **인터럽트**(interrupt)라고 한다. 이것이 의미하는 바는 인터럽트가 예를 들어 외부 하드웨어 장치, 리셋, 전원 공급 결여 등처럼 비동기적으로 초기화될 수도 있고, 시스템 호출 또는 잘못된 명령어 등과 같은 명령어 관련 동작들을 위해 동기적으로 초기화될 수도 있다는 것이다. 이러한 신호들은 주 프로세서에게 현재의 명령어열을 실행하는 것을 그만두고 인터럽트를 처리하는 과정을 시작하게 만든다.

주 프로세서에서 인터럽트를 처리하고 인터럽트 하드웨어 메커니즘(예를 들어, 인터럽트 컨트롤러)을 관리하는 소프트웨어는 인터럽트 처리를 위한 디바이스 드라이버들로 구성되어 있다. 이 장의 시작 부분에서 소개하였던 디바이스 드라이버 기능 10가지 중 최소 4가지는 인터럽트 처리 디바이스 드라이버에 의해 지원된다. 이것은 다음과 같은 것들을 포함한다.

- **인터럽트 처리 스타트업**(interrupt-handling startup) 전원이 공급되거나 리셋시, 인터럽트 하드웨어(예를 들어, 인터럽트 컨트롤러, 활성화 인터럽트 등)를 초기화한다.

- **인터럽트 처리 셧다운**(interrupt-handling shutdown) 인터럽트 하드웨어(예를 들어, 인터럽트 컨트롤러, 비활성화 인터럽트 등)를 전원이 공급되지 않은 그 초기 상태로 설정한다.

- **인터럽트 처리 비활성화**(interrupt-handling disable) 다른 소프트웨어가 동작중에, 활성화된 인터럽트들을 비활성화시킨다[NMI(마스킹할 수 없는 인터럽트)에는 적용되지 않는다. 이 인터럽트는 비활성화가 불가능하다].

- **인터럽트 처리 활성화**(interrupt-handling enable) 다른 소프트웨어가 동작중에, 휴면 상태인 인터럽트들을 활성화시킨다.

- **인터럽트 처리 서비스**(interrupt-handler servicing) 인터럽트 처리 코드 그 자체로, 이것은 주요 실행 라인에서 벗어난 후 실행된다(이것은 간단한 네스팅 불가능 루틴에서 재진입 가능한 루틴에 이르기까지 그 복잡도가 다양하다).

스타트업, 셧다운, 비활성화, 활성화, 서비스 기능들이 소프트웨어에서 어떻게 구현되는가 하는 것은 보통 다음의 범주에 따라 달라진다.

- 가능한 인터럽트의 종류, 수, 우선순위 레벨(온-칩 및 온-보드상의 인터럽트 하드웨어 메커니즘에 의해 결정된다)

- 인터럽트들이 어떻게 발생하는가?

- 인터럽트를 발생시키는 시스템 안에 있는 컴포넌트들의 인터럽트 정책과 인터럽트를 처리하는 주 CPU에 의해 제공되는 서비스

> 다음 몇 페이지에서 설명하는 내용들은 4장의 프로세서 입출력(I/O)절에서 살펴본 인터럽트에 대한 내용들과 유사하다.

인터럽트의 주요한 세 가지 종류는 소프트웨어, 내부 하드웨어, 그리고 외부 하드웨어이다. 소프트웨어 인터럽트는 주 프로세서에 의해 실행되는 현재의 명령어열 안에 있는 어떤 명령어에 의해 내부적으로 발생한다. 한편 내부 하드웨어 인터럽트들은 잘못된 수학적 연산(오버플로우, 0으로 나눗셈을 한 것), 디버깅(싱글 스텝, 브레이크 포인트), 잘못된 명령어(오피코드) 등과 같은 하드웨어의 특징(또는 제한)들 때문에 주 프로세서에 의해 실행되는 현재의 명령어열 안에 어떤 문제가 생겼을 때 이벤트에 의해 초기화된다. 주 프로세서에 어떤 내부 이벤트에 의해 발생된 인터럽트들 — 기본적으로 소프트웨어 및 내부에서 발생되는 하드웨어 인터럽트들 — 은 일반적으로 익셉션 또는 트랩이라고 부른다. 익셉션들은 소프트웨어가 실행되는 동안 주 프로세서에 의해 감지된 오류들 — 잘못된 데이터 또는 0으로 나눗셈을 한 것 같은 — 로 인해 내부적으로 발생된 하드웨어 인터럽트를 발생시킨다. 익셉션들이 처리되는 방법은 아키텍처에 의해 결정된다. 트랩이란 익셉션 명령어를 통해 소프트웨어에 의해 발생된 특별한 소프트웨어 인터럽트를 말한다. 마지막으로, 외부 하드웨어 인터럽트들은 주 CPU와는 다른 하드웨어—예를 들어, 버스 및 I/O 기반의—에 의해 초기화된 인터럽트를 말한다.

외부 이벤트에 의해 발생되는 인터럽트에 대해, 주 프로세서는 **IRQ**(interrupt request level, 인터럽트 요청 레벨) 핀 또는 포트라 불리는 입력 핀을 통해 외부 중재 하드웨어(예를 들어, 인터럽트 컨트롤러)에 연결되어 있거나 인터럽트를 발생시키고자 할 때 주 CPU에 신호를 보내는 전용 인터럽트 포트를 가진 보드상의 다른 컴포넌트에 직접 연결된다. 이러한 종류의 인터럽트들은 **레벨 트리거**(level-triggered) 또는 **에지 트리거**(edge-triggered) 인터럽트 방식 중 하나로 발생된다. 레벨 트리거 인터럽트는 인터럽트 요청(IRQ) 신호가 어떤 상태(예를 들어, HIGH 또는 LOW, 그림 8-5a 참고)에 있을 때 초기화된다. 이러한 인터럽트들은 각 명령어를 처리하는 끝단에서와 같이, CPU가 IRQ 라인을 샘플링할 때 그 레벨 트리거 인터럽트에 대한 요청을 발견하였을 때 처리된다.

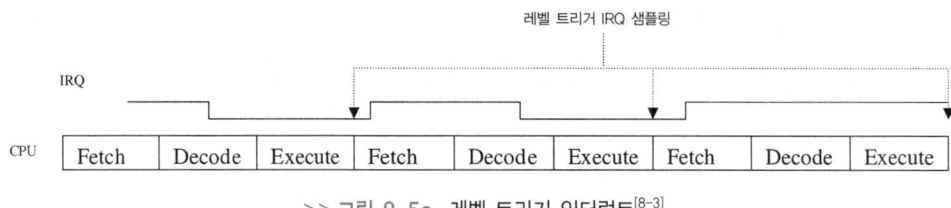

>> 그림 8-5a 레벨 트리거 인터럽트[8-3]

에지 트리거 인터럽트는 IRQ 라인에 어떤 변화가 있을 때 발생한다(신호의 상승 에지 LOW 에서 HIGH로, 또는 신호의 하강 에지 HIGH에서 LOW로, 그림 8-5b 참고). 일단 트리거되면, 이러한 인터럽트들은 처리될 때까지 CPU에 래치된다.

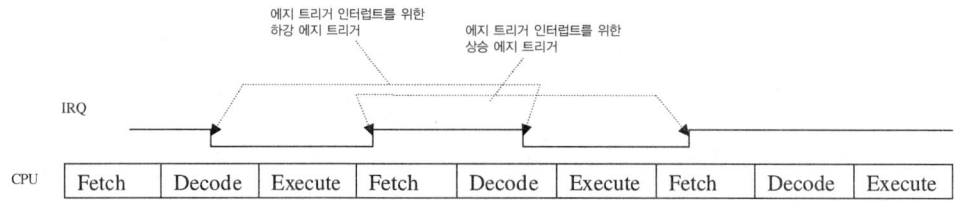

>> 그림 8-5b 에지 트리거 인터럽트[8-3]

이러한 두 종류의 인터럽트들은 장점과 단점을 가지고 있다. 그림 8-6a에서의 예와 같은 레벨 트리거 인터럽트에서는 그 요청이 처리되었으나, 다음 샘플링 주기 전에 비활성화되지 않는다면, CPU는 동일한 인터럽트를 다시 처리하려고 한다. 플립상에서 레벨 트리거 인터럽트가 트리거되고, CPU 샘플링 주기 전에 비활성화되면, CPU는 그 존재를 결코 알수 없기 때문에 다시는 그것을 처리하지 않는다. 에지 트리거 인터럽트는 그것들이 동일한 IRQ 라인을 공유하고 동일한 시간에 동일한 방법으로 트리거되는 경우 문제가 발생한다. CPU는 인터럽트들 중 오직 하나만 감지할 수 있다(그림 8-6b 참고).

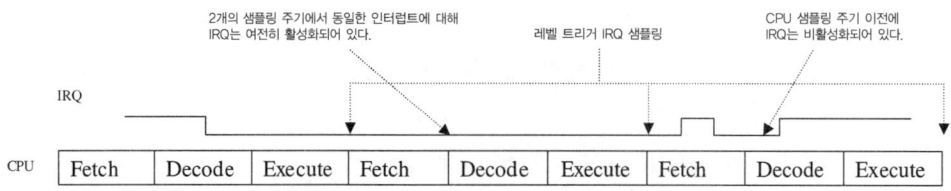

>> 그림 8-6a 레벨 트리거 인터럽트 단점[8-3]

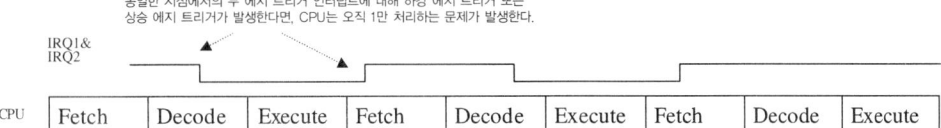

>> 그림 8-6b 에지 트리거 인터럽트 단점[8-3]

이러한 단점들 때문에, 레벨 트리거 인터럽트들은 보통 IRQ 라인을 공유하는 인터럽트에 대해 추천되지 않는다. 반면에 에지 트리거 인터럽트는 매우 짧거나 긴 인터럽트 신호에 대해 추천된다.

인터럽트가 발생하는 신호를 주 프로세서의 IRQ가 수신하는 시점에서, 인터럽트는 시스템 내의 인터럽트 처리 메커니즘에 의해 처리된다. 이러한 메커니즘들은 하드웨어와 소프트웨어 컴포넌트들의 조합으로 구성된다. 하드웨어의 관점에서는 **인터럽트 컨트롤러**(interrupt controller)가 소프트웨어와 결합하여 인터럽트 교섭을 중재하기 위해 보드 또는 프로세서상에 집적될 수 있다. 인터럽트 처리방식 안에 인터럽트 컨트롤러를 포함하는 아키텍처들은 2개의 PIC(인텔 프로그램 가능한 인터럽트 컨트롤러) 268/386(x86) 아키텍처, 외부의 인터럽트 컨트롤러에 의존적인 MIPS32, CPM에 하나 SIU에 하나, 2개의 인터럽트 컨트롤러를 집적하고 있는 MPC860이다(그림 8-7a 참고). 그림 8-7b에서 볼 수 있는 것처럼, 미쯔비시 M37267M8 TV 마이크로 컨트롤러와 같이 인터럽트가 없는 시스템에서는, IRQ 라인은 주 프로세서에 직접 연결되며, 인터럽트 교섭은 소프트웨어, 레지스터, 카운터와 같은 몇 가지 외부 회로를 통해 이루어진다.

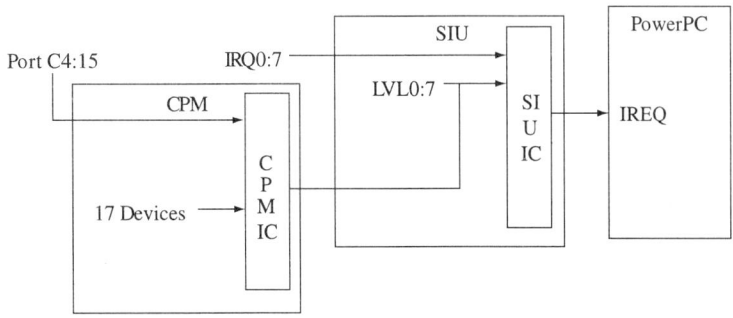

>> 그림 8-7a 모토롤라/프리스케일 MPC860 인터럽트 컨트롤러[8-4]

저작권자 Freescale Semiconductor, Inc.의 허가하에 발췌

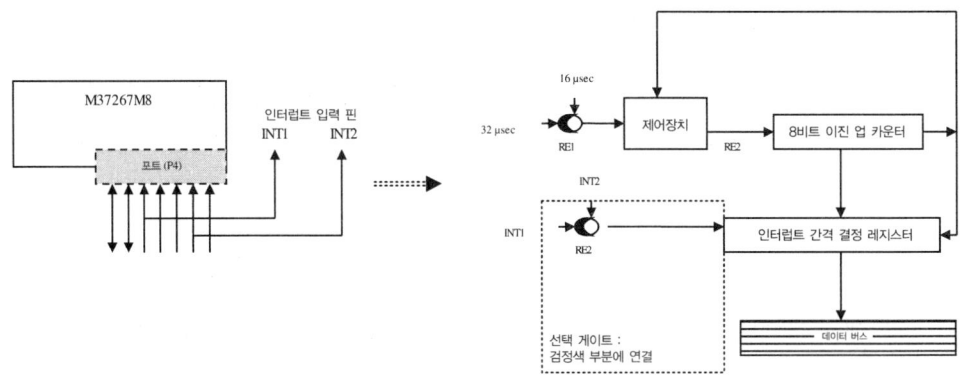

>> 그림 8-7b   미쯔비시 M37267M8 회로[8-5]

인터럽트 응답인 **IACK**(interrupt acknowledgment)는 보통 외부 장치가 인터럽트를 발생시켰을 때, 주 프로세서에 의해 처리된다. IACK 사이클은 국부 버스의 기능이기 때문에, 주 CPU의 IACK 기능은 시스템 버스의 인터럽트 방식과 인터럽트들을 발생시키는 시스템 내의 컴포넌트들의 인터럽트 정책에 따라 달라진다. 인터럽트를 발생시키는 외부 장치들에 대해, 인터럽트 방식은 장치가 **인터럽트 벡터**(interrupt vector, 인터럽트가 발생한 후 주 CPU가 실행하는 소프트웨어, 인터럽트 서비스 루틴인 인터럽트의 ISR 어드레스를 포함하고 있는 메모리 영역)를 제공하는지 아닌지에 따라 달라진다. 인터럽트 벡터를 제공하지 않는 장치인 비벡터(non-vectored) 인터럽트에서는, 주 프로세서는 **자동 벡터**(auto-vectored) 인터럽트 방식을 구현한다. 여기서는 ISR(interrupt service routine)이 비벡터 인터럽트에 의해 공유되며, 어떠한 특정 인터럽트가 처리될지와 인터럽트 응답 등을 결정하는 것은 ISR 소프트웨어에 의해 모두 처리된다.

인터럽트 벡터 방식은 버스를 통해 인터럽트 벡터를 제공할 수 있는 주변장치를 지원하여 구현된다. 여기에서 응답은 자동이다. 주 프로세서상의 IACK 관련 레지스터는 인터럽트를 요구하는 장치들에게 인터럽트 서비스 요청을 하지 말라고 알려주며, 주 프로세서가 정확한 인터럽트를 처리하기 위해 필요한 것들을 제공한다(인터럽트 번호, 벡터 번호 등). 외부 인터럽트 핀, 인터럽트 컨트롤러의 인터럽트 선택 레지스터, 장치의 인터럽트 선택 레지스터 또는 위의 모든 조합을 활성화시킴으로써, 주 프로세서는 어떤 ISR이 실행될 것인지를 결정할 수 있다. ISR이 완료되면, 주 프로세서는 프로세서의 상태 레지스터 안에 있는 비트들 또는 외부 인터럽트 컨트롤러 안에 있는 인터럽트 마스크를 조정함으로써 인터럽트 상태를 리셋시킨다. 인터럽트 요청 및 응답 메커니즘은 인터럽트를 요구하는 장치(어떤 인터럽트 서비스가 트리거될지를 결정), 주 프로세서, 시스템 버스 프로토콜에 의해 결정된다.

여기서는 다양한 방식에서 발견할 수 있는 핵심적인 특징들 몇 가지를 다루면서 인터럽트 처리에 대해 일반적으로 소개하였다는 점을 기억해 두자. 전체적인 인터럽트 처리방식은 아키텍처마다 달라질 수 있다. 예를 들어, PowerPC 아키텍처는 인터럽트 벡터 베이스 레지스터가 없는 자동 벡터 방식을 구현한다. MIPS32 아키텍처는 IACK 사이클을 가지고 있지 않은 반면, 68000 아키텍처는 자동 벡터 방식과 인터럽트 벡터 방식을 모두 지원하여, 인터럽트 핸들러가 트리거된 인터럽트를 처리할 수 있도록 해준다.

인터럽트 우선순위

임베디드 보드에는 인터럽트들을 요청할 수 있는 여러 개의 컴포넌트들이 있기 때문에, 서로 다른 종류의 모든 인터럽트들을 관리하는 방식으로는 **우선순위 기반**(priority-based)의 방법이 사용되고 있다. 이것은 프로세서 내의 모든 가능한 인터럽트들이 시스템 안에서 인터럽트의 우선순위를 나타내는 관련된 인터럽트 레벨을 가지고 있다는 것을 의미한다. 보통 레벨 '1'에서 시작하는 인터럽트들이 가장 우선순위가 높으며, 여기서부터 그 값이 점차 증가하면 할수록(2, 3, 4, …) 우선순위는 낮아진다. 더 높은 우선순위를 갖는 인터럽트들은 주 프로세서에 의해 실행되는 어떤 명령어열보다 더 앞서 수행된다. 이것은 인터럽트들이 주 프로그램보다 먼저 실행된다는 점만 말하는 것이 아니라 더 낮은 우선순위의 인터럽트들에 대해 더 높은 우선순위를 갖는다는 것을 의미한다. 인터럽트가 트리거되면, 더 낮은 우선순위의 인터럽트들은 마스크되는데, 이것은 그 시스템이 더 높은 우선순위의 인터럽트를 처리하고 있을 때 어떠한 트리거도 허용하지 않는다는 것을 의미한다. 높은 우선순위를 가지는 인터럽트를 가리켜 보통 NMI(non-maskable interrupt)라고 부른다.

외부 장치 또는 프로세서 디자인에 의해 할당된 경우, 컴포넌트들이 어떻게 정렬되는가 하는 것은 그것들이 연결되어 있는 IRQ 라인에 달려 있다. 주 프로세서의 내부 디자인은 임베디드 시스템 내에서 지원되는 외부 인터럽트들의 수와 인터럽트 레벨을 결정한다. 그림 8-8a 에서 MPC860 CPM, SIU, PowerPC 코어는 모두 MPC823 프로세서에서 인터럽트들을 구현하기 위해 함께 동작한다. CPM 은 내부 인터럽트들(2 개의 SCC, 2 개의 SMC, SPI, I^2C, PIP, 범용 타이머, 2 개의 IDMA, SDMA, RISC 타이머)과 포트 C 의 12 개의 외부 핀들을 위해 허용되어 있으며, 그것은 SIU 상에 인터럽트 레벨을 가져온다. SIU 는 8 개의 외부 인터럽트 핀들(IRQ0~7)과 8 개의 내부 소스, 총 16 개의 인터럽트 소스로부터 인터럽트를 받는다. 그 중 하나는 CPM 이 될 수 있는데, 이것은 IREQ 입력을 코어(core)로 가져간다. IREQ 핀이 인터럽트를 발생시키면, 외부의 인터럽트 처리가 시작된다. 우선순위 레벨은 그림 8-8b 에서 나타내고 있다.

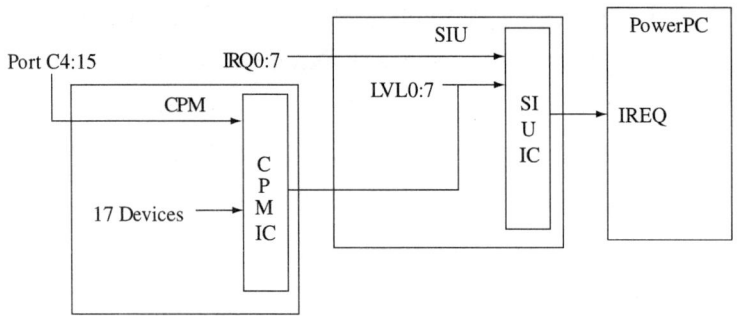

>> 그림 8-8a 모토롤라/프리스케일 MPC860 인터럽트 핀[8-4]
저작권자 Freescale Semiconductor, Inc.의 허가하에 발췌

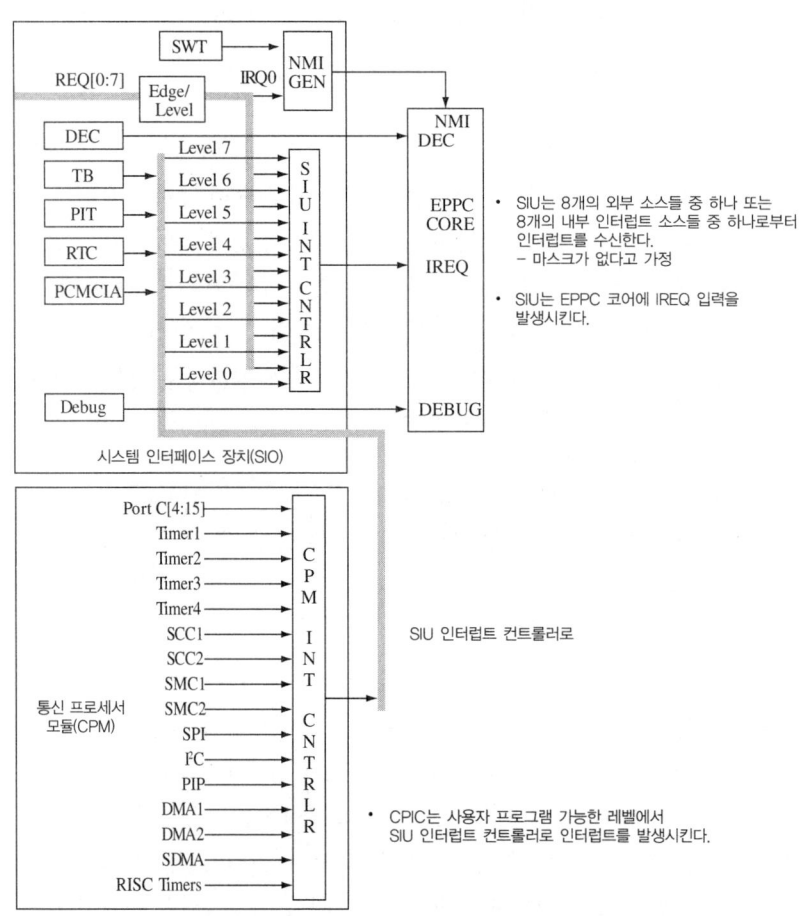

>> 그림 8-8b 모토롤라/프리스케일 MPC860 인터럽트 레벨[8-4]
저작권자 Freescale Semiconductor, Inc.의 허가하에 발췌

그림 8-9a, 8-9b에서 보여주고 있는 또 다른 프로세서인 68000에서는, 8개 레벨의 인터

럽트(0~7)가 있는데, 여기서 레벨 7이 가장 높은 우선순위의 인터럽트이다. 68000 인터럽트 테이블(그림 8-9b 참고)은 256 개의 32 비트 벡터들을 포함하고 있다.

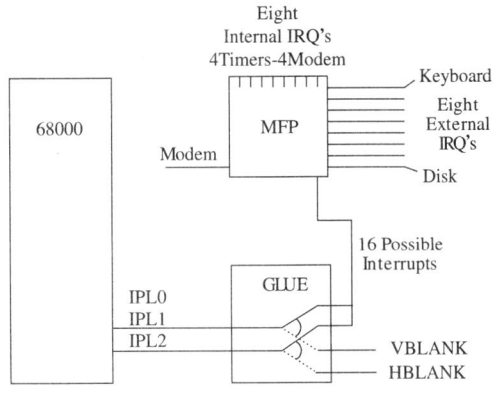

MFP 대 스크린 인터럽트

>> 그림 8-9a 모토롤라/프리스케일 68000 IRQ[8-6]
3개의 IRQ 핀 : IPL0, IPL1, IPL2가 있다.

Vector Number[s]	Vector Offset (Hex)	Asssignment
0	000	Reset Initial Interrupt Stack Pointer
1	004	Reset initial Program Counter
2	008	Access Fault
3	00C	Address Error
4	010	Illegal Instruction
5	014	Integer Divide by Zero
6	018	CHK, CHK2 instruction
7	01C	FTRAPcc, TRAPcc, TRAPV instructions
8	020	Privilege Violation
9	024	Trace
10	028	Line 1010 Emulator (Unimplemented A-Line Opcode)
11	02C	Line 1111 Emulator (Unimplemented F-line Opcode)
12	030	(Unassigned, Reserved)
13	034	Coprocessor Protocol Violation
14	038	Format Error
15	03C	Uninitialized Interrupt
16–23	040–050	(Unassigned, Reserved)
24	060	Spurious Interrupt
25	064	Level 1 Interrupt Autovector
26	068	Level 2 Interrupt Autovector
27	06C	Level 3 Interrupt Autovector
28	070	Level 4 Interrupt Autovector
29	074	Level 5 Interrupt Autovector
30	078	Level 6 Interrupt Autovector
31	07C	Level 7 Interrupt Autovector
32–47	080–08C	TRAP #0 D 15 Instructor Vectors
48	0C0	FP Branch or Set on Unordered Condition
49	0C4	FP Inexact Result
50	0C8	FP Divide by Zero
51	0CC	FP Underflow
52	0D0	FP Operand Error
53	0D4	FP Overflow
54	0D8	FP Signaling NAN
55	0DC	FP Unimplemented Data Type (Defined for MC68040)
56	0E0	MMU Configuration Error
57	0E4	MMU Illegal Operation Error
58	0E8	MMU Access Level Violation Error
59–63	0ECD0FC	(Unassigned, Reserved)
64–255	100D3FC	User Defined Vectors (192)

>> 그림 8-9b 모토롤라/프리스케일 68K IRQ 인터럽트 테이블[8-6]

그림 8-10a에서 보여주고 있는 M37267M8 아키텍처는 인터럽트들이 16개의 이벤트(13개의 내부 이벤트, 2개의 외부 이벤트, 1개의 소프트웨어 이벤트)에 의해 발생되도록 만든다. 이것들의 우선순위와 사용은 그림 8-10b에 요약 정리되어 있다.

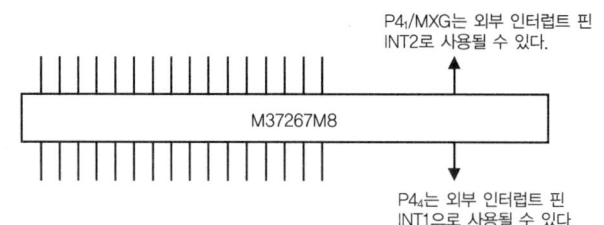

>> 그림 8-10a 미쯔비시 M37267M8 8비트 TV 마이크로 컨트롤러 인터럽트[8-5]

인터럽트 소스	우선순위	인터럽트 원인
RESET	1	(마스크 불가)
CRT	2	CRT로 문자 블록 디스플레이가 완료된 후 발생
INT 1	3	외부 인터럽트 ** 프로세서가 핀의 레벨이 0(LOW)에서 1(HIGH)로 또는 1(HIGH)에서 0(LOW)으로 변하는 것을 감지하면 인터럽트 요청 발생
데이터 슬라이서	4	캡션 위치 레지스터 내에 규정된 라인의 끝에서 인터럽트 발생
직렬 I/O	5	동기 직렬 I/O 함수로부터 인터럽트 요청
Timer 4	6	타이머 4의 오버플로우에 의해 인터럽트 발생
Xin & 4096	7	f(Xin)/4096 주기로 인터럽트가 규칙적으로 발생
Vsync	8	수직 동기 신호와 동기화되어 인터럽트 요청
Timer 3	9	타이머 3의 오버플로우에 의해 인터럽트 발생
Timer 2	10	타이머 2의 오버플로우에 의해 인터럽트 발생
Timer 1	11	타이머 1의 오버플로우에 의해 인터럽트 발생
INT 2	12	외부 인터럽트 ** 프로세서가 핀의 레벨이 0(LOW)에서 1(HIGH)로 또는 1(HIGH)에서 0(LOW)으로 변하는 것을 감지하면 인터럽트 요청 발생
멀티마스터 I^2C 버스 인터페이스	13	I^2C 버스 인터페이스와 관련됨
Timer 5&6	14	타이머 5 또는 6의 오버플로우에 의해 인터럽트 발생
BRK 명령어	15	(마스크 불가한 소프트웨어)

>> 그림 8-10b 미쯔비시 M37267M8 8비트 TV 마이크로 컨트롤러 인터럽트 테이블[8-5]

몇 가지 서로 다른 인터럽트 방식은 다양한 아키텍처에서 구현된다. 이 방식들은 보통 다음의 세 가지 모델 중 하나에 속해 있다. 동등한 싱글 레벨, 여기서는 가장 나중에 발생한 인터럽트가 CPU를 얻는다. 정적 멀티레벨, 여기서 우선순위는 우선순위 인코더에 의해 할당되며, 가장 높은 우선순위를 갖는 인터럽트가 CPU를 얻는다. 동적 멀티레벨, 여기서는 우선순위 인코더가 우선순위를 할당하며, 우선순위는 새로운 인터럽트가 발생하였을 때 재할당된다.

문맥 전환

하드웨어 메커니즘이 어떤 인터럽트가 처리될지를 결정하고 인터럽트에 응답을 하면, 현재의 명령어열은 중단되고 주 프로세서가 현재 실행되는 명령어열을 또 다른 명령어 세트로 바꾸는 과정인 **문맥 전환**(context switch)이 수행된다. 인터럽트의 결과로 수행될 이러한 명령어의 대체 세트를 가리켜 **인터럽트 서비스 루틴**(interrupt service routine : ISR) 또는 **인터럽트 핸들러**(interrupt handler)라고 부른다. ISR은 인터럽트가 발생되었을 때 수행되는 단지 빠르고 짧은 프로그램이다. 특별한 인터럽트를 위해 수행되는 특정 ISR은 발생한 인터럽트가 비벡터 방식인지 벡터 방식인지에 따라 달라진다. 비벡터 방식의 인터럽트의 경우는, 메모리 위치가 PC(프로그램 카운터) 또는 모든 비벡터 인터럽트들에 대해 분기할 수 있는 어떤 유사한 메커니즘에 대한 ISR의 시작을 포함하고 있다. 그러면 ISR 코드는 인터럽트의 소스를 결정하고 적절한 처리를 수행한다. 벡터 방식에서는 전형적으로 인터럽트 벡터 테이블이 ISR의 어드레스를 포함하고 있다.

인터럽트 문맥 전환과 관련된 단계들은 현재 프로그램의 명령어 실행을 멈추고, 전용이든 다른 시스템 소프트웨어와 공유하고 있든 스택에 문맥정보(레지스터, PC 또는 ISR을 수행한 후 프로세서가 되돌아가야 하는 장소를 가리키는 유사한 메커니즘)를 저장하고, 다른 인터럽트들을 비활성화하는 것을 포함한다. 주 프로세서가 ISR의 실행을 마치면, 문맥정보를 가이드로 인터럽트가 발생했을 때의 본래의 명령어열로 되돌아간다.

위에서 설명한 메커니즘을 기초로, 디바이스 드라이버 코드에 의해 제공되는 인터럽트 서비스는 주 CPU 상에 있는 인터럽트 제어 레지스터와 인터럽트 컨트롤러의 비활성화를 통해 인터럽트들을 **활성화/비활성화**(enabling/disabling)하고, ISR을 인터럽트 테이블에 **연결**(connecting)하고, 주변장치에게 인터럽트 레벨과 인터럽트 번호를 제공하고, 그에 상응하는 레지스터들에게 어드레스와 제어 데이터를 제공하는 것 등을 포함한다. 인터럽트 접근 드라이버에서 구현되어 있는 추가의 서비스로는 인터럽트의 **락/언락**(locking/unlocking)과 실제 ISR의 구현이 있을 수 있다. 다음 예제에서의 의사 코드는 MPC860 상에서의 인터럽트 처리 초기화와 (CPM과 SIU 안에서의) 인터럽트 서비스 기초로서 동작하는 접근 드라이버들을 보여주고 있다.

인터럽트 디바이스 드라이버 의사 코드 예

다음의 의사 코드 예는 MPC860에서 다양한 인터럽트 처리 루틴들, 특히 이 아키텍처에 대한 참고로 스타트업, 셧다운, 비활성화, 활성화, 인터럽트 서비스 기능들을 구현한 것을 보여준다. 이 예제들은 MPC860과 같은 보다 복잡한 아키텍처에서 인터럽트 처리가 어떻게 구현되는지를 보여주고 있다. 이 예제들은 차례로, 이것보다 더 복잡하거나 덜 복잡한 다른 프로세서에서는 인터럽트 처리 드라이버를 어떻게 작성하는지를 이해하기 위한 가이드로서 사용될 수 있다.

MPC860에서의 인터럽트 처리 스타트업(초기화)

MPC860에서의 인터럽트들 초기화 개요(CPM과 SIU에서)

1. MPC860 예에서 CPM 인터럽트 초기화

    1.1 CICR을 통해 인터럽트 우선순위를 설정한다.

    1.2 CIMR을 통해 인터럽트들을 위한 각각의 활성화 비트를 설정한다.

    1.3 CPM이 인터럽트를 발생시키기 위해 사용하는 레벨과 관련된 SIU 비트를 설정하는 것을 포함하여 SIU 마스크 레지스터를 통해 SIU 인터럽트를 초기화한다.

    1.4 모든 CPM 인터럽트들을 위한 마스크 활성화 비트를 설정한다.

2. MPC860 예에서 SIU 인터럽트 초기화

    2.1 외부 인터럽트들을 위해 에지 트리거 또는 레벨 트리거 인터럽트 처리방식을 선택하여 어떤 프로세서가 저전력 모드에서 깨어날 수 있도록 하기 위해 SIEL 레지스터를 초기화한다.

    2.2 CPM이 인터럽트를 발생시키기 위해 사용하는 레벨과 관련된 SIU 비트를 설정하는 것을 포함하여 SIU 마스크 레지스터를 통해 SIU 인터럽트를 초기화한다.

    ** MPC860 'mtspr' 명령어를 통해 모든 인터럽트들을 활성화하는 것은 다음 단계인 인터럽트 처리 활성화를 살펴보아라.

    // 인터럽트를 위해 CMP 초기화하기 – 4단계 프로세스

    // ***** 1단계 *****

    // 24 비트 CICR(그림 8-11 참고)을 초기화하기, 우선순위와 인터럽트 레벨 설정하기,

// 인터럽트 요청 레벨 IRL[0:2]는 사용자가 CPM 인터럽트의 우선순위 요청 레벨을 레벨
// 0(가장 높은 우선순위, HP)에서 레벨 7(가장 낮은 우선순위) 사이의 어떤 수로
// 프로그래밍할 수 있게 한다.

CICR – CPM 인터럽트 설정 레지스터

0	1	2	3	4	5	6	7	8	9	10	11	12	13	14	15
								SCdP		SCcP		SCbP		SCaP	

16	17	18	19	20	21	22	23	24	25	26	27	28	29	30	31
IRL0_IRL2			HP0_HP4					IEN		-					SPS

>> 그림 8-11a CICR 레지스터[8-2]

SCC	Code	최상위 SCaP	SCbP	최하위 SCcP	SCdP
SCC1	00			00	
SCC2	01		01		
SCC3	10	10			
SCC4	11				11

>> 그림 8-11b SCC 우선순위[8-2]

CIPR – CPM 인터럽트 펜딩 레지스터

0	1	2	3	4	5	6	7	8	9	10	11	12	13	14	15
PC15	SCC1	SCC2	SCC3	SCC4	PC14	Timer1	PC13	PC12	SDMA	IDMA1	IDMA2	-	Timer2	R_TT	I2C

16	17	18	19	20	21	22	23	24	25	26	27	28	29	30	31
PC11	PC10	-	Timer3	PC9	PC8	PC7	-	Timer4	PC6	SPI	SMC1	SMC2/PIP	PC5	PC4	-

>> 그림 8-11c CIPR 레지스터[8-2]

```
int RESERVED94 = 0xFF000000;   // 비트 0~7은 예약되어 있다. 모두 1로 설정한다.

// PowerPC SCC는 서로서로 상대적인 우선순위를 가지고 있다. 각 SCxP 영역은 각 SCC의 우선
// 순위를 나타낸다. 여기서 SCdP는 가장 낮은 우선순위를 나타내며, SCaP는 가장 높은 우선순
// 위를 나타낸다. 각 SCxP 영역은 각 SCC에 대해 하나씩 2비트(0~3)로 구성되어 있는데, 여기
// 서 0d(00b) = SCC1, 1d(01b) = SCC2, 2d(10b) = SCC3, 그리고 3d(11b) = SCC4를 나타낸다.
// 그림 8-11b를 참고하라.

int CICR.SCdP = 0x00C00000;    // 비트 8~9는 모두 1, SCC4는 가장 낮은 우선순위
int CICR.SCcP = 0x00000000;    // 비트 10~11은 모두 0, SCC1은 2번째로 낮은 우선순위
int CICR.SCbP = 0x00040000;    // 비트 12~13은 01b, SCC2는 2번째로 높은 우선순위
int CICR.SCaP = 0x00020000;    // 비트 14~15는 10b, SCC3는 가장 높은 우선순위
```

```
// IRL0~IRL2는 인터럽트 요청 레벨이라고 불리는 3비트의 설정변수이다. 그것은 사용자가 비
// 트 16~18을 가지고 있는 CPM의 인터럽트 요청 레벨을 SIU 안에 매핑되어 있는 그 우선순위
// 에 따라 0~7의 값으로 프로그래밍할 수 있도록 해준다. 이 예제에서 모든 3비트들이 1로 설
// 정되어 있기 때문에 우선순위는 7이다.
int CICR.IRL0 = 0x00008000;    // 인터럽트 요청 레벨 0(비트 16) = 1
int CICR.IRL1 = 0x00004000;    // 인터럽트 요청 레벨 1(비트 17) = 1
int CICR.IRL2 = 0x00002000;    // 인터럽트 요청 레벨 2(비트 18) = 1

// HP0~HP4는 CPM 인터럽트 컨트롤러 인터럽트 소스들(그림 8-8b 참고) 중 하나를 가장 높은
// 우선순위 소스로 표현하기 위해 사용되는 5비트(19~23)의 값이다. 이 소스들은 CIPR 레지스터
// 안의 그 위치와 관련되어 있다(그림 8-11c 참고). 이 예제에서는 PowerPC 코어에 연결된 가
// 장 높은 우선순위의 소스가 PC15가 되도록 하기 위해 HP0~HP4 = 11111b(31d)로 설정하였다.
int CICR.HP0 = 0x00001000;     /* 가장 높은 우선순위 */
int CICR.HP1 = 0x00000800;     /* 가장 높은 우선순위 */
int CICR.HP2 = 0x00000400;     /* 가장 높은 우선순위 */
int CICR.HP3 = 0x00000200;     /* 가장 높은 우선순위 */
int CICR.HP4 = 0x00000100;     /* 가장 높은 우선순위 */

// IEN 비트 24 - CPM 인터럽트를 위한 마스터 활성화 - 여기서는 활성화하지 않는다(4단계 참고).

int RESERVED95 = 0x0000007E;   // 비트 25~30은 예약되어 있다. 모두 1로 설정한다.
int CICR.SP5 = 0x00000001;     // SCC가 테이블의 상단에 있는 우선순위에 의해 그룹화되기
                               // 보다는 인터럽트 테이블 안에 있는 우선순위에 의해 펼쳐져
                               // 있는 전개 우선순위 방식
```

// ***** 2단계 *****

// CIMR 레지스터(각 비트는 CPM 인터럽트 소스에 대응) 안에 원하는 인터럽트 소스

// 와 관련된 비트들을 설정함으로써 32비트 CIMR(그림 8-12 참고), CMP에 대응되는

// CIMR 비트들, CIPR(그림 8-11c 참고)에서 가리키는 인터럽트 소스들을 초기화한다.

CIMR - CPM 인터럽트 마스크 레지스터

0	1	2	3	4	5	6	7	8	9	10	11	12	13	14	15
PC15	SCC1	SCC2	SCC3	SCC4	PC14	Timer 1	PC13	PC12	SDMA	IDMA 1	IDMA 2	-	Timer 2	R_TT	I2C

16	17	18	19	20	21	22	23	24	25	26	27	28	29	30	31
PC11	PC10	-	Timer 3	PC9	PC8	PC7	-	Timer 4	PC6	SPI	SMC1	SMC2 /PIP	PC5	PC4	-

>> 그림 8-12 CIMR 레지스터[8-2]

```
int CIMR.PC15 = 0x80000000;           // PC15(비트 0) 1로 설정, 인터럽트 소스 활성화
int CIMR.SCC1 = 0x40000000;           // SCC1(비트 1) 1로 설정, 인터럽트 소스 활성화
int CIMR.SCC2 = 0x20000000;           // SCC2(비트 2) 1로 설정, 인터럽트 소스 활성화
int CIMR.SCC4 = 0x08000000;           // SCC4(비트 4) 1로 설정, 인터럽트 소스 활성화
int CIMR.PC14 = 0x04000000;           // PC14(비트 5) 1로 설정, 인터럽트 소스 활성화
int CIMR.TIMER1 = 0x02000000;         // TIMER1(비트 6) 1로 설정, 인터럽트 소스 활성화
int CIMR.PC13 = 0x01000000;           // PC13(비트 7) 1로 설정, 인터럽트 소스 활성화
int CIMR.PC12 = 0x00800000;           // PC12(비트 8) 1로 설정, 인터럽트 소스 활성화
int CIMR.SDMA = 0x00400000;           // SDMA(비트 9) 1로 설정, 인터럽트 소스 활성화
int CIMR.IDMA1 = 0x00200000;          // IDMA1(비트 10) 1로 설정, 인터럽트 소스 활성화
int CIMR.IDMA2 = 0x00100000;          // IDMA2(비트 11) 1로 설정, 인터럽트 소스 활성화
int RESERVED100 = 0x00080000;         // 사용되지 않는 비트 12
int CIMR.TIMER2 = 0x00040000;         // TIMER2(비트 13) 1로 설정, 인터럽트 소스 활성화
int CIMR.R.TT = 0x00020000;           // R-TT(비트 14) 1로 설정, 인터럽트 소스 활성화
int CIMR.I2C = 0x00010000;            // I2C(비트 15) 1로 설정, 인터럽트 소스 활성화
int CIMR.PC11 = 0x00008000;           // PC11(비트 16) 1로 설정, 인터럽트 소스 활성화
int CIMR.PC10 = 0x00004000;           // PC10(비트 17) 1로 설정, 인터럽트 소스 활성화
int RESERVED101 = 0x00002000;         // 사용되지 않는 비트 18
int CIMR.TIMER3 = 0x00001000;         // TIMER3(비트 19) 1로 설정, 인터럽트 소스 활성화
int CIMR.PC9 = 0x00000800;            // PC9(비트 20) 1로 설정, 인터럽트 소스 활성화
int CIMR.PC8 = 0x00000400;            // PC8(비트 21) 1로 설정, 인터럽트 소스 활성화
int CIMR.PC7 = 0x00000200;            // PC7(비트 22) 1로 설정, 인터럽트 소스 활성화
int RESERVED102 = 0x00000100;         // 사용되지 않는 비트 23
int CIMR.TIMER4 = 0x00000080;         // TIMER4(비트 24) 1로 설정, 인터럽트 소스 활성화
int CIMR.PC6 = 0x00000040;            // PC6(비트 25) 1로 설정, 인터럽트 소스 활성화
int CIMR.SPI = 0x00000020;            // SPI(비트 26) 1로 설정, 인터럽트 소스 활성화
int CIMR.SMC1 = 0x00000010;           // SMC1(비트 27) 1로 설정, 인터럽트 소스 활성화
int CIMR.SMC2-PIP = 0x00000008;       // SMC2/PIP(비트 28) 1로 설정, 인터럽트 소스 활성화
int CIMR.PC5 = 0x00000004;            // PC5(비트 29) 1로 설정, 인터럽트 소스 활성화
int CIMR.PC4 = 0x00000002;            // PC4(비트 30) 1로 설정, 인터럽트 소스 활성화
int RESERVED103 = 0x00000001;         // 사용되지 않는 비트 31
```

// ***** 3단계 *****

// CPM이 인터럽트를 발생시키기 위해 사용하는 레벨과 관련된 SIU 비트를 설정하여

// SIU 인터럽트 마스크 레지스터(그림 8-13 참고)를 초기화한다.

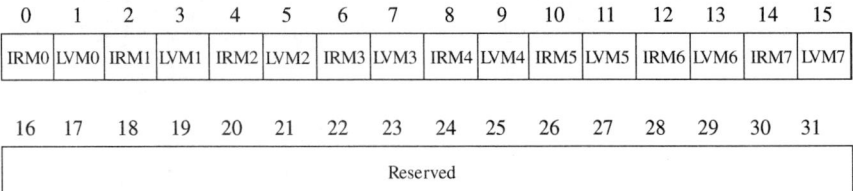

>> 그림 8-13 SIMASK 레지스터[8-2]

```
int SIMASK.IRM0 = 0x80000000;    // 외부 인터럽트 입력 레벨 0 활성화
int SIMASK.LVM0 = 0x40000000;    // 내부 인터럽트 입력 레벨 0 활성화
int SIMASK.IRM1 = 0x20000000;    // 외부 인터럽트 입력 레벨 1 활성화
int SIMASK.LVM1 = 0x10000000;    // 내부 인터럽트 입력 레벨 1 활성화
int SIMASK.IRM2 = 0x08000000;    // 외부 인터럽트 입력 레벨 2 활성화
int SIMASK.LVM2 = 0x04000000;    // 내부 인터럽트 입력 레벨 2 활성화
int SIMASK.IRM3 = 0x02000000;    // 외부 인터럽트 입력 레벨 3 활성화
int SIMASK.LVM3 = 0x01000000;    // 내부 인터럽트 입력 레벨 3 활성화
int SIMASK.IRM4 = 0x00800000;    // 외부 인터럽트 입력 레벨 4 활성화
int SIMASK.LVM4 = 0x00400000;    // 내부 인터럽트 입력 레벨 4 활성화
int SIMASK.IRM5 = 0x00200000;    // 외부 인터럽트 입력 레벨 5 활성화
int SIMASK.LVM5 = 0x00100000;    // 내부 인터럽트 입력 레벨 5 활성화
int SIMASK.IRM6 = 0x00080000;    // 외부 인터럽트 입력 레벨 6 활성화
int SIMASK.LVM6 = 0x00040000;    // 내부 인터럽트 입력 레벨 6 활성화
int SIMASK.IRM7 = 0x00020000;    // 외부 인터럽트 입력 레벨 7 활성화
int SIMASK.LVM7 = 0x00010000;    // 내부 인터럽트 입력 레벨 7 활성화
int RESERVED6   = 0x0000FFFF;    //         비트 16~31은 예약되어 있다.
```

// ***** 4단계 *****

```
// CICR 레지스터의 IEN 비트 24 - CPM 인터럽트를 위해 마스터 활성화
int CICR.IEN = 0x00000080;       // 인터럽트 활성화된 IEN = 1
```

// 인터럽트를 위해 SIU 초기화하기 - 2단계 프로세스

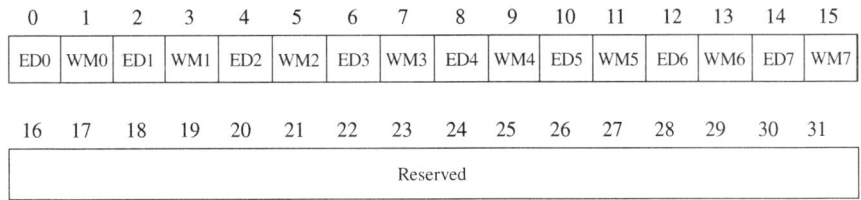

>> 그림 8-14 SIEL 레지스터[8-2]

// ***** 1단계 *****

// 외부 인터럽트에 대해(비트 0, 2, 4, 6, 8, 10, 12, 14) 에지 트리거(하강 에지에서 인터럽
// 트 요청을 가리키기 위해 1로 설정) 또는 레벨 트리거(0 논리 레벨에서 인터럽트 요
// 청을 가리키기 위해 0으로 설정) 인터럽트 처리를 설정하고, 어떤 프로세서가 저전
// 력 모드에서 벗어날 수 있는지를(비트 1, 3, 5, 7, 9, 11, 13, 15) 선택하기 위해 SIEL
// 레지스터(그림 8-14 참고)를 초기화한다. 0으로 설정하면 NO를, 1로 설정하면 YES
// 를 의미한다.

```
int SIEL.ED0 = 0x80000000;    // 인터럽트 레벨 0(하강) 에지 트리거
int SIEL.WM0 = 0x40000000;    // 인터럽트 레벨 0에서의 IRQ는 CPU가 저전력 모드에서 벗어
                              // 나게 한다.
int SIEL.ED1 = 0x20000000;    // 인터럽트 레벨 1(하강) 에지 트리거
int SIEL.WM1 = 0x10000000;    // 인터럽트 레벨 1에서의 IRQ는 CPU가 저전력 모드에서 벗어
                              // 나게 한다.
int SIEL.ED2 = 0x08000000;    // 인터럽트 레벨 2(하강) 에지 트리거
int SIEL.WM2 = 0x04000000;    // 인터럽트 레벨 2에서의 IRQ는 CPU가 저전력 모드에서 벗어
                              // 나게 한다.
int SIEL.ED3 = 0x02000000;    // 인터럽트 레벨 3(하강) 에지 트리거
int SIEL.WM3 = 0x01000000;    // 인터럽트 레벨 3에서의 IRQ는 CPU가 저전력 모드에서 벗어
                              // 나게 한다.
int SIEL.ED4 = 0x00800000;    // 인터럽트 레벨 4(하강) 에지 트리거
int SIEL.WM4 = 0x00400000;    // 인터럽트 레벨 4에서의 IRQ는 CPU가 저전력 모드에서 벗어
                              // 나게 한다.
int SIEL.ED5 = 0x00200000;    // 인터럽트 레벨 5(하강) 에지 트리거
```

```
int SIEL.WM5 = 0x00100000;      // 인터럽트 레벨 5에서의 IRQ는 CPU가 저전력 모드에서 벗어
                                // 나게 한다.
int SIEL.ED6 = 0x00080000;      // 인터럽트 레벨 6(하강) 에지 트리거
int SIEL.WM6 = 0x00040000;      // 인터럽트 레벨 6에서의 IRQ는 CPU가 저전력 모드에서 벗어
                                // 나게 한다.
int SIEL.ED7 = 0x00020000;      // 인터럽트 레벨 7(하강) 에지 트리거
int SIEL.WM7 = 0x00010000;      // 인터럽트 레벨 7에서의 IRQ는 CPU가 저전력 모드에서 벗어
                                // 나게 한다.
int RESERVED7 = 0x0000FFFF;     // 비트 16~31은 사용되지 않는다.
```

```
// ***** 2단계 *****

// SIMASK 레지스터 초기화 – CPM 초기화를 위한 3단계 수행
```

MPC860에서의 인터럽트 처리 셧다운

MPC860에서는 본래 처리중에 인터럽트들을 비활성화하는 것 외에 다른 셧다운 프로세스는 없다.

```
// CICR의 비트 24인 IEN을 통해 모든 인터럽트의 비활성화 – CPM 인터럽트를 위해
// 비활성화
CICR.IEN = "CICR.IEN" AND "0";   // 인터럽트 비활성화된 IEN = 0
```

MPC860에서의 인터럽트 처리 비활성화

```
// 특정 인터럽트를 비활성화하는 것은 SIMASK를 수정하는 것을 의미한다. 따라서 예를 들어 레
// 벨 7에 있는 외부 인터럽트(IRQ7)를 비활성화하는 것은 비트 14를 클리어함으로써 수행
// 가능하다.
SIMASK.IRM7 = "SIMASK.IRM7" AND "0";   // 외부 인터럽트 입력 레벨 7 비활성화

// 모든 인터럽트를 비활성화하는 것은 mtspr 명령어를 가지고 수행할 수 있다.
mtspr 82,0;    // mtspr(move to special purpose register) 명령어를 통해 인터럽트들을
               // 비활성화
```

MPC860에서의 인터럽트 처리 활성화

```
// 이 예제의 초기화 영역에서 수행된 특정 인터럽트의 활성화 - 모든 인터럽트의 인터럽트 활성
// 화는 mtspr 명령어를 가지고 수행할 수 있다.
mtspr 80,0;    // mtspr(move to special purpose register) 명령어를 통해
               // 인터럽트들을 활성화

// 특정 인터럽트를 활성화하는 것은 SIMASK를 수정하는 것을 의미한다. 그러므로 예를 들어
// 레벨 7의 외부 인터럽트(IRQ7)는 비트 14를 설정함으로써 수행된다.

SIMASK.IRM7 = "SIMASK.IRM7" OR "1";  // 외부 인터럽트 입력 레벨 7 활성화
```

MPC860에서의 인터럽트 처리 서비스

일반적으로 이러한 ISR(대부분의 ISR)은 기본적으로 인터럽트들을 먼저 비활성화시키고, 문맥을 저장하고, 인터럽트를 처리하고, 문맥정보를 복원한 다음 인터럽트를 활성화시킨다.

```
InterruptServiceRoutineExample()
{
    ...
    // 인터럽트들 비활성화
    disableInterrupt();   // mtspr82,0;
    // 레지스터들을 저장한다.
    saveState();
    // SI 벡터 레지스터(SIVEC)로부터 어떤 인터럽트인지를 읽는다.
    interruptCode = SIVEC.IC;

    // 만약 IRQ7이면 실행한다.
    if(interruptCode = IRQ7){
    ...
    // 만약 IRQx가 에지 트리거이면, SI 펜딩 레지스터 안에 있는 서비스 비트를 "1"을 넣어서
    // 클리어한다.
    SIPEND.IRQ7 = SIPEND.IRQ7 OR "1";
    // 주 프로세스
    ...
    } // endif IRQ7

    // 레지스터를 복원한다.
    restoreState();
    // 인터럽트들 다시 활성화
    enableInterrupts();   //mtspr80,0;
}
```

인터럽트 처리와 성능

임베디드 디자인의 성능은 인터럽트 처리방식과 관련된 **지연**(latency)에 의해 영향을 받는다. 인터럽트 지연은 본래 인터럽트가 트리거되었을 때부터, ISR이 실행되기 시작할 때까지의 시간을 말한다. 일반적인 환경하에서 주 CPU는 인터럽트 요청과 인터럽트 응답을 처리하고, (벡터 방식에서는) 인터럽트 벡터를 찾아서 ISR로 문맥 전환을 하는 데 걸리는 시간에 대해 많은 오버헤드를 가진다. 더 높은 우선순위의 인터럽트를 처리하는 동안 낮은 우선순위의 인터럽트가 트리거되거나, 낮은 우선순위의 인터럽트를 처리하는 동안 높은 우선순위의 인터럽트가 트리거되는 경우, 본래의 더 낮은 우선순위의 인터럽트에 대한 인터럽트 지연은 증가한다. 왜냐하면, (근본적으로 더 낮은 우선순위의 인터럽트가 비활성화되어 있는 한) 더 높은 우선순위의 인터럽트가 처리되는 데 걸리는 시간을 포함하기 때문이다. 그림 8-15는 인터럽트 지연에 영향을 주는 변수들을 요약 정리하고 있다.

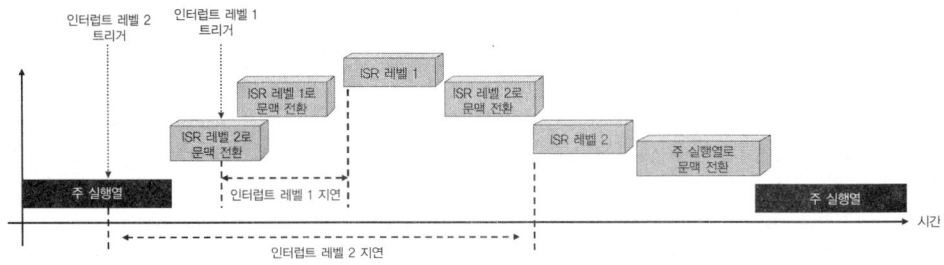

>> 그림 8-15 인터럽트 지연

ISR 그 자체에서는, ISR의 시작 부분에서 문맥정보를 저장하고 ISR의 끝 부분에서 이를 복원하기 위해 추가의 오버헤드가 발생된다. 인터럽트가 발생하기 전에 CPU가 실행하고 있었던 본래의 명령어열로 문맥을 되돌리는 시간은 전체 인터럽트 실행시간에 추가된다. 인터럽트 처리의 하드웨어 면이 소프트웨어 제어하에 있을 때 문맥정보가 저장될 때와 관련된 오버헤드와 ISR이 프로그래밍 언어에 의해 어떻게 작성되는지를 자바와 같은 고급 언어로 작성된 더 큰 ISR과는 반대로, 더 작은 ISR, 즉 어셈블리와 같은 저급 언어로 작성된 ISR 또는 ISR의 시작과 끝에서 문맥정보를 저장하고 복원하는 것은 인터럽트 처리 실행시간을 줄여주고 성능을 증가시켜 준다.

8.2 | 예2 : 메모리 디바이스 드라이버

실제로 모든 종류의 물리 메모리들은 독특한 행과 열에 의해 어드레싱된 셀들로 구성된 이차원 배열(행렬)이지만, 주 프로세서와 프로그래머들은 메모리를 **메모리 맵**(memory map, 그림 8-16 참고)이라 불리는 커다란 일차원 배열로 바라본다. 메모리 맵 안에서 배열의 각 셀은 바이트(8 비트)의 행이며, 행당 바이트의 수는 데이터 버스의 폭(8 비트, 16 비트, 32 비트, 64 비트 등)에 따라 다르다. 이것은 주 아키텍처의 레지스터들의 폭에 따라 다르다. 물리 메모리가 소프트웨어의 관점에서 참조될 때, 그것은 논리 메모리라고 불리며, 그 가장 기본적인 단위는 바이트이다. 논리 메모리는 전체 임베디드 시스템에서 모든 물리 메모리(레지스터, ROM, RAM)로 구성된다.

어드레스 범위	접근 가능한 장치	포트 폭
0x00000000 ~ 0x003FFFFF	플래시 PROM 뱅크 1	32
0x00400000 ~ 0x007FFFFF	플래시 PROM 뱅크 2	32
0x04000000 ~ 0x043FFFFF	DRAM 4 Mbyte (1 Meg × 32 bit)	32
0x09000000 ~ 0x09003FFF	MPC 내부 메모리 맵	32
0x09100000 ~ 0x09100003	BCSR – 보드 제어&상태 레지스터	32
0x10000000 ~ 0x17FFFFFF	PCMCIA 채널	16

>> 그림 8-16 샘플 메모리 맵[8-4]

소프트웨어는 메모리 맵의 다양한 부분에 접근할 수 있는 능력을 가지고 있는 시스템 안에 프로세서들을 제공해야 한다. 메모리 하드웨어 메커니즘을 관리하는 것은 물론 주 프로세서와 보드상에 메모리를 관리하는 것과 관련된 소프트웨어는 전체적인 메모리 서브시스템을 관리하는 디바이스 드라이버들로 구성되어 있다. 메모리 서브시스템은 메모리 컨트롤러와 MMU와 같은 모든 종류의 메모리 관리 컴포넌트들과 레지스터, 캐시, ROM, DRAM 등과 같은 메모리 맵 안에 있는 메모리의 종류들을 포함하고 있다. 이 장의 시작 부분에서 소개하였던 디바이스 드라이버 기능 목록 가운데 10 개의 디바이스 드라이버들 중 6 개의 조합 또는 모든 조합들이 주로 구현된다. 이것들은 다음의 기능들을 포함하고 있다.

- **메모리 서브시스템 스타트업**(memory subsystem startup) 전원 인가 또는 리셋시 하드웨어 초기화(MMU를 위해 TLB 초기화, MMU 초기화 및 설정)

- **메모리 서브시스템 셧다운**(memory subsystem shutdown) 하드웨어를 전원이 꺼진 상태로 설정하는 것

- **메모리 서브시스템 비활성화**(memory subsystem disable) 다른 소프트웨어가 동작중에 하드웨어를 비활성화시키는 것(캐시 비활성화)

- **메모리 서브시스템 활성화**(memory subsystem enable) 다른 소프트웨어가 동작중에 하드웨어를 활성화시키는 것(캐시 활성화)

- **메모리 서브시스템 쓰기**(memory subsystem write) 메모리 안에 한 바이트 또는 여러 바이트를 저장하는 것(예를 들어, 캐시, ROM, 주 메모리 안에)

- **메모리 서브시스템 읽기**(memory subsystem read) 한 바이트 또는 여러 바이트의 형태로 데이터를 메모리에서 복사해 오는 것(캐시, ROM, 주 메모리 안에서)

어떤 종류의 데이터를 읽거나 쓰는가에 상관 없이, 메모리 안에 있는 모든 데이터들은 바이트의 열로 관리된다. 하나의 메모리 액세스는 데이터 버스의 크기에 제한되는 반면, 어떤 아키텍처들은 **세그먼트**(segment)라 불리는 더 큰 데이터의 **블록**(block, 연속적인 바이트 세트)으로의 접근을 관리하며, 더 복잡한 어드레스 변환방식을 구현하고 있다. 소프트웨어를 통해 제공되는 그러한 논리 어드레스는 세그먼트 번호(세그먼트의 시작 어드레스)와 메모리 위치의 물리 어드레스를 결정하기 위해 사용되는 오프셋(세그먼트 내의)으로 구성된다.

메모리 안에 어떤 바이트가 복원되거나 저장되는 순서는 아키텍처의 **바이트 정렬방식**(byte ordering)에 의해 달라진다. 두 가지의 가능한 바이트 정렬방식은 **리틀 엔디안**(little endian)과 **빅 엔디안**(big endian)이다. 리틀 엔디안 모드에서, 바이트들[1 바이트(8 비트) 방식에서의 '비트들']이 가장 낮은 바이트가 먼저 오는 순서로 저장되고 복원된다. 이것은 가장 낮은 바이트가 맨 왼쪽에 놓인다는 것을 의미한다. 빅 엔디안 모드에서 바이트들은 가장 높은 바이트가 먼저 오는 순서로 접근되는데, 이것은 가장 낮은 바이트가 맨 오른쪽에 위치한다는 것을 의미한다 (그림 8-17 참고).

홀수 뱅크		짝수 뱅크	
F	90	87	E
D	E9	11	C
8	F1	24	A
9	01	46	8
7	76	DE	6
5	14	33	4
3	55	12	2
1	AB	FF	0
	↓	↓	
	데이터 버스(15:8)	데이터 버스(7:0)	

리틀 엔디안 모드에서 만약 어드레스 '0'에서 1 바이트가 읽혀진다면 'FF'가 리턴될 것이며, 어드레스 '0'에서 2바이트가 읽혀진다면 'ABFF'가 읽혀질 것이다. (리틀 엔디안에서는 왼쪽에서 가장 멀리 떨어져 있는 가장 낮은 값부터 읽는다) 만약 어드레스 '0'에서 4 바이트가 읽혀진다면, '5512ABFF'가 읽혀질 것이다.

빅 엔디안 모드에서 만약 어드레스 '0'에서 1바이트가 읽혀진다면 'FF'가 리턴될 것이며, 어드레스 '0'에서 2바이트가 읽혀진다면 'FFAB'가 읽혀질 것이다. (리틀 엔디안에서는 오른쪽에서 가장 멀리 떨어져 있는 가장 낮은 값부터 읽는다) 만약 어드레스 '0'에서 4바이트가 읽혀진다면, '1255FFAB'가 읽혀질 것이다.

>> 그림 8-17 엔디안[8-4]

메모리 및 바이트 정렬과 관련하여 가장 중요한 점은 원하는 데이터가 아키텍처에 의해 정의된 바이트 정렬방식에 따라 메모리 안에 정렬되어 있지 않다면 성능이 크게 영향을 받을 수 있다는 것이다. 그림 8-17에서 볼 수 있는 것처럼, 메모리는 **메모리 뱅크**(memory bank)라 불리는 임베디드 보드의 영역에 연결된다. 뱅크들의 설정과 수는 플랫폼에 따라 다를 수 있지만, 메모리 어드레스는 홀수 또는 짝수의 뱅크 형식으로 정렬된다. 데이터가 리틀 엔디안 모드로 정렬되어 있다면, 짝수 뱅크에 있는 어드레스 '0'에서 읽은 데이터는 'ABFF'이며, 정렬된 메모리 액세스 또한 그렇다. 그래서 16비트의 데이터 버스가 주어진 경우에는 오직 하나의 메모리 액세스만이 필요하다. 하지만, 그림 8-17에서 보여지듯이 정렬되어 있는 메모리 안의 어드레스 '1'(홀수 뱅크)에서 데이터를 읽으려고 한다면, 리틀 엔디안 정렬방식은 '12AB' 데이터를 읽어야만 한다. 이것은 2개의 메모리 액세스, 하나는 홀수 바이트인 AB를 읽고, 다른 하나는 짝수 바이트인 '12'를 요구한다. 그리고 '12AB'와 같이 그것들을 정렬하기 위해서는 추가의 작업을 수행할 수 있도록 드라이버 코드 또는 프로세서 안에 어떤 메커니즘을 필요로 한다. 바이트 정렬방식에 따라 정렬된 메모리 안에 있는 데이터에 접근하는 것은 최소한 두 배 빠르게 접근할 수 있도록 하는 결과를 낳는다.

마지막으로, 소프트웨어에 의해 메모리가 실제 어떻게 접근되는가 하는 것은 소프트웨어를 작성하기 위해 사용되는 프로그래밍 언어에 따라 달라질 것이다. 예를 들어, 어셈블리 언어는 다양한 아키텍처에 특화된 어드레싱 모드를 가지며, 자바는 오브젝트를 통해 메모리의 수정을 가능하게 한다.

메모리 관리 디바이스 드라이버 의사 코드 예

다음의 의사 코드는 MPC860에서의 다양한 메모리 관리 루틴의 구현, 특히 아키텍처에 대한 스타트업, 비활성화, 활성화, 그리고 읽기/쓰기 기능들을 보여주고 있다. 이 예제들은 더 복잡한 아키텍처에서 메모리 관리가 어떻게 구현되는지를 보여주고 있으며, MPC860 아키텍처만큼 복잡하거나 덜 복잡한 다른 프로세서상에서 메모리 관리 드라이버를 어떻게 작성하는지를 이해하기 위한 가이드로 사용될 수 있다.

MPC860에서의 메모리 서브시스템 스타트업(초기화)

그림 8-18의 샘플 메모리 맵에서, 처음 두 뱅크들은 8MB의 플래시이고, 다음은 4MB의 DRAM, 그리고 내부 메모리 맵과 제어/상태 레지스터들을 위한 1MB가 온다. 그 맵의 남은 부분은 4MB의 추가 PCMCIA 카드를 나타낸다. 이 예제에서 초기화된 주 메모리 서브시스템 컴포넌트들은 그 자체가 물리 메모리 칩들(예를 들어, 플래시, DRAM)이며, MPC860의 경우 메모리 컨트롤러를 통해 초기화되며, 내부 메모리 맵(레지스터와 듀얼 포트 RAM)을 설정하고 MMU를 설정한다.

어드레스 범위	접근 가능한 장치	포트 폭
0x00000000 ~ 0x003FFFFF	플래시 PROM 뱅크 1	32
0x00400000 ~ 0x007FFFFF	플래시 PROM 뱅크 2	32
0x04000000 ~ 0x043FFFFF	DRAM 4Mbyte (1Meg × 32bit)	32
0x09000000 ~ 0x09003FFF	MPC 내부 메모리 맵	32
0x09100000 ~ 0x09100003	BCSR - 보드 제어&상태 레지스터	32
0x10000000 ~ 0x17FFFFFF	PCMCIA 채널	16

>> 그림 8-18 샘플 메모리 맵[8-4]

1. 메모리 컨트롤러 및 연결된 ROM/RAM 초기화하기

MPC860 메모리 컨트롤러(그림 8-19 참고)는 SRAM, EPROM, 플래시 EPROM, 다양한 DRAM 소자들, 그리고 다른 주변장치들(예를 들어, PCMCIA)과 인터페이스되는 8개의 메모리 뱅크를 제어한다. 그러므로 MPC860의 예제에서, 온-보드 메모리(플래시, SRAM, DRAM 등)는 메모리 컨트롤러를 초기화함으로써 초기화된다.

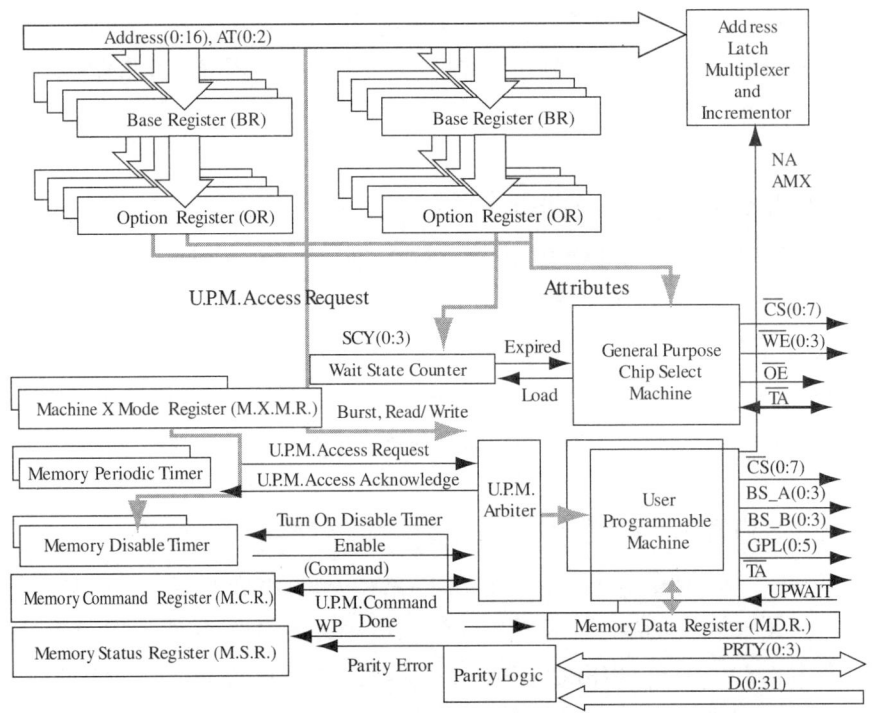

>> 그림 8-19 MPC860 집적 메모리 컨트롤러[8-4]
저작권자 Freescale Semiconductor, Inc.의 허가하에 발췌

메모리 컨트롤러는 두 가지 서로 다른 종류의 서브 장치인 범용 칩 셀렉트 기기(GPCM)와 사용자 프로그램 가능한 기기(UPM)를 가지고 있는데, 이것들은 일종의 메모리에 연결되기 위해 존재한다. GPCM은 SRAM, EPROM, 플래시 EPROM, 그리고 다른 주변장치(예를 들어, PCMCIA)에 연결될 수 있도록 디자인되어 있다. 반면, UPM은 DRAM을 포함하여 다양한 메모리에 연결될 수 있도록 디자인되어 있다. MPC860의 메모리 컨트롤러의 핀 아웃은 이러한 서브 장치를 다양한 종류의 메모리(그림 8-20a, 8-20b, 8-20c)에 연결하는 서로 다른 신호들을 반영한다. 모든 칩 셀렉트(CS)에 대해 관련 메모리 뱅크가 있다.

>> 그림 8-20a 메모리 컨트롤러 핀[8-4]
저작권자 Freescale Semiconductor, Inc.의 허가하에 발췌

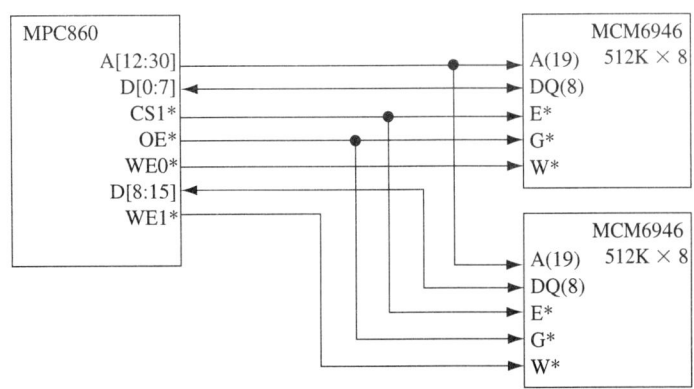

>> 그림 8-20b SRAM에 연결된 PowerPC[8-4]
저작권자 Freescale Semiconductor, Inc.의 허가하에 발췌

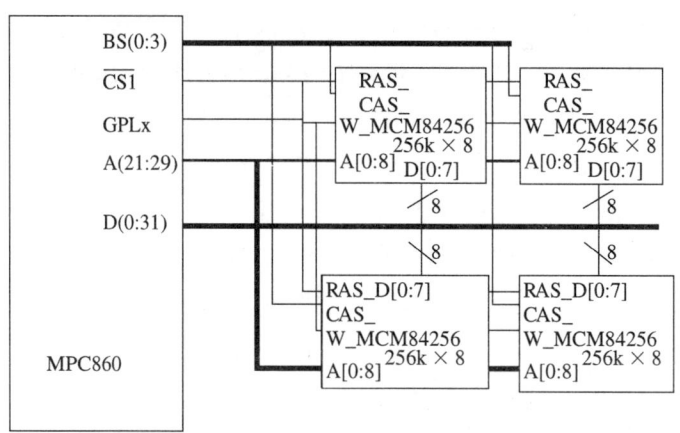

>> 그림 8-20c DRAM에 연결된 PowerPC[8-4]
저작권자 Freescale Semiconductor, Inc.의 허가하에 발췌

외부 메모리로의 새로운 접근 요청이 있을 때면, 메모리 컨트롤러는 관련 어드레스가 8개의 베이스 레지스터와 옵션 레지스터(뱅크 길이를 규정하는) 쌍(그림 8-21 참고)에 의해 정의된 8개의 어드레스 범주(각 뱅크당 하나) 가운데 하나에 속해 있는지 아닌지를 결정한다. 만약 그러하다면, 메모리 액세스는 원하는 어드레스를 포함하고 있는 메모리 뱅크가 위치한 메모리의 종류에 따라 GPCM 또는 UPM 중 하나에 의해 처리된다.

BRx - 베이스 레지스터

0	1	2	3	4	5	6	7	8	9	10	11	12	13	14	15
BA0 - BA15															

16	17	18	19	20	21	22	23	24	25	26	27	28	29	30	31
BA16	AT0_AT2			PS0_PS1		PARE	WP	MS0_MS1			Reserved			V

ORx - 옵션 레지스터

0	1	2	3	4	5	6	7	8	9	10	11	12	13	14	15
AM0 - AM15															

16	17	18	19	20	21	22	23	24	25	26	27	28	29	30	31
AM16	ATM0_ATM2			CSNT/SAM	ACS0_ACS1		BI	SCY0_SCY3				SETA	TRLX	EHTR	Res

>> 그림 8-21 베이스 레지스터와 옵션 레지스터[8-2]

각 메모리 뱅크는 한 쌍의 베이스 및 옵션 레지스터들(BR0/OR0~BR7/OR7)을 가지고 있기 때문에, 그것들은 메모리 컨트롤러 초기화 드라이버에서 설정되어야 한다. 베이스 레지스터(base register : BR) 영역은 16비트의 시작 어드레스 BA(비트 0~16), 어드레스의 종류(메모리 공간의 영역이 하나의 특정한 종류의 데이터로 제한되도록 한다)와 포트 크기(8,

16, 32비트)를 규정하는 AT(비트 17~19) 패리티 확인 비트, 뱅크를 쓰기 보호하는 비트(데이터에 읽기 전용 또는 읽기/쓰기 접근 설정), 메모리 컨트롤러 기기 선택 비트 세트(GPCM 또는 UPM 중 하나), 그리고 뱅크가 유효한지를 가리키는 비트로 구성되어 있다. 옵션 레지스터(option register : OR) 영역은 GPCM과 UPM 접근 및 어드레싱 방식(예를 들어, 버스트 접근, 마스킹, 멀티플렉싱 등)을 설정하기 위한 제어정보의 비트들로 구성된다.

다양한 뱅크에 위치해 있고 적절한 CS에 연결되어 있는 메모리 종류는 이러한 레지스터들을 통해 접근 초기화된다. 그래서 그림 8-18과 같은 메모리 맵 예제가 주어졌을 경우, 처음 두 뱅크(각각 4MB의 플래시)와 세 번째 뱅크(4MB의 DRAM)를 설정하기 위한 의사 코드는 다음과 같다.

> 아래의 표에서 길이를 살펴봄으로써 길이를 초기화하고, 비트 0에서 그 길이를 가리키는 비트 위치까지 1을 입력하고 남은 비트에 0을 입력한다.

0	1	2	3	4	5	6	7	8	9	10	11	12	13	14	15	16
2G	1G	512M	256M	128M	64M	32M	16M	8M	4M	2M	1M	512K	256K	128K	64K	32K

```
...
// 뱅크 0을 위한 OR - 4MB의 플래시, 비트 AM(비트 0~16)을 위해 0x1FF8, OR0 = 0x1FF80954;
// 뱅크 0 - BA(비트 0~16)를 위해 어드레스 0x00000000에서 시작하는 플래시, GPCM, 32비트
// 를 위해 설정된다.
BR0 = 0x00000001;

// 뱅크 1을 위한 OR - 4MB 플래시, 비트 AM(비트 0~16)을 위해 0x1FF8, OR1 = 0x1FF80954;
// 뱅크 1 - 어드레스 0x00400000에서 시작하는 CS1에 대한 4MB 플래시, GPCM, 32비트를 위해
// 설정된다.
BR1 = 0x00400001;

// 뱅크 2를 위한 OR - 4MB DRAM, 비트 AM(비트 0~16)을 위해 0x1FF8, OR2 = 0x1FF80800;
// 뱅크 2 - 어드레스 0x04000000에서 시작하는 CS2에 대한 4MB DRAM, UPMA, 32비트를 위해
// 설정된다.
BR2 = 0x04000081;

// BCSR에 대한 뱅크 3을 위한 OR, OR3 = 0xFFFF8110; 뱅크 3 - 어드레스 0x09100000에서 시작하는
// 보드 제어&상태 레지스터
BR3 = 0x09100001;
...
```

메모리 컨트롤러를 초기화하기 위해서는 베이스 레지스터와 옵션 레지스터들이 그 뱅크 안에 있는 메모리의 종류를 반영하도록 초기화되어야 한다. 추가의 GPCM 레지스터들은 초기화될 필요가 없는 반면, UPMA 또는 UPMB에 의해 관리되는 메모리에 대해서는 요구되는 리프레시 타임아웃(예를 들어, DRAM을 위해)을 위한 메모리 주기적 타이머 프리스케일러 레지스터(MPTPR)와 UPM을 설정하기 위한 관련 메모리 모드 레지스터(MAMR 또는 MBMR)가 초기화되어야 한다. 모든 UPM의 핵심은 주어진 클럭 사이클에 대해 UPM 관리 메모리 칩으로 전송되는 특정 종류의 접근(논리값)을 규정하는 (64×32 비트) RAM 배열이다. RAM 배열은 RAM 배열로부터 데이터를 읽거나 쓰는 동안 사용되는 메모리 명령 레지스터(memory command register : MCR)와 MCR이 RAM 배열로부터 읽고 쓰기 위해 사용하는 데이터를 저장하는 메모리 데이터 레지스터(memory data register : MDR)를 통해 초기화된다(하기 샘플 의사 코드 참고).[8-3]

```
...
// 주기적 타이머 프리스케일러를 8로 나누도록 설정한다.
MPTPR = 0x0800;   // 16비트 레지스터

// DRAM 리프레시 주기를 위한 주기적 타이머 프리스케일러값(계산을 위해서는 PowerPC 매뉴얼을 살펴보
아라), 타이머 활성화, …
MAMR = 0xC0A21114;

// 64워드 UPM RAM 배열 내용의 예 - 이 테이블에 있는 값들은 모토롤라/프리스케일 네트컴
// 웹 사이트상에 있는 UPM860 소프트웨어를 사용하여 생성된다.

UpmRamARRAY:
// 6워드 - DRAM 70ns - single read(upm RAM에서의 오프셋 0)
.long 0x0ffcc24, 0x0fffcc04, 0x0cffcc04, 0x00ffcc04, 0x00ffcc00, 0x37ffcc47
// 2워드 - 오프셋 6~7은 사용되지 않는다.
.long 0xffffffff, 0xffffffff
// 14워드 - DRAM 70ns - burst read(upm RAM에서의 오프셋 8)
.long 0x0fffcc24, 0x0fffcc04, 0x08ffcc04, 0x00ffcc04, 0x00ffcc08, 0x0cffcc44,
.long 0x00ffec0c, 0x03ffec00, 0x00ffec44, 0x00ffec08, 0x0cffcc44,
.long 0x00ffec04, 0x00ffec00, 0x3fffec47
// 2워드 - 오프셋 16~17은 사용되지 않는다.
.long 0xffffffff, 0xffffffff
// 5워드 - DRAM 70ns - single write(upm RAM에서의 오프셋 18)
.long 0x0fafcc24, 0x0fafcc04, 0x08afcc04, 0x00afcc00, 0x37ffcc47
// 3워드 - 오프셋 1d~1f는 사용되지 않는다.
.long 0xffffffff, 0xffffffff, 0xffffffff
// 10워드 - DRAM 70ns - burst write(upm RAM에서의 오프셋 20)
.long 0x0fafcc24, 0x0fafcc04, 0x08afcc00, 0x07afcc4c, 0x08afcc00, 0x07afcc4c,
```

```
.long 0x08afcc00, 0x07afcc4c, 0x08afcc00, 0x37afcc47
// 6워드 - 오프셋 2a~2f는 사용되지 않는다.
.long 0xffffffff, 0xffffffff, 0xffffffff, 0xffffffff, 0xffffffff, 0xffffffff
// 7워드 - 리프레시 70ns(upm RAM에서의 오프셋 30)
.long 0xe0ffcc84, 0x00ffcc04, 0x00ffcc04, 0x0ffcc04, 0x7fffcc04, 0xffffcc86,
.long 0xffffcc05
// 5워드 - 오프셋 3a~3b는 사용되지 않는다.
.long 0xffffffff, 0xffffffff, 0xffffffff, 0xffffffff, 0xffffffff
// 1워드 - 익셉션(upm RAM에서의 오프셋 3c)
.long 0x33ffcc07
// 3워드 - 오프셋 3d~3f는 사용되지 않는다.
.long 0xffffffff, 0xffffffff, 0x40004650
UpmRAMArrayEnd:

// UPM Ram 배열에 쓰기
Index = 0
Loop While Index < 64
{
MDR = UPMRamArray[Index];    // 데이터를 MDR에 저장
MCR = 0x0000;   // RAM 배열 안에 있는 MDR에 있는 것을 저장하기 위해 MCR
                // 레지스터에 "Write" 명령어 적용
Index = Index + 1;
} // Loop 종료
...
```

2. MPC860에 있는 내부 메모리 맵 초기화하기

MPC860의 내부 메모리 맵은 아키텍처의 특수 목적 레지스터(special purpose register : SPR)와 예를 들어 이더넷 또는 I^2C와 같은 다양한 집적 컴포넌트들의 버퍼를 포함하는 파라미터 RAM이라 불리는 듀얼 포트 RAM을 포함한다. MPC860에서 내부 메모리 맵의 베이스 어드레스와 특정 MPC 프로세서상에서 몇 가지 출하시의 관련 정보(파트 번호와 마스크 번호)를 포함하는 내부 메모리 맵 레지스터(internal memory map register : IMMR)를 설정하는 일은 간단하다. 이 레지스터는 그림 8-22에서 볼 수 있듯이 SPR 중 하나이다.

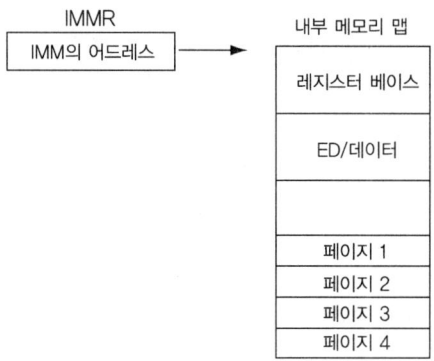

>> 그림 8-22 IMMR[8-4]

이 절에서 사용되는 샘플 메모리 맵의 경우, 내부 메모리 맵은 0x09000000에서 시작하기 때문에, 의사 코드 형태에서 IMMR은 'mfspr' 또는 'mtspr' 명령을 통해 이 값을 설정한다.

```
mtspr 0x090000FF  // 하위 16비트 상위는 어드레스이고, 비트 16~23은 파트 번호(이 예제에서
                  // 는 0x00), 비트 24~31은 마스크 번호(이 예제에서는 0xFF)이다.
```

3. MPC860에서 MMU 초기화하기

MPC860은 보드의 가상 메모리 관리방식을 관리하기 위해 MMU를 사용한다. 이것은 논리/유효 어드레스를 물리/실제 어드레스로 변환하고, 캐시를 제어(명령어 MMU와 명령어 캐시, 데이터 MMU와 데이터 캐시)하며, 메모리 액세스 보호 기능을 제공한다(그림 8-23a에서 볼 수 있듯이). MPC860 MMU는 4GB의 일관된 (사용자) 어드레스 영역을 지원하는데, 이것은 다양한 크기, 특히 4kB, 16kB, 512kB, 8MB 등의 페이지로 나누어질 수 있으며, 각각 보호 영역으로 설정될 수 있고, 물리 메모리로 매핑된다.

CHAPTER 08
디바이스 드라이버

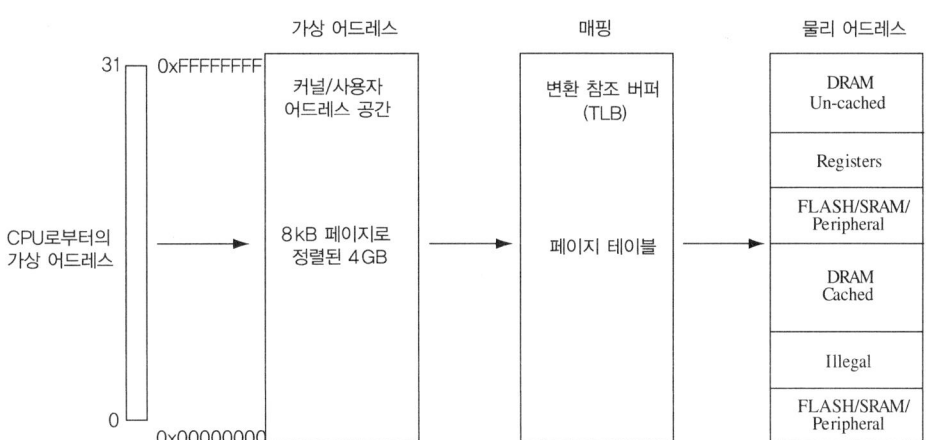

>> 그림 8-23a VM 방식 안에서의 TLB[8-4]

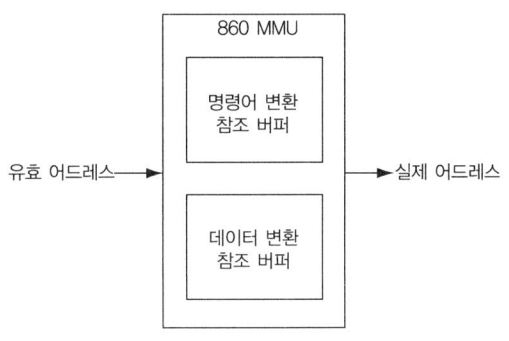

>> 그림 8-23b TLB[8-4]

MPC860에서 가상 어드레스 공간이 나누어질 수 있는 가장 작은 페이지 크기(4kB)를 사용하여, 변환 테이블―메모리 맵 또는 페이지 테이블이라고도 한다―은 4GB 어드레스 공간 안에서 각각 4kB의 페이지 중 하나인 수백만 개의 어드레스 변환 엔트리를 포함한다. MPC860 MMU는 한 번에 전체 변환 테이블을 관리한다(실제로, 대부분의 MMU는 그렇게 하지 않는다). 이것은 전형적으로 임베디드 보드가 한 번에 관리해야 하는 4GB의 물리 메모리를 갖지 않기 때문이다. 그것은 소프트웨어적으로 가상 메모리가 업데이트될 때마다 MMU가 백만 개의 엔트리를 업데이트하는 데 소비되는 시간을 말하며, MMU는 그러한 크기의 메모리 맵을 저장하기 위해 더 빠른(그래서 더 고가의) 온-칩 메모리를 사용해야 한다. 결과적으로 MPC860 MMU는 이러한 메모리 맵의 서브세트를 저장하기 위해 그 내부에 작은 캐시들을 포함하고 있다. 이 캐시들은 변환 참조 버퍼(TLB, 그림 8-23b에서 볼 수 있듯이, 하나의 명령어와 하나의 데이터로 구성)라 불리며, MMU의 초기화 과정의 일부분이다. MPC860의 경우 TLB(translation lookaside buffer)는 32 엔트리 및 완전 연상 캐시이다.

전체 메모리 맵은 저렴한 외부 칩 형태의 주 메모리 안에 보드의 물리 메모리 레이아웃과 그에 상응하는 유효 메모리 어드레스를 정의하는 두 가지의 데이터 구조 트리로 저장된다.

TLB는 MMU가 논리/가상 어드레스를 물리 어드레스로 어떻게 변환(매핑)하는가를 나타낸다. 소프트웨어가 TLB 안이 아닌 메모리 맵의 일부에 접근하려고 할 때, TLB 미스가 발생하는데, 이것은 보통 요구되는 변환 엔트리를 TLB에 로드하라는 의미의 시스템 소프트웨어를 요구하는 인터럽트(익셉션 핸들러를 통해)이다. 새로운 엔트리를 TLB에 로드하는 시스템 소프트웨어는 **테이블워크**(tablewalk)라고 불리는 프로세서를 통해 이루어진다. 이것은 기본적으로 MPC860의 주 메모리 안에 있는 레벨 2 메모리 맵 트리를 검색하여, 원하는 엔트리를 TLB에 로드시키는 과정을 말한다. PowerPC의 멀티레벨 변환 테이블 방식(변환 테이블 구조는 하나의 레벨 1 테이블과 하나 또는 그 이상의 레벨 2 테이블을 사용한다)의 첫 번째 레벨은 두 번째 레벨의 페이지 테이블 안에 있는 페이지 테이블 엔트리를 말한다. 엔트리는 1024개가 있는데, 여기서 각 엔트리는 4바이트(24비트)이며, 4MB 크기의 가상 메모리 세그먼트를 나타낸다. 레벨 1 테이블 안에 있는 엔트리의 형식은 유효 비트 영역(4MB 상태 세그먼트가 유효한지를 가리킨다), 레벨 2 베이스 어드레스 영역(유효 비트가 설정되어 있다면, 가상 메모리의 관련 4MB 세그먼트를 나타내는 레벨 2 테이블의 베이스 어드레스를 가리킨다), 그리고 관련 메모리 세그먼트의 다양한 속성을 설명하는 몇 가지 속성 영역으로 구성되어 있다.

각 레벨 2 테이블에서 모든 엔트리는 상대적인 가상 메모리 세그먼트의 페이지들을 나타낸다. 레벨 2 테이블의 엔트리 번호는 정의된 가상 메모리 페이지 크기(4kB, 16kB, 512kB, 8MB)에 따라 다르다. 표 8-1을 참고하라. 가상 메모리 페이지 크기가 크면 클수록, 레벨 2 변환 테이블에 대한 메모리가 더 적게 사용된다. 왜냐하면 변환 테이블 안에 있는 엔트리가 더 적게 사용되기 때문이다. 예를 들어, 16MB 물리 메모리 공간은 2×8MB 페이지(레벨 1 테이블에서의 2048바이트와 레벨 2 테이블에서 2×4, 전체 2056바이트) 또는 4096×4kB 페이지(레벨 1 테이블에서의 2048바이트와 레벨 2 테이블에서의 4×4096, 전체 18432바이트)를 사용하여 매핑될 수 있다.

>> 표 8-1 레벨 1과 레벨 2 엔트리[8-4]

페이지 크기	세그먼트당 페이지 수	L2T 엔트리의 수	L2T 크기(바이트)
8MB	5	1	4
512kB	8	8	32
16kB	256	1024*	4096
4kB	1024	1024	4096

MPC860의 TLB 방식에서 원하는 엔트리 위치는 입력된 유효 메모리 어드레스에서 나온다. TLB 세트 내의 엔트리 위치는 특히 입력된 논리 메모리 어드레스에서 나온 인덱스 영역에 의해 결정된다. PowerPC 코어에 의해 생성되는 32비트 논리(유효) 어드레스의 형식은 페이지의 크기에 따라 다르다. 4 kB 페이지에 대해, 유효 어드레스는 10비트의 레벨 1 인덱스, 10비트의 레벨 2 인덱스, 그리고 12비트의 페이지 오프셋으로 구성된다(그림 8-24a 참고). 16 kB 페이지에 대해, 페이지 오프셋은 14비트이며, 레벨 2 인덱스는 8비트이다(그림 8-24b 참고). 512 kB에 대해, 페이지 오프셋은 19비트이며, 레벨 2 인덱스는 3비트이다(그림 8-24c 참고). 8MB 페이지에 대해, 페이지 오프셋은 23비트이며, 레벨 2 인덱스는 없으며, 레벨 1 인덱스는 9비트 길이이다(그림 8-24d 참고).

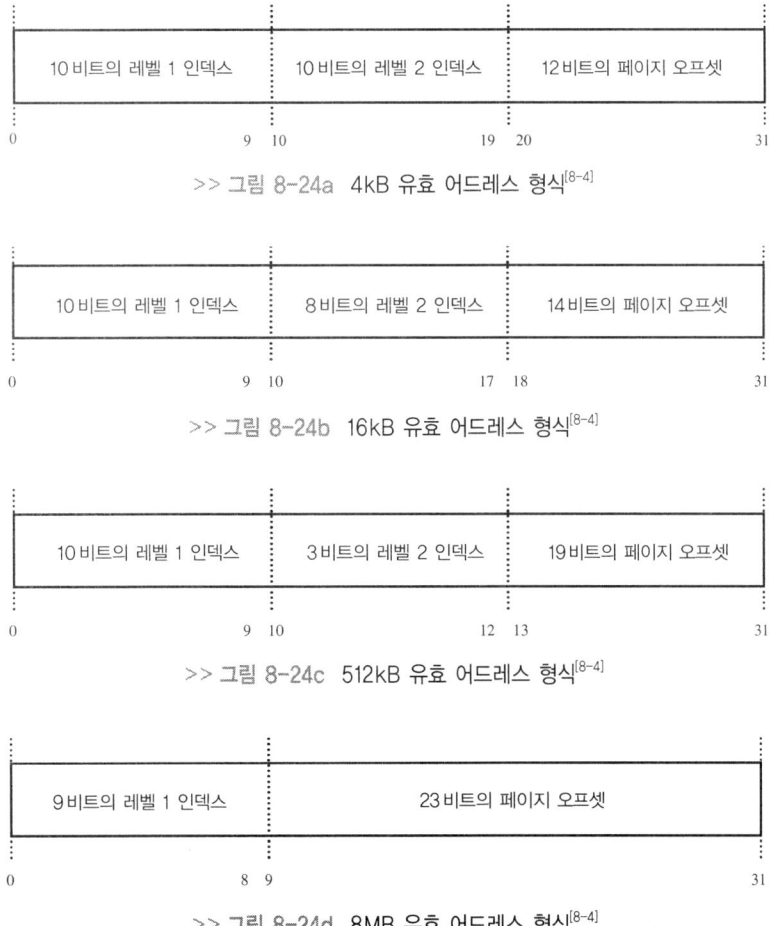

>> 그림 8-24a 4kB 유효 어드레스 형식[8-4]

>> 그림 8-24b 16kB 유효 어드레스 형식[8-4]

>> 그림 8-24c 512kB 유효 어드레스 형식[8-4]

>> 그림 8-24d 8MB 유효 어드레스 형식[8-4]

4 kB 유효 어드레스 형식의 페이지 오프셋은 4kB(0x0000에서 0x0FFF) 페이지 내에 오프셋을 수용하기 위해 12비트의 크기이다. 16 kB 유효 어드레스 형식의 페이지 오프셋은

16kB(0x0000에서 0x3FFF) 페이지 내에 오프셋을 수용하기 위해 14비트의 크기이다. 512kB 유효 어드레스 형식의 페이지 오프셋은 512kB(0x0000에서 0x7FFF) 페이지 내에 오프셋을 수용하기 위해 19비트의 크기이다. 8MB 유효 어드레스 형식의 페이지 오프셋은 8MB(0x0000에서 0x7FFFF8) 페이지 내에 오프셋을 수용하기 위해 23비트의 크기이다.

간단히 말해서, MMU는 관련 물리 어드레스를 결정하기 위해 다른 레지스터, 변환 테이블, 테이블워크 처리와 관련된 이러한 유효 어드레스 영역(레벨 1 인덱스, 레벨 2 인덱스, 오프셋)을 사용한다(그림 8-25 참고).

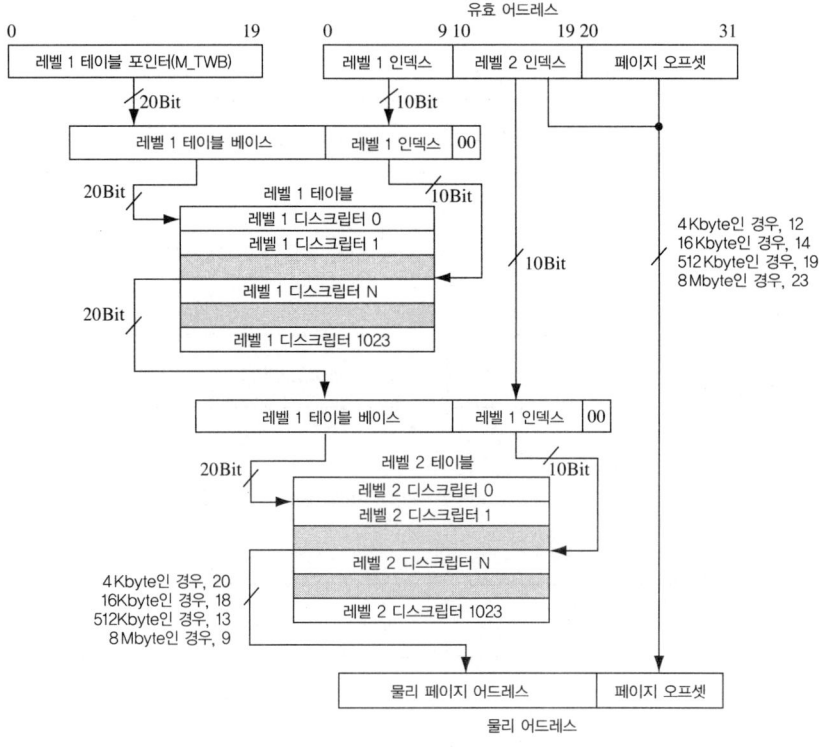

>> 그림 8-25 4kB 페이지 방식을 위한 레벨 2 변환 테이블[8-4]

MMU 초기화 과정은 MMU 레지스터와 변환 테이블 엔트리를 초기화하는 것을 포함한다. 초기 단계들은 그림 8-26a와 8-26b에서 볼 수 있는 것처럼, MMU 명령어 제어 레지스터(MI_CTR)와 데이터 제어 레지스터(MD_CTR)를 초기화하는 작업을 포함한다. 두 레지스터 안에 있는 영역들은 보통 동일하며, 대부분 메모리 보호와 관련되어 있다.

변환 테이블 엔트리를 초기화하는 것은 2개의 메모리 위치(레벨 1과 레벨 2 디스크립터)와 3개의 레지스터 쌍, 각각 데이터 하나와 명령어 하나를 설정하는 작업이다. 이것은 유효 페이지 번호(effective page number : EPN) 레지스터, 테이블워크 제어(tablewalk control : TWC) 레지스터, 그리고 실제 페이지 번호(real page number : RPN) 레지스터의 각각과 동일하다.

MI_CTR - MMU 명령어 제어 레지스터

0	1	2	3	4	5	6	7	8	9	10	11	12	13	14	15
GPM	PPM	CI DEF	Res	RS V4I	Res	PPCS					Reserved				

16	17	18	19	20	21	22	23	24	25	26	27	28	29	30	31
	Res			ITLB_INDX							Reserved				

>> 그림 8-26a MI_CTR[8-2]

MD_CTR - MMU 데이터 제어 레지스터

0	1	2	3	4	5	6	7	8	9	10	11	12	13	14	15
GPM	PPM	CI DEF	WT DEF	RS V4D	TW AM	PPCS					Reserved				

16	17	18	19	20	21	22	23	24	25	26	27	28	29	30	31
	Res			DTLB_INDX							Reserved				

>> 그림 8-26b MD_CTR[8-2]

레벨 1 디스크립터(그림 8-27a 참고)는 레벨 2 베이스 어드레스(L2BA), 접근 보호 그룹, 페이지 크기 등과 같은 레벨 1 변환 테이블 엔트리의 영역을 정의한다. 레벨 2 디스크립터(그림 8-27b 참고)는 물리 페이지 번호, 페이지 유효 비트, 페이지 보호 등과 같은 레벨 2 변환 테이블 엔트리의 영역을 정의한다.

레벨 1 디스크립터 형식

0	1	2	3	4	5	6	7	8	9	10	11	12	13	14	15
							L2BA								

16	17	18	19	20	21	22	23	24	25	26	27	28	29	30	31
	L2BA				Reserved			Access Prot Group			G	PS		WT	V

>> 그림 8-27a L1 디스크립터[8-2]

레벨 2 디스크립터 형식

0	1	2	3	4	5	6	7	8	9	10	11	12	13	14	15
							RPN								

16	17	18	19	20	21	22	23	24	25	26	27	28	29	30	31
	RPN			PP		E	C	TLBH				SPS	SH	CI	V

>> 그림 8-27b L2 디스크립터[8-2]

```
Mx_EPN - 유효 페이지 번호 레지스터              X = 1, P. 11-15; x = D
 0  1  2  3  4  5  6  7  8  9  10 11 12 13 14 15
                        EPN

 16 17 18 19 20 21 22 23 24 25 26 27 28 29 30 31
     EPN     | Reserved EV |    Reserved    |   ASID
```

>> 그림 8-27c Mx-EPN[8-2]

```
Mx_TWC - 테이블워크 제어 레지스터            X = 1, P. 11-15; x = D
 0  1  2  3  4  5  6  7  8  9  10 11 12 13 14 15
                       Reserved

 16 17 18 19 20 21 22 23 24 25 26 27 28 29 30 31
       Reserved        | Address Prot Group | G | PS | Res/WT | V
```

>> 그림 8-27d Mx-TWC[8-2]

```
Mx_RPN - 실제 페이지 번호 레지스터            X = 1, P. 11-16; x = D
 0  1  2  3  4  5  6  7  8  9  10 11 12 13 14 15
                        RPN

 16 17 18 19 20 21 22 23 24 25 26 27 28 29 30 31
     RPN       | PP | E | Res/CI |  TLBH  | LPS | SH | CI | V
```

>> 그림 8-27e Mx-RPN[8-2]

그림 8-27c와 8-27e에서 보여주고 있는 레지스터들은 본래 TLB로 엔트리들을 로드하기 위해 사용되는 TLB 소스 레지스터들이다. 유효 페이지 번호(EPN) 레지스터들은 TLB 엔트리에 로드되는 유효한 어드레스를 포함한다. 테이블워크 제어(TWC) 레지스터들은 TLB에 로드될 유효한 어드레스 엔트리의 속성들(예를 들어, 페이지 크기, 접근 보호 등)을 포함하고 있으며, 실제 페이지 번호(RPN) 레지스터들은 물리 어드레스와 TLB에 로드될 페이지의 속성들을 포함한다.

MPC860에서의 MMU 초기화 과정의 예를 다음과 같은 의사 코드로 나타내었다.

```
// TLB 엔트리
tlbia;    // TLB 안에서 엔트리를 클리어하는 MPC860 명령어, "tlbie"도 사용될 수 있다.

// MMU 명령어 제어 레지스터 초기화
...
MI_CTR.fld.all = 0;   // 레지스터의 모든 영역을 초기화하여 그룹 보호 모드 = PowerPC 모드,
```

```
// 페이지 보호 모드 = 페이지 레졸루션 등
MI_CTR.fld.CIDEF = 1;   // MMU가 비활성화될 때, 명령어 캐시는 디폴트값으로 설정되어 있다.
...
// MMU 데이터 제어 레지스터 초기화
...
MD_CTR.fld.all = 0;   // 레지스터의 모든 영역을 초기화하여 그룹 보호 모드 = PowerPC 모드,
// 페이지 보호 모드 = 페이지 레졸루션 등
MD_CTR.fld.TWAM = 1;   // 테이블워크 보조 모드 = 4kB 페이지 하드웨어 보조
MD_CTR.fld.CIDEF = 1;   // MMU가 비활성화될 때, 데이터 캐시는 디폴트값으로 설정되어 있다.
...
```

익셉션 벡터 테이블에 데이터 및 명령어 TLB 미스와 오류 ISR을 나타내 보자(아래의 표에서 보여주고 있는 MMU 인터럽트 벡터 위치).[8-4]

오프셋(hex)	인터럽트 종류
01100	구현에 의존적인 명령어 TLB 미스
01200	구현에 의존적인 데이터 TLB 미스
01300	구현에 의존적인 명령어 TLB 오류
01400	구현에 의존적인 데이터 TLB 오류

TLB 미스에서, ISR은 디스크립터를 MMU로 로드한다. 데이터 TLB Reload ISR 예:

```
...
// 다음 코드를 어드레스에 입력, 각 라인 다음에 4씩 벡터를 증가시킨다.
// 예를 들어 "mtspr M_TW,r0" = "007CH, 011H, 013H, 0A6H", 벡터 0x1200에 정수
// 0x7C1113A6H를 입력하고 4씩 벡터를 증가시킨다.
벡터 어드레스 오프셋 = 0x1200에서 ISR 시작 설정;

// 범용 레지스터를 MMU 테이블워크 특별 레지스터에 저장한다.
mtspr M_TW, GPR;

mfspr M_TWB;      // 레벨 1 디스크립터의 어드레스를 가지고 GPR을 로드한다.
lwz GPR, (GPR);   // 레벨 1 페이지 엔트리를 로드한다.

// 레벨 2 베이스 포인터와 레벨 1 # 속성을 DMMU 테이블워크 제어 레지스터에 저장한다.
mtspr MD_TWC, GPR;

// 페이지 크기를 세는 동안 레벨 2 포인터를 가지고 GPR을 로드한다.
```

```
mfspr GPR, MD_TWC;

lwz GPR, (GPR);        // 레벨 2 페이지 엔트리를 로드한다.
mtspr MD_RPN, GPR;     // TLB 엔트리를 실제 페이지 번호 레지스터에 쓴다.

// 테이블워크 특별 레지스터 리턴값으로부터 주 실행열에 GPR을 복원한다.
mfspr GPR, M_TW;
...
```

명령어 TLB Reload ISR 예 :

```
...
// 다음 코드를 어드레스에 입력, 각 라인 다음에 4씩 벡터를 증가시킨다. 예를 들어 "mtspr M_TW,
// r0" = "07CH, 011H, 013H, 0A6H", 그리고, 벡터 0x1100에 정수 0x7C1113A6H를 입력하고
// 4씩 벡터를 증가시킨다.
벡터 어드레스 오프셋 = 0x1100에서 ISR 시작 설정
...

// 범용 레지스터를 MMU 테이블워크 특별 레지스터에 저장한다.
mtspr M_TW, GPR;

mfspr GPR, SRR0       // 명령어 미스 유효 어드레스를 가지고 GPR을 로드한다.
mtspr MD_EPN, GPR     // MD_EPN 안에 명령어 미스 유효 어드레스를 저장한다.
mfspr GPR, M_TWO      // 레벨 1의 어드레스를 가지고 GPR을 로드한다.
lwz GPR, (GPR)        // 레벨 1 페이지 엔트리를 로드한다.
mtspr MI_TWC, GPR     // 레벨 1 속성을 저장한다.
mtspr MD_TWC, GPR     // 레벨 2 베이스 포인터를 저장한다.

// 페이지 크기를 세는 동안 레벨 2 포인터를 가지고 R1을 로드한다.
mfspr GPR, MD_TWC;

lwz GPR, (GPR)        // 레벨 2 페이지 엔트리를 로드한다.
mtspr MI_RPN, GPR     // TLB 엔트리를 쓴다.
mtspr GPR, M_TW       // R1을 재저장한다.

주 실행열로 복원한다.

// L1 테이블 포인터를 초기화하고 L1 테이블을 클리어한다. 예를 들어, MMU 테이블/TLBs
// 043F0000 ~ 043FFFFF
Level1_Table_Base_pointer = 0x043F0000;

Index:= 0;
```

```
WHILE((index MOD 1024) is NOT = 0) DO
Level1 Table Entry at Level1_Table_Base_Pointer + index = 0;
Index = index + 1;
end WHILE;
...
```

변환 테이블 엔트리를 초기화하고, 레벨 1 테이블 내 원하는 세그먼트 안에, 레벨 2 테이블 내 원하는 페이지들 안에 맵을 구성한다. 예를 들어, 다음과 같은 물리 메모리 맵이 주어진 경우, 플래시, DRAM 등을 위해 L1 과 L2 가 설정되어야 한다.

어드레스 범위	접근 가능한 장치	포트 폭
0x00000000 ~ 0x003FFFFF	플래시 PROM 뱅크 1	32
0x00400000 ~ 0x007FFFFF	플래시 PROM 뱅크 2	32
0x04000000 ~ 0x043FFFFF	DRAM 4 Mbyte(1 Meg × 32 bit)	32
0x09000000 ~ 0x09003FFF	MPC 내부 메모리 맵	32
0x09100000 ~ 0x09100003	BCSR - 보드 제어&상태 레지스터	32
0x10000000 ~ 0x17FFFFFF	PCMCIA 채널	16

>> 그림 8-28a 물리 메모리 맵[8-4]

PS	#	Used for…	어드레스 범위	CI	WT	S/U	R/W	SH
8 MB	1	Monitor&trans.tbls	0x0 ~ 0x7FFFFF	N	Y	S	R/O	Y
512 KB	2	Stack&scratchpad	0x40000000 ~ 0x40FFFFF	N	N	S	R/W	Y
512 KB	1	CPM data buffers	0x4100000 ~ 0x417FFFF	Y	–	S	R/W	Y
512 KB	5	Prob.prog.&data	0x4180000 ~ 0x43FFFFF	N	N	S/U	R/W	Y
16 KB	1	MPC int mem.map	0x9000000 ~	Y	–	S	R/W	Y
16 KB	1	Board config.regs	0x9100000 ~ 0x9103FFF	Y	–	S	R/W	Y
8 MB	16	PCMCIA	0x10000000 ~ 0x17FFFFFF	Y	–	S	R/W	Y

>> 그림 8-28b L1/L2 설정[8-4]

```
// 예를 들어, 엔트리를 L1 테이블에 추가하고 모든 L1 세그먼트를 위해 레벨 2 테이블을 추가함
// 으로써 0x00000000에 8MB 플래시에 대해 엔트리를 초기화하고 맵을 형성한다. 그림 8-28b에
// 서 볼 수 있듯이 페이지 크기는 8MB이고, 캐시는 억압되어 있지 않으며, 선기입 방식(write-
// through)으로 표기되어, 관리자 모드에서 사용될 수 있으며, 읽기 전용이고 공유되어 있다.
```

```
// 8MB 플래시

...
Level2_Table_Base_Pointer = Level1_Table_Base_Pointer + size of L1 Table(예를 들어,
1024);
L1desc(Level1_Table_Base_Pointer + L1Index).fld.BA = Level2_Table_Base_Pointer;
L1desc(Level1_Table_Base_Pointer + L1Index).fld.PS = 11b;   // 페이지 크기 = 8MB

// 선기입 방식 속성 = 1 선기입 캐시 방식 영역
L1desc.fld(Level1_Table_Base_Pointer + L1Index).WT = 1;

L1desc(Level1_Table_Base_Pointer + L1Index).fld.PS = 1;  // 페이지 크기 = 512KB

// 레벨 1 세그먼트 유효 비트 = 1 세그먼트 유효
L1desc(Level1_Table_Base_Pointer + L1Index).fld.V = 1;

// L1 테이블 내 모든 세그먼트에 대해, 전체적으로 레벨 2 테이블이 있다.
L2Index:= 0;
WHILE(L2Index < #Pages in L1Table Segment)DO
L2desc[Level2_Table_Base_Pointer + L2Index*4].fld.RPN = physical page number;
L2desc[Level2_Table_Base_Pointer + L2Index*4].fld.CI = 0; // Cache Inhibit Bit = 0
...
L2Index = L2Index + 1;
end WHILE;

// 예를 들어, 그림 8-28b에서 볼 수 있는 것처럼, 0x4000000에 4MB의 DRAM을 놓고 8개의
// 512KB 페이지로 나눈다. 캐시는 활성화되어 있으며, 카피 백(copy-back)의 관리자 모드로
// 설정되어 있으며, 읽기 쓰기가 가능하고 공유되어 있다.

...
Level2_Table_Base_Pointer = Level2_Table_Base_Pointer + size of L2Table for 8MB
Flash;
L1desc[Level1_Table_Base_Pointer + L1Index].fld.BA = Level2_Table_Base_Pointer;
L1desc[Level1_Table_Base_Pointer + L1Index].fld.PS = 01b;  // 페이지 크기 = 512KB

// 선기입 방식 속성 = 0 후기입 캐시 방식 영역
L1desc.fld(Level1_Table_Base_Pointer + L1Index).WT = 0;
L1desc(Level1_Table_Base_Pointer + L1Index).fld.PS = 1;   // 페이지 크기 = 512KB

// 레벨 1 세그먼트 유효 비트 = 1 세그먼트 유효
L1desc(Level1_Table_Base_Pointer + L1Index).fld.V = 1;
...

// 유효 페이지 번호 레지스터를 초기화한다.
```

```
load Mx_EPN(mx_epn.all);

// 테이블워크 제어 레지스터 디스크립터를 초기화한다.
load Mx_TWC(L1desc.all);

// Mx_RPN 디스크립터를 초기화한다.
load Mx_RPN(L2desc.all);

...
```

이 시점에서 MMU와 캐시가 활성화될 수 있다('메모리 서브시스템 활성화' 절 참고).

MPC860에서의 메모리 서브시스템 비활성화

```
// MMU 비활성화 - MPC860은 비활성화 모드에서 MMU에 전원을 인가한다. 하지만, 변환을 비활
// 성화하기 위해 IR과 DR은 0으로 클리어되어야 한다.
...
rms msr ir 0; rms msr dr 0;   // 변환 비활성화
...

// 캐시 비활성화
...

// 캐시 비활성화(비트 4~7을 0100b로 설정, IC_CST[CMD]와 DC_CST[CMD] 레지스터)
addis r31,r0,0x0400
mtspr DC_CST,r31
mtspr IC_CST,r31
...
```

MPC860에서의 메모리 서브시스템 활성화

```
// MPC860에서의 IR과 DR 비트와 "mtmsr" 명령어를 1로 설정함으로써 MMU를 활성화한다.
...
ori r3,r3,0x0030;              // IR과 DR 비트를 1로 설정한다.
mtmsr r3;                      // 변환 활성화
isync;
...
```

```
// 캐시 활성화
...
addis r31,r0,0x0a00              // 두 캐시에 있는 모든 값들의 락을 해제한다.
mtspr DC_CST,r31
mtspr IC_CST,r31
addis r31,r0,0x0c00              // 두 캐시 안의 모든 값들을 클리어한다.
mtspr DC_CST,r31
mtspr IC_CST,r31

// 캐시 활성화(비트 4~7을 0010b로 설정, IC_CST[CMD]와 DC_CST[CMD] 레지스터)
addis r31,r0,0x0200
mtspr DC_CST,r31
mtspr IC_CST,r31
...
```

메모리 서브시스템 쓰기/지우기 플래시

플래시에서 데이터를 읽는 것은 RAM에서 데이터를 읽는 것과 동일하지만, 쓰거나 지우기 위해 플래시에 접근하는 것은 보통 훨씬 더 복잡하다. 플래시 메모리는 섹터라고 불리는 블록들로 나누어진다. 여기서 각 섹터는 지워질 수 있는 가장 작은 단위이다. 플래시 칩은 쓰기 또는 지우기를 수행하도록 요구하는 프로세서에 따라 다르지만, 일반적인 핸드쉐이킹은 AM29F160D 플래시 칩에 대한 아래의 의사 코드 예와 유사하다. 플래시 지우기 기능은 동작을 수행하려는 플래시 칩을 통보하고, 섹터를 지우기 위한 명령어를 전송한 다음, 플래시 칩에게 그 작업이 완료되었을 때를 알려주기 위해 폴링을 계속하며 루프를 반복한다. 지우기 기능의 마지막에서 플래시는 표준 읽기 모드로 설정된다. 쓰기 루틴은 지우기 기능과 비슷하다. 단, 지우기와는 달리, 한 섹터에 데이터를 쓸 때마다 명령어가 전송된다.

```
...
// 플래시 장치가 매핑된 어드레스
int FlashStartAddress = 0x00000000;

int FlashSize = 0x00800000;    // 바이트 단위의 플래시 장치 크기 - 예를 들어, 8MB

// 다양한 섹터들의 플래시 베이스로부터의 플래시 메모리 블록 오프셋 테이블과 그에 상응하는
// 크기들
BlockOffsetTable = {{0x00000000, 0x00008000}, {0x00008000, 0x00004000},
 {0x0000C000, 0x00004000}, {0x00010000, 0x00010000}, {0x00020000, 0x00020000},
 {0x00040000, 0x00020000}, {0x00060000, 0x00020000}, {0x00080000, 0x00020000}, ...};
```

```
// 플래시 쓰기 의사 코드 예
FlashErase(int startAddress, int offset){
...
// 섹터 지우기 명령어
Flash[startAddress + (0x0555 << 2)] = 0x00AA00AA;   // 언락 1 플래시 명령어
Flash[startAddress + (0x02AA << 2)] = 0x00550055;   // 언락 2 플래시 명령어
Flash[startAddress + (0x0555 << 2)] = 0x00800080;   // 지우기 셋업 플래시 명령어
Flash[startAddress + (0x0555 << 2)] = 0x00AA00AA;   // 언락 1 플래시 명령어
Flash[startAddress + (0x02AA << 2)] = 0x00550055;   // 언락 2 플래시 명령어
Flash[startAddress + offset] = 0x00300030;          // 플래시 섹터 지우기 명령어 설정

// 완료될 때까지 폴링 : 평균 블록 지우기 시간은 700msec이며 최악의 경우 블록 지우기 시간은
// 15sec이다.
int poll;
int loopIndex = 0;
while(loopIndex < 500){
for(int i = 0; i < 500*3000;i++);
poll = Flash(startAddr + offset);
if((poll AND 0x00800080) = 0x00800080 OR
(poll AND 0x00200020) = 0x00200020){
exit loop;
}
loopIndex++;
}

// 나감
Flash(startAddr) = 0x00F000F0;   // 리셋 명령어를 읽는다.
Flash(startAddr + offset) == 0xFFFFFFFF;
}
```

8.3 | 예3 : 온-보드 버스 디바이스 드라이버

7장에서 설명한 것처럼, (1) 장치들이 버스(중계기)에 어떻게 접근하는지를 정의하는 일종의 프로토콜, (2) 버스를 통해 통신을 하기 위해 연결된 장치들이 따라야 하는 규칙들(핸드쉐이킹), (3) 다양한 버스 라인과 관련된 신호들은 모든 버스와 연관되어 있다. 버스 프로토콜은 버스 디바이스 드라이버에 의해 지원된다. 이것은 주로 이 장의 시작 부분에서 소개

하였던 디바이스 드라이버 기능 목록 중 10개 기능의 모두 또는 일부를 포함한다. 이것은 다음과 같은 것들을 포함하고 있다.

- **버스 스타트업**(bus startup) 전원 인가 또는 리셋시 버스 초기화
- **버스 셧다운**(bus shutdown) 버스를 전원이 꺼진 상태로 설정하는 것
- **버스 비활성화**(bus disable) 다른 소프트웨어가 동작중에 버스를 비활성화시키는 것
- **버스 활성화**(bus enable) 다른 소프트웨어가 동작중에 버스를 활성화시키는 것
- **버스 획득**(bus acquire) 다른 소프트웨어가 버스에 단독 액세스를 가능하게 하는 것
- **버스 릴리즈**(bus release) 다른 소프트웨어가 버스를 자유롭게 놓아주는 것
- **버스 읽기**(bus read) 다른 소프트웨어가 버스로부터 데이터를 읽어올 수 있게 하는 것
- **버스 쓰기**(bus write) 다른 소프트웨어가 버스에 데이터를 쓸 수 있게 하는 것
- **버스 설치**(bus install) 다른 소프트웨어가 동작중에 새로운 버스를 설치할 수 있게 하는 것
- **버스 설치 제거**(bus uninstall) 다른 소프트웨어가 동작중에 설치된 버스를 제거할 수 있게 하는 것

루틴들 중 어떤 것이 구현될지 그리고 그것들이 어떻게 구현될지는 버스에 따라 달라진다. 아래의 의사 코드는 MPC860에서의 버스 스타트업(초기화) 디바이스 드라이버의 예로 제공된 I^2C 버스 초기화 루틴의 예이다.

온-보드 버스 디바이스 드라이버 의사 코드 예

다음의 의사 코드는 MPC860에서 버스 초기화 루틴, 특히 아키텍처에 관련된 스타트업 기능을 구현한 예이다. 이 예제들은 좀더 복잡한 아키텍처에서는 버스 관리가 어떻게 이루어지는지를 보여주고 있다. 또한 MPC860 아키텍처만큼 또는 그보다 덜 복잡한 다른 프로세서에서 버스 관리 드라이버를 어떻게 쓰는지를 이해하기 위한 가이드로서 사용될 수 있다. 다른 드라이버 루틴들은 의사 코드화하지 않았다. 왜냐하면 8.1절과 8.2절—특히 버스 활성화, 버스 비활성화, 버스 획득 등과 같은 메커니즘을 위해 아키텍처와 버스 문서에 대해 조사하기—에서처럼 동일한 개념이 여기에 적용되기 때문이다.

MPC860에서의 I²C 버스 스타트업(초기화)

I²C 프로토콜은 하나의 직렬 데이터 라인(serial data line : SDA)과 하나의 직렬 클럭 라인(serial clock line : SCL)을 가진 직렬 버스이다. I²C 프로토콜을 가지면, 버스에 연결된 모든 장치들은 독특한 어드레스(구분자)를 가지며, 이 구분자는 SDL 라인을 통해 전송되는 데이터 스트림의 일부이다.

I²C 프로토콜을 지원하는 주 프로세서상에 컴포넌트들은 초기화를 필요로 한다. MPC860의 경우, 주 프로세서상에 집적된 I²C 컨트롤러가 있다(그림 8-29 참고). I²C 컨트롤러는 송신 레지스터, 수신 레지스터, 보레이트 발생기, 제어장치로 구성되어 있다. 보레이트 발생기는 I²C 컨트롤러가 I²C 버스 마스터처럼 동작할 때 클럭 신호를 생성한다. 만약 슬레이브 모드에 있다면, 컨트롤러는 마스터로부터 수신한 클럭 신호를 사용한다. 수신 모드에서, 데이터는 시프트 레지스터를 통해 SDA 라인에서 제어장치 쪽으로 전송된다. 시프트 레지스터란 데이터를 수신 데이터 레지스터로 차례로 전송한다. PPC 로부터 I²C 버스를 통해 송신될 데이터는 처음에 송신 데이터 레지스터 안에 저장되고, 시프트 레지스터를 통해 제어장치 쪽으로 전송되어 SDA 라인으로 넘어간다. MPC860에서의 I²C 버스를 초기화하는 것은 I²C SDA와 SCL 핀들, 많은 I²C 레지스터, 파라미터 RAM의 일부, 그리고 관련된 버퍼를 초기화한다는 것을 의미한다.

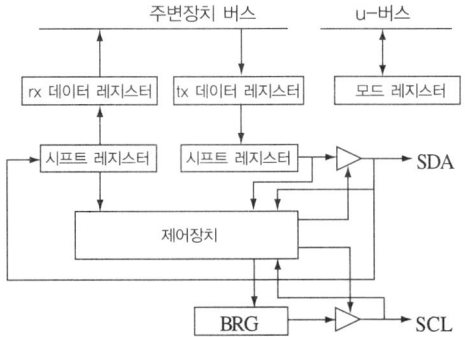

>> 그림 8-29 MPC860에서의 I²C 컨트롤러[8-4]
저작권자 Freescale Semiconductor, Inc.의 허가하에 발췌

MPC860 I²C SDA와 SCL 핀들은 포트 B 범용 I/O 포트를 통해 설정된다(그림 8-30a와 8-30b 참고). I/O 핀들은 여러 기능들을 지원할 수 있기 때문에, 한 핀이 지원할 특정 기능은 포트 B 레지스터를 통해 설정되어야 한다(그림 8-30c 참고). 포트 B는 4개의 읽기/쓰기 (16비트) 제어 레지스터를 갖는다. 즉, 포트 B 데이터 레지스터(PBDAT), 포트 B 오픈 드레인 레지스터(PBODR), 포트 B 방향 레지스터(PBDIR), 포트 B 핀 할당 레지스터(PBPAR)가 그것이다. 일반적으로 PBDAT 레지스터는 핀상에 데이터를 포함하며,

PBODR은 핀을 오픈 드레인 또는 액티브 출력으로 설정한다. PBDIR은 핀을 입력 핀 또는 출력 핀으로 설정하고 PBPAR은 핀에 그 기능(I^2C, 범용 I/O 등)을 할당한다.

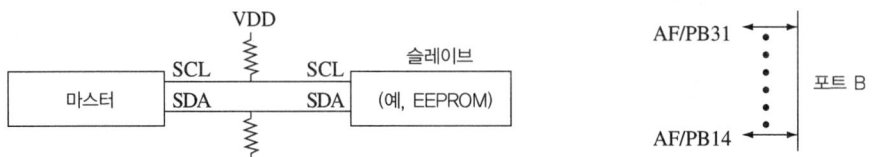

>> 그림 8-30a MPC860에서의 SDA와 SCL 핀[8-4]
저작권자 Freescale Semiconductor, Inc.의 허가하에 발췌

>> 그림 8-30b MPC860 포트 B 핀[8-4]
저작권자 Freescale Semiconductor, Inc.의 허가하에 발췌

	14	15	16	17	18	19	20	21	22	23	24	25	26	27	28	29	30	31
PBDAT	D	D	D	D	D	D	D	D	D	D	D	D	D	D	D	D	D	D
PBODR	OD	OD	OD	OD	OD	OD	OD	OD	OD	OD	OD	OD	OD	OD	OD	OD	OD	OD
PBDIR	DR	DR	DR	DR	DR	DR	DR	DR	DR	DR	DR	DR	DR	DR	DR	DR	DR	DR
PBPAR	DD	DD	DD	DD	DD	DD	DD	DD	DD	DD	DD	DD	DD	DD	DD	DD	DD	DD

>> 그림 8-30c MPC860 포트 B 레지스터[8-4]
저작권자 Freescale Semiconductor, Inc.의 허가하에 발췌

MPC860에서 SDA와 SCL을 초기화하는 예는 다음과 같은 의사 코드에서 주어진다.

```
...
immr = immr & 0xFFFF0000;  // MPC8xx 내부 레지스터 맵
// SDA와 SCL을 활성화하기 위해 포트 B 핀을 설정한다.
immr → pbpar = (pbpar) OR (0x00000030);  // 전용 I2C로 설정한다.
immr → pbdir = (pbdir) OR (0x00000030);  // I2CSDA와 I2CSCL을 출력으로 활성화
...
```

초기화를 필요로 하는 I^2C 레지스터들로는 그림 8-31a에서 8-31e를 통해 볼 수 있듯이 I^2C 모드 레지스터(I2MOD), I^2C 어드레스 레지스터(I2ADD), I^2C BRG 생성 레지스터(I2BRG), I^2C 이벤트 레지스터(I2CER), I^2C 마스크 레지스터(I2CMR)가 있다.

I^2C 모드 레지스터(I2MOD)

0	1	2	3	4	5	6	7
—	—	REVD	GCD	FLT	PDIV		EN

>> 그림 8-31a I2MOD[8-2]

I^2C 어드레스 레지스터(I2ADD)

0	1	2	3	4	5	6	7
SAD[0:6]							—

SAD0 ~ SAD6 = 슬레이브 어드레스

>> 그림 8-31b I2ADD[8-2]

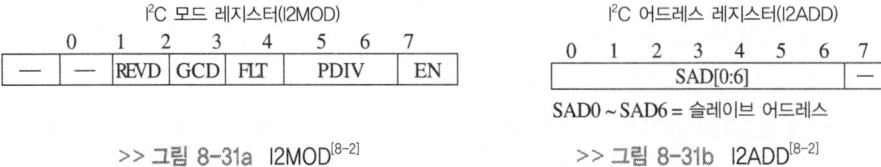

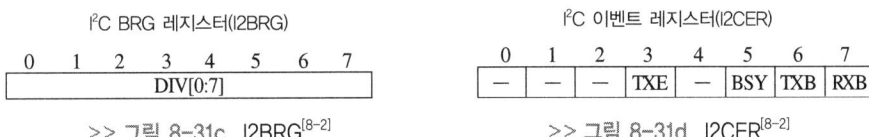

I^2C BRG 레지스터(I2BRG)

0	1	2	3	4	5	6	7
DIV[0:7]							

>> 그림 8-31c I2BRG[8-2]

I^2C 이벤트 레지스터(I2CER)

0	1	2	3	4	5	6	7
—	—	—	TXE	—	BSY	TXB	RXB

>> 그림 8-31d I2CER[8-2]

I^2C 마스크 레지스터(I2CMR)

0	1	2	3	4	5	6	7
—	—	—	TXE	—	BSY	TXB	RXB

>> 그림 8-31e I2CMR[8-2]

I^2C 레지스터 초기화 의사 코드의 예는 다음과 같다.

```
// I2C 레지스터 초기화 순서
...

// 송수신을 위한 LSB 문자 순서, 필터링되지 않은 I2C 클럭, 32의 클럭 분주값 등을 초기화
// 하기 전에 I2C를 비활성화시킨다.
immr → i2mod = 0x00;
immr → i2add = 0x80;  // I2C MPC860 어드레스 = 0x80
immr → i2brg = 0x20;  // BRG 분주의 분주 비율
immr → i2cer = 0x17;  // 관련된 비트들을 "1"로 설정하여 I2C 이벤트들을 클리어
immr → i2cmr = 0x17;  // I2CER에 상응하는 I2C로부터의 인터럽트 활성화
immr → i2mod = 0x01;  // I2C 버스 활성화
...
```

15개의 영역 I^2C 파라미터 RAM 중 5개는 MPC860 상에 I^2C의 초기화에서 설정되어야 한다. 그것들은 그림 8-32에서 볼 수 있듯이 수신 기능 코드 레지스터(RFCR), 송신 기능 코드 레지스터(TFCR), 그리고 최대 수신 버퍼 길이 레지스터(MRBLR)와 수신 버퍼열의 베이스값(Rbase), 송신 버퍼열의 베이스값(Tbase)을 포함하고 있다.

오프셋[1]	이 름	폭	설 명
0x00	RBASE	Hword	Rx/TxBD 테이블 베이스 어드레스. 이것은 BD 테이블이 듀얼 포트 RAM의 어디에서 시작하는지를 가리킨다. 각 BD 테이블의 마지막 BD 안에 있는 Rx/TxBD[W]를 설정하는 것은 I^2C의 Tx와 Rx 섹션을 위해 얼마나 많은 BD를 할당할지를 결정한다. 따라서 I^2C의 BD 테이블이 다른 능동 컨트롤러의 파라미터 RAM과 오버랩되도록 설정해서는 안 된다.
0x02	TBASE	Hword	

>> 그림 8-32 I^2C 파라미터 RAM[8-4]

오프셋[1]	이름	폭	설명
0x04	RFCR	Byte	Rx/Tx 함수 코드. 관련된 SDMA 채널이 메모리에 접근할 때 AT[1-3]에 나타날 값을 포함한다. 또한 전송을 위한 바이트 정렬 규격도 제어한다.
0x05	TFCR	Byte	
0x06	MRBLR	Hword	최대 수신 버퍼 길이. I²C 수신기가 다음 버퍼로 이동하기 전에 수신 버퍼에 쓸 최대 바이트 수를 정의한다. 오류가 발생하거나 프레임 끝에 이르면, 수신기는 MRBLR 값보다 더 적은 바이트를 버퍼에 쓴다. 송신 버퍼는 MRBLR에 영향을 받지 않으며, 길이가 다양할 수 있다. 송신될 바이트 수는 TxBD[Data Length]에 규정된다. MRBLR은 I²C가 동작하는 동안에는 변경되지 않는다. 하지만, 그것은 (두 개의 8비트 버스 사이클이 아니라) 하나의 16비트 이동을 가능하게 하는 단일 버스 사이클에서는 변경될 수 있다. 그 변경은 CP가 다음 RxBD로 제어권을 이동시킬 때 영향을 받는다. 변경이 발생하는 정확한 RxBD를 보장하기 위해서는 I²C 수신기가 비활성화되어 있는 동안에만 MRBLR을 변경해야 한다.
0x08	RSTATE	Word	Rx 내부 상태. CPM 사용을 위해 예약되어 있다.
0x0C	RPTR	Word	Rx 내부 데이터 포인터[2]는 접근되는 버퍼 안에 있는 다음 어드레스를 보여주는 SDMA 채널에 의해 업데이트된다.
0x10	RBPTR	Hword	RxBD 포인터. 각 I²C 채널을 위해 프레임을 처리하는 동안 현재 디스크립터를 가리키거나 수신기가 휴지 상태에 있을 때, 데이터를 전송할 다음 디스크립터를 가리킨다. 리셋 후 또는 디스크립터 테이블의 끝에 이르렀을 때, CP는 RBPTR을 RBASE 안에 있는 값으로 초기화한다. 대부분의 어플리케이션들은 RBPTR에 값을 쓸 수 없지만, 수신기가 비활성화되거나 수신 버퍼가 사용되지 않을 경우, 그것은 수정될 수 있다.
0x12	RCOUNT	Hword	Rx 내부 바이트 카운트[2]는 MRBLR로 초기화되는 다운 카운트값이며, SDMA 채널이 쓰는 모든 바이트만큼 감소한다.
0x14	RTEMP	Word	Rx temp. CPM 사용을 위해 예약되어 있다.
0x18	TSTATE	Word	Tx 내부 상태. CPM 사용을 위해 예약되어 있다.
0x1C	TPTR	Word	Tx 내부 데이터 포인터[2]는 접근될 버퍼 안에 있는 다음 어드레스를 나타내기 위해 SDMA 채널에 의해 업데이트된다.
0x20	TBPTR	Hword	TxBD 포인터. 휴지 상태에 있을 때 송신기가 데이터를 전송할 다음 디스크립터를 가리키거나, 프레임 전송 동안 현재 디스크립터를 가리킨다. 리셋 후 또는 디스크립터 테이블의 끝에 이르렀을 때, CPM은 TBASE 안에 있는 값으로 TBPTR을 초기화한다. 대부분의 어플리케이션들은 TBPTR에 값을 쓸 수 없지만, 송신기가 비활성화되거나 송신 버퍼가 사용되지 않을 경우, 그것은 수정될 수 있다.

>> 그림 8-32 계속

오프셋[1]	이 름	폭	설 명
0x22	TCOUNT	Hword	Tx 내부 바이트 카운트[2]는 TxBD[Data Length]로 초기화되는 다운 카운트값이며, SDMA 채널에 의해 읽혀지는 모든 바이트만큼 감소한다.
0x24	TTEMP	Word	Tx temp. CP 사용을 위해 예약되어 있다.
0x28~0x2F	–	–	I²C/SPI 재할당을 위해 사용된다.

1. I2C_BASE에 프로그램될 때, 디폴트값은 IMMR + 0x3C80 이다.
2. 보통, 이 파라미터들은 접근될 필요가 없다.

>> 그림 8-32 계속

I^2C 파라미터 RAM 초기화의 예로서 다음의 의사 코드를 살펴보자.

```
// I2C 파라미터 RAM 초기화
...

// 수신에 대한 빅 엔디안 또는 트루 리틀 엔디안 바이트 정렬 및 채널 #0을 규정한다.
immr → I2Cpram.rfcr = 0x10;

// 수신에 대한 빅 엔디안 또는 트루 리틀 엔디안 바이트 정렬 및 채널 #0을 규정한다.
immr → I2Cpram.tfcr = 0x10;
immr → I2Cpram.mrblr = 0x0100;   // I2C 수신 버퍼의 최대 길이
immr → I2Cpram.rbase = 0x0400;   // RBASE가 처음 RX BD를 가리키게 한다.
immr → I2Cpram.tbase = 0x04F8;   // TBASE가 처음 TX BD를 가리키게 한다.
...
```

(PowerPC의 CPM 안에 있는) I^2C 컨트롤러를 통해 송신 또는 수신되는 데이터는 송수신 버퍼가 참조하는 버퍼에 입력된다. 송수신 버퍼의 처음 하프 워드(16비트)는 상태 비트와 제어 비트를 포함하고 있다(그림 8-33a와 8-33b 참고). 그 다음의 16비트는 버퍼의 길이를 포함한다.

두 버퍼들 안에 있는 W(wrap) 비트는 이 버퍼가 버퍼 테이블의 마지막 값인지 아닌지를 가리킨다(1로 설정되어 있을 때, I^2C 컨트롤러는 버퍼링의 처음 버퍼로 되돌아간다). I(interrupt) 비트는 버퍼가 닫혔을 때, I^2C 컨트롤러가 인터럽트를 요청할지 아닐지를 가리킨다. L(last) 비트는 이 버퍼가 메시지의 마지막 문자를 포함하고 있는지 아닌지를 가리킨다. CM 비트는 I^2C 컨트롤러가 이 버퍼로 끝이 났을 때 수신 버퍼의 E(empty) 비트 또는 송신 버퍼의 R(ready) 비트를 0으로 클리어할지 아닐지를 결정한다. CM(continuous mode) 비트는 하나의 버퍼가 사용되는 경우, 슬레이브 I^2C 장치로부터 연속적인 수신이

허락되는 연속 모드인지를 가리킨다.

송신 버퍼의 경우, R(ready) 비트는 관련 버퍼가 송신 준비가 되어 있는지 아닌지를 가리킨다. S(transmit start condition) 비트는 이 버퍼의 처음 바이트를 전송하기 전에 시작 상태가 전송되는지 아닌지를 가리킨다. NAK 비트는 마지막으로 송신된 바이트가 승인을 받지 못했기 때문에 I^{2}C 전송을 중단했다는 것을 가리킨다. UN(underrun condition) 비트는 관련 데이터 버퍼를 송신하는 동안 컨트롤러가 언더런 상태에 직면하게 되었다는 것을 가리킨다. CL(collision) 비트는 전송기가 버스를 중계하는 동안 데이터를 분실했기 때문에 I^{2}C 컨트롤러가 전송을 중단했다는 것을 가리킨다. 수신 버퍼의 경우, E(empty) 비트는 이 버퍼와 관련된 데이터 버퍼가 비어 있다는 것을 가리키며, OV(overrun) 비트는 데이터를 수신하는 동안 오버런이 발생했는지를 가리킨다.

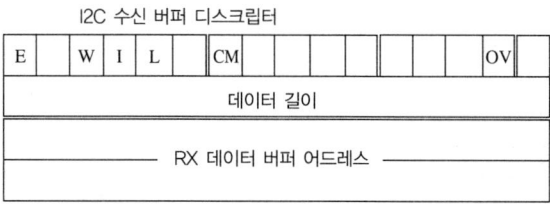

>> 그림 8-33a 수신 버퍼 디스크립터[8-2]

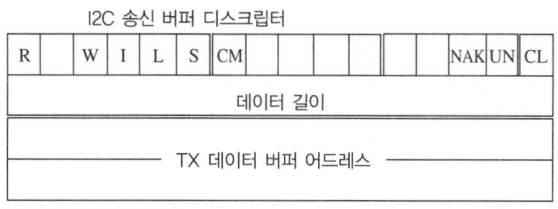

>> 그림 8-33b 송신 버퍼 디스크립터[8-2]

I^{2}C 버퍼 초기화 의사 코드의 예는 다음과 같다.

```
// I2C 버퍼 디스크립터 초기화
...
// 10개의 수신 버퍼 초기화
index = 0;
While(index < 9) do
```

```
{
// E = 1, W = 0, I = 1, L = 0, OV = 0
immr → udata_bd → rxbd[index].cstatus = 0x90000;
immr → bd → rxbd[index].length = 0;   // 버퍼를 비운다.
immr → bd → rxbd[index].addr = …;
index = index + 1;
}

// 마지막 수신 버퍼 초기화
immr → bd → rxbd[9].cstatus = 0xb000;   // E = 1, W = 1, I = 1, L = 0, OV = 0
immr → bd → rxbd[9].length = 0;   // 버퍼를 비운다.
immr → udata_bd → rxbd[9].addr = …;

// 송신 버퍼
immr → bd → txbd.length = 0x0010;   // 송신 버퍼 2바이트 길이

// R = 1, W = 1. I = 0, L = 1, S = 1. NAK = 0, UN = 0, CL = 0
immr → bd → txbd.cstatus = 0xAC00;

immr → udata_bd → txbd.bd_addr = …;

/* TX 버퍼 안에 어드레스와 메시지를 입력한다. */
…

// CPM 명령어 레지스터 CPCR을 통해 I2C에 대한 RX&TX 파라미터 명령어를 초기화 요청한다.
while(immr → cpcr&(0x0001));   // 명령어를 요청할 준비가 될 때까지 루프를 반복한다.
immr → cpcr = (0x0011)         // 명령어를 요청한다.
while(immr → cpcr&(0x0001));   // 명령어가 처리될 때까지 루프를 반복한다.
…
```

8.4 | 보드 I/O 드라이버 예

일종의 소프트웨어 관리를 필요로 하는 보드 I/O 서브시스템 컴포넌트들은 I/O 보조 컨트롤러뿐만 아니라 주 프로세서에 집적된 컴포넌트들도 포함하고 있다. I/O 컨트롤러는 프로세서를 제어하고 그 상태를 확인하기 위해 사용되는 상태 레지스터와 제어 레지스터를 가지고 있다. 이 장의 시작 부분에서 소개하였던 디바이스 드라이버 기능 목록 중, I/O 서브시스템에 따라 10개 기능의 모두 또는 일부가 I/O 드라이버에서 구현된다. 이것은 다음과 같은 것들을 포함하고 있다.

- **I/O 스타트업**(I/O startup) 전원 인가 또는 리셋시 I/O 초기화
- **I/O 셧다운**(I/O shutdown) I/O를 전원이 꺼진 상태로 설정하는 것
- **I/O 비활성화**(I/O disable) 다른 소프트웨어가 동작중에 I/O를 비활성화시키는 것
- **I/O 활성화**(I/O enable) 다른 소프트웨어가 동작중에 I/O를 활성화시키는 것
- **I/O 획득**(I/O acquire) 다른 소프트웨어가 I/O에 단독 액세스를 가능하게 하는 것
- **I/O 릴리즈**(I/O release) 다른 소프트웨어가 I/O를 자유롭게 놓아주는 것
- **I/O 읽기**(I/O read) 다른 소프트웨어가 I/O로부터 데이터를 읽어올 수 있게 하는 것
- **I/O 쓰기**(I/O write) 다른 소프트웨어가 I/O에 데이터를 쓸 수 있게 하는 것
- **I/O 설치**(I/O install) 다른 소프트웨어가 동작중에 새로운 I/O를 설치할 수 있게 하는 것
- **I/O 설치 제거**(I/O uninstall) 다른 소프트웨어가 동작중에 설치된 I/O를 제거할 수 있게 하는 것

PowerPC와 ARM 아키텍처에 대한 이더넷과 RS-232 I/O 초기화 루틴이 I/O 스타트업(초기화) 디바이스 드라이버의 예로 제공된다. 이 예들은 I/O가 PowerPC와 ARM과 같은 보다 복잡한 아키텍처에서 어떻게 구현될 수 있는지를 보여주며, 이것은 PowerPC 및 ARM 아키텍처만큼 복잡하거나 그보다 덜 복잡한 다른 프로세서에서 I/O 드라이버를 쓰는 방법을 이해할 수 있는 가이드로서 차례로 사용될 수 있다. 다른 I/O 루틴들은 이 장에서 의사 코드로 만들지 않았다. 왜냐하면 동일한 개념이 8.1절과 8.2절에서와 같이 여기에 적용되어 있기 때문이다. 간단히 말해서 아키텍처와 I/O 장치에서 읽고, I/O 장치에 쓰고, I/O 장치를 활성화하는 등의 방법에서 사용되는 메커니즘을 위한 I/O 장치 문서를 연구하는 것은 책임 연구원들의 몫이다.

예4 : 이더넷 드라이버 초기화

6장의 네트워크 예에 이어서, 여기에서 사용된 예는 상당히 폭넓게 구현된 LAN 프로토콜 이더넷이며, 기본적으로 IEEE 802.3 표준군을 기반으로 한다.

그림 8-34에서 볼 수 있는 것처럼, 이더넷 기능을 활성화하기 위해 필요한 소프트웨어는 OSI 데이터-링크 계층의 하위 영역에 매핑된다. 하드웨어 컴포넌트들은 모두 OSI 모델의 물리 계층에 매핑되는데, 이에 대해서는 이 절에서 설명하지 않을 것이다(Section II를 참고하라).

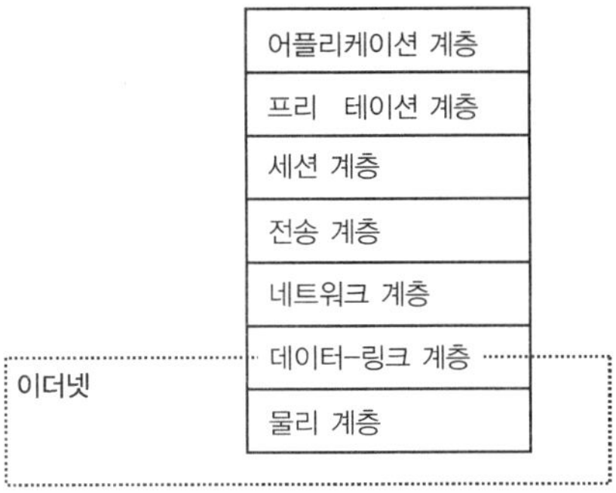

CHAPTER 08
디바이스 드라이버

```
┌─────────────────┐
│  어플리케이션 계층  │
├─────────────────┤
│  프리  테이션 계층 │
├─────────────────┤
│    세션 계층      │
├─────────────────┤
│    전송 계층      │
├─────────────────┤
│   네트워크 계층    │
├─────────────────┤
│  데이터-링크 계층  │ ┐
├─────────────────┤ │ 이더넷
│    물리 계층      │ ┘
└─────────────────┘
```

>> 그림 8-34 OSI 모델

Section II에서 설명한 것처럼, 주 프로세서에 집적될 수 있는 이더넷 컴포넌트를 가리켜 **이더넷 인터페이스**(Ethernet interface)라고 부른다. 구현되는 유일한 펌웨어(소프트웨어)는 이더넷 인터페이스 안에 있다. 이 소프트웨어는 하드웨어가 IEEE 802.3 이더넷 프로토콜 : **미디어 접근 관리** 및 **데이터 암호화**의 두 가지 주요 컴포넌트들을 어떻게 지원하는지에 따라 달라진다.

데이터 암호화[이더넷 프레임]

이더넷 LAN에서, 이더넷 케이블에 연결된 모든 장치들은 버스형 또는 방사형 토폴로지로 설정될 수 있다(그림 8-35 참고).

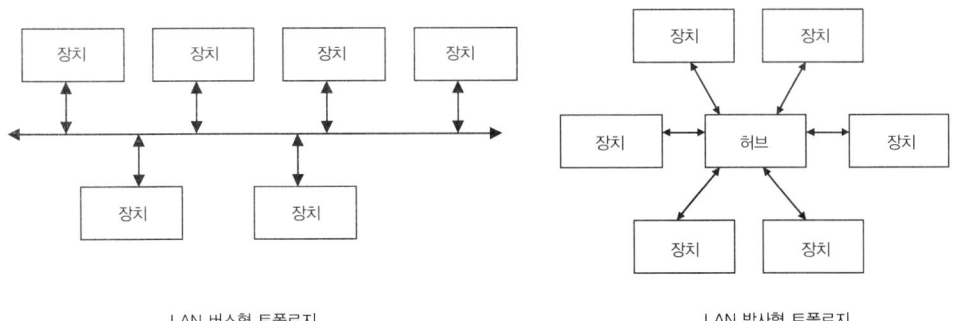

LAN 버스형 토폴로지   LAN 방사형 토폴로지

>> 그림 8-35 이더넷 토폴로지

이러한 토폴로지에서, 모든 장치들은 동일한 신호 시스템을 공유한다. 한 장치가 LAN 동작을 확인하고 잠시 후 아무것도 없다는 것을 알아차리면, 그 장치는 그 이더넷 신호를 직렬로 전송한다. 그러면, 이 신호들은 LAN에 연결된 모든 다른 장치들에 의해 수신된다. 그러므로 이더넷 프레임에는 데이터뿐만 아니라, 데이터가 실제로 어떤 장치를 위해 의도되어졌는가에 대해 각 장치들에게 확인하기 위해 필요한 정보도 포함하고 있어야 한다.

이더넷 장치들은 그것들이 송신 또는 수신하고자 하는 데이터를 '이더넷 프레임'이라고 불리는 것으로 암호화한다. 이더넷 프레임(IEEE 802.3에서 정의된다)은 여러 개의 직렬 비트들로 구성되어 있는데, 각각은 필드로 그룹화되어 있다. LAN의 특징에 따라 여러 개의 이더넷 프레임 형식들이 가능하다. 그림 8-36에는 두 가지의 프레임들을 보여주고 있다(정의된 모든 프레임에 관한 설명은 IEEE 802.3 규격을 참고하라).

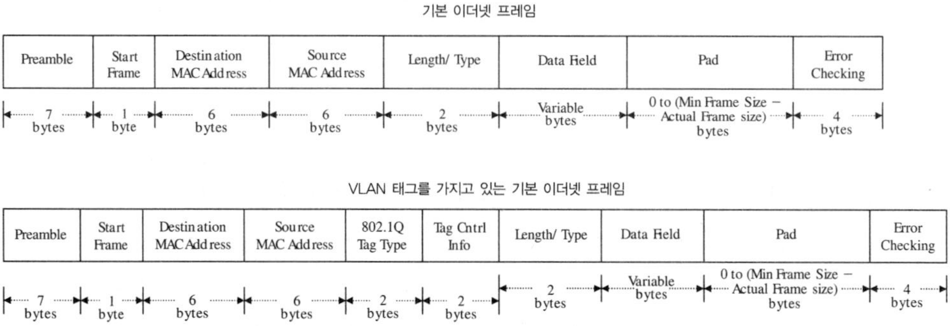

기본 이더넷 프레임

Preamble	Start Frame	Destination MAC Address	Source MAC Address	Length/ Type	Data Field	Pad	Error Checking
7 bytes	1 byte	6 bytes	6 bytes	2 bytes	Variable bytes	0 to (Min Frame Size – Actual Frame size) bytes	4 bytes

VLAN 태그를 가지고 있는 기본 이더넷 프레임

Preamble	Start Frame	Destination MAC Address	Source MAC Address	802.1Q Tag Type	Tag Cntrl Info	Length/ Type	Data Field	Pad	Error Checking
7 bytes	1 byte	6 bytes	6 bytes	2 bytes	2 bytes	2 bytes	Variable bytes	0 to (Min Frame Size – Actual Frame size) bytes	4 bytes

>> 그림 8-36 이더넷 프레임[8-7]

서두에 있는 바이트들은 LAN 상에 있는 장치들에게 신호가 보내어질 것이라는 점을 말해준다. 그것들은 한 **프레임**의 **시작**을 가리키기 위해 '10101011'로 시작한다. 이더넷 프레임의 **MAC**(media access control, 미디어 접근 제어) **어드레스**는 한 장치 안에 각 이더넷 인터페이스에 고유하게 할당된 물리 어드레스이며, 모든 장치들은 각각 고유한 값을 하나 갖는다. 프레임이 장치에 의해 수신될 때, 그 데이터-링크 계층은 그 프레임의 목적지 어드레스를 살펴본다. 만약 그 어드레스가 자신의 MAC 어드레스와 일치하지 않는다면, 그 장치는 그 프레임의 나머지 부분을 무시한다.

데이터 영역은 크기가 다양할 수 있다. 만약 데이터 영역이 1500과 동일하거나 더 작은 값이라면, **길이/유형** 영역은 데이터 영역 안의 바이트 수를 가리킨다. 만약 데이터 영역이 1500보다 더 큰 값이라면, 그 프레임을 보낸 장치에서 사용되는 MAC 프로토콜의 유형이 길이/유형 안에 정의된다. 데이터 영역의 크기가 달라질 수 있다면, MAC 어드레스, 길이/유형, 데이터, 패드, 그리고 오류 확인 영역은 최소 64바이트 길이가 되도록 증가해야 한다. 만약 그렇지 않다면 **패드** 영역은 그 프레임이 최소한으로 요구되는 길이로 가져가도록 사용된다.

오류 확인 영역은 MAC 어드레스, 길이/유형, 데이터 영역, 그리고 패드 영역을 사용하여 생성된다. 4바이트의 **CRC**(cyclical redundancy check, 순환 잉여 검사)값은 이 영역으로부터 계산되며, 전송되기 전에 이 프레임의 끝에 저장된다. 수신한 장치에서 이 값은 다시 계산되어 만약 그 프레임과 일치하지 않는다면 무시한다.

마지막으로, 이더넷 규정에서 남은 프레임 형식은 기본 프레임의 확장 형태이다. 위에서 볼 수 있는 것과 같은 VLAN(가상 지역 네트워크) 태그 프레임은 이러한 확장 프레임의 한 예이며, 2개의 추가 영역—**802.1Q 태그 유형**과 **제어정보**—을 포함하고 있다. **802.1Q 태그 유형**은 항상 0x8100으로 설정되어 있으며, 이 영역 다음에 VLAN 태그가 있으며, 이 형식에서는 프레임 내에 4바이트 이상이 시프트되어 있는 길이/유형 영역은 없다는 것을 가리키는 지시자의 역할을 한다. **태그제어정보**는 실제 세 영역으로 구성된다 : 사용자 우선순위 영역(UPF), 정규형 지시자(CFI), 그리고 VLAN 지시자(VID). UPF는 그 프레임에게 우선 순위 레벨을 할당해 주는 3비트 영역이다. CFI는 라우팅 정보 영역(RIF)이 프레임 안의 어디에 있는지를 가리키는 1비트 영역이다. 남은 12비트는 VID로, 이 프레임이 어떤 VLAN 에 속해 있는지를 가리킨다. VLAN 프로토콜은 실제 IEEE 802.1Q 규정에 정의되어 있지만, VLAN 프로토콜의 이더넷에 특화된 구현방법에 대해 상세하게 정의하고 있는 것은 IEEE 802.3ac 규정이다.

미디어 접근 관리

LAN상에 있는 모든 장치들은 매체를 통해 신호들을 전송하는 동등한 권리를 갖는다. 그러므로 모든 장치들이 데이터를 공평하게 송신할 수 있는 기회를 가질 수 있도록 보장해 주는 규칙이 있어야만 한다. 하나 이상의 장치는 그 동일한 시간에 데이터를 전송해야 하며, 이러한 규칙들은 그 장치들이 충돌이 난 데이터를 복원할 수 있는 방법을 허락해야 한다. 이것은 MAC 프로토콜의 기원인 두 가지 규정이 있는 곳이다. 하나는 IEEE 802.3 반이중 방식의 CDMA/CD이며, 다른 하나는 IEEE 802.3x 전이중 방식의 이더넷 프로토콜이다. 이더넷 인터페이스에서 구현된 이 프로토콜들은 공통의 전송매체를 공유하고 있을 때 이 장치들이 어떻게 동작하는지를 규정하고 있다.

이더넷 장치 안에서의 반이중 방식의 CDMA/CD 기능은 한 장치가 동일한 통신 라인을 통해서 신호들을 동시에 송수신하지 못하고 송신 또는 수신 중 한 가지만 할 수 있다는 것을 의미한다. 기본적으로 그 장치에서 반이중 방식의 CDMA/CD(MAC 하위 계층으로도 알려져 있다)는 그 장치 안에 물리 계층으로부터 또는 그보다 상위 계층으로부터 데이터를 송신 또는 수신할 수 있다. 다시 말하면, MAC 하위 계층은 두 가지 모드에서 동작한다 : 송신 (데이터는 상위 계층으로부터 수신되어 처리되고 물리 계층으로 전송된다)과 수신(데이터는 물리 계층으로부터 수신되어 처리되고 상위 계층으로 전송된다). 송신 데이터 암호화(TDE) 컴포넌트와 송신 미디어 접근 관리(TMAM) 컴포넌트들은 송신 모드 기능을 제공하고 있으며, 수신 미디어 접근 관리(RMAM)와 수신 데이터 역암호화(RDD) 컴포넌트들은 수신 모드 기능을 제공한다.

CDMA/CD(MAC 서브 계층) 송신 모드

MAC 하위 계층은 상위 계층으로부터 데이터를 받아 물리 계층으로 송신하고자 할 때, TDE 컴포넌트는 먼저 이더넷 프레임을 생성한다. 그런 다음 이 프레임은 TMAM 컴포넌트로 보내어진다. 그러면, TMAM 컴포넌트는 송신 라인에 다른 장치들이 데이터를 전송하고 있지는 않은지를 확인하기 위해 일정 기간 동안 기다린다. TMAM 컴포넌트가 송신 라인에 아무것도 없다는 것을 확인하면, 그것은 송신매체를 통해 한 번에 한 비트씩 (물리 계층을 통해서) 데이터 프레임을 송신한다. 만약 이 장치의 TMAM 컴포넌트가 그 데이터가 송신 라인상에 다른 데이터와 충돌이 났다면, 그것은 시스템상의 모든 장치들에서 충돌이 있었다는 것을 알리기 위해 정해진 일정 기간 동안 여러 비트들을 전송한다. 그런 다음 TMAM 컴포넌트는 다시 프레임 전송을 시작하기 전에 일정 시간 동안 모든 전송을 멈춘다.

다음은 프레임을 전송하라는 MAC 클라이언트(상위 계층)의 요청을 처리하고 있는 MAC 계층의 상위 레벨 흐름도를 보여주고 있다.

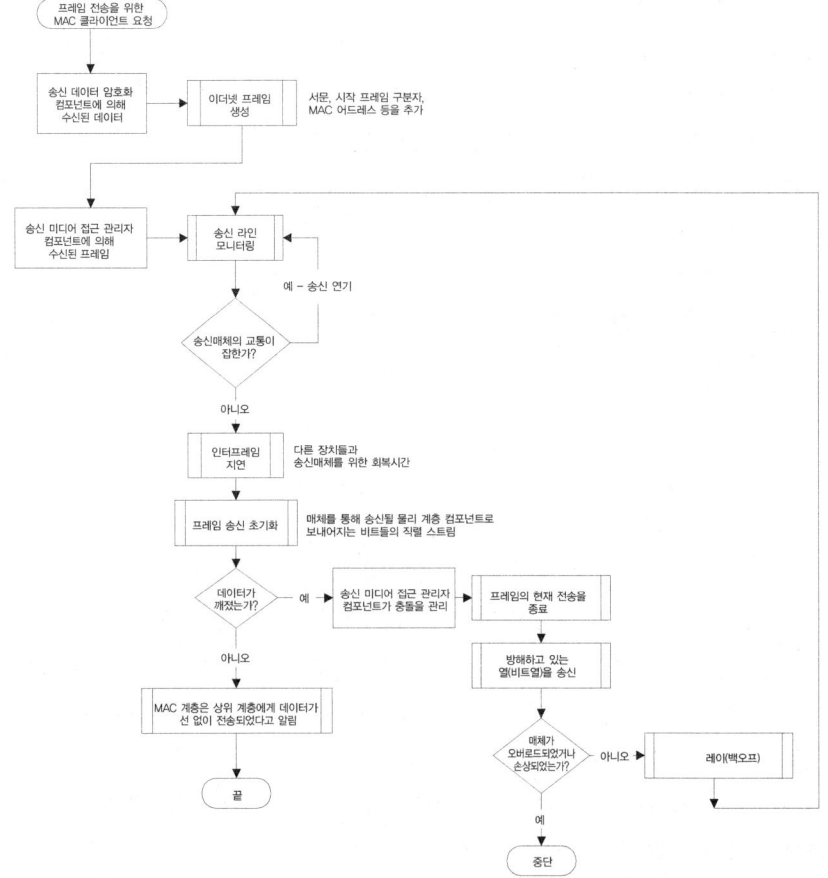

>> 그림 8-37 프레임을 전송하라는 MAC 클라이언트의 요청을 처리하는 MAC 계층의 상위 레벨 흐름도[8-7]

CDMA/CD(MAC 서브 계층) 수신 모드

MAC 서브 계층이 물리 계층으로부터 비트열을 수신하여 나중에 MAC 클라이언트로 전송하고자 할 때, MAC 서브 계층 RMAM 컴포넌트는 물리 계층으로부터 이 비트들을 프레임처럼 수신한다. 이 비트들이 RMAM 컴포넌트에 의해 수신될 때, 처음 두 영역(서문과 시작 프레임 문자)은 무시된다는 것을 알아두자. 물리 계층이 전송을 중단할 때, 프레임은 처리를 위해 RDD 컴포넌트로 보내어진다. 이 컴포넌트는 이 프레임 안에 있는 MAC 목적지 어드레스 영역을 그 장치의 MAC 어드레스와 비교한다. 또한 RDD 컴포넌트는 프레임의 영역이 적절하게 정렬되어 있는지를 확인하고, 프레임이 장치로 보내어질 때 손상을 입지 않았는지 확인하기 위해 CRC 오류 검사를 수행한다(오류 확인 영역은 그 프레임으로부터 분리된다). 모든 확인이 끝나면, RDD 컴포넌트는 상태 영역을 추가하여 그 프레임의 나머지 영역을 MAC 클라이언트로 전송한다.

다음은 물리 계층으로부터 입력된 비트들을 처리하는 MAC 계층의 상위 레벨 흐름도이다.

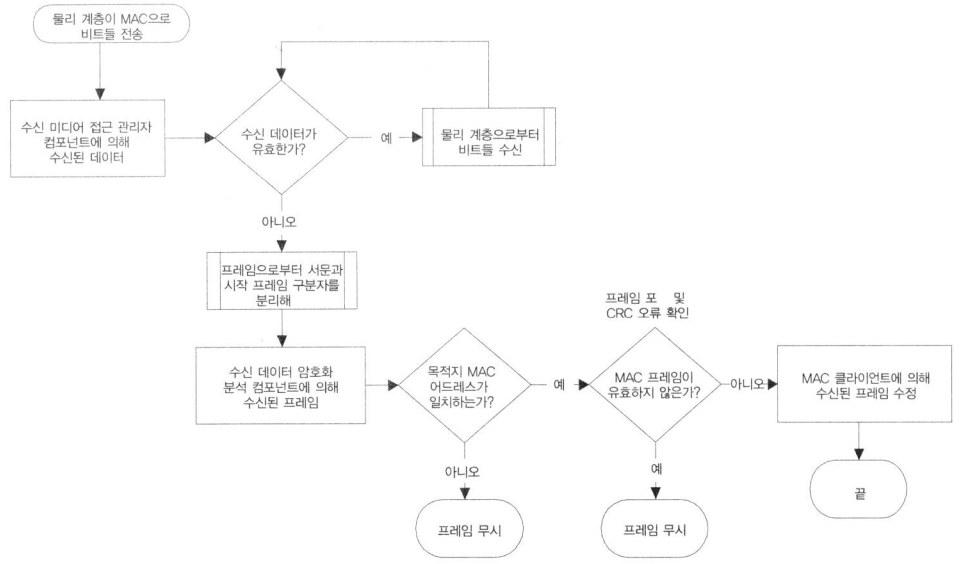

>> 그림 8-38 물리 계층으로부터 입력된 비트들을 처리하는 MAC 계층의 상위 레벨 흐름도[8-7]

반이중 방식의 기능이 있는 장치들이 전이중 방식도 지원한다는 사실을 알아내는 것은 그리 어려운 일이 아니다. 왜냐하면, 반이중 방식으로 구현된 MAC 하위 계층 프로토콜의 일부가 전이중 방식 동작을 필요로 하기 때문이다. 기본적으로 전이중 방식을 지원하는 장치들은 동일한 시간에 동일한 통신매체를 통해 신호들을 송수신할 수 있다. 그러므로, 전이중 방식의 LAN에서의 쓰루풋은 반이중 방식의 시스템에서의 쓰루풋의 두 배이다.

전이중 방식의 시스템에서의 전송매체는 간섭 없이 동시에 송수신할 수 있어야 한다. 예를 들어, 10Base-5, 10Base-2, 10Base-FX 등은 전이중 방식을 지원하지 않지만, 10/100/1000Base-T, 100Base-FX 등은 전이중 방식 규정의 요구사항을 만족한다.

LAN에서의 전이중 방식 동작은 오직 2개의 장치를 연결하는 것으로 제한된다. 그리고 이 두 장치들은 전이중 방식으로 동작할 수 있어야 하며, 그렇게 동작하도록 설정되어야 한다. 이것은 P2P 링크만 가능하도록 제한하고 있지만, 전이중 방식의 시스템에서 이 링크의 효율성은 실제 향상된다. 오직 2개의 장치만을 갖는 것은 충돌의 가능성을 제거하며, 반이중 방식의 장치에서 구현되는 CDMA/CD 알고리즘에 대한 필요성을 제거한다. 그러므로 수신 알고리즘은 전이중 방식이든 반이중 방식이든 동일하며, 그림 8-39는 송신 모드에서의 전이중 방식의 상위 레벨 함수의 흐름도를 보여주고 있다.

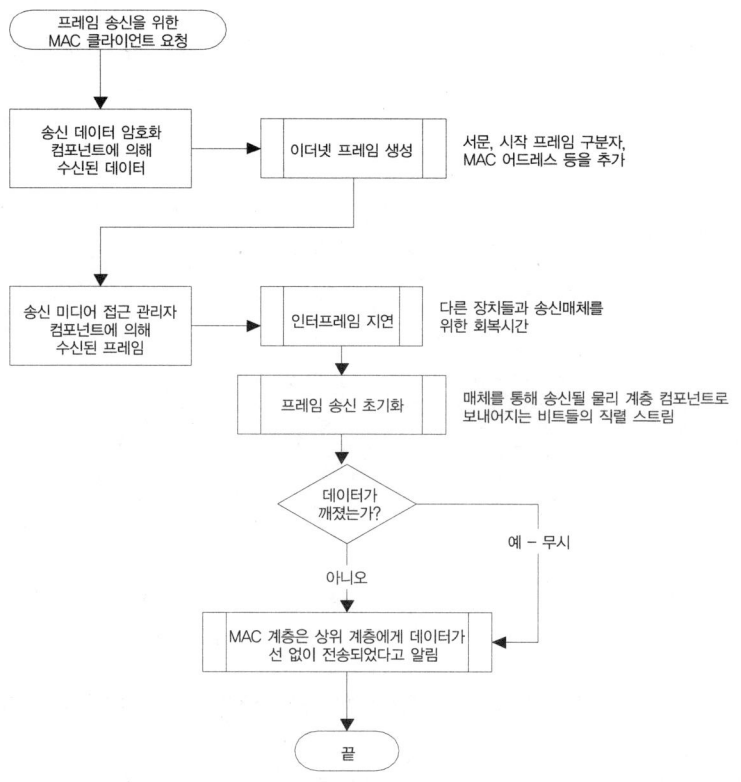

>> 그림 8-39 송신 모드에서의 전이중 방식의 상위 레벨 함수의 흐름도[8-7]

지금까지 이더넷 시스템을 구성하는 모든 컴포넌트들(하드웨어와 소프트웨어)에 대한 정의를 알아보았다. 이제는 아키텍처에 특화된 이더넷 컴포넌트들이 다양한 레퍼런스 플랫폼에서 소프트웨어를 통해 어떻게 구현되는지를 살펴보도록 하자.

모토롤라/프리스케일 MPC823 이더넷 예

그림 8-40은 보드상에 이더넷 하드웨어 컴포넌트에 연결된 MPC823의 다이어그램을 보여주고 있다(이더넷 하드웨어 컴포넌트에 대해 더 많은 정보를 알고 싶다면, Section II를 참고하라).

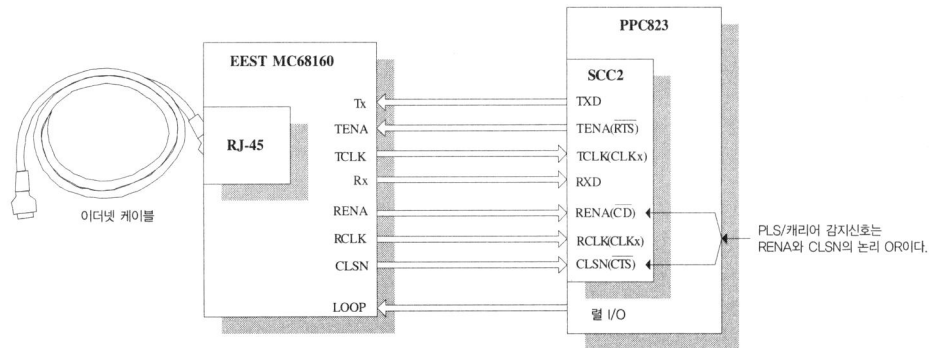

>> 그림 8-40 MPC823 이더넷 블록 다이어그램[8-2]
저작권자 Freescale Semiconductor, Inc.의 허가하에 발췌

이더넷이 MPC823에서 어떻게 동작하는지를 이해하기 위한 좋은 시작점은 "2000 MPC823 사용자 매뉴얼"의 16절로, CPM(communication processor module, 통신 프로세서 모듈)이라고 불리는 네트워킹 및 통신을 처리하는 MPC823 컴포넌트에 관해 다루고 있다. 여기에서 우리는 이더넷이 직렬 통신 컨트롤러(SCC)를 통해 동작할 수 있도록 구현하기 위해 MPC823을 설정하는 방법을 배우게 될 것이다.

2000 MPC823 사용자 매뉴얼

16.9 직렬 통신 컨트롤러

MPC823은 서로 다른 프로토콜을 구현하기 위해 독립적으로 설정될 수 있는 2개의 직렬 통신 컨트롤러(SCC2와 SCC3)를 가지고 있다. 그것들은 브리지 함수, 라우터, 게이트웨이, 다양한 종류의 표준 WAN, LAN, 특정 네트워크 등과의 인터페이스를 구현하기 위해 사용될 수 있다.

직렬 통신 컨트롤러는 물리 인터페이스를 포함하고 있는 것이 아니라, 물리 인터페이스로부터 획득한 데이터를 구조화하고 조작하는 논리장치이다. 직렬 통신 컨트롤러의 많은 함수들은 (다른 프로토콜 사이에서) 이더넷 컨트롤러에 공통적으로 사용될 수 있다. 직렬 통신 컨트롤러의 주요한 특징은 완전한 10Mbps 이더넷/IEEE 802.3에 관한 지원도 포함하고 있다.

"MPC823 사용자 매뉴얼"에서의 16.9.22절은 전이중 방식 지원을 포함하여, 이더넷 모드에서의 직렬 통신 컨트롤러의 특징들에 대해 상세히 설명하고 있다. 사실, PPC823에서의

이더넷을 초기화하고 설정하기 위한 소프트웨어에서 실제 구현되어야 하는 것은 16.9.23.7절에서의 이더넷 프로그래밍 예를 기반으로 하고 있다.

2000 MPC823 사용자 매뉴얼

16.9.23.7 SCC2 이더넷 프로그래밍 예

다음은 이더넷 모드에서 SCC2를 초기화하는 순서의 예이다. CLK1 핀은 이더넷 수신기를 위해 사용되며, CLK2 핀은 송신기를 위해 사용된다.

1. TXD1과 RXD1 핀을 활성화하기 위해 포트 A 핀을 설정한다. PAPAR 비트 12와 13을 1로 설정하고, PADIR 비트 12와 13을 0으로, PAODR 비트 13을 0으로 설정한다.
2. CTS2(CLSN)와 CD2(RENA)를 활성화하기 위해 포트 C 핀을 설정한다. PCPAR과 PCDIR 비트 9와 8을 0으로 설정하고 PCSO 비트 9와 8을 1로 설정한다.
3. RTS2(TENA) 핀은 아직 활성화시키지 않는다. 왜냐하면, 이 핀은 RTS와 LAN에서의 전송이 우연히 시작될 때에도 여전히 그 기능을 해야 하기 때문이다.
4. CLK1과 CLK2 핀을 활성화하기 위해 포트 A를 설정한다. PAPAR 비트 7과 6을 1로 설정하고 PADIR 비트 7과 6을 0으로 설정한다.
5. 직렬 인터페이스를 사용하기 위해 CLK1과 CLK2 핀을 SCC2에 연결한다. SICR에 있는 R2CS 영역을 101이라 설정하고 T2CS 영역을 100이라 설정한다.
6. SCC2를 NMSI에 연결하고 SICR 안에 SC2 비트를 0으로 클리어한다.
7. SDMA 설정 레지스터(SDCR)를 0x0001로 초기화한다.
8. SCC2 파라미터 RAM에 있는 RBASE와 TBASE를 듀얼 포트 RAM에 있는 RX 버퍼 디스크립터와 TX 버퍼 디스크립터를 가리키도록 설정한다. RX 버퍼 디스크립터가 듀얼 포트 RAM 시작 위치에 있고 TX 버퍼 디스크립터가 RX 버퍼 디스크립터 다음에 위치한다고 가정할 때, RBASE는 0x2000으로 TBASE는 0x2008로 설정한다.
9. 이 채널에 대한 INIT RX BD PARAMETER 명령어를 실행하기 위해 CPCR을 프로그래밍한다.
10. 일반 동작을 하도록 RFCR과 TFCR을 0x18로 설정한다.
11. MRBLR을 수신 버퍼당 최대 바이트 수로 설정한다. 이 경우에는 1520바이트라고 가정하자. 그러면 MRBLR = 0x05F0이다. 이 예에서 사용자는 전체 프레임을 한 버퍼에 담으려고 하며, MRBLR값은 4의 배수이면서 1518보다 더 큰 처음값으로 선택되어질 것이다.
12. 32비트 CCITT-CRC에 따라 C_PRES를 0xFFFFFFFF로 설정한다.
13. 32비트 CDITT-CRC에 따라 C_MASK를 0xDEBB20E3으로 설정한다.
14. 확실히 하기 위해 CRCEC, ALEC, DISFC를 0으로 클리어한다.
15. PAD값을 위해 PAD를 0x8888로 설정한다.
16. RET_LIM을 0x000F로 설정한다.

17. 최대 프레임 크기를 1518바이트로 만들기 위해 MFLR을 0x05EE로 설정한다.
18. 최소 프레임 크기를 64바이트로 만들기 위해 MINFLR을 0x0040으로 설정한다.
19. 최대 DMA 카운트를 1518바이트로 만들기 위해 MAXD1과 MAXD2를 0x005EE로 설정한다.
20. GADDR1~GADDR4를 0으로 클리어한다. 그룹 해시 테이블은 사용되지 않는다.
21. 물리 어드레스를 8003E0123456으로 설정하기 위해 PADDR1_H를 0x0380으로, PADDR1_M을 0x12E0으로, PADDR1_L을 0x5634로 설정한다.
22. P_Per을 0x000으로 설정한다. 이것은 사용되지 않는다.
23. IADDR1~IADDR4를 0으로 클리어한다. 개별 해시 테이블은 사용되지 않는다.
24. 확실히 하기 위해 TADDR_H, TADDR_M, TADDR_L을 0으로 클리어한다.
25. RX 버퍼 디스크립터를 초기화하고, RX 데이터 버퍼를 주 메모리의 0x00001000에 있다고 가정한다. Rx_BD_Status에 0xB000으로, Rx_BD_Length(옵션)를 0x0000으로, Rx_BD_Pointer를 0x00001000으로 설정한다.
26. TX 버퍼 디스크립터를 초기화하고, TX 데이터 프레임을 주 메모리의 0x00002000에 있다고 가정하며, 14개의 8비트 문자(목적지 어드레스와 소스 어드레스 + 유형 영역)들을 포함하고 있다고 가정한다. Tx_BD_Status에 0xFC00으로 설정하고 PAD를 그 프레임에 더한 후 CRC를 생성한다. 그런 다음 Tx_BD_Length를 0x000D로, Tx_BD_Pointer를 0x00002000으로 설정한다.
27. 어떤 이전의 이벤트를 클리어하기 위해 SCCE 이더넷을 0xFFFF로 설정한다.
28. TXE, RXF, TXB 인터럽트를 활성화하기 위해 SCCM 이더넷을 0x001A로 설정한다.
29. SCC2가 시스템 인터럽트를 발생시키도록 하기 위해 CIMR에 0x20000000으로 설정한다. CICR 또한 초기화되어야 한다.
30. 모든 모드의 일반 동작을 활성화하기 위해 GSMR_H를 0x00000000으로 설정한다.
31. 송신과 수신(DIAG 영역)을 자동으로 제어하는 CTS2(CLSN)와 CD2(RENA) 핀과 이더넷 모드를 설정하기 위해 GSMR_L을 0x1088000C로 설정한다. TCI는 EEST가 MPC82 전송 데이터를 받을 수 있도록 셋업 시간을 더 길게 하도록 설정한다. TPL과 TPP는 이더넷 요구사항을 위해 설정된다. DPLL은 이더넷에서는 사용되지 않는다. 송신자(ENT)와 수신자(ENR)가 아직 활성화되지 않았다는 것을 기억해 두자.
32. DSR을 0xD555로 설정한다.
33. 32비트 CRC를 무작위 모드로 설정하고, RENA 다음에 오는 시작 프레임의 문자열 22번째 비트를 찾기 시작할 수 있도록 PSMR-SCC 이더넷을 0x0A0A로 설정한다.
34. TENA 핀(RTS2)을 활성화한다. GMSR_L의 MODE 영역이 이더넷에 쓰여지기 때문에, TENA 신호는 로우이다. PCPAR 비트 14를 1로 설정하고, PCDIR 비트 14를 0으로 설정한다.
35. SCC2 송신자와 수신자를 활성화하기 위해 GSMR_L 레지스터에 0x1088003C를 쓴다. 이 추가의 설정은 ENT와 ENR 비트가 마지막으로 활성화될 것을 보장해 준다.

> 자동 패드(+CRC의 4바이트)의 14바이트와 46바이트가 전송된 다음, TX 버퍼 디스크립터는 종료된다. 또한 수신 버퍼는 한 프레임이 전송된 다음 닫힌다. RX 버퍼 디스크립터는 하나만 준비되어 있기 때문에, 1520바이트 다음에 수신되는 데이터는 동작 상태(버퍼 꽉 참)를 야기한다.

이더넷 초기화 디바이스 드라이버 소스 코드는 16.9.23.7 절부터 쓰여져 있다. 또한 이 절에서는 MPC823에서의 이더넷이 어떻게 **인터럽트 방식 기반**(interrupt driven)으로 설정되는지가 결정된다. 실제 초기화 순서는 다음의 주요 7가지 기능으로 나누어진다 : SCC2 비활성화, 이더넷 송신 및 수신을 위한 포트 설정, 버퍼 초기화, 파라미터 RAM 초기화, 인터럽트 초기화, 레지스터 초기화, 이더넷 시작(하기 의사 코드 참고).

MPC823 이더넷 드라이버 의사 코드

```
// SCC2 비활성화
    // 수신자를 비활성화하기 위해 GSMR_L[ENR]을 0으로 클리어한다.
    GSMR_L = GSMR_L & 0x00000020
    // SCC를 위해 Init Stop TX 명령어를 제시한다.
    Command(GRACEFUL_STOP_TX) 실행
    // 전송이 멈추었다는 것을 가리키기 위해 GSMR_L[ENT]를 0으로 클리어한다.
    GSMR_L = GSMR_L & 0x00000010

-=-=-=-=

// TXD1과 RXD1을 활성화하기 위해 포트 A 설정 - 사용자 매뉴얼의 1단계
PADIR = PADIR & 0xFFF3      // PAPAR[12, 13] 1로 설정
PAPAR = PAPAR | 0x000C      // PADIR[12, 13] 0으로 클리어
PAODR = PAODR & 0xFFF7      // PAODR[12] 0으로 클리어

// CLSN과 RENA를 활성화하기 위해 포트 C 설정 - 사용자 매뉴얼의 2단계
PCDIR = PCDIR & 0xFF3F      // PCDIR[8, 9] 0으로 클리어
PCPAR = PCPAR & 0xFF3F      // PCPAR[8, 9] 0으로 클리어
PCSO  = PCSO  | 0x00C0      // PCSO[8, 9] 1로 설정

// 3단계 - 해당 없음

// CLK2와 CLK4를 활성화하기 위해 포트 A 설정 - 사용자 매뉴얼의 4단계
PAPAR = PAPAR | 0x0A00      // PAPAR[6](CLK2)와 PAPAR[4](CLK4)를 1로 설정
PADIR = PADIR & 0xF5FF      // PADIR[4]와 PADIR[6]을 0으로 클리어(모두 16비트)

// SCC2 SI 클럭 라우트 레지스터(SICR) 초기화
```

```
// SICR[R2CS]를 111로 설정하고 SICR[T2CS]를 101로 설정한다. SCC2를 NMSI에 연결하고
// SICR[SC2]를 0으로 클리어 - 사용자 매뉴얼의 5&6단계
SICR = SICR & 0xFFFFBFFF
SICR = SICR | 0x00003800
SICR = (SICR & 0xFFFFF8FF) | 0x00000500

// SDMA 설정 레지스터 초기화 - 사용자 매뉴얼의 7단계
SDCR = 0x01      // SDCR을 0x1이라고 설정(SDCR은 32비트)

// SCC1 파라미터 RAM의 RBASE를 듀얼 포트 RAM의 RxBD 테이블과 TxBD 테이블을 가리키도록
// 설정한다. 그리고 각각의 버퍼 디스크립터 풀의 크기를 규정 - 사용자 매뉴얼의 8단계
RBase = 0x00(예를 들어)
RxSize = 1500바이트(예를 들어)
TBase = 0x02(예를 들어)
TxSize = 1500바이트(예를 들어)
index = 0
While(index < RxSize) do
{
// 통신 프로세서에게 다음 패킷을 받을 준비가 되었다는 것을 알려주기 위해 수신 버퍼 디스크립터를 설정
// - 사용자 매뉴얼의 25단계와 유사
// 통신 프로세서에게 다음 패킷을 전송할 준비가 되었다는 것을 알려주기 위해 송신 버퍼 디스크립터를 설정
// - 사용자 매뉴얼의 26단계와 유사
index = index + 1}

// INIT_RX_AND_TX_PARAMS를 실행하기 위해 CPCR을 프로그래밍 - 사용자 매뉴얼의 9단계
Command(INIT_RX_AND_TX_PAPAMS) 실행

// 일반 동작(모두 8비트)을 위해 RFCR과 TFCR을 0x10으로 설정하거나 일반 동작과 모토롤라/
// 프리스케일 바이트 정렬을 위해 0x18로 설정 - 사용자 매뉴얼의 10단계
RFCR = 0x10
TFCR = 0x10

// MRBLR을 수신 버퍼당 최대 바이트 수로 설정하고 16바이트라고 가정 - 사용자 매뉴얼의 11단계
MRBLR = 1520

// 32비트 CRC-CCITT에 따라 C_PRES를 0xFFFFFFFF로 설정 - 사용자 매뉴얼의 12단계
C_PRES = 0xFFFFFFFF

// 16비트 CRC-CCITT에 따라 C_MASK를 0xDEBB20E3으로 설정 - 사용자 매뉴얼의 13단계
C_MASK = 0xDEBB20E3

// 확인 차원에서 CRCEC, ALEC, DISFC를 0으로 클리어 - 사용자 매뉴얼의 14단계
CRCEC = 0x0
ALEC = 0x0
```

```
DISFC=0x0

// PAD값을 위해 PAD를 0x8888로 설정 - 사용자 매뉴얼의 15단계
PAD = 0x8888

// RET_LIM을 얼마나 많이 반복할지를 규정하여 설정 - 사용자 매뉴얼의 16단계
RET_LIM = 0x000F

// 최대 프레임 크기를 1518바이트로 만들기 위해 MFLR을 0x05EE로 설정 - 사용자 매뉴얼의
// 17단계
MFLR = 0x05EE

// 최소 프레임 크기를 64바이트로 만들기 위해 MINFR을 0x0040으로 설정 - 사용자 매뉴얼의
// 18단계
MINFLR = 0x0040

// 최대 DMA 카운트를 1520바이트로 만들기 위해 MAXD1과 MAXD2를 0x05F0으로 설정 - 사용자
// 매뉴얼의 19단계
MAXD1 = 0x05F0
MAXD2 = 0x05F0

// GADDR1~GADDR4를 0으로 클리어한다. 그룹 해시 테이블을 사용 안 함 - 사용자 매뉴얼의
// 20단계
GADDR1 = 0x0
GADDR2 = 0x0
GADDR3 = 0x0
GADDR4 = 0x0

// PADDR1_H, PADDR1_M, PADDR1_L을 48비트 스테이션 어드레스로 설정 - 사용자 매뉴얼의
// 21단계
stationAddr = "임베디드 기기의 이더넷 어드레스" = (예를 들어) 8003E0123456
PADDR1_H = 0x0380[스테이션 어드레스의 "80 03"]
PADDR1_M = 0x12E0[스테이션 어드레스의 "E0 12"]
PADDR1_L = 0x5634[스테이션 어드레스의 "34 56"]

// P_PER을 0으로 클리어한다. 이것은 사용 안 됨 - 사용자 매뉴얼의 22단계
P_PER = 0x0

// IADDR1~IADDR4를 0으로 클리어한다. 개별 해시 테이블을 사용 안 함 - 사용자 매뉴얼의
// 23단계
IADDR1 = 0x0
IADDR2 = 0x0
IADDR3 = 0x0
IADDR4 = 0x0
```

```
// 확실히 하기 위해 TADDR_H, TADDR_M, TADDR_L을 0으로 클리어 - 사용자 매뉴얼의
// 24단계
groupAddr = "임베디드 기기의 그룹 어드레스" = 그룹 어드레스 없음
TADDR_H = 0[21단계 상위 바이트 반전과 유사]
TADDR_M = 0[중간 바이트 반전]
TADDR_L = 0[하위 바이트 반전]

// RxBD를 초기화하고 Rx 데이터 버퍼가 0x00001000의 위치에 있다고 가정하자.
// RxBD[Status and Control]을 0xB000으로, RxBD[Data Length]를 0x0000으로 설정한다.
// RxDB[BufferPointer]를 0x00001000으로 설정 - 사용자 매뉴얼의 25단계
RxBD[Status and Control]은 버퍼의 상태 = 0xB000이다.
Rx 데이터 버퍼는 통신 프로세서가 입력된 패킷을 어드레스 0x00001000 안에 저장하기 위해 사용할 수 있는
바이트 배열이다.
메모리 안에 버퍼와 버퍼 길이를 저장하고, 상태를 저장한다.

// TxBD를 초기화하고 Tx 데이터 버퍼가 0x00002000의 위치에 있다고 가정하자.
// TxBD[Status and Control]을 0xFC00으로, TxBD[Data Length]를 0x0000으로 설정한다.
// TxDB[BufferPointer]를 0x00002000으로 설정 - 사용자 매뉴얼의 26단계
TxBD[Status and Control]은 버퍼의 상태 = 0xFC00이다.
Tx 데이터 버퍼는 통신 프로세서가 출력할 패킷을 어드레스 0x00002000 안에 저장하기 위해 사용할 수 있는
바이트 배열이다.
메모리 안에 버퍼와 버퍼 길이를 저장하고, 상태를 저장한다.

// 이전의 이벤트를 클리어하기 위해 SCCE-Transparent를 0xFFFF로 설정 - 사용자 매뉴얼의
// 27단계
SCCE = 0xFFFF

// SCCE[TXB, TXE, RXB, RXF]를 필요로 하는 인터럽트에 따라 SCCM-Transparent(SCC 마스크 레지
스터)를 인터럽트 가능하도록 초기화 - 사용자 매뉴얼의 28단계
// TXB, TXE, RXB, RXF 인터럽트(모든 이벤트)를 발생시키기 위해 SCCM을 0x001B로 설정한다.
// TXE와 RXF 인터럽트(오류)를 발생시키기 위해 SCCM을 0x0018로 설정한다.
// 모든 인터럽트들을 마스크하기 위해 SCCM을 0x0000으로 설정한다.
SCCM = 0x0000

// CICR을 초기화하고 SCC2가 시스템 인터럽트를 발생시킬 수 있도록 하기 위해 CIMR을 설정
// - 사용자 매뉴얼의 29단계
CIMR = 0x200000000
CICR = 0x001B9F80

// 모든 모드에 대한 일반 동작을 활성화하기 위해 GSMR_H를 0x00000000으로 초기화
// - 사용자 매뉴얼의 30단계
GSMR_H = 0x0

// CTS2와 CD2 핀을 송신 및 수신(DIAG 영역)을 자동으로 제어하도록 설정하기 위해
```

```
// GSMR_L: 0x1088000C: TCI = 1, TPL = 0b100, TPP = 0b01, MODE = 1100으로 한다.
// 송신 클럭의 일반 동작이 사용된다. 송신자(ENT)와 수신자(ENR)가 아직 모두 활성화되지 않았다는
// 것을 기억해 두자 - 사용자 매뉴얼의 31단계
GSMR_L = 0x1088000C

// DSR을 0xD555로 설정 - 사용자 매뉴얼의 32단계
DSR = 0xD555

// PSMR-SCC 이더넷을 32비트 CRC로 설정 - 사용자 매뉴얼의 33단계
    // 0x080A: IAM = 0, CRC = 10(32비트), PRO = 0, NIB = 101
    // 0x0A0A: IAM = 0, CRC = 10(32비트), PRO = 1, NIB = 101
    // 0x088A: IAM = 0, CRC = 10(32비트), PRO = 0, SBT = 1, NIB = 101
    // 0x180A: HBC = 1, IAM = 0, CRC = 10(32비트), PRO = 0, NIB = 101
PSMR = 0x080A

// TENA 핀(RTS2)을 활성화시킨다. GSMR_L의 MODE 영역이 이더넷에 쓰여지기 때문에, TENA
// 신호는 로우이다. PCPAR 비트 14를 1로 설정하고 PCDIR 비트 14를 0으로 설정
// - 사용자 매뉴얼의 34단계
PCPAR = PCPAR | 0x0001
PCDIR = PCDIR & 0xFFFE

// SCC2 송신자 및 수신자를 활성화하기 위해 GSMR_L 레지스터에 0x1088003C를 쓰기 -
// 사용자 매뉴얼의 35단계
GSMR_L = 0x1088003C

-=-=-=-
// 송신자와 수신자를 시작한다.
// 버퍼를 초기화한 다음, 이 채널의 INIT RX AND TX PARAMS 명령어를 실행시키도록 CPCR을
// 프로그래밍한다.
Command(Cp.INIT_RX_AND_TX_PARAMS) 실행

// 송신자와 수신자를 활성화시키기 위해 GSMR_L[ENR]과 GSMR_L[ENT]를 1로 설정한다.
GSMR_L = GSMR_L | 0x00000020 | 0x00000010

// END OF MPC823 ETHERNET INITIALIZATION SEQUENCE - 적절한 인터럽트가 발생할 때
// 데이터는 송신/수신 버퍼로 전송된다.
```

넷실리콘 NET+ARM40 이더넷 예

그림 8-41은 보드상에 이더넷 하드웨어 컴포넌트에 연결된 NET+ARM의 다이어그램을 보여주고 있다(이더넷 하드웨어 컴포넌트에 대해 더 많은 정보를 알고 싶다면 Section II를 참고하라).

CHAPTER 08
디바이스 드라이버

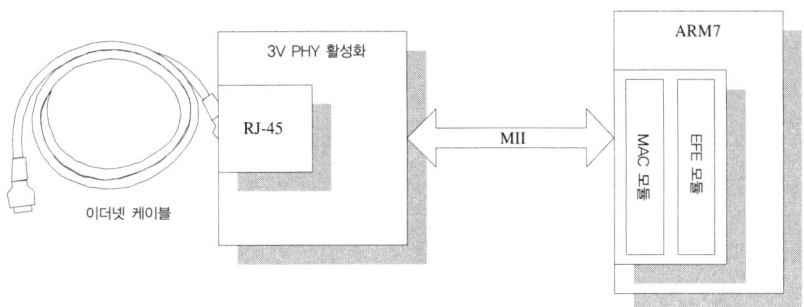

>> 그림 8-41 NET+ARM 이더넷 블록 다이어그램[8-8]

MPC823과 같이, NET+ARM40 이더넷 프로토콜은 **인터럽트 방식 기반**(interrupt driven)이며, 전이중 방식을 지원하도록 설정되어 있다. 하지만 MPC823과는 달리, NET+ARM의 초기화 순서는 보다 간단하며, 세 가지의 주요 기능으로 나누어질 수 있다 : 이더넷 프로세서의 리셋 수행, 버퍼 초기화, DMA 채널 활성화(아래의 NET+ARM 15/40에 대한 NET+ARM 하드웨어 사용자 가이드와 의사 코드를 참고하라).

NET+ARM40 의사 코드

```
...
// NCC 이더넷 칩의 로우 레벨 리셋을 수행한다.
// MII 유형을 결정한다.
MIIAR = MIIAR & 0xFFFF0000 | 0x0402
MIICR = MIICR | 0x1

// 현재의 PHY 동작이 완성될 때까지 기다린다.

If using MII
{
// 폴링 카운트에 따라 PCSCR을 설정 - 0x00000007(>=6), 0x00000003(<6)
// 자동 교섭 활성화
}
else{ // ENDEC MODE
EGCR = 0x0000C004
// 폴링 카운트에 따라 PCSCR을 설정 - 0x00000207(>=6), 0x00000203(<6)
// 오토만 점퍼가 보드에서 제거되었다면, EGCR을 보정 모드로 설정한다.
}

// 값을 읽어서 송신 및 수신 레지스터들을 0으로 클리어한다.
get LCC
```

```
get EDC
get MCC
get SHRTFC
get LNGFC
get AEC
get CRCEC
get CEC

// MII에 대해 상호-패킷 GAP Delay = 0.96us이고 10BaseT에 대해서는 9.6us이다.
If using MII then{
B2BIPGGTR = 0x15
NB2BIPGGTR = 0x0C12
} else {
B2BIPGGTR = 0x5D
NB2BIPGGTR = 0x365A);
}

MACCR = 0x0000000D

// NCC 이더넷 칩의 로우 레벨 리셋을 계속 수행한다.

// SAFR = 3:PRO Enable Promiscuous Mode로 설정(모든 패킷 수신), 2 : PRM Accept ALL
// 멀티캐스트 패킷, 1:PRA Accept 해시를 이용한 멀티캐스트 패킷
// 테이블, 0:BROAD Accept ALL 브로드캐스트 패킷
SAFR = 0x00000001

// 이더넷 어드레스를 어드레스 0xFF8005C0~0xFF8005C8로 로드한다.
// MCA 해시 테이블을 어드레스 0xFF8005D0~0xFF8005DC에 놓는다.

STLCR = 0x00000006

If using MII{
 // rev값이 무엇인지에 따라 EGCR을 설정 - 0xC0F10000(rev < 4), 0xC0F10000(PNA 지원
 // 비활성화)
else {
 // ENDEC 모드
 EGCR = 0xC0C08014}

// 버퍼를 초기화한다.
 // Rx와 Tx 버퍼 디스크립터를 설정한다.
 DMABDP1A = "수신 버퍼 디스크립터"
     DMABDP2 = "송신 버퍼 디스크립터"
```

```
// 이더넷 DMA 채널 활성화
// 수신 채널을 위해 인터럽트를 설정한다.
DMASR1A = DMASR1A & 0xFF0FFFFF | (NCIE|ECIE|NRIE|CAIE)

// 송신 채널을 위해 인터럽트를 설정한다.
DMASR2 = DMASR2 & 0xFF0FFFFF | (ECIE|CAIE)

  // 각 채널 활성화

  If MII is 100Mbps then{
      DMACR1A = DMACR1A & 0xFCFFFFFF | 0x02000000
      }

DMACR1A = DMACR1A & 0xC3FFFFFF | 0x80000000

  If MII is 100Mbps then{
      DMACR2 = DMACR2 & 0xFCFFFFFF | 0x02000000
      }
  else if MII is 10Mbps{
      DMACR2 = DMACR2 & 0xFCFFFFFF
      }

DMACR2 = DMACR2 & 0xC3FFFFFF | 0x84000000

// 각 채널을 위한 인터럽트 활성화
DMASR1A = DMASR1A|NCIP|ECIP|NRIP|CAIP
DMASR2 = DMASR2|NCIP|ECIP|NRIP|CAIP

// END OF NET+ARM ETHERNET INITIALIZATION SEQUENCE - 적절한 인터럽트가 발생하였을 때,
// 데이터는 송신/수신 버퍼로 이동한다.
```

예5 : RS-232 드라이버 초기화

가장 폭넓게 구현되고 있는 비동기 직렬 I/O 프로토콜 중 하나는 **RS-232** 또는 EIA-232(전자산업협회-232)이다. EIA-232는 기본적으로 전자산업협회 표준군을 기반으로 하고 있다. 이 표준은 RS-232 기반의 시스템 중 주요 컴포넌트들을 정의하고 있는데, 이것은 거의 대부분 하드웨어상에서 구현된다.

RS-232 기능을 활성화하기 위해 요구되는 펌웨어(소프트웨어)는 OSI 데이터-링크 계층의 하위 영역에 매핑된다. 하드웨어 컴포넌트들은 OSI 모델의 물리 계층에 모두 매핑될 수 있지만 이 절에서는 논의하지 않을 것이다(Section II 참고).

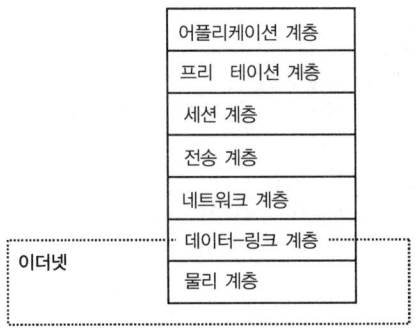

>> 그림 8-42 OSI 모델

6장에서 말한 것처럼, 주 프로세서상에 집적될 수 있는 RS-232 컴포넌트를 가리켜 **RS-232 인터페이스**라고 부른다. 이것은 동기 또는 비동기 전송으로 설정될 수 있다. 예를 들어 비동기 전송의 경우, RS-232를 위해 구현되는 펌웨어(소프트웨어)만이 UART라 불리는 컴포넌트 안에 있는데 이것은 직렬 데이터 전송을 구현한다.

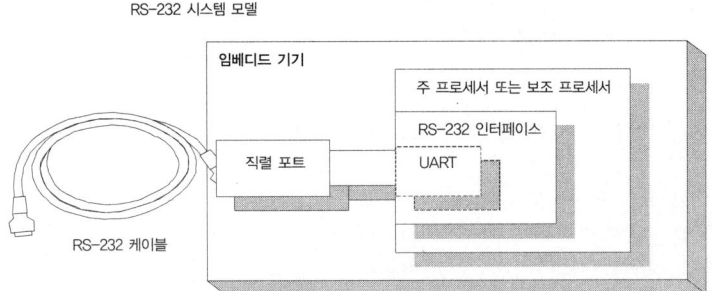

>> 그림 8-43 RS-232 하드웨어 다이어그램[8-9]

데이터는 일정한 비율로 움직이는 비트열 단위로 RS-232를 통해 비동기적으로 전송된다. UART에 의해 처리되는 프레임은 그림 8-44에서 볼 수 있는 것과 같은 형식으로 되어 있다.

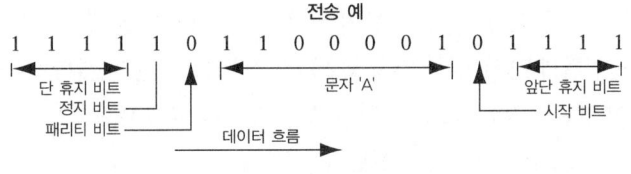

>> 그림 8-44 RS-232 프레임 다이어그램[8-7]

CHAPTER 08
디바이스 드라이버

> RS-232 프로토콜은 다음과 같은 조건을 가진 프레임으로 정의된다 : 1 시작 비트, 7-8 데이터 비트, 1 패리티 비트, 1~2 정지 비트

모토롤라/프리스케일 MPC823 RS-232 예

그림 8-45는 보드상에서 RS-232 하드웨어 컴포넌트에 연결되어 있는 MPC823을 보여주고 있다(다른 하드웨어 컴포넌트들에 대한 더 상세한 정보를 얻고 싶다면 Section II를 참고하라).

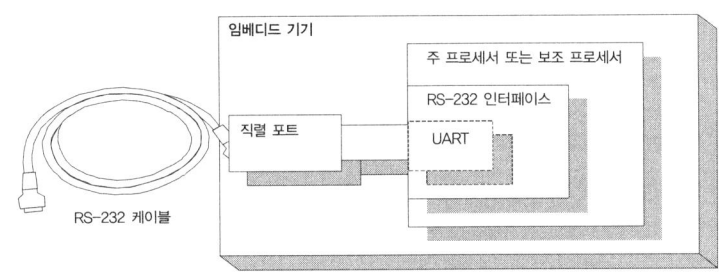

>> 그림 8-45 MPC823 RS-232 블록 다이어그램[8-9]
저작권자 Freescale Semiconductor, Inc.의 허가하에 발췌

MPC823에는 SCC2와 SMC(직렬 관리 컨트롤러)와 같은 UART 모드로 설정될 수 있는 다른 집적된 컴포넌트들이 있다. SCC2는 이더넷을 활성화할 때 이전 장에서 설명하였다. 따라서 이 예에서는 직렬 포트를 위해 SMC를 설정하는 것에 대해 살펴보겠다. MPC823에서 직렬 관리 컨트롤러(SMC)를 통해 RS-232를 활성화하는 것은 "2000 MPC823 사용자 매뉴얼"의 16.11절, 직렬 관리 컨트롤러에서 설명하였다.

> **2000 MPC823 사용자 매뉴얼**
>
> 16.11 직렬 관리 컨트롤러
>
> 직렬 관리 컨트롤러는 세 가지 프로토콜 - UART, Transparent, GCI(일반 회로 인터페이스) 중 하나를 지원하도록 독립적으로 설정할 수 있는 2개의 전이중 방식의 포트들로 구성되어 있다. 간단한 UART 동작은 어플리케이션에서 디버그/모니터 포트를 제공하기 위해 사용되는데, 이것은 직렬 통신 컨트롤러(SCCx)가 다른 목적에 대해서는 영향을 받지 않도록 해준다. 직렬 관리 컨트롤러 클럭은 4개의 내부 보레이트 발생기 중 하나로부터 또는 16x 외부 클럭 핀으로부터 생성될 수 있다.

MPC823의 RS-232를 초기화하고 설정하기 위한 소프트웨어는 16.11.6.15절에서의 SMC1 UART 컨트롤러 프로그래밍 예를 기초로 하고 있다.

2000 MPC823 사용자 매뉴얼

16.11.6.15 16.11.6.15 SMC1 UART CONTROLLER PROGRAMMING EXAMPLE. 다음은 SMC1 UART 컨트롤러를 9600 보레이트, 8 데이터 비트, 패리티 비트 없음, 1 정지 비트로 동작하도록 초기 설정을 한 것이다. 시스템 주파수는 25MHz라고 가정한다. BRG1과 SMC1이 사용된다.

1. SMTXD1과 SMRXD1을 활성화하기 위해 포트 B 핀들을 설정한다. PBPAR 비트 25와 24를 1로 설정한다. 그런 다음 PBDIR과 PBODR 비트 25와 24를 0으로 설정한다.

2. BRG1을 설정한다. BRGC1에 0x010144라고 설정한다. DIV16비트는 사용되지 않으며, 분배기는 162(10진수)로 설정한다. 결과적으로 BRG1 클럭은 16x SMC1 UART 컨트롤러의 선택된 비트값이다.

3. 직렬 인터페이스를 사용하기 위해 BRG1 클럭을 SMC1에 연결한다. SMC1 비트 SIMODE를 D로 설정하고, SIMODE 레지스터 안에 SMC1CS 영역을 0x000으로 설정한다.

4. 듀얼 포트 RAM 안에 RX 버퍼 디스크립터와 TX 버퍼 디스크립터를 가리키기 위해 SMC1 파라미터 RAM 안에 RBASE와 TBASE를 설정한다. RX 버퍼 디스크립터가 듀얼 포트 RAM의 시작 위치에 있고, RX 버퍼 디스크립터 다음에 TX 버퍼 디스크립터가 있다고 가정할 때, RBASE를 0x2000으로 TBASE를 0x2008로 설정한다.

5. INIT RX AND TX PARAMS 명령어를 실행시키기 위해 CPCR을 프로그래밍한다. CPCR에 0x0091로 설정한다.

6. SDMA 설정 레지스터를 초기화하기 위해 SDCR을 0x0001로 설정한다.

7. 일반 동작을 위해 RFCR과 TFCR에 0x18로 설정한다.

8. MRBLR을 수신 버퍼당 최대 바이트 수로 설정한다. 16바이트인 경우 MRBLR = 0x0010이 된다.

9. 확실하게 하기 위해서 SMC1 UART 파라미터 RAM 안에 MAX_IDL을 0x0000으로 설정한다.

10. 확실하게 하기 위해서 SMC1 UART 파라미터 RAM 안에 BRKLN과 BRKEC를 0으로 설정한다.

11. BRKCR을 0x0001로 설정한다. STOP TRANSMIT 명령어가 문제가 된다면, 한 비트 문자가 보내어진다.

12. RX 버퍼 디스크립터를 초기화한다. RX 데이터 버퍼가 메모리의 0x00001000 위치에 있다고 가정하자. RX_BD_Status에 0xB000으로 설정한다. (필요 없다면) RX_BD_Length를 0x0000으로 RX_BD_Pointer를 0x00001000으로 설정한다.

13. TX 버퍼 디스크립터를 초기화한다. TX 데이터 버퍼가 주 메모리의 0x00002000이고, 5개의 8비트 문자들을 포함하고 있다고 가정하자. TX_BD_Status에 0xB000으로, TX_BD_Length를 0x0005로, TX_BD_Pointer를 0x00002000으로 설정한다.

14. 어떤 이전의 이벤트들을 0으로 클리어하기 위해 SMCE-UART 레지스터에 0xFF라고 쓴다.

15. 모든 가능한 직렬 관리 컨트롤러 인터럽트를 활성화하기 위해 SMCM-UART 레지스터에 0x17이라고 쓴다.
16. SMC1이 시스템 인터럽트를 발생시킬 수 있도록 하기 위해 CIMR에 0x00000010이라고 쓴다. CICR 또한 초기화되어야 한다.
17. 일반 동작(루프백이 아닌)으로, 8비트 문자, 패리티 비트 없음, 1 정지 비트로 설정하기 위해 SMCMR에 0x4820이라고 쓴다. 송신자와 수신자는 아직 활성화되지 않았다는 것을 기억해 두자.
18. SMC1 송신자와 수신자를 활성화하기 위해 SMCMR에 0x4823이라고 쓴다. 이 추가적인 설정은 TEN과 REN 비트들이 마지막으로 활성화된다는 것을 보장해 준다.

> 5바이트가 전송된 후, TX 버퍼 디스크립터는 종료된다. 수신 버퍼는 16바이트가 수신된 후 종료된다. RX 버퍼 디스크립터는 하나만 준비되어 있기 때문에, 16바이트 다음에 받는 데이터들은 동작 상태(버퍼 꽉 참)를 야기한다.

이더넷 구현과 유사하게, MPC823 직렬 드라이버는 **인터럽트 방식 기반**(interrupt driven)으로 설정되며, 그 초기화 순서는 7가지 주요 기능으로 나누어진다 : SMC1 비활성화, 포트 및 보레이트 발생기 설정, 버퍼 초기화, 파라미터 RAM 설정, 인터럽트 초기화, 레지스터 설정, 송신/수신을 위한 SMC1 활성화(하기 의사 코드 참고).

MPC823 직렬 드라이버 의사 코드

```
...

// SMC1 비활성화

    // 수신기를 비활성화하기 위해 SMCMR[REN]을 클리어한다.
    SMCMR = SMCMR & 0x0002

    // SCC를 위한 Init Stop TX 명령어를 사용한다.
    Command(STOP_TX) 실행

    // 전송이 멈추었다는 것을 알리기 위해 SMCMR[TEN]을 클리어한다.
    SMCMR = SMCMR & 0x0002

-=-=-

// SMTXD1과 SMRXD1을 활성화시키기 위해 포트 B 핀을 설정한다. PBPAR 비트 25와 24를 1로
// 설정한 다음, PBDIR 비트 25와 24를 0으로 설정 - 사용자 매뉴얼의 1단계
PBPAR = PBPAR | 0x000000C0
```

```
PBDIR = PBDIR & 0xFFFFFF3F
PBODR = PBODR & 0xFFFFFF3F

// BRG1-BRGC: 0x10000-EN = 1~25MHz: BRGC: 0x010144-EN = 1, CD = 162
// (b10100010), DIV16 = 0(9600)
// BRGC: 0x10288-EN = 1, CD = 324(b101000100), DIV16 = 0(4800)
// 40MHz: BRGC: 0x010207-EN = 1, CD = 259(b100000011), DIV16 = 0
// (9600) 설정 – 사용자 매뉴얼의 2단계

BRGC = BRGC | 0x010000

// BRG1(보레이트 발생기)를 SMC에 연결한다. 보레이트 발생기에 따라 SIMODE[SMCx]와
// SIMODE[SMC1CS]를 설정한다. 여기서 SIMODE[SMC1] = SIMODE[16],
// SIMODE[SMC1CS] = SIMODE[17~19] – 사용자 매뉴얼의 3단계

SIMODE = SIMODE & 0xFFFF0FFF | 0x1000

// 듀얼 포트 RAM 안에 있는 RxBD 표와 TxBD 표를 가리키도록 SCM 파라미터 RAM에 RBASE와
// TBASE를 써넣기 – 사용자 매뉴얼의 4단계

RBase = 0x00(예를 들어)
RxSize = 128바이트(예를 들어)
TBase = 0x02(예를 들어)
TxSize = 128바이트(예를 들어)
index = 0
While(index < RxSize) do
{

// 통신 프로세서에게 다음 패킷을 받을 준비가 되었다는 것을 알려주기 위해 수신 버퍼 디스크립터를 설정
// – 사용자 매뉴얼의 12단계와 유사
// 통신 프로세서에게 다음 패킷을 전송할 준비가 되었다는 것을 알려주기 위해 송신 버퍼 디스크립터를 설정
// – 사용자 매뉴얼의 12단계와 유사
index = index + 1}

// INIT RX AND PARAMS 명령어를 실행하기 위해 CPCR을 프로그래밍 – 사용자 매뉴얼의 5단계
Command(INIT_RX_AND_TX_PAPAMS) 실행

// SDMA 설정 레지스터를 초기화하고, SDCR을 0x1로 설정(SDCR은 32비트)
// – 사용자 매뉴얼의 6단계
SDCR = 0x01

// RFCR, TFCR – Rx, Tx 함수 코드를 설정한다. 일반 동작(모두 8비트)을 위해 0x10으로 초기화
// 한다. 일반 동작을 위해 0x18로 초기화한다. 모토롤라/프리스케일 바이트 정렬 – 사용자 매뉴얼
// 의 7단계
```

```
RFCR = 0x10
TFCR = 0x10

// MRBLR을 설정한다. 최대 수신 버퍼 길이, 16바이트라고 가정(4의 배수) – 사용자 매뉴얼의
// 8단계
MRBLR = 0x0010

// MAX_IDL 기능을 비활성화하기 위해 SMC1 UART 파라미터 RAM 안에 0x0000으로 MAX_IDL
// (최대 IDLE 문자)을 써넣기 – 사용자 매뉴얼의 9단계
MAX_IDL = 0

// SMC1 UART 파라미터 RAM 안에 BRKLN과 BRKEC를 0으로 클리어 – 사용자 매뉴얼의 10단계
BRKLN = 0
BRKEC = 0

// BRKCR을 0x01로 설정한다. 만약 STOP TRANSMIT 명령어가 문제가 된다면, 브레이크 문자
// 는 보내어지도록 하기 위함 – 사용자 매뉴얼의 11단계
BRKCR = 0x01
```

8.5 | 요약 정리

이 장은 임베디드 시스템에서 하드웨어를 관리하는 데 필요한 소프트웨어의 일종인 디바이스 드라이버에 대해 설명하였다. 또한 대부분의 디바이스 드라이버들을 구성하는 일반적인 디바이스 드라이버 루틴을 소개하였다. 인터럽트 처리(PowerPC 플랫폼상에서), 메모리 관리(PowerPC 플랫폼상에서), I^2C 버스(PowerPC 기반의 플랫폼상에서), 그리고 I/O (PowerPC와 ARM 기반의 플랫폼상에서의 이더넷과 RS-232 유틸리티)처럼, 디바이스 드라이버 기능이 어떻게 구현될 수 있는지를 보여주기 위한 의사 코드로 구성된 실제 예를 제공하였다.

다음 장인 9장 운영체제에서는 임베디드 운영체제의 기술적인 기초와 디자인시 그 함수에 대해 소개하고 있다.

1. 디바이스 드라이버는 무엇인가?

2. 디바이스 드라이버 소프트웨어를 임베디드 시스템 모델에 매핑함에 있어서 그림 8-46a, 8-46b, 8-46c, 8-46d 중 어떤 것이 부정확한가?

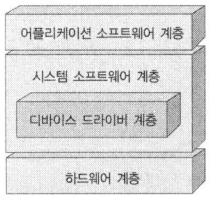

>> 그림 8-46a 예 1

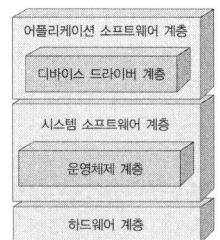

>> 그림 8-46b 예 2

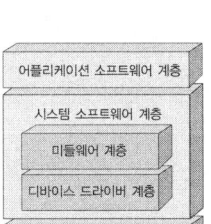

>> 그림 8-46c 예 3

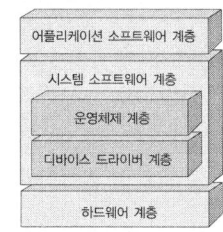

>> 그림 8-46d 예 4

3. ⓐ 아키텍처에 특화된 디바이스 드라이버와 범용 디바이스 드라이버 사이의 차이점은 무엇인가?
   ⓑ 각각에 대해 2가지 예를 들어라.

4. 그림 8-47에서 보인 블록 다이어그램을 기초로 필요한 디바이스 드라이버에 대해 최소 10가지 정의를 해라. 데이터 시트 정보는 CD의 3장 파일 'sbcARM7' 안에 있다.

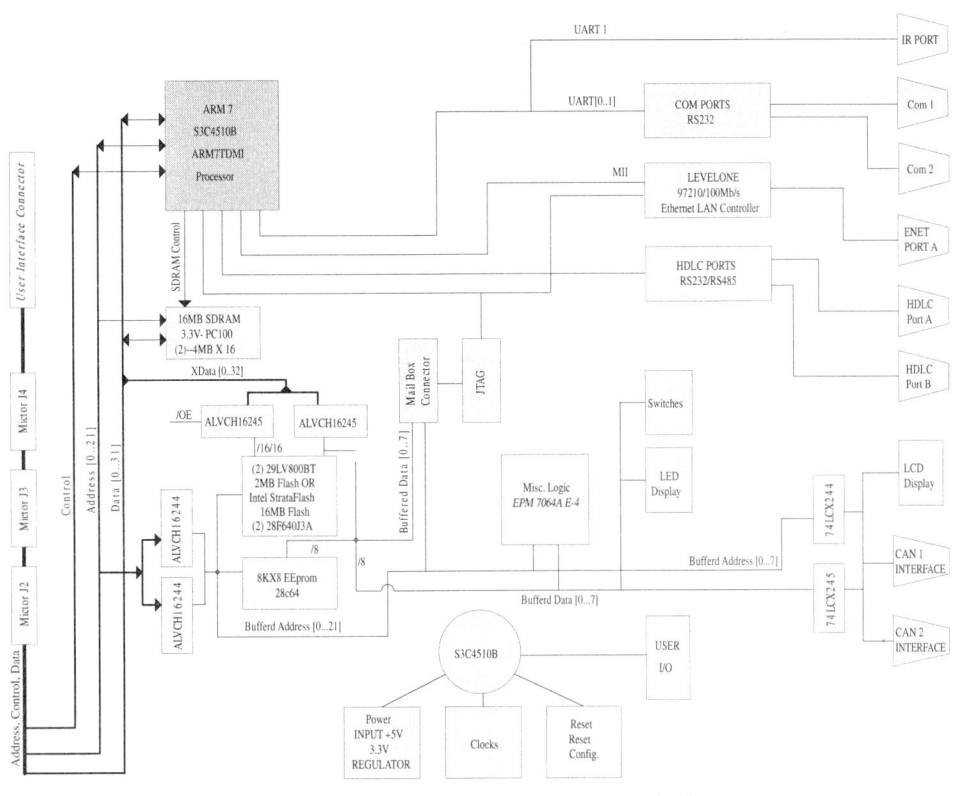

>> 그림 8-47 ARM 보드 블록 다이어그램[8-10]

5. 5가지 종류의 디바이스 드라이버 기능을 나열하고 설명하라.

6. 다음 문장을 완성하라 : 하드웨어에 대한 소프트웨어의 암시적 이해는 그것이 주어진 어떤 시간에 세 상태 중 하나에서 존재한다는 것이다.

　　A. 휴면 상태, 종료 상태, 동작 상태

　　B. 휴면 상태, 종료 상태, 중단 상태

　　C. 고정 상태, 종료 상태, 중단 상태

　　D. 고정 상태, 휴면 상태, 동작 상태

　　E. 정답 없음

7. [T/F] 다른 종류의 소프트웨어가 동작할 때 다른 모드를 제공하는 주 프로세서상에서, 디바이스 드라이버는 보통 특권 모드에서 동작하지 않는다.

8. ⓐ 인터럽트란 무엇인가?

　　ⓑ 인터럽트는 어떻게 초기화되는가?

9. 인터럽트 처리를 위해 구현될 수 있는 디바이스 드라이버 기능의 4가지 예를 적고 이를 설명하라.

10. ⓐ 3가지의 주요한 종류의 인터럽트는 무엇인가?
    ⓑ 각 종류가 트리거될 때의 예를 나열하라.

11. ⓐ 레벨 트리거 인터럽트와 에지 트리거 인터럽트 사이의 차이점은 무엇인가?
    ⓑ 각각에 대한 장단점은 무엇인가?

12. IACK는 무엇인가?
    A. 인터럽트 컨트롤러
    B. IRQ 포트
    C. 인터럽트 응답
    D. 정답 없음

13. [T/F] ISR은 인터럽트가 트리거되기 전에 동작한다.

14. 자동 벡터 방식과 인터럽트 벡터 방식 사이의 차이점은 무엇인가?

15. 메모리를 관리하기 위해 구현될 수 있는 디바이스 드라이버 기능의 4가지 예를 적고 이를 설명하라.

16. ⓐ 바이트 정렬이란 무엇인가?
    ⓑ 가능한 바이트 정렬방식의 이름을 적고 이를 설명하라.

17. 버스 프로토콜을 위해 구현될 수 있는 디바이스 드라이버 기능의 4가지 예를 적고 이를 설명하라.

18. I/O를 위해 구현될 수 있는 디바이스 드라이버 기능의 4가지 예를 적고 이를 설명하라.

19. OSI 모델에서 이더넷과 직렬 디바이스 드라이버가 매핑되는 곳은 어디인가?

chapter 09 임베디드 운영체제

이 장에서는

▶ 운영체제에 대해 정의한다.
▶ 프로세스 관리, 스케줄링, 그리고 태스크 간 통신에 대해 소개한다.
▶ OS 레벨에서의 메모리 관리에 대해 소개한다.
▶ 운영체제에서 I/O 관리에 대해 논의한다.

운영체제(operating system : OS)는 임베디드 기기의 시스템 소프트웨어 스택의 선택적인 부분이다. 이것은 모든 임베디드 시스템이 운영체제를 가지고 있지는 않음을 의미한다. OS는 OS가 포팅된 어떤 프로세스(ISA)상에서 이용될 수 있다. 그림 9-1에서 볼 수 있듯이, OS는 하드웨어 위, 디바이스 드라이버 위, 또는 BSP(board support package) 위에 위치한다. 이에 대해서는 이 장의 9.4절에서 설명하겠다.

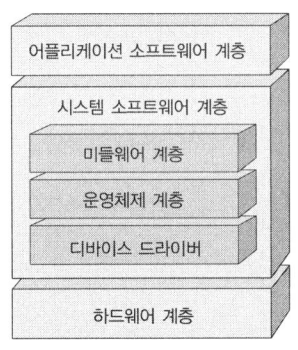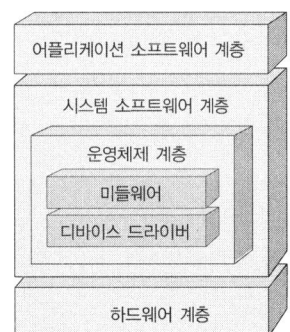

>> 그림 9-1 OS와 임베디드 시스템 모델

OS는 임베디드 시스템 안에서 두 가지의 주요 목적을 서비스하는 소프트웨어 라이브러리 세트이다. 그 목적은 OS의 상위에 있는 소프트웨어가 하드웨어에 덜 의존적이도록 가상 계층을 제공하여, OS의 상위에 위치하고 있는 미들웨어와 어플리케이션의 개발을 보다 쉽게 만들고, 전체 시스템이 효율적이고 신뢰성 있게 동작할 수 있도록 다양한 시스템 하드웨어 및 소프트웨어 리소스를 관리하는 것이다. 임베디드 OS는 그것들이 처리하는 컴포넌트가 무엇인지에 따라 다양하며, 모든 OS는 적어도 하나의 커널을 갖는다. **커널**(kernel)은 OS의 주요한 기능들, 특히 다음과 같은 여러 특징들과 상호 의존성의 모든 조합을 포함하는 컴포넌트이다(그림 9-2a에서 9-2e 참고).

- **프로세스 관리** OS가 임베디드 시스템 안에 있는 다른 소프트웨어들을 관리하고 바라보는 방법이다(프로세스를 통해—보다 상세한 사항은 9.2절 멀티태스킹과 프로세스 관리 참고). 프로세스 관리 내에서 발견되는 하위 함수는 인터럽트와 오류 검출 관리이다. 다양한 프로세스 요구에 의해 생성되는 다중 인터럽트 또는 트랩들은 정확하게 처리되고, 그것들을 발생시킨 프로세스들이 적절하게 추적될 수 있도록 하기 위해 효율적으로 관리되어야 한다.

- **메모리 관리** 임베디드 시스템의 메모리 공간은 모든 다른 프로세스들에 의해 공유되고, 메모리 공간의 일부를 할당하고 접근하는 것은 관리될 필요가 있다(보다 상세한 사항은 9.3절 메모리 관리 참고). 메모리 관리하에서, 보안 시스템 관리와 같은 다른 하위 함수들은 시스템의 비활성화를 야기할 수 있는 분열에 민감한 임베디드 시스템의 일부가 해롭거나 잘못 작성된 상위 계층 소프트웨어로부터 안전해질 수 있도록 해준다.

- **I/O 시스템 관리** I/O 장치들 또한 다양한 프로세스들 사이에서 공유되어야 한다. 그래서, 메모리에서와 같이 I/O 장치의 접근 및 할당은 관리될 필요가 있다(보다 상세한 사항은 9.4절 I/O와 파일 시스템 관리 참고). I/O 시스템 관리를 통해, 파일 시스템 관리는 파일들의 형식으로 데이터를 저장하고 관리하는 방법의 일종으로 제공된다.

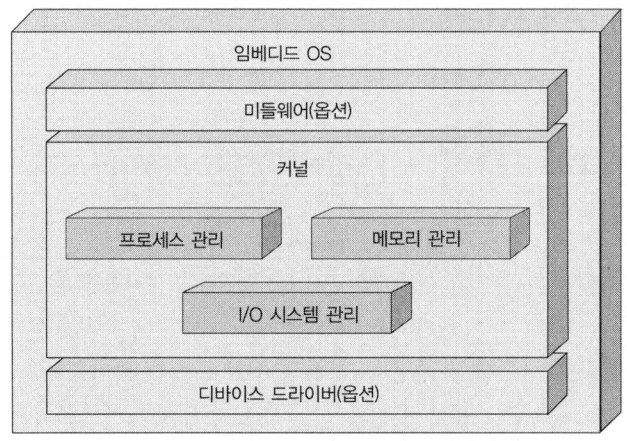

>> 그림 9-2a 범용 OS 모델

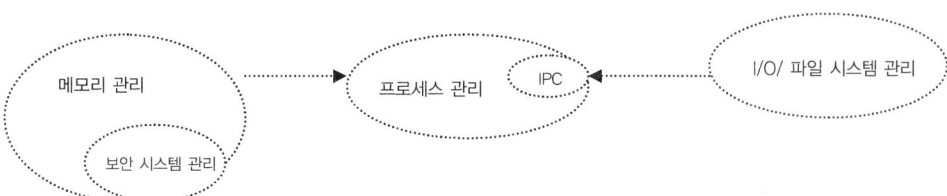

>> 그림 9-2b 커널 서브시스템 의존성

프로세스를 사용하는 시스템 안에서 운영체제가 소프트웨어를 관리하는 방식 때문에, 프로세스 관리 컴포넌트는 OS에서 가장 중심적인 서브시스템이 되었다. 모든 다른 OS 서브시스템들은 프로세스 관리장치에 의존적이다.

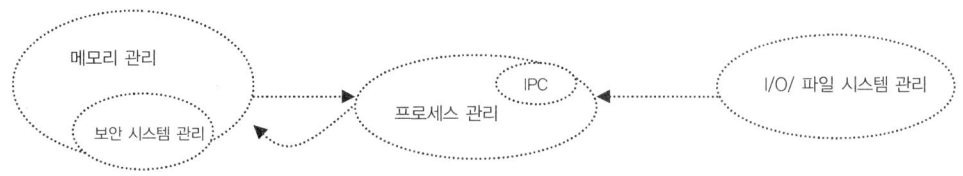

>> 그림 9-2c 커널 서브시스템 의존성

부트 코드와 데이터는 비휘발성 메모리(ROM, 플래시 등)에 위치하며, 모든 코드들은 CPU가 실행할 수 있도록 주 메모리(RAM 또는 캐시)로 로드되기 때문에, 프로세스 관리 서브시스템은 메모리 관리 서브시스템에 의존적이다.

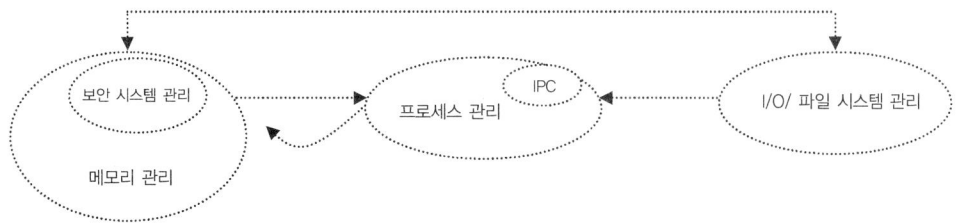

>> 그림 9-2d 커널 서브시스템 의존성

예를 들어, I/O 관리는 네트워크 파일 시스템(network file system : NFS)의 경우, 메모리 관리자와 연결하기 위해 네트워킹 I/O를 포함하고 있을 수 있다.

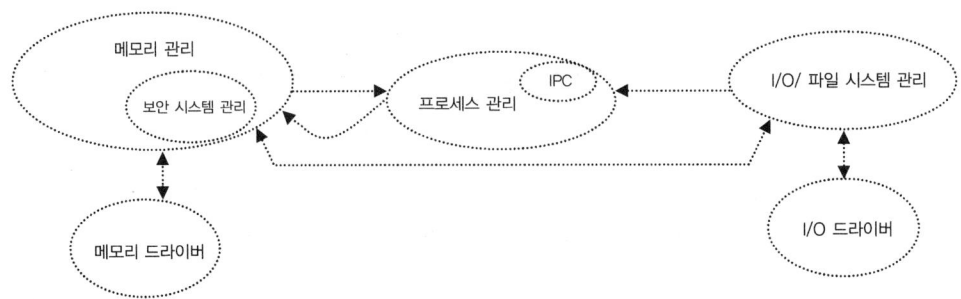

>> 그림 9-2e 커널 서브시스템 의존성

커널 밖에 있는 메모리 관리 서브시스템과 I/O 관리 서브시스템은 디바이스 드라이버들에 의존적이며 그렇지 않을 경우에는 하드웨어에 접근 가능하다.

OS 커널 내부에 있든 외부에 있든 간에 OS는 그것들이 통합하고 있는 디바이스 드라이버와 미들웨어 같은 다른 시스템 소프트웨어 컴포넌트들이 무엇인지에 따라 다양하다. 사실, 대부분의 임베디드 OS는 전형적으로 **모놀리틱**(monolithic), **레이어드**(layered), **마이크로 커널**(microkernel, 클라이언트-서버) 디자인 가운데 하나를 기초로 한다. 일반적으로 이러한 모델들은 OS 커널의 내부 디자인과 어떤 다른 시스템 소프트웨어가 OS에 통합되어 있는지에 따라 달라진다. 모놀리틱 OS에서는 미들웨어와 디바이스 드라이버 기능이 커널과 함께 OS 안에 통합되어 있다. 이러한 종류의 OS는 모든 컴포넌트들을 포함하고 있는 하나의 실행 가능한 파일이다(그림 9-3 참고).

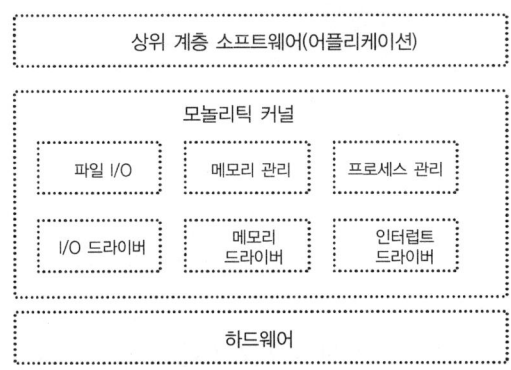

>> 그림 9-3 모놀리틱 OS 블록 다이어그램

모놀리틱 OS는 보통 다른 아키텍처에 비해 크기를 줄이거나 수정하거나 디버깅하기 어렵다. 왜냐하면 그 본래의 크고 집적된 크로스 의존적 본성 때문이다. 그러므로 **모놀리틱 모듈화**(monolithic-modularized) 알고리즘이라고 불리는 모놀리틱 디자인 기반의 보다 인기 있는 알고리즘이 표준 모놀리틱 접근에 비해 디버깅이 쉽고 규모를 크게 하거나 더 나은 성능을 위해 OS에서 구현되어 왔다. 모놀리틱 모듈화 OS에서 기능은 다양한 OS 기능을 반영하는 분리된 코드 조각인 **모듈**(module)들로 구성되어 있는 하나의 실행 파일에 집적되어 있다. 임베디드 리눅스 운영체제는 모놀리틱 기반의 OS 예이다. 이것의 주요한 모듈은 그림 9-4에서 보여주고 있다. Jbed RTOS, MicroC/OS-II, 그리고 PDOS는 모두 임베디드 모놀리틱 OS의 예이다.

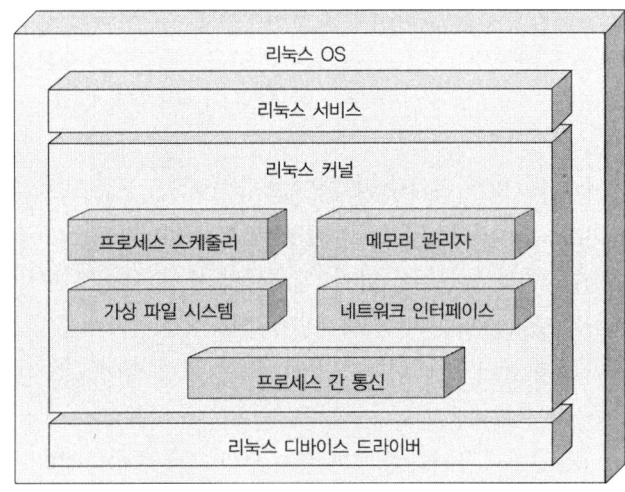

>> 그림 9-4 리눅스 OS 블록 다이어그램

레이어드 디자인에서 OS는 구조적인 계층들(0…N)로 나누어진다. 여기서 상위 계층은 하위 계층에 의해 제공되는 기능에 의존적이다. 모놀리틱 디자인처럼, 레이어드 OS는 디바이스 드라이버와 미들웨어를 포함하고 있는 하나의 큰 파일이다(그림 9-5 참고). 레이어드 OS는 모놀리틱 디자인보다 개발 및 유지가 더 쉽다. 하지만 각 계층에 제공되는 API들은 크기 및 성능에 영향을 줄 수 있는 추가의 오버헤드를 만들어 낸다. DOS-C(FreeDOS), DOS/eRTOS, VRTX는 모두 레이어드 OS의 예이다.

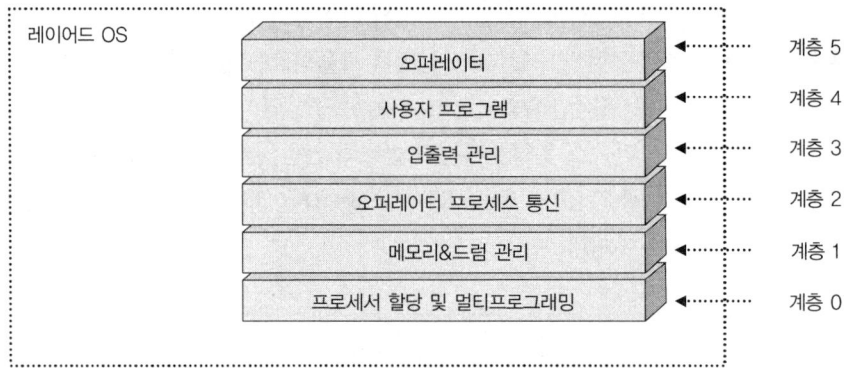

>> 그림 9-5 레이어드 OS 블록 다이어그램

그림 9-6에서 볼 수 있는 것처럼 OS를 최소한의 기능, 보통 프로세스 관리와 메모리 관리 서브 장치로 나누어 놓을 것을 가리켜 **클라이언트-서버**(client-server) OS 또는 마이크로커널(microkernel)이라고 부른다(마이크로커널의 서브클래스는 심지어 프로세스 관리기능만으로 구성되어 나노커널이라 부르기도 한다). 다른 커널 알고리즘의 전형적인 기능은 커널에서 추출된다. 예를 들어, 디바이스 드라이버들은 보통 마이크로커널로부터 추출된다(그림 9-6 참고). 마이크로커널은 보통 다른 종류의 OS에 비해 프로세스 관리방식이 다르다. 이것은 '9.2절 태스크 간 통신과 동기화'에서 보다 자세히 다루겠다.

마이크로커널 OS는 추가의 컴포넌트들이 동적으로 추가될 수 있기 때문에, 보통 더 규모가 크고 디버깅이 가능한 디자인이다. 그 기능의 많은 것들이 OS에 독립적이고 클라이언트와 서버 기능에 대해 분리된 메모리 공간을 가지고 있기 때문에 보안성도 더 좋다. 이것은 새로운 아키텍처에 포팅되기도 쉽다. 하지만, 이러한 모델은 마이크로커널 컴포넌트들과 다른 '커널 같은' 컴포넌트들 간의 통신 패러다임 때문에 모놀리틱과 같은 다른 OS 아키텍처에 비해 더 느리다. 또한 (레이어드 OS 디자인과 모놀리틱 OS 디자인에 비해) 커널과 다른 OS 컴포넌트들 그리고 OS가 아닌 컴포넌트들 간에 변환할 때 오버헤드도 추가될 수 있다. 대부분의 상용 임베디드 OS—최소한 수백 개가 있다—는 마이크로커널 범주에 속하는 커널들을 가지고 있다. 여기에는 OS-9, Executive, vxWorks, CMX-RTX, Nucleus Plus, QNX가 속한다.

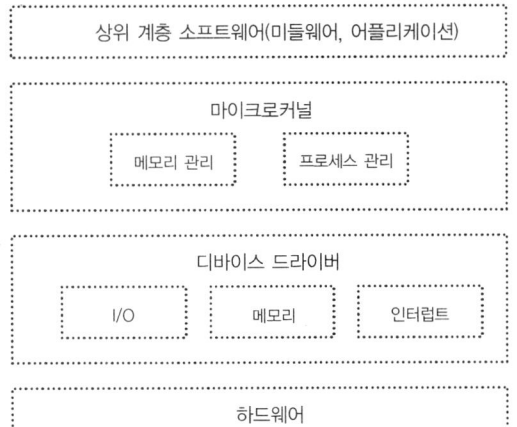

>> 그림 9-6 마이크로커널 기반의 OS 블록 다이어그램

9.1 | 프로세스란 무엇인가?

OS가 임베디드 기기의 하드웨어 및 소프트웨어 리소스를 어떻게 관리하는가를 이해하기 위해서, OS가 시스템을 어떻게 바라보는가를 먼저 이해해야 한다. OS는 프로그램과 프로그램의 실행 사이를 구별시켜 준다. 프로그램은 단지 시스템의 하드웨어 및 소프트웨어 리소스를 나타내는 수동적이고 정적인 명령어의 순서이다. 프로그램의 실제 실행은 능동적이고 동적인 이벤트이며, 여기서 다양한 특징들이 시간과 명령어의 실행과 관련하여 바뀐다. **프로세스**[process, 보통 많은 OS에서는 **태스크**(task)라고 한다]는 프로그램의 실행정보와 관련된 모든 정보들(예를 들어, 스택, PC, 소스 코드와 데이터 등)을 보호하기 위해 OS에 의해 생성된다. 이것은 그림 9-7에서 보여주듯이 프로그램이 단지 한 태스크의 일부라는 것을 의미한다.

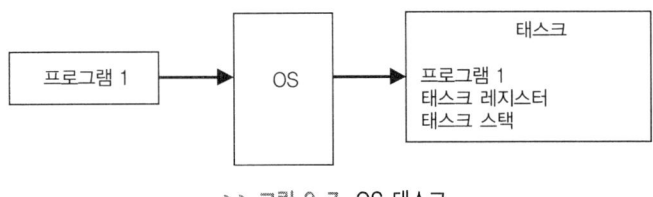

>> 그림 9-7 OS 태스크

임베디드 OS는 태스크들을 사용하는 모든 임베디드 소프트웨어를 관리하며, **단일 태스킹**(unitasking)을 하거나 **멀티태스킹**(multitasking)을 할 수 있다. 단일 태스킹 OS 환경에서

는 한 시점에 오직 하나의 태스크만이 존재할 수 있다. 반면에 멀티태스킹 OS에서는 여러 개의 태스크들이 동시에 존재할 수 있도록 해준다. 단일 태스킹 OS는 보통 멀티태스킹과 같은 복잡한 태스크 관리기능을 필요로 하지 않는다. 멀티태스킹 환경에서 여러 개의 태스크들이 존재할 수 있도록 하기 위해서는 각 프로세스가 다른 것에 독립적이고, 특별한 프로그래밍 없이 다른 것에 영향을 끼치지 않도록 해야 하기 때문에 다소 복잡한 기능이 추가된다. 이러한 멀티태스킹 모델은 더 많은 보안성을 가지고 각 프로세스들을 제공하는데, 이것은 단일 태스킹 환경에서는 필요 없다. 멀티태스킹은 실제로 복잡한 임베디드 시스템이 동작하기 위한 보다 구조적인 방법을 제공할 수 있다. 멀티태스킹 환경에서 시스템은 더 간단하고 분리된 컴포넌트들로 나누어지거나 동일한 동작은 그림 9-8에서 볼 수 있듯이 여러 개의 프로세스들을 동시에 수행할 수 있다.

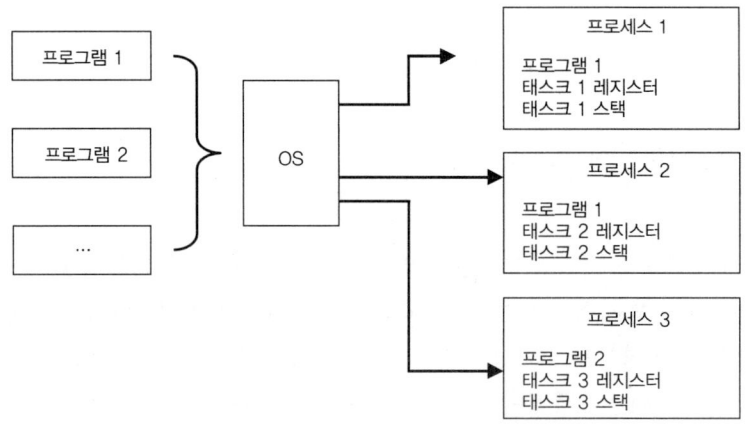

>> 그림 9-8 멀티태스킹 OS

어떤 멀티태스킹 OS들은 한 프로그램의 예를 암호화하기 위한 추가의 대안으로 **쓰레드** (thread, 가벼운 프로세스)를 제공한다. 쓰레드들은 한 태스크의 문맥 내에서(이것은 한 쓰레드가 태스크에 종속된다는 것을 의미한다) 만들어지며, OS에 따라 태스크들은 하나 또는 그 이상의 쓰레드들을 가질 수 있다. 쓰레드는 그 태스크 안에 있는 순차적인 실행열이다. 다른 태스크들이 접근할 수 없는 그 자신의 독립적인 메모리 공간을 갖는 태스크와는 달리 태스크의 쓰레드들은 동일한 리소스들(동작 디렉토리, 파일, I/O 장치, 전역 데이터, 어드레스 공간, 프로그램 코드 등)을 공유한다. 하지만, 그것들은 스케줄링되어 독립적으로 실행되는 명령어들을 가능하게 하기 위해 그 자신의 PC, 스택, 그리고 스케줄링 정보(PC, SP, 스택, 레지스터 등)를 갖는다. 쓰레드들은 동일한 태스크의 문맥 내에서 생성되어 동일한 메모리 공간을 공유할 수 있기 때문에, 보다 간단한 통신과 태스크들과 관련된 좌표를 허락한다. 이것은 한 태스크가 한 메모리 공간 안에서 한 프로그램을 실행할 수 있는 최소한 하나의 쓰레드를 포함하거나, 한 메모리 공간 안에서 하나의 프로그램의 여러 부분들을 상호 통신 메커니즘 없이 실행할 수 있는 많은 쓰레드들을 포함할 수 있는 이유이다(그림 9-9 참고). 이에 대해서는 9.2절의 끝에서 보다 상세하게 논의하겠다. 또한 공유 리소스의 경우, 여러 개의 쓰레드들은 보통 동일한 동작을 하는 여러 개의 태스크들을 생성하는 것보다 비용이 적게 든다.

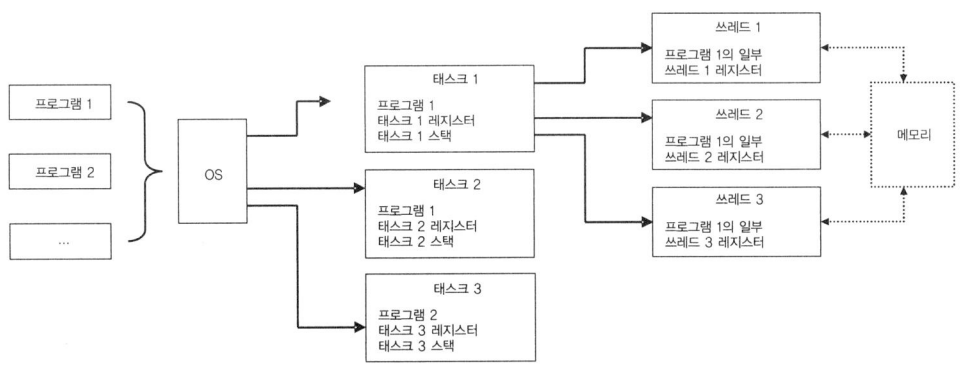

>> 그림 9-9 태스크와 쓰레드

보통 프로그래머들은 시스템의 구별된 동작의 각각에 대해 복잡한 세트의 중첩된 이벤트보다는 그러한 행위의 모든 동작들을 하나의 이벤트열로 단순화하기 위해 분리된 태스크(또는 쓰레드)를 정의한다. 하지만, 일반적으로 시스템의 행위를 나타내기 위해 얼마나 많은 태스크들이 사용되는지, 쓰레드들이 사용 가능한지 아닌지, 태스크들의 문맥 안에서 쓰레드들이 어떻게 사용되는지 등의 여부는 프로그래머에게 달려 있다.

DOS-C는 단일 태스킹 임베디드 OS의 한 예이며, vxWorks(Wind River), 임베디드 리눅스(Timesys), 그리고 Jbed(Esmertec)는 멀티태스킹 OS의 예이다. 멀티태스킹 OS에서조차 디자인은 매우 다양할 수 있다. vxWorks는 일종의 태스크를 가지고 있는데, 각각은 하나의 '실행 쓰레드'를 구현하고 있다. Timesys Linux는 두 가지 종류의 태스크, 리눅스 포크와 주기적 태스크를 가지고 있다. 반면에 Jbed는 쓰레드와 함께 실행되는 6가지 종류의 태스크들을 제공하고 있다 : OneshotTimer 태스크(딱 한 번만 실행되는 태스크), PeriodicTimer 태스크(특정 세트의 시간 간격 후에 실행되는 태스크), HarmonicEvent 태스크(주기적인 타이머 태스크와 함께 실행되는 태스크), JoinEvent 태스크(관련된 태스크가 완료되었을 때 실행되도록 설정된 태스크), InterruptEvent 태스크(하드웨어 인터럽트가 발생하였을 때 실행되는 태스크), UserEvent 태스크(다른 태스크에 의해 트리거되는 태스크). 서로 다른 종류의 태스크들에 관한 보다 상세한 사항들에 대해서는 다음 절에서 설명하겠다.

9.2 | 멀티태스킹과 프로세스 관리

멀티태스킹 OS는 동시에 존재할 수 있는 태스크들을 관리하고 동기화하기 위해 단일 태스킹 OS에 비해 추가 메커니즘을 필요로 한다. 이것은 OS가 여러 개의 태스크가 동시에 존재할 수 있도록 허락한다 하더라도, 임베디드 보드상의 주 프로세스는 한 순간에 하나의 태스크 또는 쓰레드만을 실행시킬 수 있기 때문이다. 결과적으로 멀티태스킹 임베디드 OS는 각 태스크들에게 주 CPU를 사용할 수 있는 시간을 할당해 주고, 다양한 태스크 사이에서 주 프로세스를 전환해 주는 어떤 방법을 찾아야만 한다. **태스크 생성**, **스케줄링**, **동기화**, **태스크 간 통신 메커니즘**을 통해 이것을 수행함으로써, OS는 동시에 여러 태스크들을 수행하는 하나의 프로세스의 형상을 성공적으로 제공한다(그림 9-10 참고).

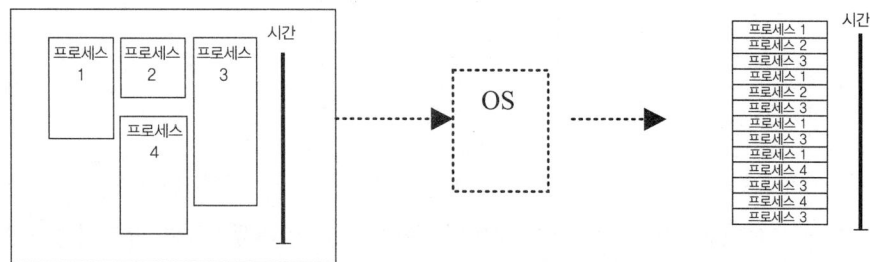

>> 그림 9-10 인터리빙 태스크

프로세스 구현

멀티태스킹 임베디드 OS에서 태스크들은 부모와 자식 태스크들의 구조로 조직되며, 임베디드 커널이 시작할 때에는 오직 하나의 태스크만이 존재한다(그림 9-11 참고). 이 첫 번째 태스크로부터 다른 모든 것들이 생성된다(첫 번째 태스크는 프로그래머에 의해 항상 시스템의 초기화 코드에서 생성된다. 이에 대해서는 12장에서 좀더 상세하게 설명할 것이다).

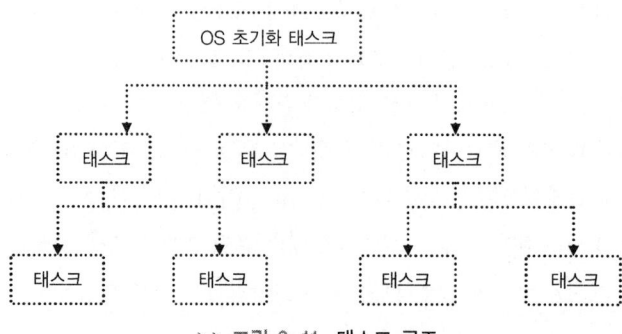

>> 그림 9-11 태스크 구조

임베디드 OS에서의 태스크 생성은 기본적으로 두 모델, **fork/exec**(IEEE/ISO POSIX 1003.1 표준에서 유래)와 **spawn**(fork/exec에서 유래)을 기초로 한다. spawn 모델이 fork/exec 모델을 기초로 하고 있기 때문에 두 모델에서의 태스크를 생성하는 방법은 유사하다. 모든 태스크들을 fork/exec 또는 spawn 시스템 호출을 통해 그 자식 태스크들을 생성한다. 시스템 호출 후, OS는 제어권을 얻어서 **태스크 제어 블록**(task control block : TCB)을 생성한다. TCB는 어떤 OS에서는 **프로세스 제어 블록**(process control block : PCB)이라고 부르기도 하는데, 이것은 태스크 ID, 태스크 상태, 태스크 우선순위, 오류 상태와 같은 OS 제어정보와 특정 태스크에 대한 레지스터와 같은 CPU 문맥정보를 포함하고 있다. 이 시점에서 메모리는 새로운 자식 태스크를 위해 할당된다. 이것은 TCB, 시스템 호출과 함께 전달되는 어떤 변수, 그리고 자식 태스크에 의해 실행되는 코드를 포함한다. 태스크가 실행할 수 있도록 셋업되면, 시스템 호출이 리턴되고 OS는 주 프로그램으로 제어권을 돌려준다.

fork/exec와 spawn 모델의 주요한 차이점은 새로운 자식 태스크를 위해 메모리가 어떻게 할당되는가에 있다. 그림 9-12에서 볼 수 있는 것처럼, fork/exec 모델에서 'fork' 호출은 자식 태스크를 위해 할당된 곳에 부모 태스크의 메모리 공간의 복사본을 생성한다. 따라서 자식 태스크는 프로그램 코드와 변수 같은 다양한 특성들을 부모 태스크로부터 내려받을 수 있다. 부모 태스크의 전체 메모리 공간은 자식 태스크와 동일하기 때문에, 부모 태스크의 프로그램 코드의 두 복사본은 메모리에 있게 되는데, 하나는 부모 태스크를 위한 것이고 다른 하나는 자식 태스크를 위한 것이다. 'exec' 호출은 자식 태스크의 메모리 공간에서 부모의 프로그램에 대한 어떤 레퍼런스를 제거하기 위해 사용하며, 자식 태스크에 속하는 새로운 프로그램 코드가 실행되도록 설정한다.

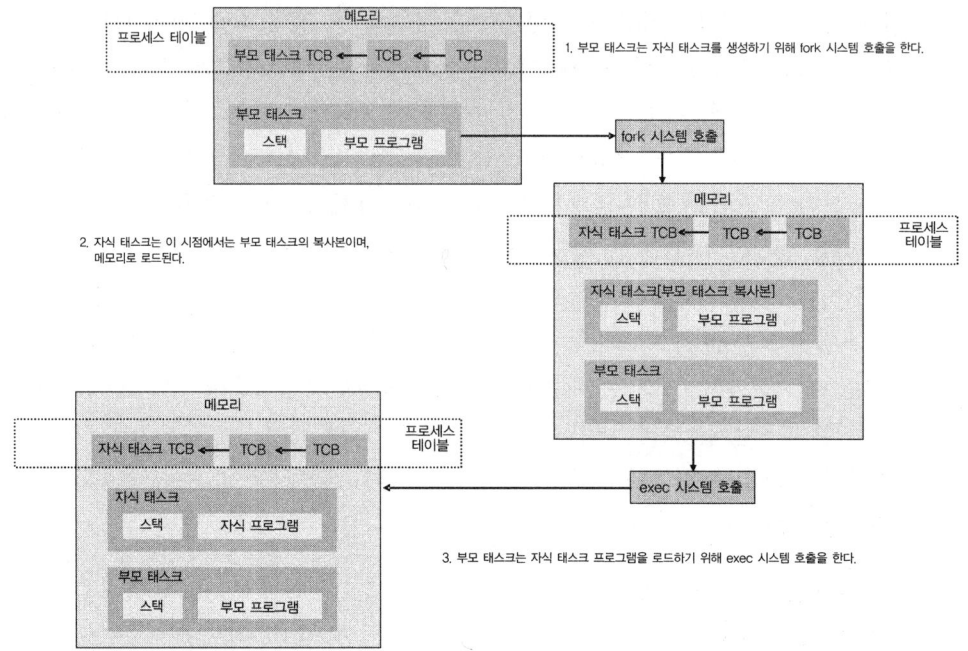

〈 fork/exec 기반의 태스크 생성은 4가지 주요 단계를 포함한다 〉

>> 그림 9-12 fork/exec 프로세스 생성

한편, spawn 모델은 자식 태스크를 위해 전체적으로 새로운 어드레스 공간을 생성한다. spawn 시스템 호출은 새로운 프로그램과 변수들이 자식 태스크를 위해 정의될 수 있도록 해준다. 그리고 자식 태스크의 프로그램이 그 생성시에 즉시 로드되어 실행될 수 있게 해준다.

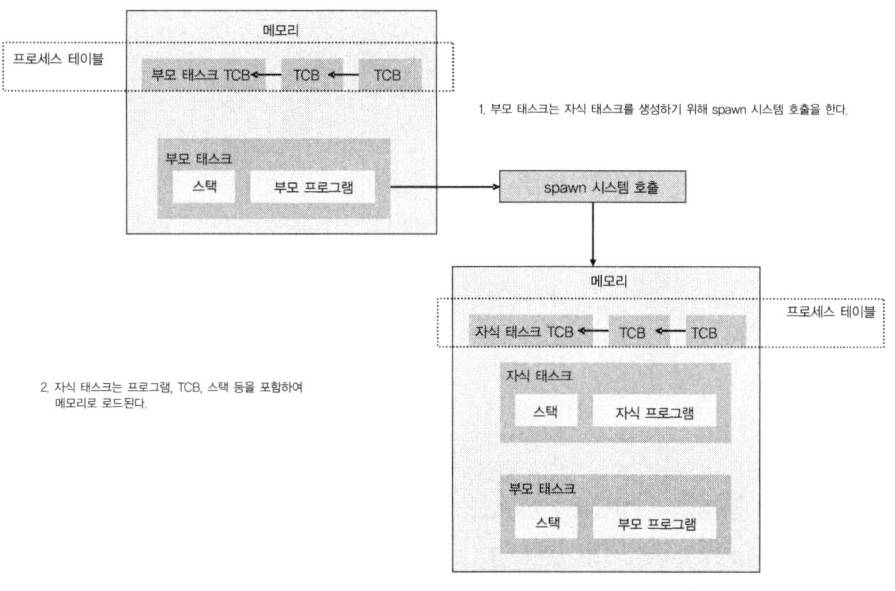

⟨ spawn 기반의 태스크 생성은 2가지 주요 단계를 포함한다 ⟩

>> 그림 9-13 spawn 프로세스 생성

이러한 2개의 프로세스 생성 모델은 장점과 단점을 가지고 있다. spawn 접근하에서는 생성하고 제거하기 위한 동등한 메모리 공간이 없지만, fork/exec 모델의 경우에는 할당된 새로운 공간이 있다. 하지만 fork/exec 모델의 장점은 자식 태스크가 부모 태스크로부터의 특징들을 효율적으로 내려받을 수 있다는 점이며, 나중에 자식 태스크의 새로운 환경을 변경하기 위한 유연성도 가지고 있다는 점이다. 예제 9-1, 9-2, 9-3에서는 실제 임베디드 OS가 프로세스 생성기법을 따르고 있음을 보여주고 있다.

예제 9-1 vxWorks에서 태스크 생성[9-1]

spawn 태스크 생성의 주요한 두 가지 단계는 vxWorks에서 태스크를 생성하는 기초를 형성한다. vxWorks 시스템 호출 'taskSpawn'은 POSIX spawn 모델을 기초로 하고 있으며, 새로운 (자식) 태스크를 생성하고 초기화하며 활성화시킨다.

```
int taskSpawn(
    {태스크 이름},
    {태스크 우선순위 0~255, 스케줄링과 관련되어 있으며 다음 절에서 논의할 것이다.},
    {태스크 옵션 - VX_FP_TASK, 부동 소수점 코프로세스와 함께 실행
        VX_PRIVATE_ENV, 개인적 환경을 가지고 있는 태스크 실행
```

> VX_UNBREAKABLE, 태스크를 위한 브레이크 포인트 비활성화
> VX_NO_STACK_FILL, 태스크 스택을 0xEE로 채우지 않음}
> {스택 크기}
> {메모리 안의 프로그램의 엔트리 포인트의 태스크 어드레스 – 초기 PC 값}
> {태스크 프로그램 엔트리 루틴을 위해 10개까지의 변수 가능})

spawn(스판) 시스템 호출 후, 자식 태스크(TCB, 스택, 프로그램 포함)의 이미지는 메모리에 할당된다. 다음은 vxWorks RTOS에서 태스크를 생성하는 의사 코드 예이다. 여기서 부모 태스크는 자식 태스크 소프트웨어 타이머를 'spawn' 한다.

Task Creation vxWorks Pseudocode

```
// 소프트웨어 타이머를 활성화하는 부모 태스크
void parentTask(void)
{
…
if sampleSoftware Clock NOT running{

    /"newSWClkId"는 태스크가 생성될 때 커널에 의해 독립적으로 할당되는 정수
    newSWClkId = taskSpawn("sampleSoftwareClock", 255, VX_NO_STACK_FILL, 3000,
                          (FUNCPTR) minuteClock, 0 ,0, 0, 0, 0, 0, 0, 0, 0, 0);
    …
}

// 자식 태스크 프로그램 소프트웨어 클럭
void minuteClock(void){
    integer seconds;

    while(softwareClock is RUNNING){
        seconds = 0;
        while(second < 60){
            seconds = second + 1;
        }
    }
…
}
```

예제 9-2 Jbed RTOS와 태스크 생성[9-2]

자바에서는 자바 쓰레드를 생성하는 방법이 하나 이상 있기 때문에, Jbed에서는 태스크를 생성하는 방법이 하나 이상 있다. 그리고, Jbed에서 태스크들은 자바 쓰레드의 확장 형태이다. Jbed에서 태스크를 생성하는 가장 일반적인 방법 중 하나는 태스크 루틴들을 통하는 것이다. 이 가운데 하나는 다음과 같다.

```
public Task(long duration,
       long allowance,
       long deadline,
       RealtimeEvent event)
Throws AdmissionFailure
```

Jbed에서 태스크 생성은 **spawn threading**이라고 불리는 다양한 spawn 모델을 기반으로 한다. spawn threading은 spawning이나 더 적은 오버헤드를 가지며, 동일한 메모리 공간을 공유하는 태스크들을 가지고 있다. 다음은 Jbed RTOS에서 Jbed의 서로 다른 6가지 종류의 태스크들 중 하나인 Oneshot 태스크의 태스크를 생성하는 의사 코드 예이다. 여기서 부모 태스크는 한 번만 실행되는 자식 태스크 소프트웨어 타이머를 'spawn'한다.

Task Creation Jbed Pseudocode

```
// 소프트웨어 클럭을 위한 실행 가능한 인터페이스를 구현하는 클래스 정의
public class ChildTask implements Runnable{

    // 자식 태스크 프로그램 소프트웨어 클럭
    public void run(){
        integer seconds;

        while(softwareClock is RUNNING){
            seconds = 0;
            while(seconds < 60){
                seconds = seconds + 1;
            }
            ...
        }
    }
}

// 소프트웨어 타이머를 활성화하는 부모 태스크
void parentTask(void)
```

```
{
    ...
    if sampleSoftware Clock NOT running{

        try{
            DURATION,
            ALLOWANCE,
            DEADLINE,
            OneshotTimer);
        }catch(AdmissionFailure error){
            Print Error Message("Task creation failed");
        }
    }
    ...
}
```

태스크 오브젝트를 생성하고 초기화하는 것은 Jbed(자바)와 동일한 TCB이다. Jbed에서 모든 오브젝트들과 함께 태스크 오브젝트는 Jbed의 힙(자바에서는 모든 오브젝트들에 대해 오직 하나의 힙만이 존재한다) 안에 위치한다. Jbed에서 각 태스크는 중요한 데이터 종류와 오브젝트 레퍼런스들을 저장하기 위해 그 자신의 스택을 할당받는다.

예제 9-3 임베디드 리눅스와 fork/exec [9-3]

임베디드 리눅스에서, 모든 프로세스 생성은 fork/exec 모델을 기반으로 한다.

```
int fork(void)          void exec(…)
```

리눅스에서 새로운 '자식' 프로세스는 fork 시스템 호출로 생성될 수 있다. 이것은 부모 프로세스와 거의 동일한 복사본을 만든다. 부모 태스크와 자식 태스크를 구별하는 것은 프로세스 ID이다. 자식 프로세스의 프로세스 ID는 부모에게 리턴되는데, '0'인 값은 자식 프로세스가 그 프로세스 ID가 무엇인지 생각하는 것이다.

```
#include <sys/types.h>
#include <unistd.h>

void program(void)
{
```

```
    processId child_processId;

        /* 복사본 : 자식 프로세스 생성 */
        child_processId = fork();

        if(child_processId == -1){
            ERROR;
        }
        else if(child_processId == 0){
            run_childProcess();
        }
        else{
            run_parentParent();
        }
}
```

exec 함수 호출은 자식 프로그램 코드로 전환하기 위해 사용될 수 있다.

```
int program(char* program, char** arg_list)
{
    processed child_processId;

        /* 이 프로세스를 복사한다 */
        child_processId = fork();

        if(child_pId! = 0)

        /* 이것은 부모 프로세스이다 */
        return child_processId;
        else
        {
        /* 경로에서 그것을 검색하기 위해 PROGRAM을 실행하라 */
        execvp(program, arg_list);

        /* execvp는 오류가 발생할 때에만 리턴된다 */
        fprintf(stderr, "Error in execvp\n");
        abort();
        }
}
```

태스크들은 일반적인 완료, 메모리 부족 등의 하드웨어 문제, 잘못된 명령어 등의 소프트웨어 문제와 같은 많은 여러 가지 이유 때문에 종료된다. 한 태스크가 종료되면, 그것은 리소스를 낭비하지 않고 시스템을 림보(limbo) 상태로 유지하기 위해 시스템에서 제거되어야 한다. 태스크를 제거하는 데에 있어서 OS는 태스크(TCB, 변수들, 실행된 코드 등)를 위해 할당된 어떤 메모리를 해제한다. 제거될 부모 태스크의 경우, 모든 관련 자식 태스크들은 제거되거나 또 다른 부모 태스크로 이동하며, 어떤 공유 시스템 리소스들은 해제된다.

호출	설명
exit( )	호출하는 태스크를 종료하고 메모리(태스크 스택과 태스크 제어 블록만) 해제
taskDelete( )	특정 태스크를 종료하고 메모리(태스크 스택과 태스크 제어 블록만) 해제*
taskSafe( )	호출하는 태스크를 제거로부터 보호
taskUnsafe( )	taskSafe( ) 종료(호출하는 태스크를 제거할 수 있음)

* 그 실행과정 동안 태스크에 의해 할당된 메모리는 태스크가 종료될 때 해제되지 않는다.

```
void vxWorksTaskDelete(int tasked)
{
        int localTaskId = taskIdFigure(taskId);

        /* 그러한 태스크 ID가 없다면 */
        if(localTaskId == ERROR)
            printf("Error:ask not found.\n");
        else if(localTaskId == 0)
            printf("Error:The shell can't delete itself.\n");
        else if(taskDelete(localTaskId)! == OK)
            printf("Error");
}
```

>> 그림 9-14a vxWorks와 제거된 spawn 태스크[9-4]

vxWorks에서 태스크가 제거될 때, 다른 태스크들은 통보를 받지 못하며, 태스크에 할당된 메모리와 같은 어떤 리소스들은 해제되지 않는다. 아래의 서브루틴들을 사용하여 태스크들을 제거하는 것을 관리하는 일은 프로그래머의 책임이다.

리눅스에서 프로세스는 **void exit(int status)**라는 시스템 호출을 가지고 제거되는데, 이것은 프로세스를 제거하고 처리할 어떤 커널 레퍼런스들(플래그 업데이트, 큐로부터 프로세스 제거, 데이터 구조 해제, 부모-자식 관계 업데이트 등)을 제거한다. 리눅스에서 제거된 프로세스의 자식 프로세스는 메인 init 부모 프로세스의 자식이 된다.

```
#include <stdio.h>
#include <stdlib.h>

main()
{...
if(fork == 0)
    exit(10);
...
}
```

>> 그림 9-14b 임베디드 리눅스와 제거된 fork/exec 태스크[9-3]

Jbed는 자바 모델을 기반으로 하고 있기 때문에, 태스크가 동작을 멈추면 가비지 컬렉터가 태스크를 제거하고 메모리에서 사용되지 않는 어떤 코드를 제거하는 역할을 한다. Jbed는 블로킹이 없는 마크&교체 가비지 컬렉션 알고리즘을 사용하는데, 이것은 시스템에 의해 여전히 사용되는 모든 오브젝트들을 표시하고 메모리 안에서 표시가 없는 모든 오브젝트들을 제거한다.

태스크를 생성하고 제거하는 것 외에, OS는 태스크를 중단하고(이것은 태스크가 실행하지 못하도록 임시로 막는 것을 의미한다), 다시 시작하는 기능(이것은 태스크 실행을 중단하였던 것을 제거함을 의미한다)도 제공한다. 이러한 두 가지 추가 기능들은 태스크의 상태를 지원하기 위해 OS에 의해 제공된다. 태스크의 상태는 그것이 생성된 다음, 제거되지 않을 상태에 있을 때, 그 태스크에서 실행하는 어떤 동작을 말한다. OS는 보통 태스크를 다음의 세 가지 상태 중 하나로 정의한다.

- **READY** 프로세스가 어떤 시점에서 실행 준비가 되어 있어 CPU의 사용에 대한 승인을 기다리고 있는 상태

- **RUNNING** 프로세스가 CPU의 사용 승인을 얻어서 실행하고 있는 상태

- **BLOCKED 또는 WAITING** 프로세스가 'READY' 또는 'RUN' 상태가 되기 전에 어떤 외부의 이벤트를 기다리는 상태

OS는 관련된 상태 안에 있는 태스크들(TCB)을 포함하는 분리된 READY 및 BLOCK/WAITING '큐(queue)'를 구현하고 있다(그림 9-15 참고). 한 시점에서는 오직 하나의 태스크만이 RUNNING 상태에 있을 수 있으며, RUNNING 상태에 있는 태스크들을 위해서는 큐가 필요 없다.

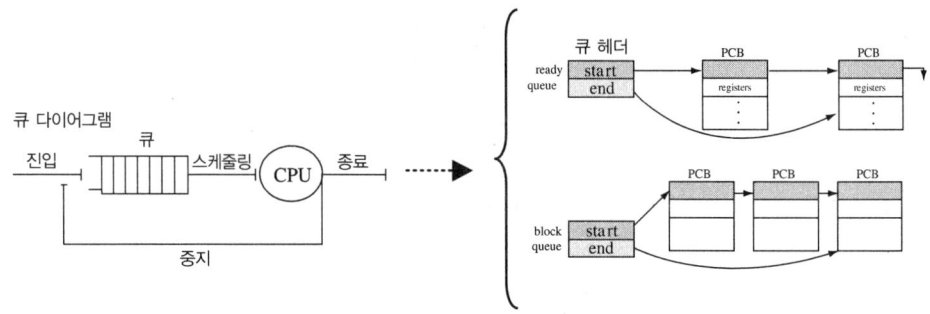

>> 그림 9-15 태스크 상태와 큐[9-4]

이 세 가지 상태(READY, BLOCKED, RUNNING)를 기반으로, 대부분의 OS는 그림 9-16에서의 상태 다이어그램과 유사한 어떤 프로세스 상태 전환 모델을 가지고 있다. 이 다이어그램에서, 'NEW' 상태는 태스크가 생성되었다는 것을 가리키며, 'EXIT' 상태는 종료된(중단된 또는 실행을 멈춘) 태스크를 가리킨다. 다른 세 가지 상태(READY, RUNNING, BLOCKED)는 위에서 정의되었다. (그림 9-16에 따르면) 상태 전환은 NEW→READY(여기서 태스크는 READY 큐에 진입하고 실행을 위해 스케줄링된다), READY→RUNNING(커널의 스케줄링 알고리즘을 기반으로, 태스크들을 실행하기 위해 선택된다), RUNNING→READY(태스크는 CPU에 대한 그 차례를 끝내고, 다음 차례를 위해 READY 큐로 리턴된다), RUNNING→BLOCKED(태스크를 BLOCKED 큐로 이동시키기 위해 어떤 이벤트가 발생하며, 이벤트가 발생하거나 해결될 때까지 실행되지 않는다), BLOCKED→READY(BLOCKED 태스크는 기다리고 있는 것이 무엇이든지 발생하면, 태스크는 READY 큐로 되돌아간다)가 있다.

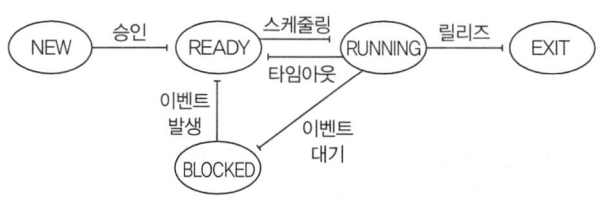

>> 그림 9-16 태스크 상태 다이어그램[9-2]

태스크가 큐(READY 또는 BLOCKED/WAITING) 중 하나에서 RUNNING 상태로 이동할 때, 이것을 가리켜 **문맥 전환**(context switch)이라고 한다. 예제 9-4, 9-5, 9-6은 OS와 그 것들의 상태 관리방식의 예를 제시하고 있다.

예제 9-4 vxWorks Wind 커널과 상태

RUNNING 상태와는 달리, vxWorks는 READY 및 BLOCKED/WAITING 상태의 9가지 버전을 가지고 있는데, 이것은 다음의 표와 상태 다이어그램에서 보여주고 있다.

상 태	설 명
STATE+1	본래의 우선순위를 가진 태스크의 상태
READY	READY 상태에 있는 태스크
DELAY	특정 시간 주기를 위해 BLOCKED 상태에 있는 태스크
SUSPEND	보통 디버깅을 위해 사용되는 BLOCKED 상태에 있는 태스크
DELAY+S	DELAY&SUSPEND의 두 가지 상태에 있는 태스크
PEND	리소스를 사용중이기 때문에 BLOCKED 상태에 있는 태스크
PEND+S	PEND&SUSPEND의 두 가지 상태에 있는 태스크
PEND+T	타임아웃값을 가지고 있는 PEND 상태의 태스크
PEND+S+T	타임아웃값을 가진 PEND 상태와 SUSPEND 상태의 두 가지 상태에 있는 태스크

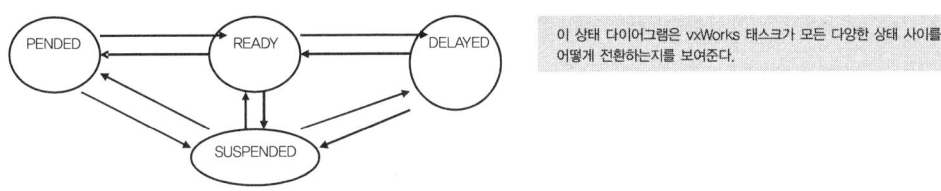

이 상태 다이어그램은 vxWorks 태스크가 모든 다양한 상태 사이를 어떻게 전환하는지를 보여준다.

>> 그림 9-17a1 vxWorks 태스크에 대한 상태 다이어그램[9-5]

vxWorks에서는 READY, PENDING, DELAY 상태 큐가 분리되어 존재하며, 관련된 상태 안에 있는 태스크의 정보를 TCB에 저장한다(그림 9-17a2).

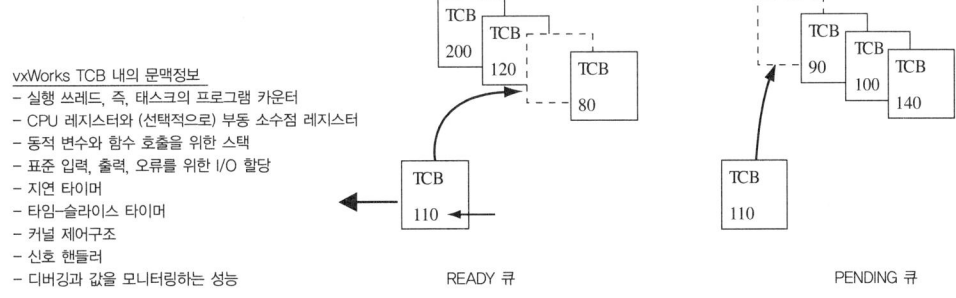

vxWorks TCB 내의 문맥정보
- 실행 쓰레드, 즉, 태스크의 프로그램 카운터
- CPU 레지스터와 (선택적으로) 부동 소수점 레지스터
- 동적 변수와 함수 호출을 위한 스택
- 표준 입력, 출력, 오류를 위한 I/O 할당
- 지연 타이머
- 타임-슬라이스 타이머
- 커널 제어구조
- 신호 핸들러
- 디버깅과 값을 모니터링하는 성능

>> 그림 9-17a2 vxWorks 태스크와 큐[9-4]

문맥 전환이 일어나면, 태스크의 TCB는 수정되며 큐에서 큐로 이동한다. Wind 커널이 두 태스크들 사이에서 문맥 전환을 일으키면, 현재 실행중인 태스크의 정보가 TCB 안에 저장되고, 실행될 새로운 태스크의 TCB 정보는 CPU가 실행 준비를 할 수 있도록 로드된다. Wind 커널은 두 가지 종류의 문맥 전환을 포함하고 있다. 하나는 동기화 방식으로서, 이 방식은 실행중인 태스크가 스스로를 멈추게 할 때 발생하며, 다른 하나는 비동기화 방식으로서 이 방식은 외부 인터럽트에 의해 실행중인 태스크가 멈출 때 발생한다.

예제 9-5 Jbed 커널과 상태[9-6]

Jbed에서 태스크의 어떤 상태들은 아래의 표와 상태 다이어그램에서와 같이 태스크의 종류와 관련이 있다. Jbed는 또한 다양한 상태에 있는 태스크 오브젝트들을 저장하기 위해 분리된 큐를 사용한다.

상 태	설 명
RUNNING	모든 종류의 태스크들에 대해, 현재 실행되고 있는 태스크
READY	모든 종류의 태스크들에 대해, READY 상태에 있는 태스크
STOP	Oneshot 태스크에서, 실행을 완료한 태스크
AWAIT TIME	모든 종류의 태스크들에 대해, 특정 시간 주기 동안 BLOCKED 상태에 있는 태스크
AWAIT EVENT	인터럽트 및 통합 태스크에서, 어떤 이벤트가 발생하기를 기다리는 동안 BLOCKED 상태에 있는 태스크

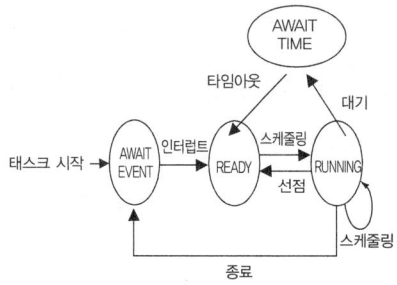

이 상태 다이어그램은 인터럽트 태스크를 위해 가능한 몇 가지 상태를 보여준다. 기본적으로 인터럽트 태스크는 하드웨어 인터럽트가 발생할 때까지 AWAIT EVENT 상태이다. 이 시점에서 Jbed 스케줄러는 인터럽트 태스크를 실행할 차례를 기다리는 READY 상태로 변경한다. 이 순간, 통합 태스크는 시간 대기 기간에 진입할 수 있다.

>> 그림 9-17b1 Jbed 인터럽트 태스크를 위한 상태 다이어그램[9-6]

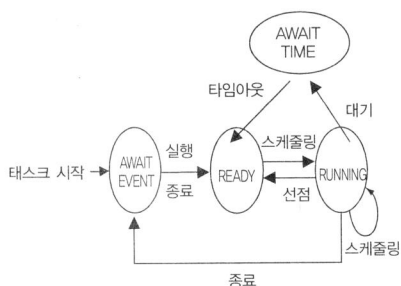

이 상태 다이어그램은 통합 태스크를 위해 가능한 몇 가지 상태를 보여준다. 인터럽트 태스크와 같이, 통합 태스크는 관련 태스크가 동작을 끝낼 때까지 AWAIT EVENT 상태이다. 이 시점에서 Jbed 스케줄러는 통합 태스크를 실행할 차례를 기다리는 READY 상태로 변경한다. 이 순간, 통합 태스크는 시간 대기 기간에 진입할 수 있다.

>> 그림 9-17b2 Jbed 통합 태스크를 위한 상태 다이어그램[9-6]

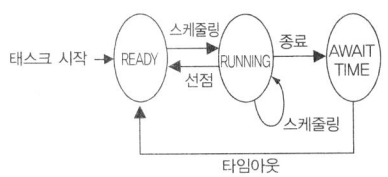

이 상태 다이어그램은 주기적인 태스크를 위해 가능한 몇 가지 상태를 보여준다. 주기적인 태스크는 어떤 기간 동안 연속적으로 동작하며, 동작 후에는 READY 상태가 되기 전 그 주기를 기다리기 위해 AWAIT EVENT 상태로 변한다.

>> 그림 9-17b3 주기적인 태스크를 위한 상태 다이어그램[9-6]

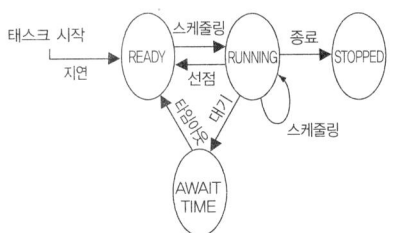

이 상태 다이어그램은 Oneshot 태스크를 위해 가능한 몇 가지 상태를 보여준다. Oneshot 태스크는 한 번 실행되고 끝나거나 실제 실행되기 전의 기간 동안 BLOCKED 상태에 있게 된다.

>> 그림 9-17b4 Oneshot 태스크들을 위한 상태 다이어그램[9-6]

예제 9-6 임베디드 리눅스와 상태

리눅스에서, RUNNING 은 전통적인 READY 와 RUNNING 상태를 통합하고 있다. 반면에 BLOCKED 상태는 세 가지의 버전을 가지고 있다.

상 태	설 명
RUNNING	RUNNING 상태에 있거나 READY 상태에 있는 태스크
WAITING	특정 리소스 또는 이벤트를 기다리면서 BLOCKED 상태에 있는 태스크
STOPPED	BLOCKED 상태에 있는 태스크, 이것은 보통 디버깅을 위해 사용
ZOMBIE	BLOCKED 상태에 있으며, 더 이상 필요하지 않은 태스크

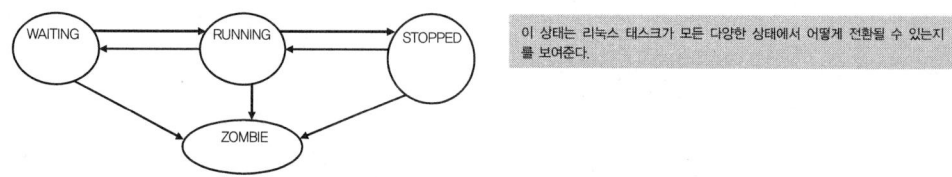

>> 그림 9-17c1 리눅스 태스크들을 위한 상태 다이어그램[9-3]

리눅스에서, 프로세스의 문맥정보는 아래의 그림 9-17c2에서의 task_struct 라 불리는 PCB 안에 저장된다. 리눅스 프로세스의 상태를 포함하는 task_struct 안의 엔트리는 그림에서 볼드체로 나타내었다. 리눅스에서는 관련 상태를 가지고 있는 프로세스에 대해 task_struct(PCB) 정보를 포함하는 분리된 큐가 없다.

```
struct task_struct
{
    ...
    // -1 unrunnable, 0 runnable, >0 stopped
    volatile long    state;
    // number of clock ticks left to run in this scheduling slice, decremented by a timer.
    long             counter;
    // the process' static priority, only changed through well-known system calls like nice, POSIX.1b
    // sched_setparam, or 4.4BSD/SVR4 setpriority.
    long             priority;
    unsigned         long signal;
    // bitmap of masked signals
    unsigned         long blocked;
    // per process flags, defined below
    unsigned         long flags;
    int errno;
    // hardware debugging registers
    long             debugreg[8];
    struct exec_domain  *exec_domain;
    struct linux_binfmt *binfmt;
    struct task_struct  *next_task, *prev_task;
    struct task_struct  *next_run, *prev_run;
    unsigned long       saved_kernel_stack;
    unsigned long       kernel_stack_page;
    int                 exit_code, exit_signal;
    unsigned long       personality;
    int                 dumpable:1;
    int                 did_exec:1;
    int                 pid;
    int                 pgrp;
    int                 tty_old_pgrp;
    int                 session;
    // boolean value for session group leader
    int                 leader;
    int                 groups[NGROUPS];
    // pointers to (original) parent process, youngest child, younger sibling, older sibling, respectively. (p->father
    // can be replaced with p->p_pptr->pid)
    struct task_struct  *p_opptr, *p_pptr, *p_cptr,
                        * p_ysptr, *p_osptr;
    struct wait_queue   *wait_chldexit;
    unsigned short      uid,euid,suid,fsuid;
    unsigned short      gid,egid,sgid,fsgid;
    unsigned long       timeout;
    // the scheduling policy, specifies which scheduling class the task belongs to, such as: SCHED_OTHER
    // (traditional UNIX process), SCHED_FIFO (POSIX.1b FIFO realtime process - A FIFO realtime process will
    // run until either a) it blocks on I/O, b) it explicitly yields the CPU or c) it is preempted by another real time
    // process with a higher p->rt_priority value.) and SCHED_RR (POSIX round-robin realtime process –
    // SCHED_RR is the same as SCHED_FIFO, except that when its timeslice expires it goes back to the end of the
    // run queue).
    unsigned long       policy;

    //realtime priority
    unsigned long       rt_priority;
    unsigned long       it_real_value, it_prof_value, it_virt_value;
    unsigned long       it_real_incr, it_prof_incr, it_virt_incr;
    struct timer_list   real_timer;
    long                utime,stime,cutime,cstime,start_time;
    // mm fault and swap info:this can arguably be seen as either mm-specific */
    unsigned long       min_flt, maj_flt, nswap, cmin_flt, cmaj_flt, cnswap;
    int swappable:1;
    unsigned long       swap_address;
    // old value of maj_flt
    unsigned long       old_maj_flt;
    // page fault count of the last time
    unsigned long       dec_flt;
    // number of pages to swap on next pass
    unsigned long       swap_cnt;
    //limits
    struct rlimit       rlim[RLIM_NLIMITS];
    unsigned short      used_math;
    char                comm[16];
    // file system info
    int                 link_count;
    // NULL if no tty
    struct tty_struct   *tty;
    // ipc stuff
    struct sem_undo     *semundo;
    struct sem_queue    *semsleeping;
    // ldt for this task - used by Wine. If NULL, default_ldt is used
    struct desc_struct  *ldt;
    // tss for this task
    struct thread_struct tss;
    // filesystem information
    struct fs_struct    *fs;
    // open file information
    struct files_struct *files;
    // memory management info
    struct mm_struct    *mm;
    // signal handlers
    struct signal_struct *sig;
#ifdef __SMP__
    int                 processor;
    int                 last_processor;
    int                 lock_depth;  /* Lock depth.
                        We can context switch in and out
                        of holding a syscall kernel lock... */
#endif
}
```

>> 그림 9-17c2 태스크 구조[9-15]

프로세스 스케줄

멀티태스킹 시스템에서, OS 안에 **스케줄러**(scheduler, 그림 9-18 참고)라 불리는 메커니즘은 CPU 상에서 동작하는 태스크들의 순서와 주기를 결정하는 역할을 한다. 스케줄러는 각 태스크를 위한 TCB 정보를 로딩하거나 저장할 뿐 아니라 어떤 태스크가 어떤 상태

(READY, RUNNING, BLOCKED)에 있을지를 선택한다. 어떤 OS에서는 스케줄러가 메모리로 로드되거나 실행될 준비를 하고 있는 프로세스에게 CPU를 할당하고, 어떤 OS에서는 **디스패처**(dispatcher, 분리된 스케줄러)가 프로세스에 CPU를 실제로 할당하는 역할을 한다.

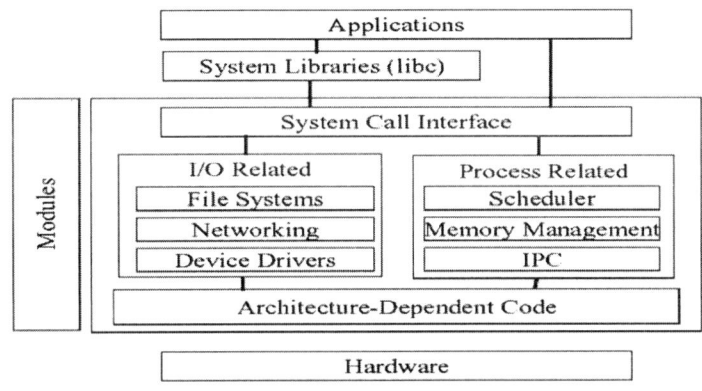

>> 그림 9-18   OS 블록 다이어그램과 스케줄러

임베디드 OS에서 구현된 많은 스케줄링 알고리즘이 있으며, 모든 디자인은 저마다의 장단점을 가지고 있다. 스케줄링 알고리즘의 효과와 성능에 영향을 주는 핵심적인 요소로는 **반응시간**[response time, 스케줄러가 준비된 태스크로 문맥 전환을 하는 데 걸리는 시간, READY(대기) 큐 안에 있는 태스크의 대기시간을 포함한다], **소요시간**(turnaround time, 프로세스가 실행을 완료하는 데 걸리는 시간), **오버헤드**(overhead, 어떤 태스크들이 다음에 실행될지를 결정하는 데 필요한 시간과 데이터), **공정성**(fairness, 어떤 프로세스가 실행될지에 대한 요소들을 결정하는 것)이 있다. 스케줄러는 주어진 시간 안에서—CPU, I/O를 가능하면 바쁘게 유지하면서—가능하면 많은 태스크들을 처리할 수 있도록 태스크 **쓰루풋**(throughput)을 가지고 시스템의 리소스를 조화롭게 사용해야 한다. 특히 공정성의 경우에 있어서, 스케줄러는 최대 태스크 쓰루풋을 얻고자 할 때, 태스크 **기근**(starvation)—한 태스크가 결코 실행되지 않는 상태—이 발생하지 않도록 해야 한다.

임베디드 OS 시장의 경우, 임베디드 OS에서 구현된 스케줄링 알고리즘들은 보통 **비선점형**(non-preemptive)과 **선점형**(preemptive) 스케줄링 방식이라는 두 가지의 접근방법에 속한다. 비선점형 접근방법에서 태스크들은 시간의 길이나 대기하고 있는 다른 태스크들의 중요성에 상관 없이 그것들이 실행을 끝마칠 때까지 주 CPU에 대한 제어권이 주어진다. 비선점형 접근방법을 기초로 하는 스케줄링 알고리즘들은 다음과 같은 방법을 포함하고 있다.

- **FCFS/Run-To-Completion** READY 큐 안에 있는 태스크들은 큐에 입력된 순서에 따라 실행된다. 또한 이 태스크들은 실행되기 위해 READY 상태에 있을 때 완료 순간까지 실행된다(그림 9-19 참고). 여기서, 비선점형이란 FCFS(선진입-선처리, first-come-first-serve) 스케줄링 디자인에서는 BLOCKED 큐가 없다는 것을 의미한다.

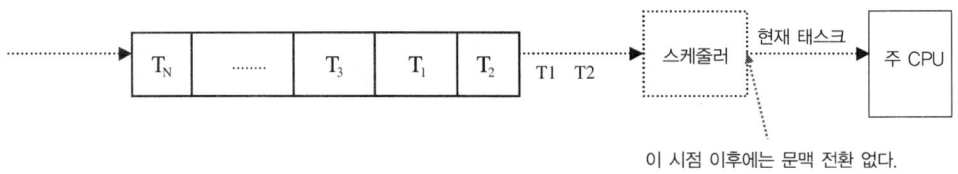

>> 그림 9-19 FCFS 스케줄링

FCFS 알고리즘의 반응시간은 보통 다른 알고리즘보다 느리다. 그래서 큐의 끝에 있는 짧은 프로세스가 앞에 있는 더 긴 프로세스에 비해 불리한 위치에 있기 때문에, 공정성 이슈가 생기게 된다. 하지만 이 디자인에서는 기근현상이 결코 발생하지 않는다.

- **SPN/Run-To-Completion** READY 큐에 있는 태스크들은 실행시간이 가장 짧은 태스크가 가장 먼저 동작하는 순서로 실행된다(그림 9-20 참고).

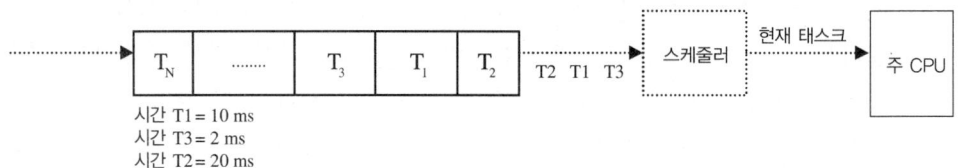

>> 그림 9-20 SPN 스케줄링

SPN(shortest process next) 스케줄링은 짧은 프로세스에 대해 가장 짧은 반응시간을 가진다. 하지만 더 긴 프로세스는 큐 안에 있는 더 짧은 모든 프로세스들이 실행될 때까지 기다려야 하기 때문에 불리한 위치에 있게 된다. 이 시나리오에서는 만약 대기 큐에 계속해서 더 짧은 프로세스로 채워지면, 긴 프로세스에서 기근현상이 발생할 수도 있다. 대기 큐 안에 있는 프로세스에 대한 실행시간을 계산하고 저장하는 작업이 발생해야 하기 때문에, FCFS 보다 오버헤드가 더 높다.

- **협력형**(co-operative) 태스크들은 그것들이 문맥 전환이 될 때(예를 들어, I/O 등을 위해) OS에 말할 때까지 실행된다. 이 알고리즘은 Run-To-Completion 시나리오보다는 FCFS 또는 SPN 알고리즘으로 구현될 수 있다. 하지만 예를 들어 더 짧은 프로세스가 협력하지 않도록 디자인되어 있다면, SPN을 가지고도 기근현상이 발생할 수 있다.

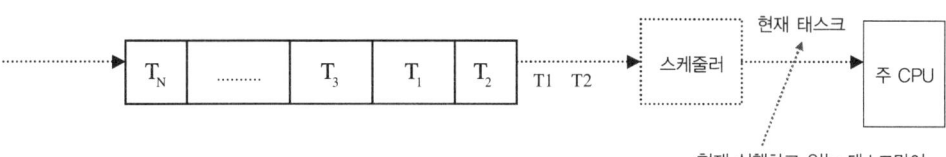

>> 그림 9-21 협력형 스케줄링

비선점형 알고리즘은 어떤 태스크도 다른 태스크들을 주 CPU로부터 차단하면서 무한 루프에서 실행되지 않도록 만들어져 있어야 한다는 가정 때문에 지원하는 데 더 큰 위험이 있다. 하지만, 비선점형 알고리즘을 지원하는 OS는 태스크가 준비되어 있기 전에 문맥 전환을 강요하지 않는다. 그리고 아직 실행이 완료되지 않은 태스크들 간에 문맥 전환을 할 때 정확한 태스크 정보를 저장하고 복원하는 데 대한 오버헤드는 비선점형 스케줄러가 협력형 스케줄링 방식을 구현하는 경우에만 이슈화된다. 한편 **선점형 스케줄링**(preemptive scheduling)에서 OS는 한 태스크상에서 실행중인 태스크가 실행을 완료했는지 안 했는지에 상관 없이 문맥 전환을 강요하며, 문맥 전환과 함께 협력한다. 선점형 접근방법을 기초로 하는 일반적인 스케줄링 알고리즘은 다음과 같은 방법들을 포함한다.

- **라운드 로빈/FIFO 스케줄링** 라운드 로빈(round robin)/FIFO(first in, first out) 알고리즘은 READY 상태의 프로세스(실행할 준비가 되어 있는 프로세스들)를 저장하는 FIFO 큐를 구현한다. 프로세스들은 큐의 끝에서 큐에 추가되며, 큐의 시작에서 실행될 때 제거된다. FIFO 시스템에서 모든 프로세스들은 그들의 작업량 또는 상호관계에 상관 없이 동일하게 처리된다. 이는 주로 프로세스의 제어를 유지하고 다른 프로세스들이 실행되는 것을 막지 않도록 하는 프로세스의 기능 때문이다.

라운드 로빈 스케줄링에 따르면, FIFO 큐 안에 있는 각 프로세스는 동일한 **타임 슬라이스**(time slice, 각 프로세스가 실행되는 기간)로 할당되는데, 이 기간의 각각의 끝에서는 사전 프로세스를 시작하기 위해 인터럽트가 발생한다(타임 슬라이스를 할당하는 스케줄링 알고리즘은 **시간 공유 시스템**(time-sharing system)이라고도 불린다. 그런 다음 스케줄러는 FIFO 큐 안에 있는 프로세스들 사이를 교대하면서 연속적으로 그 프로세스를 실행하고, 큐의 시작에서 프로세스를 시작하도록 처리한다. 새로운 프로세스들은 FIFO 큐의 끝에 추가되며, 현재 동작중인 프로세스가 할당된 시간까지 실행을 끝내지 않는다면, 그 프로세스는 다음 순서에 실행을 완료할 수 있도록 큐의 뒤로 선점되어 되돌아간다. 한 프로세스가 할당된 타임 슬라이스 안에 실행을 완료하면, 그 프로세스는 자발적으로 프로세스를 릴리즈하고, 스케줄러는 FIFO 큐 안에 있는 다음 프로세스에게 프로세스를 할당해 준다(그림 9-22 참고).

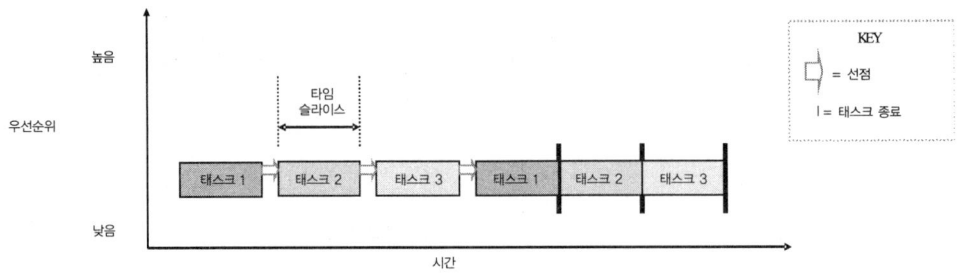

>> 그림 9-22 라운드 로빈/FIFO 스케줄링[9-7]

라운드 로빈/FIFO 스케줄링은 동등한 처리과정을 보장하는 반면, 다양한 프로세스가 더 무거운 작업량을 가지고 있어서 연속적으로 선점되어 더 큰 문맥 전환 오버헤드를 만들어 낸다는 단점을 가지고 있다. 또 다른 이슈로는 큐 안에 있는 프로세스들이 다른 프로세스들과 상호 연관되어 있는 경우(데이터를 위해 다른 프로세스가 완료되기를 기다리는 것과 같은)에 발생한다. 이 경우, 그것은 어떤 작업을 끝내기 위해 큐의 다른 프로세스가 동작을 끝낼 때까지 계속 선점된다. 쓰루풋은 타임 슬라이스에 의존적이다. 타임 슬라이스가 매우 작으면 너무 많은 문맥 전환이 발생하며, 타임 슬라이스가 매우 크면 FCFS와 같은 비선점형 접근방법과 크게 다르지 않다. 라운드 로빈 방식에서는 기근현상이 발생할 수 없다.

- **우선순위 (선점형) 스케줄링** 우선순위 선점형 스케줄링(priority preemptive scheduling) 알고리즘은 상호관계와 시스템에 대한 관련 중요성을 기초로 프로세스들을 구별한다. 각 프로세스는 우선순위를 할당받는데, 이것은 시스템 내에서 우선순위를 가리키는 지시자로 동작한다. 가장 높은 우선순위를 가지고 있는 프로세스들은 그것들이 동작할 준비가 되어 있을 때 항상 더 낮은 우선순위의 프로세스들을 선점한다. 이것은 실행중인 태스크가 스케줄러에 의해 멈추도록 강요를 받을 수 있다는 점을 의미한다. 그림 9-23은 3개의 태스크(1, 2, 3—여기서 태스크 1은 가장 낮은 우선순위를 가지고 있으며, 태스크 3은 가장 높은 우선순위를 가지고 있다)를 보여주고 있으며, 태스크 3은 태스크 2를 선점하고, 태스크 2는 태스크 1을 선점한다.

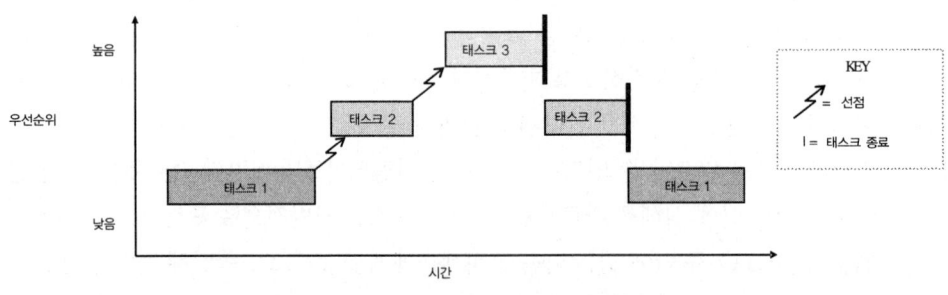

>> 그림 9-23 우선순위 선점형 스케줄링[9-8]

이 스케줄링 방식은 라운드 로빈/FIFO 스케줄링과 관련된 문제점들 중 상호작용을 하거나 다양한 작업량을 가지고 있는 프로세스들과 관련된 몇 가지를 해결해 주는 반면, 우선순위 스케줄링에서는 다음과 같은 새로운 문제들이 발생할 수 있다.

- **프로세스 기근현상** 이 현상은 높은 우선순위의 프로세스들의 연속적인 열이 낮은 우선순위의 프로세스가 결코 동작하지 못하게 하는 것을 말한다. 이것은 전형적으로 더 낮은 우선순위의 프로세스의 우선순위를 높임으로써 해결할 수 있다.

- **우선순위 역전** 이 현상은 더 높은 우선순위의 프로세스가 실행중인 낮은 우선순위의 프로세스를 기다리면서 멈추어질 수 있는 상황을 의미한다. 중간의 우선순위를 갖는 프로세스들은 동작중인 더 높은 우선순위를 가지고 있지만 더 낮은 우선순위와 더 높은 우선순위를 가진 프로세스들이 동작하지 못할 경우 실행 가능하다(그림 9-24 참고).

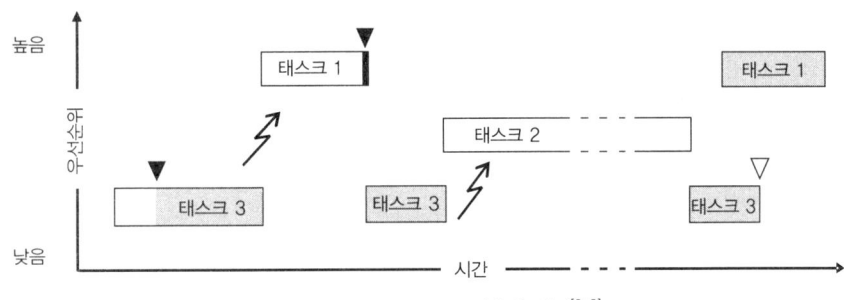

>> 그림 9-24 우선순위 역전[9-8]

- 다양한 프로세스들의 우선순위들을 결정하는 방법으로, 보통 태스크가 중요하면 할수록 더 높은 우선순위를 부여한다. 동일한 중요성을 갖는 태스크들에 대해서 우선순위를 할당하기 위해 사용되는 기술 중 하나는 **RMS**(rate monotonic scheduling) 방식이 있는데, 여기서 태스크들은 시스템 내에서 그것들이 얼마나 자주 실행되는가를 기초로 우선순위가 할당된다. 이러한 모델 뒤의 전제는 선점형 스케줄러와 완전히 독립적이며(공유된 데이터 또는 리소스가 없는), 주기적으로 실행되는(규칙적인 시간 간격에서 실행된다는 것을 의미한다) 태스크들이 주어졌을 경우, 이러한 세트 내에서 태스크가 더 많이 실행되면 될수록 더 큰 우선순위를 가지고 있어야 한다는 것이다. RMS 이론은 위의 가정이 스케줄러와 'n' 개의 태스크 세트에 대해 충족되어 있다면, 모든 시간의 데드라인은 부등식 $\sum E_i/T_i \leq n(2^{1/n} - 1)$을 성립하게 할 때 만족될 것이다. 여기서

    i = 주기적인 태스크
    n = 주기적인 태스크들의 수
    T_i = 태스크 i의 실행주기

E_i = 태스크 i의 최악의 실행시간

E_i/T_i = 태스크 i를 실행하기 위해 필요한 CPU 시간 분수

그러므로, 그 주기에 따라 우선순위가 매겨진 2개의 태스크들이 주어졌을 경우 여기서 가장 짧은 주기의 태스크에 가장 높은 우선순위가 할당되며, 부등식의 '$n(2^{1/n}-1)$' 부분은 거의 .828에 가까운 값이 될 것이다. 이것은 모든 하드 데드라인을 만족시키기 위해서는 이 태스크들의 CPU 사용이 약 82.8%를 초과해서는 안 된다는 것을 의미한다. 그 주기에 따라 우선순위가 매겨진 100개의 태스크들에 대해, 여기서 가장 짧은 주기의 태스크에 가장 높은 우선순위가 할당되며, 이러한 태스크들의 CPU 사용은 모든 데드라인을 만족시키기 위해서는 약 69.6%(100*(21/100−1))을 초과해서는 안 된다.

> **고정된 우선순위 선점형 OS에서 가장 큰 장점을 얻기 위한 방법**
>
> OS 태스크에 우선순위를 할당하기 위한 알고리즘들은 보통 고정된 우선순위, 여기서 태스크들은 디자인 시에 우선순위를 할당받고 태스크의 수명 동안 변경되지 않는다. 동적 우선순위, 여기서 우선순위는 실행 시 태스크에 할당된다. 또는 그 두 알고리즘들의 조합으로 분류된다. 많은 상업 OS들은 보통 고정된 우선순위의 알고리즘들만 지원한다. 왜냐하면 그것이 구현하기에 가장 덜 복잡한 방식이기 때문이다. 고정된 우선순위 방식을 사용하는 핵심은 다음과 같다.
>
> - 주기가 짧을수록 우선순위를 더 높게 하기 위해 그 주기에 따라 태스크의 우선순위를 할당한다.
> - 태스크에 고정된 우선순위를 할당하기 위해 그리고 태스크 세트가 스케줄링이 가능한지 아닌지를 재빨리 결정하기 위한 툴로서 (RMS와 같은) 고정된 우선순위 알고리즘을 사용하여 우선순위를 할당한다.
> - RMS와 같은 고정된 우선순위 알고리즘 부등식을 만족하지 않는 경우, 특정한 태스크 세트의 분석이 필요한지를 이해한다. RMS는 전체 CPU 사용이 제한 아래에 있다면 대부분의 경우 데드라인이 충족된다고 가정하는 툴이다('대부분의' 경우는 어떤 고정된 우선순위 방식을 통해 스케줄링이 불가능한 태스크들도 있을 수 있다는 것을 의미한다). 그 부등식에 의해 주어진 제한 위에 있는 전체 CPU 사용을 가짐에도 불구하고 여전히 스케줄링이 가능한 태스크 세트도 가능하다. 그러므로 각 태스크의 주기 및 실행시간의 분석은 그 세트가 필요한 데드라인들을 충족할 수 있는지를 결정하기 위해 수행될 필요가 있다.
> - 고정된 우선순위 스케줄링의 주요한 한계는 주 CPU를 100% 완전히 사용하는 것이 항상 가능한 것은 아니라는 사실을 깨닫는 것이다. 만약 고정된 우선순위를 사용하여 CPU를 100% 사용하는 것이 목표라면, 태스크들은 조화로운 주기로 할당되어야 하는데, 이것은 태스크의 주기가 더 짧은 주기를 가진 다른 모든 태스크들의 배수이어야 한다는 것을 의미한다.
>
> — 미셸 바 저, 임베디드 시스템 프로그래밍, 2002년 2월, "RMS 소개" 글에서 발췌

- **EDF/Clock Driven 스케줄링** 그림 9-25에서 볼 수 있는 것처럼, EDF/Clock Driven 알고리즘은 세 가지 변수에 따라 프로세스에게 우선순위를 스케줄링해 준다. 그 세 가지

변수란 **주파수**(frequency, 프로세스가 동작하는 시간들의 수), **데드라인**(deadline, 프로세스 실행이 완료될 필요가 있을 때), 그리고 **주기**(duration, 프로세스를 실행하는 데 걸리는 시간)이다. EDF(earliest deadline first) 알고리즘은 시간 제한을 검증해 주고 확인해 주는(모든 태스크들에 대해 기본적으로 데드라인을 보장한다) 반면, 다양한 프로세스들에 대해 정확한 주기를 정의하기는 어렵다. 일반적으로, 평균 측정값이 각 프로세스에 대해 수행될 수 있는 가장 좋은 값이다.

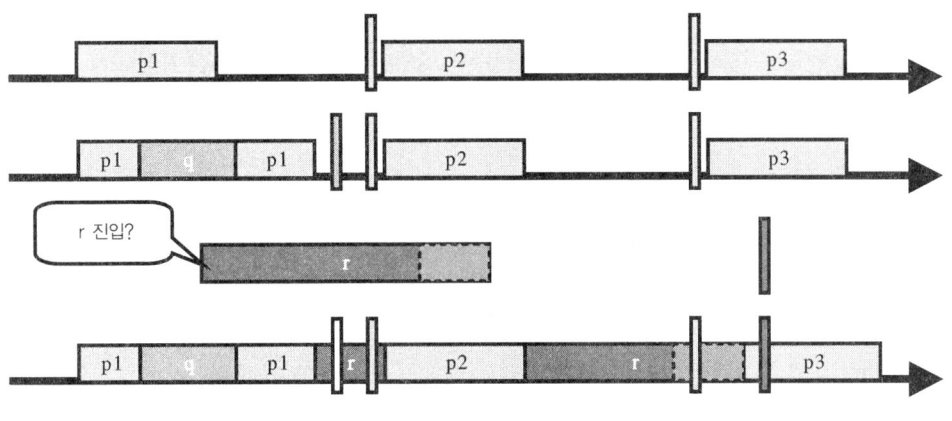

>> 그림 9-25 EDF 스케줄링[9-2]

선점형 스케줄링과 실시간 운영체제(RTOS)

임베디드 운영체제 내에서 구현되는 스케줄링 알고리즘들 간의 가장 큰 차이점 중 하나는 태스크들이 실행시간의 데드라인을 충족하도록 그 알고리즘이 보장하는가 여부이다. 만약 태스크들이 그 데드라인을 항상 충족하고(그림 9-26에서의 처음 두 그래프에서 볼 수 있는 것처럼), 관련 실행시간이 예측 가능하다면(결정적이라면), OS는 **실시간 운영체제**(real-time operating system : RTOS)라 불린다.

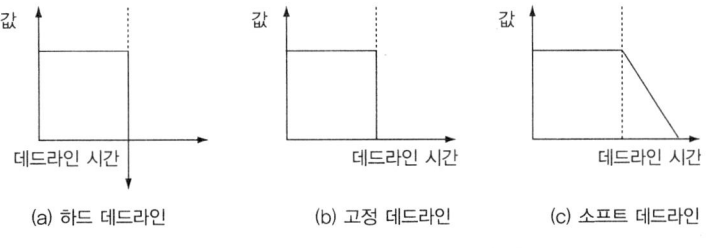

>> 그림 9-26 OS와 데드라인[9-4]

선점형 스케줄링은 RTOS 스케줄러 내에서 구현되는 알고리즘들 중 하나이어야 한다. 왜냐하면 실시간 요구사항들을 가진 태스크들은 다른 태스크들을 선점할 수 있도록 허락되어야 하기 때문이다. RTOS 스케줄러들은 또한 그들의 하드 데드라인을 관리하고 충족하기 위해 시스템 클럭을 기초로 하면서 그 자신의 타이머열을 사용한다.

스케줄링에 있어서 실시간 OS든 비실시간 OS든 상관 없이, 그 구현된 스케줄링 방식은 매우 다양하다. 예를 들어, vxWorks(Wind River)는 우선순위 기반의 라운드 로빈 방식을 가지고 있으며, Jbed(Esmertec)는 EDF 방식을, 리눅스(Timesys)는 우선순위 기반의 방식을 가지고 있다. 예제 9-7, 9-8, 9-9는 그러한 임베디드 상용 운영체제에 적용된 스케줄링 알고리즘들에 대해 더 자세히 설명하고 있다.

예제 9-7 vxWorks 스케줄링

Wind 스케줄러는 우선순위 선점형 및 라운드 로빈 실시간 스케줄링 알고리즘을 기반으로 한다. 그림 9-27a에서 볼 수 있듯이, 라운드 로빈 스케줄링은 주 프로세스를 공유하는 동일한 우선순위의 태스크들뿐 아니라 CPU를 선점할 수 있는 더 높은 우선순위의 태스크도 가능하게 하기 위해 우선순위 선점형 스케줄링과 협력할 수 있다.

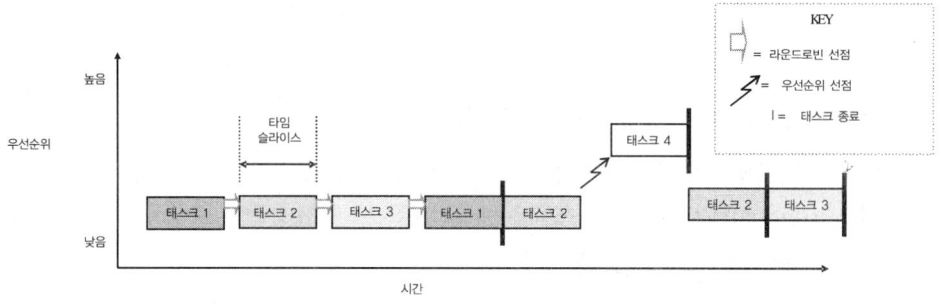

>> 그림 9-27a 라운드 로빈 스케줄링 방식의 우선순위 선점형 스케줄링[9-7]

라운드 로빈 스케줄링 없이 vxWorks에서는 동일한 우선순위의 태스크들이 서로서로를 절대 선점할 수 없기 때문에, 프로그래머가 이러한 태스크들 중 하나를 무한 루프에서 동작하도록 하는 경우 이것은 문제가 될 수 있다. 하지만 우선순위 선점형 스케줄링은 다른 모든 태스크들을 선점할 수 있는 우선순위를 제공함으로써 데드라인을 벗어나지 못하도록 프로그래밍될 수 있기 때문에, vxWorks에게 실시간 기능을 가능하게 해준다. 태스크들은 태스크 생성시에 'taskSpawn'을 통해 우선순위가 할당된다.

```
int taskSpawn(
{태스크 이름},
{태스크 우선순위 0~255, 스케줄링과 관련되어 있으며 다음 절에서 논의할 것이다},
{태스크 옵션 - VX_FP_TASK, 부동 소수점 코프로세스와 함께 실행
    VX_PRIVATE_ENV, 개인적 환경을 가지고 있는 태스크 실행
    VX_UNBREAKABLE, 태스크를 위한 브레이크 포인트 비활성화
    VX_NO_STACK_FILL, 태스크 스택을 0xEE로 채우지 않음}
{메모리 안의 프로그램의 엔트리 포인트의 태스크 어드레스 - 초기 PC 값}
{태스크 프로그램 엔트리 루틴을 위해 10개까지의 변수 가능})
```

예제 9-8 Jbed와 EDF 스케줄링

Jbed RTOS에서 모두 6가지 종류의 태스크들은 3개의 변수들, '주기(duration)', '승인(allowance)', '데드라인(deadline)'을 가지고 있다. 태스크는 아래의 방식(자바 서브루틴) 호출에서 보여주듯이 모든 태스크들을 스케줄링하는 EDF 스케줄러를 위해 생성된다.

```
Public Task(
            long duration,
            long allowance,
            long deadline,
            RealtimeEvent event)
    Throws AdmissionFailure
```

```
Public Task(java.lang.String name,
            long duration,
            long allowance,
            long deadline,
            RealtimeEvent event)
    Throws AdmissionFailure
```

```
Public Task(java.lang.Runnable target,
            java.lang.String name,
            long duration,
            long allowance,
            long deadline,
            RealtimeEvent event)
    Throws AdmissionFailure
```

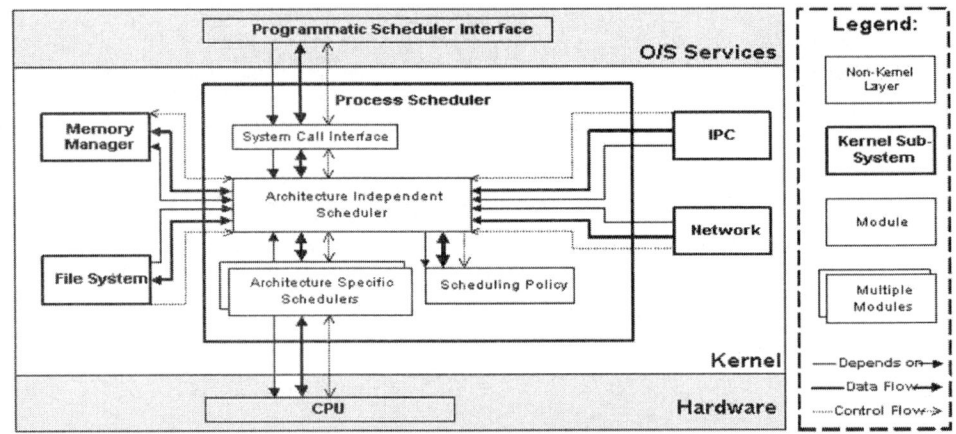

>> 그림 9-27b1 임베디드 리눅스 블록 다이어그램[9-9]

예제 9-9 스케줄링 기반의 TimeSys 임베디드 리눅스 우선순위

그림 9-27b1에서 볼 수 있는 것처럼, 임베디드 리눅스 커널은 네 가지 모듈들로 구성되어 있는 스케줄러를 가지고 있다.[9-9]

- **시스템 호출 인터페이스 모듈** 이 모듈은 사용자 프로세스와 커널에 의해 익스포트되는 어떤 기능 간에 인터페이스로 동작한다.

- **스케줄링 정책 모듈** 이 모듈은 어떤 프로세스가 CPU에 접근할 것인가를 결정한다.

- **아키텍처에 특화된 스케줄러 모듈** 이 모듈은 하드웨어(예를 들어, 프로세스를 중단하거나 다시 시작하기 위해 CPU 및 메모리 관리자와 통신하는 것)와 인터페이스되는 가상 계층이다.

- **아키텍처에 독립적인 스케줄러 모듈** 이 모듈은 스케줄링 정책 모듈과 아키텍처에 특화된 모듈 사이를 인터페이스해 주는 가상 계층이다.

스케줄링 정책 모듈은 '우선순위 기반의' 스케줄링 알고리즘을 구현한다. 대부분의 리눅스 커널과 그 파생 버전들(2.2/2.4)은 비선점형이고, 재스케줄링을 하지 않으며, 실시간이 아닌 반면, TimeSys의 리눅스 스케줄러는 우선순위 기반이기는 하지만 실시간 기능을 가능하게 하기 위해 수정되었다. TimeSys는 전통적인 리눅스의 표준 소프트웨어 타이머를 수정하였는데, 너무 열등하게 작업이 되어 대부분의 실시간 어플리케이션들에서는 사용이 적합하지 않다. 왜냐하면, TimeSys가 커널의 즉각적인 타이머에 의존적이며, 하드웨어 타이머를 기반으로 하는 높은 주기의 클럭과 타이머를 구현하기 때문이다. 스케줄러는 전체 시스템 안에 있는 모든 태스크들과 그 태스크와 관련된 어떤 상태 정보의 목록을 나열하는 테이블을 포함하고 있다. 리눅스에서는 허용되는 전체 태스크들의 수가 사용할 수 있는 물리 메모리의 크기에만 제한된다. 동적으로 할당되는 링크 리스트의 태스크 구조는 이 테이블 안에 모든 태스크를 나타내고 있다. 스케줄링과 관련된 이 태스크 구조의 영역들은 그림 9-27b2 에서 하이라이트하여 표기하였다.

```
struct task_struct
{                   ...
                    // -1 unrunnable, 0 runnable, >0 stopped
    volatile long   state;

// number of clock ticks left to run in this scheduling slice, decremented
by a timer.
    long            counter;

// the process' static priority, only changed through well-known system
calls likenice, POSIX.1b
// sched_setparam, or 4.4BSD/SVR4 setpriority.
    long            priority;

    unsigned        long signal;

// bitmap of masked signals
    unsigned        long blocked;

// per process flags, defined below
    unsigned        long flags;
    int errno;

// hardware debugging registers
    long            debugreg[8];
    struct exec_domain  *exec_domain;
    struct linux_binfmt *binfmt;
    struct task_struct *next_task, *prev_task;
    struct task_struct *next_run, *prev_run;
    unsigned long   saved_kernel_stack;
    unsigned long   kernel_stack_page;
    int             exit_code, exit_signal;
    unsigned long   personality;
    int             dumpable:1;
    int             did_exec:1;
    int             pid;
    int             pgrp;
    int             tty_old_pgrp;
    int             session;
// boolean value for session group leader
    int             leader;
    int             groups[NGROUPS];

// pointers to (original) parent process, youngest child, younger sibling,
// older sibling, respectively. (p->father can be replaced with p->p_pptr->pid)
    struct task_struct  *p_opptr, *p_pptr, *p_cptr,
                        *p_ysptr, *p_osptr;
    struct wait_queue   *wait_chldexit;
    unsigned short      uid,euid,suid,fsuid;
    unsigned short      gid,egid,sgid,fsgid;
    unsigned long       timeout;

// the scheduling policy, specifies which scheduling class the task belongs to,
// such as : SCHED_OTHER (traditional UNIX process), SCHED_FIFO
// (POSIX.1b FIFO realtime process - A FIFO realtime process will
// run until either a) it blocks on I/O, b) it explicitly yields the CPU or c) it is
// preempted by another realtime process with a higher p->rt_priority value.)
// and SCHED_RR (POSIX round-robin realtime process -
// SCHED_RR is the same as SCHED_FIFO, except that when its timeslice
// expires it goes back to the end of the run queue).
    unsigned long   policy;

//realtime priority
    unsigned long   rt_priority;

    unsigned long   it_real_value, it_prof_value, it_virt_value;
    unsigned long   it_real_incr, it_prof_incr, it_virt_incr;
    struct timer_list   real_timer;
    long            utime, stime, cutime, cstime, start_time;

// mm fault and swap info: this can arguably be seen as either mm-
specific or thread-specific*/
    unsigned long   min_flt, maj_flt, nswap, cmin_flt, cmaj_flt,
cnswap;
    int swappable:1;
    unsigned long   swap_address;

// old value of maj_flt,
    unsigned long   old_maj_flt;

// page fault count of the last time
    unsigned long   dec_flt;

// number of pages to swap on next pass
    unsigned long   swap_cnt;

//limits
    struct rlimit   rlim[RLIM_NLIMITS];
    unsigned short  used_math;
    char            comm[16];

//file system info
    int             link_count;

// NULL if no tty
    struct tty_struct *tty;

// ipc stuff
    struct sem_undo  * semundo;
    struct sem_queue * semsleeping;

// ldt for this task - used by Wine. If NULL, default_ldt is used
    struct desc_struct*ldt;

// tss for this task
    struct thread_struct tss;

// filesystem information
    struct fs_struct * fs;

// openfile information
    struct files_struct *files;

// memory management info
    struct mm_struct *mm;

// signal handlers
    struct signal_struct *sig;
#ifdef __SMP__
    int             processor;
    int             last_processor;
    int             lock_depth;  /* Lock depth.
                                    We can context switch in and out
                                    of holding a syscall kernel lock... */
#endif
                    .....
}
```

>> 그림 9-27b2 태스크 구조[9-15]

리눅스에서 예를 들어 fork 또는 fork/exec를 통해 프로세스가 생성되면, 그 우선순위는 setpriority 명령을 통해 설정된다.

```
int setpriority(int which, int who, int prio);
    which = PRIO_PROCESS, PRIO_PGRP, or PRIO_USER_
    who = interpreted relative to which
    prio = priority value in range -20 to 20
```

태스크 간 통신과 동기화

임베디드 시스템에서 서로 다른 태스크들은 보통 동일한 하드웨어 및 소프트웨어를 공유해야 하며, 그 기능을 정확히 수행하기 위해 상호 의존적일 수 있다. 이러한 이유들 때문에, 임베디드 OS들은 멀티태스킹 시스템에서의 태스크들이 태스크 간 통신을 하고, 그 기능들을 설정하고 문제들을 피하며, 태스크들이 조화롭게 동시에 동작할 수 있도록 하기 위해 그들의 동작을 동기화하는 서로 다른 메커니즘들을 제공한다.

여러 개의 상호 통신 프로세스를 하는 임베디드 OS는 **메모리 공유**(memory sharing), **메시지 전송**(message passing), **신호 발생**(signaling) 메커니즘들의 하나 또는 몇 가지를 기반으로 하는 IPC(프로세스 간 통신)와 동기화 알고리즘들을 구현한다.

그림 9-28에서 볼 수 있는 **공유 데이터**(shared data) 모델에 있어서, 프로세스들은 공유된 메모리 영역에 대한 접근을 통해 통신한다. 이러한 공유 메모리에는 한 프로세스에 의해 수정된 변수가 모든 프로세스에 의해 접근 가능하다.

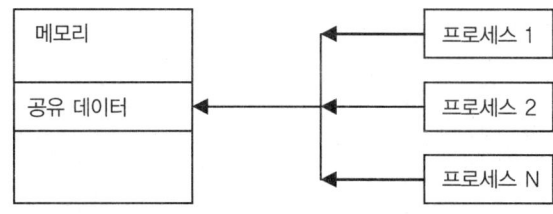

>> 그림 9-28 메모리 공유

공유 데이터를 통신하는 방식으로 접근하는 것은 매우 단순한 접근방법인 반면, **경주 상태**(race condition)라는 주요한 문제가 생길 수 있다. 경주 상태는 공유 변수에 접근하고 있는 한 프로세스가 수정 접근을 완료하기 전에 선점될 때 발생하는데, 이것은 공유된 변수의 무결성에 영향을 끼친다. 이러한 이슈를 해결하기 위해서는 **크리티컬 섹션**(critical section)

이라고 불리는 공유 데이터에 접근하는 프로세스들의 일부를 **상호 배타**(mutual exclusion, 줄여서 Mutex)로 설정해야 한다. 뮤텍스 메커니즘은 공유 메모리에 접근하는 프로세스가 그 공유 메모리에 잠금 장치를 하여, 공유 데이터에 그 프로세스만 접근 가능하도록 설정하는 것을 말한다. 공유 메모리에 대한 접근을 조정하거나 다른 시스템 리소스들에 접근을 조정하는 것과 같은 다양한 상호 배타 메커니즘들이 구현될 수 있다. 공유 데이터에 동시에 접근하고자 하는 태스크들을 동기화하는 상호 배타 기술에는 다음과 같은 것들이 있다.

- **프로세스 보조 잠금 장치** 태스크들이 공유 데이터에 접근할 때, 다른 태스크들이 그것들을 선점할 수 없도록 스케줄링하는 것이다. 문맥 전환을 가능하게 하는 것은 오직 인터럽트뿐이다. 따라서 크리티컬 섹션에 있는 코드를 실행하는 동안 인터럽트를 비활성화하면, 인터럽트 핸들러가 동일한 데이터에 접근함으로써 생기는 경주 상태 시나리오를 피할 수 있다. 그림 9-29는 vxWorks에서 구현된 인터럽트 비활성화라는 이러한 프로세스 보조 잠금 장치의 예를 보여주고 있다.

vxWorks는 사용자들이 태스크에서 구현한 인터럽트 잠금 및 해제 기능을 제공한다.

```
FuncA()
{
      int lock = intLock();
      .
      . 인터럽트될 수 없는 크리티컬 영역
      .
      intUnlock(lock);
}
```

>> 그림 9-29 vxWorks 프로세스 보조 잠금[9-10]

또 다른 가능한 프로세스 보조 잠금 기능은 '테스트앤 셋 명령어(test-and-set-instruction)' 방식이다(이것은 **조건변수**(condition variable) 방식이라고도 불린다). 이 방식에서는 레지스터 플래그(조건)를 설정하고 테스트하는 것이 프로세스가 인터럽트되지 않도록 해주는 핵심 함수이며, 크리티컬 섹션을 접근하고자 하는 프로세스에 의해 이 플래그가 테스트된다.

간단히 말해서, 인터럽트를 비활성화하는 방법과 조건변수에 따라 잠금 장치를 하는 방법 모두 메모리에 대한 한 프로세스의 상호 배타적인 접근을 보장해 준다. 이는 어떠한 것도 공유 데이터에 접근하기 위해 선점될 수 없으며, 시스템은 접근하는 동안 다른 어떤 이벤트에도 반응할 수 없다.

- **세마포어** 이것은 공유 메모리로의 접근을 잠그기 위해(상호 배타) 사용될 수 있으며, 외부의 이벤트를 가진 프로세스들을 동작하도록 조정하기 위해 사용될 수 있다. 세마포어(semaphore) 기능은 핵심 함수이며, 보통 프로세스에 의한 시스템 호출을 통해서 중단된다. 예제 9-10은 vxWorks에서 제공하는 세마포어에 대해 보여주고 있다.

예제 9-10 vxWorks 세마포어

vxWorks는 세 가지 종류의 세마포어들을 정의한다.

1. 이진 세마포어는 이용 가능함과 이용 불가능함을 설정할 수 있는 이진(0 또는 1) 플래그를 말한다. 이진 세마포어가 상호 배타 메커니즘으로 사용될 때, 관련 리소스들만이 상호 배타에 의해 영향을 받는다(반면, 예를 들어 프로세스 보조 잠금 방식은 시스템 안에 있는 관련 없는 다른 리소스들에게도 영향을 줄 수 있다). 이진 세마포어는 리소스가 사용 가능하다는 것을 보이기 위해 초기에 1로 설정된다. 태스크들은 접근하고자 할 때 그 리소스의 이진 세마포어를 확인한 후, 그 리소스에 접근할 때 관련 세마포어를 얻고(이진 세마포어를 0으로 설정), 그 리소스의 사용을 마치면 다시 그 세마포어를 돌려준다(이진 세마포어를 1로 설정).

    이진 세마포어가 태스크 동기화를 위해 사용될 때에는, 그것은 초기에 0으로 설정된다. 왜냐하면 다른 태스크들이 기다리고 있는 이벤트인 것처럼 동작하게 하기 위해서이다. 그러면, 특별한 순서로 동작해야 하는 다른 태스크들은 본래의 태스크로부터 세마포어를 얻기 위해 이진 세마포어가 1로 설정될 때까지(이벤트가 발생할 때까지) 기다린다. 그런 다음 세마포어를 다시 0으로 설정한다. 아래의 vxWorks 의사 코드 예는 vxWorks에서 태스크 동기화를 위해 이진 세마포어가 어떻게 사용될 수 있는지를 보여준다.

```
#include "vxWorks.h"
#include "semLib.h"
#include "arch/arch/ivarch.h"   /* arch를 아키텍처 종류로 교체한다 */

SEM_ID syncSem;   /* 동기 세마포어의 ID */

init(int someIntNum)
{
/* 인터럽트 서비스 루틴에 연결한다 */
intConnect(INUM_TO_IVEC(someIntNum), eventInterruptSvcRout, 0);

/* 세마포어를 생성한다 */
syncSem = semBCreate(SEM_Q_FIFO, SEM_EMPTY);
```

```
/* 동기화를 위해 사용되는 spawn 태스크 */
taskSpawn("sample", 100, 0, 20000, task 1, 0,0,0,0,0,0,0,0,0,0);
}

task 1(void)
{
…
semTask(syncSem, WAIT_FOREVER);   /* 이벤트가 발생하기를 기다린다 */
printf("task 1 got the semaphore\n");
… /* 프로세스 이벤트 */
}

eventInterruptSvcRout(void)
{
…
semGive(syncSem);   /* 태스크 1을 프로세스 이벤트로 설정한다 */
…
}
[9-4]
```

2. 상호 배타 세마포어는 vxWorks 스케줄링 모델 안에서 발생할 수 있는 상호 배타를 위해서만 사용될 수 있는 이진 세마포어를 말한다. 예를 들어, 우선순위 역전, 제거 안전성(크리티컬 섹션을 접근하여 다른 태스크들을 막고 있는 태스크들이 예기치 않게 제거되지 않도록 보장), 리소스들로의 반복적 접근을 들 수 있다. 아래의 의사 코드 예는 태스크의 서브루틴에 의해 반복적으로 사용되는 상호 배타 세마포어의 예를 보여주고 있다.

```
/* 함수 A는 mySem을 얻음으로써 그것이 획득한 리소스에 접근한다;
 * 함수 A는 또한 함수 B를 호출해야 하는데, 이것 또한 mySem을 필요로 한다;
 */
/* includes */
#include "vxWorks.h"
#incldue "semLib.h"
SEM_ID mySem;

/* 상호 배타 세마포어를 생성한다 */
init()
{
mySem = semMCreate(SEM_Q_PRIORITY);
}
```

```
funcA()
{
semTask(muSem, WAIT_FOREVER);
printf("funcA: Got mutual-exclusion semaphore\n");

...

funcB();
...

semGive(mySem);
printf("funcA: Released mutual-exclusion semaphore\n");
}

funcB()
{
semTake(mySem, WAIT_FOREVER);
printf("funcB: Got mutual-exclusion semaphore\n");
...
semGive(mySem);
printf("funcB: Releases mutual-exclusion semaphore\n");
}
[9-4]
```

3. 카운팅 세마포어는 증가 또는 감소할 수 있는 양의 정수 카운터를 말한다. 카운팅 세마 포어들은 보통 여러 개의 리소스들을 관리하기 위해 사용된다. 리소스들로의 접근을 필요로 하는 태스크들은 세마포어의 값을 감소시키며, 한 리소스를 양도할 때 세마포어의 값을 증가시킨다. 세마포어가 '0'의 값에 이를 때, 관련 접근을 기다리는 태스크들은 다른 태스크가 그 세마포어를 양도할 때까지 대기한다.

```
/*includes */
#include "vxWorks.h"
#include "semLib.h"
SEM_ID mySem;

/* 카운팅 세마포어를 생성한다 */
init()
{
mySem = semCCreate(SEM_Q_FIFO,0);
}
```

```
    ...
[9-4]
```

상호 배타 알고리즘에서는 오직 하나의 프로세스만이 어떤 한 시점에서 공유 메모리에 접근할 수 있다. 기본적으로 이것은 메모리 액세스에 대해 잠금 장치를 한다. 만약 한 프로세스 이상이 서로서로의 데이터에 의존하면서 공유 메모리에 접근하기 위해 그 차례를 기다리고 있다면, **데드락**(deadlock)이 발생할 수 있다(이것은 우선순위 기반의 스케줄링에서 우선순위 역전과 유사하다). 그러므로 임베디드 OS들은 데드락을 피하는 메커니즘과 데드락에서 회복하는 메커니즘을 제공할 수 있어야 한다. 위의 예에서 볼 수 있듯이 vxWorks에서는 데드락을 피하고 방지하기 위해 세마포어들이 사용된다.

메시지 전송(message passing)을 통한 태스크 간 통신은 프로세스들 사이에서 메시지들(데이터 비트들로 구성)이 메시지 큐를 통해 전송되는 알고리즘을 말한다. OS는 프로세스 어드레싱과 그 메시지들이 신뢰성 있게 처리되기 위해 전달되었다는 것을 보장하기 위한 인증을 위한 프로토콜들을 정의하며, 큐로 들어갈 수 있는 메시지의 수와 메시지 크기를 정의한다. 그림 9-30에서 볼 수 있는 것처럼, 이러한 방식에서 OS 태스크들은 메시지 큐로 메시지들을 전송하거나 통신하기 위해 큐로부터 메시지를 받는다.

마이크로커널 기반의 OS들은 보통 그들의 주요 동기화 메커니즘으로 메시지 전송방식을 사용한다. 예제 9-11은 vxWorks에서 구현된 메시지 전송에 대해 보다 상세하게 설명하고 있다.

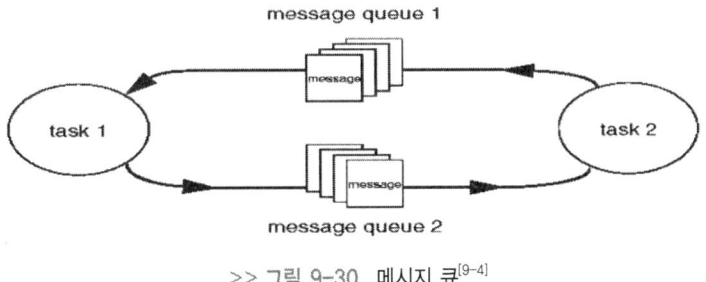

>> 그림 9-30 메시지 큐[9-4]

예제 9-11 vxWorks에서의 메시지 전송

vxWorks는 다른 태스크들 간에 또는 ISR 사이에서 전달된 데이터를 저장하기 위해 메시지 전송 큐를 통해 태스크 간 통신을 가능하게 한다. vxWorks는 프로그래머들에게 이러한 방식을 개발할 수 있도록 4개의 시스템 호출을 제공한다.

함 수	설 명
msgQCreate( )	메시지 큐를 할당하고 초기화한다.
msgQDelete( )	메시지 큐를 종료하고 해제한다.
msgQSend( )	메시지 큐로 메시지를 보낸다.
msgQReceive( )	메시지 큐에서 메시지를 받는다.

이러한 루틴들은 아래의 소스 코드 예에서 보여지는 것처럼, 태스크들이 상호 통신을 할 수 있도록 하기 위해 임베디드 어플리케이션에서 사용될 수 있다.

```
/* 이 예에서, 태스크 t1은 메시지 큐를 생성하고 태스크 t2로 메시지를 보낸다. 태스크 t2
 * 는 큐로부터 메시지를 받고 단순히 그 메시지를 표시한다.
 */

/* includes */
#include "vxWorks.h"
#include "msgQLib.h"

/* defines */
#define MAX_MSGS(10)
#define MAX_MSG_LEN(100)
MSG_Q_ID myMsgQId;

task2(void)
{
char msgBuf[MAX_MSG_LEN];
/* 큐에서 메시지를 받는다. 만약 필요하다면, 메시지가 이용 가능할 때까지 기다린다 */
if(msgQReceive(myMsgQId, msgBuf, MAX_MSG_LEN, WAIT_FOREVER) == ERROR)
return(ERROR);
/* 메시지를 표시한다 */
printf("Message from task 1:\n%s\n", msgBuf);
}

#define MESSAGE "Greetings from Task 1"
task 1(void)
{
/* 메시지 큐를 생성한다 */
if((myMsgQId = msgQCreate(MAX_MSGS, MAX_MSG_LEN,
MSG_Q_PRIORITY)) == NULL)
return(ERROR);
/* 큐가 꽉 차있다면, 기다리면서 보통의 우선순위 메시지를 보낸다 */
```

```
if(msgQSend(myMsgQId, MESSAGE, sizeof(MESSAGE), WAIT_FOREVER,
MSG_PRI_NORMAL) == ERROR)
return(ERROR);
}

[9-4]
```

커널 계층에서 신호 및 인터럽트 처리(관리)

신호들은 비동기 이벤트가 어떤 외부의 이벤트(다른 프로세스, 보드상의 하드웨어, 타이머 등) 또는 어떤 내부의 이벤트(실행되는 명령어와 관련된 문제 등)에 의해 발생하였다는 것을 태스크에게 알려주기 위한 수단이다. 한 태스크가 신호를 받을 때, 그것은 현재의 명령어 열을 실행하는 것을 중단하고 신호를 보낸 핸들러(또 다른 명령어 세트)로 문맥 전환된다. 신호 핸들러는 보통 태스크의 문맥(스택) 안에서 실행되며, 신호를 받은 태스크의 차례로 스케줄링될 때, 신호를 받은 태스크의 위치에서 동작한다.

BSD 4.3	POSIX 1003.1
sigmask( )	sigemptyset( ), sigfillset( ), sigaddset( ), sigdelset( ), sigismember( )
sigblock( )	sigprocmask( )
sigsetmask( )	sigprocmask( )
pause( )	sigsuspend( )
sigvec( )	sigaction( )
(none)	sigpending( )
signal( )	signal( )
kill( )	kill( )

>> 그림 9-31 vxWorks 신호 메커니즘[9-4]

신호들은 그것들의 비동기화 속성 때문에, 보통 OS 안에서 인터럽트 처리를 위해 사용된다. 신호가 발생할 때 리소스의 사용 가능성은 예측이 불가능하다. 하지만 신호들은 일반적인 태스크 간 통신을 위해 사용될 수 있으며, 신호 핸들러 대기 또는 데드락 발생 가능성을 피하기 위해 구현된다. 신호와 함께 다른 태스크 간 통신 메커니즘(공유 메모리, 메시지 큐 등)들은 ISR에서 태스크 계층 간의 통신을 위해 사용될 수도 있다.

신호가 인터럽트를 위한 OS 가상 개념으로 사용되고, 신호 처리 루틴이 ISR과 유사할 때, OS는 인터럽트 테이블을 관리하는데, 이것은 관련 ISR에 대한 인터럽트 및 정보를 포함하고 프로그래머에 의해 사용될 수 있는 변수들을 가진 시스템 호출(서브루틴)을 제공한다. 동시에, OS는 인터럽트 테이블과 ISR들의 무결성을 보호한다. 왜냐하면, 이 코드는 커널/특권 모드 안에서 실행되기 때문이다. 프로세스가 인터럽트에 의해 생성된 신호를 받을 때 그리고 인터럽트 핸들러가 호출될 때 발생하는 일반적인 프로세스는 그림 9-32에 나타나 있다.

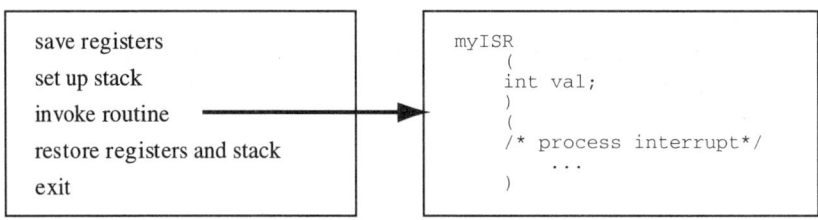

>> 그림 9-32 OS 인터럽트 서브루틴[9-4]

이전 장에서 말했던 것처럼, 아키텍처는 임베디드 시스템의 인터럽트 모델을 결정한다(즉, 인터럽트 수와 인터럽트 종류). 인터럽트 디바이스 드라이버는 소프트웨어의 상위 계층을 위해 인터럽트들을 초기화하고 인터럽트들로의 접근을 제공한다. 그러면 OS는 프로세스들이 인터럽트와 함께 동작할 수 있도록 해주는 **신호**(signal)의 프로세스 간 통신 메커니즘을 제공하면, 디바이스 드라이버들을 호출하는 다양한 인터럽트 서브루틴들을 제공한다.

모든 OS들은 몇 가지 종류의 인터럽트 방식들을 가지고 있지만, 이것은 그 방식들이 실행되는 아키텍처에 따라 달라진다. 왜냐하면 아키텍처마다 인터럽트 방식들이 다르기 때문이다. 다른 변수들은 **인터럽트 지연/응답**(interrupt latency/response), 인터럽트의 실제 초기화와 ISR 코드의 실행 사이의 시간, 인터럽트가 발생했던 태스크로 되돌아가는 데 걸리는 시간인 **인터럽트 복원**(interrupt recovery)을 포함한다. 예제 9-12는 실제 임베디드 RTOS의 인터럽트 방식들을 보여주고 있다.

예제 9-12 vxWorks에서의 인터럽트 처리

분리된 인터럽트 스택을 허락하지 않는 아키텍처(따라서 인터럽트가 발생했던 태스크의 스택이 사용된다)에 대한 것을 제외하면, ISR은 동일한 인터럽트 스택을 사용하는데, 이것은 인터럽트의 태스크의 문맥 외부에 있는 시스템 스타트-업에서 초기화되고 설정된다. 표 9-1은 vxWorks에서 제공되는 인터럽트 루틴들을 요약 정리하였으며, 이 루틴들 중 하나를 사용하여 의사 코드 예를 제공하였다.

>> 표 9-1 vxWorks에서의 인터럽트 루틴들[9-4]

함수	설 명
intConnect( )	C 루틴을 인터럽트 벡터에 연결한다.
intContext( )	인터럽트 레벨에서 호출된다면 TRUE를 리턴한다.
intCount( )	현재의 인터럽트 네스팅 깊이를 알려준다.
intLevelSet( )	프로세스 인터럽트 마스크 레벨을 설정한다.
intLock( )	인터럽트 비활성화

>> 표 9-1 계속

함수	설명
intUnlock( )	인터럽트 다시 활성화
intVecBaseSet( )	벡터 베이스 어드레스를 설정한다.
intVecBaseGet( )	벡터 베이스 어드레스를 알려준다.
intVecSet( )	익셉션 벡터를 설정한다.
intVecGet( )	익셉션 벡터를 알려준다.

```
/* 이 루틴은 직렬 드라이버를 초기화하며, 인터럽트 벡터를 설정하고,
 * 직렬 포트의 하드웨어 초기화 과정을 수행한다.
 */

void InitSerialPort(void)
{

initSerialPort();
(void) intConnect(INUM_TO_IVEC(INT_NUM_SCC), serialInt, 0);
…
}
```

9.3 | 메모리 관리

이 장의 앞부분에서도 언급했듯이, 커널은 태스크를 통해 임베디드 시스템 안에서 프로그램 코드를 관리한다. 커널은 시스템 내에서 태스크들을 로드하고 실행하는 어떤 시스템을 가지고 있어야 한다. CPU는 캐시 또는 RAM 안에 있는 태스크 코드를 실행만 하기 때문이다. 동일한 메모리 공간을 공유하는 다중 태스크에서, OS는 다른 독립적인 태스크들로부터 태스크 코드를 보호하기 위한 보안 시스템 메커니즘을 필요로 한다. 또한 OS는 그것들이 관리하고 있는 태스크들과 동일한 메모리 공간 안에 있어야 하기 때문에, 보호 메커니즘은 메모리 안에 있는 그 자신의 코드를 관리하고 자신이 관리하는 태스크 코드로부터 보호 메커니즘 루틴을 보호해야 한다. OS의 메모리 관리 컴포넌트들을 책임지고 있는 것은 바로 이러한 함수들이다. 일반적으로 커널의 메모리 관리기능은 다음과 같은 사항들을 포함한다.

- 논리(물리) 메모리와 태스크 메모리 레퍼런스 사이에서 매핑을 관리한다.
- 이용 가능한 메모리 공간으로 어떤 프로세스가 로드될지를 결정한다.
- 시스템을 구성하는 프로세스를 위한 메모리를 할당 및 해제한다.
- C 언어의 'alloc'과 'dealloc' 함수처럼, (프로세스 내에서) 코드 요청의 메모리 할당 및 해제 또는 특정 버퍼 할당 및 해제 루틴을 지원한다.
- 시스템 컴포넌트들의 메모리 사용을 추적한다.
- 프로세스 메모리 보호를 보장한다.

5장과 8장에서 소개한 것처럼, 물리 메모리는 고유한 행과 열로 어드레싱된 셀들로 이루어진 이차원 배열로 구성되어 있다. 이것을 **메모리 맵**(memory map)이라고 부른다. 주 CPU 안에 또는 보드상에 집적되어 있는 하드웨어 컴포넌트는 (MMU 처럼) 논리 어드레스와 물리 어드레스 사이의 변환을 담당한다. 그렇지 않으면 하드웨어 컴포넌트는 OS를 통해 처리되어야 한다.

OS가 논리 메모리 공간을 관리하는 방법은 OS마다 다르다. 하지만 커널은 일반적으로 상위 레벨 코드(예를 들어, 미들웨어와 어플리케이션 계층 코드)를 실행하는 프로세스와 분리된 메모리 공간에서 커널 코드를 실행한다. 이 메모리 공간의 각각(커널 코드를 포함하고 있는 커널 영역과 상위 레벨 프로세스를 포함하고 있는 사용자 영역)은 다르게 관리된다. 사실, 대부분의 OS 프로세스들은 보통 실행되는 루틴에 따라 **커널 모드**(kernel mode)와 **사용자 모드**(user mode)의 두 모드 중 하나에서 동작한다. 커널 루틴들은 미들웨어 또는 어플리케이션과 같은 소프트웨어의 상위 계층들과는 다른 메모리 공간 및 계층 안의 커널 모드(관리자 모드라고도 부른다)에서 동작한다. 전형적으로 소프트웨어의 이러한 상위 계층들은 사용자 모드에서 동작하며, **시스템 호출**(system call), 커널의 서브루틴으로의 상위 레벨 인터페이스를 통해서만 커널 모드에서 동작하는 것에 접근이 가능하다. 커널은 그 자신을 위해 그리고 사용자 프로세스를 위해 메모리를 관리한다.

사용자 메모리 공간

처리를 위해 RAM으로 로드될 때 다중 프로세스는 동일한 물리 메모리를 공유하고 있기 때문에, 프로세스들이 하나의 물리 메모리 공간의 안팎으로 교체될 때 서로서로에게 의도하지 않은 영향을 미치지 못하도록 어떤 보호 메커니즘이 있어야 한다. 이러한 이슈들은 보통 운영체제에 의해 메모리 스와핑이라는 방법으로 해결된다. 이것은 메모리의 일부분이 런타임시 메모리의 안팎으로 교체되는 것을 말한다. 스와핑에서 사용되는 메모리의 가장 일반적인 부분은 **세그먼트**(segment, 프로세스를 분할하는 것)와 **페이지**(page, 논리 메모리를 전체로 분할하는 것)이다. 세그먼테이션과 페이징은 메모리 안의 태스크들의 교체―메모리 할당 및 해제―를 단순화시켜 줄 뿐 아니라, **가상 메모리**(virtual memory)의 기초를 제공함으로써 코드의 재사용 및 메모리 보호를 가능하게 한다. 가상 메모리는 OS에 의해 관리되는 메커니즘으로, 기기의 제한된 메모리 공간이 여러 개의 경쟁관계에 있는 '사용자' 태스크들에 의해 공유될 수 있도록 해준다. 그것은 기기의 실제 물리 메모리 공간을 더 큰 '가상' 메모리 공간으로 확대함으로써 가능해진다.

세그먼테이션

이 장의 앞부분에서 언급하였듯이, 프로세스는 소스 코드, 스택, 데이터 등을 포함하여, 한 프로그램을 실행하는 것과 관련된 모든 정보를 암호화한다. 프로세스 내의 모든 다른 종류의 정보는 **세그먼트**(segment)라고 불리는 가변 크기의 '논리' 메모리 장치로 나누어진다. 세그먼트란 동일한 종류의 정보를 포함하고 있는 한 세트의 논리 어드레스이다. 세그먼트 어드레스는 0에서 시작하는 논리 어드레스이며, 세그먼트의 베이스 어드레스를 가리키는 **세그먼트 번호**(segment number)와 실제 물리 메모리 어드레스를 정의하는 **세그먼트 오프셋**(segment offset)으로 구성되어 있다. 세그먼트들은 독립적으로 보호된다. 이는 세그먼트들이 공유(다른 프로세스가 그 세그먼트에 접근할 수 있는 곳), 읽기 전용, 읽기/쓰기와 같은 접근 속성을 할당받을 수 있다는 것을 의미한다.

대부분의 OS는 전형적으로 프로세스가 세그먼트 내에 5가지 종류의 정보들의 모두 또는 일부 조합을 가질 수 있도록 해준다 : 텍스트(코드) 세그먼트, 데이터 세그먼트, bss(심벌에 의해 시작되는 블록) 세그먼트, 스택 세그먼트, 힙 세그먼트. **텍스트**(text) 세그먼트는 소스 코드를 포함하고 있는 메모리 공간이다. **데이터**(data) 세그먼트는 소스 코드의 초기화 변수(데이터)를 포함하고 있는 메모리 공간이다. **bss** 세그먼트는 소스 코드의 초기화되지 않은 변수(데이터)를 포함하고 있는 정적으로 할당된 메모리 공간이다. 데이터, 텍스트, bss 세그먼트들은 모두 컴파일시에 동일한 크기로 고정되며, 정적 세그먼트와 같다. 이 세 가지 세그먼트들은 실행 가능한 파일의 일부이다. 실행 가능한 파일들은 그것들이 어떤 세그먼트들로 구성되어 있는지에 따라 다를 수 있다. 하지만, 일반적으로 실행 가능한 파일들은 헤더와 이름, 인정 등을 포함한 세그먼트의 종류를 나타내는 다른 부분들을 포함하고 있다. 여기서 한 세그먼트는 하나 또는 그 이상의 부분으로 구성될 수 있다. OS는 실행 가능한 파일의 내용을 매핑하고 있는 메모리에 의해 태스크의 이미지를 생성한다. 이것은 실행 가능한 상태로, 메모리에 로드하여 세그먼트(섹션)들을 인터프리팅한다. 임베디드 OS에 의해 지원되는 몇 가지 실행 가능한 파일 포맷이 있다. 대부분은 다음과 같은 포맷을 포함하고 있다.

- **ELF**(executable and linking format) UNIX 기반, ELF 헤더, 프로그램 헤더 테이블, 섹션 헤더 테이블, ELF 섹션, 그리고 ELF 세그먼트의 일부 조합을 포함하고 있다. 리눅스(Timesys)와 vxWorks(WRS)는 ELF를 지원하는 OS의 예이다.

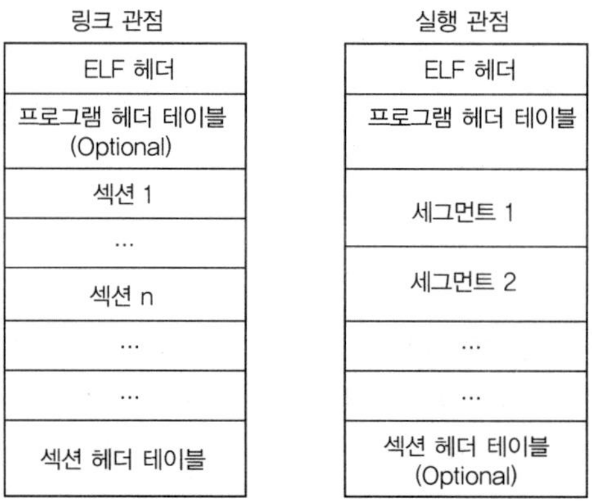

>> 그림 9-33 ELF 실행 가능한 파일 포맷[9-11]

- **클래스**(자바 바이트 코드) 클래스 파일은 하나의 자바 클래스를 8비트 바이트의 스트림 형식으로 설명한다(그러므로 그 이름이 '바이트 코드'이다). 세그먼트 대신, 클래스 파일의 요소들은 아이템이라고 부른다. 자바 클래스 파일 포맷은 클래스 설명과 그 클래스가 다른 클래스에 어떻게 연결되어 있는지를 포함하고 있다. 클래스 파일의 주요 컴포넌트들은 심벌 테이블(상수를 가진다), 필드의 정의, 방법 구현(코드) 및 심벌 레퍼런스(다른 클래스 레퍼런스가 위치하는 곳)이다. Jbed RTOS는 자바 바이트 코드 포맷을 지원하는 예이다.

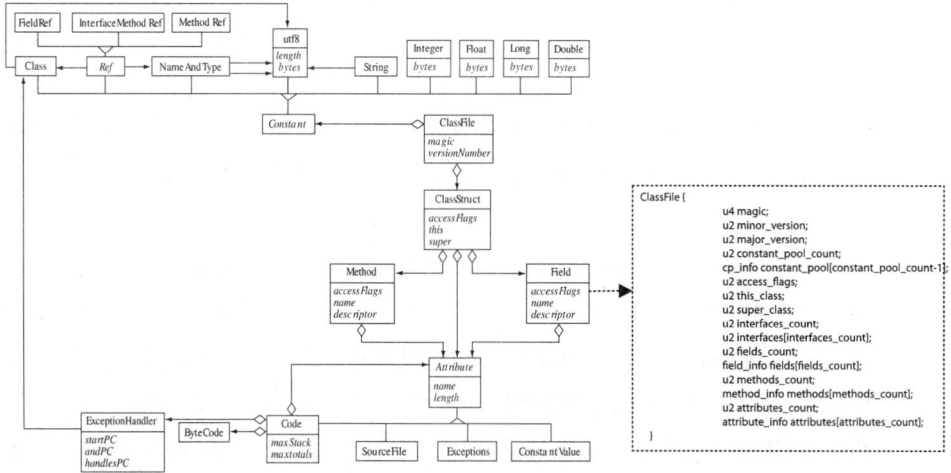

>> 그림 9-34 클래스 실행 가능한 파일 포맷[9-12]

- **COFF**(common object file format) 파일 서명, COFF 헤더, 옵션 헤더, COFF 헤더만을 포함하는 오브젝트 파일들을 포함한 파일 헤더들을 가진 이미지 파일을 정의하는 클래스 파일 포맷이다. 그림 9-35 는 COFF 헤더에 저장되어 있는 정보의 예를 보여주고 있다. WinCE[MS]는 COFF 실행 가능한 파일 포맷을 지원하는 임베디드 OS 의 예이다.

오프셋	크기	영역	설명
0	2	기계	타깃 기계의 종류를 구별하는 번호
2	2	섹션 수	섹션들의 수, 섹션 테이블의 크기를 가리킨다. 테이블 바로 다음에는 헤더가 나온다.
4	4	시간/날짜 스탬프	파일이 생성된 시간과 날짜
8	4	심벌 포인터	심벌 테이블의 COFF 파일의 오프셋
12	4	심벌 수	심벌 테이블 안의 엔트리 수. 이 데이터는 스트링 테이블을 위치시킬 때 사용될 수 있으며, 바로 다음에 심벌 테이블이 나온다.
16	2	선택 가능한 헤더	선택 가능한 헤더의 크기, 이것은 오브젝트 파일이 아니라, 실행 가능한 파일을 위해 포함되는 크기이다. 오브젝트 파일은 여기서 0 의 값을 가져야 한다.
18	2	특징	파일의 속성을 가리키는 플래그

>> 그림 9-35 COFF 실행 가능한 파일 포맷[9-13]

한편 스택과 힙 세그먼트들은 컴파일시에 고정되지 않으며, 런타임시에 그 크기가 변경될 수 있다. 그러므로 이 세그먼트들은 동적 할당 컴포넌트들이다. **스택**(stack) 세그먼트는 LIFP(last in, first out) 큐로 구조화된 메모리의 일부이다. 여기서 데이터는 스택에 '푸시' 할 수 있으며, 스택에서 '팝' 할 수 있다(푸시와 팝만이 스택과 관련된 유일한 동작이다). 스택은 보통 예측할 수 있는 데이터를 위해 메모리를 할당하고 해제하는 프로그램 안에서 사용되는 간단하고 효율적인 방법이다(예를 들어, 지역 변수, 변수 전달 등). 스택에서, 메모리 공간을 사용하고 해제하는 모든 것들은 메모리 공간 안에 연속적으로 위치한다. 하지만 '푸시'와 '팝'이 스택과 관련된 유일한 동작이기 때문에, 스택은 그 사용이 제한될 수 있다.

힙(heap) 세그먼트는 런타임시 블록 단위로 할당될 수 있는 메모리 영역이며, 보통 메모리 구역의 자유로운 링크 리스트로 구성된다. 여기서 메모리를 할당하기 위한 커널의 메모리 관리장치가 'malloc' C 함수(예를 들어) 또는 OS 특정 버퍼 할당 함수들을 지원하는 역할을 한다. 전형적인 메모리 할당방식은 다음과 같은 알고리즘을 포함한다.

- FF(first fit) 알고리즘, 여기서는 충분히 큰 첫 번째 '공간'을 위해 시작하면서 리스트가 스캔된다.

- NF(next fit), 여기서는 충분히 큰 다음의 '공간'을 찾기 위해 마지막 부분에서부터 리스트가 스캔된다.

- BF(best fit), 여기서는 새로운 데이터에 가장 잘 맞는 '공간'을 찾기 위해 전체 리스트가 검색된다.

- WF(worst fit), 여기서는 가장 큰 가능한 '공간'에 데이터를 넣는다.

- QF(quick fit), 여기서 리스트는 메모리 크기를 유지하고 이 정보로부터 할당이 이루어진다.

- Buddy System, 여기서는 블록이 2의 배수의 크기로 할당된다. 블록이 해제되면, 그것은 연속적인 블록으로 통합된다.

힙 안에서 더 이상 필요 없는 메모리를 해제하기 위한 방법은 OS에 따라 다르다. 어떤 OS는 사용되지 않는 메모리를 자동으로 회수하는 가비지 컬렉션을 제공한다(가비지 컬렉션 알고리즘은 제너레이션, 복사, 마크＆교체를 포함한다. 그림 9-36a, 9-36b, 9-36c를 참고하자). 어떤 OS는 프로그래머가 시스템 호출(예를 들어, 'free' C 함수의 지원)을 통해 메모리를 해제할 것을 요구한다. 후자의 기술에서, 프로그래머는 메모리 부족이라는 잠재적인 문제를 깨달아야 한다. 여기서 메모리는 할당되어야 하지만, 더 이상 사용될 수 없기 때문에 분실될 수도 있다. 이러한 메모리 손실은 가비지 컬렉터에서는 잘 발생하지 않는다.

또 다른 문제는 할당된 메모리와 해제된 메모리가 메모리 분할을 야기할 때 발생한다. 여기서는 힙에서 사용 가능한 메모리가 많은 공간이 퍼져 있어서 원하는 크기로 메모리를 할당하기 어렵게 만든다. 이 경우, 할당 및 해제 알고리즘이 많은 분할을 야기한다면, 메모리 비교 알고리즘이 구현되어야 한다. 이 문제는 가비지 컬렉션 알고리즘을 조사함으로써 살펴볼 수 있다.

복사 가비지 컬렉션 알고리즘은 참조된 오브젝트를 다른 부분의 메모리에 복사하고, 원래의 메모리 공간을 해제함으로써 작동한다. 이 알고리즘은 동작을 위해 더 큰 메모리 영역을 사용한다. 그러므로 보통 복사하는 동안에 인터럽트가 발생해서는 안 된다(그것은 시스템을 멈추게 한다). 하지만, 어떤 메모리가 사용되는지는 새로운 메모리 영역에서 오브젝트들을 압축함으로써 효율적으로 사용될 수 있다.

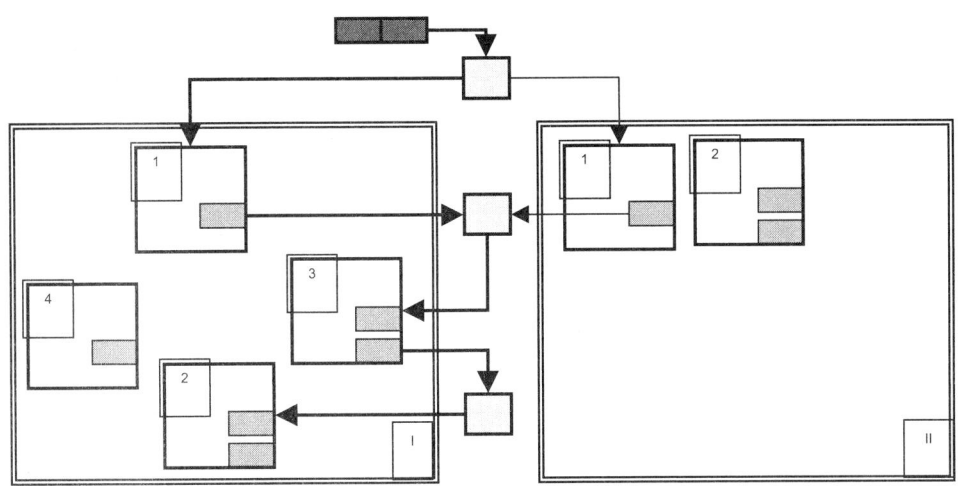

>> 그림 9-36a 복사 가비지 컬렉터 다이어그램[9-2]

마크 & 교체 가비지 컬렉션 알고리즘은 사용되는 모든 오브젝트들에 '마킹'을 해두고, '교체된'(해제된) 오브젝트들은 마킹을 하지 않음으로써 동작한다. 이 알고리즘은 보통 시스템을 멈추게 하지 않는다. 그래서 시스템은 필요하다면 다른 함수를 실행하기 위해 가비지 컬렉터에게 인터럽트를 걸 수 있다. 하지만 그것은 메모리 분할을 작게 만들고, 사용하지 않는 공간이 가능하면, 해제된 오브젝트가 존재하기 위해 사용되는 곳에 위치할 수 있도록 하기 위해 복사 가비지 컬렉터가 취하는 방법처럼 메모리를 압축하지는 않는다. 마크 & 교체 가비지 컬렉터에서는 추가의 메모리 압축 알고리즘이 마크(교체)& 압축 알고리즘을 만들기 위해 구현된다.

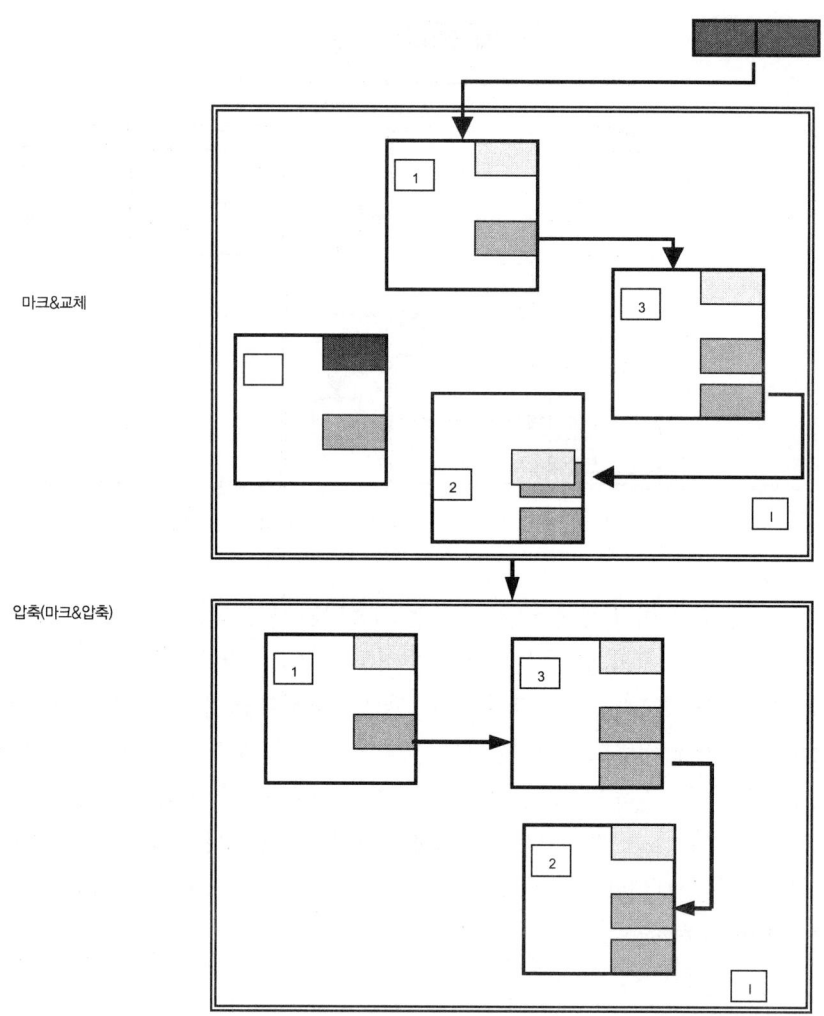

>> 그림 9-36b 마크&교체와 마크&압축 가비지 컬렉터 다이어그램[9-2]

마지막으로, 제너레이션 가비지 컬렉션 알고리즘은 오브젝트들을 그것들이 메모리에 할당된 때에 따라 제너레이션이라고 불리는 그룹으로 분리한다. 이 알고리즘은 할당된 대부분의 오브젝트들이 짧은 수명을 가지고 있으며, 더 오랜 수명을 가진 남은 오브젝트들을 복사하거나 압축하는 것은 시간 낭비라고 가정하고 있다. 그러므로 더 최근에 생성된 제너레이션 그룹에 있는 오브젝트들은 더 오래 전에 생성된 제너레이션 그룹에 있는 오브젝트들보다 더 자주 제거될 수 있다. 각각의 제너레이션 가비지 컬렉터는 위에서 설명한 복사 알고리즘이나 마크&교체 알고리즘과 같이 각 제너레이션 그룹 내에 오브젝트들을 해제하기 위한 서로 다른 알고리즘들을 채택할 수도 있다. 압축 알고리즘들은 분할문제를 피하기 위해 두 제너레이션에서 모두 요구되는 것이다.

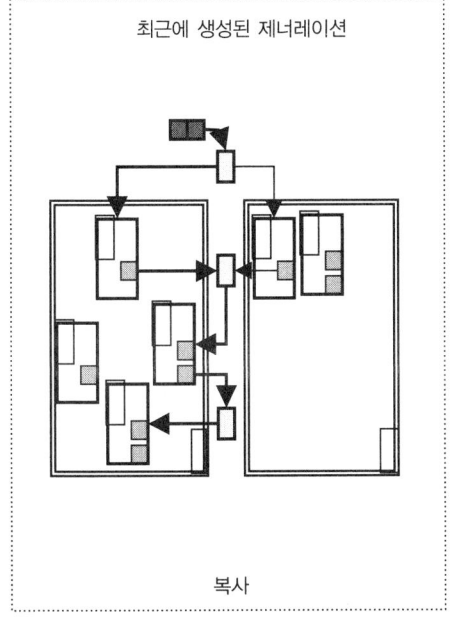
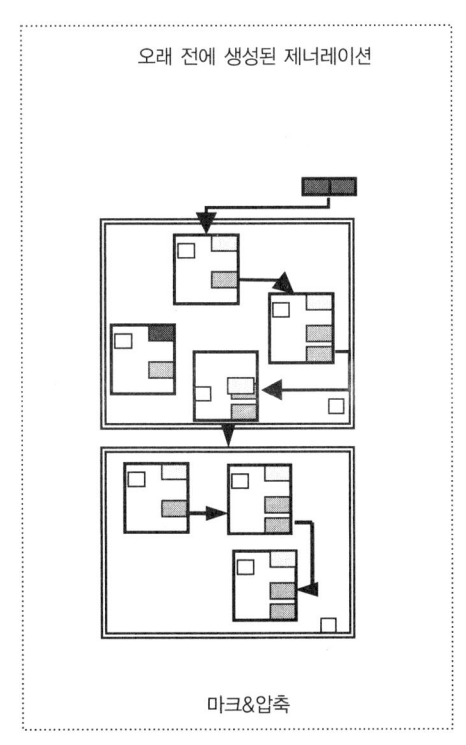

>> 그림 9-36c 제너레이션 가비지 컬렉터 다이어그램

마지막으로, 힙은 보통 변수의 할당과 제거를 예측할 수 없을 때 프로그램에 의해 사용된다 (링크 리스트, 복잡한 구조 등). 하지만 힙은 스택처럼 간단하거나 효율적이지 못하다. 언급하였듯이, 힙 안에 메모리가 할당되고 해제되는 방법은 OS가 기초로 하고 있는 프로그래밍 언어에 의해 영향을 받는다. 즉, C 기반의 OS에서는 힙 안에 메모리를 할당하기 위해 'malloc'을 사용하고, 메모리를 해제하기 위해 'free'를 사용하며, 자바 기반의 OS는 가비지 컬렉터를 갖는다. 의사 코드 예제 9-13, 9-14, 9-15는 다양한 임베디드 OS에서 힙 공간이 어떻게 할당되고 해제되는지를 보여주고 있다.

예제 9-13 vxWroks 메모리 관리 및 세그먼테이션

vxWorks 태스크들은 텍스트, 데이터, bss 정적 세그먼트, 그리고 각각 스택을 가지고 있는 태스크들로 구성된다.

vxWorks 시스템 호출 'taskSpawn'은 POSIX spawn 모델을 기반으로 하고 있으며, 새로운 (자식) 태스크를 생성하고 초기화하고 활성화한다. spawn 시스템 호출 후, 자식 태스크의 이미지(TCB, 스택, 프로그램을 포함한)는 메모리에 할당된다. 아래의 의사 코드에서, 코드 그 자체는 텍스트 세그먼트이고, 데이터 세그먼트는 어떤 초기화된 변수들이며, bss

세그먼트들은 초기화되지 않는 변수들(예를 들어, seconds)이다. taskSpawn 시스템 호출에서, 태스크 스택 크기는 3000바이트이며, 시스템 호출 안의 VX_NO_STACK_FILL 파라미터로 인해 0xEE로 채워져 있지 않다.

Task Creation vxWorks Pseudocode

```
// 소프트웨어 타이머를 활성화하는 부모 태스크
void parentTask(void)
{
…
if sampleSoftware Clock NOT running {

        /* "newSWClkId"는 태스크가 생성될 때 커널에 의해 할당되는 고유한 정수값이다.
        NewSWClkId = taskSpawn ("sampleSoftwareClock", 255, VX_NO_STACK_FILL, 3000,
                        (FUNCPTR)minuteClock, 0, 0, 0, 0, 0, 0, 0, 0, 0, 0);
        …
}

// 자식 태스크 프로그램 소프트웨어 클럭
void minuteClock(void){
    integer seconds;

    while(softwareClock is RUNNING){
        seconds = 0;
        while(seconds < 60){
            seconds = seconds + 1;
        }
        …
}
[9-4]
```

vxWorks 태스크를 위한 힙 공간은 동적으로 메모리를 할당하기 위해 C 언어 malloc/new 시스템 호출을 사용하여 할당된다. vxWorks에서는 가비지 컬렉터가 없기 때문에, 프로그래머는 free( ) 시스템 호출을 통해 수동으로 메모리를 해제해야 한다.

```
/* 다음의 코드는 어드레스 변환을 수행하는 드라이버의 예이다. 이 드라이버는 캐시 안전 버퍼를 할당하고
 * 이 버퍼를 채운 다음 이 버퍼의 내용을 디바이스에 써 넣는 역할을 한다. 데이터가 현재값인지를 확인하기
 * 위해 CACHE_DMA_FLUSH를 사용한다. 그런 다음 드라이버는 새로운 데이터를 읽고, 캐시 일치를
 * 보장하기 위해 CACHE_DMA_INVALIDATE를 사용한다.
#include "vxWorks.h"
```

```
#include "cacheLib.h"
#include "myExample.h"
STATUS myDmaExample(void)
{
void *pMyBuf;
void *pPhysAddr;
/* 가능하다면 캐시 안전 버퍼를 할당한다 */
if((pMyBuf = cacheDmaMalloc(MY_BUF_SIZE)) == NULL)
return(ERROR);
… fill buffer with useful information…
/* 데이터가 기기에 쓰여지기 전에 캐시 엔트리를 플러시한다 */
CACHE_DMA_FLUSH(pMyBuf, MY_BUF_SIZE);
/* 가상 어드레스를 물리 어드레스로 변환한다 */
pPhysAddr = CACHE_DMA_VIRT_TO_PHYS(pMyBuf);
/* RAM에서 데이터를 읽기 위해 기기를 프로그래밍한다 */
myBufToDev(pPhysAddr);
… wait for DMA to complete …
… READY to read new data …
/* RAM에 데이터를 쓰기 위해 기기를 프로그래밍한다 */
myDevToBuf(pPhysAddr);
… wait for transfer to complete …
/* 물리 어드레스를 가상 어드레스로 변환한다 */
pMyBuf = CACHE_DMA_PHYS_TO_VIRT(pPhysAddr);
/* 버퍼 클리어 */
CACHE_DMA_INVALIDATE(pMyBuf, MY_BUF_SIZE);
… use data …
/* 메모리 해제를 수행할 때 */
if(cacheDmaFree(pMyBuf) == ERROR)
return(ERROR);
return(OK);
}
[9-4]
```

예제 9-14 | JBed 메모리 관리 및 세그먼테이션

자바에서 메모리는 'new' 키워드를 통해 자바 힙(Java heap) 안에 할당된다(예를 들어, C에서의 'malloc'과는 다르다). 하지만, JNI(Java native interface)라고 불리는 어떤 자바 표준에서는 인터페이스 세트가 정의되어 있어서, C 또는 어셈블리 코드가 자바 코드 안에 집적될 수 있게 한다. 따라서 JNI가 지원된다면, 본래의 'malloc'도 이용 가능하다. 자바 표준에 의해 규정되어 있는 것처럼, 메모리 해제는 가비지 컬렉터를 통해 수행된다.

Jbed는 자바 기반의 OS이며, 힙 할당을 위해 'new'를 지원한다.

```
public void CreateOneshotTask(){
  // 태스크 실행시간 값
  final long DURATION = 100L;    // 실행시간이 100us 이내로 소요됨
  final long ALLOWANCE = 0L;     // DurationOverflow 처리 불가
  final long DEADLINE = 1000L;   // 1000us 이내에 완료
  Runnable target;               // 태스크의 실행 가능한 코드
  OneshotTimer taskType;
  Task task;

  // 동작 가능한 오브젝트를 생성한다.
  target = new MyTask();  ◄---------------------┐
                                                │
  // 지연 없이 Oneshot 태스크 유형을 생성한다.    │
  taskType = new OneshotTimer(0L);              ├---- 자바에서 메모리 할당
                                                │
  // 태스크를 생성한다.                          │
  try{                                          │
  task = new Task(target, ◄---------------------┘
  DURATION, ALLOWANCE, DEADLINE, taskType);
} catch(AdmissionFailure){
  System.out.println("Task creation failed");
return;
}
[9-2]
```

메모리 해제는 마크&교체 알고리즘(이것은 시스템을 정지시키지 않으며, Jbed가 RTOS로 될 수 있게 만들어 주는 것이다) 기반의 Jbed 가비지 컬렉터를 통해 힙에서 자동으로 처리된다. 가비지 컬렉터는 재발생하는 태스크처럼 동작하거나 'runGarbageCollector' 방법을 호출함으로써 실행될 수 있다.

예제 9-15 리눅스 메모리 관리 및 세그먼테이션

리눅스 프로세스는 텍스트, 데이터, bss 정적 세그먼트, 그리고 각각 스택을 가지고 있는 프로세스들(이것은 fork 시스템 호출을 가지고 생성한다)로 구성된다. 리눅스 태스크를 위한 힙 공간은 동적으로 메모리를 할당하기 위해 C 언어 malloc/new 시스템 호출을 사용하여 할당된다. 리눅스에는 가비지 컬렉터가 없기 때문에, 프로그래머는 free( ) 시스템 호출을 통해 수동으로 메모리를 해제해야 한다.

```c
void *mem_allocator(void *arg)
{
   int i;
   int thread_id = *(int*)arg;
   int start = POOL_SIZE*thread_id;
   int end = POOL_SIZE*(thread_id + 1);

   if(verbose_flag){
     printf("Releaser %i works on memory pool %i to %i\n", thread_id, start, end);
     printf("Releaser %i started… \n", thread_id);
   }

   while(!done_flag){

       /* 처음 NULL 슬롯 찾기 */
       for(i = start; i < end; ++i){
          if(NULL == mem_pool[i]){
               mem_pool[i] = malloc(1024);
               if(debug_flag)
                  printf("Allocate %i:slot %i\n", thread_id, i);
               break;
          }
       }

   }
   pthread_exit(0);
}

void *mem_releaser(void *arg)
{
   int i;
   int loops = 0;
   int check_interval = 100;
   int thread_id = *(int*)arg;
   int start = POOL_SIZE*thread_id;
   int end = POOL_SIZE*(thread_id + 1);

   if(verbose_flag){
     printf("Allocator %i works on memory pool %i to %i\n", thread_id, start, end);
     printf("Allocator %i started…\n", thread_id);
   }

   while(!done_flag){
```

```
        /* NULL이 아닌 슬롯 찾기 */
        for(i = start; i < end; ++i){
           if(NULL == mem_pool[i]){
                 void *ptr = mem_pool[i];
                 mem_pool[i] = NULL;
                 free(ptr);
                 ++counters[thread_id];
                 if(debug_flag)
                    printf("Releaser %i:slot %i\n", thread_id, i);
                 break;
           }
        }
        ++loops;
        if((0 == loops % check_interval)&&(elapsed)time(&begin) > run_time)){
                 done_flag = 1;
                 break;
        }
     }
     pthread_exit(0);
}
[9-3]
```

페이징과 가상 메모리

세그먼테이션을 가지고 있든 그렇지 않든, 어떤 OS는 논리 메모리를 여러 개의 고정 크기 영역으로 나눈다. 이를 **블록**(block), **프레임**(frame), **페이지**(page), **이것들의 일부 조합**이라고 부른다. 예를 들어 메모리를 프레임으로 나누는 OS에서, 논리 어드레스는 프레임 수와 오프셋으로 구성된다. 그러면, 사용자 메모리 공간은 페이지로 나누어지는데, 여기서 페이지 크기는 보통 프레임 크기와 같다.

한 프로세스가 전체적으로 (페이지의 형태로) 메모리에 로드되면, 그 페이지는 연속적인 프레임 세트 안에 위치하지 않을 수도 있다. 모든 프로세스는 메모리 안에 페이지들과 각 페이지의 해당 프레임을 추적하는 관련 프로세스 테이블을 가지고 있다. 생성된 논리 어드레스 공간은 심지어 여러 개의 프로세스가 동일한 물리 메모리 공간을 공유하고 있을 때조차도 각 프로세스에 대해 고유하다. 논리 어드레스 공간은 보통 그 페이지의 시작을 가리키는 페이지-프레임 수와 그 페이지 안의 실제 메모리 위치 오프셋으로 구성된다. 본래 논리 어드레스는 페이지 수와 오프셋의 합이다.

OS는 프리페이징 또는 시작하는 데 필요한 페이지들을 로드하고, **요청 페이징**(demand paging) 방식을 구현함으로써 시작된다. 여기서는 프로세스가 메모리 안에 페이지를 가지고 있지 않으며, 페이지들은 **페이지 오류**(page fault, RAM 안에 없는 페이지들을 액세스하고자 할 때 발생하는 오류)가 발생할 때 RAM으로 로드된다. 페이지 오류가 발생하면, OS는 제어권을 넘겨 필요한 페이지를 메모리에 로드하고, 페이지 테이블을 업데이트한 후 처음 위치에서 페이지 오류를 발생시킨 명령어를 다시 실행시킨다. 이 방식은 Knuth의 국부적 참조 이론을 기반으로 하고 있는데, 이 이론은 시스템 시간의 90%는 단지 10%의 코드만을 처리하는 데 소요된다고 말하고 있다.

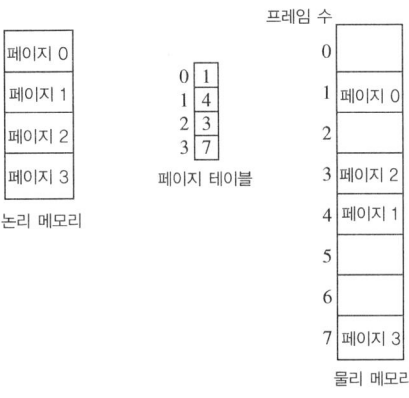

>> 그림 9-37 페이징[9-3]

논리 메모리를 페이지로 나누는 것은 OS가 메모리 구조 안에 있는 다양한 종류의 메모리들 안팎으로 태스크들을 재배치하는 것을 좀더 쉽게 관리할 수 있도록 도와준다. 이 과정을 **스와핑**(swapping)이라고 부른다. 어떤 페이지를 스와핑할지를 결정하기 위한 보편적인 페이지 선택 및 교체 방식에는 다음과 같은 방식들이 있다.

- **Optimal** 미래의 참조시간을 사용하여 가까운 미래에 사용되지 않을 페이지를 교체하는 최적의 방법

- **LRU**(least recently used) 최근에 가장 적게 사용된 페이지들을 교체하는 방법

- **FIFO**(first-in-first-out) 이름이 의미하는 것처럼, 시스템 안에서 가장 오래된(그것이 얼마나 자주 액세스되는가에 상관 없이) 페이지들을 교체하는 방법

- **NRU**(not recently used) 어떤 시간 주기 동안 사용되지 않는 페이지들을 교체하는 방법

- **Second Chance** 참조 비트를 가지고 있는 FIFO 방식으로, 만약 참조 비트가 '0'이라면 페이지를 교체하는 방법(액세스가 발생하면 참조 비트는 '1'로 설정되고, 체크된 후 '0'으로 리셋된다.)

- **Clock Paging** 만약 그것들이 액세스되지 않았다면(액세스가 발생하면 참조 비트가 '1'로 설정되고, 체크된 후 '0'으로 리셋된다), 클럭 순서(그것들이 메모리 안에 얼마나 오래 있었는지)에 따라 페이지를 교체하는 방법

모든 OS는 저마다의 스와핑 알고리즘을 가지고 있지만, 모두가 **쓰래싱**(thrashing)의 가능성을 줄이고자 노력한다. 여기서 쓰래싱이란 시스템의 리소스들이 OS에 의해 메모리에서 데이터를 반복적으로 스와핑하면서 사용되는 상황을 말한다. 쓰래싱을 피하기 위해서, 커널은 **작업 세트**(working set) 모델을 구현할 수 있는데, 이것은 메모리 안에 항상 고정된 수만큼의 페이지들을 가지고 있는 것을 말한다. 이 작업 세트를 구성하는 페이지들(과 페이지의 수)은 OS에 따라 다르지만, 보통 가장 최근에 참조된 페이지들로 구성된다. 프로세스의 페이지가 메모리 쪽으로 교체되기 전, 프로세스를 준비하고자 하는 커널은 프로세스를 위해 정의된 작업 세트를 가지고 있어야 한다.

가상 메모리

가상 메모리는 보통 요청 세그먼트(이전 절에서 설명한 것처럼, 내부에서 프로세스들의 분할)와 요청 페이징 메모리(논리 사용자 메모리를 전체적으로 분할) 분할방식에 의해 구현된다. 가상 메모리가 이러한 '요청' 기술을 통해 구현될 때 그것은 현재 사용중인 페이지와 세그먼트들만이 RAM에 로드된다는 것을 의미한다.

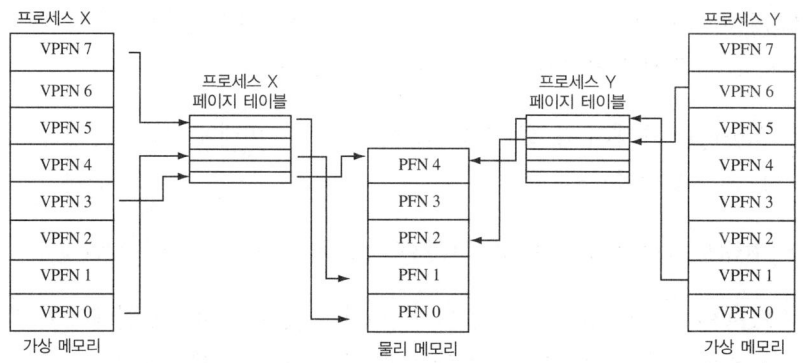

>> 그림 9-38 가상 메모리[9-3]

그림 9-38의 가상 메모리에서 볼 수 있는 것처럼, OS는 논리 어드레스 기반의 가상 어드레스를 생성하여, 논리 어드레스를 가상 어드레스로 변환하기 위한 테이블을 유지한다(어떤 프로세스에서는 테이블 엔트리가 TLB에 캐시된다. MMU와 TLB에 대한 더 상세한 사항들에 대해서는 4장과 5장을 참고하라). OS(하드웨어와 관련된)는 각 프로세스를 위해 하나 이상의 서로 다른 어드레스 공간을 관리하는 역할을 한다. 간단히 말해서, OS에 의해 관리되는 소프트웨어는 메모리를 연속적인 메모리 공간으로 바라본다. 반면, 커널은 실제로 메모리를 여러 개의 분리된 조각으로 관리한다. 이것들은 세그먼테이션과 페이징이 될 수도 있고, 세그먼테이션만 될 수도 있고, 페이징만 될 수도 있고, 세그먼테이션과 페이징이 모두 안 된 상태로 있을 수도 있다.

커널 메모리 공간

커널의 메모리 공간은 커널 코드가 위치해 있고, 상위 계층 소프트웨어 프로세스에 의한 시스템 호출을 통해 접근할 수 있으며, CPU가 이 코드를 실행하는 메모리의 일부이다. 커널 메모리 공간 안에 위치해 있는 코드는 메시지 전송 큐를 위해 필요한 것과 같은 IPC 메커니즘을 포함한다. 또 다른 예로는 태스크들이 일종의 fork/exec 또는 spawn 시스템 호출을 생성할 때이다. 태스크 생성 시스템 호출 후에, OS는 제어권을 얻어서, 커널의 메모리 공간 안에 **TCB**(task control block, 태스크 제어 블록)를 생성한다. 이것은 OS 정보와 특정 태스크를 위한 CPU 문맥정보를 포함하고 있으며, 어떤 OS에서는 이를 PCB(process control block, 프로세스 제어 블록)라고 부르기도 한다. 사용자 메모리 공간과는 반대로, 커널 메모리 공간 안에서 관리되는 것은 하드웨어와 OS 커널 내에서 구현된 실제 알고리즘에 의해 결정된다.

이전에 언급했듯이, 사용자 모드에서 동작하는 소프트웨어는 시스템 호출을 통해서만 커널 모드에서 동작하는 것에 접근할 수 있다. **시스템 호출**(system call)은 (커널 모드에서 동작하는) 커널의 서브루틴들로의 상위 계층(사용자 모드) 인터페이스이다. OS와 사용자 모드에서 동작하는 시스템 호출자 간에 주고 받아야 하는 시스템 호출과 관련된 파라미터들은 레지스터, 스택, 또는 주 메모리 힙을 통해 전달된다. 시스템 호출의 종류는 보통 OS에 의해 지원되는 함수들의 종류에 속하며, 파일 시스템 관리(예를 들어, 파일 열기/수정), 프로세스 관리(예를 들어, 프로세스 시작/정지), I/O 통신 등을 포함한다. 간단히 말해서, 커널 모드에서 동작하는 OS는 사용자 모드에서 동작하는 것을 프로세스로 바라보듯이, 사용자 모드에서 동작하는 소프트웨어는 시스템 호출에 의해 OS를 바라보고 정의한다.

9.4 | I/O와 파일 시스템 관리

어떤 임베디드 OS는 플래시, RAM, 하드 디스크와 같은 다양한 메모리 장치에서 임시 또는 영구적인 파일 시스템 저장방식에 관한 메모리 관리를 지원한다. 파일 시스템은 본래 관리 프로토콜이 있는 파일들의 집합이다(표 9-2 참고). 파일 시스템 알고리즘은 저장장치 안의 어떤 설치지점(위치)에 위치한 미들웨어 또는 어플리케이션 소프트웨어이다.

>> 표 9-2 미들웨어 파일 시스템 표준

파일 시스템	요약 정리
FAT32 (파일 할당 테이블)	섹터 그룹을 가리켜 클러스터(cluster)라고 부른다. OS는 각 클러스터에 독립적인 번호를 할당하고, 어떤 파일들이 어떤 클러스터를 사용하는지를 추적한다. FAT32는 클러스터의 32비트 어드레싱을 지원하며, 그 이전 버전의 FAT(FAT, FAT16 등)보다 더 작은 클러스터 크기를 지원한다.
NFS (네트워크 파일 시스템)	NFS는 RPC(원격 프로시주어 호출)와 XDR(확장 데이터 표현)을 기반으로, 외부 장치들이 마치 그것들이 메모리 안에 있는 것처럼 시스템상의 한 파티션에 설치할 수 있도록 개발되었다. 이것은 네트워크를 통해 빠르고, 한결같은 파일 공유를 가능하게 해준다.
FFS (플래시 파일 시스템)	플래시 메모리를 위해 디자인되었다.
DosFS	블록 장치들(디스크)을 실시간으로 사용할 수 있고 MS-DOS 파일 시스템과 호환되도록 디자인되었다.
RawFS	전체 디스크를 하나의 큰 파일처럼 처리하는 간단한 로우 파일 시스템(raw file system)을 제공한다.
TapeFS	테이프상에 표준 파일이나 디렉토리 구조를 사용하지 않는 테이프 장치를 위해 디자인되었다. 이것은 본래 테이프 볼륨을 로우 장치 안에 전체 볼륨이 매우 큰 하나의 파일처럼 처리한다.
CdromFS	어플리케이션들이 ISO 9660 표준 파일 시스템에 따라 규격화된 CD-ROM으로부터 데이터를 읽을 수 있게 해준다.

파일 시스템과 관련하여, 커널은 전형적으로 다음과 같은 파일 시스템 관리 메커니즘을 제공한다.

- (예를 들어) 보조 장치, 플래시, RAM에 파일을 매핑한다.

- 파일과 디렉토리들을 조작하기 위한 기본 기능들을 지원한다.
  - 파일 정의와 속성 : 프로토콜 이름, 종류(예를 들어, 실행 가능성, 오브젝트, 소스, 멀티미디어 등), 크기, 접근 보호(읽기, 쓰기, 실행, 추가, 삭제 등), 소유권 등

- 파일 동작 : 생성, 삭제, 읽기, 쓰기, 열기, 닫기 등
- 파일 접근방법 : 순차적 방법, 직접 방법 등
- 디렉토리 접근, 생성, 삭제

OS는 파일을 조작하기 위해 사용되는 기본 기능(예를 들어, 이름 지정, 데이터 구조, 파일 종류, 속성, 동작 등)과 파일들이 어떤 메모리 장치에 매핑될 수 있는가, 그리고 어떤 파일 시스템들이 지원되는가에 따라 다양해진다. 대부분의 OS는 파일 시스템과 메모리 장치 드라이버들 사이에 표준 I/O 인터페이스를 사용한다. 이것은 하나 또는 그 이상의 파일 시스템들이 운영체제와 함께 동작할 수 있도록 해준다.

임베디드 OS 안에서의 I/O 관리는 시스템의 하드웨어 및 디바이스 드라이버들과 분리된 추가의 가상 계층(더 상위 계층의 소프트웨어)을 제공한다. OS는 이용 가능한 커널 시스템 호출을 통해 다양한 기능들을 수행하는 I/O 장치들을 위한 일관된 인터페이스를 제공한다. 사용자 프로세스들은 이러한 시스템 호출을 통해서 I/O에 접근할 수 있기 때문에 I/O 장치들을 보호하고, 여러 개의 프로세스들 사이에서 공평하고 효율적인 I/O 공유방식을 관리한다. OS는 또한 I/O에서 그 프로세스로 오는 동기적 그리고 비동기적 통신을 관리해야 한다. 이것은 보통 양방향으로부터의 요청에 반응하는 이벤트 기반이며(더 높은 계층의 프로세스들과 하위 계층 하드웨어), 데이터 전송을 관리한다. 이러한 목적들을 달성하기 위해 OS의 I/O 관리방식은 사용자 프로세스와 디바이스 드라이버들에 대한 범용 디바이스 드라이버 인터페이스와 일종의 버퍼 캐싱 방식으로 구성된다.

디바이스 드라이버 코드는 보드의 I/O 하드웨어를 제어한다. I/O를 관리하기 위해, OS는 스타트업, 셧다운, 활성화, 비활성화 등과 같은 특정 세트의 기능을 포함하는 모든 디바이스 드라이버 코드를 필요로 할 수 있다. 그러면 커널은 I/O 장치들을 관리하며, 어떤 OS에서는 파일 시스템들과 상위 계층 프로세스에 의한 범용 API 세트에 의해 접근되는 '블랙박스'들도 관리한다. OS는 그것들이 상위 계층들에게 제공하는 I/O API의 종류에 따라 매우 다양할 수 있다. 예를 들어, Jbed 또는 자바 기반의 방식에서 모든 리소스들(I/O를 포함하여)은 오브젝트들로 바라보고 구조화한다. 한편 vxWorks는 vxWorks I/O 서브시스템을 가지고 사용할 수 있도록 파이프라 불리는 통신방식을 제공한다. vxWorks에서 파이프들은 그 파이프와 관련된 메시지 큐를 포함하는 가상 I/O 장치이다. I/O 접근은 파이프를 통해 주어진 시간에 바이트열(블록 접근) 또는 한 바이트(문자 접근)로 처리된다.

어떤 경우에, I/O 하드웨어는 데이터 전송을 관리하기 위해 OS 버퍼의 존재를 필요로 할 수도 있다. 버퍼들은 여러 가지 이유로 I/O 장치 관리를 위해 필요할 수 있다. 그것들은 주로 OS가 블록 접근을 통해서 전송되는 데이터를 캡처할 수 있도록 하기 위하여 요구된다.

OS는 그 프로세스들 중 하나가 그 장치로의 통신을 초기화하든 아니든 상관 없이, 버퍼 안에 I/O 장치로부터 또는 I/O 장치로 전송된 바이트열을 저장한다. 성능이 이슈가 될 때, 버퍼들은 주로 더 느린 주 메모리 안에서보다는 (가능하다면) 캐시 안에 저장된다.

9.5 | OS 표준 예 : POSIX

2장에서 소개했던 것처럼, 표준들은 시스템 컴포넌트의 디자인에 매우 큰 영향을 줄 수도 있다. 그리고 운영체제들이 다르지 않다. 현재 임베디드 OS 안에서 구현되어 있는 핵심 표준들 중 하나는 바로 휴대형 운영체제 인터페이스(portable operating system interface : POSIX)이다. POSIX는 표준 운영체제 인터페이스와 환경에 대해 정의하는 IEEE(1003.1-2001)와 The Open Group(오픈 그룹 기반 표준 이슈 6) 세트 표준을 기초로 하고 있다. POSIX는 OS 관련 표준 API 및 프로세스 관리, 메모리 관리, I/O 관리기능에 관한 정의를 제공한다(표 9-3 참고).

>> 표 9-3 POSIX 기능[9-14]

OS 서브시스템	기 능	정 의
프로세스 관리	쓰레드	프로세스 내에서 여러 개의 제어 흐름을 지원하기 위한 기능. 이러한 제어 흐름을 가리켜 쓰레드라 부르는데, 그것들은 그 자신의 어드레스 공간과 프로세스를 위해 운영체제 안에 정의된 리소스들 및 속성들의 대부분을 공유한다. 쓰레드 지원 안에 포함되어 있는 특정 기능 공간으로 다음과 같은 것들이 있다. • 쓰레드 관리 : 공통의 어드레스 공간을 공유하는 다중 흐름 제어의 생성, 제어, 종료 • 공통의 공유된 어드레스 공간 안에 있는 다중 흐름 제어의 서로 매우 밀접한 동작을 위해 최적화되어 있는 동기화 기본 함수들
	세마포어	어플리케이션 프로그램에 의해 정의된 보다 복잡한 동기화 메커니즘을 위한 기초로서 서비스되는 최소한의 동기화 함수이다.
	우선순위 스케줄링	어플리케이션이 실행할 준비가 된 쓰레드들이 프로세스 리소스에 접근할 수 있도록 그 순서를 결정하여 성능 및 결정성을 향상시키는 기능이다.
	실시간 신호 확장	기존의 신호 함수와 호환성에 영향을 미치지 않고 어플리케이션이 큐에 쌓일 수 있도록 비동기 신호 인지를 가능하게 하는 결정성을 향상시키는 기능이다.

>> 표 9-3 계속

OS 서브시스템	기능	정 의
프로세스 관리	타이머	특정 클럭에 의해 측정된 시간이 특정 값에 이르렀거나 도달했을 때, 또는 특정 양의 시간이 지났을 때 쓰레드를 인지할 수 있는 메커니즘
	IPC	지역적 통신을 위한 고성능, 결정적인 프로세스 간 통신기능을 추가하기 위한 기능을 향상시킨다.
메모리 관리	프로세스 메모리 잠금	어플리케이션 프로그램을 컴퓨터 시스템의 고성능 RAM에 묶어두기 위한 성능 향상 기능. 이것은 이차 메모리 장치에서 최근에 참조되지 않은 프로그램의 일부를 저장하는 데 있어서 운영체제에서 알려진 잠재적인 지연을 피할 수 있게 한다.
	메모리 매핑 파일	어플리케이션들이 파일들을 어드레스 공간의 일부로 접근할 수 있도록 해주는 기능이다.
	공유 메모리 오브젝트	한 프로세스 이상의 어드레스 공간으로 동시에 매핑될 수 있는 메모리를 나타내는 오브젝트이다.
I/O 관리	동기화 I/O	데이터 입력 및 출력 메커니즘을 향상시키기 위한 결정성 및 확고함을 향상시키는 메커니즘. 어플리케이션은 조작된 데이터가 물리적으로 이차 대량 저장장치에서 나타남을 확인할 수 있도록 해준다.
	비동기화 I/O	어플리케이션은 완료에 대한 비동기 인식을 할 수 있는 데이터 입력 및 출력 명령어를 큐에서 처리할 수 있도록 해주는 기능을 향상시킨다.
...	...	...

POSIX가 소프트웨어로 변환되는 방법을 예제 9-16과 9-17에서 보여주고 있다. 이 예는 리눅스와 vxWorks에서 POSIX 쓰레드를 생성하는 방법을 보여준다(POSIX 쓰레드로 생성 서브루틴에 동일한 인터페이스를 갖는다는 것을 기억해 두자).

예제 9-16 리눅스 POSIX 예[9-3]

리눅스 POSIX 쓰레드 생성하기 :

```
if(pthread_create(&threadId, NULL, DEC threadwork, NULL)){
printf("error");
...
}
```

여기서, threadId는 쓰레드의 ID를 받기 위한 파라미터이다. 두 번째 변수는 많은 스케줄링 옵션들을 지원하는 쓰레드 속성 변수이다(이 경우에서, NULL은 디폴트 설정이 사용될 것이라는 점을 가리킨다). 세 번째 변수는 쓰레드를 생성할 때에 실행되는 서브루틴이다. 네 번째 변수는 서브루틴을 가리키는 포인터이다(예를 들어, 쓰레드를 위해 할당된 메모리를 가리키고, 이러한 동작을 수행하기 위해 새로 생성되는 쓰레드에 의해 요구되는 것).

예제 9-17 vxWorks POSIX 예[9-4]

vxWorks에서 POSIX 쓰레드 생성하기 :

```
...
pthread_t tid;
int ret;

/* 디폴트값으로 설정하기 위해 NULL 속성을 가진 pthread를 생성하자. */
ret = pthread_create(&threadId, NULL, entryFunction, entryArg);
...
```

여기서, threadId는 쓰레드의 ID를 받기 위한 파라미터이다. 두 번째 변수는 많은 스케줄링 옵션들을 지원하는 쓰레드 속성 변수이다(이 경우에서, NULL은 디폴트 설정이 사용될 것이라는 점을 가리킨다). 세 번째 변수는 쓰레드를 생성할 때에 실행되는 서브루틴이다. 네 번째 변수는 서브루틴을 가리키는 포인터이다(예를 들어, 쓰레드를 위해 할당된 메모리를 가리키고, 이러한 동작을 수행하기 위해 새로 생성되는 쓰레드에 의해 요구되는 것).

근본적으로, POSIX API는 POSIX 호환 OS에 작성된 소프트웨어가 다른 POSIX OS에 쉽게 포팅될 수 있도록 해준다. 다양한 OS를 위한 API를 정의함으로써 시스템 호출은 동일한 형태이며 POSIX 호환이다. 이러한 함수들의 내부가 실제 어떻게 수행되는지를 결정하는 것은 각 OS의 벤더에 달려 있다. 이것은 2개의 서로 다른 POSIX 호환 OS가 주어져 있다고 할 때, 그 둘은 동일한 루틴을 위해 매우 다른 내부 코드를 채택하고 있을 것이다.

9.6 | OS 성능 가이드라인

OS 성능에 가장 큰 영향을 끼치며, 한 OS의 성능과 다른 OS의 성능을 구분짓는 OS의 두 가지 서브시스템은 메모리 관리방식(특히, 프로세스 스와핑 모델)과 스케줄러이다. 동일한 세트의 메모리 레퍼런스가 주어져 있을 경우—즉, 두 OS 상의 완전히 같은 프로세스에 대해 프로세스당 할당된 같은 수의 페이지 프레임이 주어졌을 경우, 가상 메모리의 성능 — 다른 것에 대한 스와핑 알고리즘은 그것들이 생성하는 페이지 결함의 수에 의해 비교될 수 있다. 한 알고리즘은 많은 서로 다른 메모리 레퍼런스를 제공하고 프로세스 설정당 다양한 수의 페이지 프레임에 대한 페이지 결함의 수를 알려줌으로써 성능을 위해 다양한 방법으로 테스트될 수 있다.

스케줄링 알고리즘의 목적은 전체 성능을 최대화시켜 주는 방식으로 실행되는 프로세스를 선택하는 것이지만, 도전적인 OS 스케줄러는 많은 성능 지시자가 있다는 것을 알게 된다. 게다가 알고리즘들은 실제 완전히 같은 프로세스가 주어졌을 경우라도 지시자에게 반대의 효과를 줄 수 있다. 스케줄링 알고리즘을 위한 주요 성능 지시자는 다음과 같은 항목들을 포함한다.

- **쓰루풋** 이것은 어떤 주어진 시간에 CPU에 의해 실행되는 프로세스의 수를 말한다. OS 스케줄링 레벨에서, 상당히 많은 수의 더 큰 프로세스가 더 작은 프로세스 앞에서 실행될 수 있도록 해주는 알고리즘은 더 작은 쓰루풋을 갖는 위험을 안겨준다. SPN(다음의 가장 짧은 프로세스, shortest process next) 방식에서, 쓰루풋은 한 순간에 실행되는 프로세스의 크기에 의존적인 동일한 시스템에 따라 다를 수도 있다.

- **실행시간** 동작중인 프로세스가 실행되는 데 걸리는 평균 시간(시작에서 끝까지). 여기서, 프로세스의 크기는 이 값에 영향을 준다. 하지만, 스케줄링 레벨에서 프로세스가 연속적으로 선점할 수 있도록 해주는 알고리즘은 상당히 긴 실행시간을 가능하게 한다. 이 경우, 동일한 프로세스가 주어졌을 때 비선점형 스케줄러와 선점형 스케줄러를 비교하는 것은 2개의 매우 다른 실행시간의 결과를 야기한다.

- **대기시간** 프로세스가 실행되기 위해 기다려야 하는 전체 시간의 양으로, 이것은 스케줄링 알고리즘이 더 큰 프로세스가 더 느린 프로세스 앞에서 실행될 수 있도록 해줄지 아닐지에 따라 달라진다. 실행될 상당량의 더 큰 프로세스가 주어진 경우(어떤 이유에서든), 어떤 연속적인 프로세스는 더 큰 대기시간을 갖는다. 이 값은 또한 처음에 실행되기 위해 선택된 프로세스가 어떤 것인지를 결정하는 범주에 따라 달라질 수 있다. 만약 그것이 다른 스케줄링 방식에 놓여 있다면, 그 프로세스는 더 느린 또는 더 큰 대기시간을

가질 수도 있다.

마지막으로 말하고 싶은 것은, 스케줄링 관리와 메모리 관리가 성능에 영향을 주는 핵심 컴포넌트들이지만, OS 성능의 보다 정확한 분석을 얻기 위해서는 OS 안에 있는 두 종류의 알고리즘과 OS 응답시간 안의 요소의 영향을 측정해야 한다(근본적으로 사용자 프로세스가 시스템 호출을 시작할 때부터 OS가 요청을 처리하기 시작할 때까지의 시간). 한 요소만으로 OS가 얼마나 잘 동작하는가를 결정할 수는 없다. 하지만, 일반적으로 OS의 성능은 시스템 안에서 하드웨어 리소스(CPU, 메모리, I/O 장치)가 어떻게 사용되는지에 의해 암시적으로 측정될 수 있다. 적절한 프로세스가 주어질 때, IDLE 상태가 더 효율적인 OS를 나타낼 수 있는 반면, 리소스가 코드를 실행하기 위해 소비하는 시간은 더 많아진다.

9.7 | OS와 BSP

BSP(board support package)는 OS 제공자에 의해 제공되는 추가의 컴포넌트이며, 그 주요한 목적은 운영체제와 범용 디바이스 드라이버 사이에 가상 계층을 제공하기 쉽게 하는 것이다.

BSP는 OS가 새로운 하드웨어 환경에 더 쉽게 포팅될 수 있도록 만들어 준다. 왜냐하면 그것은 하드웨어에 독립적인 소스 코드와 하드웨어에 의존적인 소스 코드의 시스템 안에 집적해 주기 때문이다. BSP는 하드웨어를 최적화할 수 있는 소프트웨어의 상위 계층에 서브루틴들을 제공하며, 컴파일시 유연성을 제공한다. 이러한 루틴들은 시스템 어플리케이션 소프트웨어의 나머지로부터 컴파일된 디바이스 드라이버 코드를 가리키고 있기 때문에, BSP는 범용 디바이스 드라이버 코드의 런타임 포팅 가능성을 제공한다. 그림 9-39에서 볼 수 있는 것처럼, BSP는 아키텍처에 특화된 디바이스 드라이버 설정 관리와 범용 디바이스 드라이버에 접근할 수 있는 OS(또는 소프트웨어의 상위 계층)를 위한 API를 제공한다. BSP는 또한 시스템 안에서의 디바이스 드라이버(하드웨어)와 OS의 초기화를 관리하는 책임을 맡고 있다.

BSP의 디바이스 설정 관리 부분은 프로세스의 가능한 어드레싱 모드, 엔디안, 인터럽트(ISR을 인터럽트 벡터에 연결하는 것, 비활성화/활성화, 제어 레지스터) 등의 제한 같은 아키텍처에 특화된 디바이스 드라이버 특징을 포함하고 있다. 그리고 이것은 다른 엔디안, 인터럽트 방식, 다른 아키텍처에 특화된 특징들과 함께 새로운 아키텍처 기반의 보드에 범용 디바이스 드라이버를 포팅하는 데 있어서의 유연성을 제공하도록 디자인되어 있다.

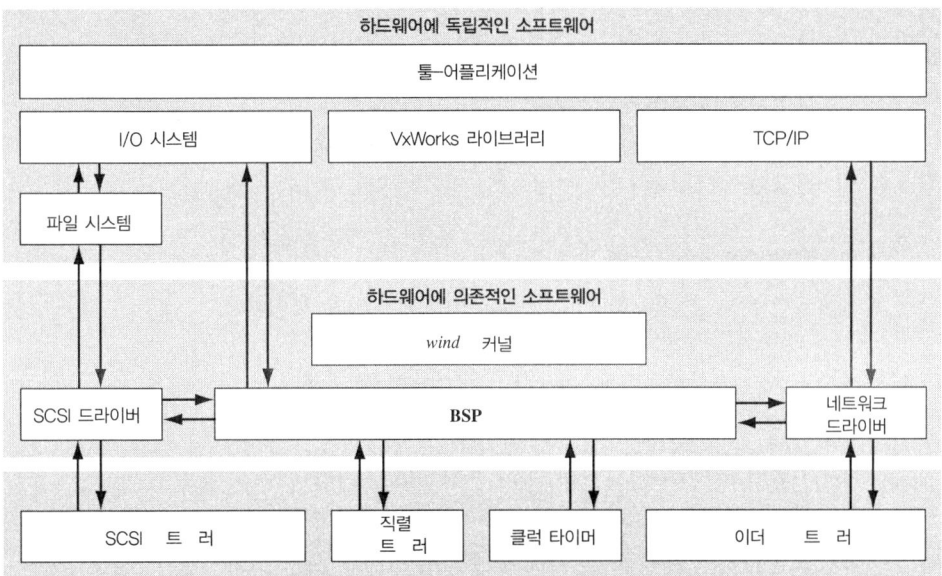

>> 그림 9-39 임베디드 시스템 모델 내에서의 BSP[9-4]

9.8 | 요약 정리

이 장은 서로 다른 종류의 임베디드 OS와 대부분의 임베디드 OS를 구성하고 있는 주요한 컴포넌트들을 소개하고 있다. 이것은 프로세스 관리, 메모리 관리, I/O 시스템 관리에 대한 설명도 포함하고 있다. 이 장은 또한 POSIX 표준과 어떤 함수 요구사항들이 규정되어 있는지를 살펴봄으로써 그것이 임베디드 OS 시장에 미치는 영향에 대해 설명하였다. 또한 OS가 시스템 성능에 미치는 영향과 BSP라고 불리는 보드에 특화된 소프트웨어 가상 계층을 지원하는 OS에 대해서도 설명하였다.

다음에 오는 10장에서는 소프트웨어에 관한 마지막 장이며, 임베디드 아키텍처에 그것들이 미치는 영향을 살펴봄으로써 미들웨어와 어플리케이션 소프트웨어에 대해 설명하겠다.

9장 연습문제

1. ⓐ 운영체제(OS)란 무엇인가?
   ⓑ 운영체제는 무엇을 하는가?
   ⓒ 운영체제가 임베디드 시스템 모델 안의 어디에 위치하는지 보이도록 다이어그램을 그려라.

2. ⓐ 커널이란 무엇인가?
   ⓑ 커널 기능 중 최소한 2가지의 이름을 적고 이를 설명하라.

3. OS는 일반적으로 다음의 3가지 모델 중 하나에 속한다.
   A. 모놀리틱 커널, 레이어드 커널, 마이크로커널
   B. 모놀리틱 커널, 레이어드 커널, 모놀리틱 모듈화 커널
   C. 레이어드 커널, 클라이언트/서버 커널, 마이크로커널
   D. 모놀리틱 모듈화 커널, 클라이언트/서버 커널, 마이크로커널
   E. 정답 없음

4. ⓐ OS 모델의 종류를 그림 9-40a, 9-40b, 9-40c에 매핑시켜라.
   ⓑ 각 모델에 속하는 실제 OS의 이름을 써라.

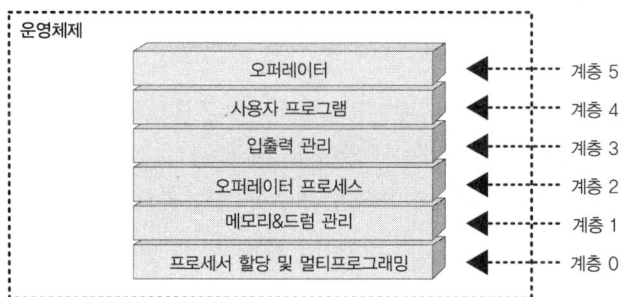

>> 그림 9-40a OS 블록 다이어그램 1

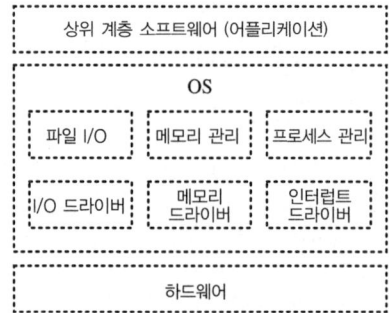

>> 그림 9-40b OS 블록 다이어그램 2

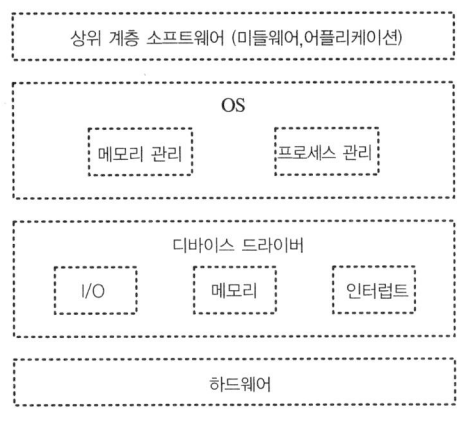

>> 그림 9-40c   OS 블록 다이어그램 3

5. ⓐ 프로세스와 쓰레드의 차이점은 무엇인가?
   ⓑ 프로세스와 태스크의 차이점은 무엇인가?

6. ⓐ 태스크들을 생성하기 위해 사용되는 가장 일반적인 방법들은 무엇인가?
   ⓑ 그 방법들의 각각을 사용하는 OS의 예를 들어라.

7. ⓐ 일반적인 의미에서, 태스크는 어떤 상태에 속하는가?
   ⓑ OS와 그 가능한 상태를 상태 다이어그램들을 포함하여 예를 들어라.

8. ⓐ 선점형과 비선점형 스케줄링 사이의 차이점은 무엇인가?
   ⓑ 선점형과 비선점형 스케줄링을 구현하는 OS의 예를 들어라.

9. ⓐ 실시간 운영체제(RTOS)는 무엇인가?
   ⓑ RTOS의 2가지 예를 들어라.

10. [T/F] RTOS는 선점형 스케줄러를 포함하지 않는다.

11. 가장 일반적인 OS 태스크 간 통신 및 동기화 메커니즘의 이름을 적고 이를 설명하라.

12. ⓐ 경주(race) 상태란 무엇인가?
    ⓑ 경주 상태를 해결하기 위한 기술은 무엇이 있는가?

13. 인터럽트 처리를 위해 주로 사용되는 OS 태스크 간 통신 메커니즘은 다음 중 무엇인가?
    A. 메시지 큐
    B. 신호
    C. 세마포어
    D. A, B, C 모두 정답
    E. 정답 없음

14. ⓐ 커널 모드에서 동작하는 프로세스와 사용자 모드에서 동작하는 프로세스 사이의 차이점은 무엇인가?
    ⓑ 각 모드에서 동작하는 코드의 종류의 예를 들어라.

15. ⓐ 세그먼테이션이란 무엇인가?
    ⓑ 세그먼테이션 어드레스는 무엇으로 구성되어 있는가?
    ⓒ 세그먼트 안에서 발견할 수 있는 종류의 정보는 무엇인가?

16. [T/F] 스택은 FIFO 큐로 구조화된 세그먼트 단위의 메모리이다.

17. ⓐ 페이징이란 무엇인가?
    ⓑ 메모리의 안팎에서 페이지들을 바꾸어 주기 위해 구현될 수 있는 OS 알고리즘 4 가지의 이름을 적고 이를 설명하라.

18. ⓐ 가상 메모리는 무엇인가?
    ⓑ 가상 메모리는 왜 사용하는가?

19. ⓐ POSIX 가 일부 OS 에서 표준으로 구현된 이유는 무엇인가?
    ⓑ POSIX 에서 정의된 4 가지의 OS API 를 나열하고 이를 정의하라.
    ⓒ POSIX 호환인 실제 임베디드 OS 의 예를 3 가지 들어라.

20. ⓐ OS 성능에 가장 영향을 미치는 OS 의 서브시스템 2 가지는 무엇인가?
    ⓑ 성능에 영향을 미치는 각각의 차이점은 무엇인가?

21. ⓐ BSP 는 무엇인가?
    ⓑ BSP 에는 어떤 종류의 요소들이 설치될 수 있는가?
    ⓒ BSP 에 포함되는 실제 임베디드 OS 의 예를 2 가지 들어라.

미들웨어와 어플리케이션 소프트웨어

이 장에서는

- ▶ 미들웨어를 정의한다.
- ▶ 어플리케이션 소프트웨어를 정의한다.
- ▶ 미들웨어의 실제 네트워킹 및 자바 예를 소개한다.
- ▶ 어플리케이션 소프트웨어에서 사용되는 실제 네트워킹 및 자바 예를 소개한다.

미들웨어와 어플리케이션 소프트웨어 사이의 경계가 점점 무너지고 있다. 이것이 바로 이 장에서 이 둘을 함께 소개하는 이유이다. 미들웨어는 여러 가지 이유로, 어플리케이션으로 부터 생성된 소프트웨어이다. 한 가지 이유는 그것이 상용 OS 패키지의 일부로 이미 포함 되어 있을 수 있다는 것이다. 미들웨어를 어플리케이션 계층에서 제외한 다른 이유로는 다른 어플리케이션과 재사용이 가능하다는 점, 협력업체 벤더를 통해 상용 제품을 구입함으로써 개발비용 또는 시간을 줄일 수 있다는 점, 어플리케이션 코드를 단순화시킨다는 점을 들 수 있다. 이 장의 남은 절에서는 미들웨어와 어플리케이션 소프트웨어가 무엇인지를 정의하고, 미들웨어와 어플리케이션 소프트웨어의 실제 의사 코드 예를 제공한다.

10.1 | 미들웨어란 무엇인가?

가장 보편적인 의미로 볼 때, 미들웨어 소프트웨어는 OS 커널, 디바이스 드라이버, 어플리케이션 소프트웨어가 아닌 어떤 소프트웨어를 말한다. 어떤 OS는 미들웨어를 실행 가능한 OS에 집적하고 있을 수도 있다는 것을 알아두자(9장 참고). 간단히 말해서, 임베디드 시스템에서 미들웨어는 전형적으로 디바이스 드라이버 또는 OS의 상위에 위치해 있는 시스템 소프트웨어이며, 때로는 OS 그 자체 내에 통합되어 있을 수 있다.

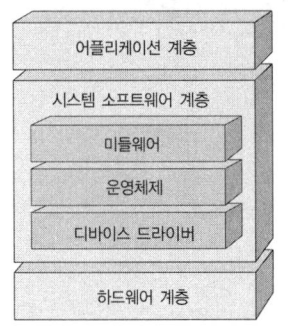  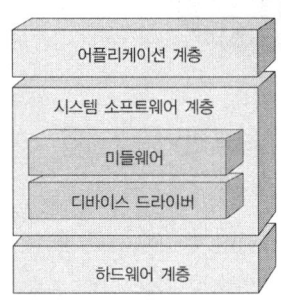

>> 그림 10-1 임베디드 시스템 모델에서의 미들웨어

미들웨어는 일반적으로 어플리케이션 소프트웨어와 커널 또는 디바이스 드라이버 사이를 중재해 주는 소프트웨어이다. 미들웨어는 또한 다른 어플리케이션 소프트웨어들을 중재하고 서비스해 주는 소프트웨어이기도 하다. 특히 미들웨어는 일반적으로 임베디드 시스템상에서 둘 또는 그 이상의 어플리케이션들과 함께, 어플리케이션들 사이에서 유연성, 보안성, 이식성, 연결성, 상호 통신, 그리고 정보처리 상호 운용성 메커니즘을 제공하기 위해 사용되는 가상 계층이다. 미들웨어를 사용하는 주요 장점 중 하나는 전통적으로 어플리케이션 계층 안에 위치해 있는 소프트웨어 인프라스트럭처를 한 곳에 집중시킴으로써 어플리케이션의 복잡성을 줄여준다는 데에 있다. 하지만 시스템에 미들웨어를 적용하는 데에는 추가의 오버헤드가 생기기 때문에, 규모나 성능에 크게 영향을 줄 수 있다. 간단히 말해서 미들웨어는 모든 계층에서 임베디드 시스템에 영향을 미친다.

미들웨어에는 여러 종류의 요소들이 있다. 거기에는 메시지 중심의 미들웨어(MOM), 오브젝트 요청 브로커(ORB), 원격 프로시주어 호출(RPC), 데이터베이스/데이터베이스 액세스, 그리고 OSI 모델의 디바이스 드라이버 계층과 어플리케이션 계층 사이에 있는 네트워크 프로토콜이 포함된다. 하지만, 미들웨어의 대부분은 주로 다음의 두 범용 범주 중 하나에 속한다.

- **범용 미들웨어** 이 미들웨어는 OSI 모델의 디바이스 드라이버 계층과 어플리케이션 계층 사이에 있는 네트워킹 프로토콜, 파일 시스템, 그리고 JVM과 같은 가상 기계처럼, 다양한 기기들 안에서 구현된다는 것을 의미한다.

- **시장에 특화된 미들웨어** 이 미들웨어는 OS 또는 JVM 상에 실장된 디지털 TV 표준 기반의 소프트웨어 같은 특정 임베디드 시스템군에 특화되어 있다는 것을 의미한다.

범용 미들웨어이든 시장에 특화된 미들웨어이든 상관 없이, 미들웨어 요소는 다른 회사가 사용할 수 있도록 라이선스 한 회사에 의해 지원되는 폐쇄적인 소프트웨어를 의미하는 특허와, 어떤 표준 위원회에 의해 표준화되어 관심 있는 모임에 의해 구현되고 라이선스될 수 있는 개방형으로 분류된다.

특화된 어플리케이션 요구사항을 모두 지원하는 하나의 기술을 찾는 것은 쉬운 일이 아니기 때문에, 보다 복잡한 임베디드 시스템은 보통 하나 이상의 미들웨어 요소를 가지고 있다. 이 경우, 일반적으로 각각의 미들웨어 요소는 통합하였을 때 문제가 발생하는 것을 피하기 위해 상호 운용을 기반으로 선택된다. 어떤 경우, 호환 가능한 미들웨어 요소들의 통합 미들웨어 패키지는 임베디드 시스템에서 사용할 수 있도록 상업적으로 기성품화하는 것이 가능하다. 예를 들어, 썬의 임베디드 자바 솔루션, 마이크로소프트의 .NET 콤팩트 프레임워크, OMG(오브젝트 관리 그룹)의 CORBA를 들 수 있다. 또한 많은 임베디드 OS 벤더들은 그들의 OS와 하드웨어 플랫폼을 가지고 동작할 수 있는 통합 미들웨어 패키지들을 제공하고 있다.

이 장의 10.3절은 통합된 미들웨어 자바 패키지뿐 아니라 개별적인 미들웨어 네트워킹 요소들의 특정 실제 예들을 제공하고 있다.

10.2 | 어플리케이션이란 무엇인가?

임베디드 시스템에서 마지막 종류의 소프트웨어는 **어플리케이션**(application) 소프트웨어이다. 그림 10-2에서 볼 수 있는 것처럼, 어플리케이션 소프트웨어는 시스템 소프트웨어 계층의 최상위에 위치하며, 시스템 소프트웨어에 의존적이고, 시스템 소프트웨어에 의해 관리되고 수행된다. 이것은 본래 어플리케이션 계층 내에서 임베디드 시스템이 어떤 종류의 기기인가를 정의하는 소프트웨어이다. 어플리케이션의 기능은 최상위 레벨에서 임베디드 시스템의 목적을 나타내고, 그 기기의 사용자 또는 관리자와 대부분의 상호작용을 하기 때문이다(여기서 대부분이라고 표현한 것은 사용자가 버튼을 누를 때 그 기기의 전원 온-오프와 같은 특징들은 전원-온/전원-오프 시퀀스를 위한 어플리케이션을 호출하는 대신 디바이스 드라이버 함수를 바로 불러낼 수도 있기 때문이다—어플리케이션을 처리하는 방법은 프로그래머에게 달려 있다).

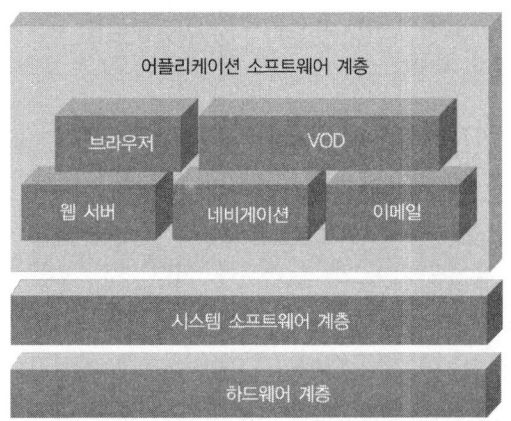

>> 그림 10-2 어플리케이션 계층과 임베디드 시스템 모델

임베디드 표준과 같이, 임베디드 어플리케이션은 그것들이 시장에 특화된(양방향 디지털 TV에서의 VOD 어플리케이션과 같이 특정 종류의 디바이스에서만 구현되는) 것인지 범용인지(브라우저와 같이 다양한 종류의 기기에서 전반적으로 구현될 수 있는)에 따라 나누어질 수 있다.

10.4 절은 다양한 종류의 어플리케이션 소프트웨어의 실제 예와 그것들이 임베디드 시스템의 아키텍처에 어떤 영향을 미치는지에 대해 소개한다.

10.3 | 미들웨어의 예

네트워킹 미들웨어 드라이버 예

2장에서 설명한 것처럼, 임베디드 시스템에서 네트워킹을 구현하는 데 필요한 컴포넌트들을 이해하기 위한 가장 간단한 방법 중 하나는 OSI 모델에 따라, 아니면 임베디드 시스템 모델과 관련지어서 네트워킹 컴포넌트들을 가시화하는 것이다. 그림 10-3에서 볼 수 있는 것처럼, 상위 데이터-링크와 세션 계층 사이에 속해 있는 소프트웨어를 네트워킹 미들웨어 소프트웨어 컴포넌트라 할 수 있다.

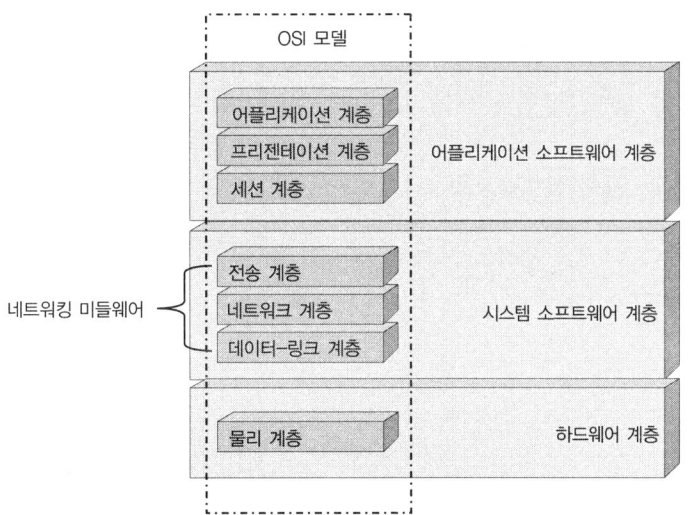

>> 그림 10-3 OSI 모델과 미들웨어

이 절에서 제시한 예, UDP와 IP(그림 10-4a와 10-4b 참고)는 TCP/IP 프로토콜 스택에 속해 있는 프로토콜이며, 일반적으로 미들웨어로 구현된다. 2장에서 소개한 것처럼, 이 모델은 4개의 계층인 네트워크 세션 계층, 인터넷 계층, 전송 계층, 어플리케이션 계층으로 구성되어 있다. TCP/IP 어플리케이션 계층은 OSI 모델의 상위 세 계층(어플리케이션, 프리젠테이션, 세션 계층)의 기능을 통합하고 있다. 네트워크 액세스 계층은 OSI 모델의 계층들(물리 계층, 데이터-링크 계층)을 통합하고 있다. 인터넷 계층은 OSI 모델에서의 네트워크 계층에 대응되며, 두 모델의 전송 계층은 완전히 동일하다. 이것은 TCP/IP와 관련하여, 네트워킹 미들웨어는 전송 계층, 인터넷 계층, 그리고 네트워크 액세스 계층의 상위 부분에 속해 있다는 것을 의미한다(그림 10-4a 참고).

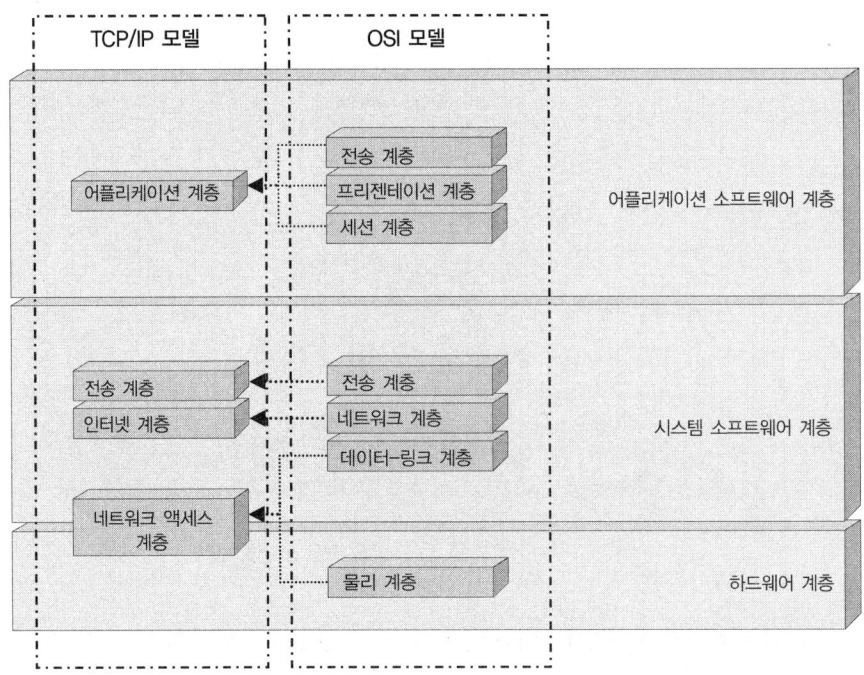

>> 그림 10-4a TCP/IP, OSI 모델과 임베디드 시스템 모델 블록 다이어그램

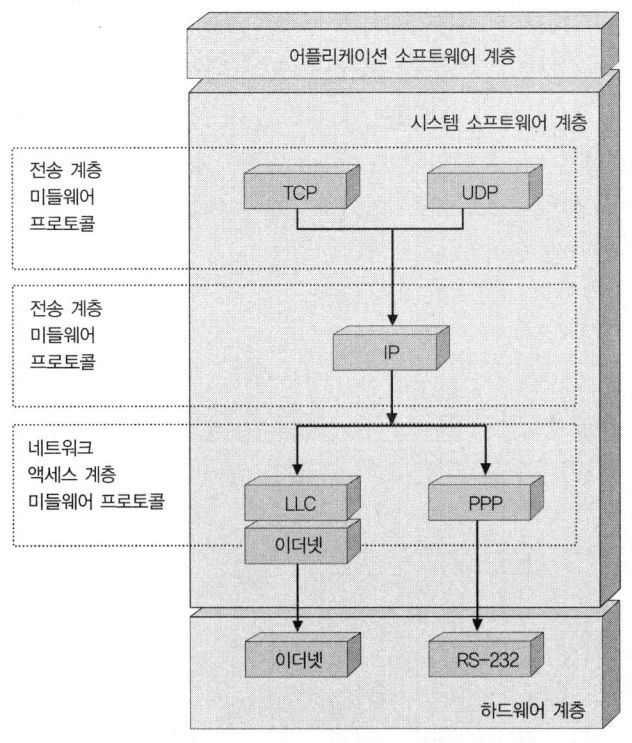

>> 그림 10-4b TCP/IP 모델과 프로토콜 블록 다이어그램

네트워크 액세스/데이터-링크 계층 미들웨어 예 : PPP

PPP(point-to-point protocol)는 데이터를 암호화하여 물리적인 직렬 전송매체(그림 10-5 참고)를 통해 IP와 같은 상위 계층의 프로토콜에게 전송할 수 있는 OSI 데이터-링크(또는 TCP/IP 모델에서의 네트워크 액세스 계층) 프로토콜이다. PPP는 비동기(불규칙적인 구간) 직렬 통신과 동기(규칙적인 구간) 직렬 통신 모두를 지원한다.

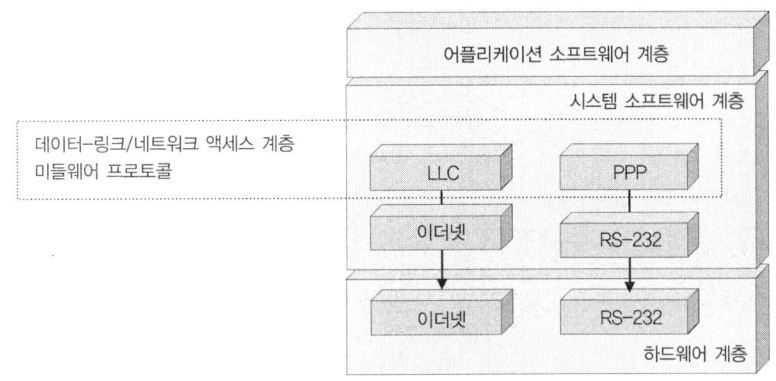

>> 그림 10-5 데이터-링크 미들웨어

PPP는 프레임처럼 그것을 통해 지나가는 데이터를 처리하는 역할을 한다. 예를 들어 하위 계층 프로토콜로부터 데이터를 받을 때, PPP는 전체 프레임이 수신되었으며, 이 프레임에 오류가 없고, 이 프레임이 이 기기를 위한 것인가를 보장하기 위해(기기의 네트워킹 하드웨어를 통해 받은 물리 어드레스를 사용하여), 그리고 이 프레임이 어디서 왔는가를 결정하기 위해 이 프레임의 비트 영역을 읽는다. 만약 데이터가 이 기기용이라면, PPP는 모든 데이터-링크 계층 헤더를 이 프레임으로부터 분리한 다음, **데이터그램**(datagram)이라고 부르는 남은 데이터 영역을 상위 계층으로 전송한다. 기기 밖으로 전송하기 위해서 PPP는 상위 계층에서 내려받은 데이터에 이러한 동일한 헤더 영역을 추가한다.

일반적으로, PPP 소프트웨어는 다음의 네 가지 하위 메커니즘을 통해 정의된다.

- RFC 1662에서 정의된 상위 데이터-링크 제어(HDLC) 프레임 또는 RFC 1661에서 (디멀티플렉스, 생성, 체크섬 검증 등) 처리를 위해 정의된 링크 제어 프로토콜(LCP)과 같은 PPP 암호화 메커니즘(RFC 1661에서 정의)

- RFC 1661에서 정의되어, 데이터-링크 연결을 생성하고 구성하고 테스트하는 역할을 하는 링크 제어 프로토콜(LCP)과 같은 데이터-링크 프로토콜 핸드쉐이킹

- RFC 1334에서 정의되어, PPP 링크가 생성된 후 보안을 관리하기 위해 사용되는 PAP(PPP 인증 프로토콜)와 같은 인증 프로토콜

- RFC 1332에서 정의되어, 상위 계층 프로토콜(예를 들어, OP, IPX 등) 설정을 생성하고 구성하는 IPCP(인터넷 프로토콜 제어 프로토콜)와 같은 네트워크 제어 프로토콜(NCP)

이러한 서브메커니즘은 다음의 방식으로 함께 작동한다. 두 기기에 연결되어 있는 PPP 통신 링크는 표 10-1에서 볼 수 있는 것처럼, 어떤 주어진 시간에서 다음의 5가지의 가능한 단계 중 하나가 될 수 있다. 통신 링크의 현재 단계는 어떤 메커니즘—암호화, 핸드쉐이킹, 인증 등—이 실행되는가를 결정한다.

>> 표 10-1 단계 테이블[10-1]

단 계	설 명
링크 데드(link dead)	링크는 반드시 이 단계에서 시작하고 끝난다. 캐리어 감지 또는 네트워크 관리자 설정과 같은 외부 이벤트가 물리 계층이 사용될 준비가 되었다는 것을 알려주면, PPP는 링크 생성단계로 간다. 이 단계에서 LCP 자동장치(이 장의 뒷부분에서 설명)는 Initial 상태 또는 Starting 상태에 있을 것이다. 링크 생성 단계로의 전환은 LCP 자동장치에 Up 이벤트 신호를 준다(이 장의 뒷부분에서 설명).
링크 생성	링크 제어 프로토콜(LCP)은 설정 패킷의 교환을 통해 연결을 생성하기 위해 사용된다. Configure-Ack 패킷(이 장의 뒷부분에서 설명)을 보내고 받으면, 링크 생성단계에 진입한다.
인증	인증은 추가의 PPP 메커니즘이다. 만약 인증이 일어난다면, 그것은 보통 링크 생성단계 다음에 바로 발생한다.
네트워크 계층 프로토콜	PPP가 생성과 인증 단계를 완료하면, 각 네트워크 계층 프로토콜(IP, IPX, AppleTalk와 같은)은 적절한 네트워크 제어 프로토콜(NCP)에 의해 분리되어 설정되어야 한다.
링크 종료	PPP는 언제든 링크를 종료할 수 있다. 그러면, PPP는 링크 데드 단계가 된다.

PPP 링크를 설정하고 유지하고 종료하는 데 이 단계들이 서로 어떻게 영향을 끼치는지에 대해서는 그림 10-6에서 보여주고 있다.

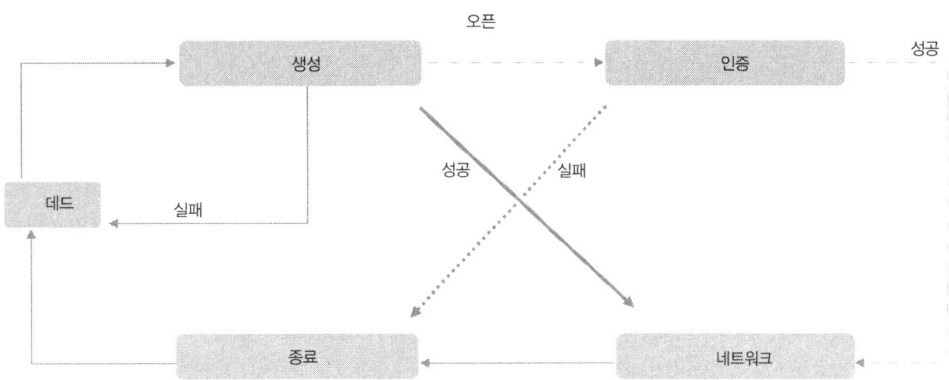

>> 그림 10-6 PPP 단계[10-1]

PPP 계층 1(예를 들어, RFC 1662)에서 정의한 것처럼, 데이터는 PPP 프레임 내에서 암호화된다. 이것의 예를 그림 10-7에서 나타내고 있다.

플래그	어드레스	제어	프로토콜	정보	FCS	플래그
1 바이트	1 바이트	1 바이트	2 바이트	가변	2 바이트	1 바이트

>> 그림 10-7 PPP HDLC와 같은 프레임[10-1]

플래그(flag)는 한 프레임의 시작과 끝을 표시하며, 각각 0x7E로 설정된다. **어드레스**(address)는 상위 데이터-링크 제어(HDLC) 방송 어드레스이며, PPP가 각각의 기기 어드레스에 할당되어 있지 않기 때문에 항상 0xFF로 설정된다. **제어**(control)는 UI(번호가 할당되지 않은 정보)를 위한 HDLC 명령어이며, 0x03으로 설정된다. **프로토콜**(protocol) 영역은 정보 영역 내에 데이터의 프로토콜을 정의한대(예를 들어, 0x0021은 정보 영역이 IP 다이어그램을 포함하고 있다는 것을 의미하며, 0xC021은 정보 영역이 링크 제어 데이터를 포함하고 있다는 것을 의미하며, 0x8021은 정보 영역이 네트워크 제어 데이터를 포함하고 있다는 것을 의미한다(표 10-2 참고)]. 마지막으로, **정보**(information) 영역은 상위 프로토콜을 위한 데이터를 포함하고 있으며, **FCS**(frame check sequence, 프레임 체크 시퀀스) 영역은 프레임의 체크섬값을 포함하고 있다.

>> 표 10-2 프로토콜 정보[10-1]

값(16진수)	프로토콜 이름
0001	프로토콜 패딩
0003 ~ 001f	예약 (transparency inefficient)
007d	예약 (Control Escape)
00cf	예약 (PPP NLPID)
00ff	예약 (compression inefficient)
8001 ~ 801f	사용 안 함
807d	사용 안 함
80cf	사용 안 함
80ff	사용 안 함
c021	링크 제어 프로토콜
c023	비밀번호 인증 프로토콜
c025	링크 품질 기록
c223	도전 교섭 인증 프로토콜

데이터-링크 프로토콜은 또한 프레임의 형식을 정의할 수도 있다. 예를 들어, LCP 프레임은 그림 10-8과 같다.

코드 1 바이트	구분자 1 바이트	길이 2 바이트	데이터(크기 가변)		
			종류	길이	데이터

>> 그림 10-8 LCP 프레임[10-1]

데이터(data) 영역은 상위 네트워킹 계층을 위해 만들어진 데이터를 포함하고 있으며, 정보(종류, 길이, 데이터)로 구성되어 있다. **길이**(length) 영역은 전체 LCP 프레임의 크기를 규정한다. **구분자**(identifier)는 클라이언트와 서버 요청과 응답을 대응시키기 위해 사용된다. 마지막으로 **코드**(code) 영역은 LCP 패킷의 종류(취해진 동작의 종류를 가리킨다)를 규정한다. 가능한 코드는 표 10-3에서 요약 정리하였다. 코드 1~4를 가진 프레임은 링크 설정 프레임이라 부르며, 코드 5~6을 가진 프레임은 링크 종료 프레임, 그리고 나머지는 링크 관리 패킷이라고 부른다.

>> 표 10-3 LCP 코드[10-1]

코 드	정 의	코 드	정 의
1	Configure-Request	7	Code-Reject
2	Configure-Ack	8	Protocol-Reject
3	Configure-Nak	9	Echo-Request
4	Configure-Reject	10	Echo-Reply
5	Terminate-Request	11	Discard-Request
6	Terminate-Ack	12	Link Quality Report

들어온 LCP 다이어그램의 LCP 코드는 아래의 의사 코드 예에서 볼 수 있는 것처럼 데이터 그램이 어떻게 처리될지를 결정한다.

```
...
if(LCPCode) {
    = CONFREQ: RCR(…);           // 표 10-3 참조
end CONFREQ;
    = CONFACK: RCA(…);           // 표 10-3 참조
end CONFACK;
    = CONFNAK or CONFREJ: RCN(…); // 표 10-3 참조
end LCPCode;
    = TERMREQ:
          event(RTR);
     end TERMREQ;
    = TERMACK:
    ...
    }
...
```

두 기기들이 PPP 링크를 생성할 수 있도록 하기 위해서, 각각은 데이터-링크 연결을 설정하고 테스트하기 위해 LCP 프레임과 같은 데이터-링크 프로토콜 프레임을 전송해야 한다. 이미 말했던 것처럼, LCP는 PPP를 위해 구현될 수 있는 PPP 핸드쉐이킹을 처리하는 프로토콜 중 하나이다. LCP 프레임이 교환된 후(그래서 PPP 링크가 생성된) 인증이 발생한다. PPP 인증 프로토콜 또는 PAP와 같은 인증 프로토콜이 비밀번호 인증 등을 통해서 보안을 관리하기 위하여 사용될 수 있는 것도 바로 이 시점에서이다. 마지막으로, IPCP(인터넷 프로토콜 제어 프로토콜)와 같은 네트워크 제어 프로토콜(NCP)은 IP와 IPX와 같은 네트워크 계층 프로토콜 설정에서 상위 계층 프로토콜을 생성하고 설정한다.

그림 10-9에서 볼 수 있는 것처럼, 기기의 PPP 연결은 어떤 순간 특정 상태에 있다. PPP 상태에 대해서는 표 10-4에서 간략하게 설명하고 있다.

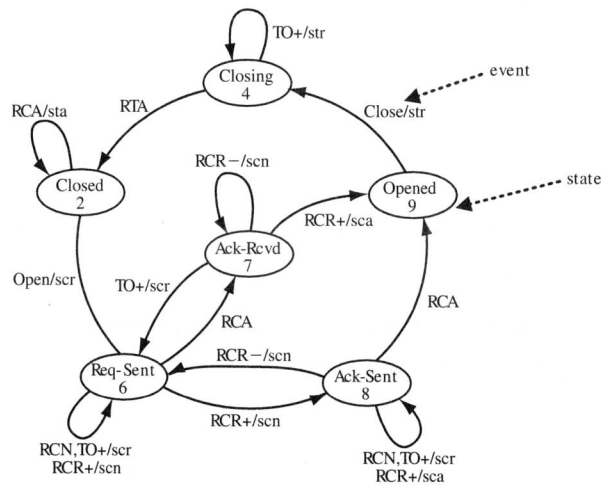

>> 그림 10-9 PPP 연결 상태와 이벤트[10-1]

>> 표 10-4 PPP 상태[10-1]

상 태	정 의
Initial	PPP 링크는 Initial 상태에 있으며, 하위 계층은 사용할 수 없다(Down). 그리고 어떠한 Open 이벤트도 발생하지 않는다. Restart 타이머는 Initial 상태에서 동작하지 않는다.
Starting	Starting 상태는 Initial 상태의 Open 일부이다. Administrative Open이 초기화되지만, 하위 계층은 여전히 사용할 수 없다(Down). Restart 타이머는 Starting 상태에서 동작하지 않는다. 하위 계층이 사용 가능할 때(Up) Configure-Request 패킷이 송신된다.
Stopped	Stopped 상태는 Closed 상태의 Open 일부이다. This-Layer-Finished 동작 후 또는 Terminate-Ack 패킷을 송신한 후에 Down 이벤트를 자동으로 기다리게 한다. Restart 타이머는 Stopped 상태에서 동작하지 않는다.
Closed	Closed 상태에서는, 링크는 가능하지만(Up), Open은 발생하지 않는다. Restart 타이머는 Closed 상태에서는 동작하지 않는다. Configure-Request 패킷을 수신하면, Terminate-Ack 패킷이 송신된다. Terminate-Ack 패킷은 루프를 생성하는 것을 피하기 위해 조용히 무시된다.
Stopping	Stopping 상태는 Closing 상태의 Open 일부이다. Terminate-Request 패킷은 송신되고, Restart 타이머가 실행되지만, Terminate-Ack 패킷은 아직 수신되지 않는다.
Closing	Closing 상태에서는, 연결을 종료하려는 시도가 이루어진다. Terminate-Request 패킷은 송신되고, Restart 타이머가 실행되지만, Terminate-Ack 패킷은 아직 수신되지 않는다. Terminate-Ack 패킷이 수신되면, Closed 상태로 진입한다. Restart 타이머가 만기되면, 새로운 Terminate-Request 패킷이 전송되고, Restart 타이머가 다시 시작된다. Restart 타이머가 최대 종료시간을 지나면, Closed 상태로 진입한다.

>> 표 10-4 계속

상태	정의
Request-Sent	Request-Sent 상태에서는, 연결을 설정하는 시도가 이루어진다. Configure-Request 패킷이 보내지고, Restart 타이머가 실행되지만, Configure-Ack 패킷은 아직 송신도 수신도 되지 않는다.
ACK-Sent	Ack-Received 상태에서는, Configure-Request와 Configure-Ack 패킷이 모두 송신된다. 하지만, Configure-Ack 패킷은 아직 수신되지 않는다. Configure-Ack 패킷이 아직 수신되지 않았기 때문에 Restart 타이머가 실행된다
Opened	Opened 상태에서는, Configure-Ack 패킷이 모두 송수신된다. Restart 타이머는 실행되지 않는다. Opened 상태에 진입할 때, SHOULD 구현은 그것이 현재 Up상태라고 상위 계층에게 신호를 보낸다. 반대로, Opened 상태에서 벗어날 때 SHOULD 구현은 상위 계층에게 현재 Down 상태라고 신호를 보낸다.

그림 10-9에서 볼 수 있는 것처럼, **이벤트**(event)는 PPP 연결을 한 상태에서 다른 상태로 이동시키게 하는 것이다. 표 10-5에서의 LCP 코드(RFC 1661 표준에서 정의)는 PPP 상태 전환을 야기하는 이벤트의 종류를 정의한다.

>> 표 10-5 PPP 이벤트[10-1]

이벤트 라벨	이벤트	설명
Up	lower layer is Up	하위 계층이 패킷을 전송할 준비가 되었다는 것을 가리킬 때, 이 이벤트가 발생한다.
Down	lower layer is Down	하위 계층이 더 이상 패킷을 전송할 수 없다는 것을 가리킬 때, 이 이벤트가 발생한다.
Open	administrative Open	이 이벤트는 관리상 링크가 트래픽을 위해 사용 가능하다는 것을 가리킨다. 즉, 네트워크 관리자(사람 또는 프로그램)는 링크가 Opened 상태가 되도록 허락되어 있다는 것을 가리킨다. 이 이벤트가 발생하고, 링크가 Opened 상태가 아니면, 한쪽 단자로 설정 패킷을 자동으로 보내려고 시도한다.
Close	administrative Close	이 이벤트는 관리상 링크가 트래픽을 위해 사용 불가능하다는 것을 가리킨다. 즉, 네트워크 관리자(사람 또는 프로그램)는 링크가 Opened 상태가 되도록 허락되지 않았다는 것을 가리킨다. 이 이벤트가 발생하고, 링크가 Closed 상태에 있지 않다면, 자동으로 연결 종료를 시도한다. 링크를 재설정하려는 시도는 새로운 Open 이벤트가 발생할 때까지 거절된다.

>> 표 10-5 계속

이벤트 라벨	이벤트	설 명
TO+	timeout with counter > 0	TO+ 이벤트는 Restart 타이머의 만기를 가리킨다. Restart 타이머는 Configure-Request와 Terminate-Request 패킷에 대한 시간 반응을 위해 사용된다. TO+ 이벤트는 Restart 카운터가 0보다 더 커지고 있다는 것을 가리키는데, 이것은 그에 상응하는 Configure-Request 또는 Terminate-Request 패킷을 재전송하기 위해 트리거된다. TO- 이벤트는 Restart 타이머가 0보다 더 크지 않으며, 더 이상 패킷들을 재전송할 필요가 없다는 것을 가리킨다.
TO-	timeout with counter expired	
RCR+	receive configure request good	연결을 오픈하고자 하는 기기는 Configure-Request 패킷을 전송해야 한다. 옵션 영역은 링크 디폴트값에 대해 원하는 변경값으로 채워진다. 설정 옵션은 디폴트값을 포함해서는 안 된다.
RCR-	receive configure request bad	
RCA	receive configure ack	이 이벤트는 유효한 Configure-Ack 패킷이 한쪽 단자로부터 수신되었을 때 발생한다. Configure-Ack 패킷은 Configure-Request 패킷에 대한 긍정적 반응이다. 유효하지 않은 패킷은 조용히 무시된다. Configure-Request 안에 수신된 모든 설정 옵션들이 인식 가능하고, 모든 값들이 받아들여진다면, 기기는 Configure-Ack 패킷을 전송해야 한다. 알려진 설정 옵션은 어떤 방법으로든 기록되거나 수정되어서는 안 된다. Configure-Ack 패킷의 수신상에서, 구분자 영역은 마지막으로 전송된 Configure-Request 패킷의 그것과 일치해야 한다. 추가로, Configure-Ack 패킷 안에 있는 설정 옵션들은 마지막으로 전송된 Configure-Request 패킷의 그것과 정확히 일치해야 한다. 유효하지 않은 패킷들은 조용히 무시된다.
RCN	receive configure nak/rej	유효한 Configure-Nak 또는 Configure-Reject 패킷이 한쪽 단자에서 수신될 때 RCN 이벤트가 발생한다. Configure-Nak 와 Configure-Reject 패킷들은 Configure-Request 패킷에 부정적인 응답을 한다. 유효하지 않은 패킷들은 조용히 무시된다.
RTR	receive terminate request	Terminate-Request 패킷이 수신될 때 이 이벤트가 발생한다. Terminate-Request 패킷은 연결을 닫고자 하는 단자를 가리킨다.
RTA	receive terminate ack	Terminate-Ack 패킷이 한쪽 단자로부터 수신되면, 이 이벤트가 발생한다. Terminate-Ack 패킷은 보통 Terminate-Request 패킷에 응답을 한다. Terminate-Ack 패킷은 또한 한쪽 단자가 Closed 또는 Stopped 상태에 있다는 것을 가리키며, 링크 설정에 다시 동기화 하는 역할을 한다.

>> 표 10-5 계속

이벤트 라벨	이벤트	설 명
RUC	Receive unknown code	한쪽 단자로부터 해석할 수 없는 패킷이 수신되었을 때 이 이벤트가 발생한다. 응답으로 Code-Reject 패킷이 송신된다.
RXJ+	receive code reject permitted or receive protocol reject	한쪽 단자로부터 Code-Reject 또는 Protocol-Reject 패킷이 수신될 때 이 이벤트가 발생한다. RXJ+ 이벤트는 확장 코드의 Code-Reject 또는 NCP의 Protocol-Reject 패킷과 같은 거부된 값이 받아들여질 때 발생한다. 이것들은 일반 동작의 범주 안에 있다. 기기는 성가신 패킷 종류를 보내는 것을 멈추어야 한다. RXJ- 이벤트는 Configure-Request의 Code-Reject 또는 LCP의 Protocol-Reject와 같은 거부된 값이 고장을 일으킬 때 발생한다. 이 이벤트는 연결을 종료시키는 회복 불가능한 오류를 발생시킨다.
RXJ-	receive code reject catastrophic or receive protocol reject	
RXR	receive echo request, receive echo reply, or receive discard request	한쪽 단자로부터 Echo-Request, Echo-Reply 또는 Discard-Request 패킷이 수신될 때 이 이벤트가 발생한다. Echo-Reply 패킷은 Echo-Request 패킷에 대한 응답이다. Echo-Reply 또는 Discard-Request 패킷에 대한 응답은 없다.

PPP 연결이 상태를 전환할 때, 이러한 이벤트들로부터 패킷의 전송, Restart 타이머의 시작과 정지와 같은 어떤 동작들이 취해진다. 이에 대하여 표 10-6에서 간단히 설명하고 있다.

>> 표 10-6 PPP 동작[10-1]

동작 라벨	동 작	정 의
tlu	this layer up	이 동작은 상위 계층에게 Opened 상태에서 자동으로 진입했다는 것을 알려준다. 전형적으로 이 동작은 NCP, 인증 프로토콜, 또는 링크 품질 프로토콜에게 Up 이벤트 신호를 주기 위해 LCP에 의해 사용되거나, 네트워크 계층 트래픽을 위해 링크 사용이 가능하다는 것을 가리키기 위해 NCP에 의해 사용될 수도 있다.
tld	this layer down	이 동작은 상위 계층에게 Opened 상태에서 자동으로 벗어났다는 것을 알려준다. 전형적으로 이 동작은 NCP, 인증 프로토콜, 또는 링크 품질 프로토콜에게 Down 이벤트 신호를 주기 위해 LCP에 의해 사용되거나, 네트워크 계층 트래픽을 위해 더 이상 링크를 사용할 수 없다는 것을 가리키기 위해 NCP에 의해 사용될 수도 있다.

>> 표 10-6 계속

동작 라벨	동작	정의
tls	this layer started	이 동작은 하위 계층에게 Starting 상태에서 자동으로 진입했다는 것을 알려주며, 하위 계층은 링크를 위해 요구된다. 하위 계층이 사용 가능할 때, 하위 계층은 Up 이벤트에 응답해야 한다. 이 동작의 이러한 결과는 기기에 매우 의존적이다.
tlf	this layer finished	이 동작은 하위 계층에게 Initial, Closed, 또는 Stopped 상태에서 자동으로 진입했다는 것을 알려준다. 그리고 하위 계층은 더 이상 링크를 위해 요구되지 않는다. 하위 계층이 종료되면 하위 계층은 Down 이벤트에 응답해야 한다. 전형적으로 이 동작은 링크 데드 단계에 앞서 LCP에 의해 사용되거나, 다른 NCP가 더 이상 오픈되지 않을 때 링크가 종료될 수 있다고 LCP에게 알려주기 위해 NCP에 의해 사용될 수 있다. 이 동작의 이러한 결과는 기기에 매우 의존적이다.
irc	initialize restart count	이 동작은 Restart 카운터를 적절한 값(Max-Terminate 또는 Max-Configure)으로 설정한다. 카운터는 처음을 포함하여, 각 전송에 대해 감소한다.
zrc	zero restart count	이 동작은 Restart 카운터를 0으로 설정한다.
scr	send configure request	Configure-Request 패킷이 전송된다. 이것은 특정한 설정 옵션으로 연결을 오픈하고자 한다는 것을 가리킨다. Restart 타이머는 패킷 손실을 보호하기 위해 Configure-Request 패킷이 전송될 때 시작된다. Restart 카운터는 Configure-Request 패킷이 전송될 때마다 감소된다.
sca	send configure ack	Configure-Ack 패킷이 전송된다. 이것은 Configure-Request 패킷의 수신에 받아들일 수 있는 설정 옵션으로 응답한다.
scn	send configure nak/rej	Configure-Nak 또는 Configure-Reject 패킷이 적당히 수신된다. 이 부정적 응답은 Configure-Request 패킷의 수신을 받아들일 수 없는 설정 옵션으로 기록한다. Configure-Nak 패킷은 설정 옵션값을 거절하고, 새로운 받아들일 수 있는 값을 제안하기 위해서 사용된다. Configure-Reject 패킷은 설정 옵션에 대한 모든 교섭을 거절하기 위해 사용된다. 보통 그 설정 옵션은 인식될 수 없거나 구현될 수 없기 때문이다. Configure-Nak 대 Configure-Reject의 사용은 LCP 패킷 형식에 대한 부분에서 더 상세하게 설명할 것이다.

>> 표 10-6 계속

동작 라벨	동작	정 의
str	send terminate request	Terminate-Request 패킷이 전송된다. 이것은 연결을 닫고자 한다는 것을 가리킨다. 패킷 손실을 보호하기 위해 Terminate-Request 패킷이 전송될 때, Restart 타이머가 시작된다. Restart 타이머는 Terminate-Request 패킷이 보내어질 때마다 감소된다.
sta	send terminate ack	Terminate-Ack 패킷이 전송된다. 이것은 Terminate-Request 패킷의 수신에 응답하거나 자동으로 동기화하는 역할을 한다.
scj	send code reject	Code-Reject 패킷이 수신된다. 이것은 알 수 없는 종류의 패킷이 수신되었다는 것을 가리킨다.
ser	send echo reply	Echo-Reply 패킷이 전송된다. 이것은 Echo-Request 패킷의 수신에 응답한다는 것을 가리킨다.

PPP 상태, 동작, 그리고 이벤트들은 보통 플랫폼에 특화된 코드에 의해 부팅시 생성되고 설정된다. 이것들 중 몇 가지는 다음 몇 페이지에서 의사 코드 형태로 보여주고 있다. PPP 연결은 생성시 Initial 상태에 있다. 그러므로 다른 것들 사이에서 'Initial' 상태 루틴이 실행된다. 이 코드는 PPP를 생성하고 설정하기 위해, 런타임시 나중에 호출되어 PPP 런타임 이벤트에 응답한다(예를 들어, 프레임들은 처리를 위해 하위 계층에서 온다). 예를 들어, PPP 소프트웨어가 하위 계층에서 온 PPP 프레임을 디먹스하고, 체크섬 루틴이 프레임이 유효한지를 결정하면, PPP 연결이 어떤 상태에 있는지를 그리고 관련된 소프트웨어 상태, 이벤트, 동작 기능 프레임이 실행되기 위해 필요한 것이 무엇인지를 결정하기 위해 적절한 필드가 사용된다. 만약 프레임이 상위 계층 프로토콜로 보내어지면, 상위 계층 프로토콜에게 받은 데이터가 있다는 것을 알려주기 위해 적절한 메커니즘이 사용된다(예를 들어, IP를 위해 IPReceive).

PPP(LCP) 상태 의사 코드

Initial : PPP 링크는 Initial 상태에 있으며, 하위 계층은 사용할 수 없다(Down). 그리고 어떠한 Open 이벤트도 발생하지 않는다. Restart 타이머는 Initial 상태에서 동작하지 않는다.[10-1]

```
initial(){
if(event){
  = UP:
      transition(CLOSED); //CLOSED 상태로 전환한다.
      end UP;
  = OPEN:
      tls(); // action
      transition(STARTING); //STARTING 상태로 전환한다.
  = CLOSE:
      end CLOSE; // 어떠한 동작 또는 상태 전환도 없다.
  = any other event:
      wrongEvent; // PPP가 Initial 상태에 있을 때,
                  // 다른 어떤 이벤트도 처리되지
                  // 않는다는 것을 가리킨다.
  }
}
```

```
event(int event)
{
if(restarting() && (event=DOWN)) return; //SKIP

if(state){
  = INITIAL:
      initial(); // initial 상태 루틴을 호출한다.
      end INITIAL;
  = STARTING:
      starting(); // starting 상태 루틴을 호출한다.
      end STARTING;
  = CLOSED:
      closed(); // closed 상태 루틴을 호출한다.
      end CLOSED;
  = STOPPED:
      stopped(); // stopped 상태 루틴을 호출한다.
      end STOPPED;
  = CLOSING:
      closing(); // closing 상태 루틴을 호출한다.
      end CLOSING;
  = STOPPING:
      stopping(); // stopping 상태 루틴을 호출한다.
      end STOPPING;
  = REQSENT:
      reqsent(); // reqsent 상태 루틴을 호출한다.
      end REQSENT;
  = ACKRCVD:
      ackrcvd(); // ackrcvd 상태 루틴을 호출한다.
      end ACKRCVD;
  = ACKSENT:
      acksent(); // acksent 상태 루틴을 호출한다.
      end ACKSENT;
  = OPENED:
      opened(); // opened 상태 루틴을 호출한다.
      end OPENED;
  = any other state:
      wrongState; // 다른 상태는 유효하지 않은 것으로 취급된다.
  }
}
```

```
PPP(LCP) Action Psuedocode

tlu(){
...
event(UP); // UP 이벤트가 발생한다.
event(OPEN) // OPEN 이벤트가 발생한다.
}

tld(){
...
event(DOWN); // DOWN 이벤트가 발생한다.
}

tls(){
...
event(OPEN); // OPEN 이벤트가 발생한다.
}

tlf(){
...
event(CLOSE); // CLOSE 이벤트가 발생한다.
}

irc(int event){
  if(event = UP, DOWN, OPEN, CLOSE, RUC, RXJ+, RXJ-, or RXR){
    restart counter = Max terminate;
  } else {
    restart counter = Max Configure;
  }
}

zrc(int time){
    restart counter = 0;
    PPPTimer = time;
}

sca(…){
...
PPPSendViaLCP(CONFACK);
...
}

scn(…){
...
if(refusing all Configuration Option negotiation) then {
  PPPSendViaLCP(CONFNAK);
} else {
  PPPSendViaLCP(CONFREJ);
}
...
}
……
```

Starting : Starting 상태는 Initial 상태의 Open 일부이다. Administrative Open이 초기화되지만, 하위 계층은 여전히 사용할 수 없다(Down). Restart 타이머는 Starting 상태에서 동작하지 않는다. 하위 계층이 사용 가능할 때(Up) Configure-Request 패킷이 송신된다.[10-1]

```
starting(){
 if(event){
   = UP:
       irc(event); // action
       scr(true); // action
       transition(REQSENT); // REQSENT 상태로 전환한다.
       end UP;
   = OPEN:
       end OPEN; // 어떠한 동작 또는 상태 전환도 없다.
   = CLOSE:
       tlf(); // action
       transition(INITIAL); // INITIAL 상태로 전환한다.
       end CLOSE;
   = any other event:
       wrongEvent++; // PPP가 Starting 상태에 있을 때, 다른 어떤
                    // 이벤트도 처리되지 않는다는 것을 가리킨다.

 }
}
```

Closed : Closed 상태에서는, 링크는 가능하지만(Up), Open은 발생하지 않는다. Restart 타이머는 Closed 상태에서는 동작하지 않는다. Configure-Request 패킷을 수신하면, Terminate-Ack 패킷이 송신된다. Terminate-Ack 패킷은 루프를 생성하는 것을 피하기 위해 조용히 무시된다.[10-1]

```
closed(){
 if(event){
   = DOWN:
       transition(INITIAL); // INITIAL 상태로 전환한다.
       end DOWN;
   = OPEN:
       irc(event); // action
       scr(true); // action
       transition(REQSENT); // REQSENT 상태로 전환한다.
       end OPEN;
   = RCRP, RCRN, RCA, RCN, or RTR:
       sta(…); // action
       end EVENT;
   = RTA, RXJP, RXR, CLOSE:
       end EVENT; // 어떠한 동작 또는 상태 전환도 없다.
```

```
    = RUC:
        scj(…); // action
        end RUC;
    = RXJN:
        tlf(); // action
        end RXJN;
    = any other event:
        wrongEvent; // PPP가 Closed 상태에 있을 때, 다른 어떤
                    // 이벤트도 처리되지 않는다는 것을 가리킨다.
  }
}
```

Stopped : Stopped 상태는 Closed 상태의 Open 일부이다. This-Layer-Finished 동작 후 또는 Terminate-Ack 패킷을 송신한 후에 Down 이벤트를 자동으로 기다리게 한다. Restart 타이머는 Stopped 상태에서 동작하지 않는다.[10-1]

```
stopped(){
 if(event){
    = DOWN: tls(); // action
        transition(STARTING); // STARTING 상태로 전환한다.
        end DOWN;
    = OPEN: initializeLink(); // 변수 초기화
        end OPEN;
    = CLOSE: transition(CLOSED); // CLOSED 상태로 전환한다.
        end CLOSE;
    = RCRP: irc(event); // action
        scr(true); // action
        sca(…); // action
        transition(ACKSENT); // ACKSENT 상태로 전환한다.
        end RCRP;
    = RCRN: irc(event); // action
        scr(true); // action
        scn(…); // action
        transition(REQSENT); // REQSENT 상태로 전환한다.
        end RCRN;
    = RCA, RCN, or RTR: sta(…); // action
        end EVENT;
    = RTA, RXJP, or RXR:
        end EVENT;
    = RUC:  scj(…); // action
```

```
            end RUC;
    = RXJN: tlf(); // action
            end RXJN;
    = any other event:
            wrongEvent; // PPP가 Stopped 상태에 있을 때, 다른 어떤
                        // 이벤트도 처리되지 않는다는 것을 가리킨다.
    }
}
```

Closing : Closing 상태에서는, 연결을 종료하려는 시도가 이루어진다. Terminate-Request 패킷은 송신되고, Restart 타이머가 실행되지만, Terminate-Ack 패킷은 아직 수신되지 않는다. Terminate-Ack 패킷이 수신되면, Closed 상태로 진입한다. Restart 타이머가 만기되면, 새로운 Terminate-Request 패킷이 전송되고, Restart 타이머가 다시 시작된다. Restart 타이머가 최대 종료시간을 지나면, Closed 상태로 진입한다.[10-1]

```
closing(){
 if(event){
    = DOWN: transition(INITIAL); // INITIAL 상태로 전환한다.
            end DOWN;
    = OPEN: transition(STOPPING); // STOPPING 상태로 전환한다.
            initializeLink(); // 변수 초기화
            end OPEN;
    = TOP: str(…); // action
            initializePPPTimer; // PPP 타이머 변수 초기화
            end TOP;
    = TON: tlf();  // action
            initializePPPTimer; // PPP 타이머 변수 초기화
            transition(CLOSED); // CLOSED 상태로 전환한다.
            end TON;
    = RTR: sta(…); // action
            end RTR;
    = CLOSE, RCRP, RCRN, RCA, RCN, RXR, or RXJP:
            end EVENT; // 어떠한 동작 또는 상태 전환도 없다.
    = RTA: tlf(); // action
            transition(CLOSED); // CLOSED 상태로 전환한다.
            end RTA;
    = RUC: scj(…); // action
            end RUC;
```

```
    = RXJN: tlf(); // action
        end RXJN;
    = any other event:
        wrongEvent; // PPP가 Closing 상태에 있을 때, 다른 어떤
                    //              이벤트도 처리되지 않는다는 것을 가리킨다.
 }
}
```

Stopping : Stopping 상태는 Closing 상태의 Open 일부이다. Terminate-Request 패킷은 송신되고, Restart 타이머가 실행되지만, Terminate-Ack 패킷은 아직 수신되지 않는다.[10-1]

```
stopping(){
 if(event){
    = DOWN: tansition(STARTING); // STARTING 상태로 전환한다.
        end DOWN;
    = OPEN: initializeLink(); // 변수 초기화
        end OPEN;
    = CLOSE: transition(CLOSING); // CLOSING 상태로 전환한다.
        end CLOSE;
    = TOP: str(…); // action
        initialize PPPTimer(); // PPP 타이머 초기화
        end TOP;
    = TON: tlf();  // action
        initialize PPPTimer(); // PPP 타이머 초기화
        transition(STOPPED); // STOPPED 상태로 전환한다.
        end TON;
    = RCRP, RCRN, RCA, RCN, RXJP, RXR: end EVENT; // 어떠한 동작 또는 상태 전환도 없다.
    = RTR: sta(…); // action
        end RTR;
    = RTA: tlf(); // action
        transition(STOPPED); // STOPPED 상태로 전환한다.
        end RTA;
    = RUC: scj(…); // action
        end RUC;
    = RXJN: tlf(); // action
        transition(STOPPED); // STOPPED 상태로 전환한다.
        end RXJN;
    = any other event:
        wrongEvent; // PPP가 Stopping 상태에 있을 때, 다른 어떤
```

```
                    // 이벤트도 처리되지 않는다는 것을 가리킨다.
  }
}
```

Request-Sent : Request-Sent 상태에서는, 연결을 설정하는 시도가 이루어진다. Configure-Request 패킷이 보내어지고, Restart 타이머가 실행되지만, Configure-Ack 패킷은 아직 송신도 수신도 되지 않는다.[10-1]

```
reqsent(){
 if(event){
   = DOWN: tansition(STARTING); // STARTING 상태로 전환한다.
        end DOWN;
   = OPEN: transition(REQSENT); // REQSENT 상태로 전환한다.
        end OPEN;
   = CLOSE: irc(event); // action
        str(…); // action
        transition(CLOSING); // CLOSING 상태로 전환한다.
        end CLOSE;
   = TOP: scr(false); // action
        initialize PPPTimer(); // PPP 타이머 초기화
        end TOP;
   = TON, RTA, RXJP, or RXR: end EVENT; // 어떠한 동작 또는 상태 전환도 없다.
   = RCRP: sca(…); // action
        if(PAP = Server){
        tlu(); // action
        transition(OPENED); // OPENED 상태로 전환한다.
        } else { // client
        transition(ACKSENT); // ACKSENT 상태로 전환한다.
        }
        end RCRP;
   = RCRN: scn(…); // action
        end RCRN;
   = RCA: if(PAP = Server){
        tlu(); // action
        transition(OPENED); // OPENED 상태로 전환한다.
        } else { // client
        irc(event); // action
        transition(ACKRCVD); // ACKRCVD 상태로 전환한다.
        }
        end RCA;
```

```
    = RCN: irc(event); // action
          scr(false); // action
          transition(REQSENT); // REQSENT 상태로 전환한다.
          end RCN;
    = RTR: sta(…); // action
          end RTR;
    = RUC: scj(…); // action
          break;
    = RXJN: tlf(); // action
          transition(STOPPED); // STOPPED 상태로 전환한다.
          end RXJN;
    = any other event:
          wrongEvent; // PPP가 Reqsent 상태에 있을 때, 다른 어떤
                      // 이벤트도 처리되지 않는다는 것을 가리킨다.
  }
}
```

ACK-Received : ACK-Received 상태에서는, Configure-Request가 보내어지고 Configure-Ack 패킷이 수신된다. Configure-Ack 패킷이 아직 송신되지 않았기 때문에 Restart 타이머가 여전히 실행된다.[10-1]

```
ackrcvd(){
 if(event){
  = DOWN: tansition(STARTING); // STARTING 상태로 전환한다.
       end DOWN;
  = OPEN, TON, or RXR: end EVENT; // 어떠한 동작 또는 상태 전환도 없다.
  = CLOSE: irc(event); // action
       str(…);  // action
       transition(CLOSING); // CLOSING 상태로 전환한다.
       end CLOSE;
  = TOP: scr(false); // action
       transition(REQSENT);  // REQSENT 상태로 전환한다.
       end TOP;
  = RCRP: sca(…); // action
       tlu();  // action
       transition(OPENED); // OPENED 상태로 전환한다.
       end RCRP;
  = RCRN: scn(…); // action
       end RCRN;
```

```
    = RCA or RCN: scr(false); // action
         transition(REQSENT); // REQSENT 상태로 전환한다.
         end EVENT;
    = RTR: sta(…); // action
         transition(REQSENT); // REQSENT 상태로 전환한다.
         end RTR;
    = RTA or RXJP: transition(REQSENT); // REQSENT 상태로 전환한다.
         end EVENT;
    = RUC: scj(…); // action
         end RUC;
    = RXJN: tlf(); // action
         transition(STOPPED); // STOPPED 상태로 전환한다.
         end RXJN;
    = any other event:
         wrongEvent; // PPP가 ackrcvd 상태에 있을 때, 다른 어떤
                     // 이벤트도 처리되지 않는다는 것을 가리킨다.
  }
}
```

ACK-Sent : ACK-Sent 상태에서는, Configure-Request와 Configure-Ack 패킷이 모두 송신된다. 하지만, Configure-Ack 패킷은 아직 수신되지 않는다. Configure-Ack 패킷이 아직 수신되지 않았기 때문에 Restart 타이머가 실행된다.[10-1]

```
acksent(){
 if(event){
   = DOWN: tansition(STARTING); // STARTING 상태로 전환한다.
         end DOWN;
   = OPEN, RTA, RXJP, TON, or RXR: end EVENT; // 어떠한 동작 또는 상태 전환도 없다.
   = CLOSE: irc(event); // action
         str(…); // action
         transition(CLOSING); // CLOSING 상태로 전환한다.
         end CLOSE;
   = TOP: scr(false); // action
         transition(ACKSENT); // ACKSENT 상태로 전환한다.
         end TOP;
   = RCRP: sca(…); // action
         end RCRP;
   = RCRN: scn(…); // action
         transition(REQSENT); // REQSENT 상태로 전환한다.
         end RCRN;
   = RCA: irc(event); // action
```

```
            tlu(); // action
            transition(OPENED); // OPENED 상태로 전환한다.
            end RCA;
    = RCN: irc(event); // action
            scr(false); // action
            transition(ACKSENT); // ACKSENT 상태로 전환한다.
            end RCN;
    = RTR: sta(…); // action
            transition(REQSENT); // REQSENT 상태로 전환한다.
            end RTR;
    = RUC: scj(…); // action
            end RUC;
    = RXJN: tlf(); // action
            transition(STOPPED); // STOPPED 상태로 전환한다.
            end RXJN;
    = any other event;
            wrongEvent; // PPP가 acksent 상태에 있을 때, 다른 어떤
                        //  이벤트도 처리되지 않는다는 것을 가리킨다.
  }
}
```

Opened : Opened 상태에서는, Configure-Ack 패킷이 모두 송수신된다. Restart 타이머는 실행되지 않는다. Opened 상태에 진입할 때, SHOULD 구현은 현재 Up 상태라고 상위 계층에게 신호를 보낸다. 반대로, Opened 상태에서 벗어날 때 SHOULD 구현은 상위 계층에게 현재 Down 상태라고 신호를 보낸다.[10-1]

```
opened(){
 if(event){
   = DOWN:
        tld();  // action
        transition(STARTING); // STARTING 상태로 전환한다.
        end DOWN;
   = OPEN: initializeLink(); // 변수 초기화
        end OPEN;
   = CLOSE: tld(); // action
        irc(event); // action
        str(…); // action
        transition(CLOSING); // CLOSING 상태로 전환한다.
        end CLOSE;
   = RCRP: tld(); // action
```

```
            scr(true); // action
            sca(…); // action
            transition(ACKSENT); // ACKSENT 상태로 전환한다.
            end RCRP;
    = RCRN: tld(); // action
            scr(true); // action
            scn(…); // action
            transition(REQSENT); // RCRN 상태로 전환한다.
            end RCRN;
    = RCA: tld(); // action
            scr(true); // action
            transition(REQSENT); // REQSENT 상태로 전환한다.
            end RCA;
    = RCN: tld(); // action
            scr(true); // action
            transition(REQSENT); // REQSENT 상태로 전환한다.
            end RCN;
    = RTR: tld(); // action
            zrc(PPPTimeoutTime); // action
            sta(…); // action
            transition(STOPPING); // STOPPING 상태로 전환한다.
            end RTR;
    = RTA: tld(); // action
            scr(true); // action
            transition(REQSENT); // REQSENT 상태로 전환한다.
            end RTA;
    = RUC: scj(…); // action
            end RUC;
    = RXJP: end RXJP; // 어떠한 동작 또는 상태 전환도 없다.
    = RXJN: tld(); // action
            irc(event); // action
            str(…); // action
            transition(STOPPING); // STOPPING 상태로 전환한다.
            end RXJN;
    = RXR: ser(…); // action
            end RXR;
    = any other event:
            wrongEvent; // PPP가 Opened 상태에 있을 때, 다른 어떤
                       // 이벤트도 처리되지 않는다는 것을 가리킨다.
  }
}
```

인터넷 계층 미들웨어 예 : 인터넷 프로토콜(IP)

인터넷 프로토콜, IP 라고 불리는 네트워킹 계층 프로토콜은 DARPA 표준 RFC 791 을 기초로 하고 있으며, 주로 어드레싱과 분할 기능을 담당한다(그림 10-10 참고).

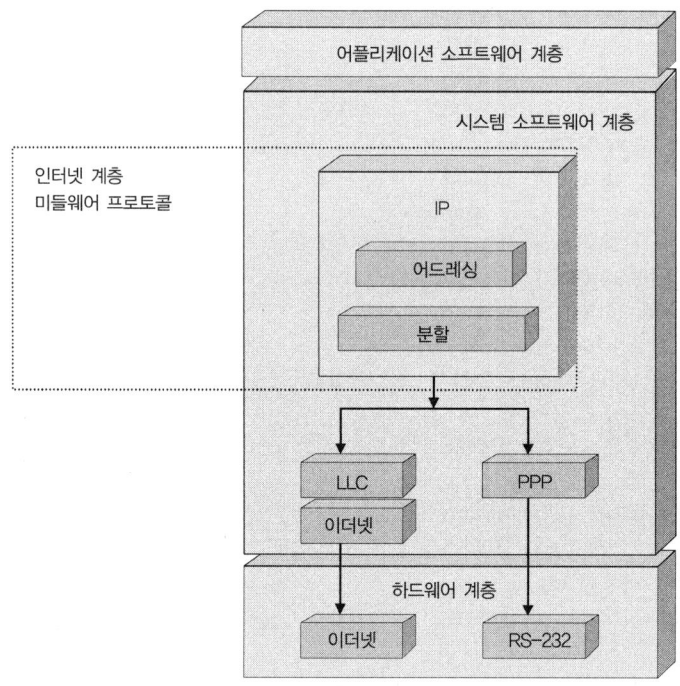

>> 그림 10-10 IP 기능

IP 계층이 상위 계층으로부터 패킷으로, 하위 계층에서 프레임으로 데이터를 받는 동안, IP 계층은 실제로 **데이터그램**(datagram)의 형태로 데이터를 바라보고 처리한다. 데이터그램의 형식은 그림 10-11 에 나타나 있다.

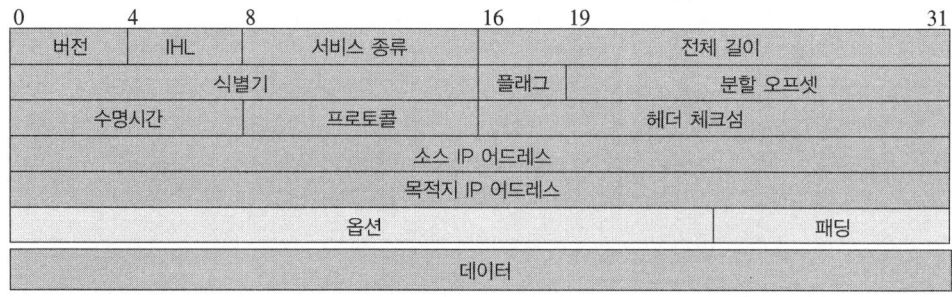

>> 그림 10-11 IP 데이터그램[10-2]

전체적인 IP 데이터그램은 하위 계층으로부터 IP에 의해 수신되는 것이다. 데이터그램의 마지막 한 영역인 데이터 영역은 IP에 의해 처리된 다음 상위 계층으로 보내어질 패킷이다. IP가 처리를 완료한 후 데이터 영역으로 데이터가 흐르는 방향에 따라 남은 영역들은 제거되거나 추가된다. 이 영역들은 IP 어드레싱과 분할 기능을 지원한다.

소스와 목적지의 IP 어드레스 영역은 네트워킹 어드레스이며, 일반적으로 인터넷 또는 **IP 어드레스**(IP address)라고 불리며, IP 계층에 의해 처리된다. 사실, IP 계층, 어드레싱의 주요 목적 중 하나가 처리되는 곳이 바로 여기이다. IP 어드레스는 '점(dot)이 있는 10진수'의 32비트 길이이다. 여기서 '점'은 4개의 8비트(0~255 사이의 8비트의 10진수 값 4개로 구성되어 총 32비트 길이)를 나누는 역할을 한다. 그림 10-12를 참고하라.

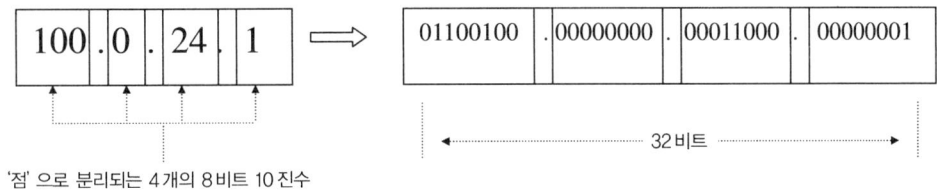

'점'으로 분리되는 4개의 8비트 10진수

>> 그림 10-12 IP 어드레스

IP 어드레스는 월드-와이드-웹 또는 인터넷과 같은 더 큰 네트워크하에서 혼란 없이 통신을 할 수 있도록 구분해 주는 기능을 하는 **클래스**(class)라 불리는 그룹으로 나누어진다. RFC 791에서 설명한 것처럼, 이 클래스들은 표 10-7에서 나타낸 IP 어드레스 범위로 구조화된다.

>> 표 10-7 IP 어드레스 클래스[10-2]

클래스	IP 어드레스 범위	
A	0.0.0.0	127.255.255.255
B	128.0.0.0	191.255.255.255
C	192.0.0.0	223.255.255.255
D	224.0.0.0	239.255.255.255
E	244.0.0.0	255.255.255.255

클래스(A, B, C, D, E)는 IP 어드레스의 처음 8진수의 값에 따라 나누어진다. 그림 10-13에서 볼 수 있는 것처럼, 만약 이 8비트의 최상위 비트가 '0'이라면, IP 어드레스는 클래스 'A' 어드레스이다. 만약 최상위 비트가 '1'이라면, 다음 비트가 '0'인지를 확인한다. 만약

그렇다면, 그것은 클래스 'B' 어드레스이다. 이와 같은 식으로 진행하여 나머지들도 알 수가 있다.

클래스 A, B, C에서, 다음에 오는 클래스 비트 또는 비트들의 설정은 **네트워크 ID**이다. 네트워크 ID는 인터넷에 연결된 각 세그먼트 또는 장치들에 특화되어 있으며, **인터넷 네트워크 정보 센터**(internet network information center : InterNIC)에 의해 할당된다. IP 어드레스의 **호스트 ID** 부분은 장치 또는 세그먼트의 관리자에게 할당된다. 클래스 D 어드레스는 **호스트 그룹**이라고 불리는 네트워크 또는 장치 그룹들을 위해 할당된다. 이것은 InterNIC 또는 IANA(Internet Assigned Numbers Authority)에 의해 할당될 수 있다. 그림 10-13에서 나타나 있는 것처럼 클래스 E 어드레스는 미래의 사용을 위해 예약되어 있다.

>> 그림 10-13 IP 클래스[10-2]

IP 분할 메커니즘

IP 다이어그램의 분할은 어떤 한 순간에 더 적은 양의 네트워킹 데이터를 처리할 수 있는 장치들을 위해 수행된다. 데이터그램들을 분할하고 재조립하는 IP 프로세스는 네트워킹 전송에서의 비예측성을 지원하기 위한 방법이다. 이것은 IP가 다양한 수의 데이터그램을 지원한다는 것을 의미한다. 이 데이터그램은 임의의 순서로 재조립하기 위해 도착한 데이터를 분할하는 것을 포함하고 있다. 이것은 데이터그램들이 분할된 것과 반드시 동일한 순서일 필요는 없다. 다른 데이터그램 분할조차도 처리할 수 있다. 분할의 경우, **헤더**(header)라고 불리는 데이터그램의 처음 20바이트에 있는 영역의 대부분은 분할과 재조립의 프로세스에서 사용된다.

버전(version) 영역은 전송된 IP 의 버전(예를 들어, IPv4는 버전 4이다)을 가리킨다. **IHL**(internet header length : 인터넷 헤더 길이) 영역은 IP 데이터그램의 헤더의 길이를 말한다. **전체 길이**(total length) 영역은 헤더, 옵션, 패딩, 데이터를 포함한 전체 데이터그램의 8비트로 된 실제 길이를 규정하는 헤더 안에 있는 16비트 영역이다. 전체 길이 영역의 크기 뒤에 함축되어 있는 것은 한 데이터그램이 크기에 있어 65536(2^{16})까지 될 수 있다는 것이다.

한 데이터그램을 분할할 때, 원래의 장치들은 한 데이터그램을 'N' 방식으로 쪼개서 원래 데이터그램의 헤더의 내용을 더 작은 모든 데이터그램 헤더로 복사한다. **인터넷 식별기**(internet identification : ID) 영역은 한 분할이 어떤 데이터그램에 속하는지를 구분하기 위해 사용된다. IP 프로토콜하에서, 더 큰 데이터그램의 데이터는 구역들로 나누어져야 하는데, 마지막 구역은 8개의 8비트 블록(64비트) 크기의 정수배이어야 한다.

분할 오프셋(fragment offset) 영역은 전체 데이터그램 안에 분할이 실제로 어디에 속하는지를 가리키는 13비트 영역이다. 데이터는 8192(2^{13})까지의 각각—이것은 전체 길이 영역이 크기에 있어 65536개의 8비트값으로 구성된다—8개의 8비트값(64비트) 서브 단위로 분할되며, 8개의 8비트값 그룹 = 8192에 대해 8로 나누어진다. 첫 번째 분할 영역에 대한 분할 오프셋 영역은 '0'이지만, 동일한 데이터그램의 다른 분할에 대해, 그것은 데이터그램 분할의 전체 길이(영역)에 8개의 8비트 블록의 수를 더한 것과 같다.

플래그 영역(flag field, 그림 10-14 참고)은 데이터그램이 더 큰 영역의 한 구역인지 아닌지를 가리킨다. 플래그 영역의 MF(more fragment) 플래그는 그 구역이 데이터그램의 마지막인지를 가리키기 위해 설정된다. 물론 어떤 시스템들은 구역화된 데이터그램을 재조립하기 위한 기능을 가지고 있지 않다. 플래그 영역의 DF(don't fragment) 플래그는 한 장치가 구역화된 데이터그램을 모으기 위한 리소스들을 가지고 있다는 것을 가리킨다. DF 플래그는 어떤 기기의 IP 계층이 다른 기기의 IP 계층에게 전송되는 데이터 구역들을 재조립할 수 없다는 것을 알리기 위해 사용된다. 재조립은 단순히 동일한 ID, 소스 어드레스, 목적지 어드레스, 그리고 프로토콜 영역을 가진 데이터그램을 가져오는 것과 데이터그램 안에 그 구역이 어디에 속해 있는지를 결정하기 위해 분할 오프셋 영역 및 MF 플래그를 사용하는 것을 포함한다.

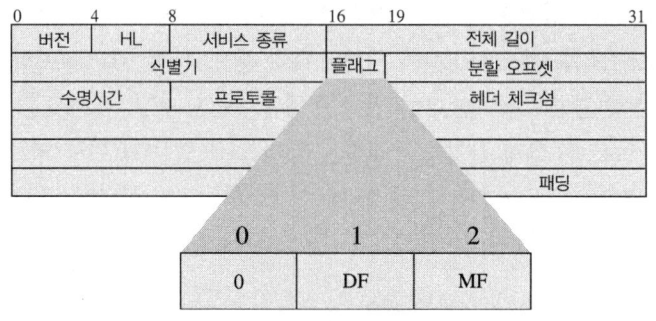

>> 그림 10-14 플래그[10-2]

IP 데이터그램의 남은 영역들은 다음으로 요약 정리된다.

- 수명시간(데이터그램의 수명을 가리킨다)

- 체크섬(데이터그램 무결성 확인)

- 옵션 영역(어떤 상황에서는 필요하고 유용하지만 대부분의 일반적인 통신에서는 불필요한 제어함수들을 제공한다. 예를 들어, 타임스탬프를 위한 규정, 보안, 특별한 라우팅)

- 서비스의 종류(원하는 서비스의 품질을 가리키기 위해 사용된다. 서비스의 종류는 인터넷을 구성하는 네트워크 안에서 제공된 서비스 선택을 특성화하는 가상의 일반화된 세트의 변수이다)

- 패딩(인터넷 헤더 패딩은 인터넷 헤더가 32 비트 단위로 끝나게 하기 위해 사용된다. 패딩은 0이다)

- 프로토콜(다음 프로토콜이 인터넷 데이터그램의 데이터 부분 안에서 사용된다는 것을 가리킨다. 다양한 프로토콜에 대한 값들은 RFC 790 '할당된 번호'에 규정되어 있다. 표 10-8 참고)

>> 표 10-8 플래그[10-2]

10진수	8진수	프로토콜 번호
0	0	예약
1	1	ICMP
2	2	할당되지 않음
3	3	게이트웨이-게이트웨어
4	4	CMCC 게이트웨이 모니터링 메시지
5	5	ST

>> 표 10-8 계속

10진수	8진수	프로토콜 번호
6	6	TCP
7	7	UCL
8	10	할당되지 않음
9	11	보안
10	12	BBN RCC 모니터링
11	13	NVP
12	14	PUP
13	15	Pluribus
14	16	Telenet
15	17	XNET
16	20	Chaos
17	21	사용자 데이터그램
18	22	멀티플렉싱
19	23	DCN
20	24	TAC 모니터링
21~62	25~76	할당되지 않음
63	77	어떤 지역 네트워크
64	100	SATNET과 Backroom EXPAK
65	101	MIT 서브넷 지원
66~68	102~104	할당되지 않음
69	105	SATNET 모니터링
70	106	할당되지 않음
71	107	인터넷 패킷 코어 유틸리티
72~75	110~113	할당되지 않음
76	114	Backroom SATNET 모니터링
77	115	할당되지 않음
78	116	WIDEBAND 모니터링
79	117	WIDEBAND EXPAK
80~254	120~376	할당되지 않음
255	377	예약

다음은 IP 계층에서 한 데이터그램을 송수신 처리하는 루틴에 대한 의사 코드 예이다. 하위 계층 프로토콜(예를 들어, PPP, 이더넷, SLIP 등)은 역어셈블할 데이터그램을 받기 위해 이 계층을 가리키는 'IPReceive' 루틴을 호출한다. 반면에, 상위 계층 프로토콜(TCP 또는 UDP와 같은)은 데이터그램을 전송하는 'IPSend' 루틴을 호출한다.

```
ipReceive(datagram, …) {

  …

  parseDatagram(Version, InternetHeaderLength, TotalLength, Flags, …);

  …

  if(InternetHeaderLength "OR" TotalLength = OutOfBounds) OR
    (FragmentOffset = invalid) OR
    (Version = unsupported) then {
      … do not process as valid datagram…;
  } else {

    VerifyDatagramChecksum(HeaderChecksum, …);

    if(HeaderChecksum = Valid) then

    …
    if(IPDestination = this Device) then {

    …
    if(Protocol Supported by Device) then {
      indicate/transmit to Protocol, data packet awaiting …;
      return;
    }
    …
    } else {
      … datagram not for this device processing…;
    } // if-then-else Ipdestination의 끝

    } else {
      … CHECKSUM INVALID for datagram processing…;
    } // -then-else headerchecksum의 끝

  } // if headerchecksum valid의 끝
```

```
      ICMP(error in processing datagram); //이 장치에 의해 데이터그램이 성공적으로 처리되지
        //않았다는 것을 가리키기 위해 사용되는 인터넷 제어 메시지 프로토콜
      } // if-then-else(InternetHeaderLength…)의 끝
   …
}
ipSend(packet, …) {
    …
    CreateDatagram(Packet, Version, InternetHeaderLength, TotalLength, Flags, …)
      sendDatagramToLowerLayer(Datagram);
    …
}
```

전송 계층 미들웨어 예 : 사용자 데이터그램 프로토콜(UDP)

두 가지의 가장 일반적인 전송 계층 프로토콜로는 전송 제어 프로토콜(transmission control protocol : TCP)과 사용자 데이터그램 프로토콜(user datagram protocol : UDP)이 있다. 이 두 프로토콜 사이의 주요한 차이점 가운데 하나는 신뢰도이다. TCP는 그 패킷의 수신자로부터 승인을 요구하기 때문에 신뢰도가 있는 것으로 여겨진다. 만약 패킷을 받지 못했다면, TCP는 승인되지 않은 데이터를 재전송한다. 한편 UDP는 그 패킷의 수신자가 실제로 데이터를 받았는지 아닌지를 알 수가 없기 때문에, 신뢰도가 없는 전송 계층 프로토콜이라고 여겨진다. 간단히 말해서 이 예는 간단하고 신뢰도가 없는, RFC 768 기반의 데이터그램 중심의 프로토콜인 UDP에 대해 다루고 있다. UDP 패킷은 그림 10-15에 나타나 있다.

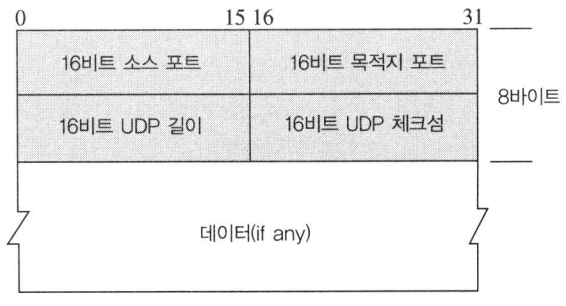

>> 그림 10-15 UDP 다이어그램[10-3]

UDP와 같은 전송 계층 프로토콜은 인터넷 계층 프로토콜(IP와 같은)의 상위에 위치하며, 2개의 특정 장치 간에 통신을 설정하고 해제하는 역할을 한다. 이러한 유형의 통신을

P2P(point-to-point) 통신이라고 부른다. 이 계층에서의 프로토콜은 그 장치에서 동작하는 여러 개의 상위 계층 어플리케이션이 다른 장치와 P2P 연결이 되도록 만들어준다. 어떤 전송 계층 프로토콜은 신뢰도 있는 P2P 데이터 전송을 보장해 주는데, UDP는 거기에 속하지 않는다.

서버의 한쪽에서 통신을 연결하는 메커니즘은 클라이언트 장치에 따라 달라진다. 클라이언트와 서버 메커니즘은 둘 다 전송 계층 **소켓**(socket)을 기반으로 한다. 전송 프로토콜이 사용할 수 있는 몇 가지 종류의 소켓이 있다. 이름만 언급하자면, 스트림, 데이터그램, 로우 데이터, 순차 패킷을 들 수 있다. UDP는 한 번에 한 메시지 데이터를 처리하는 메시지 중심의 소켓인 **데이터그램**(datagram) 소켓을 사용한다(이와 반대되는 것으로는 예를 들어 TCP에 의해 사용되는 스트림 소켓에 의해 지원되는 연속적인 스트림 문자가 있다). P2P 통신 채널의 각 끝단에는 소켓이 있다. 다른 장치에 연결되기를 희망하는 장치에 있는 모든 어플리케이션은 하나의 소켓을 생성함으로써 그렇게 할 수 있다. 소켓은 그 장치상의 특정 포트에 한정되어 있다. 여기서 포트 수는 받은 데이터가 의도되어진 어플리케이션을 결정한다. 2개의 장치(클라이언트와 서버)는 그들의 소켓들을 통해 데이터를 송수신한다.

일반적으로 서버 측면에서, 서버 어플리케이션은 동작하면서 소켓에 응답하고 클라이언트가 연결을 요청할 것을 기다린다. 클라이언트는 본래 그 포트를 통해서 서버와 통신한다(그림 10-16a 참고). 포트들은 16 비트의 부호 없는 정수이다. 이것은 각 장치들이 65536(0~65535)개의 포트들을 가지고 있다는 것을 의미한다. 어떤 포트들은 특정 어플리케이션에 할당된다(예를 들어, FTP = 포트 20~21, HTTP = 포트 80 등). UDP는 본래 전송된 패킷 안에 목적지의 IP 어드레스와 포트 번호를 포함하고 있다. 데이터가 정확한 순서로 받아졌는지 또는 전체 다 받아졌는지를 확인하기 위한 핸드쉐이킹은 없다. 서버는 수신한 패킷으로부터 IP 어드레스와 포트 번호를 제거하여 수신한 데이터가 자신의 어플리케이션 중 하나를 위한 것인지를 판단한다. 연결이 성공적으로 이루어진 후, 클라이언트 어플리케이션은 통신을 위한 소켓을 형성하고 서버는 다른 클라이언트로부터 요청을 수신하기 위해 새로운 소켓을 생성한다(그림 10-16b 참고).

아래의 의사 코드는 들어온 데이터그램을 처리하기 위한 UDP 의사 코드 알고리즘을 보여주고 있다. 이 예에서, 만약 수신된 데이터그램을 위한 소켓이 발견되면, 데이터그램이 스택으로 보내어지고, 그렇지 않으면 오류 메시지가 리턴되고 그 데이터그램은 무시된다.

>> 그림 10-16a 클라이언트 연결 요청

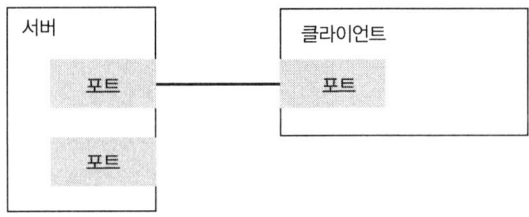

>> 그림 10-16b 서버 연결 생성

```
demuxDatagram(datagram) {

    ...
    verifyDatagramChecksum(datagram.Checksum);

    if(datagram.Length <= 1480 && datagram.Length >= 8){
      ...
      if(datagram.Checksum VALID) then {

        findSocket(datagram, DestinationPort);

        if(socket FOUND){

          sendDatagramToApp(destinationPort, datagram.Data); // 데이터그램을 어플리케
                                                             // 이션으로 전송한다.

          return;
        } else {
          Icmp.send(datagram, socketNotFound); // 데이터가 의도되어진 어플리케이션에 도
                                               // 착하지 않았다고 인터넷 계층에 알려준다.
          return;
        }
      }
    }
    discardInvalidDatagram();
}
```

임베디드 자바와 네트워킹 미들웨어 예

2장에서 소개한 것처럼, JVM은 시스템의 미들웨어 안에서 구현될 수 있으며, 클래스 로더, 실행 엔진, 자바 API 라이브러리로 구성된다(그림 10-17 참고).

자바 기반의 디자인에서 어플리케이션의 종류는 JVM에 의해 제공되는 자바 API에 의존적이다. 이러한 API에 의해 제공되는 기능들은 따르고 있는 자바 규정에 따라 다르다. 즉, J 컨소시엄의 실시간 코어 규정, 개인형 자바(pJava), 임베디드 자바, 자바 2 마이크로 에디션(J2ME), 그리고 썬 마이크로시스템즈의 자바에 대한 실시간 규정 등의 자바 규정이 있다. 이러한 표준들 중에 pJava 1.1.8과 J2ME의 CDC(connected device configuration) 표준은 보통 더 큰 임베디드 시스템 안에서 구현되는 표준이다.

pJava 1.1.8은 J2ME CDC의 이전 모델이며, 긴 기간 안에 CDC에 의해 대체될 수도 있다. 썬 마이크로시스템즈의 pJava 1.2 규정도 있지만, 이미 말한 것처럼, J2ME 표준들이 임베디드 산업(썬에 의한)에서의 pJava 표준들의 완성단계로 여겨진다. 하지만, 시장에서는 여전히 pJava 1.1.8을 지원하는 JVM이 있기 때문에, 이 절에서는 JVM을 통해 네트워킹 미들웨어 기능이 어떻게 구현되는지를 보여주기 위한 미들웨어 예로서 사용될 것이다.

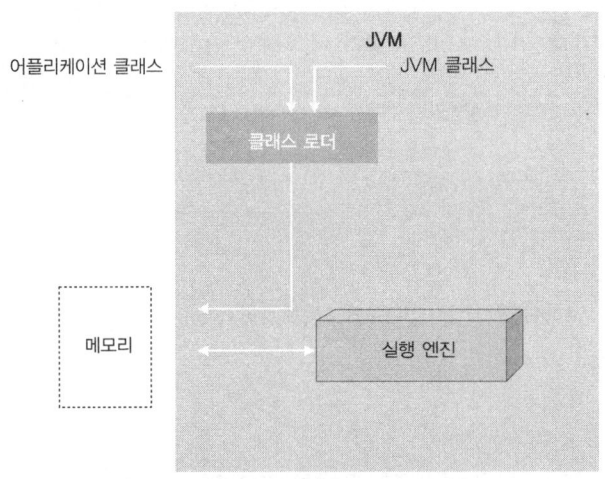

>> 그림 10-17 내부 JVM 컴포넌트

```
java.applet
java.awt
java.awt.datatransfer
java.awt.event
java.awt.image
java.beans
java.io
java.lang
java.lang.reflect
java.math
java.net
java.rmi
java.rmi.dgc
java.rmi.registry
java.rmi.server
java.security
java.security.interfaces
java.sql
java.text
java.util
java.util.zip
```

>> 그림 10-18 pJava 1.1.8 API[10-4]

pJava 1.1.8에 의해 제공되는 API는 그림 10-18에서 보여주고 있다. 시스템 소프트웨어 계층에서 구현된 pJava JVM의 경우, 이러한 라이브러리들은 미들웨어 컴포넌트들로서 (JVM의 로딩 및 실행 장치와 함께) 포함될 것이다.

pJava 1.1.8 규정 안에서, 네트워킹 API는 그림 10-19에서 볼 수 있듯이 java.net 패키지에 의해 제공된다.

JVM은 **클라이언트-서버**(client-server) 모델을 통해서 원격 프로세스 간 통신을 할 수 있는 상위 전송 계층을 제공한다(여기서 클라이언트는 서버로부터 데이터 등을 요청한다). 클라이언트와 서버를 위해 필요한 API는 다르지만, 자바를 통해 네트워크 연결을 하기 위한 기초는 **소켓**(socket)이다(클라이언트 끝단에 하나, 서버 끝단에 하나). 그림 10-20에서 볼 수 있는 것처럼, 자바 소켓은 이전의 미들웨어 예에서 설명한 TCP/IP 미들웨어 네트워킹 컴포넌트들의 전송 계층 프로토콜을 사용한다.

소켓의 몇 가지 다른 유형들(로우 데이터, 연속 데이터, 스트림, 데이터그램 등) 가운데 pJava 1.1.8 JVM은 데이터그램 소켓을 제공한다. 여기서 데이터 메시지는 한번에 전체적으로 읽고, 데이터는 연속적인 문자열로 처리된다. JVM 데이터그램 소켓은 UDP 전송 계층 프로토콜을 사용한다. 그림 10-19에서 볼 수 있는 것처럼, pJava 1.1.8은 클라이언트와 서버 소켓을 위한 지원을 제공한다. 특히 데이터그램 소켓을 위한 클래스 하나(클라이언트 또는 서버를 위해 사용되는 DatagramSocket)와 클라이언트 스트림 소켓을 위한 클래스 2개(Socket, MulticastSocket)를 제공한다.

```
Interfaces
        ContentHandlerFactory
        FileNameMap
        SocketImplFactory
        URLStreamHandlerFactory
Classes
        ContentHandler
        DatagramPacket
        DatagramSocket
        DatagramSocketImpl
        HttpURLConnection
        InetAddress
        MulticastSocket
        ServerSocket
        Socket
        SocketImpl
        URL
        URLConnection
        URLEncoder
        URLStreamHandler
Exceptions
        BindException
        ConnectException
        MalformedURLException
        NoRouteToHostException
        ProtocolException
        SocketException
        UnknownHostException
        UnknownServiceException
```

>> 그림 10-19 java.net 패키지[10-4]

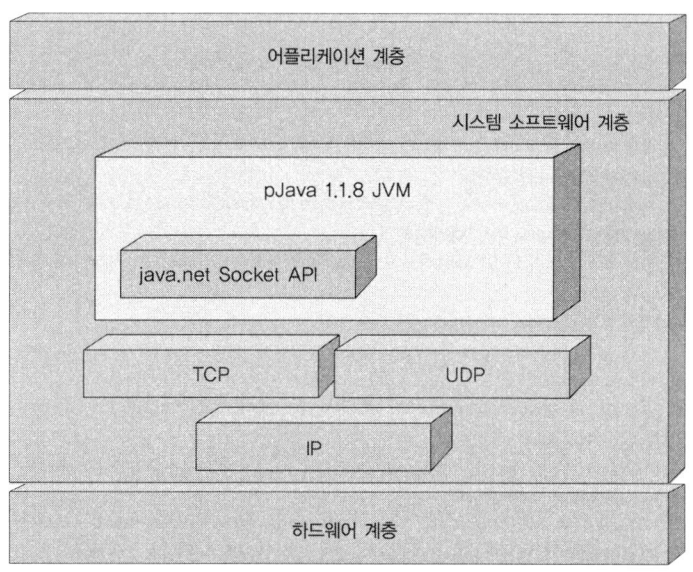

>> 그림 10-20 소켓과 JVM

소켓은 데이터그램 소켓을 위한 DatagramSocket 클래스, 스트림 소켓을 위한 Socket 클래스, 또는 네트워크를 통해 멀티캐스트될 스트림 소켓을 위한 MulticastSocket 클래스 안에 있는 소켓 지시자 호출 중 하나를 통해 상위 계층 어플리케이션 안에서 생성된다(그림 10-21 참고). 아래의 Socket 클래스 지시자의 의사 코드 예에서 볼 수 있듯이, pJava API 안에서 스트림 소켓은 클라이언트 기기의 로컬 포트에 속박되어 생성된 후 서버의 어드레스에 연결된다.

```
Socket(InetAddress address, boolean stream)
{
X.create(stream); // 스트림 소켓을 생성한다.
X.bind(localAddress, localPort); // 스트림 소켓을 포트에 연결한다.
If problem…
    X.close(); // 소켓을 닫는다.
else
    X.connect(address, port); // 서버에 연결한다.
}
```

Socket Class Constructor

Socket()
　　Creates an unconnected socket, with the system-default type of SocketImpl.
Socket(InetAddress, int)
　　Creates a stream socket and connects it to the specified port number at the specified IP address.
Socket(InetAddress, int, boolean)
　　Creates a socket and connects it to the specified port number at the specified IP address.
　　Deprecated.
Socket(InetAddress, int, InetAddress, int)
　　Creates a socket and connects it to the specified remote address on the specified remote port.
Socket(SocketImpl)
　　Creates an unconnected Socket with a user-specified SocketImpl.
Socket(String, int)
　　Creates a stream socket and connects it to the specified port number on the named host.
Socket(String, int, boolean)
　　Creates a stream socket and connects it to the specified port number on the named host.
　　Deprecated.
Socket(String, int, InetAddress, int)
　　Creates a socket and connects it to the specified remote host on the specified remote port.

MulticastSocket Class Constructors

MulticastSocket()
　　Create a multicast socket.
MulticastSocket(int)
　　Create a multicast socket and bind it to a specific port.

DatagramSocket Class Constructors

DatagramSocket()
　　Constructs a datagram socket and binds it to any available port on the local host machine.
DatagramSocket(int)
　　Constructs a datagram socket and binds it to the specified port on the local host machine.
DatagramSocket(int, InetAddress)
　　Creates a datagram socket, bound to the specified local address.

>> 그림 10-21　DatagramSocket, MulticastSocket, Socket 클래스에서의 소켓 지시자[10-4]

표준들의 J2ME 세트에서는, 그림 10-22에서 볼 수 있듯이 CDC 설정 및 기초 프로파일 내 패키지들에 의해 제공되는 네트워킹 API 들이 있다. 그림 10-18에서 보인 pJava 1.1.8 API 와는 반대로, J2ME CDC 1.0a API는 미들웨어 컴포넌트들로 JVM의 로딩 및 실행 장치와 함께 포함되는 다른 세트의 라이브러리이다.

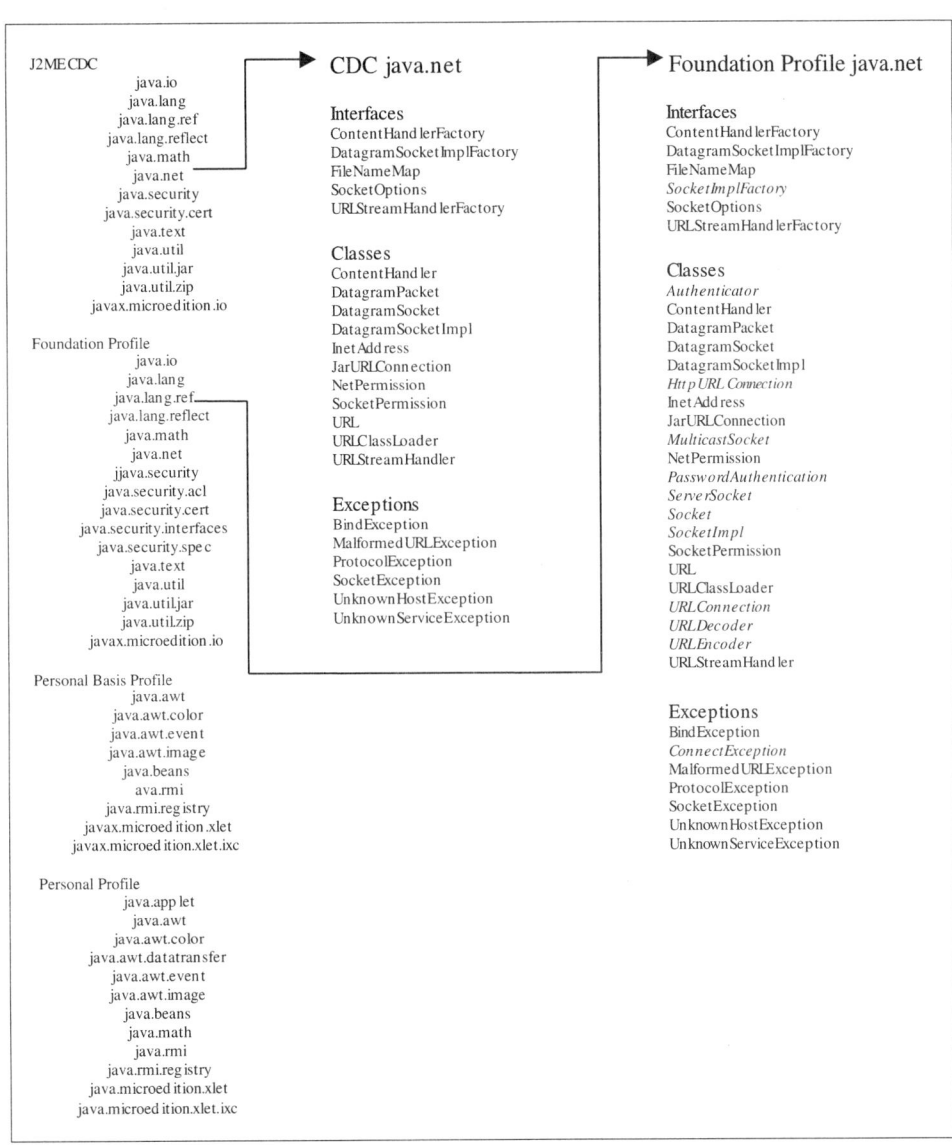

>> 그림 10-22   J2ME 패키지[10-5]

그림 10-22에서 볼 수 있는 것처럼, CDC는 클라이언트 소켓을 위한 지원을 제공한다. 특히 CDC에는 데이터그램 소켓(DatagramSocket이라고 불리며, 클라이언트 또는 서버를 위해 사용된다)을 위한 클래스가 하나 있다. CDC의 맨 위에 위치한 기초 프로파일(Foundation Profile)은 스트림 소켓들을 위한 3개의 클래스와 클라이언트 소켓들을 위한 2개의 클래스(Socket과 MulticastSocket) 그리고 서버 소켓들을 위한 하나의 클래스(ServerSocket)를 제공한다. 소켓은 소켓 지시자 호출들 중 하나를 통해 상위 계층 어플리

케이션 내에서 생성된다. 예를 들어, 클라이언트 또는 서버 데이터그램 소켓을 위한 DatagramSocket 클래스 안에서, 클라이언트 스트림 소켓을 위한 Socket 클래스 안에서, 네트워크상에서 멀티캐스트될 클라이언트 스트림 소켓을 위한 MulticastSocket 클래스 안에서, 또는 서버 스트림 소켓을 위한 ServerSocket 클래스 안에서 생성된다(그림 10-22 참고). 간단히 말해서, J2ME 안에 있는 서버(스트림) 소켓 API 의 추가와 함께, 기기의 미들웨어 계층은 pJava 1.1.8과 J2ME CDC 구현 사이에서 변화하고 있다. 그 구현하에서는 pJava 1.1.8에서 사용 가능한 동일한 소켓들은 J2ME 의 네트워크 구현에서도 사용될 수 있으며, 그림 10-23 에서 볼 수 있는 것처럼, J2ME 하에서는 단지 2 개의 하위 표준만이 존재한다.

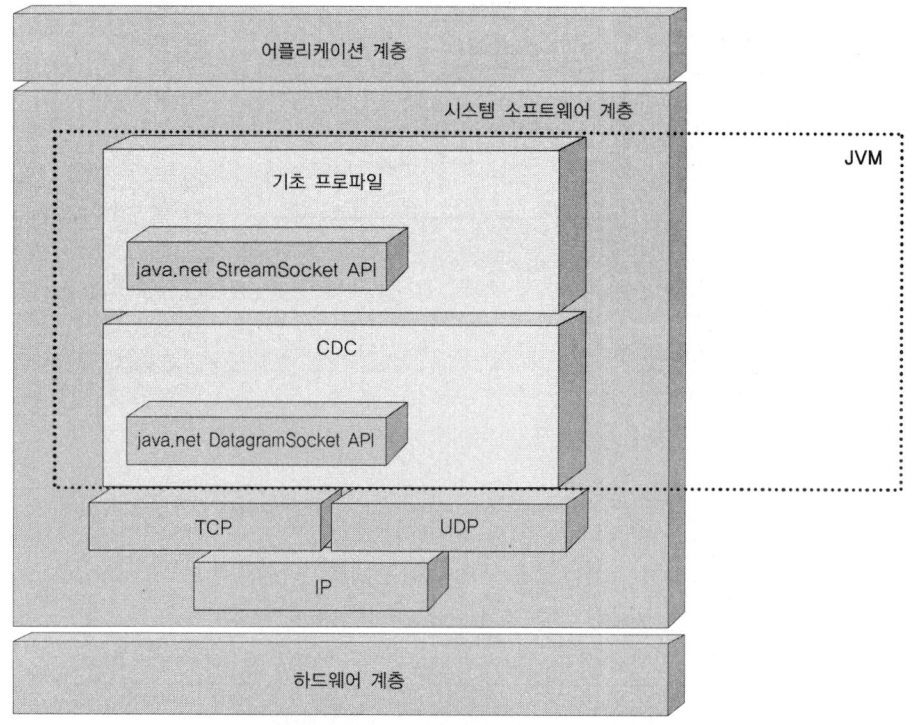

>> 그림 10-23 소켓과 J2ME CDC 기반의 JVM

J2ME 제한적 접속장치구성(CLDC)과 관련 프로파일 표준들은 자바 커뮤니티에 의해 더 작은 임베디드 시스템에 맞게 조정되었다.

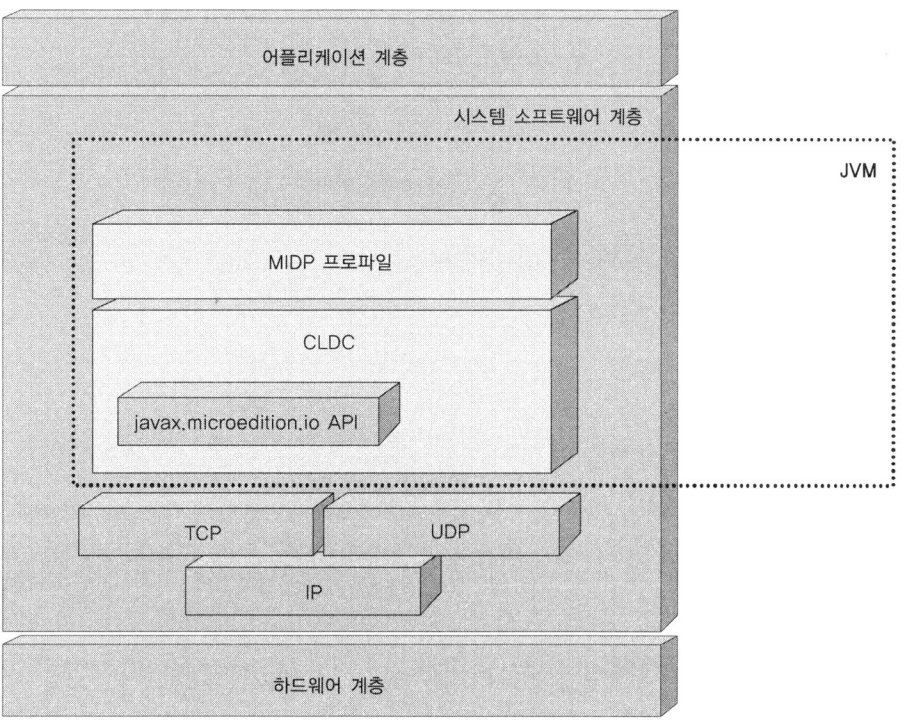

>> 그림 10-24 CLDC/MIDP 스택과 네트워킹

한 예로 네트워킹을 가지고 계속 설명하자면, CLDC 기반의 JVM에 의해 제공되는 CLDC 기반의 자바 API(그림 10-25 참고)는 더 큰 JVM 구현에서 보여주었듯이 .net 패키지를 제공하지는 않는다.

```
J2ME CLDC 1.1
        java.io
        java.lang
        java.lang.ref
        java.util
        javax.microedition.io


J2ME MIDP 2.0
        java.lang
        java.util
        java.microedition.lcd.ui
        java.microedition.lcd.ui.game
        java.microedition.midlet
        java.microedition.rms
        java.microedition.io
        java.microedition.pki
        java.microedition.media
        java.microedition.media.control
```

>> 그림 10-25 J2ME CLDC API[10-5]

CLDC 구현에서는 일반적인 연결만 제공되고, 가상 네트워킹과 실제 구현은 기기 디자이너에게 남겨둔다. 일반 연결 프레임워크(javax.microedition.io 패키지)는 하나의 클래스와 7개의 연결 인터페이스로 구성되어 있다.

- 연결(Connection) - 연결을 닫는다.

- 내용 연결(ContentConnection) - 메타 데이터 정보를 제공한다.

- 데이터그램 연결(DatagramConnection) - 생성, 송신, 수신을 한다.

- 입력 연결(InputConnection) - 입력 연결을 연다.

- 출력 연결(OutputConnection) - 출력 연결을 연다.

- 스트림 연결(StreamConnection) - 입력과 출력을 조합한다.

- 스트림 연결 통보자(Stream ConnectionNotifier) - 연결을 기다린다.

Connection 클래스는 그림 10-26에서 볼 수 있는 것처럼, 파일, 소켓, 통신, 데이터그램, http 프로토콜을 지원하는 한 방법(Connector.open)을 포함한다.

```
Http 통신
    - Connection hc = Connector.open("http:/www.wirelessdevnet.com");
스트림 기반의 소켓 통신
    - Connection sc = Connector.open("socket://localhost:9000");
데이터그램 기반의 소켓 통신
    - Connection dc = Connector.open("datagram://:9000);
직렬 포트 통신
    - Connection cc = Connector.open("comm:0;baudrate=9000");
```

>> 그림 10-26 사용된 Connection 클래스

10.4 | 어플리케이션 계층 소프트웨어 예

어떤 경우, 어플리케이션은 그림 10-27에서와 같이 산업에서 채택한 표준들을 기반으로 한다.

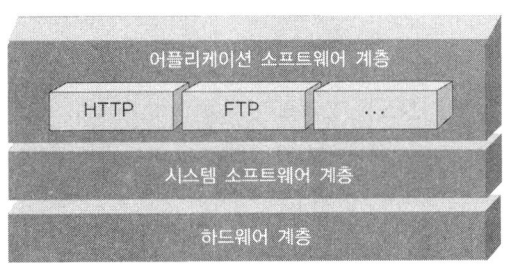

>> 그림 10-27 어플리케이션 소프트웨어와 네트워킹 프로토콜

예를 들어, 데이터를 전송하거나 명령을 수행하는 원격 장치 기능을 갖기 위해 다른 기기에 연결되어야 하는 기기에서, 어플리케이션 네트워킹 프로토콜은 어플리케이션 계층에서의 어떤 형태로 구현되어야 한다. 어플리케이션 측면에서 네트워킹 프로토콜은 그것들이 구현된 소프트웨어에 대해 독립적이다. 이것은 어플리케이션에 특화된 프로토콜이 독립 어플리케이션 안에서 구현될 수 있다는 것을 의미하는데, 여기서의 유일한 기능은 그 프로토콜의 구현이거나 많은 기능들을 제공하는 더 큰 어플리케이션의 일부 기능으로 구현될 수 있다. 그림 10-28을 참고하라.

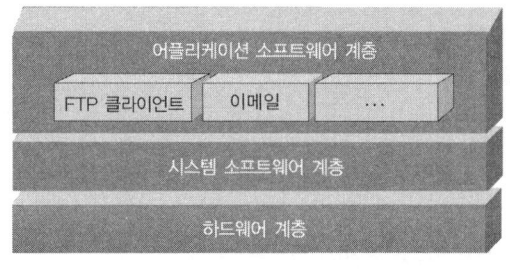

>> 그림 10-28 어플리케이션 소프트웨어 및 네트워킹 프로토콜

다음의 세 가지 예는 범용 어플리케이션과 시장에 특화된 어플리케이션에서 모두 구현되는 네트워킹 프로토콜에 대해 보여주고 있다.

파일 전송 프로토콜(FTP) 클라이언트 어플리케이션 예

FTP(file transfer protocol, 파일 전송 프로토콜)는 네트워크상에서 안전하게 파일들을 교환하기 위해 사용되는 가장 간단한 프로토콜 중 하나이다. FTP는 RFC 959를 기반으로 하고 있으며, 연결된 기기들 사이에서 또는 브라우저와 MP3 어플리케이션과 같은 어플리케이션들 사이에서 파일들을 전송하는 것을 전담으로 하는 독립적인 어플리케이션으로 구현될 수 있다. 그림 10-29에서 볼 수 있는 것처럼, FTP 프로토콜은 **FTP 클라이언트**(FTP client) 또는 **사용자 프로토콜 인터프리터**(user-protocol interpreter, 사용자 PI)라 불리는, 전송을 초기화하는 기기와 **FTP 서버**(FTP server) 또는 **FTP 사이트**(FTP site)라고 불리는 FTP 연결을 받는 기기 사이의 통신방식이다.

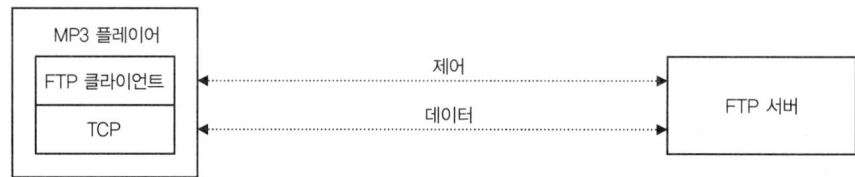

>> 그림 10-29 FTP 네트워크

FTP 클라이언트와 서버들 사이에는 두 가지 종류의 연결이 있을 수 있다. 하나는 기기들 사이에서 명령어들을 전송하는 **제어 연결**(control connection)이며, 다른 하나는 파일이 전송되는 **데이터 연결**(data connection)이다. FTP 세션은 FTP 클라이언트가 TCP 연결을 목적지 기기의 21번 포트에 연결하여 제어 연결을 초기화하는 것에서 출발한다. FTP 프로토콜은 그것의 기본적인 전송 프로토콜하에 FTP 클라이언트를 가지고 시작한다. FTP

는 TCP 처럼(그림 10-29 참고) 신뢰성 있고 순서대로 정리된 데이터 스트림 채널이 되기 위해, 기본적인 전송 프로토콜을 필요로 한다.

☒ FTP 연결방식은 부분적으로는 RFC 854, 텔넷(터미널 에뮬레이션) 프로토콜을 기반으로 한다.

이 명령어가 전송된 다음, FTP 클라이언트는 FTP 사이트가 제어 연결을 통해서 **응답 코드**(reply code)를 가지고 응답을 할 것을 기다린다. 이 코드들은 RFC 959에서 정의되어 있으며, 표 10-9에 나타나 있다.

>> 표 10-9 FTP 응답 코드[10-6]

코드	정의
110	재시작 표시 응답
120	'x'분 내에 서비스 준비
125	데이터 연결이 이미 이루어졌다.
150	파일 상태 OK
200	명령어 OK
202	명령어가 구현되어 있지 않다.
211	시스템 도움말
...	...

FTP 사이트로부터의 응답을 받아들일 용의가 있다면, FTP 클라이언트는 표 10-10에 나타나 있는 것들과 같은 명령어들을 보낸다. 이것들은 사용자 이름 또는 비밀번호와 같은 액세스 제어를 위한 파라미터와 전송 기준(예를 들어, 데이터 포트, 전송 모드, 대표 유형, 파일 구조 등), 그리고 처리동작(저장, 반환, 추가, 삭제 등)을 규정한다.

>> 표 10-10 FTP 명령어[10-6]

코드	정의
USER	사용자 이름 – 액세스 제어 명령
PASS	비밀번호 – 액세스 제어 명령
QUIT	로그아웃 – 액세스 제어 명령
PORT	데이터 포트 – 전송 파라미터 명령
TYPE	대표 유형 – 전송 파라미터 명령
MODE	전송 모드 – 전송 파라미터 명령
DELE	삭제 – FTP 서비스 명령
...	...

다음의 의사 코드는 액세스 제어 명령이 FTP 사이트로 전송되는 FTP 클라이언트 어플리케이션에서 가능한 초기 FTP 연결방식을 보여주고 있다.

액세스 제어 명령어 USER과 PASS를 위한 FTP 클라이언트 의사 코드

```
FTPConnect(string host, string login, string password){

   TCPSocket s = new TCPSocket(FTPServer,21); // TCP연결을 목적지 기기의 21번 포트로 설정
   Timeout = 3 seconds; // 연결을 위한 타임아웃을 3초로 설정
   FTP Successful = FALSE;
   Time = 0;
   while (time < timeout){
      read in REPLY;

      If response from recipient then {
      // FTP로 로그인
            transmit to server("USER"+login+"\r\n");
            transmit to server("USER"+password+"\r\n");
            read in REPLY;

            // reply 230은 사용자가 진행을 계속하기 위해 로그인하였다는 것을 의미한다.
            if REPLY not 230 {
                  Close TCP connection
                  time = timeout;
            } else {
                  time = timeout;
                  FTP Successful = TRUE;
            }

      } else {
      time = time + 1;
      } // 수신자로부터의 if-then-else 응답의 끝
      } // while (time < timeout)의 끝
}
```

사실, 다음 의사 코드에서 볼 수 있듯이 FTP 클라이언트는 사용자가 FTP를 통해서 가능한 다른 종류의 명령어들(표 10-10 참고)을 전송할 수 있도록 지원하고, 받은 어떤 응답 코드(표 10-9 참고)를 처리하는 방식을 제공해야 한다.

클라이언트 의사 코드

```
// "QUIT" 액세스 명령어 루틴
FTPQuit(){

    transmit to server ("QUIT");
    read in REPLY;

    // reply 221은 서버 종료 제어 연결을 의미한다.
    if REPLY not 221 {
    // 서버와의 종료 연결 오류
    }
    close TCP connection
}


// FTP 서비스 명령어 루틴

// "DELE"
FTPDelete (string filename) {

    transmit to server ("DELE"+filename);
    read in REPLY;

    // reply 250은 요청된 파일 동작이 Ok 라는 것을 의미힌다.
    if REPLY not 250 {
    // 파일 제거 오류
    }
}


// "RNFR"
FTPRenameFile(string oldfilename, string newfilename) {
    transmit to server ("RNFR"+oldfilename);
    read in REPLY;

    // reply 350은 요청된 파일 동작이 더 많은 정보를 가지고 있다는 것을 의미한다.
    if REPLY not 350 {
    // 파일 이름 재설정 오류
    }

    transmit to server ("RNTO"+newfilename);
    read in REPLY;

    // reply 250은 요청된 파일 동작이 Ok 라는 것을 의미한다.
```

```
    if REPLY not 250 {
    // 파일 이름 재설정 오류
    }
}
  ……
```

FTP 서버는 FTP 클라이언트에 의해 규정된 명령어에 따라 데이터 연결과 어떤 전송을 초기화한다.

간단한 메일 전송 프로토콜(SMTP)과 이메일 예

간단한 메일 전송 프로토콜(simple mail transfer protocol : SMTP)은 두 기기 간에 효율적이고 신뢰성 있게 메일 메시지를 전송하기 위하여 이메일(전자메일) 어플리케이션 안에 구현되어 있는 간단한 어플리케이션 계층 ASCII 프로토콜이다(그림 10-30 참고).

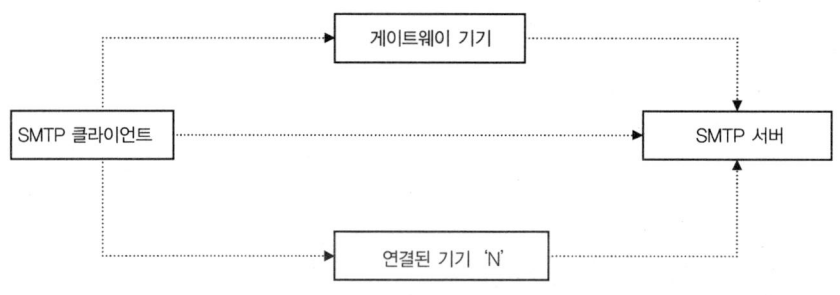

이메일은 그 최종 목적지로 바로 전송되거나 게이트웨이 또는 연결된 기기들을 통해 전송될 수 있다. 이메일의 송신자는 'SMTP 클라이언트'라고 불리며, 이메일 수신자는 'SMTP 서버'라고 불린다.

>> 그림 10-30   SMTP 네트워크 다이어그램[10-7]

SMTP는 파일 전송 프로토콜을 대체하기 위해 1982년 ARPANET에 의해 처음 만들어졌다. 파일 전송 시스템들은 너무 제한적이었으며, 그 당시의 이메일 시스템에서 사용되었다. 2001년에 출간된 가장 최근의 RFC인 RFC 2821은 이메일 어플리케이션에서 사용되는 산업 표준이 되었다. RFC 2821에 따르면, 이메일 어플리케이션은 전형적으로 2개의 주요한 컴포넌트들로 구성되어 있다. 하나는 **메일 사용자 장치**(mail user agent : MUA)인데 이것은 이메일을 생성하는 사용자에게 연결된다. 다른 하나는 **메일 전송 장치**(mail transfer agent : MTA)인데, 이것은 이메일의 기본적인 SMTP 교환을 처리한다(그림 10-31에서 볼 수 있는 것처럼, 어떤 시스템에서 MUA와 MTA는 어플리케이션 계층 안에서 분리된 계층으로 존재할 수 있다).

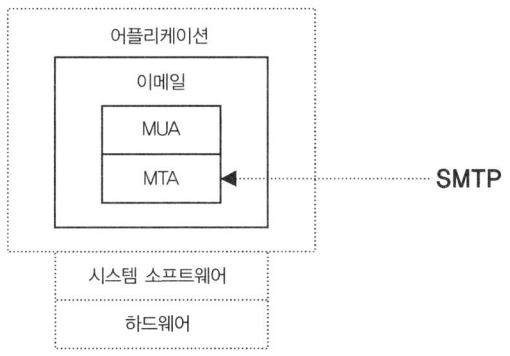

>> 그림 10-31 이메일과 MUA와 MTA 컴포넌트[10-7]

SMTP 프로토콜은 특히 이메일을 송신하는 것과 관련된 두 가지 주요 방식을 정의한다.

- 이메일 **메시지 형식**

- **전송 프로토콜**

SMTP 안에서 이메일을 전송하는 것은 메시지를 통해 처리되기 때문에, 이메일 메시지의 형식은 SMTP 프로토콜에 의해 정의된다. 이 프로토콜에 따르면, 이메일은 **헤더**(header), **몸체**(body), **봉투**(envelope)의 세 부분으로 이루어져 있다. RFC 2821에서 정의된 형식인, 이메일의 헤더는 Reply-To, Date, From과 같은 영역을 포함하고 있다. 몸체는 보내어질 메시지의 실제 내용이다. RFC 2821에 따르면, 몸체는 NVT ASCII 문자로 구성되어 있으며, RFC 2045 MIME 규격('다중 목적 인터넷 메일 확장 – 1장 인터넷 메시지 몸체의 형식')을 기초로 한다. RFC 2821은 또한 봉투의 내용도 정의한다. 이것은 송신자와 수신자의 어드레스를 포함하고 있다. 이메일이 작성되어 '보내기' 버튼을 누르면, MTU는 몇 가지 추가 헤더를 추가한 다음, 그 내용(몸체와 헤더의 조합)을 MTA에게 보낸다. MTA는 또한 그 자신의 헤더를 추가하고 봉투를 통합하고 이메일을 또 다른 기기의 MTA로 전송하는 과정을 시작한다.

SMTP 프로토콜은 TCP(RFC 2821에서 사용되지만, 어떤 신뢰성 있는 전송 프로토콜이 채택되었다)처럼 신뢰성 있고 순서대로 정리된 데이터 스트림 채널이 되기 위해, 기본적인 전송 프로토콜을 필요로 한다. 그림 10-32에서 볼 수 있는 것처럼, TCP를 사용할 때, 클라이언트 기기상의 SMTP는 TCP 연결을 목적지 기기의 25번 포트로 설정하여 전송을 시작한다.

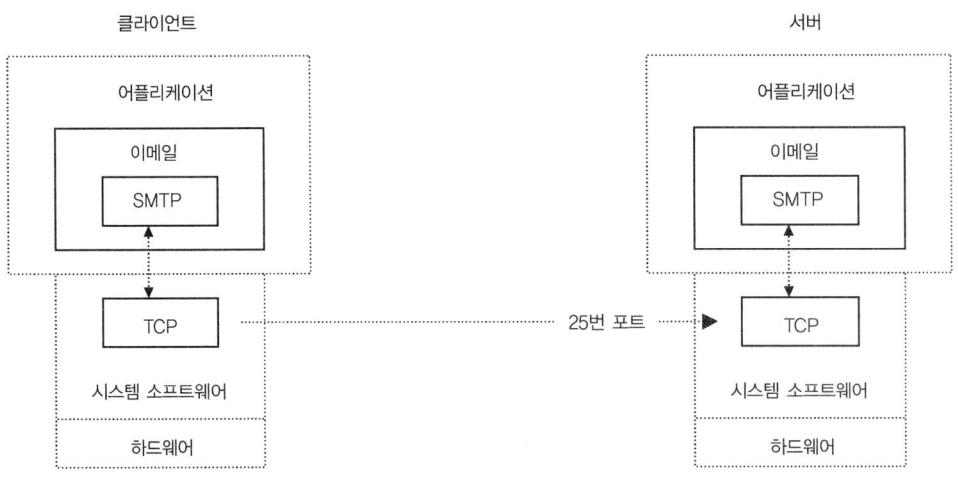

>> 그림 10-32 이메일과 TCP

그런 다음 이메일을 전송하는 기기(클라이언트)는 수신자(서버)가 응답 코드 220(인사)으로 응답해 주기를 기다린다. RFC 2821은 실제 표 10-11과 같은 응답 코드 목록을 정의하고 있는데, 서버는 클라이언트에 응답을 할 때 이 코드들을 사용해야 한다.

>> 표 10-11 SMTP 응답 코드[10-7]

코 드	정 의
211	시스템 상태
214	도움말 메시지
220	서비스 준비
221	전송 채널을 닫은 서비스
250	요청된 메일 동작 완료
251	국부적이지 않은 사용자는 전송할 것이다.
354	메일 입력 시작

이메일을 받을 때, 서버는 그 신원과 서버 호스트의 도메인 이름, 그리고 클라이언트로의 응답 코드를 보냄으로써 시작한다. 서버가 메시지를 받지 않을 것이라는 점을 응답 코드가 가리킨다면, 클라이언트는 그 연결을 해제한다. 또한 적절할 때, 부적절한 메시지와 함께 오류 보고서가 클라이언트로 다시 보내어진다. 예를 들어, 서버가 220의 응답 코드를 가지고 응답한다면, 그것은 서버가 이메일을 받아들일 준비가 되었다는 것을 의미한다. 이 경우, 클라이언트는 서버에게 송신자와 수신자가 누구인지를 알려준다. 수신자가 그 기기

상에 있다면 서버는 클라이언트에게 '계속 이메일을 보내라'라고 응답 코드 중 하나를 보낸다.

응답 코드는 기기들 사이의 이메일 교섭에서 사용되는 SMTP 메커니즘의 일부이다. SMTP 전송 프로토콜은 전송되는 데이터를 나타내는 메일 오브젝트들, 기본적으로 봉투와 내용을 의미하는 인자들을 가지고 있는 명령어들을 기반으로 한다. 다음과 같은 특정 종류의 데이터를 전송하는 특정 명령어도 있다 : 데이터 오브젝트가 수신자의 어드레스인 MAIL 명령(반대 경로), 메일 오브젝트가 전송경로인 RCPT 명령(수신자 어드레스), 메일 오브젝트가 이메일 내용(헤더와 몸체)인 DATA 명령 등(표 10-12 참고). SMTP 서버는 각 명령에 응답 코드를 포함하여 응답한다.

>> 표 10-12 SMTP 명령[10-7]

명 령	데이터 오브젝트(인자)	정 의
HELO	클라이언트 호스트의 적임 도메인 이름	클라이언트가 스스로를 구별시키는 방법
MAIL	송신자의 어드레스	메시지의 출처를 판단
RCPT	수신자의 어드레스	RECIPIENT - 이메일이 누구를 위해 쓰여졌는지를 판단
RSET	없음	RESET - 현재 이메일 교섭을 중단하고 양쪽 끝단을 리셋시킨다. 송신자, 수신자, 메일 데이터에 대한 어떤 저장된 정보는 버려진다.
VRFY	사용자 또는 메일 박스	VERIFY - 수신자에게 메일을 보내지 않고, 클라이언트가 송신자에게 수신자 어드레스를 확인하라고 요청한다.

SMTP는 다양한 종류의 데이터를 포함하기 위해 서버상에서 구현될 수 있는 다른 버퍼들을 정의한다. 버퍼에는 이메일의 몸체를 포함하고 있는 '메일 데이터' 버퍼, 수신자의 어드레스를 포함하고 있는 '전송경로' 버퍼, 송신자의 어드레스를 포함하고 있는 '역경로' 버퍼와 같은 것들이 있다. 이것은 전송되는 데이터 오브젝트들이, '메일 데이터의 끝'이 클라이언트 기기에 의해 전송되었는지를 송신자에게서 확인하기 위해 대기하고 있을 수 있기 때문이다. '메일 데이터의 끝' 확인(QUIT)은 성공적인 이메일 교섭을 끝내는 것이다. 마지막으로 TCP는 신뢰성 있는 바이트 스트림 프로토콜이기 때문에, SMTP에서는 데이터의 무결성을 검증하기 위한 체크섬은 필요 없다.

다음의 의사 코드는 클라이언트 기기에서 이메일 어플리케이션 안에 구현되는 SMTP 의사 코드의 예이다.

```
Email Application Task
{
...
Sender = "xx@xx.com";
Recipient = "yy@yy.com";
SMTPServer = "smtpserver.xxxx.com"

SENDER = "tn@xemcoengineering.com";
RECIPIENT = "cn@xansa.com";
CONTENT = "This is a simple e-mail sent by SMTP";
SMTPSend("Hello!"); // 간단한 SMTP 샘플 알고리즘
...
}

SMTPSend(string Subject){

  TCPSocket s = new TCPSocket(SMTPServer,25); // TCP 연결을 목적지 기기의 25번 포트로 설정
  Timeout = 3 seconds; // 연결 설정을 위한 타임아웃을 3초로 설정
  Transmission Successful = FALSE;
  Time = 0;
  While(time < timeout){
  read in REPLY;

  If response from recipient then {

     if REPLY not 220 then {
        // 이메일을 받지 않으려고 한다.
        close TCP connection
        time = timeout;
     } else {
        transmit to RECIPIENT("HELO"+hostname); // 클라이언트가 스스로를 알린다.
        read in REPLY;
        if REPLY not 250 then {
           // 메일이 완료되지 않았다.
           close TCP connection
           time = timeout;
        } else {
           transmit to RECIPIENT ("MAIL FROM:<"+SENDER+">");
           read in REPLY;

           if REPLY not 250 then {
              // 메일이 완료되지 않았다.
              close TCP connection
```

```
      time = timeout;
} else {

    transmit to RECIPIENT("RCPT TO:<"+RECEPIENT+">");
    read in REPLY;

if REPLY not 250 then {
   // 메일이 완료되지 않았다.
   close TCP connection
   time = timeout;
} else {

   transmit to RECIPIENT("DATA");
   read in REPLY;

if REPLY not 354 then{
   // 메일이 완료되지 않았다.
   close TCP connection
   time = timeout
} else {
    // transmit e-mail content according to STMP spec
    index = 0;
    while(index < length of content){
       transmit CONTENT[index]; // 이메일의 내용을 문자 단위로 전송한다.
    index = index + 1;
  } // end while

   transmit to RECIPIENT("."); // 메일 데이터는 주기만을 포함하는 라인에 의해 종료된다.
   read in REPLY;

   if REPLY not 250 then {
      // 메일이 완료되지 않았다.
      close TCP connection
      time = timeout;
   } else {

       transmit to RECIPIENT("QUIT");
       read in REPLY;

       if REPLY not 221 then {
          // 전송 채널을 닫지 않는다.
          close TCP connection
```

```
                    time = timeout;
                } else {
                    close TCP connection;
                    transmission successful = TRUE;
                    time = timeout;
                } // if-then-else "." REPLY not 221의 끝

            } // if-then-else "." REPLY not 250의 끝
        } // if-then-else REPLY not 354의 끝
      } // if-then-else RCPT TO REPLY not 250의 끝
    } // if-then-else MAIL FROM REPLY not 250의 끝
  } // if-then-else HELO REPLY not 250의 끝
} // if-then-else REPLY not 220의 끝
} else {
time = time + 1;
} // 수신자의 if-then-else 응답의 끝
} // while(time < timeout)의 끝
} // SMTPTask의 끝
```

하이퍼텍스트 전송 프로토콜(HTTP) 클라이언트와 서버 예

몇 가지 RFC 표준을 기초로 하며, 월드-와이드-웹(WWW) 컨소시엄에 의해 지원되는 하이퍼텍스트 전송 프로토콜(hypertext transfer protocol : HTTP) 1.1은 가장 폭넓게 구현된 어플리케이션 계층 프로토콜로, 다양한 종류의 데이터를 인터넷을 통해 보낼 때 사용된다. HTTP 프로토콜하에서는 그 **URL**(uniform resource locator)을 통해 (**리소스**라 불리는) 데이터를 식별한다.

다른 두 네트워킹 예와 함께, HTTP는 TCP처럼 신뢰성 있고 순서대로 정리된 데이터 스트림 채널이 되기 위해, 기본적인 전송 프로토콜을 필요로 한다. HTTP 교섭은 HTTP 클라이언트가 TCP 연결을 서버의 디폴트 포트 80(예를 들어)으로 설정하여 HTTP 서버에 연결하는 것으로 시작한다. 그런 다음 HTTP 클라이언트는 HTTP 서버에게 특정 리소스에 대한 **요청 메시지**(request message)를 보낸다. HTTP 서버는 HTTP 클라이언트에게 (가능하다면) 그것이 요청한 리소스와 함께 **응답 메시지**(response message)를 보내어 응답한다. 응답 메시지가 보내어진 후, 서버는 연결을 종료한다.

요청 메시지와 응답 메시지의 형식은 모두, 메시지 소유자에 따라 달라지는 메시지 속성 정보를 포함하고 있는 헤더와 추가 데이터를 포함하고 있는 본체로 구성된다. 여기서 헤더와 본체는 빈 라인에 의해 분리된다. 그림 10-33에서 볼 수 있는 것처럼, 그것들은 각 메시지

의 첫 번째 라인에 따라 다르다. 여기서 요청 메시지는 방식(서버가 수행해야 하는 동작을 규정하기 위해 클라이언트에 의해 만들어진 명령어), 요청 URL(요청된 리소스의 어드레스), 그리고 (HTTP 의) 버전을 이 순서대로 포함하고 있다. 그리고 응답 메시지의 첫 번째 라인은 (HTTP 의) 버전, 상태 코드(클라이언트의 방식에 대한 응답 코드), 그리고 상태 속성(상태 코드의 동의어)을 포함한다.

요청 메시지

〈방식〉〈요청 URL〉〈버전〉
〈헤더〉
"/r/n" [빈 라인]
〈몸체〉

응답 메시지

〈버전〉〈상태 코드〉〈상태 속성〉
〈헤더〉
"/r/n" [빈 라인]
〈몸체〉

>> 그림 10-33 요청 메시지와 응답 메시지의 형식[10-8]

표 10-13a 와 10-13b 는 HTTP 서버에서 구현될 수 있는 다양한 방식들과 응답 코드들을 나열하고 있다.

>> 표 10-13a HTTP 방식[10-8]

방식	정의
DELETE	DELETE 방식은 원천 서버가 요청 URL에 의해 구분된 리소스를 제거할 것을 요구한다.
GET	GET 방식은 요청 URL에 의해 구분된 정보(실체)가 무엇이든 회수할 것을 의미한다. 만약 요청 URL이 데이터-생산 프로세스를 가리킨다면, 그것은 응답의 실체로 리턴해야 할 생산된 데이터이며, 그 문장이 프로세스의 결과물이 아닌 경우, 그것은 프로세스의 소스 문장이 아니다.
HEAD	HEAD 방식은 서버가 응답으로 메시지의 몸체를 리턴해서는 안 된다는 것을 제외하고는 GET과 동일하다. HEAD에 대한 응답으로 HTTP 헤더에 포함되어 있는 메타 정보는 GET 요청에 반응하여 보내진 정보와 동일해야 한다. 이 방법은 실제-몸체 그 자체를 전송하지 않고, 요청에 의해 설명되는 실체에 대한 메타 정보를 포함하기 위해 사용될 수 있다. 이 방법은 하이퍼텍스트 링크의 유효성, 접근 가능성, 최근 수정 여부를 테스트하기 위해 자주 사용된다.
OPTIONS	OPTIONS 방식은 요청 URL에 의해 구분되는 요청/응답 체인에서 사용 가능한 통신 옵션에 대한 정보를 위한 요청을 나타낸다. 이 방법은 클라이언트가 리소스 동작을 설명하거나 리소스 회수를 초기화하지 않고도 그 리소스와 관련된 옵션과 요구사항들 및 서버의 이용 가능성을 결정할 수 있게 한다.

>> 표 10-13a 계속

방 식	정 의
POST	POST 방식은 목적지 서버가 Request-Line 안에 있는 요청 URL에 의해 규정된 리소스의 새로운 종속자로서 요청 안에 동봉된 실체를 받아들일 것을 요청하기 위해 사용된다. POST는 다음의 기능들을 포함하는 일관된 방법을 제공하도록 디자인되어 있다. • 기존의 리소스에 대한 주석 달기 • 게시판, 뉴스 그룹, 메일링 리스트, 기사와 유사한 그룹에 메시지 남기기 • 어떤 형식을 따른 결과처럼, 데이터 블록을 데이터 처리과정에 제공하기 • 첨부된 동작을 통해 데이터베이스 확장하기
PUT	PUT 방식은 동봉된 개체가 공급된 요청 URL 아래에 저장되기를 요청한다. 만약 요청 URL이 이미 존재하는 리소스를 언급한다면, 동봉된 개체는 원천 서버상에 존재하는 것의 수정된 버전으로 인식되어야 한다. 요청 URL이 기존의 리소스를 가리키지 않고, URL이 요청하는 사용자에 의한 새로운 리소스로 정의될 수 있다면, 원천 서버는 URL을 가진 리소스를 생성할 수 있다.
TRACE	TRACE 방식은 요청 메시지의 원격, 어플리케이션 계층 루프백을 호출하기 위해 사용된다. TRACE는 클라이언트가 요청 체인의 다른 끝단에서 수신된 것을 볼 수 있게 해주고, 테스팅 정보 또는 진단 정보를 위한 데이터를 사용할 수 있게 해준다.

>> 표 10-13b HTTP 응답 코드[10-8]

코 드	정 의
200	OK
400	잘못된 요청
404	페이지를 발견할 수 없다.
501	구현되어 있지 않다.

아래의 의사 코드 예는 간단한 웹 서버에서 구현된 HTTP를 나타내고 있다.

HTTP 서버 의사 코드 예

```
...
HTTPServerSocket(Port 80)
ParseRequestFromHTTPClient(Request, Method, Protocol);
If(Method not "GET", "POST", or "HEAD") then {
  Respond with reply code "501"; // 구현 불가
  Close HTTPConnection;
}
If(HTTP Version not "HTTP/1.0" or "HTTP/1.1")then{
```

```
  Respond with reply code "501"; // 구현 불가
  Close HTTPConnection;
}
...

 ParseHeader, Path, QueryString(Request, Header, Path, Query);

 if(Length of Content > 0){
    if(Method = "POST"){
       ParseContent(Request, ContentLength, Content);
    } else {
       // bad request - content but not post

       Respond with reply code to HTTPURLConnect "400";
       Close HTTPConnection;

    }
   }

// dispatching servlet
If(servlet(path) NOT found){
    Respond with reply code "404"; // 검색 불가
    Close HTTPConnection
} else {

 Respond with reply code "200"; // OK
 ...
 Transmit servlet to HTTPClient;
 Close HTTPConnection;
}
```

표 10-13a와 10-13b는 HTTP 클라이언트에 의해 전송될 수 있는 방법들을 나타내고 있다. 다음의 의사 코드 예는 브라우저와 같은 웹 클라이언트에서 HTTP가 어떻게 구현되는지를 보여주고 있다.

```
public void BrowserStart()
{
   Create "UrlHistory" File;
   Create URLDirectory;
   Draw Browser UI(layout, borders, colors, etc.)
```

```
// 홈페이지 로딩
socket = new Socket(wwwserver,HTTP_PORT);
SendRequest("GET"+filename+"HTTP/1.0\n");

if(response.startsWith("HTTP/1.0 404 Not Found")
{
  ErrorFile.FileNotFound();
} else
{
  Render HTML Page(Display Page);
}

Loop Wait for user event
{
  Respond to User Enevts;
}
}
```

프로그래밍 언어들과 어플리케이션 소프트웨어

어떤 종류의 고급 프로그래밍 언어들은 어플리케이션 계층 아키텍처에 영향을 줄 수 있다. 그러한 언어 중 한 예로 자바를 들 수 있다. 자바 안에 쓰여져 있는 어플리케이션은 그림 10-34에서 볼 수 있듯이 그 내부에 JVM을 집적할 수 있다. 이것의 예로는 Palm Pilot PDA에서 .prc 파일(Palm OS상에서 실행 가능한 파일)로 컴파일되었거나 PocketPC 플랫폼에서 .exe 파일로 컴파일된 J2ME CLDC/MIDP JVM을 들 수 있다. 간단히 말해서 JVM은 OS 내에 집적되어 있거나 OS의 상위에 존재하는 미들웨어, 또는 어플리케이션의 일부로 하드웨어 안에 구현될 수 있다.

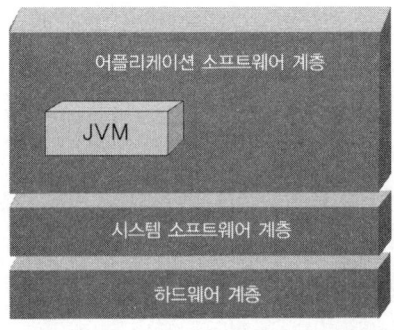

>> 그림 10-34 어플리케이션 안에서 컴파일된 JVM

프로그래밍 언어가 어플리케이션 계층의 아키텍처에 영향을 줄 수 있는 또 다른 경우는 어플리케이션이 HTML(하이퍼텍스트 마크업 언어, 월드-와이드-웹상에서 찾아볼 수 있는 파일 또는 페이지의 대부분이 이 언어로 쓰여져 있다) 또는 자바스크립트(커서로 선택하였을 때 바로 이미지들을 변경하는 것을 포함하여, 상호작용하는 형태, 계산 실행 등 웹 페이지 안에서 양방향 통신기능을 구현하기 위해 사용되는 언어)와 같은 스크립트 언어 안에 쓰여져 있는 소스 코드를 처리해야만 하는 경우를 들 수 있다. 그림 10-35에서 볼 수 있는 것처럼, 스크립트 언어 인터프리터는 (다중 스크립트 언어 인터프리터가 집적되어 있는 웹 브라우저, HTTP 클라이언트와 같이) 어플리케이션 소프트웨어에 집적되어 있다.

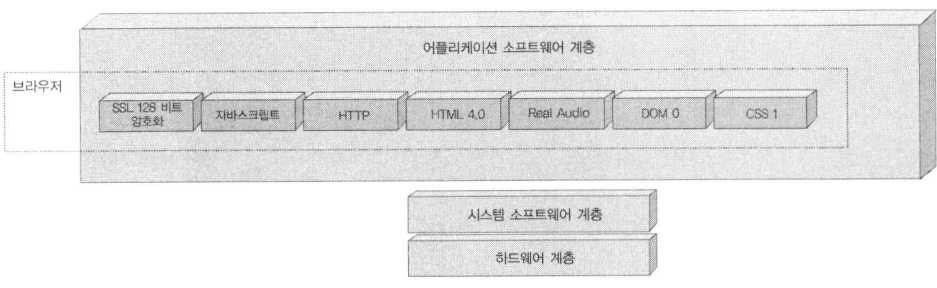

>> 그림 10-35 브라우저와 임베디드 시스템 모델

10.5 | 요약 정리

이 장에서 미들웨어는 어플리케이션 소프트웨어와 커널 또는 디바이스 드라이버 소프트웨어 사이를 중계하는 시스템 소프트웨어 또는 다른 어플리케이션 소프트웨어를 중계하고 서비스하는 소프트웨어로 정의된다. 또한 미들웨어가 사용되는 이유에 대해 설명하였으며, 어플리케이션 계층 소프트웨어가 사용되는 이유에 대해서도 동일한 장에서 소개하였다. 어플리케이션 소프트웨어는 시스템 소프트웨어의 상위에 존재하여, 기기들에게 그 특징을 부여함으로써 다른 임베디드 기기와 그것을 구별시켜 주는 소프트웨어로 정의된다. 어플리케이션 소프트웨어는 보통 그 기기의 사용자에게 직접적으로 영향을 미치는 소프트웨어이다. 이 장은 구현이 되었을 경우, 그 기기의 아키텍처에 도움을 주는 산업 표준 기반의 어플리케이션들을 제시하고 있다. 이것은 다양한 고급 언어들(특히, 자바 및 스크립트 언어)과 네트워킹 기능이 미들웨어와 어플리케이션 계층 아키텍처에 미치는 영향에 대해서도 포함하고 있다.

다음 Section에서는 이러한 모든 계층들을 함께 다루고 있으며, 임베디드 시스템을 디자인하고 개발하고 테스트할 때 Section I에서 III을 어떻게 적용하는지에 대해 설명하였다.

10장 연습문제

1. 미들웨어란 무엇인가?

2. 미들웨어를 임베디드 시스템 모델에 매핑해 볼 때, 그림 10-36a, 10-36b, 10-36c, 10-36d 중 잘못된 것은 어떤 것인가?

>> 그림 10-36a 예 1
>> 그림 10-36b 예 2
>> 그림 10-36c 예 3
>> 그림 10-36d 예 4

3. ⓐ 범용 미들웨어와 시장에 특화된 미들웨어 사이의 차이점은 무엇인가?
   ⓑ 각각에 대한 실제 예 2가지를 나열하라.

4. OSI 모델에서 네트워킹 미들웨어는 어디에 위치해 있는가?

5. ⓐ OSI 모델과 관련된 TCP/IP 모델 계층을 그려라.
   ⓑ TCP는 어떤 계층에 속해 있는가?

6. [T/F] RS-232 관련 소프트웨어는 미들웨어이다.

7. PPP 는 다음과 같은 데이터를 처리한다.
    A. 프레임
    B. 데이터그램
    C. 메시지
    D. A, B, C 모두 정답
    E. 정답 없음

8. ⓐ PPP 소프트웨어를 구성하는 4 가지의 하위 컴포넌트들의 이름을 적고 이를 설명하라.
   ⓑ RFC 는 각각 무엇과 관련되어 있는가?

9. ⓐ PPP 상태와 PPP 이벤트 사이의 차이점은 무엇인가?
   ⓑ 각각에 대해 3 가지 예를 나열하고 이를 설명하라.

10. ⓐ IP 어드레스는 무엇인가?
    ⓑ 어떤 네트워킹 프로토콜이 IP 어드레스를 처리하는가?

11. UDP 와 TCP 사이의 주요한 차이점은 무엇인가?

12. ⓐ 미들웨어에서 구현될 수 있는 임베디드 JVM 표준 3 가지의 이름을 적어라.
    ⓑ 이 표준들의 API 들 사이의 차이점은 무엇인가?
    ⓒ 표준들의 각각을 지원하는 실제 JVM 2 가지를 나열하라.

13. [T/F] .NET 콤팩트 프레임워크는 임베디드 시스템 모델의 미들웨어 계층에서 구현된다.

14. ⓐ 어플리케이션 소프트웨어는 무엇인가?
    ⓑ 어플리케이션 소프트웨어는 보통 임베디드 시스템 모델의 어디에 위치하는가?

15. 하나의 기능이 그 프로토콜인 단독 어플리케이션으로 구현되거나 큰 다중 어플리케이션의 하위 컴포넌트로 구현될 수 있는 어플리케이션 계층 프로토콜의 2 가지 예를 나열하라.

16. ⓐ FTP 클라이언트와 FTP 서버 사이의 차이점은 무엇인가?
    ⓑ 어떤 종류의 임베디드 기기가 각각을 구현하는가?

17. SMTP는 전형적으로 다음 중 어디에서 구현되는 프로토콜인가?
  A. 이메일 어플리케이션
  B. 커널
  C. BSP
  D. 모든 어플리케이션
  E. 정답 없음

18. [T/F] SMTP는 보통 TCP 미들웨어에 의존적이다.

19. ⓐ HTTP란 무엇인가?
  ⓑ 어떤 종류의 어플리케이션이 HTTP 클라이언트 또는 서버를 통합하는가?

20. 어떤 종류의 프로그래밍 언어가 어플리케이션 계층에서 컴포넌트를 도입하였는가?

SECTION IV
통합하기: 디자인 및 개발

Section II와 Section III의 여러 장들에서는 엔지니어가 아키텍처를 이해하고 생성하기 위해 (최소한) 알아두어야 하는 주요한 임베디드 하드웨어 및 소프트웨어 요소들의 기본적인 기술 세부 사항들을 나타내었다. 1장에서 지적했듯이, 2장과 Section II 그리고 Section III은 임베디드 시스템을 디자인하는 데 있어서의 첫 번째 그룹의 시스템 정의하기 : 1단계 – 확고한 기술적 기초 다지기의 전부이다.

Section IV는 임베디드 시스템 디자인의 남은 단계들에 대해 계속 설명한다. 시스템을 정의하는(11장) 남은 5가지 단계로는 2단계 – 아키텍처 비즈니스 사이클 이해하기, 3단계 – 아키텍처 패턴과 참조 모델 정의하기, 4단계 – 아키텍처 구조 생성하기, 5단계 – 아키텍처 문서화하기, 6단계 – 아키텍처 분석하고 검토하기가 있다. 12장은 임베디드 디자인의 남은 단계들, 즉 아키텍처 기반의 시스템 구현하기와 시스템 디버깅 및 테스트 그리고 시스템 유지 보수하기에 대해 설명한다.

IT 대한민국은 ITC(Info Tech Corea)가 함께 하겠습니다.
www.itcpub.co.kr

chapter 11
시스템 정의하기 - 아키텍처 생성 및 디자인 문서화

이 장에서는

▶ 임베디드 시스템 아키텍처를 생성하는 단계들을 정의한다.
▶ 아키텍처 비즈니스 사이클과 그것이 아키텍처에 미치는 영향에 대해 소개한다.
▶ 아키텍처를 생성하는 방법과 문서화하는 방법에 대해 설명한다.
▶ 아키텍처를 평가하고 분해하여 모방하는 방법을 소개한다.

이 장은 수년에 걸쳐 그 유용함이 증명된 실제 프로세스와 기술들 몇 가지를 독자들에게 소개하고 있다. 시스템과 그 아키텍처를 정의하는 것을 정확하게 하고자 한다면, 전체 개발 사이클 가운데 가장 어렵고도 중요한 개발단계가 될 것이다. 그림 11-1 은 임베디드 시스템 디자인 및 개발 라이프 사이클 모델[11-1]에서 정의된 개발단계들을 보여주고 있다.

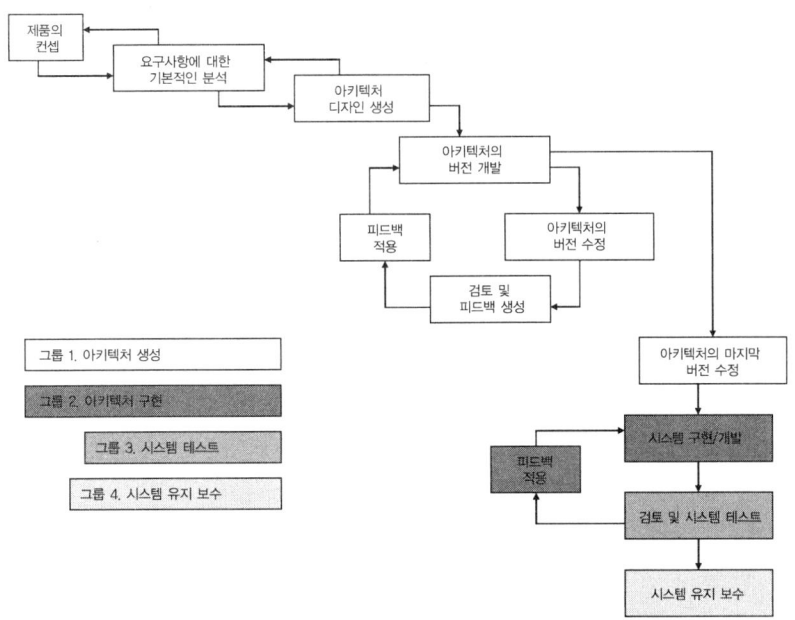

>> 그림 11-1 임베디드 시스템 디자인 및 개발 라이프 사이클 모델[11-1]

이 모델을 보면 임베디드 시스템을 디자인하여 그 디자인을 시장으로 가져가는 프로세스가 4가지의 그룹으로 구성되어 있다는 것을 알 수 있다.

- **그룹 1** 아키텍처 생성. 임베디드 시스템의 디자인을 계획하는 프로세스를 말한다.
- **그룹 2** 아키텍처 구현. 임베디드 시스템을 개발하는 프로세스를 말한다.
- **그룹 3** 시스템 테스트. 어떤 문제점에 대해 임베디드 시스템을 테스트하고 그 문제를 해결하는 프로세스를 말한다.
- **그룹 4** 시스템 유지 보수. 임베디드 시스템을 필드에 적용하고, 그 기기의 수명이 다할 때까지 그 기기를 사용하는 사용자에게 기술적인 지원을 하는 프로세스를 말한다.

이 모델은 또한 첫 번째 그룹인 아키텍처를 생성하는 단계에서 가장 중요한 시간을 소비하고 있음을 보여주고 있다. 이 단계에서는 보드도 없고, 소프트웨어도 코딩되어 있지 않다. 여기서는 개발될 제품에 대한 자료를 수집하고, 어떤 옵션들이 존재하는지 이해하고, 발견한 것들을 문서화하는 데에 모든 관심과 집중과 연구능력을 쏟는다. 만약 시스템의 아키텍처를 정의하고 요구사항들을 결정하고 위험을 이해하는 것 등에 대해 적절한 준비를 한다면, 개발의 남은 단계인 제품을 테스트하고 유지 보수하는 것이 훨씬 간단하고 빠르고 저렴하게 진행될 것이다. 이것은 물론 책임 연구원이 필요한 능력을 가지고 있다는 것을 전제로 하고 있다.

간단히 말해서, 첫 번째 그룹이 정확하게 수행된다면, 시스템 요구사항을 만족시키지 않는 코드들을 분석하거나 디자이너의 의도가 무엇인지 추측하느라 낭비하는 시간을 줄일 수 있기 때문에, 결과적으로 버그를 잡거나 작업을 하는 데에 더 많은 시간을 할애할 수 있다. 물론 디자인 프로세스가 항상 순조로운 항해를 할 수 있다는 것을 말하는 것은 아니다. 수집된 정보가 부정확한 것으로 판명될 수도 있고, 규격이 변경될 수도 있고, 기타 등등의 일들이 발생할 수도 있다. 하지만 시스템 설계자가 기술적으로 잘 훈련을 받아서 준비가 잘 되어 있고 조직화되어 있다면, 새로운 장애물들을 즉시 알아차려 해결할 수 있을 것이다. 이것은 결과적으로 개발 프로세스에 있어서 시간과 돈이 훨씬 적게 소요되며, 훨씬 적은 스트레스를 야기하게 한다. 가장 중요한 점은 기술적인 관점에서 볼 때 프로젝트가 거의 확실히 성공으로 끝나게 된다는 것이다.

CHAPTER 11
시스템 정의하기 - 아키텍처 생성 및 디자인 문서화

11.1 | 임베디드 시스템 아키텍처 생성하기

임베디드 시스템을 디자인하는 데 있어서 몇 가지 산업적 방법론이 채택될 수 있다. 몇 가지만 언급하자면, RUP(Rational사의 소프트웨어 개발 프로세스), ADD(속성 기반의 디자인), OPP(오브젝트 기반의 프로세스), MDA(모델 기반의 아키텍처)를 들 수 있다. 이 책에서 필자는 이러한 방법론 중에서 핵심적인 요소들을 여러 가지 조합하고 단순화시킨 아키텍처를 생성하기 위한 프로세스를 소개함으로써 실용적인 접근을 할 것이다. 이 프로세스는 6개의 단계로 구성되는데, 각 단계에서는 이전 단계의 결과를 기반으로 형성된다. 이 단계들은 다음과 같다.

- **1단계** 확고한 기술적인 기초 다지기
- **2단계** 아키텍처 비즈니스 사이클 이해하기
- **3단계** 아키텍처 패턴과 모델 정의하기
- **4단계** 아키텍처 구조 생성하기
- **5단계** 아키텍처 문서화하기
- **6단계** 아키텍처 분석하고 검토하기

이 6가지 단계는 산업에서의 많은 더 복잡한 아키텍처 디자인 방법론 중 하나를 더욱 깊이 공부하기 위한 기초로서 작용할 수 있다. 하지만 실제 제품 디자인을 시작하기 전에, 많은 산업적 방법론에 대한 전체적인 아키텍처 방법론 연구를 하기 위해 투자해야 할 시간과 자원이 제한되어 있다면, 이 6단계들이 아키텍처를 생성하기 위한 간단한 모델로 직접 사용될 수 있을 것이다.

> **저자 주 :** 이 책은 더 복잡한 산업적 접근에서 찾아볼 수 있는 방법론 몇 가지를 기반으로 하는 임베디드 시스템 아키텍처를 생성하기 위한 실용적인 프로세스를 제공하려고 시도하고 있다. 또한 이 다양한 방법론과 관련된 많은 특정 전문 용어를 사용하지 않으려고 노력하였다. 왜냐하면, 동일한 용어라 하더라도 그 접근방식에 따라 다른 정의로 사용되기도 하고, 다른 용어가 동일한 의미로 사용될 수 있기 때문이다.

1단계 : 확고한 기술적인 기초 다지기

간단히 말해서, 1단계는 이 책의 2장에서 10장에 걸쳐 설명한 내용들을 이해하는 것이다. 엔지니어 또는 프로그래머가 임베디드 시스템의 어떤 부분을 개발하고 있는가에 상관 없이, 임베디드 시스템에서 구현될 수 있는 모든 요소들을 시스템 엔지니어 수준에서 이해하는 것은 유용하고 실용적이다. 이것은 폰노이만 모델과 같이 임베디드 시스템 모델에서 표현되는 가능한 조합의 하드웨어와 소프트웨어를 포함하고 있다. 폰노이만 모델은 임베디드 보드상에서 발견될 수 있는 주요 컴포넌트들(그림 11-2a 참고) 또는 시스템 소프트웨어 계층(그림 11-2b 참고)에서 존재할 수 있는 가능한 복잡성을 반영하고 있다.

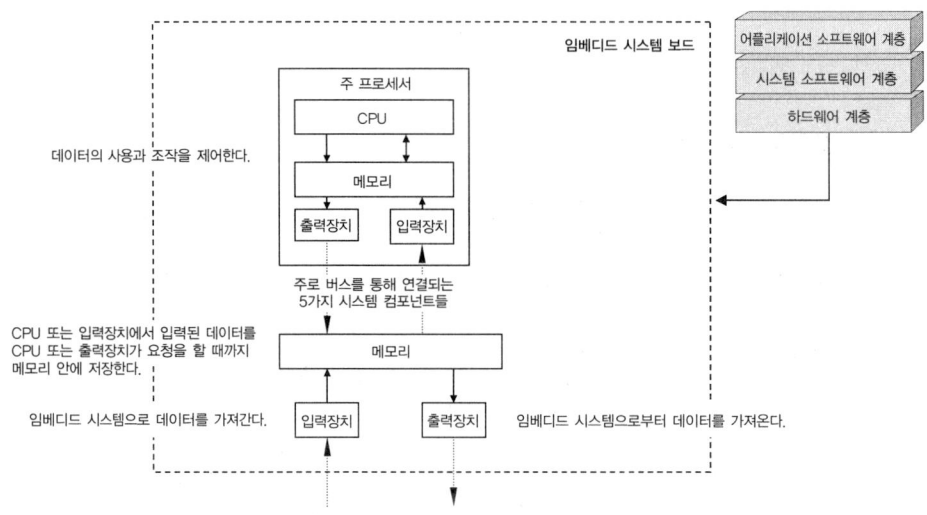

>> 그림 11-2a 폰노이만과 임베디드 시스템 모델 다이어그램

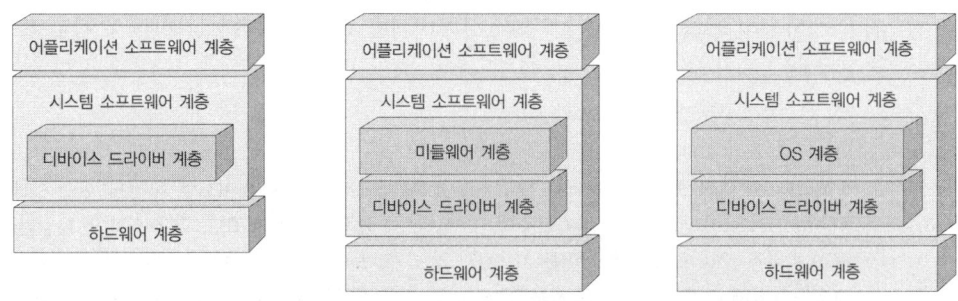

>> 그림 11-2b 시스템 소프트웨어 계층과 임베디드 시스템 모델 다이어그램

2단계 : 임베디드 시스템의 ABC(아키텍처 비즈니스 사이클) 이해하기

그림 11-3에 나타난 것처럼, 임베디드 기기의 아키텍처 비즈니스 사이클(architecture business cycle : ABC)은 임베디드 시스템의 아키텍처에 영향을 미치는 효력 사이클이며, 임베디드 시스템이 그것이 설치되어 있는 환경에 차례로 미치는 영향력을 말한다. 이 영향력은 기술적이고, 비즈니스 기반이며, 정치적이고, 사회적이다. 간단히 말해서 임베디드 시스템의 ABC는 시스템의 요구사항을 생성하는 많은 다양한 종류의 영향력을 말하며, 그 요구사항은 차례로 아키텍처를 생성하고, 그 아키텍처는 시스템을 만들어 내며, 생성된 시스템은 미래의 임베디드 디자인을 위한 구조로 되돌아갈 수 있는 요구사항과 능력을 제공한다.

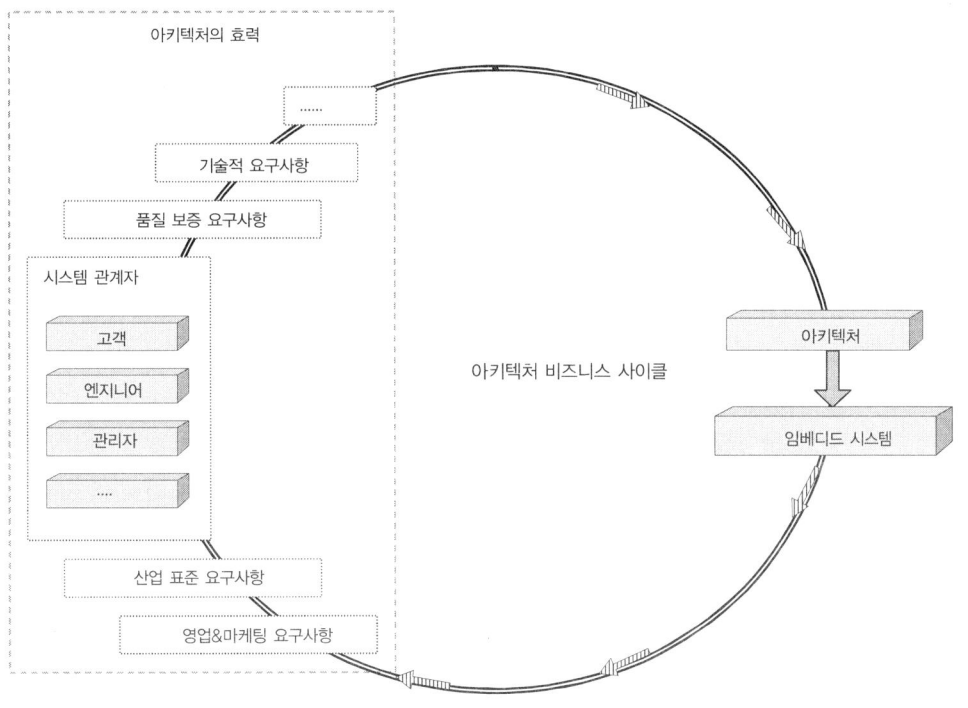

>> 그림 11-3 아키텍처 비즈니스 사이클[11-2]

이 모델이 말하고자 하는 것은 좋든 나쁘든, 아키텍처가 기술적 요구사항만으로 디자인된 것은 아니라는 점이다. 예를 들어, 다른 설계팀에 의해 디자인된 완전히 동일한 기술적 요구사항을 가진 셀룰러 폰 또는 TV와 같은 동일한 종류의 임베디드 시스템이 주어졌을 때, 생성된 서로 다른 아키텍처는 다른 프로세서, OS, 그리고 다른 요소들을 통합한 상태일 수 있다. 이것을 시작부터 인지하고 있는 엔지니어는 임베디드 시스템에 대한 아키텍처를 훨씬 더 성공적으로 생성할 수 있다. 임베디드 시스템의 책임 설계자가 프로젝트를 시작할 때 디자인에 영향을 줄 수 있는 다양한 사항들에 대해 인식하고 이해하여 관여시킨다면, 이러한 영향력들이 나중에 디자인 변경 또는 지연을 요구하거나, 많은 시간과 돈, 노력을 쏟은 후에 원래 아키텍처를 개발하는 것을 검토해야 하는 상황을 더 적게 만들 것이다.

2단계의 세부 단계들은 다음과 같다.

- **1단계** ABC가 임베디드 시스템의 요구사항을 이끌어 내는 것에 영향을 주며, 이러한 영향은 기술적인 부분에 제한을 받지 않는다는 것을 이해한다.
- **2단계** 특히 ABC는 기술적이든, 비즈니스적이든, 정치적이든, 사회적이든 그 디자인에 영향을 미친다는 것을 인식한다.
- **3단계** 디자인 및 개발 라이프 사이클에 다양한 영향력을 가능한 한 빨리 연관지어 시스템 요구사항을 수집한다.
- **4단계** 수집한 요구사항들을 충족시킬 수 있는 가능한 하드웨어 및 소프트웨어 요소를 결정한다.

이전 페이지에서 1단계와 2단계에 대해 상세하게 소개하였으며, 이 장의 다음 몇 절에서는 3단계와 4단계에 대해 보다 자세하게 논의하겠다.

요구사항 수집하기

영향에 대한 목록이 결정되면, 그 시스템의 아키텍처적인 요구사항이 수집될 수 있다. ABC에서 다양한 영향으로부터 어떤 정보가 얻어질 수 있는가에 대한 프로세스는 구전에 의한 비공식적인 것에서부터(비추천) 제한 상태의 기계 모델, 형식적인 규정 언어, 시나리오에서 어떤 요구사항들이 얻어지는지에 대한 형식적인 방법에 이르기까지 프로젝트에 따라 다양하다. 요구사항을 수집하기 위해 사용되는 방법과는 상관 없이, 기억해야 할 가장 중요한 점을 들면 정보는 작성할 때 모아야 하며, 아무리 비공식적이라 하더라도(심지어 그것이 냅킨에 쓰여져 있다고 하더라도) 정보는 모두 저장되어야 한다는 것이다. 요구사항이 작성되면, 충돌의 가능성 또는 요구사항과 관련된 과거의 논의에 대한 불일치를 줄여준다. 왜냐하면, 작성된 문서는 관련된 이슈를 해결하기 위해 참조될 수 있기 때문이다.

수집되어야 하는 정보의 종류는 시스템의 기능적 요구사항과 기능 이외의 요구사항을 모두 포함한다. 임베디드 시스템은 매우 다양하기 때문에, 이 책에서 모든 임베디드 시스템에 적용할 수 있는 기능적인 요구사항들을 나열하는 것은 어려운 일이다. 한편 기능 이외의 요구사항들은 다양한 종류의 임베디드 시스템에 적용할 수 있으며, 이 장의 뒷부분에서 실제 예로서 사용될 것이다. 게다가 기능 이외의 요구사항으로부터 어떤 기능적인 요구사항들도 이끌어 낼 수 있다. 이것은 프로젝트를 시작할 때, 특별한 기능적인 요구사항을 갖지 않는 것에는 유용하며, 디자인될 기기가 무엇을 해야 하는지에 대한 일반적인 개념을 가지고 있다. 기능 이외의 요구사항들을 이끌어 내고 이해하는 가장 유용한 방법들 중 몇 가지는 **범용 ABC 특징**들의 개념을 설명하고 **프로토타입**(prototype)을 이용하는 것이다.

범용 ABC 특징들은 다양한 영향력의 종류가 요구하는 기기의 속성이다. 이것은 범용ABC 특징들을 기반으로 하는 기기들의 기능 이외의 요구사항들을 의미한다. 사실, 대부분의 임베디드 시스템은 보편적으로 범용 ABC 특징들의 일부 조합을 요구하기 때문에, 임베디드 시스템에 대한 시스템 요구사항들을 정의하고 캡처하는 데 있어서의 시작점으로 사용될 수 있다. 다양한 범용 ABC 영향에서 얻을 수 있는 가장 일반적인 특징들 중 몇 가지를 표 11-1 에 나타내었다.

>> 표 11-1 범용 ABC 특징의 예

영향력	특 징	설 명
비즈니스 [영업, 마케팅, 행정관리 등]	판매 가능성	기기가 어떻게 팔릴 것인지, 과연 팔리게 될 것인지, 얼마나 많이 팔릴 것인지 등
	타임투마켓	그 기기가 어떤 기술적 특징들을 가지고 언제 판매될 것인지 등
	비용	개발비용이 얼마나 많이 소요될 것인지, 얼마에 팔릴 수 있는지, 오버헤드는 없는지, 그 기기가 필드에 있을 때 기술적 지원은 얼마나 될지 등
	기기 수명	그 기기가 시장에서 얼마나 오랫동안 있을 수 있는지, 그 기기가 필드에서 그 기능을 얼마나 오래 수행할 수 있는지 등
	타깃 시장	그것이 어떤 종류의 기기인지, 누가 그 기기를 살 것인지 등
	일정	그 기기가 언제 생산될 것인지, 언제 시장에 적용될 준비가 될 것인지, 그 기기가 언제까지 완료되어야 하는지 등
	기능	타깃 시장을 위해 그 기기가 가져야 하는 특징들의 목록을 규정하는 것, 그 기기가 생산되고 판매된 후 실제로 무엇을 할 수 있는지를 이해하는 것, 제품을 판매한 후 심각한 버그가 있는지 등
	위험성	그 기기의 특징 또는 오동작에 대한 법률적 위험, 출하 일정을 놓치는 것, 고객의 기대를 충족시키지 못하는 것 등
기술	성능	그 기기가 사용자에게 충분히 빠르게 동작하게 하는 것, 그 기기가 의도되어진 작업을 하도록 하는 것, 프로세서의 쓰루풋 등
	사용자 친밀도	그것이 얼마나 쉽게 사용될 수 있는가, 즐겁고 흥미진진한 그래픽 등
	수정 가능성	버그 수정 또는 업그레이드를 위해 얼마나 빨리 수정될 수 있는가, 얼마나 간단하게 수정할 수 있는가 등

>> 표 11-1 계속

영향력	특징	설명
	보안	경쟁자, 해커, 버그, 바이러스, 심지어는 전자동 등으로부터 안전한가
	신뢰성	그 기기가 부서지거나 고장날 수 있는가, 얼마나 자주 부서지거나 고장날 수 있는가, 그 기기가 부서지거나 고장나면 어떤 일이 발생하는가, 그 기기를 고장나거나 부서지게 하는 것은 무엇인가 등
	이식성	서로 다른 하드웨어상에 있는 어플리케이션에서 얼마나 간단하게 동작할 수 있는가 등
	테스트 가능성	시스템이 얼마나 쉽게 테스트될 수 있는가, 테스트될 수 있는 특징들에는 어떤 것들이 있는가, 그 기기들은 어떻게 테스트될 수 있는가, 테스트를 가능하게 하는 어떤 내장된 특징이 있는가 등
	사용 가능성	시스템에서 구현된 상용 소프트웨어 또는 하드웨어가 필요할 때 사용될 수 있는가, 그 기기들이 언제 사용될 수 있는가, 그 벤더의 명성은 어떠한가 등
	표준	(하기 산업 참고)
	일정	(상기 비즈니스 참고)
산업	표준	산업 표준(2장에서 소개), 시장에 특화된 표준(예를 들어, TV 표준, 의료기기 표준 등)과 서로 다른 제품군에 걸쳐 있는 범용 표준(프로그래밍 언어 표준, 네트워킹 표준 등)
품질 보증	테스트 가능성	(상기 기술 참고)
	사용 가능성	시스템이 언제 테스트되기 위해 사용될 수 있는가
	일정	(상기 비즈니스 참고)
	특징	(상기 비즈니스 참고)
	QA 표준	ISO9000, ISO9001 등(상기 산업 참고)
고객	비용	그 기기 비용이 얼마나 소요될지, 수리나 업그레이드를 위해 얼마나 비용이 소요될지 등
	사용자 친밀도	(상기 기술 참고)
	성능	(상기 기술 참고)

시스템 요구사항을 이해하고 캡처하고 모델링하는 다른 유용한 툴은 시스템 프로토타입을 사용하는 것이다. 이것은 어떤 조합의 시스템 요구사항들을 포함하는 물리적으로 동작하는 모델이다. 프로토타입은 디자인에서 구현될 수 있는 하드웨어와 소프트웨어 요소를 정의하기 위해 사용될 수 있으며, 이러한 요소들을 사용하는 것과 관련된 어떤 위험들을 가리킬 수 있다. 범용 ABC 특징과 경쟁적인 프로토타입의 사용은 프로젝트의 초기 단계에서 하드웨어 및 소프트웨어 솔루션이 디자인될 기기를 위해 가장 실행 가능한 것이 무엇인지를 정

확하게 결정할 수 있게 해준다.

프로토타입은 낙서로부터 개발될 수도 있고 시장에서 현재 개발된 제품을 기반으로 할 수도 있다. 이러한 제품들은 원하는 기능들을 통합하고 있는 어떤 유사한 기기 또는 더 복잡한 기기가 될 수도 있다. 심지어는 다른 시장에 있는 기기들도 그 어플리케이션이 독자 여러분이 찾는 것은 아니지만, 원하는 모습과 느낌을 가지고 있을 수도 있다. 예를 들어, 만약 독자 여러분이 의사들을 위한 무선의 휴대형 의료기기를 디자인하기를 원한다면, 시장에 성공적으로 적용되어 왔던 사용자 PDA(그림 11-4 참고)가 의료기기의 요구사항과 시스템 아키텍처를 지원하기 위해 연구되고 채택될 수 있다.

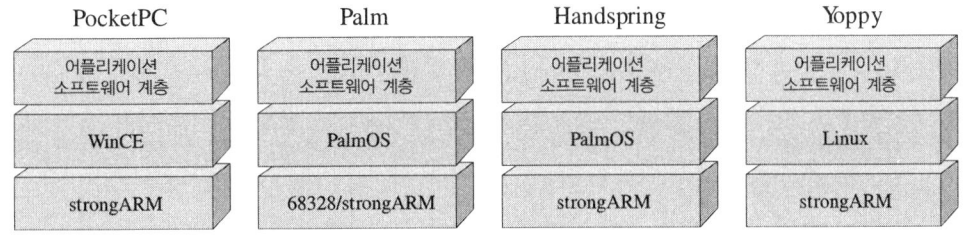

>> 그림 11-4 PDA

독자 여러분의 제품과 이미 시장에 존재하는 유사한 디자인을 비교할 때, 그 디자인에서 채택되었던 것이 반드시 그 제품에 대한 가장 좋은 기술적인 솔루션이 되지는 않는다는 점을 기억해 두자. 특정한 하드웨어 또는 소프트웨어 컴포넌트가 구현되지 않은 기술적이지 않은 영향으로부터 기술적이지 않은 많은 이유들이 있을 수도 있다는 점을 기억해 두자.

유사한 솔루션을 바라보는 주요한 몇 가지 이유는, 적합한 것이 무엇이고, 특정 솔루션과 관련된 문제나 제한사항들이 무엇인지를 수집하고, 기술적으로 프로토타입이 적절히 매치되는 경우 그 이유는 무엇인지를 이해하는 데에 필요한 시간과 돈을 절약하기 위해서이다. 만약 시장에 독자 여러분의 시스템 요구사항을 반영해 주는 기기가 없다면, 상용 레퍼런스 보드 또는 상용 시스템 소프트웨어를 사용하는 것이 여러분 자신의 프로토타입을 만들기 위한 빠른 방법이다. 프로토타입이 어떻게 생성되는가에 상관 없이, 그것은 잠재적인 아키텍처의 디자인과 동작을 모델링하고 분석하는 유용한 툴이다.

요구사항으로부터 하드웨어 및 소프트웨어 끌어내기

특정 디자인에 적절한 하드웨어 및 소프트웨어 솔루션을 이끌어 내기 위해 요구사항들을 이해하고 적용하는 것은 다음과 같은 프로세스를 통해 이루어질 수 있다.

1. 요구사항들 각각에 대해 간략히 설명하는 시나리오 세트를 정의한다.

2. 원하는 시스템 응답을 야기하기 위해 사용될 수 있는 시나리오 각각을 위한 전술에 대해 간략히 설명한다.

3. 그 기기에서 어떤 기능이 필요한지에 대한 청사진으로 그 전술을 사용하고 그런 다음 이 기능을 포함하는 특정 하드웨어와 소프트웨어 요소들의 목록을 이끌어 낸다.

그림 11-5에서 볼 수 있듯이 한 시나리오를 간략히 설명하는 것은 다음과 같은 내용을 정의하는 것을 포함한다.

- 임베디드 시스템과 상호작용을 하는 외부 및 내부의 자극원

- 자극원에 의해 야기되는 동작과 이벤트 및 자극

- 보통의 스트레스를 주는 영역, 높은 스트레스를 주는 공장, 극도의 온도에 도출되는 외부, 내부 등과 같이 자극이 발생할 때 임베디드 시스템이 있는 환경

- 전체 시스템이든 메모리, 주 프로세서, 데이터와 같은 일반적인 하드웨어 또는 소프트웨어 요소이든 자극에 의해 영향을 받을 수 있는 임베디드 시스템의 요소들

- 자극에 대한 적절한 시스템 반응, 이것은 하나 또는 그 이상의 시스템 요구사항을 반영한다.

- 시스템 반응이 측정될 수 있는 방법, 이것은 임베디드 시스템이 요구사항을 충족하고 있는지를 증명하는 방법을 의미한다.

다양한 시나리오를 대략적으로 설명한 후에는 적절한 시스템 응답을 야기할 수 있는 전술들이 정의될 수 있다. 이러한 전술은 그 기기에 어떤 종류의 기능이 필요한지를 결정하기 위해 사용될 수 있다. 다음의 몇 가지 예는 성능, 보안, 범용 ABC 특징의 테스트 가능성을 기반으로 하는 기능적이지 않은 요구사항들로부터 하드웨어 및 소프트웨어 컴포넌트들을 어떻게 이끌어 낼 수 있는지를 보여주고 있다.

CHAPTER 11
시스템 정의하기 - 아키텍처 생성 및 디자인 문서화

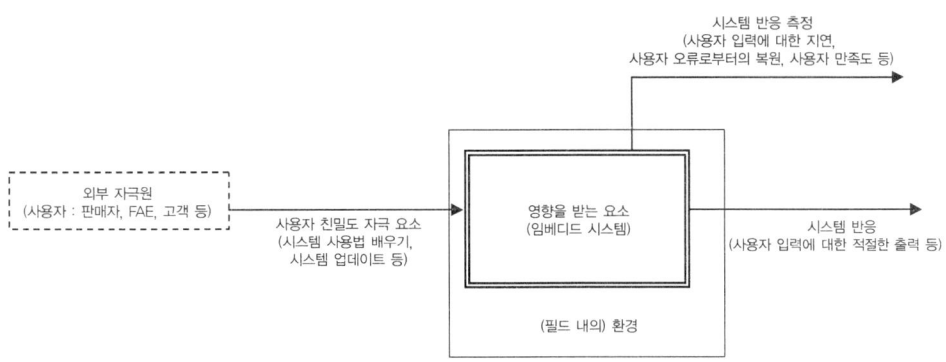

>> 그림 11-5 범용 ABC 사용자 친목 시나리오[11-2]

예제 1 성능

그림 11-6a는 성능 기반의 요구사항을 위한 하나의 가능한 시나리오이다. 이 예제에서 성능에 영향을 끼칠 수 있는 자극원은 임베디드 시스템의 내부 또는 외부의 자원이다. 이 자극원들은 한 번 또는 주기적인 비동기 이벤트를 발생시킬 수 있다. 이 시나리오에 따르면, 이러한 이벤트들이 발생하는 환경은 임베디드 시스템이 처리해야 하는 상위 레벨의 데이터에게 일반적일 때 발생한다. 자극원은 전체 임베디드 시스템의 성능에 영향을 주는 이벤트들을 발생시킨다. 심지어 그 시스템 안에 이벤트에 의해 직접 조작되는 단지 하나 또는 몇 가지 특정 요소들만 있다고 하더라도 마찬가지이다. 왜냐하면, 시스템 안에서의 어떤 성능 장애는 그것이 전체 시스템 안에서 성능의 이슈가 될 때 사용자에 의해 인지되기 때문이다.

이 시나리오에서, 원하는 시스템 반응은 그 기기가 적절한 방법, 즉 그 시스템이 원하는 성능 요구사항을 만족시키고 있음을 가리키는 지시자로서, 이벤트를 처리하고 응답하는 것을 말한다. 임베디드 시스템의 성능이 특정한 성능 기반의 요구사항을 만족시키고 있다는 것을 증명하기 위해서 쓰루풋, 지연 또는 데이터 손실을 통해 시스템의 반응을 측정하고 검증할 수 있다.

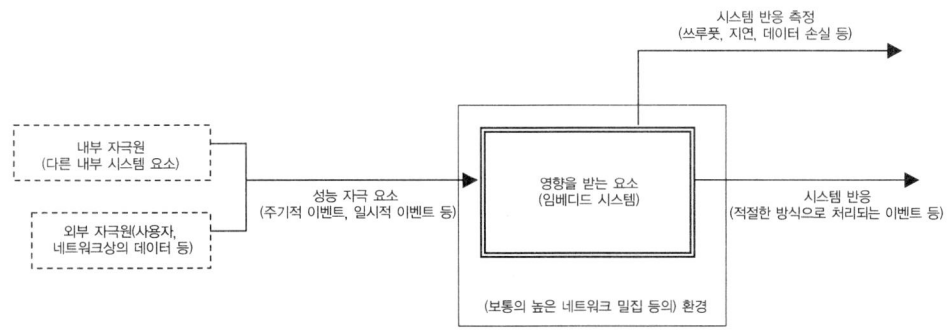

>> 그림 11-6a 범용 ABC 성능 시나리오[11-2]

그림 11-6a와 같은 성능 시나리오가 주어졌을 때, 원하는 시스템 반응을 야기하는 방법은 그 자극이 처리되고 반응이 야기되는 시간 주기를 제어하는 것이다. 사실, 시간 주기에 영향을 끼치는 특정 변수들을 정의함으로써, 이러한 변수들을 제어하는 데 필요한 전술을 정의할 수 있다. 그리고 이 전술은 기기의 원하는 성능을 가능하도록 하기 위해 그 전술의 기능을 구현할 아키텍처 안에서 특정 요소들을 정의하는 데 사용될 수 있다.

예를 들어, 이 시나리오 안에서 시스템의 반응 측정을 의미하는 반응시간은 한 기기 안에서의 리소스들을 사용함으로써 영향을 받을 수 있다. 동일한 리소스에 접근하기를 원하는 여러 개의 이벤트들 간에, 예를 들어 다른 이벤트가 그 리소스의 사용을 마칠 때까지 이벤트를 기다려야 하는 것과 같은 많은 규정들이 있다면, 그 리소스를 기다리는 시간은 반응시간에 영향을 준다. 그러므로, 그림 11-6b에서 볼 수 있듯이 리소스를 공평하고 최대로 이용할 수 있도록 하기 위해서 이벤트들의 요청을 중재하고 관리하는 리소스 관리 전술은 반응시간을 줄이고 시스템의 성능을 늘리기 위해 사용될 수 있다.

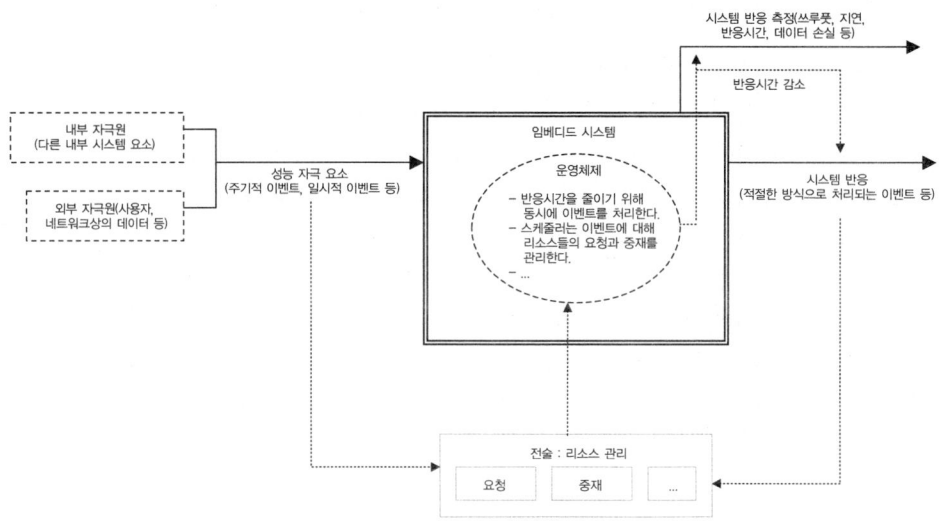

>> 그림 11-6b 성능 전술과 아키텍처 요소[11-2]

운영체제 안에서 찾아볼 수 있는 스케줄러는 리소스 관리기능을 제공할 수 있는 특정 소프트웨어 요소의 예이다. 그러므로 원하는 스케줄링 알고리즘을 가지고 있는 운영체제를 이 시나리오의 예에서 아키텍처를 위해 끌어내었다. 간단히 말해서 이 예제는 자극(이벤트)과 원하는 시스템 반응(좋은 성능)이 주어질 경우, 시스템 반응 측정(응답시간)을 통해 측정될 수 있는 원하는 시스템 반응(좋은 성능)을 얻기 위해 이끌어 낸 전술이 될 수 있다. 따라서 이 전술 배후에 있는 기능인 리소스 관리는 운영체제의 스케줄링과 프로세서 관리방식을 통해 구현될 수 있다.

> **저자 주** : 1단계의 '확고한 기술적 기초 다지기' 가 크리티컬한 것도 이 시점이다. 어떤 소프트웨어 또는 하드웨어 요소가 그 전술을 지원하는지를 결정하기 위해서는 임베디드 시스템과 이 요소들의 기능에서 사용할 수 있는 하드웨어 및 소프트웨어 요소들에 익숙해져야 한다. 이러한 지식 없이 이 단계의 결론은 프로젝트를 실패로 이끌 수 있다.

예제 2 보안

그림 11-7a는 보안 기반의 요구사항을 위해 가능한 시나리오이다. 이 예제에서, 보안에 영향을 줄 수 있는 자극원은 해커 또는 바이러스와 같이 외부에 있다. 이러한 외부 자원들은 메모리의 내용과 같은 시스템 리소스들에 접근하는 이벤트를 발생시킨다. 이 시나리오에 따르면, 이러한 이벤트들이 발생할 수 있는 환경은 임베디드 기기가 필드에서 네트워크에 연결되어 있을 때 데이터를 업로드/다운로드하면서 나타난다. 이 예제에서 이러한 자극원들은 자극원에 접근 가능한 주 메모리 또는 어떤 시스템 리소스들의 보안에 영향을 주는 이벤트들을 발생시킨다.

이 시나리오에서 임베디드 기기에 대해 원하는 시스템 반응은 어떤 시스템의 공격에 대해 방어하고 회복하며 저항하는 것이다. 이 예제에서는 시스템 보안의 수준 및 효과는 얼마나 자주 보안 침해가 발생하는지, 그 기기가 보안 침해로부터 회복되는 데 얼마나 오래 걸리는지, 그리고 미래의 보안 공격을 알아차려서 방어하는 능력이 있는지와 같은 시스템 반응 측정요소에 의해 측정된다. 그림 11-7a 에서 볼 수 있는 것과 같은 보안 시나리오가 주어질 경우, 시스템 공격에 대항할 수 있도록 하기 위해 임베디드 시스템의 반응을 조작하는 방법은 외부 자원이 내부 시스템 리소스에 접근하는 것을 제어하는 것이다.

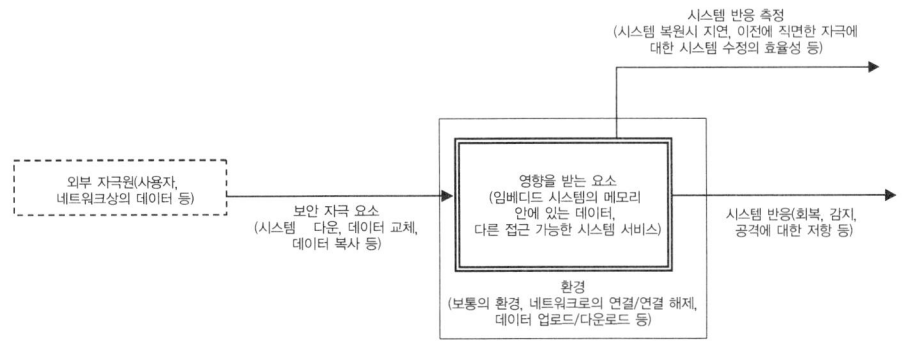

>> 그림 11-7a 범용 ABC 보안 시나리오[11-2]

시스템 리소스에 대한 접근을 조작하기 위해서는 시스템에 접근하려는 외부 자원들에 대해 인증해 주고, 유해한 외부 자원에 대해 시스템의 리소스에 제한적인 접근을 하게 함으로써 시스템 접근에 영향을 주는 변수들을 제어하면 된다. 그러므로, 그림 11-7b에서 볼 수 있듯이 권한 및 인증 전술은 한 기기가 그 기기에 접근하려는 외부의 자원들을 추적하여 유해한 외부 자원들의 접근을 거부하고 그렇게 해서 시스템의 보안을 증진시키기 위해 사용될 수 있다.

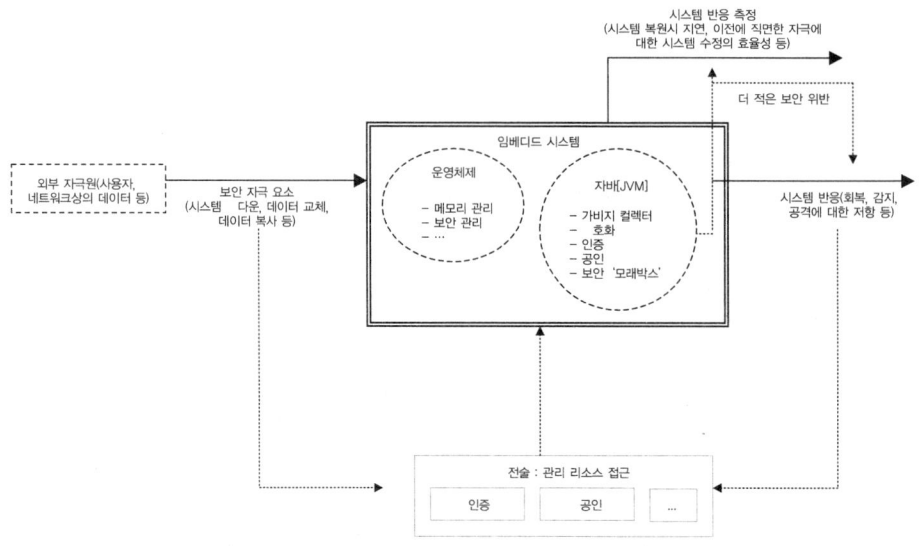

>> 그림 11-7b 보안 전술 및 아키텍처 요소[11-2]

예를 들어, 주 메모리와 같이 보안 침해에 의해 영향을 받는 기기 리소스가 주어질 경우, 운영체제 안에서 흔히 발견할 수 있는 메모리 및 프로세스 관리방식과 보안 API, 메모리 할당/가비지 컬렉션 방식은 자바와 같은 고급 프로그래밍 언어를 사용할 때를 포함한다. 또한 네트워크 보안 프로토콜들은 메모리 리소스에 대한 접근 관리를 지원할 수 있는 소프트웨어 및 하드웨어 요소들의 예이다. 간단히 말해서 이 예는 자극(원한이 없는 데이터에 접근/제거/생성 시도)과 원하는 시스템 반응(공격 감지, 저항, 회복)이 주어질 경우, 시스템 반응 측정(보안 침해 발생)을 통해 측정될 수 있는 원하는 시스템 반응을 얻기 위하여, 리소스에 접근하는 것을 관리하는 어떤 전술을 이끌어 낼 수 있다.

예제 3 테스트 가능성

그림 11-8a는 테스트 가능성 기반의 요구사항을 위해 가능한 시나리오를 보여주고 있다. 이 예제에서, 테스트 가능성에 영향을 줄 수 있는 자극원들은 내부와 외부에 모두 있을 수 있다. 이러한 자원들은 임베디드 시스템 내의 하드웨어 및 소프트웨어 요소들이 완성되거나 업데이트되어 테스트될 준비가 되었을 때 이벤트를 발생시킨다. 이 예제의 시나리오에 따르면, 이러한 이벤트들이 발생하는 환경은 그 기기가 제조하는 동안의 개발 상태에 있을

때, 또는 필드에 적용될 때 발생할 수 있다. 임베디드 시스템 안에서 영향을 받는 요소들은 각각의 하드웨어 또는 소프트웨어 요소이거나 전체 임베디드 시스템일 수 있다.

이 시나리오에서, 원하는 시스템 반응은 테스트에 대해 쉽게 제어되고 관찰할 수 있는 반응들이다. 시스템의 테스트 가능성은 수행되는 테스트의 수, 테스트의 정확성, 얼마나 오래 테스트를 수행할 것인가, 레지스터 또는 주 메모리 안에 있는 데이터의 검증, 테스트의 실제 결과가 그 규정을 만족하는지와 같은 시스템 반응 측정에 의해 측정된다. 그림 11-8a 에서 테스트 가능성 시나리오가 주어진 경우, 테스트에 대한 반응이 제어되고 측정될 수 있도록 하기 위해 임베디드 시스템의 반응을 조작하는 방법은 임베디드 시스템의 내부 동작으로의 자극원에 대한 접근 가능성을 제공하는 것이다.

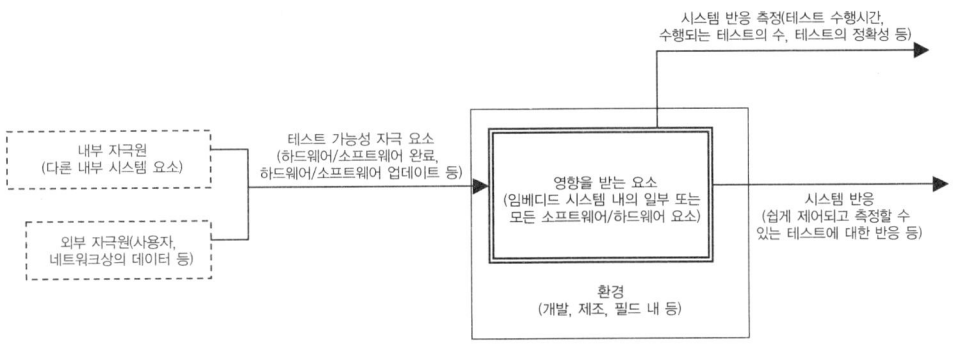

>> 그림 11-8a 범용 ABC 테스트 가능성 시나리오[11-2]

시스템의 내부 동작에 대한 접근 가능성을 제공하기 위해서는, 데이터를 검증하기 위해 동작 가운데 레지스터 및 메모리 덤프를 할 수 있는 것과 같은 원하는 시스템 반응에 영향을 주는 변수들을 제어할 수 있어야 한다. 이것은 내부 제어 및 상태 정보(예를 들어, 변수의 상태, 조작 가능한 변수들, 메모리 사용 등)를 요청하고, 그 요구에 대한 결과를 얻을 수 있도록 시스템의 내부 동작이 자극원에 의해 노출되고 조작되도록 해야 한다는 것을 의미한다.

그러므로, 그림 11-8b 에서와 같은 내부 모니터링 전술은 시스템의 내부 동작 모니터링 기능이 있는 자극원을 제공하기 위해 사용될 수 있으며, 이러한 내부 모니터링 방식이 입력을 받아서 출력을 제공할 수 있도록 해준다. 이러한 전술은 시스템의 테스트 가능성을 증가시켜 준다. 왜냐하면, 시스템이 얼마나 테스트가 가능한지는 보통 얼마나 시스템의 내부 동작을 잘 살펴보고 접근할 수 있는가에 달려 있기 때문이다.

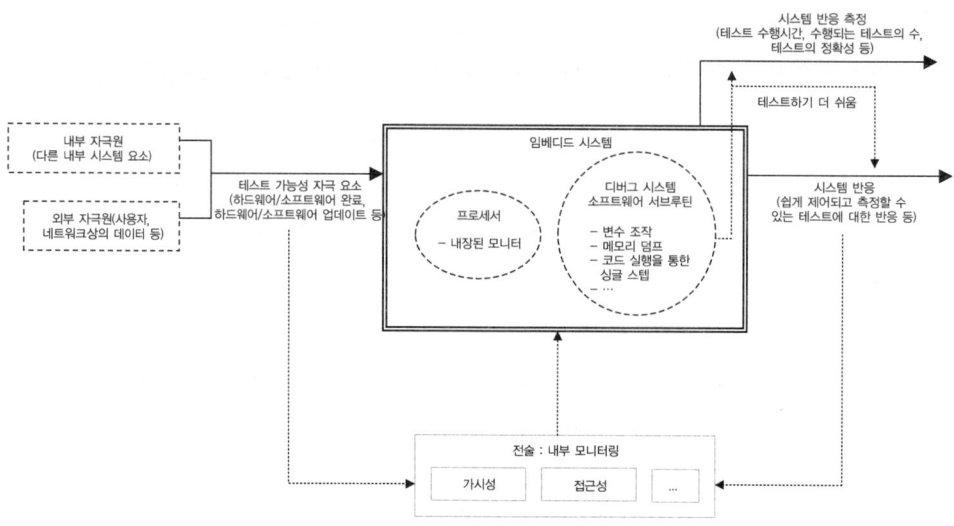

>> 그림 11-8b 범용 ABC 테스트 가능성 시나리오[11-2]

다양한 프로세서에서 발견될 수 있는 내장 모니터 또는 다양한 테스트를 수행하기 위하여 개발 시스템 안에서 디버거라 불리는 시스템 소프트웨어에 집적되어 있는 디버깅 소프트웨어 서브루틴들은 시스템의 내부 모니터링을 제공할 수 있는 요소들의 예이다. 이러한 하드웨어 및 소프트웨어 요소들은 이 시나리오에서 이끌어 낼 수 있는 요소들에 대한 예이다. 간단히 말해서, 이 예는 자극(완성되어 테스트 준비가 된 요소)과 원하는 시스템 반응(그 요소를 테스트하고 결과를 관찰하기 쉬운)이 주어질 경우, 시스템 반응 측정(테스팅 결과, 테스트 수행시간, 테스트 정확도 등)을 통해 측정 가능한 원하는 시스템 반응(그 요소를 테스트하여 결과를 관찰하기 쉬운)을 얻기 위해 한 전술을 이끌어 낼 수 있다(시스템의 내부 모니터링)는 것을 보여주고 있다.

> **저자 주** : 이 예제들은 일반적인 요구사항들로부터 아키텍처 안에 있는 요소들을 이끌어 낼 수 있는지를 직관적으로 보여주고 있으며(시나리오와 전술을 통해), 또한 한 요구사항에 대한 전술이 또 다른 요구사항에게 기대하지 않은 결과를 초래할 수도 있다는 것을 잠재적으로 보여주고 있다. 예를 들어, 보안을 위해 허락된 기능이 성능에 영향을 미칠 수 있으며, 테스트 가능성을 위해 허락된 기능이 시스템의 보안에 영향을 미칠 수 있다. 또한 다음의 사항들을 기억해 두자.
>
> ● 요구사항은 여러 가지의 전술을 가질 수 있다.
> ● 전술은 하나의 요구사항에 제한되지 않는다.
> ● 동일한 요구사항은 다양한 요구사항들에 걸쳐 사용될 수 있다.
>
> 어떤 시스템의 요구사항을 정의하고 이해할 때, 이러한 사항들을 기억해야 한다.

3단계 : 아키텍처 패턴과 모델 정의하기

특정 기기에 대한 아키텍처 패턴(아키텍처 언어 또는 아키텍처 스타일이라고도 불린다)은 본래 임베디드 시스템의 상위 계층 **프로파일**(profile)이다. 이러한 프로파일은 그 기기가 포함하고 있는 다양한 종류의 소프트웨어 및 하드웨어 요소들, 시스템 안에서의 이 요소들의 기능, 이 요소들의 위상도(레퍼런스 모델이라고도 불린다), 그리고 다양한 요소들의 상호관계 및 외부 인터페이스에 대한 설명서이다. 패턴들은 프로토타입, 시나리오, 전술을 통해 기능적인 요구사항들과 기능적이지 않은 요구사항들로부터 이끌어 낸 하드웨어 및 요소들을 기초로 한다.

그림 11-9는 아키텍처 패턴 정보의 예이다. 디지털 TV 셋톱 박스(DTV-STB)에 대한 요소들을 정의하면서 톱다운 방식으로 설명한다. 즉, 그 기기에서 동작하는 어플리케이션의 종류를 가지고 시작하여, 이 어플리케이션들이 잠재적으로 또는 외형적으로 필요로 하는 시스템 소프트웨어 및 하드웨어가 무엇인지, 이 시스템에 어떤 제약사항이 있는지 등에 대해 대략적으로 설명한다.

```
1. Application Layer
    1.1 Browser (Compliance based upon the type of web pages to render)
        1.1.1 International language support (Dutch, German, French, Italian and Spanish, etc.)
        1.1.2 Content type
                HTML 4.0
                Plain text
                HTTP 1.1
        1.1.3 Images
                GIF89a
                JPEG
        1.1.4 Scripting
                JavaScript 1.4
                DOM0
                DHTML
        1.1.5 Applets
                Java 1.1
        1.1.6 Styles
                CSS1
                Absolute positioning, z-index
        1.1.7 Security
                128 bit SSL v3
        1.1.8 UI
                Model Printing
                Scaling
                Panning
                Ciphers
                PNG image format support
                TV safe colors
                anti-aliased fonts
                2D Navigation (Arrow Key) Navigation
        1.1.9 Plug-Ins
                Real Audio Plug-in support and integration on Elate
                MP3 Plug-in support and integration on Elate
                Macromedia Flash Plug-in support and integration on Elate
                ICQ chat Plug-in support and integration on Elate
                Windows Media Player Plug-in support and integration
        1.1.10 Memory Requirement Estimate : 1.25 Mbyte for Browser
                                              16 Mbyte for rendering web pages
                                              3-4 Real Audio & MP3 Plug-In…
        1.1.11 System Software Requirement : TCP/IP (for an HTTP Client),…
    1.2 Email Client
            POP3
            IMAP4
            SMTP
        1.2.1 Memory Requirement Estimate : .25 Mbyte for Email Application
                                            8 Mbyte for managing Emails
        1.2.2 System Software Requirement : UDP-TCP/IP (for POP3, IMAP4, and SMTP),…
    1.3 Video-On-Demand Java Application
        1.3.1 Memory Requirement Estimate : 1 MB for application
                                            32 MB for running video,…
        1.3.2 System Software Requirement : JVM (to run Java), OS ported to Java, master processor supporting OS
                                            and JVM, TCP/IP (sending requests and receiving video),…
    1.4 …
```

>> 그림 11-9 DTV-STB 개요도 - 어플리케이션 계층

시스템 개요도는 관련 요소들을 통합하고 있는 기기에서 가능한 하드웨어 및 소프트웨어 레퍼런스 모델을 따라잡는 데 영향을 줄 수 있다. 그림 11-10은 그림 11-9에서의 예에서 사용된 DTV-STB를 위한 가능한 레퍼런스 모델을 보여주고 있다.

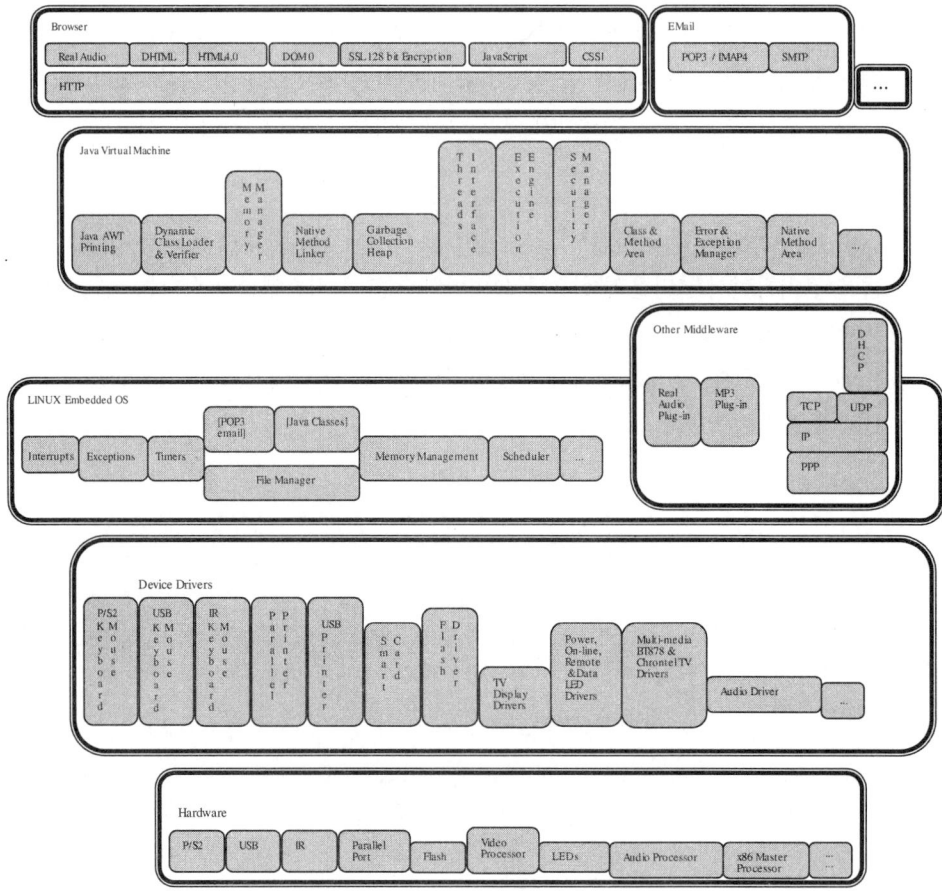

>> 그림 11-10 DTV-STB 레퍼런스 모델

권장사항 : 소프트웨어 요구사항이 알려져 있다면, 하드웨어 요소들을 완성하기 전에 가능한 한 많은 주요한 소프트웨어 요소들(예를 들어, OS, JVM, 어플리케이션, 네트워킹 등)을 구성하고 분석하라. 하드웨어는 소프트웨어를 통해 수행될 수 있는 것을 제한(또는 개선)하고 있으며, 하드웨어에서 수행되는 것이 적으면 적을수록 하드웨어 비용이 절감되기 때문이다. 그러므로, 가능한 주 프로세서와 보드를 가지고 소프트웨어 구성을 맞추어 볼 때, 다른 모델들도 참고하라. 이것은 예를 들어, 하드웨어 안에서 어떤 기능들을 제거하거나 어떤 소프트웨어 컴포넌트들을 구현하는 것을 포함할 수도 있다.

상업적으로 가능한 하드웨어 및 소프트웨어 선택하기

아키텍처에 어떠한 요소들이 만들어졌는지 상관 없이, 모든 것들은 일반적으로 2단계에서 보여준 것처럼, 기능적인 것과 기능적이지 않은 것의 두 가지 범주 가운데 다음과 같은 기본적인 세트를 충족시켜야 한다.

- **비용** 그 요소의 구입(내부적으로 창출하는 것), 집적, 채택이 비용 제한을 충족시키고 있는가?
- **타임투마켓** 그 요소가 요구사항들을 원하는 시점에 충족시켜 줄 수 있는가? (예를 들어, 개발하는 동안의 다양한 시점에서 또는 생산 시점에서 등)
- **성능** 그 요소는 사용자의 만족을 위해 또는 다른 의존적인 요소들을 위해 충분히 빠른가?
- **개발 툴 및 디버깅 툴** 그 요소를 더 빠르고 쉽게 디자인하기 위해 가능한 툴은 어떤 것이 있는가?
- …

아키텍처적인 요구사항들을 지원하는 모든 요소들이 내부적으로 디자인되어 있을 수 있지만, 많은 요소들이 상업적인 사용제품 형태로 구입될 수도 있다. 특정 목록의 범주가 무엇인지에 상관 없이, 상업적으로 가능한 컴포넌트들 사이에서 선택을 하는 가장 보편적인 방법은 각 요소에 대해 요구되는 특징들의 **행렬**(matrix)을 구성하고, 특정 요구사항을 만족하는 제품들을 가지고 그 행렬을 채우는 것이다(그림 11-11 참고). 상호 의존적인 서로 다른 요소들을 위한 행렬은 상호 교차되어 있을 수 있다.

	요구사항 1	요구사항 2	요구사항 3	요구사항 …	요구사항 'N'
제품 1	YES 특징 …	NO	NOT YET 내년	…	…
제품 2	YES 특징 …	YES 특징 …	YES 특징 …	…	…
제품 3	NO	YES 특징 …	NO	…	…
제품 4	YES 특징 …	NOT YET 3개월 이내	NOT YET 6개월 이내	…	…
제품 …	…	…	…	…	…
제품 'N'	…	…	…	…	…

>> 그림 11-11 샘플 행렬

임베디드 아키텍처 디자인에서, 상용의 모든 가능한 요소들은 디자인을 성공적으로 만드는 데 중요하다. 하지만, 다른 디자인 결정에 가장 많은 영향을 주는 가장 크리티컬한 디자인 요소들로는 선택된 프로그래밍 언어, 운영체제의 사용, 그리고 임베디드 보드가 어떤 주 프로세서를 기초로 하고 있는가이다. 이 절에서 이러한 요소들은 상업적으로 가능한 옵션들을 선택하는 방법에 대한 제안을 하고 이러한 분야의 각각에서 상대적인 행렬을 생성하는 예로서 사용될 것이다.

예제 1 프로그래밍 언어 선택

모든 언어들은 그 프로세서가 32비트, 16비트, 8비트인지 상관 없이, 소스 코드를 그 프로세서에 맞는 기계어 코드로 변환하는 컴파일러를 필요로 한다. 수 킬로바이트의 메모리(전체 ROM과 RAM)를 포함하고 있는 4비트 및 8비트 기반의 디자인에서, 어셈블리어가 전통적으로 선택되어 왔다. 좀더 강력한 아키텍처를 가지고 있는 시스템에서는 어셈블리가 하위 하드웨어 조작을 위해서 또는 더 빨리 수행되어야 하는 코드를 위해서만 사용된다. 어셈블리로 코드를 작성하는 것은 항상 선택사항이다. 사실, 대부분의 시스템은 일부 어셈블리 코드를 구현하고 있다. 어셈블리는 빠른 반면, 고급 언어보다 프로그래밍하기가 훨씬 더 어렵다. 더욱이 각 ISA 마다 서로 다른 어셈블리어 세트를 가지고 있다.

전통적으로 C는 C++, 자바, Perl 등과 같은 임베디드 시스템에서 사용되는 더 복잡한 언어들의 기초로 사용되고 있다. 사실, C는 운영체제를 가지고 있거나 JVM 또는 스크립트 언어와 같은 매우 복잡한 언어들을 사용하는 더 복잡한 임베디드 기기에서 사용되는 언어이다. 왜냐하면, C가 아닌 어플리케이션 기반에서 구현된 것들을 차단하는 운영체제, JVM, 그리고 스크립트 언어 인터프리터들은 보통 C로 작성되기 때문이다.

임베디드 기기에서 C++ 또는 자바와 같은 고급 오브젝트 기반의 언어를 사용하는 것은 더 큰 임베디드 어플리케이션에 유용하다. 여기서 사용되는 모듈화된 코드는 순차적인 코드(예를 들어, C 언어)에 비해 큰 어플리케이션의 디자인, 개발, 테스트, 유지 보수를 단순화시켜 줄 수 있기 때문이다. 또한 C++과 자바는 전통적으로 C 언어에서는 찾아볼 수 없는 보안, 익셉션 처리, 네임 스페이스, 형의 안정성 등의 추가 메커니즘을 소개한다. 어떤 경우에는 시장 표준이 실제로 그 기기에서 특정 언어[예를 들어, DTV에서 구현된 멀티미디어 홈 플랫폼(MHP) 규정에서는 자바를 사용하도록 하고 있다]를 지원하도록 요구하기도 한다.

하드웨어 및 시스템 소프트웨어에 독립적인 임베디드 어플리케이션들을 구현하기 위해서는 자바, .Net 언어(C#, 비주얼 베이직 등), 스크립트 언어들이 가장 일반적으로 선택되는 고급 언어들이다. 이 언어들로 작성된 어플리케이션을 실행하기 위해서는 JVM(자바를 위해), .NET 콤팩트 프레임워크(C#, 비주얼 베이직 등을 위해), 인터프리터(자바스크립트, HTML, Perl 등과 같은 스크립트 언어를 위해)와 같은 것들이 아키텍처 안에 포함되어 있어야 한다. 하드웨어와 시스템 소프트웨어에 독립적인 어플리케이션을 원한다면, 이 어플리케이션이 동작하기 위해서 정확한 API가 그 기기상에 지원되어야 한다. 예를 들어, 더 크고 복잡한 기기를 타깃으로 하는 자바 어플리케이션은 보통 pJava 또는 J2ME CDC API를 기반으로 하며, 더 작고 간단한 시스템을 타깃으로 하는 자바 어플리케이션들은 보통 J2ME CLDC를 기원하는 제품을 기대한다. 또한 하드웨어(예를 들어, 자바 프로세서 안에 있는 JVM)상에 그 요소가 구현되어 있지 않다면, 그것은 시스템 소프트웨어 스택 안에 OS의 일부로 또는 OS 및 주 프로세서에 포팅되어 구현되거나(x86, MIPS, StrongARM상에 WinCE의 경우에는 .NET을, vxWorks, 리눅스 등에는 JVM을 포팅) 어플리케이션의 일부(HTML, 브라우저에서의 자바스크립트, WinCE에서의 .exe 파일, PalmOS에서의 .prc 파일 등)로 구현되어야 한다. 또한 아키텍처에서 소개된 다른 중요한 소프트웨어 요소와 함께, 이 언어들로 쓰여진 코드가 합리적인 방법으로 수행될 수 있도록 하기 위해 이러한 고급 언어 요소들을 포함하고 있는 최소한의 처리 전력 및 메모리 요구사항이 시스템의 하드웨어에서 충족되어야 한다.

간단히 말해서, 이 예제가 설명하고자 하는 것은 임베디드 시스템이 서로 다른 많은 언어들(예를 들어, x86 보드상의 브라우저를 가지고 있는 MHP 기반의 DTV에서의 어셈블리, C, 자바, HTML)을 기초로 또는 오직 하나의 언어만(예를 들어, 8비트 TV 마이크로 컨트롤러를 기반으로 하는 21″ 아날로그 TV에서의 어셈블리)을 기초로 만들어질 수 있다는 점이다. 그림 11-12에서 볼 수 있는 것처럼, 산업에서 기기의 기능적인 요구사항들과 기능적이지 않은 요구사항들을 만족하는 언어들로 어떤 것들이 가능한지를 설명하는 행렬을 생성하는 것이 중요하다.

	실시간	빠른 성능	MHP-표준	ATVEF-표준	브라우저 어플리케이션	...
어셈블리	YES	YES	요구되지 않음	요구되지 않음	요구되지 않음	...
C	YES	YES 어셈블리보다 느림	요구되지 않음	요구되지 않음	요구되지 않음	...
C++	YES	YES C보다 느림	요구되지 않음	요구되지 않음	요구되지 않음	...
.NetCE(C#)	NO WinCE는 RTOS가 아님	프로세서에 따라 다름, 그다지 강력하지 않은 프로세서상에서 C보다 느림	요구되지 않음	요구되지 않음	요구되지 않음	...
JVM(자바)	JVM의 가비지 컬렉터에 따라 다르며, RTOS에 포팅된 OS	JVM 바이트 코드 처리방법에 따라 다름(인터프리팅이 더 강력한 프로세서를 요구할 때 WAT는 C만큼 빠르며 더 느린 프로세서에서는 C보다 느림)	YES	요구되지 않음	요구되지 않음	...
HTML (스크립트)	어떤 언어로 작성되었는지와 OS에 따라 다름(C/어셈블리에서 RTOS는 OK, .NetCE 플랫폼에서는 안 됨, Java는 JVM에 따라 다름)	인터프리팅이 수행되어야 하기 때문에 더 느리지만, 인터프리터가 어떤 언어로 작성되었는가에 따라 다름(이 열의 맨 위 셀 참고)	요구되지 않음	YES	YES	...

>> 그림 11-12 프로그래밍 언어 행렬

예제 2 운영체제 선택

임베디드 디자인 내에서 운영체제(OS)를 사용하는 것과 관련되어 다음과 같은 몇 가지 질문들이 있다.

1. 어떤 종류의 시스템이 보통 OS를 사용하거나 필요로 하는가?

2. OS는 시스템 요구사항들을 만족시켜야 하는가?

3. 디자인에서 OS를 지원해야 하는 것은 무엇인가?

4. 가장 적합한 요구사항을 가진 OS를 어떻게 선택할 수 있는가?

32비트 프로세서(또는 그 이상)를 기반으로 하는 임베디드 기기들은 OS를 가지고 있다. 왜냐하면, 이러한 시스템들은 4비트, 8비트, 16비트 기반의 기기들에 비해 더 복잡하며, 수 메가바이트 이상의 관리해야 할 코드들을 가지고 있기 때문이다. 때때로 아키텍처 내의 다른 요소들은 JVM 또는 .NET 콤팩트 프레임워크가 시스템 소프트웨어 스택에서 구현될 때처럼, 시스템 내에 OS를 필요로 한다. 즉, 주 CPU가 일종의 커널을 지원하기도 하지만, 기기가 복잡하면 할수록 더 쉽게 커널을 사용한다.

OS가 필요한지 아닌지는 시스템의 요구사항과 복잡도에 달려 있다. 예를 들어, 멀티태스킹 능력, 특정 방법으로 태스크를 스케줄링하는 능력, 리소스를 공평하게 관리하는 능력, 가상 메모리를 관리하는 능력, 많은 어플리케이션 코드를 관리하는 능력이 중요하다면, OS를 사용하는 것은 전체 프로젝트를 단순화시켜 줄 뿐 아니라 그것을 완성하는 데 있어 크리티컬한 요소가 될 수도 있다. OS를 어떤 디자인에 적용할 수 있도록 하기 위해서는 (소프트웨어 요소가 소개될 때처럼) 처리 전력, 메모리, 비용을 포함한 오버헤드를 필요로 한다. 이것은 또한 OS가 하드웨어(예를 들어, 주 프로세서)를 지원해야 한다는 것을 의미하기도 한다.

상용 OS를 선택하는 것은 요구사항과 OS 특징을 가지고 행렬을 만들게 한다. 이 행렬에서의 특징들은 다음과 같은 요소들을 포함하고 있다.

- **비용** OS를 구입할 때, 많은 비용들이 고려되어야 한다. 예를 들어, 개발 툴이 OS 패키지와 함께 제공된다면, 그 툴(이것은 팀당 또는 개발자당 비용이 될 수 있다)과 OS의 사용에 대한 라이선스 비용은 무료인 것이다. 어떤 OS 회사는 한 번에 OS 라이선스 비용을 요구하며, 어떤 회사는 로열티(제조되는 제품당 비용)와 함께 선불의 비용을 요구한다.

- **개발 툴 및 디버깅 툴** 이것은 기술 지원(도움 요청을 할 수 있는 웹사이트, 지원 엔지니어 또는 필드 어플리케이션 엔지니어), IDE(통합개발환경), ICE(인-서킷 에뮬레이터), 컴파일러, 링커, 시뮬레이터, 디버거 등과 같이 OS 패키지에 별도로 구성되거나 포함되어 있을 수 있다.

- **크기** 이것은 ROM 상에 OS의 풋프린트와 OS가 로드되어 실행될 때 얼마나 많은 주 메모리(RAM)가 필요한지에 대한 것을 포함한다. 어떤 OS는 개발자들이 필요 없는 기능들을 빼버림으로써 훨씬 더 적은 메모리에 맞추어 디자인할 수 있도록 한다.

- **커널이 아닌 관련 라이브러리** 많은 OS 벤더들은 OS 패키지에 추가의 소프트웨어 또는 OS에서 사용할 수 있는 선택 가능한 패키지(예를 들어, 디바이스 드라이버, 파일 시스템,

네트워킹 스택 등)를 포함함으로써 고객들을 유혹한다. 이것들은 OS와 함께 집적되어 어디서든 실행될 수 있다.

- **표준 지원** 다양한 산업들은 어떤 안전성 또는 보안 규정을 충족시켜야 하는(OS와 같은) 소프트웨어를 위한 특정 표준들을 가지고 있을 수 있다. 어떤 경우, OS는 형식적으로 보증되어야 한다. 많은 임베디드 OS 벤더가 지원하는 범용 OS 표준들(POSIX)도 있다.
- **성능** (9장의 9.6절 OS 성능 참고)

물론 행렬을 구성하는 데 있어서, 프로세스 관리방식, 프로세서 지원, 이식성, 벤더의 명성 등과 같은 다른 많은 바람직한 특징들도 있다. 하지만 이것은 그림 11-13과 같이 바람직한 특징 및 OS의 행렬을 만드는 시간을 감소시켜 줄 수 있다.

	툴	이식 가능성	커널 이외	프로세서	스케줄링 방식	...
vxWorks	토네이도 IDE, 싱글 스텝 디버거, ...	BSP	디바이스 드라이버 W/BSP, 그래픽, 네트워킹, ...	x86, MIPS, 68K, ARM, strongARM, PPC, ...	강성 실시간 방식, 우선순위 기반, ...	...
Linux	개발 IDE, gcc, ... 에 대한 벤더에 따라 다름	벤더에 따라 다름, BSP가 없는 모델도 있음	디바이스 드라이버 그래픽, 네트워킹, ...	벤더에 따라 다름(x86, PPC, MIPS, ...)	벤더에 따라 다름, 어떤 것은 강성 실시간 방식, 어떤 것은 연성 실시간 방식,	...
Jbed	Jbed IDE, Sun 자바 컴파일러, ...	BSP	디바이스 드라이버 JVM 규정에 따라 다름(그래픽, 네트워킹, ...)	PPC, ARM, ...	EDF 강성 실시간 스케줄링, ...	...

>> 그림 11-13 운영체제 행렬

예제 3 프로세서 선택

서로 다른 ISA 디자인들—어플리케이션에 특화된, 범용의, ILP(명령어-레벨 병렬) 등—은 다양한 종류의 기기들을 타깃으로 하고 있다. 하지만 다른 ISA에 속하는 다른 프로세서들은 보드상에 그리고 소프트웨어 스택상에 적절한 컴포넌트들이 주어진 경우, 동일한 종류의 기기를 위해 사용될 수 있다. 그 이름들이 의미하는 것처럼, 범용 ISA는 상당히 다양한 기기에서 사용된다. 그리고 어플리케이션에 특화된 ISA는 특정 종류의 기기 또는 특정한 요구사항을 가지고 있는 기기를 타깃으로 하고 있다. 그 목적은 TV를 위한 TV 마이크로 컨트롤러, 자바 지원을 하는 자바 프로세서, 데이터상에서 고정된 계산을 반복적으로 수행하는 DSP(디지털 신호 처리) 등과 같이 그 이름에서 설명된다. 4장에서 설명한 것과 같이,

ILP 프로세서는 병렬 명령어 실행 메커니즘 때문에 더 나은 성능을 가지고 있는 범용 프로세서이다. 일반적으로 4비트/8비트 아키텍처들은 로우엔드(low-end) 임베디드 시스템에서, 16비트/32비트 아키텍처는 하이엔드(high-end)의 더 크고 더 비싼 임베디드 시스템에서 사용되어 왔다.

다른 디자인 결정을 가지고 프로세서를 선택하는 것은 요구사항을 기반으로 그것을 선택하거나, 소프트웨어 요소들과 다른 하드웨어 요소들을 포함하여 시스템의 요소들에게 영향을 주는 것들을 판단하는 것을 말한다. 이것은 본래 하드웨어에서는 중요한 부분이다. 왜냐하면, 하드웨어는 소프트웨어상에서 어떠한 개선 또는 제한사항이 구현될 수 있는지 영향을 주기 때문이다. 프로세서를 선택할 때에 가장 일반적으로 고려되는 특징들은 다음과 같은 것들을 포함한다 : 프로세서의 비용, 전력 소모, 개발 툴 및 디버깅 툴, 운영체제 지원, 프로세서/레퍼런스 보드 이용 가능성 및 라이프 사이클, 벤더의 명성, 기술 지원 및 문서(데이터 시트, 매뉴얼 등). 그림 11-14는 자바 기반의 시스템을 구현하기 위해 주 프로세서를 선택하는 간단한 행렬을 보여준다.

	툴	자바에 특화된 특징	OS 지원	…
aJile aj100 자바 프로세서 (어플리케이션에 특화된 ISA)	JEMBuilder, 샤레이드 디버거	J2ME/CLDC JVM	필요 없음	…
모토롤라 PPC823 (범용 ISA)	토네이도 툴, Jbed 툴, 썬 툴, 아바트론 BDM, …	소프트웨어에 구현됨 (Jbed, PERC, CEE-J, …)	지원 예정 - Linux, vxWorks, Jbed, Nucleus Plus, OSE, …	…
히타치 캐밀롯 슈퍼스케일러 SoC(명령어-레벨 병렬 ISA)	토네이도 툴, QNX 툴, JTAG, …	지원 예정 - 소프트웨어에 구현됨 (IBM, OTI, Sun VMs, …)	지원 예정 - QNX, vxWorks, WinCE, Linux, …	…

>> 그림 11-14 프로세서 행렬

4단계 : 아키텍처 구조 생성하기

1단계에서 3단계가 완성되면, 아키텍처가 생성될 수 있다. 이것은 임베디드 시스템을 하드웨어 및 소프트웨어 요소들로 분해하고 필요하다면 이 요소들을 더 많이 분해함으로써 수행될 수 있다. 이러한 분해는 다양한 종류의 구조들의 조합으로 표현된다(구조 종류의 예를 위해서는 1장의 표 1-1 참고). 시스템 요구사항들을 가장 잘 만족하는(가장 잘 완성되고, 가장 정확하고, 가장 실장 가능하고, 가장 높은 개념적 무결성 등) 3단계에서 정의된 패턴들은 아키텍처 구조를 위한 기초로 사용되어야 한다.

어떤 구조가 선택되고 얼마나 많이 구현될 것인가를 결정하는 것은 시스템의 설계자에 달려 있다. 서로 다른 산업 방법론이 서로 다른 규격을 가지고 있는 반면, RUP(rational unified process), ADD(attribute driven design), 그리고 다른 것들을 포함한 가장 유명한 방법론에 의해 선호되는 기술은 그림 11-15에서 나타낸 '4+1' 모델이다.

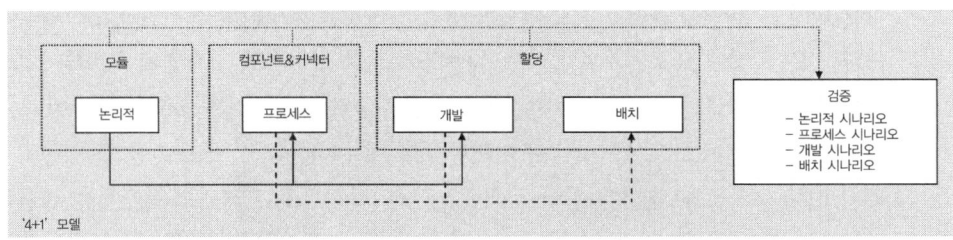

>> 그림 11-15 '4+1' 모델[11-2]

'4+1' 모델은 시스템 설계자가 아키텍처당 최소한 5가지의 결론적인 구조를 만들어야 하며, 각 구조는 시스템의 서로 다른 시각을 표현해야 한다고 말하고 있다. '4+1'이라는 용어가 의미하는 것은 구조의 4가지는 그 시스템의 다양한 요구사항들을 나타내는 역할을 한다는 것이다. 다섯 번째 구조는 그 구조들 간에 규약이 없으며, 모든 구조들이 다양한 시각에서 완전히 동일한 임베디드 시스템을 설명하고 있다는 것을 보장해 줌으로써 다른 4가지를 증명하기 위해 사용된다.

특히 그림 11-15에서 볼 수 있듯이 '4+1' 모델의 4가지 기본 구조들은 모듈, 컴포넌트, 커넥터, 그리고 할당이라는 구조적 종류에 속해 있다. 이러한 각 종류의 구조적 군 안에서는, 저자가 임베디드 시스템 안에서 사용하기 위해 이 모델을 채택한 다음, 특히 다음의 구조들을 추천하고자 한다.

- **구조 1** 논리구조. 이것은 오브젝트 기반의 구조, 또는 프로세서, OS 등과 같이 시스템 내 핵심 기능의 하드웨어 및 소프트웨어 요소들의 모듈화된 구조이다. 논리적 모듈 구조는 그 요구사항들과 상호관계들을 만족시키는 요소들을 보여줌으로써, 주요한 기능적 하드웨어 및 소프트웨어 요구사항들이 어떻게 만족되는지를 보여주기 때문에 추천한다. 이 정보는 성공적으로 실행하기 위해 어떤 기능적인 요소들이 어떤 다른 기능적인 요소들과 통합되어야 하는지를 설명하고, 시스템 내에서 다양한 요소들에 의해 요구되는 기능적인 요소들이 무엇인지를 설명하면서, 이러한 기능적인 요소들을 통해 실제 시스템을 구성하는 수단으로 사용될 수 있다.

- **구조 2** 프로세스 구조. 이것은 OS를 포함하는 시스템 안에서 프로세스들의 일치 및 동기화를 반영하는 컴포넌트들과 커넥터 구조이다. 프로세스 구조는 성능, 시스템 무결성,

리소스 사용 가능성 등과 같은 기능적이지 않은 요구사항들이 OS에 의해 어떻게 만족되는지를 보여주기 때문에 추천한다. 이 구조는 시스템에서의 프로세스들, 스케줄링 메커니즘, 리소스 관리 메커니즘 등을 설명하면서, OS 프로세스 관점에서의 시스템 모습을 보여준다.

두 개의 할당구조

- **구조 3** 하드웨어와 소프트웨어가 개발환경에 어떻게 매핑되는지를 설명하는 개발구조. 개발구조는 하드웨어와 소프트웨어의 구성과 관련된 기능적이지 않은 요구사항들에 대해 지원을 하기 때문에 추천한다. 이것은 통합개발환경(IDE), 디버거, 컴파일러 등과 같은 개발환경의 제한사항—사용되는 프로그래밍 언어—과 다른 요구사항들에 대한 정보를 포함한다. 그것은 하드웨어와 소프트웨어를 개발환경에 매핑함으로써 이 구성을 보여준다.

- **구조 4** 소프트웨어가 하드웨어에 어떻게 매핑되는지를 보여주는 적용/물리 구조. 적용/물리 구조는 프로세스 구조처럼, 기기 안에 모든 소프트웨어가 하드웨어에 어떻게 매핑되는지를 보여줌으로써 하드웨어 리소스 이용 가능성, 프로세서 쓰루풋, 성능, 하드웨어의 신뢰도와 같은 기능적이지 않은 요구사항들이 어떻게 만족되는지를 보여준다. 이것은 근본적으로 소프트웨어 요구사항을 기반으로 한 하드웨어 요구사항들을 정의한다. 이것은 코드/데이터를 실행하는 프로세서(처리 전력), 코드/데이터를 저장하는 메모리, 코드/데이터를 저장하는 버스 등을 포함한다.

이 구조들에 대한 정의에서 알 수 있듯이, 이 모델은 첫째로 시스템이 소프트웨어(개발, 적용, 프로세스 구조)를 가지고 있고, 둘째로 임베디드 기기가 일종의 운영체제(프로세스 구조)를 포함하고 있다고 가정한다. 근본적으로 모듈화 구조는 어떤 소프트웨어 컴포넌트들이 시스템 안에 있는지에 상관 없이, 심지어는 오래된 임베디드 시스템 디자인에서처럼, 소프트웨어가 없더라도 적용될 수 있다. 운영체제를 필요로 하지 않는 임베디드 디자인에서 메모리, I/O 관리, 메모리 관리와 같이 OS에서 전형적으로 발견되는 기능들의 일부를 표현하고 있는 I/O 등의 시스템 리소스 구조와 같은 다른 컴포넌트 및 커넥터 구조가 대체될 수 있다. OS가 없는 임베디드 시스템에서처럼, 소프트웨어가 없는 임베디드 기기를 위해서는 하드웨어 기반의 구조가 소프트웨어 기반의 구조를 대체할 수 있다.

다섯 번째 구조인 '+1' 구조는 다른 4가지의 구조 안에 존재하는 가장 중요한 시나리오와 그 전술의 일부를 매핑한다. 이것은 4가지 구조의 다양한 요소들이 상호 충돌 상태에 있지 않기 때문에, 전체적인 아키텍처 디자인을 보증한다는 것을 확인시켜 준다. 이러한 특정 구조들은 '4+1' 모델에 의해 요구되는 것이 아니라 특정한 종류의 임베디드 시스템을 위해 추천된다는 것을 기억해 두자. 또한 더 적거나 많은 구조를 구현하는 것에 비해 5가지의 구조를 구현하는 것을 추천한다. 이 구조들은 요구사항들을 반영하는 추가 정보를 포함하기 위해 변경될 수 있다. 만약 그것들이 생성된 다른 구조들의 어떤 것에 의해 취해지지 않은 시스템의 한쪽 시각을 정확히 반영해야 한다면, 추가 구조가 부가될 수도 있다. 구조들의 수와 관련하여 이 모델이 말하고자 하는 중요한 점은 일종의 구조 안에서 시스템에 대한 모든 정보를 반영하는 것은 매우 어렵다는 점이다.

마지막으로, 그림 11-15 '4+1' 모델에서 볼 수 있는 4가지의 기본 구조에서 나타난 화살표는 다양한 구조들이 동일한 시스템의 서로 다른 모습을 보여주고 있는 동안 그것들은 서로서로에게 독립적이지 않다는 사실을 나타낸다. 이것은 어떤 구조 안의 최소한 하나의 요소가 또 다른 구조에서는 유사한 하나의 요소 또는 몇 가지 다른 형태로 표현될 수 있다는 것을 의미한다. 이것은 임베디드 시스템의 아키텍처를 구성하는 이러한 모든 구조들의 합이다.

> **저자 주** : '4+1' 모델은 소프트웨어 아키텍처의 생성을 언급하기 위해 만들어졌지만, 임베디드 시스템 아키텍처 하드웨어 및 소프트웨어 디자인에도 적용 및 응용 가능하다. 즉, 이 모델의 목적은 적절한 구조를 선택하는 방법과 얼마나 많이 선택할지를 결정하기 위한 수단으로서 동작하는 것이다. 근본적으로 다양한 구조들의 수, 종류, 목적과 관련하여 '4+1' 모델의 기본 요소들은 설계자가 표현을 위해 어떤 구조적인 요소들을 선택하였는지, 또는 설계자가 다양한 방법론 기호들(예를 들어, 한 구조 안에서 다양한 아키텍처 요소들을 표현하기 위한 심벌들)과 스타일(예를 들어, 오브젝트 기반, 구조적 계층 등)을 지키기 위해 얼마나 엄격하게 선택하였는지에 상관 없이 임베디드 시스템 아키텍처와 디자인에 적용할 수 있다.
>
> 많은 아키텍처 구조들 및 패턴들은 다양한 아키텍처 책(또는 여러분의 연구)에 정의되어 있지만, 유용한 책들로는 *Software Architecture in Practice*(Bass, Clements, Kazman, 2003), *A System of Patterns : Pattern-Oriented Software Architecture*(Buschman, Meunier, Rohnert, Sommerland, Stal, 1996), 그리고 *Real-Time Design Patterns : Robust Scalable Architecture for Real-Time Systems*(Douglass, 2003)을 들 수 있다. 이것들은 모두 임베디드 시스템 디자인에 적용될 수 있다.

5단계 : 아키텍처 문서화하기

아키텍처를 문서화하는 것은 일관적인 방법으로 모든 구조들—요소, 시스템에서의 그 기능, 상호관계—을 문서화한다는 것을 의미한다. 아키텍처가 실제 문서화되는 방법은 팀이나 관리에 의해 결정된 표준 방법에 따라 달라진다. 다양한 산업 방법론은 아키텍처 문서 규격을 작성하기 위한 추천안과 가이드라인을 제공하고 있다. 이러한 유명한 가이드라인은 다음의 세 가지 단계로 요약 정리될 수 있다.

- **1단계 : 전체 아키텍처를 설명하는 문서**

  이 단계는 아키텍처에서 이용할 수 있는 정보와 문서에 대해 설명하는 내용의 테이블을 만드는 작업을 포함하고 있다. 즉, 임베디드 시스템의 개요, 아키텍처에 의해 지원되는 실제 요구사항, 다양한 구조의 정의, 구조들 간의 내부 관계, 다양한 구조를 표현하는 문서의 개요 설명, 이 문서들이 어떻게 놓여져 있는가(예를 들어, 모델링 기술, 의미, 형식 등) 등을 설명한다.

- **2단계 : 각 구조에 대한 문서**

  이 문서는 그 구조에 의해 지원되는 요구사항들에는 어떤 것이 있으며, 이러한 요구사항들이 디자인, 어떤 상대적인 제한사항, 이슈, 또는 오픈 아이템에 의해 어떻게 지원되는가를 가리켜야 한다. 이 문서는 그 구조 안의 다양한 요소들 각각에 대한 그래픽 표현과 그래픽이 아닌(예를 들어, 표, 문서 등) 표현을 포함하고 있어야 한다. 예를 들어, 그 구조적인 요소와 그 관계에 대한 그래픽 표현은 다양한 요소들, 그 동작, 그 인터페이스, 다른 구조적 요소들 간의 관계를 표로 요약 정리하고 있는 목차를 포함하고 있을 것이다.

  이 문서 또는 관련된 하위 문서가 구조적인 관점에서 임베디드 시스템 외부에 있는 기기와 통신하기 위해 사용되는 어떤 인터페이스 또는 프로토콜에 대한 설명도 포함하고 있는 것이 좋다.

  임베디드 시스템 안에는 다양한 구조와 관련 정보를 문서화하기 위한 템플릿이 없는 반면, 다양한 구조적인 관련 정보를 모델링하기 위한 유명한 산업기술들은 있다. 가장 일반적인 것들로는 **OMG**(object management group, 오브젝트 관리 그룹)에 의한 **UML**(universal modeling language, 보편적인 모델링 언어)과 **ADD**(attribute driven design)가 있다. UML은 구조적인 요소들의 동작을 모델링하는 상태 차트와 순서 다이어그램들을 만들기 위한 개념 및 형식을 정의하며, ADD는 다른 템플릿들 사이에서 인터페이스 정보를 작성하기 위한 템플릿을 제공한다. 다음의 그림 11-16a, 11-16b, 11-16c는 구조적인 디자인 정보를 문서화하기 위해 사용될 수 있는 템플릿 예이다.

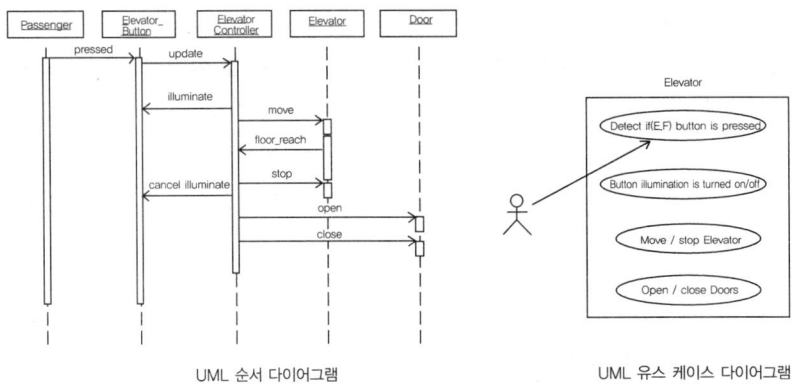

>> 그림 11-16a UML 다이어그램[11-3]

```
Section 1 - Interface Identity
Section 2 - Resources Provided
   Section 2.1 - Resource Syntax
   Section 2.2 - Resource Semantics
   Section 2.3 - Resource Usage Restrictions
Section 3 - Locally defined data types
Section 4 - Exception Definitions
Section 5 - Variability Provided
Section 6 - Quality Attribute Characteristics
Section 7 - Element Requirements
Section 8 - Rationale and Design Issues
Section 9 - Usage Guide
```

>> 그림 11-16b ADD 인터페이스 템플릿[11-2]

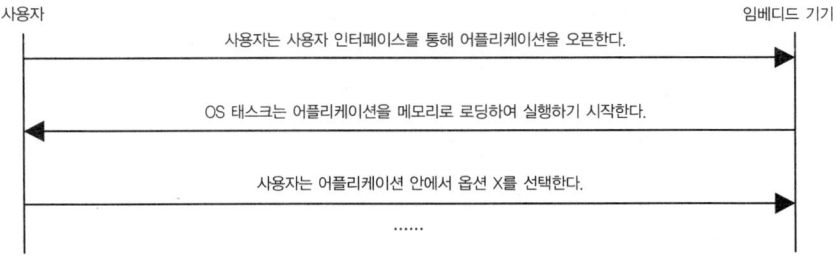

>> 그림 11-16c (대략적이고 비공식적인) 순서 다이어그램

■ 3단계 : 아키텍처 용어

이 문서는 아키텍처적인 모든 문서에서 사용된 기술적인 용어들을 모두 나열하고 정의한다.

아키텍처 문서가 문자와 비공식적인 다이어그램으로 구성되어 있든, 정확한 UML 템플릿을 기반으로 하고 있든 상관 없이 그 문서는 저자의 시각뿐 아니라 다양한 독자의 시각도 반영해야 한다. 이것은 독자가 초보자이든 기술적이지 않든 매우 기술적이든 상관 없이(즉, 그것은 다양한 사용자들을 나타내는 상위 레벨의 '유스 케이스' 모델과 그 시스템이 어떻게 사용될 수 있는지, 순서 다이어그램, 상태도 등을 가지고 있어야 한다) 유용해야 하며 명확해야 한다는 것을 의미한다. 또한 다양한 아키텍처 문서는 다양한 독자(관계자)가 필요로 하는 서로 다른 종류의 정보를 포함하고 있어서 분석을 하고 피드백을 줄 수 있도록 해주어야 한다.

6단계 : 아키텍처 분석하고 검토하기

아키텍처를 검토하는 목적은 다양할 수 있지만, 기본적으로는 그것이 아키텍처가 요구사항을 만족하고 있는지를 결정하고, 설치되고 나서 오래지 않아 디자인의 잠재적인 위험과 가능한 실패를 평가하기 위한 데에 있다. 아키텍처를 평가할 때, 아키텍처를 검토하는 사람과 평가가 어떻게 수행되어야 하는지에 대한 프로세스가 확립되어야 한다. 설계자와 이해 관계자 외에 '누구' 라는 용어에 대해 말하자면, 평가팀은 공정한 시각을 제공하기 위해 ABC 영향 밖에 있는 엔지니어를 포함해야 한다.

임베디드 시스템 디자인 프로세스에 적용되어 사용될 수 있는, 아키텍처를 분석하고 평가하기 위한 기법들로는 많은 것들이 있다. 이러한 접근방식 가운데 가장 일반적인 방법은 보통 아키텍처 중심의 접근방식, 품질 속성 기반의 접근방식, 또는 이 두 접근방식들을 조합한 접근방식에 속한다. 아키텍처 중심의 접근방식에서 평가될 시나리오는 시스템 이해 관계자 또는 (팀의 일부로 이해 관계자 대표자들이 참여한) 평가팀에 의해 구현된다.

품질 속성(quility attribute) 접근은 보통 양적인 것과 질적인 것으로 여겨진다. 양적인 분석 접근에서는 특정 접근에 따라 설계팀 또는 평가팀에 의해 동일한 양의 속성(기능적이지 않은 요구사항들이 기초로 하는 한 시스템의 a.k.a. 특징)을 가진 서로 다른 아키텍처가 비교된다. 질적인 분석 기술은 측정을 기반으로 하는데, 이것은 아키텍처와 관련된 정보의 특정한 품질 속성이 분석되고, 그 품질 속성과 관련된 모델들과 관련 정보가 설정된다는 것을 의미한다. 그러면, 특징들과 관련된 이러한 모델들은 시스템을 구성하기 위한 가장 좋은 접근법을 결정하기 위해 사용될 수 있다. 품질 속성 및 아키텍처 기반의 접근법에 대한 다양한 방법들이 있으며, 이것들 중 몇 가지를 표 11-2 에 요약하였다.

>> 표 11-2 아키텍처 분석 접근[11-2]

방법론	설 명
소프트웨어 유지 보수에 대한 아키텍처 수준의 예측[ALPSM]	시나리오를 통해 평가된 유지 보수 가능성
아키텍처 트레이드오프 분석방법[ATAM]	질문과 측정기법을 통해 아키텍처의 문제 영역과 기술적인 의미를 정의하는 품질 속성(양적) 접근. 많은 품질 속성을 평가하기 위해 사용될 수 있다.
비용 이득 분석방법[CBAM]	아키텍처의 경제적인 의미를 정의하기 위한 ATAM의 확장
ISO/IEC 9126-1~4	평가(기기의 기능성, 신뢰성, 사용 가능성, 효율성, 유지 가능성, 이식성과 관련된)를 위한 내적/외적 측량 모델을 사용하는 아키텍처 분석 표준
비율 단조 분석[RMA]	디자인의 실시간 동작을 평가하는 접근
시나리오 기반의 아키텍처 분석방법[SAAM]	이해 관계자에 의해 정의된 시나리오를 통해 평가된 수정 가능성(아키텍처 기반의 접근)
복잡한 시나리오를 기초로 한 SAAM[SAAMCS]	SAAM 확장 – 이해 관계자에 의해 정의된 시나리오를 통해 평가된 유연성(아키텍처 기반의 접근)
도메인 내 통합에 의한 확장된 SAAM[ESAAMI]	SAAM 확장 – 이해 관계자에 의해 정의된 시나리오를 통해 평가된 수정 가능성(아키텍처 기반의 접근)
시나리오 기반의 아키텍처 재설계[SBAR]	수학적인 모델링, 시나리오, 시뮬레이터, (속성에 따른) 객관적 논리를 통해 평가되는 품질 속성의 다양성
개선 및 재사용을 위한 소프트웨어 아키텍처 분석방법[SAAMER]	시나리오를 통해 개선 및 재사용성을 평가
소프트웨어 아키텍처 평가 모델[SAEM]	GQM 기술에 따라 서로 다른 행렬을 통해 평가하는 품질 모델

표 11-2에서 볼 수 있듯이, 이러한 접근방법 중 어떤 방법은 일종의 요구사항들만을 분석해 주는 반면, 어떤 방법들은 매우 다양한 품질 속성과 시나리오들을 분석할 수 있도록 해준다. 평가가 성공적이라고 여겨지기 위해서는, 1) 평가팀의 구성원들이 패턴 및 구조와 같은 아키텍처를 이해하고, 2) 이러한 구성원들이 아키텍처가 요구사항들을 어떻게 충족시키는가를 이해하고, 3) 팀의 모든 사람들이 아키텍처가 요구사항들을 모두 충족한다는 것에 동의해야 하는 점이 중요하다. 이것은 이러한 다양한 분석 및 평가 접근방법에서 소개된 메커니즘을 통해 이루어질 수 있다(예를 들어, 표 11-2 참고). 일반적인 단계들은 다음을 포함한다.

- **1단계** 평가팀의 구성원들은 책임 있는 설계자가 만든 아키텍처 문서의 복사본을 얻어서 다양한 팀 구성원들에게 평가될 문서 안에 있는 아키텍처 정보와 평가 프로세스에 대해 설명해 주어야 한다.

- **2단계** 아키텍처적인 접근과 패턴 목록은 평가팀의 구성원들이 문서를 분석한 후에 제공한 피드백을 기반으로 수집되어야 한다.

- **3단계** 설계팀과 평가팀 구성원들은 시스템의 요구사항(설계자의 시나리오—변경, 추가, 제거 등 — 의 입력에 대해 응답하는 팀)으로부터 이끌어 낸 정확한 시나리오를 인정해야 하며, 다양한 시나리오의 특징들은 구현의 중요성과 어려움에 대해 인정해야 한다.

- **4단계** 더 어렵고 중요한 시나리오는 평가팀이 대부분의 평가시간을 어디에서 소비하는 가이다. 이것은 시나리오가 가장 큰 위험을 소개하고 있기 때문이다.

- **5단계** 평가팀은 최소한, 1) 한결같이 동의된 요구사항/시나리오의 목록, 2) 장점[예를 들어, ROI(투자에 대한 회수) 또는 비용 대비 이득의 비율], 3) 위험부담, 4) 강점, 5) 문제점, 그리고 6) 평가된 아키텍처 디자인에 대한 추천된 변경사항을 포함하고 있어야 한다.

11.2 | 요약 정리

이 장에서는 임베디드 시스템 아키텍처를 생성하기 위한 간단한 프로세스를 소개하였다. 이것들은 다음과 같은 6가지의 주요한 단계를 포함하고 있다. (1단계) 확고한 기술적 기초를 다진다. (2단계) 시스템의 아키텍처 비즈니스 사이클을 이해한다. (3단계) 아키텍처 패턴들과 각 모델들을 정의한다. (4단계) 아키텍처 구조를 생성한다. (5단계) 아키텍처를 문서화한다. (6단계) 아키텍처를 분석하고 검토한다. 간단히 말해서, 이 프로세스는 다양한 유명한 산업 아키텍처적 접근방법 가운데 가장 유용한 매커니즘 몇 가지를 사용한다. 독자는 다양한 접근방법을 이해하고, 이러한 간단하고도 실용적인 접근방법을 기반으로 하는 임베디드 시스템 아키텍처를 생성하기 위한 시작점으로 이러한 메커니즘을 사용할 수 있다.

이 책의 다음 장인 12장은 마지막 장으로 임베디드 시스템 디자인의 남은 단계에 대해 설명하고 있다. 즉, 아키텍처의 구현, 디자인 테스트, 그리고 적용 후 디자인을 유지 보수하는 이슈에 대해 다루고 있다.

11장 연습문제

exercise

1. 임베디드 시스템 디자인 및 개발 라이프 사이클 모델의 4단계를 그리고 설명하라.

2. ⓐ 4단계 가운데 가장 어렵고 중요하다고 여겨지는 단계는 무엇인가?
   ⓑ 이유는 무엇인가?

3. 아키텍처를 생성하기 위한 6가지 단계는 무엇인가?

4. ⓐ 임베디드 시스템의 ABC는 무엇인가?
   ⓑ 사이클을 그리고 설명하라.

5. 아키텍처를 생성하는 단계 2의 4단계를 나열하고 정의하라.

6. 임베디드 시스템의 디자인 프로세스에 대한 4가지 종류의 효과에 대해 이름을 적어라.

7. ABC 영향으로부터 정보를 수집하기 위해 가장 덜 추천되는 방법은 어떤 것인가?
   A. 한정된 상태 기계 모델
   B. 시나리오
   C. 전화
   D. 이메일
   E. A, B, C, D 모두 정답

8. 5가지의 다른 영향으로부터 범용 ABC 특징의 4가지 예의 이름을 적고 이를 설명하라.

9. ⓐ 프로토타입이란 무엇인가?
   ⓑ 프로토타입은 얼마나 유용할 수 있는가?

10. 시나리오와 전술 사이의 차이는 무엇인가?

11. 그림 11-17에서 시나리오의 주요한 컴포넌트들을 나열하고 정의하라.

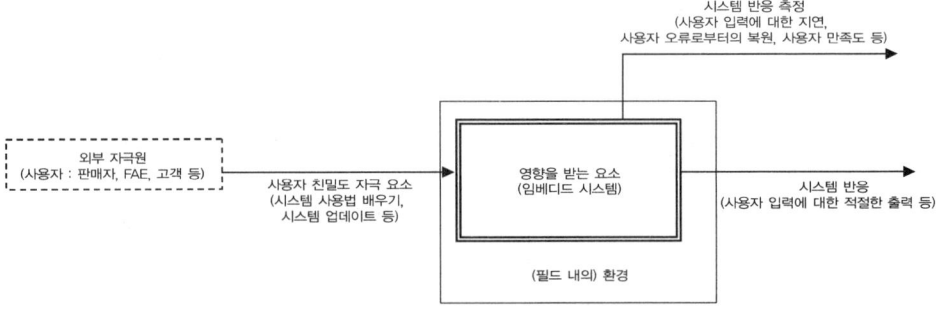

>> 그림 11-17 범용 ABC 사용자 친목 시나리오[11-2]

12. [T/F] 요구사항은 여러 가지 전술을 가질 수 있다.

13. 아키텍처적인 패턴과 레퍼런스 모델 사이의 차이는 무엇인가?

14. ⓐ '4+1' 모델은 무엇인가?
ⓑ 유용한 이유는 무엇인가?
ⓒ '4+1' 모델에 상응하는 구조를 나열하고 정의하라.

15. ⓐ 아키텍처를 문서화하기 위한 프로세스는 무엇인가?
ⓑ 특정 구조는 어떻게 문서화될 수 있는가?

16. ⓐ 아키텍처를 분석하고 평가하기 위한 2가지의 일반적인 접근방법을 나열하고 정의하라.
ⓑ 각각에 대한 최소한 5가지의 실제 예를 제공하라.

17. 양적인 품질 속성 접근과 질적인 품질 속성 접근 사이의 차이점은 무엇인가?

18. 아키텍처를 검토하는 방법으로서 문서에 소개된 5단계는 무엇인가?

IT 대한민국은 ITC(Info Tech Corea)가 함께 하겠습니다.
www.itcpub.co.kr

chapter 12
임베디드 디자인의 마지막 단계 : 구현과 테스트

이 장에서는

▶ 임베디드 시스템 아키텍처를 구현하는 핵심적인 면에 대해 정의한다.
▶ 품질 보장 방법론에 대해 소개한다.
▶ 개발 후 임베디드 시스템을 유지 보수하는 방법에 대해 알아본다.
▶ 책의 결론

12.1 | 디자인 구현

아키텍처 문서가 있으면, 개발팀에 있는 엔지니어들과 프로그래머들은 요구사항들을 충족시키는 임베디드 시스템을 구현하는 데 도움이 된다. 이 책 전반에 걸쳐, 이러한 요구사항들을 만족시키는 디자인의 다양한 컴포넌트들을 구현할 수 있도록 실제 예들을 제안하였다. 컴포넌트들과 규격사항들을 이해하는 것 외에, 임베디드 시스템을 구현하는 데에 도움을 주는 가능한 **개발 툴**(development tool)들로 무엇이 있는지를 이해하는 것도 중요하다. 임베디드 시스템의 다양한 하드웨어 및 소프트웨어 컴포넌트들을 개발하고 집적하는 것은 개발 툴들을 통해 이루어진다. 이것은 소프트웨어를 하드웨어로 로드하는 것에서부터 다양한 시스템 컴포넌트들을 완전하게 제어하는 것에 이르기까지 모든 것들을 제공한다.

임베디드 시스템은 보통 시스템 하나만—예를 들어, 임베디드 시스템의 하드웨어 보드—을 가지고 개발되지는 않는다. 이것은 보통 그 플랫폼의 개발을 관리하기 위한 임베디드 플랫폼에 연결되는 최소한 하나의 컴퓨터를 필요로 한다. 간단히 말해서, 개발환경은 보통 **타깃**(target, 디자인될 임베디드 시스템)과 **호스트**(host, 코드가 실제 개발되는 장소인 PC, Sparc Station, 그 외 다른 컴퓨터 시스템)로 구성된다. 타깃과 호스트는 직렬 포트, 이더넷 등과 같은 어떤 전송매체에 의해 연결된다. 호스트와 타깃과 관련된 개발환경 내에서는, EPROM을 굽는 유틸리티 툴 또는 디버깅 툴과 같은 다른 많은 툴들이 사용될 수도 있다 (그림 12-1 참고).

임베디드 시스템 디자인에 있어서 핵심적인 개발 툴은 호스트상에 위치할 수도 있고, 타깃 상에 위치할 수도 있고, 독립적으로 존재할 수도 있다. 이러한 툴들은 보통 다음의 세 가지 범주 중 한 가지에 속한다. **유틸리티**(utility) 툴, **변환**(translation) 툴, **디버깅**(debugging) 툴이 바로 그것이다. 유틸리티 툴은 소프트웨어 및 하드웨어 개발시 도움을 주는 범용 툴로서, 편집기(editor, 소스 코드 작성), 소프트웨어 파일을 관리해 주는 VCS(version control software, 버전 제어 소프트웨어), 소프트웨어를 ROM에 실장하기 위해 사용되는 ROM 버너 등이 있다. 변환 툴은 개발자가 타깃을 위해 작성한 코드를 타깃이 실행할 수 있는 형태로 바꾸어 주며, 디버깅 툴은 시스템 안에서 버그를 찾아서 수정하기 위해 사용될 수 있다. 모든 개발 툴들은 아키텍처 디자인과 같은 프로젝트에 크리티컬하다. 왜냐하면, 적절한 툴 없이는 시스템을 구현하고 디버깅하는 것이 불가능하지는 않지만, 매우 어렵기 때문이다.

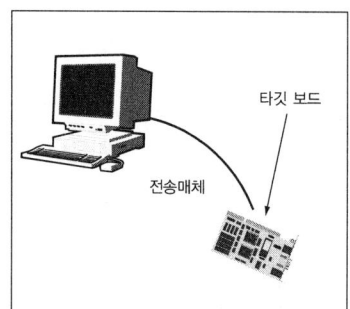 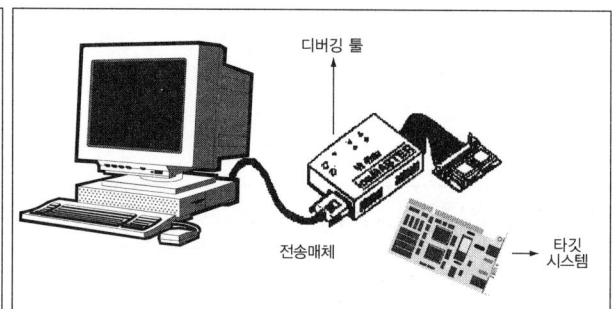

>> 그림 12-1 개발환경

임베디드 툴 시장

임베디드 툴 시장은 사용 가능한 임베디드 CPU, 운영체제, JVM 등과 같은 분야를 지원하는 많은 다양한 벤더들을 가지고 있는 작고 분리된 시장이다. 그 벤더가 아무리 크다고 할지라도, 대부분의 동일한 종류의 컴포넌트들을 위한 툴들을 모두 구입할 수 있는 '원스톱 숍(one-stop-shop)'은 아직 없다. 보통은 그 자신만의 특정 모델을 지원하거나 유사한 모델을 지원하는 많은 서로 다른 툴 벤더들이 존재한다. 시스템의 책임 설계자들은 그들의 아키텍처 디자인을 마치기 전에, 시스템을 개발하기 위해 적절한 툴이 이용되었는지, 그리고 그러한 툴들이 품질이 좋은지를 보장하기 위해, 사용 가능한 툴들을 연구하고 평가해야 한다. 개발이 진행된 후에 해당 툴이 아키텍처에 포팅되어지거나, 벤더가 버그를 수정해 주기를 기다리면서 수 개월을 보내는 것은 좋지 않은 상황을 만들어 내기 때문이다.

— Jack Ganssle의 기고문 "임베디드 툴 시장에서의 문제"에서 발췌
— 2004년 4월, 임베디드 시스템 프로그래밍

주요 소프트웨어 유틸리티 툴 : 편집기 또는 IDE를 이용하여 코드 작성하기

소스 코드는 보통 그림 12-2와 같이, 호스트(개발) 플랫폼상에 설치된, 표준 ASCII 문서 편집기 또는 **통합개발환경**(integrated development environment : IDE)과 같은 툴을 가지고 작성된다. IDE는 하나의 어플리케이션 사용자 인터페이스로 집적된 ASCII 문서 편집기를 포함하고 있는 통합 툴이다. ASCII 문서 편집기는 언어와 플랫폼에 독립적이며, 어떤 코드를 작성하기 위해 사용되는 반면, IDE는 플랫폼에 의존적이며, 보통 IDE 벤더, 하드웨어 제조사(IDE 또는 문서 편집기와 같은 툴과 함께 하드웨어 보드를 파는 평가 키트), OS 벤더, 언어 벤더(자바, C 등)에 의해 제공된다.

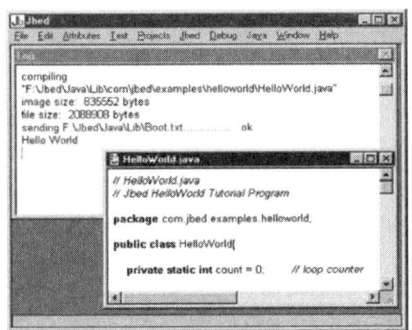 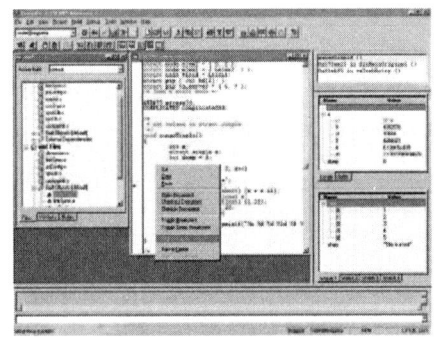

>> 그림 12-2 IDE[12-1]

CAD와 하드웨어

CAD(computer-aided design) 툴은 보통 하드웨어 엔지니어에 의해 사용된다. 그들은 이 툴을 이용하여 실제 회로를 구현하기 전에, 다양한 조건하에서 회로의 동작을 연구하기 위해 전기적인 수준에서 회로를 시뮬레이션한다.

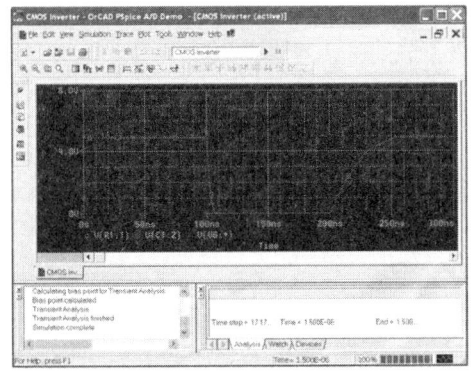 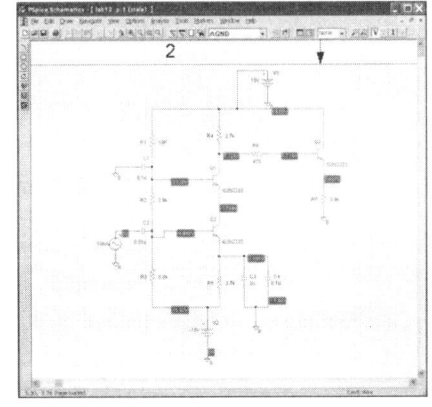

>> 그림 12-3a PSpice CAD 시뮬레이션 예[12-2]   >> 그림 12-3b PSpice CAD 회로 예[12-2]

그림 12-3a는 PSpice라고 불리는 매우 인기 있는 표준 회로 시뮬레이터의 예를 보여주고 있다. 이 회로 시뮬레이션 소프트웨어는 SPICE(simulation program with integrated circuit emphasis, 통합회로 강조기능이 있는 시뮬레이션 프로그램)라고 불리는 버클리, 캘리포니아 대학에서 개발된 회로 시뮬레이터의 아류이다. PSpice는 SPICE의 PC 버전이며, 비선형 과도 전류, 비선형 DC, 선형 AC, 잡음, 왜곡과 같은 회로 분석을 수행할 수 있는 시뮬레이터의 예이다. 그림 12-3b에서 볼 수 있는 것처럼, 이 시뮬레이터에서 생성되는 회로는 다양한 능동/수동 소자들로 구성될 수 있다. 많은 상업적으로 이용 가능한 전자회로 시뮬레이터 툴은 그 전반적인 목적에서 볼 때 일반적으로 PSpice와 유사하다. 하지만 어떤 종류의 분석이 수행될 수 있는지, 어떤 회로 컴포넌트들이 시뮬레이션될 수 있는지, 그 툴의 사용자 인터페이스의 형태가 어떠한지는 매우 다르다.

하드웨어 디자인의 중요성과 이와 관련된 비용 때문에, 회로를 시뮬레이션하기 위해 CAD 툴에서 사용하는 기술들로는 다양한 방법들이 있다. 프로세서 내에 또는 보드상에 복잡한 회로가 주어진 경우, 전체 디자인에서 시뮬레이션을 수행하는 일이 불가능하지는 않지만 매우 어렵기 때문에, 보통 시뮬레이터 및 모델 구조가 사용된다. 사실, 모델을 이용하는 것은 시뮬레이터의 효율성 또는 정확성과 상관 없이 하드웨어 디자인시 가장 크리티컬한 요인 중 하나이다.

최상위 레벨에서, 전체 회로의 동작 모델은 아날로그 회로와 디지털 회로를 위해 생성되며, 전체 회로의 동작을 연구하기 위해 사용된다. 이러한 동작 모델은 이 특징을 제공하는 CAD 툴을 가지고 만들어지거나, 표준 프로그래밍 언어로 작성된다. 회로 종류의 구성에 따라 그 회로가 가질 수 있는 환경적인 의존성(예를 들어, 온도)과 회로의 개별적인 능동/수동 컴포넌트에 대한 추가적인 모델이 만들어질 수 있다.

회화적 접근 또는 수정된 노드 방식과 같은 특정 시뮬레이터를 위한 회로 방정식을 작성하기 위해 어떤 특정한 방법을 사용하는 것 외에, 다음과 같은 방법들[12-1] 중 하나 또는 몇 가지를 포함하는 복잡한 회로를 다루기 위한 시뮬레이션 기법도 있다.

- 복잡한 회로를 더 작은 회로들로 나누고 그 결과를 합친다.
- 어떤 종류의 회로들의 특수한 특징들을 이용한다.
- 벡터-고속 컴퓨터 및 병렬 컴퓨터를 이용한다.

변환 툴 ― 프리프로세서, 인터프리터, 컴파일러, 링커

코드 변환은 2장에서 처음 소개하였으며, 코드를 변환하는 데 사용되는 몇 가지 툴들로 프리프로세서, 인터프리터, 컴파일러, 링커에 대해 간단히 소개하였다. 복습 차원에서 살펴보자. 기계어 코드만이 하드웨어가 직접 수행할 수 있는 언어이기 때문에, 소스 코드가 작성된 다음에 그것은 기계어 코드로 변환되어야 한다. 다른 모든 언어들은 하드웨어가 이해할 수 있는 그에 상응하는 기계어 코드를 생성하는 개발 툴을 필요로 한다. 이러한 메커니즘은 보통 프리프로세싱(preprocessing), 변환(translation), 인터프리팅(interpretation) 기계어 코드 생성기법 중 하나 또는 몇 가지의 조합을 포함한다. 이러한 메커니즘은 다양한 변환 개발 툴 내에서 구현된다.

프리프로세싱은 소스 코드의 변환 또는 인터프리팅 전에 발생하는 선택적인 단계이며, 이러한 기능은 보통 **프리프로세서**(preprocessor)에 의해 구현된다. 프리프로세서의 역할은 이 코드의 변환 또는 인터프리팅을 보다 쉽게 하기 위해 소스 코드를 구조화하고 재구성하는 것이다. 프리프로세서는 분리된 개체일 수도 있고, 변환장치 또는 인터프리팅 장치 내에 통합되어 있을 수도 있다.

많은 언어들은 **컴파일러**(compiler)를 통해 소스 코드를 타깃 코드로 바꾸어 준다. 이것은 프리프로세싱 단계를 거친 후에 수행될 수도 있고, 바로 수행될 수도 있다. 컴파일러는 어셈블리, C, 자바 등과 같은 소스 언어로부터 기계어 코드, 자바 바이트 코드 등과 같은 타깃 언어를 생성하는 프로그램이다(그림 12-4 참고).

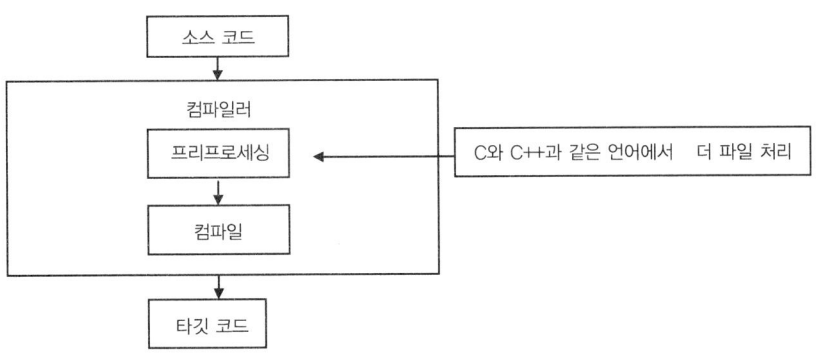

>> 그림 12-4 컴파일 다이어그램

컴파일러는 보통 한 번에 모든 소스 코드를 타깃 코드로 바꾸어 준다. 임베디드 시스템의 경우, 대부분의 컴파일러들은 프로그래머의 호스트 기계상에 위치하여, 컴파일러가 실제 동작하는 플랫폼과는 다른 하드웨어 플랫폼을 위한 타깃 코드를 생성한다. 이러한 컴파일러들을 가리켜 보통 **교차 컴파일러**(cross-compiler)라고 부른다. 어셈블리의 경우, 어셈블리 컴파일러는 **어셈블러**(assembler)라 불리는 특정 교차 컴파일러이며, 이것은 항상 기계어 코드를 생성한다. 다른 고급 언어 컴파일러들은 보통 그 언어의 이름 뒤에 '컴파일러'를 붙여 부른다(예를 들어, 자바 컴파일러, C 컴파일러). 고급 언어 컴파일러들은 무엇을 생성하는가에 따라 매우 다양하다. 어떤 컴파일러들은 기계어 코드를 생성하며, 어떤 컴파일러들은 다른 고급 언어들을 생성하여 최소한 하나 이상의 컴파일러를 통해서 실행될 것을 요구한다. 또 다른 컴파일러들은 어셈블리 코드를 생성하는데, 이것은 후에 어셈블러를 통해 변환되어야 한다.

프로그래머의 호스트 기계상에서 모든 컴파일이 완료된 후 남은 타깃 코드 파일을 가리켜 보통 **오브젝트 파일**(object file)이라고 부른다. 이 파일은 사용되는 프로그래밍 언어에 따라 기계어 코드에서 자바 바이트 코드에 이르기까지 어떤 것을 포함할 수 있다. 그림 12-5에서 볼 수 있는 것처럼, **링커**(linker)는 이 오브젝트 파일을 어떤 다른 필요한 시스템 라이브러리들과 통합하여 **실행 가능한**(executable) 이진 파일이라고 불리는 것을 만들어 낸다. 이 파일은 **로더**(loader)를 통해 직접 보드 메모리상에 실장되거나, 타깃 임베디드 시스템의 메모리로 전송될 준비를 한다.

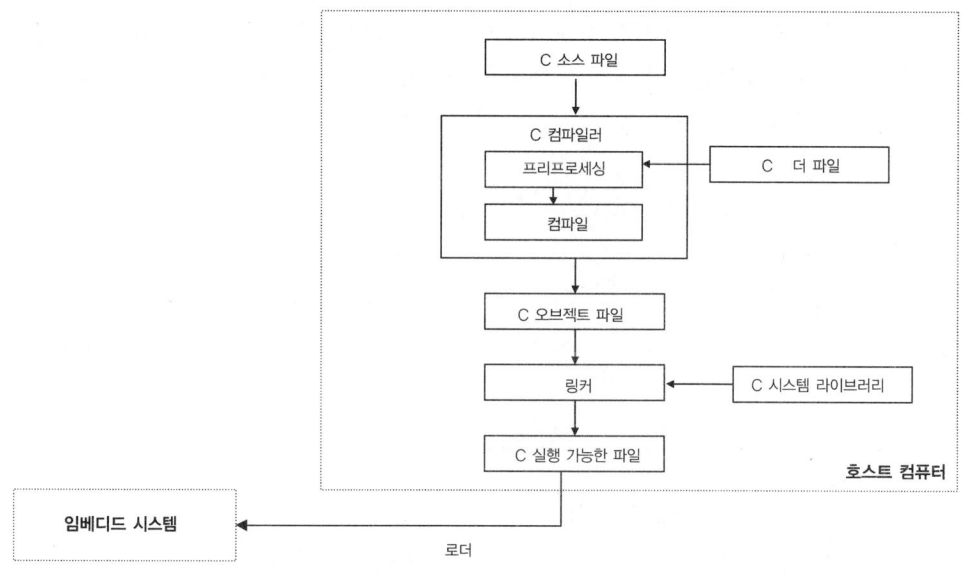

>> 그림 12-5 C 예제 컴파일/링크 단계 및 오브젝트 파일 결과

변환 프로세스의 기본적인 장점 중 하나는 소프트웨어 실장(오브젝트 실장이라고도 한다)의 개념, 즉 소프트웨어를 모듈로 나누고 이러한 코드 및 데이터 모듈들을 메모리 안의 어디든

위치시키는 능력을 기반으로 하고 있다. 이것은 임베디드 시스템에서 매우 유용한 특징이다. 왜냐하면, (1) 임베디드 디자인은 몇 가지 다른 종류의 물리 메모리를 포함할 수 있으며, (2) 다른 종류의 컴퓨터 시스템과 비교해 볼 때 보통 메모리 양이 제한되어 있으며, (3) 메모리가 보통 분리되어 있고, 조각 모으기 기능이 가능하지 않거나 비용이 너무 많이 들며, (4) 어떤 종류의 임베디드 소프트웨어는 특정한 메모리 위치에서부터 실행되어야 할 수도 있기 때문이다.

이러한 소프트웨어 실장기능은 주 프로세서에 의해 지원되는데, 이것은 '위치에 독립적인 코드'를 생성하기 위해 사용될 수 있는 특정 명령어를 제공하거나 소프트웨어 변환 툴에 의해서만 분리될 수 있다. 어떤 경우든, 이러한 기능은 어셈블러/컴파일러가 절대 어드레스만을 처리할 수 있는지, 아니면 상대 어드레스 방식을 지원하는지에 따라 달라진다. 절대 어드레스란 어셈블리가 코드를 처리하기 전에 소프트웨어에 의해 시작 어드레스가 고정되어 있는 것을 말하며, 상대 어드레스란 코드의 시작 어드레스가 나중에 규정되고 모듈 코드가 그 모듈의 시작과 관련되어 처리된다는 것을 의미한다. 컴파일러/어셈블러는 재배치 가능한 모듈을 만들고, 그 명령어 형식을 처리하고 물리(절대) 어드레스에 상대적인 변환을 수행한다. 예를 들어, 상대 어드레스를 물리 어드레스로 변환하는 것, 소프트웨어 실장은 링커에 의해 수행된다.

IDE, 프리프로세서, 컴파일러, 링커 등은 호스트 개발 시스템상에 위치해 있는 반면, 자바, 스크립트 언어와 같은 어떤 언어들은 타깃상에 위치하는 컴파일러 또는 **인터프리터**(interpreter)를 가진다. 인터프리터는 호스트 시스템상에 위치해 있는 중계 컴파일러에 의해 생성된 소스 코드 또는 타깃 코드로부터 한 번에 하나의 소스 코드 라인에 해당하는 기계어 코드를 만들어 낸다(그림 12-6 참고).

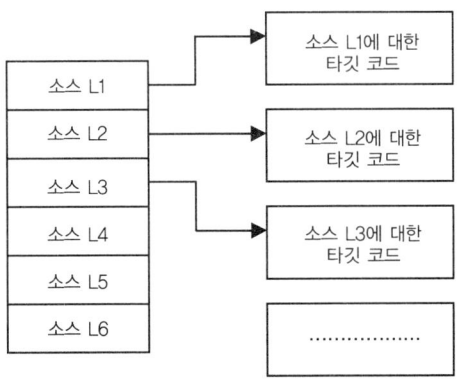

>> 그림 12-6 인터프리팅 다이어그램

임베디드 개발자는 컴파일러가 어떻게 동작하는지를 이해하고, 가능하다면 가장 강력한 가능한 컴파일러를 선택함으로써, 프로젝트를 위한 변환 툴 선택에 의해 큰 영향을 받을 수 있다. 이것은 컴파일러가 그 코드를 얼마나 잘 변환하는가에 따라 실행 가능한 코드의 크기를 결정하는데, 매우 큰 역할을 차지하기 때문이다.

이것은 주 프로세서, 특정 시스템 소프트웨어, 그리고 그 외의 툴 세트(어떤 컴파일러는 하드웨어 벤더에서 제공하는 보드의 일부로 따로 제공되기도 하고, IDE 내에 통합되어 제공되기도 한다) 지원을 기반으로 하는 컴파일러를 선택한다는 점을 의미하는 것만은 아니다. 이것은 코드의 단순함, 속도, 크기를 최적화하는 특징들을 기반으로 하는 컴파일러를 선택한다는 것을 의미하기도 한다. 물론, 이러한 특징들은 다른 언어들의 컴파일러 또는 심지어 동일한 언어에 대한 다른 컴파일러에 따라 다르다. 어떤 예는 소스들과 임베디드 코드를 좀 더 쉽게 프로그래밍하도록 하는 표준 라이브러리 함수들 안에 인-라인 어셈블리를 가능하게 하는 것을 포함한다. 성능에 대해 코드를 최적화하는 것은 컴파일러가 산술 연산, 레지스터 세트, 다양한 종류의 온-칩 ROM과 RAM, 다양한 종류의 액세스를 위한 클럭 사이클 수 등과 같은 특정 ISA의 다양한 특징들을 이해하고 이용한다는 것을 의미한다. 컴파일러가 코드를 어떻게 변환시키는지를 이해함으로써, 개발자는 컴파일러에 의해 어떠한 것들이 지원되는지를 알 수 있고, 어셈블리와 같은 저급의 더 빠른 언어로 코딩을 할 때, 컴파일러에 의해 지원되는 고급 언어에서 효율적인 방법으로('컴파일러에 친밀한 코드') 프로그래밍 하는 방법을 배울 수 있다.

 이상적인 임베디드 컴파일러

임베디드 시스템은 임베디드가 아닌 PC 및 더 큰 시스템에서는 그다지 일반적이지 않은, 독특한 요구사항과 제한사항을 가지고 있다. 대부분의 경우, 다양한 임베디드 컴파일러 디자인에서 구현된 특징들과 기술들은 임베디드가 아닌 컴파일러의 디자인에서 진화된 것이다. 이러한 컴파일러들은 임베디드가 아닌 시스템 개발에서는 잘 동작하였으나, 제한된 속도와 공간과 같은 임베디드 시스템 개발에서의 다른 요구사항들은 만족시키지 못한다. 고급 언어를 사용하는 어셈블리가 임베디드 기기에서도 여전히 넓게 퍼져 있는 이유 중 하나는 개발자들이 컴파일러가 고급 언어를 가지고 동작하는 것을 알 수 없기 때문이다. 많은 임베디드 컴파일러들은 코드가 어떻게 생성되는지에 대한 정보를 제공하지 않는다. 그러므로, 크기와 성능을 향상시키기 위해 고급 언어를 사용할 때, 개발자들은 프로그래밍 판단을 하는 기초를 가지고 있지 않다. 임베디드 시스템 디자인에서 크기 및 속도 요구사항과 같은 몇 가지 수요에 대해 말하는 컴파일러 특징들은 다음과 같은 사항들을 포함하고 있다.

- 예상 실행시간의 근사값, 예상 범위의 실행시간 또는 계산을 수행하기 위해 사용되는 일종의 공식을 가지고 각 코드 라인에 첨가된 파일을 나열해 주는 컴파일러(컴파일러에 집적된 다른 툴들의 타깃에 특화된 정보를 수집)

- 개발자들이 컴파일된 형식으로 코드 라인을 볼 수 있도록 해주고, 어떤 잠재적인 문제 영역을 지적해주는 컴파일러
- 특정 서브루틴들에 의해 얼마나 많은 메모리가 사용되었는지를 프로그래머들에게 보여주는 브라우저를 가지고 정확한 크기의 맵을 통해 코드의 크기에 대한 정보를 제공

임베디드 컴파일러를 디자인하거나 구입할 때 이러한 유용한 특징들이 제공되는지를 확인해 두자.

– Jack Ganssle의 기고문 "컴파일러는 실시간으로 작업물들을 어드레싱하지 않는다"에서 발췌
– 1999년 3월, 임베디드 시스템 프로그래밍

디버깅 툴

아키텍처를 생성하는 것 외에, 코드를 디버깅하는 것은 아마도 개발 사이클 가운데 가장 어려운 작업 중 하나일 것이다. 디버깅이란 시스템 안의 오류를 찾아서 그것을 수정하는 작업을 말한다. 이 작업은 프로그래머가 다양한 유형의 디버깅 툴(표 12-1에서는 다양한 유형의 디버깅 툴에 대해 설명하고 있다)과 그 사용방법에 익숙해 있을 때 더욱 단순해진다.

표 12-1의 설명에서 볼 수 있는 것처럼, 디버깅 툴은 호스트 또는 타깃 보드상에서 독립적인 장치들의 조합으로 상호 연결되어 존재한다.

 벤치마크를 이용하여 시스템 성능 측정하기

보드가 일단 부팅하여 동작할 때, 디버깅 툴 외에 벤치마크란 소프트웨어가 사용될 수 있는데, 이것은 주 프로세서, OS, 또는 JVM과 같은 임베디드 시스템 내의 각 특징들의 성능(지연, 효율성 등)을 측정하기 위해 사용되는 소프트웨어이다. 예를 들어, OS의 경우 주 프로세서가 OS의 스케줄링 방식에 의해 어떻게 효율적으로 이용되는지를 통해 성능을 측정한다. 스케줄러는 처리를 위해 적절한 시간 단위—프로세스가 CPU에 접근하는 시간—를 할당해야 한다. 왜냐하면, 시간 단위가 너무 작으면 쓰래싱(thrashing)이 발생할 수 있기 때문이다.

벤치마크 어플리케이션의 주요 목적은 시스템에 실제 작업 부하를 나타내는 것이다. 사용 가능한 많은 벤치마킹 어플리케이션이 있다. 이것들은 임베디드 프로세서, 컴파일러, 자바의 기능을 평가하기 위한 산업 표준인, EEMBC(임베디드 마이크로 프로세서 벤치마크 컨소시엄) 벤치마크와 산술-전용 과학 어플리케이션을 시뮬레이션하는 웨트스톤(Whetstone), Section II에서 소개한 MIPS를 측정하기 위해 사용되는 시스템 프로그래밍 어플리케이션을 시뮬레이션하는 드라이스톤(Dhrystone)을 포함한다. 벤치마크의 단점은 그것들이 한 시스템의 한 특징 이상을 포함하고 있는 실제 디자인에서는 그다지 현실적이지 못하며, 재생산되지 못할 수도 있다는 점이다. 그러므로, 일반적으로는 소프트웨어의 성능뿐 아니라 전체 시스템의 성능을 결정하기 위해서는 시스템에 적용될 실제 임베디드 프로그램들을 사용하는 것이 훨씬 더 좋다.

간단히 말해서, 벤치마크를 인터프리팅할 때에는 어떤 소프트웨어가 실행되며 그 벤치마크가 무엇을 측정하고 측정하지 못하는지를 이해해야 한다.

>> 표 12-1 디버깅 툴

툴 종류	디버깅 툴	설 명	사용 예와 단점
하드웨어	인-서킷 에뮬레이터 (In-Circuit Emulator : ICE)	능동 소자가 시스템의 마이크로 프로세서를 대신한다.	• 일반적으로 가장 비싼 디버깅 솔루션이다. 하지만 많은 디버깅 능력을 가지고 있다. • 프로세서의 최대 속도에서 동작할 수 있다(ICE에 의존적). 시스템의 나머지 부분에게 그것은 마이크로 프로세서로 인식된다. • 내부 메모리, 레지스터, 변수 등을 실시간으로 볼 수 있고, 수정도 가능하다. • 디버거와 유사하며, 브레이크 포인트, 싱글 스텝 등을 설정할 수 있다. • 보통 ROM을 시뮬레이션할 수 있는 오버레이 메모리를 가지고 있다. • 프로세서에 의존적이다.
	ROM 에뮬레이터	ROM 에뮬레이터 내의 듀얼 포트 RAM에 연결되어 있는 케이블을 통해 능동 툴이 ROM을 대신하여 ROM을 시뮬레이션한다. 이것은 한쪽 케이블(예를 들어, BDM)을 통해 타깃에 연결되고, 다른 케이블을 통해 호스트에 연결되어 중재를 하는 하드웨어 소자이다.	• (디버거와는 달리) ROM 안에 있는 내용을 수정할 수 있게 해준다. • ROM 코드 안에 브레이크 포인트를 설정하여 실시간으로 ROM 코드를 볼 수 있게 해준다. • 보통 온-칩 ROM과 특수한 ASIC 등을 지원하지 않는다. • 디버거에 집적될 수 있다.
	백그라운드 디버그 모드 (Background Debug Mode : BDM)	보드상의 BDM 하드웨어와 호스트상의 디버거는 직렬 케이블을 통해 BDM 포트에 연결된다. BDM 포트에 연결되는 케이블의 커넥터는 보통 위글러(wiggler)라고 불리며, BDM 디버깅을 가리켜 때때로 온-칩 디버깅(OCD)이라고도 한다.	• 보통 ICE보다는 값이 저렴하지만, ICE만큼 다루기가 쉽지 않다. • 실시간으로 조심스럽게 소프트웨어 실행을 관찰할 수 있다. • 소프트웨어 실행을 멈추게 하는 브레이크 포인트를 설정할 수 있다. • 레지스터, RAM, I/O 포트 등을 읽거나 쓸 수 있다. • 프로세서/타깃에 의존적이며, 모토로라 전용 디버그 인터페이스를 가지고 있다.
	IEEE1149.1 JTAG(Joint Test Action Group)	보드상의 JTAG-호환 하드웨어	• BDM과 유사하지만, 특정 아키텍처 전용이 아닌 개방형 표준이다.

>> 표 12-1 계속

툴 종류	디버깅 툴	설 명	사용 예와 단점
하드웨어	IEEE-ISTO Nexus 5001	JTAG 포트, Nexus-호환 포트 또는 이 둘의 옵션들로, (주 프로세서의 복잡도, 엔지니어링 선택 등에 따라) 호환되는 몇 가지 계층들을 가지고 있다.	• 하드웨어와 호환되는 정도에 따라 상당한 디버깅 기능들을 제공한다.
	오실로스코프	주어진 시간에 정확한 전압을 감지하여, (가로축상의) 시간에 따른 (세로축상의) 전압의 그래프를 그려주는 수동 아날로그 기기를 말한다.	• 2개까지의 신호를 동시에 모니터링할 수 있다. • 특정 조건하에서 전압을 캡처할 수 있는 트리거를 설정할 수 있다. • 값이 더 비싸기는 하지만, 전압계로 사용될 수 있다. • 버스 또는 I/O 포트를 통해 신호를 검사함으로써 회로가 동작하고 있다는 것을 검증할 수 있다. • 소프트웨어의 특정 영역이 동작하는 것을 검증하거나, 한 신호에서 다음 신호로 변화되는 차이를 계산하기 위해 I/O 포트상의 신호의 변화를 캡처할 수 있다. • 프로세서에 독립적이다.
	논리 분석기	여러 개의 신호들을 동시에 추적하고 캡처하여 그것들을 그래프화할 수 있는 수동 기기를 말한다.	• 비용이 비싸다. • 보통 두 전압(VCC와 Ground)만을 추적할 수 있다. 그 사이의 신호들이 둘 중 하나처럼 그래프화되어 그려진다. • 데이터를 저장할 수 있다(실제로는 저장기능이 있는 오실레이터만이 캡처된 데이터를 저장할 수 있다). • 신호의 상태 변화(예를 들어, High에서 Low로 또는 Low에서 High로)를 트리거할 수 있도록 하기 위해 2개의 주요한 동작 모드(타이밍, 상태)를 갖는다. • 소프트웨어의 일부가 동작하고 있다는 것을 검증하기 위해 I/O 포트상의 신호의 변화를 캡처하거나 한 신호 변화에서 다음 신호 변화까지의 타이밍을 계산한다(타이밍 모드).

>> 표 12-1 계속

툴 종류	디버깅 툴	설 명	사용 예와 단점
하드웨어	논리 분석기		• 타깃으로부터의 클럭 이벤트 또는 내부 논리 분석기로부터 데이터를 캡처하기 위해 트리거될 수 있다. • 프로세서가 메모리의 제한 지점을 액세스하거나 유효하지 않은 데이터를 메모리에 쓰려고 하거나 특정한 종류의 명령어를 액세스할 때(상태 모드) 트리거될 수 있다. • 어떤 것은 어셈블리 코드를 나타낼 수도 있지만, 보통은 분석기를 사용하여 코드 사이에 브레이크 포인트와 싱글 스텝을 설정할 수 없다. • 논리 분석기는 프로세서에서 외부로 또는 외부에서 프로세서로 전송되는 데이터만을 액세스할 수 있다. 내부 메모리나 레지스터 등으로 전송되는 데이터는 액세스할 수 없다. • 프로세서에 독립적이며, 실시간으로 실행되고 있는 시스템에 매우 작은 간섭만을 허락한다.
	전압계	회로상의 두 점 사이의 전압차를 측정한다.	• 특별한 전압값을 측정하기 위해 사용된다. • 회로가 어떤 전원을 가지고 있는지를 확인하기 위해 사용된다. • 다른 하드웨어 툴보다 값이 더 저렴하다.
	저항계	회로상의 두 점 사이의 저항값을 측정한다.	• 다른 하드웨어 툴보다 값이 더 저렴하다. • 저항값에 따른 전류/전압의 변화를 측정하기 위해(옴의 법칙 V=IR) 사용된다.
	멀티미터	전압과 저항값을 모두 측정한다.	• 전압계 및 저항계와 동일한 기능을 한다.
소프트웨어	디버거	디버깅 툴을 말한다.	디버거에 의존적이다. 일반적으로, • 타깃상의 코드를 로딩하고 싱글 스테핑하며, 추적할 수 있다. • 소프트웨어 실행을 멈추게 하는 브레이크 포인트를 설정할 수 있다.

>> 표 12-1 계속

툴 종류	디버깅 툴	설 명	사용 예와 단점
소프트웨어	디버거		• 실행 도중 특정 조건이 만족되면 실행을 멈추게 하는 조건적 브레이크 포인트를 설정할 수 있다. • RAM의 내용은 수정할 수 있지만 보통 ROM의 내용을 수정할 수 없다.
	프로파일러	선택된 변수, 레지스터 등의 시간적 변화를 모은다.	• 실행하고 있는 소프트웨어의 시간에 의존적인 동작을 캡처한다. • 실행하고 있는 소프트웨어의 실행 패턴을 캡처하기 위해 사용된다.
	모니터	타깃과 호스트에서 동작할 수 있는 디버그 소프트웨어를 가지고 있는, ICE와 유사한 디버깅 인터페이스이다. 모니터의 일부는 타깃 보드의 ROM(일반적으로 디버그 에이전트 또는 타깃 에이전트라고 불린다)과 호스트상의 디버깅 커널 안에 위치한다. 호스트와 타깃상의 소프트웨어는 일반적으로 직렬 포트 또는 이더넷 포트를 통해 통신한다(이는 타깃에서 가능한 통신 포트가 무엇이냐에 따라 다르다).	• 프린트 구문과 유사하나 이보다는 더 빠르고 덜 지시적이다. 경성 실시간 데드라인이 아닌, 연성 실시간 데드라인에 대해서 잘 동작한다. • 디버거와 유사한 기능을 가지고 있다(브레이크 포인트, 레지스터 및 메모리 덤프 등). • 임베디드 OS는 특정 아키텍처에 대해 모니터를 포함할 수 있다.
	명령어 세트 시뮬레이터	호스트상에서 동작하며, 주 프로세서와 메모리(타깃에 로드된 것과 같이, 시뮬레이터에 로드된 실행 가능한 바이너리)를 시뮬레이션하고 하드웨어를 흉내낸다.	• 보통은 실제 타깃과 정확하게 동일한 속도로 동작하지는 않지만, 호스트와 타깃 속도 간의 차이를 고려함으로써 반응시간과 쓰루풋 시간을 측정할 수 있다. • 어셈블리 코드에 버그가 없다는 것을 검증할 수 있다. • 타깃상에 존재하는 다른 하드웨어는 시뮬레이션하지 못하지만, 내장된 프로세서 컴포넌트들은 테스트할 수 있다. • 인터럽트 동작을 시뮬레이션할 수 있다. • 변수값, 메모리값, 레지스터값을 캡처할 수 있다. • 시뮬레이터상에서 개발된 코드를 타깃 하드웨어에 쉽게 포팅할 수 있다.

>> 표 12-1 계속

툴 종류	디버깅 툴	설명	사용 예와 단점
소프트웨어	명령어 세트 시뮬레이터		• 실시간으로 실제 하드웨어의 동작을 정확히 시뮬레이션하지 못한다. • 아키텍처 또는 보드의 외부 이벤트(소프트웨어를 통해 시뮬레이션되어야 하는 파형)에 대한 반응보다는 알고리즘을 테스트하는 데 더 적합하다. • 일반적으로 실제 하드웨어와 툴에 투자하는 것보다 값이 더 저렴하다.
매뉴얼		읽기 쉽고, 다른 솔루션보다 값이 더 저렴하며, 효율적이고 사용하기가 더 간단하다. 하지만 다른 종류의 툴보다 훨씬 더 설명적이다. 따라서 이벤트 선택, 고립, 반복 등을 제어하기에는 충분하지 않다. 매뉴얼 방식은 실행하는 데 너무 오랜 시간이 걸리기 때문에 실시간 시스템을 디버깅하기 어렵다.	
	프린트 구문	기능적인 디버깅 툴로 코드에 프린트 구문을 삽입하여 코드 정보의 위치 등의 다양한 정보를 출력한다.	• 코드가 실행되는 동안 변수, 레지스터 값 등의 결과를 보기 위해 사용된다. • 실행되는 코드의 일부를 검증하기 위해 사용된다. • 실행시간을 현저히 느리게 한다. • 실시간 시스템의 데드라인을 놓치는 결과를 야기할 수 있다.
	덤프	실시간으로 일종의 저장 구조체에 데이터를 덤프하는 기능적인 디버깅 툴이다.	• 프린트 구문과 동일하지만 몇 가지 프린트 구문을 대체할 때 (특히 덤프할 특정한 정보가 무엇인지 그리고 데이터를 구조체로 덤프하기 위해 만족되어야 하는 조건이 무엇인지를 규명하는 필터가 있다면) 실행시간이 더 빠르다. • 어떤 스택/힙이 오버런인지 아닌지를 결정하기 위해 실시간으로 메모리의 내용을 볼 수 있다.
	카운터/타이머	성능이 좋고 효율적이며, 코드의 다양한 지점에서 카운터 또는 타이머가 리셋되거나 그 값을 증가하게 하는 디버깅 툴이다.	• 일반적으로 시스템 클럭을 작동시키거나, 버스 사이클을 셈으로써 실행시간에 대한 정보를 수집한다. • 다소 유익하다.
	빠른 디스플레이	LED를 토글시키거나 간단한 LCD 디스플레이가 어떤 데이터를 표시하도록 하는 기능적인 디버깅 툴이다.	• 프린트 구문과 유사하나 프린터 구문보다는 더 빠르고 덜 설명적이다. 실시간 데드라인에서 잘 동작한다. • 코드의 특정 부분이 동작하고 있는지를 확인할 수 있다.

>> 표 12-1 계속

툴 종류	디버깅 툴	설 명	사용 예와 단점
매뉴얼	출력 포트	성능이 좋고, 효율적이며, 출력 포트가 소프트웨어적으로 다양한 지점에서 토글되게 하는 기능적인 디버깅 툴이다.	• 오실로스코프 또는 논리 분석기를 가지고, 포트가 토글될 때를 측정하여 포트의 토글 시점 사이의 실행시간을 알 수 있다. • 위의 것과 동일하나, 처음에 코드가 실행되는지는 오실로스코프상에서 볼 수 있다. • 멀티태스킹/멀티쓰레드 시스템에서 그 동작을 연구하기 위해 각 쓰레드/태스크에 다른 포트를 할당할 수 있다.

이런 툴들의 몇 가지는 능동적인 디버깅 툴이며, 임베디드 시스템의 동작을 방해한다. 반면 어떤 툴들은 시스템이 동작할 때 방해를 하지 않고 수동적으로 시스템의 동작을 캡처한다. 임베디드 시스템을 디버깅하는 것은 개발 프로세스 동안 발생할 수 있는 모든 다른 종류의 문제들을 말해 주기 위해 보통 이러한 툴들의 조합을 요구한다.

 디버깅의 가장 저렴한 방법

모든 가능한 툴을 가지고 있더라도, 개발자는 여전히 디버깅 시간과 비용을 줄이고자 노력해야 한다. 왜냐하면, (1) 버그들에 대한 비용은 일정상의 생산 및 개발 시간에 근접하게 증가하며, (2) 버그의 비용은 기하급수적이기 때문이다(버그는 그 기기 개발시 발견될 때에 비해 고객에 의해 발견될 때 비용이 10배 증가할 수 있다). 버그 시간과 비용을 줄이기 위한 가장 효율적인 방법은 다음과 같은 사항들을 포함한다.

- **너무 빠르고 어물어물하게 개발하지 말아라.** 디버그하는 가장 저렴하고 빠른 방법은 처음에 버그들을 삽입하지 않는 것이다. 빠르고 어물어물한 개발은 실수들을 디버깅하는 데 소비되는 시간의 양만큼 실제 일정을 지연시킨다.

- **시스템을 조사하라.** 이것은 아키텍처의 규정과 엔지니어에게 필요한 다른 어떤 표준에 따라 개발자들이 개발하고 있다는 것을 확인하기 위해 개발 프로세스 전반에 걸쳐 하드웨어와 소프트웨어 조사를 포함한다. 표준을 만족하지 않는 코드 또는 하드웨어를 (나중에 훨씬 더 많은 하드웨어와 코드를 디버깅하고 수정하는 데 걸리는 시간에 비해) 보다 빠르고 저렴하게 제거하기 위해 시스템 조사가 사용되지 않는다면, 그것들은 나중에 '디버깅'을 필요로 할 것이다.

- **결점이 있는 하드웨어 또는 잘못 작성된 코드를 사용하지 말아라.** 책임 있는 엔지니어가 신경 쓰이는 컴포넌트를 변경하는 것에 대해 걱정할 때, 컴포넌트는 재디자인될 준비가 되어 있어야 한다.

- **일반적인 텍스트 파일에서 또는 버그를 찾아주는 상용 소프트웨어 툴을 사용하여 버그들을 찾아라.** 만약 컴포넌트들이(하드웨어 또는 소프트웨어) 계속해서 문제를 야기하고 있다면, 그 컴포넌트를 재디자인할 때가 온 것이다.

● **디버깅 툴을 아끼지 말아라.** 비록 좀더 비용이 많이 들더라도 디버그 시간을 절약해 주는 좋은 디버깅 툴은 임베디드 시스템을 디자인하는 프로세스에서 직면하는 버그의 종류를 거의 찾아주지 못하는 상당히 저렴한 툴보다는 더 가치가 있다. 이것은 많은 시간과 두통을 없애준다.

어떤 것을 수정하거나 실행하기 전에 먼저 책임 연구원이나 벤더에 의해 제공된 문서들을 읽는 것은 디버그 시간과 비용을 줄이기 위한 가장 좋은 방법 중 하나라고 믿는다. 나는 수년에 걸쳐—"무엇을 읽어야 할지 몰랐다"에서부터 "문서가 있나요?"에 이르기까지—엔지니어가 문서를 읽지 않은 이유에 대해 많은 변명을 들어왔다. 이런 엔지니어들은 하드웨어를 설정하거나 소프트웨어 몇 가지를 정확하게 실행하는 것과 관련된 각각의 문제를 해결하기 위해 수일은 아니지만 많은 시간들을 보낸다. 이러한 엔지니어들이 처음에 문서를 읽었다면, 그 문제는 수 초 또는 수 분 내에 해결되었거나, 아니면 전혀 발생하지 않았을 것이다.

만약 여러분이 문서에 압도되어 어떤 것을 먼저 읽어야 할지 모르겠다면, "Getting Started…", "Booting up the system…", "README"와 같은 이름의 문서를 먼저 읽어두자. 그리고 나중에 필요한 경우, 어떤 종류의 정보든 익숙해지기 위해 어떤 하드웨어 또는 소프트웨어와 함께 제공된 모든 문서들을 읽기 위한 시간을 가져라.

― Jack Ganssle의 기고문 "사장을 위한 펌웨어 기초"에서 발췌
― 2004년 2월, 임베디드 시스템 프로그래밍

시스템 부트업

개발 툴들이 준비되어 있고 레퍼런스 보드 또는 개발 보드가 개발 호스트에 연결되어 있다면, 이제 시스템을 시작하여 어떤 일들이 발생할지 살펴볼 시간이다. 시스템 부트업이란 전원이 인가되거나 내부/외부 하드웨어 리셋(예를 들어, 체크-스톱 오류, 소프트웨어 와치도그, PLL에 의한 락의 부족, 디버거 등에 의해 발생) 또는 내부/외부 소프트 리셋(예를 들어, 디버거, 어플리케이션 코드 등에 의해 발생)과 같은 리셋이 발생했다는 것을 의미한다. (리셋 때문에) 전원이 임베디드 보드에 인가되면, 시스템의 ROM 안에 위치해 있는 스타트업 코드— 아키텍처에 따라 **부트 코드**(boot code), **부트로더**(bootloader), **부트스트랩**(bootstrap) 코드 또는 **바이어스**(BIOS : basic input output system, 기본 입출력 시스템)라고도 불린다—는 주 프로세서에 의해 로드되어 실행된다. 어떤 임베디드 (마스터) 아키텍처는 ROM 안에 어드레스로 자동으로 설정되는 내부 프로그램 카운터를 가지고 있다. ROM에는 부트업 코드(또는 테이블)의 시작 부분이 위치해 있다. 반면 다른 것들은 메모리 안의 특정 위치에서 실행되도록 시작 부분이 하드웨어적으로 연결되어 있다.

부트 코드는 보드가 개발 사이클 내의 어디에 있는가 그리고 초기화를 필요로 하는 실제 플랫폼의 컴포넌트들에 따라 그 길이와 기능이 다르다. 다양한 플랫폼에 대해 동일한 최소한의 범용 함수들이 부트 코드에 의해 수행된다. 이것은 인터럽트를 비활성화하고 버스를 초기화하고 주 프로세서 및 보조 프로세서를 특정 상태로 설정하고 메모리를 초기화하는 것

을 포함한 기본적인 하드웨어를 초기화한다. 부트 코드의 처음 하드웨어 초기화 부분은 기본적으로 8장에서 설명한 것과 같은 초기화 디바이스 드라이버들을 수행하는 것이다. 초기화가 실제로 수행되는 방법—즉, 드라이버가 실행되는 순서—은 보통 마스터 아키텍처 문서에 의해 또는 보드의 제조사에 의해 제공된 문서에서 대략적으로 설명하고 있다. 초기화 디바이스 드라이버를 통해 수행된 하드웨어 초기화 과정 후에는, 남은 시스템 소프트웨어가 초기화된다. 이러한 추가 코드는 공장에서 출하된 시스템에 대해 ROM에 위치해 있거나 외부 호스트 플랫폼으로부터 로드될 수도 있다(부트 코드 예에 대해서는 아래 코드를 참고하라).

```
bootcodeExample()

{
...
// 직렬 포트 초기화 디바이스 드라이버
initializeRS232(UART,BAUDRATE,DATA_BITS,STOP_BITS,PARITY);

// 네트워킹 디바이스 드라이버 초기화
initializeEthernet(IPAddress, Subnet, GatewayIP, ServerIP);

// 이더넷을 통해 코드의 나머지 파일들을 다운로드받기 위해 호스트 개발 시스템을 확인
// 코드의 나머지를 실행(예를 들어, 메모리 맵 정의, OS 로드 등)

...
}
```

MPC823 기반의 보드 부팅 예

MPC823 프로세서는 모든 리셋 소스에 반응할 수 있는 리셋 컨트롤러를 포함하고 있다. 리셋 컨트롤러에 의해 취해지는 동작은 리셋 이벤트의 소스에 따라 다르다. 하지만, 일반적으로 그 프로세스는 하드웨어를 재설정한 다음, 시스템 컴포넌트의 초기 리셋값을 결정하기 위해 데이터 핀을 샘플링하거나 내부에 정해진 상수를 사용하는 것을 포함한다.

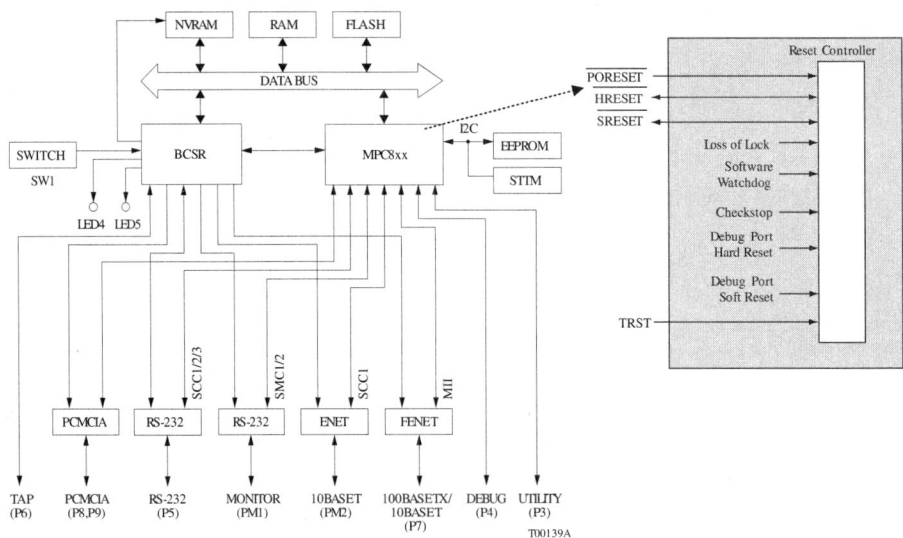

>> 그림 12-7a 인터프리팅 다이어그램[12-3]
저작권자 Freescale Semiconductor, Inc.의 허가하에 발췌

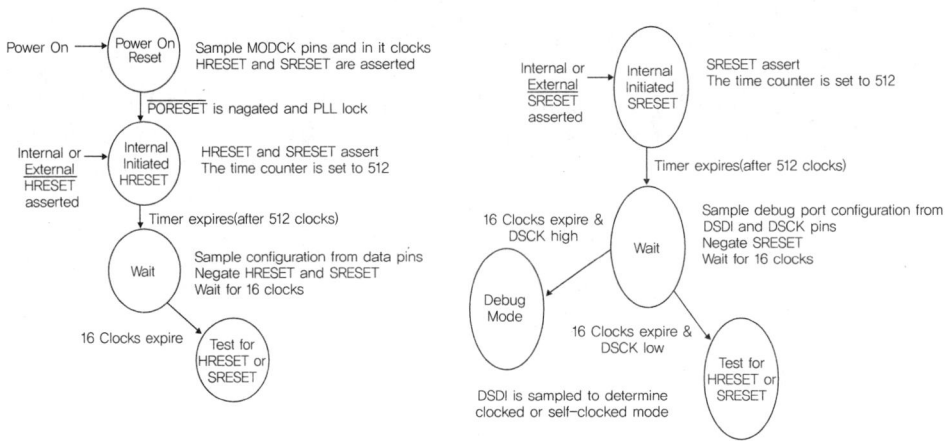

>> 그림 12-7b 인터프리팅 다이어그램[12-3]

데이터 핀 샘플은 그림 12-7c 에서와 같은 초기 설정(셋업) 파라미터들을 나타낸다.

If..		then..	
No external arbitration	SIUMCR.EARB = 0	D0 = 0	D0
External arbitration	SIUMCR.EARB = 1	D0 = 1	
EVT at 0	MSR.IP = 0	D1 = 1	D1
EVT at 0xFFF00000	MSR.IP = 1	D1 = 0	
Do not activate memory controller	BR0.V = 0	D3 = 1	D3
Enable CS0*	BR0.V = 1	D3 = 0	
Boot port size is 32	BR0.PS = 00	D4 = 0, D5 = 0	D4 D5
Boot port size is 8	BR0.PS = 01	D4 = 0, D5 = 1	
Boot port size is 16	BR0.PS = 10	D4 = 1, D5 = 0	
Reserved	BR0.PS = 11	D4 = 1, D5 = 1	
DPR at 0	immr = 0000xxxx	D7 = 0, D8 = 0	D7 D8
DPR at 0x00F00000	immr = 00F0xxxx	D7 = 0, D8 = 1	
DPR at 0xFF000000	immr = FF00xxxx	D7 = 1, D8 = 0	
DPR at 0xFFF00000	immr = FFF0xxxx	D7 = 1, D8 = 1	
Select PCMCIA functions, Port B	SIUMCR.DBGC = 0	D9 = 0, D10 = 0	D9 D10
Select Development Support functions	SIUMCR.DBGC = 1	D9 = 0, D10 = 1	
Reserved	SIUMCR.DBGC = 2	D9 = 1, D10 = 0	
Select program tracking functions	SIUMCR.DBGC = 3	D9 = 1, D10 = 1	
Select as in DBGC + Dev. Supp. comm pins	SIUMCR.DBPC = 0	D11 = 0, D12 = 0	D11 D12
Select as in DBGC + JTAG pins	SIUMCR.DBPC = 1	D11 = 0, D12 = 1	
Reserved	SIUMCR.DBPC = 2	D11 = 1, D12 = 0	
Select Dev. Supp. comm and JTAG pins	SIUMCR.DBPC = 3	D11 = 1, D12 = 1	
CLKOUT is GCLK2 divided by 1	SCCR.EBDF = 0	D13 = 0, D14 = 0	D13 D14
CLKOUT is GCLK2 divided by 2	SCCR.EBDF = 1	D13 = 0, D14 = 1	
Reserved	SCCR.EBDF = 2	D13 = 1, D14 = 0	
Reserved	SCCR.EBDF = 3	D13 = 1, D14 = 1	

D0는 외부 중계 또는 내부 중계기가 사용될지를 규정한다.

D1은 익셉션 벡터 테이블의 초기 위치를 제어하고 기계 상태 레지스터 안에 IP 비트를 그에 따라 설정한다.

D3는 리셋시 CS0가 활성화될지를 규정한다.

리셋시 CS0가 활성화된다면, 핀 D4와 D5는 부트 ROM의 포트 크기를 8, 16, 32 비트 중 선택하여 규정한다.

D7과 D8은 IMMR 레지스터의 초기값을 규정한다. 내부 메모리 맵에 대해 4가지의 서로 다른 가능한 위치가 있다.

D9과 D10은 디버그 핀을 위한 설정을 선택한다.

D11과 D12은 디버그 포트 핀을 위한 설정을 선택한다. 이 선택은 이 핀들을 JTAG 핀으로 할지 아니면 개발 지원 통신 핀으로 할지를 설정하는 것을 포함한다.

D13과 D14는 어떤 클럭 방식이 사용될지를 결정한다. 하나는 GCLK2를 1로 나누는 것이고 다른 하나는 GCLK2를 2로 나누어 구현한다.

>> 그림 12-7c 인터프리팅 다이어그램[12-3]

Embedded Planet RPXLite 보드는 온-보드 ROM(FLASH)에 Embedded Planet에 의해 생성된 PlanetCore 라고 불리는 부트로더 모니터/프로그램을 포함하고 있다고 가정한다. PowerPC 프로세서와 온-보드 메모리는 하드웨어를 통해 디폴트 설정값(CS0는 부트 장치, HRESET/SRESET, 데이터 핀, …을 위한 전역 칩 셀렉트로 설정될 수 있는 출력 핀이다)에서 시작하고 전용의 접근 가능한 PC 레지스터를 가지고 있지 않다.

Chip Select	Port Size	Funtion/Address	Comment
CS0#	x32	FLASH (X32) FFFF FFFF minus actual FLASH size	Reset vector at IP = 1: V0000 0 100 Vector set at IP = 1 in hardware BRO set at FFFF minus FLASH size 2, 4, 8, or 16 Mbytes
CS1#	x32	SDRAM (x32) 0000	16, 32, or 64 Mbytes
CS2#		Expansion Header UUUU	Routed to expansion receptacle
CS3#	x32	Control and Status Registers FA40	Byte and/or word accessible
CS4#	x8	NVRAM/RTC or SRAM/RTC FA00	0K, 32K, 128K, or 512 Kbytes Also available at Expansion Receptacle
CS5#		Expansion Header UUUU	Routed to expansion resetacle
CS6#	x16 or U	PCMCIA Slot B Chip Select Even Bytes or Chip Select 6 to I/O Header UUUU	OP2 in MPC850 PCMCIA control register selects Mode: L = PCMCIA Slot B enabled H = CS6# to expansion header enabled
CS7#	x16 or U	PCMCIA Slot B Chip Select Even Bytes or Chip Select 7 to I/O Header UUUU	OP2 in MPC850 PCMCIA control register selects Mode: L = PCMCIA Slot B enabled H = CS7# to I/O expansion header enabled
IMMR	x32	Value at Reset = FF00 0000, then set to FA20 0000	

>> 그림 12-7d 인터프리팅 다이어그램[12-3]

하드웨어를 통해 실행되는 디폴트 설정은 메모리의 한 뱅크의 설정값을 포함한다. 여기서 베이스 어드레스는 D7과 D8에 의해 결정되는데, 여기서 00 = 0x00000000, 01 = 0x00F00000, 10 = 0xFF000000, 11 = 0xFFF00000 이다. 이 뱅크는 일종의 ROM(예를 들어, 플래시) 안에 위치하며, 부트 코드가 존재하는 곳이다. 보드에 전원이 인가된 후, PowerPC 프로세서는 초기화 및 설정작업을 완료하기 위해 이 메모리 안에 있는 부트 코드를 실행한다. 사실, 모든 MPC8xx 프로세서 시리즈(단지 MPC823 만이 아니라)는 특정 보드 및 버전에 따라 하이 또는 로우의 부트를 필요로 한다. 이것은 PlanetCore 가 플래시의 상위 끝에 또는 플래시의 맨 아래에 위치한다는 것을 의미한다. 만약 그것이 플래시의 상위에 위치해 있다면, PlanetCore 는 가상 어드레스 0xFFF00000 에서 시작한다. 한편 그것이 플래시의 맨 아래에 위치해 있다면, PlanetCore 는 플래시의 첫 섹터—예를 들어, 플래시의 64MB 에 대해 가상 어드레스인 0xFC000000—에 위치한다.

CHAPTER 12
임베디드 디자인의 마지막 단계 : 구현과 테스트

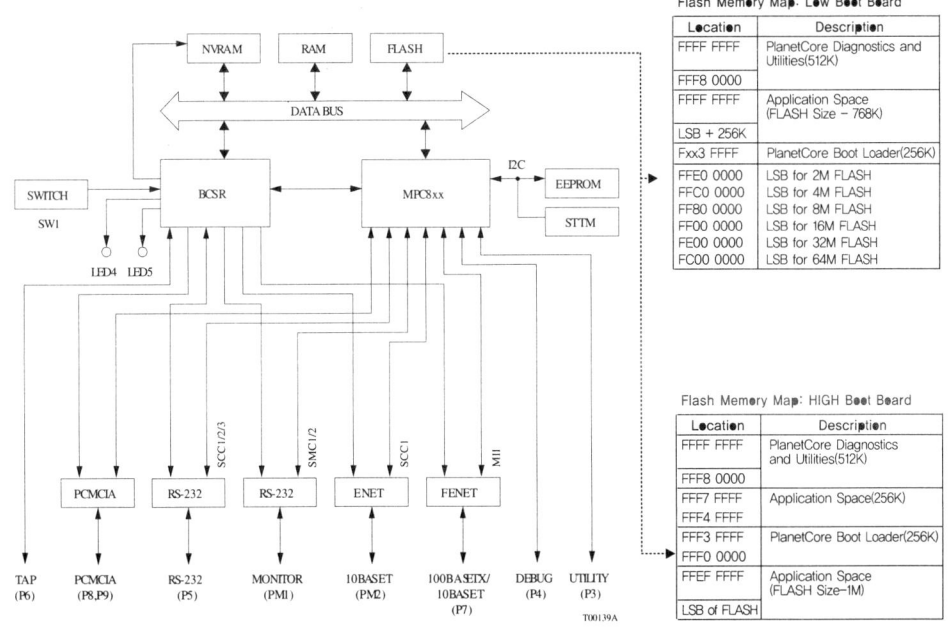

>> 그림 12-7e 인터프리팅 다이어그램[12-3]
저작권자 Freescale Semiconductor, Inc.의 허가하에 발췌

MPC823 기반의 보드에서, 프로세서를 초기화하는 하드웨어 초기화 과정 후, CPU는 PlanetCore 부트로더 코드를 실행하기 시작한다. 다음의 회색 박스에서 볼 수 있듯이, MPC823 아키텍처에 특화된 하드웨어와 보드에 특화된 하드웨어는 모두 이러한 종류의 부트 코드를 통해 초기화된다(예를 들어, 직렬, 네트워킹 등).

```
/***********************************************************************
*            c_entry
* 설명:
*   _____
*
* 첫 번째 C 함수
*
* 리턴값:
*   _____
*
* 리턴값 없음
***********************************************************************/
int c_entry(void){
```

부트로더 - 특정 BSP를 위한 보드 초기화

(보드 초기화가 아니라) MPC823 그 자체를 초기화하는 것은 다음과 같은 24가지 단계를 포함하고 있다.
1. 기계 체크 오류가 발생하지 못하도록 하기 위해 데이터 캐시를 비활성화한다.
2. 기계 상태 레지스터와 저장 및 복원 레지스터 1을 0x1002의 값으로 초기화한다.
3. 코어가 직렬화되지 않도록(이것은 성능에 영향을 준다) 그것을 변경하기 위해 명령어 지원 제어 레지스터, ICTRL을 초기화한다.
4. 디버그 활성화 레지스터, DER을 초기화한다.
5. 인터럽트 원인 레지스터, ICR을 초기화한다.
6. 내부 메모리 맵 레지스터, IMMR을 초기화한다.
7. 필요하다면, 메모리 제어 베이스 및 옵션 레지스터들을 초기화한다.
8. 메모리 주기 타이머 프리스케일러 레지스터, MPTPR을 초기화한다.
9. 기계 모드 레지스터, MAMR과 MBMR을 초기화한다.
10. SIU 모듈 설정 레지스터, SIUMCR을 초기화한다. 이 단계는 사용자 매뉴얼 안에 주요 핀 다이어그램의 오른쪽에 나타난 많은 핀들을 설정한다는 것을 기억해 두자.
11. 시스템 보조 레지스터, SYPCR을 초기화한다. 이 레지스터는 버스 모니터와 소프트웨어 와치도그를 위한 설정값들을 포함한다.
12. 시간 베이스 제어 및 상태 레지스터, TBSCR을 초기화한다.
13. 실시간 클럭 상태 및 제어 레지스터, RTCSC를 초기화한다.
14. 주기적인 인터럽트 타이머 레지스터, PISCR을 초기화한다.
15. 메모리 명령 레지스터 및 메모리 데이터 레지스터를 사용하여 UPM RAM 배열을 초기화한다. 메모리 컨트롤러에 대해 이 장에서는 이 루틴도 설명할 것이다.
16. PLL 로우 파워 및 리셋 컨트롤 레지스터, PLPRCR을 초기화한다.
17. 많은 프로그래머들이 이 단계를 구현할지라도 이 단계는 필요하지 않을 수도 있다. 이 단계는 ROM 벡터 테이블을 RAM 벡터 테이블로 이동시킨다.
18. 벡터 테이블의 위치를 변경한다. 이 예는 이 프로세스가 기계 상태 레지스터를 읽어 IP 비트를 1로 설정하거나 0으로 클리어한 다음, 기계 상태 레지스터에 다시 쓴다는 것을 보여준다.
19. 명령어 캐시 비활성화
20. 명령어 캐시 언락
21. 명령어 캐시 클리어
22. 데이터 캐시 언락
23. 캐시가 활성화되어 있는지를 확인하고 필요하다면 그 값을 지운다.
24. 데이터 캐시를 클리어

- 모든 컴포넌트들: 프로세서, 클럭, EEPROM, I2C, 직렬, 이더넷 10/100, 칩 셀렉트, UPM 기계, DRAM 초기화, PCMCIA(유형 I/II), SPI, UART, 비디오 인코더, LCD, 오디오, 터치스크린, IR, …의 초기화

플래시 버너
진단 프로그램과 유틸리티
- DRAM 테스트
- 명령어 라인 인터페이스
}

[12-3]

MIPS32 기반의 부팅 예

Ampro Encore M3 Au1500 기반의 보드는 온-보드 ROM(예를 들어, 플래시)은 MIPS 기술에 의해 생성된 YAMON이라 불리는 부트로더 모니터/프로그램을 포함하고 있다고 가정한다. 이 부트 ROM이 Au1500에 매핑되어 있는 곳은 MIPS 아키텍처 그 자체의 요구사항을 기반으로 한다. 이것은 리셋시 MIPS 프로세서가 어드레스 0xBFC00000으로부터 리셋 익셉션 벡터를 가져오도록 규정하고 있다. 기본적으로 콜드 부트가 MIPS32 기반의 프로세서상에서 발생할 때, 리셋 익셉션이 발생한다. 이것은 (일반적으로) 매핑되지 않고 캐시되지 않은 메모리로부터 실행되는 명령어의 상태에서 프로세서에 놓여서, 리셋을 위해 (Rando, Wired, Config, Status와 같은) 레지스터들을 초기화한 다음 PC에 리셋 익셉션 벡터인 0xBFC0_0000을 로드하는 모든 리셋 '하드웨어' 초기화 과정을 수행한다.

0xBFC0_0000은 물리 어드레스가 아니라 가상 어드레스이다. MIPS32 아키텍처하에서의 모든 어드레스는 가상 어드레스인데, 이것은 보드 위의 실제 물리 메모리 어드레스가 명령어 페치 및 데이터 로딩과 저장과 같은 처리를 할 때 변환된다는 것을 의미한다. 가상 어드레스의 상위 비트들은 메모리 맵 안의 다른 영역들을 정의한다. 예를 들면,

- KUSEG(0x00000000~0x7FFFFFFF의 범위의 2GB 가상 메모리)

- KSEG0(0x80000000~9FFFFFFF의 범위의 512MB 가상 메모리). 이것은 물리 어드레스에 직접 매핑되며, 본래 캐시 가능 영역이다.

- KSEG1(0xA0000000~BFFFFFFF의 범위의 512MB 가상 메모리). 이것은 물리 어드레스에 직접 매핑되며, 본래 캐시 불가능 영역이다.

이것은 가상 어드레스(KSEG0) 0x80000000(물리 메모리의 캐시 가능한 영역)과 (KSEG1) 0xA0000000(물리 메모리의 캐시 불가능한 영역)이 모두 물리 어드레스 0x00000000에 매핑된다는 것을 의미한다. MIPS32 리셋 익셉션 벡터(0xBFC0_0000)는 다른 보드 컴포넌트들이 아직 초기화되지 않았을 경우조차 실행될 수 있는 캐시가 불가능한 영역인 메모리의 KSEG1 영역의 마지막 4MB 안에 위치한다. 이것은 0x1FC00000의 물리 어드레스가 부트 ROM으로부터 첫 번째 명령어 페치를 위해 생성된다는 것을 의미한다. 기본적으로 프로그래머는 부트 코드(예를 들어, YAMON)의 시작을 0x1FC0_0000에 놓는데, 이것은 PC 값이 파워-온시 실행되는 시작으로 설정되며, 공간의 전체 4MB(0x1FC00000~0x1FFFFFFF) 또는 그 이상을 효율적으로 차지한다.

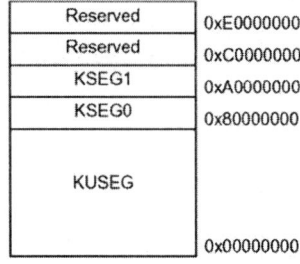

>> 그림 12-8a 인터프리팅 다이어그램[12-4]

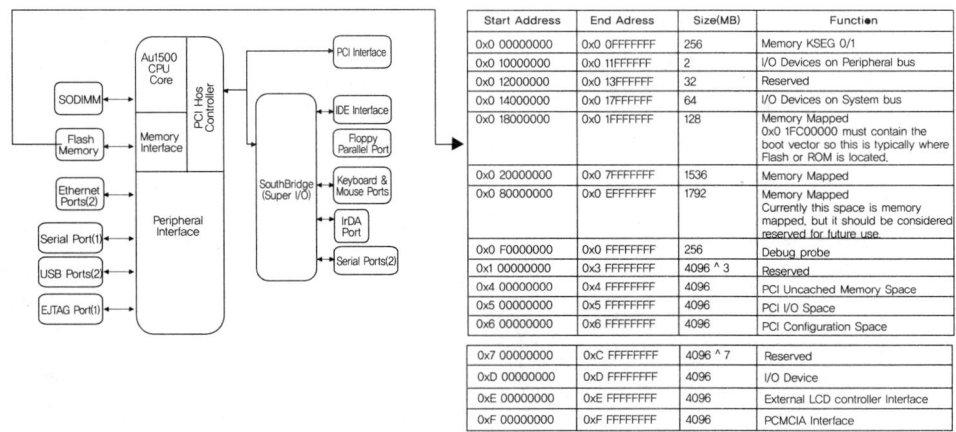

>> 그림 12-8b 인터프리팅 다이어그램[12-4]

시스템 어드레스	플래시 어드레스	섹터	설 명
bfC00000 ~ bfC03FFF	00000000 ~ 00003FFF	0	Reset Image (16kB)
bfC04000 ~ bfC05FFF	00004000 ~ 00005FFF	1	Boot Line (8kB)
bfC06000 ~ bfC07FFF	00006000 ~ 00007FFF	2	Parameter Flash (8kB)
bfC08000 ~ bfC0FFFF	00008000 ~ 0000FFFF	3	User NVRAM (32kB)
bfC10000 ~ bfC8FFFF	00010000 ~ 0008FFFF	4~11	YAMON Little Endian (512kB)
bfC90000 ~ bfD0FFFF	00090000 ~ 0010FFFF	12~19	YAMON Big Endian (512kB)
bfD10000 ~ bfDEFFFF	00110000 ~ 001EFFFF	20~33	System Flash (896kB)
bfDF0000 ~ bfDFFFFF	001F0000 ~ 001FFFFF	34	Environmental Flash (64kB)

>> 그림 12-8c 인터프리팅 다이어그램[12-4]

MIPS32에서 물리 어드레스 0x1FC000000은 보드상에 실제로 얼마나 큰 물리 메모리가 있는지 상관 없이, 리셋 익셉션 벡터(YAMON의 시작)를 위해 고정되어 있다. 이것은 이 물리 어드레스에 대응될 수 있도록 보드상의 플래시 칩이 통합되어 있어야 한다는 것을 의미한다. Ampro Encore M3 보드의 경우에는 보드상에 2MB의 플래시 메모리가 있다.

이 MIPS32 기반의 보드에서는, 프로세서를 초기화하는 하드웨어 초기화 과정 후에 CPU는 PC 레지스터 안의 어드레스에 위치해 있는 코드를 실행하기 시작한다. 이 경우, YAMON 부트로더 코드는 Ampro Encore M3 보드에 포팅되어 있다. MIPS32 아키텍처에 특화된 모든 하드웨어(예를 들어, 인터럽트 초기화)와 보드에 특화된 하드웨어(예를 들어, 직렬, 네트워킹 등)는 YAMON 프로그램을 통해 초기화되는데, 이것은 MIPS에서 이용 가능한 전용 소프트웨어이다.

OS로 시스템 부팅하기

전형적으로 32비트 아키텍처들은 OS를 포함하고 있는 보다 복잡한 시스템 소프트웨어 스택을 포함하고 있으며, OS에 따라 BSP도 포함할 수 있다. 추가의 부트스트랩 코드가 어디에서 왔는가에 상관 없이 만약 시스템이 OS를 포함하고 있다면, 그것은 OS(필요하다면 BSP와 함께)를 초기화하고 로드한다. 특정 OS의 부트 단계는 다양할 수 있는 반면, 모든 아키텍처는 근본적으로 서로 다른 임베디드 OS를 초기화하고 로딩할 때 동일한 단계를 수행한다.

예를 들어, x86 아키텍처에서의 리눅스 커널을 위한 부트 단계는 리눅스 커널을 찾아서 로딩하여 수행하는 역할을 하는 BIOS를 통해 발행한다. 이것은 다른 모든 프로그램들을 제어하는 리눅스 OS의 핵심적인 부분이며, 기본적으로 다음에 수행되는 'init'의 근본 프로세스이다. init 프로세스 내의 코드는 네트워킹/직렬 포트 등을 관리하기 위한 태스크를 생성하는 것과 같은 시스템의 나머지를 설정하는 역할을 한다. 한편 대부분의 아키텍처에서의 vxWorks RTOS 부트 단계는 아키텍처와 보드에 특화된 초기화 과정을 수행하고 그런 다음 그 자체의 동작처럼 사용자 부팅 태스크를 가진 멀티태스킹 커널을 시작하는 vxWorks 부트 ROM을 통해 발생한다.

스타트업 단계가 완료된 후, 임베디드 시스템은 보통 무한 루프로 진입하여, 인터럽트를 발생시키는 이벤트나 어떤 컴포넌트들이 폴링된 후 발생하는 동작을 기다린다(그림 12-9 참고).

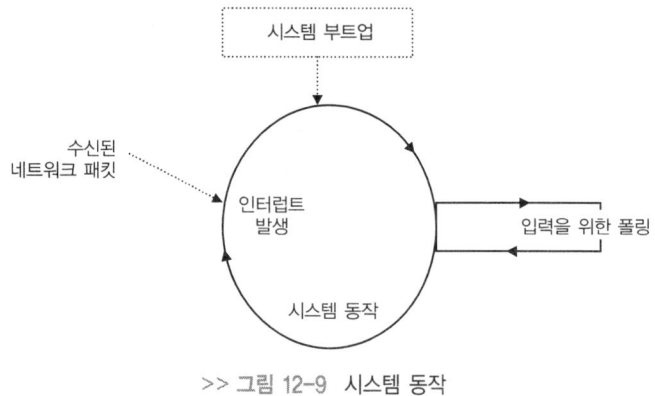

>> 그림 12-9 시스템 동작

12.2 | 품질 보장 및 디자인 테스트

어떤 시스템의 품질을 테스트하고 보장하는 목적은 그 시스템 내의 버그들을 찾아 어떤 버그들이 수정되었는지를 추적하는 것이다. 품질 보장 및 테스트는 이전 장에서 설명하였던 디버깅과 유사하다. 단, 디버깅의 목적은 실제로 발견한 버그들을 수정하는 데 있다. 시스템을 디버깅하는 것과 테스트하는 것 사이의 주요한 또 다른 차이점으로는 다음과 같은 것이 있다. 디버깅은 주로 개발자들이 일부 디자인을 완성하려고 노력하면서 어떤 문제에 직면하려 할 때 발생하여, 버그 수정을 위해 테스트 합격(tests-to-pass)의 프로세스를 거친다(이것은 시스템이 보통의 환경하에서 최소한으로 동작함을 확인하기 위해서 테스트한다는 것을 의미한다). 한편, 테스트에서는 테스트 합격과 테스트 불합격을 모두 포함하고 있으며, 시스템을 멈추게 하기 위해 시도한 결과로 버그가 발생한다. 여기서는 시스템에서의 약점이 증명된다.

테스트중에 보통 버그는 아키텍처 규정을 따르지 않는 시스템—예를 들어, 문서에 따라 수행해야 되는 방식으로 동작하지 않거나 문서에서 언급되지 않은 방식으로 동작하는 경우— 또는 시스템을 테스트할 수 없는 것으로부터 생겨난다. 테스트를 하면서 직면할 수 있는 버그의 종류는 수행되는 테스트의 종류에 따라 다르다. 일반적으로 테스트를 하는 기술은 다음 네 가지 모델 중 하나에 속한다 : 정적 블랙 박스 테스트, 정적 화이트 박스 테스트, 동적 블랙 박스 테스트, 동적 화이트 박스 테스트(그림 12-9의 행렬 참고). 블랙 박스 테스트는 시스템(회로도, 소스 코드 등)의 내부 동작을 볼 수 없는 상태에서 테스트하는 것을 말한다. 블랙 박스 테스트는 일반적인 제품 요구사항 문서를 기초로 한다. 반면에 화이트 박스 테스트(클리어 박스 또는 유리 박스 테스트라고 하기도 한다)는 소스 코드, 회로도 등에 접근할 수 있는 상태에서 테스트를 하는 것을 말한다. 정적 테스트는 시스템이 동작하지 않는 상태에서 수행되는 테스트를 말하며, 동적 테스트는 시스템이 동작할 때 수행되는 테스트를 말한다.

	블랙 박스 테스트	화이트 박스 테스트
정적 테스트	제품 규격 테스트 1. 고급의 기본적인 문제, 착오, 누락사항 찾기(예를 들어, 고객인 척하기, 기존의 가이드라인/표준 조사, 유사한 소프트웨어 검토 및 테스트 등) 2. 완전성, 정확성, 정밀성, 일관성, 관련성, 실행 가능성 등을 보장함으로써 저급의 규격 테스트	버그가 있는 하드웨어와 코드를 실행시키지 않고 체계적으로 살펴보는 프로세스
동적 테스트	다음과 같이 소프트웨어와 하드웨어가 무엇을 하는지에 대한 정의를 필요로 한다. ■ **데이터 테스트** 사용자 입력 및 출력에 대한 정보 확인 ■ **경계 상태 테스트** 소프트웨어의 동작 가능한 제한값에서의 상태 테스트 ■ **내부 경계 테스트** 2의 승수, ASCII 테이블 테스트 ■ **입력 테스트** 널, 유효하지 않은 데이터 테스트 ■ **상태 테스트** 다양한 상태 변수들을 가지고, 소프트웨어가 존재할 수 있는 모드들 사이에서의 전환 및 모드 테스트 예를 들어, 경주조건, 반복 테스트(주요한 이유는 메모리 누설을 찾는 것), 스트레스(소프트웨어 굶기기 = 메모리 부족, 느린 CPU, 느린 네트워크), 부하(소프트웨어 부하 걸기 = 많은 주변 기기들을 연결, 많은 양의 데이터 처리, 웹 서버가 그것에 접근하는 많은 클라이언트를 갖게 함 등) 등	코드, 회로도 등을 살펴보면서 동작하는 시스템 테스트하기 상세한 동작 지식, 접근 가능한 변수, 메모리 덤프를 기반으로 직접적으로 저급 테스트 및 고급 테스트 하기 데이터 참조 오류, 데이터 선언 오류, 계산 오류, 비교 오류, 제어 흐름 오류, 서브루틴 변수 오류, I/O 오류 등을 살펴보기

>> 그림 12-10 테스트 모델 행렬[12-5]

(그림 12-10에서와 같은) 모델들 각각에서, 테스트는 장치/모듈 테스트(시스템 내의 각각의 요소들을 점진적으로 테스트), 호환성 테스트(그 요소가 시스템 내의 다른 요소들과 문제를 야기시키지 않는지를 테스트), 집적 테스트(집적된 요소들을 점진적으로 테스트), 시스템 테스트(집적된 모든 요소들을 가지고 있는 전체 임베디드 시스템 테스트), 복귀 테스트(시스템 수정 후 이전에 통과된 테스트로 되돌아감), 제조 테스트(시스템의 제조시 버그가 발생하지 않는지를 확인하는 테스트)로 더 나누어질 수 있다.

이러한 종류의 테스트에서는 어떤 요소 또는 시스템이 아키텍처적인 규정을 충족시키는지를 확인하고, 이 요소 및 시스템이 실제 요구사항도 충족시키는지를 검증하는 것으로부터 효과적인 테스트 케이스가 만들어질 수 있다. 이것은 문서에 모두 정확히 반영되어 있을 수도 있고 그렇지 않을 수도 있다. 테스트 케이스가 완성되고 테스트가 수행되면, 그 결과가 어떻게 처리될지는 그 구조에 따라 다양해질 수 있다. 하지만, 보통은 따르는 특정 프로세스 없이 정보가 교환되는 비형식적인 것과 동료 개발자들이 테스트할 요소들을 교환하는 디자인 검토 또는 동료 검토 그리고 책임 있는 엔지니어가 회로도 및 소스 코드를 가지고 작업했던 작업물들, 그리고 책임 있는 엔지니어가 아닌 다른 사람들이 다루었던 조사물들 등과 같은 형식적인 것에 따라 달라진다.

특정 표준 방법론과 테스트 케이스를 위한 템플릿 그리고 전체 테스팅 프로세스는 ISO9000 품질 보장 표준, CMM(능력 및 성숙도 모델), 그리고 ANSI/IEEE 829 테스팅 표준의 준비, 실행, 완료를 포함하여 몇 가지 유명한 산업 품질 보장 및 테스팅 표준에서 정의되어 있다.

마지막으로, 디버깅과 관련하여 다양한 요소들을 테스트하는 데에 있어서 속도, 효율성, 정확성에 도움을 줄 수 있는 다양한 자동화 및 테스트 툴과 방법들이 있다. 이것들은 표 12-1에 나열된 툴들을 포함하여 로드 툴, 스트레스 툴, 방해 주입기, 소음 생성기, 분석 툴, 매크로 기록 및 재현, 프로그램된 매크로를 포함하고 있다.

 테스트를 하지 않은 것에 대한 (미국 내의) 잠재적인 법률적 결론

제품 책임에 대한 미국의 법률은 매우 엄격하다고 여겨진다. 품질 보장 및 시스템 테스트에 대해 책임이 있는 사람은 크리티컬한 버그가 수정되었는지를 확인하기 위해 법을 이용할 때가 언제인지를 깨닫고, 그 버그가 그 기관에 대해 심각한 법적 책임을 부가할 수 있다는 것을 깨닫게 하기 위해 제품 책임 법률에 대한 교육을 받도록 권장받는다.

소비자가 제품문제에 대해 소송을 제기할 수 있는 법의 일반적인 영역은 다음과 같다.

- 계약의 위반(예를 들어, 상담시 언급된 버그 수정이 적절한 방법으로 이행되지 않을 경우)
- 품질 보장 및 암묵적 품질 보장의 위반(예를 들어, 약속된 기능이 없는 시스템이 배달되었을 경우)
- 개인적 상해 또는 재산상의 손해에 대한 엄격한 과실상의 책임(예를 들어, 버그가 사용자에게 상해 또는 죽음을 야기한 경우)
- 배임(예를 들어, 소비자가 결함이 있는 제품을 구매한 경우)
- 잘못된 설명 및 사기 행위(예를 들어, 의도적이건 의도적이지 않건 판매한 제품이 광고상의 요건을 충족시키지 못한 경우)

> 이러한 법률은 그 '제품'이 임베디드 컨설팅 서비스이든 임베디드 툴이든 실제 임베디드 기기이든 그 기기에 집적될 수 있는 소프트웨어/하드웨어이든 상관 없이 적용된다는 것을 기억해 두자.
> – Cem Kaner의 "결점이 있는 소프트웨어에 대한 법률적 결과"라는 장을 기반으로 함
> – 1999년, 컴퓨터 소프트웨어 테스팅

12.3 | 결론 : 임베디드 시스템 유지 보수와 그 외 알아두어야 할 점

이 장은 유틸리티, 변환 툴, 그리고 디버깅 개발 툴과 같이 임베디드 시스템을 구현하기 위해 필요한 몇 가지 핵심 요구사항들에 대해 소개하였다. 이러한 툴에는 인터프리터, 컴파일러, 링커뿐만 아니라 IDE와 CAD 툴도 포함된다. 하드웨어 ICE 장비, ROM 에뮬레이터, 오실로스코프에서부터 소프트웨어 디버거, 프로파일러, 모니터에 이르기까지, 단순히 이름만 언급한 것들도 있지만, 임베디드 시스템을 디버깅하고 테스트하는 데 유용한 폭넓은 범주의 디버깅 툴에 대해 설명하였다. 또한 새로운 보드를 부팅시킬 때 예상할 수 있는 점들에 대해서 시스템 부트 코드의 몇 가지 예를 들어 설명하였다.

마지막으로, 임베디드 시스템이 판매된 이후조차 사용자 교육, 기술 지원, 기술 업데이트 제공, 버그 수정 등과 같이 추후 충족시켜 주어야 하는 책임감이 따른다. 예를 들어, 사용자 교육의 경우에는 기술 매뉴얼, 사용자 매뉴얼, 교육 매뉴얼을 위한 기초로서 아키텍처 문서는 사용될 수 있다. 아키텍처 문서는 또한 그것이 필드에 있는 동안 제품에 대한 업데이트 소개(예를 들어, 새로운 특징, 버그 수정 등), 리콜이나 파손에 대한 비용적인 부담 감소, 고객이 있는 업체에서 요청되는 FAE 방문과 관련된 효과를 평가하기 위해 사용될 수도 있다. 평판 좋은 신용과는 반대로, 엔지니어팀들의 책임은 그 기기의 수명 동안 지속되며, 임베디드 시스템이 필드로 판매된 후에도 그 책임은 끝나지 않는다.

임베디드 시스템 디자인에 있어 성공을 보장하기 위해서는, 임베디드 시스템을 디자인하는 프로세스, 특히 아키텍처를 생성하는 처음 프로세스의 중요성에 익숙해지는 것이 중요하다. 이것은 모든 엔지니어들과 프로그래머들이 그들의 맡은 바 책임과 작업에 상관 없이, 시스템 수준에서 임베디드 시스템의 디자인에 해당되는 모든 주요한 컴포넌트들에 대해 이해함으로써 강한 기술적인 기초를 가지고 있어야 하는 것을 요구한다. 하드웨어 엔지니어는 소프트웨어를 이해하고, 소프트웨어 엔지니어는 적어도 시스템 수준에서 하드웨어를 이해해야 한다. 그리고 책임 디자이너는 시스템을 구현하고 테스트하기 위한 방법론을 채택

하고 적용한 다음, 필요한 프로세스에 따라 추진하는 노력을 하는 것도 중요하다.

필자는 독자들이 이 책의 아키텍처 접근을 이해하고, 이 책이 임베디드 시스템 디자인 세상에 대한 이해서와 같은 유용한 툴이라는 것을 알아차렸으면 좋겠다. 임베디드 시스템을 디자인함에 있어서 비용이나 성능과 같은 독특한 요구사항과 제한사항도 있다. 아키텍처를 생성하는 것은 프로젝트의 초창기에 이러한 요구사항들을 다루어, 설계팀이 이러한 위험들을 줄일 수 있게 해준다. 이러한 이유 하나만으로도 임베디드 기기의 아키텍처는 어떤 임베디드 시스템 프로젝트에서 가장 크리티컬한 요소들 중 하나가 될 것이다.

12장 연습문제

1. 호스트와 타깃 사이의 차이점은 무엇인가?

2. 개발 툴들은 전형적으로 어떠한 상위 범주에 속하는가?

3. [T/F] IDE는 호스트 시스템과 인터페이스하기 위해 타깃상에서 사용된다.

4. CAD는 무엇인가?

5. CAD 외에, 복잡한 회로를 디자인하기 위해 사용되는 기술로는 어떤 것이 있는가?

6. ⓐ 프리프로세서란 무엇인가?
   ⓑ 프로그래밍 언어와 관련하여 프리프로세서가 어떻게 사용되는지 실제 예를 제시하라.

7. [T/F] 컴파일러는 언어에 따라 호스트 또는 타깃상에 존재할 수 있다.

8. 임베디드 시스템과 다른 종류의 컴퓨터에서 컴파일 필요성을 구별하는 몇 가지 특징은 무엇인가?

9. ⓐ 오브젝트 파일은 무엇인가?
   ⓑ 로더와 링커 사이의 차이점은 무엇인가?

10. ⓐ 인터프리터란 무엇인가?
    ⓑ 인터프리터를 요구하는 실생활 언어 3가지의 이름을 적어라.

11. 인터프리터는 어디에서 존재하는가?
    A. 호스트
    B. 타깃과 호스트
    C. IDE
    D. A와 C
    E. 정답 없음

12. ⓐ 디버깅이란 무엇인가?
    ⓑ 주요한 종류의 디버깅 툴은 무엇인가?
    ⓒ 디버깅 툴의 각각의 실제 예를 4가지 나열하고 설명하라.

13. 디버깅에서 사용할 수 있는 가장 저렴한 기술 5가지는 무엇인가?

14. 부트 코드는
    A. 보드에 전원을 공급하는 하드웨어이다.
    B. 보드의 작동을 중단시키는 소프트웨어이다.
    C. 보드를 실행시키는 소프트웨어이다.
    D. A, B, C 모두 정답
    E. 정답 없음

15. 디버깅과 테스팅의 차이점은 무엇인가?

16. ⓐ 테스팅 기법이 속해 있는 4가지의 모델을 나열하고 이를 정의하라.
    ⓑ 이 모델들의 각각 안에서 발생할 수 있는 테스팅의 5가지 종류는 무엇인가?

17. [T/F] 테스트 합격은 보통의 환경하에서 시스템이 최소한으로 동작하는 것을 보장하는 테스팅 기법이다.

18. 테스트 합격과 테스트 불합격 사이의 차이점은 무엇인가?

19. 소비자들이 제품문제에 대해 소송을 제기할 수 있는 법의 일반적인 영역 4가지의 이름을 적고 이를 설명하라.

20. [T/F] 임베디드 시스템이 제조 프로세스에 진입한다면, 설계팀 및 개발팀의 일은 끝난 것이다.

APPENDIX
부록

IT 대한민국은 ITC(Info Tech Corea)가 함께 하겠습니다.
www.itcpub.co.kr

프로젝트와 연습문제

이 부록에서 설명하고 있는 프로젝트들은 임베디드 시스템 아키텍처 계층과 그에 상응하는 실습과정을 보충하기 위해 디자인되었다. 이 프로젝트들은 독자가 임베디드 시스템 개념, 하드웨어, 소프트웨어, 그리고 학생들이 사용 가능한 개발 툴과 진단 툴에 익숙해지도록 도와주는 것을 목적으로 한다. 서로 다른 기관 안에 있는 연구소 간의 다양성 때문에, 이러한 연습문제들은 학생들이 독립적으로 다른 플랫폼을 가지고 조사하고, 획득하고, 작업하도록 격려해 준다. 특히, 이 연습문제들의 목적은 독자가 다음과 같은 작업을 할 수 있도록 하는 것이다.

- 디자인 범주와 제한을 포함하고 있는 아키텍처를 생성함으로써 임베디드 시스템의 기본적인 특징들을 조사하고 이해하고 분명하게 표현한다.
- 임베디드 시스템 소프트웨어 및 하드웨어와 그 중요성을 조사하고 이해하고 분명하게 표현한다.
- 임베디드 시스템 디자인 및 개발 라이프 사이클 모델에 의해 정의된 것처럼, 임베디드 시스템의 전반적인 디자인 프로세스를 이해하고 분명하게 표현하고 구현한다.
- 임베디드 시스템을 디자인할 때, 개발 툴과 디버깅 툴 그리고 환경을 이해한다.
- 인터넷, 전문 잡지, 임베디드 컨퍼런스 등과 같은 다양한 소스들로부터 정보를 찾아서 모은다.
- 팀워크의 중요성과 장점 그리고 잠재적인 문제점들을 이해하는 작업을 포함하여, 엔지니어링팀 환경에서 어떻게 일하는지를 배운다.

프로젝트를 수행할 때, 다음과 같은 가이드라인을 참고할 것을 추천한다.**

** 권장된 프로젝트 가이드라인은 버클리 캘리포니아 대학의 Edward FL. Lee 교수가 진행하는 "반응이 빠른 실시간 시스템 규격 및 모델링" 수업의 프로젝트를 위한 가이드라인을 기초로 한다.

1. 다음의 샘플 프로젝트 보고서에서 보여지는 것과 유사한 정보들을 포함하는 각 프로젝트에 대한 프로젝트 보고서를 생성한다.

2. 원래의 레퍼런스들을 항상 읽고 이해하고 언급해야 한다.

3. 출판된 것이든 출판 안 된 것이든, 사유 기술이든, 오픈 소스이든 상관 없이 사용된 모든 기술적인 작업은 항상 그 소스에 속해 있어야 한다("엔지니어 아무개는 이것이 그 분야가 형성되어야 하는 방법이라고 말한다" "코드의 일부는 …에서 …로 수정되었다" 등등).

4. 하드웨어나 소프트웨어가 이 실습책에 나와 있는 프로젝트들을 모아서 만들어지는 것은 권장하지 않는다. 이 내용들은 시스템 공학과정을 위해 의도된 것으로, 여기의 프로젝트들은 특정 요소를 위해 얼마나 많은 노력을 했는지에 대한 기초로 평가되기보다는 임베디드 시스템의 전체 아키텍처가 얼마나 효율적인지를 평가하기 위한 것이다. 제한된 시간 및 예산이 주어졌을 경우, 프로젝트들을 가장 흥미롭고 훌륭하게 디자인하기 위해서는 그것이 절대적으로 필요한 것이 아니라면, '시간과 노력을 낭비하는 것'은 권장하지 않는다. 상용 하드웨어 및 소프트웨어(평가 버전, 오픈 소스 등)를 찾고 이미 적용된 적절한 작업들을 활용하기 위해 인터넷을 사용하도록 하자.

5. 이 프로젝트들은 이 책에 나와 있는 내용들 이상의 진지한 노력을 반영한다. 독자들은 인터넷, 저널, 또는 책으로부터 추가의 정보를 얻도록 노력해야 한다. 이것은 독자가 이 작업에 대해 어떻게 해야 하는가를 설명한다. 전형적으로 전문가들에게 제공되는 자료는 없다. 실제로, 가장 성공한 엔지니어들이란 재빠르게 독립적으로 이 프로젝트들을 배우고 수행할 수 있는 사람들을 말한다. 독자들이 가장 최근의 기술능력을 개발시키고 유지하는 데 보다 빨리 적응하면 할수록 그들은 더 성공적일 수 있게 될 것이다.

6. 이 프로젝트를 완성하기 위해 필요한 최소한의 능숙함 수준으로, 관련 IDE, 언어, 하드웨어 등을 사용하는 법을 배우도록 하자. 컴파일러, 시뮬레이터 디자인 환경을 얻어서, 프로젝트들을 설치하고, 모든 문서들을 읽어서 프로젝트들을 실행시키자.

7. 학생들은 한 팀(둘 또는 그 이상의 팀)에서 일하는 것이 좋다. 이것은 실제 생활에서도 행해지는 방식이기 때문이다. 어떤 팀에서 일한다는 것은 각 팀 구성원들에게 그 프로젝트의 일부를 할당하여 주어진 시간 안에 더 야심차고 흥미로운 프로젝트를 만드는 데 매우 훌륭한 방법이 된다.

샘플 프로젝트 보고서

학생 이름 :

프로젝트 번호 및 제목 :

이 연구에 대한 공헌도 : %_____ 공헌 :

어떤 팀원과 이 연구에 대한 그들의 공헌도 나열 :

    이름 1 : _____ %_____ 공헌 :

    이름 2 : _____ %_____ 공헌 :

    이름 3 : _____ %_____ 공헌 :

    이름 "N" : _____ %_____ 공헌 :

프로젝트 요약 정리 :

그 프로젝트를 구현하기 위해서 취해야 할 단계들은 무엇인가 :

그 프로젝트의 결과는 무엇인가(어떤 생성된 출력물 첨가) :

기타 제안사항

이 프로젝트에서 사용된 문서(회로도, 사용자 매뉴얼 등) 및 소프트웨어를 첨부하라.

> **실생활 조언**
> 가능하면 빨리(여러 날이나 주가 아니라 몇 시간 또는 몇 분 안에) 다른 하드웨어 및 소프트웨어를 만드는 실제 경험을 얻고자 하는 학생들에게 격려가 될 수 있도록, 이 과정에서 사용된 연습문제들은 가능한 많은 다른 보드와 시스템 소프트웨어 요소들과 함께 저장해 둘 것을 권한다. 이런 종류의 연습문제들을 가지고 학생들은 경험이 많은 전문가들의 능력을 배울 수 있으며, 임베디드 개발자들에게 가능한 하드웨어 및 소프트웨어 요소들의 끝없는 조합에 편안해질 수 있다. 학생들은 그들이 그 상세한 사항들에 관심을 갖고, 이전에 결코 경험하지 못한 그 요소들을 가지고 일하려고 하는 한, 이러한 방대한 가능성은 아무것도 아니라는 사실을 알아야 한다. 예를 들어, 그들은 교체하거나 인가하기 위해 필요한 케이블들과 보드에 원하는 설정을 하기 위한 점퍼, 부트 코드 설정을 확인해 보아야 하며, 특히 그 문서를 찾아서 읽어보아야 한다.
>
> 이 프로젝트에서 필자는 학생들에게 다른 주 CPU와 여러 개의 OS를 가지고 있는 다른 보드들과 같은 많은 다른 요소들을 경험해 보라고 장려하고 싶다. 왜냐하면 대부분의 경우에, 그들이 졸업한 후 계속해야 하는 것과 관련되어 오늘날 학생들에 대한 기대가 너무 낮다고 생각하기 때문이다. 예를 들어, 이 연습문제에서 여러 개의 아키텍처들을 갖지 않는 이유는 합리적인 시간 내에 학생들이 다른 보드들을 이해하기에는 그것이 너무 복잡하기 때문이라는 말을 들었다. 많은 학생들이 훨씬 어렸을 때부터 게임, 셀룰러 폰, DVD 플레이어 등을 가지게 된 오늘날의 전자기계장치 세상에서, 그러한 능력을 임베디드 시스템 공학을 배우는 데 적용하라고 그들에게 요구하는 것은 그다지 많이 기대되지 않는다. 이 프로젝트에서 소개된 다양한 능력을 배운다면 학생들이 실제 생활에서 그것을 배우는 데 걸리는 시간들을 절약시켜 줄 것이다. 만약 그들이 졸업한 후에 공학의 직업을 위해 경쟁하고자 한다면, 많은 학생들은 내부의 경쟁을 강요받으면서 능력을 쌓기 위해 여러 해를 노력할 수는 없기 때문에 이것이 특히 중요하다.

Section I 프로젝트

프로젝트 1 : 제품 컨셉

표 A-1 을 사용하여 제품 컨셉을 선택하고, 인터넷을 이용하여 그 제품 범주에 속하는 상용 제품들을 최소한 네 가지 찾아보아라. 가능한 온라인 문서를 사용하여 그것들의 주요 특징, 유사점, 차이점을 설명하는 문서를 만들어라. 이 정보를 기반으로 독자 여러분의 제품에 대한 제품 컨셉을 만들자.

>> 표 A-1 임베디드 시스템과 그 시장의 예[A-1]

시 장	제품 컨셉
자동차	점화 시스템 엔진 제어 브레이크 시스템(예를 들어, ABS 장치)
소비자 전자제품	디지털/아날로그 텔레비전 셋톱 박스(DVD, VCR, 케이블 박스 등) 개인 휴대형 정보 단말기(PDA) 가전제품(냉장고, 토스터, 전자레인지) 자동차

>> 표 A-1 계속

시장	제품 컨셉
소비자 전자제품	장난감/게임기 전화/셀룰러 폰/무선호출기 카메라 위성항법장치(GPS)
산업 제어	로봇/제어 시스템(제조기기)
의료기기	주입 펌프 투석 기계 의족 장치 심장 모니터 기기
네트워킹	라우터 허브 게이트웨이
사무 자동화	팩시밀리 복사기 프린터 모니터 스캐너

프로젝트 2 : 제품 컨셉의 디자인 모델링

다음과 같은 모델들을 사용해서 프로젝트 1의 제품 컨셉을 기반으로 하여 프로젝트의 개발 프로세스의 윤곽을 그려라.

A. 빅뱅(big-bang) 모델
B. 코드 앤 픽스(code-and-fix) 모델
C. 폭포수(waterfall) 모델
D. 나선(spiral) 모델
E. 임베디드 시스템 디자인 및 개발 라이프 사이클 모델

각 모델의 장점과 단점을 설명하면서, 제품 컨셉에서부터 제품 완성까지의 각 모델을 그려라. 프로젝트가 성공하기 위해서 각 모델을 사용할 때 필요한 것들은 무엇인가? 실패를 야기하는 요소들은 무엇인가?

프로젝트 3 : 임베디드 시스템 모델 및 제품 컨셉

프로젝트 1의 상용 제품 네 가지에 관한 문서가 제공되었을 경우, 어떠한 특정 하드웨어 및 소프트웨어 요소가 규정되는지에 대한 윤곽을 그려라(만약 문서가 제공되지 않는다면, 각 문서에 대한 보다 상세한 정보를 제공하는 제품을 찾아라). 각 제품에 대한 임베디드 시스템 모델을 그리고, 이 요소들이 각각 임베디드 시스템 모델 중 어디에 속해 있는지 나타내어라.

프로젝트 4 : 제품 컨셉과 최근 개발

표 A-2에서의 기술 잡지 또는 다른 관련 잡지들(표 A-2에 나타나 있지 않은 더 많은 잡지들이 있다)의 목록이 주어질 경우, 이번 달에 릴리즈된 최소한 5개의 잡지들 중에서 여러분의 제품 컨셉의 특징들에 영향을 주는 10개의 기사를 선택하여 요약 정리하라.

>> 표 A-2 기술 잡지 예

잡지	웹사이트
C/C++ Users Journal	http://www.cuj.com/
C++ Report	http://www.creport.com/
Circuit Cellar	http://www.circellar.com/
CompactPCI Systems	http://www.picmgeu.org/magazine/CPCI_magazine.htm
Compliance Engineering(CE)	www.ce-mag.com/
Dedicated Systems Magazine	http://www.realtime-magazine.com/magazine/magazine.htm
Design News	http://www.designnews.com/index.asp?cfd=1
Dr. Dobbs Journal	http://www.ddj.com/
Dr. Dobbs Embedded Systems	http://www.ddjembedded.com/resources/articles/2001/0112g/0112g.htm
EE Product News	http://www.eepn.com/
EDN Asia	http://www.ednasia.com/
EDN Australia	http://www.electronicsnews.com.au/
EDN China	http://www.ednchina.com/Cstmf/BCsy/index.asp
EDN Japan	http://www.ednjapan.com/
EDN Korea	http://www.ednkorea.com/
EDN Magazine - Europe	http://www.reed-electronics.com/ednmag/
EDN Taiwan	http://www.edntaiwan.com/
EE Times ASIA Edition	http://www.eetasia.com/
EE Times - China Edition	http://www.eetchina.com/

>> 표 A-2 계속

잡지	웹사이트
EE Times France	http://www.eetimes.fr/
EE Times Germany	http://www.eetimes.de/
EE Times Korea	http://www.eetkorea.com/
EE Times - North America	http://www.eet.com/
EE Times Taiwan	http://www.eettaiwan.com/
EE Times UK	http://www.eetuk.com/
Electronic Design	http://www.elecdesign.com/Index.cfm?Ad=1
Elektor - France	http://www.elektor.presse.fr/
Elektor - Germany	http://www.elektor.de/
Elektor - Netherlands	http://www.elektuur.nl/
Elektor - UK	http://www.elektor-electronics.co.uk/
Electronics Express Europe	http://www.electronics-express.com/
Electronics Supply and Manufacturing	http://www.my-esm.com/
Embedded Linux Journal	http://www.linuxjournal.com/
Embedded Systems Engineering	http://www.esemagazine.co.uk/
Embedded Systems Europe	http://www.embedded.com/europe
Embedded Systems Programming - North America	http://www.embedded.com/
European Medical Device Manufacturer	http://www.devicelink.com/emdm/
Evaluation Engineering	http://www.evaluationengineering.com/
Handheld Computing Magazine	http://www.hhcmag.com/
Hispanic Engineer	http://www.hispanicengineer.com/artman/publish/index.shtml
IEEE Spectrum	http://www.spectrum.ieee.org/
Java Developers Journal	http://sys-con.com/java/
Java Pro	http://www.ftponline.com/javapro/
Linux Journal	http://www.linuxjournal.com/
Linux Magazine	http://www.linux-mag.com/
Medical Electronics Manufacturing	
Design and Development of Medical Electronic Products	http://www.devicelink.com/mem/index.html

>> 표 A-2 계속

잡 지	웹사이트
Microwaves & RF	http://www.mwrf.com/
Microwave Engineering Europe	http://www.kcsinternational.com/microwave%20engineering%20europe.html
Military and Aerospace Electronics	http://mae.pennnet.com/home.cfm
MSDN Magazine	http://msdn.microsoft.com/msdnmag/
PC/104 Embedded Solutions	http://www.pc104online.com/
Pen Computing Magazine	http://www.pencomputing.com/
PocketPC Magazine	http://pocketpcmag.com/
Portable Design	http://pd.pennnet.com/home.cfm
Practical Electronics	http://www.epemag.wimborne.co.uk/
RTC Magazine	http://www.rtcmagazine.com/
Silicon Chip	http://www.siliconchip.com.au/
TRONIX	http://www.tronix-mag.com/
US Black Engineering	http://www.blackengineer.com/artman/publish/index.shtml
VMEBus Systems	http://www.vmebus-systems.com/
Wired	http://www.wired.com/wired/
Wireless Systems Design	http://www.wsdmag.com/

프로젝트 5 : 시장에 특화된 표준 찾기

표 A-1을 사용하여, 다른 시장에 속하는 제품들 세 가지를 선택하거나 강사가 지정한 제품 세 가지를 선택하라. 그리고 인터넷, 저널, 책, 표 A-2에 나타난 잡지 목록, 또는 독자 자신의 잡지를 이용하여 선택한 종류의 임베디드 시스템의 각각에 적용되는 시장에 특화된 최근의 표준을 최소한 6가지 이상 찾아라. 시장에 특화된 표준들 중 최소 두 가지는 경쟁관계에 있는 표준이어야 한다. 이러한 표준들 각각이 각 임베디드 시스템에 어떠한 사항을 요구하는지를 설명하는 문서를 각 제품에 대해 하나씩 총 세 가지를 모아라.

프로젝트 6 : 범용 표준 찾기

프로젝트 1에서의 제품들과 시장에 특화된 표준들이 주어질 때, 선택된 종류의 임베디드 시스템에 적용된 최근의 범용 표준을 최소한 6가지를 찾아라. 그 범용 표준의 최소한 두 가지는 경쟁관계에 있는 표준이어야 한다. 이러한 표준들 각각이 각 임베디드 시스템에 어떠한 사항을 요구하는지를 설명하는 문서를 프로젝트 1에서 선택된 각 제품에 대해 하나씩, 총 세 가지를 모아라.

프로젝트 7 : 표준과 임베디드 시스템 모델

프로젝트 1과 2의 표준들에 대해 각각 어떠한 하드웨어 및 소프트웨어 요소들을 정의하는지, 임베디드 시스템 모델에 매핑되어 있는 프로젝트 1에서 선택된 각 제품에 대해 각각 하나씩 총 세 가지의 문서를 모아라. 경쟁관계에 있는 표준들을 반영하는 하나 이상의 모델이 있을 수 있다.

Section II 프로젝트

프로젝트 1 : 하드웨어 문서

이 프로젝트는 하드웨어 다이어그램을 어떻게 읽고 그리는지를 배우는 가장 효과적인 방법들 중 하나인, Traister and Lisk 방식을 기초로 하고 있다.[A-2] 이것은 다음과 같은 단계를 포함한다.

1단계 : 타이밍 또는 회로 심벌과 같은 다이어그램의 종류에서 사용되는 기본 심벌들 배우기. 이러한 심벌들을 배우는 데 도움을 주기 위해 1단계와 2, 3단계 사이를 로테이트하라.

2단계 : 다이어그램을 읽는 것이 지루해지거나(이 경우에는 2단계와 1, 3단계 사이를 전환하라) 편안해질 때까지(예를 들어, 읽는 동안 다른 어떤 심벌들을 찾을 필요가 없어질 때), 가능한 많은 다이어그램들을 읽어라.

3단계 : 배워온 것들을 연습하기 위해 다이어그램이 지루해지거나(이것은 1, 2단계로 로테이트한다는 것을 의미한다) 편안해질 때까지 다이어그램을 그려라.

그러므로, 이 프로젝트는 세 가지의 연습문제로 구성되어 있다. 각각은 Traister and Lisk 방식 내에 한 단계를 반영한다.[A-2]

연습문제 1 회로 다이어그램의 심벌, 약속, 규칙

회로 다이어그램에 대한 심벌, 약속, 규칙을 정의하는 세 가지의 서로 다른 표준들(기관의, 지역적, 국제적)을 나열하는 보고서를 작성하라. 이 정보를 모으기 위해 인터넷, 책, 저널 등을 사용하라.

연습문제 2 회로 다이어그램 읽기

교수가 제공하였거나 인터넷에서(예를 들어, '회로 다이어그램' 이라고 검색을 하여) 구해서 교수에게 승인을 받은 가능한 회로도를 사용하여, 다른 보드를 기반으로 하는 세 가지의 회로 다이어그램들을 선택한 다음, 이 회로 다이어그램의 심벌, 약속, 규칙을 규정하는 보고서를 작성하라.

연습문제 3 회로 다이어그램 그리기

이 프로젝트에서는 회로 다이어그램을 그릴 수 있도록 연구실에서 제공받은 프로그램을 사용하거나 프로그램의 평가 복사본을 찾아서 다운로드받아라. 그것들은 여러 가지 종류가 있으므로, 웹 검색을 해보아라(예를 들어, '회로 다이어그램 그리기' 또는 '회로 다이어그램 소프트웨어' 라고 검색을 하라). 안정적이고 원하는 심벌과 특징들을 갖추고 있는 제품을 찾기 전에 두 가지 또는 세 가지 프로그램들을 평가해 볼 필요가 있다.

이것은 검색으로부터 전자회로를 만드는 분야가 아니기 때문에, 이 연습문제는 독자가 하드웨어 엔지니어이든 프로그래머든 간에 회로 다이어그램 소프트웨어를 찾아 평가하고 사용하는 것과 회로를 그리는 것에 편안해질 수 있도록 디자인되었다. 하드웨어를 문서화하는 것은 아키텍처를 만드는 과정에서 중요한 부분이다.

회로 어플리케이션을 이용하여 회로를 그리고, 회로 다이어그램 소프트웨어를 사용하여 예제 2에서의 회로도 가운데 독자 자신만의 파일들을 만들어라.

프로젝트 2 : 회로 시뮬레이션

하드웨어를 디자인하는 것과 관련된 중요성과 비용 때문에, 하드웨어 엔지니어들은 보통 CAD(computer-aided design, 컴퓨터 보조 디자인) 툴을 이용하여 실제 회로를 디자인하기 전에, 다양한 조건 안에서 회로의 동작을 연구하기 위해 전자 레벨에서 회로도를 시뮬레이션한다. 전반적인 목적에 있어서는 유사한 다양한 상용 전자회로 시뮬레이터 툴들이 있다. 하지만, 이 툴들은 예를 들어, 분석이 어떻게 수행되는지, 어떤 회로 컴포넌트들이 시뮬레이션될 수 있는지, 그리고 그 툴의 사용자 인터페이스의 형태와 느낌들의 여부가 다를 수 있다.

CAD 툴이 회로를 시뮬레이션하기 위해 사용하고 있는 많은 산업기술들이 있다. 이러한 시뮬레이터로 만들어진 회로들은 다양한 능동 소자들과 수동 소자들로 구성될 수 있다. 이 프로젝트는 간단한 회로를 시뮬레이션하기 위해 CAD 툴을 찾아서 평가하고 사용하는 것에 대해 다루고 있다. 교수가 지정하지 않았다면, 프로세서 또는 보드상에서 복잡한 전체 회로를 시뮬레이션하게 되지는 않을 것이다. 불가능하지는 않지만, 시뮬레이터의 구조와 모델들이 보통 사용되는 전체 디자인상에서 시뮬레이션을 수행하는 것은 매우 어려운 일이다.

이 프로젝트에서는 연구실에서 제공된 CAD 툴을 사용하거나 회로를 시뮬레이션할 수 있는 프로그램의 평가본을 찾아서 다운로드받아라. 여기에는 많은 종류들이 있으므로, 웹 검색을 수행하라('pSpice' 또는 '회로 시뮬레이터'를 검색하라). 안정적이고 원하는 심벌과 특징들을 갖추고 있는 제품을 찾기 전에 두 가지 또는 세 가지 프로그램들을 평가해 볼 필요가 있다.

간단한 회로를 어떻게 생성하여 시뮬레이션할 수 있는지를 이해하기 위해 CAD 툴에서 제공된 문서를 읽어라. 이것은 여러분의 회로를 어떻게 입력하고 어떤 종류의 출력 파일들이 생성되는지, 따라야 할 규칙들, 회로를 생성하기 위해 사용될 수 있는 심벌들, 출력값을 만들고 분석할 회로를 실제 시뮬레이션하는 방법들에 대한 이해를 포함하고 있다. 어떤 CAD 툴은 실습자료들을 포함하고 있고, 다른 툴들은 가능한 다양한 소스(예를 들어, pSpice를 사용하고 있다면, 'pSpice tutorial'이라고 웹 검색을 하라. 어떤 실습자료는 이 툴의 공짜 평가 버전을 얻을 수 있도록 링크가 되어 있을 것이다)로부터 많은 온라인 실습자료들을 포함하고 있다. 교수에 의해 제공된 네 가지의 간단한 회로들 또는 그림 A-1a, A-1b, A-1c, A-1d에 나타난 간단한 회로들을 입력하고 시뮬레이션하라.

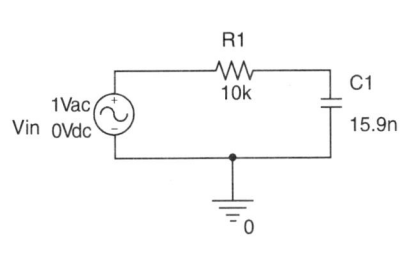

>> 그림 A-1a 간단한 회로 #1[A-3]

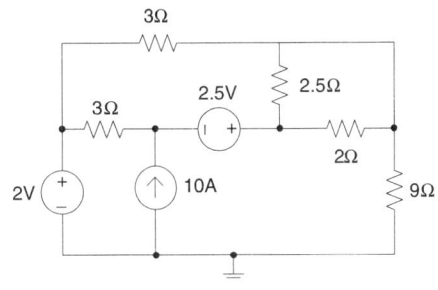

>> 그림 A-1b 간단한 회로 #2[A-4]

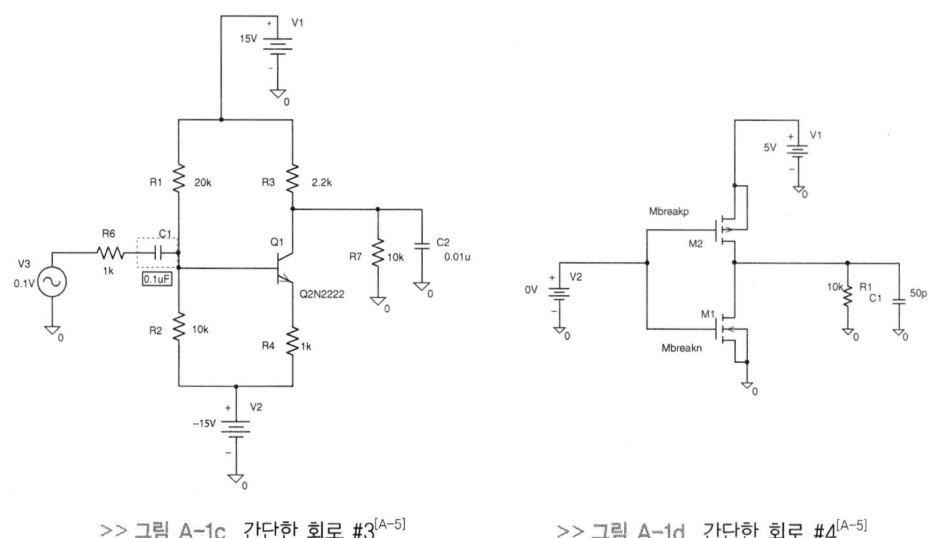

>> 그림 A-1c 간단한 회로 #3[A-5]   >> 그림 A-1d 간단한 회로 #4[A-5]

프로젝트 3 : 실제 보드를 가지고 작업하기

> **경고**
> 회로에 손상을 주는 것을 피하고, 실제 신호들을 측정하기 위해서는, 그라운드 띠를 입혀주고 연구실 장비를 사용하는 것에 대한 모든 안내서와 기기 설명서를 주의하여 따라야 한다. 예를 들어, 보드에 프로브를 연결할 때, 보드에 손상을 야기할 수 있는 인접한 선이나 핀들을 짧게 하지 않도록 주의를 기울여야 한다. 또한 하나의 프로브가 그라운드에 연결되어 있는 기기를 가지고 신호를 측정할 때에는 측정되는 신호에 매우 가까이 있는 그라운드 핀에 연결할 것을 추천한다. 왜냐하면, 다른 회로 소자로부터 잡음이 발생할 수 있기 때문이다.

이 프로젝트는 회로의 동작을 이해하고, 그 시스템이 정확하게 동작하고 있는지를 확인하고, 보드상의 문제들을 찾아낼 수 있도록 해주는 테크닉과 툴에 익숙해지게 만들어줄 것이다. 이 프로젝트는 하드웨어 엔지니어를 위해서 뿐 아니라, 그 소프트웨어가 의도된 대로 동작하는지를 검증하거나 보드의 문제가 하드웨어에 관련이 있는지 소프트웨어에 관련이 있는지를 판단해야 하는 프로그래머들에게도 유용하다. 회로의 동작을 근본적으로 설명하고, 그 동작을 반영하기 위해 소프트웨어 또는 하드웨어를 통해 조작될 수 있는 변수들은 전류와 전압이다. 그러므로, 보드에서 발생하는 현상들을 이해하기 위해서는 이러한 변수들을 측정하고 모니터링할 수 있어야 한다.

여러 다양한 종류의 측정 및 모니터링 기기가 사용될 수 있다. 이름만 언급하자면, 이 기기에는 전류를 측정하는 전류계와 전압을 측정하는 전압계, 저항값을 측정하는 저항계, 여러 개의 특징들(전압, 전류, 저항값)을 측정하는 멀티미터, 디지털 회로의 전압을 측정하고, 그 신호가 이진 1 인지 이진 0 인지를 결정하는 논리 프로브, 전압 신호를 그래프화해 주는 오실로스코프가 포함된다. 일반적으로 전압계, 저항계, 전류계와 같은 많은 측정기기들은 2개의 프로브를 사용하여 보드의 특성을 측정한다. 하나는 양의 단자(빨간색 프로브)이고, 다른 하나는 음의 단자(검정색 프로브)이다. 이러한 프로브들의 금속 팁을 보드에 삽입함으로써 회로 안의 다양한 지점에서 측정을 할 수 있다. 그림 A-2a 와 A-2b 는 그러한 측정기기와 프로브의 예를 보여주고 있으며, 그림 A-2c 는 이러한 프로브들이 어떻게 회로에 삽입되는지를 보여주고 있다.

>> 그림 A-2a 멀티미터

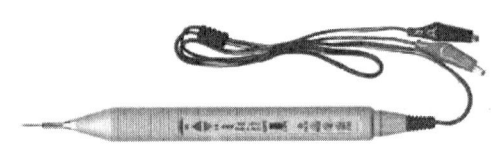

>> 그림 A-2b 논리 프로브

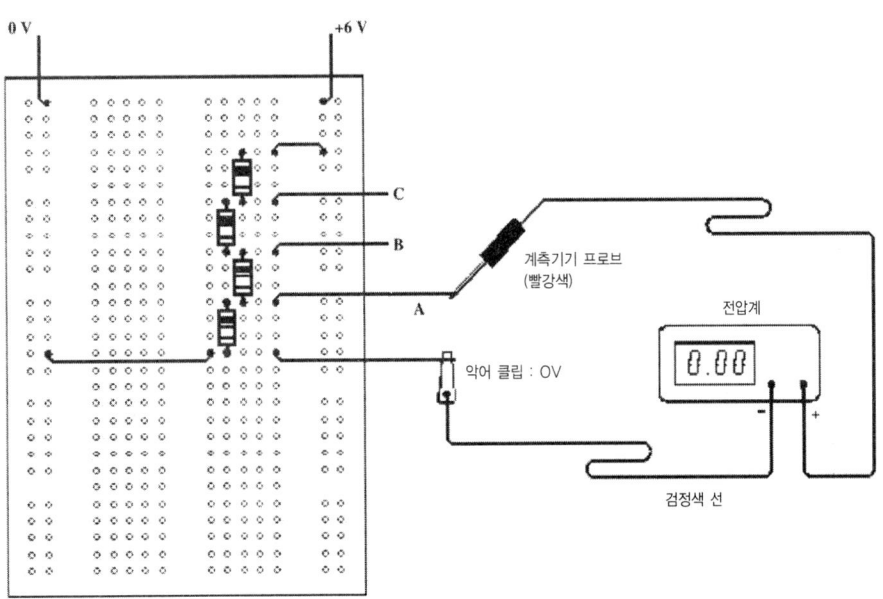

>> 그림 A-2c 프로브를 회로에 삽입

다음의 연습문제들은 학생들이 이러한 툴을 사용하고 보드를 다루는 데에 편안해질 수 있도록 만들어줄 것이다. 연구실마다 다른 종류의 보드 및 회로, 다른 툴들을 가지고 있기 때문에 이 프로젝트의 연습문제들은 설명서의 지시와 함께 프로젝트를 완성하기 위해 사용될 수 있는 윤곽만을 보여줄 것이다.

연습문제 1 임베디드 보드에 전류계 사용하기

전류계는 한 회로를 통과하는 전류를 측정한다. 이 회로는 전류계의 프로브를 직렬로 연결하여 완성시킬 수 있는데, 이것은 측정하고자 하는 회로의 그 부분을 통해 흐르는 전류가 전류계를 통해 흐르도록 하기 위해서 프로브가 그 보드에 연결되어야 한다는 것을 의미한다(그림 A-3 참고). 그러므로 실험실에서 사용 가능한 하드웨어에 대해 강사가 알려준 설명 및 회로들을 이용하여 전류를 측정하기 위해서 전류계를 사용하도록 하자.

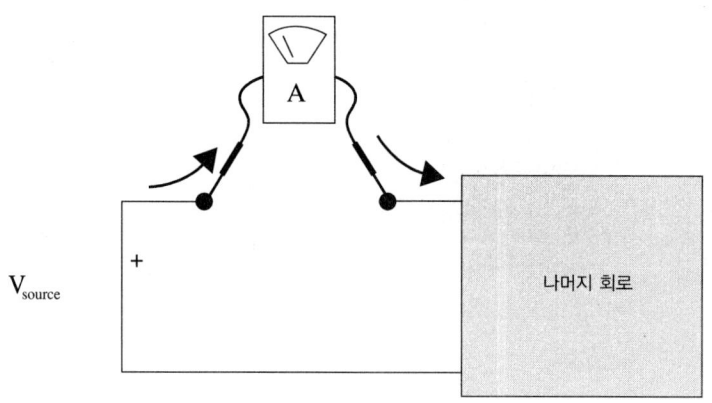

>> 그림 A-3 직렬로 회로에 연결된 전류계

연습문제 2 임베디드 보드에 전압계 사용하기

한 회로상에서의 두 위치 간의 전압은 전압계를 통해 측정될 수 있다. 그림 A-4에서 볼 수 있듯이, 전압계는 회로에 병렬로 연결되는데, 이것은 전압계가 전압계 자신을 가로지르는 전압이 측정하고자 하는 회로의 그 부분을 가로지르는 전압과 일치하도록 연결되어야 한다는 것을 의미한다. 그러므로 실험실에서 사용 가능한 하드웨어에 대해 강사가 알려준 설명 및 회로들을 이용하여 전압을 측정하기 위해서 전압계를 사용하도록 하자.

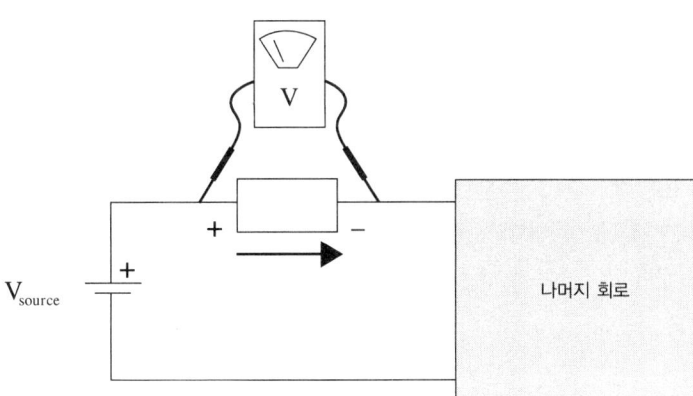

>> 그림 A-4 병렬로 회로에 연결된 전압계

연습문제 3 임베디드 보드에 저항계 사용하기

보드 요소의 저항값은 저항계를 사용하여 측정되며, 단락 회로 또는 오픈 회로를 확인하기 위해 사용될 수도 있다. 그림 A-5에서 볼 수 있듯이 저항계는 전원을 연결하지 않고 회로 요소의 저항값을 측정한다.

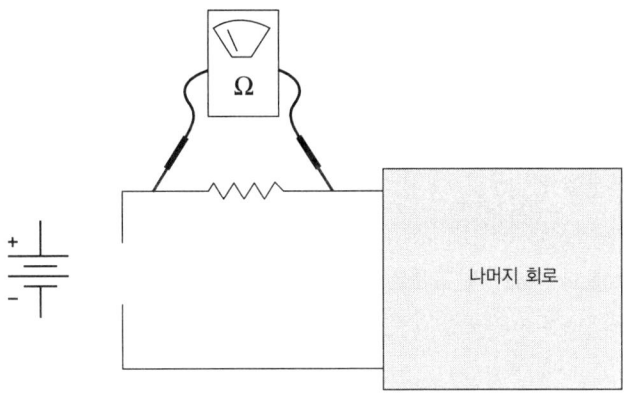

>> 그림 A-5 전원 없이 회로 요소들을 측정하는 저항계

간단한 회로에서는, (전압원으로 인한) 전자의 흐름이 없는 동안에, 그 측정은 상대적으로 정확할 수 있다. 더 복잡한 회로에서는 그 측정이 회로의 다른 요소들에 의해 불리하게 영향을 받지 않도록 하기 위해 보드에서 그 요소를 제거할 것을 권한다. 그러므로 실험실에서 사용 가능한 하드웨어에 대해 강사가 알려준 설명 및 회로들을 이용하여 회로 요소의 저항값을 측정하기 위해서 저항계를 사용하도록 하자.

연습문제 4 임베디드 보드에 논리 프로브 사용하기

임베디드 보드가 처리하는 데이터는 본래 디지털이기 때문에, 이진 1 또는 이진 0을 가리키기 위해 보통 전압 레벨이 사용된다. 이러한 레벨값들은 회로에 의존적인데, 예를 들어, 이진 1을 위해 +5V, -3V, -12V를, 이진 0을 위해 +3V, +12V가 사용될 수 있다. 논리 프로브는 디지털 회로에서 전압을 측정하는 기기이며, 그 신호가 이진 1인지 이진 0인지를 가리킨다.

> 때때로 논리 분석기를 논리 프로브라 부르기도 하지만, 논리 분석기는 다른 더 복잡한 종류의 측정 툴이다.

일반적으로 논리 프로브들은 2개의 프로브들, 예를 들어 그라운드에 연결된 검정색 프로브와 특정 회로 및 논리 프로브를 위해 강사가 지정한 전압원에 연결되어 있는 빨간색 프로브를 갖는다. 추가로 측정될 회로의 일부에 연결된 금속 팁을 가진 추가의 프로브도 있다. 그러므로 실험실에서 사용 가능한 하드웨어에 대해 강사가 알려준 설명 및 회로들을 이용하여 논리 0과 논리 1 데이터를 측정하기 위해 논리 프로브를 사용하도록 하자.

연습문제 5 임베디드 보드에 오실로스코프 사용하기

임베디드 시스템을 디자인하고 디버깅하기 위한 가장 필수적인 툴 중 하나는 오실로스코프이다. 오실로스코프는 그래프의 형태로 전자 신호를 디스플레이하는 측정 툴이다. 그래프 신호에 요구되는 모든 스위치 및 입력 포트들은 보통 오실로스코프의 앞부분 패널에 위치한다. 그림 A-6에서 볼 수 있듯이, 오실로스코프 앞면에는 스크린뿐 아니라 제어 부분과 커넥터 부분이 있다. 몇 가지 종류의 오실로스코프들이 있는데, 실험실에 있는 오실로스코프와 함께 제공된 문서를 읽고 그 오실로스코프에 익숙해지도록 하자. 이것은 오실로스코프의 특징들과 제한사항들뿐만 아니라 오실로스코프를 회로에 어떻게 연결하는지 이해하는 것을 포함한다. 이것은 오실로스코프가 회로와 연결되는 방법이 취해진 측정값에 영향을 줄 수 있기 때문이다.

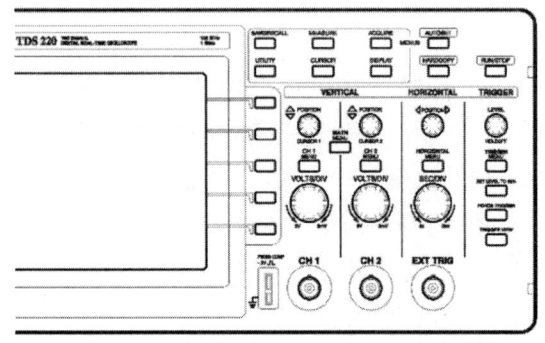

>> 그림 A-6 전형적인 오실로스코프 앞부분 패널[A-6]
Tektronix, Inc. 제공

그림 A-7에서 볼 수 있듯이 오실로스코프는 대체적으로 그 스크린 안에 삼차원 그래프를 표시한다. 수평 X축은 보통 시간을 나타내며 X축으로의 입력이 클럭에 연결된다. 그리고, 수직 Y축은 보통 전압을 나타내는데, Y축 입력은 전압을 측정하기 위해 연결된다. Z축은 디스플레이의 밝기를 통해 신호의 강도를 나타낸다. 이 그래프는 신호 주파수, 시간과 관련된 전압, 신호에서의 왜곡/잡음과 같은 신호에 대한 몇 가지 종류의 핵심 정보들을 교체하며 보여줄 수 있다. 그것은 신호의 AC와 DC 부분 사이를 구별하기 위해, 소프트웨어로 토글된 I/O 포트를 모니터링하기 위해, 소프트웨어 루틴이 실행되는지를 그리고 얼마나 자주 실행되는지를 결정하기 위해 사용될 수도 있다. 이러한 다용도의 막강한 기기의 어플리케이션들은 단지 몇 가지 밖에 없다.

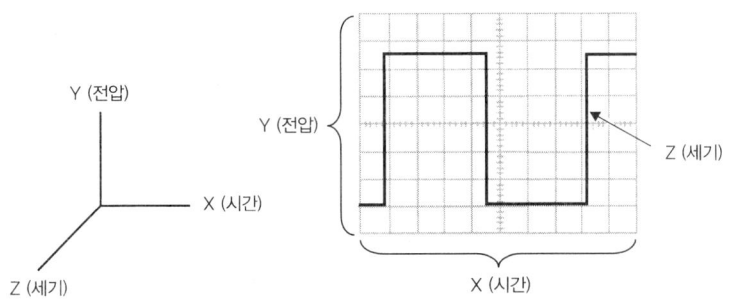

>> 그림 A-7 오실로스코프 그래프[A-7]

오실로스코프의 사용법은 일반적으로 다음의 6단계 프로세스로 구성되어 있다.

1단계 : 일반적인 오실로스코프 용어 배우기

이것은 오실로스코프와 함께 제공된 문서를 읽거나 오실로스코프 설명서를 찾아서 살펴보는 것을 의미한다. 이 단계에서는 특정 스코프에 의해 관찰될 수 있는 파형의 종류, 이러한 파형을 측정하는 방법, 한 오실로스코프와 다른 오실로스코프를 구별하도록 해주는 특징들을 알려준다. 어떤 종류의 오실로스코프들은 특정 회로에 더 적합할 수 있기 때문에, 후자가 더 중요하다.

2단계 : 접지하기

이것은 여러분 자신과 오실로스코프를 정확하게 접지하는 방법을 배우는 것을 의미한다. 이 단계는 여러분의 안전과 측정될 회로를 보호하기 위해 중요하다.

3단계 : 오실로스코프의 제어와 그것들을 설정하는 방법 배우기

오실로스코프의 제조사에 의해 제공되는 문서를 읽고, 책을 구매하거나 웹을 방문하고, 모든 제어기능들이 무엇인지, 그것이 무엇을 하는지, 그것을 어떻게 설정하는지를 이해하도록 하자.

4단계 : 프로브 사용하기

어떤 것도 단락시키지 않고 프로브를 오실로스코프와 보드에 연결하는 방법을 배워 정확한 측정을 할 수 있도록 한다.

5단계 : 스코프 조정하기

대부분의 오실로스코프들은 파형을 갖는데, 프로브가 연결된 후 사용자는 측정을 할 때 그 오실로스코프가 정확한 전자적 특징을 갖도록 보장하기 위해 오실로스코프를 조정할 수 있다.

6단계 : 실제 측정을 하는 방법 배우기

어떤 디지털 오실로스코프들은 자동으로 측정을 할 수 있지만, 다양한 오실로스코프를 가지고 일을 할 수도 있고, 자동으로 생성된 결과를 보장하기 위해서는 수동으로 측정을 하는 방법을 배우는 것이 유용할 수 있다. 이것은 그리드 표시와 이러한 표시들이 나타내는 것을 포함하여 스크린상에서 생성된 그래프를 읽는 방법을 배우는 것을 의미한다.

간단히 말해서 오실로스코프를 사용하는 방법을 배우는 핵심은 연습에 있다. 그러므로 실험실에서 사용 가능한 하드웨어에 대해 강사가 설명한 다양한 신호들을 측정하기 위해 오실로스코프를 사용하도록 하자.

Section III 프로젝트

소프트웨어 개발자들은 종종 보드 벤더 또는 내부 하드웨어 설계자로부터 하드웨어와 정확할 수도 있고 그렇지 않을 수도 있는 회로도, 그리고 하드웨어가 어떻게 부팅되어 동작하는지를 이해하기 위해 사용되는 하드웨어 문서를 얻는다. 대체적으로 최종 제품이 될 하드웨어와 유사한 상용 보드를 가지고 시작하여 그 상용 보드에서 동작하는 주요한 시스템 소프트웨어 컴포넌트들을 얻는 것이 더 쉬울 수도 있다. 만약 시뮬레이터만 있다면, 이것은 임베디드 시스템의 디자인 및 개발 프로세스 동안 사용될 시스템 엔지니어가 개발환경 및 시스템 소프트웨어 컴포넌트들에 익숙해지게 만들어준다.

이 프로젝트들은 그 작업시에 발생할 수 있는 요소들을 반영하기 위해 디자인되었다. 여기서 임베디드 소프트웨어 개발에 책임이 있는 사람들은 프로젝트마다 새로운 개발환경과 다양한 종류의 하드웨어 및 하드웨어 시뮬레이션상에서 동작하는 새로운 시스템 소프트웨어 요소들에 적응해야 한다.

프로젝트 1 : IDE 소개

통합개발환경(integrated development environment : IDE)은 주로 특정 임베디드 시스템의 소프트웨어를 디자인하기 위한 소프트웨어 개발환경으로 제공된다.

소프트웨어는 IDE를 가지고 디자인된 후, 실행할 타깃 보드상에 다운로드된다. 때때로 IDE는 임베디드 보드에 연결되는 에뮬레이터와 함께 제공되거나 때때로 이것은 OS 벤더에 의해 제공되기도 한다. 시뮬레이터가 무엇이든지 간에, 이러한 IDE와 함께 제공되는 것이 무엇인지(예를 들어, 컴파일러, 링커, 디버거 등), 그리고 IDE와 함께 어떠한 추가적인 툴이 집적될 수 있는지를 이해하는 것이 중요하다.

이 프로젝트에서, 독자는 프로젝트에 사용되는 IDE가 무엇인지에 상관 없이 익숙해질 것이며, 시뮬레이터 또는 실제 타깃 보드상에서 실행되고 디버깅되는 소프트웨어를 작성하는 방법, 컴파일하는 방법, 다운로드하는 방법을 배우게 될 것이다.

벤더의 IDE 매뉴얼 안에 제공된 실습 설명서 또는 프로젝트에서 사용 가능한 IDE에 관한 설명서를 따라하거나, vxWorks/Linux를 위해서는 Wind River, Nucleus Plus를 위해서는 Mentor Graphics, WinCE를 위해서는 Microsoft 등과 같은 상용 임베디드 OS 벤더(그것들은 최소 100이 존재한다)를 찾아가서, 시뮬레이터에서 동작하거나 프로젝트의 하드웨어에서 사용할 수 있는 OS 플랫폼을 위한 IDE 평가 버전을 얻어라. 또한 인터넷을 검색하여 오픈 소스 OS IDE 패키지를 구할 수도 있다.

프로젝트 2 : 임베디드 운영체제 사용하기

이 프로젝트에서는 2개의 서로 다른 OS를 가지고 작업을 할 것이다. 각각은 타깃 보드에서 또는 시뮬레이터를 사용하여 관련 IDE를 가지고 있다. 프로젝트 1에서 사용된 IDE가 멀티태스킹 임베디드 OS를 지원하지 않는다면, 그 IDE를 가지고 작업하기가 편안해질 때까지 임베디드 OS에 대한 특정 IDE를 가지고 프로젝트 1을 반복하라. 프로젝트 1에서의 IDE가 OS 벤더 IDE라면, 이것은 OS들 중 하나로 여겨질 수 있다. 두 OS에 대해 연습문제 1에서 3까지를 구현하라.

연습문제 1 멀티태스킹과 태스크 간 동기화

이 연습문제는 멀티태스킹 OS에서 프로세스 관리의 기본 개념을 소개할 것이다. 예를 들어 공유 메모리상에서 동작하는 5개의 태스크를 생성하여 공유 변수를 증가시키는 어떤 함수를 동시에 호출하도록 하자.

이를 정확하게 구현하기 위해서는, 한 번에 오직 하나의 태스크만이 공유 변수를 업데이트할 수 있도록 해야 한다. 즉, 상호 배타 메커니즘이 필요하다. 크리티컬한 영역(예를 들어, 증가 함수)에 상호 배타를 제공하기 위해서는, OS 안에서 사용할 수 있는 동기화 메커니즘이 어떤 것이든 사용해야 할 것이다(예를 들어, 세마포어).

> **연습문제 2** 생산자와 소비자

이 연습문제에서는 OS 안에서 생산자/소비자 문제를 반영하는, 빈번하게 발생하는 문제를 구현해야 한다. 이 문제는 원형 버퍼를 수정하는 여러 개의 동시에 동작하는 태스크에 대한 것이다.

2개의 동시에 동작하는 태스크들, 즉 생산자 태스크와 소비자 태스크를 만들자. 소비자 태스크는 버퍼가 비지 않는 한, 계속해서 원형 버퍼에서 데이터를 랜덤하게 제거한다. 생산자 태스크는 버퍼가 다 채워지지 않는 한, 원형 버퍼에 데이터를 랜덤하게 추가한다. 여기서 핵심은 임베디드 기기 안에 있는 메모리의 크기에 제한이 있다는 점을 염두에 두고, 메모리가 그 버퍼들에 의해 정확하게 관리됨을 보장하는 것이다(예를 들어, 메모리는 필요에 의해 할당되며, 더 이상 사용할 필요가 없을 때 해제된다). 또한 버퍼의 경계를 고려하기 위해 태스크 동기화 메커니즘을 사용하자.

이 태스크들이 생성되는 것 또는 소비되는 것을 반영하는 결과물을 만들어 내도록 하자. 그리고 프로젝트에서 두 태스크들 간의 경합이 없을 것이라는 점을 보여라.

> **연습문제 3** 철학자들의 만찬

임베디드 OS를 사용하는 많은 설계자들이 직면하고 있는 가장 빈번한 동시성의 문제는 철학자의 만찬 문제에 반영되어 있다. 철학자의 만찬에서는 5명의 철학자들이 둥근 테이블에 앉아 테이블 중앙에 있는 음식을 먹고자 한다. 그림 A-8에서 볼 수 있듯이, 각 철학자는 왼쪽과 오른쪽에 하나씩 전체 5개의 포크를 가지고 있다.

음식을 먹기 위해서 각 철학자는 왼쪽에 있는 포크와 오른쪽에 있는 포크를 필요로 한다. 그런데, 각 철학자들은 그들의 이웃과 함께 그 포크를 공유해야 한다. 어떤 철학자도 여태까지 먹은 적이 없다고 가정할 때, 문제는 모든 철학자들이 오른쪽의 포크를 잡고 있으며, 모두 왼쪽의 포크를 기다리고 있다는 데에 있다. 그러므로, 만약 철학자들이 그 포크를 내려놓지 않는다면, 이웃의 철학자들은 모두 굶게 된다.

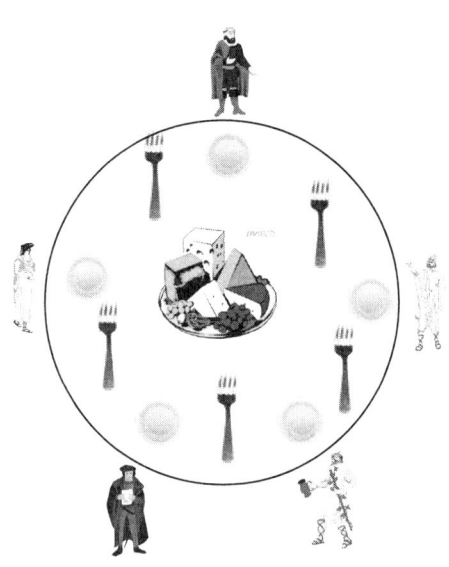

>> 그림 A-8 철학자의 만찬

이 문제의 목적은 OS를 사용하여 철학자들이 모두 먹기 위한 두 포크를 얻어서 어떤 철학자도 굶지 않도록 하는 방법을 만드는 것이다. 각 철학자에게 하나씩 5개의 태스크와 필요할 수도 있는 다른 함수들을 만들어 보자(예를 들어, GetForkA, GetForkB, PutForkA, PutForkB 등). 데드락이 없음과 코드의 크리티컬한 섹션(예를 들어, 포크)이 다른 태스크 '철학자들'에 의해 중요시되고 있다는 것을 보장하기 위해 OS 태스크 동기화 메커니즘을 사용하자. 독자 여러분의 어플리케이션이 포크를 얻은 후 음식을 먹는 철학자들의 수를 생성하도록 만들어라.

프로젝트 3 : 미들웨어와 JVM

이 프로젝트의 목적은 임베디드 미들웨어 소프트웨어, 특히 JVM을 사용하여 경험을 얻는 것이다.

연습문제 1 자바 배우기

이 연습문제는 자바 경험이 없는 독자를 위한 것이다. 실생활에서는 지식이 매우 많은 전문가들조차도 디자인에서 사용될 수 있는 새로운 언어를 재빨리 배우고 평가해야 한다. 그러므로 이 연습문제에서는 java.sun.com에 접속하거나 Java 실습 예제를 구동시켜 보거나 Java에 관한 책을 사보도록 하자.

연습문제 2 2개의 서로 다른 임베디드 JVM 표준

이 연습문제에서는 2개의 서로 다른 임베디드 자바 표준(예를 들어, pJava와 J2ME CLDC/MIDP JVMS, J2ME CDC와 J2ME CLDC JVMS, pJava와 J2ME/CDC/Personal Profile JVMS 등)을 지원하는 2개의 서로 다른 JVM을 다운로드하고, 강사에 의해 지정된 3개의 자바 어플리케이션을 작성하거나 java.sun.com(Code Samples & Apps에 링크되어 있다)에서 제공된 자바 코드 샘플들을 구현하자. 그 표준들의 각각은 2개의 JVM에서 동작할 수 있도록 한다. JVM이 임베디드 JVM이라면, 이 연습문제에서 임베디드 OS에 JVM을 포팅할 필요는 없다. 이것은 예를 들어, 썬 마이크로시스템즈로부터 Windows PC 또는 UNIX 스테이션에 바로 포팅될 임베디드 JVM을 사용할 수 있다는 것을 의미한다. 어플리케이션이 두 제품에서 동작할 수 있도록 어플리케이션 안에서 없어졌거나 이름이 바뀐 라이브러리들에서의 차이점들을 기록해 두어라. 여러분의 결과는 자바가 독립적인 플랫폼이라는 개념과 어떻게 비유될 수 있는가?

연습문제 3 동일한 표준을 지원하는 2개의 서로 다른 임베디드 JVM

이 연습문제에서는 동일한 표준을 지원하는 2개의 서로 다른 JVM(예를 들어, Sun의 pJava와 Tao의 Elate/Intent pJava)의 평가 버전을 다운로드받아서 강사에 의해 지정된 3개의 자바 어플리케이션을 작성하거나 java.sun.com(Code Samples & Apps에 링크되어 있다)에서 제공된 3개의 자바 코드 샘플들을 구현하도록 하자. 그 표준들의 각각은 2개의 JVM에서 동작할 수 있어야 한다. 어플리케이션이 두 제품에서 동작할 수 있도록 어플리케이션 안에서 없어졌거나 이름이 바뀐 라이브러리들에서의 차이점들을 기록해 두어라. 여러분의 결과는 자바가 독립적인 플랫폼이라는 개념과 어떻게 비유될 수 있는가?

Section IV 프로젝트

이 절에 있는 프로젝트들에서, 학생 또는 학생들의 팀은 제품 컨셉을 이해하고 그 프로토타입을 개발하기 위해 임베디드 시스템 아키텍처를 생성하기 위한 방법론과 함께 앞 장에서 설명한 기술적 기초를 적용할 것이다. 특히, 이것은 그림 A-9에서와 같은 임베디드 시스템 디자인 및 개발 라이프 사이클 모델[A-8]의 그룹 1의 구현이 될 것이다. 이 모델의 그룹 1은 아키텍처 생성인데, 이 그룹은 임베디드 시스템 디자인을 계획하는 프로세스이다. 이 프로세스의 처음 4단계—제품의 컨셉, 요구사항에 대한 기본적인 분석, 아키텍처 디자인 생성, 아키텍처의 버전 개발—는 이 절의 프로젝트에 반영되어 있다.

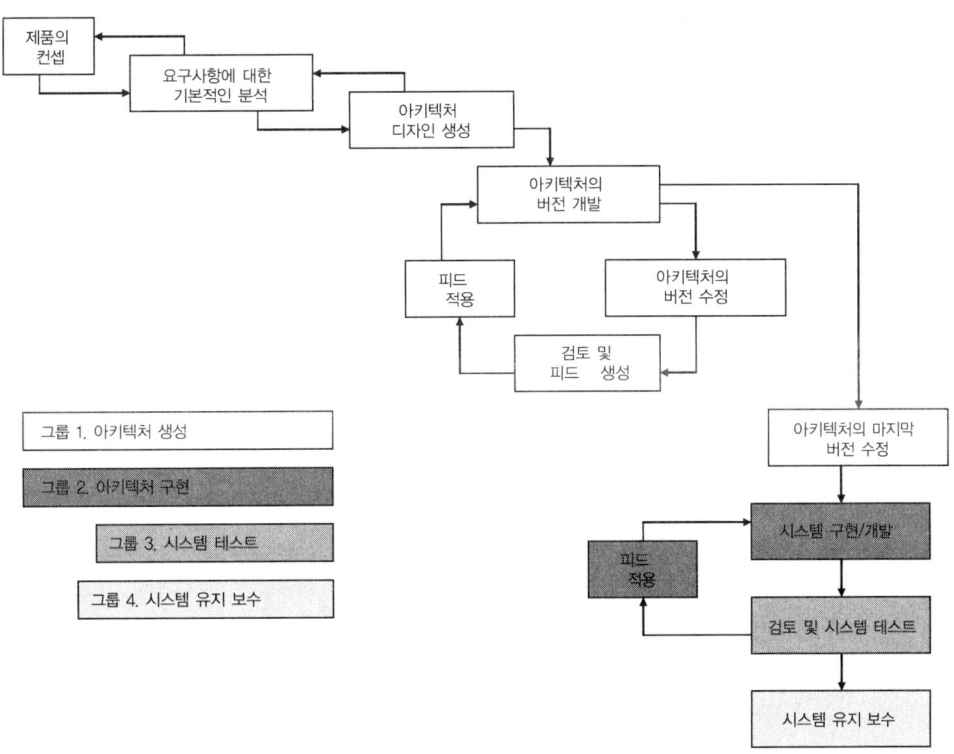

>> 그림 A-9 임베디드 시스템 디자인 및 개발 라이프 사이클 모델[A-8]

이 부록의 시작 부분에서 말한 것처럼, 특히 이 프로젝트에서는 학생들이 팀의 형태로 작업할 것을 추천한다. 팀의 환경하에 작업하는 방법에서 요구되는 실생활 경험을 위해서 뿐만 아니라 한 프로젝트에서의 많은 행위들은 다른 팀 구성원들에 의해 병렬로 실행될 수 있기 때문이다.

프로젝트 1 : 제품의 컨셉과 요구사항에 대한 기본적인 분석

성공적인 프로젝트에 대한 핵심은 계획과 준비에 있다. 이것은 프로젝트 목적, 의도, 범주, 시간표, 그리고 다양한 팀원들의 역할 및 책임을 정의함으로써 시작한다는 것을 의미한다.

이 프로젝트에서는 어떤 특징들을 가지며, 어떤 시간 프레임 내에서, 어떤 리소스를 가지고, 구성하고자 하는 것이 정확하게 무엇인지를 설명하는 프로젝트 계획을 만들어 보자.

프로젝트 2 : 아키텍처 생성하기

임베디드 아키텍처를 디자인할 때에 RUP(Rational Unified Process), ADD(Attribute Driven Design), OOP(Object Oriented Process)와 같은 몇 가지 산업 방법론들이 채택될 수 있다. 하지만, 만약 대부분의 실습과정에서와 같이 시간과 리소스가 제한되어 주어진다면, 이 프로젝트는 아키텍처를 생성하기 위해 앞 장들에서 소개하였던 실용 접근방식 I을 기반으로 하는 연습문제를 제공할 것이다. 이 프로세스는 이러한 유명한 방법론들의 핵심 요소들 중 많은 것을 단순화하여 조합한 6단계 프로세스로 구성되어 있다. 복습 차원에서 살펴보자면, 이 단계들은 다음과 같은 프로세스를 포함한다.

- **1단계** : 확고한 기술적인 기초 다지기
- **2단계** : 아키텍처 비즈니스 사이클 이해하기
- **3단계** : 아키텍처 패턴과 모델 정의하기
- **4단계** : 아키텍처 구조 생성하기
- **5단계** : 아키텍처 문서화하기
- **6단계** : 아키텍처 분석하고 검토하기

독자는 현재 이전 장에 있는 내용들을 공부하면서 확고한 기술적인 기초를 다졌으며, 프로젝트 구현에 필요하다면 새로운 기술들을 스스로 배울 수 있는 방법을 이해하고 있다고 가정한다. 그러므로 이 프로젝트에서의 연습문제들은 2단계에서 6단계인, 아키텍처 비즈니스 사이클 이해(연습문제 1), 아키텍처 패턴과 모델 정의(연습문제 2), 아키텍처 구조 생성 및 문서화(연습문제 3), 아키텍처 분석 및 검토(연습문제 4)를 반영하고 있다.

연습문제 1 아키텍처 비즈니스 사이클 이해하기

이 연습문제에서는 모든 관계자(예를 들어, 교수, 독자 자신, 팀원들)를 나타내는 요구사항 규정을 만들고 독자 여러분의 제품 컨셉에 대한 기능적인 요구사항들과 기능적이지 않은 요구사항들을 모으자. 이 요구사항들을 기반으로 하는 여러분의 디자인에 포함될 수 있는 하드웨어 및 소프트웨어 기능들을 이끌어 내는 방법을 포함하여 11장에서 설명한 프로세스를 사용하도록 하자.

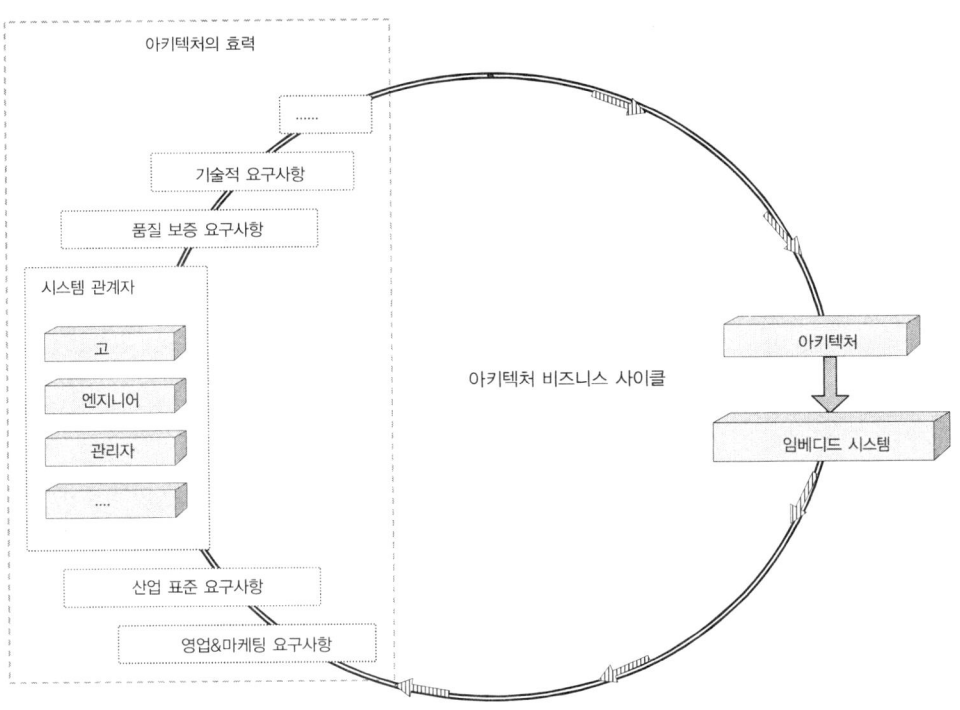

>> 그림 A-10 아키텍처 비즈니스 사이클

연습문제 2 아키텍처 패턴과 모델 정의하기

레퍼런스로 11장을 다시 사용하여, 여러분의 팀이 마지막 프로토타입에서 구현할 수 있는 가능한 최소한의 두 가지 패턴들을 설명하는 제품의 상위 레벨 시스템 레퍼런스 규정을 만들자. 이 패턴들은 각 패턴의 다양한 가능한 하드웨어 및 소프트웨어 컴포넌트들의 레퍼런스 모델을 포함할 수 있다.

연습문제 3 아키텍처 구조 생성하고 문서화하기

이 연습문제에서는, 연습문제 3 안에서의 고급 스펙에 정의된 패턴들이 실제 아키텍처에 매핑될 것이다. 인터넷, 규격서, 또는 다른 관련 소스들을 사용하여, 어떤 아키텍처적 구조가 여러분의 디자인을 표현하기 위해 사용될 것인지를 정의하라. 그런 다음 산업 방법론(UML과 같은) 또는 여러분의 팀의 방법을 사용하거나 각 패턴에 대한 구조들을 문서화하라.

연습문제 4 아키텍처 분석하고 검토하기

이 연습문제에서 팀은 아키텍처를 검토하고 마지막 프로토타입에서 구현되는 가장 특징적인 것을 선택할 것이다. 11장에서의 '6단계'에 있는 가이드라인을 사용하여, 디자인과 관련된 위험 요소를 찾아서 문서화하고, 크리티컬한 성공 요소가 무엇인지 표시하라.

강사와 함께 아키텍처를 검토하고, 아키텍처 디자인에 대한 위험을 줄이기 위해 요구되는 측정값과 요구사항에 대한 다른 변경값들을 모으기 위해 필요한 동작 아이템을 준비하라. 아키텍처가 완성될 때까지 필요하다면 이 프로젝트의 다른 연습문제를 반복하라.

프로젝트 3 : 프로토타입 완성하기

프로젝트 2에서 생성된 아키텍처가 주어졌다고 가정할 때, 연구실에서 또는 다른 소스로부터 이용 가능한 툴을 사용하여 프로토타입을 구현하라. 팀 리드는 팀 구성원들에게 다양한 책임감을 분배해 주고, 각 팀 구성원에게 그들이 작업해야 하는 것들을 갖도록 해주는 역할을 한다. 팀 리드는 또한 팀 구성원으로부터 매일매일 프로세스 진행 상황 또는 놓친 이정표들에 대한 보고서와 팀의 미팅을 표시하는 보고서들을 모으는 역할을 한다. 이 프로젝트의 끝에서는, 프로토타입 그 자체, 아키텍처 문서, 그리고 완성된 프로토타입에 아키텍처를 구현하는 프로세스를 반영하는 보고서를 가져야 한다.

APPENDIX B

회로 심벌

이 심벌들은 회로 다이어그램상의 전자 소자들을 표현하기 위해 산업에서 받아들여진 회로 심벌 세트이다. 동일한 전자 소자를 위한 심벌은 국가마다 다를 수 있으며, 특정 기관(예를 들어, NEMA, IEEE, JEDEC, ANSI, IEC, DoD 등)에 의해 규정하고 있는 표준이 어떤 것이냐에 따라서도 달라질 수 있다. 만약 회로도 안에 익숙하지 않은 심벌들이 있다면, 회로도를 작성한 엔지니어에게 직접 물어보는 것이 가장 좋다.

명칭	심벌	설명
AC 전원		AC 전류를 생성하는 전원으로서, AC 전원은 다양한 형태들(트랜지스터, 인버터, 발전기 등)로부터 생성될 수 있기 때문에, AC 소스의 형태는 전형적으로 회로 위의 어딘가에서 지정된다.
안테나 안테나 프[ ]안테나 프[ ]안테나 안테나		안테나는 신호(예를 들어, 라디오, IR 등)를 고주파로 받기 위해 사용되는 도체 물질(예를 들어, 전선, 로드 등)로 구성된다.
감쇠기(attenuator) 고정 가변		어떤 기기(예를 들어, 전기, 기계 등)의 동작 범위를 검사하거나, 범위 이내 회로들을 일치시키기 전류 범위 안에 동일하지 않은 범위를 주는 것처럼 보다 원활한 작동을 위해 사용한다.
/DC 전지		회로 안에서 화학작용을 통해 전원을 생성하는 전지이다.
{ 기 }		사이에서 성능을 하기 위해 사용되는 전자 소자이다(예를 들어, CMOS의 출력을 TTL 입력으로 인터페이스).

시		회로 안에 전자 전하를 장하는 동 전자 소자이다.
드 로		드 로 시 는 스가 고, di/dt 에 해 디 기 이 좋으며, 디지 회로에서 이 상 은 일한 시 이다. 다 의 시 와 하여 EMI , I/O , Vcc 전 정이 가 하다.
/ 고정		/ 고정 시 는 의 성을 가지고 있지 않기 에, 회로에 어떤 으로 수 있다.
성의 고정[전해]		성의 고정 시 는 의 성을 가지고 있기 에 회로에 그것을 수 있는 은 한 가지 이다.
가 일		가 시 는 동작 에 수 있는 전기 을 가지고 있다.
-고정자		-고정자 시 는 회로 안에서 을 지하기
소드( ) 드 직접 접		[1] 전 의 의 으로 전 지 , [2] 전자의 소스처 동작하는 소자의 의 으로 전 지 이 있다.
동 진기(이)		진동하는 전자기장을 하고 지하는 소자이다.
회로 기[일]		그 서가 은 전 을 가지고 있다고 지 , 그 회로를 으로 아 부하가 지 않도록 해 는 전자 소자이다.
동 이		하 는 의 그 드 로 여 있는 의 물 의 으로 성 일 의 이 이다. 동 이 은 한 여 있는 의 이에 하 그 고 여 있는 부 에 하 , 이 게 을 하고 있다. 는 것은 (전자, RF 등 의) 을 소시 준다.
수		서로 다 의 서 시스템을 하는 전자 소자이다.
스		이 의 수를 정하는 전자 소자이다. 스 은 보 으로 2 의 으로 성 며 에는 성이 어 있다. 에 전 가 가 스 의 이 진하며, 이 수는 이 가 동작하는 수에 을 준다.
지 라 (delay line)		의 전 을 지 시키는 전자 소자이다.

APPENDIX B

회로 심벌

다이 드		
다이 드		1 으로 전 를 고, 그 으로는 전 을 는 2 도 소자이다.
LED(다이 드)		이 게 마 으로 만들어진 하고 보 이다.
다이 드		다이 드는 을 하는 , LED는 을 하는 특수한 도 물질로 만들어 있다.
		다이 드라 에 하다는 을 하 다. 예를 들어, 을 전기 에 지로 하는 이 있다.
		전 를 을 특 한 의 을 기하는 특수한 이 다 전 을 도록 디자 어 있다.

-		
		- 은 에 따라 상 (0 1) 이에서 그 기 을 기 (-) 에, 그 게 는 회로이다.
RS		R S 에 따라 라 (Q와 Q NOT)을 다.
JK		J와 K 그 고 (C)에 따라 그 라 (Q와 Q NOT)을 다.
D		D (C)에 따라 그 라 (Q와 Q NOT)을 다.

		은 전 가 를 , 그 전 를 어 으로 은 전 로 부 회로를 보 하는 전자 소자이다.

게이트	표준	NEMA	ANSI	
AND				이진 산을 수 하기 위해 디자 한 전자 스위 회로이다.
				이 1일 AND 게이트의 은 1이다.
OR				하 만 1이면, OR 게이트의 은 1이다.
NOT/				을 는 전자 소자(예를 들어, HIGH에서 LOW로 는 그 로)
NAND				이 1일 NAND 게이트의 은 0이다.
NOR				하 만 1일 NOR 게이트의 은 0이다.
XOR				다가 아니라 한 만 1 XOR 게이트의 은 1이다.

그라 드		
회로		
접지		회로가 0 의 전 에 한 임의의 지 이다.
특수한		

[일] 기 어			
	어		일 의 어(기, 등)에 전 으로 성 전자 트이다. 전 가 도 에 가, 일 의 자기장 안에 에 지가 장 어에 지 장 를 기한다.
	가		
회로(IC)			가지 서로 다 전자 동 소, 수동 소, 소재(트 지스, 지스 등)로 성 전자 소자— 상에 어 상 어 있다.
	동		
	2도		그를 하기 위해 디자 전자 소자이다.
	3도		
램프			을 만들어 는 전자 소자이다.
	등		을 해 을 만들어 다.
			기 를 해 을 만들어 다.
	세 래시		고, 전, 기 를 하는 을 해 은 을 만들어 다.
성기			전 의 진동을 성 으로 어 는 일의 기이다.
기기			전기 에 지로부 어떤 것을 정하는 기기
	전		회로 안에서 전 를 정하는 기기
			회로 안에서 작은 전 의 을 정하는 기기
	전		전 을 정하는 기기
	전		전 을 정하는 기기

APPENDIX B

회로 심벌

마이 로			전기 으로 성 을 는 일 의 트 스 서이다.
	서 마이 로	(symbol)	서 마이 로 은 전 을 하기 위해 성 의 에 하여 전기 을 다.
	동	(symbol)	동 마이 로 은 성 을 진동시키는 일을 하며, 성 진동에 하여 하는 전 을 만들기 위해 자기장을 한다.
	일 트	(symbol)	일 트 마이 로 은 동 이며, 작은 트 지스 프 를 한다.
	ECM 마이 로	(symbol)	
그			한 서 시스템이 다 서 시스템의 에 기 위해 는 전기 소자이다.
	2도	(symbol)	
	3도	(symbol)	
	/RCA	(symbol)	
정 기			다이 드와 트 지스 이를 가로지 는 기 이 있는 4 PNPN(3 P–N 접) 장 이다.
	도	(symbol)	
	에[이 스]	(symbol)	
이			전자기 스위
	DPDT	(symbol)	(ON/OFF)으로 수 있는 접 면을 가 진 이
	DPST	(symbol)	ON 는 OFF의 한 가지 으로만 수 있는 접 면을 가진 이
	SPDT	(symbol)	(ON/OFF)으로 수 있는 한 접 면을 가 진 이
	SPST	(symbol)	ON 는 OFF의 한 가지 으로만 수 있는 한 접 면을 가진 이

635

기			회로 안에서 전 를 한하기 위해 다.
	고정	USA Japan ／ Europe	고정 은 시 고정 을 는다.
	가 / 기	USA Japan ／ Europe	가 은 동작 에 을 수 있는 다이 을 가지고 있다.
	가 기	／ Europe	기 가 어는 기와 하 세 가지의 어 을 는다. 표와 어 회로의 부 은 다 에 회로 에 을 수 있다.
	에 한/ 지스		에 한 은 지스 가 는 의 에 따라 동작 에 는 을 는다.
	도에 한/ 스	(T)	스 는 는 도에 따라 동작 에 이 는 것을 한다(보 도가 라 가면 그 이 소한다).
스위			이 전자 소자는 전 의 을 ON 는 OFF 하기 위해 다.
	SPST		SPST 스위 는 ON 는 OFF의 한 으로 만 수 있는 한 세트의 접 면을 하 고 있다.
	SPDT		SPDT 스위 는 ON/OFF의 으로 수 있는 하 의 접 면을 한다.
	DPST		DPST 스위 는 ON 는 OFF의 한 으로 만 수 있는 접 면을 한다.
	DPDT		DPDT는 ON/OFF 으로 수 있 는 접 면을 한다.
	일 시		일 시 스위 는 보 있는 의 스위 를 한다.
	일 시		일 시 스위 는 보 어 있는 의 스위 를 한다.
전지			한 에 전 을 해 는 전 를 해 도 이를 어 는 전자회로이 다. 전 은 안정 은 도에서 전 의한 접 에는 서로 다 물질들로 성 어 있고 다 한 접 은 정 도 에서 다.
트 스 머			
	기 어		
	어		AC 의 전 을 가시키 소시 수 있는 일 의 이다.
	기		
	보		

APPENDIX B

회로 심벌

트 지스			전 을 하고 스위 처 동작하는 3자 도 소자이다.
이 라/BJT(이 라접 트 지스)	NPN	PNP	이 라 트 지스 는 P N 도 물질로 성 다(이것은 전 를 기 위해 의 전하와 의 전하가 다는 것을 의 하기 에 그 이 을 이 라고 하 다).
접 전 트 지스 접 FET	N	P	접 FET 한 N P 물질 로 성어 있으 , 전 를 기 위해 의 전하 는 의 전하만이 다. 게이트 전 은 P-N 접 에 다.
(산 도 전 트 지스) MOSFET	N Depletion / Enhancement	P Depletion / Enhancement	MOSFET는 게이트 전 이 에 다는 에 접 FET와 하다.
(트 지스)			트 지스 는 트 지스 의 에 한 도에 을 도록 디자 이 라 트 지스 이다.
전			
전	———		보드상의 트들 이에서 들을 하는 도 들이다.
어 어 있는 전			2 의 전 을 다.
어 있지만 어 있지 않은 전			보드상에 어 있기는 하지만 어 있지 않은 2 의 전 을 다.

637

IT 대한민국은 ITC(Info Tech Corea)가 함께 하겠습니다.
www.itcpub.co.kr

APPENDIX C

두문자어 및 약어 정리

A

AC	Alternating Current
ACK	Acknowledge
A/D	Analog-To-Digital
ADC	Analog-To-Digital Converter
ALU	Arithmetic Logic Unit
AM	Amplitude Modulation
AMP	Ampere
ANSI	American National Standards Institute
AOT	Ahead-of-Time
API	Application Programming Interface
ARIB-BML	Association of Radio Industries and Business of Japan
AS	Address Strobe
ASCII	American Standard Code for Information Interchange
ASIC	Application Specific Integrated Circuit
ATM	Asynchronous Transfer Mode Automated Teller Machine
ATSC	Advanced Television Standards Committee
ATVEF	Advanced Television Enhancement Forum

B

BDM	Background Debug Mode
BER	Bit Error Rate
BIOS	Basic Input/Output System

BML	Broadcast Markup Language
BOM	Bill of Materials
bps	Bits per Second
BSP	Board Support Package
BSS	"Block Started by Symbol", "Block Storage Segment", "Blank Storage Space", …

C

CAD	Computer Aided Design
CAN	Controller Area Network
CAS	Column Address Select
CASE	Computer Aided Software Engineering
CBIC	cell-based IC or cell-based ASIC
CDC	Connected Device Configuration
CEA	Consumer Electronics Association
CEN	European Committee for Standardization
CISC	Complex Instruction Set Computer
CLDC	Connected Limited Device Configuration
CMOS	Complementary Metal Oxide Silicon
CPU	Central Processing Unit
COFF	Common Object File Format
CPLD	Complex Programmable Logic Device
CRT	Cathode Ray Tube
CTS	Clear-to-Send

D

DAC	Digital-to-Analog Converter
DAG	Data Address Generator
DASE	Digital TV Applications Software Environment

DAVIC	Digital Audio Visual Council
dB	Decibel
DC	Direct Current
D-Cache	Data Cache
DCE	Data Communications Equipment
Demux	Demultiplexor
DHCP	Dynamic Host Configuration Protocol
DIMM	Dual Inline Memory Module
DIP	Dual Inline Package
DMA	Direct Memory Access
DNS	Domain Name Server, Domain Name System, Domain Name Service
DPRAM	Dual Port RAM
DRAM	Dynamic Random Access Memory
DSL	Digital Subscriber Line
DSP	Digital Signal Processor
DTE	Data Terminal Equipment
DTVIA	Digital Television Industrial Alliance of China
DVB	Digital Video Broadcasting

E

EDA	Electronic Design Automation
EDF	Earliest Deadline First
EDO RAM	Extended Data Out Random Access Memory
EEMBC	Embedded Microprocessor Benchmarking Consortium
EEPROM	Electrically Erasable Programmable Read Only Memory
EIA	Electronic Industries Alliance
ELF	Extensible Linker Format
EMI	Electromagnetic Interference
EPROM	Erasable Programmable Read Only Memory
ESD	Electrostatic Discharge
EU	European Union

F

FAT	File Allocation Table
FCFS	First Come First Serve
FDA	Food and Drug Administration – USA
FDMA	Frequency Division Multiple Access
FET	Field Effect Transistor
FIFO	First-In-First-Out
FFS	Flash File System
FM	Frequency Modulation
FPGA	Field Programmable Gate Array
FPU	Floating Point Unit
FSM	Finite State Machine
FTP	File Transfer Protocol

G

GB	Gigabyte
GBit	Gigabit
GCC	GNU C Compiler
GDB	GNU Debugger
GHz	Gigahertz
GND	Ground
GPS	Global Positioning System
GUI	Graphical User Interface

H

HAVi	Home Audio/Video Interoperability
HDL	Hardware Description Language
HL7	Health Level Seven
HLDA	Hold Acknowledge

HLL	High-level Language
HTML	HyperText Markup Language
HTTP	HyperText Transport Protocol
Hz	Hertz

I

IC	Integrated Circuit
I^2C	Inter Integrated Circuit Bus
I-Cache	Instruction Cache
ICE	In-Circuit Emulator
ICMP	Internet Control Message Protocol
IDE	Integrated Development Environment
IEC	International Engineering Consortium
IEEE	Institute of Electrical and Electronics Engineers
IETF	Internet Engineering Task Force
IGMP	Internet Group Management Protocol
INT	Interrupt
I/O	Input/Output
IP	Internet Protocol
IPC	Interprocess Communication
IR	Infrared
IRQ	Interrupt ReQuest
ISA	Instruction Set Architecture
ISA Bus	Industry Standard Architecture Bus
ISO	International Standards Organization
ISP	In-System Programming
ISR	Interrupt Service Routine
ISS	Instruction Set Simulator
ITU	International Telecommunication Union

J

JIT	Just-In-Time
J2ME	Java 2 MicroEdition
JTAG	Joint Test Access Group
JVM	Java Virtual Machine

K

kB	Kilobyte
kbit	Kilobit
kbps	Kilobits per second
kHz	kilohertz
KVM	K Virtual Machine

L

LA	Logic Analyzer
LAN	Local Area Network
LCD	Liquid Crystal Display
LED	Light Emitting Diode
LIFO	Last-In-First-Out
LSb	Least Significant Bit
LSB	Least Significant Byte
LSI	Large Scale Integration

M

mΩ	Miliohm
MΩ	Megaohm
MAN	Metropolitan Area Network

MCU	Microcontroller
MHP	Multimedia Home Platform
MIDP	Mobile Information Device Profile
MIPS	Millions of Instructions per Second, Microprocessor without Interlocked Pipeline Stages
MMU	Memory Management Unit
MOSFET	Metal Oxide Silicon Field Effect Transister
MPSD	Modular Port Scan Device
MPU	Microprocessor
MSb	Most Significant bit
MSB	Most Significant Byte
MSI	Medium Scale Integration
MTU	Maximum Transfer Unit
MUTEX	Mutual Exclusion

N

nSec	nanosecond
NAK	NotAcKnowledged
NAT	Network Address Translation
NCCLS	National Committee For Clinical Laboratory Standards
NFS	Network File System
NIST	National Institute of Standards and Technology
NMI	Nonmaskable Interrupt
NTSC	National Television Standards Committee
NVRAM	NonVolatile Random Access Memory

O

OCAP	Open Cable Application Forum
OCD	On Chip Debugging
OEM	Original Equipment Manufacturer

OO	Object Oriented
OOP	Object Oriented Programming
OS	Operating System
OSGi	Open Systems Gateway Initiative
OSI	Open Systems Interconnection
OTP	One Time Programmable

P

PAL	Programmable Array Logic, Phase Alternating Line
PAN	Personal Area Network
PC	Personal Computer
PCB	Printed Circuit Board
PCI	Peripheral Component Interconnect
PCP	Priority Ceiling Protocol
PDA	Personal Data Assistant
PDU	Protocol Data Unit
PE	Presentation Engine, Processing Element
PID	Proportional Integral Derivative
PIO	Parallel Input/Output
PIP	Priority Inheritance Protocol, Picture-In-Picture
PLC	Programmable Logic Controller, Program Location Counter
PLD	Programmable Logic Device
PLL	Phase Locked Loop
POSIX	Portable Operating System Interface X
POTS	Plain Old Telephone Service
PPC	PowerPC
PPM	Parts Per Million
PPP	Point-to-Point Protocol
PROM	Programmable Read-Only Memory
PSK	Phase Shift Keying
PSTN	Public Switched Telephone Network

PTE	Process Table Entry
PWM	Pulse Width Modulation

Q

QA	Quality Assurance

R

RAM	Random Access Memory
RARP	Reverse Address Resolution Protocol
RAS	Row Address Select
RF	Radio Frequency
RFC	Request For Comments
RFI	Radio Frequency Interference
RISC	Reduced Instruction Set Computer
RMA	Rate Monotonic Algorithm
RMS	Root Mean Square
ROM	Read Only Memory
RPM	Revolutions Per Minute
RPU	Reconfigurable Processing Unit
RTC	Real Time Clock
RTOS	Real Time Operating System
RTS	Request To Send
RTSJ	Real Time Specification for Java
R/W	Read/Write

S

SBC	Single Board Computer
SCC	Serial Communications Controller

SECAM	Système Électronique pour Couleur avec Mémoire
SEI	Software Engineering Institute
SIMM	Single Inline Memory Module
SIO	Serial Input/Output
SLD	Source Level Debugger
SLIP	Serial Line Internet Protocol
SMPTE	Society of Motion Picture and Television Engineers
SMT	Surface Mount
SNAP	Scalable Node Address Protocol
SNR	Signal-to-Noise Ratio
SoC	System-On-Chip
SOIC	Small Outline Integrated Circuit
SPDT	Single Pole Double Throw
SPI	Serial Peripheral Interface
SPST	Single Pole Single Throw
SRAM	Static Random Access Memory
SSB	Single Sideband Modulation
SSI	Small Scale Integration

T

TC	Technical Committee
TCB	Task Control Block
TCP	Transmission Control Protocol
TDM	Time Division Multiplexing
TDMA	Time Division Multiple Access
TFTP	Trivial File Transfer Protocol
TLB	Translation Lookaside Buffer
TTL	Transistor-Transistor Logic

U

UART	Universal Asynchronous Receiver/Transmitter
UDM	Universal Design Methedology
UDP	User Datagram Protocol
ULSI	Ultra Large Scale Integration
UML	Universal Modeling Language
UPS	Uninterruptible Power Supply
USA	United States of America
USART	Universal Synchronous-Asynchronous Receiver-Transmitter
USB	Universal Serial Bus
UTP	Untwisted Pair

V

VHDL	Very High Speed Integrated Circuit Hardware Design Language
VLIW	Very Long Instruction Word
VLSI	Very Large Scale Integration
VME	VersaModule Eurocard
VoIP	Voice Over Internet Protocol
VPN	Virtual Private Network

W

WAN	Wide Area Network
WAT	Way-Ahead-of-Time
WDT	Watchdog Timer
WLAN	Wireless Local Area Network
WML	Wireless Markup Language
WOM	Write Only Memory

X

XCVR	Transceiver
XHTML	eXtensible HyperText Markup Language
XML	eXtensible Markup Language

APPENDIX D 용어 정리

A

Absolute Memory Address : 절대 메모리 어드레스
특정 메모리 셀의 물리 어드레스이다.

Accumulator : 누산기
연산에 사용되는 오퍼랜드와 그 연산의 결과값을 저장하기 위해 산술 논리 장치에서 사용되는 특별한 프로세서 레지스터이다.

Acknowledge(ACK) : 응답
버스상(버스 핸드쉐이킹을 위해 임베디드 보드상에서)의 또 다른 컴포넌트로부터, 아니면 어떤 네트워킹 전송매체를 통해(네트워크 핸드쉐이킹) 또 다른 임베디드 시스템으로부터 데이터를 수신한 것에 대한 응답으로 버스와 네트워크 '핸드쉐이킹' 프로토콜에서 사용되는 신호이다.

Active High : 액티브 하이
회로 안에서 '1'의 논리값이 '0'의 논리값보다 더 큰 전압인 곳이다.

Active Low : 액티브 로우
회로 안에서 '0'의 논리값이 '1'의 논리값보다 더 큰 전압인 곳이다.

Actuator : 액츄에이터
전기신호들을 물리적인 동작으로 바꾸어 주기 위해 사용되는 장치로서, 일반적으로 흐름 제어 밸브, 모터, 펌프, 스위치, 릴레이, 계측기기 등에서 발견된다.

Adder : 가산기
프로세서의 CPU에서 두 수를 더하는 역할을 하는 하드웨어 컴포넌트이다.

Address Bus : 어드레스 버스
어드레스 버스는 보드 컴포넌트들 사이에서 (메모리 위치의 또는 특정 상태/제어 레지스터들의) 어드레스를 운반한다. 어드레스 버스는 프로세서들을 메모리에 연결하며, 프로세서들

간에 서로 연결될 수 있다.

Ahead-of-Time(AOT) Compiler : AOT 컴파일러
Way-Ahead-of-Time 컴파일러를 참고하라.

Alternating Current (AC) : 교류
모든 극성과 관련된 방향을 바꾸는 전류가 바뀌기 때문에, 전압원이 시간에 따라 그 끝단의 극성을 바꾸는 전류이다.

Ammeter : 전류계
회로 안에서의 전기의 흐름(전류)을 측정하는 측정기기이다.

Ampere : 암페어
전류를 측정하는 단위로서, 단위 시간당 전하량으로 정의된다[즉, 초당 특정 지점을 지나는 쿨롱(coulomb)의 수를 의미한다].

Amplifier : 증폭기
신호를 키우는 소자로서, 그것들이 입력신호를 어떻게 변경하는가에 따라 달라지는 많은 종류의 증폭기(로그, 선형, 차동 등)가 있다.

Amplitude : 진폭
신호의 크기로, AC 신호에서 진폭은 평형점(중심)에서 파형의 가장 높은 값까지 AC 파형의 높은 지점을 통해서 측정되거나 RMS 수학 계산을 수행하여 측정될 수 있다. 여기서 RMS 는 1) 파형 함수의 제곱을 하여, 2) 시간에 대해 1 단계의 결과값들의 평균을 구하고, 3) 2 단계 결과의 제곱근을 구한다. DC 신호에서 진폭은 그 전압 레벨을 말한다.

Amplitude Modulation (AM) : 진폭 변조
데이터를 반영하기 위해 파형의 진폭을 수정하여 데이터 신호를 전송하는 것이다(예를 들어, 어떤 진폭의 파형은 비트 '1' 이며, 다른 진폭을 가진 파형은 비트 '0' 이다).

Analog : 아날로그
연속적인 열의 값으로 표현되는 데이터 신호이다.

Analog-to-Digital Converter(ADC)
아날로그 신호를 디지털 신호로 바꾸어 주는 장치이다.

AND Gate : AND 게이트
두 입력이 모두 1 일 때 출력이 1 인 게이트이다.

Anion : 음이온
음의 이온, 전자를 얻은 원자를 의미한다.

Anode : 애노드
(1) 전압원에서 음으로 충전된 극
(2) 소자의 양으로 충전된 전극(예를 들어, 다이오드)으로, 이것은 (그 소자를 통해 전류가 흐르게 하여) 전자를 받는다.

Antenna : 안테나
무선 신호(라디오 파형, IR 등)를 송신하고 수신하기 위해 사용되는 도체 물질(전선, 금속 막대 등)로 구성된 변환기이다.

Antialiased Fonts : 앤티앨리어스 폰트
픽셀 색이 주변 픽셀 색의 평균값인 폰트로서, 이것은 주로 짝수(부드럽게)로 표시된 그래픽 데이터를 위해 디지털 TV에서 주로 사용되는 기술이다.

Application Layer : 어플리케이션 계층
다양한 모델(OSI, TCP/IP, 임베디드 시스템 모델 등) 안에 있는 계층으로, 임베디드 시스템의 어플리케이션 소프트웨어를 포함한다.

Application Program Interface (API) : 어플리케이션 프로그램 인터페이스
임베디드 기기 안에서 어떤 컴포넌트들(보통 소프트웨어)에게 인터페이스를 제공하는 서브루틴 호출 세트(OS API, 자바 API, MHP API 등)이다.

Application Specific Integrated Circuit (ASIC) : 주문형 반도체
특별한 종류의 임베디드 시스템을 위해 또는 임베디드 시스템 내에서 특정 어플리케이션을 지원하기 위해 커스터마이즈된 어플리케이션에 특화된 ISA 기반의 IC이다. 주로 완전히 커스터마이즈된 ASIC, 일부 커스터마이즈된 ASIC 프로그램 가능한 종류의 ASIC가 있다. PLD와 FPGA는 인기 있는 (프로그램 가능한) ASIC의 예이다.

Architecture : 아키텍처
임베디드 시스템 아키텍처 또는 명령어 세트 아키텍처를 참고하라.

Arithmetic Logic Unit (ALU) : 산술 논리 장치
프로세서의 CPU 내의 컴포넌트로서, 논리 및 산술 연산을 수행한다.

Aspect Ratio : 영상비
너비 대 높이의 비율(메모리 내 메모리 어드레스의 전체 수에 대한 어드레스상 비트 수, 크기, 또는 화면의 해상도 등)

Assembler : 어셈블러
어셈블리어를 기계어 코드로 바꾸어 주는 컴파일러이다.

Astable Multivibrator : 비안정 멀티바이브레이터
안정적이지 않은 상태에 있는 순차회로이다.

Asynchronous : 비동기
클럭 신호에 독립적이고, 클럭 신호와 관련이 없고, 클럭 신호와 협동이 이루어지지 않는 신호 또는 이벤트이다.

Attenuator : 감쇠기
신호를 줄여주는(감쇠하는) 소자이다(증폭기가 하는 일의 반대).

Autovectoring : 자동 벡터링
외부의 벡터 소스에 의존하기보다는 우선순위 레벨을 통해 인터럽트를 관리하는 과정이다.

B

Background Debug Mode (BDM)
임베디드 시스템을 디버깅하기 위해 사용되는 컴포넌트이다. BDM 컴포넌트는 보드(주 CPU 안에 BDM 포트와 집적된 디버깅 모니터를 포함)상에 BDM 하드웨어를, 호스트상에 디버거(직렬 케이블을 통해 BDM 포트에 연결된다)를 포함한다. BDM 디버깅은 때때는 온-칩 디버깅(OCD)이라고도 불린다.

Bandwidth : 대역폭
어떤 주어진 전송매체, 버스, 회로에 대해—그것을 통해 움직이거나(버스 또는 전송매체의 경우) 그것에 의해 처리되는(프로세서의 경우) 아날로그 신호(헤르츠 단위, 초당 변화 사이클의 수) 또는 디지털 신호(bps 단위, 초당 비트 수)의 주파수 범위이다.

Basic Input/Output System (BIOS) : 바이어스
본래는 x86 기반의 CPU에 대한 부트 업 펌웨어를 말한다. 현재는 많은 상용 임베디드 x86 기반의 보드와 다양한 임베디드 OS에서 사용되고 있다.

Battery : 배터리
그 내부의 화학적인 반응을 통해 전압이 생성되는 전압원이다. 배터리는 액체 안에(젖은 셀) 또는 고체(마른 셀)의 형태로 전해질이라고 불리는 화학 솔루션 안에 용해되어 있는 두 가지 물질로 구성되어 있다. 기본적으로 두 금속들은 전해질에 노출된 후 서로 다른 이온 상태에 반응한다. 젖은 셀은 자동차(자동차 배터리)에서 사용되며, 마른 셀은 많은 다른 종류의 휴대형 임베디드 시스템(라디오, 장난감 등) 안에서 사용된다.

Baud Rate : 보레이트
어떤 직렬 전송 링크상에서 전송될 수 있는 어떤 단위 시간당 전체 비트 수(kbits/sec, Mbits/sec 등)이다.

Bias : 바이어스
회로 또는 전기적 요소의 동작을 수정하기 위해 회로 또는 전기적 요소에 (전압 또는 전류와 같은) 오프셋이 적용된다.

Big Endian : 빅 엔디안
가장 낮은 순서의 바이트(또는 비트들)를 가장 높은 바이트(또는 비트들)상에 저장하는 데이터 나열방식이다. 예를 들어, 특정 8비트 ISA에서 가장 높은 순서의 비트들이 왼쪽부터 오른쪽으로 낮아지는 순서로 나열되어 있다면, 이 ISA에서의 빅 엔디안 모드는 데이터의 0비트가 왼쪽에서 오른쪽으로 증가하는 순서대로 저장된다는 것을 의미한다('B3h/10110011b'는 '11001101b'처럼 저장된다). 예를 들어, 가장 높은 순서의 바이트들이 왼쪽에서 오른쪽으로 감소하는 순서로 저장되어 있는 32비트 ISA가 있을 때, 이 ISA에서 빅 엔디안 모드는 데이터의 0바이트가 왼쪽에서 오른쪽으로 증가하는 순서의 워드로 저장될 것이다(예를 들어, 'B3A0FF11h'는 '11ffa0B3h'로 저장될 것이다).

Binary : 이진
컴퓨터 시스템에서 사용되는 이진수 시스템으로서, 이것은 오직 2개의 심벌이 '0' 또는 '1' 뿐이라는 것을 의미한다. 이 심벌들은 모든 데이터를 표현하기 위해 다양한 조합에서 사용된다.

Bit Error Rate (BER) : 비트 에러율
직렬 통신열이 부적절한 데이터 비트를 잃거나 전송하는 비율이다.

Bit Rate : 비트율
(프레임당 실제 데이터 비트 수/프레임당 전체 데이터 비트 수)*통신 채널의 보레이트

Black-box Testing : 블랙 박스 테스트
시스템의 내부 동작(회로도도 없고, 소스 코드도 없다)은 볼 수 없고, 일반적인 제품 요구사항 문서를 기초로 테스트를 수행하는 테스팅 기법이다.

Block Started by Symbol (BSS)
BSS 는 그 문맥과 누가 요청하느냐에 따라 그 의미가 다르다. 즉, '심벌에 의해 시작되는 블록', '블록 저장 세그먼트', '공백 저장 공간' 등이 포함된다. 'BSS' 라는 용어는 1960 년대에 생겨났으며, BSS 라는 두문자가 의미하는 것에 모든 사람이 동의하는 것은 아니지만, 일반적으로 BSS 가 소스 코드의 초기화되지 않은 변수(데이터)를 포함하는 정적으로 할당된 메모리 공간이라는 데에는 동의한다.

Board Support Package (BSP)
많은 임베디드 상용 OS 벤더에 의해 제공되는 소프트웨어로서, 이것은 OS 가 다양한 보드 및 아키텍처에 더 쉽게 포팅될 수 있도록 만들어 준다. BSP 는 OS 에 의해 요구되는 보드 및 아키텍처에 특화된 라이브러리를 포함하고 있으며, 디바이스 드라이버들이 BSP API 를 통해서 OS 에 의해 더 손쉽게 사용할 수 있도록 집적되는 것을 가능하게 한다.

Bootloader : 부트로더
시스템의 하드웨어 및 시스템 소프트웨어 컴포넌트들을 초기화하는 임베디드 보드상의 펌웨어이다.

Breakpoint : 브레이크 포인트
CPU 가 코드를 실행하지 못하게 하는 디버깅 메커니즘(하드웨어 또는 소프트웨어)이다.

Bridge : 브리지
2 개의 서로 다른 버스들을 상호 연결하고 인터페이스하는 임베디드 보드상의 컴포넌트이다.

Bus : 버스
임베디드 보드상에 컴포넌트들을 상호 연결해 주는 전선들의 모임이다.

Byte : 바이트
바이트는 8 비트값으로 정의된다.

Byte Code : 바이트 코드
호스트 개발 기계상에 있는 컴파일러(자바 또는 일부 IL(중계 언어) 컴파일러에 의해 컴파일 될 수 있는 고급 소스 코드(자바 또는 C# 과 같은)의 결과로 생성되는 바이트(8 비트) 크기의 오피코드이다. 바이트 코드는, 예를 들어 자바 가상 기계(JVM) 또는 .NETCE 콤팩트 프레임워크 가상 기계와 같이 가상 기계(VM)에 의해 변환되는 바이트 코드이다.

Byte Order : 바이트 정렬
데이터 비트와 바이트가 컴퓨터 시스템의 특정 컴포넌트 안에 표현되고 저장되는 방법이다.

C

Cache : 캐시
보통 주 메모리 안에 저장되어 있는 데이터와 명령어를 CPU가 더 빠르게 접근할 수 있도록 하기 위해 주 메모리의 서브세트의 복사본을 저장하고 있는 매우 빠른 메모리이다.

Capacitor : 커패시터
정전기 에너지를 저장하기 위해 사용된다. 커패시터는 기본적으로 절연체(공기, 세라믹, 폴리에스테르, 운모 등과 같은 유도체)에 의해 분리된 도체(두 평형 금속판)로 구성되어 있다. 에너지 그 자체는 적절한 환경이 주어졌을 때 두 판 사이에 생성된 전기장 안에 저장된다.

Cathode : 캐소드
(1) 전압원 중 양으로 충전된 극(단자)
(2) 전자원처럼 동작하는 소자(다이오드)의 음으로 충전된 전극

Cation : 양이온
양의 이온, 전자를 잃은 원자를 의미한다.

Cavity Resonator : 공동 공진기
진동하는 전자기장을 포함하고 유지하는 컴포넌트이다.

Central Processing Unit (CPU) : 중앙처리장치
(1) 보드상의 주 프로세서
(2) 프로세서에 전원이 인가되었을 때, 명령어의 페치, 디코딩, 실행의 무한 사이클을 실행하는 역할을 하는 프로세서 안에 있는 처리장치

Checksum : 체크섬
데이터의 무결성을 보장하기 위해 데이터의 일부를 가지고 계산한 산술값으로, 이것은 보통 네트워크를 통해 전송되는 데이터를 위해 사용된다.

Chip : 칩
집적회로(IC)를 참고하라.

Circuit : 회로
전류가 흐를 수 있는 전자 컴포넌트로 구성된 차폐 시스템이다.

Circuit Breaker : 회로 차단기
그 과열 센서가 너무 많은 전류가 있음을 감지할 때 회로를 차단시킴으로써 너무 큰 전류 부하가 걸리지 않도록 보장해 주는 전기 컴포넌트이다.

Class : 클래스
오브젝트를 생성하는 언어와 오브젝트 기반의 방식에서 사용되며, 한 클래스는 인터페이스, 함수(방법론), 변수들의 일부 조합으로 구성된 프로토타입(유형 설명)이다.

Clear-box Testing : 클리어 박스 테스트
화이트 박스 테스트를 참고하라.

Clock : 클럭
일종의 파형을 만들어 주는 신호를 생성하는 오실레이터이다. 대부분의 임베디드 보드는 사각파를 생성하는 디지털 클럭을 포함한다.

Coaxial Cable : 동축 케이블
하나는 중심 선, 다른 하나는 그것을 감싸고 있는 그라운드 선의 두 계층의 물리적 선으로 구성된 일종의 케이블이다. 동축 케이블을 또한 감싸고 있는 선과 중심 선 사이에 하나, 그리고 감싸고 있는 선 상단에 하나 이렇게 2개의 계층으로 구성된 절연물질을 포함하고 있다. 감싸는 것은 간섭(전기적, RF 등)을 감소시켜 준다.

Compiler : 컴파일러
소스 코드를 어셈블리 코드나 중계 언어 오피코드 또는 프로세서의 기계어 코드로 직접 변환해 주는 소프트웨어 툴이다.

Complex Instruction Set Computing (CISC)
보통 다른 범용 ISA 보다 더 많고 복잡한 연산 및 명령어들로 구성된 범용 ISA 이다.

Computer Aided Design (CAD) Tools : CAD 툴
회로도와 같이 기술적인 도면과 하드웨어 문서를 생성하기 위해 사용되는 툴이다.

Computer Aided Software Engineering (CASE) Tools : CASE 툴
UML 툴과 코드 발생기와 같이, 아키텍처를 생성하고 시스템을 구현하는 데 도움을 주는 디자인 및 개발 툴이다.

APPENDIX D

용어 정리

Conductor : 도체
전류가 다른 종류의 물질들보다 그것들을 더 쉽게 통과할 수 있도록 해주는, 전류에 대해 더 적은 방해물들을 가진(이것은 원자가전자를 더 쉽게 잃어버리거나 얻을 수 있다는 것을 의미한다) 물질이다. 도체는 보통 <=3 원자가전자를 가지고 있다.

Connector : 커넥터
다른 종류의 서브시스템들을 상호 연결해 주는 전기 컴포넌트이다.

Context : 문맥
시스템(레지스터, 변수, 플래그 등) 내의 어떤 컴포넌트의 현재 상태이다.

Context Switching : 문맥 전환
시스템 컴포넌트(인터럽트, OS 태스크 등)가 한 상태에서 다른 상태로 전환하는 프로세스이다.

Coprocessor : 코프로세서
추가의 기능을 제공함으로써 주 CPU를 지원하는 보조 프로세서로서, 이것은 주 프로세서와 동일한 ISA를 갖는다.

Coulomb : 쿨롱
전자기학에서, 한 전자의 전하량은 실제 사용하기에는 너무 작기 때문에, 전자들을 측정하는 단위를 쿨롱(쿨롱의 법칙을 발견한 찰스 쿨롱의 이름에서 유래)이라고 부른다. 이것은 6.28×10^8 개의 전자의 전하량과 동일하다.

Critical Section : 크리티컬 섹션
인터럽트 없이 실행되도록 설정된 명령어 세트이다.

Cross Compiler : 교차 컴파일러
컴파일러가 실제로 설치되어 동작하는 하드웨어 플랫폼과 다른 하드웨어 플랫폼을 위한 기계어 코드를 생성하는 컴파일러이다.

Crystal : 크리스탈
오실레이터의 주파수를 결정하는 전기 컴포넌트이다. 크리스탈은 보통 석영에 의해 분리된 2개의 금속판으로 구성되어 있으며, 각 판에는 두 접합면이 붙어 있다. 크리스탈 내의 석영은 이 접합면에 전류가 인가될 때 진동을 하며, 이 주파수는 오실레이터가 동작하는 주파수에 영향을 미친다.

Current : 전류

전자를 이동시키는 방향성이 있는 흐름이다.

D

Daisy Chain : 데이지 체인

컴포넌트들이 직렬로('체인과 같은' 구조로) 연결되어 신호들이 전체 체인을 통해 각 컴포넌트들이 거치는 일종의 디지털 회로이다. 체인의 상단에 있는 컴포넌트들은 체인 내의 하단에 있는 컴포넌트들에 의해 수신될 신호에 영향(느리게 동작, 차단 등)을 줄 수 있다.

Datagram : 데이터그램

OSI 모델에서의 네트워킹 계층 또는 다른 네트워킹 모델(TCP/IP 모델에서의 인터넷 계층)에서의 그에 상응하는 계층에 의해 수신되어 처리되는 네트워킹 데이터가 호출되는 것이다.

Data Communication Equipment (DCE) : 데이터 통신 장비

임베디드 보드에 연결된 I/O 장치와 같이 DTE가 직렬로 통신하고자 하는 장치이다.

Data Terminal Equipment (DTE) : 데이터 터미널 장비

PC 또는 임베디드 보드와 같이 직렬 통신의 시작자이다.

Deadlock : 데드락

운영체제의 사용과 관련된 원치 않는 결과, 여기서 한 세트의 태스크들은 차단된 세트 안에 있는 태스크들 중 하나에 의해 제어되는 차단된 이벤트를 기다리면서 차단되어 있다.

Debugger : 디버거

버그를 테스트하고 찾아서 수정하기 위해 사용되는 소프트웨어 툴이다.

Decimal : 10 진

10 진수 기반의 시스템, 즉 10 개의 심벌(0~9)이 있으며, 데이터를 표현하기 위해 다양한 조합을 사용한다.

Decoder : 디코더

암호화된 데이터를 원래 포맷의 데이터로 변환하는 회로 또는 소프트웨어이다.

Delay Line : 지연 라인

신호의 전송을 지연시키는 전기 컴포넌트이다.

Demodulation : 복조
캐리어 신호와 추가된 전송 데이터 신호를 포함하는 전송에 대해 수정된 신호로부터 데이터를 추출하는 것이다.

Demultiplexor (Demux) : 디먹스
하나의 입력을 하나 이상의 출력에 연결한 회로로서, 입력값은 어떤 출력이 선택될지를 결정한다.

Device Driver : 디바이스 드라이버
하드웨어를 제어하며, 하드웨어에 직접 연결되어 있는 소프트웨어이다.

Dhrystone : 드라이스톤
프로세서상의 어플리케이션을 프로그래밍하는 본래의 시스템을 시뮬레이션하는 벤치마킹 어플리케이션이다. 프로세서의 MIPS(초당 수백만 명령어)값을 얻기 위해 사용된다.

Die : 다이
실리콘을 구성하는 집적된 회로의 일부로서, 이것은 일종의 패키징으로 둘러싸여 있거나 보드에 직접 연결될 수 있다.

Dielectric : 유연체
커패시터와 같이 몇몇 전기 컴포넌트들에서 발견될 수 있는 절연물질이다.

Diode : 다이오드
한 방향으로는 전류를 흐르게 하고 반대 방향으로는 전류를 차단하는, 두 접합면을 가진 반도체 소자이다.

Differentiator : 미분기
주어진 입력값을 기반으로 수학적인(계산법) 미분 출력값을 계산하는 회로이다.

Digital : 디지털
두 상태, '0' 또는 '1' 중 하나의 몇 가지 조합으로 표현되는 신호이다.

Digital Signal Processor (DSP) : 디지털 신호 처리
데이터경로 ISA를 구현하는 일종의 프로세서로서, 보통 두 세트의 데이터들을 가지고 정수 계산을 반복적으로 수행하기 위해 사용된다.

Digital Subscriber Line (DSL)
연선(POTS) 매체를 통해 데이터의 직접적 디지털 전송을 가능하게 하는 광대역 네트워킹 프로토콜이다.

Digital-to-Analog Converter (DAC)

디지털 신호를 아날로그 신호로 바꾸어 주는 기기이다.

Direct Current (DC) : 직류

회로 안에서 동일한 방향으로 끊임없이 흐르는 전류이다. DC 회로는 두 가지 변수, 극성(회로의 방향)과 크기(전류의 양)에 의해 정의된다.

Direct Memory Access (DMA)

주 프로세서의 최소한의 간섭과 사용을 통해 보드상의 I/O와 메모리 컴포넌트 사이에서 데이터를 교환하는 방식이다.

Disassembler : 디어셈블러

코드를 역컴파일하는 소프트웨어로서, 이것은 기계어가 어셈블리어로 변환된다는 것을 의미한다.

Domain Name Service (DNS)

도메인 이름을 인터넷(네트워크 계층) 어드레스로 바꾸어 주는 OSI 세션 계층 네트워킹 프로토콜이다.

Dual Inline Memory Module (DIMM)

메모리 IC가 들어갈 수 있는 패키징의 일종으로, 특히 몇몇 IC를 포함할 수 있는 작은 모듈(PCB)을 말한다. DIMM은 모듈의 한쪽 면(앞/뒤 면 모두)에 돌출된 핀들을 가지고 있으며, 임베디드 마더보드에 연결된다. 여기서, 반대 핀들(DIMM의 앞과 뒤)은 각각 독립적인 접촉면이다.

Dual Inline Package (DIP)

메모리 IC를 감싸는 패키징의 일종으로, 세라믹 또는 플라스틱 물질로 구성되어 있으며, 패키지의 양쪽 반대편에 핀이 돌출되어 있다.

Dual Port Random Access Memory (DPRAM)

서로 다른 컴포넌트들이 이 메모리에 동시에 접근할 수 있도록 두 버스에 연결될 수 있는 RAM이다.

Dynamic Host Configuration Protocol (DHCP)

TCP/IP 기반의 네트워크상에 있는 호스트에 설정 정보를 보내기 위해 프레임워크를 제공하는 네트워킹 계층 네트워킹 프로토콜이다.

Dynamic Random Access Memory (DRAM)
메모리 셀이 전하를 포함할 수 있는 커패시터들을 가지고 있는 RAM 회로이다.

E

Earliest Deadline First (EDF)
태스크가 그 데드라인, 주기, 주파수에 따라 스케줄링되는 실시간의 선점형 OS 스케줄링 방식이다.

Effective Address : 유효 어드레스
소프트웨어에 의해 생성된 메모리 어드레스로서, 이것은 실제 하드웨어의 물리적인 어드레스로 변환되는 어드레스이다.

Electrically Erasable Programmable Read Only Memory (EEPROM)
한 번 이상 지우고 다시 프로그래밍할 수 있는 ROM의 일종으로, 지우고 다시 사용할 수 있는 횟수는 EEPROM에 따라 다르다. EEPROM의 내용은 어떤 특별한 기기를 사용하지 않고도 '바이트 단위'로 쓰거나 지울 수 있다. 이것은 EEPROM을 보드에서 떼지 않고도 사용자가 EEPROM에 접근하여 수정할 수 있도록 보드 인터페이스에 연결할 수 있다는 것을 의미한다.

Electricity : 전기
도체를 통과하는 전자의 흐름에 의해 생성되는 에너지이다.

Electron : 전지
음으로 충전된 원자 구성요소이다.

Emitter : 에미터
바이폴라 트랜지스터의 세 접합면 중 하나이다.

Encoder : 인코더
데이터 세트를 또 다른 세트의 데이터로 변환(인코딩)하는 기기이다.

Endianness : 엔디안
바이트 정렬을 참고하라.

Energy : 에너지
줄(J) 또는 와트(Watts)* 시간의 단위로 측정될 수 있는 수행되는 일의 양이다.

Erasable Programmable Read Only Memory (EPROM)

EPROM 패키지에 내장된 투명 창에 강렬한 단파의 자외선을 쏘아주는 다른 기기를 사용함으로써 한 번 이상 지워질 수 있는 ROM 의 일종이다.

Ethernet : 이더넷

물리적으로 구현되는 가장 일반적인 LAN 프로토콜 중 하나로서, OSI 모델의 데이터-링크 계층이다.

Extended Data Out Random Access Memory (EDO RAM)

주 메모리 또는 비디오 메모리로 주로 사용되는 메모리의 일종으로, 데이터 블록을 보내고 다음 데이터 블록을 읽는 것을 동시에 수행할 수 있는 더 빠른 종류의 RAM 이다.

F

Farad : 패럿

전기용량을 측정하는 측정 단위이다.

Field Programmable Gate Array (FPGA)

어플리케이션에 특화된 ISA 모델을 구현하는 일종의 프로그램 가능한 ASIC 이다.

Firmware : 펌웨어

ROM 에 저장되는 어떤 소프트웨어이다.

Flash Memory : 플래시 메모리

EEPROM 중 CMOS 기반의 빠르고 저렴한 버전. 플래시는 블록 또는 섹터(바이트 그룹) 단위로 읽고 쓸 수 있다. 플래시는 또한 임베디드 기기 안에 실장된 채로 전기적으로 지워질 수 있다.

Flip-Flop : 플립-플롭

프로세서와 메모리 회로에서 가장 일반적으로 사용되는 종류의 래치 중 하나이다. 플립-플롭은 두 상태(0과 1) 사이를 번갈아 바꾸면서(플립-플롭) 출력이 바뀌게(예를 들어, 0 에서 1 로 또는 1 에서 0 으로) 동작하기 때문에, 그렇게 이름 지어진 순차회로이다. 몇 가지 종류의 플립-플롭이 있지만, 모두 근본적으로는 비동기 범주 또는 동기 범주 중 하나에 속한다.

Fuse : 퓨즈

너무 높은 전류가 흐를 때 회로를 단절시킴으로써, 너무 많은 전류로부터 회로를 보호하는 전기 컴포넌트를 말한다. 데이터를 저장하는 메커니즘으로서 일종의 ROM 안에서 사용될 수도 있다.

G

Galvanometer : 검류계
회로 안에 있는 보다 적은 양의 전류를 측정하는 측정기기이다.

Garbage Collector : 가비지 컬렉터
실행시 사용되지 않는 메모리를 해제하는 역할을 하는 언어 관련 메커니즘이다.

Gate : 게이트
AND, OR, NOT, NAND, XOR 등과 같은 논리 이진 연산을 수행하도록 디자인된 보다 복잡한 종류의 전자 스위칭 회로이다.

Glass-box Testing : 유리 박스 테스트
화이트 박스 테스트를 참고하라.

Ground : 그라운드
회로 안에서 모든 신호에 대한 음의 기준점이다.

H

Half Duplex : 반이중 방식
한 시점에 한 방향으로만, 양방향으로 데이터열을 송신하고 수신할 수 있는 I/O 통신방식이다.

Handshaking : 핸드쉐이킹
통신을 초기화하거나 종료하고자 하는 네트워크상의 보드 또는 기기 위의 컴포넌트들에 의해 약속된 프로토콜 프로세스이다.

Hard Real Time : 강성 실시간
타이밍 데드라인이 항상 충족되는 상태이다.

Hardware : 하드웨어
임베디드 시스템의 모든 물리적인 컴포넌트들이다.

Harvard Architecture : 하버드 아키텍처
컴퓨터 시스템의 폰노이만 모델의 아류이며, 폰노이만 아키텍처와의 차이는 데이터와 명령어를 위해 분리된 메모리 공간을 정의하고 있다는 점이다.

Heap : 힙
메모리 공간의 동적 할당을 위해 소프트웨어에 의해 사용되는 메모리 일부이다.

Heat Sink : 히트 싱크
다른 보드 컴포넌트들에 의해 생성되는 열을 빼앗아 없애주는 보드상의 컴포넌트이다.

Henry : 헨리
유도계수(인덕턴스)를 위한 측정 단위이다.

Hertz : 헤르츠
시간당 사이클이라는 용어로서, 주파수를 위한 측정 단위이다.

High-Level Language : 고급 언어
기계어와는 의미적으로 상당히 다른 프로그래밍 언어로서, 인간의 언어와 더 유사하며, 보통 하드웨어에 독립적이다.

Hit Rate : 히트율
캐시가 데이터를 찾는 전체 수에 대해 원하는 데이터가 캐시 안에 위치하는 빈도를 가리키는 캐시 메모리 용어이다.

Host : 호스트
임베디드 소프트웨어를 디자인하고 개발하기 위해 임베디드 개발자에 의해 사용되는 컴퓨터 시스템이다. 이것은 다운로딩을 하고 임베디드 시스템을 디버깅하기 위해 임베디드 기기 또는 다른 중개기기에 연결될 수 있다.

Hysteresis : 이력현상
입력값의 어떤 변화에 대한 기기의 응답 지연 양이다.

I

In-circuit Emulator (ICE) : 인-서킷 에뮬레이터
임베디드 시스템의 개발 및 디버깅시 사용되는, 임베디드 보드상의 주 프로세서를 에뮬레이트하는 기기이다.

Inductance : 유도계수
자기장 내 전기 에너지의 저장소이다.

Inductor : 인덕터
일종의 코어(공기, 철 등) 주변을 감싸고 있는 전선으로 구성된 전기 컴포넌트이다.

Infrared (IR) : 적외선
THz(1,000 GHz, 2×10^{11} Hz ~ 2×10^{14} Hz) 범위의 주파수를 가진 빛이다.

Instruction Set Architecture (ISA) : 명령어 세트 아키텍처
아키텍처 명령어 세트에 집적되어 있는 특징으로, 이름만 언급하자면 연산의 종류, 오퍼랜드의 종류, 어드레싱 모드를 들 수 있다.

Insulator : 절연체
전류의 움직임을 막는 일종의 컴포넌트 또는 물질이다.

Integrated Circuit (IC) : 집적회로
몇몇 서로 다른 전기 능동 요소, 수동 요소, 소자들(트랜지스터, 레지스터 등)로 구성된 전기 컴포넌트—연속적인 칩상에 모두 실장되어 상호 연결되어 있다.

Interpreter : 인터프리터
한 번에 한 라인 또는 한 바이트 코드씩 고급 언어 소스 코드를 기계어로 변환하는 메커니즘이다.

Interrupt : 인터럽트
외부 하드웨어 장치, 리셋, 전원 단절에 대해 비동기 전기신호로서, 주 프로세서에 대한 명령어열의 실행 동안 어떤 이벤트에 의해 발생된 신호를 말한다.

Interrupt Handler : 인터럽트 핸들러
인터럽트를 다루는(처리하는) 소프트웨어로서, 인터럽트에 대한 응답으로 주요 명령어열로부터 문맥 전환하여 실행된다.

Interrupt Vector : 인터럽트 벡터
인터럽트 핸들러의 어드레스이다.

Interrupt Service Routine (ISR) : 인터럽트 서비스 루틴
인터럽트 핸들러를 참고하라.

Inverter : 인버터
HIGH에서 LOW로 또는 그 반대로, 논리 레벨 입력을 바꾸어 주는 NOT 게이트이다.

J

Jack : 잭
플러그를 연결하기 위해 디자인된 전기 소자로서, 이름만 언급하자면 동축, 2 플러그, 3 플러그, 포노를 포함한 다양한 종류의 잭이 있다.

Joint Test Access Group (JTAG)
디버깅과 테스트를 위해 IC 로의 외부 인터페이스를 정의한 직렬 포트 표준이다.

Just-In-Time (JIT) Compiler : JIT 컴파일러
첫 번째 과정으로 인터프리터를 통해 코드를 변환한 다음, 추가 과정을 위해 수행될 동일한 코드를 기계어 코드로 컴파일하는 고급 언어 컴파일러이다.

K

Kernel : 커널
모든 운영체제 안에서 프로세스 관리, 메모리 관리, I/O 관리와 같은 OS 의 주요한 기능을 포함하고 있는 컴포넌트이다.

L

Lamp : 램프
빛을 만들어 내는 전기 소자로서, 다양한 종류의 임베디드 기기에서 사용되고 있는 많은 종류의 램프가 있다. 이름만 언급하자면, 네온(네온 기체를 통해 빛을 만들어 내는) 램프, 백열(열을 통해 빛을 만들어 내는) 램프, 크세논 플래시 램프를 들 수 있다.

Large Scale Integration (LSI)
IC 안에 있는 전자 컴포넌트들의 수를 근거로 한다. LSI 칩은 칩당 3,000~100,000 개의 전자 컴포넌트를 포함하는 IC 를 말한다.

Latch : 래치
그 출력으로부터의 신호를 입력으로 피드백하는 쌍안정 멀티바이브레이터로서, 이것은 두 가지의 가능한 출력 상태 0 과 1 중 하나에서만 안정적일 수 있다. 래치는 S-R, 게이트 S-R, D 를 포함한 몇 가지 서로 다른 하위 종류를 가지고 있다.

Latency : 지연
어떤 이벤트에 반응하기 위해 경과된 시간의 길이이다.

Least Significant Bit (LSb) : 최하위 비트
어떤 이진수에서 가장 오른쪽에 있는 비트이다.

Least Significant Byte (LSB) : 최하위 바이트
어떤 이진수에서 가장 오른쪽에 있는 8 비트로서, 예를 들어 한 바이트 이상의 16 진수에서 가장 오른쪽에 있는 두 자릿수이다.

Light Emitting Diode (LED) : 발광 다이오드
회로 안에서 순방향 바이어스에 있을 때, 가시광선 또는 적외선(IR)을 방출하기 위해 디자인된 다이오드이다.

Lightweight Process
쓰레드를 참고하라.

Linker : 링커
오브젝트 파일들을 실행 가능한 파일들로 변환하기 위해 사용되는 소프트웨어 개발 툴이다.

Little Endian : 리틀 엔디안
LSB 또는 LSb 가 가장 낮은 메모리 어드레스에 저장되는 방식으로 표현되거나 저장되는 데이터이다.

Loader : 로더
개발된 소프트웨어를 메모리 안의 어떤 위치로 재배치하는 소프트웨어 툴이다.

Local Area Network (LAN) : 근거리 통신망
동일한 빌딩 또는 공간 안에서와 같이, 모든 기기들이 서로서로 매우 근접하게 위치해 있는 네트워크이다.

Logical Memory : 논리 메모리
일차원 배열처럼 소프트웨어 관점을 근거로 한 물리 메모리로서, 논리 메모리의 가장 기본적인 단위는 바이트이다. 논리 메모리는 전체 임베디드 시스템 안에 있는 모든 물리 메모리(레지스터, ROM, RAM)로 구성된다.

Loudspeaker : 확성기
스피커를 참고하라.

Low-Level Language : 저급 언어
기계어와 매우 닮은 프로그래밍 언어로서, 고급 언어와는 달리 저급 언어는 하드웨어에 의존적이다. 이것은 다른 아키텍처를 가진 프로세서에 대해 고유한 명령어 세트가 있음을 의미한다.

M

MAC Address : MAC 어드레스

네트워킹 하드웨어상에 위치해 있는 네트워킹 어드레스이다. MAC 어드레스는 IEEE 기관에 의해 이 어드레스의 상위 24비트의 할당이 관리되기 때문에, 전 세계적으로 고유한 값이다.

Machine Language : 기계어

임베디드 시스템 안에 있는 컴포넌트가 직접 송신하고 저장하고 실행할 수 있는 1과 0으로 구성된 기본적인 언어이다.

Medium Scale Integration (MSI)

IC 안에 있는 전자 컴포넌트들의 수를 근거로 한다. MSI 칩은 칩당 100~3,000개의 전자 컴포넌트를 포함하는 IC를 말한다.

Memory Cell : 메모리 셀

한 비트의 메모리를 저장할 수 있는 물리적인 메모리 회로이다.

Memory Management Unit (MMU) : 메모리 관리장치

논리 어드레스를 물리 어드레스로 변환(메모리 매핑)하고 메모리 보호, 캐시 제어, CPU와 메모리 사이의 버스 중계기 관리, 적절한 익셉션 생성을 위해 사용되는 회로이다.

Meter : 계측기기

전압, 전류, 전력과 같은 몇 가지 형태의 전기 에너지를 측정하는 측정기기이다.

Microcontroller : 마이크로 컨트롤러

시스템 메모리와 주변장치의 대부분이 칩에 집적되어 있는 프로세서이다.

Microphone : 마이크로폰

전기적인 흐름으로 음성 파형을 바꾸어 주는 일종의 변환기로서, 임베디드 보드에서 사용되는 마이크로 폰에는 다양한 종류가 있다. 이름만 간단히 언급한다면, 변환을 하기 위해 음성 파형의 변화에 비례하여 전기용량을 바꾸는 콘덴서 마이크로폰, 음성 진동에 비례하여 변화하는 전압을 생성하는 자기장과 음성 파형에 진동하는 코일을 사용하는 동적 마이크로폰을 들 수 있다.

Microprocessor : 마이크로 프로세서
집적된 메모리와 I/O 주변장치를 최소한으로 포함하는 프로세서이다.

Most Significant Bit (MSb) : 최상위 비트
어떤 이진수에서 가장 왼쪽에 있는 비트이다.

Most Significant Byte (MSB) : 최상위 바이트
어떤 이진수에서 가장 왼쪽에 있는 8비트로서, 예를 들어 한 바이트 이상의 16진수에서 가장 왼쪽에 있는 두 자릿수이다.

Multitasking : 멀티태스킹
병렬로 여러 개의 태스크들을 실행하는 것이다.

Multivibrator : 멀티바이브레이터
하나 또는 그 이상의 출력값이 입력값으로 피드백되도록 디자인된 일종의 순차회로이다.

N

NAND Gate : NAND 게이트
두 입력이 모두 1일 때, 출력이 0인 게이트이다.

Noise : 잡음
입력신호에서의 원치 않는 신호 변조 또는 센서와는 다른 어떤 것으로부터 야기되는 입력신호의 일부이다.

Non-Volatile Memory (NVM) : 비휘발성 메모리
시스템에 전원이 없을 때조차도 데이터 또는 명령어를 유지하는 명령어이다.

NOR Gate : NOR 게이트
입력값 중 하나가 1일 때 출력이 0인 게이트이다.

NOT Gate : NOT 게이트
인버터를 참고하라.

O

On-Chip Debugging (OCD) : 온-칩 디버깅
보드와 주 프로세서에 디버깅 기능이 집적되어 있는 디버깅 방식을 의미한다.

One Time Programmable (OTP)
제조공장 외부에서 ROM 버너를 사용하여 한 번만 (영구적으로) 프로그래밍이 가능한 일종의 ROM이다. OTP는 바이폴라 트랜지스터를 기반으로 하는데, ROM 버너는 그것들을 '1'로 프로그래밍하기 위해 높은 전압/전류 펄스를 사용하여 셀의 퓨즈를 태워 버린다.

Operating System (OS) : 운영체제
임베디드 시스템 안에서 다음과 같은 두 가지 주요 목적을 지원하는 소프트웨어 라이브러리 세트이다. 하나는 OS의 상위에 있는 소프트웨어가 하드웨어에 덜 의존적이게 만들기 위한 가상 계층을 제공하는 것이고, 다른 하나는 전체 시스템이 효율적이고 신뢰성 있게 동작할 수 있도록 다양한 시스템 하드웨어 및 소프트웨어 리소스를 관리하는 것이다.

OR Gate : OR 게이트
입력값 중 하나가 1일 때 그 출력이 1인 게이트이다.

P

Packet : 패킷
네트워크를 통해 한 번에 전송되는 데이터 세트를 설명하는 단위이다.

Parallel Port : 병렬 포트
동시에 여러 개의 비트들을 송신하거나 수신할 수 있는 I/O 채널이다.

Plug : 플러그
한 서브시스템을 다른 서브시스템의 잭에 연결하기 위해 사용되는 전기 컴포넌트이다.

Polling : 폴링
어떤 이벤트가 발생하였는지를 알기 위해 (레지스터, 플래그, 포트와 같은) 메커니즘을 반복적으로 읽는 것이다.

Printed Circuit Board (PCB) : 인쇄회로기판
회로 안의 모든 전자 소자들이 놓일 수 있는 얇은 섬유 유리판으로, 회로의 전기적 경로는 동박으로 프린트되어 보드상에 연결되어 있는 다양한 컴포넌트들 사이에서 전기신호를 운반한다.

Process : 프로세스
스택, PC, 소스 코드, 데이터처럼 프로그램의 실행과 관련된 모든 정보를 캡슐화하는 OS의 생성체이다.

R

Random Access Memory (RAM)
그 내부의 어떤 위치에도 직접(어떤 시작점에서 순차적이라기보다는 랜덤하게) 접근할 수 있으며, 그 내용도 한 번 이상(하드웨어에 따라 그 수는 달라진다) 변경될 수 있는 휘발성 메모리이다.

Read Only Memory (ROM)
임베디드 시스템상에 영구적으로 데이터를 저장하기 위해 사용될 수 있는 일종의 비휘발성 메모리이다.

Rectifier : 정류기
한 방향으로만 전류가 흐르게 하는 전자 컴포넌트로서, 다이오드와 트랜지스터 사이를 가로지르는 기능이 있는 4층 PNPN(3 P-N 접합) 기기이다.

Reduced Instruction Set Computing (RISC)
보통 더 적은 명령어들로 구성되어 있는 보다 단순한 연산들을 정의하고 있는 범용 ISA 이다.

Register : 레지스터
데이터를 임시로 저장하고 신호를 지연시키기 위해 사용될 수 있는 다양한 플립-플롭의 조합이다.

Relay : 릴레이
전자기 스위치로서, 릴레이에는 다양한 종류들이 있다. 여기에는 두 가지 방식(ON/OFF)으로 토글될 수 있는 두 접촉면을 가지고 있는 DPDT(Double Pole Double Throw, 쌍극쌍투형) 릴레이, ON 또는 OFF 중 한 가지 방식으로만 변경될 수 있는 두 접촉면을 가지고 있는 DPST(Double Pole Single Throw, 쌍극단투형) 릴레이, 두 가지 방법(ON/OFF)으로 토글될 수 있는 한 접촉면을 가지고 있는 SPDT(Single Pole Double Throw, 단극쌍투형) 릴레이, ON 또는 OFF 중 한 가지 방식으로만 변경될 수 있는 한 접촉면을 가지고 있는 SPST(Single Pole Single Throw, 단극단투형) 릴레이가 포함되어 있다.

Resistor : 저항기
저항의 증가를 가능하게 하기 위해 어떤 방식으로 변경되는 전도율을 가진 도체 물질로 구성된 전자 소자이다.

Real-Time Operating System (RTOS) : 실시간 운영체제
태스크가 그 데드라인을 만족시키고 관련된 실행시간이 예측 가능한(결정적인) OS 이다.

Romizer
EPROM에 데이터를 쓰기 위해 사용되는 소자이다.

S

Scheduler : 스케줄러
CPU 상에서 실행할 태스크의 순서 또는 주기를 결정하는 역할을 하는 OS 내의 메커니즘이다.

Semaphore : 세마포어
공유 메모리에 접근을 못하게 하기 위해 사용되거나(상호 배타, Mutual Exclusion) 외부 이벤트와 함께 실행 프로세스를 조정하기 위해(동기화) 사용될 수 있는 OS 내의 메커니즘이다.

Semiconductor : 반도체
기본 요소는 도체의 특성을 갖고, 그 구조에 다른 요소들을 첨가하여 도체의 특성이 변경될 수 있게 한 물질 또는 전기 컴포넌트이다. 이것은 도체(어떤 시점에 전류를 통과시킨다)와 절연체(어떤 시점에 전류의 흐름을 막는다)로 모두 동작이 가능하다는 것을 의미한다.

Serial Port : 직렬 포트
어떤 주어진 시간에 한 비트씩 송신하거나 수신할 수 있는 I/O 채널이다.

Speaker : 스피커
전류의 진동을 음성 파형으로 바꾸어 주는 일종의 변환기이다.

Switch : 스위치
전류의 흐름을 ON 또는 OFF 하기 위해 사용하는 전기 소자이다.

T

Target : 타깃
호스트에 연결되어 개발되는 임베디드 시스템 플랫폼이다.

Task : 태스크
프로세스를 참고하라.

Thermistor : 써미스터
써미스터가 노출된 온도에 따라 동작중에 저항값이 바뀌는 저항이다. 써미스터의 저항은 일반적으로 온도가 올라가면 감소한다.

Thermocouple : 열전지
한쪽 끝단에 연결된 두 전선을 통과하는 전류를 통해 온도 차이를 바꾸어 주는 전자회로이다. 각 전선은 안정적인 더 낮은 온도에서 연결된 전선의 한쪽 접합에는 서로 다른 물질들로 구성되어 있다. 반면에 다른 한쪽 접합은 측정될 온도에서 연결된다.

Thread : 쓰레드
한 태스크 내에서의 순차적인 실행열로서, 쓰레드는 한 태스크의 문맥 내에서 만들어진다. 이것은 쓰레드가 한 태스크에 종속되어 있다는 것을 의미한다. OS에 따라, 한 태스크는 하나 또는 그 이상의 쓰레드를 가질 수 있다. 태스크와는 달리, 한 태스크의 쓰레드들은 동작 디렉토리, 파일, I/O 장치, 전역 데이터, 어드레스 공간, 프로그램 코드와 같은 동일한 리소스를 공유한다.

Throughput : 쓰루풋
주어진 시간 안에 완성할 수 있는 일의 양이다.

Tolerance : 허용오차
실제 전기 표기된 변수값을 기초로 주어진 어떤 시간에서 소자의 파라미터가 얼마나 정밀한지를 나타내는 값이다. 실제값들은 표기된 허용오차의 플러스(+)와 마이너스(-)를 초과해서는 안 된다.

Transceiver : 트랜스시버
네트워킹 전송매체를 통해 데이터 비트들을 송수신하는 물리 기기이다.

Transducer : 변환기
한 종류의 에너지를 다른 종류의 에너지로 변환하는 전기 기기이다.

Transformer : 트랜스포머
AC 신호의 전압을 증가시키거나 감소시킬 수 있는 일종의 인덕터이다.

Transistor : 트랜지스터
P형 반도체 물질과 N형 반도체 물질의 조합, 보통 각각의 종류의 물질에 연결되어 있는 세 단자로 구성된다. 트랜지스터의 종류에 따라, 그것들은 전류 정류기(증폭), 오실레이터(진동), 고속 집적회로, 스위칭 회로(일반적으로 레퍼런스 보드에서 찾아볼 수 있는 DIP 스위치와 푸시 버튼)와 같은 다양한 목적으로 사용될 수 있다.

Translation Lookaside Buffer (TLB) : 변환 참조 버퍼
어드레스 변환값을 저장하는 버퍼를 할당하기 위해 MMU에 의해 사용되는 캐시 일부이다.

Trap : 트랩

마이크로 프로세서로의 어떤 내부 이벤트에 의해 발생하는 소프트웨어 및 내부 하드웨어 인터럽트이다.

Truth Table : 진리표

논리회로 또는 부울(boolean) 방정식의 가능한 입력과 그 입력에 대응되는 출력을 나타내는 표이다.

Twisted Pair : 차폐 연선

디지털 및 아날로그 데이터 전송을 위해 사용되는 피복이 둘러싸여 있는 한 쌍의 전선이다.

U

Ultra Large Scale Integration (ULSI)

IC 안에 있는 전자 컴포넌트들의 수에 대한 참조값이다. ULSI는 칩당 1,000,000개 이상의 전자 컴포넌트들을 포함하는 IC이다.

Universal Asynchronous Receiver Transmitter (UART) : 범용 비동기 송수신 장치

비동기 직렬 전송을 지원하는 직렬 인터페이스이다.

Universal Synchronous Asynchronous Receiver Transmitter (USART)

동기 및 비동기 직렬 전송을 모두 지원하는 직렬 인터페이스이다.

Untwisted Pair (UTP) : 비차폐 연선

디지털 및 아날로그 데이터 전송을 위해 사용되는 한 쌍의 병렬 전선이다.

V

Very Large Scale Integration (VLSI)

IC 안에 있는 전자 컴포넌트들의 수에 대한 참조값이다. VLSI는 칩당 100,000~1,000,000개의 전자 컴포넌트들을 포함하는 IC이다.

Virtual Address : 가상 어드레스

물리 메모리 공간의 확장성을 가능하게 하는 논리 어드레스를 기반으로 하는 메모리 위치이다.

Voltage Divider : 전압 분배기
신호의 입력전압을 줄여줄 수 있는 여러 개의 저항들로 구성된 전자회로이다.

Voltmeter : 전압계
전압을 측정하는 측정기기이다.

W

Wattmeter : 전력계
전력을 측정하는 측정기기이다.

Way-Ahead-of-Time (WAT) Compiler : WAT 컴파일러
고급 코드를 기계어 코드로 바로 변환해 주는 컴파일러이다.

White-box Testing : 화이트 박스 테스트
소스 코드 및 회로 정보에 접근하는 것과 같이 시스템의 내부 동작을 볼 수 있는 테스터를 가지고 하는 테스트이다.

Wire : 전선
보드 위의 컴포넌트들(예를 들어, 버스 라인) 사이에서 또는 기기들(유선 전송매체) 사이에서 신호들을 운반하는 도체 물질로 구성되어 있는 컴포넌트이다.

X

XOR Gate : XOR 게이트
입력값 중 하나가 1(둘 다 1이 아니고)인 경우에만, 그 출력이 1(ON, HIGH)인 게이트이다.

찾아보기

{ INDEX }

ㄱ

가변 저항	95
간단한 메일 전송 프로토콜	518
개방형 시스템 간 상호 접속 모델	53
게이트	107
고갈 영역	100
고급 언어	32
고정 저항	92
교차 컴파일러	33
기계어 코드	31

ㄴ

나선(spiral) 모델	6
논리 다이어그램	76
능동 소자	84

ㄷ

다이오드	99
대역폭	204, 250
데이지-체인 중계방식	295
데이터경로/버스	81
도체	87
동기	183
동적 중앙병렬방식	294
디바이스 드라이버	313
디스패처	419

ㄹ

라운드 로빈/FIFO 스케줄링	421
래치	111
레벨 트리거 인터럽트	319
레이어드 디자인	399
레지스터	153
리플-캐리 가산기	150

ㅁ

마그네틱 테이프	244
마스터 장치	293
마이크로커널 OS	400
마크&교체 가비지 컬렉션 알고리즘	41
메모리	81
메모리 관리장치(MMU)	175
메모리 맵	176
메모리 셀	229
메모리 컨트롤러	174, 248
메모리 IC	224
명령어-레벨 병렬	139
모놀리틱 OS	398
문맥 전환	327
미들웨어 소프트웨어	467

ㅂ

| 반도체 | 89 |

{INDEX}

발광 다이오드	100
백플레인 버스	292
버스	291
버스 중계기	293
벤치마크	205
변환 테이블	347
병렬 인터페이스	191
병렬 I/O	191
보조 메모리	243
복사 가비지 컬렉션 알고리즘	41
브리지	291
블록 다이어그램	75
비동기	183
비선점형	419
비트율	184
비휘발성 메모리	227
빅뱅(big-bang) 모델	5

ㅅ

사용자 모드	317
사이클 시간	203
산술 논리 장치	147
상호 배타 세마포어	433
선 다이어그램	76
선점형	419
세그먼테이션	249, 441
세트 연상 기법	241
세트 연상 방식	174
수동 소자	84
슈퍼스케일러 기계	140
스케줄러	418
스크립트 언어	35
슬레이브 장치	293
시스템 버스	292
신뢰성	204
쓰루풋	203, 204, 250

ㅇ

아키텍처	7
어드레싱 모드	134
어셈블리어	32
어플리케이션 소프트웨어	469
에지 트리거 인터럽트	320
연산	128
오브젝트 파일	34
오퍼랜드	131
온-칩 메모리	162
완전 연상 방식	174
완전 연상 캐시 기법	241
우선순위 (선점형) 스케줄링	422
우선순위 중계방식	294
이용 가능성	204
이진 세마포어	432
인덕터	97
인터럽트	135, 194, 318
인터럽트 우선순위	323
인터프리팅	44
임베디드 시스템 모델	12
입력장치	81

{INDEX}

ㅈ

자바 가상 기계	137
저급 언어	32
저항	91
전가산기	148
전력	84
절연체	88
제너레이션 가비지 컬렉션 알고리즘	42
제어장치	160
조합회로	112
중앙처리장치	80, 145
지연	204
직접 매핑 방식	174
직접 매핑 캐시 기법	241
집적회로	112, 113

ㅊ

| 출력장치 | 81 |

ㅋ

카운터	156
카운팅 세마포어	434
캐시	172
캐시 미스	241
캐시 적중	241
커널	396
커패시터	95
코드 앤 픽스(code-and-fix) 모델	6
클라이언트/서버 아키텍처	53

클래스	442
클럭 비율	203
클럭 주기	203

ㅌ

타이밍 다이어그램	77
태스크 기근	419
태스크 제어 블록	405
트랜지스터	100
특권 모드	317

ㅍ

파이프라인	205
파일 전송 프로토콜	514
페이징	249
폭포수(waterfall) 모델	6
표준	17
프로세서 입출력	177
프로세스 제어 블록	405
프리프로세서	33
플래그	155
플래시 메모리	232
플랫폼 확장 라이브러리	47
플립-플롭	111

ㅎ

하드 드라이브	245
하이브리드 아키텍처	53
하이퍼텍스트 전송 프로토콜	524

{INDEX}

회로도	76
회복 가능성	204
휘발성 메모리	227

A

| architecture | 7 |
| assembly language | 32 |

B

BF	444
BJT	101
bridges	291
BSP	462
Buddy System	444

C

CISC	138
Clock Paging	242
CLR	47
co-operative	420
COFF	443
CPU	80
cross-compilers	33

D

DIMM	226
DIP	225
DRAM	168, 171, 235

E

EDF/Clock Driven 스케줄링	424
EEPROM	165, 231
ELF	442
EPROM	165, 231

F

FCFS/Run-To-Completion	420
FET	102
FF 알고리즘	444
FIFO	242
FTP	514

H

| high-level language | 32 |
| HTTP | 524 |

I

I/O 버스	292
I²C(Inter IC) 버스	299
ISA	128

J

| JIT 컴파일러 | 45 |

681

{INDEX}

L
latch	111
low-level language	32
LRU	242
LSI	113

M
machine code	31
MOSFET	102
MROM	165, 230
MSI	113

N
NF	444
NRU	242

O
object file	34
opcode	130
Optimal	242
OTPROM	231

P
P-N 접합	98
P2P 아키텍처	53
PCB	80
PCI	301
POSIX	458
PPP(point-to-point protocol)	473
preprocessor	33
PROM	165
PW	80

Q
QF	444

R
RAM	166, 232
RISC	138
ROM	163, 227

S
scripting language	35
Second Chance	242
SIMD	140
SIMM	226
SMTP	518
SPI	189
SPN/Run-To-Completion	420
SRAM	167, 171, 232
SSI	113
standard	17

U
UART	186

ULSI	113

V

VLIW	141
VLSI	113

W

WAT/AOT 컴파일	46
WF	444

엔지니어와 프로그래머를 위한 임베디드 시스템 아키텍처

초판 1쇄 발행 2007년 8월 30일

지은이	테미 노가드(Tammy Noergaard)
옮긴이	임희연
발행인	최규학
기획·진행	장성두
교정·교열	홍희정
본문디자인	성은경
표지디자인	김연아
발행처	도서출판 ITC
등록번호	제8-399 호
등록일자	2003년 4월 15일
주소	서울시 은평구 역촌동 85-8 보원빌딩 3층
전화	02-352-9511(대표)
팩스	02-352-9520
이메일	itc@itcpub.co.kr
ISBN-13	978-89-90758-53-8

인쇄 해외정판사 용지 태경지업사 제본 반도제책사

값 32,000원

※ 이 책은 도서출판 ITC 가 저작권자와의 계약에 따라 발행한 것이므로 본사의 허락 없이는 어떠한 형태나 수단으로도 이 책의 내용을 이용하지 못합니다.
※ 잘못된 책은 구입하신 서점에서 바꾸어 드립니다.

www.itcpub.co.kr